UTB **8283**

**Eine Arbeitsgemeinschaft der Verlage**

Beltz Verlag Weinheim · Basel
Böhlau Verlag Köln · Weimar · Wien
Wilhelm Fink Verlag München
A. Francke Verlag Tübingen und Basel
Haupt Verlag Bern · Stuttgart · Wien
Lucius & Lucius Verlagsgesellschaft Stuttgart
Mohr Siebeck Tübingen
C. F. Müller Verlag Heidelberg
Ernst Reinhardt Verlag München und Basel
Ferdinand Schöningh Verlag Paderborn · München · Wien · Zürich
Eugen Ulmer Verlag Stuttgart
UVK Verlagsgesellschaft Konstanz
Vandenhoeck & Ruprecht Göttingen
Verlag Recht und Wirtschaft Frankfurt am Main
VS Verlag für Sozialwissenschaften Wiesbaden
WUV Facultas Wien

Hermann Geldermann

# Tier-Biotechnologie

Unter Mitarbeit von

Heinz Bartenschlager, Jochen Gogol, Siegfried Preuß
Bertram Brenig (Kapitel 4, 11)
Mathias Büttner (Kapitel 31)
Georg Erhardt (Kapitel 26, 27)
Arno Henze (Kapitel 33)
Tosso Leeb (Kapitel 8, 10, 12)
Heiner Niemann (Kapitel 22)
Ernst Pfeffer (Kapitel 28, 29)
Karl Schellander (Kapitel 16–20)
Hans-Martin Seyfert (Kapitel 4–7)
Eckhard Wolf (Kapitel 21, 25, 32)

407 Farbzeichnungen
 57 Fotos
115 Tabellen

Verlag Eugen Ulmer Stuttgart

**Bibliografische Information der Deutschen Bibliothek**
Die Deutsche Bibliothek verzeichnet diese Publikation in der Deutschen Nationalbibliografie; detailierte
bibliografische Daten sind im Internet über http://dnb.ddb.de abrufbar.

ISBN 3-8001-2814-4 (Ulmer)
ISBN 3-8252-8283-X (UTB)

© 2005 Verlag Eugen Ulmer GmbH & Co.
Wollgrasweg 41, 70599 Stuttgart (Hohenheim)
E-Mail: info@ulmer.de
Internet: www.ulmer.de
Lektorat: Werner Baumeister
Herstellung: Otmar Schwerdt, Jürgen Sprenzel
Satz und Typographie: Verlagsbüro Högerle, Horb-Rexingen
Druck und Bindung: Offizin Andersen Nexö, Zwenckau
Printed in Germany

ISBN 3-8252-8283-X (UTB-Bestellnummer)

# Inhaltsverzeichnis

# Vorwort

Biotechnische Verfahren besitzen in der Tierwissenschaft seit langem einen zentralen Platz. Aus der DNA-Analytik, Gentechnik und Zellbiologie entstand jedoch während der letzten Jahre eine Vielfalt verschiedenartiger Methoden, die sich einem Überblick nur schwer erschließen und weiterhin in starker Entwicklung begriffen sind. Eine Verknüpfung der Teile zu einem geordneten Wissensgebiet war daher eine große Herausforderung für die hier vorgelegte Schrift! Das möglichst einfache Lehrbuch soll wichtige Sachverhalte von Grund auf erklären und alle erforderlichen Begriffe möglichst an Ort und Stelle definieren. Der Aufbau in 34 selbständigen Kapiteln hilft beim vertieften Studium einzelner Bereiche der Tier-Biotechnologie und vermittelt einen breiten Überblick. Gemeinsam mit denjenigen, die an diesem Werk mitgewirkt haben, hoffe ich, dass die Leserinnen und Leser in der von Fremdwörtern und Abkürzungen geprägten Kunstsprache ein zwar anspruchsvolles, aber zugleich faszinierendes Arbeitsgebiet kennen lernen.

Ich hatte die Mühen unterschätzt, die mit der Erstellung eines solchen Lehrbuches verbunden sind, und muss mehreren Personen für ihre Hilfe danken. Allen voran möchte ich mich bei den unter Mitarbeit genannten Kollegen bedanken, die mir Vorlagen für einzelne Kapitel zur Verfügung gestellt haben, Textentwürfe überprüften und großes Verständnis für die bei uns erfolgte mehrjährige Bearbeitung zeigten. Mein herzlicher Dank gilt Heinz Bartenschlager und Siegfried Preuß, die mit großem Einsatz und Talent Illustrationen geschaffen haben, die übersichtlich und einprägsam sind und dem Buch eine besondere ästhetische Dimension geben. Eine entscheidende Unterstützung war Jochen Gogol bei den vielen Literaturrecherchen und Überarbeitungen der Texte. Unter den Mitarbeitern meines Institutes, die mir Fragen beantwortet und Texte korrigiert haben, möchte ich außerdem Tania Peischl, Andreas Kuss, Katja Herzog und Pal Francz ganz besonders danken. Christina Lex, Heinz Muth und Jürgen Butscher haben wesentliche Teile der Texterfassung unterstützt. Einige Kollegen haben einzelne Kapitel des Buches kritisch durchgesehen und wertvolle Hinweise gegeben! Dies waren Uli Eisel (Universität Stuttgart), Michael Hinz (Universität Ulm), Eberhard Pfaff (BFAV Tübingen) und Rolf D. Schmid (Universität Stuttgart). Den Mitarbeitern des Ulmer-Verlages, insbesondere Werner Baumeister, Otmar Schwerdt, Jürgen Sprenzel und dem Verlagsbüro Högerle, gilt mein Dank für die jederzeit gewährte Hilfe und großartige Leistung, die vielen Manuskripte in kurzer Zeit zu einem vorzüglich gestalteten Buch zusammengefasst zu haben.

Wenn trotzdem Unklarheiten und Fehler geblieben sind, so bin ich allein verantwortlich, bitte den Leser um Nachsicht und um Hinweise. Unter der Web-Adresse

**www.uni-hohenheim.de/tzbiotech/AKTUELL**

werden wir bemüht sein, Ergänzungen und Aktualisierungen für das Buch bereitzustellen.

Möge sich der Leitfaden als geeignet erweisen, Verständnis für die Tier-Biotechnologie zu wecken und zu einem vertieften Studium anregen.

Stuttgart, im Dezember 2004
Hermann Geldermann

# Adressenverzeichnis

H. Bartenschlager, Fachgebiet Tierzüchtung und Biotechnologie, Universität Hohenheim, Garbenstr. 17, 70599 Stuttgart, e-mail: bartensc@uni-hohenheim.de

Prof. Dr. Dr. B. Brenig, Tierärztliches Institut, Lehrstuhl Molekularbiologie der Nutztiere, Georg-August-Universität Göttingen, Groner Landstraße 2, 37073 Göttingen, e-mail: bbrenig@gwdg.de

Prof. Dr. M. Büttner, Bayerisches Landesamt für Gesundheit und Lebensmittelsicherheit, Dienststelle Oberschleißheim, Veterinärstraße 2, 85764 Oberschleißheim, e-mail: mathias.buettner@lgl.bayern.de

Prof. Dr. G. Erhardt, Institut für Tierzucht und Haustiergenetik, Justus-Liebig-Universität Gießen, Ludwigstraße 21b, 35390 Gießen, e-mail: Georg.Erhardt@agrar.uni-giessen.de

Prof. Dr. H. Geldermann, Fachgebiet Tierzüchtung und Biotechnologie, Universität Hohenheim, Garbenstr. 17, 70599 Stuttgart, e-mail: tzunihoh@uni-hohenheim.de

Dr. J. Gogol, Fachgebiet Tierzüchtung und Biotechnologie, Universität Hohenheim, Garbenstr. 17, 70599 Stuttgart, e-mail: gogoljoc@uni-hohenheim.de

Prof. Dr. A. Henze, Institut für Agrarpolitik und Landwirtschaftliche Marktlehre, Universität Hohenheim, Schloß Osthof Ost, 70599 Stuttgart

Prof. Dr. T. Leeb, Institut für Tierzucht und Vererbungsforschung, Tierärztliche Hochschule Hannover, Bünteweg 17p, 30599 Hannover, e-mail: Tosso.Leeb@tiho-hannover.de

Prof. Dr. H. Niemann, Institut für Tierzucht, Bundesforschungsanstalt für Landwirtschaft (FAL), Höltystrasse 10, 31535 Neustadt, e-mail: niemann@tzv.fal.de

Prof. Dr. E. Pfeffer, Institut für Tierernährung, Rheinische Friedrich-Wilhelms-Universität Bonn, Endenicher Allee 15, 53115 Bonn, e-mail: epfe@itz.uni-bonn.de

Dr. S. Preuß, Fachgebiet Tierzüchtung und Biotechnologie, Universität Hohenheim, Garbenstr. 17, 70599 Stuttgart, e-mail: preuss@uni-hohenheim.de

Prof. Dr. K. Schellander, Institut für Tierzuchtwissenschaft, Rheinische Friedrich-Wilhelms-Universität Bonn, Endenicher Allee 15, 53115 Bonn, e-mail: karl.schellander@audi.itz.uni-bonn.de

Prof. Dr. H.-M. Seyfert, Forschungsinstitut für die Biologie landwirtschaftlicher Nutztiere, Wilhelm-Stahl-Allee 2, 18196 Dummerstorf, e-mail: Seyfert@fbn-dummerstorf.de

Prof. Dr. E. Wolf, Lehrstuhl für Molekulare Tierzucht und Biotechnologie, Genzentrum der Ludwig-Maximilians-Universität München, Feodor-Lynen-Straße 25, 81377 München, e-mail: ewolf@lmb.uni-muenchen.de

# Einführung in die Tier-Biotechnologie

Das Lehrbuch der Tier-Biotechnologie wendet sich an Studenten, Wissenschaftler und Fachkräfte aus der Biotechnologie, Veterinärmedizin, Agrarwissenschaft und Biologie. Der Aufbau in 34 selbständige Kapitel, viele farbige Illustrationen und Angaben von Literaturquellen sollen einem vertieften Studium helfen, aber auch die Möglichkeit bieten, einzelne Buchteile getrennt benutzen zu können. Der Schwerpunkt der Ausführungen liegt in der Darstellung wichtiger biotechnischer Verfahren. Daneben werden Begriffe definiert, die historische Entwicklung aufgeführt, hauptsächliche Anwendungsgebiete verdeutlicht und einige Entwicklungsperspektiven genannt.

Etwa im Zeitintervall von 1975 bis 1980 entwickelte sich aus der Verknüpfung der DNA-Rekombinationstechnik mit der Mikrobiologie das Arbeitsgebiet der modernen Biotechnologie. Einige der Neuerungen erlangten bald eine große wirtschaftliche Bedeutung und stehen permanent im Blickpunkt der öffentlichen Aufmerksamkeit. Dafür lassen sich mehrere Beispiele aufzählen:

- Im Jahre 1988 führte in den USA die erstmalige Patentierung einer transgenen Maus, die als Modell für Krebserkrankungen dienen konnte („Harvard-Krebsmaus"), zu heftigen Kontroversen zwischen Ethikern, Tierschützern und Medizinern.
- Berichte über die erfolgreiche Klonierung des Schafes „Dolly" wurden 1997 nicht nur in führenden wissenschaftlichen Journalen publiziert, sondern waren über Monate ein viel diskutierter Gegenstand der Tageszeitungen und des Fernsehens.
- Die Kultivierung von Stammzellen und neue Möglichkeiten der Gewebeübertragung zwischen Spezies (Xenotransplantation) leiteten einen internationalen Wettbewerb in der Grundlagenforschung ein, der im Jahre 2002 zu der Einrichtung einer speziellen Kommission auf Bundesebene geführt hat.

## Definition des Begriffs Biotechnologie

Diejenigen, die in einem Wissensgebiet arbeiten, bedienen sich einer Fachsprache. Dies gilt auch für den Arbeitsbereich der Biotechnologie. Was ist Biotechnologie? Nur Gentechnik? Gehören dazu auch Arbeiten, wie das Schweinekastrieren oder die konventionelle Tierhaltung? Man wird sich wundern, aber der Begriff beinhaltete ursprünglich von allem etwas und hat für verschiedene Experten eine u. U. stark unterschiedliche Bedeutung.

Eine frühe Definition stammt von KARL EREKY (1919), Ungarn, der mit Biotechnologie alle Tätigkeitsbereiche meinte, in denen mit Hilfe von Lebewesen Produkte aus Rohmaterial hergestellt werden. Damals benutzte er als Beispiel sogar die Schweineproduktion. Biotechnologie ist im weiten Sinne also eine Produktion von Waren und Dienstleistungen durch Verfahren, bei denen Organismen, technische Systeme und Prozesse eingesetzt werden. Wie **Abb. 1** darstellt, führt der Arbeitsbereich Biotechnologie die Fachkenntnisse der Biologie, Chemie und

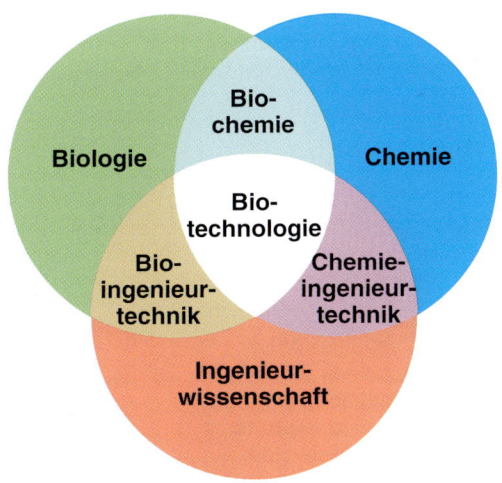

**Abb. 1:** Konventionelle (traditionelle) Biotechnologie als Kombination aus Biologie, Chemie und Ingenieurwissenschaft

Ingenieurwissenschaft zusammen und kombiniert diese zu einem neuen, biologisch orientierten Fach. Biotechnische Forschungen in der so definierten Ausrichtung fanden zunächst in chemischen und mikrobiologischen Bereichen statt. Hierbei handelte es sich aus heutiger Sicht um die **konventionelle** oder **traditionelle Biotechnologie**. Als übliche Definition der traditionellen Biotechnologie kann jede technische Nutzung biologischer Systeme für die Zwecke des Menschen gelten, also die Herstellung kommerzieller Produkte durch den Metabolismus lebender Organismen. Biotechnologie nach dieser Definition ist also der Einsatz oder die Nutzung lebender Organismen oder ihrer Bestandteile zur Herstellung, zur Modifikation oder zum Abbau von Substanzen.

Die traditionellen Verfahren zur genetischen Verbesserung der Zielorganismen waren jedoch umständlich, zeitaufwendig und teuer, insbesondere wenn es sich bei dem Gegenstand der Arbeiten nicht um Mikroorganismen, sondern um Pflanzen und Tiere handelte. Ab etwa 1970 änderten sich jedoch die Arbeitsweisen und Aufgabengebiete der Biotechnologie grundlegend durch den Einsatz der Gentechnik. Mit Hilfe der

Gentechnik konnten biotechnische Verfahren sehr effizient optimiert werden; sie lieferte Mittel, um Organismen zielgerichtet zu verändern, anstatt sie nur zu suchen und zu isolieren. Die Verschmelzung von Gentechnik (DNA-Analytik und -Rekombinationstechniken) mit traditioneller Biotechnologie schuf das Arbeitsfeld der modernen oder **molekularen Biotechnologie**. Wie **Abb. 2** im Schema zeigt, gehören hierzu u. a. die Zell-/Gewebekulturtechniken und Bioverfahrens-/Biokonversionstechniken. Im täglichen Sprachgebrauch werden allerdings die Begriffe Gentechnik und Biotechnologie oft synonym gebraucht, obwohl sie Unterschiedliches beschreiben. Mit dem erweiterten Methodenspektrum der modernen Biotechnologie können Organismen als "biologische Fabriken" zur Herstellung von heterologen Substanzen benutzt werden, wie z. B. Insulin, Interferon oder Wachstumshormon. Die DNA-Rekombinationstechniken eignen sich ebenfalls für den Einsatz bei Tieren, um neue oder veränderte Genprodukte herzustellen, neue Therapien für Krankheiten zu entwickeln oder diagnostische Systeme zu erweitern.

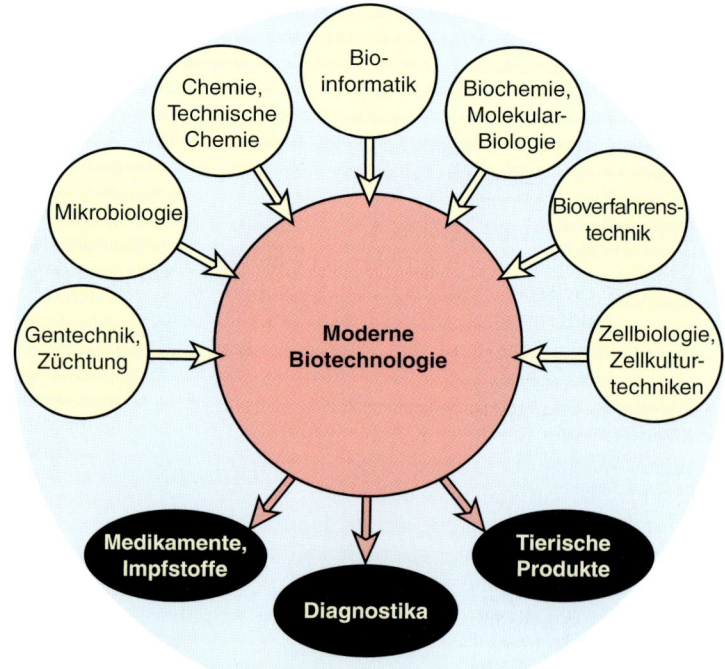

**Abb. 2:** Moderne Biotechnologie als Verschmelzung von Methoden und Erkenntnissen mehrerer Forschungsbereiche

Die verschiedenen Wissenschaftsdisziplinen werden zur modernen Biotechnologie verknüpft, um eine breite Palette von kommerziell nutzbaren Produkten zu entwickeln, wie u. a. Medikamente/Impfstoffe, Diagnostika und tierische Produkte.

# Geschichtliche Entwicklung

Einige Angaben zur geschichtlichen Entwicklung sind der Zeittafel in **Tab. 1** zu entnehmen. Die Verwendung biotechnischer Verfahren geht sehr weit zurück, denn diese gehören zur menschlichen Kultur, seitdem der Mensch sesshaft wurde und mit Ackerbau und Viehzucht begann. Der Mensch nutzt biotechnische Verfahren seit ca. 6000 Jahren. Beispielsweise wurden Hefestämme und Bakterien aus der Natur entnommen, um Brot, Bier, Wein, Joghurt und viele andere Lebensmittel herzustellen. Die Biotechnologie spielte schon immer eine wesentliche Rolle bei der Konservierung von Lebens-

**Tab. 1:** Zeittafel mit einigen biotechnischen Verfahren und Entwicklungen

**- Prähistorische Biotechnologie -**

| | |
|---|---|
| um 4 000 v. Chr. | Bierbrauen |
| um 3 000 v. Chr. | Hefeverwendung zum Brotbacken |
| um 3 000 v. Chr. | Käseherstellung |

**- Traditionelle Biotechnologie -**

| | |
|---|---|
| 1780/85 | Erfolgreiche Künstliche Besamung beim Hund (LAZZARO SPALLANZANI) |
| 1887 | JOKICHE TAKAMINE entwickelt bakterielle α-Amylase als technisches Enzym |
| um 1890 | LOUIS PASTEUR und ROBERT KOCH entwickeln die ersten Vakzinen |
| 1908 | OTTO RÖHM setzt tierische Proteasen für Waschmittel und Lederhilfsmittel ein |
| 1916 | CHARLES WEIZMAN entwickelt einen Gärprozess zur Herstellung von Butanol und Aceton |
| 1928/29 | ALEXANDER FLEMING entdeckt das Penicillin |
| 1942 | Erste Besamungsstation in Deutschland (Pinneberg, Schleswig-Holstein) |
| 1943 | Penicillin wird in industriellen Mengen produziert |
| 1960 | Mikrobielle Proteasen werden Waschmitteln zugesetzt |
| 1960 | Meristemkultur bei Pflanzen (GEORGES G. MOREL) |
| 1962 | Klonierung durch Zellkernübertragung bei Amphibien (JOHN B. GURDON) |

**- Beginn der Gentechnik, d.h. moderne Biotechnologie -**

| | |
|---|---|
| 1965 | Restriktionsenzyme (Restriktionsendonucleasen) werden entdeckt (WERNER ARBER) |
| 1968 | Erste *In-vitro*-Befruchtung beim Kaninchen und bei der Maus (M.C. CHANG, D.G. WITTINGHAM) |
| 1970/73 | Isolierung von Restriktionsenzymen und Verwendung rekombinierter Plasmidmoleküle; Herstellung des ersten gentechnisch veränderten Bakteriums (HERBERT BOYER und STANLEY COHEN) |
| 1972 | GOBIND KHORANA und Mitarbeiter synthetisieren ein vollständiges tRNA-Gen |
| 1975 | GEORGES KÖHLER und CESAR MILSTEIN stellen mit Hybridomazellen monoklonale Antikörper her |
| 1976 | Erste Richtlinien für die Gentechnik-Forschung (basierend auf Asimolar-Konferenz 1975) |
| 1976/77 | Entwicklung von Techniken zur Bestimmung der DNA-Sequenz (WALTER GILBERT, FREDERICK SANGER) |
| 1977 | Transfer des menschlichen Insulin-Gens auf ein Bakterium |
| 1978 | Fa. GENENTECH produziert Humaninsulin in *E. coli* |
| 1980 | Erste Patentierung von gentechnisch veränderten Mikroorganismen in den USA |
| 1980 | Gentransfer bei der Maus (JOHN W. GORDON, FRANK H. RUDDLE) |
| 1981 | Verkauf des ersten DNA-Sequenzierautomaten |
| 1981 | Erste embryonale Stammzell-Kulturen bei der Maus (G.R. MARTIN, M.J. EVANS, M.H. KAUFMAN) |
| 1982 | Genehmigung des ersten gentechnisch hergestellten Impfstoffes (gegen Aujeszky-Krankheit beim Schwein) |
| 1983 | Verwendung von gentechnisch veränderten TI-Plasmiden zur Transformation von Pflanzen |
| 1983 | Entwicklung der Polymerase-Kettenreaktion (PCR) (KARY MULLIS) |
| 1985 | Veröffentlichung der Polymerasenkettenreaktions (PCR)-Methode (RANDALL K. SAIKI) |
| 1985 | Erste Gentransfers beim Nutztier (Schwein, Schaf) |
| 1986 | Erster Freilandversuch mit transgenen Pflanzen in Deutschland |
| 1986 | Klonierung durch Zellkernübertragung aus Embryonalzellen beim Schaf (STEEN WILLADSEN) |
| 1988 | Patentierung einer gentechnisch veränderten Maus, die anfällig gegen Krebs ist ("Krebsmaus") |
| 1990 | Klinische Erprobung der somatischen Gentherapie beim Menschen (USA) |
| 1994 | Zulassung von bovinem Somatotropin (bST), der Flavr-Savr-Tomate und herbizidresistenter Baumwolle in den USA |
| 1996 | Zulassung von transgenen Sojabohnen in Europa |
| 1996 | Erstes Genom eines höheren Organismus (Bierhefe) ist komplett sequenziert |
| 1997 | Erste Klonierung mit Zellkernen aus differenzierten Zellen beim Schaf (IAN WILMUT, K.H.S. CAMPBELL) |
| 1999 | Das *Drosophila*-Genom ist sequenziert. |
| 2000 | Sequenzierung des menschlichen Genoms abgeschlossen |
| 2000/1 | Therapeutisches Klonen von Stammzellen |

**Abb. 3:**  Einige Pioniere der Biotechnologie

JOHN B. GURDON führte die erste Klonierung durch Zellkernübertragung beim Wirbeltier (Amphibien) durch (1962). HERBERT BOYER und STANLEY COHEN stellten rekombinante Plasmidmoleküle her (1970/73). CESAR MILSTEIN erarbeitete gemeinsam mit GEORGES KÖHLER die Hybridoma-Methode zur Herstellung monoklonaler Antikörper (1975). ALAN MAXAM und WALTER GILBERT wie auch FREDERICK SANGER entwickelten die Techniken zur DNA-Sequenzierung (1976/77). Von KARY MULLIS und seiner Arbeitsgruppe stammt die Polymerasekettenreaktion (1983). Der dänische Veterinärmediziner STEEN WILLADSEN war ein Pionier der Reproduktionsbiologie, so auch bei der Klonierung (1986). IAN WILMUT aus Edinburgh (Schottland) ist mit dem geklonten Schaf Dolly zu sehen (1997).

mitteln. Sauerkraut und Dickmilch sind nichts anderes als Produkte der klassischen Biotechnologie. Gegenwärtig werden 30–40% unserer Lebensmittel mit Hilfe biotechnischer Verfahren hergestellt.

Die moderne Biotechnologie nahm ihren Ausgang von der anwendungsorientierten Mikrobiologie im späten 19. Jahrhundert, als es gelang, Pathogene erfolgreich zu bekämpfen und die Antibiotikaherstellung industriell zu etablieren. Reproduktionsbiologische Verfahren, wie die instrumentelle oder Künstliche Besamung, werden seit etwa 1940 in der Tierzucht verwendet. Gentechnische Verfahren markieren den Beginn der modernen Biotechnologie, der sich etwa 1970/73 vollzog, nachdem WERNER ARBER und andere Wissenschaftler die Restriktionsenzyme entdeckt hatten. Patentierungen und die industrielle Nutzung der biotechnischen Verfahren spielen seit etwa 1980 eine Rolle und kennzeichnen den Einzug der Biotechnologie als Wirtschaftszweig. Die Arbeitsweisen waren neu und schienen mit starken Risiken behaftet zu sein, so dass es 1976 zu den ersten Richtlinien für das Verhalten in der Gentechnik-Forschung kam. Die 80er Jahre brachten mit der PCR-Technik (PCR, *Polymerase Chain Reaction*) und der DNA-Sequenzierung den Durchbruch zur effizienten Gentechnologie. Es folgten bahnbrechende Entwicklungen der Zellbiologie: Die erste Klonierung durch Zellkernübertragung aus Embryonalzellen wurde 1986 beim Schaf durch WILLADSEN vollzogen. 1997 berichteten WILMUT UND CAMPBELL über eine erste Klonierung mit Zellkernen aus differenzierten Zellen beim Schaf. Genomsequenzierungsprojekte bei höheren Organismen waren die großen Beiträge der 90er Jahre. Zunächst wurden die Genome von Modellorganismen, wie Mensch, Maus, Fadenwurm und Fruchtfliege, sequenziert. Im Jahre 2000 war die Sequenzierung des menschlichen Genoms fertig gestellt. Der Gentransfer beim Tier wird ab etwa 1990 in der Praxis eingesetzt. Wirtschaftlich lohnende Anwendungen des Klonens gibt es bei Säugetieren etwa ab 2000. Einige Pioniere der Biotechnologie werden in **Abb. 3** vorgestellt.

# Methodische Grundlagen der modernen Biotechnologie

Drei Methodenbereiche bilden den Kern der modernen Biotechnologie: Bioverfahrenstechnik, Zellkultivierung und Gentechnik. Darüber hinaus spielt die Bioinformatik eine grundlegende Rolle. Im Einzelnen gibt es jedoch sehr zahlreiche Methoden, die sich aktuell in rascher Entwicklung befinden. Nachfolgend werden Hauptlinien der Methoden betrachtet, um einen ersten Überblick zum Fachgebiet zu erlangen.

## Bioverfahrenstechniken

Bei den **Bioverfahrenstechniken** handelt es sich um die Biosynthese von spezifischen Substanzen und Naturstoffen aus Rohstoffen mit Hilfe biotechnischer Verfahren. Die im Allgemeinen industriellen Verfahren benutzen Mikroorganismen oder daraus isolierte Enzyme für die Herstellung eines kommerziellen Produktes und umfassen drei Schlüsselstadien (**Abb. 4**):

- **Vorbereitende Maßnahmen**: Vorbereitung des Rohmaterials, damit dieses als Nahrungsquelle für die Zielmikroorganismen eingesetzt werden kann.
- **Fermentation (Biotransformation, Biokonversion)**: Nutzung der Mikroorganismen in Bioreaktoren, um die gewünschte Verbindung herzustellen.
- **Produktaufarbeitung**: Reinigung der gewünschten Substanz aus dem Zellmedium oder der Zellmasse.

Die Bioverfahrenstechniken betreffen also den gesamten Prozess der Erzeugung eines Zielproduktes, einschließlich der Rohstoffvorbereitung, der eigentlichen Reaktionsschritte der Stoffumwandlung und der sich anschließenden Produktaufarbeitung. Die Verfahren zur Stoffumwandlung und Produktherstellung laufen in weitgehend geschlossenen Anlagen mit Hilfe biologischer Agenzien (meist Zellen, Gewebe, Mikroorganismen, manchmal Enzyme) ab. Diese Anlagen werden als **Bioreaktoren (Fermenter)** bezeichnet. Einen Bioreaktor (siehe **Abb. 2.2,** S. 50) kann man sich ähnlich einem Dampfkochtopf vorstellen; er ist jedoch in der Regel größer und mit Zu- und Abfluss für Stoffe (flüssige und gasförmige) unter sterilen, tem-

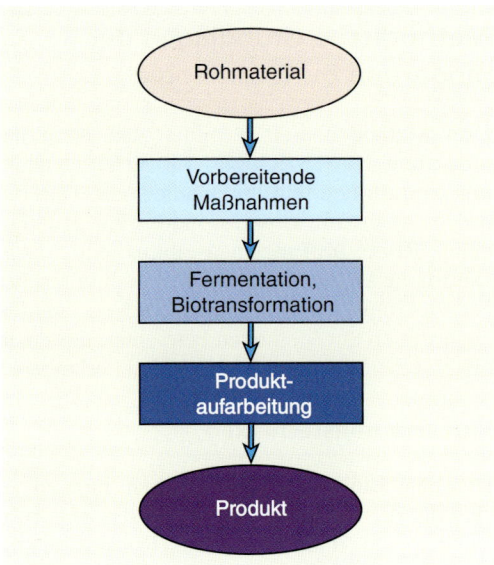

**Abb. 4:** Prinzip der Bioverfahrenstechniken
Herausgestellt werden die hauptsächlichen
Schritte: Vorbereitende Maßnahmen (Vorbereitung des Rohmaterials, damit dieses als Nahrungsquelle für die Zielmikroorganismen eingesetzt werden kann), Fermentation/Biotransfor-
mation (Nutzung der Zielmikroorganismen, um
die gewünschte Substanz herzustellen) sowie
Produktaufarbeitung (Reinigung der gewünschten Substanz aus dem Zellmedium oder der
Zellmasse)

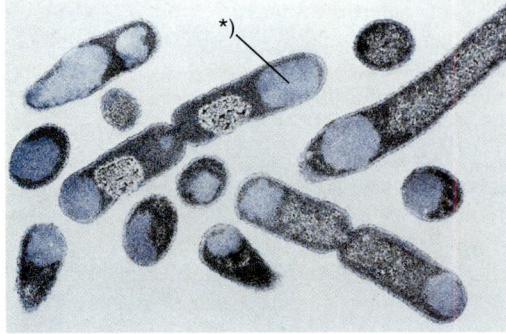

**Abb. 5:** Beispiel für die Expression und Akku-
mulation eines Produktes, das von einem Transgen exprimiert wird, in transgenen *E.-coli*-Zel-
len

*) Das heterologe Produkt wird in Einschluss-
körper eingelagert und stark angereichert. Im
Beispiel ist die Anreicherung von humanem Insulin zu sehen.

peraturregulierten Bedingungen ausgestattet.
Innen befindet sich im Allgemeinen ein Rührwerk. Rohmaterial und Mikroorganismen können gezielt zugesetzt werden. Entnommen wird
das umgesetzte („verdaute") Material, aus dem
die jeweils weiter zu verwertende Substanz isoliert wird. Bioreaktoren sind oftmals großtechnische Anlagen mit aufwendiger Mess- und Regeltechnik, damit das in ihnen stattfindende Geschehen kontrolliert und optimiert ablaufen
kann. Die biotechnische Forschung bei der Biokonversion beschäftigt sich mit der Maximie-
rung der Effizienz eines jeden Schrittes und
dem Auffinden von Mikroorganismen, deren
Stoffwechselprodukte sich für den betrachteten
Zweck bestmöglich eignen. Durch gentechnische
Veränderung der Mikroorganismen kann oftmals
die Produktion verbessert werden. **Abb. 5** zeigt
als Beispiel transgene Bakterien, die in Ein-
schlusskörpern ein Hormon angereichert haben.

Beispiele für Einsatzbereiche der Bioverfahrenstechniken sind im Agrarbereich die Produktion von
– Lebensmittelzutaten, wie z.B. Enzyme, Proteine, Aminosäuren, Aromen, Vitamine, Hormone und Dickungsmittel, sowie
– Hilfsmitteln für die Tierproduktion und Veterinärmedizin, wie z.B. Antibiotika, Impfstoffe, Hormone und Futtermittelzusatzstoffe.

## Zellkulturtechniken

**Zell- und Gewebekulturtechniken** beruhen
auf der *In-vitro*-Kultivierung von Zellen oder
Gewebeteilen und werden für viele Anwendungen benötigt. Zu diesem Zweck werden meistens einem Ausgangsorganismus geeignete Zellen entnommen und vereinzelt. Dann erfolgt eine Kultivierung von Zellen in Medien, in denen
sie sich vermehren und ggf. differenzieren können. Von zentraler Bedeutung in der Biotechnologie ist die nachfolgende Regeneration von
Geweben und Organismen. Kultivierte Zellen
von Tieren können auch für die Biokonversion
in Bioreaktoren benutzt werden und verweisen
auf die Bedeutung der Verbindung zwischen
Zellkultur- und Bioverfahrenstechnik (**Abb. 6**).
    Zellkulturtechniken werden beispielsweise für
die Gewinnung von Inhalts- und Wirkstoffen
eingesetzt. Im Bereich der Nutztiere spielen

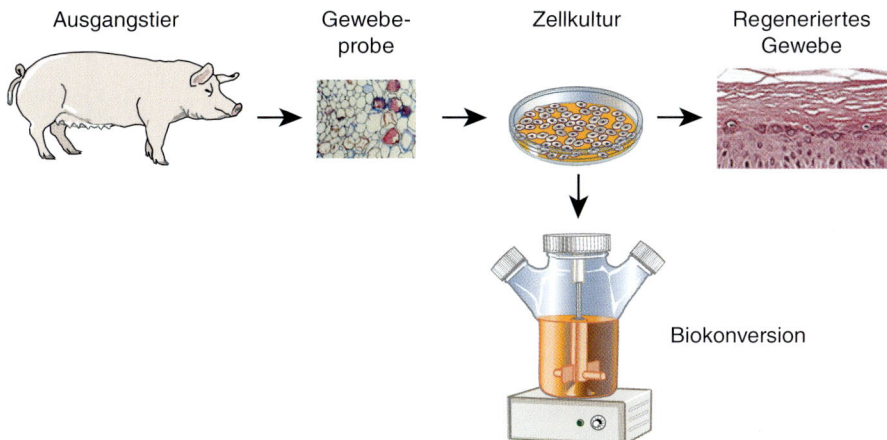

Ausgangstier    Gewebe-    Zellkultur    Regeneriertes
                probe                     Gewebe

Biokonversion

**Abb. 6:** Prinzip der Zellkulturtechniken am Beispiel von Tieren

Vom Spendertier werden Gewebeproben entnommen und aus diesen geeignete Zellen isoliert. Dann erfolgt eine Kultivierung von Zellen in Medien. Bei einigen Anwendungen (z.B. *In-vitro*-Fertilisation, Klonen) werden anschließend Gewebe oder sogar Tiere regeneriert. Kultivierte Zellen, auch solche von Tieren, können für die Biokonversion genutzt werden. Diese kann in Bioreaktoren vorgenommen werden und verbindet somit Zellkultur und Bioverfahrenstechnik.

zellbiologische Methoden eine Rolle bei der Isolierung und Konservierung von Keimzellen und frühembryonalen Entwicklungsstadien. Zellkultivierungen sind für seit langem wichtige Verfahren essenziell, wie der Künstlichen Besamung und dem Embryotransfer, sind aber auch Kernbereiche neuer Verfahren, wie z.B. der Geschlechtsdiagnose (Nachweis des Geschlechts frühembryonaler Stadien) und -bestimmung (Beeinflussung des Geschlechts von Nachkommen) sowie der Klonierung.

## Gentechnische Verfahren

Gentechnische Verfahren, d.h. die experimentelle Handhabung von DNA sowie primären Genprodukten, sind ein zentraler Bestandteil der modernen Biotechnologie. Sie werden in DNA-Analytik und DNA-Rekombinationstechniken unterteilt. Mit der **DNA-Analytik** wird die Individualität eines DNA-Moleküls nachgewiesen. Eine solche Charakterisierung von Erbmaterial gelingt z.B. mit der DNA-Sequenzierung oder mit Restriktionsenzymen (sequenzspezifisch spaltenden Endonucleasen). Aus DNA-analytischen Arbeiten erwachsen die Möglichkeiten zur Genkartierung und –diagnose. Molekulargenetische Analyseverfahren spielen bei der Überwachung von Lebensmitteln hinsichtlich Qualität, Hygiene oder gentechnischer Veränderung eine bedeutende Rolle. Auch bei der Prozesssteuerung (Überwachung der Produktionsverfahren) werden sie eingesetzt. **Abb. 7** zeigt, wie die DNA-Diagnostik die Möglichkeiten des Nachweises einzelner Moleküle enorm erweitert hat. Es wird erwartet, dass die Bedeutung der DNA-Analytik in Zukunft noch erheblich zunimmt.

Zu den **DNA-Rekombinationstechniken** (**Abb. 8**) gehören die Herstellung von *in vitro* rekombinierten DNA-Molekülen, deren Übertragung in Wirtszellen, die Vermehrung der DNA-Moleküle in den Wirtszellen, die Selektion erwünschter Moleküle sowie manchmal auch die Expression des transferierten Erbmaterials. Zur Rekombination mit den DNA-Fragmenten dienen z.B. Plasmide, die nachfolgend in Empfänger- oder Wirtszellen (z.B. Bakterienzellen) vermehrt werden. Die rekombinanten Vektormoleküle teilen sich gemeinsam mit den Zellen und lassen sich so vervielfältigen (amplifizieren, klonieren). Oft werden die neuen DNA-Fragmente auch zur Expression, d.h. Transkription, gebracht. Manchmal ist die Expression der neu eingeführten Gene das Ziel einer wirtschaftlichen Nutzung. Vielfach wird auch die rekom-

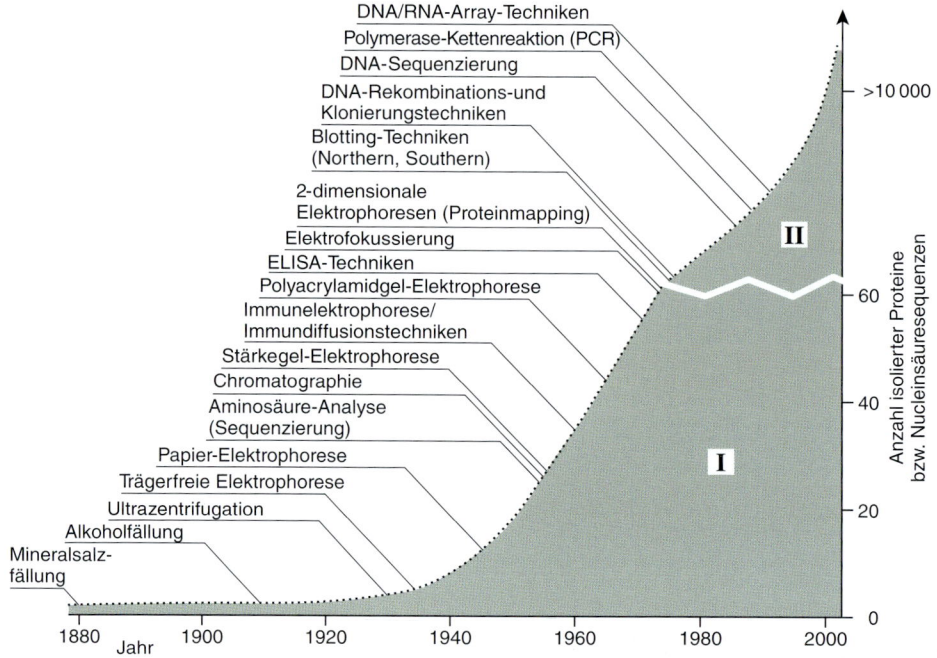

**Abb. 7:** Methodischer Fortschritt bei der Protein- und Nucleinsäureanalyse, dargestellt am Beispiel von Untersuchungen aus dem Blut

I  Proteinanalysen
II Nucleinsäureanalysen

Die Analyse einzelner Genprodukte war anfangs auf Proteine begrenzt. Bis etwa 1970 waren damit weniger als 80 verschiedene Proteine aus dem Blut zu differenzieren. Die Zahl nahm rasch zu, nachdem DNA- und RNA-Moleküle elektrophoretisch aufgetrennt wurden und dann je nach ihrer Sequenz mit Sonden zu detektieren waren (*Southern*- bzw. *Northern-Blotting*). Eine weitergehende Analyse war möglich, indem die exprimierten mRNA-Moleküle in cDNA umgeschrieben und dann sequenziert werden konnten. Entscheidende weitere Techniken waren die DNA-Sequenzierung und die Polymerase-Kettenreaktion. Angaben zu den Proteinuntersuchungen von SCHWICK (1974) und GELDERMANN (1976).

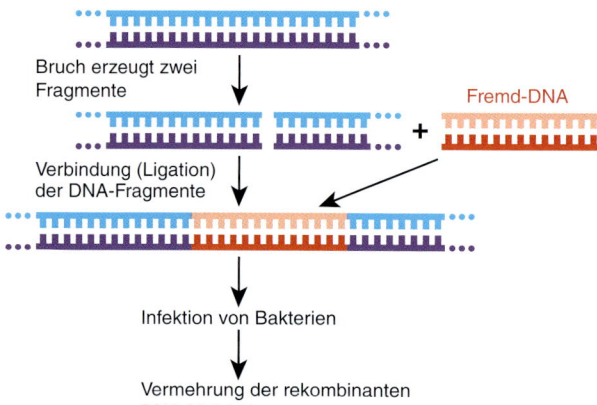

**Abb. 8:** Prinzip der DNA-Rekombination

Das doppelsträngige DNA-Molekül wird stark vereinfacht wie eine Strickleiter dargestellt. Mit bestimmten Enzymen können die DNA-Fäden an definierten Stellen gespalten werden. Ein anderes DNA-Molekül lässt sich an einer solchen Stelle einbauen. Damit ist aus zwei Ausgangsmolekülen ein neues Molekül entstanden: ein rekombiniertes oder rekombinantes Molekül. Dieses kann in Wirtszellen transferiert werden, damit es dort vermehrt wird.

binierte DNA in das Genom einer Empfängerzelle eingebaut, die schließlich in ein Tier übertragen wird. Die so entstehenden transgenen Tiere enthalten dann in ihren Zellen ein oder mehrere Stücke an Fremd-DNA (das Transgen). Die transferierte DNA soll im transgenen Organismus im Allgemeinen exprimiert werden, d. h. zu Genprodukten führen. Durch Gentransfer werden bestimmte Eigenschaften der Empfängerzellen oder des Empfängerorganismus beeinflusst oder in diesen neu eingeführt. DNA-Rekombinationstechniken werden auch eingesetzt, um Mikroorganismenstämme mit erwünschten Eigenschaften zu erstellen. Dies wird beispielsweise für die gentechnische Herstellung von Enzymen genutzt – sowohl im Bereich der Tierernährung als auch zunehmend bei der Be- und Verarbeitung nachwachsender Rohstoffe für chemisch-technische Zwecke.

## Verfahren der Bioinformatik

Die Genomforschung erbringt eine Fülle an Daten, z. B. DNA-Sequenzen für Genome oder Angaben über die molekulare Struktur von Genprodukten. Beispiele der so genannten DNA-Sequenzdatenbanken werden in den **Abb. 8.9** und **8.10**, S. 175, vorgestellt und zeigen ein rasantes Anwachsen der Datenmengen. Doch wie bewältigt man diese enorme Datenfülle?

Die Auswertungen erfolgen in computergestützten Analysen, die in der Lage sind, Genom- und Genproduktdaten zu verarbeiten und aus den Ausgangsdaten zu Modellierungen auf unterschiedlichem Niveau zu gelangen, d. h. die Methoden erlauben ein Speichern, Sichten und Interpretieren der Daten (**Abb. 9**). Die Methoden zur Bearbeitung von Genom- und Genproduktdaten werden unter dem Begriff **Bioinformatik** zusammengefasst. Als *In-silico*-**Analyse** gilt allgemein die Bearbeitung biologischer Fragestellungen mit dem Computer. Fragestellungen für *In-silico*-Analysen in der Biotechnologie sind die

– Aufarbeitung von Rohdaten und Bereitstellung in Datenbanken;
– Anordnung von Sequenzen aus Teilstücken (*Shotgun*-Analysen);
– Suche nach ähnlichen Sequenzen in Sequenzdatenbanken und phylogenetische Analysen;
– Suche nach Genvarianten (Mutantenscreening);
– Identifizierung funktioneller Bereiche in der DNA und den Genprodukten (z. B. codierende und regulierende Genbereiche, Proteinfunktion);
– Analyse der Beziehungen zwischen Varianten in der Genstruktur und der Merkmalsausprägung (z. B. Kartierung von Geneffekten).

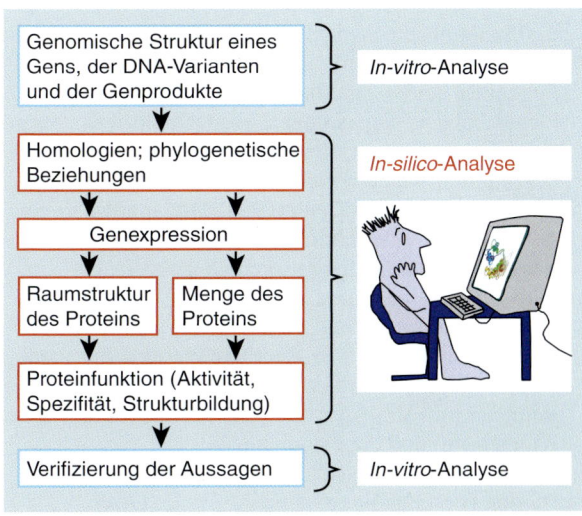

**Abb. 9:** Beiträge der *In-silico*-Analysen zur Genomforschung

# Eigenschaften, Perspektiven und Anwendung biotechnischer Forschung

Das Potenzial der molekularen Biotechnologie wurde zu Beginn der Entwicklungen sehr hoch eingeschätzt und optimistisch geschildert. Man hatte Träume über zukünftige Entwicklungen, wie etwa die Beseitigung von Ölteppichen und der beliebigen Züchtung. Oft erwiesen sich die Vorhaben für den praktischen Einsatz als nicht realisierbar. Es gab eine nicht vorher gesehene, negative Einstellung der Öffentlichkeit und unterschiedliche ethische Einlassungen. Heute sehen wir, dass die Anziehungskraft der Gen-/Biotechnik begründet ist. Inzwischen sind manche Ziele schon erreicht worden, und andere stehen kurz vor der praktischen Anwendung.

## Biotechnologie als Schlüssel- oder Zukunftstechnologie

Moderne biotechnische Verfahren sind da vorteilhaft, wo sie zur Leistungssteigerung, Kostensenkung, Qualitätsverbesserung, Herstellung neuer Produkte und Umweltschonung beitragen können. Biotechnologie gilt darüber hinaus aus folgenden Gründen als wichtige **Schlüssel- oder Zukunftstechnologie** des 21. Jahrhunderts:

– Der Biotechnologiebereich zeigt eine hohe **Innovationsdynamik**, d.h. es werden viele neue Ergebnisse pro Zeiteinheit erreicht. Aus den Erkenntnissen der Grundlagenforschung über die Funktionsmechanismen biologischer Systeme ergeben sich oft unmittelbar die Möglichkeiten vieler praktischer Anwendungen. Gentechnische Forschungen besitzen vorteilhafte Eigenschaften der genauen Darlegung, der präzisen Wiederholbarkeit und der direkten Speicherbarkeit auf Datenträger. Die Innovationsdynamik führt allerdings auch dazu, dass gewonnene Erkenntnisse und entwickelte Techniken u. U. schnell durch neue Entwicklungen überholt werden können. Beispiele für weit reichende Innovationen im Tierbereich sind die Reproduktionstechniken (Künstliche Besamung, Embyotransfer, *In-vitro*-Fertilisation, Klonierung) und die Gendiagnostik.

– Bei technisch-wissenschaftlicher Betrachtung ist die Biotechnologie eine typische **Querschnittstechnologie**, da sie eine Vielzahl von Wissens- und Wirtschaftsbereichen erfasst, wie u.a. solche in der Chemie, Biologie, Informationstechnik, Medizin, Landwirtschaft, Ernährungswissenschaft und dem Umweltschutz. Die Biotechnologie spielt sogar in Bereichen eine tragende Rolle, wo man dies nicht sofort erwarten würde, wie z.B. in der Archäologie und der Kriminalistik.

– Die Anwendungsbereiche der Biotechnologie entwickeln eine erhebliche, sich rasch verstärkende **wirtschaftliche Bedeutung**. Von den Neuerungen sind viele auch zu nutzen und stellen eine große wirtschaftliche Chance dar. Beispielsweise kletterte der Anteil gentechnisch hergestellter Arzneimittel (rekombinante Arzneimittel) weltweit von ca. 1 % in 1985 auf über 8 % in 2002 (GENTECHNIK, VFA 2004).

Welche Bedeutung beispielsweise die Gensuche und der Einsatz neuer Gene für die wirtschaftliche Anwendung spielt, ließ sich im Oktober 1980 erkennen, als der Aktienkurs der Biotechnologiefirma GENENTECH an der Börse in New York innerhalb von nur 20 min von 35 auf 89 Dollar anstieg. Was war geschehen? – Der Firma GENENTECH war es gelungen, das Gen für Insulin *in vitro* zu synthetisieren und für die Hormonsynthese in Bakterien zu verwenden. Bis zu dem Zeitpunkt konnte man Insulin nur aus Schlachtschweinen und -rindern isolieren, mit der Problematik der Verunreinigungen, Nebenwirkungen und hohen Kosten. Gentechnisch war Insulin mit wenigen Prozent der bis dahin üblichen Kosten zu erstellen. Inzwischen ließ sich der wirtschaftliche Nutzen der Biotechnologie vielfältig beweisen und hat zu einer eigenen Industrie geführt. Die Biotechnologie spielt neben der Mikroelektronik, Nanotechnologie und Informatik schon heute in vielen Bereichen eine entscheidende Rolle. Traditionelle Anwendungsgebiete der Biotechnologie liegen in der Medizin (Diagnostika, Medikamente, Therapie), Industrie sowie Land- und Ernährungswirtschaft. Im Landwirtschafts- und Ernährungsbereich wurde im letzten Jahrzehnt eine Vielzahl neuer Biotechniken entwickelt, die gegenwärtig in die Anwendung gelangen.

## Schwerpunkte der Entwicklungen in der Tier-Biotechnologie

Die Entwicklungen in der Tier-Biotechnologie beziehen sich auf sehr verschiedene Methodenfelder. Zur **Genomanalyse und Gendiagnostik** gehören bei Nutztieren insbesondere die Genomkartierung, DNA-Marker-Forschung und Kandidatengen-Analyse. Die Ergebnisse der aufwendigen Entwicklungsarbeiten führen unmittelbar zu einer starken internationalen Verwendung in der Diagnostik und der Züchtung. Die Schwerpunkte der biotechnischen Forschung in der **Fortpflanzungsbiologie** liegen bei der Künstlichen Besamung, dem Embryotransfer, der In-vitro-Fertilisation, der Embryodiagnostik und dem Klonen. Fortpflanzungsbiologische Verfahren sind speziell beim Rind weit entwickelt. Für die Zukunft werden weitere Optimierungen bestehender sowie die Entwicklung neuer Methoden erwartet. An der Erzeugung **transgener Tiere** wird vor allem in den USA, Japan, China, Russland und Australien gearbeitet, während in Europa die geringe öffentliche Akzeptanz und gesetzliche Auflagen den Fortschritt stark behindert haben. Mit dem Gentransfer bei Tieren stellen sich grundlegende ethische Fragen zu den Grenzen einer Anwendung biotechnischer Verfahren. Der Gentransfer bei Nutztieren bedarf der weiteren methodischen Grundlagenforschung, während es für die transgene Maus als Modelltier bereits viele wichtige Anwendungen gibt.

Die **biotechnische Anwendung** bezieht sich bei **Nutztieren** vor allem auf vier Bereiche. Infektionskrankheiten stellen ein Hauptproblem für die **Tiergesundheit** dar und haben eine große Bedeutung für die Wirtschaftlichkeit der Tierproduktion, den Tierschutz und die Qualität tierischer Produkte. Wesentliche Ziele der molekulargenetischen Analyse von Tierkrankheiten sind die gentechnische Herstellung effektiver Diagnostika, Therapeutika (Arzneimittel) oder Prophylaktika (insbesondere Impfstoffe). Im Bereich der Tiergesundheit sind gentechnisch hergestellte Produkte bereits wichtige Alternativen oder Ergänzungen zu konventionellen Präparaten. Demgegenüber haben transgene widerstandsfähige Nutztiere noch keine Bedeutung, obgleich technische Ansätze erkennbar sind. In der **Tierernährung** gewinnen gentechnisch erzeugte Enzyme zur Verbesserung der Futterverwertung und zur Umweltentlastung an Bedeutung. Außerdem werden gentechnisch veränderte Mikroorganismen zur Futterkonservierung eingesetzt. Rekombinante Produktionshilfsmittel sind in zahlreichen Ländern zugelassen. Für eine Verbesserung der **Qualität tierischer Produkte** gibt es vielversprechende Ansatzpunkte. Die Veränderung der Milchzusammensetzung für Ernährungszwecke mit Hilfe transgener Tiere scheiterte jedoch bislang an der mangelnden Verbraucherakzeptanz. Gleiches gilt auch für den Einsatz biotechnisch erzeugter Hormone (z. B. bovines Somatotropin, bST). Dagegen zeigen sich große Potenziale für die Gendiagnose und Selektion auf der Basis von Genotypen für leistungswichtige Gene. Bei der **Nutzung von Tieren für medizinische Zweck**e spielt das *Gene Farming* (*Drug Farming* oder *Bio Pharming*) ein gewisse Rolle. Insbesondere wird die Milchdrüse zur Erzeugung pharmazeutisch wirksamer Proteine verwendet. Außerdem wird daran gearbeitet, tierische Gewebe/Organe so zu beeinflussen, dass sie auf den Menschen übertragen werden können (Xenotransplantation). Hinsichtlich der wirtschaftlichen Aussichten stehen die Verfahren im Wettbewerb mit den Zellkultur- und Bioreaktortechniken.

# Teil I

# Zellkultur- und Bioverfahrenstechnik

# 1 Kultivierung tierischer Zellen

Der Begriff **Zellkultivierung** beinhaltet die Etablierung, die Vermehrung und gegebenenfalls die Differenzierung von Zellen *in vitro,* einschließlich der Kultivierung von Einzelzellen. Zu den Zielsetzungen der Zellkultivierung gehören die Vermehrung von Zellen, die Untersuchung der Zelleigenschaften und -differenzierung, die Steuerung der Genexpression sowie Analysen der Entwicklungsbiologie. Zellen werden zudem in Testsystemen für den Nachweis potenziell mutagener, toxischer, cytostatischer und differenzierungsfördernder Stoffe eingesetzt. Weiterhin gibt es Anwendungen, um in kultivierten Zellen neue Eigenschaften zu entwickeln, wie u. a. das Einschleusen von fremdem Erbmaterial und die Zellfusion. Solche Zellen werden z. B. bei Untersuchungen zur Genregulation, aber auch in biotechnischen Verfahren zur Produktion von pharmazeutisch wirksamen Substanzen und Impfstoffen genutzt. Bei der Verwendung kultivierter, pluripotenter Zellen für die Regeneration von Geweben und Organen und sogar für die Züchtung von vollständigen Individuen handelt es sich um weit reichende, aktuelle Forschungsgebiete.

## 1.1 Voraussetzungen für die Zellkultivierung

Zellkulturtechniken hängen von Voraussetzungen ab, mit denen *ex vivo* nachhaltig geeignete Bedingungen für Zellwachstum und -vermehrung geschaffen werden. Für die Zellkultivierung werden Räume, Apparate, Kulturgefäße, Chemikalien und Medien benötigt, die in Teilbereichen ein steriles Arbeiten erlauben und Bedingungen sichern, um Zellen handhaben sowie lagern zu können.

### 1.1.1 Sicherheitsvorschriften

Grundsätzlich müssen bei der Zellkultivierung die allgemein für Laboratorien gültigen Unfallverhütungsvorschriften beachtet werden. Sobald eukaryontische Zellen in Verbindung mit potenziell oder tatsächlich pathogenen Organismen, *in vitro* rekombinierter DNA sowie gefährlichen Stoffen (toxische, explosive, entflammbare, ätzende, radioaktive oder kanzerogene Stoffe) benutzt werden, gelten zusätzliche Bestimmungen des Tierseuchengesetzes, des Betriebes chemischer Laboratorien, des Gentechnikgesetzes und/oder der Arbeitsschutzverordnung. In jedem Falle sind die Grundregeln mikrobiologischer Praxis einzuhalten.

### 1.1.2 Steriles Arbeiten

**Steriltechniken** umfassen Arbeitsverfahren, die darauf abzielen, mikrobielle oder andere Kontaminationen bei der Zellkultivierung zu verhindern. Sterilität ist unbedingt sicherzustellen, da eine infizierte Zellpopulation durch den Verbrauch von Nährstoffen und die Anreicherung toxischer Stoffwechselprodukte geschädigt werden kann. Bei den mikrobiologischen Kontaminationen kann es sich um Mycoplasmen, Bakterien oder Pilze handeln, die sich in den für tierische Zellen benutzten Nährmedien außerordentlich schnell vermehren können. Viruskontaminationen sind selten, wahrscheinlich auf Grund der Empfindlichkeit vieler Viren gegen Temperaturen über $37\,°C$. Hauptquellen für Kontaminationen sind die verwendeten Geräte, die Lösungen, die Umgebungsluft, das Herkunftsgewebe und auch der Operateur. Vom Operateur gehen Kontaminationen vor allem über Haare, Hände und Atemluft aus.

Steriles Arbeiten benötigt ein Labor, in dem auf eine möglichst geringe Keimdichte geachtet wird und das über spezielle Einrichtungselemente verfügt. Der eigentliche sterile Arbeitsplatz ist die Reinraumwerkbank (**Abb. 1.1**), die durch Filter und Luftführung im Arbeitsbereich Keimfreiheit ermöglicht. In diesem Arbeitsbereich werden nur unbedingt notwendige Hilfsmittel aufgestellt und die Arbeitsflächen regelmäßig mit einem Desinfektionsmittel gereinigt. Im Übrigen sichert die Arbeitsweise, dass die kultivierten Zellen steril gehalten werden, wie beispielsweise die Verwendung von Pipettierhilfen. Nützlich ist auch Ultraviolettes (UV) Licht,

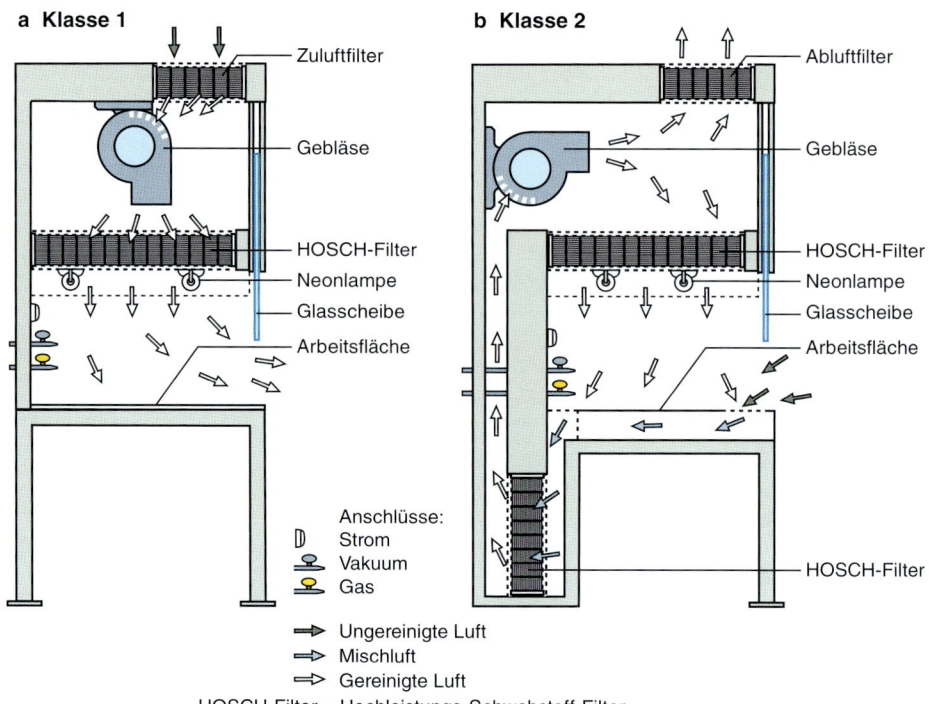

**Abb. 1.1:** Prinzipieller Aufbau von Reinraumwerkbänken
a) Klasse 1, ohne Personenschutz
b) Klasse 2, mit Personenschutz

das in Arbeitspausen eingeschaltet wird und die an der UV-Lampe vorbeiströmende Luft desinfiziert. Eine Flächendesinfektion mit UV-Licht gelingt nur bei geringer Distanz zur UV-Lampe und langer Belichtung.

Glaswaren werden in Heißluft **sterilisiert** (ohne Druck bei ca. 180 °C) oder ebenso wie hitzestabile Lösungen **autoklaviert** (Einwirkung von Wasserdampf bis zu 135 °C unter Druck von ca. 1,5 bar). Hitzelabile Lösungen werden steril filtriert (Filter mit Poren von unter 0,22 μm Durchmesser). Hierbei ist die Druckfiltration dem Sog vorzuziehen, um Schaumbildung und Gasentzug zu vermeiden. Gammastrahlen aus einer Cobalt[60]-Quelle dringen tief in das Sterilgut ein und eignen sich daher zur Sterilisation von verpackten Materialien. Hierbei kann es jedoch zu strahleninduzierten Veränderungen im Sterilgut kommen.

Die Verwendung von **Antibiotika** (von Mikroorganismen gebildete Substanzen mit wachstumshemmender oder abtötender Wir-

kung auf Mikroorganismen) erwies sich bei der Kultivierung tierischer Zellen als hilfreich und hat zur Verbreitung von Zellkulturmethoden wesentlich beigetragen. Für kultivierte Zellen werden verschiedene Antibiotika angewendet, die sich in ihren Wirkungsspektren und -mechanismen unterscheiden (**Tab. 1.1**). Aus mehreren Gründen empfiehlt es sich, von Antibiotika als Garanten für Sterilität unabhängig zu bleiben: Erstens besteht die Gefahr, bei ständiger Verwendung von Antibiotika eine unzureichende Arbeitstechnik zu verschleiern. Zweitens können Kontaminationen, die durch Antibiotika lediglich unterdrückt, aber nicht eliminiert werden, die Versuchsergebnisse nachhaltig verfälschen. Und drittens wird die Entstehung von Resistenzen gefördert.

## 1.1.3 Apparative Voraussetzungen

Vor allem Säugerzellen benötigen im Allgemeinen Bedingungen, die denen *in vivo* möglichst

**Tab. 1.1:** Beispiele für gebräuchliche Antibiotika bei der Kultivierung tierischer Zellen

| Antibiotikum | Wirkungsspektrum | Empfohlene Konzentration | Cytotoxische Konzentration | Stabilität [Tage bei 37 °C] |
|---|---|---|---|---|
| Amphotericin B | Hefen, Pilze | 2,5 µg/ml | 30 µg/ml | 3 |
| Gentamycin | Grampositive und -negative Bakterien, Mycoplasmen | 50 µg/ml | 3 000 µg/ml | 5 |
| Penicillin G | Grampositive Bakterien | 100 U/ml | 10 000 U/ml | 3 |
| Streptomycin-Sulfat | Grampositive und -negative Bakterien | 100 µg/ml | 20 000 µg/ml | 3 |
| Tetracyclin-Hydrochlorid | Grampositive und -negative Bakterien, Mycoplasmen | 10 µg/ml | 35 µg/ml | 4 |

nahe kommen. Dies gilt insbesondere für die Temperatur und den pH-Wert. Daher ist ein Brutschrank erforderlich, der langfristig eine vorgegebene Temperatur exakt einhält, keimarmes Arbeiten gestattet, über eine interne Raumbefeuchtung verfügt und eine kontrollierte Zufuhr von Gasen ($CO_2$, ggf. auch $O_2$ und $N_2$) gewährleistet. Den Sterilbereich liefert normalerweise die Reinraumwerkbank (**Abb. 1.1**), die entweder nur die Sterilität des Materials sichert oder sowohl Material als auch Personen schützt. Zur Kontrolle der kultivierten Zellen sowie zur Registrierung von Ergebnissen ist ein umgekehrtes Mikroskop (**Abb. 1.2**) essenziell, mit dem eine Betrachtung der Zellen direkt im Kulturgefäß möglich ist. Daneben sind je nach Fragestellung oftmals weitere Parameter einzustellen und zu messen, wofür zusätzliche Geräte erforderlich sind, wie z. B. Zentrifugen, Zellzählgeräte und Zellsorter.

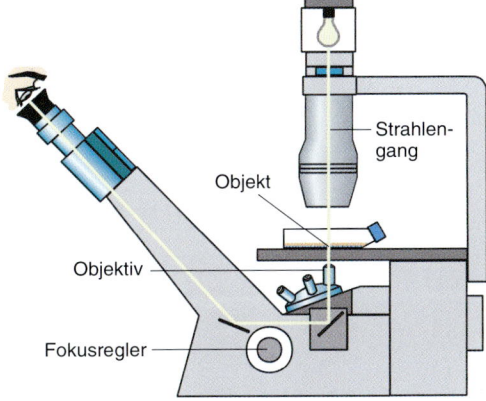

**Abb. 1.2:** Prinzip eines umgekehrten Mikroskops (Invertoskop)

### 1.1.4    Kulturgefäße

Zellen können auf Glas, Metall oder Kunststoff gezüchtet werden. Eine Auswahl an Gefäßen wird in **Abb. 1.3** dargestellt. Eine Kultivierung von tierischen Zellen in Suspension wird nur in speziellen Fällen durchgeführt, während sie bei Pflanzenzellen die Regel darstellt. Auf Grund der optischen Eigenschaften sowie der guten Oberflächen- und Materialeigenschaften bestehen viele Kulturgefäße aus Glas. Dieses ermöglicht ein Anheften von Zellen und ist inert gegen Reinigung und Sterilisation. Glas hat den Vorteil, dass es wieder verwendet werden kann. Dennoch haben sich Einweg-Kulturgefäße aus Polystyrol durchgesetzt, die es in vielen Formen und Größen gibt. In Spezialfällen werden Zellen

auch auf rostfreiem Stahl, Palladium oder Titan kultiviert. Weiterhin können Zellen auf Filtermaterial (z. B. Papier) wachsen, ebenso in Kapillarsystemen. Eine Kultivierung in Agar- oder Agarosegelen dient häufig zur Erkennung von Transformationsvorgängen, da normale Zellen auf Gelen schnell absterben, während transformierte Zellen proliferieren.

Die Vorbehandlung der Oberflächen in den Gefäßen ist ein entscheidender Faktor für die Zellkultivierung. Unerwünschte Ionen und Verschmutzungen sind zu beseitigen. Nach Gebrauch sind anhaftende Reste von Zellen sowie Lösungen zu entfernen. Mikrobiell kontaminierte Glaswaren werden nach speziellen Vorschriften dekontaminiert. Zur Veränderung von Oberflächeneigenschaften werden Kulturgefäße oft zusätzlich behandelt. Dies kann für die Adhäsion der Zellen an die Trägerflächen (**Abb. 1.4**) sowie für die Zelldifferenzierung wichtig sein.

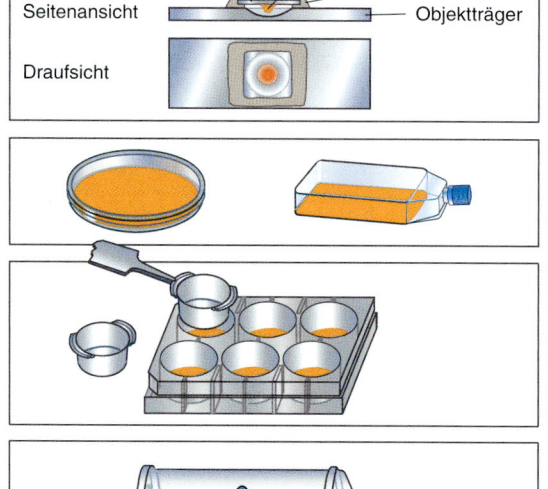

Zellkultivierung im hängenden
Tropfen (ca. 50 µl)

Gewebekulturschale und -flasche
(10 - 150 cm² bzw. 25 - 300 cm²)

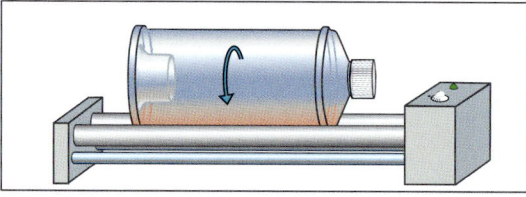

Multiwell-Kulturschale
(ca. 6 x 10 cm²)

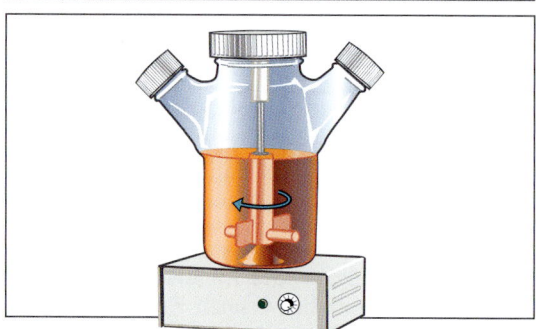

Roller-Flasche
(800 - 1 800 cm²)

Spinner-Flasche für
Suspensions- bzw. Microbead-Kultur
(25 ml bis 5 l)

**Abb. 1.3:** Gefäße für die Kultivierung tierischer Zellen

Beispielsweise kann man durch Beschichtung der Kulturgefäße mit Collagen oder Laminin erreichen, dass Epithelzellen differenzieren; und für Fibroblasten (Bindegewebezellen) können Collagen und Fibronectin als Anheftungsfaktoren dienen. Oft wird Polylysin für die Oberflächenbeschichtung verwendet, dessen starke positive Ladungen die negativ geladenen Zelloberflächen binden. Für eine Kultivierung in größerem Maßstab werden tierische Zellen in Suspension oder auf Microbeads kultiviert. **Microbeads (Mikropartikel)** sind kleine kugelige Gebilde, auf deren Oberflächen die Zellen anhaften und die in Suspension gehalten werden können. Als Beispiel für Gefäße, in denen die

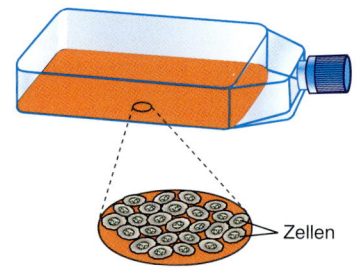

**Abb. 1.4:** Adhäsionskultur von Zellen in einer Gewebekulturflasche

Die Zellen wachsen am Boden der Kulturflaschen und bilden ein- bis mehrschichtige „Zellrasen" (*Mono-* bzw. *Multilayer*).

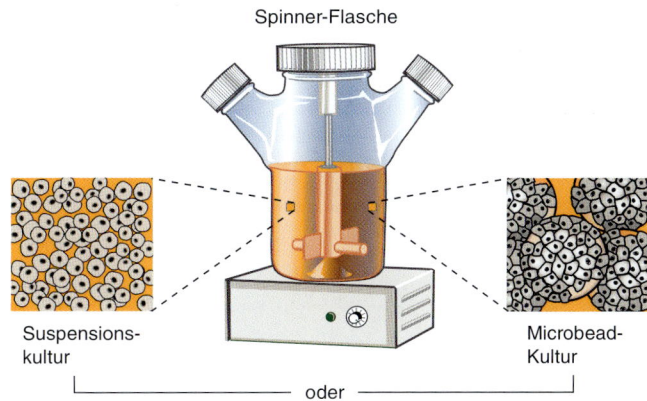

Spinner-Flasche

**Abb. 1.5:** Spinner-Flasche für tierische Zellen in Suspensions- oder Microbead-Kultur

Microbeads bestehen aus verzweigten und quervernetzten Dextranmolekülen, die Kugeln (40–300 μm Durchmesser) mit positiv geladenen Oberflächen bilden. Sie können auf ihren Oberflächen adhäsiv wachsende Zellen tragen, die gemeinsam mit den Mikrobeads in Suspension gehalten werden.

Suspensions-kultur

Microbead-Kultur

oder

Zellmedien in steter Bewegung bleiben, zeigt **Abb. 1.5** die Spinner-Flasche.

## 1.1.5    Zellkulturmedien

In wässrigen Medien (**Abb. 1.6**) werden Bedingungen für die zu kultivierenden Zellen geschaffen, wodurch Proliferation, Wachstum und – wenn nötig – auch Differenzierung und Realisierung von Zellfunktionen möglich sind. Mit den Medien werden den Zellen einerseits alle nicht selbst synthetisierbaren Substanzen zugeführt (essenzielle Substanzen eines Mediums) und andererseits Stoffwechselausscheidungen der Zellen durch Puffersubstanzen über eine möglichst lange Zeit neutralisiert. Die Medien sind als gebrauchsfertige Lösungen, Konzentrate oder Pulvermischungen kommerziell verfügbar. Für die Präparation der Medien sollte nur

Wasser höchsten Reinheitsgrades verwendet werden.

Die Zellkulturmedien setzen sich meist aus Aminosäuren, Vitaminen, energieliefernden Substanzen (z. B. Glucose, Glutamin, Pyruvat) sowie anorganischen Pufferkomponenten (z. B. $NaHCO_3$) und/oder organischen Puffersubstanzen (z. B. HEPES, 4-2-Hydroxyethyl-1-Piperazin-Ethan-Sulfonsäure) zusammen (**Abb. 1.6**). Optional ist ein pH-Farbindikator enthalten. Das erste definierte Medium wurde von EAGLE 1955 beschrieben. Das *Basal Medium Eagle* (BME) und seine Derivate wie z. B. *Dulbecco's Modification* von *Eagle's Medium* (DMEM) und *Iscove's Modified Dulbecco's Medium* (IMDM) werden vor allem für die Kultivierung adhärenter Zellen, z. B. Fibroblasten und embryonale Mäusezellen, eingesetzt. Die spezielle Eignung für die Kultivierung adhärenter Zellen ist vor al-

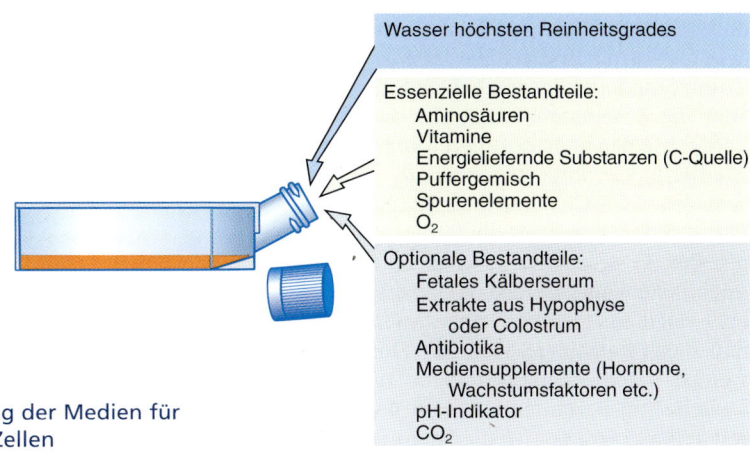

Wasser höchsten Reinheitsgrades

Essenzielle Bestandteile:
    Aminosäuren
    Vitamine
    Energieliefernde Substanzen (C-Quelle)
    Puffergemisch
    Spurenelemente
    $O_2$

Optionale Bestandteile:
    Fetales Kälberserum
    Extrakte aus Hypophyse
        oder Colostrum
    Antibiotika
    Mediensupplemente (Hormone,
        Wachstumsfaktoren etc.)
    pH-Indikator
    $CO_2$

**Abb. 1.6:** Zusammensetzung der Medien für die Kultivierung tierischer Zellen

**Tab. 1.2:** Beispiele für Mediensupplemente

| Substanzgruppe | Beispiel für Substanzen | Konzentrationen | Wesentliche Effekte und Einsatzbereiche |
|---|---|---|---|
| Hormone | Hydrocortison | 0,5 μg/ml | Stimulierung der Proliferation für unterschiedliche Zelltypen |
| | Insulin | 0,1-10 μg/ml | |
| | Glucagon | 0,05-5 μg/ml | |
| | Wachstumshormon | 0,05-0,5 μg/ml | |
| Wachstumsfaktoren | *Epidermal Growth Factor* | 1-100 ng/ml | Stimulierung der Proliferation für jeweils bestimmte Zelltypen |
| | *Fibroblast Growth Factor* | 0,2-100 ng/ml | |
| | *Transforming Growth Factor* β | 0,1-3 μg/ml | |
| | *Keratinocyte Growth Factor* | 1-100 ng/ml | |
| Bindungsproteine | Transferrin | 0,5-100 μg/ml | Stofftransport [1] |
| | Albumin | 0,5-2 mg/ml | |
| Anheftungsfaktoren | Collagene | 1-10 μg/ml | Anheftung, Differenzierung |
| | Fibronectine | 1-5 μg/ml | |
| | Laminin | 1-10 μg/ml | |
| | Poly-L-Lysin | 2-5 μg/ml | |
| Sonstige bioaktive Substanzen | Choleratoxin | $10^{-7}$ M | cAMP-Erhöhung |
| | Forskolin | $10^{-6}$ M | |

[1] Transferrin: Fe-Transport; Albumin: Vitamin-, Lipid-und Hormontransport

lem durch den hohen Gehalt an zweiwertigen Ionen ($Mg^{2+}$, $Ca^{2+}$) begründet, deren positive Ladungen die Anheftung der negativ geladenen Zelloberflächen an die ebenfalls negative Kulturgefäßoberfläche fördert. Hingegen enthalten andere Medien (z.B. RPMI 1640, *Roswell Park Memorial Institute 1640 medium*) nur einen geringen Anteil an zweiwertigen Ionen und sind daher die Medien der Wahl für Lymphozyten, die in Suspension proliferieren.

Vorteilhaft – wenn nicht sogar zwingend notwendig sowohl für die Anheftung als auch für die Proliferation und Differenzierung – ist in den meisten Fällen der Zusatz von 10–20 % (v/v) fetalem Kälberserum (*Fetal Calf Serum*, FCS). In speziellen Fällen wird das Serum durch Extrakte aus der Rinderhypophyse oder dem Colostrum ersetzt. Die Inhaltsstoffe dieser Zusätze sind nicht genau bekannt, und damit ist auch die Zusammensetzung der so supplementierten Medien nicht definiert (**Nicht-definierte Medien**). Vor ihrer Verwendung werden verschiedene FCS-Chargen hinsichtlich ihrer wachstums- und differenzierungsfördernden Wirkung getestet, da es zwischen einzelnen Chargen beträchtliche Unterschiede geben kann. Es gibt auch Medien, die keine undefinierten Zusätze enthalten (**Definierte Medien**). Diesen Medien werden Serumersatzmischungen zugesetzt, die viele der im Serum enthaltenen Wirkstoffe bereitstellen. Solche Mediensupplemente sind

Hormone, Wachstumsfaktoren, Bindungsproteine, Anheftungsfaktoren, Biochemikalien und Spurenelemente (**Tab. 1.2**). Außerdem fügt man den Medien üblicherweise Antibiotika zu (**Tab. 1.1**, S. 27).

## 1.2 Eigenschaften von Zellen in Kultur

Die Eigenschaften der Zellen sind bei ihrer Kultivierung von großer Bedeutung. Dazu gehören insbesondere der Teilungszyklus, die Zell-Zell-Interaktionen, der Stoffwechsel, die Differenzierung sowie die Alterungsprozesse der Zellen.

### 1.2.1 Zellteilungszyklus und Zellinteraktionen

Beim Teilungszyklus einer Zelle lassen sich vier Hauptphasen unterscheiden (**Abb. 1.7**). Die Phase der DNA-Synthese (**S-Phase**) führt zu einer Verdopplung der DNA-Stränge in den Chromosomen. Darauf folgen die $G_2$-Phase (G von *Gap*) und die Mitose (**M-Phase**). In dieser teilt sich der Zellkern. Die beiden Tochterkerne beginnen jeweils mit der $G_1$-Phase, in der pro Chromosom ein DNA-Doppelstrang vorliegt. Die Dauer der $G_1$-Phase kann je nach Zelltyp und Kulturbedingungen stark variieren. Norma-

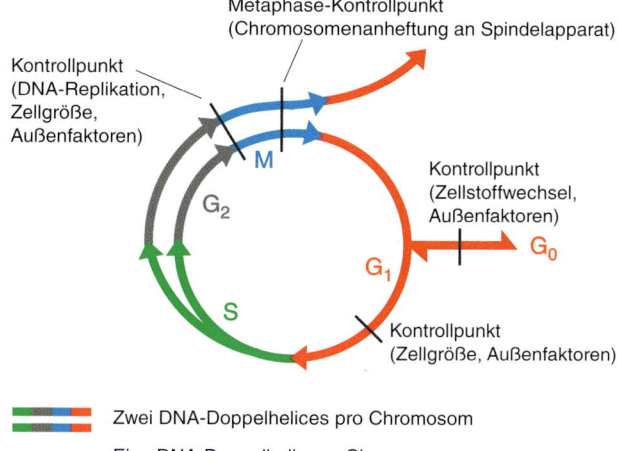

**Abb. 1.7:** Zellteilungszyklus

Ein Zyklus dauert bei sich intensiv teilenden, tierischen Zellen etwa 0,5 bis 1 Tag.

Zwei DNA-Doppelhelices pro Chromosom

Eine DNA-Doppelhelix pro Chromosom

le Zellen können den Zellzyklus in der $G_1$-Phase stoppen, wenn die Bedingungen nicht für eine Teilung ausreichen. Die Zellen überleben dann in einer **Ruhephase**, die auch als **$G_0$-Phase** bezeichnet wird und einen reduzierten Stoffwechsel aufweist. Die Proliferation beginnt wieder, sobald die Zellen in ein passendes Kulturmedium überführt werden. Die Ruhephase wird auch aufgehoben, wenn einige Zellen eines Kulturansatzes zerstört werden. Im Verlauf des Teilungszyklus werden also **Restriktions-** oder **Kontrollpunkte** durchlaufen, an dem die Außenfaktoren, wie die Verfügbarkeit von Substanzen aus dem Medium, und/oder Zellprozesse geprüft werden. Solche Kontrollpunkte befinden sich in der $G_1$-Phase, am Ende der $G_2$-Phase und in der M-Phase (**Abb. 1.7**).

Ein wichtiges Kriterium für die **Proliferation** (Zellvermehrung) ist die Zeit, in der sich die Zellzahl einer Population verdoppelt. Dabei können sich einzelne Zellen der Population unterschiedlich verhalten, so dass für die Proliferation der gesamten Kultur nur ein mittlerer Wert bestimmt wird. Die Zeiten für die Populationsverdopplung folgen einer **Wachstumskurve**, wie sie in **Abb. 1.8** dargestellt wird. Die Populationsverdopplungszeit wird aus der Mitte der exponentiellen Wachstumsphase einer Zellpopulation bestimmt. Zellen in Suspension erreichen Dichten von etwa $5 \times 10^6$ Zellen pro ml Medium.

Die kultivierten Zellen stoppen ihr Wachstum je nach lokalen Bedingungen, z.B. nach Erreichen der maximalen Zelldichte (**Kontakt-,**

**Topoinhibition**). Zellen tendieren je nach Herkunft und Differenzierungsstatus dazu, sich aneinander zu lagern (**Abb. 1.9**) oder an feste Oberflächen zu binden (**adhärente Zellen**). Die Interaktionen zwischen Zellen werden durch Rezeptoren bewirkt und durch Brücken (*Gap junctions*) gebildet. Letztere bringen die Membranen zweier Zellen in einen Kontakt, der relativ stabil sein kann und oft mit einem intensiven Stoffaustausch verbunden ist. Für den Stofftransport werden Kanäle geformt. Die metabolische Kooperation zwischen den Zellen erlaubt auch Zellen mit Stoffwechseldefekten, in ge-

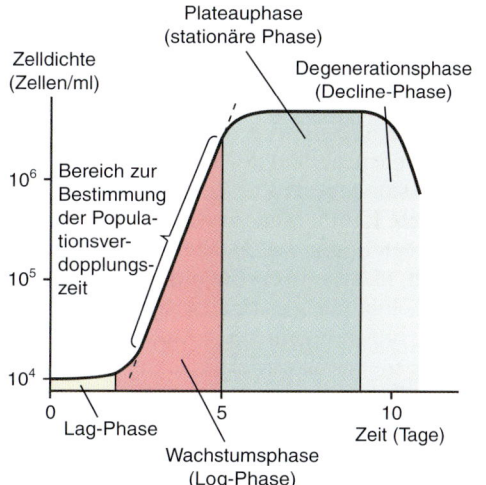

**Abb. 1.8:** Verlauf des Wachstums einer Population tierischer Zellen in Kultur (Wachstumskurve)

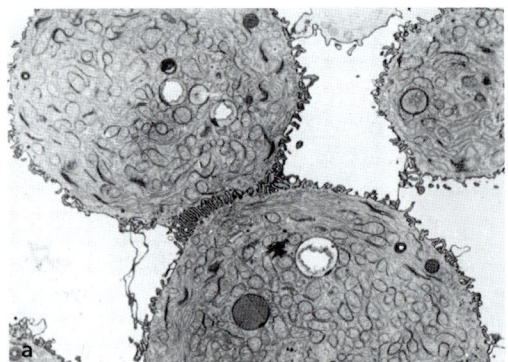
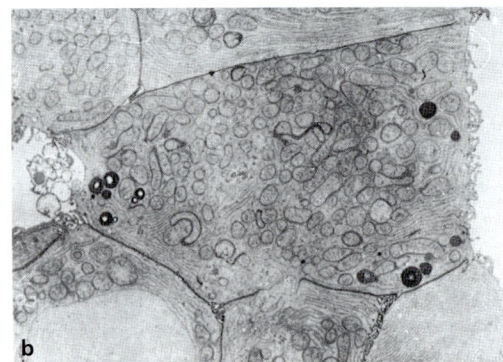

**Abb. 1.9:** Interaktion zwischen Zellen in Kultur

a) Bildung von Zellverbindungen

b) Enger Zellkontakt und Abtrennung (rechte Bildseite) eines Zellverbandes

mischter Kultur mit anderen Zellen zu wachsen. Diese Eigenschaft wird genutzt, indem zu einer bestimmten Zellart andere Zellen hinzugefügt werden, die die Versorgung unterstützen (**Feeder cells**). Elektronenoptisch wird sichtbar, dass sich Tierzellen an bestimmten Stellen der Gefäßunterlagen anknüpfen. Sie bilden kontinuierliche, einlagige Zellrasen (**Monolayer**). Viele Zellen können sich aktiv bewegen, was beispielsweise für Fibroblasten gilt.

### 1.2.2 Differenzierung und Alterungsprozesse

Tierische Zellen bleiben in Kultur mehr oder weniger in dem Differenzierungsstadium, welches sie im Donororganismus erreicht hatten. Hinsichtlich der Morphologie sind hauptsächlich drei Typen zu unterscheiden: Dünne, längliche (**Fibroblastentyp, Abb. 1.10a**) oder polygonale, flächenbildende (**Epitheliumtyp, Abb. 1.10b**) oder dendritische Zellen (**Nervenzellentyp, Abb. 1.10c**). Manche Zellen sind rund und ähneln den Epithelzellen, aber sie formen keine Flächen, so dass sie **epitheloide Zellen** genannt werden. Fibroblasten richten sich parallel aus, d. h. sie bilden regelmäßige Monolayer. Oft ändern die Zellen ihre Morphologie, während sie die für ihr Differenzierungsstadium typischen Stoffwechselleistungen beibehalten. Beispielsweise produzieren Fibroblasten auch in Kultur Collagen, Epithelzellen bilden Cytokeratin, und Milchdrüsenzellen lassen sich an der Milchproteinbildung erkennen. Zellen aus Tumorge-

webe unterscheiden sich üblicherweise im Differenzierungsverhalten von normalen Zellen, vor allem aber, indem sie auch in Suspensionen wachsen (**Abb. 1.10d**) und nicht topoinhibiert sind.

Normalerweise verfügen somatische Zellen auch unter optimalen Kulturbedingungen nur über eine begrenzte Lebensdauer (HAYFLICK UND MOORHEAD 1961; HAYFLICK 1965). Das Altern der Zellen hängt von der Zahl der erreichten Zellteilungsgenerationen ab, nicht jedoch von der Zeitdauer der Kultivierung. Dabei bestehen im zellulären Altern und Teilungsvermögen von Zellen Ähnlichkeiten zwischen dem Verhalten von Zellen in Kultur und denen in Organismen. Beispielsweise sind Fibroblasten, die aus alten Spendern stammen, in Kultur zu weniger Teilungen befähigt als Fibroblasten aus jungen Spendern. Fibroblasten, die aus menschlichen embryonalen Geweben etabliert werden, verlieren erst nach ca. 50 Teilungszyklen ihre Teilungsaktivität. Bei der Ratte laufen nur ca. 20 Teilungszyklen und bei der Maus ca. 10 Teilungszyklen ab, so dass erhebliche speziesspezifische Unterschiede beobachtet werden. Neben der genetisch determinierten Lebensdauer der Zellen sind Schäden in den Zellbestandteilen sowie die Anreicherung von Ablagerungsprodukten wesentliche Faktoren des zellulären Alterns. So können sich DNA-Mutationen akkumulieren, welche die Wachstumsfähigkeit senken und schließlich zur Letalität führen. Allerdings gibt es auch genbedingte Änderungen, durch die eine terminale Differenzierung

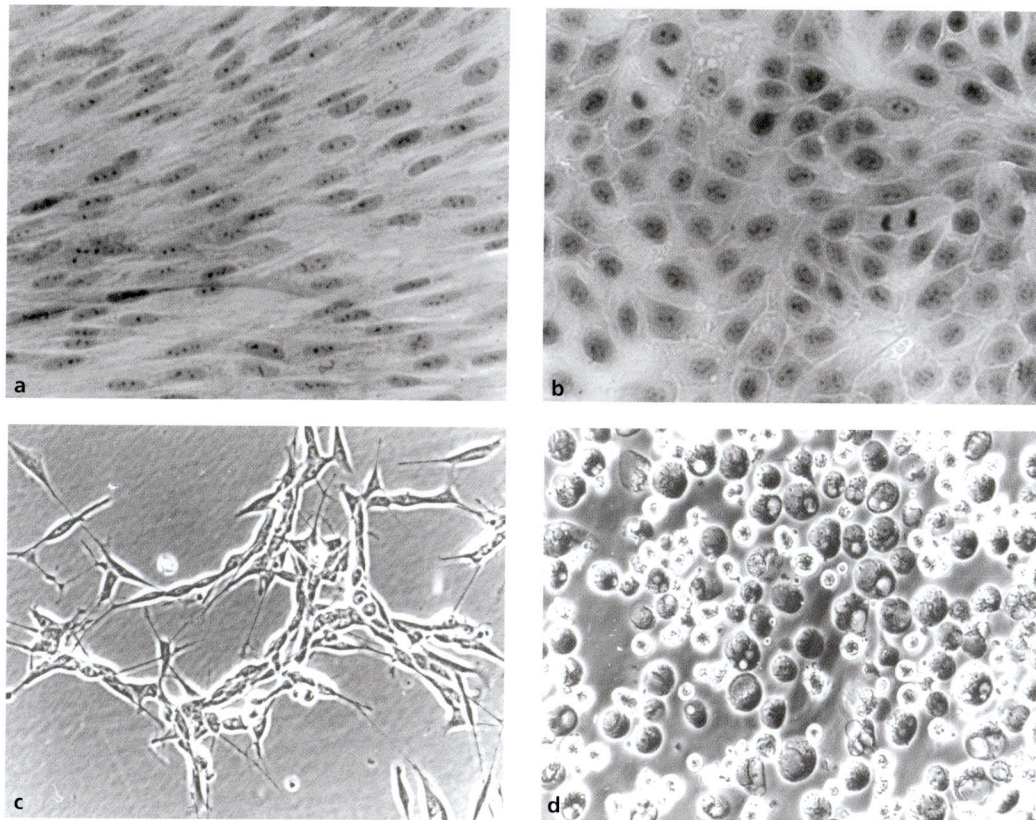

**Abb. 1.10:** Beispiele für kultivierte tierische und menschliche Zellen

a) Bovine Milchdrüsenfibroblasten
c) Humane Neuroblastomzellen

b) Bovine Milchdrüsenepithelzellen
d) Humane Leukämiezellen

und Alterung unterbleibt und die betroffenen Zelllinien in Kultur permanent vermehrt werden können (**permanente Zelllinien**, s. S. 38 f.).

### 1.2.3 Mechanismen der Wachstums- und Differenzierungskontrolle

Die Zellentwicklung wird durch zahlreiche **Wachstumsfaktoren** kontrolliert, die an bestimmten Stellen des Teilungszyklus ansetzen (vgl. **Abb. 1.7**, S. 31) und auch Unterschiede während der Differenzierungsstadien aufweisen. Dabei ist zwischen der periodischen Zellverdopplung (Proliferation) und dem Anstieg der Zellmasse zu unterscheiden. Beide Prozesse wirken zur selben Zeit in der Zellkultur, werden jedoch unabhängig reguliert. Daher können kultivierte Zellen zur DNA-Replikation stimuliert werden, ohne dass ein Größenwachstum erfolgt.

Beispielsweise wird die Entwicklung zur M-Phase hauptsächlich durch einen Komplex aus Cyclin B und einer Cyclin-abhängigen Proteinkinase (*Cycline dependent Kinase* 1, Cdk1) veranlasst, der als M-Cdk (*M-Phase-Cyclin-Cdk1-Complex*) bezeichnet wird (alte Bezeichnung: MPF, *Maturation Promoting Factor*). Wachstumsfaktoren binden spezifisch an Rezeptoren auf der Zellmembran, so dass die Wirkung eines Wachstumsfaktors auf bestimmte Zelltypen begrenzt sein kann. Es sind mehrere Wachstumsfaktoren bekannt, die u. a. bei Zellen in der $G_1$-Phase eine Zunahme der Zellmasse bewirken (vgl. **Tab. 1.2**, S. 30).

## 1.3 Handhabung tierischer Zellen in Kultur

### 1.3.1 Versorgung mit Medium

Kultivierte Zellen benötigen einen regelmäßigen, genügend häufigen Wechsel des Mediums, da Bestandteile des Mediums entweder von den Zellen verbraucht werden oder zerfallen. Zusätzlich ist es wichtig, sezernierte Stoffwechselprodukte zu entfernen. Die Intervalle der Mediumerneuerung und Subkultivierung sind abhängig von der Kulturtechnik und der Stoffwechselgeschwindigkeit der Zellen. Letztere hängt ab von der Zelllinie, dem *In-vitro*-Alter der Zellen sowie den weiteren Kulturbedingungen. In vielen Fällen ist ein wöchentlicher Mediumwechsel ausreichend; bei rasch metabolisierenden Zellen wird das Medium jeden zweiten bis dritten Tag gewechselt. Unter schwierigen Kulturbedingungen kann es richtig sein, nur einen Teil des Mediums zu ersetzen, um den Zellen den Rest des von ihnen mit wachstumsfördernden Substanzen angereicherten (konditionierten) Mediums zu belassen. Zellen, die nicht adhärent an eine Substratunterlage gebunden sind (z. B. Tumorzellen, Lymphocyten), lässt man zunächst sedimentieren. Nur der obere Teil des Mediums wird dann abgesaugt, und die Zellen werden in frischem Medium resuspendiert.

### 1.3.2 Subkultivierung

Sobald die Kulturschale vollständig von den Zellen eingenommen ist, proliferieren nichttransformierte, adhärente Zellen nicht mehr weiter. Manche transformierte Zellen wie etwa Tumorzellen können sich zwar noch vermehren, aber dann müsste das Medium zunehmend häufig gewechselt werden. Aus diesen Gründen werden die Zellen, sobald eine maximale Zelldichte erreicht ist, verdünnt. Das geschieht durch **Passagieren** der Zellen, wobei die Zellen unter Verdünnung vom alten Kulturgefäß in mehr oder weniger viele neue Kulturgefäße überführt werden. Eine Vereinzelung kultivierter Zellen erfolgt im Allgemeinen durch eines der folgenden Verfahren:

– **Enzymatische Zellablösung.** Das Ablösen adhärenter Zellen wird durch die Wirkung von Trypsin in Kombination mit EDTA

*(Ehtylene-diamine-tetraacetic acid)* erreicht. Weitere Enzyme, die zur Ablösung von Monolayerkulturen verwendet werden, sind Collagenase (für in Collagen eingebettete Bindegewebezellen) und Dispase (für trypsinempfindliche Zellen). Bei Verwendung von Enzymen sind die Bedingungen (Konzentrationen, EDTA-Zusatz, Pufferlösungen, Temperatur, Einwirkungszeiten) zu optimieren, um bei hoher Ausbeute die Zellschädigungen gering zu halten.

– **Abklopfen.** Zellen, die lose an das Substrat gebunden sind, können durch einfaches Abklopfen (*Shake-off*-Verfahren) von der Kulturschalenunterseite sowie durch mehrfaches Spülen mit Medium in Suspension gebracht werden. Da sich die in Teilung befindlichen Zellen besonders leicht ablösen lassen, werden mit dem Verfahren synchron proliferierende Zellen isoliert. Das Abklopfen mitotischer Zellen ist eine schonende und einfache Methode, die allerdings eine geringe Ausbeute zeigt und nur bei adhärenten Zellen möglich ist.

– **Abschaben.** Ein Abschaben von Monolayerkulturen zum Zwecke der Subkultivierung wird selten durchgeführt, da die Zellen durch mechanische Einflüsse im Allgemeinen geschädigt werden. Trotzdem gibt es Einsatzbereiche, bei denen sterile Silikongummischaber eingesetzt werden, z. B. bei Untersuchungen zur Funktion oder Antigenität von Zelloberflächenproteinen, welche durch Enzymbehandlung verändert werden könnten.

Die isolierten Zellen werden in geeigneter Zelldichte in frischem, auf 37 °C erwärmtem Medium suspendiert und dann in neue Kulturgefäße ausgesät. Für empfindliche Zellen werden die Kulturgefäße vorbehandelt, um eine Anheftung der Zellen zu fördern. Oft reicht dazu ein dünner Film von fetalem Kälberserum. Für bestimmte Fragestellungen wird Collagen verwendet, während eine Beschichtung mit Polylysin oder Substanzen der Extrazellulären Matrix, wie z. B. Fibronectin oder Laminin, nur in besonderen Fällen (z. B. Kultivierung von embryonalen Stammzellen, s. S. 45f.) vorgenommen wird. Die frisch beschickten Kulturschalen werden sofort in den Brutschrank gestellt. Sie sollten in den folgenden Stunden nicht bewegt werden, um die initiale Anheftung der Zellen nicht zu stören. Sobald

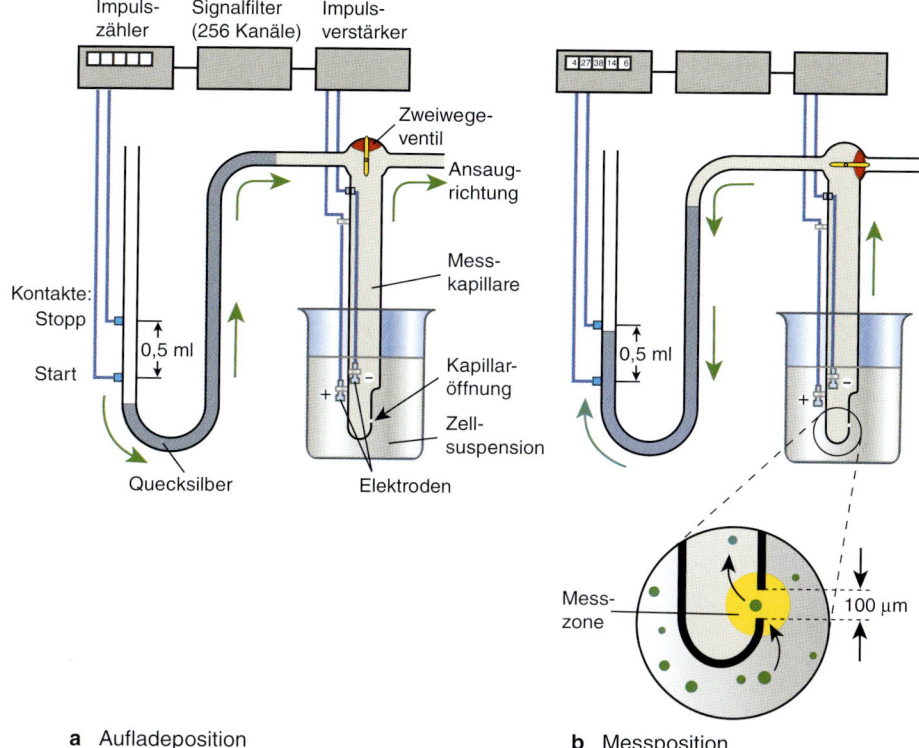

**a** Aufladeposition          **b** Messposition

**Abb. 1.11:** Funktionsschema eines elektronischen Partikelzählgerätes (*Coulter Counter*), wie es auch für die Zellzählung verwendet wird

**a)** Aufladeposition: Hierbei ist das Manometer mit der Vakuumpumpe verbunden, so dass diese die Quecksilbersäule in Startposition zieht.

**b)** Messposition: Das Ventil wird geschlossen. Die Quecksilbersäule bewegt sich in Richtung der Ausgangsposition und zieht ein definiertes Volumen der Zellsuspension durch die Messzone. Gelangt ein Partikel (eine Zelle) in die Messzone, führt dies zu einer Widerstandserhöhung. Diese wird von den Elektroden als Impuls erfasst. Im Gerät wird die Zahl der Impulse und damit die der Partikel in dem eingezogenen Flüssigkeitsvolumen gezählt.

die Zellen zu einem akzeptablen Anteil angeheftet sind, spätestens jedoch nach zwölf Stunden, wird das Medium komplett erneuert.

Relativ einfach gestaltet sich eine Subkultivierung von Zellen in Suspension. Dies sind bei tierischen Zellen meistens nur Zellen des Blut- und Lymphsystems oder transformierte Zelllinien (während Pflanzenzellen in der Regel als Suspensionskulturen gelingen). In Suspension kultivierbare Zellen können ohne weitere Hilfsmittel in Subpopulationen überführt werden.

Für die Wachstumsgeschwindigkeit spielt die anfänglich eingesetzte Zellzahl, das **Inoculum**, eine entscheidende Rolle. Zu dünn ausgesäte Zellen sind überfordert, das Medium durch Konditionierung, d.h. durch die Sezernierung von Wachstumsfaktoren, nutzbar zu machen; zu dicht ausgesäte Zellen müssen zu häufig subkultiviert werden.

Bei jeder Passage wird üblicherweise eine **Zellzählung** vorgenommen. Hierzu wird ein Tropfen der Zellsuspension auf einen speziellen Objektträger (Zählkammer) überführt. Bei diesem befindet sich innerhalb quadratischer Felder jeweils ein definiertes Volumen, für das unter einem Mikroskop die Zellen gezählt werden. Das Ergebnis einer solchen Zählung wird dann auf das Kulturvolumen hochgerechnet. Für die Zellzählung gibt es auch elektronische Zellzählgeräte (**Abb. 1.11**).

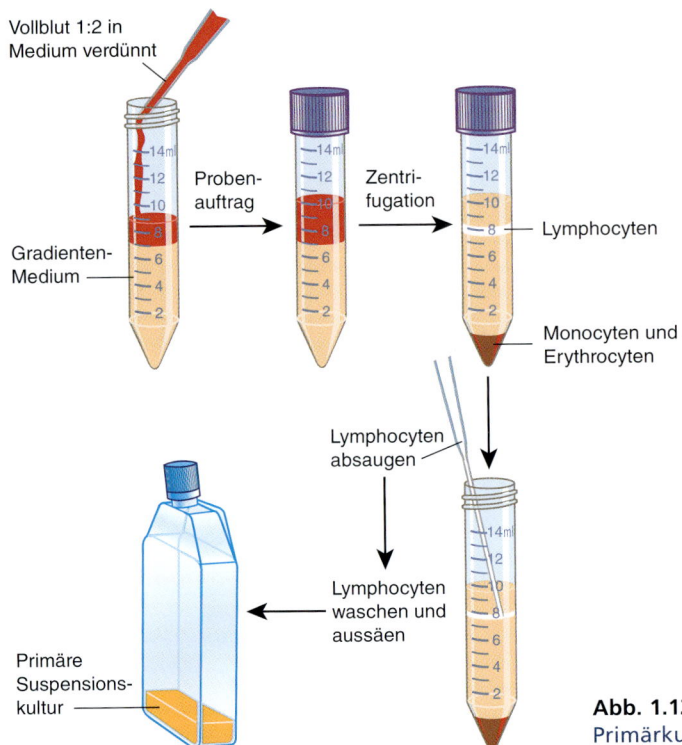

Vollblut 1:2 in Medium verdünnt

Gradienten-Medium

Probenauftrag

Zentrifugation

14ml
12
10
8
6
4
2

Lymphocyten

Monocyten und Erythrocyten

Lymphocyten absaugen

Lymphocyten waschen und aussäen

Primäre Suspensionskultur

**Abb. 1.12:** Etablierung einer Lymphocyten-Primärkultur aus Vollblut

### 1.3.3 Sortierung von Zellen

In einem Gewebe befinden sich in der Regel sehr verschiedene Zellen. Hiervon werden in den meisten Fällen nur bestimmte Zellen in Kultur genommen. Daher sind zunächst mehr oder weniger aufwendige präparative Sortiervorgänge erforderlich. Beispielsweise wird durch Filtration dafür gesorgt, dass nur vereinzelte Zellen in die Kultur gelangen. Die Zelldichte und –form wirkt sich auf die Zellsedimentation aus, so dass manchmal präparative Zentrifugationen für die Gewinnung bestimmter Zellfraktionen benutzt werden (**Abb. 1.12**). Verschiedenartig differenzierte Zellen können sich in ihren Oberflächenrezeptoren oder DNA-Sequenzen unterscheiden. Dadurch lassen sich die Zellen mit Hilfe von fluoreszenzmarkierten Antikörpern oder DNA-Fragmenten unterschiedlich stark anfärben. Zur Trennung unterschiedlich gefärbter Zellen gibt es spezielle Geräte, die als **Zellsortierer** (*cell sorter*) bezeichnet werden (**Abb. 1.13**).

### 1.3.4 Zellsynchronisation

Manchmal werden Zellen einer bestimmten Phase aus dem Zellteilungszyklus (**Abb. 1.7**, S. 31) benötigt. Dafür werden zwei Wege eingeschlagen:
- Mit Hilfe **chemischer oder physikalischer Trenntechniken** werden Zellen, die sich in einer bestimmten Phase des Zellteilungszyklus befinden, nach ihren Größen oder Formen sortiert und angereichert. Beispielsweise runden sich viele Zellarten während der Mitose ab. Sie haften dann nur schwach auf dem Substrat und können durch Abklopfen selektiv vom Kulturgefäß abgelöst werden.
- Durch **Beeinflussung des Zellstoffwechsels** lassen sich die Zellen in einer bestimmten Phase des Zellteilungszyklus stoppen (arretieren). Beispielsweise können Zellen, die sich in der Log-Phase (vgl. **Abb. 1.8**, S. 31) befinden, kurzzeitig auf 4 °C abgekühlt werden. Nach Erwärmung auf wieder 37 °C teilen sich die Zellen weitgehend synchron. Ein weiteres Beispiel ist die Zellsynchronisation

**Abb. 1.13:** Schematische Darstellung eines Fluoreszenzaktivierten Zellsortierers (*Fluorescence Activated Cell Sorter*, FACS) zur Zellseparation mittels Durchflusscytophotometrie (modifiziert nach ALBERTS ET AL. 2004)

Die Zellen werden für die Sortierung vorbereitet, indem sie mit einem fluoreszenten Antikörper oder DNA-Farbstoff markiert werden. Die suspendierten Zellen werden dann in den Puffer des Ultraschallerzeugers gepumpt. Nach Austritt aus dem Ultraschallerzeuger passiert der zellhaltige Hüllstrom einen Laserstrahl, der in jeder markierten Zelle die Fluoreszenz induziert. Das Signal wird vom Fluoreszenzlichtdetektor quantifiziert und dann innerhalb von Millisekunden in einen Impuls zur Aufladung des Hüllstroms umgewandelt. Die Impulshöhe ist proportional zur Stärke des Fluoreszenzsignals. Der aufgeladene Hüllstrom wird über die Schwingungsfrequenz des Ultraschallerzeugers in einzelne Tropfen geteilt, die ihrer Ladung entsprechend im elektrischen Feld abgelenkt werden. Tropfen jeweils gleicher Ladung werden in bestimmten Sammelgefäßen angereichert. Auf diese Weise gelingt eine Sortierung von Zellen je nach Antikörpermarkierung bzw. DNA-Gehalt. Die Streulichtdetektion ermöglicht eine gleichzeitige Bestimmung von Zellgröße und -form, so dass diese Kriterien ebenfalls bei der Sortierung berücksichtigt werden können.

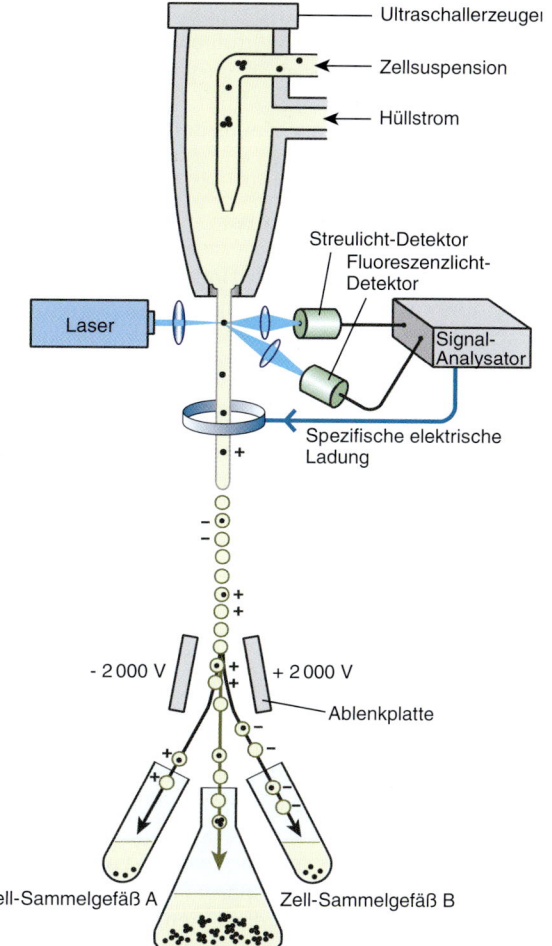

durch Colcemid, das den Zellzyklus in der Metaphase blockiert. Auch das Weglassen von Mediumbestandteilen, wie z. B. Serum oder Isoleucin, kann eine Zellsynchronisation bewirken.

## 1.3.5 Konservierung von Zellen

Wenn Zellen nicht ständig verwendet werden oder gesichert werden sollen, ist eine Konservierung erforderlich. Die Lagerung bewahrt Zellen vor Kontamination, Veränderungen durch Subkultivierung, Alterung etc. Am Gebräuchlichsten ist die Einlagerung in flüssigem Stickstoff ($-196\,°C$). So kryokonservierte Zellen können viele Jahrzehnte aufbewahrt werden, ohne

dass sich ihre Eigenschaften verändern. Die Lagerung von Zellen bei $-80\,°C$ ist ebenfalls möglich, allerdings ist die Haltbarkeit der Zellen dann auf wenige Monate begrenzt. Vorteilhaft ist, wenn sich die Zellpopulationen vor der Konservierung in der exponentiellen Wachstumsphase befinden, da sie dann mit hoher Effizienz bei einer erneuten Kultivierung teilungsfähig sind. Die Verfahren zur Kryokonservierung werden in einem getrennten Kapitel behandelt (siehe S. 325 ff.).

Das Auftauen der Zellen soll schnell erfolgen, wobei meistens in möglichst kurzer Zeit eine Temperatur von $37\,°C$ angestrebt wird. Die Zellen werden unmittelbar nach dem Auftauen in Kulturmedium aufgenommen und dann, z.B.

durch schonende Zentrifugation, vom Gefrier-schutzmittel befreit. Nachfolgend werden die Zellen in ein Kulturgefäß ausgesät. Ein Me-diumwechsel wird durchgeführt, sobald sich ein akzeptabler Anteil der Zellen auf dem Boden der Schale angeheftet hat.

### 1.3.6 Primäre Zellkultur

In einer **Primärkultur** befinden sich Zellen, die direkt aus dem Donororganismus entnom-men und noch nicht subkultiviert wurden. Eine Primärzellkultur wird auf zwei Wegen er-reicht:

- Das Gewebe wird mechanisch und/oder en-zymatisch in Einzelzellen zerlegt, die dann durch physikalische und enzymatische Hilfs-mittel in möglichst homogene Zellpopulatio-nen überführt werden.
- Gewebe- oder Organstücke (Explantate) wer-den auf ein Substrat gelegt, aus dem Einzel-zellen auswandern können.

Die mechanische Desintegration von Zellen er-folgt mit Skalpell, Schere und/oder feinen Drahtnetzen. Meistens entstehen dadurch Zell-klumpen, aus denen auf enzymatischem Wege die Zellen vereinzelt werden. Solche Enzym-präparationen enthalten unterschiedliche Kom-binationen an Proteinasen, wobei vor allem Trypsin, Collagenase, Dispase, Pronase, Elasta-se und/oder Hyaluronidase benutzt werden. Trypsin und Pronase erzielen im Allgemeinen eine vollständige Dissoziierung von Geweben in Einzelzellen, allerdings ist die Schädigung der Zellen auch am größten. Dispase und Collage-nase schädigen die Zellen weniger, führen je-doch auch zu einer geringeren Ausbeute an Ein-zelzellen.

Je nach Gewebetyp gestaltet sich die Anlage einer Primärkultur sehr verschieden. Zellen des Blut- und Lymphsystems sowie viele Tumorzel-len können in Suspension kultiviert werden. In diesen Fällen kann die Zellsuspension mittels Dichtegradientenzentrifugation in Fraktionen aufgetrennt werden, um Einzelzellen der ge-wünschten Fraktion zu isolieren. Dies wird in **Abb. 1.12** für die Auftrennung der Blutzellen in Erythrocyten, Monocyten und Lymphocyten ge-zeigt. Tierische Zellen benötigen jedoch in Pri-märkulturen normalerweise ein festes Substrat für ihre Anheftung. Die Etablierung von adhä-

rent kultivierten Primär-Zellen wird in **Abb. 1.14** am Beispiel von Epithelzellen aus Milch-drüsengewebe des Rindes dargestellt.

### 1.3.7 Sekundäre Zellkultur

Mit Zellen, die der Primärkultur entnommen, in ein neues Kulturmedium transferiert und dort weiter gezüchtet werden, entsteht eine **sekun-däre** Zellkultur. Der Transfer kann anschließend mehrmals durchgeführt werden. Auf diese Weise entsteht eine (diploide) **Zelllinie** (Zell-stamm, *diploid cell strain*), deren Zellen in Morphologie und anderen Eigenschaften über einige Teilungsgenerationen hinweg unverän-dert zu sein scheinen. Schließlich setzt ein Al-terungsprozess ein, der gekennzeichnet ist durch verlangsamte Proliferation sowie Verände-rungen in der Morphologie, Biochemie, Genex-pression und Chromosomenstruktur. Die Zellen verbleiben häufig zunächst in einer nicht-proli-ferativen Phase, bevor sie degenerieren und schließlich das Leben der Zelllinie endet.

### 1.3.8 Permanente Zelllinien

Während ihrer Kultivierung können in einer Zelllinie einige Zellen veränderte Eigenschaften erreichen. Sie proliferieren oft schneller und können aus einer kleinen Zellzahl eine Kultur starten. Die Ansprüche an die Mediumzusam-mensetzung sind meistens stark reduziert. Die Zellen, die sich von einer solchen Zelle ableiten, bilden eine **permanente Zelllinie**. Die Zellen einer permanenten Linie können sich im Allge-meinen immer wieder teilen und haben damit ei-ne potenziell unbegrenzte Lebensdauer erlangt (**Immortalisation**). Sie haben einen Prozess durchlaufen, der als **Transformation** bezeich-net wird. Insbesondere Nagetierzellen zeigen ei-ne starke Tendenz zur Transformation, wahr-scheinlich bedingt durch wenig effiziente DNA-Reparatursysteme und Zellzykluskontrollen so-wie geringe Kontrollen bei der Genexpression. Eine Transformation kann auch durch ionisie-rende Strahlung und durch einige Chemikalien hervorgerufen werden.

Transformierte Zellen zeigen Veränderungen in ihrer Morphologie und Proliferationskontrol-le. Eine weitere Eigenschaft solcher Zelllinien kann der Verlust der Kontaktinhibition sein; ebenso können Membranrezeptoren für Hormo-

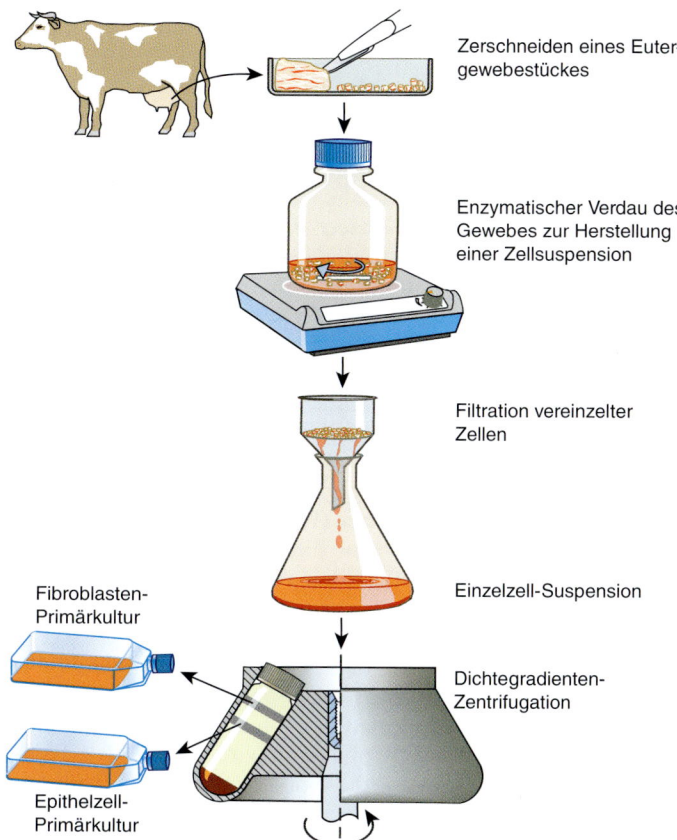

Zerschneiden eines Euter-gewebestückes

Enzymatischer Verdau des Gewebes zur Herstellung einer Zellsuspension

Filtration vereinzelter Zellen

Fibroblasten-Primärkultur

Einzelzell-Suspension

Dichtegradienten-Zentrifugation

**Abb. 1.14:** Etablierung von Primärkulturen aus Milch-drüsengewebe einer Kuh

Epithelzell-Primärkultur

ne und die Notwendigkeit, auf festem Substrat zu wachsen, verloren gehen. Häufig liegt Aneu-ploidie vor, d.h. ein Verlust einzelner Chromo-somen. Manche Zelllinien erfahren derart weit reichende genetische Veränderungen, dass die Zellen neoplastisch werden und in der Lage sind, Tumore in immundefizienten Tieren zu in-duzieren.

## 1.4 Spezielle Verfahren der Zellkultivierung

Die Verfahren der Zellkultivierung unterschei-den sich je nach den Zielsetzungen der Analyse, dem Zelltyp, den Kultivierungsbedingungen und den Präparationstechniken. Nachfolgend werden einige Verfahren aufgeführt, die eine Bedeutung bei der Verwendung tierischer Zellen erlangt haben.

### 1.4.1 Cytotoxizitäts- und Mutagenesetests

Viele Substanzen wirken cytotoxisch oder mu-tagen. Unter Verwendung kultivierter Zellen als Testsystem kann die Wirkung neuer chemischer Substanzen geprüft und der Wirkungsmecha-nismus der toxischen Substanzen im Einzelnen aufgeklärt werden. Häufig lassen sich so Tier-versuche ersetzen. Je nach Problemstellung wer-den verschiedene Methoden der Cytotoxizitäts- und Mutageneseprüfung angewandt. Dabei wer-den die Überlebensrate (Membranintegrität), Stoffwechselleistungen (Respiration, Glykolyse, Einbau radioaktiver Vorstufen), Vermehrungsfä-higkeit (Proliferation) und/oder Mutagenität (DNA-, Chromosomenänderung) untersucht.

Zur Prüfung der Membranintegrität dient häu-fig Trypanblau. Der Test beruht auf dem Prinzip, dass bei Zellen, die über eine intakte Zellmemb-ran verfügen, kein Farbstoff in das Zellinnere diffundiert, während geschädigte Zellen anhand der Blaufärbung erkannt und gezählt werden können. Ein weiterer Test der Membranintegrität beinhaltet die Quantifizierung von radioaktivem Chrom ($Cr^{51}$), das vor Testbeginn in die Zellen über deren Phosphat- und Sulfattransportwege aufgenommen wurde. Intrazellulär wird Chromat zu Chrom reduziert, das von Nucleinsäuren, Nucleotiden und Proteinen gebunden wird. Membrantoxische Testsubstanzen führen daher zur Freisetzung von $Cr^{51}$ aus den Zellen und somit zu einer messbaren Radioaktivitätsmenge im Zellkulturüberstand. Zellen können auch mit nucleinsäurebindenden Substanzen, wie Ethidiumbromid, inkubiert werden. Dann lassen sich nachfolgend tote Zellen an der gefärbten DNA erkennen und ggf. mittels Fluoreszenzaktiviertem Zellsortierer (FACS) (**Abb. 1.13**, S. 37) getrennt sammeln. Ein Nachweis der metabolischen Aktivität, die bei abgestorbenen oder geschädigten Zellen abnimmt, erfolgt oft über die Aktivität cytoplasmatischer Enzyme. So kann z. B. mit Hilfe einer Farbreaktion die Aktivität der Dehydrogenasen photometrisch gemessen werden. Eine Bestimmung der Proliferation einer Test-Zellpopulation wird anhand der Zellzahl, DNA-Synthese und Proteinsynthese vorgenommen. Für genaue Aussagen können die Parameter durch Einbau radioaktiver Vorstufen oder durch Farbreaktionen quantifiziert werden.

**Abb. 1.15** zeigt als Beispiel die technische Ausführung einer Cytotoxizitätsprüfung mit Hilfe von Maus-Fibroblasten. Seit 2004 hat die Internationale Organisation für Wirtschaftliche Zusammenarbeit und Entwicklung (OECD) die ersten tierversuchsfreien Prüfmethoden (Tests für hautätzende Stoffe, Aufnahme von Fremdstoffen über die Haut sowie phototoxische Eigenschaften von Stoffen) akzeptiert. Diese Tests sind damit international von staatlichen Behörden für den Arbeits- und Verbraucherschutz beim Einsatz neuer chemischer Stoffe vorgeschrieben.

## 1.4.2 Zellklonierung

Für viele Fragestellungen sind Zellpopulationen einheitlicher Herkunft erwünscht, indem eine Zellpopulation aus einer einzigen Zelle gezüchtet wird. Eine solche Zellpopulation wird als **Zellklon** bezeichnet, und dessen Herstellung

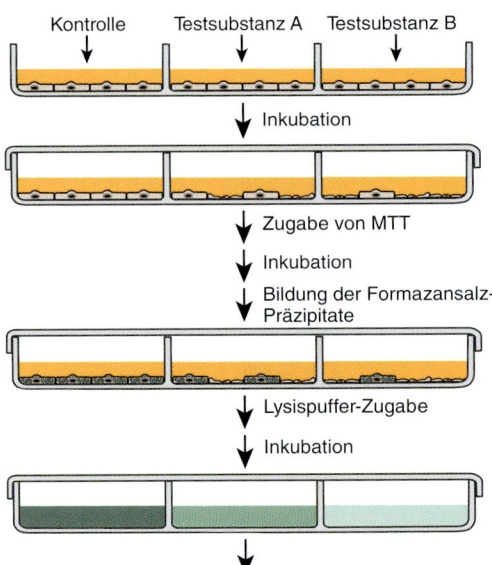

**Abb. 1.15:** Beispiel für eine Cytotoxizitätsprüfung mit Hilfe von Maus-Fibroblasten

Die zu testenden Substanzen A und B werden den Zellen hinzugefügt. Nach Inkubation werden je nach Toxizität der Substanz mehr oder weniger viele Zellen zerstört. Danach zugefügtes MTT (3-[4,5-Dimethylthiazol-2-yl]-2,5-diphenyl-tetrazoliumbromid) wird von lebenden Zellen aufgenommen und führt in diesen zur Bildung von gefärbten Formazansalz-Präzipitaten. Nach Zelllyse lassen sich die Farbstoffe photometrisch quantifizieren. Die Farbintensität ist umso größer, je mehr lebende Zellen vorlagen.

gilt als **Zellklonierung**. Der Anteil der Zellen, die zur Klonbildung befähigt sind, ist die **Klonierungseffizienz** (*cloning efficiency*). Sie liegt bei Primärkulturen häufig sehr niedrig, kann aber in einzelnen Fällen, wie z. B. bei Tumorzellen, bis zu 100 % betragen. Die Klonierungseffizienz kann durch Außeneinflüsse gesteigert werden. Die gemeinsame Herkunft der klonierten Zellen bedeutet nicht, dass diese genetisch homogen bleiben müssen, vielmehr können mit zunehmenden Zellteilungsgenerationen auch Unterschiede zwischen den Zellen eines Klons auftreten.

Es gibt verschiedene Methoden zur Zellklonierung. Wie **Abb. 1.16** zeigt, beginnen die Verfahren üblicherweise mit der Herstellung einer Zellsuspension und starten danach einzelne,

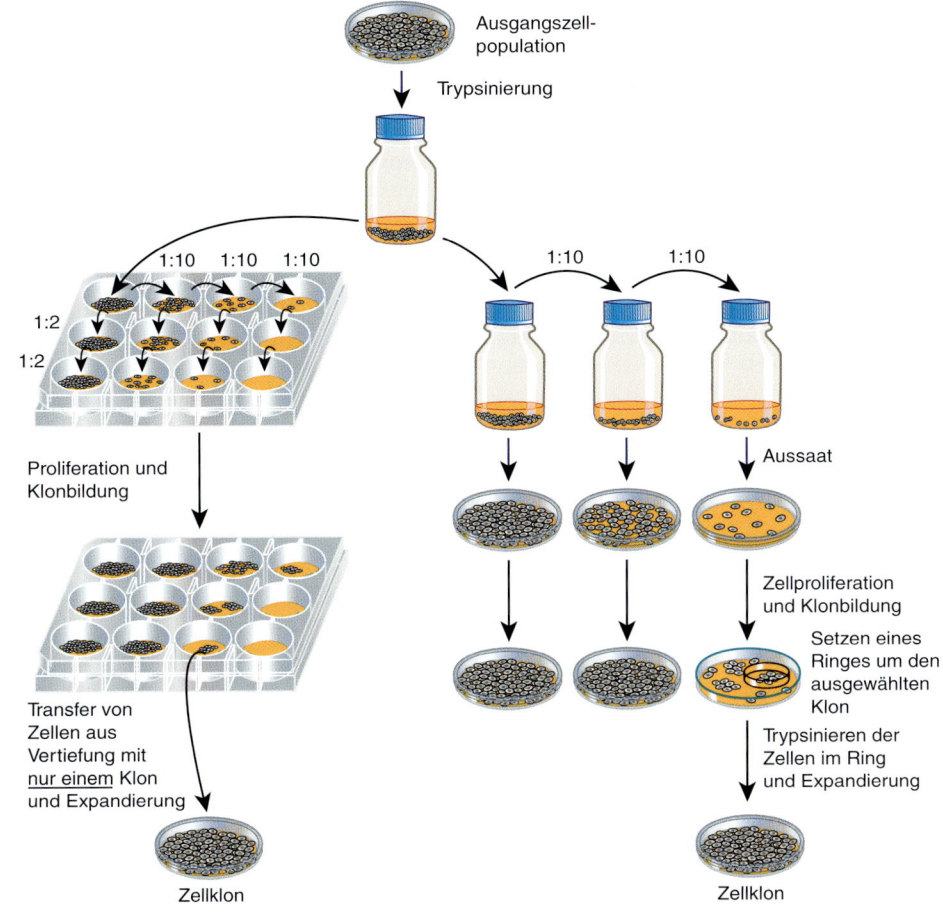

Ausgangszell-
population

Trypsinierung

1:10 1:10 1:10

1:2

1:2

1:10 1:10

Aussaat

Proliferation und
Klonbildung

Zellproliferation
und Klonbildung

Setzen eines
Ringes um den
ausgewählten
Klon

Transfer von
Zellen aus
Vertiefung mit
nur einem Klon
und Expandierung

Trypsinieren der
Zellen im Ring
und Expandierung

Zellklon

Zellklon

**a** Verwendung von Multiwell-Kulturschalen    **b** Verwendung von Klonierungsringen

**Abb. 1.16:** Klonierung von Zellen

Für die Arbeiten werden entweder Multiwellplatten (a) oder Gewebekulturschalen mit Klonierungsringen (b) verwendet. In jedem Falle stellt man aus der Startkultur durch Trypsinierung eine
Zellsuspension her. Die suspendierten Einzelzellen werden in aufeinander folgenden Stufen verdünnt. Die Zellen jeder Verdünnungsstufe werden getrennt kultiviert. Ausgewählte Zellklone werden präpariert und in geeignete Kulturschalen überführt.

unterschiedlich verdünnte Zellpopulationen. Oft
erfolgt vor der Aussaat eine Sortierung von Zel-
len auf Grund bestimmter Markereigenschaften.
Dies gelingt standardisiert und effizient mit dem
Zellsortierer (**Abb. 1.13**, S. 37). Die isolierten
Zellen werden anschließend entweder einzeln in
Vertiefungen einer Multiwellplatte oder in nie-
drigen Zellzahlen in größere Kulturgefäße aus-
gesät. Das Auffinden und Expandieren klonaler
Zellpopulationen gelingt u.a. mit Hilfe von Klo-
nierungsringen. Hierbei wird der ausgesuchte
Klon durch einen Glasring von der Umgebung

abgetrennt. Die Zellen im Glasring können dann
durch Behandlung mit Trypsin (Trypsinierung)
abgelöst und nach Suspendierung expandiert
oder subkloniert werden.

### 1.4.3    Zellhybridisierung

Eine Fusion von zwei (oder mehreren) Körperzellen kann viral, chemisch oder elektrisch induziert werden. Bei der viral induzierten Zellfusion wird dem Medium beispielsweise das
Sendai-Virus (*RNA paramyxo-virus, parain-*

*fluenza type 1 virus*) zugefügt. Als Chemikalie dient oft Polyethylenglycol. Die Substanzen binden sich an die Zellmembran, so dass bei benachbarten Zellen die Membranen verschmelzen. Die Fusion tierischer Zellen wird auch mit Hilfe elektrischer Felder vorgenommen. Diese apparativ aufwendige Methode hat den Vorteil einer hohen Fusionsrate. Bei der Elektrofusion wird im ersten Schritt ein enger Membrankontakt zwischen den zu fusionierenden Zellen hergestellt und im zweiten Schritt durch kurzen Gleichstrompuls ein Durchbruch der Zellkontaktzonen bewirkt (**Abb. 1.17**). Ein Membrankontakt von Zellen wird durch Elektrophorese erreicht. Zellen tragen elektrische Ladungen und wandern daher im elektrischen Feld. Zusätzlich ziehen sich Zellen über Dipolmomente gegenseitig an, so dass sich jeweils zwei bis vier Zellen während der Elektrophorese gruppieren. Ein nachfolgender intensiver Gleichstrompuls führt zum Aufbruch der Zellmembranen, und bei der Interaktion der Membranteile kommt es zur Zellfusion.

Eine Fusion von Körperzellen verschiedener Gewebe oder Individuen wird als **Zellhybridisierung** bezeichnet. Dabei können die Zellen aus verschiedenen Spezies stammen. Durch die Fusion entstehen zunächst Zellen mit jeweils mehreren Kernen (**Heterokaryon**). Fusionieren bei der nächsten Zellteilung auch die Kerne, bilden sich **Hybridzellen**. Bei den weiteren Tei-

lungen der Hybridzellen gehen im Allgemeinen bevorzugt Chromosomen einer der Ausgangsspezies verloren. Es können dann Zellklone gebildet werden, die nur noch ein oder wenige Chromosomen von einer Spezies (**Donor-Chromosomen**) und die übrigen von der anderen Spezies (**Rezipienten-Chromosomen**) besitzen. Mutierte Zellen des Rezipienten – denen z. B. die Befähigung, in einem üblichen Medium wachsen zu können, fehlt – erlauben eine Selektion auf Hybridzellen. Wie **Abb. 1.18** darstellt, lassen sich somatische Hybridzellen in Mengen herstellen, wie sie für die Karyotypisierung, DNA-Analyse oder Erzeugung von Genprodukten benötigt werden. Für einige Spezies existieren Sammlungen (*Panels*) von Hybridzellklonen (**somatische Hybridzell-Panels**), bei denen einzelne Klone jeweils möglichst wenige und verschiedene Donor-Chromosomen enthalten. Bei einem **Einzelchromosom-Panel** besitzt jeder Klon ein anderes komplettes Donor-Chromosom. Leichter ist die Erstellung eines **multiplen Chromosomen-Panels**, bei dem pro Zellklon ein bis mehrere Donor-Chromosomen vertreten sind und aus Vergleichen zwischen den Klonen trotzdem jedes Chromosom charakterisiert werden kann. Die somatischen Hybridzell-Panels werden in verschiedenen Bereichen der Forschung verwendet, insbesondere für die Genomkartierung (vgl. S. 269 ff.).

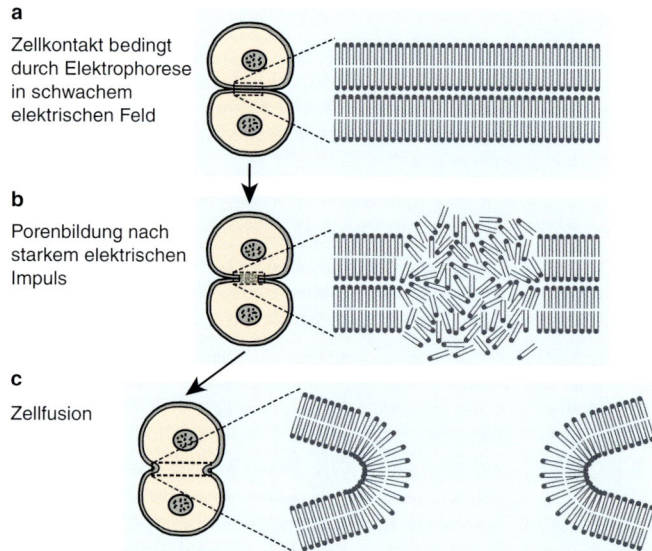

**a**

Zellkontakt bedingt
durch Elektrophorese
in schwachem
elektrischen Feld

**b**

Porenbildung nach
starkem elektrischen
Impuls

**c**

Zellfusion

**Abb. 1.17:** Elektrisch induzierte Zellfusion

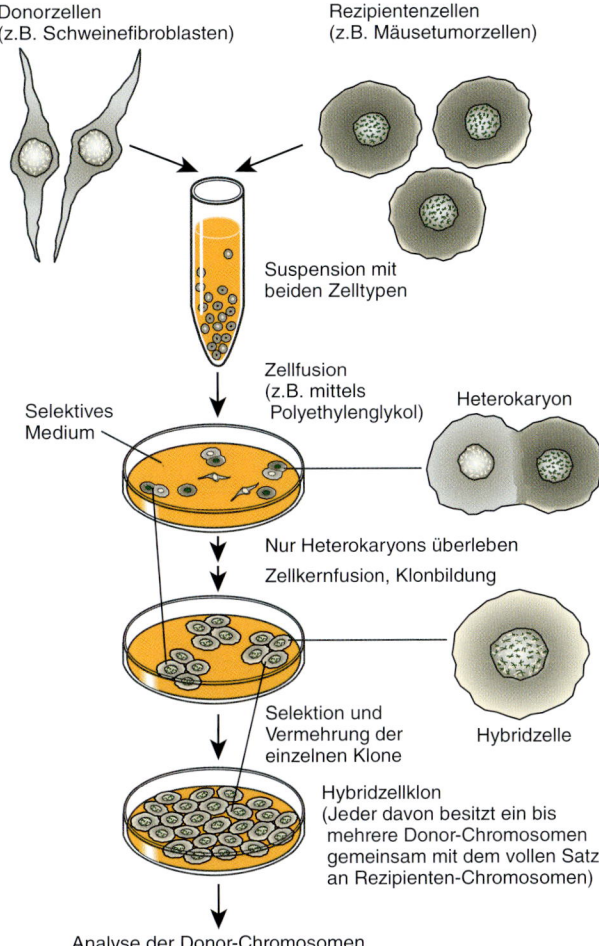

Donorzellen
(z.B. Schweinefibroblasten)

Rezipientenzellen
(z.B. Mäusetumorzellen)

Suspension mit
beiden Zelltypen

Zellfusion
(z.B. mittels
Polyethylenglykol)

Heterokaryon

Selektives
Medium

Nur Heterokaryons überleben

Zellkernfusion, Klonbildung

Selektion und
Vermehrung der
einzelnen Klone

Hybridzelle

Hybridzellklon
(Jeder davon besitzt ein bis
mehrere Donor-Chromosomen
gemeinsam mit dem vollen Satz
an Rezipienten-Chromosomen)

Analyse der Donor-Chromosomen
(Karyotypisierung, DNA- und/oder
Genproduktanalyse)

**Abb. 1.18:** Schema zur Herstellung von Hybridzellen

Unter Zusatz geeigneter Viren oder Chemikalien werden somatische Zellen verschiedener Organismen gemeinsam kultiviert, im Beispiel Schweine- und Mäusezellen. Gelegentlich kommt es zur Zellfusion. Dabei entsteht zunächst ein Heterokaryon (Zelle mit zwei oder mehreren Kernen), der nach Teilung zu Hybridzellen (Zellen mit einem Fusionskern) werden kann. Die meisten Donor-Chromosomen gehen dem Zufall nach im Verlaufe der Teilungen verloren. Schließlich bleiben Klone, deren Zellen jeweils nur ein oder wenige Donor-Chromosomen, aber alle Rezipienten-Chromosomen enthalten.

Somatische Hybridzellen werden beispielsweise für die Antikörperproduktion benutzt. Deren Herstellung wurde von KÖHLER UND MILSTEIN (1975) eingeführt. Zunächst werden antikörperproduzierende Zellen (Lymphocyten) mit Myelomzellen (neoplastische Plasmazellen) fusioniert. Die daraus resultierenden Hybridzellen (**Hybridomazellen**) werden in einzelnen Klonen kultiviert. Pro Hybridoma-Zelllinie werden dann Antikörper einer Spezifität erzeugt, die als **monoklonale Antikörper (MAK)** bezeichnet werden. **Abb. 1.19** skizziert den Ablauf von der Immunisierung eines Tieres bis zur Produktion von monoklonalen Antikörpern.

### 1.4.4 Kultivierung von Stammzellen

Die Gewebe eines Tieres bestehen aus verschiedenen Zellsystemen. Diese bilden so genannte **Stammzell-Kompartimente** (*stem cell compartments*). Zellen der Stammzell-Kompartimente können durch Zellteilung neue Stammzellen hervorbringen und so das Kompartiment langfristig aufrechterhalten. Darüber hinaus besitzen die Stammzellen das Potenzial, sich in verschiedene Gewebezellen zu differenzieren, d.h. sie sind pluripotent. Nach Eintritt in ein **Vorläufer-Kompartiment** (*progenitor compartment*) weisen die Zellen nur noch ein eingeschränktes Entwicklungspotenzial auf (*committed cells*), z.B. für die Bildung eines be-

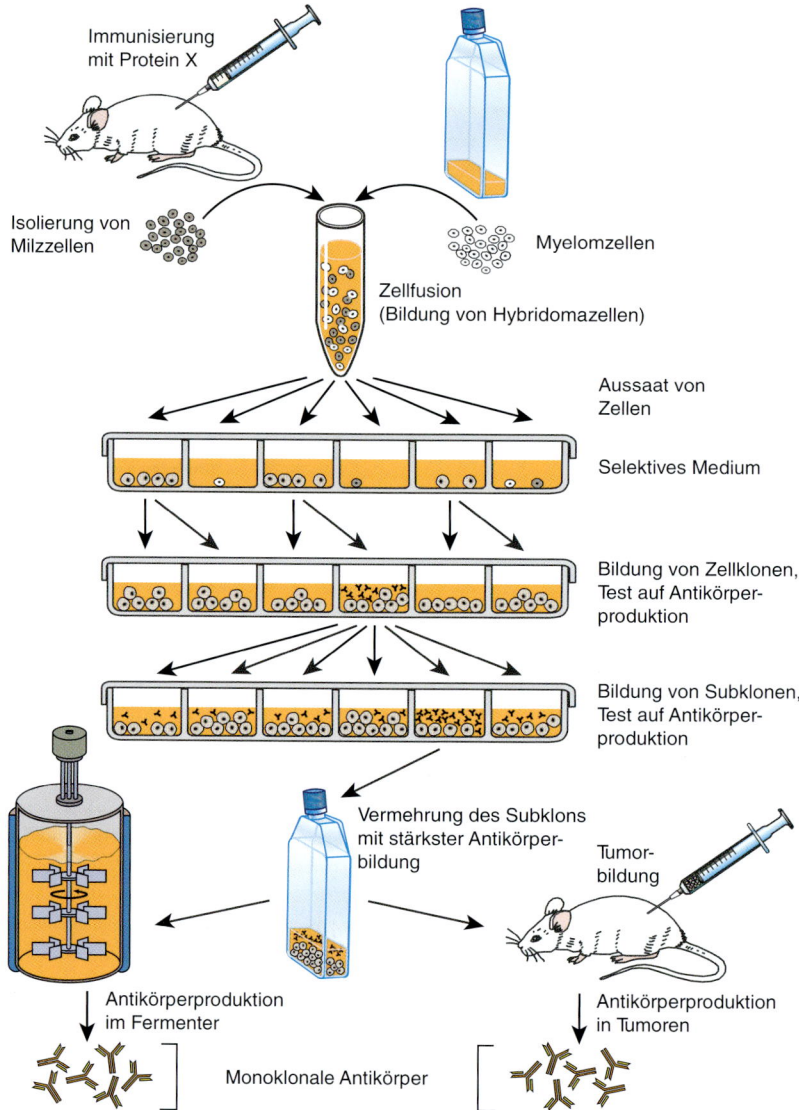

**Abb. 1.19:** Verfahren zur Gewinnung von Hybridomazellen und eines monoklonalen Antikörpers, der gegen das Protein X gerichtet ist

Milzzellen einer immunisierten Maus werden mit Myelomzellen fusioniert. Jeder Zellklon, der die gewünschten Antikörper bildet, wird in Kultur vermehrt; Teile davon werden ggf. eingefroren. Hybridomazellen, welche die monoklonalen Antikörper bilden, werden in Nährmedien vermehrt. Man kann die Zellen in ein Tier injizieren. Dort bilden sie Tumoren, in denen große Mengen monoklonaler Antikörper entstehen und in das Blut abgegeben werden. Eine Antikörperproduktion kann auch in Fermentern in großem Maßstab vorgenommen werden.

stimmten Gewebes. Schließlich gelangen die Zellen in das Stadium der terminalen Differenzierung, was mit dem Verlust der Proliferationsfähigkeit und der Ausbildung der spezifischen Zellfunktionen und Gewebestrukturen einhergeht.

Im Zusammenhang mit Techniken der Klonierung und des Gentransfers spielt die Kulti-

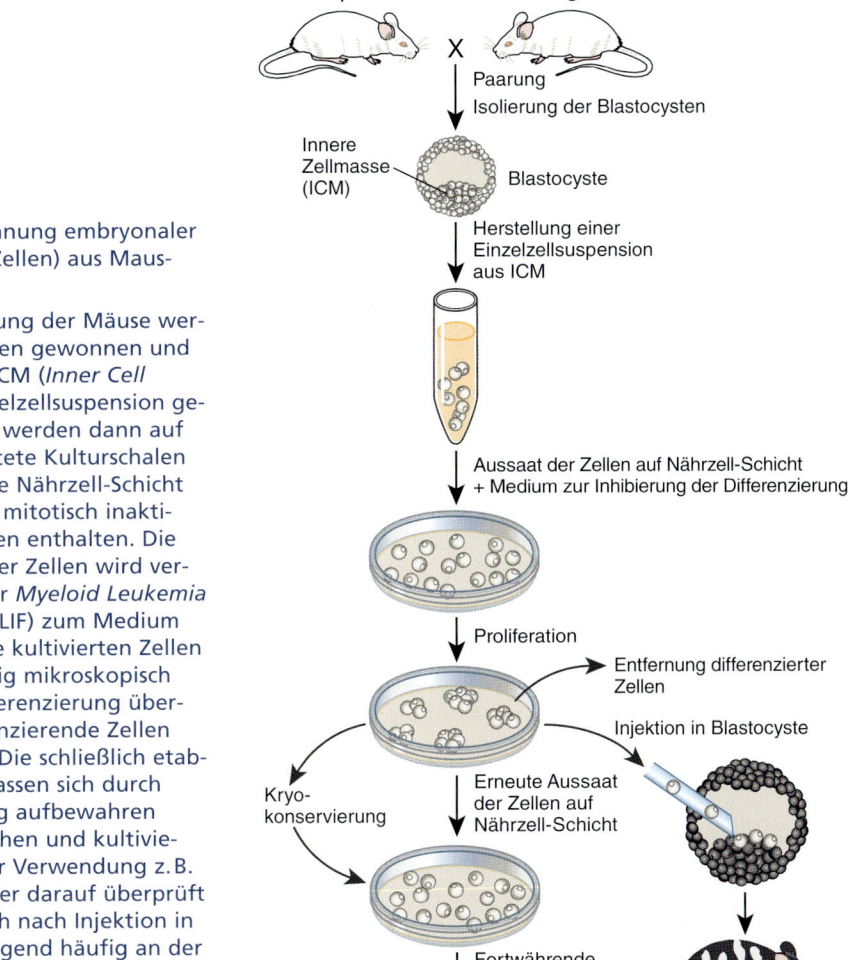

♀     ♂

X     Paarung
Isolierung der Blastocysten

Innere
Zellmasse
(ICM)     Blastocyste

Herstellung einer
Einzellsuspension
aus ICM

Aussaat der Zellen auf Nährzell-Schicht
+ Medium zur Inhibierung der Differenzierung

Proliferation

Entfernung differenzierter
Zellen

Injektion in Blastocyste

Kryo-
konservierung     Erneute Aussaat
der Zellen auf
Nährzell-Schicht

Fortwährende
Kultivierung auf
Nährzell-Schicht
usw.     Maus-Chimäre

**Abb. 1.20:** Gewinnung embryonaler Stammzellen (ES-Zellen) aus Maus-Blastocysten

Nach der Verpaarung der Mäuse werden die Blastocysten gewonnen und deren Zellen der ICM (*Inner Cell Mass*) in eine Einzellsuspension gebracht. Die Zellen werden dann auf Gelatine-beschichtete Kulturschalen überführt, die eine Nährzell-Schicht (*Feeder-layer*) aus mitotisch inaktivierten Fibroblasten enthalten. Die Differenzierung der Zellen wird verhindert, indem der *Myeloid Leukemia Inhibitory Factor* (LIF) zum Medium gegeben wird. Die kultivierten Zellen werden regelmäßig mikroskopisch auf mögliche Differenzierung überprüft. Sich differenzierende Zellen werden entfernt. Die schließlich etablierten ES-Zellen lassen sich durch Kryokonservierung aufbewahren oder erneut aussähen und kultivieren. Sie sollten vor Verwendung z. B. für den Gentransfer darauf überprüft werden, ob sie sich nach Injektion in Blastocysten genügend häufig an der Bildung der Gewebe beteiligen, also pluripotent sind und zu chimären Nachkommen führen.

vierung embryonaler Stammzellen (ES-Zellen) eine zentrale Rolle, während gewebespezifische Stammzellen vor allem im medizinischen Bereich angewendet werden. Die Forschung an embryonalen und adulten Stammzellen ist einer der wichtigsten Zukunftswege für die Biotechnologie.

### 1.4.4.1 Gewinnung und Kultivierung embryonaler Stammzellen

**Embryonale Stammzellen (ES-Zellen)** sind pluripotent, d. h. sie können sich in alle Richtungen differenzieren. Daher können sich ES-

Zellen z. B. nach Injektion in Blastocysten an der Bildung verschiedener Gewebe beteiligen. Transgene ES-Zellen sind also in der Lage, ein Transgen in verschiedene Gewebe zu transportieren – ggf. auch in die Keimbahnzellen. Zudem erlaubt ihre unbegrenzte Proliferationskapazität eine Selektion von transgenen ES-Zellen mittels z. B. einer ebenfalls übertragenen Antibiotika-Resistenz.

ES-Zellen werden aus Blastocysten gewonnen und dann in permanente, d. h. fortlaufend teilungsaktive Zellkulturen überführt (**Abb. 1.20**). Die Kultivierung von ES-Zellen gelang zuerst bei der Maus. MARTIN (1981) und EVANS UND

KAUFMAN (1981) beschrieben als erste, wie ES-Zellen als Abkömmlinge der inneren Zellmasse (*Inner Cell Mass*, ICM) von Blastocysten der Maus zu gewinnen sind. Beim Menschen sind ES-Zellkulturen seit 1998 möglich (THOMSON et al.). Hält man die für eine Zellkultivierung von ES-Zellen nötigen Bedingungen ein, so bleibt das embryologische Entwicklungspotenzial über mehrere Zellteilungsgenerationen – auch nach gentechnischen Manipulationen – erhalten. ES-Zellen werden meistens von männlichen Embryonen abgeleitet, da deren Zellen oft stabiler sind als die von weiblichen Embryonen. Letztere verlieren gelegentlich ein X-Chromosom und werden somit zu XO-Zellen. Zudem können männliche Tiere im Allgemeinen mehr Nachkommen erzeugen als weibliche. Die Kultivierung der ES-Zellen erfolgt auf Gelatine beschichteten Kulturschalen, die eine Nährzellen-Schicht (*Feeder Layer*) enthalten. Als *Feeder Layer* dienen oft mitotisch inaktivierte, embryonale Fibroblasten. Zur Kultivierung von embryonalen Maus-Fibroblasten präpariert man Embryonen aus einem etwa am Tag 13,5 trächtigen Tier. Aus den zerkleinerten Rümpfen werden Zellklumpen bis zu einer reinen Zellsuspension mechanisch und enzymatisch zerkleinert und dann kultiviert. Nach zwei bis drei Tagen bestehen die kultivierten Zellen fast ausschließlich aus Fibroblasten. Diese bilden in den Kulturschalen eine einfache Zellschicht (*Monolayer*) aus; vor Verwendung als Nährzellen erfolgt eine (cytostatische) Inaktivierung durch Mitomycin C oder Bestrahlung.

Durch spezielle Kultivierungsverfahren proliferieren die ES-Zellen permanent und behalten ihre Pluripotenz. Die kultivierten ES-Zellen werden mikroskopisch auf mögliche Differenzierung überprüft. Sich differenzierende ES-Zellen werden entfernt. Neu etablierte ES-Zellen sollten vor Verwendung (z.B. für den Gentransfer, siehe S. 423 ff.) darauf überprüft werden, ob sie sich nach Injektion in Blastocysten genügend häufig an der Bildung der Gewebe beteiligen.

Bei anderen Tierspezies als der Maus und dem Menschen stehen entweder noch keine ES-Zellen zur Verfügung, oder die Pluripotenz der bisher isolierten Stammzelllinien ließ sich nicht nachhaltig beweisen (Rind, Schwein).

## 1.4.4.2 Kultivierung gewebespezifischer Stammzellen

Wichtige Anwendungen für gewebespezifische Stammzellen liegen im medizinischen Bereich, insbesondere bei der Reparatur von Gewebedefekten mittels Rückimplantation von *in vitro* vermehrten, autologen Stammzellen. Die Hauptvorteile hierbei sind die Gewebespezifität der Genexpression und die fehlende Abstoßungsreaktion durch den Empfänger. Angesichts des großen Zeitbedarfs für die Vermehrung der Stammzellen *in vitro* kommen solche Anwendungen nur für chronische Leiden in Betracht. Zudem darf die Ursache der Krankheit nicht auf einem genetischen Defekt beruhen, da dieser in den Stammzellen des Patienten ebenfalls vorliegen würde. Die Verwendung gewebespezifischer Stammzellen in der Tier-Biotechnologie bezieht sich u.a. auf die Bereitstellung dieser Zellen für den somatischen Gentransfer (siehe S. 441 ff.). Betrachtet werden die Techniken außerdem im Zusammenhang mit der Klonierung von Tieren (vgl. S. 401 f).

Für die Etablierung von gewebespezifischen Stammzellen in Kultur stehen zwei Ansätze zur Verfügung: Zum einen kann ihre Entstehung aus ES-Zellen durch Anwendung geeigneter Kultivierungsbedingungen gefördert werden. Zum anderen können gewebespezifische, adulte Stammzellen aus postembryonalem Gewebe isoliert werden.

### Induktion gewebespezifischer Stammzellen aus embryonalen Stammzellen

Bei dem am häufigsten angewandten Verfahren werden zunächst ES-Zellen aus der ICM einer Blastocyste entnommen und auf einer vorbereiteten Kulturschale kultiviert. Die zunächst undifferenzierten ES-Zellen lässt man zu kugeligen Gebilden aggregieren (***embryonic bodies***), in denen Botenstoffe zwischen den Zellen ausgetauscht werden. Die Stammzellen organisieren sich dann, und es entstehen die Keimblätter (Endoderm, Mesoderm, Ektoderm). In einzelnen Arealen befinden sich schließlich Zellpopulationen, die Vorläuferzellen für bestimmte Organe sind. Zur Selektion reiner Zelllinien werden Resistenzgene in die Zellen bestimmter Areale eingeführt, die bewirken, dass nur Vorläuferzellen für bestimmte Organe in Selektivmedien überleben und somit angereichert werden (*lineage-selection*). Murine und humane ES-Zellen lassen sich inzwischen in viele verschiedene Gewebearten differenzieren. Je nach Stimulus (Wachstumsfaktoren, Hormone, Vitamine, anorganische Ionen, Dimethylsulfoxid, Hydroxy-Harnstoff u. a.) entwickeln sich ES-Zellen *in vitro* zu gewebespezifischen Stammzellen mit eingeschränktem Differenzierungspotenzial (**oligopotente Stammzellen**). Diese Zellen sind zur Proliferation in der Lage und haben ein oligopotentes Differenzierungspotenzial, indem sie sich je nach zugeführten Wachstumsfaktoren zu bestimmten, terminal differenzierten Zellen entwickeln, so z. B. zu Vorläuferzellen von Herzmuskeln, Adipocyten, Erythrocyten oder Macrophagen. Angesichts von mehr als 2000 verschiedenen Wachstumsfaktoren besteht ein großes Potenzial für die *In-vitro*-Induktion gewebespezifischer Stammzellen aus ES-Zellen.

### Etablierung von gewebespezifischen Stammzellen aus postembryonalem Gewebe

*In vivo* sind gewebespezifische Stammzellen postembryonaler Säuger relativ langsam proliferierende Zellen, die auf spezifische Umweltsignale reagieren, indem sie entweder neue Stammzellen hervorbringen oder sich spezifisch differenzieren. Beispiele für solche **adulten Stammzellen** sind die hämatopoietischen Stammzellen im Knochenmark, die epidermalen Stammzellen in den Crypten des Dünndarms und die Epidermis-Stammzellen in der basalen Zellschicht der Haut. Adulte Stammzellen sind *in vivo* für die Homöostase sowie die Reparatur von Geweben verantwortlich. Gewebespezifische Stammzellen sind schwierig zu identifizieren, da sie in sehr geringer Zahl vorkommen und sich weder durch morphologische noch durch biochemische Eigenschaften, sondern lediglich durch ihr spezifisches Entwicklungspotenzial auszeichnen.

Bisher wurden nur wenige verschiedenartige adulte Stammzellen kultiviert, wie beispielsweise hämatopoietische und neuronale Stammzellen. Diese Stammzellen differenzierten *in vitro* zu den spezialisierten Zellen des Blutes bzw. Nervensystems. Im Zuge einer Transdifferenzierung kann die zunächst vorgegebene gewebespezifische Limitierung der Entwicklung er-

weitert werden, so dass z. B. hämatopoietische Stammzellen sich auch zu Endothelzellen oder Muskelzellen differenzieren können. Multipotente Zellen aus dem gesunden Gewebe eines Patienten sind also in der Lage, sich in den Zelltyp eines anderen Organs zu differenzieren.

### 1.4.5 Kultivierung von Zellen in gewebe- oder organähnlichen Strukturen

Zur Beurteilung vieler zellulärer Funktionen, wie z. B. der Differenzierung und den Zell-Zell-Wechselwirkungen, werden Kultivierungen durchgeführt, die der *In-vivo*-Situation möglichst nahe kommen. Hierfür gibt es drei Ansätze:
- **Organkulturen** werden unter Beibehaltung der gewebespezifischen Struktur etabliert. Sie entstehen nach Aufbringen eines Gewebestückes auf eine Substratoberfläche. Die dreidimensionalen Zusammenhänge zwischen den Zellen werden weitgehend bewahrt, so dass die Organkultur sehr ähnlich dem Spendergewebe ist. Eine unzureichende Sauerstoffversorgung ist der Hauptgrund für die meistens nur kurze Lebensdauer von Organkulturen. Während dieser Zeit jedoch können einige Informationen erreicht werden, wie beispielsweise über die Wechselwirkungen zwischen den Zellen. Einschränkend können sich die ungleichmäßige Versorgung der Zellen mit Nähr- und Testsubstanzen sowie der ungleiche Verbrauch des Mediums durch die verschiedenen Zellen der Organkultur auswirken.
- Bei der **histotypischen Kultur** verbleibt jeder einzelne Zelltyp in einer gewebeähnlichen Umgebung. Ein Beispiel ist die Kultivierung von Mammaepithelzellen auf Extrazellulärer Matrix (Basalmembran, „Matrigel"). So kultivierte Mammaepithelzellen zeigen eine Vielzahl an morphologisch und biochemisch nachweisbaren Differenzierungsmerkmalen.
- Bei einer **organtypischen Kultur** werden Zellen verschiedener Herkunft unter experimenteller Kontrolle co-kultiviert und bauen dabei eine organähnliche Struktur auf. Organtypische Kulturen z. B. aus Fibroblasten und Epithelzellen spielen bei Untersuchungen zur Wundheilung eine große Rolle. Hierbei kann es zu einem direkten Kontakt zwischen ver-

schiedenen Zelltypen kommen. Es kann aber auch eine Membran zwischen die Zellschichten gelegt werden, so dass der Stoffaustausch getrennt von Einflüssen der Zell-Zell-Kontakte untersucht werden kann.

## Zusammenfassung

– Unter geeigneten Bedingungen können tierische Zellen aus verschiedenen Geweben in Kultur etabliert, vermehrt und differenziert werden. Tierische Zellen – außer denjenigen aus Blut- und Lymphsystem – benötigen feste Unterlagen zur Anheftung.
– Wichtige Eigenschaften kultivierter Zellen sind die Proliferation, Zell-Zell-Wechselwirkungen, die Differenzierung und das zelluläre Altern.
– Kultivierte Zellen können dauerhaft konserviert werden.
– Die unmittelbar nach der Etablierung aus dem Gewebe vorliegende Zellpopulation wird vor der ersten Subkultivierung in Primärkultur gehalten. Nach ein- bis mehrmaliger Subkultivierung befinden sich die Zellen in Sekundärkultur.
– Manche Zellen können in Kultur transformieren. Zu den wesentlichen Eigenschaften transformierter Zellen gehören die Immortalisierung (permanente Zelllinien), der verringerte Bedarf an Wachstumsfaktoren und häufig der Verlust der Kontaktinhibition.
– Die Verfahren der Zellkultivierung unterscheiden sich je nach Zellherkunft, Präparationstechniken sowie Zielsetzung der Experimente.

# 2  Bioverfahrenstechniken für den Tierbereich

**Bioverfahrenstechniken** befassen sich mit der Anwendung chemischer, mechanischer und thermischer Verfahren der Stoffumwandlung und Produktherstellung in biotechnischen Prozessen sowie mit Entwicklung, Planung, Bau und Betrieb technischer Anlagen zu deren Durchführung (**Abb. 2.1**). Bioverfahrenstechniken verlaufen in weitgehend geschlossenen Anlagen (**Bioreaktoren, Fermenter, Abb. 2.2**) mit Hilfe biologischer Agenzien (meist Zellen, Gewebe, Mikroorganismen, manchmal Enzyme) und unter definierten Bedingungen. Sie umfassen den gesamten Prozess der Erzeugung eines Zielproduktes, d.h. der Biokonversion. Bei der **Biokonversion** handelt sich um eine Biosynthese von spezifischen Produkten aus Rohstoffen

mit Hilfe von Bioverfahrenstechniken. Die Biokonversion umfasst drei Schlüsselstadien (siehe **Abb. 4**, S. 16):

– Mit v**orbereitenden Maßnahmen** wird Rohmaterial behandelt, damit dieses als Nahrungsquelle für die benutzten Mikroorganismen dienen kann.

– Die **Fermentation** nutzt Mikroorganismen und verläuft in mehr oder weniger großen Bioreaktoren; hierbei werden aus den Substraten die gewünschten Produkte hergestellt (**Biotransformation**).

– Bei der **Produktaufarbeitung** werden aus dem während der Fermentation entstandenen Zellmedium die gewünschten Produkte isoliert.

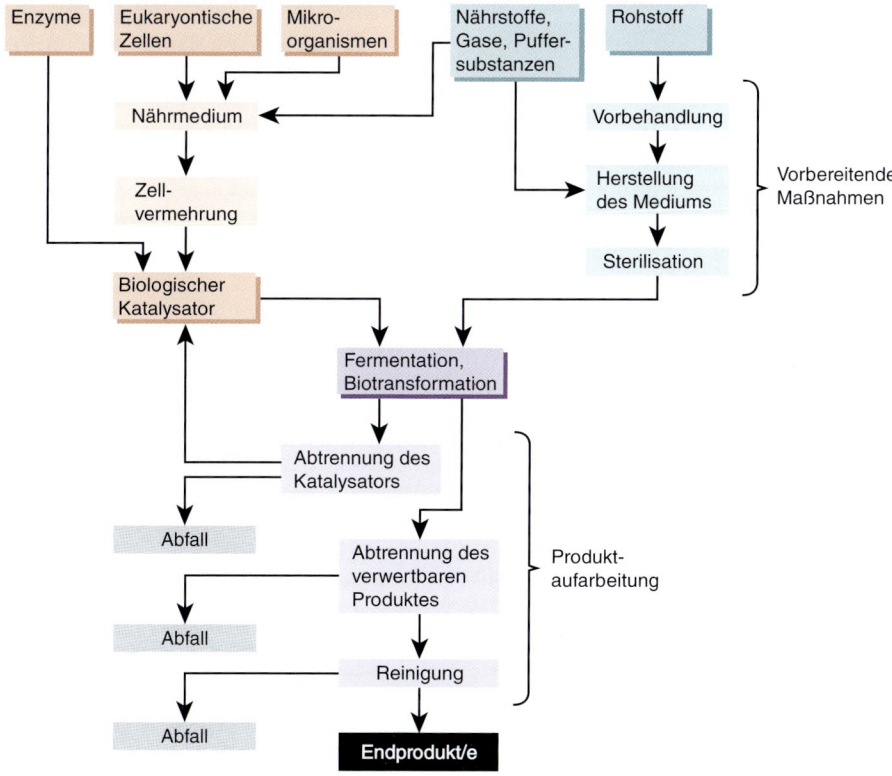

**Abb. 2.1:** Ablaufschema der Bioverfahrenstechniken

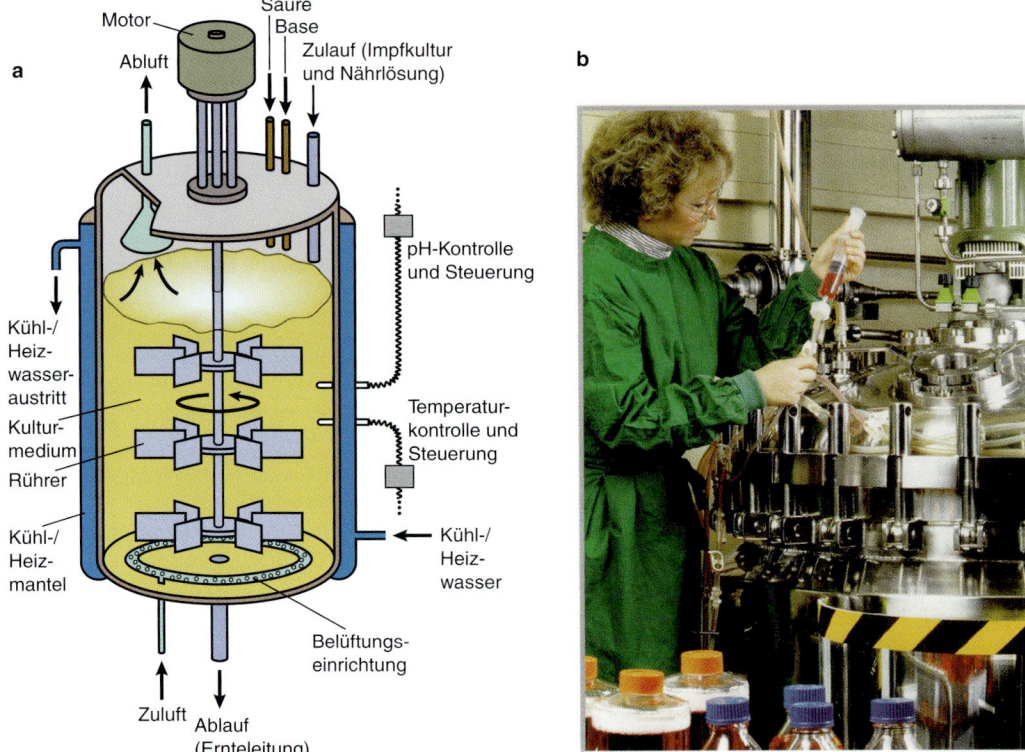

a

Motor

Säure
Base

Abluft

Zulauf (Impfkultur
und Nährlösung)

b

Kühl-/
Heiz-
wasser-
austritt

Kultur-
medium

Rührer

Kühl-/
Heiz-
mantel

pH-Kontrolle
und Steuerung

Temperatur-
kontrolle und
Steuerung

Kühl-/
Heiz-
wasser

Belüftungs-
einrichtung

Zuluft   Ablauf
(Ernteleitung)

**Abb. 2.2:** Bioreaktor oder Fermenter

a) Modell: Dargestellt ist die Regelung von Temperatur sowie Zu- und Abfluss von Stoffen (flüssige und gasförmige). Der Bioreaktor arbeitet unter weitgehend sterilen Bedingungen, hat oft innen ein Rührwerk und lässt sich gezielt mit Mikroorganismen versetzen. Eingefüllt werden das Rohmaterial und die Mikroorganismen. Entnommen wird das umgesetzte, verdaute Material, aus dem ein oder mehrere Substanzen verwertet werden. Diese werden nachfolgend isoliert. Bioreaktoren können großtechnische Anlagen mit aufwendiger Mess- und Regeltechnik sein, damit die Prozesse kontrolliert und optimiert ablaufen können.

b) Typischer Arbeitsplatz am Bioreaktor

Die biotechnische Forschung bei der Biokonversion beschäftigt sich u.a. mit dem Auffinden von Mikroorganismen, deren Stoffwechselprodukte sich für den betrachteten Zweck bestmöglich eignen. Von den vielen Anwendungsbereichen der Bioverfahrenstechnik (**Tab. 2.1**) werden einige auch mit gentechnisch veränderten Organismen durchgeführt. Dies gilt insbesondere für die Produktion von Enzymen (Amylasen, Proteasen, Lipasen) und Hormonen (z.B. Wachstumshormon). Biotechnisch hergestellte Produkte, die bei Tieren verwendet werden, sind vor allem Einzelfuttermittel (Grünfuttersilage, Futterhefen), Futtermittel-Zusatzstoffe (Aminosäuren, Enzyme, Vitamine, Aromen, Dickungs-

mittel) sowie medizinisch wichtige Substanzen (Antibiotika, Impfstoffe, Hormone).

## 2.1   Teilbereiche der Bioverfahrenstechniken

### 2.1.1   Kultivierungsbedingungen und Medien für Mikroorganismen

Für die Mikroorganismen erfolgt die Stammerhaltung und -vermehrung im Allgemeinen in Schrägagar-Kultur. Es schließt sich daran eine Vorkultur im Schüttelkolben an, durch welche

**Tab. 2.1:** Anwendungsbereiche der Bioverfahrenstechnik

| Bereich | Produkt/Verfahren |
|---|---|
| Landwirtschaft | Z. B. biologische Pflanzenschutzmittel, Futterhefen, Aminosäuren, Silage |
| Pharmazeutik, Medizin | Antibiotika, Impfstoffe (Vakzine), Diagnostika, Steroide, Alkaloide |
| Lebensmittel | Bier, Wein, Essig, Yoghurt, etc. |
| Lebensmittelzusatzstoffe | Starterkulturen, Backhefe, Citronensäure, Milchsäure, Aromen, Vitamine, Aminosäuren |
| Technische Hilfsstoffe | Proteasen (Lederherstellung), Amylasen (Papierindustrie), Proteasen, Lipasen (Waschmittel), Biotenside, Citronensäure |
| Umwelttechnik | Mikroorganismen für die Abluft- und Abwasserreinigung, Kompostierung, Bodensanierung |
| Energiegewinnung | Biogas (Methan), Gasohol (Ethanol) |

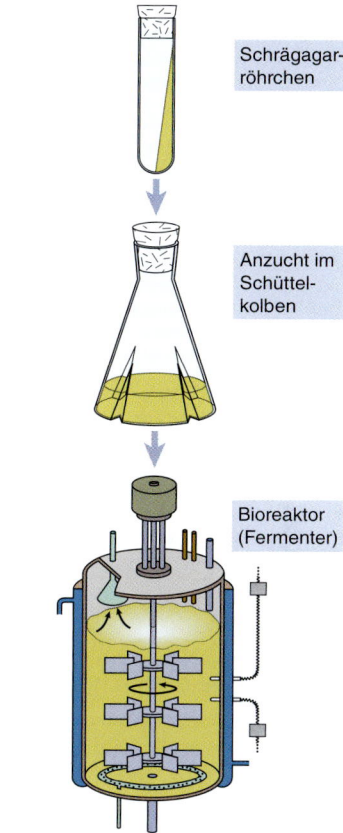

**Abb. 2.3:** Kultivierung von Mikroorganismen

das optimale Animpfverhältnis für die eigentliche Produktionsphase in Bioreaktoren erreicht wird (**Abb. 2.3**). Handelt es sich um größere Produktionsvolumina, wird das Animpfverhältnis durch Züchtung und Überführung in mehreren, nacheinander geschalteten Stufen – meist in unterschiedlich großen Bioreaktoren – realisiert. Die Umgebung, die den Mikroorganismen eine Vermehrung und Produktbildung ermöglichen, wird als **Medium** bezeichnet. Hierzu zählt nicht nur die flüssige Umgebung, sondern auch gasförmige und andere an biologischen Reaktionen teilnehmende Komponenten. Medien für Bioverfahren werden normalerweise in folgende Kategorien unterteilt:

– **Definierte** oder **synthetische Medien**, die aus Substraten einer definierten Zusammensetzung bestehen.
– **Komplexe Medien**, deren Zusammensetzungen nicht definiert sind. Dabei handelt es sich häufig um Extrakte oder Hydrolysate aus kostengünstigen Abfallstoffen. Beispiele für komplexe Medien sind Hefeextrakte, Pepton (peptisch verdautes Eiweiß), Trypton (tryptisch verdautes Eiweiß) und Casein (bei pH 4,6 koagulierende Milchproteine).
– **Technische Medien** enthalten meist komplexe Substrate. Beispiele sind Sojaschrot, Molke, Maiskolbenreste oder Stärkeabfälle.

– **Selektivmedien** werden benutzt, um Mikroorganismen mit komplexen Nährstoffbedürfnissen unter selektiven Bedingungen anzureichern. Dabei stellt man definierte Bedingungen für die Energie-, C- und N-Quellen, den Elektronenakzeptor, die Temperatur und den pH-Wert her und inokuliert eine Mischpopulation an Mikroorganismen, z.B. solche aus Futtermittelproben. In solchen Medien setzen sich angepasste Mikroorganismen durch und überwachsen andere. Durch mehrfache Übertragung unter gleich bleibenden Selektivbedingungen lassen sich schließlich Mikroorganismen der gewünschten Arten isolieren.
– **Aufbewahrungsmedien** (*Maintenance*-Medien) werden benutzt, um Mikroorganismen über kürzere Zeit aufzubewahren. Dies geschieht im Allgemeinen in Schrägagar-Röhrchen oder auf Agarplatten.

**Tab. 2.2:** Beispiele für Nährmedien bei technischen Prozessen

| Nährmedium | Zusammensetzung [1] |
|---|---|
| Maisquellwasser | ≈ 50 % TS, 3,5-4,5 % Gesamt-Stickstoff, zahlreiche Aminosäuren, besonders reichlich Alanin, Arginin, Glutaminsäure, Leucin und Prolin, dagegen nahezu kein Lysin. |
| Hefeextrakt | ≈ 30 % TS, 7 % Gesamt-Stickstoff, davon die Hälfte Aminostickstoff, Aminosäuren (Lysin, Leucin, Isoleucin, Valin, Threonin und Phenylalanin, fast keine schwefelhaltigen Aminosäuren), verschiedene Nucleotide, fast alle B-Vitamine (besonders Nicotinsäure) und Inosit. |
| Proteinhydrolysate | Fleischpepton, Casein und Baumwollsaatprotein enthalten fast alle Aminosäuren in unterschiedlichen Anteilen. |
| Sojabohnenmehl | 89 % TS, 11,2 % Gesamt-Stickstoff, 30 % Kohlenhydrate sowie verschiedene Vitamine. |

[1] TS: Trockensubstanz

Einige Beispiele für **Medienzusammensetzungen** sind in **Tab. 2.2** dargestellt. Wie zu ersehen ist, enthalten Medien unter anderem Nährstoffe, Nährsalze, Spurenelemente und Wuchsstoffe. **Nährstoffe** und **Nährsalze** liefern die chemischen Elemente, aus denen Biomasse und Produkte im Verlaufe der Biokonversion aufgebaut werden können.

**Tab. 2.3** gibt eine Zusammenstellung gebräuchlicher Kohlenstoff- und Stickstoff-Quellen für mikrobiologische Bioverfahren. **Kohlenstoff (C)** ist der grundlegende Baustein der organischen Zellsubstanz und meist die wichtigste Energiequelle für den Stoffwechsel. Phototrophe Organismen können mit Hilfe von Licht $CO_2$ assimilieren und damit den Kohlenstoffbedarf zur Bildung der Biomasse decken. Heterotrophe Mikroorganismen sind auf energiereiche organische C-Verbindungen, wie Glucose, angewiesen. **Stickstoff (N)** ist wesentlicher Baustein der Aminosäuren, Nucleinsäuren und vieler Coenzyme. Nur wenige Mikroorganismen sind befähigt, $N_2$ direkt zu binden. Die Übrigen benötigen eine Zufuhr von Stickstoff über Ammonium- oder Nitrat-Ionen oder in Form organischer Verbindungen (insbesondere Harnstoff). **Schwefel (S)** und **Phosphor (P)** sind als Bausteine einiger Aminosäuren, Nucleinsäuren, Phospholipide und Coenzyme wichtig und werden im Allgemeinen in Form von Sulfat- bzw. Phosphatsalzen bereitgestellt. **Kalium (K)**, **Calcium (Ca)** und **Magnesium (Mg)** werden in Ionenform angeboten und als Cofaktoren essenzieller Enzyme benötigt. **Spurenelemente** (z.B. Cu) reichen in extrem geringen Konzentrationen aus und können in höheren Konzentrationen wachstumshemmend wirken. **Wuchsstoffe** werden von auxotrophen Mikroorganismen benötigt, während prototrophe Mikroorganismen ohne Wuchsstoffe auskommen. Als Wuchsstoffe wirken bestimmte Aminosäuren, Vitamine, Nucleotide, Oligopeptide oder Lipide. Technische Medien (z.B. Melasse, siehe **Tab. 2.3**) enthalten in der Regel in ausreichendem Maße Wuchsstoffe.

**Tab. 2.3:** Gebräuchliche Kohlenstoff- und Stickstoffquellen für mikrobiologische Bioverfahren

| Kohlenstoffquellen | Stickstoffquellen |
|---|---|
| Glucose und andere Zucker | Ammoniumsalze |
| Stärke/Dextrine [1] | Harnstoff |
| Melasse [2]/Bagasse [3] | Ammoniak (auch als Titrierflüssigkeit verwendet) |
| Malzextrakt | |
| Sulfitablaugen [4] | Maisquellwasser (*corn steep liquor*) |
| Cellulose/Hemicellulose | |
| Lignocellulose [5] | Hefeextrakte, Peptone [6], Tryptone [6] |
| Pflanzenöle | Soja-Derivate |
| $CO_2$ | Fischmehl |
| | Schlempen [7] |

[1] Dextrine: Verzweigte Saccharid-Bruchstücke nach Spaltung von Glycogen oder Stärke durch α-Amylase

[2] Melasse: Muttersirup nach Auskristallisation von Saccharose bei der Zuckerherstellung aus Rüben

[3] Bagasse: Fasriger Rückstand nach Extraktion von Saccharose aus Zuckerrohr

[4] Sulfitablauge: Abwasser aus der Zellstoffindustrie nach saurer Hydrolyse von Holz

[5] Lignocellulose: Gemisch aus Cellulose, Pentose-haltiger Hemicellulose und Lignin aus der Holzverarbeitung

[6] Peptone/Tryptone: Peptidgemische (mit 5-25 Aminosäuren) nach Spaltung von Proteinen mit Pepsin bzw. Trypsin

[7] Schlempe: Nebenprodukt bei der Destillation von Alkohol aus stärkehaltigen Rohstoffen (z.B. Getreide, Kartoffeln)

## 2.1.2 Bioreaktoren

Ein Bioreaktor oder Fermenter wird in **Abb. 2.2** dargestellt. Im industriellen Maßstab werden Mikroorganismen im Medium (**Submersverfahren**) oder auf Oberflächen von Substraten (**Emers-** oder **Oberflächenverfahren**) gezüchtet.

### 2.1.2.1 Prozessführung bei Submersverfahren

Bei Submersverfahren in Bioreaktoren mit Rührbetrieb ist eine homogene Durchmischung der Substrate zu einer Biosuspension möglich (**Abb. 2.2**). Dies erleichtert bei aeroben Fermentationen den Sauerstofftransport zu den in der Flüssigkeit suspendierten Mikroorganismen sowie den Abtransport mikrobieller Produkte. Eine homogene Durchmischung schafft für Mikroorganismen gleichmäßige Wachstumsbedingungen hinsichtlich pH-Wert, Temperatur und Substratkonzentration.

Die am meisten eingesetzten Bioreaktoren bestehen aus einem Edelstahlbehälter mit einem Doppelmantel für die Temperierung (im Allgemeinen zur Kühlung). Die Sterilisation erfolgt über Spiralaustauscher (30–120 s bei 140 °C). Der pH-Wert und die Konzentration des gelösten Sauerstoffs werden mit sterilisierbaren Elektroden gemessen und bei Bedarf mittels Zugabe von Säure/Lauge und Veränderung des Luftdurchsatzes geregelt. Die Schaumbildung wird durch Zugabe technischer Antischaummittel oder Fette reduziert. Auch mechanische Schaumzerstörer, die auf Grundlage der Zentrifugalkraft arbeiten, werden eingesetzt. Bei aeroben Verfahren ist eine ausreichende Sauerstoffversorgung notwendig, was im Allgemeinen durch Zufuhr steriler Luft realisiert wird. Die Luftsterilisation erfolgt durch Membranfiltration. Die Rührorgane in Bioreaktoren müssen meist mehrere der nachfolgenden Aufgaben erfüllen:

– Homogenisieren (Ausgleichen von Konzentrations- und Temperaturunterschieden).
– Intensivieren des Wärmeaustausches zwischen der Biosuspension und der Wärmeübertragungsfläche (Doppelmantel und/oder Kühlschlangen).
– Suspendieren von feststoffhaltigen Medien und Zellen.

– Emulgieren von wasserunlöslichen flüssigen Substraten in wässrigen Medien.
– Verteilen von Luft in der Biosuspension.

Die **Prozessführung bei der Submerskultur** kann in drei Kategorien unterteilt werden: *Batch-*, *Fed-Batch-* und kontinuierliche Fermentation.

Die *Batch*-**Fermentation (Abb. 2.4a)** stellt eine absatzweise Prozessführung dar. In einem Fermenter wird das gesamte Nährmedium mit den notwendigen Substraten vorgelegt, mit direkter oder indirekter Dampfbeheizung sterilisiert und mit der zu züchtenden Reinkultur beimpft. Anschließend laufen die Wachstums- und Produktbildungsprozesse ab. Bei aeroben Prozessen wird kontinuierlich Sauerstoff eingetragen. Geringe Mengen an Titrationsmedien (Säure, Lauge oder Puffer) sind für die Regelung des pH-Wertes notwendig. Antischaummittel werden bei Bedarf zudosiert. Die *Batch*-Fermentation ist also keineswegs ein geschlossenes System. Jedoch werden nur kleine Dosierungen vorgenommen, so dass die Volumenzunahme gering ist. Die zu kultivierenden Mikroorganismen vermehren sich so lange, bis eines der vorgelegten Nährsubstrate verbraucht ist. Der Prozess wird dann beendet, die Biosuspension geerntet und der nachfolgenden Produktaufarbeitung zugeführt. Die Leistungsfähigkeit eines Fermenters wird durch die Kenngröße

$$\text{Produktivität} = \frac{\text{Produktmasse}}{\text{Volumeneinheit} \times \text{Zeit}}$$

angegeben. Bei einer absatzweisen Prozessführung erreicht man – im Vergleich zu anderen Prozessführungsarten – eine geringere Ausbeute (d. h. weniger kg Biomasse pro kg Substrat). Viele technische Fermentationen werden trotzdem im *Batch*-Betrieb durchgeführt, da die relativ einfache Apparatur sowie die minimal erforderliche Prozessregelung geringe Prozesskosten verursachen und der Einsatz von frischem Impfgut für jede Charge das Kontaminationsrisiko vermindert.

Die *Fed-Batch*-**Fermentation (Abb. 2.4b)** von Mikroorganismen, auch **Zulaufverfahren** genannt, ist eine semikontinuierliche Art der Prozessführung, in der während der Fermentation verbrauchte Nährsubstrate nach einer bestimmten Strategie zudosiert werden. Diese

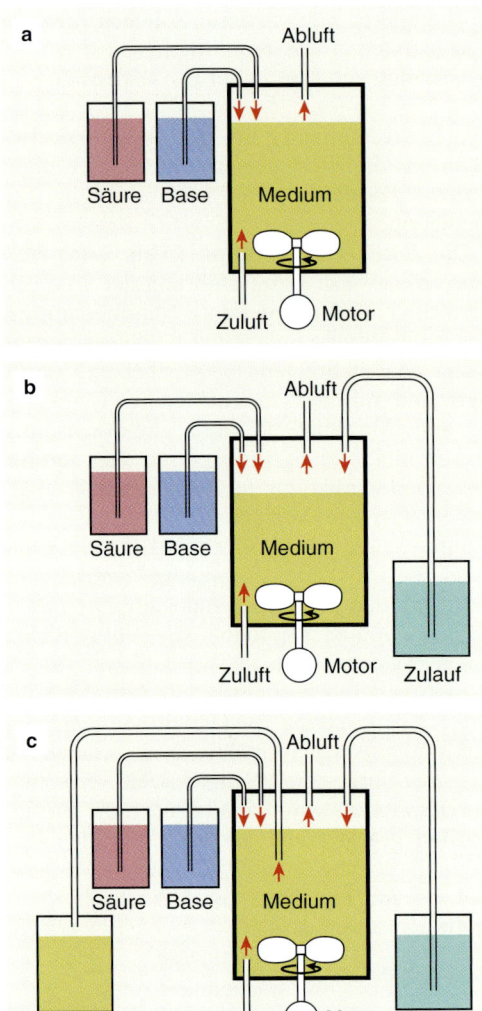

**Abb. 2.4:** Prozessführung in Bioreaktoren

a) Absatzweise Prozessführung (*Batch*-Fermentation)

b) Zulaufverfahren (*Fed-Batch*-Fermentation)

c) Kontinuierliche Fermentation

„Substratzufütterung" ist dann erforderlich, wenn hohe Anfangskonzentrationen nicht möglich sind oder wenn die Stillstandzeiten beim *Batch*-Betrieb unwirtschaftlich sind. Wegen der Zufütterung nimmt das Reaktionsvolumen mit der Zeit zu. Im Vergleich zur *Batch*-Fermentation wird beim Zulaufverfahren eine höhere Endkonzentration an Biomasse und eine höhere Ausbeute erreicht. Zulaufverfahren werden für

die Herstellung von Antibiotika und Backhefe eingesetzt. Eine zusätzliche Variation der *Fed-Batch*-Prozessführung lässt sich erreichen, wenn zwischenzeitlich Kulturflüssigkeit abgelassen und so eine Volumenverringerung herbeigeführt wird. Diese zyklische Operationsfolge wird auch als „*repeated Fed-Batch*" bezeichnet.

Bei der **kontinuierlichen Fermentation (Abb. 2.4c)** werden dem Fermentationsgefäß mit in etwa konstanter Rate Substrate zugeführt und simultan ein Produktstrom gleicher Größe aus dem System abgezogen. Die Realisierung einer kontinuierlichen Kultivierung ist wesentlich aufwendiger als die eines absatzweise betriebenen Systems, weil es der Aufbereitung und Zwischenlagerung von sterilem Medium und der entsprechenden Verarbeitung des laufend anfallenden Produktes bedarf. Der kontinuierliche Betrieb erfordert damit hohe Investitionskosten. Allerdings entfallen Stillstandzeiten durch Entleeren, Reinigen, Wiederbefüllen und Sterilisieren. Vor allem wegen des Infektionsrisikos bei längerem Betrieb hat sich die kontinuierliche Fermentation nicht durchgesetzt.

### 2.1.2.2 Prozessführung bei Oberflächenverfahren

**Eine Oberflächenfermentation (Emerskultur)** wird vorwiegend aerob mit Schimmelpilzen durchgeführt. Zur Sauerstoff-Versorgung wird Luft in die Gärkammer geblasen. Flüssige Substrate haben meist Melasse (Rückstand der Zuckerverarbeitung) als Grundlage; bei anderen Verfahren werden halbfeste Substrate, wie Weizenkleie, Rübenschnitzel oder Apfeltrester (Feststoffe nach Apfelsaftherstellung), verwendet. Die eigentliche Fermentation ist wegen der Belüftung nie völlig steril. Da die Oberflächenfermentation einen hohen Aufwand an Arbeitszeit bedingt, wird sie nur selten praktiziert. Ausnahmen sind die Gewinnung einiger Schimmelpilzenzyme, wie Pectinasen, Cellulasen sowie mikrobiell hergestelltes Lab (Enzymgemisch aus Chymosin und Pepsin, welches für die Käsebereitung verwendet wird). Für die Kultivierung tierischer Zellen hat die Oberflächenkultur eine besondere Bedeutung. Die meisten aus soliden Geweben stammenden tierischen und menschlichen Zellen benötigen für ihre Vermehrung Kontakte zu festen Oberflächen. Man verwendet dazu meist Roller-Flaschen oder Microcarrier – z. B. hochporöse Glaskugeln – in Suspension (vgl. **Abb. 1.3**, S. 28). Zur Zellernte werden die gewachsenen Zellbeläge in der Regel enzymatisch von ihrer Unterlage abgelöst. Weitere Angaben zur Kultivierung tierischer Zellen befinden sich auf den Seiten 25 ff.

### 2.1.3 Produktaufarbeitung

Am Ende der Fermentation wird bei extrazellulären Produkten die Kulturflüssigkeit, bei intrazellulären Produkten jedoch die Zellmasse weiter verarbeitet. Die Filtration (mittels Vakuum-Drehfilter oder Horizontalfilter) eignet sich für großzellige Organismen, wie Schimmelpilze und Hefen. Zur Abtrennung von Bakterien, manchmal auch von Hefen, verwendet man Zentrifugen (Separatoren, Dekanter); manchmal genügt auch ein Sedimentieren für eine ausreichende Abtrennung der Zellen. Bei der Gewinnung intrazellulärer Produkte ist ein Zellaufschluss notwendig. Zu den mechanischen Aufschlussarten zählt diejenige mit Kugelmühlen. Dabei werden Glas – oder Keramikkugeln durch schnell rotierende, exzentrische Scheiben aneinander geschlagen. Zellen, die zwischen diese Kugeln geraten, werden zertrümmert. Eine andere Aufschlussmethode ist das wiederholte Einfrieren und Auftauen. Nichtmechanische Aufschlussarten erfolgen mit Zellwand lysierenden Enzymen oder mit organischen Lösungsmitteln.

Die Isolierung der erzielten Produkte benötigt spezielle Extraktionsverfahren. Hierfür kommen Fällungsreaktionen, die Chromatographie, die Elektrophorese sowie Membran-Trennverfahren (Mikro- und Ultrafiltration, Umkehrosmose, Dialyse) in Frage. Die Konzentrierung der Produkte erfolgt letztlich üblicherweise durch thermische Behandlung, insbesondere in Gefrier-Trocknungsverfahren (Lyophilisation).

## 2.2 Beispiele für den Einsatz von Bioverfahren im Tierbereich

### 2.2.1 Silierung

**Silage** ist das quantitativ wichtigste Futtermittel, das durch Einsatz biotechnischer Hilfsmittel gewonnen wird. Dem Prozess (**Silierung**) liegt eine milchsaure Vergärung der Rohstoffe (z. B. Mais, Rübenblätter, Gras) unter Luftabschluss (in einem Behälter, dem **Silo**) zugrunde (**Abb. 2.5**). Bei ungenügender Milchsäurebildung können sich Buttersäure bildende Mikroorganismen (Clostridien) ausbreiten und die Qualität der Silage nachteilig beeinflussen. Obwohl die Methodik seit mindestens 2000 Jahren bekannt ist, wurden besser kontrollierbare Herstellungsarten erst seit Ende des 19. Jahrhunderts eingesetzt. Auf Grund technischer Vorteile bei Gewinnung und Verfütterung stieg die Erzeugung von Silage, vor allem in Industrieländern, stetig an. Die Silageherstellung ist weniger vom Wetter abhängig und eignet sich für eine automatisierbare Produktion von Futtermitteln für die Massentierhaltung.

Um eine optimale Vergärung der Ausgangsstoffe zu erreichen, werden zahlreiche **Additiva** zur Verbesserung des Silierungspozesses eingesetzt. Der größte Teil dieser Additiva sind **Starterkulturen (Inocula)** geeigneter Mikroorganismen zur Milchsäurevergärung. Daneben spielen als Zusätze organische Säuren, Enzyme, zusätzliche Kohlenhydratquellen und nichtproteinogener Stickstoff eine Rolle. Vor allem bei der Silierung von Mais kommen Starterkulturen zur Verwendung. Diese enthalten eine oder mehrere der folgenden Bakterienspezies: *Lactobacillus plantarum* oder andere Lactobacillen, verschiedene *Pediococcus*-Arten, Streptococcen sowie *Enterococcus faecium*. Alle diese Organismen haben als Gemeinsamkeit, dass sie vergärbare Kohlenhydratquellen homofermentativ („reintönig"), also nahezu ausschließlich, zu Milchsäure vergären (**Abb. 2.5a**). Zudem weisen sie eine intensive Vermehrung über einen weiten Feuchtigkeits- und Temperaturbereich auf. Bei Vorliegen wasserlöslicher, metabolisierbarer Kohlenhydrate sowie einer hohe Wuchsfähigkeit der Starterkulturen erfolgt eine rasche Umsetzung der Kohlenhydrate zu Milchsäure, die

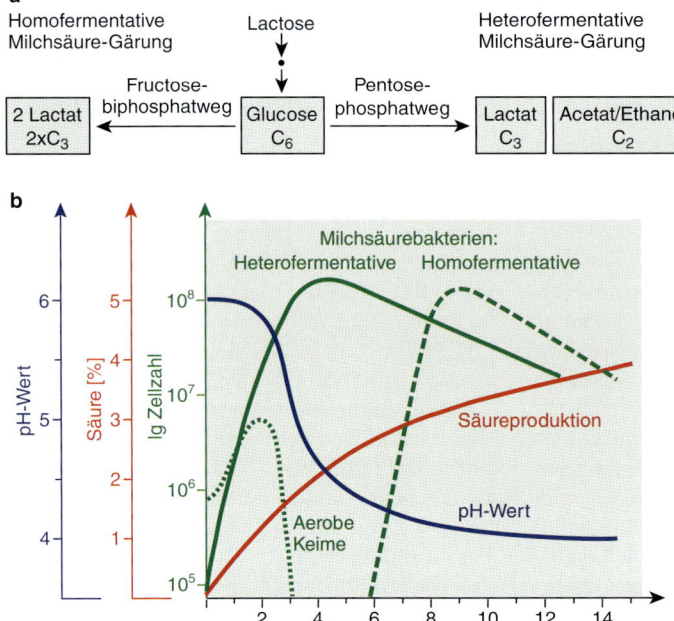

**a**

Homofermentative
Milchsäure-Gärung

Lactose

Heterofermentative
Milchsäure-Gärung

Fructose-
biphosphatweg

| 2 Lactat $2xC_3$ | ← | Glucose $C_6$ |

Pentose-
phosphatweg

| Lactat $C_3$ | Acetat/Ethanol $C_2$ | $CO_2$ $C_1$ |

**b**

pH-Wert
Säure [%]
lg Zellzahl

Milchsäurebakterien:
Heterofermentative   Homofermentative

Säureproduktion

Aerobe
Keime

pH-Wert

Tage

**Abb. 2.5:** Fermentationsprozess bei der Silierung

a) Milchsäure-Gärung Homofermentative Lactobacillen: u. a. *Lactobacillus plantarum, Lactococcus lactis, Streptococcus pyogenes.* Heterofermentative Lactobacillen: u. a. *Lactococcus mensenteroides, L. lactis, Lactobacillus brevis.*

b) Säureproduktion und Entwicklung der Mikroflora während der Silierung

dann einen stabilen pH-Wert im Siliergut von unter 4,0 gewährleistet **(Abb. 2.5b)**.

Außerdem werden **industrielle Enzympräparate** als Silierungshilfsmittel benutzt. Diese können die pflanzlichen Zellwände hydrolysieren (Cellulasen, Hemicellulasen, Pectinasen) oder polymer vorliegende Nahrungskomponenten zu niedermolekularen Stoffen abbauen (z. B. Stärke durch Amylasen zu Maltose/Glucose bzw. Proteine durch Proteasen zu Aminosäuren). Neben der Zersetzung der pflanzlichen Zellwände liefern die erwähnten Enzyme als Produkte zusätzlich vergärbare Kohlenhydrate und sorgen so für eine bessere Verwertbarkeit der resultierenden Silage.

## 2.2.2 Gewinnung von Einzellerproteinen und Futterhefen

Unter **Einzellerprotein (*Single Cell Protein*, SCP)** wird proteinhaltige Biomasse verstanden, die aus Bakterien, Hefen, Pilzen und Algen stammt, meist getrocknet in den Handel gelangt und u. a. in der Tierfütterung verwendet wird. Die für die Herstellung von SCP verwendeten Mikroorganismen und Substrate werden in **Tab. 2.4** aufgeführt. Je nach Verfahren und Mikroor-

ganismus liegt der Rohproteingehalt von SCP zwischen 40 und 75 % der Trockenmasse.

Im Einzelnen spielen für die Gewinnung von Einzellerprotein folgende Verfahren eine praktische Rolle:

– In der Hefetechnologie dient oft **Melasse** (Rückstand der Zuckerverarbeitung) als Fermentationssubstrat zur Gewinnung von Backhefe (*Saccharomyces cerevisiae*). Melasse enthält noch erhebliche Mengen an Zucker sowie 1,5–2 % Stickstoffverbindungen. Für eine optimale Hefeernährung werden der Melasse noch anorganische Ammoniumsalze zugesetzt. Zudem ist zur Vermeidung der Ethanolbildung eine ausreichende Belüftung wichtig.

– Jährlich fallen bei der Milchverarbeitung weltweit ca. 70–80 Millionen Tonnen **Molke** an, die überwiegend in die Abwässer entsorgt wird. Bei der Verwendung von Molke als Fermentationsrohstoff werden, zur Vermeidung der Schaumentwicklung, Lactalbumin und Lactoglobulin entfernt. Dies geschieht überwiegend mittels Ultrafiltration. Das wesentliche Kohlenhydrat der Molke, Lactose, kann nur von wenigen Mikroorganismen (*Lactobacilli*, Hefen) metabolisiert werden.

– Photoautotrophe **Algen** werden in Asien

**Tab. 2.4:** Mikroorganismen und Substrate für die Herstellung von Biomasse

| Organismus | Substrat | Organismus | Substrat |
|---|---|---|---|
| **Algen** | | **Hefen** | |
| *Chlorella sp.* | $CO_2$, Licht | *Candida intermedia* | Molke |
| *Scenedesmus acutus* | $CO_2$, Licht | *Candida lipolytica* | n-Alkane |
| *Scenedesmus quadricauda* | $CO_2$, Licht | *Candida maltosa (novellus)* | n-Alkane |
| *Spirulina maxima* | $CO_2$, $HCO_3^-$, $CO_3^{2-}$, Licht | *Candida utilis* | Melasse, Sulfitablauge |
| | | *Candida utilis +* | Kartoffelstärkeabfälle |
| **Bakterien** | | *Endomycopsis fibuliger* | |
| | | *Hansenula polymorpha* | Methanol |
| a) Photosynthetisch | | *Kluyveromyces fragilis* | Molke, Lactose-Ultrafiltrat |
| | | *Rhodotorula glutinis* | Kommunalabwässer |
| *Rhodopseudomonas* | Industrieabfälle, Licht | *Saccharomyces cerevisiae* | Melasse |
| *capsulata* | | | |
| | | **Schimmelpilze** | |
| b) Heterotroph | | | |
| | | *Aspergillus fumigatus* | Cassava |
| *Alcaligenes sp.* | Bagasse | *Aspergillus niger* | Johannisbrotabfälle |
| *Methylococcus capsulatus* | Methan | *Chaetomium cellulolyticum* | Maisstroh |
| *Methylophilus methylotrophus* | Methanol | *Fusarium graminearum* | Glucose |
| *Methylomonas clara* | Methanol | *Fusarium moniliforma* | Johannisbrotabfälle |
| *Nocardia sp.* | n-Alkane | *Geotrichum candidum* | Brennereiabwässer |
| *Pseudomonas sp.* | Heizöl | *Paecilomyces variotii* | Sulfitablauge |
| | | *Penicillium cyclopium* | Molke |
| | | *Penicillium notatum,* | Stärkehydrolysat |
| | | *chrysogenum* | |
| | | *Trichoderma harzianum* | Kaffeeabfälle |

schon seit Jahrhunderten gezüchtet. Hierbei wird Biomasse unter der Einwirkung von Sonnenlicht und Zugabe von Stickstoffquellen hergestellt. Vor allem die Algengattungen *Chlorella*, *Scenedesmus*, *Spirulina* und *Uronema* eignen sich zur Massenzucht.

– Eine Züchtung von **Bakterien** besitzt Vorteile des schnellen Wachstums, hohen Proteinanteiles sowie der wertvollen Aminosäurezusammensetzung bei dem erzeugten Protein. In industriellen Prozessen werden Mischpopulationen benutzt (aus *Methylococcus capsulatus, Nocardia* und *Pseudomonas*). Als Substrate dienen hierbei im Wesentlichen Stärkesuspensionen, insbesondere Sojamehl, aber auch Abwässer der Stärke-, Getreide- und Kartoffelindustrie.

– Vor allem in Finnland und Kanada sind Verfahren von Bedeutung, bei denen **Sulfitablaugen aus der Papierindustrie** oder **cellulosehaltige Abfälle**, wie Stroh und Sägemehl, mit Mikroorganismen abgebaut werden.

## 2.2.3 Herstellung von Aminosäuren und Enzymen

Bei der Tierernährung müssen proteinbildende **Aminosäuren** für Zellaufbau und Wachstum in ausreichenden Mengen verfügbar sein. Manche Aminosäuren können von den betreffenden Organismen nicht selbst synthetisiert, sondern müssen mit der Nahrung zugeführt werden (essenzielle Aminosäuren). Jedoch auch wenn die Eigensynthese einer speziellen Aminosäure möglich ist, kann deren Zufuhr für hohe Wachstumsleistungen wichtig sein. Die wesentlichen in industriellem Ausmaß hergestellten Aminosäuren sind L-Lysin, DL-Methionin, L-Threonin und L-Tryptophan. Etwa 30 % der industriell hergestellten Aminosäuren werden dem Tierfutter zugesetzt. Methionin wird – trotz praktikabler fermentativer Verfahren – überwiegend durch chemische Synthese aufgebaut. Dagegen gewinnt man die anderen Aminosäuren nahezu ausschließlich mit biotechnischen Methoden durch Submersfermentation. Zur fermentativen Erzeugung der Aminosäuren werden z. B. für die

L-Lysin-Produktion Mutanten von *Corynebacterium* benutzt. Für die fermentative Gewinnung von L-Threonin und L-Tryptophan werden in zunehmendem Maße gentechnisch veränderte *E.-coli*-Stämme eingesetzt.

Für viele Zwecke (z. B. Waschmittel) werden **Enzyme** bereits seit mehr als 40 Jahren industriell erzeugt. Im Verlaufe der Zeit wurde die Produktion derartiger technischer Enzyme hinsichtlich Substratspezifität und Stabilität kontinuierlich verbessert. Als Produktions-Mikroorganismen fungieren durch Mutantenselektion und durch gentechnische Methoden gewonnene Stämme von Bakterien, Hefen und Schimmelpilzen. Seit zehn bis 15 Jahren werden industriell erzeugte Enzyme auch Futtermitteln zudosiert, insbesondere Enzyme, die zum Aufschluss von ansonsten verdauungsinerten Futterkomponenten befähigt sind. Verdauungsinert ist die Faserfraktion, bei der es sich um β-Glucane (z. B. Cellulose, Hemicellulosen oder Arabinoxylane) handelt. Den Futtermitteln werden dementsprechend Cellulasen und Hemicellulasen zugesetzt. Insbesondere bei Hochleistungs- und Jungtieren kann die Zudosierung technischer Enzyme, welche polymere Nahrungskomponenten abbauen, zu einer gesteigerten Verdaulichkeit faserreicher Futterkomponenten führen. Ein anderer Einsatzbereich technischer Enzyme ist die Eliminierung von antinutritiven Stoffen und von Toxinen.

### 2.2.4 Herstellung von Oligosacchariden

Oligosaccharide sind gegenüber menschlichen und tierischen Verdauungssystemen persistent. Im Dünndarm treten sie jedoch mit der Darmflora in Kontakt und dienen dieser als Kohlenhydratquelle. Kohlenhydrat-Rezeptoren auf den Oberflächen von Epithel- und Bakterienzellen können Oligosaccharide binden, was die Zellproliferation steigert und die Immunabwehr moduliert. Oligosaccharidzumischungen im Futter (unter 1 %) fördern daher den Gesundheitsstatus der Tiere. Die hauptsächlich verwendeten Oligosaccharide werden durch Extraktion aus geeigneten Rohstoffen (z. B. aus Zwiebeln oder Spargel), durch kontrollierte enzymatische Hydrolyse von Polysacchariden (z. B. aus Chicoree-Wurzeln) sowie durch enzymatische Synthese (z. B. aus Saccharose mittels Fructosyl-

transferase aus *Aspergillus niger* oder *Aureobasidium pullulans*) gewonnen.

### 2.2.5 Gewinnung von Probiotika und Antibiotika

Die *U. S. Food and Drug Administration* definiert als **Probiotika** lebensfähige, natürlich auftretende Mikroorganismen, die im Allgemeinen nicht toxisch oder pathogen sind (*„generally recognized as safe“*). Weitergehende Auffassungen formulieren Probiotika als Bakterienpopulationen, die ein Wachstum pathogener Keime unterdrücken. Die Herstellung von Probiotika erfolgt durch Submersfermentation. In den USA, Kanada und Europa befinden sich in kommerziellen Probiotika-Präparaten für die menschliche Ernährung u. a. Bifidobakterien, Lactobacillen, Streptococcen, Bacteroides, Pediococcen und Propionbakterien. In Japan wird zusätzlich eine Clostridienart benutzt. Probiotika werden auch in der Tierernährung eingesetzt.

**Antibiotika** (Sekundärmetaboliten spezieller mikrobieller Herkunft mit wachstumshemmender oder sogar abtötender Wirkung auf verschiedene Mikroorganismenarten) werden seit mehr als 50 Jahren zur Vorbeugung und Bekämpfung von Erkrankungen angewendet. Darüber hinaus werden antimikrobiell wirkende Agenzien beim Tier zur Steigerung der Gewichtszunahme und aus Gründen der besseren Verwertung von Futtermitteln eingesetzt. Die Zugabe von Antibiotika zu Futtermitteln resultierte aus der Beobachtung, dass die Verfütterung von Abfallschlempen der Chlortetracyclinproduktion zu signifikant gesteigertem Wachstum bei Hühnern, Truthähnen und Schweinen führte. Die beobachteten Effekte traten gleichfalls auf, wenn dem verabreichten Futter andere Antibiotika beigegeben wurden. Das erste exakt beschriebene Antibiotikum war Monensin, mit dem Kokzidiose (Durchfallerkrankung) bei Geflügel verhindert werden kann und das zudem die Verwertung von Futtermitteln durch Nutztiere verbessert.

Der Einsatz von Antibiotika zum Zwecke der Tiermast trägt jedoch zur Verbreitung Antibiotika resistenter Bakterien bei. In Schweden beispielsweise ist daher der Einsatz von Antibiotika in der Tiermast bereits seit 1986 verboten. In der EU sind noch vier Antibiotika (Monensin, Salinomycin, Avilamycin und Flavophospholipol) als Futtermittelzusatzstoffe bis Januar 2006 zugelassen. Eine Ausnahme von dem Antibiotikaverbot in der EU soll es in Zukunft nur noch für Geflügel geben, in deren Futter aus Antibiotika gewonnene Kokzidiostatika beigemengt werden dürfen. Für diese Mittel gibt es allerdings künftig strenge Grenzwerte.

Mit den Regelungen wird in der EU zwar die Herstellung von Antibiotika für Fütterungszwecke an Bedeutung verlieren, nicht jedoch diejenige für die Veterinärmedizin. Weltweit ist nur eine geringe Zahl an Antibiotika in der Veterinärmedizin zugelassen. Darunter befinden sich auch solche von humanmedizinischer Bedeutung, wie Bacitracin, Erythromycin, Gentamycin, Penicilline, Cephalosporine, Streptomycine, Tetracycline und Chloramphenicol. Antibiotika werden durch Submersfermentation hergestellt. Ein Sonderfall ist Chloramphenicol, das nahezu ausschließlich durch Chemosynthese gewonnen wird.

### 2.2.6 Herstellung von Hormonen

Die wichtigsten biotechnisch hergestellten Hormone für den Einsatz beim Nutztier sind die Somatotropine, die strukturell zu den Proteohormonen gehören. Tierische Somatotropine besitzen eine sehr enge Artspezifität, d. h. Somatotropin des Schweines ist beim Rind unwirksam und umgekehrt. Tierische Somatotropine sind beim Menschen inaktiv, obwohl 164 der insgesamt 190 Aminosäuren des Somatotropinmoleküls bei Mensch, Rind, Schaf und Schwein identisch sind. Somatotropine stimulieren den anabolen Stoffwechsel und führen dadurch zu einem schnelleren Wachstum. Zudem bewirken Somatotropine einen gesteigerten katabolen Abbau von Fetten mit daraus resultierenden verbesserten Qualitätseigenschaften des Schlachtkörpers. In der Rinderhaltung kann der Einsatz von rekombinantem bovinem Somatotropin zu einer beträchtlichen Erhöhung der Milchleistung führen (siehe **Tab. 29.7**, S. 542). Der Einsatz der Somatotropine ist für die Zwecke der Leistungssteigerung in der EU vorläufig nicht zugelassen; spielt jedoch weltweit eine gewisse Rolle. Die Wachstumshormone von Schweinen, Rindern und auch des Menschen werden durch Verwendung rekombinanter Expressionsvektoren in *E. coli* hergestellt. Dies gilt auch für weitere Proteohormone, wie z. B. Insulin, die allerdings nur in der Humanmedizin verwendet werden.

---

## Zusammenfassung

- Bioverfahrenstechniken befassen sich mit der Umwandlung von Stoffen in biotechnischen Prozessen. Hierbei werden im Allgemeinen Mikroorganismen eingesetzt, die speziell gezüchtet und in einigen Fällen auch gentechnisch verändert werden.
- Beispiele für Bioverfahren, die bei Tieren zum Einsatz kommen, sind die Silierung von Futtermitteln sowie die Gewinnung von Hefen, Einzellerproteinen, Aminosäuren, Enzymen, Oligosacchariden, Probiotika, Antibiotika und Hormonen.

# Teil II

# Genomanalyse sowie gendiagnostische Verfahren

# 3 Struktur und Funktion von Genen

Ziel der molekularen Biotechnologie ist in vielen Fällen die Charakterisierung einzelner Gene sowie deren Varianten. Im Wesentlichen geht es hierbei um eine Gendiagnostik, bei der in den relevanten Genen die funktions- und merkmalsbestimmenden Veränderungen der DNA-Sequenz festgestellt werden sollen. Voraussetzungen für eine solche Gendiagnostik ist die Identifizierung derjenigen Gene, die wichtige Merkmale der Tiere beeinflussen. Die Auswahl geeigneter Gene ist nicht einfach. Das Genom der Säuger beispielsweise umfasst etwa 3 Milliarden Nucleotide, deren Informationsgehalt in ca. 30000 Genen gespeichert ist. Welches Gen soll man also untersuchen?

Ein Auswahlkriterium bietet die physiologische Bedeutung der jeweiligen Genprodukte. Wenn man auf Grund der Funktion der Genprodukte (meistens Proteine) vermuten kann, dass bestimmte Gene an der Ausprägung des betrachteten Merkmals beteiligt sind, so gelten sie dafür *a priori* als **Kandidatengene**. Bei genügend einfachen Gen/Merkmals-Beziehungen lässt sich für ein so ausgewähltes Kandidaten-gen oft nachweisen, welche DNA-Varianten dieses Gens gemeinsam mit der veränderten Merkmalsausprägung vererbt wurden. Auch bei molekulargenetischen Untersuchungen zu komplex bedingten Merkmalswerten liegt ein Ausgangspunkt bei den einzelnen DNA-Varianten, die dann meist zunächst als Marker für die Vererbung von Chromosomenmaterial dienen. Die DNA-Varianten können auf genomischem Niveau, d.h. so wie in den Chromosomen vorkommend, analysiert werden. Varianten lassen sich jedoch auch häufig an den Produkten erkennen, die bei der Expression von Genen entstehen. **Abb. 3.1** zeigt das Niveau der Betrachtungen und die dafür verwendeten Begriffe.

Die folgenden Darstellungen liefern einige grundlegende Einsichten zu Fragen, wie Gene aufgebaut sind, welche Enzyme eine Verdopplung der DNA bewirken, welche DNA- und RNA-Moleküle in den Zellen vorkommen und wie die Genexpression kontrolliert wird. Die möglichst kurz gehaltenen Beschreibungen sollen dem Verständnis der sich anschließenden Kapitel dienen.

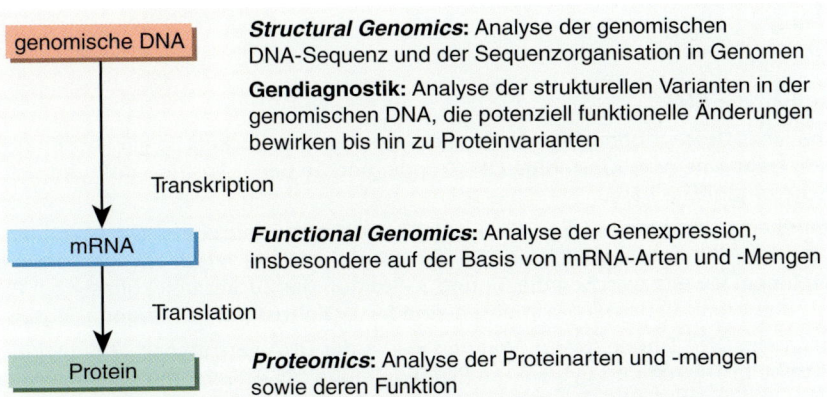

**Abb. 3.1:** Schema zum Fluss der genetischen Information von der DNA zum Protein

Die genetische Information „fließt" von der genomischen DNA in die mRNA und dann von der mRNA in die Proteine. Auf jedem Niveau werden verschiedene Analysemethoden verwendet, um die Struktur und Funktion der Moleküle zu messen.

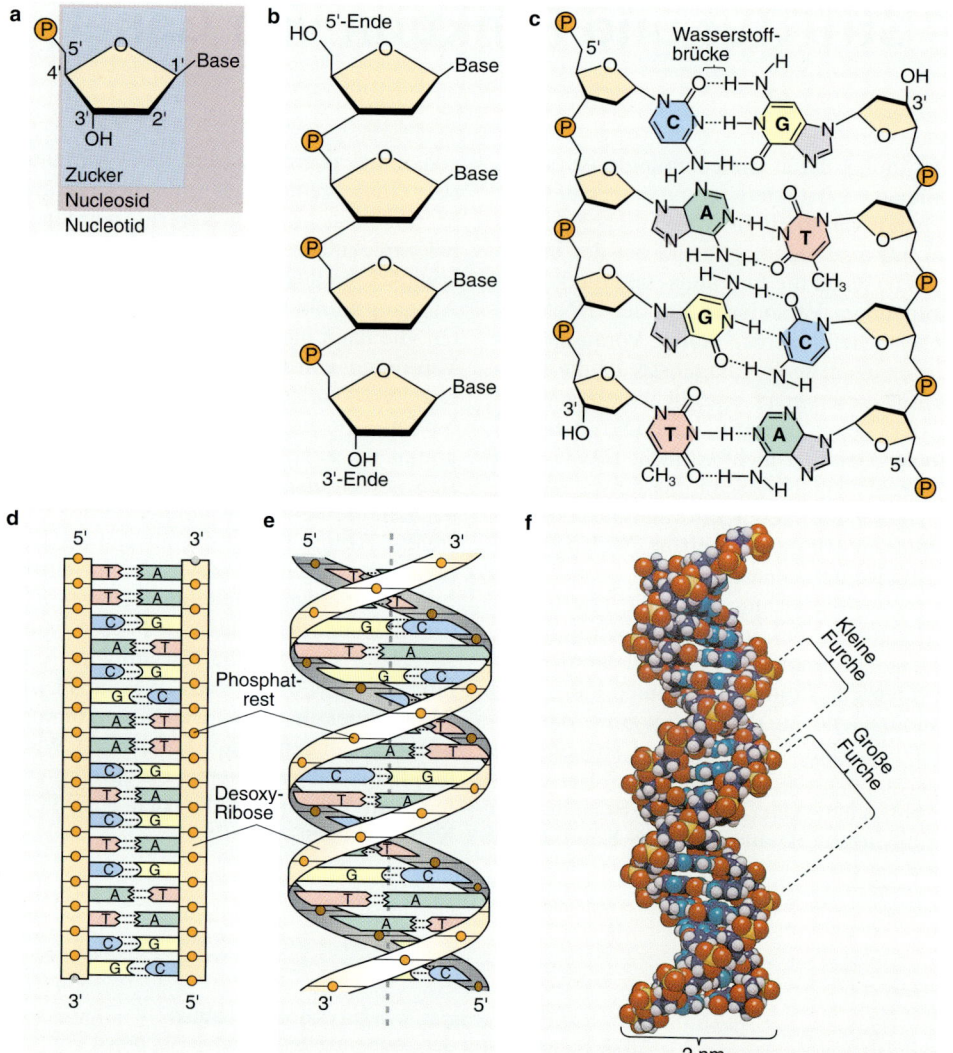

**Abb. 3.2:** Aufbau der DNA

a) Bauschema eines Desoxyribonucleotids. An die 5'-Position des Zuckers ist ein Phosphat geknüpft. Die 3'-Position trägt eine reaktionsfähige OH-Gruppe, und an der 1'-Position befindet sich eine heterozyklische organische Base.

b) Aufbau eines einzelsträngigen Oligonucleotids (Desoxyribonucleinsäure). Die einzelnen Nucleotide werden gleichförmig (und unabhängig von den möglicherweise verschiedenen Basen) aneinander gekettet, indem jeweils zwischen die 5'- und 3'-Position der Zuckermolekülreste ein Phosphat eingefügt ist. Dies ergibt von oben nach unten eine 5'- → 3'-Richtung des Oligonucleotids.

c) Basenpaarung im DNA-Doppelstrang. Von den vier in der DNA vertretenen organischen Basen handelt es sich beim Thymin und Cytosin um Pyrimidine und bei Adenin und Guanin um die größeren Purine. Aus sterischen Gründen und auf Grund der Zahl der freien Valenzen (zwei bei Adenin und Thymin, drei bei Guanin und Cytosin) paaren sich nur Adenin mit Thymin oder Guanin mit Cytosin (komplementäre Basen).

d) Aufbau eines DNA-Doppelstranges, Strickleitermodell. Der gegengerichtete (antiparallele) Verlauf der beiden DNA-Stränge ist zu erkennen, d.h. das nicht mit einem Nachbar-Nucleotid ver-

## 3.1    Aufbau der Nucleinsäuren

Die Information eines Gens ist in der Desoxyribonucleinsäure (*deoxyribonucleic acid*, DNA) gespeichert. Zum Abrufen der Information wird diese zunächst in Ribonucleinsäure (*ribonucleic acid*, RNA) kopiert (**Transkription**). Einige der RNA-Moleküle (mRNA) werden im nächsten Schritt (**Translation**) als Vorlage für die Bildung von Proteinen verwendet (**Abb. 3.1**).

Die **DNA** ist ein fadenförmiges Molekül, das aus gleichförmigen, aneinander gefügten Bausteinen besteht. Das Rückgrat des Fadens bilden Moleküle des pentameren Zuckers Desoxyribose, die über Phosphatgruppen miteinander verbunden sind (**Abb. 3.2**). Die Phosphatbrücken verbinden jeweils das C-Atom an Position 3′ eines Zuckerrings mit demjenigen an Position 5′ eines benachbarten Zuckermoleküls. Zur Unterscheidung der Positionen von C-Atomen in den heterozyklischen Basen und denjenigen in den Desoxyribosen bezeichnet man Letztere mit z. B. 1′, 3′ oder 5′. Die Codierungseigenschaft der DNA beruht ausschließlich auf der linearen Abfolge von vier unterschiedlichen Basen, die mit dem C1′-Atom der Desoxyribose verknüpft sind. Diese Basen werden entsprechend ihres chemischen Grundaufbaues entweder den Pyrimidinen (Thymin, Cytosin) oder den Purinen (Adenin, Guanin) zugeordnet. In den allermeisten Organismen liegt die DNA als doppelsträngiges Molekül vor. Beide Stränge sind um eine gemeinsame Achse gewunden und bilden eine **Doppelhelix** (WATSON UND CRICK 1953) mit einem Durchmesser von ca. 2 nm (**Abb. 3.2, e und f**). Die beiden Stränge der Doppelhelix sind in der Abfolge der Basen **komplementär** und von **gegensätzlicher Polarität** bezüglich der 5′-3′-Orientierung des Zucker-Phosphat-Rückgrates (**Abb. 3.2 c, d, e**). Beide Molekülketten werden durch Interaktionen zwischen den Basen der benachbarten Stränge zusammengehalten. Hierbei sind zwei unterschiedliche Bindungskräfte wirksam:

- **Hydrophobe Wechselwirkungen** bilden sich zwischen den Elektronensystemen der gepaarten Basen aus. Grundlage hierfür ist die räumliche Anordnung der Basen. Die Flächen der Purin- und Pyrimidinringsysteme sind gegenüber dem Zucker/Phosphat-Rückgrat der DNA um annähernd 90° gedreht und können in der engen Packung der DNA-Doppelhelix übereinander geschoben werden (*base-stacking*). Die sich dadurch ergebenden hydrophoben Wechselwirkungen tragen ganz erheblich zum Zusammenhalt der Doppelhelix bei.
- **Wasserstoffbrücken** werden zwischen den passenden (komplementären) Basen ausgebildet. Die Basen sind so angeordnet, dass immer einem Adeninrest (A) in dem einen Strang ein Thyminrest (T) im Partnerstrang gegenübersteht und einem Guanin- (G) ein Cytosinrest (C). Zwischen A und T werden zwei, zwischen C und G drei Wasserstoffbrücken ausgebildet. G:C Bindungen sind daher thermodynamisch stabiler als A:T Bindungen.

**RNA-Moleküle** unterscheiden sich von DNA-Molekülen dadurch, dass als Zucker die Ribose verwendet und anstelle des Thymins Uracil (U) eingebaut wird. Uracil ist ebenso wie Thymin komplementär zu Adenin. Schließlich kommt

knüpfte 5′-Ende befindet sich am linken Strang oben und am rechten Strang unten. Außerdem wird deutlich, dass die schriftähnliche Folge der Basen des linken DNA-Stranges (5′- TTCACG ...) mit einer komplementären Basensequenz im rechten DNA-Strang (3′-AAGTGC ...) gepaart ist.

e) Helixmodell einer B-DNA. Die übliche Form der Doppelhelix ist die rechtsgängige B-DNA. Die seltene A-DNA ist ebenfalls rechtsgängig, hat aber eine erhöhte Anzahl von Basenpaaren pro Windung und existiert nur im dehydrierten Zustand. Unter bestimmten Bedingungen kann eine linksgängige helikale Konformation entstehen, die wegen des Zickzackverlaufs im Zucker-Phosphat-Rückgrat auch Z-DNA genannt wird.

f) Kalottenmodell einer B-DNA. Hierbei werden Kugelkalotten eingesetzt, deren Größen den Dimensionen der verschiedenen Atome entsprechen. Dunkelblau: Kohlenstoff; weiß: Wasserstoff; hellblau: Stickstoff; rot: Sauerstoff; gelb: Phosphor. Durch die Verdrillung der beiden Einzelstränge umeinander entsteht eine Doppelhelix mit einer kleinen und einer großen Furche.

RNA fast immer einzelsträngig vor, wobei sich allerdings Abschnitte mit komplementären Nucleotiden zu intramolekularen Doppelsträngen paaren können.

## 3.2 DNA-Replikation

Die chemische Grundreaktion bei der DNA-Kettenverdopplung (**DNA-Replikation**) besteht in einer Reaktion, bei der ein **5′-Desoxyribonucleosid-Triphosphat (dNTP)** das 3′-Hydroxylende eines DNA-Stranges attackiert (**Abb. 3.3**). Als Ergebnis dieser Reaktion werden von dem dNTP die beiden endständigen Phosphate als Pyrophosphat abgespalten, während das übrige Molekül über die verbleibende Phosphatgruppe mit dem DNA-Strang verbunden wird. Von diesem Schema der DNA-Kettenverlängerung (d. h. das 3′-Hydroxylende wird verknüpft mit der 5′-Phosphatgruppe eines dNTP) gibt es keine Abweichungen. Die DNA-Kettenverlängerung erfordert daher immer ein 3′-Hydroxylende eines bestehenden Nucleinsäuremoleküls (DNA oder RNA), das mit dem 5′-Ende jeweils eines dNTP verknüpft wird.

Die DNA ist wegen der stark dissoziierenden Phosphatgruppen eine Säure. Während der DNA-Synthese werden – entsprechend dem molaren Verhältnis, in dem dNTPs verbraucht werden – Pyrophosphatreste gebildet. Diese wirken ebenfalls stark sauer und sind chemisch reaktiv.

Die DNA-Replikation ist ein komplizierter Prozess, an dem viele Enzyme beteiligt sind (**Abb. 3.4**) und bei dem die Sequenz des Matrizen- oder Templatestranges komplementär in eine Abfolge von Basen des neu synthetisierten Partnerstranges übertragen wird. Hierbei bildet die Spezifität der Basenpaarungen (A mit T, G mit C) die Grundlage für eine Aufrechterhaltung der DNA-Sequenz. Dies gilt sowohl *in vivo*, z.B. im Verlaufe der DNA-Synthesephase (S-Phase) des Zellteilungszyklus, als auch *in vitro*, z.B. bei der enzymatischen DNA-Vermehrung durch die

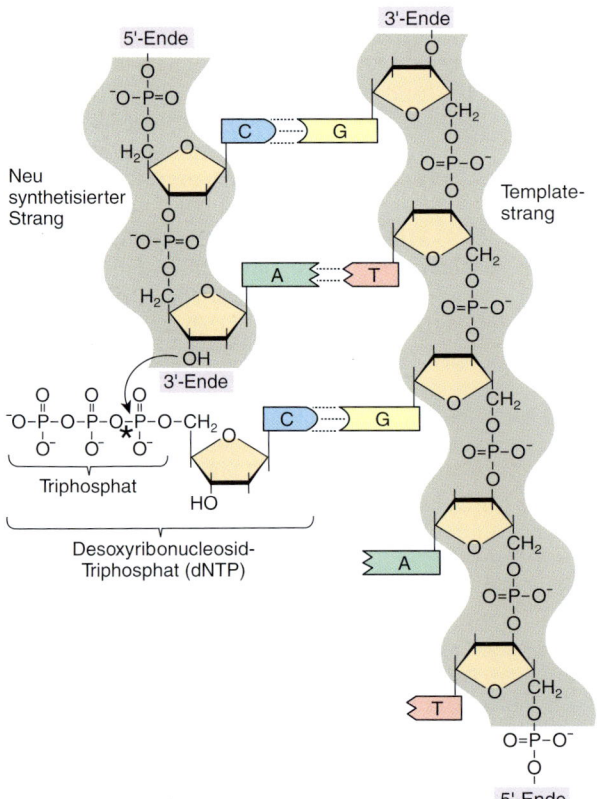

**Abb. 3.3:** Ablauf der DNA-Synthese

Das Zucker-/Phosphat-Gerüst ist farbig unterlegt. Die Addition eines Desoxyribonucleotids erfolgt am 3′-Ende der Polynucleotidkette, so dass der Strang in 5′- → 3′-Richtung neu gebildet wird. Hierbei bestimmt die Nucleotidfolge des Matrizen- oder Template-Stranges über spezifische Basenpaarungen die komplementären Nucleotide des neu gebildeten DNA-Stranges. Das Lösen der Phosphoanhydridbindung (*) im hinzukommenden Nucleosid-Triphosphat liefert Energie, die für die Polymerisationsreaktion gebraucht wird.

**Abb. 3.4:** Ablauf der DNA-Replikation bei Eukaryonten (modifiziert nach LEWIN 2002)

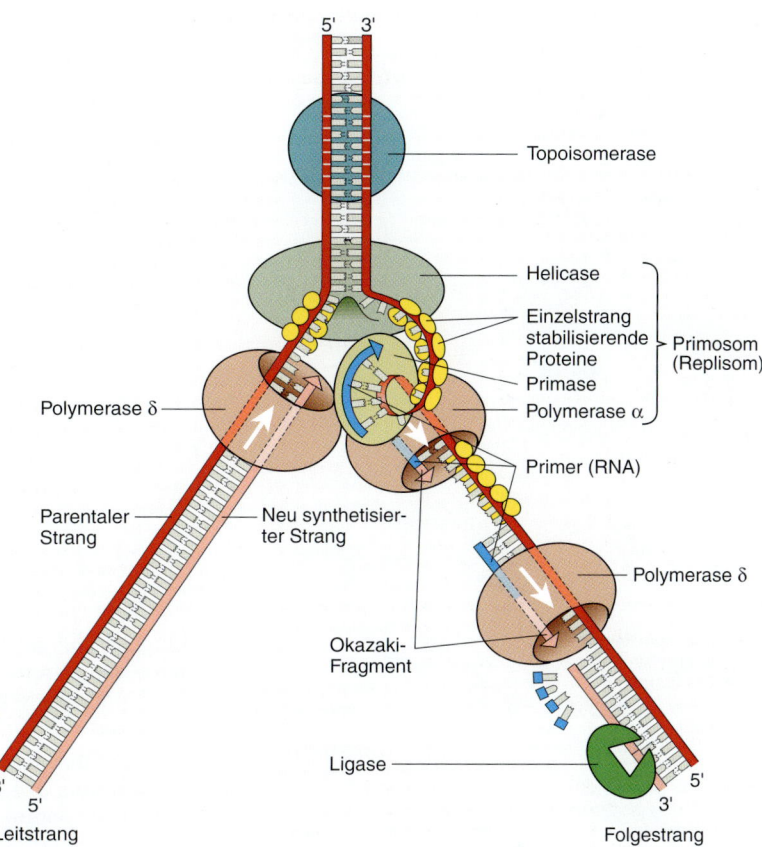

An der DNA-Replikation sind mehrere Enzyme beteiligt. Helicase, Primase und die beiden DNA-Polymerase-Moleküle werden auch als Primosom oder Replisom zusammengefasst. Die Topoisomerase führt Brüche in die DNA ein. Die so gebildeten Fragmente werden von der Helicase in 5'- → 3'-Richtung entwunden. Es entstehen Einzelstrangbereiche, die durch DNA-bindende Proteine stabilisiert werden. An das 3'-Ende des wachsenden DNA-Einzelstranges heftet sich die DNA-Polymerase an. Jede DNA-Polymerase δ zieht einen DNA-Matrizenstrang (parentalen Strang) hindurch und katalysiert die Synthese eines Tochter- oder Folgestrangs. Die DNA-Polymerase verlängert DNA-Stränge nur in 5'- → 3'-Richtung. Daher kann nur einer der beiden DNA-Matrizen kontinuierlich in Richtung der fortschreitenden Replikationsgabel verlängert werden (Leitstrang). Der andere neue Strang (Folgestrang) wächst diskontinuierlich. Zunächst werden durch die Primase in 5'- → 3'-Richtung kurze RNA-Stücke gebildet, die von der Polymerase α zu so genannten Okazaki-Fragmenten verlängert werden. Diese werden später durch DNA-Polymerase δ ergänzt, die auch die RNA-Nucleotide durch DNA-Nucleotide ersetzt. Die DNA-Ligase fügt die so entstandenen Stücke des Folgestranges zusammen.

Polymerasekettenreaktion (siehe S. 117ff.). Die zur DNA-Replikation notwendigen Prozesse lassen sich in Initiation, Elongation und Termination gliedern:

– Die **Initiation (Beginn)** der DNA-Synthese erfolgt durch den Proteinkomplex des **Primosoms** und erfordert zunächst ein Öffnen des DNA-Doppelstranges durch einen Komplex von Proteinen. Hierdurch wird die auch elektronenoptisch darstellbare Replikationsgabel gebildet. Dies erfolgt nicht an beliebigen Stellen des DNA-Fadens, sondern an bestimmten Stellen, den **Replikationsursprüngen** (*origin of replication, ori*; bei Eukaryonten auch *Autonome Replizierende Sequenz, ARS* genannt). Die einzelsträngige DNA wird vorübergehend durch Proteine stabilisiert. Tatsächlich werden in den allermeisten Fällen von einem *ori* zwei Replikationsgabeln ausgebildet, die sich mit fortschreitender DNA-Synthese in gegensätzlichen Richtungen von dem *ori* weg bewegen (**Abb. 3.5**). Man sagt, die Replikation erfolgt bidirektional.

– Die **Elongation (Kettenverlängerung)** benö-

a Prinzip

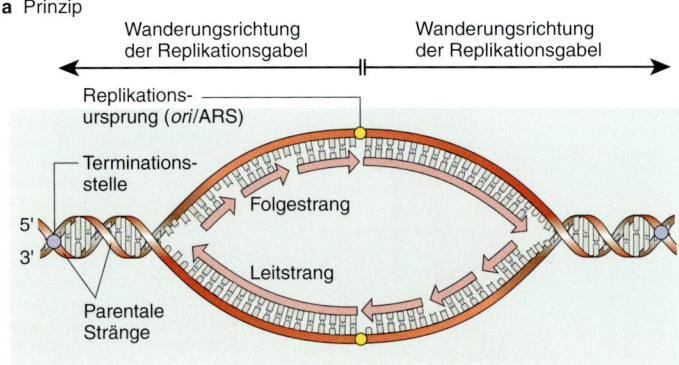

Wanderungsrichtung der Replikationsgabel

Wanderungsrichtung der Replikationsgabel

Replikationsursprung (*ori*/ARS)

Terminationsstelle

Folgestrang

5′
3′

Leitstrang

Parentale Stränge

b Bildung des Folgestranges

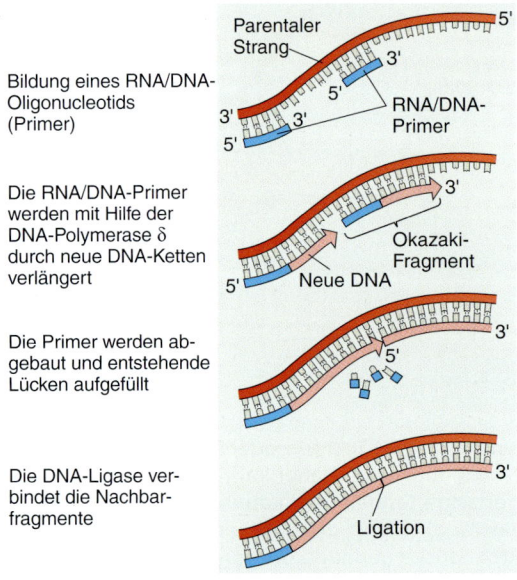

Bildung eines RNA/DNA-Oligonucleotids (Primer)

Parentaler Strang

5′
3′
5′

RNA/DNA-Primer

3′
3′
5′

Die RNA/DNA-Primer werden mit Hilfe der DNA-Polymerase δ durch neue DNA-Ketten verlängert

3′
Okazaki-Fragment
5′    Neue DNA

Die Primer werden abgebaut und entstehende Lücken aufgefüllt

3′
5′

Die DNA-Ligase verbindet die Nachbarfragmente

3′
Ligation

**Abb. 3.5:** Bidirektionales Auseinanderweichen einer DNA-Replikationsgabel sowie die einzelnen Schritte bei der Bildung eines Folgestranges

a) Prinzip. Der Replikationsursprung (*origin of replication, ori*) wird bei Eukaryonten auch als Autonome Replizierende Sequenz (ARS) bezeichnet. In 5′-Richtung katalysiert die DNA-Polymerase δ die Synthese des Leitstranges unter Anheftung von Desoxyribonucleotiden.

b) Bildung des Folgestranges. Sie verläuft in 3′-Richtung diskontinuierlich und erfordert mehrere Einzelschritte.

tigt weitere Proteine, die man in ihrem Zusammenwirken an der Replikationsgabel als **Primosom** (**Replisom**) bezeichnet.
– Bei der **Termination** (**Beendigung**) der DNA-Synthese kommt es zur Verknüpfung noch nicht kovalent verbundener Enden des neu gebildeten DNA-Fadens.

Bei der Initiation der DNA-Synthese gibt es ein Problem: Woher kommt – nach der Trennung der Stränge – das initiale 3′-Hydroxylende, mit welchem die 5′-Phosphatgruppe des neu einzubauenden Nucleotids reagieren kann?

Zwei Lösungsstrategien haben sich in der Natur für dieses Problem herausgebildet. Einerseits werden Einzelstrangbrüche im Doppelstrang erzeugt (engl. „*nick*"), an deren 3′-Hydroxylenden sich die DNA-Synthese vollziehen kann. Alternativ wird eine kurze Primer-RNA-Sequenz bereitgestellt, an dessen 3′-Ende die DNA-Synthese starten kann. Im Zuge von Reparaturprozessen wird später die verbliebene RNA entfernt. Das Zusammenwirken der beiden Initiationsstrategien löst auch ein weiteres Problem, welches sich aus der gegensätzlichen Polarität der beiden DNA-Stränge bezüglich der Anordnung der Zucker-Phosphatgruppen (5′-3′-Orientierung) ergibt: DNA-Synthese erfolgt immer nur vom 5′- zum 3′-Ende hin. Daraus folgt, dass sie sich nur an einem der beiden Stränge konti-

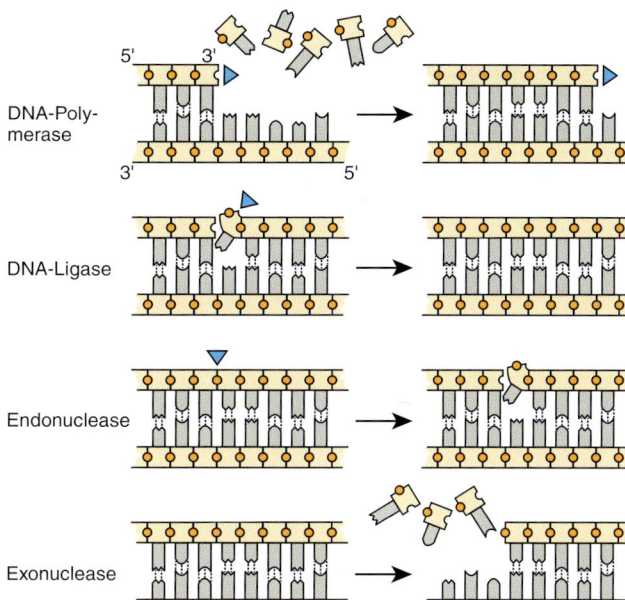

DNA-Polymerase

DNA-Ligase

Endonuclease

Exonuclease

**Abb. 3.6:** Wirkungen hauptsächlicher Enzyme des Nucleinsäurestoffwechsels

Erklärungen siehe Text.

nuierlich vollziehen kann. Man nennt diesen Strang den **Leitstrang (*leading strand*)**. Er wird der Replikationsgabel folgend verlängert. Die Synthese an dem Strang mit der gegensätzlichen Polarität muss jedoch in umgekehrter Richtung stattfinden. Das heißt, die Kettenverlängerung bewegt sich von der Replikationsgabel weg. Die Synthese an diesem Strang (**Folgestrang, *lagging strand***) erfolgt diskontinuierlich, jeweils in kurzen Abschnitten. Diese umfassen bei Eukaryonten jeweils etwa 100–200 Nucleotide und werden **Okazaki-Fragmente**, zu Ehren des Entdeckers dieses Reaktionsprinzips, genannt. Der Replisomenkomplex löst sich vom Matrizenstrang ab, bewegt sich zur Replikationsgabel hin und beginnt erneut die Synthese. Die Okazaki-Fragmente werden durch DNA-Polymerase ergänzt und in einer separaten Reaktion kovalent miteinander verbunden (ligiert). An diesem Strang erfolgt das „Primen" (Starten) der DNA-Synthese immer über die oben bereits erwähnten kurzen RNA-Stücke (**Abb. 3.4 und 3.5**).

## 3.3 Enzyme beim Nucleinsäurestoffwechsel

An der Replikation der DNA sind mehrere auch biotechnisch bedeutsame Enzyme beteiligt. Die hauptsächlichen Enzyme des Nucleinsäurestoffwechsels sind in **Abb. 3.6** aufgeführt.

Bei dem Bakterium *Escherichia coli* werden drei unterschiedliche Typen von **DNA-Polymerasen (*Pol*)** gefunden, die in **Tab. 3.1** aufgeführt werden. *In vivo* wird die Hauptsyntheseleistung von der DNA-*Pol*III geleistet, während die DNA-*Pol*I und -*Pol*II überwiegend DNA-Reparatur-Funktionen ausführen. Die DNA-Polymerasen der Eukaryonten wirken z.T. in Multi-Enzym-Komplexen. Das Replisom (**Abb. 3.4**) beispielsweise besteht aus einem Komplex von mehr als 10 Proteinen! Gemeinsame enzymatische Eigenschaften aller DNA-Polymerasen sind die 5′-3′-Elongation der DNA sowie die 3′-5′-Exonucleaseaktivität. Letztere Eigenschaft versetzt die DNA-Polymerasen in die Lage, 5′-gelegene DNA-Stücke „wegzuschneiden", die sonst zu einer Behinderung der Synthesereaktion führen würden. Zusätzlich ist die DNA-*Pol*I mit einer 5′-3′-Exonucleaseaktivität ausgestattet. Diese kann die kurzen RNA-Primer des

**Tab. 3.1:** Eigenschaften von DNA-Polymerasen

| Enzym | Enzymatische Aktivität | | Funktion (Lokalisation) |
|---|---|---|---|
| | 5'-3'-Polymerase | 3'-5'-Exonuclease | |
| **E. coli** | | | |
| DNA-Polymerase I[1] | ja | ja | Reparatur |
| DNA-Polymerase II | ja | ja | Reparatur |
| DNA-Polymerase III | ja | ja | Replikation |
| **Tiere[2]** | | | |
| DNA-Polymerase α | ja | nein | *Lagging-Strand-Priming*; Reparatur (Nucleus) |
| DNA-Polymerase β | ja | nein | Reparatur (Nucleus) |
| DNA-Polymerase γ | ja | ja | Replikation (Mitochondrien) |
| DNA-Polymerase δ | ja | ja | Replikation (Nucleus) |
| DNA-Polymerase ε | ja | ja | Reparatur (Nucleus) |

[1] Besitzt auch eine 5'-3'-Exonuclease-Aktivität
[2] Es werden nur einige der bei Eukaryonten bekannten DNA-Polymerasen aufgeführt.

*lagging strand* herausschneiden und die entstehenden Lücken durch DNA ersetzen. Entsprechend der hohen Zahl von auftretenden Okazaki-Fragmenten ist auch die Zahl der DNA-*Pol*I-Moleküle je Zelle vergleichsweise hoch: Jede Zelle besitzt etwa 400 *Pol*I-Moleküle, während nur etwa 10 Moleküle der DNA-*Pol*III vorhanden sind. Bildhaft dargestellt lässt sich die DNA-*Pol*III mit einer ICE-Lokomotive vergleichen, die mit hoher Geschwindigkeit über den DNA-Strang gleitet. Kann sie mit ihrer 3′-5′-Exonucleaseaktivität nicht sofort ein Hindernis beseitigen, so verlässt sie den Strang und springt erst einige 100 bp weiter wieder auf. Die DNA-*Pol*I übernimmt es dann, gleichsam als langsame Rangierlokomotive, die Lücke zu schließen. Dabei rückt sie in beide Richtungen, „vorwärts" und „rückwärts", fräst die Lücke großzügig aus und synthetisiert das fehlende Stück. Die DNA-*Pol*I wird weit verbreitet in biotechnischen Labors eingesetzt, besonders, nachdem es gelungen war, die im Molekül gleichfalls vorhandene, für den Experimentator aber lästige 5′-3′-Exonuclease-Aktivität zu entfernen. Man nennt das Restenzym **Klenow-Fragment** und setzt es für DNA-Synthesereaktionen *in vitro* ein.

Neben der Eigenschaft, eine DNA-Kettenverlängerung in 5′-3′-Richtung zu bewirken, können die DNA-Polymerasen der meisten Organismen auch Replikationsfehler korrigieren. Die Korrektureigenschaften der DNA-Polymerasen mindern die Fehlerrate bei der DNA-Synthese von einem Fehler je 10 000 eingebauter Nucleotide auf weniger als einen Fehler je $10^9$ einge-

bauter Nucleotide. Die Ursache für das Entstehen von Replikationsfehlern liegt nicht zuletzt an der Chemie der Nucleotide. Die verschiedenen Basen kommen mit einer Rate von etwa $10^{-5}$ in tautomeren Formen vor. **Tautomere** sind Strukturisomere, die in Folge intramolekularer Protonenwanderung (*tautomeric shift*) entstehen. Sie paaren sich auf Grund der Ausbildung anderer Wasserstoffbrücken mit nicht-komplementären Basen. Geschieht dies während der DNA-Replikation, entsteht eine Mutation im neu synthetisierten Strang. Die Korrekturfunktion (*proof reading*) einer DNA-Polymerase wird zeitlich und räumlich eng gekoppelt mit der Synthesereaktion ausgeübt (**Abb. 3.7**). Sie ist von entscheidender Bedeutung für die Aufrechterhaltung der korrekten DNA-Sequenz und mithin unerlässlich für die Vermeidung von Mutationen. Lediglich bei Retroviren sowie einigen dem Stamm der Archaebakterien zuzuordnende Prokaryonten verfügen die DNA-Polymerasen über keine *Proof-reading*-Eigenschaften. Das Fehlen der *Proof-reading*-Eigenschaften der hitzestabilen DNA-Polymerase von Archaebakterien (z. B. *Taq*-DNA-Polymerase von *Thermus aquaticus*) ist ein Nachteil für den Einsatz solcher Enzyme in der Gentechnologie. Für besondere Zwecke verwendet man daher DNA-Polymerasen mit Korrektureigenschaften.

Aus der Tatsache der diskontinuierlichen, abschnittsweisen DNA-Synthese am *lagging strand* folgt, dass anschließend die DNA-Enden miteinander verknüpft werden müssen. Dies besorgt das Enzym **DNA-Ligase**, welches eine

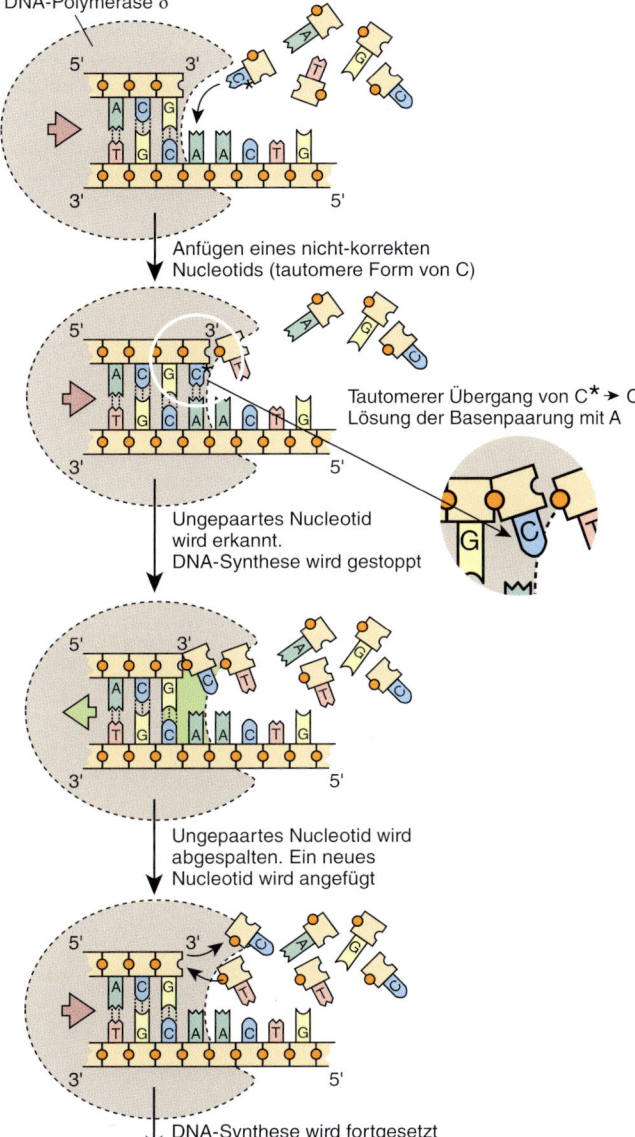

**Abb. 3.7:** *Proof-reading*-Funktion einer DNA-Polymerase

Im Beispiel wird gezeigt, wie sich die tautomere Form (Enolform) von C (= C*) zunächst mit A statt mit G paart. Sobald C* sich spontan in C zurückbildet, löst sich die Paarung wieder. Ein solches ungepaartes Nucleotid wird durch eine DNA-Polymerase mit *Proof-reading*-Funktion erkannt, entfernt und durch das korrekte Nucleotid ersetzt. Das Enzym führt ein „Korrekturlesen" während der DNA-Replikation durch und senkt dadurch die Fehlerrate in der Basensequenz des neu synthetisierten Stranges.

Phosphodiesterbindung zwischen der benachbarten 3′-Hydroxyl- und 5′-Phosphatgruppe ausbildet (**Abb. 3.6**). DNA-Ligasen gewinnt man für experimentelle Zwecke aus E. *coli* oder dem Bakteriophagen T4. Mit Ligasen kann man *in vitro* DNA-Moleküle kovalent miteinander verbinden.

## 3.4 Organisation der chromosomalen DNA

Die Gesamtheit der genetischen Information (**Genom**) eines Säugers umfasst ca. $3 \times 10^9$ bp. Diese Information ist fast ausschließlich im Zellkern gespeichert. Im Tierreich verfügen lediglich Mitochondrien noch über organellenspezifische DNA, welche als meist ringförmiges

Molekül etwa 16 000 bp umfasst. Das linear angeordnete Genom würde einen DNA-Faden von etwa 1 m Länge ergeben. Dieser Faden wäre aus den Fäden der verschiedenen Chromosomen zu knüpfen und ein sehr zerbrechliches Gebilde. Er wäre in dieser Form auch schwerlich in einen Zellkern von etwa 5 µm Durchmesser zu verpacken. Dies erfordert vielmehr eine Verkürzung der Fadenlänge um den Faktor 100 000 (d. h. auf ca. 10 µm, abgepackt in mehreren Chromosomen). Wie löst nun die Zelle das Problem der DNA-Verpackung?

Transport- und Verpackungseinheiten der DNA sind die Chromosomen. Sie treten bei der Zellteilung hervor und sind in Zellpräparaten mikroskopisch darstellbar. Jedes Chromosom enthält einen ununterbrochenen DNA-Faden. Das bedeutet, dass ein Chromosom des Rindes (bei 30 Chromosomen im haploiden Chromosomensatz) einen DNA-Faden von durchschnittlich etwa 3 cm Länge beinhaltet. Elektronenoptische Aufnahmen von ausgebreiteten DNA-Molekülen haben gezeigt, dass die chromosomale DNA perlartige Verdickungen (**Nucleosomen**) aufweist. Diese Partikel weisen einen Durchmesser von ca. 11 nm auf und sind

**Abb. 3.8:** Darstellung der verschiedenen Ebenen des Chromatinaufbaus

Oben wird das maximal kondensierte Chromatin eines mitotischen Metaphase-Chromosoms dargestellt. An einem Abschnitt wird gezeigt, dass es sich um dicht gepackte Schleifen handelt, die aus Proteinen (Histonen) und der DNA-Doppelhelix bestehen. In aufgelockertem Zustand ist ein Chromatinfaden (Durchmesser 30 nm) aus zusammengelagerten Nucleosomen und der DNA erkennbar. Der Chromatinfaden wird in größeren Abständen mit den Matrix-Assoziationsregionen (MAR) an die Matrix des Zellkerns verankert, so dass Schleifen gebildet werden. Die DNA wird durch Histone stabilisiert. Je acht Histonmoleküle (Protein-Octamer) bilden ein Nucleosom, um das sich der DNA-Faden wickelt. In der lockeren Anordnung bildet sich eine „Perlenschnur" aus Nucleosomen und freien Abschnitten (Linker-DNA). An nucleosomenfreie Abschnitte lagern sich sequenzspezifische DNA-bindende Proteine (Nicht-Histone), die im Schema nicht wiedergegeben sind. Wie diese Nicht-Histon-Proteine binden, ist in **Abb. 3.16** bis **3.20** (S. 81 ff.) dargestellt.

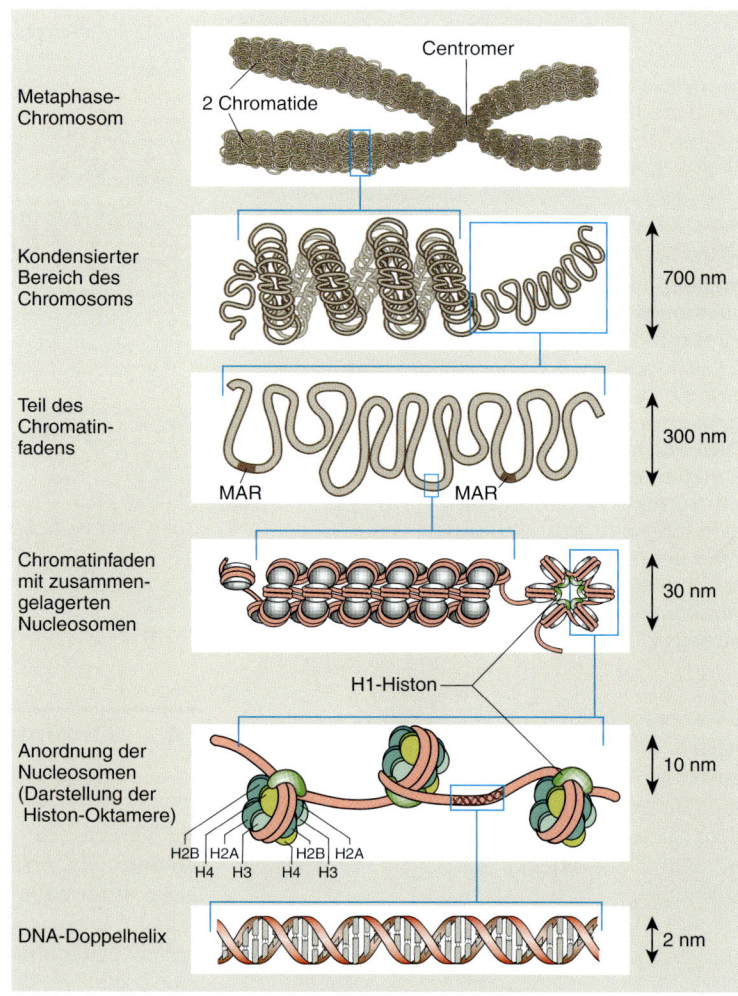

Metaphase-Chromosom

2 Chromatide

Centromer

Kondensierter Bereich des Chromosoms

700 nm

Teil des Chromatinfadens

300 nm

MAR

MAR

Chromatinfaden mit zusammengelagerten Nucleosomen

30 nm

H1-Histon

Anordnung der Nucleosomen (Darstellung der Histon-Oktamere)

10 nm

H2B  H2A

H4  H3

H2B  H2A

H4  H3

DNA-Doppelhelix

2 nm

Grundbestandteil der DNA-Organisation aller Eukaryonten (**Abb. 3.8**). Die Nucleosomen bestehen aus einem Kern von vier recht kleinen Proteinen (den so genannten **Histonen** H2A, H2B, H3 und H4 mit jeweils 102–135 Aminosäuren), die sich durch ihren hohen Gehalt an basischen Aminosäuren (Arginin und Lysin) auszeichnen. Durch diesen hohen Gehalt an basischen Ladungen binden die Histone gut an die saure DNA und neutralisieren diese zugleich. Je zwei Moleküle von jedem dieser vier Proteine bilden ein Nucleosom. Am Nucleosom ist die DNA auf einer Länge von 146 bp in etwa zwei Windungsgängen gespult und zum nächsten Nucleosom durch ein kurzes Stück von etwa 60 bp verbunden (**Linker**). Durch die Nucleosomenstruktur wird eine Verkürzung des DNA-Fadens etwa um den Faktor 5 bewirkt. Durch Anlagerung eines weiteren Histons (H1, etwa 220 Aminosäuren) werden die Nucleosomen zu der elektronenoptisch darstellbaren 30-nm-Fibrille zusammengezogen (**Abb. 3.8**). Modellhaft kann man sich vorstellen, dass in einer Ebene etwa sechs Nucleosomen ringförmig angeordnet werden und mehrere solcher „Pakete" hintereinander liegen. Die 30-nm-Fibrille weist in unregelmäßigen Abständen dünnere Abschnitte auf, in denen der Nucleosomenbesatz geringer ist. Die Ausbildung von Nucleosomen ist teilweise auch von der Struktur der DNA bestimmt. So gestatten DNA-Bereiche mit poly(A)/poly(T)-Sequenzen keine Nucleosomenbildung. In diesen Bereichen sind andere Proteine (**Nicht-Histone**) mit der DNA assoziiert. Zu der Gruppe der Nicht-Histone gehören auch die DNA-Sequenz-spezifischen Transkriptionsfaktoren (siehe S. 80 ff.).

Die 30-nm-Fibrille wird in größeren Abschnitten (Domänen) zu Schleifen zusammengezogen. Eine Schleife umfasst etwa 20000–100000 bp. Diese Schleifen werden an der Innenwand des Zellkerns (**Matrix**) durch Proteine verankert. Die **Matrix-Assoziationsregionen** (*MAR*) weisen meist AT-reiche Sequenzen auf. Man konnte jedoch bisher kein Sequenzmotiv finden, welches solche DNA-Abschnitte kennzeichnet. Die Annahme, dass Chromatin-Schleifen auch Regulationseinheiten der Genexpression darstellen, ist eine griffige Modellvorstellung. Abgeleitet von Beobachtungen an Riesenchromosomen (z. B. Speicheldrüsenchromosomen von Fliegen) ist anzunehmen, dass

Bereiche mit gelockerter Chromatinstruktur gemeinsam aktiviert werden. DNA-Schleifen können reversibel im Verlaufe des Mitosezyklus kondensiert werden. Maximale Kondensation erreichen die Chromosomen während der Metaphase.

## 3.5 Funktionseinheiten der Chromosomen

Die Organisation der DNA in Chromosomen sichert, dass bei der mitotischen Teilung jede Tochterzelle einen vollständigen, diploiden Satz der Erbinformation erhält. Um diese gleiche Verteilung zu gewährleisten, ist jedes Chromosom mit drei Strukturen ausgestattet (**Abb. 3.9**):

– Das **Centromer** (**primäre Einschnürung**) befindet sich an derjenigen Stelle im Chromosom, an der die Schwesterchromatiden zusammengehalten werden und während der Mitose das **Kinetochor** entsteht. An das Kinetochor werden Mikrotubuli gebunden. Diese führen zu den Kernpolen und verteilen bei der Mitose die Chromatiden auf die beiden Tochterkerne. Das Centromer enthält spezielle DNA-Sequenzen, an denen während der Mitose bestimmte Proteine (**Centromer-Proteine, CENP**) angelagert werden. Beispielsweise handelt es sich beim CENP A um ein H3-homologes Histon. Außerdem wurden in der Centromerregion spezielle (alphoide) DNA-Sequenzen nachgewiesen, die in zahlreichen Wiederholungen (als Tandem-Repeats, d. h. in gleicher Orientierung wiederholte DNA-Motive) organisiert und einige Millionen bp lang sind. Man fand, dass alphoide Tandem-Repeats in verschiedenen Varianten vorkommen und speziesspezifisch wirken können.

– **Telomer** nennt man den Endbereich eines Chromosoms. Telomeren-DNA und die daran gebundenen Proteine bilden eine spezielle Struktur aus, die das Chromosom vor Abbau durch Nucleasen und vor Umlagerungen schützt. Während der Meiose binden Telomere die Chromosomen an die Kernmembran und leiten den Paarungsprozess homologer Chromosomen ein. Die Telomeren-DNA besteht bei Vertebraten aus vielen, z. T. > 1000 Wiederholungen (als Tandem-Repeats) T- und

**Abb. 3.9:** Funktionseinheiten eines Chromosoms im Verlaufe der Zellzyklusphasen

Zu den oberhalb der Chromosomen aufgeführten Zellzyklusphasen siehe **Abb. 1.7**, S. 31. Jedes Chromosom enthält mehrere Replikations-Startpunkte (*ARS*, Autonome Replizierende Sequenz), ein Centromer und zwei Telomere. Ein typisches Chromosom ändert während des Zellzyklus seine Struktur. Die DNA-Replikation verläuft

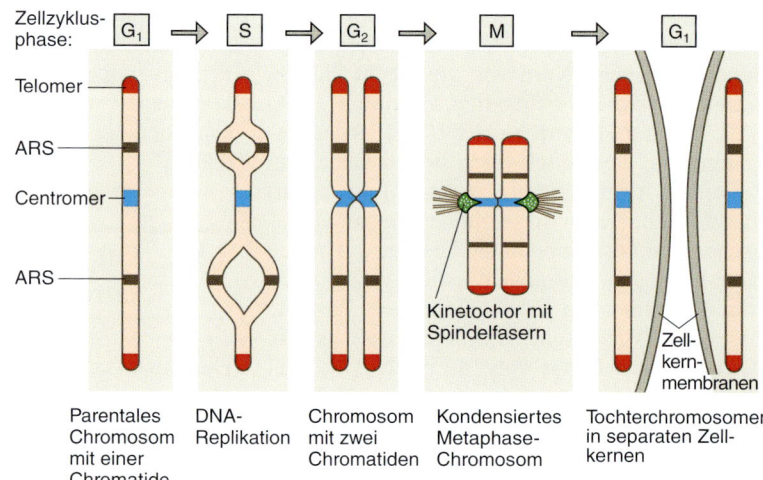

während der S-Phase (Synthese-Phase). In der Mitose (M) wird das Centromer des duplizierten Chromosoms mit Spindelfasern verknüpft, die je ein Tochterchromosom an getrennte Pole der Zelle ziehen. Nach Bildung neuer Kernmembranen befindet sich je ein Tochterchromosom in getrennten Zellkernen.

G-reicher Basenfolgen. Diese Tandem-Repeats erlauben mittels spezieller Wechselwirkungen zwischen jeweils zwei G-Resten die Bildung von Haarnadel-Strukturen (*hairpins*), die für die Telomerfunktion entscheidend sind. Wie **Abb. 3.10** zeigt, kann die Primase nicht unmittelbar am Strangende mit der Primersynthese beginnen, so dass einige Nucleotide am 3′-Ende des Telomers unrepliziert bleiben. Infolgedessen verkürzen sich die Telomere mit jedem Teilungszyklus. Es gibt Hinweise darauf, dass Zellen, in denen einige Telomere eine kritische Länge unterschritten haben, in die Phase der **replikativen Seneszenz** eintreten. Am Ende dieser Phase erfolgt der Zelltod. Mit wenigen Ausnahmen verfügen reifende Geschlechtszellen, frühembryonale Zellen, Tumorzellen sowie schnell proliferierende Einzeller über einen Enzymkomplex (**Telomerase**), der die Telomeren-DNA in vollständiger Länge zu replizieren vermag (**Abb. 3.10**).

– Die **DNA-Replikation** startet nur an besonderen Orten auf dem Chromosom (**Abb. 3.5**, S. 68, und **Abb. 3.9**). Während das Chromosom von *E. coli* nur einen Replikationsursprung (*ori*) trägt, sind etwa 1000 *ARS*-Sequenzen auf einem durchschnittlichen Säugerchromosom zu vermuten.

## 3.6   Aufbau von Genen und ihren Produkten

Der Informationsgehalt der DNA ist in Funktionseinheiten gespeichert (**Gene**). Strukturell lässt sich ein Gen untergliedern in **regulatorische Sequenzen** (Promotoren, Enhancer etc.) und den Bereich des **Strukturgens**, der in RNA überschrieben wird (**Transkriptionseinheit**). Am **Promotor** (*promoter*) wird entschieden, ob und mit welcher Intensität ein Gen abgelesen wird. Die DNA-Sequenz des Promotorbereiches wird nicht in RNA überschrieben und findet sich also nicht in dem primären Genprodukt wieder. Sie wird trotzdem dem betreffenden Gen zugeordnet. Wir betrachten zunächst den Aufbau des Strukturgenbereiches und machen uns später mit den Grundprinzipien der Promotororganisation vertraut.

### 3.6.1   Transkriptionseinheit eines Gens

Die **Transkriptionseinheit (Strukturgen)** umfasst die DNA-Sequenz, die als **primäres Genprodukt** in RNA überschrieben wird; sie ist in Exons, Introns, 5′-Leader, 3′-Trailer und Polyadenylierungssignal gegliedert (**Abb. 3.11**). Nur ein kleiner Teil der Transkriptionseinheit kor-

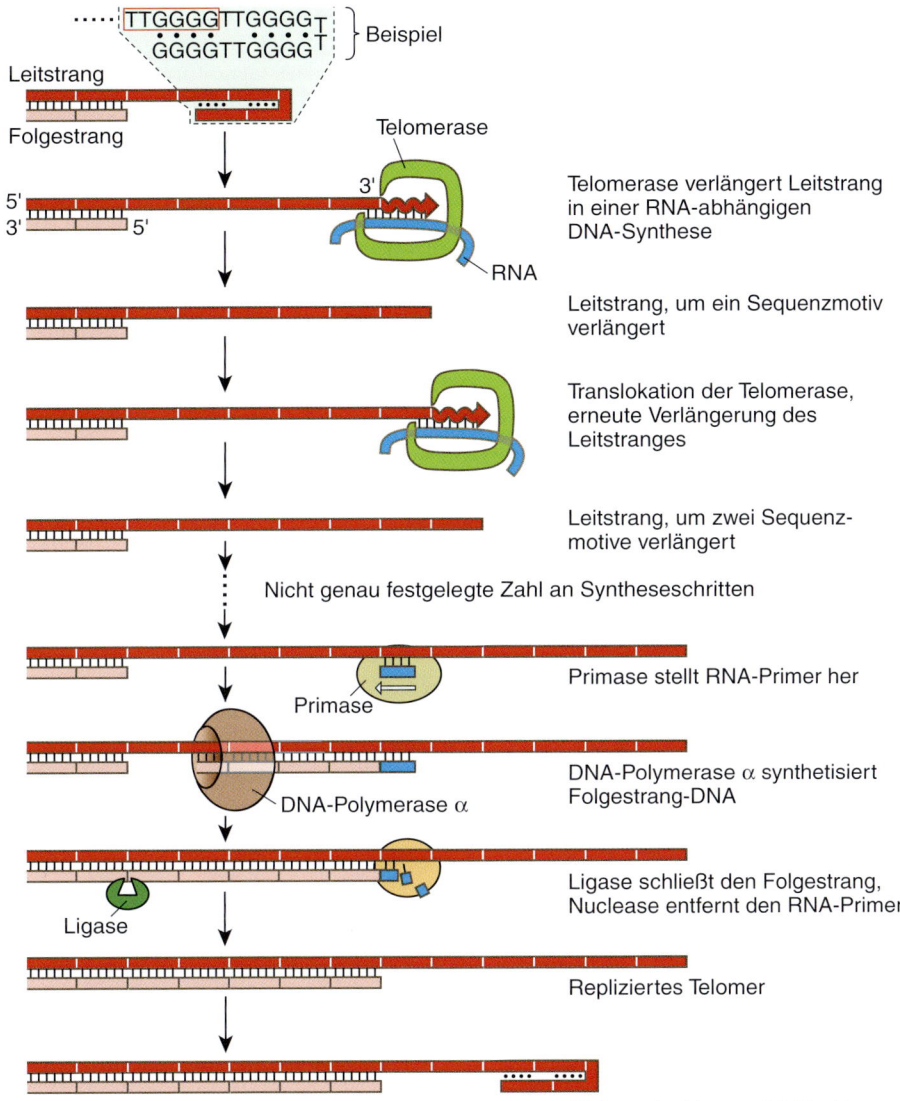

**Abb. 3.10:** Vorgang der Telomer-Replikation

Gezeigt werden die Reaktionen, die in reifenden Geschlechtszellen, frühembryonalen Zellen, Tumorzellen sowie schnell proliferierenden Einzellern an den Chromosomenenden (Telomeren) zur Ausbildung von sich wiederholenden G-reichen Sequenzmotiven führen. In diesen Zellen wirkt die Telomerase. Hierbei handelt es sich um einen Enzym-Komplex, welcher eine RNA-Sequenz als Matrize für die Synthese eines G-reichen DNA-Sequenzmotivs in mehrfachen Wiederholungen benutzt. Der neu gebildete DNA-Strang mit telomertypischen Tandem-Repeats dient nachfolgend bei der Replikation der Primase als Template für die Herstellung eines RNA-Primers, von dem aus die DNA-Polymerase einen neuen Strang synthetisiert. Dieser verlängert den schon vorhandenen DNA-Strang und damit die Telomeren-DNA.

respondiert mit der Aminosäuresequenz des zugehörigen Proteins, dem **sekundären Genprodukt**. Der überwiegende Teil codiert im Allgemeinen so genannte Intronbereiche, die zwar transkribiert, nicht aber translatiert werden. Es war lange Zeit ein Rätsel, warum – im Gegensatz zu Bakterien – bei Eukaryonten ein großer Teil des zunächst gebildeten RNA-Fadens innerhalb weniger Minuten wieder abgebaut wird. Warum „erlaubt" die Natur einen solchen Luxus, ein energetisch aufwendiges Produkt zu synthetisieren, welches innerhalb kürzester Zeit wieder größtenteils abgebaut wird?

Erst 1977 wurde durch Untersuchungen über die Struktur der Immunglobulin codierenden Gene klar, dass Gene funktional unterbrochene Einheiten darstellen, von denen ein (meist) kleiner Teil die genetische Information codiert, während der überwiegende Teil (> 95 %) als mehr oder weniger funktionslos verworfen wird. Die codierenden Bereiche werden **Exons** genannt, die voneinander durch die nicht zur Eiweißcodierung verwendeten **Introns** getrennt werden. Der Prozess des Herausschneidens der Introns aus dem primären Transkript ist mit dem gleichzeitigen Verknüpfen der Exon-Enden ver-

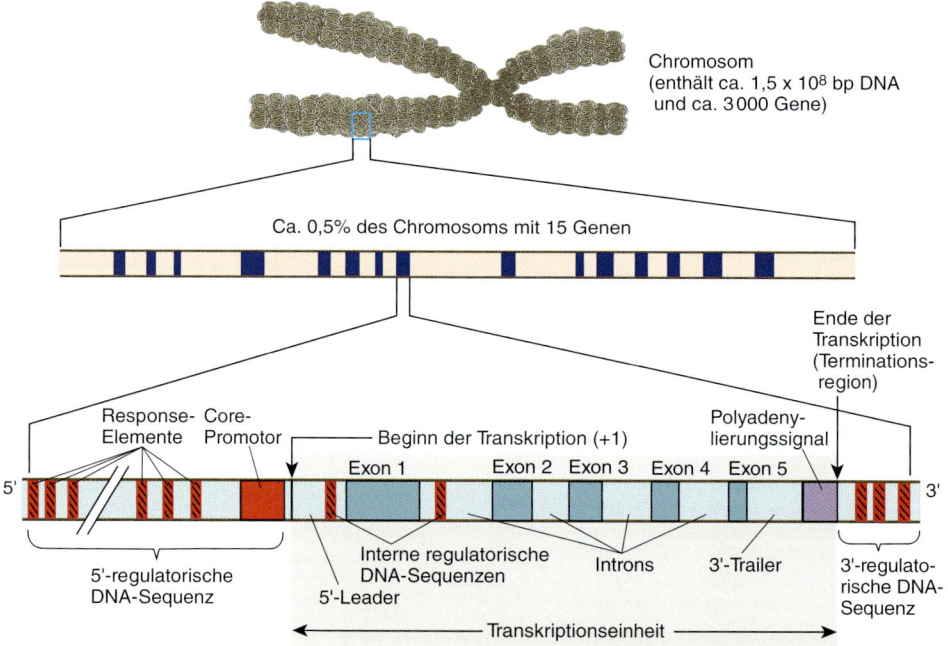

**Abb. 3.11:** Organisation von Genen in einem Chromosom und Beispiel für den Aufbau eines Gens bei Wirbeltieren

Nur ein kleiner Teil der chromosomalen DNA dient als Vorlage für die Transkription. Die Zahl der Gene je Chromosom ist im Durchschnitt bei den Wirbeltieren größer als 2000. Ein Protein codierendes Gen wird als Beispiel dargestellt. Regulatorische DNA-Sequenzen sind in roter Farbe wiedergegeben. Sie befinden sich bei Protein codierenden Genen hauptsächlich im 5′-Bereich (stromaufwärts gelegene Regulationsregionen, *upstream*), jedoch kommen auch 3′-regulatorische Sequenzen (stromabwärts gelegene Regulationsregionen, *downstream*) und solche in Intronbereichen (interne Regulationsregionen) vor. Der Minimal- oder Core-Promotor besteht aus der DNA-Sequenz, welche die allgemeinen Transkriptionsfaktoren und die RNA-Polymerase anlagert. Hierbei handelt es sich oft um die etwa 25 bp 5′-seitig vom Transkriptionsstart gelegene TATA-Box. 12–30 Nucleotide vor dem 3′-Ende der meisten Protein codierenden Transkriptionseinheiten liegt ein so genanntes Polyadenylierungssignal, welches bei der Transkription zur Anlagerung mehrerer Adenin-haltiger Nucleotide an das 3′-Ende der RNA führt (Poly(A)-Schwanz). Die Terminationsregion bestimmt keinen exakten Terminationspunkt, sondern einen Bereich.

bunden. Herausschneiden und neues Verknüpfen fasst man in dem Begriff **Spleißen** (*splicing*) zusammen (**Abb. 3.12**). Das Spleißen wird durch einen Multienzymkomplex besorgt, dem **Spliceosom**, das bestimmte Sequenzen im primären Transkript (**Abb. 3.13**) erkennt. Der Spleißvorgang ist zeitlich mit dem Export der RNA aus dem Zellkern in das Cytoplasma verbunden. Solche RNA-Moleküle, die im Cytoplasma in Proteine überschrieben (translatiert) werden, nennt man **mRNA**-Moleküle. Dieser Begriff ist abgeleitet von *messenger-RNA*, d.h. Boten-RNA.

Der Nachweis der Exon/Intron-Gliederung bei den Genen höherer Organismen hat neue Konzepte zum Verständnis einer Reihe von Fragen bezüglich der Organisation und auch der Evolution des Genoms eröffnet. Mutationen in Spleiß-Erkennungsstellen können dazu führen, dass einzelne Exons ausgeschaltet werden (*exon-skipping*). Durch Rekombinationsprozesse können auch Exons in andere Gene hineingebracht werden (*exon-shuffling*). Diese Prozesse bewirken, dass Gene andere Funktionen erhalten können, wobei Teile der DNA-Sequenzen Ähnlichkeiten aufweisen.

Die Untergliederung des Strukturgenbereichs in funktional getrennte Exon- und Intronbereiche hat auch den Blick dafür geschärft, dass Proteine aus Funktionsmodulen (**Protein-Do-**mänen) aufgebaut sind, die jeweils von einem Exon oder direkt benachbarten Exons codiert werden. Daraus wiederum kam es zu Konzepten, nach denen mit biotechnischen Methoden Proteinfunktionen in vorhersagbarer Weise verändert werden können. Solche Aufgaben stellt man sich beim *Protein-Engineering*, d.h. dem Zusammenfügen unterschiedlicher Funktionsabschnitte (Domänen) verschiedener Proteine zur Erzeugung eines neuen Moleküls, welches so in der Natur nicht vorkommt.

**Abb. 3.14** und **3.15** zeigen Beispiele für die Exon/Intron-Organisation von eukaryontischen Genen. Daraus geht hervor, dass je nach Gen die Zahl der Exonsequenzen stark verschieden sein können. Es gibt kurze (< 5 kb) und lange Gene (> 20 kb).

### 3.6.2 Funktionsbereiche der mRNA

Die in das Cytoplasma exportierte, fertig gespleißte mRNA ist eine chemische Zwischenform der genetischen Information auf dem Weg von der doppelsträngigen genomischen DNA bis zu ihrer Realisierung als Protein. Die lineare Abfolge der vier Basen Adenin, Guanin, Cytosin und Uracil in der mRNA bestimmt die Abfolge der Aminosäuren in dem Protein und daher dessen Funktion. Drei aufeinander folgende Basen codieren eine Aminosäure und bilden ein

**Abb. 3.12:** Schritte von der Transkription eines Gens bis zur Proteinbildung (modifiziert nach ALBERTS et al. 2004)

Nicht alle Schritte sind bei jeder mRNA notwendig. In eukaryontischen Zellen wird jedoch stets ein größeres primäres RNA-Molekül transkribiert, das nachfolgend durch Enzyme modifiziert wird. Am 5'-Ende wird eine Kappe (5'-Cap) aus einem methylierten Guanosin-Triphosphat und am 3'-Ende ein Poly(A)-Schwanz angefügt. Durch Spleißen werden Introns und 5'- sowie 3'-Überhänge entfernt. Die nun „reife" mRNA wird durch die Poren der Kernmembran ins Cytoplasma transportiert und dort bei der Translation benutzt. Obgleich die einzelnen Schritte in einer Reihenfolge dargestellt sind, laufen die Reaktionen oft auch simultan ab.

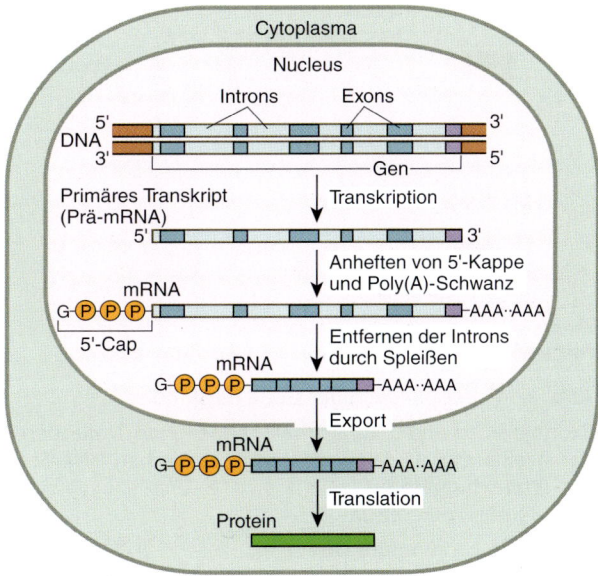

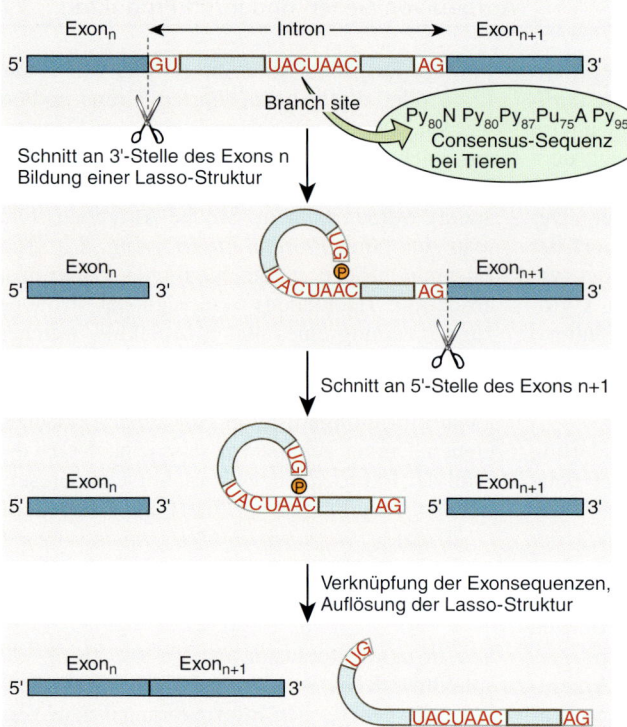

**Abb. 3.13:** Spleißmechanismus bei der mRNA eines eukaryontischen Gens (modifiziert nach LEWIN 2002)

Die GU- und AG-Sequenzen an den beiden Intronenden des primären Transkripts sind hochkonserviert. Im Mittelbereich befindet sich eine Sequenz (*Branch site*), deren Consensus-Sequenz bei Tieren dargestellt wird. An Position 6 steht stets Adenin, da dieses mit dem endständigen Guanin eine 2′-5′-Bindung eingeht, was zur Bildung einer Lasso-Struktur führt. Die *Branch site* ist für die Anheftung eines Spleißenzyms (einer ATP-Hydrolase) wichtig. Die Exonbereiche werden durch die beteiligten Enzyme in Verbindung gehalten (Im Schema nicht dargestellt). Nachdem die Intronsequenz herausgeschnitten ist, werden die beiden Exonbereiche miteinander verknüpft.

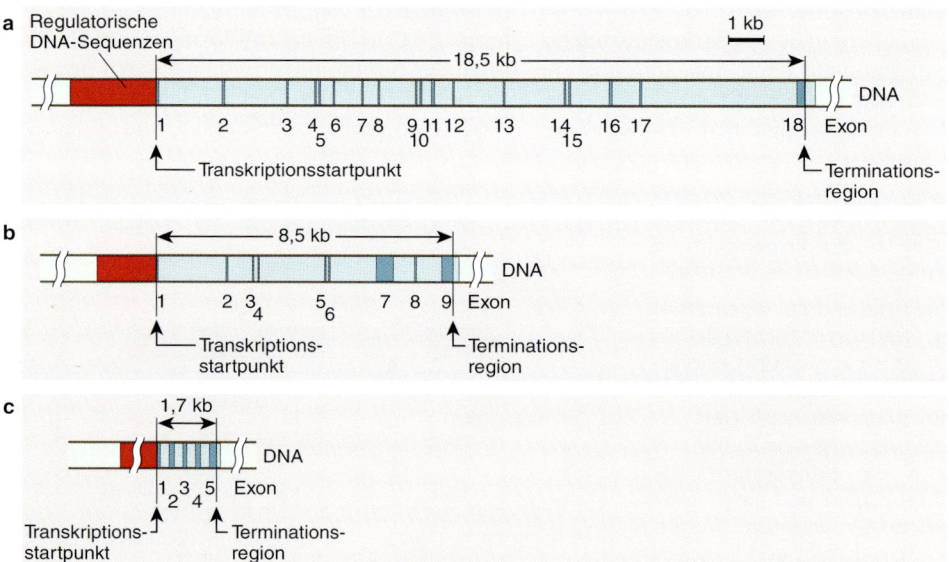

**Abb. 3.14:** Beispiele einiger Gene des Rindes

Exonbereiche sind blau, Intron-, Leader- und Trailerbereiche hell dargestellt. Der Bereich der stromaufwärts gelegenen, regulatorischen DNA-Sequenzen ist rot hervorgehoben und nur grob schematisiert.

a) $\alpha_{s2}$-Casein codierendes Gen

b) $\beta$-Casein codierendes Gen

c) Wachstumshormon codierendes Gen

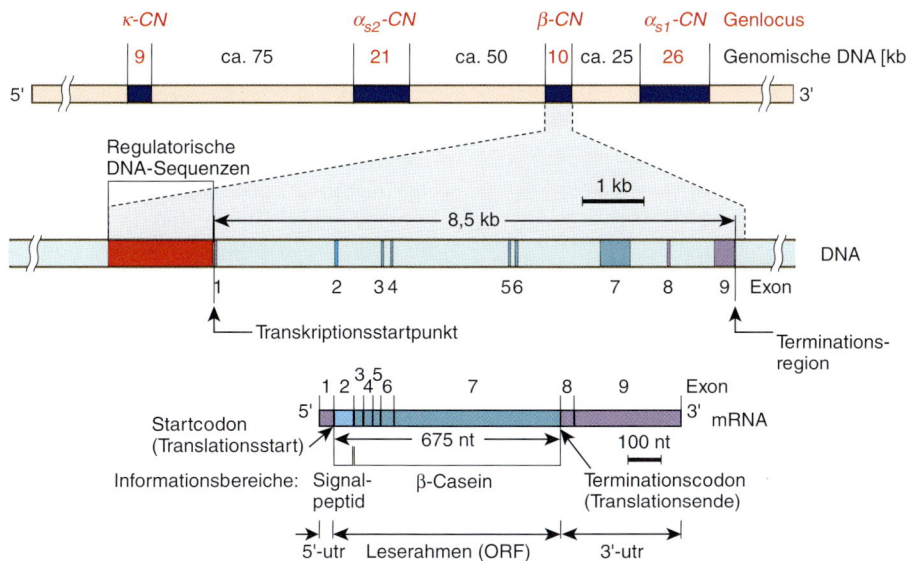

**Abb. 3.15:** Struktur des bovinen Casein-Genclusters und der Informationsbereiche einer funktionsfähigen mRNA

Die vier Casein codierenden Gene liegen eng benachbart in Chromosom 6 (q38-33). Am Beispiel des β-Casein codierenden Gens (*β-CN*) wird die Anordnung der Exons, der Introns und des stromaufwärts gelegenen, regulierenden Bereichs dargestellt. Nur die Sequenzen der Exons 2 bis 7 (675 nt) liegen zwischen dem Start- und Terminationscodon. Sie bilden einen offenen Leserahmen (*Open Reading Frame, ORF*) für die Translation des β-Caseins, wobei das Exon 2 zur Translation des Signalpeptids führt. Dieses wird, sobald das Protein in das Endoplasmatische Reticulum entlassen wird, abgespalten. Den 5' vor dem Startcodon gelegenen mRNA-Bereich nennt man 5'-untranslatierter Bereich (*5'-untranslated region, 5'-utr*); der 3' nach dem Terminationscodon gelegene mRNA-Bereich gilt als 3'-untranslatierter Bereich (*3'-untranslated region, 3'-utr*).

**Codon** (**Triplet** oder **Triplett**, siehe **Tab. 3.2**). Anfang der sechziger Jahre hatten NIRENBERG und MATTHAEI mit der Entschlüsselung des genetischen Codes begonnen. Seitdem hat sich die Allgemeingültigkeit des genetischen Codes in der Natur weitestgehend bestätigt. Gleiche Codons definieren in der Regel bei Tier und Pflanze die gleiche Aminosäure. Es gibt nur wenige Ausnahmen. In Mitochondrien (und einigen Protozoen, wie Ciliaten) kommen von dem üblichen Code abweichende Bedeutungen einzelner Codons vor. So bedeutet das Codon UGA üblicherweise eine Termination der Proteinsynthese, in Mitochondrien jedoch den Einbau von Tryptophan. Das genetische Codierungssytem, welches drei Basen (für die es jeweils vier Möglichkeiten gibt) zur Festlegung einer Aminosäure verwendet, könnte maximal $4^3 = 64$ Aminosäuren bezeichnen. Zellen benötigen jedoch nur Angaben für 20 verschiedene Aminosäuren und

für die Termination der Aminosäuresynthese. Wie **Tab. 3.2** erkennen lässt, ist der genetische Code redundant, d.h. für die gleiche Bedeutung kommen mehrere Codons vor. Meist ist die dritte Base eines Codons variabel (Wobble-Hypothese, CRICK 1966) und Veränderungen an dieser Position führen nicht zum Einbau einer anderen Aminosäure.

Jede Eiweißsynthese beginnt mit Methionin, wofür bei Eukaryonten fast immer das **Start-Codon** AUG verwendet wird. Die Synthese wird beendet durch eines der drei **Terminations-** oder **Stop-Codons** UAA, UAG oder UGA. Der Bereich vom Start-Codon bis zum Terminations-Codon bildet den **Leserahmen** des Gens (*Open Reading Frame, ORF*). Der Leserahmen umfasst nur einen Teil der mRNA (**Abb. 3.15**). So beginnt bei Eukaryonten der mRNA-Faden nur in seltenen Fällen 5'-seitig mit der Basenfolge AUG. Die Proteinsynthese wird also nicht am 5'-

**Tab. 3.2:** Genetischer Code

| Base 1 (5'-Ende) | Base 2 U | Base 2 C | Base 2 A | Base 2 G | Base 3 (3'-Ende) |
|---|---|---|---|---|---|
| **U** | Phe | Ser | Tyr | Cys | U |
|  | Phe | Ser | Tyr | Cys | C |
|  | Leu | Ser | STOP | STOP | A |
|  | Leu | Ser | STOP | Trp | G |
| **C** | Leu | Pro | His | Arg | U |
|  | Leu | Pro | His | Arg | C |
|  | Leu | Pro | Gln | Arg | A |
|  | Leu | Pro | Gln | Arg | G |
| **A** | Ile | Thr | Asn | Ser | U |
|  | Ile | Thr | Asn | Ser | C |
|  | Ile | Thr | Lys | Arg | A |
|  | Met *) | Thr | Lys | Arg | G |
| **G** | Val | Ala | Asp | Gly | U |
|  | Val | Ala | Asp | Gly | C |
|  | Val | Ala | Glu | Gly | A |
|  | Val | Ala | Glu | Gly | G |

*) oder **START**

Ende der mRNA initiert, sondern an dem am weitesten 5'-gelegenen AUG-Triplet. Dieses definiert das erste Codon – und damit auch alle weiteren Codons bis zum Ende des Leserahmens. Der 5' vor dem AUG-Codon gelegene Abschnitt der mRNA codiert nicht für Eiweiß. Man nennt daher diesen Abschnitt den **5'-untranslatierten Bereich (*5' untranslated region, 5'-utr*)**. Analog dazu bezeichnet man den 3' vom Terminationscodon gelegenen Bereich als **3'-untranslatierten Bereich (*3'-utr*)**. Zwar werden beide *utr*-Regionen der mRNA nicht in Eiweiß überschrieben, sie übernehmen jedoch wichtige Funktionen. An einigen Beispielen konnte gezeigt werden, dass sie die Lebensdauer der mRNA im Cytoplasma beeinflussen und/oder die Translatierbarkeit der mRNA verändern können. Beide Effekte beeinflussen das quantitative Ausmaß der Genexpression, d. h. die Zahl an pro Zeiteinheit hergestellten mRNA- und Proteinmolekülen.

### 3.6.3    Promotororganisation

Die Promotororganisation entscheidet über Zeitpunkt und Intensität des Abrufs von genetischer Information. Der geordnete Abruf der genetischen Information durch den Promotor stellt sicher, dass jede Zelle zu jeder Zeit (bzw. in jedem Entwicklungsstadium) und in jedem Gewebe die richtige Auswahl und Menge von Genprodukten zur Verfügung hat. Es gibt unterschiedliche Prinzipien bezüglich der Promotororganisation, je nachdem, ob ribosomale Gene oder Gene, die Eiweiße codieren, reguliert werden. Während z. B. die ribosomalen Gene von den DNA-abhängigen RNA-Polymerasen der Typen I bzw. III abgelesen werden, ist für die Transkription der übrigen Gene die RNA-Polymerase II zuständig (**Tab. 3.3**).

Ein proteincodierendes Gen benötigt mehrere Schritte, um die RNA-Polymerase-II (RNA-*Pol*II) an den Promotor und damit an den Startbereich des Gens zu binden und schließlich zu aktivieren (**Abb. 3.16**). Man definiert diejenige Base als **Genstart (Startpunkt der Transkription, *transcription starting point, tsp*)**, welche als erste in RNA kopiert wird und bezeichnet diese Position als +1 des Gens. Alle weiter 3' gelegenen Basen werden relativ zum Genstart mit der Positionsnummer und vorangestelltem + bezeichnet. Analog hierzu wird die erste 5' vom *tsp* gelegene Base als –1 bezeichnet. Die vergleichende DNA-Sequenzanalyse von verschiedenen Promotoren hat gezeigt, dass der *tsp* kein einheitliches DNA-Sequenzmotiv besitzt. Das bedeutet, dass es für die Bindung der RNA-*Pol*II an den Promotor andere Kriterien geben muss als nur die DNA-Sequenz. Tatsächlich kann der aufgereinigte RNA-*Pol*II-Komplex alleine auch kein Gen transkribieren; vielmehr erfordert die Transkriptionsinitiation eine Bindung zusätzlicher Proteine (**Transkriptionsfaktoren**) in Nachbarschaft zum *tsp* des Gens. Aufgabe dieser weiteren Proteine ist es, den

**Tab. 3.3:** DNA-abhängige RNA-Polymerasen bei Eukaryonten

| Enzym | Lokalisation | Transkribierte Gene |
|---|---|---|
| RNA-Polymerase I | Nucleolus | Prä-rRNA-Gene (für 5,8S-, 18S- und 28S-rRNA) |
| RNA-Polymerase II | Nucleoplasma | Alle proteincodierenden Gene, viele Gene für kleinmolekulare nRNAs |
| RNA-Polymerase III | Nucleolus | tRNA-Gene, 5S-RNA-Gene, einige Gene für kleinmolekulare nRNAs |

**Abb. 3.16:** *In-vitro*-Schritte bei der Initiation der Transkription eines eukaryontischen proteincodierenden Gens (modifiziert nach LODISH et al. 2001)

*Pol*II: DNA-abhängige RNA-Polymerase II; TBP: TATA-Box bindendes Protein; TFII: Transkriptionsfaktoren für die *Pol*II (mit den Proteinen B, E, F, H).

Im ersten Schritt lagert sich TBP an die TATA-Box (Es gibt jedoch auch Protein codierende Gene, die keine TATA-Box besitzen!). Im zweiten Schritt tritt TFIIB hinzu. Dann bindet sich die RNA-*Pol*II gemeinsam mit TFIIF an TBP und TFIIB. Sobald TFIIE und TFIIH zugeführt werden, kann die Transkription starten. Nachdem die RNA-Synthese aufgenommen ist, werden die allgemeinen Transkriptionsfaktoren freigesetzt. Zusätzlich werden mehrere TAFs (*Transcription Auxiliary Factors*, TBP assoziierte Faktoren) an den Präinitiationskomplex gebunden, die im Schema nicht aufgeführt sind.

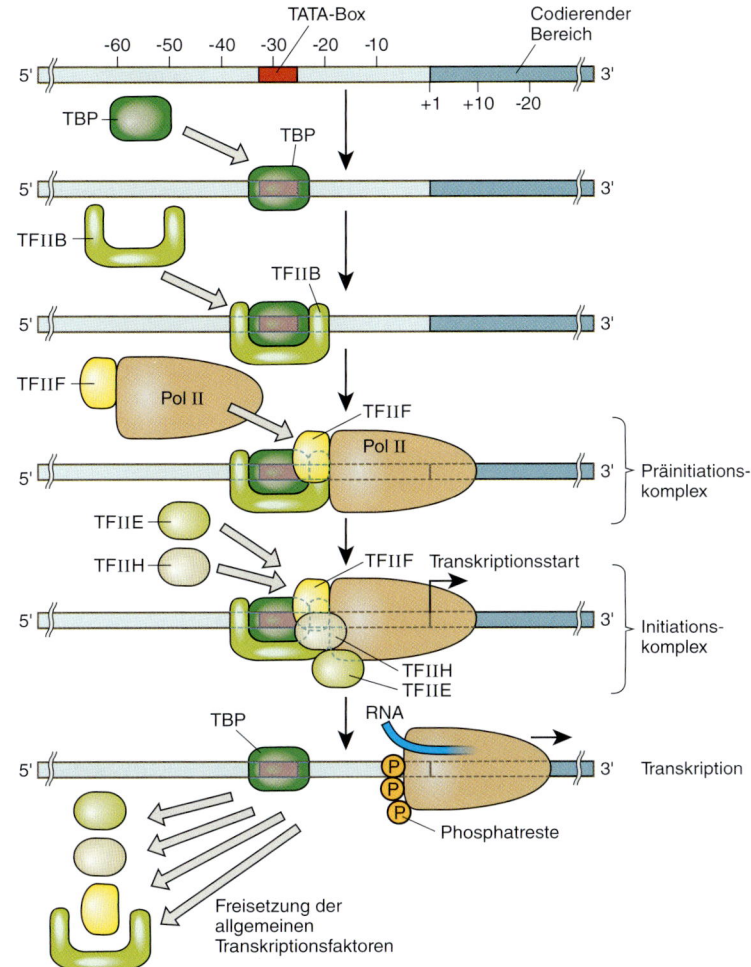

*In vivo* bildet sich aus *Pol*II und allgemeinen Transkriptionsfaktoren ein Multienzymkomplex, der sich als so genanntes Holoenzym dem bereits an die TATA-Box gebundenen TBP (mit TFIIA) anlagert und die Transkription startet.

RNA-*Pol*II-Komplex auf dem Promotor zu fixieren. Diese Hilfsproteine mit Leit- und Initiationsfunktion für die Transkription binden in Nachbarschaft zu dem *tsp* an charakteristische DNA-Sequenzmotive. Die Basenabfolge eines besonders wichtigen Sequenzmotivs lautet meist 5'-TATAAA-3' (Consensussequenz bei Eukaryonten: 5'-TATAYY-3') und findet sich bei der Mehrheit (> 95%) der RNA-*Pol*II transkribierten Gene etwa 25 bp 5'-seitig *tsp*. Man nennt diese kurze Sequenz auch **TATA-Box**. Veränderungen dieser DNA-Sequenz, z. B. durch Punktmutationen, mindern die Transkription meist

sehr stark, weil in vielen Genen ein unerlässlicher Initiationsfaktor der Transkription an dieses Sequenzmotiv bindet, das **TATA-Box bindende Protein (***TATA-box binding protein*, **TBP)**. Um dieses Protein herum lagern sich weitere Proteine an, die man als **TAFs (***transcription auxiliary factors*) zusammenfasst. Die Anlagerung weiterer (**akzessorischer) Transkriptionsfaktoren (TFII-Faktoren)** (man unterscheidet die einzelnen TFII voneinander durch Zusatz der Buchstaben A, B, C, ...) verstärkt und stabilisiert die TBP-Bindung an die TATA-Box und führt dazu, dass es zur Transkription durch die RNA-*Pol*II kommt. Röntgenkristallographische Strukturanalysen haben eindrucksvoll gezeigt, warum die Bindung dieser Faktoren in der Nachbarschaft zum Initiationspunkt der Transkription so wichtig für die Transkriptionsbereitschaft des Promotors ist, denn durch Bindung des TBP an die DNA wird die Doppelhelix um einen Winkel von etwas mehr als 100° geknickt. Hierdurch wird eine Torsionsspannung auf den Doppelstrang ausgeübt und so dessen Öffnung durch den RNA-*Pol*II-Komplex wesentlich erleichtert.

Den Bereich der TATA-Box und ihrer unmittelbaren Umgebung bis zum *tsp* bezeichnet man auch als **Minimal-** oder **Core-Promotor**. Dieses strukturelle Grundelement gewährleistet jedoch noch keine regulierte Genexpression. In den meisten Fällen reicht der Minimalpromotor noch nicht einmal für eine nennenswerte Basisleistung der Genexpression aus. Eine richtige Dosierung der Genexpression erfordert vielmehr die Anlagerung weiterer Faktoren an den Promotorbereich. Es gibt sowohl Faktoren, die steigernd auf die Transkription wirken (**Aktivatoren**), als auch blockierende **Repressoren**. Die Bindungsorte beider Klassen von Transkriptionsfaktoren sind gekennzeichnet durch kurze (6 bis etwa 10 bp lange), spezifische DNA-Sequenzmotive (***Response*-Elemente**), die im Verlauf der Evolution konserviert wurden (**Tab. 3.4, Abb. 3.17**). Die in der Nähe des *tsp* befindlichen Response-Elemente bilden zusammen mit dem Minimal-Promotor den gesamten Promotor. Manche Response-Elemente finden sich in beträchtlicher Entfernung vom *tsp* (bis zu mehreren kb) und treten dann eng benachbart auf. Da solche Response-Elemente die Transkription fördern, werden sie auch als **Enhancer** bezeichnet. Bezogen auf den *tsp* sind sie nicht nur 5′-seitig angeordnet, sondern können sich auch

**Tab. 3.4:** Beispiele für Transkriptionsfaktoren

| Transkriptionsfaktor | | | Erkannte DNA-Sequenz (Response-Element) | |
|---|---|---|---|---|
| Name | DNA-Bindungsmotiv | Regulatorisches Signal | Name | Consensus-Sequenz [1] |
| **Regulatorische Transkriptionsfaktoren** | | | | |
| OCT1 (*Octamer binding transcription factor 1*) | Homeo-Domäne (POU$_S$, POU$_H$) | Zellspezifische Co-Faktoren (OBF1, OPN, PORE u. a.) | | AGTCAAAT |
| SP1 (*Specific protein 1*) | Zink-Finger | pH, CDKs u. a. | GC-Box | GGGCGG |
| AP1 (*Activator protein 1*) | Leucin-Zipper | Verschiedene Bindungsfaktoren | TRE | TGACTCA |
| GR (*Glucocorticoid receptor*) | Zink-Finger | Glucocorticoide | GRE | GGTACAAATGTTCT |
| HSF (*Heat shock transcription factor*) | Homeo-Domäne (*Helix-Turn-Helix*) | Hitzeschock | Hitzeschockbox | CNNGAANNTCCNNG |
| CREB (*cAMP response element binding protein*) | Leucin-Zipper | cAMP | CRE-Site | KWCGTCA (TGACGTCA) |
| STAT5 (*Signal transducer & activator of transcription* | N-terminale DNA-Bindungs-Domäne | Prolactin, GH, IGH-I u. a. Hormone | STAT5RE | TCCNNNGAA |
| **Allgemeine Transkriptionsfaktoren** | | | | |
| TBP (*TATA-box binding protein*) | *Minor groove binding* Domäne | Multi-Protein-Komplex | TATA-Box | TATAAAA (TATAWAW) |
| TFIIB (*Transcription factor IIB*) | [2] | Multi-Protein-Komplex | [2] | |

[1] W: A oder T; K: G oder T; N: beliebiges Nucleotid
[2] Bindung an TBP, s. **Abb. 3.16**

cAMP: zyklisches Adenosinmonophosphat
CDKs: *Cyclin-dependent kinases*
OBF1: *OCT binding factor 1*
OPN: Osteopontin

PORE: *Palindromic OCT-factor recognition element*
POU: Homeo-Domäne
TRE: *Transcription response elements*

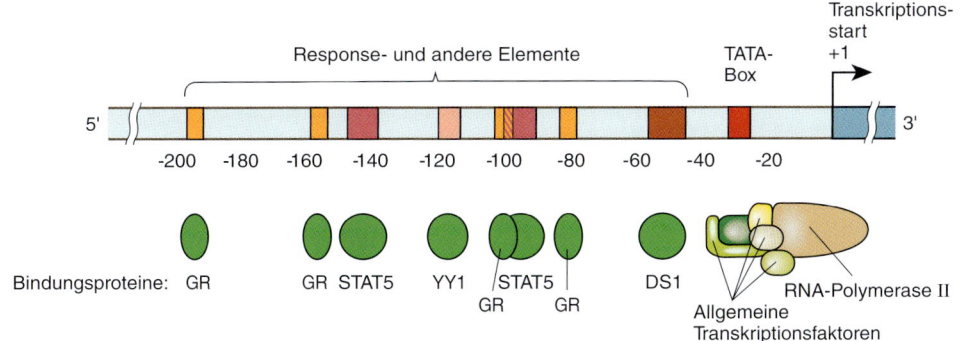

**Abb. 3.17:** Organisation des 5′-regulatorischen DNA-Bereichs am Beispiel des β-Casein codierenden Gens vom Rind

Die regulatorische Region enthält mehrere, voneinander getrennte DNA-Motive (Module), die auf die Genexpression wirken. Die TATA-Box liefert das Erkennungselement für die allgemeinen Transkriptionsfaktoren. Daneben gibt es mehrere Response- und andere Elemente, an die sich weitere Proteine binden und die Transkription beeinflussen. Die Affinität der Bindungsproteine wird durch spezifische Faktoren beeinflusst. Beispielsweise wird das Bindungsprotein GR durch Steroidhormone und STAT5 durch Prolactin aktiviert (vgl. **Abb. 3.20**). Während die allgemeinen Transkriptionsfaktoren bei allen Genen ähnlich sind, sind die weiteren regulatorischen Proteine und die Lokalisation der Response-Elemente je nach Gen verschieden. Außerdem gibt es pro Gen typischerweise mehrere DNA-Motive für ein regulatorisches Protein, die für die Regulationswirkung wichtig sind und das Ausmaß der Transkription bedingen. Die Bindungsstellen für Transkriptionsfaktoren können u. U. nicht vollständig ausgebildet sein oder sich überlagern; dies trifft im Schema für die Stellen der GR- und STAT5-Bindungsproteine bei etwa –100 bp zu.

GR: *Glucocorticoide-Receptor*; STAT5: *Signal Transducer and Activator of Transcription 5*; YY1: *Yin Yang 1*; DS1: *Double Stranded binding protein 1*.

3′-seitig befinden und von dort aus die Transkription beeinflussen.

Es war lange Zeit unverständlich, auf welche Weise entfernt gelegene gen- und entwicklungsspezifische Regulatoren die Rate der Expression eines Gens beeinflussen können. Zur Verdeutlichung der Entfernungen: Der RNA-*Pol*II-Komplex deckt etwa 50 bp ab. Das heißt, ein Faktor, der etwa bei -500 bp bindet, liegt 10 Enzymkomplex-Längen entfernt von der RNA-*Pol*II. Zur Wirkungsentfaltung müssen die Transkriptionsfaktoren mit jenen Faktoren interagieren, die unmittelbar an der Transkription beteiligt sind (DNA-*Pol*II, TBP, TAFs), und dabei miteinander physischen Kontakt haben. Wie kommt es zu Beeinflussungen über so weite Entfernungen?

Entfernt gelegene Regulationsbereiche gelangen in die Nachbarschaft zu dem Minimal-Promotor, indem die Bereiche der DNA, die zwischen dem Bindungsort des Transkriptionsfaktors und dem Promotor liegen, durch Schlei-

fen überbrückt werden. Die räumliche Stabilisierung der Schleife(n) übernehmen entweder die Transkriptionsfaktoren selbst oder aber besonders dafür prädestinierte Proteine. Ein Beispiel hierfür ist der Faktor **SP1 (*specific protein 1*)** zu nennen. Dieser Faktor bindet an das DNA-Sequenzmotiv **5′-GGGCGG-3′** (auch **GC-Box** genannt), welches man häufig in enger Nachbarschaft (80–400 bp) zur TATA-Box findet. Ein SP1-Molekül kann andere SP1-Moleküle binden, die z. B. an entfernt gelegenen GC-Boxen gelagert sind, und den dazwischen liegenden DNA-Bereich durch Schleifenbildung räumlich überbrücken (**Abb. 3.18**). *In vivo* muss man sich also den aktivierten Promotor als dreidimensionalen Komplex vorstellen, auf welchen die Transkriptionsfaktoren einwirken. Diese enthalten unterschiedliche Funktionsbereiche (Domänen). So gibt es Domänen für die sequenzspezifische DNA-Bindung, für Protein-Protein-Interaktionen mit anderen Transkriptionsfaktoren sowie für Interaktionen mit der RNA-*Pol*II oder

**Abb. 3.18:** Modell zur Schleifenbildung im Bereich einer eukaryontischen Promotorregion

Als DNA-Sequenz, welche die allgemeinen Transkriptionsfaktoren und die RNA-Polymerase anlagert, wird die TATA-Box angegeben, die im Beispiel etwa 25 bp vom Transkriptionsstart entfernt liegt. Auf diesen Transkriptionskomplex wirken weitere Transkriptionsfaktoren, die die Rate der Transkription beeinflussen können. Bei diesen regulierbaren Transkriptionsfaktoren handelt es sich

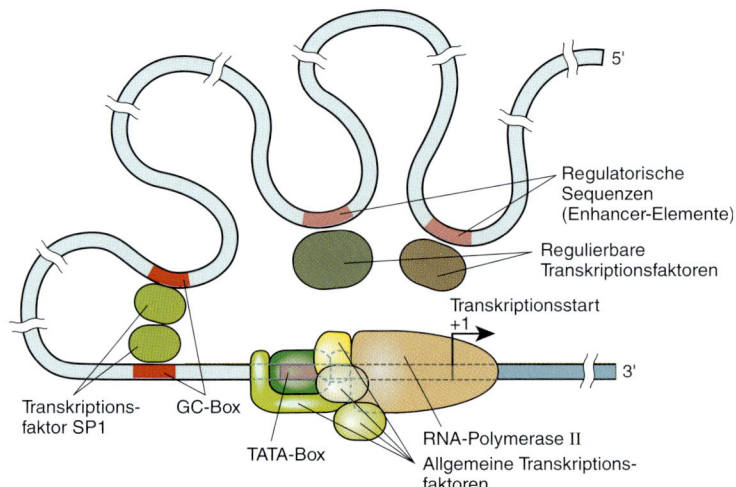

Regulatorische Sequenzen (Enhancer-Elemente)

Regulierbare Transkriptionsfaktoren

Transkriptionsstart +1

Transkriptionsfaktor SP1   GC-Box

TATA-Box

RNA-Polymerase II

Allgemeine Transkriptionsfaktoren

um DNA-bindende Proteine, deren Erkennungsmotive z. T. weit entfernt von der TATA-Box liegen können. Eine Schleifenbildung der DNA bringt dann die Transkriptionsfaktoren in unmittelbare Nachbarschaft. Dies ist z. B. bei dem Transkriptionsfaktor SP1 bekannt, der an das DNA-Sequenzmotiv GGGCGG (GC-Box) bindet. Ein SP1-Molekül kann auch an andere SP1-Moleküle binden und so Schleifen der dazwischen liegenden DNA-Bereiche verursachen (SP1-Schleifen). Dadurch gelangen weitere regulatorische Proteine an den Transkriptionskomplex, und die Genexpression wird z. B. verstärkt. Die Unterbrechungen im Verlaufe des DNA-Strangs sollen darauf hinweisen, dass auch Abstände von tausenden Nucleotidpaaren überbrückt werden können.

den TAFs. Außerdem wird die Bindung der Transkriptionsfaktoren je nach Chromatinstruktur und DNA-Methylierung beeinflusst.

Aus dem Aufbau der Gene und ihrer Kontrollregionen wird deutlich, dass DNA-Varianten je nach Position im Gen unterschiedliche Auswirkungen haben können (**Abb. 3.19**).

### 3.6.4   Weitere funktionswichtige RNA-Moleküle

Die Protein codierenden Gene beanspruchen für ihre Bauanweisungen nur etwa 2 % der genomischen DNA, während die übrige Erbsubstanz oft als „Schrott-DNA" abqualifiziert wird. Viele Transkriptionseinheiten entfalten aber ihre Wirkung nicht über Proteine, sondern über RNA.

Etwa 80 % der cytoplasmatischen RNA-Moleküle befinden sich gemeinsam mit ca. 70 (bei höheren Tieren) verschiedenen Proteinen in Ribosomen und werden daher als **ribosomale RNA (rRNA)** bezeichnet. In der kleinen Ribosomen-Untereinheit befindet sich ein 18S-rRNA-Molekül (mit ca. 1600 Nucleotiden), in der großen sind die 28S-, 5.8S- und 5S-rRNA-

Moleküle (mit ca. 3200, 140 bzw. 120 Nucleotiden) enthalten (S: Sedimentationskoeffizient, in Svendberg-Einheiten). Die 18S-, 28S- und 5.8S-rRNA werden in einem Vorläufer-Molekül (**Prä-rRNA**) transkribiert, während für die 5S-rRNA eine getrennte, aber in der Regulation abgestimmte Synthese erfolgt. Für die Transkription gibt es zahlreiche DNA-Matrizen pro rRNA-Art, was als **Genredundanz** bezeichnet wird. In dotterbildenden Eizellen entstehen an den so genannten Lampenbürsten-Chromosomen auch ringförmige DNA-Kopien und vermehren die Vorlagen für die rRNA-Transkription (**Genamplifikation**). Synthetisierte rRNA-Moleküle reichern sich in Nucleoli an und bilden gemeinsam mit Proteinen die Ribosomen-Untereinheiten.

**Transfer RNA-Moleküle (tRNA)** stellen die spezifische Beziehung zwischen Nucleotidgruppe (Codon) in der mRNA und Aminosäure für das Polypeptid her und tragen dafür als spezifische Stellen ein **Anticodon** bzw. eine **Aminosäure-Erkennungsstelle**. In den Zellen kommen über 100 verschiedene tRNA-Moleküle vor, die insgesamt 10–20 % der cytoplasmati-

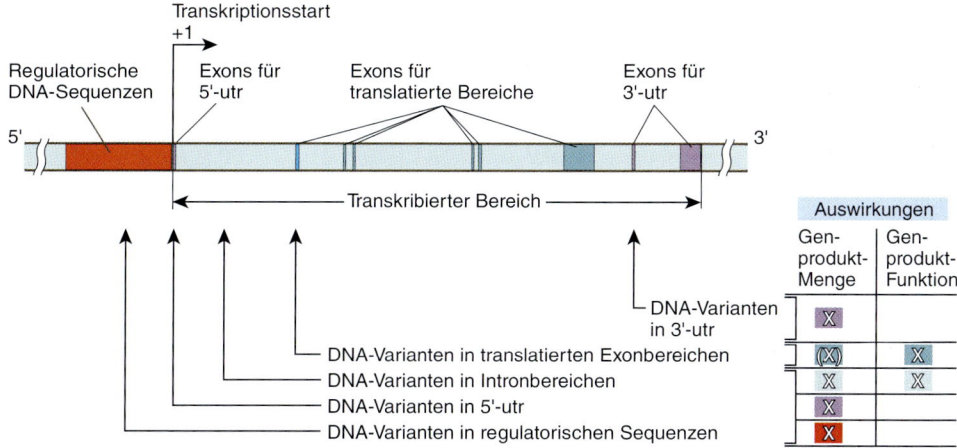

**Abb. 3.19:** Modell zu den Auswirkungen von DNA-Varianten auf die Eigenschaften eines Gens

Innerhalb einer Spezies ist anzunehmen, dass Varianten an ca. 1 % der DNA-Positionen vorkommen, so dass bei eukaryontischen Genen mit Längen zwischen 5 und 20 kb etwa 50–200 DNA-Varianten zu vermuten sind. Variable Nucleotidpositionen treten an verschiedenen Stellen entlang eines Gens auf. Fast alle DNA-Varianten können potenziell Auswirkungen auf die Rate der Genexpression haben, während die Struktur der Genprodukte z.B. durch Varianten in translatierten Exonbereichen beeinflusst werden kann. Varianten in Response-Elementen können die Affinität zum Transkriptionsfaktor verändern und dadurch dessen Einfluss auf die Genexpression verstärken oder abschwächen. Dies verändert die Menge des Genproduktes in Abhängigkeit von bestimmten regulatorischen Signalen, z.B. wenn ein bestimmtes Hormon wirkt. Varianten in Exonsequenzen können dazu führen, dass das codierte Protein an bestimmter Stelle eine andere Aminosäure eingebaut hat oder ein Stopp-Codon erscheint, wodurch ein verkürztes, meist nicht mehr funktionsfähiges Protein gebildet wird. Varianten in Intronsequenzen können die Spleißvorgänge oder dort liegende Signale für die Regulation der Genexpression beeinflussen. Veränderte Spleißvorgänge haben im Allgemeinen starke Auswirkungen auf das Genprodukt. Nucleotidvarianten im 5'- oder 3'-utr können die Lebensdauer oder Translationseffizienz der mRNA beeinflussen. Viele der Varianten haben allerdings keinen Einfluss auf die Genfunktion. Die Analyse, welche der variablen Nucleotidpositionen funktionswichtig sind und welche nicht, erfordert spezielle Arbeitsansätze (vgl. S. 249ff.).

schen RNA-Menge ausmachen. An frisch transkribierten tRNA-Molekülen werden von beiden Seiten Nucleotide abgespalten und ca. 4 % der Nucleotidpositionen durch seltene Nucleotide (z.B. Pseudo-Uridin, Dihydro-Uridin) ausgetauscht. Funktionsfähige tRNA-Moleküle umfassen ca. 80 Nucleotide und falten sich zu „Kleeblatt"-Strukturen mit größtenteils doppelsträngigen Anordnungen. Dabei bilden sich der Akzeptorarm (Verknüpfung mit Aminosäure), TψC-Arm (ψ steht für Pseudo-Uridin), Anticodonarm (enthält das Anticodon-Triplett) und D-Arm (enthält Dihydro-Uridin). Die Tertiärstruktur hat eine L-Form und bringt das Aminosäure bindende 3′-Ende und das Anticodon-Triplet in eine maximale Entfernung. Die Anknüpfung der

Aminosäuren an die tRNA übernehmen Enzyme (Aminosäure-tRNA-Synthetasen), wobei es für jede Aminosäure mindestens eine Synthetase gibt. Eine „beladene" tRNA wird **Aminoacyl-tRNA** genannt.

Ein großer Teil der transkribierten RNA verbleibt im Zellkern (**Zellkern-RNA, Nucleus-RNA, nRNA**). Diese RNA ist instabil, weist sehr variable Längen auf, hat extrem heterogene Sequenzen (*heterogeneous nuclear RNA, hnRNA*) und wird oft an Proteine gebunden (*heterogeneous nuclear ribonucleoprotein, hnRNP*). Viele der RNA-Moleküle sind sehr klein (*small nuclear RNA, snRNA*). Zu einem Teil handelt es sich bei der Zellkern-RNA um Spleißprodukte der mRNA-Prozessierung oder um Histon-mRNA. Viele der RNA-Moleküle übernehmen jedoch spezifische Funktionen, z. B. bei der Genregulation, und gehören zur sehr komplexen, noch weitgehend unerforschten „RNA-Welt". Einige dieser RNA-Moleküle wirken enzymatisch und werden dann als *Ribozyme* bezeichnet. Hierbei handelt es sich um kurze RNA-Moleküle (Oligonucleotide), die selektiv Liganden binden können. Ähnlich wie Proteine bilden solche RNA-Oligonucleotide spezifische Tertiärstrukturen aus, wodurch die Bindungstaschen für Proteine entstehen. Das an ein Epitop eines Proteins sich bindende Oligonucleotid wird als **Adaptomer** oder **Aptamer** bezeichnet. Analog können sich RNA-Oligonucleotide auch spezifisch an RNA- oder DNA-Moleküle binden, deren Molekülform (Konformation) ändern und so die Funktion beeinflussen. Sie werden damit zu einem Kontrollelement oder molekularen Schalter und daher als *Riboswitch* bezeichnet. Diese Moleküle werden wiederum durch Metabolite oder andere regulatorische Moleküle in ihrer Konformation beeinflusst und erhalten somit eine allosterische Wirksamkeit. Eingehend beschrieben wurde die Affinität von Oligonucleotiden zu den Erkennungssequenzen in den nicht-codierenden Bereichen jeweils einer bestimmten mRNA, was eine regulatorisch bedeutsame Umfaltung der mRNA bewirken kann. Solche allosterischen *Riboswitches* sind inzwischen bei vielen Genen gefunden worden.

Gene, die nur RNA ausprägen, sind meist klein und schwierig zu identifizieren. Einige von ihnen spielen jedoch eine bedeutende Rolle für die Entwicklung und Gesundheit von Tieren (und Pflanzen). Aktive Formen der RNA können daher zu **epigenetischen Phänomenen** führen. Darunter versteht man Vorgänge, die innerhalb der Chromosomen wirken, ohne dass die funktionswichtigen DNA-Sequenzen bekannt sind. Epigenetische Phänomene basieren u.a. auf Komplexen aus Proteinen und niedermolekularen Verbindungen, die sich der DNA anheften, sie umhüllen, stützen und ggf. verändern.

Wie Proteine interagieren auch RNA-Moleküle mit ihresgleichen, mit DNA, mit Proteinen und mit niedermolekularen Substanzen. Die jeweils spezifische Sequenz einer RNA erlaubt eine Hybridisierung mit komplementären DNA- oder RNA-Molekülen und damit eine Erken-

nung von definierten Zielstrukturen. Einen Hinweis für einen möglichen Wirkungsweg liefern **Pseudogene**, d. h. Kopien von funktionellen Genen, die jedoch Defekte tragen, so dass sie nicht an der Expression des intakten Proteins mitwirken können. Die vom Pseudogen codierte RNA kann aber auf die Expression des echten Gens wirken, etwa über eine **Antisense-RNA** mit komplementärer Sequenz zur funktionsfähigen RNA. Treffen beide Sequenzen aufeinander, formen sie einen Doppelstrang, was die Proteinsynthese behindert.

Derartige epigenetische Mechanismen finden große Aufmerksamkeit für eine Anwendung in der Biotechnologie. **RNAi (RNA-Interferenz)** bezeichnet das Einbringen von zu bestimmten Genen (Target-Genen) passenden, d. h. homologen RNA-Molekülen. Diese führen als Antisense-RNA zum spezifischen Abschalten eines Gens und damit zum Ausbleiben oder Vermindern der betreffenden Merkmale (Null- oder hypomorphe Phänotypen). Aus diesen Eigenschaften ergeben sich wichtige biotechnische Anwendungen, beispielsweise beim Abschalten von nachteiligen Genen (siehe S. 457 ff.).

## 3.7 Gewebe- und entwicklungsspezifische Kontrolle der Genexpression

Die gewebe- und entwicklungsspezifische Genaktivierung wird durch Bindung von Transkriptionsfaktoren an die entsprechenden DNA-Sequenzmotive des Promotors bewirkt. In **Abb. 3.20** wird am Beispiel der Regulation des β-Casein codierenden Gens gezeigt, dass die Prozesse und Wechselwirkungen in der Zelle mehrstufig ablaufen und u. U. zahlreiche Faktoren einbeziehen. Neben der ebenfalls gewebe- und entwicklungsspezifisch regulierten Bereitstellung der Transkriptionsfaktoren gibt es hierfür zwei weitere Voraussetzungen: Einerseits müssen die entsprechenden DNA-Abschnitte für die Faktoren sterisch zugänglich sein und andererseits darf die Ansatzstelle der Faktoren seitens der DNA nicht durch chemische Modifikationen (z. B. Methylierung) blockiert sein.

Eine sequenzspezifische DNA-Erkennung und -Bindung durch Transkriptionsfaktoren ist nur möglich, wenn die relevanten DNA-Se-

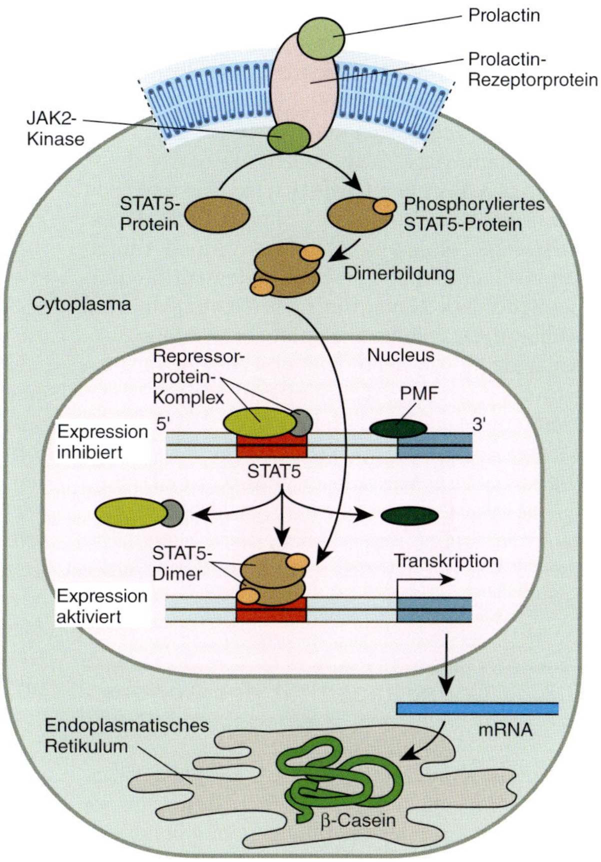

**Abb. 3.20:** Modell zur Aktivierung der β-Casein-Synthese durch Prolactin (modifiziert nach Angaben von Stoecklin et al. 1997)

Das Schema zur Regulation der Transkription des β-Casein codierenden Gens zeigt, dass eine Repression durch Bindung von PMF (*pregnancy-specific mammary nuclear factor*) an den Startpunkt der Transkription und eines Repressorprotein-Komplexes an das Response-Element STAT5 (*signal transducer and activator of transcription 5*) ausgeübt wird. Eine genügend hohe Konzentration an Prolactin führt zur Aktivierung der JAK2-Kinase (JAK2, *Janus Kinase 2*, eine Tyrosin-Kinase), die das STAT5-Protein phosphoryliert. Dieses bildet dann Dimere, die sich an das Response-Element binden und dort den Repressorkomplex entfernen, so dass eine Transkription erfolgt. Weitere Einflussfaktoren auf die Genexpression des β-Casein codierenden Gens werden in **Abb. 3.17** aufgeführt.

quenzabschnitte nicht im Nucleosomenkomplex verborgen sind. Zu einer für die Regulierung passenden Anordnung der betreffenden Chromatinbereiche kommt es bereits auf einer frühen Stufe der Zellentwicklung. Die Nucleosomen werden in begrenzten Promotorabschnitten aufgelockert, so dass Nicht-Histon-Proteine direkten Zugang zur DNA erhalten. Die Regulierung der nucleosomalen Verpackung der DNA dient also auch der Kontrolle der Genexpression. Die Effektoren dieses Kontrollmechanismus setzen an den Histon-H1-Molekülen an: Eine **Acetylierung** der Histon-H1-Moleküle behindert ihre Bindung an die DNA. Dadurch wird die Nucleosomenanordnung in diesem Bereich gelockert, und Transkriptionsfaktoren können binden. Eine **Deacetylierung** von H1-Molekülen stabilisiert die Nucleosomenpackung, so dass die Transkriptionsfaktoren von der DNA getrennt bleiben. Es gibt Hinweise darauf, dass Transkriptionsfaktoren selbst an der lokalen Re-

krutierung der für die Acetylierung/Deacetylierung notwendigen Enzyme beteiligt sein können und so in ihrer räumlichen Nähe die notwendigen Chromatinveränderungen bewirken.

Von Bedeutung für die Kontrolle der Genexpression sind auch chemische Modifikationen der DNA. Eukaryonten haben die Fähigkeit, eine Methylgruppe an das Cytosin zu lagern und so 5-Methyl-Cytosin zu bilden. Die **Cytosin-Methylierung** erfolgt nur an CG-Dinucleotiden. Tritt eine solche Modifikation im Promotorbereich auf, wird die Genexpression gehemmt. Zwei unterschiedliche Beobachtungen verdeutlichen den Effekt:

– Mit einer Methylierung von Cytosin innerhalb der Bindungsstellen von Transkriptionsfaktoren kann man die Bindung des betreffenden Faktors an die DNA blockieren.

– Man kann kultivierten Zellen ein nicht methylierbares Analogon des Cytosins anbieten, das 5-aza-Cytosin. Dies führt zu einer permanent aktiven Genexpression, und sogar Gene, die vor dem 5-aza-Cytosin-Einbau nicht exprimiert wurden, werden ggf. transkribiert.

CG-reiche Sequenzen konzentrieren sich in bestimmten, etwa 1–2 kb langen DNA-Abschnitten, den **CG-** oder **CpG-Inseln**. Sie umgeben die Promotoren funktionswichtiger Gene (Haushalts-Gene, *house keeping genes*) und führen zur Auflockerung der betreffenden Chromatinbereiche. Nur Gene, die in der Keimbahn und während der frühesten Zygotenentwicklung aktiv sind, weisen keine Methylierungen im Promotorbereich auf, während die übrigen Gene methyliert sind. Eine solche gametenspezifische Methylierung wird auch als **Genetic Imprinting** bezeichnet. Im Verlauf der gewebespezifischen Differenzierung werden dann kontrolliert Promotoren jener Gene demethyliert, deren Expression für die jeweilige Differenzierungsstufe erforderlich ist.

## 3.8 Codierkapazität des Genoms

Verglichen mit Bakterien tragen höhere Organismen viel mehr DNA in ihren Genomen als sie für die Zahl der vermuteten Gene benötigen (**Abb. 3.21**). Für Bakterien ließ sich experimentell zeigen, dass *E. coli* weniger als 5000 Gene aufweist, die von etwas mehr als 4,6 Millionen Basenpaaren (bp) codiert werden. Bei gleichem Platzbedarf für die Gene böten die Genome der

Säuger mit etwa $3,2 \times 10^9$ bp die Möglichkeit, ca. 3 Millionen Gene zu codieren. Die Gene der Eukaryonten sind aber meistens viel länger als die der Bakterien, und nur etwa 5 % der DNA der Strukturgenbereiche werden für die Codierung von Proteinen benutzt. Dadurch könnte das Säugergenom etwa 140 000 Gene umfassen. Tatsächlich hat man durch Genomsequenzierung herausgefunden, dass Säugergenome nur etwa 30 000 Gene enthalten. Welchen Informationsgehalt hat die übrige DNA, wenn diese nicht Proteine codiert?

Man kann den möglichen Informationsgehalt einer beliebigen DNA in summarischer Weise untersuchen, indem man unterstellt, dass die Information in der spezifischen Abfolge der Basen auf dem DNA-Strang festgelegt ist. Je länger für ein spezifisches Gen der codierende Abschnitt auf der DNA ist, desto unwahrscheinlicher ist es, dass es einen Bereich mit ähnlicher oder gar gleicher Abfolge der Basen gibt. Als experimentelles Maß zur Beschreibung solcher Unterschiede bietet sich die Kinetik der **Renaturierung** an, mit der sich in gelöstem Zustand ein DNA-Doppelstrang rückbildet, nachdem man die DNA vorher durch Erhitzen einzelsträngig gemacht (d.h. denaturiert) hat. Die Geschwindigkeit, mit der sich der Doppelstrang wieder ausbildet, wird bestimmt von der statistischen Wahrscheinlichkeit, mit der sich stabile Wasserstoffbrücken zwischen komplementären Basen ausbilden. Je komplexer die zugrunde liegende Sequenz ist, desto unwahrscheinlicher wird es, dass homologe, komplementäre Strän-

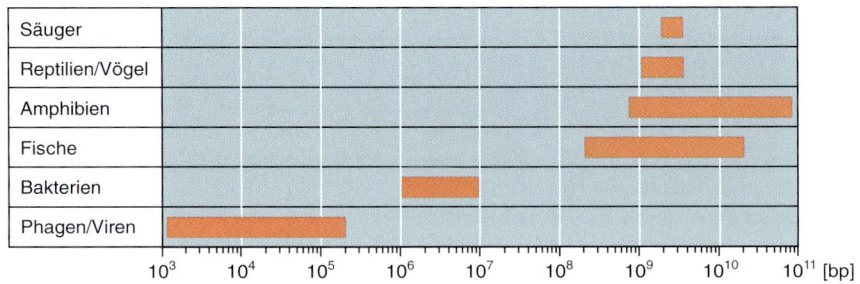

**Abb. 3.21:** DNA-Mengen im haploiden Genom einiger Organismengruppen (nach Angaben von Lewin 2002)

Innerhalb einer jeden Gruppe ist die ungefähre Spannweite der Messungen angegeben. Von den Prokaryonten zu den Eukaryonten wächst die Genomgröße stark an, schwankt aber je nach Organismengruppe. Die vergleichsweise große DNA-Menge entspricht bei Eukaryonten nicht der genetischen Komplexität eines Organismus, sondern wird auch durch wiederholt vorkommende DNA-Sequenzmotive erzeugt.

ge zufällig im Verlaufe der Diffusion aufeinander treffen. Die Renaturierungsgeschwindigkeit der Doppelstränge wird mit steigender Konzentration von genügend komplementären Molekülen in der Lösung ansteigen, denn die statistische Wahrscheinlichkeit des Aufeinandertreffens der komplementären Basen nimmt dann zu. Das Ausmaß der Rückbildung des Doppelstranges steigt außerdem mit der Renaturierungsdauer zunächst an, weil sich mit zunehmender Zeitdauer die Anzahl der aufeinander treffenden, komplementären Sequenzmotive erhöht. Daraus ergibt sich, dass die Renaturierungskinetik von DNA einer bimolekularen chemischen Reaktion folgt, deren Geschwindigkeit von den Faktoren Zeit und Konzentration abhängt. Wie im nachfolgenden Kapitel (S. 110 f.) gezeigt wird, folgt die Renaturierungsgeschwindigkeit der Gleichung:

$$v = -\frac{dc}{dt} = k \cdot c^2$$

Dabei bedeutet $c$ die Molarität einzelsträngiger DNA, $t$ die Zeit und $k$ die Reaktionskonstante. In $k$ geht die Komplexität der DNA ein, ein relatives Maß für die Vielgestaltigkeit der DNA-Sequenz. Die Lösung der Differentialgleichung erhält man nach Trennung der Variablen durch Integration:

$$\frac{c}{c_0} = \frac{1}{1 + k \cdot c_0 t}$$

Hierbei bedeuten:
$c$ : Molarität der einzelsträngigen DNA-Moleküle zum Zeitpunkt t,
$c_0$ : Molarität der einzelsträngigen DNA-Moleküle zu Beginn des Experiments (Zeit $t_0$),
$t$ : Zeit und
$k$ : Stoffkonstante, aus der sich die Komplexität der Sequenzen ableiten lässt.

Vergleicht man das Renaturierungsverhalten verschiedener DNA-Fragmente miteinander, so bietet sich als Kenngröße jener Wert an, zu dem die Renaturierungsreaktion zur Hälfte abgelaufen ist, also der **$c_0 t_{1/2}$ Wert**. Wie **Abb. 3.22** erkennen lässt, verläuft die Renaturierungskinetik von DNA mit zufälligen Sequenzen bei semilogarithmischer Darstellung in einer sigmoiden Kurve. Ein solcher Kurvenverlauf ist zu erwarten, wenn den DNA-Fragmenten vielgestaltige DNA-Sequenzen zugrunde liegen, die keine Se-

quenzwiederholungen aufweisen. Dies ist bei prokaryontischer DNA auch meist der Fall. Unterwirft man jedoch genomische DNA von Eukaryonten einer Renaturierungsmessung, so findet man keinen einheitlichen, sondern einen unstetigen Geschwindigkeitsverlauf der Reassoziation, der auf das Vorhandensein unterschiedlicher Sequenz-Komponenten zurückzuführen ist. Man kann einen schnell renaturierenden Anteil des Genoms unterscheiden von solchen Komponenten, die mit intermediärer und solchen, die mit langsamer Kinetik reassoziieren (**Abb. 3.23**). Die drei Komponenten haben folgende Eigenschaften:

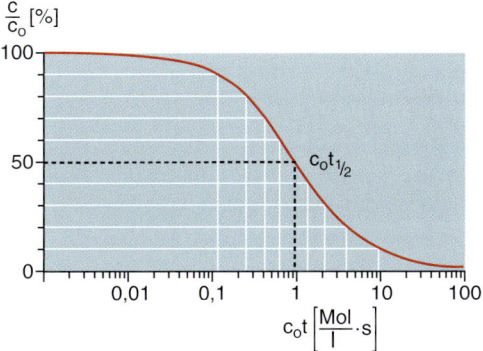

**Abb. 3.22:** Renaturierungskinetik der DNA

Durch Erwärmen können doppelsträngige DNA-Fragmente in Einzelstränge zerlegt werden, d. h. sie werden denaturiert. Nach Abkühlung bilden sich wieder Doppelstränge, d. h. es erfolgt eine Renaturierung. Die Renaturierung verläuft umso schneller, je höher die Konzentration komplementärer Einzelstränge in der Lösung ist. Der Verlauf der Renaturierungsreaktion ist als so genannte $c_0 t$-Kurve (gesprochen cot) dargestellt. Sie zeigt die Abhängigkeit des Prozentanteils denaturierter DNA vom Produkt aus Anfangskonzentration denaturierter Nucleotide $c_0$ und der Zeit t. Bei $c_0 t_{1/2}$ sind 50 % der Nucleotide zu Doppelsträngen verbunden. DNA verschiedener Herkunft kann sich in den $c_0 t_{1/2}$-Werten unterscheiden, was einen Hinweis auf die Komplexität der DNA-Sequenzorganisation gibt. Ein hoher $c_0 t_{1/2}$-Wert entsteht bei einer langsamen Reassoziation der Einzelstränge und verweist auf eine hohe Komplexität des Genoms. Mit Komplexität meint man die Gesamtlänge der verschiedenartigen Sequenzen in bp.

Mol: Molekülmenge; l: Liter; s: Sekunden.

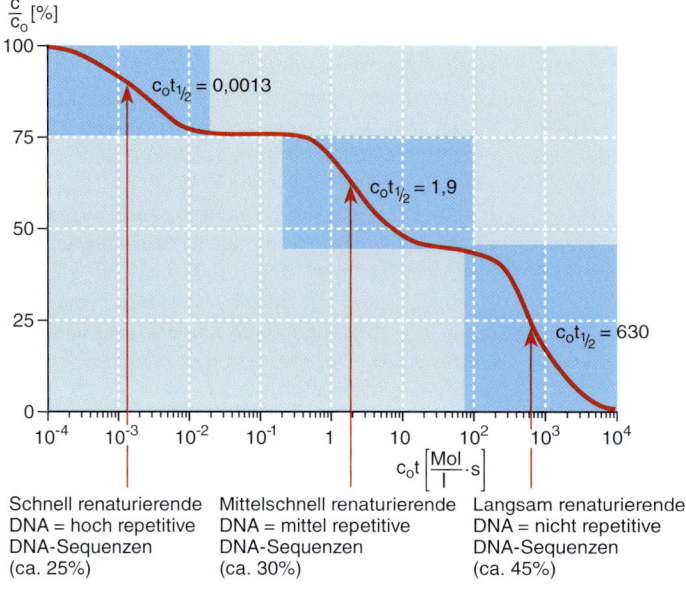

**Abb. 3.23:** Renaturierungskinetik von chromosomaler DNA aus Wirbeltieren

Die Reassoziationskinetik von eukaryontischer DNA zeigt üblicherweise Abweichungen vom sigmoiden Kurvenverlauf der **Abb. 3.22.** Dies wird durch unterschiedliche Häufigkeiten einzelner DNA-Sequenzmotive bedingt, d.h. durch repetitive DNA-Sequenzen in der DNA-Probe. Gezeigt wird ein Verlauf mit drei Komponenten, deren $c_0t_{1/2}$-Werte durch Pfeile markiert sind. Die relativen Anteile entsprechen in etwa den DNA-Komponenten für Wirbeltiere.

– Die **schnell renaturierende** Komponente umfasst meist kurze DNA-Sequenzen (150–300 bp), die jeweils in vielen (> 100 000) Wiederholungen vorliegen.

– Die **intermediär** oder **mittel reassoziierenden** Sequenzabschnitte sind pro Sequenztyp mit durchschnittlich etwa 350 Kopien im Genom vertreten. Hierbei handelt es sich im Wesentlichen um DNA-Sequenzen mit strukturellen Funktionen, zum Beispiel repetitive Sequenzmotive in den Telomer- und Centromerbereichen der Chromosomen, oder um die Gene für die Codierung der ribosomalen RNA und der Histon-RNA.

– Der **langsam renaturierende** Anteil umfasst knapp die Hälfte des Genoms. Er beinhaltet jene DNA-Sequenzen, die nur mit einer Kopie im Genom vertreten sind. In diesen Anteil gehören die meisten Protein codierenden Sequenzen, d.h. die „Gene".

Wiederholungen charakteristischer DNA-Sequenzmotive werden als **repetitive Sequenzen** oder **DNA-Repeats** bezeichnet. Man nennt repetitive Sequenzen auch **Satelliten** oder **Satelliten-DNA**. Dieser Name leitet sich von der Beobachtung ab, dass sich ein Teil dieser Genomfraktion in der Dichtegradientenzentrifugation als leichtere Bande von der Hauptbande der genomischen DNA separieren lässt (vgl. **Abb. 4.4,** S. 96).

Wesentliche Quelle der repetitiven DNA-Sequenzen sind **Retrotransposon-Elemente**. Als Retrotransposon werden DNA-Abschnitte bezeichnet, die entstanden sind, indem zunächst transkribierte RNA-Moleküle durch Reverse Transkriptase in DNA umgeschrieben und nachfolgend im Genom integriert wurden.

Ähnliche *Repeat*-Motive werden zu „Familien" zusammengefasst. Insbesondere die kürzeren repetitiven Sequenzmotive sind tandemartig („*head-to-tail*") angeordnet (***Tandem-Repeats***) und zeigen locusspezifische Varianten. Diese DNA-Repeats werden als ***Variable Number of Tandem Repeats*** (**VNTR**) bezeichnet und auf Grund der starken Variation der allelen Fragmentlängen innerhalb einer Population auch **hypervariable DNA-Sequenzen** genannt. VNTRs entstehen entweder durch Crossing over an nicht homologen Stellen oder durch *Slippage*-Effekte, d.h. Überspringen von *Repeat*-Einheiten durch die Polymerase, während der Replikation. Die Synthese repetitiver Einheiten durch *Slippage* konnte *in vitro* nachvollzogen werden und wird im Wesentlichen durch Sekundärstrukturbildungen repetitiver DNA-Abschnitte bedingt. Die relativ hohen Mutationsraten innerhalb der VNTRs liegen je nach Locus und Spezies zwischen $7 \times 10^{-5}$ und $5 \times 10^{-4}$ pro Locus und Meiose. Repetitive Sequenzen führen zur Bildung spezieller DNA-Konformationen (Z-Struktur) und können dadurch Genexpression, Replikation oder Rekombinationsvorgänge beeinflussen.

Man gliedert VNTRs nach den Längen der Wiederholungseinheiten in **Mini-** und **Mikrosatelliten**, wobei letztere für die Darstellung von DNA-Varianten eine große Bedeutung erlangt haben (vgl. S. 222f.). Die Eigenschaften der Mini- und Mikrosatellitenloci lassen sich wie folgt zusammenfassen:

– **Minisatelliten** bestehen aus Repeats von 10– ca. 100 bp. Die Zahl der Wiederholungen pro Locus reicht von 2–>100. Minisatelliten sind häufig in Clustern angeordnet, die vor allem in den terminalen Bereichen der Chromosomen vorkommen.

– Für **Mikrosatelliten** werden viele synonyme Begriffe verwendet (***Simple Tandem Repeats, STR; Simple Sequence Length Polymorphisms, SSLP; Short Sequence Repeats, SSR***). Sie bestehen pro Locus aus Tandem-Repeats einer Gesamtlänge bis etwa 200 bp, meistens jedoch von < 30 bp. Die Längen der Wiederholungseinheiten liegen kleiner als

10 bp (meist zwischen 1 und 4 bp) bei einer Zahl an Wiederholungen der *Repeat*-Einheit von etwa 5–15 pro Locus.

Nach der Struktur der Sequenzmotive werden perfekte, imperfekte und zusammengesetzte (*compound*) Mikrosatelliten unterschieden (**Tab. 3.5**). Mikrosatellitenloci sind gleichmäßig im Genom verteilt und kommen durchschnittlich etwa alle 1 kb im Genom vor. Sie befinden sich vorwiegend in nicht-transkribierten DNA-Bereichen, aber auch innerhalb der Intron- und Exonsequenzen. In **Tab. 3.6** werden Beispiele einiger Mikrosatellitenloci aufgeführt, die in oder flankierend zu Genen lokalisiert sind. Obwohl in den *Repeat*-Motiven nahezu jede Nucleotidkombination festgestellt wurde, kommen je nach Spezies bestimmte *Repeat*-Motive häufiger vor als andere. Beispielsweise ist dies beim Menschen und Schwein $(CA)_n/(GT)_n$, das so genannte **CA-Repeat**, welches in einem durchschnittlichen Abstand von 30 kb auftritt, so dass $50\,000$–$100\,000$ CA-Repeat-Loci pro Genom anzunehmen sind. Der Polymorphismus der Mikrosatellitenloci wird zum einen durch die unterschiedliche Anzahl der Wiederholungseinheiten, zum anderen durch die Struktur der

**Tab. 3.5:** Einteilung der Mikrosatelliten nach der Motivstruktur

| Mikrosatelliten-gruppe | Art des Sequenzmotivs pro Locus | Häufigkeit im Genom (% aller Mikrosatellitenloci) | Beispiel |
|---|---|---|---|
| Perfekte M. | Ein Sequenzmotiv, ohne Unterbrechungen und Umkehrungen | 50-80 | $(GT)_n$ |
| Imperfekte M. | Ein Sequenzmotiv, mit Unterbrechungen und Umkehrungen | 10-20 | $(GT)_n A (GT)_m$ |
| *Compound*-M. (zusammen-gesetzte M.) | Mehrere Sequenzmotive, mit oder ohne Unterbrechungen oder Umkehrungen | 15-20 | $(GT)_n (AC)_m$ |

n, m: Zahl der Wiederholungseinheiten

**Tab. 3.6:** Beispiele für Mikrosatelliten innerhalb oder in der Nähe von Genen beim Schwein

| Genlocus | Genname/Genprodukt | Repeattyp | Lokalisation | Quelle |
|---|---|---|---|---|
| *MHC-DQB* | DQB-Gen des *Major Histocompatibility Complex* | $(CA)_n (CT)_m / (GT)_n (GA)_m$ | Intron | AMMER et al. 1992 |
| *RYR1* | *Ryanodine Receptor 1, skeletal muscle* | $(CA(GA)_n)_m / (GT(CT)_n)_m$ | Intron | BOLT et al. 1993 |
| *SERCA2* | *Sarcoplasmic or Endoplasmic Reticulum Calcium 2 ATPase* | $(CA)_n / (GT)_n$ | Exon | MORAN 1993 |
| *IGF-1* | *Insulin-like Growth Factor 1* | $(CT)_n / (GA)_n$ | 5'-flankierend | MOORE et al. 1991 |

n, m: Zahl der Wiederholungseinheiten

Sequenzmotive bestimmt. So steigt die Zahl der Allele mit zunehmender Repeatzahl eines Locus; ebenso zeigen perfekte Mikrosatelliten einen höheren Polymorphiegrad als imperfekte und zusammengesetzte Mikrosatelliten. Mikrosatelliten sind in nahe verwandten Spezies bzw. Individuen ähnlicher als in weniger verwandten, was in zahlreichen Untersuchungen genutzt wird.

## Zusammenfassung

– Erbinformationen sind in der doppelsträngigen Desoxyribonucleinsäure (DNA) gespeichert, deren einzelne Bausteine (Nucleotide) eine schriftähnliche Sequenz aufweisen.
– DNA-Moleküle können mit hoher Genauigkeit repliziert werden. An der Replikation sind Enzyme beteiligt, die auch für biotechnische Arbeiten bedeutsam sind.
– Transport- und Verpackungseinheiten der DNA sind die Chromosomen. Hierin ist die DNA so angeordnet, dass sie vor Schäden geschützt ist und zeit- und gewebeabhängig zur Funktion gebracht werden kann.
– DNA-Funktionseinheiten sind die Gene, die aus verschiedenen Elementen bestehen. Die Genaktivierung hängt von spezifischen Transkriptionsfaktoren ab, die sich an regulatorische DNA-Sequenzelemente der beeinflussten Gene binden können.
– Auf die Genexpression wirken zahlreiche weitere Faktoren, wie RNA-Moleküle und die Methylierung/Demethylierung von Cytosin.
– Die Genome höherer Organismen bestehen aus DNA-Sequenzen, die nur einmal pro Genom vertreten sind, oder solchen, die in unterschiedlich vielen Wiederholungen vorkommen.

# 4 Präparation und Charakterisierung von Nucleinsäuren

Nahezu alle Verfahren der Genomanalyse und Gendiagnostik beginnen mit einer Präparation von genomischer DNA (**Abb. 4.1**). In einigen Fällen werden nur exprimierte Gene betrachtet, d.h. RNA isoliert und anschließend in DNA umgeschrieben. In diesem Kapitel werden die Techniken zusammengestellt, die solche Präparationen erlauben, und einige Methoden zur Charakterisierung von DNA vorgestellt.

## 4.1 Extraktion und Reinigung von Nucleinsäuren

OSWALD AVERY und seine Mitarbeiter beschrieben 1944: *„Wenn der Alkohol eine Konzentration von etwa 9/10 des Volumens erreicht, trennt sich eine fibröse Substanz ab, die sich beim Rühren der Lösung selbst um den Glasstab wickelt, wie ein Faden auf eine Spule, und die übrigen Verunreinigungen zurücklässt, als granuläre Partikel. Das fibröse Material wird erneut gelöst und der Prozess mehrfach wiederholt. Kurz gesagt, diese Substanz ist sehr reaktiv, und ihre Elementaranalyse kommt den theoretisch zu erwartenden Werten reiner DNA sehr nahe."* Auf dieser Beobachtung basieren die auch heute noch gültigen Reinigungsschritte für DNA. Zunächst müssen Zellen und Zellkerne aufgebrochen werden, z.B. durch Zusatz von

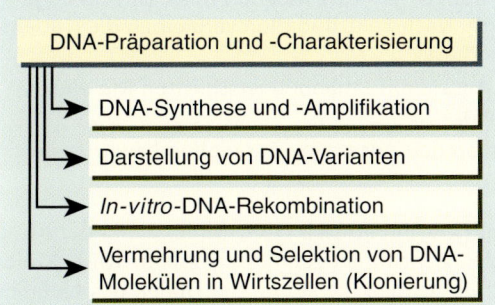

**Abb. 4.1:** DNA-Präparation als Ausgangspunkt gentechnischer Verfahren

Detergenzien, wie Natrium-Dodecylsulfat (englisch *Sodium Dodecyl Sulfate*, SDS). Anschließend wird die Hauptmasse der Proteine entfernt, z.B. durch proteolytische Spaltung mit Proteinase K und durch Extraktion mit Phenol. Danach wird die DNA durch Zusatz von Alkohol ausgefällt (präzipitiert). Die Arbeitsschritte (**Abb. 4.2**) sind einfach, jedoch sollte man bereits hier bedenken, zu welchem Zweck die DNA isoliert werden soll: Zielt man auf die Isolierung sehr langer DNA-Moleküle ab (z.B. zur Analyse von Genomabschnitten im Megabasenbereich), so werden die während der Extraktion auftretenden Scherkräfte zu einem ernst zu nehmenden Problem und zu einer experimentellen Herausforderung. Genomische DNA ist ein dünner, aber langer Faden, dessen Bruchgefahr mit steigender Länge rasch anwächst. Kleine, ringförmig geschlossene DNA-Moleküle dagegen sind mechanisch relativ stabil. Für viele der Arbeiten werden automatische Pipetten mit auswechselbaren „Spitzen" verwendet, um die erforderlichen Ansätze in genügend kleinen Volumina in Reagiergefäße (*tubes*) oder Vertiefungen von Mikrotiterplatten zu bringen (**Abb. 4.3**). In entsprechend ausgestatteten Laboratorien werden größere Arbeitsvorhaben mit Pipettierautomaten durchgeführt (**Abb. 4.3d**).

Je nach Fragestellung verwendet man gegebenenfalls besondere Techniken der DNA-Isolierung. Als Faustregel gilt, dass zur Handhabung von Fragmenten bis 20 000 bp (20 kb) Standard-Labortechniken genügen. Zu einer Analyse von Fragmenten bis 40 kb kann die DNA vorsichtig in Lösungen isoliert werden. Für noch längere DNA-Abschnitte (> 40 kb) werden Zellkerne isoliert, in denen die DNA gegen Scherkräfte geschützt vorliegt, und die weiteren Schritte der DNA-Isolierung werden in Agaroseblöcken vorgenommen (**Abb. 4.7**, S. 98).

Extrahierte DNA hat man früher meist durch **Zentrifugation in einem Dichtegradienten** aus Cäsiumchlorid gereinigt (**Abb. 4.4**). Diese Technik beruht darauf, dass sich in einem starken Schwerefeld (> 100 000 × g) aus einer an-

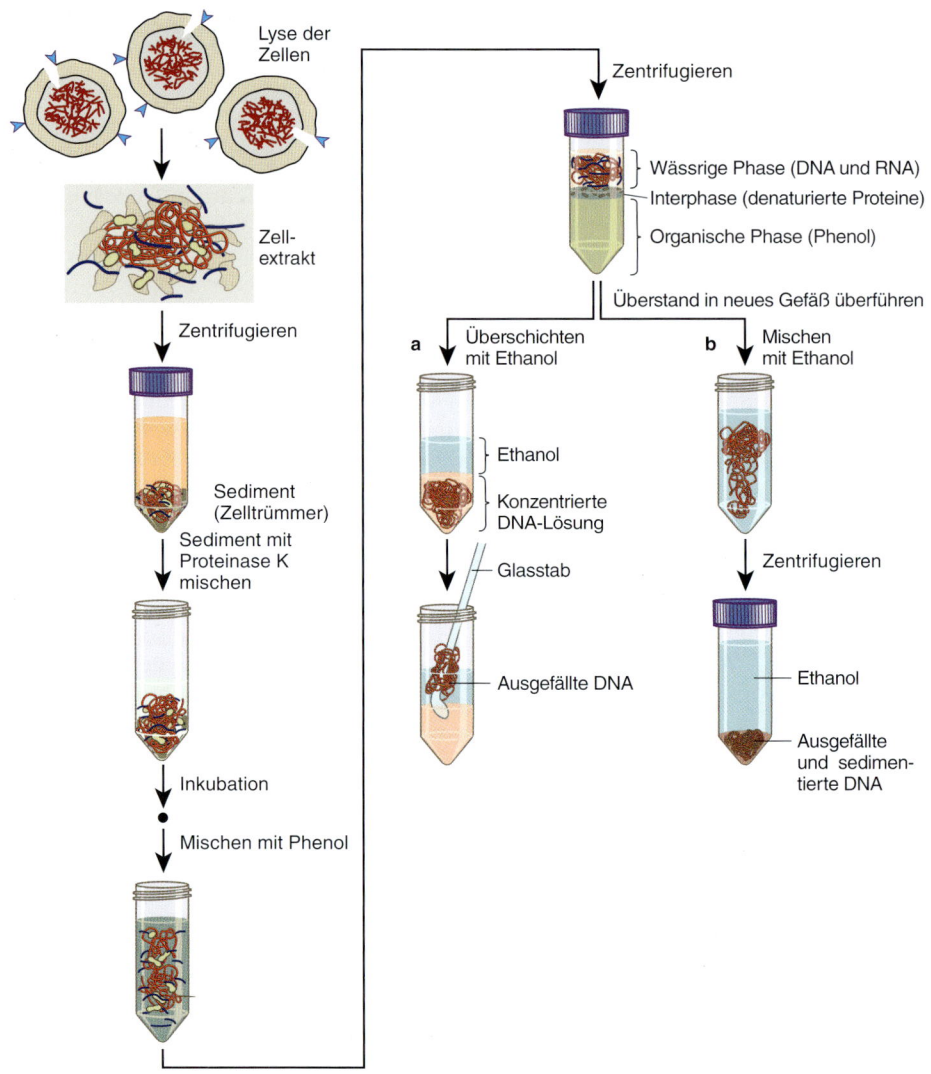

**Abb. 4.2:** Schematisches Beispiel für die Präparation von DNA aus tierischen Zellen

Nach Zellaufschluss erfolgt üblicherweise ein Proteinabbau mit Proteinase K. Proteinverunreinigungen werden meistens durch Phenolextraktion entfernt. Nach Zentrifugation verbleiben die Nucleinsäuren (RNA, DNA) in der überstehenden, wässrigen Phase.

a) Bei hoch konzentrierten DNA-Lösungen wird der Ansatz mit Ethanol überschichtet. Mit einem Glasstab kann man dann die DNA-Fasern herausziehen.

b) Bei wenig konzentrierten DNA-Lösungen mischt man den Ansatz mit Ethanol und zentrifugiert. Die ausgefällte DNA sedimentiert dann.

fangs homogenen Lösung ein Dichtegradient aus Cs$^+$- und Cl$^-$-Ionen aufbaut. Hierbei sind die Konzentrationsunterschiede gering – der Gradient ist flach, wie man sagt. Unter geeigneten Bedingungen können Proteine nicht in diesen Gradienten eindringen (sie schwimmen oben auf), während sich DNA-Moleküle in der Mitte des Zentrifugengefäßes sammeln. RNA-Moleküle werden meist auf den Boden des Gefäßes abzentrifugiert, da sie in Lösung eine kompaktere Raumstruktur einnehmen als DNA und deswegen eine größere Dichte erreichen. **Abb. 4.5**

a

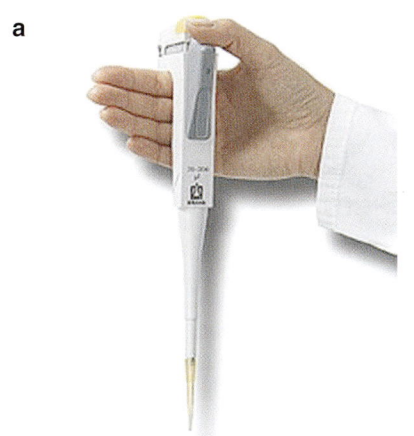

b

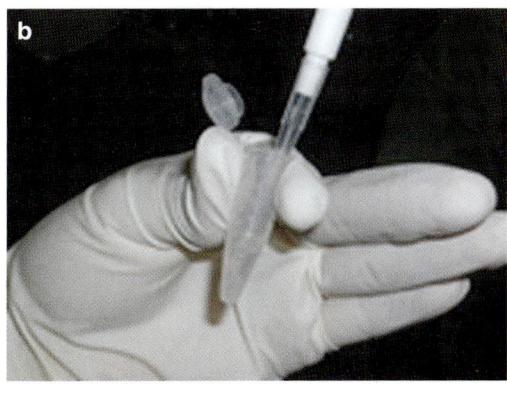

c

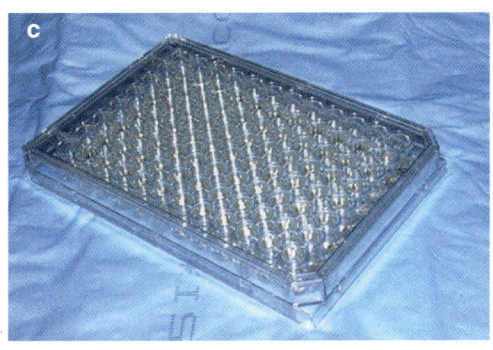

d

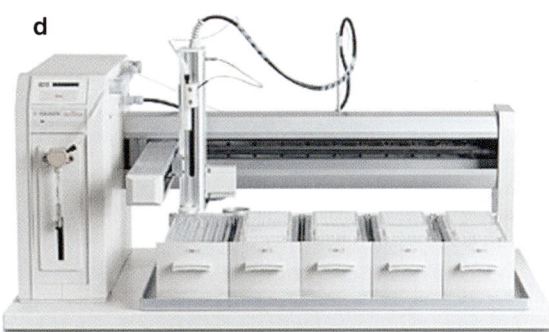

**Abb. 4.3:** Pipettieren kleiner Volumina

a) Für viele Arbeiten werden automatische Pipetten benutzt. Diese haben eine auswechselbare Spitze, in die mit Hilfe eines Kolbens, der an der oberen Seite der Pipette zu bedienen ist, ein definiertes Flüssigkeitsvolumen angesaugt werden kann.

b) Mit der Spitze einer automatischen Pipette wird Flüssigkeit eines bestimmten Volumens aufgenommen und in ein anderes Gefäß gebracht.

c) Für Arbeiten mit vielen verschiedenen Proben werden Mikrotiterplatten benutzt. Abgebildet ist eine Platte mit 8x12 Vertiefungen (Kavitäten), in die Flüssigkeit mit Hilfe der Pipette deponiert werden kann. Mikrotiterplatten können in sehr verschiedene Arbeitsvorgänge eingeordnet werden, wie z.B. Inkubationen, Zentrifugationen, photometrische Messungen.

d) Für größere Arbeitsvorhaben gibt es programmierbare Pipettierautomaten.

lässt erkennen, wie mit einer Kanüle aus dem Gradienten die gewünschte Schicht gewonnen wird.

Die Ultrazentrifugation ist zeitaufwendig und benötigt teure Geräte. Inzwischen stehen jedoch verschiedene, schnell und leicht zu handhabende Reinigungstechniken für Nucleinsäuren zur Verfügung, so dass die Ultrazentrifugation nur noch für besondere Anwendungen eingesetzt wird. Die neueren Reinigungsverfahren beruhen meist auf einer reversiblen Bindung von Nucleinsäuren an **Silika-Matrices** (d.h. Glaspulver) und das unter Bedingungen, bei denen Proteine nicht gebunden werden. Auch die sequenzspezifische Anlagerung von Nucleinsäuren an **paramagnetische Partikel** ermöglicht eine Aufreinigung. Hierfür zeigt **Abb. 4.6** als Beispiel die Bindung von mRNA-Molekülen auf Grund ihrer Poly(A)-Sequenz.

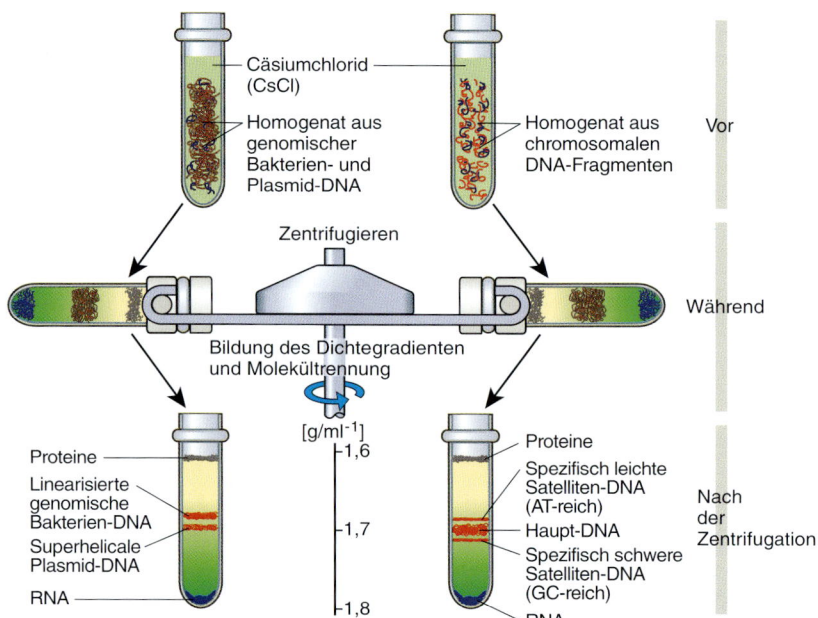

**Abb. 4.4:** DNA-Präparation mit Hilfe der Cäsiumchlorid-Dichtegradienten-Zentrifugation

Durch Dichtegradienten-Zentrifugation lassen sich Partikel trennen, die unterschiedliche Dichten besitzen, jedoch hinsichtlich Gestalt und Masse gleich sind. Bei Zentrifugation einer hochprozentigen Cäsiumchloridlösung bildet sich ein passender Dichtegradient, in dem die DNA von den Proteinen (gelangen in den Überstand) und der RNA (sedimentiert) getrennt wird. Zum Abnehmen der DNA-Banden siehe **Abb. 4.5**.

Auf der **linken Seite** zeigt die Darstellung eine Mischung von DNA aus dem bakteriellen Genom sowie aus Plasmiden in einer Cäsiumchlorid-haltigen Lösung. Bei Bedingungen, unter denen die ringförmige Plasmid-DNA eine superhelikale Konformation einnimmt, wird deren Dichte größer als die der genomischen Bakterien-DNA. Auf der **rechten Seite** wird die Zentrifugation eines Homogenats mit Fragmenten chromosomaler DNA eines Wirbeltieres gezeigt. Unter geeigneten Bedingungen lässt sich eine Haupt-DNA-Fraktion von zwei Neben- oder Satellitenbanden trennen.

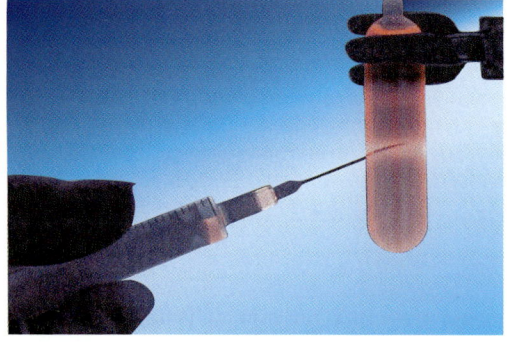

**Abb. 4.5:** Gewinnung einer Fraktion aus dem Dichtegradienten nach Zentrifugation

Zum Abnehmen einer DNA-Bande färbt man den Ansatz vor der Zentrifugation mit Ethidiumbromid. Nach der Zentrifugation kann man die fluoreszierenden Banden unter UV-Licht durch die Gefäßwand sehen. Mit einer Kanüle wird unterhalb der zu isolierenden Bande durch die Wand gestochen und die Bande abgezogen.

## 4.2 Isolierung hochmolekularer genomischer DNA

Für die Megabasen-Analysentechniken (s. S. 231ff.) wird hochmolekulare genomische DNA benötigt. Mit konventionellen Extraktionsver-

fahren werden DNA-Molekülgrößen bis etwa 40 kb erzeugt. Nur bei sehr schonender Präparation können hin und wieder bis zu 500 kb lange DNA-Moleküle isoliert werden. Für eine reproduzierbare Gewinnung von DNA-Fragmenten über 40 kb sind besondere Maßnahmen zum Schutz der DNA-Moleküle vor Strangbrüchen

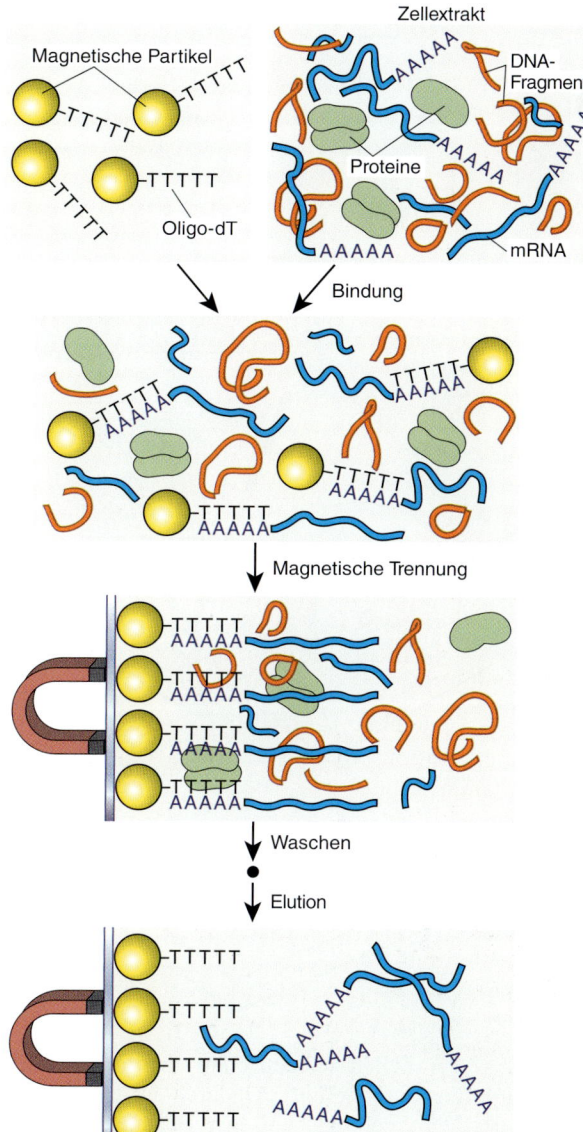

**Abb. 4.6:** Isolierung von eukaryontischen mRNA-Molekülen auf Grund ihrer Poly(A)-Sequenz

Es werden magnetische Kugeln benutzt, die mit Oligo-$(dT)_n$ ligiert wurden. Aus dem Zellextrakt werden diejenigen RNA-Moleküle gebunden, die poly-A-Enden tragen, also die meisten mRNA-Moleküle. Die Kugeln können mit einem Magneten fixiert werden, um danach aus dem Ansatz alle nicht gebundenen Moleküle zu entfernen. Im nächsten Schritt werden die gebundenen mRNA-Moleküle durch Waschen in niedrig molarem Puffer abgelöst und getrennt eluiert. Die auf diese Weise isolierten mRNA-Moleküle sind heterogen, d.h. sie codieren verschiedene Proteine.

und Abbau durch Nucleasen zu ergreifen. Bereits geringfügige Verunreinigungen der Präparate mit Nucleasen führen ggf. zu einem starken Abbau der DNA. Es muss deshalb bei der Handhabung der DNA auf Nucleasefreiheit der verwendeten Geräte und Lösungen geachtet werden. Neben dem enzymatischen DNA-Abbau sind vor allem mechanische Belastungen durch Pipettieren und Schütteln zu verhindern. Übliche Techniken, wie Pipettieren, Mischen, Fällen oder Phenolisieren, verursachen Scherkräfte, die zu Strangbrüchen und damit zur Fragmentierung der DNA führen. Muss die DNA dennoch pipettiert werden, wird mit weit geöffneten Pipettenspitzen und sehr vorsichtig gearbeitet, um Scherkräfte zu vermeiden.

Im weiteren Verlauf einer schonenden DNA-Präparation hat sich für die Megabasen-Techniken bewährt, kernhaltige Zellen zu verwenden und vor der Extraktion der DNA in ein Agarosegel einzubetten (**Abb. 4.7**). Alle weiteren Schritte der enzymatischen Behandlung zum

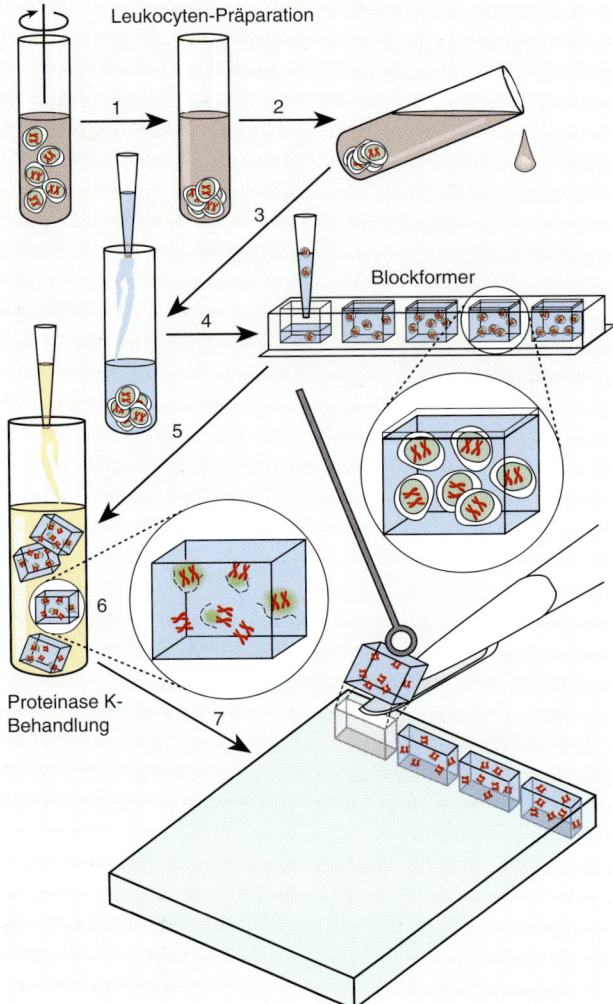

**Abb. 4.7:** Präparation von Zellen und DNA in Agaroseblöcken am Beispiel von Leukocyten

Nach Zentrifugation des gerinnungsgehemmten und hämolysierten Vollbluts verbleiben im Sediment die Leukocyten (1 und 2). Mehrere Reinigungsschritte führen zu einer Zellsuspension in einem Puffer (3). Diese Zellsuspension wird in Agaroseblöcken eingebettet (4). Nach Erstarren des Agarosegels werden die Blöcke vorsichtig in ein Reaktionsgefäß überführt (5). Dort erfolgt die Behandlung mit Proteinase K zur Freisetzung der chromosomalen DNA (6). Zur weiteren Arbeit, z. B. dem Beladen eines Pulsfeldgels, wird ein Agaroseblock mit einer DNA-freien Impföse oder Impfnadel auf die Klinge eines Skalpells gelegt und dann vorsichtig in eine Geltasche geschoben (7).

Aufschluss der Zellen werden dann ebenfalls im Agarosegel durchgeführt. Dadurch ist ein Schutz der DNA vor mechanischer Belastung gewährleistet. Zur Inaktivierung von Nucleasen werden außerdem Puffer und Lösungen mit hohen EDTA-Konzentrationen und Detergentien (z. B. Natrium-Dodecylsulfat) zugesetzt. Niedermolekulare Substanzen und auch einige Enzyme können in das Agarosegel diffundieren, während die hochmolekularen DNA-Moleküle von der Agarosematrix festgehalten werden.

Als Ausgangsmaterial eignen sich gerinnungsgehemmtes Vollblut, kultivierte Zellen sowie in Einzelzellen zerteilte Gewebe. Einzellige Organismen (z. B. Hefen oder Bakterien) können direkt aus einer Flüssigkultur in Agaroselö-

sung aufgenommen und durch Gelbildung dort eingebettet werden. Da die DNA-Konzentration einen Einfluss z. B. auf das Trennungs- und Laufverhalten der DNA bei den nachfolgenden Elektrophoresen hat, wird die Zellzahl vor der Einbettung bestimmt und eine gleich bleibende, optimierte Zahl an Zellen pro Gelvolumen realisiert.

## 4.3 Herstellung von cDNA

Zielt man auf die Isolierung eines Gens ab, so kann eine erste Information über seine DNA-Sequenz von dem genspezifischen Transkript stammen, d. h. der RNA. Dieses findet sich in dem Gewebe, in welchem das Gen exprimiert wird. Vor einer weiteren Untersuchung werden die RNA-Moleküle eines Gewebes üblicherweise in klonierfähige DNA-Moleküle umkopiert. Die so gewonnene, zur RNA komplementäre DNA wird als **copy-DNA (cDNA)** bezeichnet. Welche Verfahrensschritte sind für die Herstellung einer solchen cDNA durchzuführen?

### 4.3.1 Präparation von RNA

Zunächst ist eine **Präparation von RNA** erforderlich. Im Prinzip ist die Extraktion von RNA aus einem Gewebe nicht schwieriger als die Gewinnung von hochmolekularer DNA. Die Extraktion intakter RNA erfordert jedoch besondere experimentelle Sorgfalt, da **RNasen (Ribonuclease, Ribonucleinase**; Transferasen, welche die Hydrolyse von Ribonucleinsäuren katalysieren) in den Geweben vorkommen. *In vivo* wird deren Aktivität in der Zelle kontrolliert. Beim Aufschluss (Abtöten) der Zellen jedoch entfalten sie ihre Aktivitäten unkontrolliert. Im Klonierungslabor weisen praktisch alle verwendeten Gerätschaften Spuren von RNasen auf, da diese Enzyme sehr widerstandsfähig sind. Ihre Inaktivierung erfordert spezielle Maßnahmen. Der Schutz vor RNasen besteht in der Verwendung eines separaten Satzes von Gerätschaften für die RNA-Präparation. Zur Inaktivierung der zellulären RNasen wird das frisch entnommene Gewebe rasch im flüssigen Stickstoff zu einem Pulver verarbeitet. RNasen sind bei $-196\,^{\circ}$C (Siedetemperatur des Stickstoffs) nicht mehr aktiv. Beim Gewebeaufschluss setzt man dem Extraktionspuffer üblicherweise Guanidinium-iso-thiocyanat (GITC) in hoher Konzentration ($\geq 4$ M) zu. GITC inaktiviert die allermeisten Enzyme innerhalb weniger Sekunden. Zusätzlich behandelt man wässrige Lösungen mit Diethyl-Pyrocarbonat (DEPC), welches ebenfalls RNasen inaktiviert.

Hauptbestandteil (ca. 80 %) der aufgereinigten RNA sind die ribosomalen RNA-Moleküle. Der mRNA-Anteil liegt nur bei 2–5 %. Zur Anreicherung der mRNA-Fraktion nutzt man die Tatsache, dass die meisten mRNA-Moleküle an ihren 3′-Enden polyadenyliert sind: Sie tragen einen „Schwanz" von etwa 20–200 Adeninresten. Zur Anreicherung polyadenylierter Moleküle hybridisiert man das RNA-Präparat an Oli-

go(dT)-Moleküle (Kette von mehreren Desoxy-Thymidin-Nucleotiden), die an einer Trägermatrix immobilisiert wurden. Als Oligo(dT) beschichtete Trägermaterialien sind Papiere, Cellulosen oder auch magnetische Kugeln erhältlich (**Abb. 4.6**). Mit diesen Materialien lässt sich in einem ersten Schritt der mRNA-Gehalt auf etwa 50–70 % anreichern, in weiteren Anreicherungsschritten entsprechend höher. Man sollte jedoch vorsichtig sein: RNA-Moleküle sind chemisch recht labil. Bei vielen Anreicherungsschritten kann die Endausbeute gering ausfallen. Außerdem darf man bei der Oligo(dT)-Selektion von mRNA nicht vergessen, dass nicht alle mRNA-Moleküle (z. B. viele Histon-mRNAs) und nur etwa 40–60 % der mRNA-Moleküle eines gegebenen Gens polyadenyliert sind.

### 4.3.2 Umkopieren von RNA in doppelsträngige cDNA

Schlüsseltechnik für die mRNA-Analyse ist das Umkopieren der RNA in doppelsträngige, klonierfähige cDNA (**Abb. 4.8**). Sobald die cDNA-Moleküle in klonierter Form vorliegen, sind sie dauerhaft archivierbar, jederzeit wieder zu vermehren, und ihre Nucleotidsequenz lässt sich mit Standardtechniken der DNA-Sequenzierung ermitteln.

Das experimentelle Umkopieren von RNA in DNA wurde durch die Aufklärung des Vermehrungszyklus von Retroviren möglich. Diese Viren – zu denen gefährliche Tumor erzeugende Viren gehören – enthalten als Genom einen einzelsträngigen RNA-Faden, der von einer infizierten Zelle mit Hilfe eines vom Virus codierten Enzyms, der **Reversen Transkriptase**, in DNA umgeschrieben werden kann. Die Reverse Transkriptase ist eine DNA-Polymerase, die als Matrize einzelsträngige RNA benötigt. Wird eine Wirtszelle infiziert, so wird das RNA-Molekül zusammen mit der Reversen Transkriptase in das Cytoplasma der Wirtszelle entlassen. Die Reverse Transkriptase kopiert die RNA in ein DNA-Molekül. Dieses wird zum Doppelstrang ergänzt und so in das Genom der Wirtszelle integriert. Ursprünglich wurde die Reverse Transkriptase aus Extrakten von Zellen aufgereinigt, die mit dem Myoblastom-Virus der Vögel (*avian myeloma virus*, AMV) oder mit dem murinen Leukämie Virus (*murine leukemia virus*, MuLV) infiziert worden waren. Mittler-

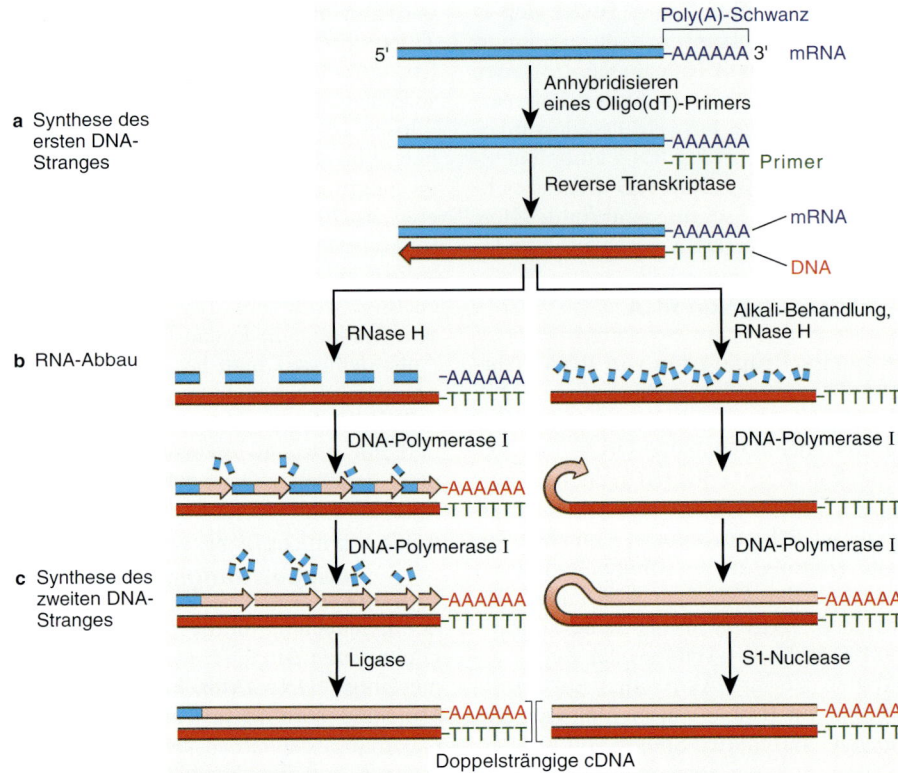

**Abb. 4.8:** Synthese von cDNA unter Vorlage von mRNA („cDNA-Klonierung")

Der wichtige erste Teilschritt ist die Erststrang-Synthese durch die Reverse Transkriptase und Vorlage eines Oligo(dT)-Primers (a). Für die weiteren Schritte stehen alternative Methoden zur Verfügung.

Auf der **linken Seite** wird die Methode von Gubler und Hoffman (1983) gezeigt, bei der der RNA-Strang mit RNase H teilweise abgebaut wird (b). Nachfolgend werden mit der DNA-Polymerase I die Lücken aufgefüllt und die noch verbliebenen RNA-Teile durch DNA ausgetauscht. Mit Ligase werden die verbleibenden Lücken im Zucker-Phosphat-Rückgrat geschlossen (c).

Die **rechte Seite** zeigt, wie in der DNA/RNA-Doppelhelix der RNA-Strang vollständig in seine Nucleotide abgebaut wird. Zurück bleibt ein cDNA-Einzelstrang (b). Die Haarnadelschleife am 3'-Ende der cDNA liefert den Primer, von dem aus die DNA-Polymerase I einen komplementären Strang synthetisiert. Die Schleife am 3'-Ende wird durch Behandlung mit S1-Nuclease gespalten (c). Im Ergebnis ist die einzelsträngige mRNA in eine doppelsträngige cDNA umkopiert worden.

weile wird das Enzym mit den Methoden der rekombinanten DNA-Technologie hergestellt.

Technisch wird die cDNA in zwei Schritten hergestellt – zuerst die Synthese des ersten DNA-Stranges und dann die des zweiten Stranges. Produkt ist schließlich eine doppelsträngige DNA-Kopie des ursprünglichen mRNA-Moleküls. Die beiden Schritte erfordern, wie aus **Abb. 4.8** zu ersehen ist, unterschiedliche Enzyme. Wie jede andere DNA-

Polymerase benötigt die Reverse Transkriptase zur Initiation der DNA-Synthese ein der Matrize ansitzendes, freies 3'-Hydroxylende. Dieses lässt sich durch einen Oligo(dT)-Primer bereitstellen. Das Oligo(dT) lagert sich an den poly-A-Schwanz der mRNA-Moleküle an und wird von der Reversen Transkriptase als Initiationsstelle der DNA-Synthese akzeptiert. Will man nicht die Gesamtheit der mRNA-Moleküle in cDNA umschreiben, sondern nur diejenigen eines bestimmten Gens, so wird ein genspezifischer Primer benutzt. In jedem Falle entsteht als Ergebnis der Reaktion einzelsträngige DNA, die in Sequenz und Orientierung Teilen des transkribierten DNA-Stranges entspricht. Mit der einzelsträngigen DNA wird im zweiten Schritt ein komplementärer Strang synthetisiert. Woher kommt aber für die Synthese des zweiten DNA-Stranges das initiale 3'-Hydroxylende?

Von den verschiedenen Möglichkeiten der Bereitstellung einer initialen Hydroxylgruppe hat sich der ursprünglich von OKAYAMA UND BERG (1982) vorgeschlagene Weg bewährt. Man mischt dem Produkt der Erststrangsynthese in geringer Konzentration das Enzym RNaseH bei. Dieses Enzym ist eine RNA-Endonuclease, die doppelsträngige RNA, aber auch die RNA in RNA/DNA-Hybridmolekülen angreift. Unter geeigneten Reaktionsbedingungen setzt dieses Enzym einige Einzelstrangbrüche in jedes der RNA/DNA-Hybridmoleküle, die aus der Erststrangsynthese resultieren. Ein gleichzeitiger (oder auch nachfolgender) Zusatz von DNA-Polymerase I aus *E. coli* führt dann zur Ersatz- und Austauschsynthese der durch die RNase H angespaltenen RNA-Moleküle, wobei die im ersten Syntheseschritt erstellte DNA-Matrize verwendet wird. Es wird also hier sowohl von der 5'-3'-DNA-Synthesekapazität der DNA-Polymerase I Gebrauch gemacht als auch von ihrer 5'-3'- und 3'-5'-Exonucleaseaktivität.

## 4.4 Gelelektrophoretische Analysen und Präparationen von DNA-Molekülen

### 4.4.1 Längenbestimmung und Präparation von DNA-Fragmenten mit Gelektrophoresen

Zur Längenbestimmung werden die DNA-Moleküle im Allgemeinen elektrophoretisch in Agarose- oder Polyacrylamidgelen aufgetrennt (**Abb. 4.9**). Die meist einfachen Verfahren beruhen darauf, dass die Nucleinsäuremoleküle negativ geladen sind. Legt man an die in einer Puferflüssigkeit gelösten DNA-Moleküle ein elektrisches Spannungsfeld an, so wandern die Moleküle zum positiven Pol. Nach Abschluss der Elektrophorese werden die DNA-Fragmen-

te durch einen Farbstoff (meist Ethidiumbromid) sichtbar gemacht. Dann werden die Wanderungsstrecken der Moleküle des Probengutes mit denjenigen von Molekülen bekannter Längen (Molekulargewichtsstandard) verglichen. Die relative Wegstrecke D eines DNA-Molküls ist umgekehrt proportional zum dekadischen Logarithmus des Molekulargewichtes:

$$D = \frac{1}{\log M}$$

Hierbei bedeutet M das Molekulargewicht, welches proportional zur Anzahl der Basenpaare (bp) ist.

Ein Problem ist, dass jede im Agarosegel darstellbare DNA-Bande als unspezifische Verunreinigung auch andere Moleküle als das gesuchte enthalten kann. Zwar mögen die Konzentrationen der Verunreinigungen gering sein, sie können aber später in empfindlichen Nachweisverfahren stören. Schwierig wird es auch, wenn lange Fragmente (> 50 kb) gemessen werden sollen. Hierfür gibt es besondere Gelelektrophoresen, die im nachfolgenden Kapitel beschrieben werden.

Die dargestellten DNA-Banden können aus dem Gel gestanzt und isoliert werden (**Abb. 4.10**). Nach Lösung des Gels, ggf. Austausch des Puffers und Konzentrierung der DNA können die darin befindlichen DNA-Moleküle bestimmter Größen weiter verwendet werden. Beispielsweise werden auf diesem Wege oft einzelne Amplifikate aus dem gesamten PCR-Produkt gewonnen und nachfolgend mit einem Vektormolekül ligiert (s. S. 133ff.).

### 4.4.2 Pulsfeld-Gelelektrophorese (PFGE)

Mit der konventionellen Agarosegelelektrophorese lassen sich DNA-Fragmente bis zu Größen von ungefähr 50 kb trennen. Bei Analysen von Genomen oder rekombinanten Chromosomen (s. S. 231ff.) reicht dieser Größenbereich nicht aus. Fragmente > 50 kb können jedoch in einem pulsierenden elektrischen Feld (**Pulsfeld**) aufgetrennt werden. Diese Erkenntnis geht auf Beobachtungen von KLOTZ UND ZIMM (1972) zurück, die erkannten, dass sich ein DNA-Molekül in Abhängigkeit von seinem Molekulargewicht nach der Entfernung eines elektrischen Feldes in die relaxierte Ausgangskonformation zurück-

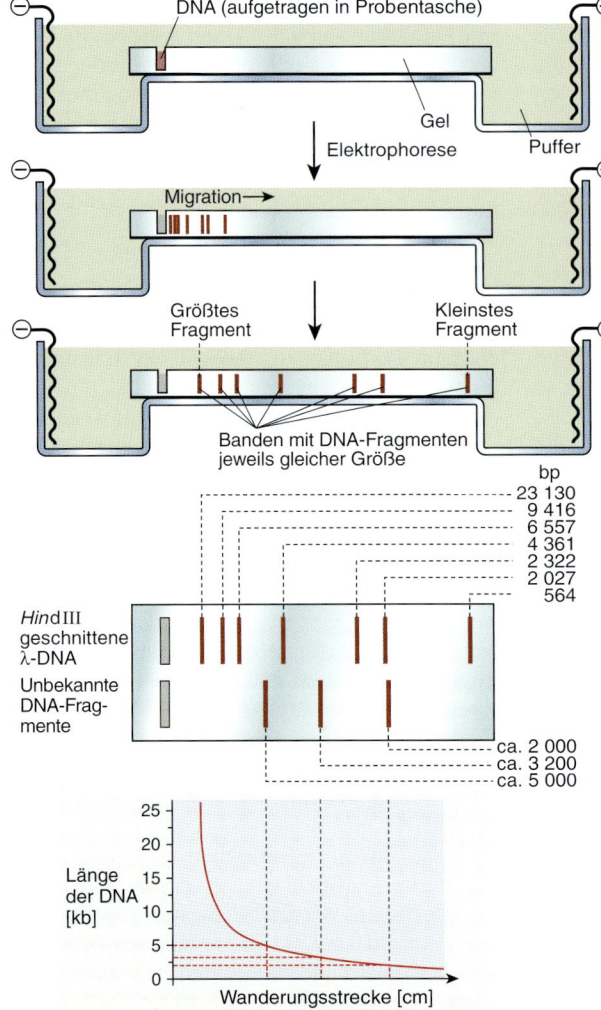

**Abb. 4.9:** Schema zur Längenbestimmung von DNA-Molekülen durch Elektrophorese in Agarosegelen

Die Gelelektrophorese trennt unterschiedlich große DNA-Moleküle, da die Migration umso langsamer verläuft, je größer das Molekül ist. In einzelnen Banden befinden sich also DNA-Moleküle jeweils gleicher Größen. Zur Abschätzung der Molekülgrößen werden im gleichen Gel parallel auch Moleküle bekannter Größen (in der Darstellung Lambda-Phagen-DNA, die mit dem Restriktionsenzym *Hind*III geschnitten wurde) aufgetrennt. Die Größen der unbekannten Moleküle kann man dann aus ihren Wanderungsstrecken im Vergleich mit Molekülen bekannter Längen (Längenstandard) abschätzen.

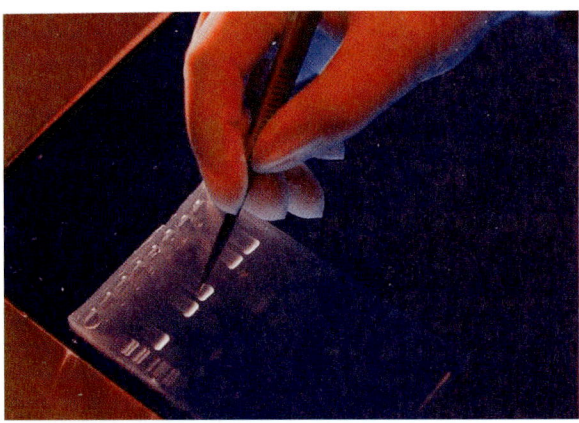

**Abb. 4.10:** Isolierung von DNA-Banden nach der Elektrophorese

Abgebildet ist ein Gel mit einigen Ethidiumbromid gefärbten Banden. Am oberen Gelrand befinden sich die Probentaschen. Ganz links die erste Spur enthält den DNA-Längenstandard.

formt. Bei großen Molekülen dauert diese so genannte **Relaxation** länger als bei kleinen Molekülen – ein Kriterium, welches für die Trennung unterschiedlich großer Moleküle genutzt werden kann. Unter Standardbedingungen können in der **Pulsfeld-Gelelektrophorese** (**PFGE**) DNA-Fragmente zwischen einigen Kilobasenpaaren (kb) bis zu mehreren Megabasenpaaren (Mb) getrennt werden. Für die Pulsfeld-Gelelektrophorese verwendete Begriffe werden in **Tab. 4.1** erläutert.

Bei der PFGE ändert das elektrische Feld regelmäßig seine Richtung und bei manchen Verfahren auch gleichzeitig seine Stärke (**Abb. 4.11**). Die Auftrennung hochmolekularer DNA-Moleküle im Pulsfeld lässt sich mit Hilfe des ***Bag*-Modells** erklären, bei dem die DNA-Moleküle im elektrischen Feld als elastische Ellipsoide mit gegebener Größe und Orientierung betrachtet werden (**Abb. 4.12**). Ohne elektrisches Feld liegt die DNA in globulärer Form vor, d. h. sie lässt sich durch eine Kugel beschreiben. Legt man ein elektrisches Feld an, so richten sich die DNA-Moleküle entlang des Feldes aus und wandern so durch das Gel. Wechselt die Feldrichtung, so nimmt das Molekül zunächst wieder seine relaxierte Kugelform an, um sich dann entlang des neuen Feldes auszurichten. Große Moleküle brauchen für diesen Orientierungswechsel längere Zeit als kleinere; ihnen steht daher weniger Zeit für die Wanderung im elektrischen Feld zur Verfügung (**Abb. 4.13**). Sehr große Moleküle haben ihre Umorientierung noch nicht abgeschlossen, bevor die Feldrichtung erneut wechselt; sie wandern daher u. U. fast überhaupt nicht oder nur in der Richtung des ersten Feldes (**Abb. 4.13c**). Bei Reorientierungswin-

keln größer als 90° wandern die DNA-Moleküle nach Wechsel der Feldrichtung sogar zunächst eine Zeit in entgegengesetzter Richtung. Diese Rückwärtswanderung dauert bei größeren Molekülen länger als bei kleineren und verbessert die Auflösung. **Abb. 4.14** zeigt ein Beispiel für ein mit Hilfe der PFGE erzielbares Trennergebnis.

Es wurde eine Vielzahl verschiedener PFGE-Systeme entwickelt. Diese unterscheiden sich vor allem in der Art, Anzahl und Anordnung der Elektroden (**Abb. 4.11**). Während in den ursprünglichen Apparaturen noch inhomogene Felder verwendet wurden, wodurch Geschwindigkeit und Richtung der Migration vom Ort der DNA-Moleküle im Gel abhing, arbeiten die späteren Systeme mit homogenen Feldern. Bei allen Systemen hängt die Auflösung von den Parametern Pulszeit, Feldstärke, Temperatur, Pufferzusammensetzung, Gelbeschaffenheit sowie Winkel zwischen den elektrischen Feldern ab. In der Praxis werden die Variablen – mit Ausnahme der Pulszeit, der Feldstärke und gelegentlich des Winkels – konstant gehalten.

## 4.5 Charakterisierung von DNA durch Restriktionsspaltung

Eine erste Charakterisierung der DNA erfolgt oft durch sequenzspezifische enzymatische Spaltung und elektrophoretische Längenanalyse der Spaltstücke. Der Identitätsnachweis eines Spaltstückes wird manchmal zusätzlich durch dessen Hybridisierung mit in der Sequenz bekannten und markierten DNA-Molekülen (**DNA-Sonde**, d. h. „Suchmoleküle" einheitlicher, be-

**Tab. 4.1:** Begriffe bei der Pulsfeld-Gelelektrophorese

| Begriff | Definition |
|---|---|
| Pulsfeld | Elektrisches Feld mit alternierender Richtung |
| Pulszeit (Pulsinterval, $T_p$) | Dauer eines elektrischen Feldes |
| Reorientierungszeit ($T_R$) | Zeit, die ein DNA-Molekül benötigt, um seine Bewegungsrichtung im alternierenden elektrischen Feld zu ändern |
| Reorientierungswinkel ($\varphi$) | Winkel zwischen den alternierenden elektrischen Feldern |
| Feldinversion | Elektrophorese bei einem Reorientierungswinkel von 180° |
| Feldstärke | Elektrischer Potenzialgradient (in V/cm) bei der Elektrophorese |
| Homogenes elektrisches Feld | Elektrisches Feld mit einheitlicher Stärke im gesamten Bereich des Gels |

**Abb. 4.11:** Verfahren der Pulsfeld-Gelelektrophorese (PFGE)

**a) OFAGE** (*orthogonal field-alternating gel electrophoresis*). Das Agarosegel liegt zwischen zwei rechtwinklig zueinander angeordneten Elektrodenpaaren A und B. Zunächst wird eine Spannung an das Elektrodenpaar A angelegt; die negativ geladenen DNA-Moleküle bewegen sich nach rechts unten. Nach der Pulszeit $T_P$ wird Elektrodenpaar A abgeschaltet und Elektrodenpaar B aktiviert. Die DNA-Moleküle bewegen sich nun nach links unten. Nach der Zeit $T_P$ beginnt der Zyklus von vorne. Die DNA-Moleküle wandern also auf einem Zickzack-Kurs nach unten. Ihre Nettobewegung erfolgt in Richtung der Resultierenden $\vec{E}_R$ der elektrischen Felder $\vec{E}_A$ und $\vec{E}_B$.

**b) FIGE** (*field inversion gel electrophoresis*, CARLE ET AL. 1986): Die einfache Anordnung besteht aus nur zwei Elektroden und einer gewöhnlichen Elektrophorese-Kammer. Die Richtung des elektrischen Feldes zwischen den beiden Elektroden ändert sich periodisch um 180°. Die Laufzeiten bei diesem System sind relativ lang, da die DNA-Moleküle einen Teil der Zeit „rückwärts" laufen. Ein weiterer Nachteil ist die Bandinversion: Große Moleküle wandern schneller als mittelgroße. Um eine Nettovorwärtsbewegung zu erreichen, wird entweder die Feldstärke oder die Pulsdauer in Vorwärtsrichtung größer gewählt.

**c) TAFE** (*transverse alternating field electrophoresis*, GARDINER ET AL. 1986): Das Gel ist im Profil zu sehen und steht vertikal in einem puffergefüllten Behälter. Auf Grund dieser Anordnung ist die Größe der Gele, die verwendet werden können, begrenzt. Außerdem sind niederprozentige Agarosegele mechanisch zu instabil, um in dieser Apparatur eingesetzt zu werden. Die Elektroden, die in der Abbildung als Punkte dargestellt sind, sind Drähte, die senkrecht zur Zeichenebene durch die Elektrophoresekammer verlaufen.

**d) ROFE** (*rotating field electrophoresis*, ZIEGLER ET AL. 1987): Bei diesem System ist der Winkel zwischen zwei elektrischen Feldern zwischen 0 und 255 Grad variabel. Verwendet werden zwei Hauptelektroden, die das Feld erzeugen, und zwei Hilfselektroden, die das Feld stabilisieren. Die Elektroden sind auf einem Rotor angebracht, in dessen Mitte das Gel positioniert ist. Der Wechsel der Feldrichtung wird durch Bewegen des Rotors erreicht. Während des Laufes können Winkel, Pulszeit und Feldstärke variiert werden.

**e) CHEF** (*contour-clamped homogenous electric field*, CHU ET AL. 1986): Bei diesem Verfahren sind die Elektroden an den Seiten eines Sechsecks angeordnet, so dass die beiden elektrischen Felder um 120° gegeneinander verschoben sind. Indem man nicht nur an die Elektroden der gegenüberliegenden Seiten des Hexagons eine elektrische Spannung anlegt, sondern auch die dazwischen liegenden Elektroden auf definierten elektrischen Potenzialen hält (Zahlen neben den Elektroden), wird ein homogenes elektrisches Feld erreicht. Die gestrichelten Linien stellen äquidistante „Isopotenziallinien" dar. Dieses verbreitete PFGE-System erzeugt homogene Felder und ermöglicht exakte Vergleiche zwischen benachbarten Bahnen. Eine Weiterentwicklung des CHEF-Systems stellt **PACE** (*programmable autonomously controlled electrodes*) dar, bei dem jede einzelne Elektrode individuell angesteuert werden kann.

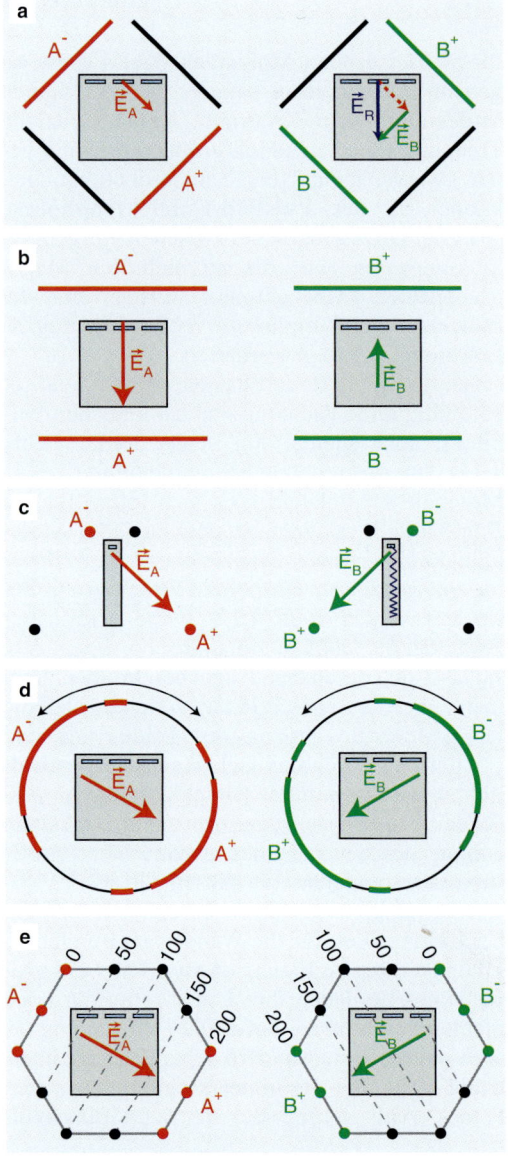

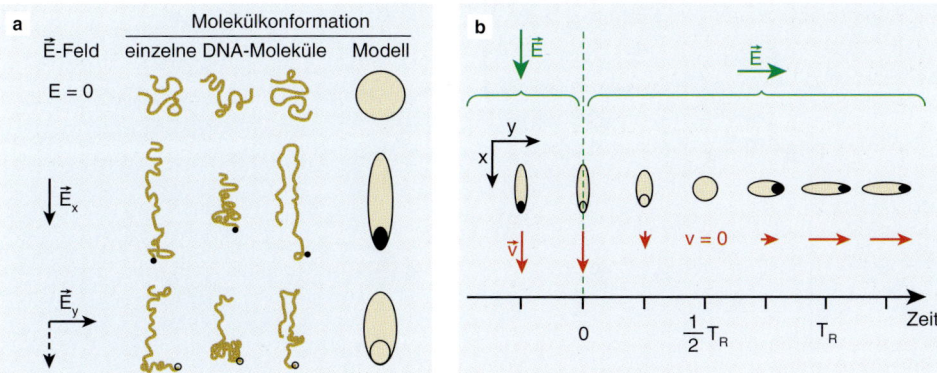

**Abb. 4.12:** Konformationsänderung von DNA-Molekülen im Pulsfeld (*Bag*-Modell nach CHU 1991)

a) Die Konformationen der DNA-Moleküle können im Einzelnen sehr unterschiedlich sein. Mittelt man jedoch über alle gezeigten Molekülformen, so erhält man näherungsweise als Modell ein Ellipsoid (im elektrischen Feld) oder eine Kugel (ohne elektrisches Feld). Die vorauseilenden Teile der DNA-Moleküle sind mit einem schwarzen Punkt gekennzeichnet. Dies bedeutet, dass das DNA-Molekül in Richtung des aktuellen Feldes wandert. Ein offener Punkt kennzeichnet ein DNA-Molekül, das noch in Richtung des vorangegangenen Feldes migriert.
**Oben:** ohne elektrisches Feld.
**Mitte**: konstantes, nach unten gerichtetes E-Feld.
**Unten:** kurz nach Drehung der Feldrichtung um 90° nach links.

b) Wanderung der DNA-Moleküle im Pulsfeld. Zum Zeitpunkt t=0 wechselt das elektrische Feld $\vec{E}$ seine Richtung. Die ellipsoiden Moleküle verformen sich, wobei sie am Anfang (zwischen $t \geq 0$ und $t < \frac{1}{2}T_R$) noch weiter in die bisherige Richtung wandern (offener Punkt). Ihre Geschwindigkeit wird dabei immer kleiner bis zum Zeitpunkt $t = \frac{1}{2}T_R$. Danach beginnen die Moleküle, in die neue Richtung zu wandern. Zum Zeitpunkt $T_R$, der Reorientierungszeit, sind die Moleküle vollständig umorientiert und haben wieder ihre Grenzgeschwindigkeit erreicht.

stimmter Sequenz, die durch Klonierung, PCR oder chemische Synthese hergestellt werden können) durchgeführt.

## 4.5.1 Restriktionsspaltung

Ein Durchbruch bei der DNA-Analyse kam 1970, als HAMILTON SMITH an der Johns-Hopkins University (USA) das erste Enzym entdeckte, welches doppelsträngige DNA-Moleküle an bestimmten, vorhersagbaren Stellen spaltet. Bis zu dieser Zeit waren nur Nucleasen bekannt, die DNA oder auch RNA unabhängig von der jeweiligen Sequenz abbauen konnten. SMITH wollte die Ursache für die seit längerem gemachte Beobachtung finden, warum bestimmte Bakteriophagen sich nicht in beliebigen Bakterienstämmen vermehren können, sondern nur in einigen ausgewählten Stämmen. Zu diesem Zweck isolierte er aus Lysaten von *Hae-*

*mophilus influenzae* ein Enzym, das DNA sowohl von Bakteriophagen als auch von *Escherichia coli* abbaute (SMITH UND WILCOX 1970). Warum aber wurde nicht die zelleigene DNA von *H. influenzae* abgebaut?

Die weiteren Analysen zeigten, dass das Zusammenwirken von zwei Enzymsystemen in Bakterienzellen eingedrungene fremde DNA rasch abbaut, bei gleichzeitigem Schutz der eigenen DNA vor diesen abbauenden Enzymen. Bakterienzellen verfügen nämlich über **DNA-Endonucleasen (Restriktionsendonucleasen oder -enzyme)**, von denen eine bestimmte Endonuclease die fremde DNA an immer dem gleichen Sequenzmotiv spaltet (KELLY UND SMITH 1970). Die für die Erkennung nötigen Sequenzmotive umfassen meist 4–6 bp. Die zelleigene DNA wird vor dem Schnitt dieses Enzyms dadurch geschützt, dass eine gleichzeitig aktive **Methylase** einige Basen genau dieser Se-

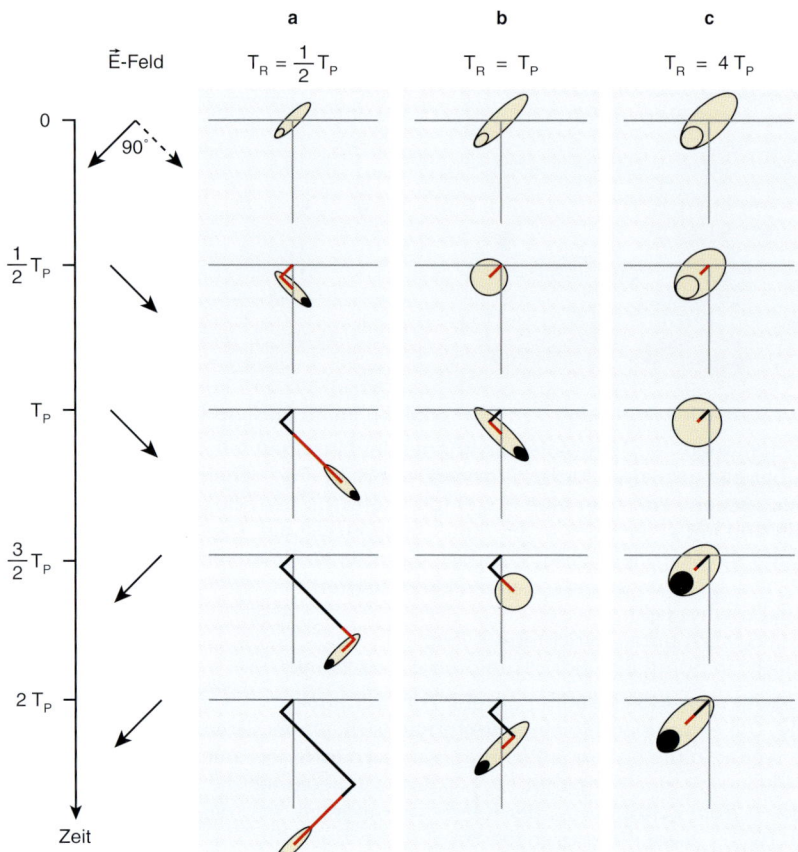

**Abb. 4.13:** Migration verschieden großer DNA-Moleküle im Pulsfeld

Der zuletzt pro halbe Pulszeit ($\frac{1}{2}T_p$) zurückgelegte Weg ist rot dargestellt, die übrige Migrations-strecke schwarz. Gezeigt wird die Wanderung verschieden großer DNA-Moleküle durch ein Gel bei einem Reorientierungswinkel von 90° und verschiedenen Reorientierungszeiten $T_R$, die unterschiedlichen Molekülgrößen (a, b und c) entsprechen. Weitere Erklärungen im Text.

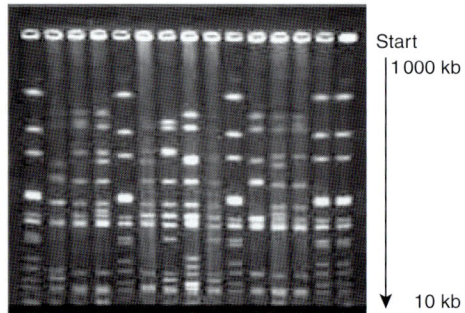

Start
| 1 000 kb

10 kb

**Abb. 4.14:** Beispiel für DNA-Muster nach Puls-feld-Gelelektrophorese (PFGE)

quenz methyliert (z.B. Cytosin zum Methyl-Cytosin). Eine Restriktionsendonuclease kann nicht an die Erkennungsstelle binden, wenn diese methyliert ist, und daher auch die DNA an dieser Stelle nicht zerschneiden. Dieses kombinierte Schutzsystem der Bakterien, bestehend aus Endonuclease und Methylase, ist der Grund, weswegen die Vermehrung eines bestimmten Bakteriophagen auf wenige Stämme von Wirtszellen begrenzt (restringiert) ist. Die übrigen Bakterienstämme sind durch ihr Restriktionsenzym/Methylase-System vor dem Angriff des betreffenden Bakteriophagen geschützt.

Man hat drei Typen von Restriktionsendonucleasen identifiziert (**Tab. 4.2**). Nur die Typ-II-Enzyme finden breite Anwendung in der Biotechnologie (**Tab. 4.3**). Typ-II-Enzyme besitzen die Eigenschaft, die DNA direkt in ihrer Erkennungsstelle oder in unmittelbarer Nähe davon zu schneiden. Sie zeigen außerdem nur Endonucleaseaktivität. Die Erkennungssequenzen der Typ-II-Enzyme sind gewöhnlich **palindromisch**, indem die in 3′-Richtung von der Mittelachse gelegenen Basen komplementär zu den in 5′-Richtung lokalisierten Nucleotiden sind. Beispielsweise erkennt das Restriktionsenzyms *Eco*RI die folgende Sequenz:

5′-GAA⋮TTC-3′
3′-CTT⋮AAG-5′

Spiegelachse

Die Typ-II-Enzyme erzeugen durch Spaltung zwei grundsätzlich unterschiedliche DNA-Enden: Es entstehen entweder kurze, **einzelsträngige Überhänge** (*sticky ends*, **klebrige Enden**) des 5′- und des 3′-Endes (**Abb. 4.15a**), oder aber sie zerteilen beide DNA-Stränge an der gleichen Stelle, so dass keine Überhänge auftreten, sondern **stumpfe Enden** (*blunt ends*, **glatte En-**

**Tab. 4.2:** Einteilung der Restriktionsendonucleasen (Restriktionsenzyme)

| Typ | Funktion | Erkennungsstelle | Schnittstelle | ATP-Bedarf |
|---|---|---|---|---|
| I | Endonuclease und Methylase | Asymmetrisch; 1 - 4 Nucleotide; unterbrochene Stellen | Unspezifisch, oft > 1000 bp von der Erkennungsstelle | ja |
| II | Endonuclease | Gewöhnlich palindromisch; 4 - 8 Nucleotide | Innerhalb oder nahe der Erkennungsstelle | nein |
| III | Endonuclease und Methylase | Asymmetrisch; 5 - 7 Nucleotide | Ca. 5 - 20 bp vor der Erkennungsstelle | ja |

**Tab. 4.3:** Erkennungsstellen und Spaltweisen einiger Typ-II-Restriktionsendonucleasen

| Enzym | Isoliert aus dem Organismus | Erkennungs- und Schnittstelle[*] | Enden der erzeugten Restriktionsfragmente |
|---|---|---|---|
| *Alu*I | *Arthrobacter luteus* | AG▼CT | glatt |
| *Bam*HI | *Bacillus amyloliquefaciens* | G▼GATCC | einzelsträngig |
| *Eco*RI | *Escherichia coli* | G▼AATTC | einzelsträngig |
| *Hae*III | *Haemophilus aegyptius* | GG▼CC | glatt |
| *Hind*III | *Haemophilus influenzae* | A▼AGCTT | einzelsträngig |
| *Hinf*I | *Haemophilus influenzae* | G▼ANTC | einzelsträngig, meist nicht kohäsiv |
| *Mbo*I | *Moraxella bovis* | ▼GATC | einzelsträngig |
| *Not*I | *Nocardia otitidis-caviarum* | GC▼GGCCGC | einzelsträngig |
| *Pst*I | *Providencia stuartii* | CTGCA▼G | einzelsträngig |
| *Pvu*I | *Proteus vulgaris* | CGAT▼CG | einzelsträngig |
| *Pvu*II | *Proteus vulgaris* | CAG▼CTG | glatt |
| *Sau*3A | *Staphylococcus aureus* | ▼GATC | einzelsträngig |
| *Sma*I | *Serratia marcescens* | CCC▼GGG | glatt |
| *Taq*I | *Thermus aquaticus* | T▼CGA | einzelsträngig |
| *Xma*I | *Xanthomonas malvacearum* | C▼CCGGG | einzelsträngig |

[*] Angegeben ist jeweils ein DNA-Strang in 5'- → 3'-Richtung. Die Erkennungssequenzen sind jeweils Palindrome, so dass die 5'- → 3'-Richtungen beider DNA-Stränge die gleiche Sequenz aufweisen. Beispielsweise ist die Sequenz für *Eco*RI:

5' G ⌐ AATT   C 3'
3' C    TTAA ⌐ G 5'

Die Schnittstelle ist durch ▼ bzw. ▲ angezeigt und befindet sich im Gegenstrang an der gleichen Stelle der DNA-Sequenz. Mit N wird ein beliebiges Nucleotid bezeichnet.

Einige Restriktionsendonucleasen haben die gleiche Erkennungsstelle und werden als Isoschizomere bezeichnet, wie z.B. *Sma*I und *Xma*I oder *Sau*3A und *Mbo*I. Eine gleiche Erkennungssequenz bedeutet allerdings nicht immer eine gleiche Schnittposition.

den) entstehen (**Abb. 4.15b**). Dieser Unterschied ist wichtig für den Einsatz der Enzyme bei der Rekombination von DNA-Molekülen: Einzelsträngige DNA-Endsequenzen haben die Eigenschaft, dass Enden gleicher oder unterschiedlicher Moleküle über Wasserstoffbrücken miteinander in Wechselwirkung treten können, wenn die Überhänge aus komplementären Basen bestehen. Auf diese Weise können die Enden verschiedener Nucleinsäurestränge miteinander verknüpft werden.

Für die Charakterisierung der DNA durch Restriktionsspaltung ist von Bedeutung, wie häufig die Erkennungssequenz der benutzten Restriktionsendonuclease im Genom vorkommt (**Tab. 4.4**). Die zufällige Häufigkeit ergibt sich aus der Nucleotidzahl, die zur Erkennung notwendig ist, bezogen auf die Basis 4, denn pro Position wird eine bestimmte von insgesamt vier möglichen Basen eingebaut. Beispielsweise hat das Enzym *Alu*I die Erkennungssequenz AGCT, ist also ein 4-er Enzym, so dass die statistische Häufigkeit $\frac{1}{4^4}$ ($= \frac{1}{256}$) in der DNA beträgt. Dementsprechend würde man erwarten, dass ein DNA-Molekül mit *Alu*I in Fragmente von durchschnittlich 256 bp Länge zerschnitten wird. Für ein 6-er Enzym, wie *Eco*RI, ergeben

sich durchschnittliche Fragmentlängen von $4^6$ bp, also 4096 bp. Tatsächlich kommen aber nicht alle Sequenzkombinationen mit gleichen Häufigkeiten in der genomischen DNA vor. So sind z.B. Anhäufungen GC-reicher DNA-Sequenzen ungleich im eukaryontischen Genom verteilt. Daher führen Spaltungen genomischer DNA z.B. mit dem Enzym *Not*I (Erkennungssequenz GCGGCCGC) zu Fragmenten von meist mehr als 1 Mio. bp, obwohl sich für diesen Vertreter der 8-er Enzyme die Wahrscheinlichkeit einer DNA-Spaltung von $\frac{1}{4^8}$, entsprechend $\frac{1}{65536}$, ergibt (**Tab. 4.4**).

### 4.5.2 Restriktionskartierung

Die Erzeugung von sequenzspezifischen Spaltstücken der DNA ist wichtig, aber man kann daraus nicht ohne weiteres die lineare Abfolge der Fragmente im Genom erkennen. Dies gelingt erst, wenn ein DNA-Fragment mit unterschiedlichen Enzymen separat und in Kombination gespalten wird. Wie **Abb. 4.16** erkennen lässt, ist dann aus den Längen der beobachteten Spaltprodukte auf die Abfolge der Restriktionsschnittstellen zu schließen. Dies wird als **Restriktionskartierung** bezeichnet. Die Restrik-

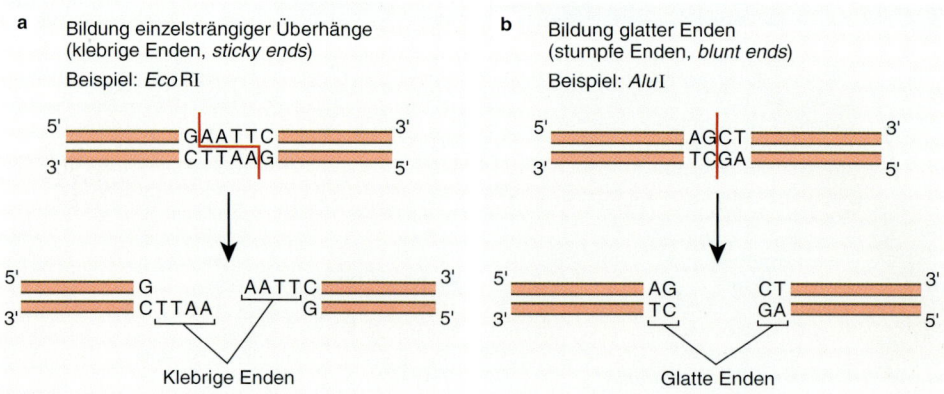

**Abb. 4.15:** Wirkung von Restriktionsendonucleasen bei der Bildung von Fragmenten (Restriktionsfragmente)

Für die Fragment-Enden, die durch Spaltung der DNA mit verschiedenen Restriktionsendonucleasen entstehen, werden zwei Beispiele dargestellt:

**a)** *Eco*RI erkennt die Nucleotidsequenz GAATTC. Durch versetzte Schnittpositionen (roter Strichverlauf) werden einzelsträngige, komplementäre (klebrige) Enden erzeugt.

**b)** *Alu*I erkennt die Nucleotidsequenz AGCT und führt einen Doppelstrangschnitt an einer Stelle durch, so dass glatte Enden entstehen.

**Tab. 4.4:** Häufigkeiten der Schnittstellen einiger Restriktionsendonucleasen

| Enzym | Erkennungs- und Schnittstellen | Anzahl der Schnittstellen | | Durchschnittliche Längen der Restriktionsfragmente im Säugergenom (bp) | |
| --- | --- | --- | --- | --- | --- |
| | | Bakteriophage λ | Plasmid pBR322 | erwartet [1] | beobachtet [2] |
| *Alu*I | AG▼CT | 143 | 14 | 256 | 215 |
| *Taq*I | T▼CGA | 121 | 12 | 256 | 1 792 |
| *Eco*RI | G▼AATTC | 5 | 1 | 4096 | 3 373 |
| *Hin*dIII | A▼AGCTT | 6 | 1 | 4096 | 3 179 |
| *Not*I | GC▼GGCCGC | 0 | 0 | 65536 | 414 039 |

[1] Erwartungswert bei gleicher Häufigkeit der vier verschiedenen Basen und deren zufälligen Anordnung ist $(\frac{1}{4})^n$, mit n der Zahl der Nucleotide in der Erkennungssequenz.

[2] Angaben nach NEW ENGLAND BIOLABS (2004); Mittelwerte aus den durchschnittlichen Längen für die Spezies Mensch, Ratte und Maus

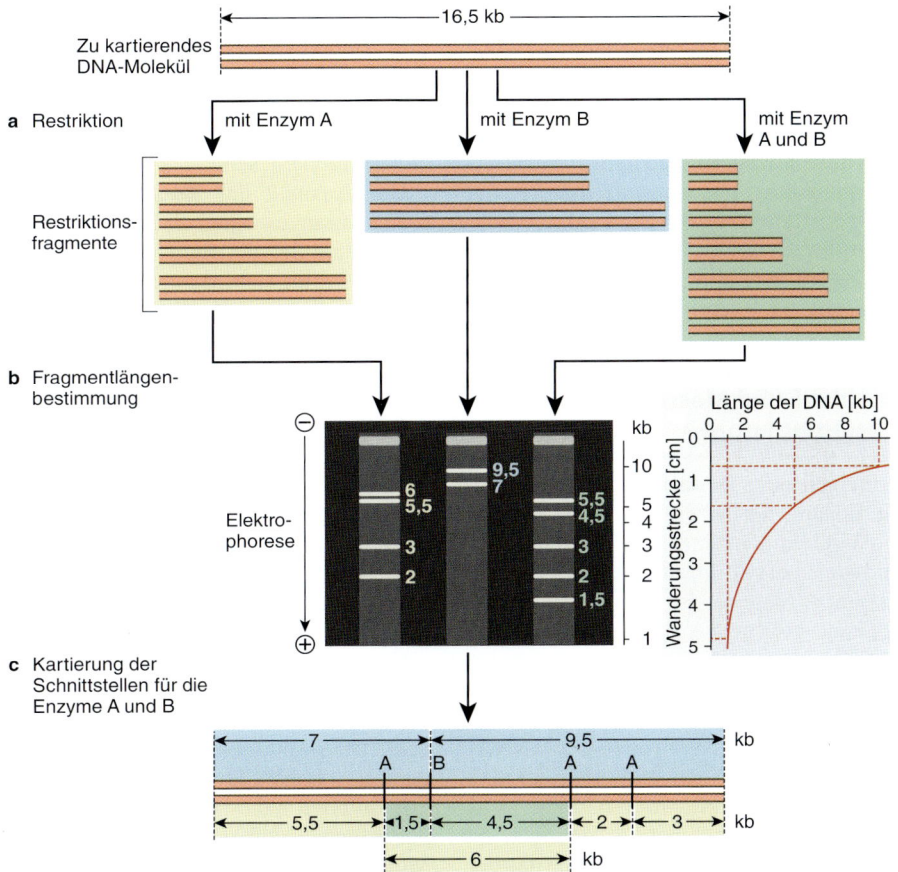

**Abb. 4.16:** Kartierung von Restriktionsendonuclease-Schnittstellen in einem DNA-Molekül (Restriktionskartierung)

Das einfache Beispiel mit zwei Restriktionsenzymen zeigt, wie die Lagen der Schnittstellen für verschiedene Enzyme relativ zueinander auf einem DNA-Molekül bestimmt werden können. Enzym A schneidet dreimal, so dass vier DNA-Fragmente entstehen. Enzym B schneidet einmal etwa in der Mitte des Ausgangsmoleküls. Die Größen der durch beide Enzyme entstehenden Fragmente ermöglichen eine Anordnung der insgesamt vier Schnittstellen im Molekül und führen zu einer Restriktionskarte.

tionskartierung eines beliebigen DNA-Fragmentes ist ein unverzichtbares Analyseverfahren, welches vergleichsweise einfach und rasch auszuführen ist.

## 4.6 Identitätsprüfung von DNA- oder RNA-Molekülen durch Hybridisierung

Als **Hybridisierung (Reassoziation, Renaturierung)** wird die nichtkovalente Bindung zweier einzelsträngiger Nucleinsäuren verstanden, die zueinander komplementär sind. Diese können Wasserstoffbrückenbindungen zwischen den Basen der einzelnen Nucleotide ausbilden und so eine DNA/DNA- oder RNA/DNA-Helix ausformen. Auf Grund der hohen Spezifität kommt es nur bei komplementären Basen (G mit C; A mit T oder U) zu einer Bindung, und schon eine einzelne Fehlpaarung kann die Bindungsaffinität zwischen den Nucleinsäuren stark verringern. Aus diesem Grunde kann die Hybridisierung zur Identifizierung und Isolierung von Nucleinsäuren eingesetzt werden.

### 4.6.1 Ablauf und Messung der Hybridisierung

Als **Schmelzen** oder **Denaturieren** bezeichnet man die Lösung der Wasserstoffbrücken-Bindungen zwischen den einzelnen Nucleinsäuresträngen (wie auch der intramolekular ausgebildeten Basenpaarungen). Im Anschluss an die Denaturierung erfolgt die Hybridisierung. Um eine Hybridisierung zu ermöglichen, werden Nucleinsäuren zunächst durch Erwärmen über den Schmelzpunkt $T_m$ hinaus denaturiert. Nachfolgend werden DNA/DNA- oder DNA/RNA-Doppelstränge mit Längen zwischen 50 und 5000 bp bei Temperaturen von 25 °C bzw. 15 °C unterhalb der Schmelztemperatur gebildet, da dann die Reassoziationsrate und Spezifität der Bindungen am günstigsten sind. Oligonucleotide mit < 50 bp werden im Allgemeinen bei 5 °C unterhalb der Schmelztemperatur hybridisiert. Die Schmelztemperatur einer doppelsträngigen Nucleinsäure wird durch die Basenzusammensetzung (Anteil GC-Paarungen) und das Medium (Art und Konzentration der Ionen) beeinflusst. Die niedrigere Zahl an Wasserstoffbrü-

ckenbindungen zwischen A und T bedingen gegenüber G und C eine geringere Stabilität und daher eine niedrigere Schmelztemperatur. Die Reassoziation von Nucleinsäuresträngen ist eine Gleichgewichtsreaktion und lässt sich beschreiben als:

$$A + B \underset{k_2}{\overset{k_1}{\rightleftarrows}} AB$$

Hierbei ist AB das Hybridmolekül der Einzelstränge A und B. Mit $k_1$ und $k_2$ werden die Reaktionskonstanten angegeben, in welche die Komplexität (Vielgestaltigkeit der Sequenzen) der DNA eingeht. Bei der Gleichgewichtsreaktion handelt es sich also um ein relatives Maß für die Komplexität der DNA-Sequenzen. Selbst bei kurzen Strängen liegt das Gleichgewicht der Reaktion unterhalb der Schmelztemperatur weit auf der rechten Seite.

Das Ausmaß der Reassoziation des DNA-Doppelstranges hängt davon ab, wie oft komplementäre Sequenzmotive aufeinander treffen. Daraus ergibt sich, dass die Renaturierungskinetik von den beiden Faktoren Zeit und Konzentration abhängt: Je länger die Renaturierung andauert und je mehr Moleküle pro Volumen vorkommen, desto häufiger treffen Moleküle aufeinander. Da nur DNA-Einzelstränge mit komplementären Sequenzen zu Doppelsträngen hybridisieren, ist die Konzentration der komplementären Stränge entscheidend, die bei gegebener Gesamtkonzentration der DNA um so niedriger wird, je vielfältiger (komplexer) die DNA-Sequenzen sind. Im Textblock wird der Ablauf der Hybridisierung betrachtet.

Einen entscheidenden Einfluss auf die Hybridisierung hat die Temperatur. Eine verstärkte Wärmebewegung der Moleküle wirkt der Bildung von Wasserstoffbrückenbindungen entgegen. Bei hohen Hybridisierungstemperaturen, d.h. solchen nahe am Schmelzpunkt des Doppelstranges, bleiben ggf. nur perfekt gepaarte Moleküle miteinander verbunden, während Basenfehlpaarungen zu einer Destabilisierung des Doppelstranges und zur Trennung der beiden Nucleinsäuren führen. Niedrige Temperaturen begünstigen demgegenüber die Bildung unspezifisch gepaarter Doppelstränge. Die Spezifität der Hybridisierung wird auch durch Zusatz von Salzen beeinflusst. Allgemein gilt, dass die Stringenz der Assoziation zum Doppelstrang

## Ablauf der Hybridisierung

Die Geschwindigkeit der Assoziation zum Zeitpunkt t kann angegeben werden als:

$$dc_{AB}/dt = -\,dc_A/dt = -\,dc_B/dt = k_1 \cdot c_A \cdot c_B - k_2 \cdot c_{AB}$$

Hierbei bedeuten:

$c_A$, $c_B$, $c_{AB}$ :     Konzentrationen (Molaritäten) der Einzelstränge A und B bzw. des Hybridmoleküls AB

$k_1$, $k_2$ :     Reaktionskonstanten A+B $\rightarrow$ AB bzw. AB $\rightarrow$ A+B

Wenn $k_2$ viel kleiner als $k_1$ ist, wird näherungsweise

$$-\,dc_A/dt = k_1 \cdot c_A \cdot c_B$$

Bei der Reassoziation geschmolzener DNA kann außerdem davon ausgegangen werden, dass die Einzelstränge A und B in gleicher Konzentration vorhanden sind. In diesem Fall vereinfacht sich die oben angegebene Gleichung und wird

$$-\,dc_A/dt = k_1 \cdot c_A^2$$

Nach Trennung der Variablen und Integration dieser Gleichung erhält man

$$c_A/c_{A0} = 1/(1 + k_1 \cdot c_{A0} \cdot t)$$

mit $c_{A0}$ Konzentration des Einzelstranges A zum Zeitpunkt t = 0.
Die Gleichung stellt die mathematische Grundlage der so genannten $c_0$t-Methode dar und wird gewöhnlich geschrieben als

$$c/c_0 = 1/(1 + k_1 \cdot c_0 \cdot t)$$

Dabei ist c die Konzentration (Molarität) der denaturierten DNA zum Zeitpunkt t und $c_0$ die Anfangskonzentration der denaturierten DNA. Die graphische Darstellung der Hybridisierung erfolgt durch das Auftragen von $c/c_0$ gegen $c_0 \cdot t$ (s. **Abb. 3.22**, S. 89). $c_0 \cdot t$ ist dann also ein Maß für die Reassoziation einzelsträngiger DNA, die durch Denaturierung (meist durch Hitze) von doppelsträngiger DNA hergestellt wurde. Die zwei Parameter, die sich auf die Hybridisierung auswirken, sind die anfängliche Konzentration $c_0$ der einzelsträngigen DNA und die Zeit t. Ein Weg, die Reassoziationsgeschwindigkeiten verschiedener Nucleinsäuren miteinander zu vergleichen, ist der $c_0 \cdot t_{1/2}$-Wert, bei dem die Hälfte der DNA reassoziiert ist. Je größer die Geschwindigkeit ist, mit der sich komplementäre Stränge reassoziieren, desto niedriger ist $c_0 \cdot t_{1/2}$ .

zunimmt, je niedriger die Molarität der Hybridisierungslösung ist.

### 4.6.2   Hybridisierungstechniken

E.M. SOUTHERN hat 1975 einen wichtigen Beitrag zur Entwicklung der Biotechnologie geliefert, indem er die durch Restriktionsspaltung gebildeten DNA-Fragmente im Agarosegel aufgetrennt und dann das feuchte Gel auf Nitrozellulosefilter gelegt hat. Dadurch wurden die DNA-Fragmente ortsgetreu auf das Filtermaterial übertragen und schließlich immobilisiert, „**geblottet**", wie man sagt (von englisch *blotting*). Diese so genannte **Southern-Blot**-Technik (**Abb. 4.17**) ist von großem Wert für die Identi-

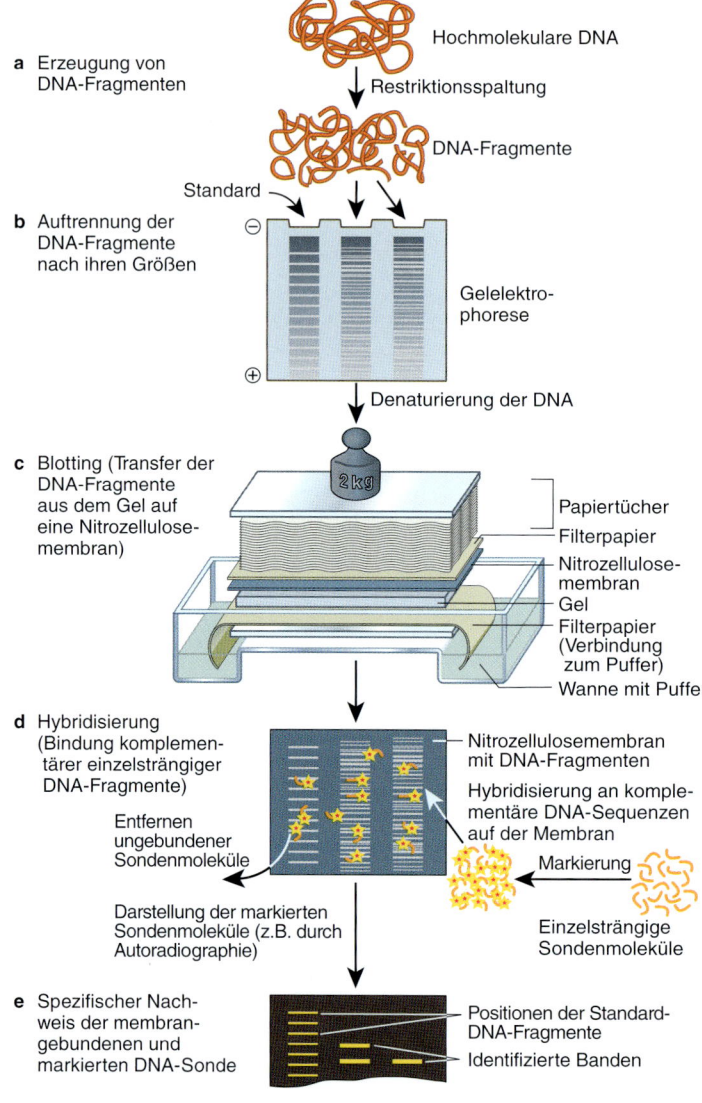

**a** Erzeugung von DNA-Fragmenten

Hochmolekulare DNA

Restriktionsspaltung

DNA-Fragmente

Standard

**b** Auftrennung der DNA-Fragmente nach ihren Größen

Gelelektrophorese

Denaturierung der DNA

**c** Blotting (Transfer der DNA-Fragmente aus dem Gel auf eine Nitrozellulosemembran)

Papiertücher
Filterpapier
Nitrozellulosemembran
Gel
Filterpapier (Verbindung zum Puffer)
Wanne mit Puffer

**d** Hybridisierung (Bindung komplementärer einzelsträngiger DNA-Fragmente)

Nitrozellulosemembran mit DNA-Fragmenten

Hybridisierung an komplementäre DNA-Sequenzen auf der Membran

Markierung

Entfernen ungebundener Sondenmoleküle

Einzelsträngige Sondenmoleküle

Darstellung der markierten Sondenmoleküle (z.B. durch Autoradiographie)

**e** Spezifischer Nachweis der membrangebundenen und markierten DNA-Sonde

Positionen der Standard-DNA-Fragmente
Identifizierte Banden

**Abb. 4.17:** Identifizierung bestimmter DNA-Fragmente durch *Southern-Blot*-Technik

Eine Mischung doppelsträngiger DNA-Fragmente, die durch Spaltung mit einer Restriktionsendonuclease entstehen, wird mit der Gelelektrophorese den Größen nach aufgetrennt. Die vielen verschiedenen DNA-Fragmente werden denaturiert, dann durch *Blotting* (Transport von Molekülen durch kapillaren Flüssigkeitsstrom gegen eine undurchlässige Membran) ortsgetreu auf eine Membran übertragen und dort gebunden. Die fixierten, einzelsträngigen DNA-Moleküle werden mit markierter Sonden-DNA hybridisiert. Die Sonden-DNA bindet sich unter geeigneten Bedingungen an solche der fixierten DNA-Moleküle, die komplementäre Sequenzen aufweisen. Nach Darstellung der Markierung, z.B. durch Autoradiographie, erscheinen Banden, in denen sich DNA-Fragmente mit bestimmten Sequenzen befinden.

fizierung von Molekülen. *Blotting*-Techniken (**Abb. 4.18**) werden seit 1980 auch für elektrophoretisch aufgetrennte RNA-Moleküle eingesetzt (***Northern-Blotting***). Ein *Blotting* von elektrophoretisch getrennten Proteinen an Membranen mit nachfolgender Bindung spezifischer Antikörper bezeichnet man als ***Western-Blotting***. Analoge Präzipitationstechniken waren für Proteine zuvor bereits als Immunelektrophoresen bekannt.

Der besondere Wert des Southern-Blotting besteht darin, dass die auf Nitrozellulose (im Prinzip Schießbaumwolle; daneben verwendet man auch Nylonmembranen) elektrostatisch fixierten DNA-Moleküle so behandelt werden können, dass sie mit markierten Suchmolekülen (Sonden) reagieren. Das dünne Filtermaterial kann leicht in unterschiedlichen Lösungen gebadet werden. Das Auswaschen der vorher verwendeten Substanzen erfolgt in den dünnen Filtern rascher als in den mehrere Millimeter dicken Gelen, weil die Diffusionsstrecken viel kürzer sind. Mit Blick auf den quantitativen Nachweis ist jedoch bei allen Blotting-Techniken Vorsicht geboten: Der Transfer der Moleküle aus dem Gel erfolgt niemals quantitativ.

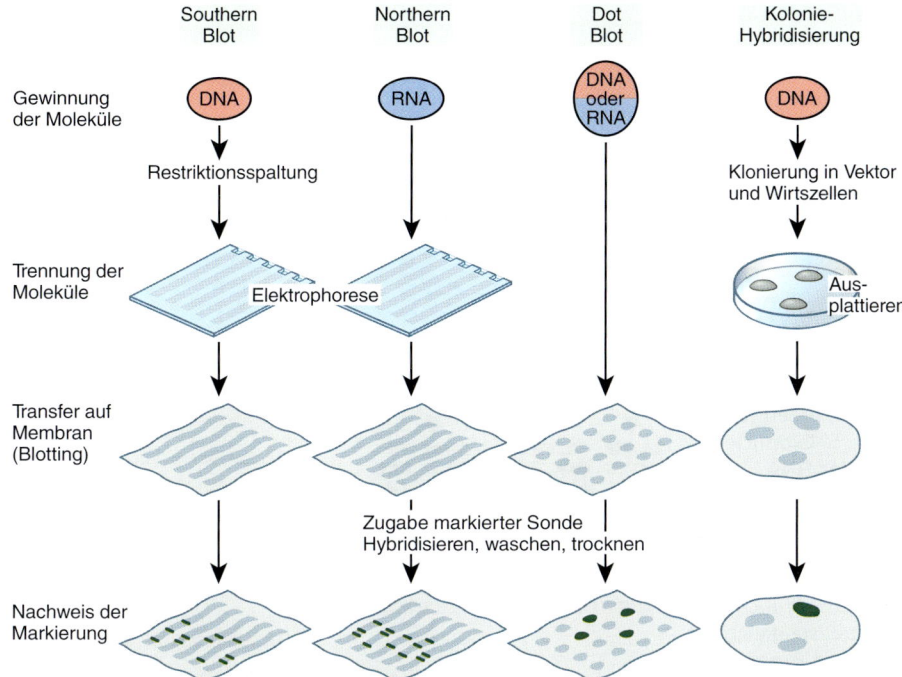

**Abb. 4.18:** Prinzipielles Vorgehen beim Identitätsnachweis von DNA- oder RNA-Molekülen durch *Blotting* und Hybridisierung mit einer Sonde
Erklärungen siehe Text.

Ebenso wenig werden alle zuvor in einer Lösung vorhandenen Moleküle auf dem Filter fixiert. Bestenfalls sind daher Nachweise auf der Basis geblotteter Moleküle als halb-quantitativ zu betrachten.

Der Identitätsnachweis von geblotteten DNA- oder RNA-Molekülen durch Hybridisierung beruht darauf, dass sich einzelsträngige DNA sequenzspezifisch mit anderen DNA- oder RNA-Molekülen zu Hybridmolekülen verbinden kann. Der Nachweis erfordert bei den verschiedenen Hybridisierungstechniken folgende Grundoperationen (**Abb. 4.18**):
– Die DNA- bzw. RNA-Moleküle werden ggf. nach Größe oder Identität getrennt.
– Die doppelsträngige DNA wird durch Denaturierung einzelsträngig gemacht. Dies gilt sowohl für die zu untersuchende Ziel-DNA als auch für das markierte „Suchmolekül" (d. h. die Sonde).
– Die DNA- bzw. RNA-Moleküle werden auf eine Membran transferiert (*Blotting*).
– Verschiedene einzelsträngige Moleküle werden unter geeigneten Bedingungen zusammengebracht, damit sich die komplementären Basen zwischen dem zu untersuchenden Molekül und der Sonden-DNA paaren, d. h. hybridisieren, können.
– Das an die DNA- bzw. RNA-Moleküle hybridisierte Sondenmolekül wird erkannt, indem seine Markierung nachgewiesen wird.

Die Schritte beim *Southern-Blotting* werden in **Abb. 4.17** dargestellt. Zur Denaturierung der doppelsträngigen DNA badet man das Gel vor dem Transfer in alkalischer Lösung (z. B. 0,5 M NaOH). Die DNA-Doppelhelix dissoziiert dadurch zu Einzelsträngen. Bevor sie wieder renaturiert, ist der Southern-Transfer abgeschlossen und die Ziel-DNA als einzelsträngige DNA auf dem Filter fixiert (z. B. durch „Backen" bei 80 °C oder durch UV-Fixierung, wenn eine Nylonmembran für den Transfer verwendet wurde). Die Sondenmoleküle werden durch Zusatz von Alkali oder durch Erhitzen im kochenden Wasserbad denaturiert. Sie werden dann auf das Filter gegeben. Die Geschwindigkeit bei der

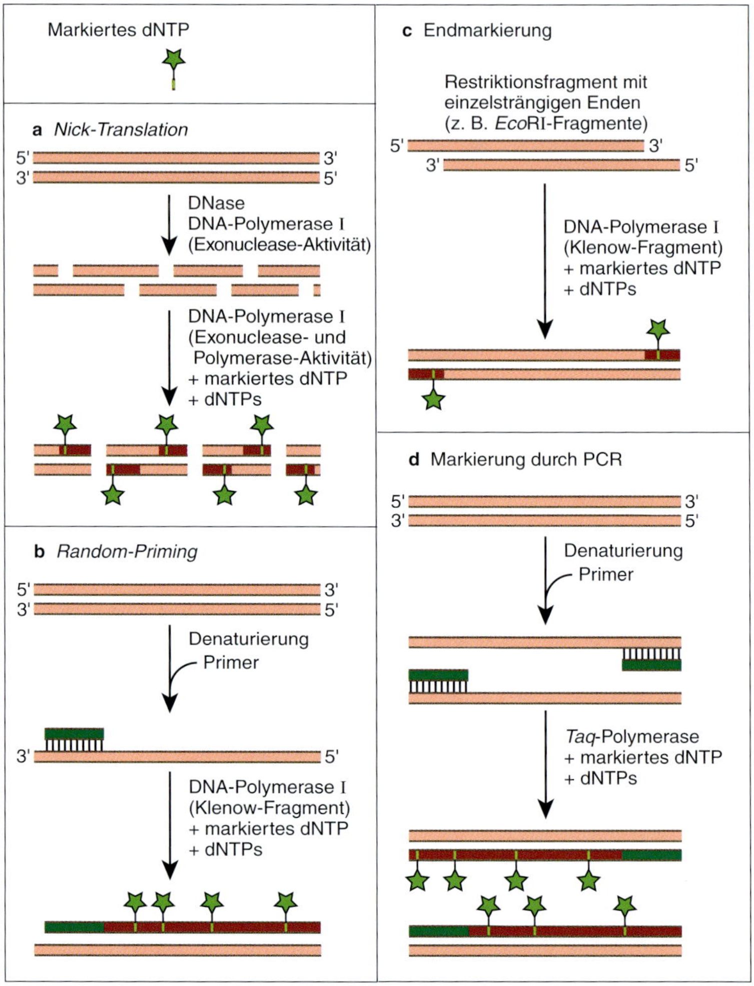

**Abb. 4.19:** Verfahren zur Markierung von Sonden-DNA

dNTP: Desoxy-Nucleosid-Triphosphat.

Die Übersicht zeigt einige Methoden, mit denen markierte Nucleotide in ein DNA-Molekül gebracht werden können.

a) *Nick-Translation.* Die Template-DNA wird mit DNase behandelt. Dadurch werden Einzelstrang-Schnitte erzeugt, die durch die 5′-Exonucleasefunktion der DNA-Polymerase I zu Lücken erweitert werden. Dasselbe Enzym fügt in Anwesenheit markierter dNTPs diese in 5′-3′-Richtung an, wobei sie gleichzeitig durch ihre Exonuclease-Aktivität den bestehenden Strang abbaut. Diese Reaktion kommt zum Stillstand, sobald zwei Lücken gegenüber liegende Stellen im DNA-Doppelstrang erreicht haben.

b) **Synthese mit Zufallsprimern (*random priming*).** Mit einem Satz an Oligonucleotiden (6–14 nt) und mit allen möglichen Nucleotidsequenzen wird komplementär zur denaturierten Template-DNA ein zweiter Strang synthetisiert. Hierbei ist eines der vorgelegten dNTPs markiert, so dass der gebildete Strang die Markierung trägt.

c) **Endmarkierung (*end labelling*).** Auffüllen einzelsträngiger Enden eines DNA- oder RNA-Moleküls mit markierten dNTPs.

d) **Markierung durch PCR** (Polymerasekettenreaktion, siehe S. 117ff.). Die vorgelegte DNA wird durch PCR amplifiziert, wobei eines der dNTPs markiert ist und in das PCR-Produkt eingebaut wird.

Ausbildung von Hybridmolekülen zwischen Ziel-DNA und Sonde hängt von Temperatur, Ionenstärke und molaren Konzentrationen der Reaktionspartner ab. Eine Verminderung der Temperatur beschleunigt die Hybridisierung ebenso wie eine Erhöhung der Ionenstärke. Es hat sich bewährt, unter vergleichsweise hoher Ionenstärke zu hybridisieren. Die gewünschte Spezifität der Hybridisierung **(Stringenz)** wird in nachfolgenden Waschgängen bei abgestimmter Ionenstärke und Temperatur erreicht. Bei richtiger Einstellung der Waschbedingungen haften schließlich nur noch sequenzspezifisch gebundene Sonden-Moleküle an der Ziel-DNA.

**Tab. 4.5:** Reporter-Gruppen zur Markierung von Sonden-DNA

| Reporter-Gruppe | Beispiele | Einbau in Sonden-DNA [1] | Nachweis | Nachweisgrenze für DNA-Moleküle [2] |
|---|---|---|---|---|
| Radioaktive Markierung | $^{32}$P | Radioaktive Phosphatgruppe in Nucleotid | Autoradiographie auf Röntgenfilmen | bis 10 fg |
| Fluorochrome | Fluoroscein, Rhodamin | Ligation an Nucleotid | Anregung der Fluoreszenz über Laser; Messung mit Photodiode | bis 0,2 pg |
| Enzyme | Alkalische Phosphatase, Meerrettich-Peroxidase | Spezifische Bindung | Messung der Enzymaktivität über Chemolumineszenz, Fluoreszenz oder Colorimetrie | ca. 50 fg |
| Indirekte Reporter | Digoxigenin | Ligation an Nucleotid | Detektion mit spezifischem Antikörper, der das Reportermolekül erkennt | 0,1 - 10 pg |

[1] Die Verfahren beim Einbau markierter Nucleotide in die Sonden-DNA werden in Abb. 4.19 illustriert.
[2] Ungefähre Werte bei Blottingtechniken. Je nach Zahl der eingebauten Reporter-Gruppen pro Sonden-DNA-Molekül werden unterschiedliche Nachweisgrenzen erreicht.

## 4.7 Markierung von Nucleinsäuren

Um das Ergebnis der Hybridisierung sichtbar zu machen, wird die DNA-Sonde zuvor markiert. Unabhängig von der Art des Nachweisverfahrens (radioaktiv oder nicht-radioaktiv) lassen sich die Markierungsverfahren in mehrere Gruppen einteilen (**Abb. 4.19**). Entweder wird markiertes Desoxy-Nucleosid-Triphosphat (dNTP) zur Endmarkierung von Sondenmolekülen verwendet, oder es werden unterschiedlich große Stücke der Sonden DNA *in vitro* unter Einbau von markierten dNTPs neu synthetisiert. Kurze Sonden (Oligonucleotide) werden in der Regel endmarkiert, indem man einen markierten γ-Phosphatrest eines Nucleotids an das zuvor dephosphorylierte 5′-Ende eines DNA-Moleküls überträgt. Alternativ kann man ein markiertes dNTP an das 3′-Ende der Sonden-DNA koppeln. Längere Sonden (> 100 bp) werden meistens durch PCR markiert (**Abb. 4.19d**).

Markierte Nucleotide für die Sonden-DNA werden mit Hilfe verschiedener Reporter-Gruppen hergestellt (**Tab. 4.5**). Die klassischen Verfahren beruhen auf dem *In-vitro*-Einbau von radioaktiv markierten Nucleotiden (z.B. $^{32}$P in α-Stellung eines dNTP). Die durch den radioaktiven Zerfall emittierte β-Strahlung lässt sich auf einem Röntgenfilm nachweisen. Als Reporter-Moleküle zur Anlagerung an Nucleotide stehen auch nicht-radioaktive Substanzen zur Verfügung. Hierbei handelt es sich um Fluorochrome, Enzyme, Biotin/Streptavidin oder Digoxigenin-UTP/Antikörper. Der Nachweis dieser Reporter-Moleküle basiert auf Colorimetrie, Fluoreszenz oder Chemilumineszenz.

In Abhängigkeit von den zur Markierung benutzten Reporter-Gruppen und dem Markierungsverfahren werden unterschiedliche Nachweisgrenzen erreicht (**Tab. 4.5**). Autoradiographische Nachweise werden auf Grund ihrer hohen Empfindlichkeit immer noch verwendet, trotz aufwendiger Strahlenschutzauflagen und des großen Zeitaufwandes bei der Durchführung. Aber auch mit Fluorochromen, wie Fluorescein oder Rhodamin, erhält man Nachweisempfindlichkeiten im pikomolaren Bereich. Fluorochrome Reporter-Moleküle werden daher für viele Analysen eingesetzt, wie etwa bei der automatischen DNA-Sequenzierung (z.B. mit dem A.L.F., *automated laser fluorescence* Sequenzierautomat, siehe **Abb. 8.4**, S. 169), der *In-situ*-Hybridisierung (FISH, *fluorescence in situ hybridization*, siehe S. 285f.) oder cytochemischen Untersuchungen mit Zellsortern (FACS, *fluorescence-activated cell sorter*, siehe **Abb. 1.13**, S. 37). Enzyme (alkalische Phosphatase, Peroxidase, Luciferase) haben als Reporter-Gruppen den Vorteil, dass sie katalytisch aktiv sind und das Signal amplifizieren. Dadurch werden ebenfalls hohe Empfindlichkeiten erreicht, die bei Messung der Enzymaktivität durch Chemilumineszenz oder Fluoreszenz im

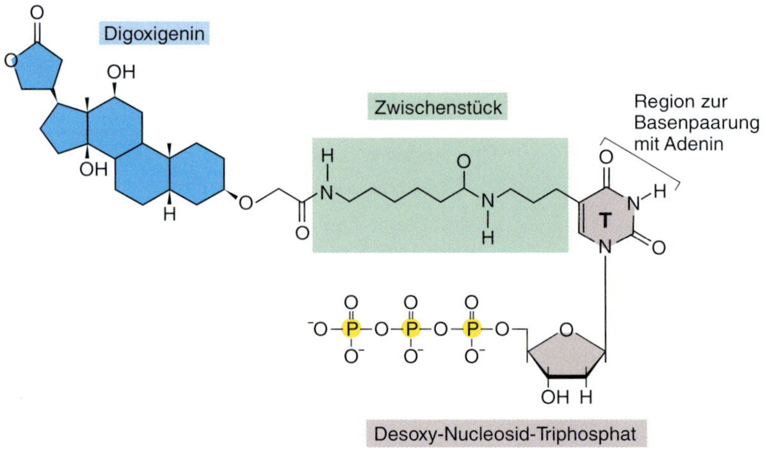

**Abb. 4.20:** Ligation von Digoxigenin an ein Desoxy-Nucleosid-Triphosphat (dNTP)

Digoxigenin ist ein Steroid, das über seine Hydroxylgruppe und ein Zwischenstück an das Nucleosid gekoppelt werden kann. Im Beispiel erfolgt die Bindung an Thymin. Die Paarungseigenschaften des so markierten dNTP werden nicht beeinflusst.

pikomolaren Bereich liegen. Digoxigenin und Biotin-Streptavidin zählen zu den indirekten Reportern, indem sie für die Kopplung der eigentlichen Reportergruppe an das Biomolekül sorgen. Wie **Abb. 4.20** als Beispiel skizziert, ist Digoxigenin ein Steroid, das über seine Hydroxylgruppe an Nucleotide gekoppelt werden kann und die Hybridisierungseigenschaften des entstehenden Oligonucleotids nicht beeinflusst. Es bindet sich spezifisch mit einem dagegen hergestellten Antikörper, der seinerseits mit einer Reporter-Gruppe markiert ist. Damit erlaubt Digoxigenin einen empfindlichen Nachweis von Hybridisierungsereignissen an der DNA.

## Zusammenfassung

– Zur Präparation von Nucleinsäuren werden die Zellen aufgebrochen und die Inhaltsstoffe mit Extraktions- und Fällungsschritten isoliert. Daneben gibt es verschiedene weitere Reinigungsverfahren für Nucleinsäuren.
– Für die Isolierung hochmolekularer DNA

(> 40 kb) sind spezielle Techniken erforderlich. Insbesondere ist die Einbettung der Zellen in Agaroseblöcken wichtig.
– Genspezifische Transkripte (RNA) werden üblicherweise in doppelsträngige und damit klonierfähige DNA-Moleküle umkopiert (copy- oder cDNA).
– Für die Längenbestimmung und Isolierung bestimmter Nucleinsäuren dienen im Allgemeinen Gelelektrophoresen. DNA-Moleküle > 50 kb werden mit Hilfe der Pulsfeld-Gelelektrophorese (PFGE) aufgetrennt.
– Mit Hilfe sequenzspezifischer Endonucleasen (Restriktionsenzyme) werden bestimmte Sequenzen innerhalb der DNA-Moleküle erkannt und ggf. auch kartiert.
– Für Untersuchungen von Nucleinsäure-Molekülen lassen sich Hybridisierungstechniken einsetzen, die mittels DNA-Sonden erfolgen und den Nachweis oder die Präparation bestimmter DNA-Moleküle erlauben.
– Zur Markierung von DNA-Sonden gibt es radioaktive und nicht-radioaktive Verfahren, mit denen Nachweise von Ziel-DNA im pikomolaren Bereich möglich sind.

# 5 Vermehrung von DNA-Molekülen durch Polymerasekettenreaktion (PCR)

Von den bahnbrechenden Entdeckungen, welche die Biotechnologie auf ihren heutigen Stand brachten, ist die **Polymerasekettenreaktion** (*Polymerase Chain Reaction*, **PCR**) eine der jüngsten. Hierbei handelt es sich um die zyklische Vervielfältigung (Amplifikation) von DNA-Molekülen *in vitro* durch Einsatz der DNA-Polymerase und verschiedener Temperaturen. Nachfolgend wird zunächst das Prinzip der PCR-Technik beschrieben. Dann wird betrachtet, wie Primer ausgewählt werden, welche Kontrollmöglichkeiten es für das PCR-Produkt gibt und wie Fehler bei PCR-Amplifikationen vermieden werden. Daran anschließend werden einige spezielle PCR-Techniken vorgestellt.

## 5.1 Prinzip der PCR-Reaktion

KARY MULLIS beschrieb in der Patentschrift bereits 1983, wie ein spezifisches, kurzes DNA-Stück (**Ziel-, Matrizen-**, *Target-* **oder** *Template-***DNA**) in einem Reaktionsgefäß über mehrere Syntheserunden vervielfältigt werden kann. Die erste Veröffentlichung erfolgte von SAIKI ET AL. (1985). Bei dieser Methode benutzt man ein sequenzspezifisches Oligonucleotid (*Primer*, Starter), um die DNA-Synthese an einem Ziel- oder Matrizenstrang starten zu können. An das 3′-Hydroxylende des Primers synthetisiert dann die DNA-Polymerase (Klenow-Fragment) in 5′-Richtung des Matrizenstranges einen komplementären DNA-Strang. Man kann diesen neuen Strang nutzen, um ihn in einer zweiten Reaktion und mit einem zweiten (reversen) Primer in Gegenrichtung erneut zu kopieren. Durch jede **Synthesereaktion** wird die Anzahl der im Reagenzgefäß vorhandenen Matrizen verdoppelt. Nachfolgend müssen aber, um die Matrizen wieder für eine DNA-Synthesereaktion in der Gegenrichtung nutzen zu können, die Hybridmoleküle, bestehend aus dem alten und dem neu synthetisierten Strang, durch kurzes Erhitzen der Lösung auf ca. 95 °C voneinander getrennt werden (**Denaturierung**). Dann wird

die Temperatur wieder gesenkt, so dass sich erneut Doppelstränge bilden und somit wieder Primer anlagern können (englisch *Annealing* für Anlagerung). Hierfür wird ein auf dem Gegenstrang ansetzender Primer angeboten, von dem aus die DNA-Synthese in Richtung auf den ersten Primer erfolgt (**Abb. 5.1**). Durch 20- bis 35-malige Wiederholung der PCR-Zyklen lässt sich der Bereich der Ziel-DNA exponentiell vervielfältigen (**Abb. 5.2**). Ab dem vierten Zyklus entstehen in der Mehrzahl nur noch solche DNA-Stücke, deren Enden durch die beiden Primer begrenzt werden (**Abb. 5.3**). Die PCR führt zu einem **PCR-Produkt (Amplifikat, Amplikon)**, d.h. zu zahlreichen Kopien des synthetisierten DNA-Bereichs mit angefügter Primersequenz.

Die Temperatur, bei welcher sich ein Primer spezifisch an die komplementäre Ziel-DNA anlagert, wird *Annealing*-**Temperatur** ($T_A$) genannt. Sie sollte 5 °C unterhalb der **Schmelztemperatur** (*melting temperature*, $T_m$) des Primers liegen. Die Schmelztemperatur $T_m$ ergibt sich aus den Wasserstoffbrücken-Bindungen zwischen den komplementären Basen und lässt sich z. B. aus folgender Formel schätzen:

$$T_m = 64{,}9 + 41 \times (GC - 16{,}4)/nt$$

wobei GC die Zahl der Nucleotide mit Guanin und Cytosin und nt die Gesamtzahl der Nucleotide im Primer-Molekül angeben.

Beim Experiment von MULLIS gab es jedoch eine Schwierigkeit: Zur notwendigen Trennung der Matrize von dem neu synthetisierten Strang muss vor jedem neuen Synthesezyklus das Reaktionsgefäß auf annähernd 100 °C erhitzt werden. Hierdurch wurde die DNA-Polymerase inaktiviert und musste daher in jedem Zyklus frisch zugegeben werden. Das konnte man nicht sehr oft wiederholen, denn solche Enzyme werden zur Stabilisierung in 50%igem Glyzerin gelagert. Nach etwa 10-maliger Zugabe war die Glyzerinkonzentration im Reaktionsgefäß so hoch, dass sie die chemischen Reaktionen störte. Den Durchbruch erlangte die PCR-Technik

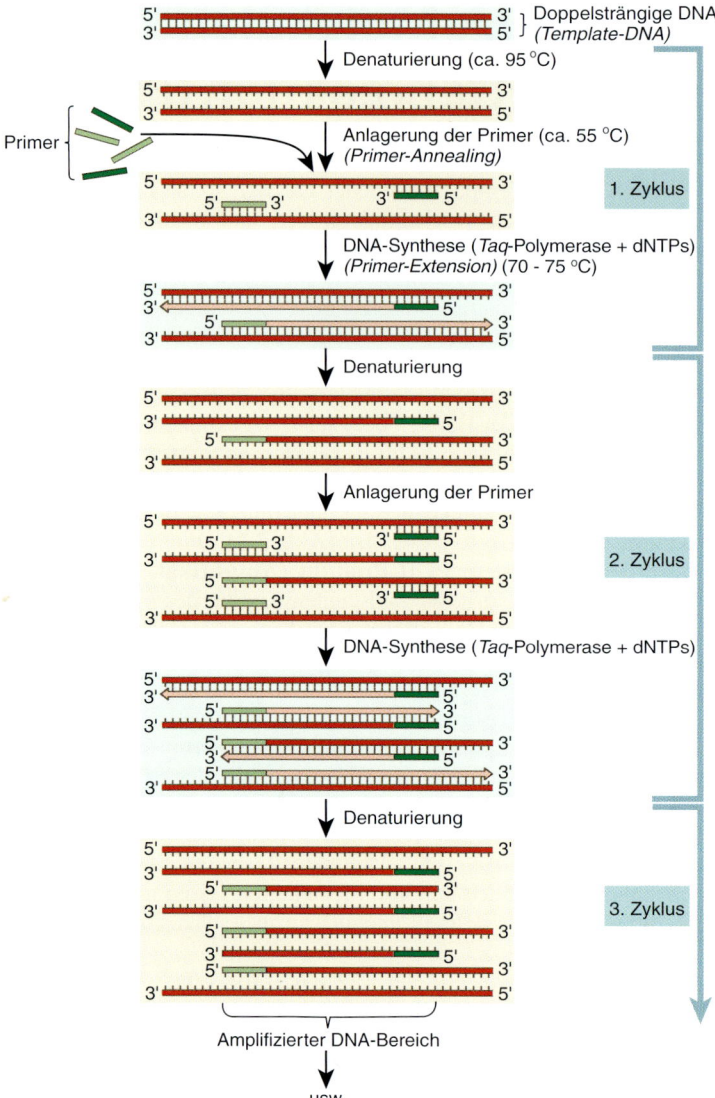

**Abb. 5.1:** Prinzip der Polymerase-Kettenreaktion (*Polymerase Chain Reaction*, PCR)

Der 3′-Primer (*forward primer*) ist hellgrün, der 5′-Primer (*reverse primer*) dunkelgrün eingezeichnet. Phasen, in denen doppelsträngige DNA-Moleküle vorliegen, sind hellgrün hinterlegt; Phasen mit einzelsträngigen (denaturierten) DNA-Molekülen haben einen braunen Hintergrund. Zu Beginn der PCR werden Oligonucleotide als Primer an die zuvor denaturierte Ziel- oder *Template*-DNA gelagert (d. h. hybridisiert). In einem zyklischen Prozess aus Denaturierung, Primer-Anlagerung (*Primer-Annealing*) und DNA-Synthese (*Primer-Extension*) verdoppelt sich die Zahl der DNA-Stränge einer Zielsequenz, die zwischen zwei Primer-Stellen liegt. Dargestellt werden zwei Zyklen. Die Zahl der DNA-Kopien wächst theoretisch exponentiell mit jedem Zyklus. Üblicherweise werden 20–35 Zyklen durchgeführt.

**Abb. 5.2:** Zahl der PCR-Produkt-Moleküle während mehrerer Zyklen

Die Kinetik der PCR verläuft bis zu ca. 15 Zyklen exponentiell. Danach kommt es zur Sättigung (Plateau-Phase), da im Verlaufe der Reaktionen zunehmend Inhibitoren entstehen und die PCR-Substrate verbraucht werden.

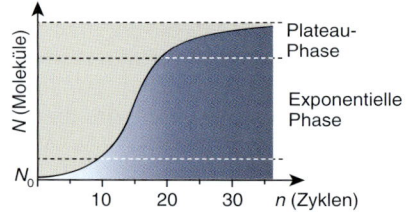

daher erst durch Entdeckung thermostabiler DNA-Polymerasen, deren Synthesekapazität auch durch Erhitzen auf nahe 100 °C nicht verloren geht. Solche Enzyme wurden Mitte der achtziger Jahre aus hitzeangepassten Bakterien isoliert, die in ozeanischen heißen Unterwasserquellen vorkommen. Diese Bakterien leben bei 70–90 °C, so dass auch ihre Enzymsysteme die-

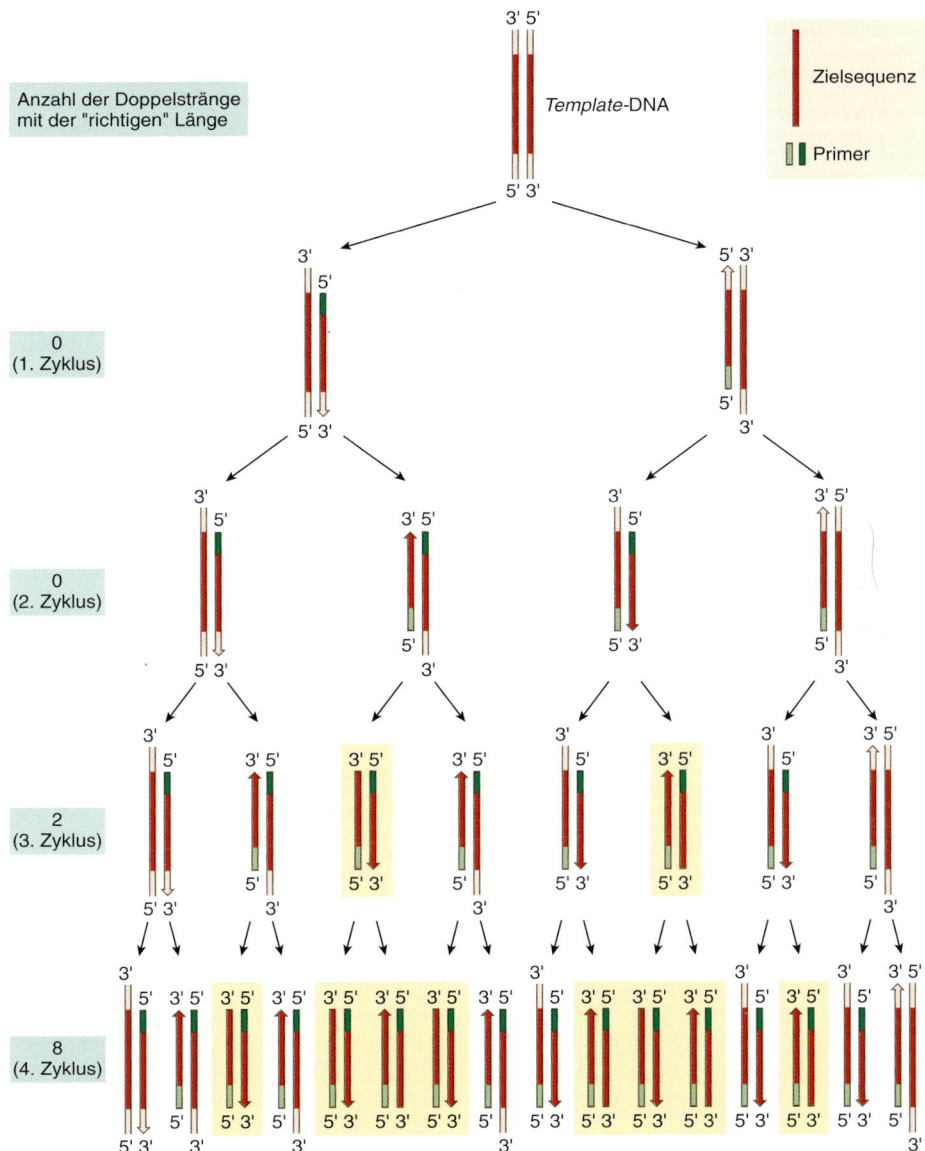

Anzahl der Doppelstränge mit der "richtigen" Länge

0 (1. Zyklus)

0 (2. Zyklus)

2 (3. Zyklus)

8 (4. Zyklus)

Zielsequenz

Primer

*Template*-DNA

**Abb. 5.3:** Ab dem vierten Zyklus bestehen PCR-Produkt-Moleküle hauptsächlich aus der Zielsequenz

Das Produkt der PCR besteht aus einer Vielzahl an doppelsträngigen Kopien der Ziel-DNA. Diese Kopien enthalten die beiden Primer, zwischen denen sich der synthetisierte Sequenzbereich befindet (gelb hinterlegt). Demgegenüber nimmt der Anteil der größeren DNA-Moleküle ab dem vierten Zyklus rasch ab.

sen Temperaturen angepasst sind. Die erste hitzestabile DNA-Polymerase hat man aus *Thermus aquaticus* isoliert und daher als **Taq-Polymerase** bezeichnet. Sie hat ihr Temperaturoptimum bei 72 °C und wird auch durch vielfaches (30- bis 50-maliges) kurzzeitiges Erhitzen auf 95 °C nicht inaktiviert. Das bedeutet, man kann sie zu Beginn des Experimentes zusetzen und anschließend 30- bis 50-mal die PCR-Zyklen wiederholen.

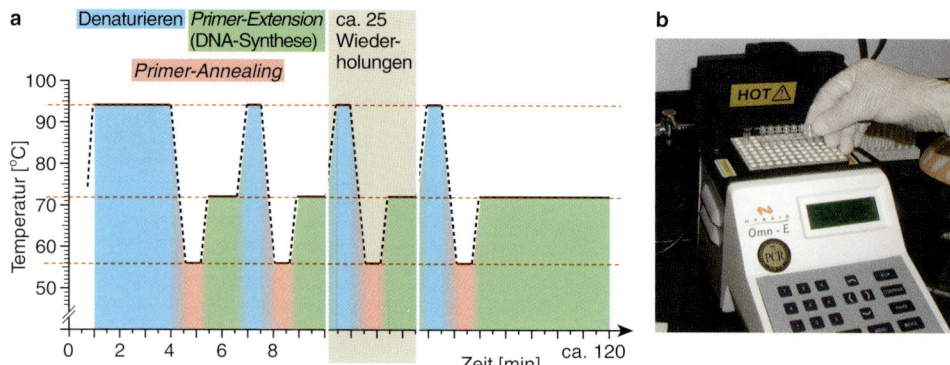

**Abb. 5.4:** Durchführung der PCR

a) Typischer Temperatur- und Zeitverlauf bei einer PCR mit insgesamt 28 Zyklen. Zu Beginn führt eine längere Denaturierungsphase dazu, dass alle DNA-Moleküle einzelsträngig sind. Dann folgt eine Temperaturabsenkung, damit sich die Primer anlagern können (*Primer-Annealing*). Bei 72 °C hat die *Taq*-Polymerase ihr Aktivitätsoptimum und führt die Kettenverlängerung (*Primer-Extension*) durch. Das Temperaturprofil wird in jedem Zyklus wiederholt. Bei einer Zyklusdauer von ca. 3,5 min benötigen die 28 Zyklen ungefähr zwei Stunden.

b) *Thermocycler*. Der rasche Wechsel und die exakte Einhaltung bestimmter Temperaturen werden von einem Automaten gesteuert. Im Gerät ist die Temperatursteuerung und Programmiereinheit untergebracht. Oben befindet sich die Einheit („Thermoblock"), in die eine Mikrotiterplatte gestellt werden kann. In den einzelnen Vertiefungen der Mikrotiterplatte befinden sich die PCR-Reaktionsansätze und können den Temperaturzyklen unterworfen werden (FANKHAUSER 2004).

Der Ablauf einer PCR-Amplifikation von DNA ist automatisierbar und wird in programmierbaren **PCR-Automaten (*Thermocyclern*)** durchgeführt. In diesen können bestimmte Temperaturen eingehalten und sehr rasch geändert werden (**Abb. 5.4**).

Nach der Amplifikation enthält das Produkt ein Gemisch aus verschiedenen amplifizierten Molekülen sowie die verbliebenen Reaktionskomponenten, wie Primer, nicht verbrauchte Nucleotide, Enzyme, Salze, Mineralöl etc. Oft ist es für die anschließenden Experimente notwendig, dass die Verunreinigungen entfernt werden. Für viele Zwecke wird das gesuchte PCR-Produkt gelelektrophoretisch abgetrennt und dann aus dem Gel präpariert. Auch eine chromatographische Abtrennung kleinmolekularer Substanzen ist üblich.

## 5.2 Primerdesign

Die Einhaltung von Grundregeln zur Ableitung geeigneter Primersequenzen (***Primerdesign***) ist Voraussetzung für eine erfolgreiche PCR. Das

*Primerdesign* berücksichtigt im Regelfall folgende Kriterien:

– Primer haben üblicherweise Längen von 15–30 nt. Kürzeren Primern fehlt es an genügender Spezifität für die meisten Einsatzbereiche, sehr kurze Primer (< 5 nt) werden außerdem nicht stabil genug an die Ziel-DNA gebunden. Längere Primer sind teurer als kürzere, haben längere *Annealing*-Zeiten und benötigen hohe *Annealing*-Temperaturen.

– Im Primerbereich wird eine völlige Komplementarität zur Ziel-DNA angestrebt. Kleinere Abweichungen werden manchmal toleriert, reduzieren aber u. U. die Effizienz der PCR. Manche der Abweichungen können sogar eine erfolgreiche PCR verhindern.

– Die für den Primer ausgewählte DNA-Sequenz sollte im Regelfall in der Ziel-DNA nur einmal oder jedenfalls selten vorkommen.

– Die *Annealing*-Temperatur sollte möglichst < 65 °C liegen. Ist die *Annealing*-Temperatur höher als die Elongationstemperatur (Temperatur bei der DNA-Synthese), so wird die durch die *Annealing*-Temperatur vorgegebene Spezifität des Primers während der Synthesereaktion zunichte gemacht.

– Ein Primer sollte am 3'-Ende keinen Block aus mehreren G- oder C-Nucleotiden enthalten. Diese Nucleotide würden dazu führen, dass sich der Primer zufällig über sein thermodynamisch fest bindendes 3'-Ende an beliebige GC-reiche Strecken im Genom lagert.
– Primer dürfen keine störenden Sekundärstrukturen bilden.

Weitere Richtlinien zur Optimierung von Primern sind speziellen Handbüchern zu entnehmen. Für die Laborpraxis stehen dem *Primerdesign* leistungsfähige Software-Pakete zur Verfügung.

## 5.3 Kontrolle der PCR-Produkte

Das erste Kriterium zur Prüfung des entstandenen PCR-Produktes ist dessen Länge. Diese wird meistens elektrophoretisch ermittelt (siehe S. 101 f.). Aber auch wenn sich ein anscheinend einheitliches Amplifikat der gewünschten Fragmentlänge gebildet hat, ist immer noch Vorsicht geboten. Die Länge eines Amplifikates ist lediglich ein einzelnes diagnostisches Kriterium, welches – abgesehen vom Abstand der Primeransatzstellen in der Ziel-DNA – nichts über die DNA-Sequenz aussagt. Erstaunlich oft treten Amplifikate von annähernd den erwarteten Längen auf, ohne dass sie die erwartete Sequenz enthalten. Daher ist eine zusätzliche Identitätskontrolle bei der Entwicklung eines PCR-Verfahrens anzuraten, nach Möglichkeit durch Sequenzierung eines Teilstückes vom PCR-Produkt.

## 5.4 Fehlerquellen der PCR

Ein doppelsträngiges DNA-Molekül kann als Matrize ausreichen, um nach einigen Stunden im PCR-Produkt vergleichsweise große Molekülzahlen zu erhalten. Für eine PCR-Amplifikation genomischer DNA von Säugern wählt man etwa 2000–10 000 Kopien als Matrizen-DNA (meistens etwa 10–50 ng DNA). Bei der großen Empfindlichkeit der Methode wird jedes Molekül exponentiell amplifiziert, welches Bindungsstellen für beide Primer trägt. Dies tritt in vielen Experimenten häufiger in der Ziel-DNA auf als erwartet und birgt zahlreiche Fehlermöglichkeiten. Was kann man also tun, um Fehler zu vermeiden, die sich aus der extremen Empfindlichkeit der PCR-Technik ergeben? Wie kann sichergestellt werden, dass durch die Primer auch tatsächlich nur die beabsichtigten Genombereiche amplifiziert werden?

Fehler in den PCR-Produkten entstehen auch dadurch, dass die *Taq*-Polymerasen keine *Proof-Reading*-Funktion haben (siehe **Abb. 3.7**, S. 71). Daher bauen sie mit einer Rate von etwa $10^{-4}$ falsche Basen in den neu gebildeten Strang ein. Geschieht dies in einem frühen Amplifikationszyklus, so wird ein wesentlicher Anteil der amplifizierten Fragmente am Ende der PCR-Prozedur diesen Fehler aufweisen. Gegebenenfalls sollte daher auf hitzestabile DNA-Polymerasen zurückgegriffen werden, die mit einer *Proof-Reading*-Funktion ausgestattet sind. Hierzu gehören die Polymerasen aus den Archaebakterien *Pyrococcus woesei* (*Pwo*-Polymerasen), *Pyrococcus furiosus* (*Pfu*-Polymerasen) oder *Thermococcus litoralis* (*Tli*-Polymerasen), die 5–15-fach niedrigere Fehlerraten aufweisen als die klassischen *Taq*-Polymerasen. Eine Bedeutung hat die fehlerarme Amplifikation beispielsweise, wenn aus wenigen Ausgangsmolekülen ein PCR-Produkt zu erstellen ist, wie bei der Gendiagnose aus einzelnen embryonalen Zellen oder der Spermatypisierung. Auch wenn durch Klonierung des PCR-Produktes nur einzelne Moleküle für die nachfolgenden Analysen verwendet werden (z. B. bei deren DNA-Sequenzierung), ist ein möglichst geringer Anteil fehlerhafter PCR-Produkte von großer Bedeutung.

Mögliche Kontaminationsquellen beim Einsatz der PCR für die DNA-Diagnose in Einzelzellen (embryonale Zellen, Gameten) werden auf S. 374 f. zusammengefasst. Kontaminationen der zu amplifizierenden DNA durch fremde DNA sowie DNasen sind durch sauberes Arbeiten zu verhindern. Das ist leichter gesagt als getan, und niemand kann vermeiden, sich diesem Problem zu stellen und eine geeignete Laborroutine zu entwickeln (z. B. separater Pipettensatz zur Handhabung der Oligonucleotid-Primer, der nicht zur Abfüllung von Matrizen-DNA verwendet wird). Wichtig und allgemein gültig ist, dass man bei jedem (!) PCR-Ansatz kontrollieren muss, ob das Amplifikat auch wirklich nur von der zugesetzten Matrizen-DNA stammt. Kenntnis darüber erlangt man durch das Mitführen geeigneter Kontrollen. Beispielsweise kann man Enzyme, dNTPs und Primer in Form eines *„Mastermix"* in einem Reaktionsgefäß zusammengeben. Anschließend verteilt man aus diesem *Mastermix* die für die Einzelreaktionen benötigten Mengen und setzt danach erst jedem einzelnen Ansatz getrennt die Matrizen-DNA zu. Als Allerletztes pipettiert man in einen Ansatz Wasser anstelle der Matrizen-DNA. In diesem Ansatz darf kein Amplifikat der gleichen Molekülgröße entstehen. Ist dies dennoch der Fall, so besteht keine Sicherheit über die Herkunft der Matrizen-DNA in den einzelnen Gefäßen, und man muss das Experiment verwerfen.

Die PCR erfordert auch Kenntnis über die Natur des Genomabschnittes, der amplifiziert werden soll. Legt man z. B. einen Primer auf ein DNA-Motiv, welches häufig im Genom vorkommt, so werden auch mehrere Genombereiche amplifiziert. Dies kann häufig geschehen, denn eukaryontische Genome sind komplex und enthalten neben singulären DNA-Sequenzen auch mittel- und hoch-repetitive DNA-Sequenzen. Beispielsweise gibt es Retrotransposon-Sequenzen (mit Längen von etwa 120–250 bp), die in etwa 500 000 Kopien einigermaßen gleich verteilt über ein Genom vorkommen. Das bedeutet, man trifft auf eine solche wiederholte Sequenz etwa alle 5000 bp. Typisch ist auch, dass ähnliche Genloci im Genom vorkommen (Multigenfamilien, paraloge Gene; siehe S. 290) und dafür definierte Primer zu mehreren Amplifikaten führen können. Für die Definition der Primer sollte man sich also um Informationen über den speziellen Genombereich bemühen.

## 5.5    *Nested*-PCR

Manchmal entstehen in einer ersten PCR unspezifische Produkte neben dem gewünschten Amplifikat. Dann kann man eine weitere PCR anschließen, bei der andere, gegenüber der Primerposition für die erste Amplifikation weiter „innen" gelegene, spezifische Primer verwendet werden (**Nested-Primer, Abb. 5.5**). Zunächst wird also mit dem äußeren Primerpaar ein PCR-Produkt erzeugt. Dieses erste PCR-Produkt wird

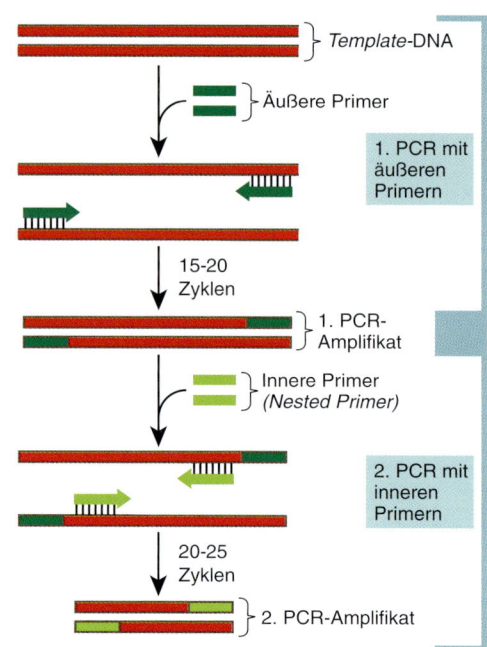

**Abb. 5.5:** Prinzip der *Nested*-PCR

Die Template-DNA wird in einem ersten Schritt mit zwei äußeren Primern bei der PCR verwendet, so dass ein relativ langer DNA-Abschnitt als Amplifikat entsteht (**1. Amplifikat**). Es schließt sich dann eine zweite PCR mit einem inneren Primerpaar (*Nested Primer*) an, das an die Fragmente des ersten Amplifikats bindet. Dadurch wird ein kleinerer, intern gelegener DNA-Abschnitt amplifiziert (**2. Amplifikat**). Die *Nested*-PCR kann zu einer gesteigerten Sensitivität und Spezifität der PCR führen.

in eine zweite PCR mit dem inneren Primerpaar eingesetzt. Dabei wird das erste PCR-Produkt weiter amplifiziert, während evtl. Nebenprodukte der ersten Amplifikation entfallen. Nachteil des Verfahrens ist die erhöhte Kontaminationsgefahr beim Umpipettieren des PCR-Produktes. Um dies zu vermeiden, werden manchmal alle vier Primer von Beginn an dem Reaktionsansatz zugefügt (**One-Tube-Nested-PCR**). Dann haben die äußeren Primer einen höheren Schmelzpunkt als die inneren, und man startet die Reaktion bei hoher *Annealing*-Temperatur, so dass zunächst nur die äußeren Primer binden. Nach gewünschter Zyklenzahl senkt man die *Annealing*-Temperatur, wodurch dann auch die inneren Primer an ihre Matrizen-DNA-Sequenzen binden können.

## 5.6 *Hot-Start-* und *Touch-Down-*Temperaturprogramme

Zur Beeinflussung der Spezifität einer PCR gibt es mehrere Möglichkeiten. Oft werden zusätzliche Hilfsmittel, wie $Mg^{++}$, Glycerol, Dimethylsulfoxid (DMSO) oder Formamid, benutzt. Diese Zusätze sollen die Hybridisierung zwischen Primer und Matrizen-DNA beeinflussen. Für besondere Zwecke verwendet man DNA-Polymerasen mit Korrektureigenschaften (*proof reading*), (siehe S. 121). Wesentlich ist auch die Optimierung der Temperaturen im Verlauf der PCR-Zyklen. Das Anlagern von Primern an die Ziel-DNA ist ein stochastischer Prozess, bei dem die Wahrscheinlichkeit der Hybridisierung mit steigender thermischer Energie abnimmt. Dabei vergrößert sich jedoch die Bindungswahrscheinlichkeit für eine Anlagerung an die richtige, komplementäre Sequenz gegenüber der Bindung an eine nicht-komplementäre Sequenz. Dieser Zusammenhang kann zur Erhöhung der Spezifität des Primens genutzt werden, indem die *Annealing*-Temperatur zu Beginn der PCR hoch liegt.

Bei der **Hot-Start**-PCR wird das Reaktionsgemisch erst nach dem initialen Denaturierungsschritt komplettiert. Hierdurch werden unspezifisch gebundene Primer verhindert, und die Amplifikation wird hoch-spezifisch gestartet.

Die *Annealing*-Temperatur kann für die ersten PCR-Zyklen hoch gewählt und in den Folgezyklen schrittweise abgesenkt werden (***Touch-Down*-Temperaturprogramm**). Zu diesem Zweck werden beispielsweise Primer, die eine optimale *Annealing*-Temperatur von 60 °C aufweisen, mit einer Temperatur von 65–70 °C im ersten PCR-Zyklus eingesetzt. Die Temperatur wird dann pro Folgezyklus um 0.5–2 °C abgesenkt, bis die geschätzte *Annealing*-Temperatur erreicht oder sogar um 2–5 °C unterschritten ist. Ein solches Temperaturprogramm hat nach 5–20 Zyklen die vorgesehene *Annealing*-Temperatur erreicht, die in den nachfolgenden Zyklen beibehalten wird. Auf diese Weise steigt die Wahrscheinlichkeit, dass die in den frühen Zyklen entstehenden Amplifikate von dem gewünschten Zielbereich herrühren und später kräftig weiter amplifiziert werden. Die Spezifität der PCR-Reaktion wird also gesteigert.

## 5.7 Multiplex-PCR

Einer **Multiplex-PCR** werden mehrere Primerpaare zugefügt, und es sollen ebenso viele verschiedene PCR-Produkte erzeugt werden. Dadurch finden also mehrere PCR-Reaktionen in einem Ansatz statt, was Vorteile bei der Effizienz in Routineverfahren bietet. Die Primer müssen für eine Multiplex-Verwendung so definiert sein, dass ihre *Annealing*-Temperaturen möglichst ähnlich liegen, keine komplementären Sequenzen zwischen verschiedenen Primern vorkommen und jedes Primerpaar zu differenzierbaren PCR-Produkten führt. Da die Gesamtreaktion somit komplex ist, empfiehlt es sich, jedes Primerpaar zuvor einzeln zu testen. Im Multiplex-Ansatz werden ähnliche Mengen pro PCR-Produkt erreicht, indem die Konzentrationen einzelner Primerpaare verändert werden, d. h. es wird eine höhere Primerkonzentration für einen Locus benutzt, der wenig Amplifikat liefert und umgekehrt.

Einsatzbereiche für die Multiplex-PCR liegen im diagnostischen Bereich. So werden z. B. bei Reihenuntersuchungen auf Mutanten bzw. DNA-Polymorphismen meist mehrere Loci einbezogen oder pro Gen mehrere Exonbereiche betrachtet (siehe **Abb. 10.26** S. 228). Es handelt sich dann oft um Screeningtechniken, bei denen große Stichproben aus Tierpopulationen getestet werden. Ein weiteres wichtiges Anwendungsgebiet ist die gleichzeitige Diagnostik einer Probe auf mehrere Pathogene (Viren, Bakterien) und dies bei zahlreichen Proben.

## 5.8 RT-PCR

In manchen Fällen soll die PCR-Technik auf die Amplifikation von RNA-Molekülen angewendet werden. Da die Ausgangs-RNA nicht direkt als Matrize von der *Taq*-Polymerase genutzt werden kann, wird die RNA zunächst in DNA umgeschrieben. Dies erfolgt mit der **Reversen Transkriptase (RTase)**, die im Vorgang der **Reversen Transkription (RT)** einen komplementären oder copy-DNA-Strang (cDNA) liefert. Die Gesamtreaktion aus RT und Amplifikation gilt als **RT-PCR** und ist in **Abb. 5.6** dargestellt. Bei der RT-PCR werden drei unterschiedliche Primertypen verwendet:

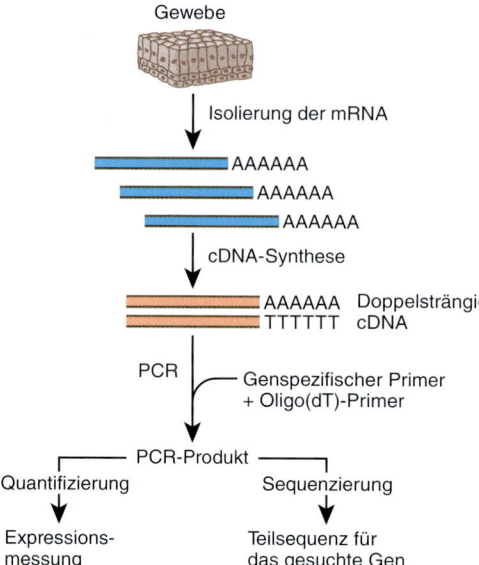

Gewebe

↓ Isolierung der mRNA

AAAAAA
AAAAAA
AAAAAA

cDNA-Synthese

AAAAAA  Doppelsträngige
TTTTTT  cDNA

PCR — Genspezifischer Primer
+ Oligo(dT)-Primer

↓

PCR-Produkt
Quantifizierung          Sequenzierung
↓                        ↓
Expressions-             Teilsequenz für
messung                  das gesuchte Gen

**Abb. 5.6:** Schema der RT-PCR

Die RNA kann nicht direkt durch PCR amplifiziert werden. Daher werden die RNA-Moleküle zunächst in cDNA umgeschrieben. Mit einem genspezifischen Primer und einem Oligo(dT)-Primer wird ein cDNA-Segment amplifiziert und für die weiteren Untersuchungen benutzt. Das PCR-Amplifikat kann sequenziert und – falls das gesamte Gen dargestellt werden soll – für die Identifikation des Gens in einer genomischen DNA-Bibliothek benutzt werden. Außerdem gibt die Zahl der Moleküle einen Hinweis auf die Intensität der Genexpression im untersuchten Gewebe.

– **Locusspezifische Primer** binden an spezifischer Stelle der RNA bzw. cDNA.
– **Oligo(dT)-Primer** binden spezifisch an das poly(A)-Ende von eukaryontischen mRNAs.
– Kurze Primer mit zufälliger DNA-Sequenz (**Random**-Primer) werden als Gemisch aus Hexanucleotiden unterschiedlicher Sequenzen eingesetzt und führen mit jeder RNA zu einem Pool unterschiedlich langer cDNAs.

Der **Abb. 5.7** ist die Verwendung der Primertypen zu entnehmen.

## 5.9    Quantitative PCR

Man erwartet, dass der zwischen den Primern eingeschlossene Ziel-DNA-Bereich exponentiell in aufeinander folgenden Zyklen vermehrt wird. Genau das geschieht auch, allerdings nur bis zur Erschöpfung der Synthesekapazität des Reaktionsansatzes (**Abb. 5.2**, S. 118). In der Phase der exponentiellen Zunahme der Amplifikatzahl kann man daher sehr genau die Molekülzahl der eingesetzten Ziel-DNA feststellen, indem man Vergleichsmessungen mit DNA-Standards unterschiedlicher, aber bekannter Molekülzahlen durchführt. Dies ist die Basis der **quantitativen PCR**. Die Quantifizierung von DNA- oder RNA-Molekülen mit der PCR bzw. RT-PCR ist ein wichtiger Bestandteil vieler Untersuchungen. Zur quantitativen Bestimmung werden folgende Prinzipien genutzt:
– **Vergleich mit Eichkurve eines externen Standards.** Hierbei wird zunächst eine Eich-

**Abb. 5.7:** Primer für die RT-PCR

a) Als 3′-Primer wird üblicherweise ein Oligo(dT) benutzt. Mit Hilfe von Locusspezifischen Primern kann dafür gesorgt werden, dass nur bestimmte mRNA-Moleküle zu einem Amplifikat führen.

b) Bei Vorlage eines Gemisches kurzer Primer mit vielen verschiedenen Sequenzen (*Random Primer*) werden erwartungsgemäß alle mRNA-Moleküle zu den Amplifikaten beitragen, allerdings mit unterschiedlichen Teilen der vorgelegten cDNA.

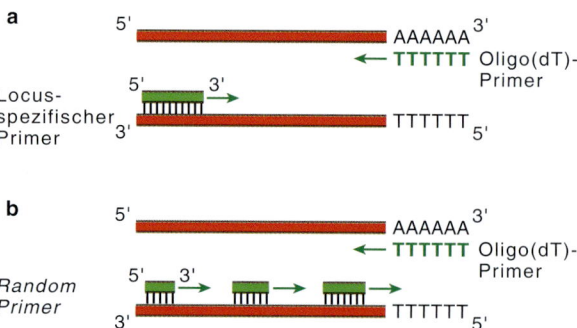

kurve erstellt, indem ein Standardfragment bei unterschiedlichen, aber bekannten Ausgangs-Molekülzahlen amplifiziert wird. Das Standardfragment soll dem Zielfragment möglichst ähnlich sein und wird mit den gleichen Primern wie die Zielsequenz amplifiziert. Aus dem Vergleich zwischen den PCR-Produktmengen bei Standard- und Zielsequenz lässt sich auf die Molekülzahl des Zielfragmentes schließen. Der Vorteil liegt in der einfachen Durchführung, der Nachteil in der fehlenden internen Überwachung der Reaktion.

– **Verwendung interner Standards.** Eine bekannte Sequenz des Genoms, z.B. ein Teil eines Gens, wird verwendet, um daran die Zahl der zu ermittelnden DNA-Moleküle einer zweiten Sequenz zu kalibrieren. Dies gelingt, indem mit einer Multiplex-PCR und zwei Primerpaaren beide DNA-Abschnitte (bekannte und zu untersuchende Sequenz) amplifiziert werden. Bei Untersuchung von mRNA ist zunächst eine Reverse Transkription (RT) erforderlich, der sich die quantitative PCR anschließt, so dass von einer **quantitativen RT-PCR** gesprochen wird. Hierbei erfolgt die Quantifizierung der Zielsequenz in Relation zu einem so genannten *Housekeeping*-Gen, d.h. einem Gen, dass in den betreffenden Geweben konstitutiv und stark exprimiert wird. Bei der quantitativen RT-PCR variiert jedoch u.a. die Reverse Transkription, was auch durch interne Standards nicht völlig ausgeglichen werden kann.

– **Kompetititve (RT-)PCR.** Bei diesem Verfahren wird dem Reaktionsansatz ein Standardfragment in unterschiedlichen, aber bekannten Molekülzahlen zugesetzt. Dieses Fragment (*Mimic*-Fragment) wird zusammen mit der Zielsequenz mit den gleichen Primern amplifiziert. Bei der PCR kommt es zu einer Konkurrenz von Mimic- und Ziel-DNA um die Primer. Daher wird die Reaktion als **kompetitive PCR** bezeichnet. Nach der Amplifikation werden die beiden Fragmente durch unterschiedliche Restriktionsschnittstellen oder ihre Längen voneinander unterschieden und einzeln quantifiziert. Üblicherweise geschieht dies mit Hilfe der Elektrophorese (**Abb. 5.8**). Zur Quantifizierung von RNA kann auch eine Mimic-RNA verwendet werden, mit dem der Einfluss des RT-Schrittes

berücksichtigt wird; bei einem solchen Ansatz handelt es sich um eine **kompetitive RT-PCR**.

– **Registrierung der PCR in Echtzeit.** Diese Verfahren besitzen inzwischen die größte Bedeutung für die quantitative Auswertung von Amplifikatmengen. Da die Echtzeit-PCR noch eine Reihe weiterer Anwendungsbereiche erfüllt, wird sie nachfolgend in einem getrennten Abschnitt beschrieben.

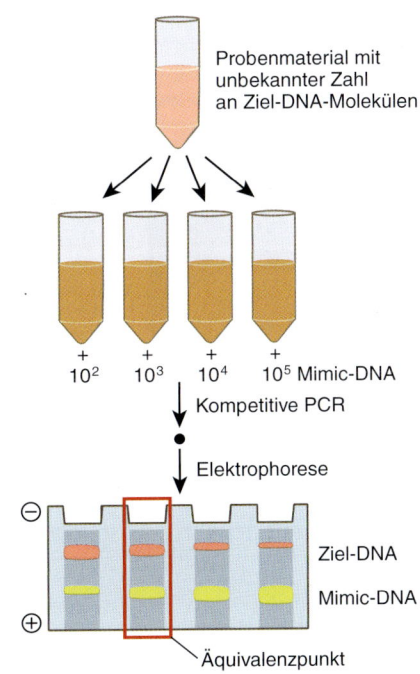

**Abb. 5.8:** Kompetitive PCR

Das zu untersuchende Probematerial wird portioniert und jede Portion mit einer unterschiedlichen, aber bekannten Zahl an Mimic-DNA-Molekülen versetzt. Nach PCR-Amplifikation werden die Zahlen der entstandenen Moleküle geschätzt, z.B. nach Auftrennung in einem DNA-Sequenzierautomaten. Am Punkt, bei dem von Ziel- und Mimic-Molekülen die gleichen Konzentrationen vorliegen (Äquivalenzpunkt), entspricht die Ausgangszahl der Ziel-Moleküle im Probenmaterial derjenigen der Mimic-Moleküle.

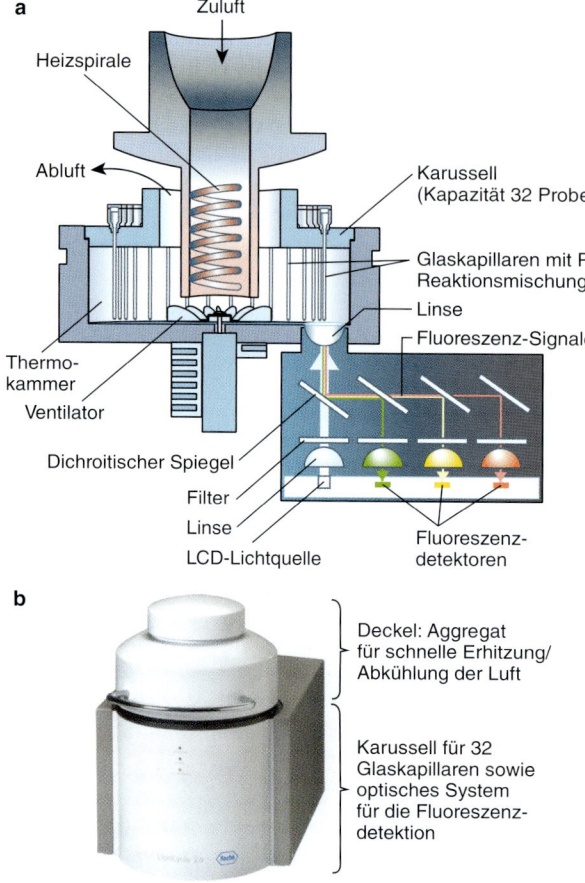

**Abb. 5.9:** Messung der Amplifikation während der PCR-Zyklen beim Light-Cycler (Fa. Roche Molecular Biochemicals, Mannheim)

a) Messprinzip. Mit Hilfe eines Karussells wird je eine der Kapillaren in wählbaren Zeitabständen oberhalb eines Laserstrahls positioniert. In den Kapillaren findet die PCR statt, indem über Zuluft ein schneller Temperaturwechsel innerhalb des Karussellraums erzeugt wird. Gemessen wird die Fluoreszenz-Emission aus den Kapillaren bei verschiedenen Wellenlängen.

b) Aufbau des Gerätes

## 5.10 Echtzeitregistrierung der PCR

PCR-Verfahren, die eine Registrierung der Amplifikation und des PCR-Produktes simultan zu den PCR-Zyklen erlauben, werden als **Echtzeit-**, *Real-Time-* oder *OnLine*-**PCR** bezeichnet. Hierfür werden unterschiedliche Geräte verwendet. Die in **Abb. 5.9** gezeigte Apparatur bewirkt über Luft vermittelte rasche Temperaturänderungen, so dass pro Zyklus weniger als 30 s benötigt werden. Eine PCR mit 20–30 Zyklen dauert dann nur etwa 10–15 min. Das Gerät in **Abb 5.10** eignet sich für Messungen in Mikrotiterplatten.

Hauptanwendung ist die Registrierung der Molekülzahlen fortlaufend in jedem PCR-Zyklus und damit die genaue Quantifizierung der Ziel-DNA-Moleküle in einer Probe. Für die Quantifizierung der DNA-Konzentration werden die ersten 10–15 Zyklen betrachtet, da nur in dieser exponentiellen Phase (**Abb. 5.2,** S. 118) die Molekülzahlen im PCR-Produkt bei jedem Zyklus verdoppelt werden. Zur Markierung benutzt man Fluorochrome. Ein Verfahren ist die Verwendung von *SYBR Green I*, das sich spezifisch an doppelsträngige DNA bindet und dann fluoresziert (**Abb. 5.11**). Die Fluoreszenz nimmt ab, sobald die DNA in die einzelsträngige Form überführt wird, also beim Denaturieren oder Schmelzen der DNA (**Abb. 5.12**). Jede DNA hat eine spezifische Schmelztemperatur ($T_m$), die von Nucleotidzahl und GC-Gehalt abhängt. Ist die Nucleotidzahl eines DNA-Moleküls bekannt, kann der GC-Gehalt aus der Schmelzkurve berechnet werden. Im PCR-Produkt wird die Schmelzkurve beispielsweise bestimmt, um eine Identitätskontrolle der amplifizierten Moleküle durchzuführen.

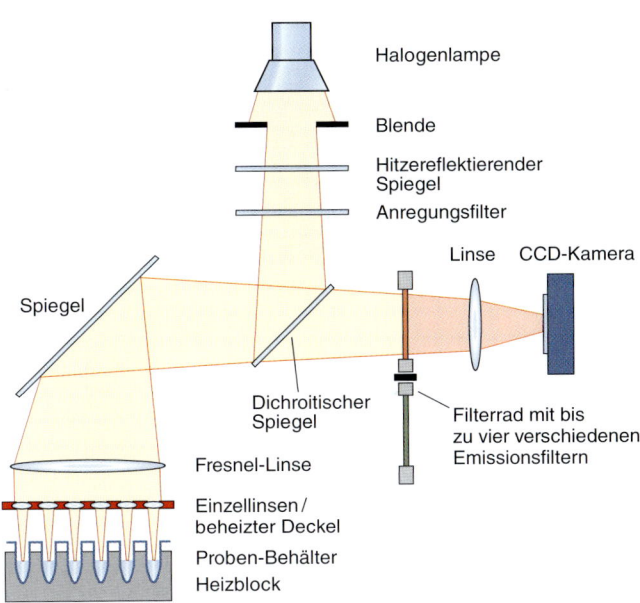

**Abb. 5.10:** Messprinzip des *Real-Time*-Gerätes PRISM 7000 der Fa. Applied Biosystems (Foster City, USA).

Die Fluoreszenzanregung erfolgt von oben auf die im Heizblock platzierte Mikrotiterplatte. Die dadurch emittierten Fluoreszenzsignale werden nacheinander durch verschiedene Filter geschickt, die jeweils nur eine Wellenlänge durchlassen. Die durchtretenden Signale werden in einer CCD-Kamera (CCD, *Charge-coupled Device*) digitalisiert.

Andere Messverfahren verwenden zwei locusspezifische Oligonucleotide, die mit verschiedenen Farbstoffen – einem Spender- und einem Empfänger-Farbstoff – markiert sind. Beispielsweise können zwei Oligonucleotide so an die Ziel-DNA hybridisiert werden, dass die beiden Farbstoffe in enge Nachbarschaft (1–5 nt) gelangen und ein Energietransfer (*Fluorescence Resonance Energy Transfer*, FRET, siehe S. 201) stattfinden kann (**Abb. 5.13**). Die Fluoreszenz des Empfänger-Farbstoffs ist direkt proportional zur Zahl der DNA-Moleküle im PCR-Produkt und kann während des PCR-Prozesses gemessen werden. Eine Verwendung von mehr als zwei Farbstoffen kann zur internen Kontrolle oder zur Messung von mehr als einer Ziel-DNA dienen. Der Ansatz wird auch zur Differenzierung von DNA-Varianten genutzt (siehe S. 215f.).

## 5.11 Amplifikation von DNA-Bereichen mit nur einem locusspezifischen Primer

Zu den wesentlichen Einschränkungen der konventionellen PCR gehört die Eigenschaft, dass nur DNA-Bereiche zwischen zwei zuvor bekannten DNA-Sequenzen (d.h. solche, für die

Primer definiert werden) amplifiziert werden können. Für viele Zwecke möchte man aber DNA-Bereiche amplifizieren, die außerhalb solcher Intervalle liegen. Beispielsweise kann bei der Genomanalyse gefragt werden, wo ein Transgen im Genom eines Tieres integriert worden ist, welche Sequenzen benachbart einer konservierten, funktionswichtigen DNA-Region vorkommen oder welche Sequenzen eine Mikrosatellitenposition flankieren. Wenn dann für die betrachtete Spezies keine weiteren Sequenzdaten in der Region zur Verfügung stehen, wird man eine der nachfolgend beschriebenen Techniken einsetzen.

Ein einfacher Weg ist die Definition eines locusspezifischen, markierten Primers in Verbindung mit einem Satz an Primern aller möglichen Sequenzen (**Zufallsprimer**, *Random Primer*). Nach der PCR können die markierten Moleküle aus dem Amplifikat isoliert und – ausgehend vom markierten Primer – sequenziert werden (**Abb. 5.14**). Dieser Ansatz ist jedoch aufwendig und störanfällig. Man wird daher als alternative Methoden die *Vectorette*- oder die *Boomerang*-PCR berücksichtigen.

Die **Vectorette-PCR** erlaubt die Amplifikation eines unbekannten DNA-Bereichs, der in unmittelbarer Nachbarschaft zu einer einzigen bekannten DNA-Sequenz liegt. Zunächst wird die DNA mit einem Restriktionsenzym unvoll-

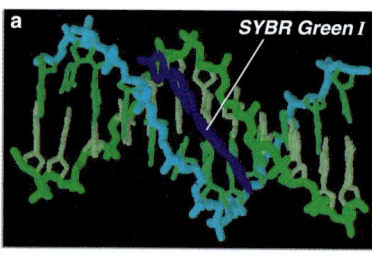

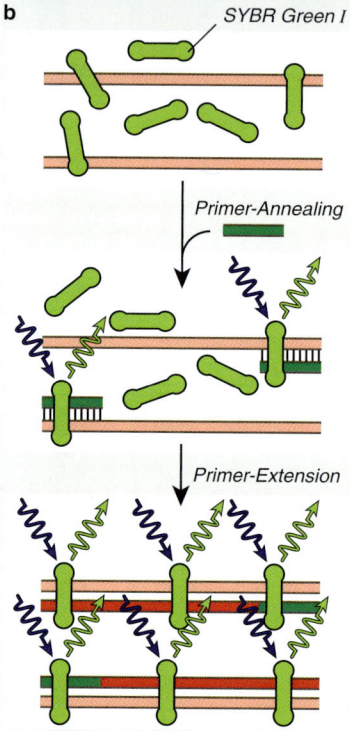

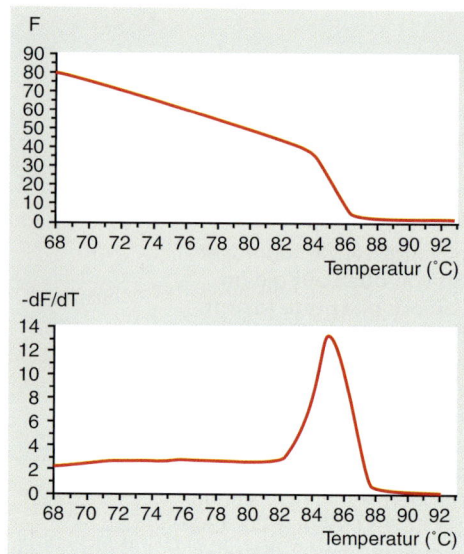

**Abb. 5.12:** Schmelzkurvenmessung mit *SYBR Green I* am Beispiel eines bestimmten PCR-Produktes

Sobald die doppelsträngige DNA denaturiert, also einzelsträngig wird, wird der Farbstoff *SYBR Green I* von der DNA freigesetzt, und die Fluoreszenz sinkt. Die obere Darstellung zeigt den Verlauf der Fluoreszenzintensität (F) bei steigender Temperatur (T), die untere Darstellung gibt die Veränderung der Fluoreszenz (-dF/dT) wieder. Die Schmelztemperatur $T_m$ des DNA-Moleküls liegt beim Wendepunkt der oberen bzw. beim Maximum der unteren Kurve, also bei einer Temperatur von ca. 85 °C.

**Abb. 5.11:** Messung der PCR-Produktmenge mit *SYBR Green I*

a) Der Farbstoff *SYBR Green I* (Molecular Probes, Eugene, OR, USA) bindet in der kleinen Furche der doppelsträngigen DNA (*dsDNA minor-groove binding dye*). Bei einer solchen Bindung kommt es zur Fluoreszenz, sonst kaum.

b) Die Intensität der Fluoreszenz hängt daher von der Zahl der doppelsträngigen DNA-Moleküle ab. Im Verlaufe der PCR wird die DNA während der Denaturierungsphase einzelsträngig. In dieser Phase kann *SYBR Green I* nicht binden, und die Intensität der Fluoreszenz ist niedrig. Sobald die Primer hybridisieren, beginnt die Fluoreszenz. Mit der Primer-Extension steigt die Fluoreszenz bis zum Maximum am Ende der Synthesephase. Mit jedem PCR-Zyklus vermehrt sich die Zahl der doppelsträngigen DNA-Moleküle, und damit nimmt auch die Fluoreszenz zu.

ständig abgebaut. An die Enden der Restriktionsfragmente werden dann Oligonucleotide (***Vectorette*-Sequenz** oder **-Adapter**) ligiert, die eine Fehlpaarungsstelle enthalten und daher dort einzelsträngig bleiben. Auf diese Weise entsteht eine ***Vectorette*-Bibliothek**, in der man unter Verwendung eines Primers für eine bekannte Sequenz (***Custom*-Primer**) und eines Primers für die Vectorette-Sequenz (***Vectorette*-Primer**) mittels PCR ein Amplifikat erzeugen kann (**Abb. 5.15**). Die darin befindlichen DNA-Fragmente, die alle von der bekannten Sequenz bis zur Restriktionsstelle in der Ziel-DNA reichen, können sequenziert werden. Die Endsequenz wird dann benutzt, um einen neuen *Custom*-Primer zu definieren. Mit diesem wird in einem nächsten Schritt ein weiterer Abschnitt der genomischen DNA aus der *Vectorette*-Bibliothek analysiert. Die Schritte werden so oft wiederholt, bis sichergestellt ist, dass der zu untersuchende DNA-Bereich erfasst ist.

Für eine Sequenzanalyse in Richtung unbekannter Bereiche steht auch die **Boomerang-DNA-Amplifikation (BDA)** zur Verfügung. Der Name *Boomerang* kommt daher, dass die Polymerase an der Primerbindungsstelle die Synthese beginnt und auch beendet. Die Synthese verläuft in einer Schleife, indem sie an einem DNA-Strang startet und am Gegenstrang zurückläuft. Die Arbeiten umfassen die in **Abb. 5.16** dargestellten Schritte. Zunächst wird die Ziel-DNA mit einem Restriktionsenzym verdaut. Die entstandenen Restriktionsfragmente werden mit dem **Boomerang-Adapter** ligiert,

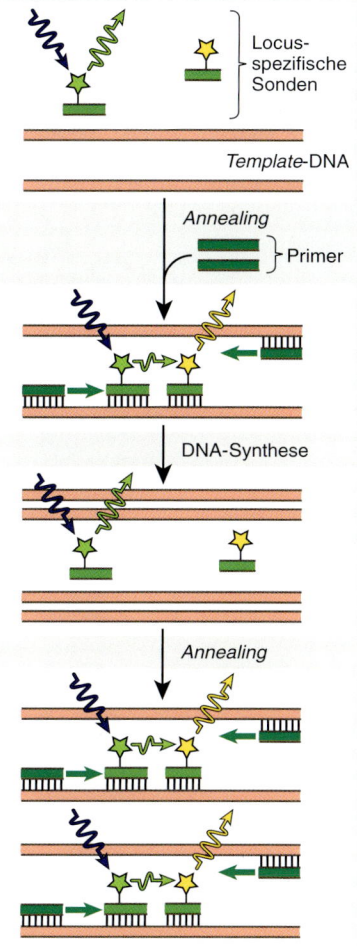

**Abb. 5.13:** Messung der PCR-Produktmenge mit locusspezifischen Sonden auf der Basis von FRET-Signalen

Zwei locusspezifische Oligonucleotid-Sonden werden mit verschiedenen Farbstoffen (einem Spender- oder Reporterfarbstoff und einem Empfänger- oder Quencherfarbstoff) markiert. Bei Hybridisierung an die Zielsequenz gelangen die beiden Farbstoffe in enge Nachbarschaft. Dadurch kommt es zu einem Energietransfer (*fluorescence resonance energy transfer*, FRET) vom Spender- zum Empfängerfarbstoff, der aus den Signalen der Fluoreszenz messbar ist. Die Intensität der Fluoreszenz ist zu Beginn der PCR-Synthesephase direkt proportional zur Molekülzahl der Zielsequenz.

**Abb. 5.14:** Analyse eines DNA-Bereichs, ausgehend von einem locusspezifischen Primer und einem Satz an Zufallsprimern

Innerhalb der *Template*-DNA ist ein DNA-Bereich als Sequenz bekannt. Komplementär dazu wird ein markierter, locusspezifischer Primer eingesetzt. Außerdem wird ein Satz an Zufallsprimern benutzt, welche an vielen Stellen der DNA binden. Nach der PCR sind also mehrere markierte Produkte zu erwarten. Unter den längsten Molekülen wird ein ausreichend stark amplifiziertes Molekül präpariert und für die weiteren Analysen benutzt (z.B. für die DNA-Sequenzierung).

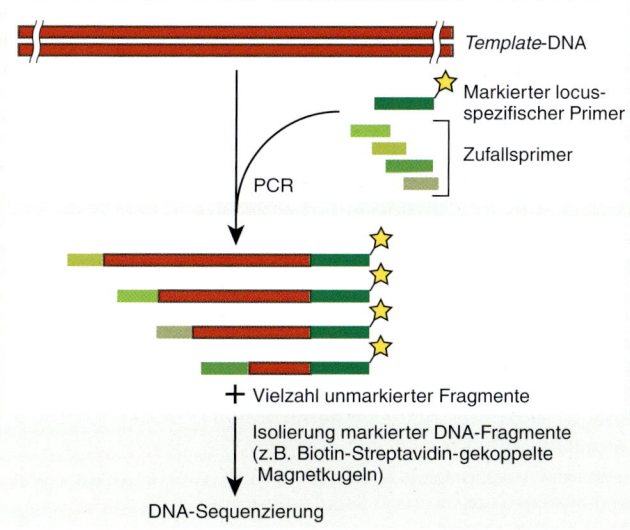

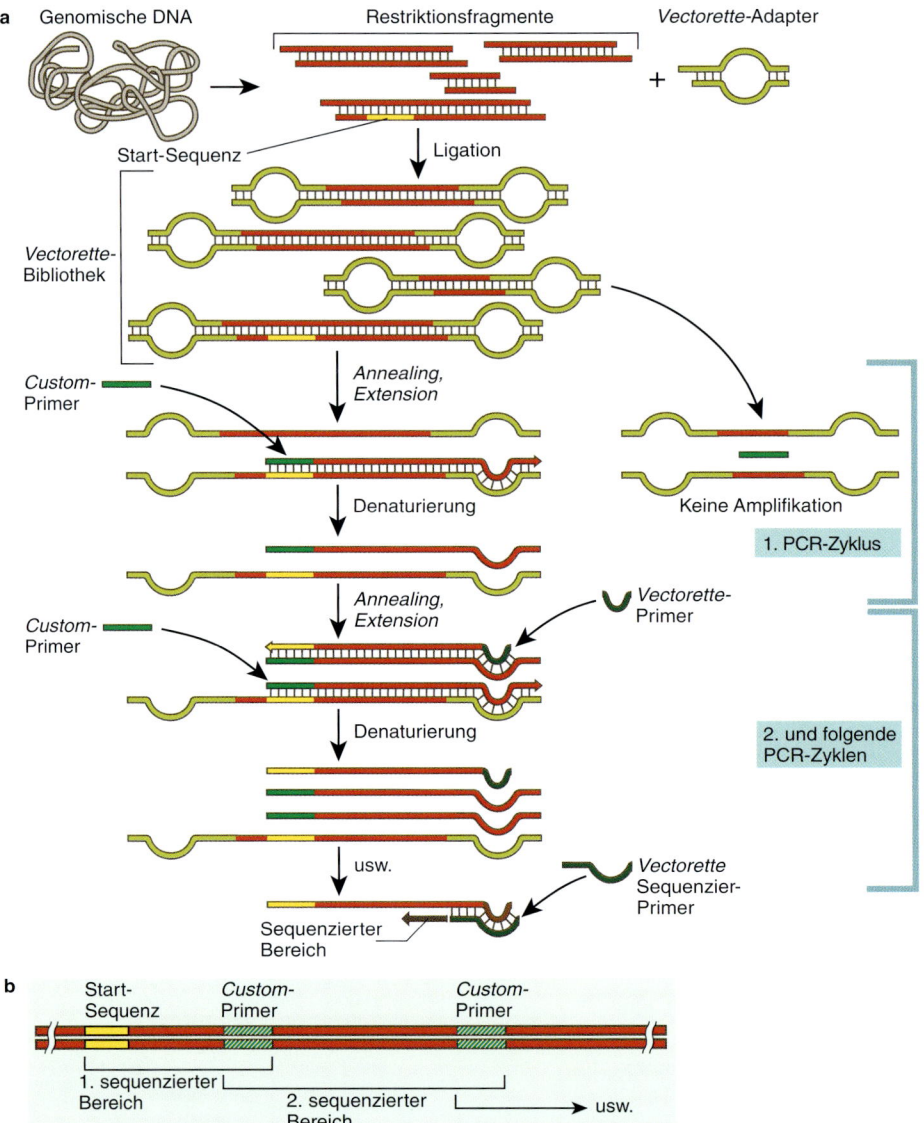

**Abb. 5.15:** Verwendung der *Vectorette*-PCR zur Analyse eines Chromosomenbereichs

a) Zunächst wird die zu untersuchende DNA in überlappende Restriktionsfragmente zerlegt. Diese werden mit dem *Vectorette*-Adapter (doppelsträngiges DNA-Molekül mit Fehlpaarungsstelle) ligiert. Als Resultat entsteht eine *Vectorette*-Bibliothek, in der mit einem Primer für die Fehlpaarungsstelle (*Vectorette*-Primer) und einem Primer (*Custom*-Primer) für eine bekannte Sequenz (z. B. für die Start-Sequenz) ein PCR-Produkt erstellt wird. Manchmal folgt eine zweite PCR (als *Nested*-PCR), um die Spezifität für den amplifizierten Bereich zu erhöhen. Das PCR-Produkt wird sequenziert und/oder kloniert. Die Endsequenz wird dann ggf. benutzt, um einen neuen *Custom*-Primer zu definieren. Dieser Primer dient in der *Vectorette*-Bibliothek für eine neue PCR-Amplifikation und damit der Analyse eines weiteren Abschnitts im betrachteten DNA-Bereich. Die Schritte werden solange wiederholt, bis der gewünschte DNA-Bereich abgedeckt ist. Das Verfahren wurde von COFFEY ET AL. (1992) beschrieben.

b) Mit der *Vectorette*-PCR erfolgen schrittweise in einen zuvor unbekannten DNA-Bereich hinein mehr oder weniger vollständige Sequenzierungen.

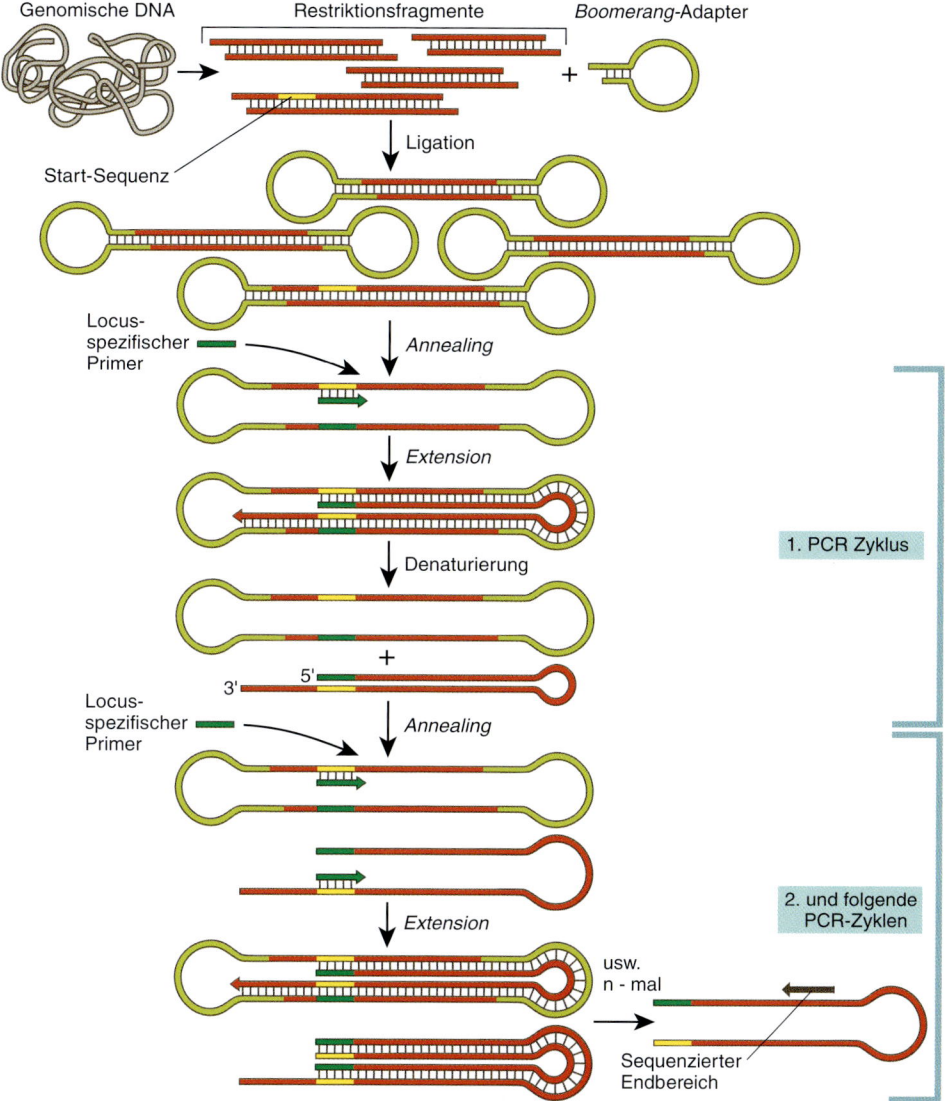

**Abb. 5.16:** *Boomerang* DNA-Amplifikation (BDA) zur Analyse eines Chromosomenbereichs

Die Ausgangs-DNA wird zunächst mit einem Restriktionsenzym partiell verdaut. Die entstandenen Restriktionsfragmente werden mit dem *Boomerang*-Adapter (U.S. Patent 1995) ligiert, der eine selbstkomplementäre Sequenz aufweist und daher eine Schleife (*Loop*) bildet. Das angeknüpfte Fragment kann daher mit einem einzigen spezifischen PCR-Primer amplifiziert werden, da die Polymerase entlang der Adaptersequenz arbeitet und so an die Ausgangsstelle zurück gelangt. Schließlich entsteht ein PCR-Produkt, welches sequenziert werden kann und – von der bekannten DNA-Sequenz ausgehend – einen neuen DNA-Abschnitt analysiert. Die hinzugewonnene Sequenzinformation kann also genutzt werden, um den Endbereich als neue Zielstelle in der genomischen DNA zu definieren. Hierfür wird ein nächster locusspezifischer Primer für eine *Boomerang*-DNA-Amplifikation verwendet und ein weiterer DNA-Bereich identifiziert. Die in einzelnen Schritten erzielten Sequenzierungen eines zuvor unbekannten DNA-Bereichs ergeben sich wie für die *Vectorette*-PCR in **Abb. 5.15 (b)** dargestellt ist.

der eine selbst-komplementäre Sequenz (d.h. ein Palindrom) aufweist und daher eine Schleifen(*Loop)*-Struktur ausbildet, über die hinweg das angeknüpfte Fragment mit einem einzigen spezifischen PCR-Primer amplifiziert werden kann. Das entstehende PCR-Produkt wird sequenziert und definiert dann – von der bekannten DNA-Sequenz ausgehend – einen neuen Abschnitt in der Ziel-DNA. Im nächsten Ansatz kann die hinzugewonnene Sequenzinformation genutzt werden, um eine neue Stelle in der Ziel-DNA auszuwählen. Für diese neue Stelle wird ein nächster locusspezifischer Primer bei der *Boomerang*-DNA-Amplifikation verwendet und ergibt so einen weiteren identifizierten DNA-Bereich. Die Schritte können einige Male wiederholt werden.

## Zusammenfassung

– Bei der Polymerasekettenreaktion (*polymerase chain reaction*, PCR) handelt es sich um eine zyklische Vervielfältigung von DNA-Molekülen *in vitro* durch Einsatz einer hitzestabilen DNA-Polymerase und verschiedener Temperaturen. Dabei wird der Bereich der

Matrizen-DNA, der zwischen einem Primerpaar liegt, amplifiziert und führt zu einem PCR-Produkt (Amplifikat, Amplikon).

– Die Primersequenzen sind entscheidend für den Erfolg der PCR und werden auf der Grundlage verschiedener Kriterien ausgewählt (*Primerdesign*).

– Es gibt zahlreiche Fehlerquellen bei der PCR, die u.a. durch Wahl der Enzyme, Arbeitsweisen und Kontrolle der PCR-Produkte minimiert werden können.

– Je nach Ziel der Arbeiten werden speziell entwickelte PCR-Verfahren benutzt. Zur Verbesserung der Spezifität dienen die *Nested*-PCR und spezielle Temperaturprogramme. In einer Multiplex-PCR werden mehrere Primerpaare in einem Ansatz verwendet. RNA wird im Vorgang der Reversen Transkription (RT) in einen cDNA-Strang umgeschrieben, und dieser wird dann amplifiziert (RT-PCR).

– PCR-Verfahren, die eine Registrierung der Amplifikation und des PCR-Produktes simultan zu den PCR-Zyklen erlauben (d.h. in Echtzeit, *Real-Time* oder *On-Line*) eignen sich u.a. für Untersuchungen der Molekülmengen und DNA-Varianten.

– DNA-Bereiche können auch mit nur einem locusspezifischen Primer amplifiziert werden.

# 6 Erzeugung und Klonierung rekombinanter DNA-Moleküle

Zentraler Bereich der **Gentechnologie** ist die Verknüpfung, Vermehrung und nachgeordnete Verwendung von DNA-Molekülen, die *in vitro* neu kombinierte Abschnitte enthalten (**Abb. 6.1**). Man bezeichnet die Neuverknüpfung als **DNA-Rekombination** und die damit zusammenhängenden Verfahren als **Rekombinante DNA-Technologie**. Die Herstellung und Vermehrung von rekombinanten DNA-Molekülen wurde möglich, nachdem zwei Voraussetzungen gegeben waren: Einerseits die Entdeckung der **Restriktionsendonucleasen** (siehe S. 105ff.), die das Aufschneiden der DNA-Moleküle an ganz bestimmten Stellen gestatten, und andererseits der Einsatz von **Vektoren**, die als Vehikel ein DNA-Stück in eine Wirtszelle transportieren und dort zur Vermehrung bringen können.

## 6.1 Vektoren für den Transport und die Vermehrung von DNA-Fragmenten

Vektoren sind DNA-Moleküle mit speziellen Eigenschaften. Vor allem können sie in Wirtszellen, z.B. Bakterienzellen, überleben und sich in ihnen vermehren. Vektormoleküle und Kultivierungsbedingungen der Wirtszellen werden meist so ausgewählt, dass der Besitz von Vektormolekülen den Wirtszellen einen Selektionsvorteil bringt: Vektormoleküle gestatten es den Wirtszellen, sich unter selektiven Bedingungen zu vermehren. So entsteht bei Bakterien aus einer Zelle, die einen Vektor und damit möglicherweise auch ein rekombinantes DNA-Stück beherbergt, nach Bebrütung über Nacht auf dem Nährboden ein mit dem Auge sichtbarer Zellhaufen (**Zellklon** oder **-kolonie**) mit etwa $10^6$–$10^7$ Zellen. Jede dieser Zellen trägt etwa 10–100 Kopien des Vektors und damit ggf. auch des rekombinanten DNA-Moleküls.

Fast alle für die Klonierung benutzten Vektoren (**Klonierungsvektoren**) wurden aus natürlicherweise vorkommenden Plasmiden (siehe S. 134ff.) oder Bakteriophagen (Phagen) (siehe S. 136f.) entwickelt, indem für die Konstruktion bestimmte Sequenzen ausgewählt und kombiniert wurden. Ein für die Gentechnologie nützlicher Vektor sollte folgende Eigenschaften aufweisen:

- Er sollte über eine **Klonierungsstelle** mit einer oder mehreren **Restriktionsschnittstellen** in einem nicht essentiellen Genombereich verfügen. Moderne Vektoren tragen häufig eine ganze Reihe an Restriktionsschnittstellen in einem eng begrenzten Bereich; dieser Bereich wird dann als *Polylinker* oder *Multiple Cloning Site* (**MCS**) bezeichnet.
- Ein **Replikationsursprung** (*origin of replication, ori*) muss eine eigenständige Replikation in der Zelle gewährleisten.
- Der Vektor sollte mindestens einen **selektierbaren Marker** (**Selektionsmarker**) enthalten, d.h. Gene, deren Funktionen die Eigenschaften der Wirtszellen beeinflussen können. Der Marker dient einer Selektion der Wirtszellen, die den Vektor tragen. Für den Einbau von Fremd-DNA nutzbare Stellen unterbrechen üblicherweise das Leseraster des Selektionsmarkers und inaktivieren ihn daher.
- Vektoren sollten leicht in Wirtszellen einzuführen sein.
- Sie sollten möglichst klein sein (< 10 kb), da große Moleküle bei den Experimenten leicht zerbrechen und schwierig zu handhaben sind.
- Zur Gewährleistung der biologischen Sicherheit sollte der Vektor Eigenschaften aufweisen, die seine Vermehrung in der freien Natur ausschließen.

Die Wahl des Vektortyps wird entscheidend von der Größe der zu klonierenden DNA-Fragmente bestimmt. Benutzt man beispielsweise Plasmid-Vektoren, so fällt die Transformationseffizienz stark ab, wenn Fremd-DNA einer Länge von > 15 kb aufgenommen werden soll. Eine Übersicht zu den Klonierungsvektoren befindet sich in **Tab. 6.1**.

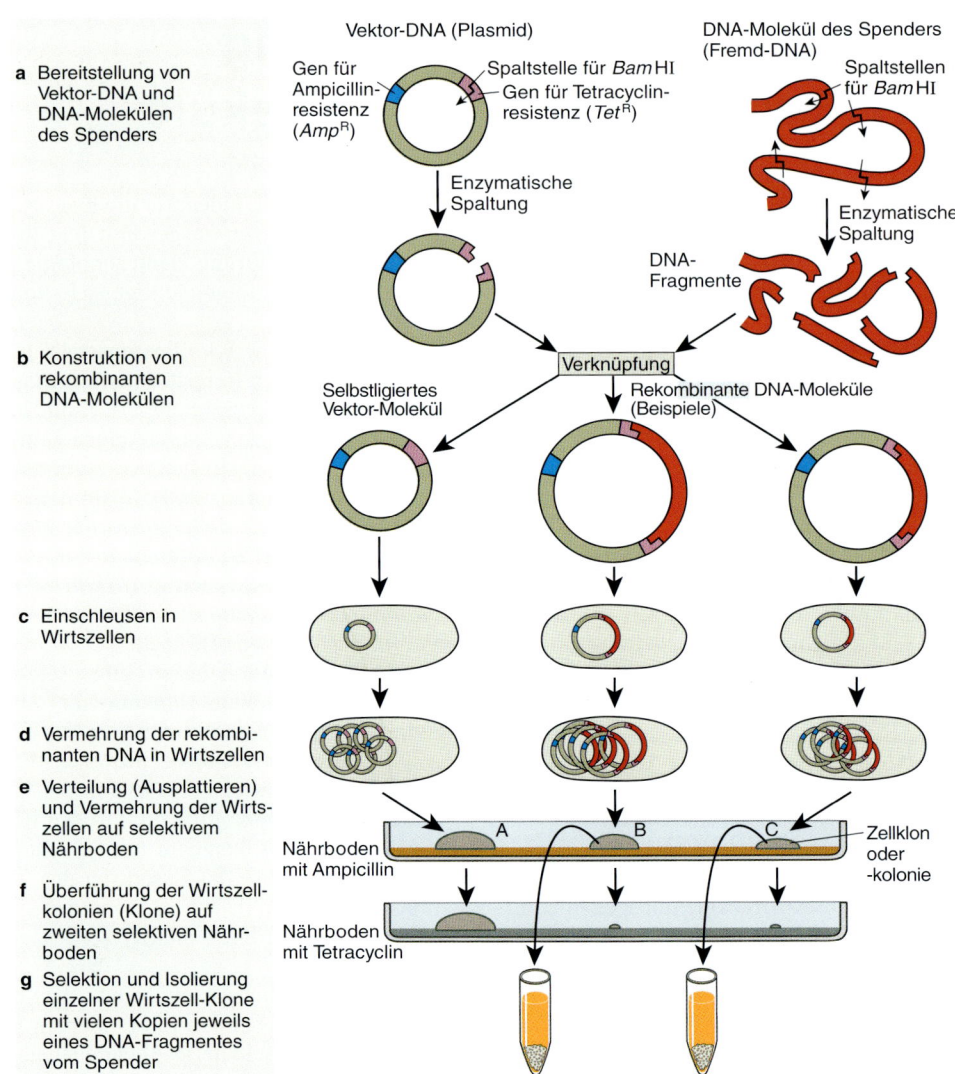

**a** Bereitstellung von Vektor-DNA und DNA-Molekülen des Spenders

**b** Konstruktion von rekombinanten DNA-Molekülen

**c** Einschleusen in Wirtszellen

**d** Vermehrung der rekombinanten DNA in Wirtszellen

**e** Verteilung (Ausplattieren) und Vermehrung der Wirtszellen auf selektivem Nährboden

**f** Überführung der Wirtszellkolonien (Klone) auf zweiten selektiven Nährboden

**g** Selektion und Isolierung einzelner Wirtszell-Klone mit vielen Kopien jeweils eines DNA-Fragmentes vom Spender

**Abb. 6.1:** Grundlegende Schritte der DNA-Rekombinations- und Klonierungstechniken am Beispiel der Verwendung von Plasmiden und Bakterienzellen

Dargestellt wird ein Beispiel mit dem Plasmid pBR322 als Klonierungsvektor und dem Restriktionsenzym *Bam*HI, welches Fragmente mit einzelsträngigen Enden erzeugt. Die Übertragung von drei unterschiedlich rekombinierten Vektormolekülen in Bakterienzellen wird betrachtet. Im Nährboden mit Ampicillin können nur Bakterienzellen wachsen, die ein Plasmid aufgenommen haben, was an den drei Klonen A, B und C gezeigt wird. Die Klone B und C sind gegenüber dem Antibiotikum Tetracyclin sensibel, was den Einbau von Fremd-DNA in das Plasmid anzeigt.

## 6.1.1 Plasmide

Eine *In-vitro*-Rekombination gelang zuerst mit Hilfe von **Plasmiden.** Hierbei handelt es sich um ringförmige, extrachromosomale DNA-Mo-

leküle, die in Bakterienzellen (aber auch in eukaryontischen Hefezellen) vorkommen. Sie enthalten Gene für Eigenschaften, die nicht essenziell sind, jedoch unter besonderen Umständen entscheidend sein können, wie z. B. Antibiotikaresistenzen. Natürlicherweise vorkommende

**Tab. 6.1:** Übersicht zu den wichtigsten Vektorarten

| Vektorart | | Maximale Insertlänge (kb) | Anwendungsschwerpunkte |
|---|---|---|---|
| Plasmide | | <15 | Klonierungen von PCR-Produkten und Restriktionsfragmenten, cDNA-Bibliotheken |
| Bakteriophagen | λ (Ins.) [1] | <10 | cDNA-Bibliotheken, genomische DNA-Bibliotheken |
| | λ (Repl.) [2] | 10-20 | " |
| | M13 | 1,5-3 | DNA-Sequenzierung |
| | P1 | ca. 125 | Genomische DNA-Bibliotheken |
| Cosmide | | 20-45 | Genomische DNA-Bibliotheken |
| Artifizielle Chromosomen | YAC [3] | ca. 1 000 | }  Genomische DNA-Bibliotheken (Megabasentechniken) |
| | BAC [4] | } ≤300 | |
| | PAC [5] | | |

[1] Insertionsvektoren; [2] Replacement-Vektoren; [3] *Yeast Artificial Chromosome*; [4] *Bacterial Artificial Chromosome*; [5] *P1-derived Artificial Chromosome*

Plasmide sind recht große, doppelsträngige DNA-Moleküle, welche meist mehr als 100 kb umfassen. Für die Zwecke der Gentechnologie sind diese Moleküle in ihrer ursprünglichen Form nicht gut geeignet, denn bei dieser Größe weisen sie viele Restriktionsschnittstellen auf. Um geeignete Vektoren zu erhalten, kombinierte man schon frühzeitig im Labor spezielle Sequenzen aus den natürlich vorkommenden Plasmiden. Bekannt sind z. B. die Plasmide pBR322 und pUC19 (**Abb. 6.2**). Die Nomenklatur für Vektoren ist einheitlich geregelt, z. B. bei

pBR322 steht p für Plasmid, BR für das Labor (Wissenschaftler), in welchem das Plasmid konstruiert wurde, und 322 für die laufende Nummer im Labor.

Plasmide lassen sich auf Grund verschiedener Eigenschaften in Gruppen einteilen. **Konjugierende Plasmide** haben die Fähigkeit, sexuelle Konjugation zwischen Bakterienzellen auszulösen; diese so genannten *Fertility-* oder *F-Plasmide* breiten sich unter bestimmten Bedingungen von einer Zelle auf die anderen Zellen der Bakterienkultur aus. Außerdem unterscheidet

**Abb. 6.2:** Aufbau der Plasmide pBR322 und pUC19

a) Der Vektor pBR322 ist ein früher häufig benutztes Plasmid für die Vermehrung von DNA-Fragmenten in Bakterien. Zu den wichtigen Bestandteilen gehört ein Replikationsursprung (*ori, origin of replication*), der eine effiziente Vermehrung des Plasmids in Bakterienzellen ermöglicht. Die Resistenzgene *Amp^R* und *Tet^R* werden bei der Selektion der Zellen benutzt. Das Plasmid enthält mehrere Schnittstellen für Restriktionsendonucleasen, die jeweils nur einmal vorkommen und daher zur Öffnung des DNA-Ringes (Linearisierung) verwendet werden können.

b) Der Vektor pUC19 enthält als Marker das Gen für die Ampicillinresistenz (*Amp^R*) sowie das *lacZ*-Gen und eignet sich damit für die Blau/Weiß-Selektion (vgl. **Abb. 7.5**, S. 155). Im *lacZ*-Gen befindet sich eine Sequenz mit mehreren Schnittstellen für Restriktionsendonucleasen. Eine solche Sequenz, die im Beispiel von pUC19 das *lacZ*-Leseraster unterbricht, wird als *Multiple Cloning Site* (MCS) oder *Polylinker Site* bezeichnet.

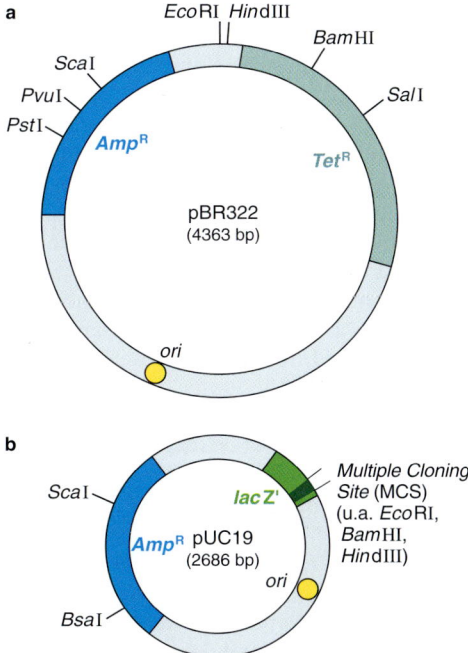

man **kompatible Plasmide**, die fähig sind, mit anderen Plasmiden zu koexistieren, von **inkompatiblen Plasmiden**, die verursachen, dass eine der Plasmidgruppen aus der Bakterienzelle verloren geht. Schließlich gibt es **Resistenz-** oder **R-Plasmide** mit Genen, die der Wirtszelle eine Resistenz gegen ein oder mehrere antibakterielle Agenzien geben, wie z. B. gegen Antibiotika oder Quecksilber. **Col-Plasmide** codieren Colicine, d. h. Proteine, die andere Bakterien töten. **Degradative Plasmide** erlauben der Wirtszelle, ungewöhnliche Moleküle, wie Toluen oder Salicylsäure, zu metabolisieren. **Virulente Plasmide** übertragen Pathogenität auf die Wirtsbakterienzelle, wie z. B. das TI-Plasmid von *Agrobacterium tumefaciens*, welches Wurzelkronengallen (*crown gall disease*) bei dicotyledonen Pflanzen hervorruft und beim Gentransfer in Pflanzen eine dominierende Rolle spielt.

## 6.1.2 Bakteriophagen

**Bakteriophagen (Phagen)** sind Bakterien infizierende Viren. Sie sind rasch vermehrbar und wurden durch ihre hohe Infektiosität zu einer „Injektionsnadel" beim Einbringen von langen DNA-Molekülen in Bakterien.

Das einfache Phagengenom besteht meistens aus DNA (gelegentlich auch aus RNA) und trägt mehrere Gene, auch solche für die Replikation. Das Phagengenom ist in einer Proteinhülle, dem **Capsid**, verpackt. Die Infektion einer Bakterienzelle verläuft in einem 3-Schritt-Zyklus (**Abb. 6.3** und **6.4**): Zunächst lagert sich der Phage an die Außenseite des Bakteriums und injiziert seine DNA in die Zelle. Das Phagen-DNA-Molekül wird gewöhnlich mit Hilfe spezieller, durch die Phagengene codierter Enzyme repliziert. Andere Phagengene codieren die Proteinkomponenten des Capsids. Schließlich werden die neuen Phagenpartikel zusammengefügt und aus dem Bakterium freigesetzt. Einige Phagen können den gesamten Zyklus sehr schnell durchlaufen, in weniger als 20 min. Diese Art der schnellen Infektion wird **lytischer Zyklus** bezeichnet, da die Freisetzung von neuen Phagenpartikeln mit einer Lyse der Bakterienzellen verbunden ist. Demgegenüber ist eine **lysogene Infektion** durch ein Zurückhalten des Phagen-DNA-Moleküls in dem Wirtsbakterium gekennzeichnet, manchmal für mehrere tausend Zellteilungen. Bei vielen lysogenen Phagen wird die Phagen-DNA in das Bakterienchromosom integriert. Diese integrierte Form der Phagen-DNA wird **Prophage** genannt; sie ist metabolisch inaktiv, und das Bakterium, welches einen Prophagen enthält, wird **lysogen** genannt. Der Prophage kann jedoch vom Wirtsgenom freigesetzt werden, dann in den lytischen Zyklus eintreten und die Zelle lysieren. Einige Gruppen an lysogenen Phagen (M13 oder verwandte Phagen) setzen kontinuierlich neue Phagenpartikel frei. Diese Phagen integrieren nicht in das bakterielle Genom, und es findet keine Lyse statt. Das infizierte Bakterium kann sich weiter teilen, jedoch langsamer als nicht infizierte Zellen.

Nur Lambda- und M13-Phagen spielen eine größere Rolle als Klonierungsvektoren:
– **Lambda(λ)-Phagen (Abb. 6.3)** besitzen ein DNA-Molekül, das linear oder ringförmig sein kann. Das lineare Molekül besteht aus einem DNA-Doppelstrang mit kurzen einzelsträngigen Endbereichen **(Abb. 6.5)**. Diese Endbereiche werden als *cohesive (cos)* Enden bezeichnet, da zwischen den beiden Enden des DNA-Moleküls eine Basenkomplementarität besteht. Die *cos*-Enden erlauben es dem Molekül, in der Zelle zum Ring geschlossen oder in das Bakterienchromosom integriert zu werden. Die *cos*-Sequenz ist auch Erkennungsstelle für eine bakterielle Endonuclease, welche das Lambda-Genom aus dem Bakterienchromosom herausschneiden kann.
– **M13-Phagen (Abb. 6.4)** sind viel kleiner als Lambda-Phagen und auch einfacher aufgebaut **(Abb. 6.6)**. Nach der Infektion wird das einzelsträngige M13-Molekül in der Zelle als Template für die Synthese eines komplementären DNA-Stranges verwendet, so dass ein doppelsträngiges Molekül entsteht. Dieses wird nicht in das bakterielle Genom eingebaut, sondern zu mehr als 100 Kopien pro Zelle repliziert. Teilt sich die Zelle, erhält jede Tochterzelle Kopien des Phagengenoms. Neue Phagenpartikel werden beständig zusammengestellt und freigesetzt, etwa 1000 neue Phagen pro infizierte Zelle und Generation. M13-Phagen besitzen als Klonierungsvehikel mehrere vorteilhafte Eigenschaften. Die doppelsträngige, replikative Form verhält sich ähnlich wie ein Plasmid und lässt sich leicht aus infizierten *E.-coli*-Zellen präparieren. M13-Phagen-DNA kann in Wirtszellen

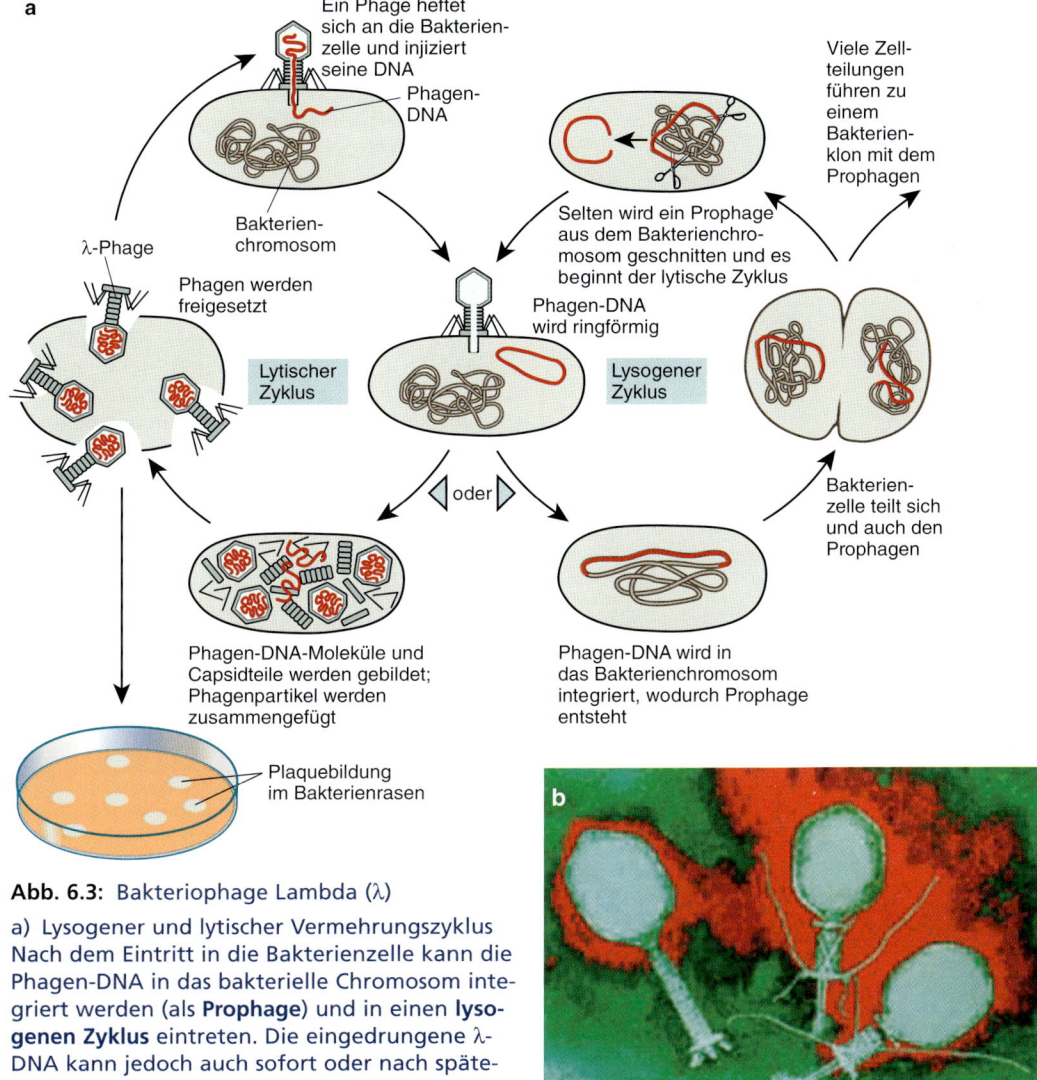

a

Ein Phage heftet sich an die Bakterienzelle und injiziert seine DNA

Phagen-DNA

Viele Zellteilungen führen zu einem Bakterienklon mit dem Prophagen

λ-Phage

Bakterienchromosom

Selten wird ein Prophage aus dem Bakterienchromosom geschnitten und es beginnt der lytische Zyklus

Phagen werden freigesetzt

Phagen-DNA wird ringförmig

Lytischer Zyklus

Lysogener Zyklus

oder

Bakterienzelle teilt sich und auch den Prophagen

Phagen-DNA-Moleküle und Capsidteile werden gebildet; Phagenpartikel werden zusammengefügt

Phagen-DNA wird in das Bakterienchromosom integriert, wodurch Prophage entsteht

Plaquebildung im Bakterienrasen

b

**Abb. 6.3:** Bakteriophage Lambda (λ)

a) Lysogener und lytischer Vermehrungszyklus
Nach dem Eintritt in die Bakterienzelle kann die Phagen-DNA in das bakterielle Chromosom integriert werden (als **Prophage**) und in einen **lysogenen Zyklus** eintreten. Die eingedrungene λ-DNA kann jedoch auch sofort oder nach späterer Herauslösung aus dem Bakterienchromosom zur Replikation gelangen. Dieses führt zur Bildung einer großen Zahl an Nachkommen, welche die Zelle schließlich lysieren und dadurch Nachkommen-Phagen freisetzen (**lytischer Zyklus**). In den meisten Fällen wird der lytische Vermehrungsweg eingeschlagen und führt in einem Bakterienrasen zur Zellzerstörung in eng begrenzten Bereichen (**Plaques**). Wenn jedoch der lysogene Zyklus gewählt wurde, kann der Phage über viele Generationen im Genom der Wirtszelle weitergegeben werden.

b) Elektronenmikroskopische Aufnahme von drei Bakteriophagen

einfach eingeführt werden. DNA-Fragmente, die sich als Inserts in M13-Phagen befinden, können in einzelsträngiger Form gewonnen werden, was z. B. für die DNA-Sequenzierung nützlich ist.

### 6.1.3 Andere Vektoren

Für die Klonierung langer DNA-Abschnitte (> 20 kb) verwendet man **Cosmide** als Vektoren. Cosmide erhielten ihren Namen, da sie *cos*-Stel-

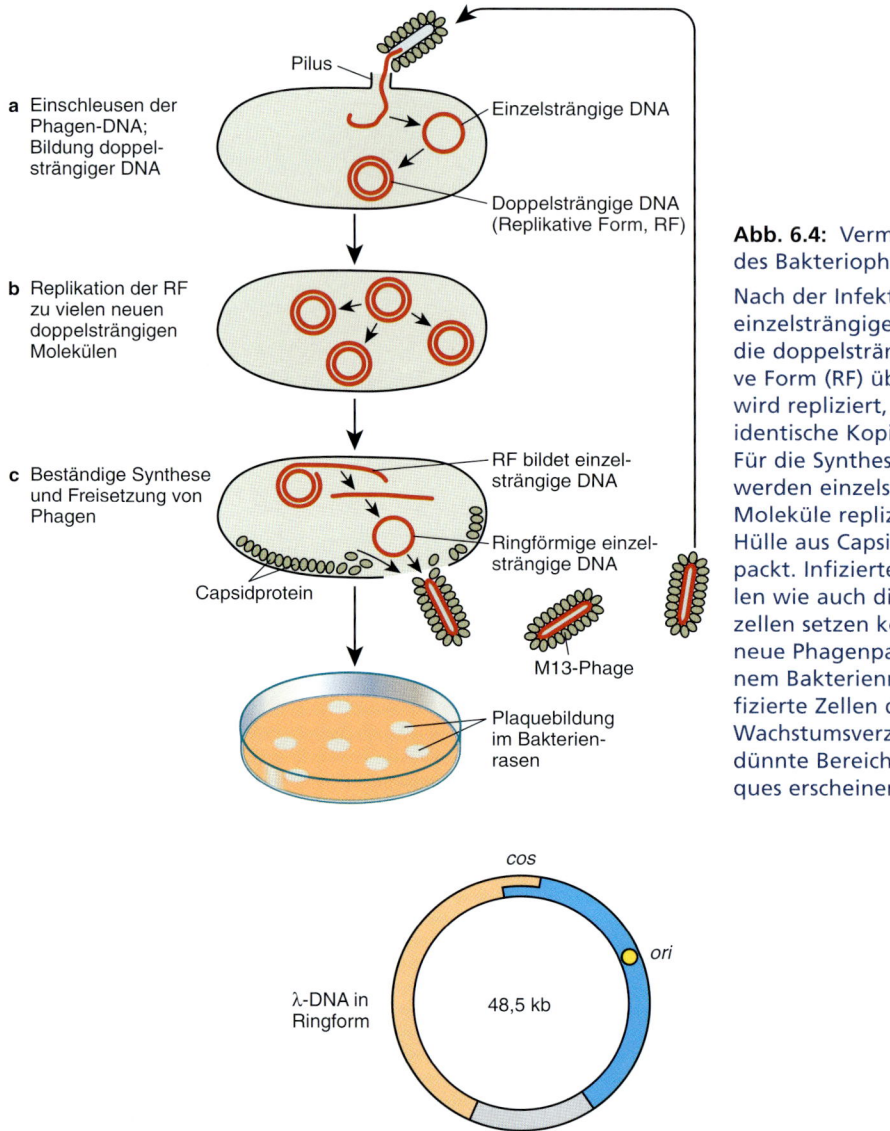

**a** Einschleusen der Phagen-DNA; Bildung doppelsträngiger DNA

Pilus

Einzelsträngige DNA

Doppelsträngige DNA (Replikative Form, RF)

**b** Replikation der RF zu vielen neuen doppelsträngigen Molekülen

**c** Beständige Synthese und Freisetzung von Phagen

Capsidprotein

RF bildet einzelsträngige DNA

Ringförmige einzelsträngige DNA

M13-Phage

Plaquebildung im Bakterienrasen

**Abb. 6.4:** Vermehrungszyklus des Bakteriophagen M13

Nach der Infektion wird die einzelsträngige Phagen-DNA in die doppelsträngige, replikative Form (RF) überführt. Diese wird repliziert, so dass viele identische Kopien entstehen. Für die Synthese neuer Phagen werden einzelsträngige DNA-Moleküle repliziert und in eine Hülle aus Capsidproteinen verpackt. Infizierte Bakterienzellen wie auch die Nachkommenzellen setzen kontinuierlich neue Phagenpartikel frei. In einem Bakterienrasen bilden infizierte Zellen durch die Wachstumsverzögerung ausgedünnte Bereiche, die als Plaques erscheinen.

cos

ori

λ-DNA in Ringform

48,5 kb

linkes cos-Ende (cos L)

λ-DNA in gestreckter Form

ori

rechtes cos-Ende (cos R)

15 Gene für Bausteine von Phagenkopf und -schwanz

Nicht essenzielle Gene (Region b2)

17 Gene für Rekombination, Regulation und Replikation

**Abb. 6.5:** Aufbau der DNA des Bakteriophagen Lambda (λ)

Die DNA des Bakteriophagen λ enthält mehrere Gene. An der cos-Stelle (cohesive site) befindet sich die Schnittstelle für eine Endonuclease. Diese linearisiert das bei der Replikation gebildete Molekül. Dabei entstehen komplementäre („klebrige") Einzelstrang-Enden, an denen sich die λ-DNA zur Ringform schließen kann. Für die Klonierung verwendete, modifizierte λ-Phagen tragen in der Region b2 Markergene und eine Multiple Cloning Site.

ori: origin of replication, Replikationsursprung.

len aus Phagen und zugleich wesentliche Teile aus Plasmiden enthalten (siehe **Abb. 6.13,** S. 147). Sie verbinden die hohe Effizienz der Phagenvermehrung mit der Fähigkeit, bis zu ca. 45 kb an Fremd-DNA einbauen zu können. Die endständigen *cos*-Sequenzen führen dazu, dass sich die doppelsträngige DNA in Phagenköpfe einlagert, die sich *in vitro* aus geeigneten Proteinextrakten wie bei Bakteriophagen selbständig aufbauen (***In-vitro*-Verpackung**). Die entstehenden Partikel können Bakterienzellen effizient infizieren. Gelangt die Cosmid-DNA in eine Bakterienzelle, so schließt sie sich ringförmig über die *cos*-Sequenzen und wird wie ein Plasmid vermehrt. Durch Expression eines im Vektor enthaltenen Selektionsmarkers (meist β-Lactamase) werden die infizierten Zellen positiv selektiert.

Weitere Klonierungsvektoren wurden aus bakteriellen Chromosomen (**BAC**, *bacterial artificial chromosome*) oder Hefe-Chromosomen (**YAC**, *yeast artificial chromosome*) geschaffen; diese Vektoren werden im Zusammenhang mit den Megabasentechniken auf S. 231ff. beschrieben. Außerdem gibt es die große Klasse der ***Shuttle*-Vektoren**. Sie enthalten Replikationssysteme von mehr als einer Wirtsspezies und dienen dem Transfer zwischen pro- und eukaryontischen Zellen.

## 6.2 *In-vitro*-Rekombination von DNA-Fragmenten

Sobald die gewünschten DNA-Fragmente bereitgestellt sind, ist der nächste Schritt die Erstellung von rekombinanten DNA-Molekülen. Als Erster nahm Stanley Cohen 1972 für ein solches Experiment das relativ kleine Plasmid pSC101 (ca. 9700 bp) und fand darin nur eine *Eco*RI-Schnittstelle. Das Plasmid wurde an dieser einen Stelle aufgeschnitten und mit einem Restriktionsfragment verbunden, welches ebenfalls mit dem Restriktionsenzym *Eco*RI erzeugt worden war. Das Experiment gelang, und das Hybridmolekül konnte in *E. coli* vermehrt werden (Cohen et al. 1973). Damit war der Schlüssel zur Entwicklung der „Klonierungstechniken" gefunden, deren entscheidender Teil die ***In-vitro*-Rekombination** ist.

Die *In-vitro*-Rekombination verwendet Enzy-

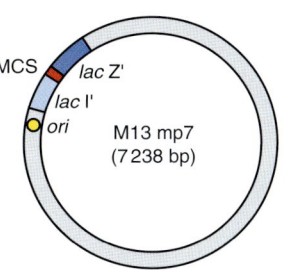

**Abb. 6.6:** Aufbau der DNA des Bakteriophagen M13 mp7

Der Klonierungsvektor M13 mp7 ist im Vergleich zum natürlichen M13-Phagen durch den Einbau eines *lacZ*-Gens verlängert und trägt dort auch eine *Multiple Cloning Site* (MCS).

*ori: origin of replication*, Replikationsursprung.

me des Nucleinsäurestoffwechsels. Die dafür besonders wichtigen Restriktionsendonucleasen werden auf S. 105ff., beschrieben. Zunächst wird der DNA-Ring des Vektors durch ein Restriktionsenzym geöffnet (linearisiert). Die Fremd-DNA wird meistens mit dem gleichen Restriktionsenzym zu Fragmenten mit passenden (kompatiblen) Enden zerlegt. Anschließend wird eine Verknüpfung (**Ligation**) durch DNA-Ligasen mit den Enden des linearisierten Vektors durchgeführt (**Abb. 6.7**). Mittlerweile gehört die Rekombination von DNA-Molekülen zu den Routinetechniken eines molekularbiologischen Labors. Einerseits gestattet der Einsatz der PCR-Technik die Herstellung ausgewählter DNA-Moleküle in reiner Form und andererseits gibt es käufliche Klonierungsvektoren, die unterschiedliche Restriktionsschnittstellen enthalten.

Wie aus **Abb. 6.7** zu erkennen ist, können Fragmente, die mit dem gleichen Restriktionsenzym erzeugt wurden und einzelsträngige Enden haben, auch miteinander ligiert werden. Ausnahmen von dieser Regel sind jene Fälle, in denen der zentrale Bereich der Restriktionsschnittstelle eine degenerierte Sequenz aufweist. Ein Beispiel hierfür ist die Erkennungsstelle des Enzymes *Sty*I, welches C▼CAAGG oder C▼CTAGG oder C▼CATGG oder C▼CTTGG schneidet. Die Schnittstelle ist jeweils mit ▼ bezeichnet. Eine erfolgreiche Ligation tritt aber nur dann ein, wenn identische komplementäre Sequenzen erzeugt wurden. **Tab. 4.3**, S. 107, führt einige Restriktionsenzy-

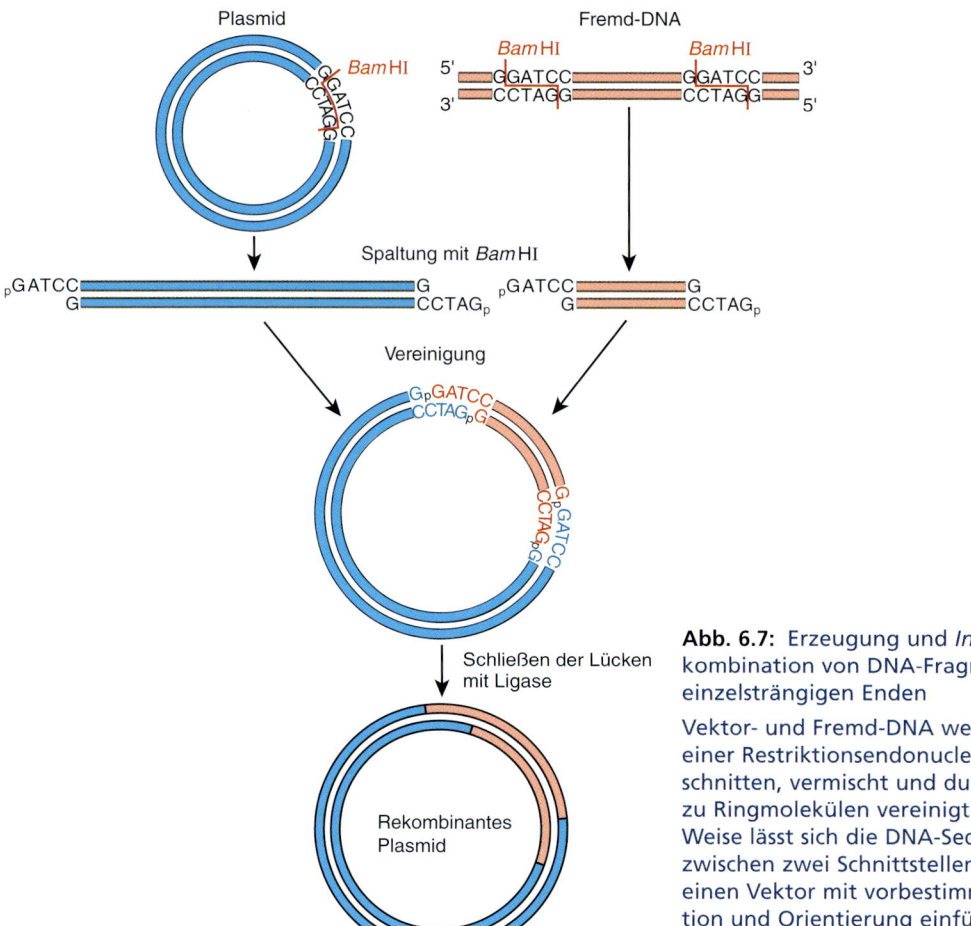

**Abb. 6.7:** Erzeugung und *In-vitro*-Rekombination von DNA-Fragmenten mit einzelsträngigen Enden

Vektor- und Fremd-DNA werden mit einer Restriktionsendonuclease geschnitten, vermischt und durch Ligase zu Ringmolekülen vereinigt. Auf diese Weise lässt sich die DNA-Sequenz, die zwischen zwei Schnittstellen liegt, in einen Vektor mit vorbestimmter Position und Orientierung einfügen. Der Vektor wird dadurch rekombinant.

me auf, deren DNA-Erkennungssequenzen verschieden sind, die aber trotzdem einzelsträngige Überhänge gleicher Sequenzen erzeugen. Diese Enden können ebenfalls miteinander verbunden werden, jedoch ist die resultierende Verbindungsstelle mit keinem der benutzten Enzyme rückspaltbar. Ein Beispiel hierfür ist die Verbindung von *Bam*HI- (G▼GATCC) mit *Bgl*II-Fragmenten (A▼GATCT).

Oft werden bei Fragmenten mit nicht-komplementären Einzelstrang-Enden zunächst stumpfe Enden erzeugt. Überhängende Einzelstränge werden hierfür manchmal zu doppelsträngigen Enden aufgefüllt (**Abb. 6.8**). Solche Fragmente mit stumpfen Enden (glatte Enden, *blunt ends*) können in beliebiger Kombination miteinander verbunden werden. In diesen Fällen wird die Interaktion der Molekül-Enden nicht durch die Ausbildung der sequenzspezifischen Basenwechselwirkungen stabilisiert, sondern die Ligase verknüpft während der Ligationsreaktion zufällig die durch Brown'sche Molekularbewegung zusammenstoßenden Fragment-Enden. Obgleich hierbei die Ligationseffizienz geringer liegt als bei Fragmenten, die mit kompatiblen Einzelstrang-Enden versehen sind, wird die Ligation von Fragmenten mit stumpfen Enden häufig eingesetzt.

Bei Fragmenten mit stumpfen oder nicht kompatiblen Enden können auch zunächst komplementäre Einzelstrang-Enden erzeugt werden. Dieses geschieht mit Enzymen oder durch Anheftung kurzer DNA-Abschnitte. Für solche Experimente gibt es drei Möglichkeiten (**Abb. 6.9**):
− Es werden so genannte ***Linker*** − d. h. kurze, doppelsträngige DNA-Stücke einer bekannten

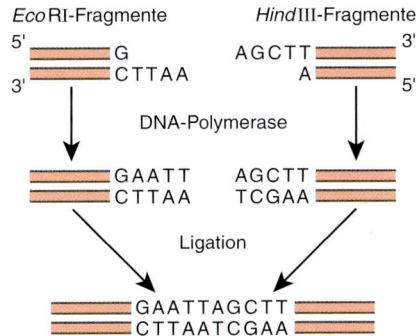

**Abb. 6.8:** Erzeugung stumpfer Enden an Fragmenten mit nicht-kompatiblen Einzelstrang-Enden

Die beiden einzelsträngigen Fragmente können nicht hybridisieren, da sie mit verschiedenen Restriktionsenzymen erzeugt worden waren (mit *Eco*RI bzw. *Hind*III). Die einzelsträngigen Enden beider Fragmente werden dann durch Katalyse von T4 DNA-Polymerase aufgefüllt. Damit entstehen stumpfe Enden, die verknüpft werden können.

Nucleotidsequenz – *in vitro* synthetisiert. Die *Linker* weisen eine Schnittstelle für ein Restriktionsfragment auf und werden sowohl an den linearisierten Vektor wie auch an die Fremd-DNA geheftet. Nachfolgend werden mit einem Restriktionsenzym am *Linker* komplementäre Einzelstrang-Enden erzeugt und für die *In-vitro*-Rekombination benutzt (**Abb. 6.9a**).

– **Adaptoren (*Adapter*)** wirken wie *Linker*, sie besitzen jedoch bereits ein Einzelstrang-Ende. Werden die Adaptoren an die glatten Enden von Vektor wie auch Fremd-DNA ligiert, so entstehen Moleküle mit Einzelstrang-Enden (**Abb. 6.9b**). Die Moleküle mit den angeknüpften Adaptoren werden nachfolgend ligiert. Ein solches Vorgehen beinhaltet jedoch das Problem, dass sich die Adaptormoleküle miteinander zu Dimeren verbinden. Dagegen helfen Adaptormoleküle mit jeweils einem modifizierten Einzelstrang-Ende. Meist fehlt dem 5′-Ende eine Phosphat-Gruppe (so dass ein 5′-OH-Terminus entsteht). Die DNA-Ligase ist nämlich nicht in der Lage, vom 5′-OH-Ende aus die Phosphodiesterbindung zu formen.

– Eine Herstellung von Einzelstrang-Enden gelingt auch durch ***Homopolymer-Tailing*** (**Abb.**

**6.9c**). Man synthetisiert hierbei Homopolymer-Enden, bei denen alle Nucleotide gleich sind, wie beispielsweise Poly-Desoxyguanosidin, d.h. Poly(dG). Ein Tailing ist möglich durch das Enzym Terminale Desoxynucleotidyl-Transferase, welches an das 3′-OH-Ende eines doppelsträngigen DNA-Moleküls eine Serie von Nucleotiden anfügt. Damit komplementäre Homopolymere entstehen, werden üblicherweise Poly(dC)-Tails an den Vektor gelagert und Poly(dG) an die zu klonierende DNA. Werden beide Fragmente gemischt, entstehen rekombinante DNA-Moleküle. In der Praxis sind die Homopolymer-Tails nicht immer gleich lang. Das verbundene Molekül kann daher einzelsträngige Bereiche aufweisen. Diese werden mit Klenow-Polymerase aufgefüllt, und mit Ligase wird abschließend die letzte Phosphodiesterbindung geschlossen.

## 6.3 Transfer und Vermehrung von DNA-Molekülen in Bakterienzellen

Im vorhergehenden Abschnitt wurde beschrieben, wie neue, rekombinante DNA-Moleküle erstellt werden können. Zur eigentlichen molekularen Klonierung, d.h. Vervielfältigung von Molekülen, ist das Einbringen der DNA in lebende Zellen notwendig. Zellen, die sich zur Vervielfachung rekombinanter DNA eignen, bilden zusammen mit der passenden rekombinanten DNA ein **Vektor/Wirtszell-System**. Als Wirtszellen werden im Folgenden nur Bakterien (**Abb. 6.10**) betrachtet, obwohl für spezielle Fragestellungen auch andere Zellen benutzt werden (vgl. S. 231ff.). Es gibt drei Wege, über die rekombinante DNA in Bakterien eingeschleust werden kann:

– Bei der **Transformation** handelt es sich um Aufnahme von freier („nackter") DNA in kompetente Zellen. Oft wird der Begriff auch enger definiert für den Transfer von Plasmid-DNA. Man beachte zudem, dass der Begriff Transformation in Verbindung mit eukaryontischen Zellen eine zusätzliche Bedeutung hat (siehe S. 38f.). Die meisten Bakterien sind in der Lage, DNA-Moleküle aus dem Medium aufzunehmen, in dem sie wachsen. Oftmals

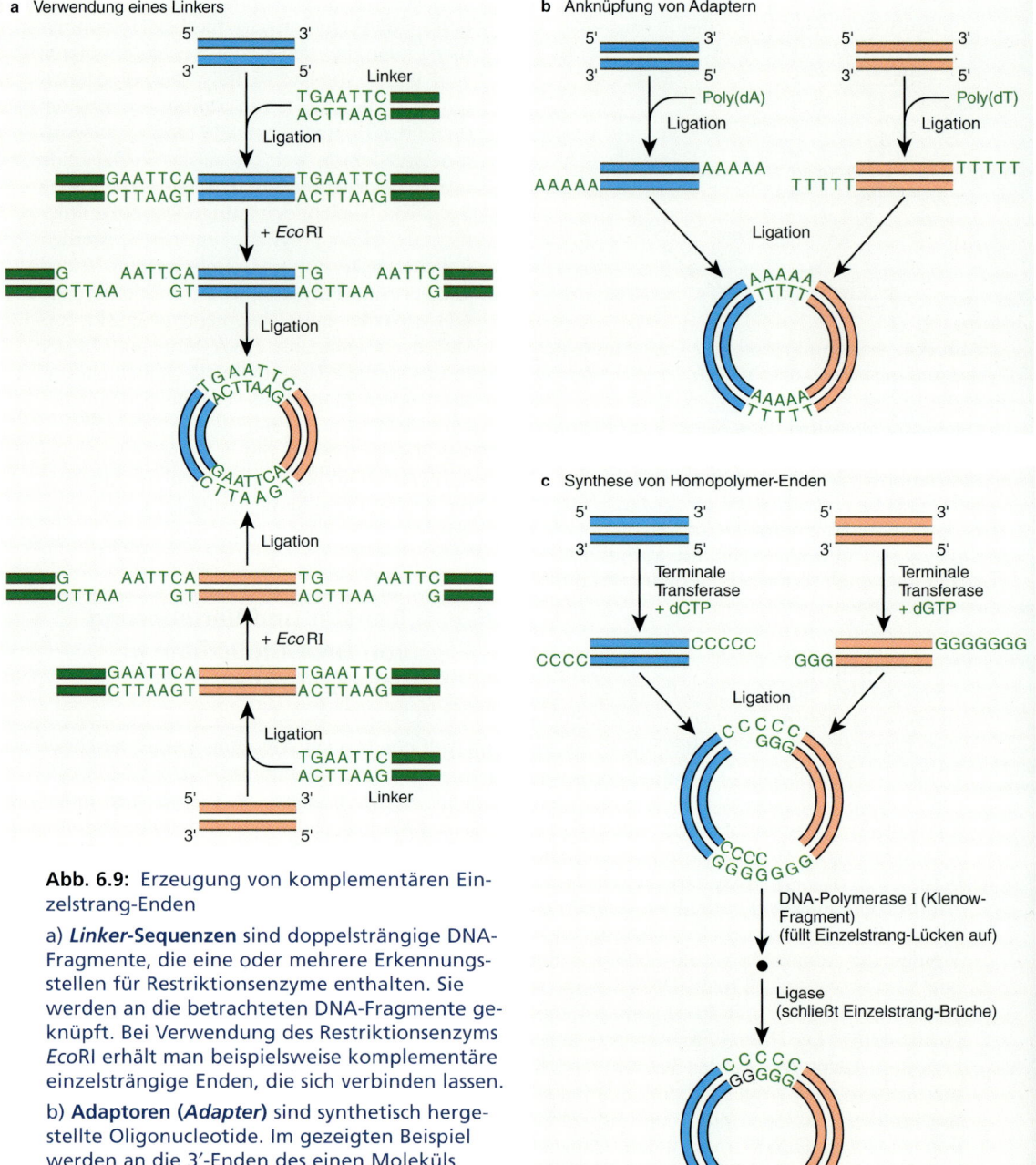

**Abb. 6.9:** Erzeugung von komplementären Einzelstrang-Enden

a) **Linker-Sequenzen** sind doppelsträngige DNA-Fragmente, die eine oder mehrere Erkennungsstellen für Restriktionsenzyme enthalten. Sie werden an die betrachteten DNA-Fragmente geknüpft. Bei Verwendung des Restriktionsenzyms *Eco*RI erhält man beispielsweise komplementäre einzelsträngige Enden, die sich verbinden lassen.

b) **Adaptoren (*Adapter*)** sind synthetisch hergestellte Oligonucleotide. Im gezeigten Beispiel werden an die 3′-Enden des einen Moleküls Poly(dA) und an die 3′-Enden des anderen Moleküls Poly(dT) angefügt. Damit entstehen komplementäre Einzelstrang-Enden, die ligiert werden können.

c) An die 3′-Enden der DNA-Fragmente können einzelsträngige **Homopolymer-Enden** synthetisiert werden. Benutzt man für die Synthesen dCTP bei der Vektor-DNA und dGTP bei der Fremd-DNA, so entstehen Einzelstrang-Enden, die zwischen Vektor- und Fremd-DNA komplementär sind. Die nach der Hybridisierung unterschiedlich langen Einzelstrangbereiche werden mit Hilfe der DNA-Polymerase aufgefüllt, und dann werden die Lücken mit Ligase geschlossen.

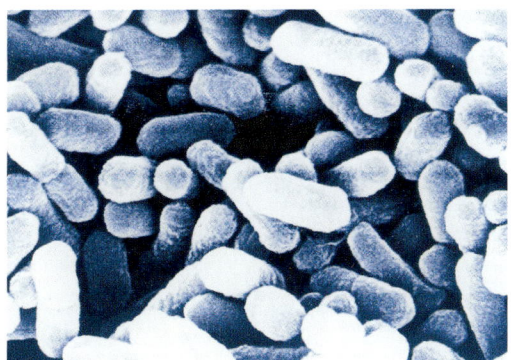

**Abb. 6.10:** *E.-coli*-Zellen

Colibakterien werden üblicherweise als Wirtszellen für den Transfer und die Vermehrung von DNA-Fragmenten verwendet. So dicht gepackt wie hier illustriert liegen die Bakterien in einer Kolonie.

werden die aufgenommenen DNA-Moleküle in den Zellen abgebaut. Gelegentlich wird aber die DNA in der Wirtszelle repliziert und bleibt erhalten. Dies wird der Fall sein, wenn es sich um ein Plasmid mit einem Replikationsursprung (*ori*) handelt, der von der Wirtszelle erkannt wird. Auch in der Natur ist DNA-Transformation ein wichtiger Prozess.

– Als **Transfektion** gilt, wenn gereinigte Phagen-DNA (oder rekombinante Phagen-DNA) von kompetenten *E.-coli*-Zellen aufgenommen wird. Auch dieser Begriff wird in der Eukaryonten-Genetik anders definiert (siehe S. 442).

– **Transduktion** ist die Infektion von DNA aus Phagen oder Viren in eine Zelle. Dies geschieht auch beim Gentransfer mittels Phagen, wobei rekombinante Phagen-DNA zuvor *in vitro* in die Proteinhülle verpackt wird (***In-vitro*-Verpackung**). Eine Transduktion ist im Labor relativ leicht möglich: Werden Hüllproteine mit der Phagen-DNA zusammengebracht, entstehen infektiöse Phagen.

Transformation von Bakterien mit Plasmid-DNA ist eine einfache und daher häufig verwendete Technik (vgl. **Abb. 6.1**, S. 134). Die meisten Bakterienspezies nehmen allerdings unter normalen Bedingungen nur selten DNA auf. Zellen, die eine Transformation ausführen können, werden als **kompetent** bezeichnet. Zur Steigerung der Transformationseffizienz werden kompetente *E.-coli*-Zellen in eiskalte Salz-

lösung (ca. 50 mM Calciumchlorid) gegeben. Die Aufnahme von DNA in eine kompetente Zelle lässt sich weiter stimulieren, wenn die Temperatur kurzzeitig auf 42 °C erhöht wird (Hitzeschock). Auch die Elektroporation (siehe S. 446) ist eine oft verwendete Technik für den Gentransfer in Bakterien und wird hier auch als Elektrotransformation bezeichnet. Mit Hilfe der verschiedenen Techniken erfolgt trotzdem nur bei ca. 0,01 % der Zellen eine DNA-Aufnahme, und man erhält etwa $10^7$–$10^8$ transformierte Zellen je μg Vektor-DNA. Dies wird an der Zahl der Kolonien erkannt und daher als *colony forming units, cfu*, bezeichnet. Wenige ng des zu klonierenden DNA-Moleküls reichen aus, um es durch Klonierung vermehren zu können.

Auch Phagen spielen für Klonierungsexperimente eine große Rolle. Das Endstadium der Phageninfektion ist die Zelllyse. Wenn die Phagen gleichmäßig über einen Bakterienrasen auf Agarmedium verteilt werden, kann man eine gewisse Zeit nach Transfektion oder Transduktion die lysierten Zellen in Form von **Plaques** auf dem Bakterienrasen erkennen (vgl. **Abb. 6.3**, S. 137, und **6.4**, S. 138). Dabei produzieren Lambda-Phagen „wahre" Plaques, d. h. tatsächlich lysierte Zellen. M13-Phagen induzieren lediglich eine Wachstumsdepression, durch die der Bakterienrasen dünn wird. Wichtig ist, dass jeder Plaque von einer einzelnen transfizierten oder infizierten Zelle abstammt und daher identische Phagenpartikel enthält.

## 6.4 Vermehrung und Aufbewahrung von Zellen mit rekombinanten DNA-Molekülen

In teilungsaktiven Zellen erfolgt eine Vermehrung (**Vervielfachung, Amplifikation, Klonierung, *cloning***) von DNA-Molekülen. Dies geschieht sowohl durch Zellteilung als auch durch Vektorvermehrung. In diesem Zusammenhang meint das Wort „Klonierung" die Vermehrung bestimmter DNA-Moleküle. Vor Erfindung der PCR-Technik war die DNA-Klonierung in Zellen die einzige Möglichkeit, ein DNA-Fragment zu vervielfältigen, so dass oft der gesamte Vorgang von der *In-vitro*-Rekombination bis zur Zellkultivierung als Klonierung bezeichnet wird. Die Klonierung dient im Wesentlichen

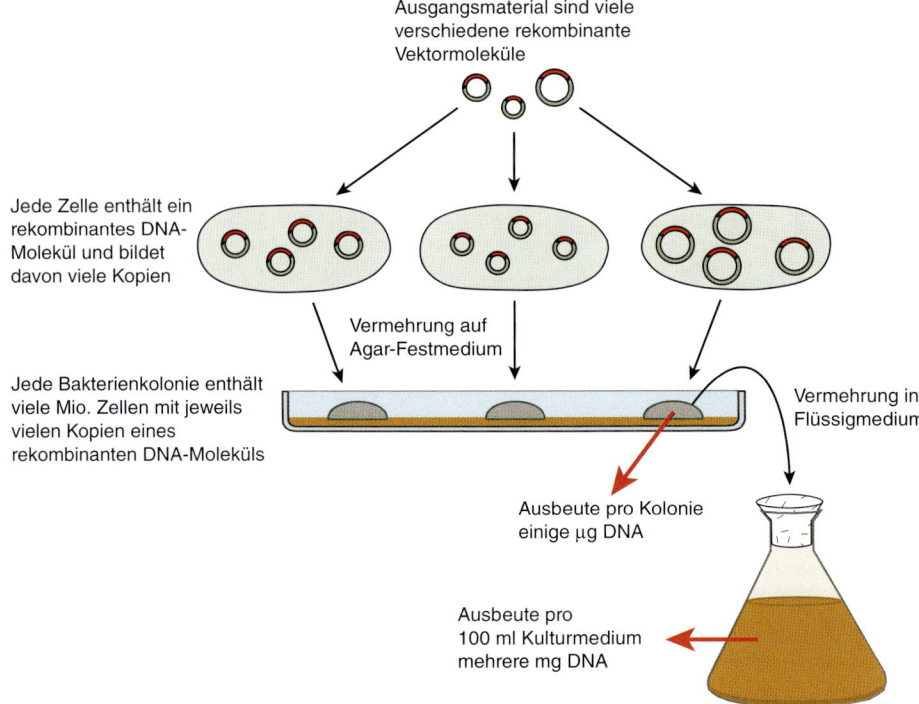

Ausgangsmaterial sind viele verschiedene rekombinante Vektormoleküle

Jede Zelle enthält ein rekombinantes DNA-Molekül und bildet davon viele Kopien

Vermehrung auf Agar-Festmedium

Jede Bakterienkolonie enthält viele Mio. Zellen mit jeweils vielen Kopien eines rekombinanten DNA-Moleküls

Vermehrung in Flüssigmedium

Ausbeute pro Kolonie einige μg DNA

Ausbeute pro 100 ml Kulturmedium mehrere mg DNA

**Abb. 6.11:** Klonierung als Reinigungs- und Vermehrungsprozess

Aus einer Mischung vieler verschiedener Moleküle gelangt in eine Zelle üblicherweise nur ein einziges Vektormolekül. Dieses wird damit von anderen Molekülen abgetrennt. Die Klonierung ist also ein **Reinigungsprozess**, denn aus einer Mischung verschiedener Zellen lassen sich einzelne Klone isolieren. Ein Klon enthält jeweils nur **eine** DNA-Molekülart, aber in **vielen** Kopien, so dass jede einzelne Molekülart in großen Mengen getrennt isoliert werden kann. Klonierung ist damit zugleich ein **Vermehrungsprozess**, bei dem die DNA-Moleküle stark vervielfältigt werden können.

zwei Aufgaben (**Abb. 6.11**): (i) Sie erlaubt die Herstellung einer großen Zahl an rekombinanten DNA-Molekülen. (ii) Außerdem ist eine „Reinigung" möglich, d.h. der Nachweis und die Isolierung bestimmter DNA-Moleküle. Die Möglichkeit einer Isolierung bestimmter Moleküle ergibt sich daraus, dass gewöhnlich nur <u>ein</u> rekombinantes DNA-Molekül in <u>eine</u> bestimmte Wirtszelle transportiert wird. Diese vermehrt sich anschließend zu einem Zellklon, der daher eine Vielzahl an Kopien eines bestimmten DNA-Moleküls enthält. Indem der entsprechende Zellklon isoliert wird, kann dieses Fragment von allen anderen Fragmenten abgetrennt werden (**Abb. 6.12**).

Die Vermehrung der DNA hängt einerseits von den Eigenschaften des Vektors sowie der Wirtszellen ab und wird andererseits von den Kulturbedingungen beeinflusst. Beispielsweise

vermehrt sich Plasmid-DNA in Bakterienzellen, indem sich die Bakterienzellen teilen und sich innerhalb einer jeden Zelle die Plasmide selbständig replizieren. Dies gilt auch für transformierte Plasmide. Auf diese Weise entstehen von DNA-Molekülen einer bestimmten Sequenz sehr viele Kopien, und man erhält – nach entsprechender Isolierung – für das amplifizierte rekombinante DNA-Molekül bzw. die Insert-DNA eine so genannte **DNA-Sonde (*Probe*)**, d.h. zahlreiche Molekülkopien einer bestimmten DNA-Sequenz. DNA-Sonden mit bekannter Sequenz werden benutzt, um unbekannte DNA-Moleküle auf Grund der Bindung komplementärer Basen durch Hybridisierung nachweisen zu können, z.B. mit Hilfe der *Southern-Blot-*Technik (siehe **Abb. 4.17,** S. 112).

Oft werden sehr viele verschiedene DNA-Fragmente erzeugt und in Vektoren rekombi-

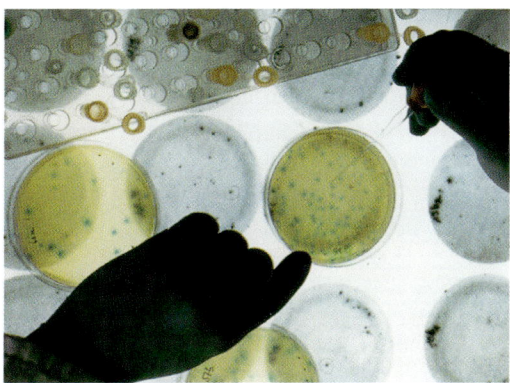

**Abb. 6.12:** Bakterienzellklone in Petrischalen

Bakterienzellklone befinden sich auf der Nähragarschicht. Sie sind räumlich getrennt, so dass mit einem Glasspatel das Material einzelner Klone isoliert werden kann.

niert. Dadurch entsteht eine **DNA-** oder **Genbibliothek** (oder **-bank**), d. h. eine Sammlung verschiedenartiger DNA-Fragmente, die sich in vermehrungsfähigem Zustand, also in Vektoren (meistens Plasmide, Bakteriophagen oder Cosmide), und meist auch in Zellen oder in Phagenlysaten befinden. Dabei enthalten **cDNA-Bibliotheken** Kopien von Genteilen, die in den zur Erstellung der Bibliothek verwendeten Geweben/Zellen transkribiert wurden. Eine **genomische DNA-Bibliothek** enthält von einem Individuum (oder der gepoolten DNA mehrerer Individuen) das gesamte Genom oder Teile des Genoms (z. B. DNA einzelner Chromosomen) in Form unterschiedlich großer DNA-Fragmente. Bei der **Schrotschuss-Klonierung** (*shotgun cloning*) wird das Genom durch einen „Schuss" mit einem Restriktionsenzym in DNA-Fragmente von üblicherweise 5–50 kb zerlegt, die dann in einem geeigneten Vektor, z. B. Lambda-Phagen oder Cosmide, kloniert werden.

## 6.4.1 Anlage von genomischen DNA-Bibliotheken

Eine genomische DNA-Bibliothek dient dem Zweck, in nachfolgenden Isolierungsschritten größere, zusammenhängende Abschnitte des Genoms zu charakterisieren. Die notwendige **Anzahl der Klone**, um z. B. ein Genom vollständig kloniert zu haben, definiert sich anhand der Wahrscheinlichkeit, mit der ein beliebiges DNA-Segment in die Sammlung der Klone gelangt. Diese Wahrscheinlichkeit hängt von der Größe des Genoms sowie von der Länge der genomischen DNA-Stücke ab, die in den Vektor insertiert wurden. Die Länge der klonierbaren Insertionen wird vom Vektortyp bestimmt, in welchem die Bibliothek angelegt wird. Die notwendige Anzahl N der zu erstellenden Klone, um mit einer vorgewählten Wahrscheinlichkeit P ein beliebiges genomisches DNA-Fragment in der Bibliothek repräsentiert zu finden, lässt sich durch folgende Beziehung beschreiben:

$$ N = \frac{\ln(1-P)}{\ln(1-f)} $$

Hierbei gibt f das Verhältnis der Insertionslänge (d. h. durchschnittliche Länge der DNA-Stücke aus dem Genom) zur Gesamtlänge des Genoms an. Bei der Anlage einer vollständigen Bibliothek zielt man auf eine mindestens 95–99%ige Wahrscheinlichkeit, ein beliebiges DNA-Segment darin finden zu können. Der hierfür notwendige Umfang einiger genomischer DNA-Bibliotheken ist in **Tab. 6.2** dargestellt.

Die Wahl des **Vektortyps** zur Anlage der Bibliothek hängt von der Fragestellung ab, die man bearbeiten möchte. Für Genanalysen gilt: Je kürzer das Insert ist, desto leichter ist die anschließende Arbeit. Für die Isolierung eines bestimmten Gens wird man sich daher für eine Lambda- oder Cosmidbank entscheiden, während man für die Genomkartierung meist sehr große Segmente kloniert (siehe **Abb. 13.9**, S. 279). Jeder Typ einer genomischen Bibliothek hat Vor- und Nachteile. Bei manchen Fragestellungen wird daher eine kombinierte Verwendung unterschiedlicher Typen von Bibliotheken notwendig sein.

**Abb. 6.13** illustriert die **Erstellung** einer genomischen DNA-Bibliothek mit Hilfe eines Cosmidvektors. Zur Anlage einer repräsentativen genomischen Bibliothek ist es neben der Anzahl der benötigten Klone oft entscheidend, dass die Bibliothek überlappende Segmente des Genoms enthält (**Abb. 6.14a**). Diese sind erforderlich, damit – ausgehend von einem ersten Isolat – Anschlussklone mit überlappenden Bereichen zu finden sind, z. B. um einen Chromosomenbereich oder ein vollständiges Chromosom bearbeiten zu können. Das gerichtete Isolieren von benachbarten Genomabschnitten

**Tab. 6.2:** Notwendige Klonzahlen zur Anlage einer repräsentativen genomischen DNA-Bibliothek (aufgerundete Zahlen)

| Typ | Genomgröße (bp) | Zahl der Klone bei Klonierung in | | | |
|---|---|---|---|---|---|
| | | Bakteriophagen $\lambda$ (Insertgröße 17 kb) | | Cosmiden (Insertgröße 35 kb) | |
| | | P ≥ 95 % | P ≥ 99 % | P ≥ 95 % | P ≥ 99 % |
| *E. coli* | $4{,}6 \times 10^6$ | 810 | 1 250 | 400 | 610 |
| *D. melanogaster* | $1{,}4 \times 10^8$ | 25 000 | 38 000 | 12 000 | 18 500 |
| Säugetiere | $3{,}0 \times 10^9$ | 530 000 | 820 000 | 260 000 | 400 000 |

P: Wahrscheinlichkeit dafür, einen gesuchten DNA-Bereich zu finden

wird auf S. 237 ff. beschrieben. Es gibt unterschiedliche Verfahren zur Erzeugung überlappender DNA-Fragmente mit klonierfähigen Enden. Am häufigsten verwendet wird die partielle Spaltung genomischer DNA mit einer häufig spaltenden Restriktionsendonuclease, also einem „4-er" Enzym. Dieses Enzym lässt man in geringer Konzentration und nur für eine begrenzte Zeit auf die DNA einwirken, so dass ein gegebenes DNA-Molekül nicht an jeder möglichen Spaltstelle zerschnitten wird (**vollständige Restriktion, Abb. 6.14b**), sondern nur an einigen Stellen (**partielle Restriktion, Abb. 6.14a**). Oft wählt man die Bedingungen der Restriktionsspaltung so, dass im DNA-Strang nur etwa eine von 50–100 möglichen Spaltstellen benutzt wird. Bezogen auf die Gesamtheit der vorgelegten genomischen DNA-Moleküle wird das Enzym jedoch mindestens einmal an jeder möglichen Erkennungsstelle spalten. Es entsteht im Spaltungsansatz also eine Schar von überlappenden Fragmenten mit klonierfähigen Enden. Nach Beendigung der partiellen Spaltung kann man Fragmente der gewünschten Länge mit einem geeigneten präparativen Verfahren (Elektrophorese, Dichtegradientenzentrifugation) selektieren, mit einem Vektor ligieren und dann klonieren.

Die **Aufbewahrung** der genomischen DNA-Bibliotheken hängt vom Vektortyp ab. Wird die Bank im Bakteriophagen $\lambda$ angelegt, so bringt man 20 000–50 000 Phagen je Agaroseplatte aus und bebrütet solange, bis Phagenkolonien in Form kleiner Plaques sichtbar werden. Anschließend wird mit einem Puffer überschichtet, in den die Phagen diffundieren. Man zieht den Überstand von jeder Platte ab, vereint die individuellen Überstände und erhält die Bibliothek als Phagensuspension. Diese Suspension kann eingefroren und viele Jahre gelagert werden. Bei Cosmid-Bibliotheken (**Abb. 6.13**) werden die transformierten Bakterien üblicherweise auf Nitrozellulosefilter ausgebracht, die auf Agaroseplatten gelegt wurden. Die Nährstoffe für das Bakterienwachstum diffundieren durch den Filter, und es entwickeln sich im Verlaufe der Bebrütung kleine Kolonien. Die so behandelten Filter können nach einer geeigneten Vorbehandlung eingefroren gelagert werden. Zum Gebrauch bebrütet man den Filter erneut kurze Zeit und beimpft anschließend mit ihm einen Replikafilter, d. h. man erzeugt ein spiegelbildliches Muster der Kolonien auf einem zweiten Filter. Während der ursprüngliche Filter erneut eingefroren wird, kann man den Replikafilter zur Hybridisierungsanalyse verwenden (z. B. mit der Kolonie- oder Plaquehybridisierung, siehe **Abb. 7.8, S. 157**), in deren Verlauf die Bakterien abgetötet werden. Bibliotheken mit langen genomischen Insertstücken (> 100 kb) werden auf spezielle Weise aufbewahrt und analysiert (s. S. 237 ff.).

## 6.4.2 Herstellung von cDNA-Bibliotheken

Eine **cDNA-Bibliothek** repräsentiert im Allgemeinen die Gesamtheit der mRNA-Moleküle eines Gewebes (**Abb. 6.14c**). Ziel der Anlage einer cDNA-Bibliothek ist die Konservierung und Analyse der Transkripte eines Gewebes oder einer Zelllinie. Hierbei erfasst eine cDNA-Bibliothek in Bezug auf die einbezogenen Zellen nur eine Momentaufnahme des Funktionszu-

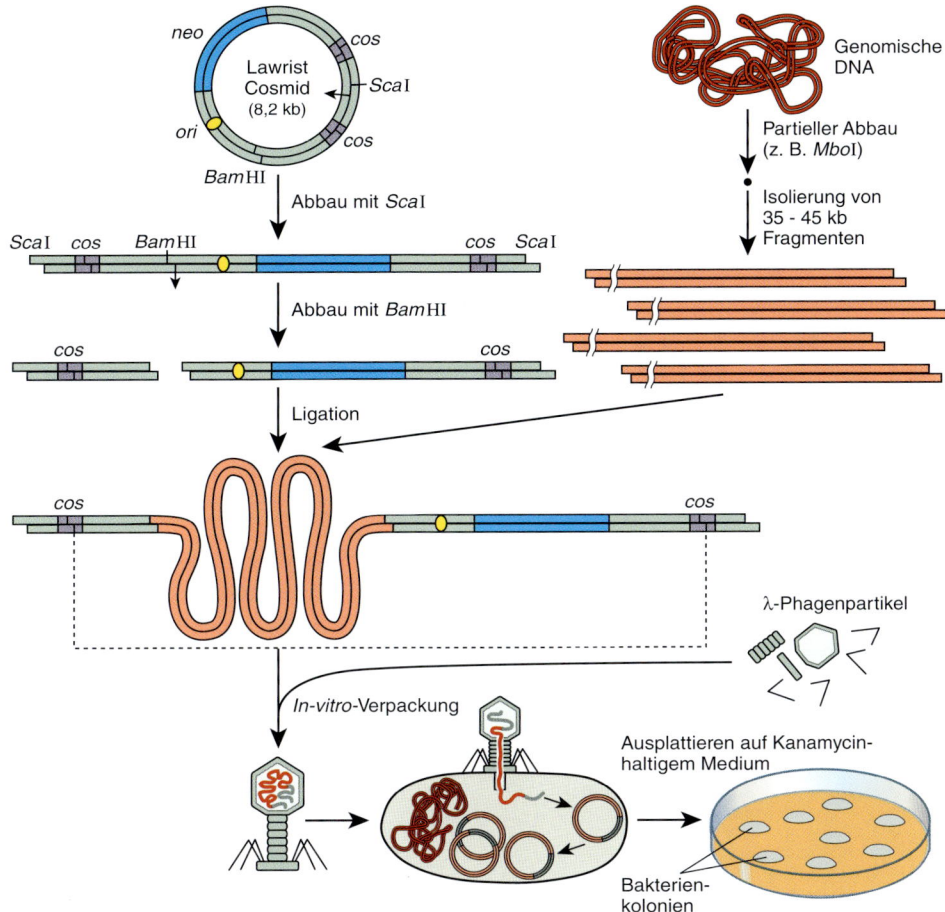

**Abb. 6.13:** Anlage einer genomischen DNA-Bibliothek in einem Cosmidvektor

Cosmide tragen Bereiche aus Plasmiden, und solche, die aus der λ-DNA stammen (mit einer oder mehreren *cos*-Stellen). Im Beispiel wird genomische DNA durch kurzzeitige und gering konzentrierte Einwirkung eines Restriktionsenzyms nur teilweise („partiell") gespalten (also nicht an allen Erkennungsstellen des betreffenden Enzyms). Von den dadurch erstellten Fragmenten werden solche isoliert, die 35 000–45 000 bp lang sind. Die DNA des Cosmidvektors wird in zwei Fragmente zerlegt (im Beispiel mit *Bam*HI und *Sca*I). Die beiden Seitenteile oder Arme werden mit den Fragmenten aus der genomischen DNA ligiert. Die rekombinante DNA wird dann *in vitro* in Phagenpartikel verpackt. Die dadurch entstehenden Phagen werden über einen Bakterienrasen verteilt, der sich auf einer Agarplatte befindet. Nach der Infektion verhält sich der Cosmidvektor wie ein Plasmid. In Kanamycin-haltigem Medium überleben solche Bakterienzellen, die ein Vektormolekül (Kanamycinresistenz wird durch den Selektionsmarker *neo* des Cosmids bewirkt) tragen. In jeder Kolonie befinden sich viele Cosmidkopien mit jeweils einem bestimmten DNA-Fragment. Einzelne Bakterienkolonien lassen sich isolieren, oder sie werden zunächst in ihrer Gesamtheit aufbewahrt.

standes zum Zeitpunkt der Zellaufarbeitung. Eine cDNA-Bibliothek gibt Auskunft, welche Gene zur Zeit der Probennahme in dem betreffenden Gewebe aktiv waren, und erlaubt auch abzuschätzen, mit welcher Intensität sie exprimiert wurden. Bei der Anlage einer cDNA-Bibliothek werden die doppelsträngigen DNA-Kopien der ursprünglichen mRNA-Moleküle nach Ligation in Bakteriophagen oder Plasmide kloniert (**Abb. 6.15**). Wie viele unabhängige Klone muss man aber erzeugen, um eine brauchbare cDNA-Bibliothek zu erhalten?

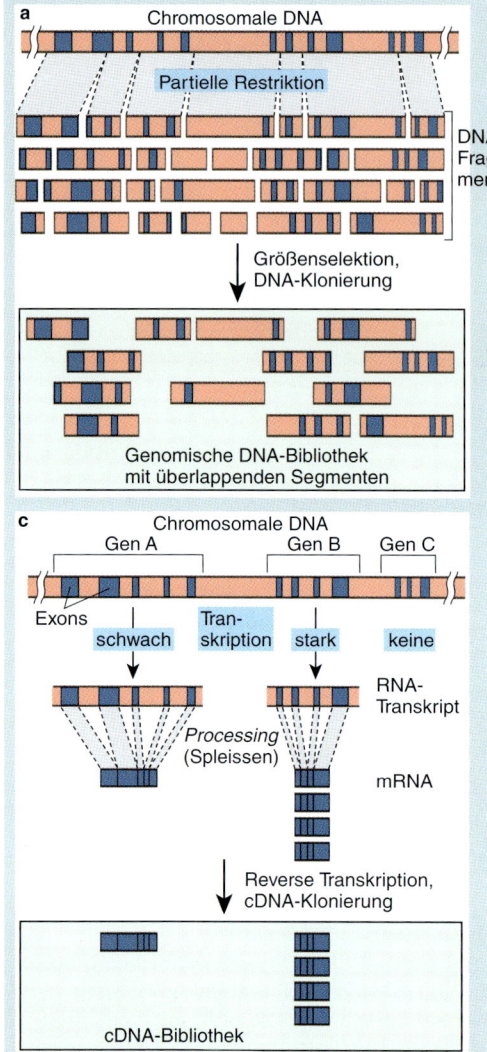

**Abb. 6.14:** Unterschiede zwischen Bibliotheken mit genomischer DNA und cDNA

Betrachtet wird ein kleiner Bereich eines Chromosoms, der drei Gene umfasst.

a, b) **Genomische DNA-Bibliotheken** enthalten alle DNA-Sequenzen, unabhängig von deren Beteiligung an der Transkription. Die Häufigkeit, mit der einzelne Genomabschnitte in der DNA-Bibliothek vertreten sind, ist vereinfachend als zufallsgemäß anzunehmen. Genomische DNA-Bibliotheken mit überlappenden Segmenten (a) erlauben eine Zuordnung benachbarter Fragmente für eine anschließende Sortierung oder Kartierung. Nach vollständiger Restriktion (b) sind keine überlappenden DNA-Stücke zu beobachten und damit auch keine Anschluss-Segmente definierbar.

c) **cDNA-Bibliothek.** In einem Gewebe wird aus den mRNA-Molekülen eine cDNA-Bibliothek hergestellt. In dem Gewebe, aus dem die cDNA isoliert wurde, wurde Gen C nicht , Gen A selten, Gen B häufig transkribiert. Illustriert wird, dass nach der Transkription im Verlaufe des Processing die Intronbereiche aus den RNA-Molekülen entfernt werden. In die cDNA-Bibliothek gelangen also nur die codierenden Sequenzen, und die Anteile der Klone einer bestimmten cDNA-Bibliothek korrelieren zudem mit den Anteilen der betreffenden mRNA-Moleküle in den Zellen des betrachteten Gewebes, d.h. der jeweiligen Transkriptionsintensität.

Anders als bei einer genomischen Bibliothek spielt für diese Abschätzung die Genomgröße keine Rolle. Vielmehr sollen die Konzentrationen der individuellen mRNA-Moleküle in den Zellen abgeschätzt werden können. Experimente haben gezeigt, dass es riesige Unterschiede in der Repräsentanz der verschiedenen mRNA-Sequenzen je nach Zelle gibt. Als grober Anhaltspunkt kann man von folgenden Bedingungen ausgehen: Etwa 10–20 Gene sind mit 10000 bis > 100000 mRNA-Molekülen je Zelle vertreten (z.B. mRNA-Moleküle für Tubulin oder Actin). Sie machen etwa 25 % der mRNA-Gesamtmenge aus. Etwa 500 unterschiedliche mRNA-Arten

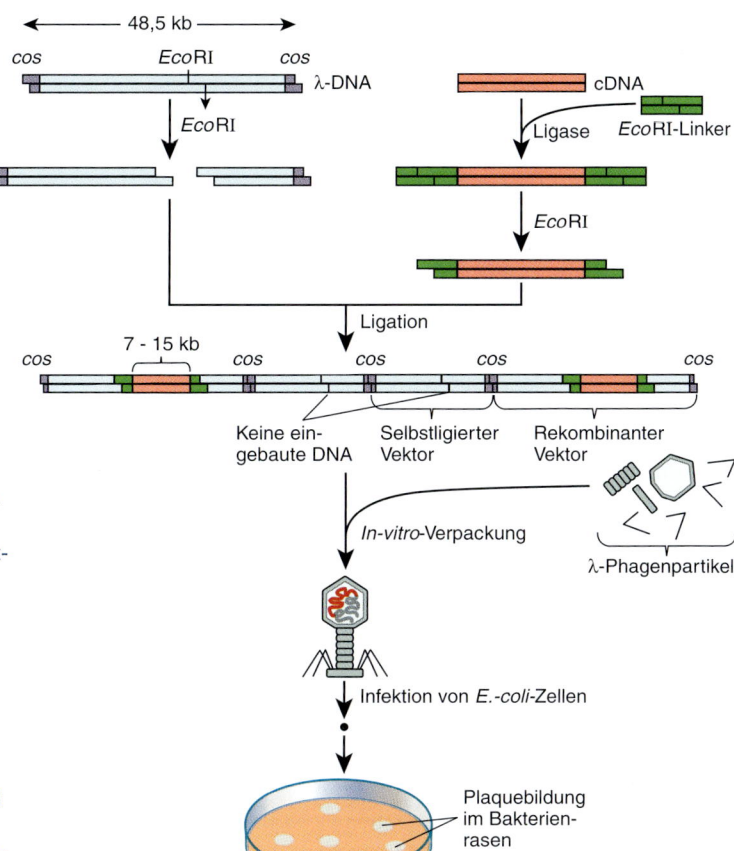

**Abb. 6.15:** Anlage einer cDNA-Bibliothek im Phagenvektor Lambda (λ)

Die DNA des Phagenvektors wird in Fragmente zerlegt. Die beiden Seitenteile oder Arme werden mit cDNA ligiert. Die rekombinante DNA wird *in vitro* in Phagenpartikel verpackt. Die dadurch entstehenden Phagen werden über einen Bakterienrasen verteilt, der sich auf einer Agarplatte befindet. Es beginnt ein Infektionsprozess, durch den nach einiger Zeit im Bakterienrasen Löcher oder Plaques gebildet werden. In jeder der Plaques sind viele Phagenkopien mit jeweils einem bestimmten DNA-Fragment enthalten.

sind mit einigen hundert Kopien vertreten (ebenfalls etwa 25 % der mRNA-Gesamtmenge). Die restlichen ca. 10 000 exprimierten Gene sind mit weniger als 10 Molekülen je Zelle enthalten und umfassen insgesamt ca. 50 % der mRNA-Gesamtmenge. Um die cDNA-Kopie eines gering exprimierten Gens mit 99 %iger Wahrscheinlichkeit mindestens einmal zu finden, sind mindestens 200 000 unabhängige Klone zu etablieren. Die im Handel erhältlichen Reagenziensätze gestatten es, ausgehend von wenigen µg angereicherter mRNA, 1 bis $2 \times 10^6$ Klone zu erstellen, so dass die Anlage repräsentativer cDNA-Bibliotheken nicht schwierig ist.

## 6.5 Biologische Sicherheit bei gentechnischen Arbeiten

Mit der Entdeckung, dass beliebige DNA-Stücke durch Klonierung in Mikroorganismen praktisch unbegrenzt vermehrungsfähig sind, kam rasch die Sorge ihrer unkontrollierbaren Ausbreitung auf. Daher wurden 1975 auf der berühmten ASILOMAR CONFERENCE (USA) Richtlinien für den Umgang mit rekombinanten DNA-Molekülen vorgeschlagen. In weltweitem Konsens wurden Maßnahmen zur Verhinderung der unkontrollierten Verbreitung rekombinanter DNA-Moleküle aus den Laboratorien beschlossen. Schließlich wurde ein Konzept zur Gewährleistung der **Biologischen Sicherheit** entwickelt und gesetzlich geregelt (siehe S. 587ff.). Das Konzept ruht auf drei Säulen (**Abb. 6.16**):

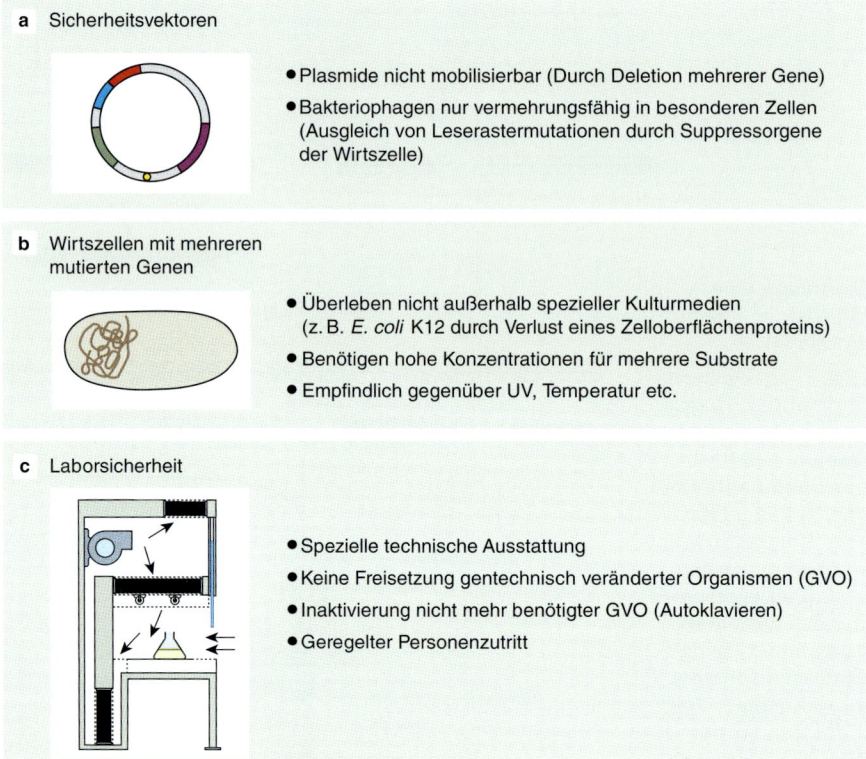

**a** Sicherheitsvektoren

- Plasmide nicht mobilisierbar (Durch Deletion mehrerer Gene)
- Bakteriophagen nur vermehrungsfähig in besonderen Zellen (Ausgleich von Leserastermutationen durch Suppressorgene der Wirtszelle)

**b** Wirtszellen mit mehreren mutierten Genen

- Überleben nicht außerhalb spezieller Kulturmedien (z. B. *E. coli* K12 durch Verlust eines Zelloberflächenproteins)
- Benötigen hohe Konzentrationen für mehrere Substrate
- Empfindlich gegenüber UV, Temperatur etc.

**c** Laborsicherheit

- Spezielle technische Ausstattung
- Keine Freisetzung gentechnisch veränderter Organismen (GVO)
- Inaktivierung nicht mehr benötigter GVO (Autoklavieren)
- Geregelter Personenzutritt

**Abb. 6.16:** Konzept der biologischen Sicherheit

– **Vektoren** dürfen sich in der freien Natur nicht ausbreiten können, d. h., sie dürfen nicht auf andere Mikroorganismen übertragbar sein, selbst wenn sie durch Fehler freigesetzt werden. Um dies zu gewährleisten, wurden unterschiedliche Veränderungen an den Vektoren vorgenommen. Beispielsweise hat man bei den zur Klonierung zugelassenen Plasmid-Vektoren jene Gruppe von Genen irreversibel entfernt (deletiert), die für Mobilisierung und Übertragung der Plasmide auf andere Bakterien notwendig sind. Bei Bakteriophagen verwendet man als Vektoren solche Varianten, die in einem oder mehreren tRNA-Genen Leseraster-Mutationen aufweisen. Diese Vektoren können sich nur in Bakterien vermehren, die über die entsprechenden Suppressor-Mutationen verfügen und dadurch diese Mutationen ausgleichen können.

– Als **Wirtszellen** dürfen nur solche Zellen verwendet werden, die in der freien Natur nicht überlebensfähig sind. Ausgangszellstamm für die gebräuchlichen Wirtszellen ist *E. coli* K12. Dieser Stamm wurde etwa 1920 isoliert (aus dem Stuhl einer von Typhus genesenen Patientin) und hat eine bewegte Laborgeschichte hinter sich. Seit 1949 ist der Stamm archiviert und charakterisiert. K12-Zellen fehlt ein Großteil der Oberflächenproteine, die *E. coli* gegenüber der Umwelt schützen. Daher sind diese Zellen zwar im Labor gut kultivierbar, sie haben jedoch gegenüber den in freier Natur vorkommenden Mikroorganismen so große Selektionsnachteile, dass sie außerhalb der Laborbedingungen nicht überlebensfähig sind.

– Der **Laborbetrieb** muss einen verantwortungsvollen Umgang mit klonierter DNA gewährleisten. Geeignete technische Einrichtungen und Arbeitsabläufe schützen den Experimentator und verhindern die unkontrollierte Freisetzung von biologischem Material

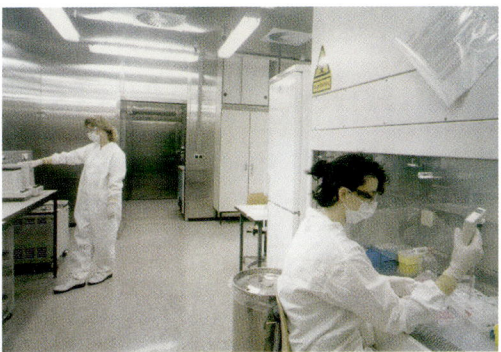

**Abb. 6.17:** Gentechnisches Labor

Abgeschlossene Laboreinheiten, geeignete technische Einrichtungen und angepasste Arbeitsabläufe schützen den Experimentator, das Experiment und die Umgebung. Im Vordergrund wird ein Arbeitsplatz an der sterilen Werkbank (Reinraumwerkbank, siehe auch **Abb. 1.1** S. 26) gezeigt, bei dem das klonierte Material völlig von der Umgebung abgetrennt ist.

(**Abb. 6.17**). Prinzip hierbei ist u. a., dass jedwedes klonierte Material vor der Entsorgung inaktiviert wird (meist Sterilisation durch Autoklavieren).

## Zusammenfassung

– Für die Kultivierung der zu untersuchenden DNA-Moleküle in Wirtszellen wurden spezielle Vektoren (Klonierungsvektoren) entwickelt, die sich in den meisten Fällen von Plasmiden oder/und Bakteriophagen ableiten.

– Die *In-vitro*-Rekombination von DNA-Molekülen erfolgt mit Enzymen des Nucleinsäurestoffwechsels. Anschließend werden rekombinante DNA-Moleküle in Wirtszellen eingebracht, dort vervielfältigt und in Zellklonen isoliert.

– Eine Sammlung verschiedener DNA-Moleküle, die in Vektoren rekombiniert vorliegen, bildet eine DNA- oder Genbibliothek. Genomische DNA-Bibliotheken repräsentieren die DNA eines oder mehrerer Individuen für ein gesamtes Genom oder für Teile eines Genoms (z. B. eines Chromosoms). cDNA-Bibliotheken enthalten Kopien von transkribierten Genteilen; sie werden für die Analyse benutzt, welche Gene zum Zeitpunkt der Probennahme im betreffenden Gewebe aktiv waren und mit welcher Intensität deren Expression erfolgte.

– Für Arbeiten mit rekombinanter DNA gelten Richtlinien der Biologischen Sicherheit, die den Einsatz von Vektoren und Wirtszellen regeln, aber auch die technischen Einrichtungen und Arbeitsabläufe in Laboratorien vorgeben.

# 7 Identifikation von rekombinanten DNA-Molekülen in klonierten Wirtszellen

Üblicherweise werden rekombinante Vektor-Moleküle in Bakterienzellen eingebracht und dort im Zuge der Zellteilungen vermehrt. Es stellt sich dann die Frage, wozu die so klonierten DNA-Moleküle verwendet werden können. Nützlich kann es beispielsweise sein, wenn ein Zellklon gefunden wird, in dem sich ein bestimmtes Gen oder Teile davon befinden. Dieser Zellklon könnte dann weiter vermehrt und näher untersucht werden. Wie aber können solche Bakterienklone nachgewiesen werden, die das gesuchte DNA-Fragment eines speziellen Gens enthalten?

Dafür sind vorab einige Betrachtungen wichtig. Zunächst ist zu bedenken, was in die Bakterienzellen hineingelangt sein kann. Ausgangspunkt für die Arbeiten ist, dass ein Ligationsansatz (**Abb. 7.1**) erstellt wurde, der nach Ablauf der Reaktion folgende Komponenten enthalten kann:
- unligierte Vektor-Moleküle,
- Vektor-Moleküle, die wieder ringförmig geschlossen wurden, ohne neue DNA aufgenommen zu haben (selbstligierter Vektor),
- unligierte und selbstligierte DNA-Fragmente sowie
- rekombinante Vektor-Moleküle mit u. U. unterschiedlich insertierten DNA-Fragmenten.

Fremd-DNA, die nicht in Vektor-Moleküle ligiert wurde, bereitet kaum Probleme, da sie in einer Bakterienzelle nicht repliziert wird und verloren geht. Selbstligierte und inkorrekt rekombinierte Vektor-Moleküle werden jedoch ebenfalls repliziert, genauso wie das gewünschte DNA-Molekül.

Voraussetzung für die weiteren gentechnischen Arbeiten ist, dass eine Zelle nur ein einzelnes DNA-Molekül aufnimmt. Die Zellen einer Kolonie (d. h. eines Klons) enthalten dann immer gleichartige DNA-Moleküle, während in verschiedenen Zellkolonien verschiedene Moleküle vorkommen können. Damit in eine Wirts-

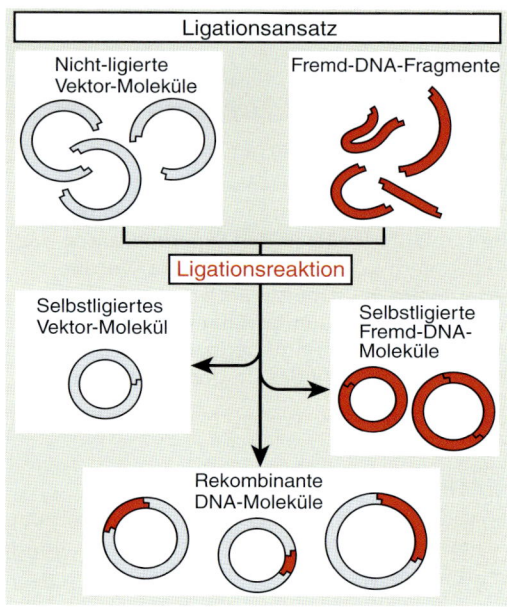

**Abb. 7.1:** Produkte einer Ligationsreaktion Erklärungen siehe Text.

zelle nur ein DNA-Molekül gelangt, ist allerdings Aufmerksamkeit geboten. Keinesfalls darf zu viel an Ligationsprodukt pro Bakteriensuspension verwendet werden. Besser ist, wenn die zu ligierenden Moleküle im Minimum gehalten werden, denn ein Überschuss an nicht transformierten Zellen stört nicht.

Aus diesen Vorüberlegungen ergeben sich meistens zwei Schritte bei der Identifikation von Kolonien: Im ersten Schritt werden die Klone (Kolonien) selektiert, die rekombinante Vektor-Moleküle enthalten, und im zweiten Schritt werden davon diejenigen Klone identifiziert, die das gesuchte Gen oder Teile davon besitzen.

## 7.1 Nachweis von Zellen, die rekombinante Vektor-Moleküle enthalten (Markerselektion)

Die Markerselektion kann am Beispiel von Plasmid-Vektoren deutlich werden. Bei der Transformation mit Plasmiden kommt es üblicherweise bei ca. 0,01 % der Zellen zu einer DNA-Aufnahme, und nur in wenigen Fällen ist dies bei der Suche in einer DNA-Bibliothek das erwünschte DNA-Molekül. Wie findet man die wenigen Zellen, in denen sich rekombinante Vektor-Moleküle befinden?

Zur ersten, raschen Selektion werden oft die **Selektionsmarker** im Plasmid verwendet. Ein Selektionsmarker ist ein Gen, durch dessen Expression die Zelle neue Eigenschaften erhält (**Abb. 7.2**). Diese dienen zur einfachen Identifizierung der Wirtszellen, die Vektor-Moleküle mit oder ohne eingebaute Fremd-DNA besitzen. Beispielsweise kann ein Plasmid ein Resistenzgen für ein Antibiotikum tragen, so dass in einem Kulturmedium mit dem betreffenden Antibiotikum alle plasmidfreien Bakterienzellen entfernt werden. Ein Beispiel ist die Ampicillinresistenz durch das Plasmid pBR322 (siehe **Abb. 6.1**, S. 134, und **Abb. 7.3**). Nur *E.-coli*-Zellen, die das Plasmid aufgenommen haben, bilden Kolonien auf Agarmedium mit Ampicillin. *E.-coli*-Zellen werden also transformiert von ampicillinsensitiv ($Amp^S$) zu ampicillinresistent ($Amp^R$).

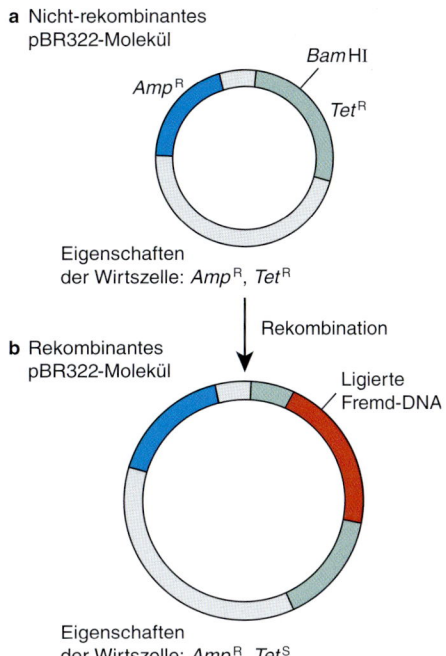

**a** Nicht-rekombinantes pBR322-Molekül

$Amp^R$  *Bam*HI  $Tet^R$

Eigenschaften der Wirtszelle: $Amp^R$, $Tet^R$

Rekombination

**b** Rekombinantes pBR322-Molekül

Ligierte Fremd-DNA

Eigenschaften der Wirtszelle: $Amp^R$, $Tet^S$

**Abb. 7.3:** Inaktivierung eines Selektionsmarkers beim Plasmidvektor pBR322

Der Vektor pBR322 hat verschiedene Restriktionsstellen. Diese können dazu benutzt werden, um den Vektor zu öffnen. Beispielsweise liegt die Schnittstelle *Bam*HI innerhalb des Genclusters, welches die Tetracyclinresistenz bewirkt ($Tet^R$). Ein rekombinierter pBR322-Vektor, welcher ein Fremd-DNA-Stück an der *Bam*HI-Stelle ligiert hat, verliert daher die Fähigkeit, in der Wirtszelle eine Tetracyclinresistenz zu erzeugen. Zellen, die das rekombinierte pBR322-Molekül enthalten, sind also resistent gegen Ampicillin, aber sensitiv gegen Tetracyclin ($Amp^R$, $Tet^S$). Diese Eigenschaften des pBR322-Vektors können für einen Nachweis von Zellen mit dem rekombinanten Plasmid genutzt werden (vgl. **Abb. 7.4**).

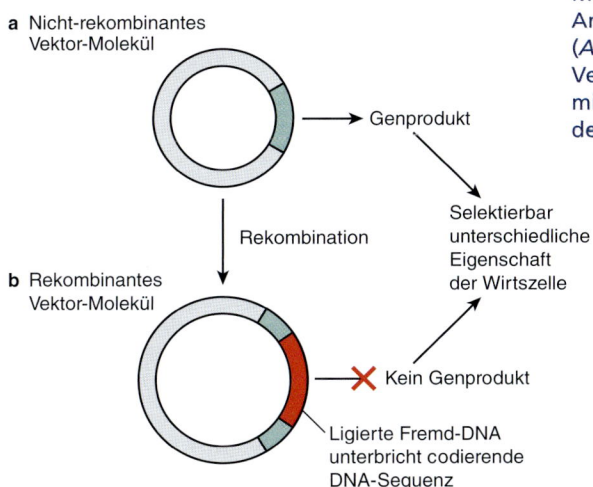

**a** Nicht-rekombinantes Vektor-Molekül

Genprodukt

Rekombination

Selektierbar unterschiedliche Eigenschaft der Wirtszelle

**b** Rekombinantes Vektor-Molekül

✕ Kein Genprodukt

Ligierte Fremd-DNA unterbricht codierende DNA-Sequenz

**Abb. 7.2:** Inaktivierung eines Selektionsmarkers im Vektor-Molekül durch Einbau von Fremd-DNA (Insertionsinaktivierung)

Das fehlende oder nicht funktionsfähige Genprodukt eines Selektionsmarkers führt gegenüber einem funktionsfähigen Genprodukt zu einem Merkmalsunterschied, auf dessen Basis die Wirtszellen selektiert werden können, wie z.B. eine Antibiotikaresistenz.

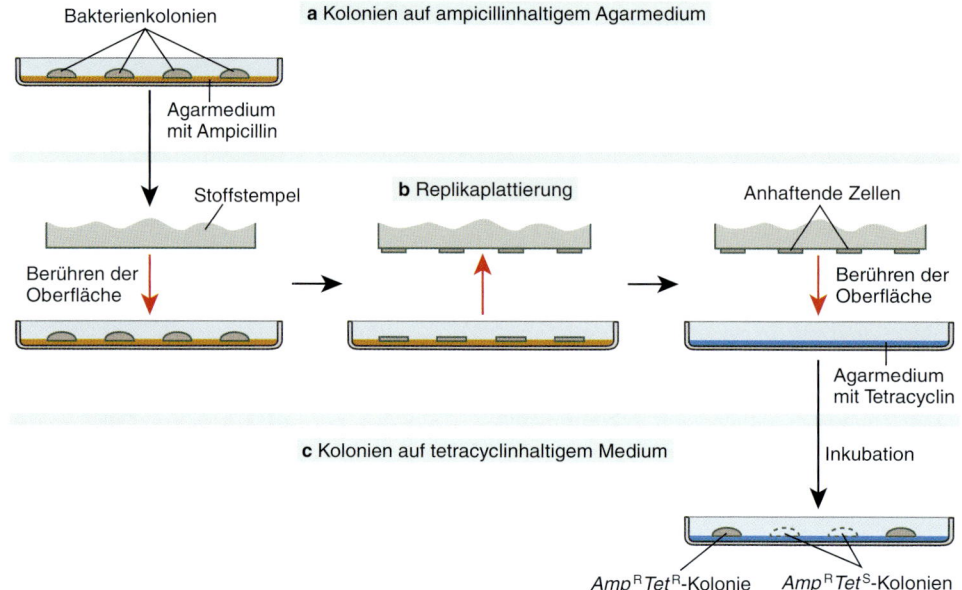

**Abb. 7.4:** Nachweis der Bakterienkolonien mit dem rekombinanten pBR322-Plasmid durch Ausplattierung auf ampicillinhaltigem Agarmedium und Replikaplattierung auf tetracyclinhaltigem Agarmedium. Im Beispiel sind alle Bakterien, die den Vektor pBR322 enthalten, ampicillinresistent. Zur Insertion von Fremd-DNA wird die Schnittstelle in dem Resistenzgen für die Tetracyclinresistenz benutzt. Solche Kolonien, deren Zellen nur das Plasmid enthalten und tetracyclinresistent (*Tet^R*) sind, unterscheiden sich dann von denen, die über ein Plasmid mit rekombinanter DNA verfügen und daher tetracyclinsensitiv (*Tet^S*) sind. Die gewünschten Kolonien werden von der betreffenden Stelle auf dem ampicillinhaltigen Agarmedium isoliert und weiter vermehrt.

Der nächste Schritt ist die Bestimmung, welche der transformierten Kolonien Zellen mit rekombinanten DNA-Molekülen enthalten. Oft wird zu diesem Zweck beim Vektor die Schnittstelle in dem zweiten Resistenzgen für den Einbau der Fremd-DNA benutzt. Beim Vektor pBR322 ist das eine Tetracyclinresistenz. Auf diese Weise lassen sich unter den plasmidhaltigen Bakterien anhand der Resistenz gegen Tetracyclin solche Kolonien, deren Zellen nur das Plasmid enthalten (sie sind tetracyclinresistent, *Tet^R*), von denen unterscheiden, die über ein Plasmid mit rekombinanter DNA (sie sind tetracyclinsensitiv, *Tet^S*) verfügen (**Abb. 7.4**). Rekombinante Vektoren werden also identifiziert, da sie ein inaktives Gen enthalten (Geninaktivierung durch Einbau, **Insertionsinaktivierung**, *insertional inactivation*).

Ein anderes Verfahren wird bei dem Plasmid pUC19 (siehe **Abb. 6.2**, S. 135) verwendet. Dieses Plasmid trägt Gene für die Ampicillinresistenz (*Amp^R*) und ein *lac*Z-Gen. Letzteres codiert das Enzym β-Galactosidase, welches Lactose zu Glucose und Galactose abbaut. Das zuständige Gen *lac*Z kommt normalerweise im Bakterienchromosom vor. In einigen Bakterienstämmen ist jedoch das *lac*Z-Gen durch eine Deletion nicht mehr intakt. Dies kann für ein Screening benutzt werden. Die Transformation wird nachgewiesen, da auf ampicillinhaltigem Agar nur Bakterienzellen mit dem Plasmid wachsen können. Sie bilden gleichzeitig β-Galactosidase, wenn das pUC19-Plasmid nicht rekombiniert und also das *lac*Z-Gen intakt ist. Für den Nachweis von β-Galactosidase wird ein Lactose-Analogon (X-gal; 5′-bromo-4-chlor-3-indolyl-β-D-galactopyranosid) verwendet, welches bei seinem Umbau eine tiefblaue Farbe produziert. Zellen mit rekombinanten Plasmiden sind ebenfalls ampicillinresistent (*Amp^R*), aber sie sind unfähig, β-Galactosidase herzustellen: Die betroffenen Klone bleiben daher farblos („weiß"). Diesen Nachweis bezeichnet man als *lac*Z- oder **Blau/Weiß-Selektion (Abb. 7.5)**.

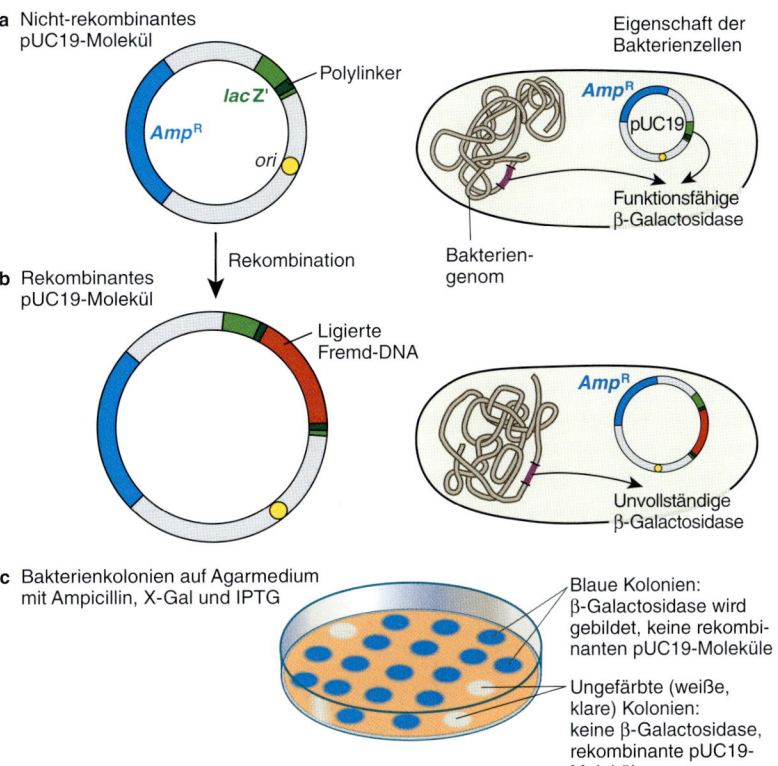

**Abb. 7.5:** *LacZ*- oder Blau/Weiß-Selektion am Beispiel des Plasmidvektors pUC19

Durch die in das Plasmid eingebaute Fremd-DNA wird das *lacZ*-Gen inaktiviert. Ein funktionsfähiges *lacZ'*-Gen führt – gemeinsam mit einem Gen des Bakteriengenoms – zur Bildung einer aktiven β-Galactosidase. Diese kann X-gal (5'-bromo-4-chlor-3-indolyl-β-D-galactopyranosid) in Anwesenheit von IPTG (Isopropyl-β-D-Thio-Galactopyranosid) in ein Lactose-Analogon mit tiefblauer Farbe umsetzen. Damit lassen sich blaue (nicht rekombinante) von ungefärbten (rekombinanten) Kolonien unterscheiden.

**a** Nicht-rekombinantes pUC19-Molekül

*lac Z'*
Amp^R
ori
Polylinker

Eigenschaft der Bakterienzellen
Amp^R
pUC19
Funktionsfähige β-Galactosidase

Rekombination

**b** Rekombinantes pUC19-Molekül

Ligierte Fremd-DNA

Bakteriengenom

Amp^R
Unvollständige β-Galactosidase

**c** Bakterienkolonien auf Agarmedium mit Ampicillin, X-Gal und IPTG

Blaue Kolonien: β-Galactosidase wird gebildet, keine rekombinanten pUC19-Moleküle

Ungefärbte (weiße, klare) Kolonien: keine β-Galactosidase, rekombinante pUC19-Moleküle

## 7.2 Nachweis von Zellen, die die gesuchte Fremd-DNA enthalten

Der entscheidende und oftmals zeitaufwendige Schritt ist die Selektion von Zellklonen, die das gesuchte Gen bzw. einen Teil davon besitzen (**Abb. 7.6**). Für den Nachweis von spezieller Insert-DNA in den Bakterienzellen kommen zwei Strategien in Frage: Die direkte oder die indirekte Selektion.

Am einfachsten ist eine **direkte Selektion** des gewünschten Gens in selektiven Medien. Nur solche Klone überleben, die das gewünschte Gen enthalten, und die Selektion findet nach dem Ausplattieren der Zellen statt. Hierfür werden Zellen, die rekombinante Moleküle tragen, auf Agarmedium plattiert, in dem nur die gesuchten Rekombinanten wachsen können. Beispielsweise kann das Gen für Tryptophan-Synthetase (Biosynthese der essenziellen Aminosäure Tryptophan) unter Verwendung eines Mutantenstammes von *E. coli*, der keine funktionelle Tryptophan-Synthetase bilden kann, als Selektionsmarker verwendet werden (**Abb. 7.7**). Die Zellen des Bakterienstammes überleben nur, wenn Tryptophan zugesetzt wird. Nach Transformation vermehren sich im Tryptophan-Mangel-Medium aber solche Zellen, die den rekombinanten Vektor mit dem funktionellen Gen tragen. Die direkte Selektion ist also auf die Verfügbarkeit eines Mutantenstammes begrenzt und benötigt ein Medium, in dem nur Zellen mit dem funktionsfähigen Gen überleben können. Damit kommt diese Strategie lediglich für wenige Gene in Frage, wie z. B. Gene für Biosynthese-Enzyme, Schwermetall- und Antibiotika-Resistenzen.

Von zentraler Bedeutung ist die **indirekte Selektion** auf Anwesenheit spezifischer DNA oder Genprodukte. Um einen erwünschten Klon aus einer Genbibliothek zu identifizieren, gibt es mehrere Verfahren. Ein Verfahren ist die **Kolonie-Hybridisierung** (oder bei Phagen-Vektoren die **Plaque-Hybridisierung**). Genutzt wird dabei die Eigenschaft zweier einzelsträngiger Nuc-

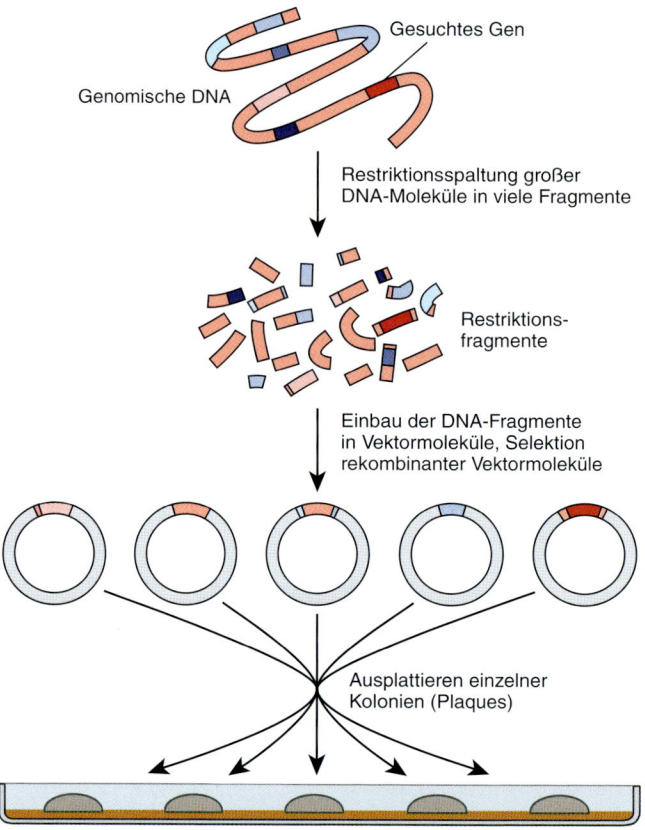

**Abb. 7.6:** Das Problem der Selektion eines Klons mit der Sequenz des gesuchten Gens

In den Klonen, die rekombinante DNA-Vektoren aufgenommen haben, können sehr verschiedene Fremd-DNA-Stücke enthalten sein. Der entscheidende und oftmals zeitaufwendige Schritt ist die Selektion von Zellklonen, die das gesuchte Gen oder Teile davon besitzen.

**Abb. 7.7:** Direkte Selektion eines Gens

Im Beispiel wird auf Zellklone selektiert, die rekombinante Vektormoleküle mit dem Gen für Tryptophan-Synthetase (Biosynthese der essenziellen Aminosäure Tryptophan) enthalten. Als Wirtszelle wird ein Mutantenstamm von *E. coli* verwendet, der keine funktionelle Tryptophan-Synthetase bilden kann und dessen Zellen nur überleben, wenn Tryptophan zugesetzt wird. Nach Transformation wachsen im Tryptophan-Mangel-Medium nur solche Zellen, die den rekombinanten Vektor mit dem gesuchten (und aktiven) Gen tragen.

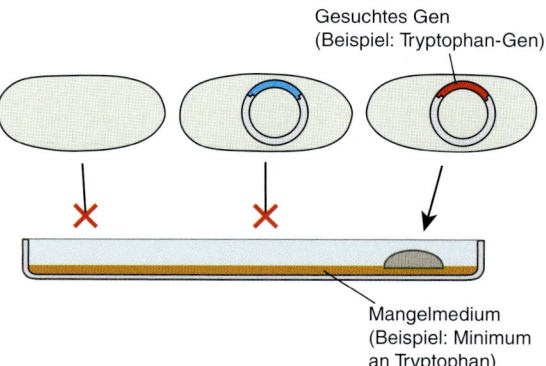

leinsäuremoleküle, sich über komplementäre Basen miteinander paaren zu können. Es paaren sich zwei DNA-Einzelstränge, aber auch ein DNA- mit einem RNA-Strang. Für die Technik ist also eine DNA- oder RNA-Sonde nötig, die komplementär zu einem mehr oder weniger großen Teil des gesuchten Gens ist.

Der prinzipielle Ablauf der Plaque-Hybridisierung wird in **Abb. 7.8** dargestellt. Zunächst werden Phagenplaques in einem Nähragar hergestellt und dann auf Nitrozellulosefilter plattiert. Durch wiederholtes Plattieren erstellt man mehrere Replikate, von denen eine, die so genannte Master-Platte, aufbewahrt wird. Bei den

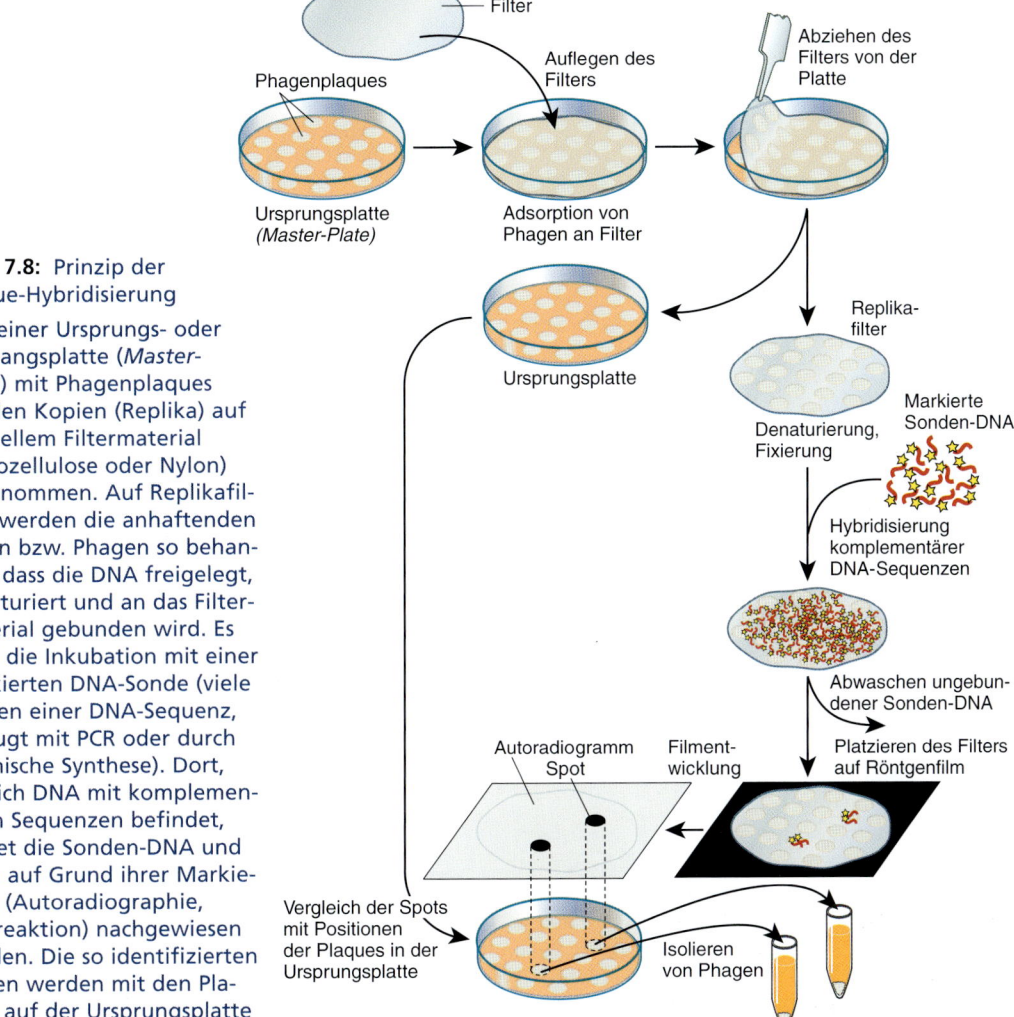

**Abb. 7.8:** Prinzip der Plaque-Hybridisierung

Von einer Ursprungs- oder Ausgangsplatte (*Master-Plate*) mit Phagenplaques werden Kopien (Replika) auf speziellem Filtermaterial (Nitrozellulose oder Nylon) abgenommen. Auf Replikafiltern werden die anhaftenden Zellen bzw. Phagen so behandelt, dass die DNA freigelegt, denaturiert und an das Filtermaterial gebunden wird. Es folgt die Inkubation mit einer markierten DNA-Sonde (viele Kopien einer DNA-Sequenz, erzeugt mit PCR oder durch chemische Synthese). Dort, wo sich DNA mit komplementären Sequenzen befindet, bindet die Sonden-DNA und kann auf Grund ihrer Markierung (Autoradiographie, Farbreaktion) nachgewiesen werden. Die so identifizierten Stellen werden mit den Plaques auf der Ursprungsplatte verglichen. Auf der Ursprungsplatte wird dann jeweils die an betreffender Stelle liegende Phagenplaque abgetrennt und weiter untersucht. Für das Durchmustern einer Bibliothek werden typischerweise mehrere 100 000 Phagenklone auf etwa 10 × 20 cm großen Agarplatten ausgebreitet und simultan untersucht.

Kopien wird durch geeignete Behandlung die DNA eines jeden Plaque auf dem Filter fixiert, wobei die ursprüngliche Anordnung der Plaques auf dem Filter erhalten bleibt. Die am Filter gebundene DNA wird anschließend mit einer meist radioaktiv markierten Sonde behandelt. Bei anschließender Autoradiographie erscheinen Schwärzungen auf dem Röntgenfilm, wenn an der betreffenden Stelle des Filters komplementäre DNA-Sequenzen liegen und mit der radioaktiven Sonde hybridisieren. Die entsprechenden

Phagenplaques können dann auf der Master-Platte gefunden und isoliert werden. Auf diese Weise gewinnt man eine Phagenplaque, in der das gesuchte DNA-Fragment enthalten ist und weiter vermehrt werden kann. Für die Plaque- oder Koloniehybridisierung können auch nicht-radioaktiv markierte Sonden verwendet werden.

Der Erfolg der Plaque- und Koloniehybridisierung als Mittel zum Nachweis eines bestimmten rekombinanten Klons hängt von der Verfügbarkeit eines DNA-Moleküls ab, welches

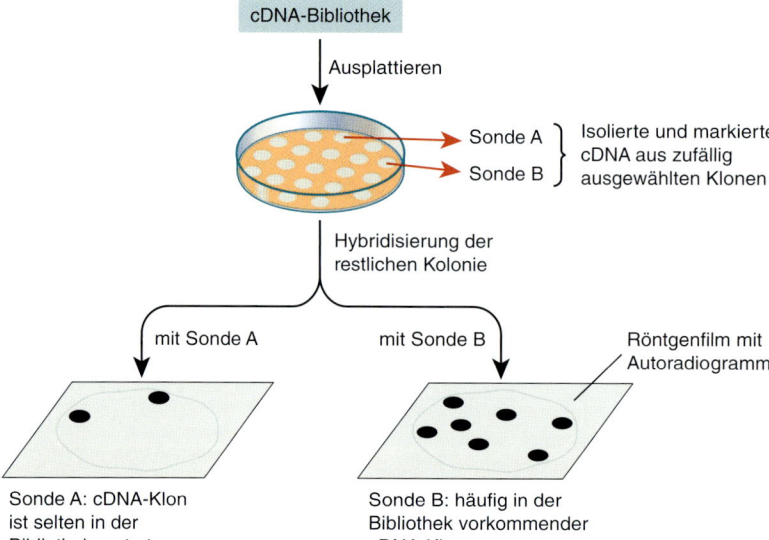

**Abb. 7.9:** Identifizierung häufiger cDNA-Sequenzen aus einer Bibliothek

Mit der cDNA aus jeweils einem Bakterienklon (Kolonie) wird eine Sonde hergestellt. Nach Hybridisierung der Klone einer cDNA-Bibliothek mit dieser Sonde kann beurteilt werden, ob der betrachtete cDNA-Klon häufig vorkommt.

als Sonde (*Probe*) für einen Teil des Gens genommen werden kann. Es sind also gewisse Vorinformationen über das gesuchte Gen notwendig. Wie aber gelangt man an diese Vorinformationen für die Gensuche?

Eine der folgenden drei Strategien wird üblicherweise bei der Gensuche in einer DNA-Bibliothek genutzt:

– Das gesuchte Gen wird stark exprimiert in dem Zelltyp, aus dem die cDNA-Bibliothek erstellt wurde (Abschnitt 7.2.1).
– Die Aminosäuresequenz des Proteins, welches von dem Gen codiert wird, ist bekannt (Abschnitt 7.2.2).
– Das Gen ist Mitglied einer Genfamilie (Abschnitt 7.2.3).

## 7.2.1 Analyse häufiger Sequenzen in einer cDNA-Bibliothek

Eine cDNA-Bibliothek wird manchmal aus einem Zelltyp erstellt, in dem das gesuchte Gen bzw. die fraglichen Gene stark exprimiert werden. Beispielsweise gilt das im Milchdrüsengewebe laktierender Tiere für die Milchprotein codierenden Gene. Es wird dann ein beliebiger Zellklon ausgewählt und dessen cDNA als Sonde für die übrigen Klone verwendet (**Abb. 7.9**). Das Verfahren wird solange mit der cDNA aus verschiedenen Klonen wiederholt, bis ein großer Anteil der Klone einbezogen ist. Die am

häufigsten durch die Sonden markierten cDNA-Klone werden anschließend näher analysiert, z. B. durch DNA-Sequenzierung oder Analyse der Translationsprodukte.

## 7.2.2 Verwendung von Oligonucleotid-Sonden für Gene, deren Translationsprodukte bekannt sind

Oft soll ein Gen gefunden werden, dessen Protein bereits bekannt ist. Aus der Aminosäuresequenz des Proteins kann dann – unter Benutzung des genetischen Codes – die Nucleotidsequenz des codierenden Genbereichs angegeben werden. Dieses geht nur näherungsweise, da es für eine Aminosäure meistens mehrere Codons gibt. Die verschiedenen Codons sind jedoch sehr ähnlich. Beispielsweise enthält das Wachstumshormon des Schweines von Position 54 an die Aminosäuresequenz Tyr-Lys-Glu-Phe-Glu (**Abb. 7.10**). Diese wird codiert von der DNA-Sequenz TA C/T – AA A/G – GA A/G – TT T/C – GA A/G (siehe **Tab. 3.2**, S. 80). 10 der 15 Nucleotide können also bereits sicher angegeben werden, und für die restlichen gibt es je zwei Möglichkeiten. Das genügt, um Oligonucleotide definieren zu können, die alle möglichen Nucleotidsequenzen für den Genabschnitt enthalten. Im Beispiel sind das 32 verschiedene Oligonucleotide. Diese können entweder ge-

| | | | | | | | | | | | | | | | |
|---|---|---|---|---|---|---|---|---|---|---|---|---|---|---|---|
| Met | Ala | Ala | Gly | Pro | Arg | Thr | Ser | Ala | Leu | Leu | Ala | Phe | Ala | Leu | 15 |
| Leu | Cys | Leu | Pro | Trp | Thr | Arg | Glu | Val | Gly | Ala | Phe | Pro | Ala | Met | 30 |
| Pro | Leu | Ser | Ser | Leu | Phe | Ala | Asp | Ala | Val | Leu | Arg | Ala | Gln | His | 45 |
| Leu | His | Gln | Leu | Ala | Ala | Asp | Thr | Tyr | Lys | Glu | Phe | Glu | Arg | Ala | 60 |
| Tyr | Ile | Phe | Glu | Gly | Gln | Arg | Tyr | Ser | Ile | Gln | Asn | Ala | Gln | Ala | 75 |
| Ala | Phe | Cys | Phe | Ser | Glu | Thr | Ile | Pro | Ala | Pro | Thr | Gly | Lys | Asp | 90 |
| Glu | Ala | Gln | Gln | Arg | Ser | Asp | Val | Glu | Leu | Leu | Arg | Phe | Ser | Leu | 105 |
| Leu | Leu | Ile | Gln | Ser | Trp | Leu | Gly | Pro | Val | Gln | Phe | Leu | Ser | Arg | 120 |
| Val | Phe | Thr | Asn | Ser | Leu | Val | Phe | Gly | Thr | Ser | Asp | Arg | Val | Tyr | 135 |
| Glu | Lys | Leu | Lys | Asp | Leu | Glu | Glu | Gly | Ile | Gln | Ala | Leu | Met | Arg | 150 |
| Glu | Leu | Glu | Asp | Gly | Ser | Pro | Arg | Ala | Gly | Gln | Ile | Leu | Lys | Gln | 165 |
| Thr | Tyr | Asp | Lys | Phe | Asp | Thr | Asn | Leu | Arg | Ser | Asp | Asp | Ala | Leu | 180 |
| Leu | Lys | Asn | Tyr | Gly | Leu | Leu | Ser | Cys | Phe | Lys | Lys | Asp | Leu | His | 195 |
| Lys | Ala | Glu | Thr | Tyr | Leu | Arg | Val | Met | Lys | Cys | Arg | Arg | Val | Phe | 210 |
| Glu | Ser | Ser | Cys | Ala | Phe | | | | | | | | | | |

**Abb. 7.10:** Verwendung der Aminosäuresequenz des porcinen Wachstumshormons für die Definition einer Oligonucleotid-Sonde

Farbig hervorgehoben werden Aminosäurebereiche, deren einzelne Aminosäuren durch wenige synonyme Codons festgelegt werden (vgl. **Tab. 3.2**, S. 80). Aus der Abfolge der Aminosäuren kann daher auf wenige verschiedene Nucleotidsequenzen in der codierenden DNA geschlossen werden. Mit einem Satz an synthetisierten Oligonucleotiden, der alle möglichen Sequenzen für einen kleinen Genabschnitt enthält, kann man eine Hybridisierung in einer Genbibliothek durchführen, um positive Klone zu erkennen und ggf. zu isolieren. Weitere Erklärungen siehe Text.

trennt oder gemeinsam (*pooled*) synthetisiert werden. Eine solche Sonde teilt mit dem Wachstumshormon codierenden Gen eine Sequenz, mit der ein Hybridisierungssignal erzielbar ist.

Das Segment eines Proteins, welches für die Definition der Nucleotidsequenz benutzt wird, ist allerdings sehr sorgfältig zu wählen, damit die Sequenz möglichst nicht in anderen Proteinen auftritt. Man wird also die im Internet verfügbaren Genbanken intensiv durchsuchen, um festzustellen, wie häufig die als Sonde ausgewählte DNA-Sequenz im Genom vorkommt. Schließlich wird unter den alternativen Sequenzen eine solche gewählt, die eine möglichst starke Ähnlichkeit zum gesuchten Gen aufweist und in anderen Genen nicht vertreten ist.

Was aber ist zu tun, wenn keine Sequenzinformationen verfügbar sind?

In diesem Fall kann man das Protein isolieren, welches vom Gen codiert wird und dessen Aminosäuresequenz ermitteln. Meist erhält man im ersten Schritt nur Informationen bezüglich kurzer Sequenzen von etwa 20–30 Aminosäuren. Diese führen zu einer zusammenhängenden cDNA-Information von lediglich 60–90 Nucleotiden, was aber oft bereits ausreicht, um eine handhabbare Sonde zu definieren. Wenn

man das Protein jedoch in Peptidfragmente spalten kann (am besten in überlappende Fragmente), so lassen sich mehrere Fragmente ansequenzieren. Auf diese Weise kann eine Information über eine längere Sequenz erstellt werden, was die Sondenentwicklung weiter zu verbessern hilft.

### 7.2.3 Verwendung heterologer Sonden zum Nachweis verwandter Gene

Phylogenetisch bedingt zeigen die Genome verschiedener Spezies Ähnlichkeiten in der Genstruktur. Dies führt beispielsweise bei Säugetieren dazu, dass fast immer Gene, die dasselbe Protein in verschiedenen Spezies codieren, eine erhebliche Homologie aufweisen (**Abb. 7.11**) und als Nachfolger von einem Ausgangsgen betrachtet werden können (orthologe Gene, siehe S. 290). Die Konserviertheit der Genstruktur genügt oft, um eine Teilsequenz eines Gens als Sonde für das betreffende Gen in einer anderen Spezies benutzen zu können (**Abb. 7.12a** und **b**). Dies ist auch dann möglich, wenn keine vollständige Komplementarität vorliegt. Hauptsache, es gibt genügend viele komplementäre

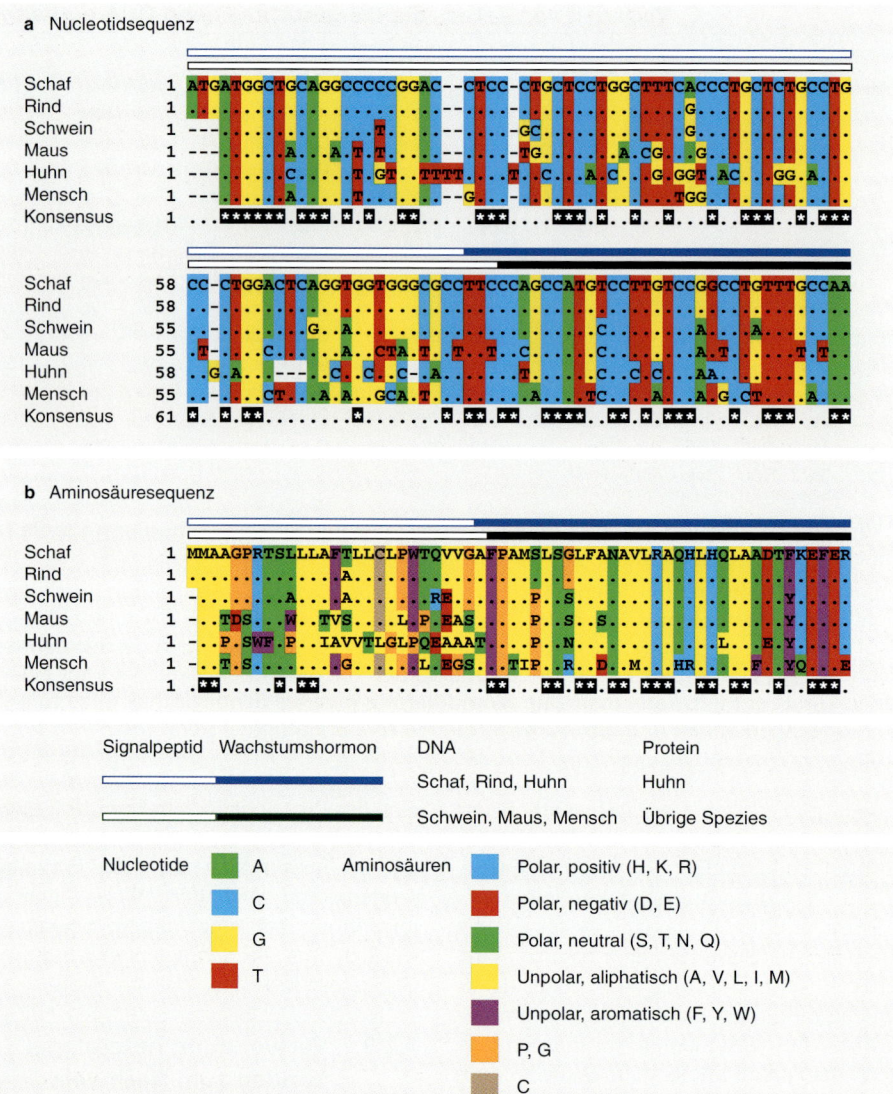

**Abb. 7.11:** Homologie zwischen verwandten (orthologen) Genen bei verschiedenen Spezies am Beispiel des Wachstumshormon-Gens

Die Nucleotid- und Aminosäuresequenzen der Vorläuferhormone von sechs Spezies werden in multiplen *Alignments* einander gegenübergestellt. Außer dem eigentlichen Wachstumshormon wird noch das Signalpeptid gezeigt. Das Vorläuferhormon von Schwein, Maus und Huhn besteht aus 216, das der übrigen Spezies aus 217 Aminosäuren. Dargestellt sind nur die ersten 59 bzw. 60 Positionen. Positionen, die bei allen sechs Spezies übereinstimmen, sind in der 7. Spur (Konsensus) mit einem Stern gekennzeichnet. Die *Alignments* wurden mit Hilfe von ClustalW (EMBNET, 2004) durchgeführt und mit der CINEMA Software (2002) dargestellt.

a) Nucleotidsequenz

b) Aminosäuresequenz. Aminosäuren mit ähnlichen physiko-chemischen Eigenschaften sind in derselben Farbe dargestellt. Prolin und Glycin weisen, speziell in Membranproteinen, besondere strukturelle Eigenschaften auf und wurden deshalb zu einer eigenen Gruppe zusammengefasst. Getrennt gezeigt wird Cystein, das oft Disulfidbrücken bildet. Aminosäuren: A Alanin, C Cystein, D Asparaginsäure, E Glutaminsäure, F Phenylalanin, G Glycin, H Histidin, I Isoleucin, K Lysin, L Leucin, M Methionin, N Asparagin, P Prolin, Q Glutamin, R Arginin, S Serin, T Threonin, V Valin, W Tryptophan, Y Tyrosin.

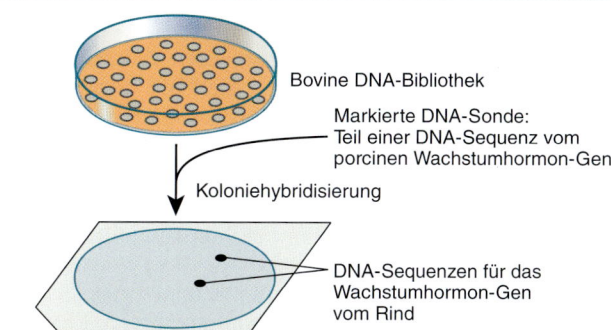

**a** Hybridisierung mit einer heterologen DNA-Sonde

Komplementäre Abschnitte

DNA-Sonde

Nicht-komplementäre Bereiche          Template-DNA

**b** Hybridisierung mit heterologer DNA-Sonde aus einer anderen Spezies

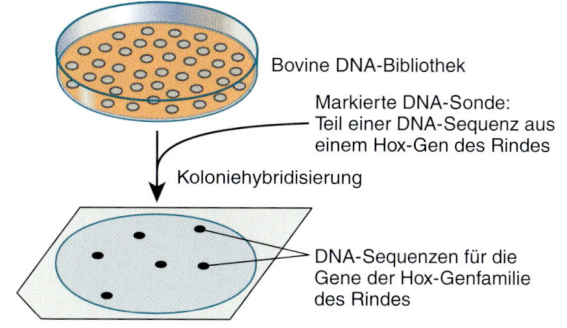

**Abb. 7.12:** Verwendung einer heterologen Sonde zum Nachweis verwandter Gene

Als heterolog gilt eine Sonde, die für das gleiche Gen in einer anderen Spezies (orthologes Gen) oder für ein anderes Gen in derselben Spezies (paraloges Gen) eingesetzt wird. Grundlage für einen solchen Einsatz ist, dass eine DNA-Sonde auch dann mit einer Template-DNA hybridisiert, wenn beide Moleküle einige nicht-komplementäre Bereiche enthalten (a). Wichtig ist, dass die Anzahl der Basenpaarungen für die Ausbildung einer stabilen Doppelstrangstruktur ausreicht. Gezeigt wird die Verwendung einer heterologen Sonde beim Nachweis eines bestimmten Gens in einer anderen Spezies (b) und für verschiedene, untereinander ähnliche Gene in derselben Spezies (c).

Bovine DNA-Bibliothek

Markierte DNA-Sonde: Teil einer DNA-Sequenz vom porcinen Wachstumhormon-Gen

Koloniehybridisierung

DNA-Sequenzen für das Wachstumhormon-Gen vom Rind

**c** Hybridisierung mit heterologer DNA-Sonde aus derselben Spezies

Bovine DNA-Bibliothek

Markierte DNA-Sonde: Teil einer DNA-Sequenz aus einem Hox-Gen des Rindes

Koloniehybridisierung

DNA-Sequenzen für die Gene der Hox-Genfamilie des Rindes

Basenpaarungen, die eine stabile Struktur formen können. So wurden mit Erfolg Wachstumshormon-Gensequenzen verwendet, um in weiteren Spezies die betreffenden homologen (orthologen, s. S. 290) Gene zu finden. Sonden können außerdem in Bezug auf verwandte Gene innerhalb derselben Spezies eingesetzt werden (**Abb. 7.12c**). Beispielsweise hybridisiert eine Hox-Gensonde nicht nur mit dem eigenen Gen, sondern auch mit einer Reihe anderer Gene. Alle diese Gene sind verwandt mit dem Hox-Gen, haben jedoch u. U. verschiedene Funktionen. Es handelt sich um Mitglieder einer so genannten Multigen-Familie, die in ein und derselben Spezies Abkömmlinge (paraloge Gene) eines Ausgangsgens sind (siehe S. 290). Sobald also ein Gen einer solchen Familie geklont ist, können alle anderen über **heterologes *Probing* (Son-**dierung, *Screening*) gefunden werden. Welche Bedeutung haben also die phylogenetischen Überlegungen, um im konkreten Fall zu einer genspezifischen Sonde zu gelangen?

Meist werden DNA-Sonden für cDNA-Bibliotheken eingesetzt, um ein bestimmtes Gen oder eine Kombination von Genen nachzuweisen. Manchmal soll auch die DNA-Sequenz eines in der betrachteten Spezies unbekannten Gens gefunden werden. Der einfachste Weg ist, die umfangreichen DNA-Sequenzablagen in öffentlich zugänglichen Datenbanken zu benutzen. Man wird – je nach Fragestellung – in diesen Banken die DNA-Sequenzen solcher Spezies betrachten, die evolutiv möglichst nahe der zu untersuchenden Spezies stehen, und hierfür alle verfügbaren Sequenzen vergleichen. Ausführungen zu Vergleichen (*Alignments*) von

## *Alignments* von DNA- und Protein-Sequenzen

*Alignment:* Vergleich der Sequenzen zweier oder mehrerer Moleküle. Dabei wird geprüft, ob die betreffenden Protein- oder DNA-Abschnitte identisch (*identity*) oder ähnlich (*similarity*) sind. Austausche, Deletionen oder Insertionen werden angezeigt. Aus dem Ergebnis des Vergleichs wird überlegt, ob die gefundenen Übereinstimmungen so groß sind, dass das betreffende Molekül bzw. der Molekülabschnitt als homolog zu bezeichnen ist.

Jede Sequenz lässt sich mit einer jeden anderen Sequenz „alignen"; schwieriger ist die Interpretation der gefundenen Ähnlichkeiten. Prinzipiell kann aus der Homologie auf phylogenetische Verwandtschaft oder auf gleichartige Funktion geschlossen werden.
– **Phylogenetische Verwandtschaft:** Ähnliche Sequenzen sind oft aus einer gemeinsamen Vorläufersequenz hervorgegangen. Um dies zu erkennen, wird zusätzlich z. B. analysiert, wie häufig A nach G, C oder T mutiert ist (Verhältnis Transitionen zu Transversionen), wie häufig Insertionen/Deletionen relativ zu Substitutionen vorkommen oder wie häufig in translatierten Bereichen z. B. ein Tryptophan durch irgendeine andere Aminosäure ersetzt wird.
– **Gleichartige Funktion:** Proteine und DNA-Sequenzen besitzen ähnliche bzw. identische Abschnitte (Domänen), die man in mehreren Proteinen oder DNA-Abschnitten findet und zu denen funktionelle Eigenschaften in einigen Molekülen bekannt sind.

Die Sequenzvergleiche werden bei den *Alignments* für verschiedene Modelle, d. h. unter verschiedenen Annahmen für die Dynamik, mit der Abänderungen zu erwarten sind, durchgeführt. Mit einfachen Identitätsmatrices wird bei Nucleotidsequenzen der Anteil der Übereinstimmungen (*match*) ermittelt. Substitutionsmatrices bei Proteinen können z. B. auf der Basis der chemisch-physikalischen Ähnlichkeit zwischen Aminosäuren erstellt werden, und es wird geprüft, wie sich Substitutionen auswirken („Kosten" der Änderungen).

Für die Durchführung von *Alignments* gibt es umfangreiche Literatur, Software-Programme und Datenbanken.

DNA- und Proteinsequenzen befinden sich im Textblock oben.

Für Untersuchungen an Tieren kann auf mehrere, vollständig sequenzierte Genome zurückgegriffen werden (siehe **Tab. 8.1**, S. 174). Wurde das betreffende Gen in mehreren Spezies analysiert, kann zudem geprüft werden, ob konservierte DNA-Bereiche im Gen zu erkennen sind, d. h. Sequenzen, die zwischen Spezies relativ ähnlich sind (**Abb. 7.11**). Meist zeigen einige Domänen des Proteins (und somit Teilabschnitte der cDNA-Sequenz) besondere Sequenzhomologien. Ein solcher DNA-Bereich wird als Sonde gewählt, indem man sich die Sequenz selbst herstellt oder von einer Firma synthetisieren lässt. Mit dieser Sonde wird in Hybridisierungen mit nicht zu hoher Stringenz nach einer homologen cDNA-Kopie in der eigenen cDNA-Bibliothek gesucht. Die Erfahrung zeigt, dass dieser Ansatz dann gelingt, wenn die Homologie der cDNA-Sequenzen mehr als 80 % beträgt. Bei geringerem Ausmaß der Sequenzhomologie erhält man zu viele hybridisierende Klone, die nicht das gewünschte Gen gemeinsam haben. Es kann dann sehr zeitaufwendig werden, den richtigen Klon auszusortieren. Ein gängiges Verfahren ist auch, dass man anhand der homologen DNA-Sequenzvergleiche geeignete PCR-Primer auswählt und mit diesen ein Segment aus der eigenen cDNA-Bibliothek amplifiziert. Ausgangspunkt können auch die RNA-Moleküle eines Gewebes sein, aus denen mit Hilfe der RT-PCR (**Abb. 5.6**, S. 124) und Sequenzierung Teile des gesuchten Gens zu definieren sind. Wenn dies möglich ist, steht mit der Sequenz ein neues Sondenmolekül zur Verfügung, mit dem die Untersuchungen des Gens fortgesetzt werden können.

## 7.3 Identifikation von Genen auf der Basis der Translationsprodukte

Für den Nachweis von Genen sind PCR- und Hybridisierungstechniken vorzuziehen, da sie sehr effizient sein können. Nur selten benötigt man Techniken, die auf der Basis der Translationsprodukte arbeiten. Hierfür muss zunächst das klonierte Gen exprimiert werden, was ein Problem darstellen kann, da Gene eines Organismus oft nicht in anderen Organismen exprimiert werden. Vor allem ist es ungewöhnlich, dass ein Gen aus Tieren in *E.-coli*-Zellen funktioniert. Dieses Problem wird umgangen, indem Vektoren verwendet werden, die eine Produktion von RNA und schließlich von Proteinen in speziellen Wirtszellen sichern.

Die dafür entwickelten **Expressionsvektoren** enthalten zusätzlich Promotorsequenzen und ribosomale Bindungsstellen. Promotorsequenzen sind für die Initiation der Transkription auf dem Vektor erforderlich, während die Initiation der Translation eine ribosomale Bindungsstelle benötigt. Den eukaryontischen Genen fehlen dafür Regulationssequenzen, die in Bakterien wirken können. Andererseits besitzen eukaryontische Gene an- und eingelagerte Sequenzen (Introns), die nach der Transkription bis zur Bildung einer funktionsfähigen RNA entfernt werden. Die dafür benötigten Auswahl- und Umbauvorgänge (*Processing*) laufen in Bakterienzellen nicht ab, da die dort exprimierten DNA-Bereiche keine Introns enthalten, also komplementär zu funktionsfähigen mRNA-Molekülen sind. Entsprechend wählt man cDNA für den Einbau in Expressionsvektoren. Schließlich muss gesichert sein, dass Proteine, die von eukaryontischer DNA codiert werden, nicht in Bakterienzellen sofort wieder abgebaut werden. Außerdem darf das betrachtete Protein nicht normalerweise in den Wirtszellen anwesend sein und nicht toxisch wirken.

Im anschließenden Schritt geht es um die Identifikation des gebildeten Proteins. Ein übliches Verfahren nutzt immunologische Techniken. Mit einem immunologischen Nachweis (*Immuno-screening*) werden Proteine gefunden, die unter Vorlage des klonierten Gens translatiert wurden. Angenommen, das gesuchte Protein ist bekannt, so können für dieses Protein spezifische Antikörper erstellt werden. **Abb. 7.13** zeigt, wie auf diesem Wege die Produkte eines geklonten Gens in bakteriellen Wirtszellen nachgewiesen werden. Das immunologische Screening von *E.-coli*-Zellen, die tierische Gene in Expressionsvektoren tragen, wurde bei-

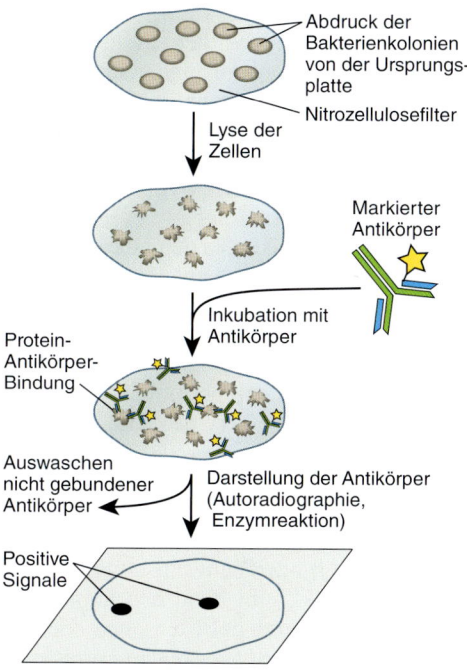

**Abb. 7.13:** Identifikation von Genen in einer DNA-Bibliothek auf der Basis ihrer Translationsprodukte

Die Fremd-DNA wird in einen Vektor ligiert, der Promotorsequenzen enthält und in der Lage ist, dem Transkript ribosomale Bindungsstellen anzufügen. Dadurch können in Bakterienzellen auch eukaryontische Proteine gebildet werden. Zunächst werden Bakterienkolonien gebildet und zur Expression gebracht. Die Proteine werden durch Zelllyse freigesetzt und auf eine Replikaplatte übertragen. Meist erfolgt dann der Proteinnachweis mit Hilfe spezifischer Antikörper (*Immuno-screening*). Die Anwesenheit des Antikörpers wird durch geeignete Marker nachgewiesen. Im Beispiel wird der Nachweis durch einen markierten Antikörper dargestellt. Im Allgemeinen verwendet man für die Detektion aber einen zweiten Antikörper, der gegen den ersten proteinspezifischen Antikörper gerichtet und markiert ist.

spielsweise für den Nachweis von Hormon codierenden Genen angewendet.

## 7.4 Nutzung von Datenbanken für die Identifikation von Genen

Bei der Suche nach Informationen über ein bestimmtes Gen oder Protein helfen die im Internet zugänglichen Datenbanken in ganz entscheidendem Maße. Unter **Datenbank** oder auch **Datenbanksystem** versteht man die Gesamtheit der Dateien sowie alle weiteren Daten und Programme, die zum Auffinden von Primärdaten erforderlich sind. Im Internet gibt es mehrere, z. T. vernetzte Datenbanken, in denen jeweils Spezialwissen abgelegt ist. Die Genbanken für Nutztiere enthalten im Allgemeinen zu wenige Informationen, um ein für eine Merkmalsabweichung verantwortliches Gen aus Kandidaten-DNA-Sequenzen der betreffenden Spezies ableiten zu können. Über die vergleichenden Genkarten (z. B. MGI, Jackson Laboratory 2004) kann jedoch auf die betreffenden Sequenzen in den Datenbanken des Menschen und der Maus zugegriffen werden. Wenn z. B. ein Locus beim Rind oder Schwein innerhalb von 5 Mb lokalisiert ist, gibt es in den homologen Chromosomenregionen des Menschen oder der Maus oft zahlreiche Sequenzen für proteincodierende Gene (vgl. **Abb. 13.21**, S. 291). Außerdem können Informationen aus *Knockout*-Experimenten mit Tieren, bei denen ein oder mehrere, bestimmte Gene inaktiviert oder entfernt wurden, entscheidende Hinweise auf die Funk-

tion eines Genes liefern. Abfragen von *Knockout*-Experimenten sind beispielsweise über Bio Med Net (2004) oder TBASE, Jackson Laboratory (2004) möglich.

## Zusammenfassung

- Zur ersten, raschen Identifikation von Zellklonen, die den gesuchten Vektor enthalten, werden Selektionsmarker verwendet. Hierbei handelt es sich um Gene, welche der Zelle eine selektierbare Eigenschaft geben, wie z. B. Antibiotikaresistenzen oder die β-Galactosidase-Aktivität.
- Für den Nachweis spezieller Fremd-DNA in den Bakterienzellen ist eine direkte Selektion des gewünschten Gens in selektiven Medien in wenigen Fällen einsetzbar.
- Die indirekte Selektion von Klonen auf den Besitz spezifischer DNA oder Genprodukte kann mit Hilfe der Kolonie- oder Plaque-Hybridisierung erfolgen. Mit einzelsträngigen Nucleinsäuremolekülen als Sonden werden Klone mit komplementären DNA-Molekülen identifiziert.
- Es gibt verschiedene weitere Suchstrategien, um Klone zu finden, die DNA-Sequenzen des gesuchten Gens enthalten.
- Gennachweise auf der Basis der Translationsprodukte sind mit Hilfe von Expressionsvektoren möglich. Das entstehende Protein wird mit immunologischen Nachweisverfahren identifiziert.
- Informationen über ein gesuchtes Gen oder Protein sind aus den im Internet zugänglichen Datenbanken verfügbar.

# 8 Verfahren der DNA-Sequenzierung

Die grundlegende Charakterisierung eines DNA-Moleküls ist dessen Sequenzierung. Bei der **DNA-Sequenzierung** wird die Abfolge der Nucleotide ermittelt. DNA-Sequenzierungen liefern entscheidende Ausgangspunkte für die Genanalyse, aber auch Marker für die physikalische und genetische Kartierung von Genomen. Die **Genomsequenzierung** bezweckt eine komplette DNA-Sequenzierung des Erbgutes einer Spezies.

Nachfolgend werden zunächst die wesentlichen Methoden beschrieben. Daran anschließend werden Strategien zur Sequenzierung großer genomischer Abschnitte bzw. des gesamten Genoms einer Spezies dargelegt. Der letzte Teil behandelt die Sequenzierung von Genbereichen, wie sie für die Gewinnung von Markern benötigt wird.

## 8.1 Methoden der DNA-Sequenzierung

### 8.1.1 Gelgestützte Sequenzierungsverfahren

Mit der DNA-Sequenzierung gelang 1975 (FRED SANGER UND ALAN R. COULSON) und 1977 (ALLAN MAXAM UND WALTER GILBERT und erneut FRED SANGER und Mitarbeiter mit einer anderen Technik) der Durchbruch in der DNA-Analytik. Für die Verfahren der DNA-Sequenzierung war es Grundvoraussetzung, dass die Elektrophorese in Polyacrylamidgelen eine ausreichende Auflösung besitzt, um Fragmentlängenunterschiede von nur einem Nucleotid erkennen zu können. Die entscheidende Frage war dann, wie man aus einem DNA-Molekül eine Population kleinerer Fragmente herstellen kann, von denen jedes Fragment in endständiger Position ein Nucleotid mit einer bestimmten Base aufweist.

Das **chemische Sequenzierverfahren** von MAXAM UND GILBERT (1977) beruht auf einer basenspezifischen Spaltung von Nucleinsäuren und der elektrophoretischen Längenanalyse der so gebildeten Bruchstücke. Die Ausgangs-DNA wird in vier getrennten Reaktionen chemisch unterschiedlich geschnitten, indem für jede Base eine spezifische Reaktion oder eine Kombination spezifischer Reaktionen verwendet wird (**Abb. 8.1**). Hierbei laufen die Reaktionen unter Bedingungen ab, bei denen die DNA nur partiell geschnitten wird und in jeder der vier Reaktionen alle möglichen Fragmente mit dem entsprechenden terminalen Nucleotid nebeneinander auftreten.

Das 1977 von SANGER und Mitarbeitern entwickelte **enzymatische Sequenzierungsverfahren** (**Kettenabbruchverfahren**) erzeugt Kettenabbrüche während der DNA-Synthese. Dieses Verfahren hat sich inzwischen als Standardmethode durchgesetzt, nicht zuletzt wegen der Automatisierbarkeit. Beim Kettenabbruchverfahren (**Abb. 8.2**) wird der zu sequenzierende DNA-Strang als Matrize genutzt, um *in vitro* dazu komplementäre DNA-Stränge herzustellen. Die neu synthetisierten Stränge werden durch Einbau markierter Substanzen nachweisbar gemacht. Entscheidend für die DNA-Sequenzbestimmung ist der Zusatz geringer Mengen von 2′-3′-didesoxy-Nucleosid-Triphosphaten (ddNTPs), deren Einbau zu Kettenabbrüchen der neugebildeten DNA-Moleküle führt. Wird nämlich ein ebenfalls in 3′-Stellung desoxygeniertes Zuckermolekül in den DNA-Strang eingebaut, so fehlt die 3′-Hydroxylgruppe, mit der die 5′-Phosphatgruppe des nachfolgend einzubauenden dNTP zur Kettenverlängerung reagieren müsste (**Abb. 8.3**), so dass die ddNTPs als „Terminatoren" wirken. Die DNA-Synthese bricht somit an diesem Nucleotid ab. Würde man ausschließlich ddNTPs anbieten, so käme keine DNA-Synthese zustande. Bei einem passenden Verhältnis zwischen dNTPs und ddNTPs (etwa 200 : 1) erfolgen zwar DNA-Kettenverlängerungen über einige hundert Basenpaare (weil genügend viele „richtige" dNTPs vorhanden sind). Mit geringer Wahrscheinlichkeit wird jedoch an den einzelnen Basen die Kettenverlängerung abbrechen, sobald hier ein ddNTP eingebaut wurde. Das bedeutet, es entsteht ein Pool von neu synthetisierten DNA-Mo-

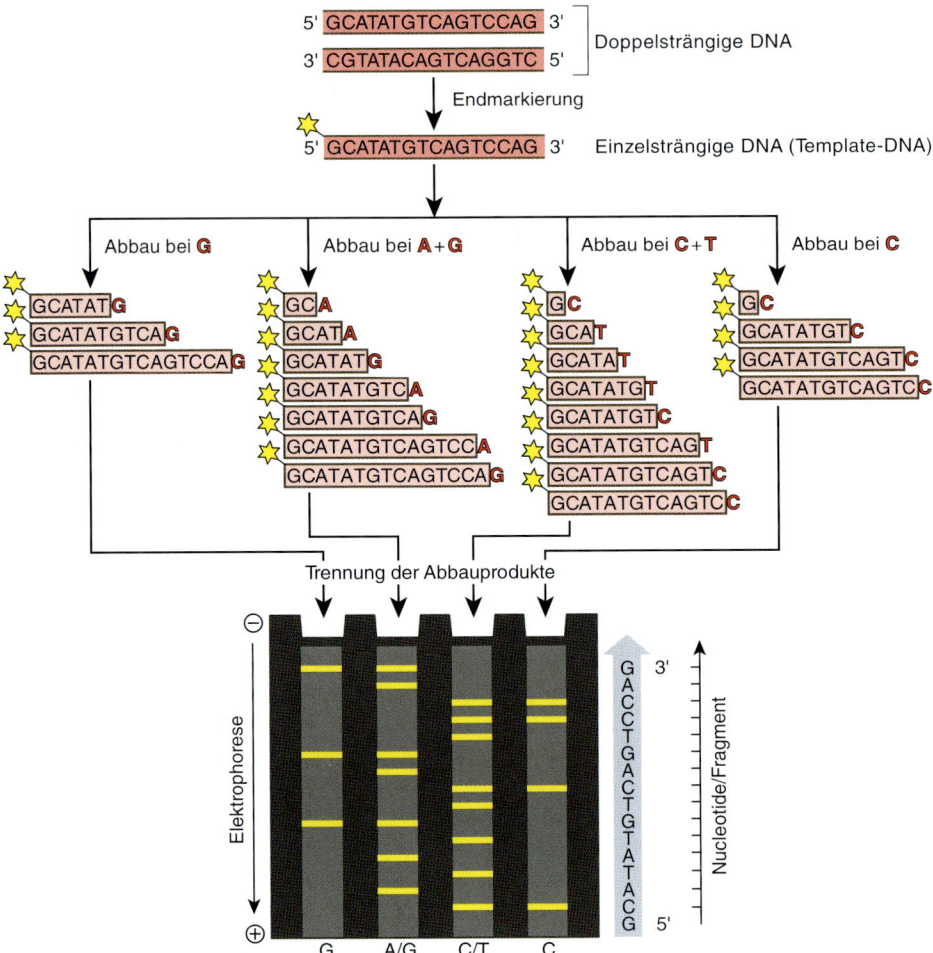

**Abb. 8.1:** DNA-Sequenzierung auf der Grundlage eines basenspezifischen Abbaus von Nucleinsäuren

Die Methode nach MAXAM UND GILBERT (1977) verwendet Chemikalien, die spezifische Basen zerstören und dadurch ein DNA-Molekül an spezifischen Stellen aufbrechen. Zunächst wird der zu sequenzierende DNA-Einzelstrang (Template- oder Matrizen-DNA) markiert, üblicherweise durch eine radioaktive Markierung am 5′-Ende. Aliquots davon werden mit vier verschiedenen Reagenzien versetzt, so dass die DNA-Stränge an Stellen mit jeweils spezifischen Nucleotiden aufgebrochen werden. Dadurch werden vier Gemische an markierten Fragmenten erzeugt, von denen jeweils basenspezifisch bestimmte Reste abgespalten wurden. Die Fragmentgemische werden gelelektrophoretisch aufgetrennt. Nach Darstellung der Markierung – beispielsweise bei radioaktiver Markierung auf einem Röntgenfilm – können die Fragmente als Banden erkannt werden. Aus dem Bandenmuster kann direkt die DNA-Sequenz abgelesen werden.

lekülen, deren Längen sich jeweils um ein Nucleotid unterscheiden. Das würde zunächst noch keine verständliche Sequenz ergeben. Man gibt jedoch – jedenfalls in der ursprünglichen Methodik – die vier verschiedenen ddNTPs (d. h. ddATP, ddTTP, ddCTP und ddGTP) nicht zusammen in eine Sequenzierreaktion, sondern

getrennt in vier. Nach Abschluss der DNA-Synthesereaktion werden die vier Ansätze nebeneinander im Polyacrylamidgel aufgetrennt und die unterschiedlichen Fragmentlängen sichtbar gemacht. In jeder der Spuren erhält man eine Leiter von Fragmenten, die in ihren Längen die aufeinander folgenden Positionen der betreffen-

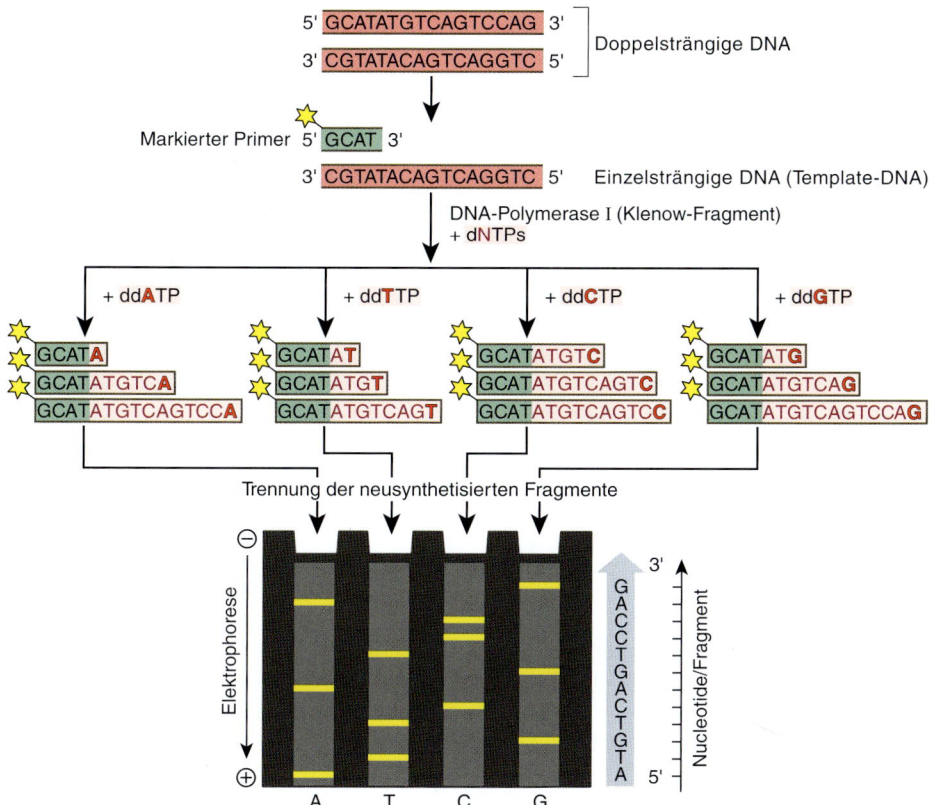

**Abb. 8.2:** DNA-Sequenzierung mit dem Kettenabbruchverfahren (Didesoxymethode)

Bei der Methode nach Sanger et al. (1977) wird das DNA-Molekül, das sequenziert werden soll, als Template für eine *In-vitro*-Synthese von Teilkopien mit einem spezifischen Oligonucleotid-Primer und der DNA-Polymerase benutzt. Die Synthesen beginnen alle an der gleichen Stelle, enden jedoch an unterschiedlichen Stellen entlang der Template-DNA. Dieses wird erreicht, indem Didesoxy-Nucleosid-Triphosphate (ddNTPs) verwendet werden, denen die OH-Gruppe am 3'-Ende der Desoxyribose fehlt. Ein ddNTP verhindert bei seinem Einbau in eine DNA-Kette ein Anfügen eines nächsten Nucleotids (**Abb. 8.3**). Im Ansatz wird ein Überschuss an Desoxy-Nucleosid-Triphosphaten (dNTPs) und jeweils ein bestimmtes ddNTP verwendet. Beispielsweise führt ddATP mit einem Überschuss an dATP, dTTP, dCTP und dGTP dazu, dass jeder neu synthetisierte Strang an einem zufälligen, anzuknüpfenden A abgebrochen wird. Hierdurch entstehen verschieden lange Syntheseprodukte, die alle mit A enden. Manchmal wird der zur DNA-Synthese verwendete Oligonucleotid-Primer markiert, so dass später alle von dort aus synthetisierten Moleküle nachgewiesen werden können (*dye primer chemistry*). Oft werden aber die ddNTPs markiert (*dye terminator chemistry*). Um eine vollständige Sequenz zu bestimmen, werden zur DNA-Synthese die vier verschiedenen, zum Kettenabbruch führenden ddNTPs in getrennten Reaktionen (oder mit verschiedenfarbigen Markierungen in einer Reaktion) mit jeweils derselben Template-DNA eingesetzt. Das Ergebnis der vier Reaktionen wird mittels Elektrophorese im Polyacrylamidgel analysiert. Aus den Längen der synthetisierten Fragmente kann die DNA-Sequenz abgeleitet werden.

den Base (d. h. derjenigen, die mit dem ddNTP zugegeben wurde) anzeigen. Durch den Vergleich der vier Spuren ist schließlich die Sequenz direkt vom Gel abzulesen.

Das Kettenabbruchverfahren benötigt einzel-

strängige Template- oder Matrizen-DNA. Diese kann auf verschiedenem Wege bereitgestellt werden:

– Die DNA kann als Insert in ein Plasmid ligiert sein und durch Klonierung vermehrt werden.

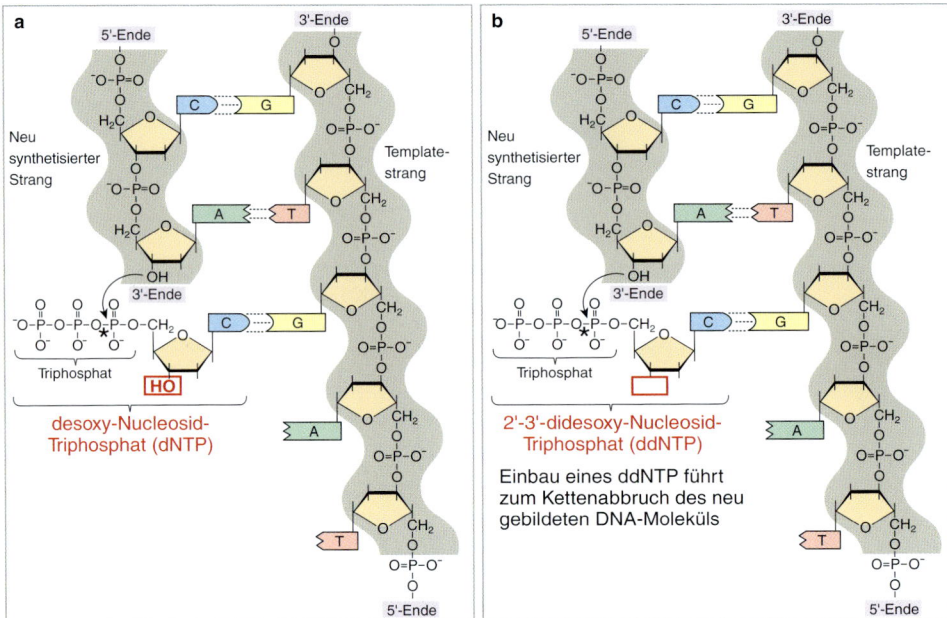

**Abb. 8.3:** Kettenabbruch bei DNA-Replikation mit einem Didesoxy-Nucleosid-Triphosphat (ddNTP) Im Grundschema der DNA-Synthese ist das Zucker-/Phosphat-Gerüst farbig unterlegt.

a)   Die Addition jeweils eines Desoxy-Nucleosid-Triphosphats (dNTP) erfolgt am 3'-Ende der Poly-nucleotidkette, so dass der Strang in 5'- → 3'-Richtung neu gebildet wird. Die Nucleotidfolge des Template-Stranges bestimmt über spezifische Basenpaarungen die komplementären Nucleotide des neu gebildeten DNA-Stranges. Das Aufbrechen der Phosphoanhydridbindung (*) im hinzukommen-den dNTP liefert Energie, die für die Polymerisationsreaktion gebraucht wird. Diese erfolgt über die 3'-Hydroxylgruppe an der Pentose, die 5'-seitig mit dem Phosphat des nachfolgend einzubauen-den dNTP reagiert.

b)   Die Addition eines ddNTP führt zu einem Kettenabbruch, denn die 3'-Hydroxylgruppe der Pen-tose fehlt. Daher kann ein nachfolgend einzubauendes dNTP nicht angeknüpft werden.

Die resultierende DNA ist doppelsträngig und wird durch Hitzebehandlung denaturiert, woraufhin einer der beiden Stränge sequen-ziert wird.

– Die DNA kann in M13-Phagen ligiert sein. Diese Phagen produzieren einzelsträngige Templates, die nach Aufreinigung direkt für die DNA-Sequenzierung benutzt werden können.

– Die PCR kann verwendet werden, um ein be-stimmtes DNA-Molekül zu amplifizieren. Nach der PCR werden die doppelsträngigen Amplifikate durch Hitze denaturiert, oder ei-ner der beiden Einzelstränge wird isoliert. Im Allgemeinen wird ein Primer so modifiziert, dass sich die daran synthetisierte DNA leicht präparieren lässt. Eine Möglichkeit ist die An-bindung magnetischer Kugeln an einen der Primer.

Für ein einzelsträngiges Template- oder Matri-zen-DNA-Fragment führen die gelgestützten Sequenzierverfahren in folgenden Schritten zur Sequenz:

– **Durchführung der Sequenzierreaktion.** Bei der Sequenzierreaktion werden Produkte her-gestellt, deren Längen von der Sequenz der Template-DNA abhängen.

– **Längensortierung der Fragmente**. Die Pro-dukte einer Sequenzierreaktion werden in ei-nem denaturierenden Polyacrylamidgel elekt-rophoretisch nach ihren Molekülgrößen auf-getrennt. Das generierte Bandenmuster wird mit Hilfe der Markierung nachgewiesen. Nach Beendigung der Elektrophorese (*offline*) werden radioaktive Marker über Autoradio-graphie sichtbar gemacht. Bereits während der Elektrophorese (*online*) lassen sich

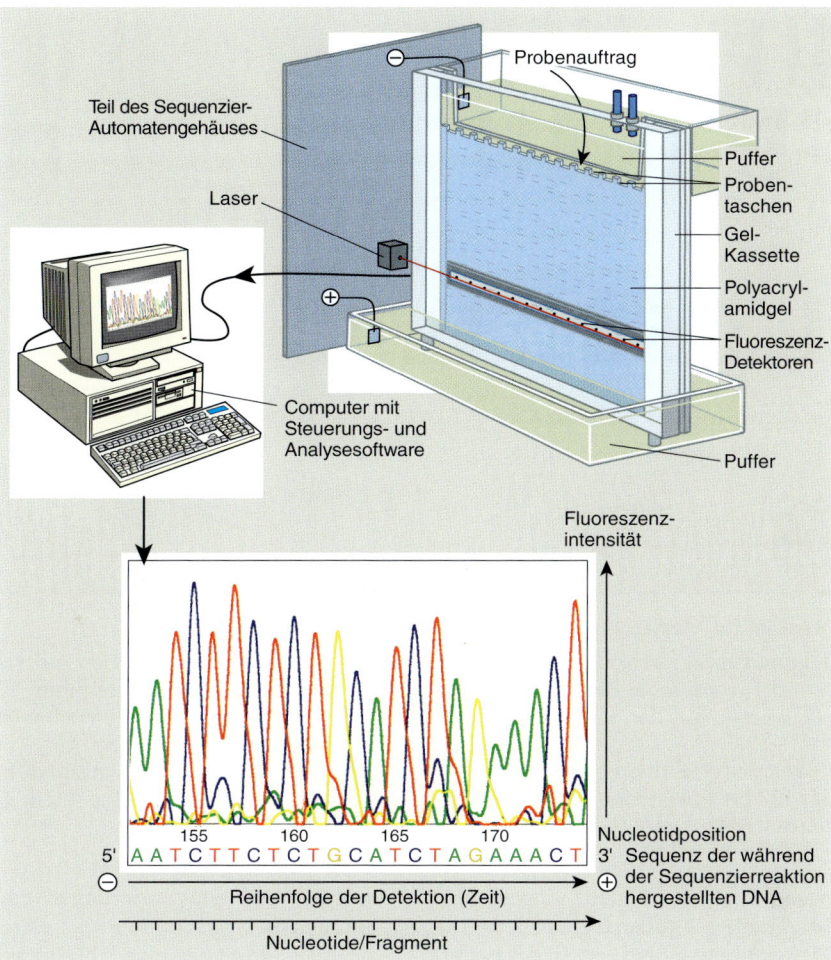

**Abb. 8.4:** Ablauf der automatischen DNA-Sequenzierung

Die Detektion im DNA-Sequenzierautomaten basiert auf Fluorochrom-Markierung eines jeden DNA-Moleküls. Die Moleküle werden mit dem Kettenabbruchverfahren erzeugt (**Abb. 8.2**) und nachfolgend in einem Polyacrylamidgel aufgetrennt. Kürzere Fragmente migrieren während der Elektrophorese schneller als lange. Die Fluoreszenz wird in Höhe der Fluoreszenz-Detektoren von einem Laser zur Lichtemission angeregt. Das emittierte Licht wird von Photodioden des Detektors registriert und dem angeschlossenen Computer übermittelt. Dort erscheinen – entsprechend der Zeitdauer der Migration – die Signale der Fluoreszenz für die einzelnen Fragmente, vom kleinsten bis zum größten. Im Protokoll erhalten die Ergebnisse der vier verschiedenen Reaktionen verschiedene Farben: rot: T, blau: C; grün: A; gelb: G. Das Profil der Fluoreszenzpeaks wird vom Computer in die DNA-Sequenz umgerechnet.

Fluorochrome mit einem Laser anregen, und das emittierende Licht wird detektiert. Üblicherweise erfolgen die elektrophoretische Auftrennung sowie die Detektion der mit Fluorochrom markierten Produkte einer Sequenzierreaktion in einem **DNA-Sequenzierautomaten (Abb. 8.4)**.

– **Ableiten der Sequenz aus den Bandenmustern.** Das Vorgehen bei der Sequenzableitung aus den Elektrophoresebanden geht aus den **Abb. 8.1** und **8.2** hervor. Dabei werden die Produkte jeder einzelnen Sequenzierreaktion getrennt gemessen. Im DNA-Sequenzierautomaten werden die Fragmentlängen vom ange-

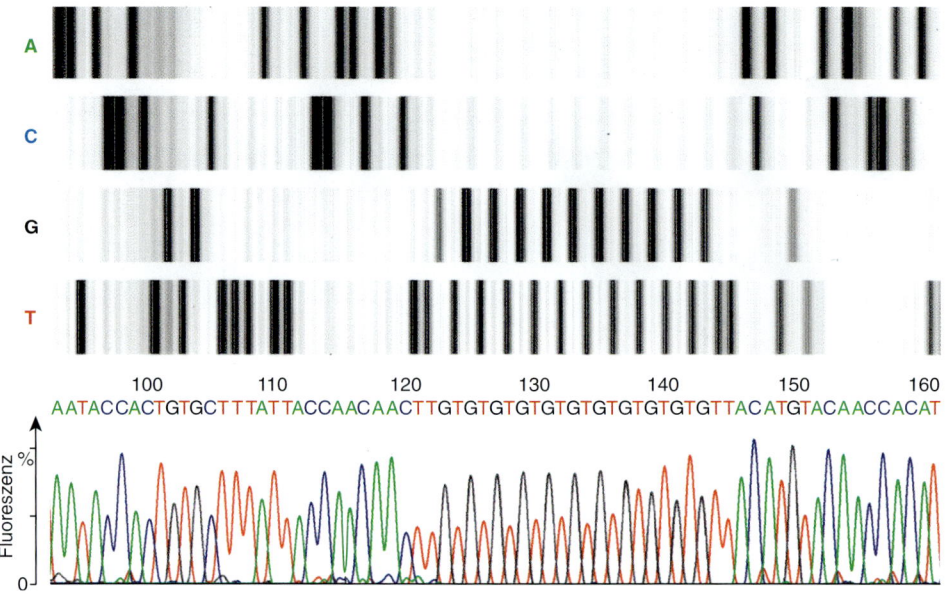

**Abb. 8.5:** Beispiel für Messergebnisse eines DNA-Sequenzierautomaten

**Oben:** Bandenmuster in vier Spuren mit dem Ausschnitt einer elektrophoretischen Auftrennung. Mit A, C, G und T werden die für den Kettenabbruch verwendeten ddNTPs bezeichnet.
**Unten:** Im PC werden aus den Banden entsprechend der Fluoreszenzintensität einzelne Peaks berechnet.
**Mitte:** Protokoll der errechneten Sequenz mit Angabe der Positionen im Template-DNA-Molekül. Von Position 123 bis 144 ist eine gleichförmige Wiederholung der Nucleotidfolge GT zu erkennen, also ein Mikrosatellit.

schlossenen PC auf die Sequenz umgerechnet (**Abb. 8.4**). Hierbei wird auch geprüft, wie sicher die Feststellung einer Base an der betreffenden Position des Template-DNA-Moleküls ist. **Abb. 8.5** zeigt als Beispiel die Sequenzierergebnisse eines Mikrosatelliten.

- **Rekonstruktion der Sequenzinformation im gesamten zu untersuchenden DNA-Molekül.** Die in einer Sequenzierreaktion untersuchte Sequenz ist in den meisten Fällen kleiner als die insgesamt zu bestimmende Sequenz. Es werden daher Sequenzierreaktionen mit mehreren, überlappenden Template-DNA-Molekülen und verschiedenen Sequenzier-Primern hergestellt. Nachfolgend wird in computergestützten Verfahren aus Mosaikstücken eine Gesamtsequenz zusammengesetzt.

- **Qualitätskontrolle und Fehlerkorrektur.** In einzelnen Sequenzierungen ist mit Fehlern zu rechnen, die je nach Sequenz und Qualität der Elektrophoresen bei 1–5 % liegen können. Um die möglichen Fehler zu reduzieren, er-

folgen DNA-Sequenzierungen eines Teilabschnitts mehrfach (redundant). Bestimmte Sequenzen, wie etwa eine Abfolge von GC-Sequenzmotiven in Mikrosatelliten, können Sekundärstrukturen hervorrufen. Dann werden verschieden lange Fragmente in der Gelelektrophorese nicht ausreichend getrennt, was als **Kompression** bezeichnet wird, und es kann vorkommen, dass einzelne Fragmentlängen im Gel nicht als getrennte Banden sichtbar werden. Diese und weitere Einflüsse lassen sich meist erkennen, indem beide komplementären Stränge der Template-DNA sequenziert werden, d. h. eine **Vorwärts-** und **Rückwärts-Sequenzierung** vorgenommen wird. Weitere Prüfungen erfolgen z. B. auf Kontaminationen mit Vektor-DNA oder auf Stopp-Codons innerhalb potenzieller *ORF*s (*Open Reading Frames*).

Trotz aller Vorsichtsmaßnahmen und Aufwendungen wird es aber dennoch kaum möglich sein, eine vollständig fehlerfreie Sequenz zu erreichen. In den DNA-Datenbanken bemüht man sich um Fehlerminimierung, d.h. um Fehlerraten von < 1 pro 10 000 bp. Damit liegt die Frequenz von Fehlern mehrfach unterhalb der Größenordnung von natürlicherweise vorkommenden Polymorphismen. Bisherige Erfahrungen zeigen jedoch, dass Fehlerraten von etwa 1 pro 1000 bp vorkommen können und die Angaben in den Datenbanken (z. B. GenBank) entsprechend zu bewerten sind.

Das DNA-Sequenzierverfahren durch Kettenabbruch lässt sich in verschiedener Weise modifizieren. Beim *Cycle-Sequencing* (**Abb. 8.6**) wird ein Gemisch aus einem Primer, Template-DNA, thermostabiler DNA-Polymerase (die sich durch gleichmäßigen Einbau der Nucleotide auszeichnet und keine Exonuclease-Aktivität aufweist), ddNTPs und dNTPs bei 94–97 °C, 50–55 °C und 60–68 °C inkubiert. Im Gegensatz zur PCR befindet sich in der Reaktion also nur ein einziger Primer, so dass linear und nicht exponenziell amplifiziert wird. Das Temperaturprofil – und damit die Sequenzierreaktion –

wird jedoch mehrfach wiederholt, um eine ausreichende Menge an Kettenabbruchmolekülen zu produzieren. Beim *Cycle Sequencing* wird sowohl einzelsträngige als auch doppelsträngige DNA als Template eingesetzt.

Wesentlich sind bei der DNA-Sequenzierung auch die unterschiedlichen **Markierungstechniken**. Man kann eine Endmarkierung (siehe **Abb. 8.1**, S. 166), einen markierten Startprimer (*„dye primer chemistry"*) für die DNA-Synthese (siehe **Abb. 8.2**, S. 167) oder aber markiertes dATP verwenden. Letzteres wird gleichförmig in die synthetisierten Fragmente eingebaut. Oft werden die ddNTPs mit einem Fluoreszenzfarbstoff markiert, so dass nur die korrekt terminierten Fragmente nachgewiesen werden (*„dye terminator chemistry"*). Es gibt die Möglichkeit, die vier verschiedenen ddNTPs jeweils mit einem anderen Fluoreszenzfarbstoff zu versehen (**Multicolor Fluoreszenz-Markierungssystem**). Dann kann man die Sequenzierreaktion in einem einzigen Reaktionsgefäß durchführen und in nur einer Spur der Elektrophorese das gesamte DNA-Sequenzierergebnis analysieren.

Ältere DNA-Sequenzierautomaten verwenden vertikale Gelplatten für die Elektrophorese. Eine Weiterentwicklung stellt der Einsatz von Kapillar-Elektrophoresen dar, die je nach Ausstattung pro Gerät bis zu 384 Kapillaren verwenden. Bei der Kapillartechnik wird durch automatische Gelherstellung und Probenvorbereitung der Arbeitszeitaufwand stark reduziert und pro Gerät u. U. eine große Kapazität erreicht.

### 8.1.2 Sequenzierverfahren ohne Gelelektrophorese

Alternativ zu den etablierten Sequenzierverfahren, bei denen enzymatisch oder chemisch hergestellte Strangabbruchprodukte gelelektrophoretisch aufgetrennt werden, wurden weitere Verfahren entwickelt, die keine Elektrophorese benötigen und den Durchsatz um Größenordnungen steigern können. Es handelt sich dabei um folgende Verfahren:

– **Didesoxy-Methoden zur Darstellung von DNA-Varianten.** Basierend auf Kettenabbruchreaktionen durch ddNTPs wird der Nachweis der Kettenverlängerung durch photometrische Methoden oder spezifische Fluoreszenzsignale ermöglicht. Die Verfahren

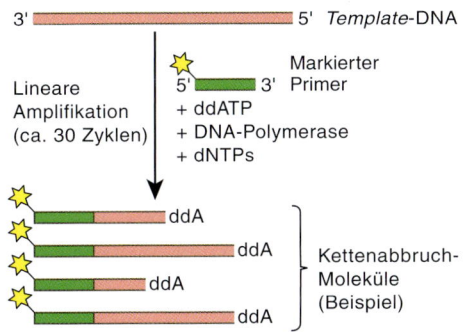

**Abb. 8.6:** Prinzip beim *Cycle-Sequencing*

Wie zuerst von Sears et al. (1992) vorgeschlagen, wird mit der Template-DNA eine lineare Amplifikation durchgeführt. Hierbei wird nur ein Primer zugegeben sowie in vier Ansätzen jeweils ein Didesoxy-Nucleosid-Triphosphat (ddNTP) (gemeinsam mit dNTPs und dem Enzym). Im Schema wird nur die Verwendung von ddATP angegeben. Es resultiert eine Population an Kettenabbruchmolekülen, die je nach anwesendem ddNTP an einem bestimmten Nucleotid (A, C, G **oder** T) enden (im dargestellten Beispiel an A). Diese DNA-Moleküle werden, analog wie in **Abb. 8.2** und **8.4** gezeigt, gelelektrophoretisch aufgetrennt.

werden für die Sequenzbestimmung kurzer DNA-Abschnitte herangezogen und auf S. 199 ff. beschrieben.

– **Sequenzierung durch Hybridisierung auf DNA-Arrays.** Ein viel beachtetes Verfahren beruht auf Hybridisierung von DNA-Molekülen an einen DNA-Array oder -Chip. Allerdings eignet sich dieses Verfahren bislang nur für kurze DNA-Bereiche und kann in der Effizienz noch nicht mit den gelelektrophoretischen Verfahren konkurrieren. Eine wesentliche Anwendung der DNA-Chip-Technik liegt jedoch in der vergleichenden Sequenzierung, bei der Sequenzen von verschiedenen Individuen mit einer Standardsequenz verglichen werden (siehe S. 189 ff.).

– **Massenspektroskopische Analyse der Sequenz von Oligonucleotiden.** Dieses Verfahren wird für DNA-Moleküle bis zu einer Sequenz von ca. 100 nt eingesetzt, um Varianten in den Molekülgrößen zu messen. Daher können auch Produkte aus der Sequenzierreaktion auf unterschiedliche Längen analysiert werden. Der Einsatz der Massenspektroskopie für die Detektion von DNA-Sequenzvarianten wird auf S. 221f. dargestellt.

– **Pyrosequenzierung.** Der Einbau eines dNTP bei der Synthese eines DNA-Stranges führt zur Freisetzung eines Pyrophosphatmoleküls (s. **Abb. 3.3**, S. 66). Die equimolare Freisetzung von Pyrophosphat kann dazu genutzt werden, eine Luciferase-Reaktion auszulösen und das freigesetzte Licht zu messen. Das Verfahren eignet sich für die Analyse kurzer DNA-Abschnitte (bis ca. 40 bp) und wird vor allem für die Darstellung von DNA-Varianten angewendet (siehe S. 201).

Bei den elektrophoresefreien Sequenzbestimmungsmethoden handelt es sich um vielversprechende Weiterentwicklungen. Die Methoden eignen sich bei dem aktuellen Status für Analysen in begrenzten Sequenzabschnitten einer Zielregion. Hierbei sind die Techniken für die Darstellung von DNA-Varianten sowie für eine Überprüfung der Sequenzen an Regionen mit schwierigen DNA-Sekundärstrukturen hilfreich. Als Beispiel für elektrophoresefreie Sequenzierungen wird nachfolgend das Prinzip der Pyrosequenzierung dargestellt.

Die **Pyrosequenzierung** basiert auf dem Nachweis der während der DNA-Synthese frei-gesetzten Pyrophosphatmoleküle. Dies geschieht mit Hilfe einer Kaskade der folgenden Enzyme, durch die schließlich Licht erzeugt wird (Zum Ablauf und zu den Abkürzungen siehe **Abb. 8.7**):

– **Polymerase (Klenow-Fragment):** Einbau eines dNTP und dadurch Freisetzung eines Pyrophosphates.
(Nucleinsäure)$_n$ + dNTP → (Nucleinsäure)$_{n+1}$ + PP$_i$

– **ATP-Sulfurylase:** Freies Pyrophosphat wird in ATP umgewandelt.
PP$_i$ + APS → ATP + SO$_4^{2-}$

– **Luciferase:** Nimmt Energie aus ATP, oxidiert dadurch Luciferin und setzt Licht frei.
ATP + Luciferin + O$_2$ → AMP + PP$_i$ + Oxyluciferin + CO$_2$ + **Licht**

Die Zahl der Photonen ist proportional zur Zahl der in das Syntheseprodukt eingebauten Nucleotide. Die Kaskade der Enzyme startet also mit der Polymerase, die beim Einbau eines dNTP zur Freisetzung eines anorganischen Di- oder Pyrophosphatmoleküls (PP$_i$) führt. Das freie Pyrophosphat wird mittels ATP-Sulfurylase in ATP umgewandelt, welches die Energie an eine Luciferase abgibt, die dadurch Luciferin oxidiert und Licht freisetzt. Die generierte Zahl der Photonen wird mit einer CCD-Kamera (CCD, *charge-coupled device*) gemessen und erlaubt eine Sequenzanalyse des Template-DNA-Moleküls (**Abb. 8.8**). Im Allgemeinen werden Kopien eines durch PCR amplifizierten Template-DNA-Moleküls vorgelegt und zwei verschiedene Strategien der Pyrosequenzierung verwendet:

– Die **Festphasen-Pyrosequenzierung** (*solid-phase pyrosequencing*) (**Abb. 8.7a**) verwendet immobilisierte DNA, an die in getrennten Schritten die vier verschiedenen Nucleotide mit dem Enzymmix gebracht werden. In jeweils einem Waschschritt wird der Überschuss des betreffenden Nucleotids entfernt.

– Bei der **Flüssigphasen-Pyrosequenzierung** (*liquid-phase pyrosequencing*) (**Abb. 8.7b**) werden Nucleotide mit einem Enzym (Apyrase) abgebaut. Auf diese Weise sind eine Immobilisierung der DNA und die Waschschritte nicht notwendig, so dass die Pyrosequenzierung in einem Ansatz ausgeführt werden kann.

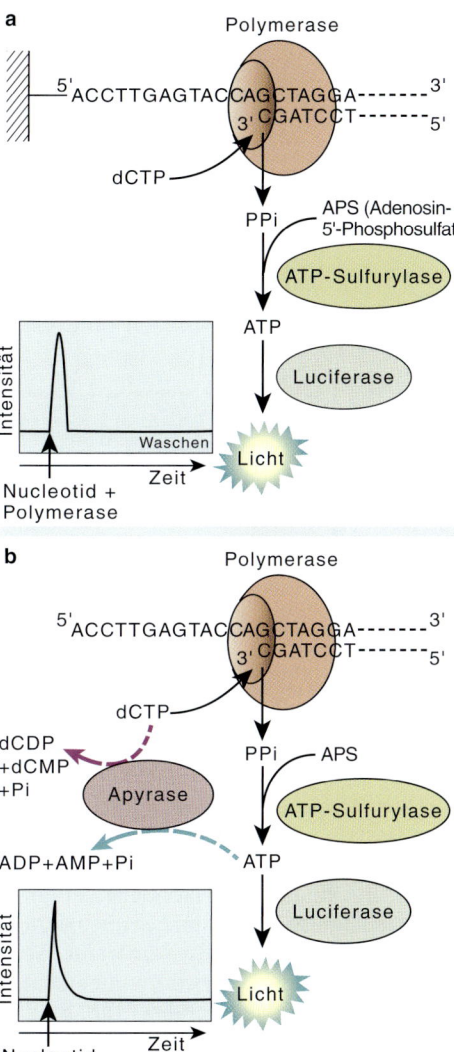

**Abb. 8.7:** Ablaufschema zur Pyrosequenzierung (nach Ronaghi, 2001, und Ronaghi et al., 1996, modifiziert)

AMP: Adenosinmonophosphat; ATP: Adenosintriphosphat; APS: Adenosin-5′-Phosphosulfat; PPi: Pyrophosphat; dNTP: Desoxy-Nucleosid-Triphosphat; dNMP: Desoxy-Nucleosid-Monophosphat.

a) **Festphasen-Pyrosequenzierung (*solid-phase pyrosequencing*).** Die amplifizierte DNA wird immobilisiert und in getrennten Schritten mit je einem der vier verschiedenen Nucleotide und dem Enzymmix inkubiert. Dargestellt ist die Verwendung von dCTP. In jeweils einem Waschschritt wird der Überschuss des betreffenden Nucleotids entfernt. Proportional zur Zahl der eingebauten Nucleotide wird Licht freigesetzt, welches mit einer CCD-Kamera (CCD, *charge-coupled device*) zu messen ist.

b) **Flüssigphasen-Pyrosequenzierung (*liquid-phase pyrosequencing*).** Die DNA wird als Amplifikat gemeinsam mit einem Enzymmix verwendet. Dem Ansatz wird in Zeitabständen jeweils eines der vier verschiedenen dNTPs zugeführt. Die dNTPs werden kontinuierlich durch das Enzym Apyrase abgebaut, so dass nur das jeweils frisch addierte dNTP an den Reaktionen teilnehmen kann.

# 8.2 Strategien der Genomsequenzierung

Mit der DNA-Sequenzierung wird je Ansatz eine Sequenz von etwa 300–1000 bp analysiert. Längere DNA-Sequenzen erhält man, indem viele überlappende Sequenzen zusammengesetzt werden. Auf diesem Wege wurden gesamte Genome sequenziert, so auch die Genome z. B. des Menschen oder der Maus (**Tab. 8.1**, **Abb. 8.9**). Inzwischen stehen umfangreiche Sequenzdaten für viele Tierspezies zur Verfügung (**Abb. 8.10**).

Je größer ein Genom ist, desto schwieriger wird es, alle Abschnitte aus den Einzelexperimenten richtig zusammenzufügen. Viele einzelne Schritte sind auszuführen, bevor z.B. ein so großes DNA-Molekül wie das eines Chromosoms komplett sequenziert ist. Für derartige Arbeiten werden daher Sequenzierroboter eingesetzt. Aber auch die Arbeit mit Robotern erfordert menschliche Konzentration und Handanlegen! Genomisches Sequenzieren bedeutet immer ein kompliziertes Zusammenfügen einer Gesamtsequenz aus vielen kleinen Teilsequenzen. Welche Strategien gibt es, um eine Gesamtsequenz aus den vielen Teilstücken zu erstellen?

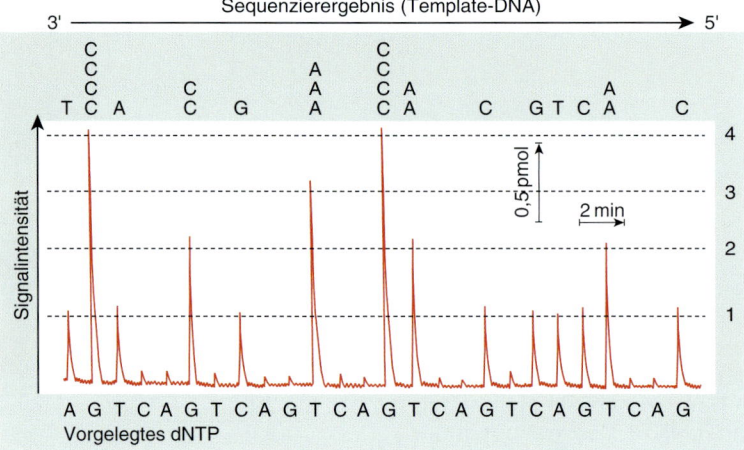

**Abb. 8.8:** Pyrogramm aus einer Flüssigphasen-Pyrosequenzierung (nach Daten von RONAGHI 2001). Jede Signalstelle wird durch die Verwendung eines dNTP bei der Synthese erzeugt. Das vorgelegte dNTP wird unterhalb des Pyrogramms angegeben. Proportional stärkere Signale werden beobachtet, wenn ein, zwei, drei oder vier gleiche Nucleotide in der Template-DNA aufeinander folgen. Die abgeleitete Sequenz für die Template-DNA wird oberhalb des Pyrogramms notiert.

Im Wesentlichen werden drei Wege beschritten:
- Bei der **geordneten Sequenzierung (Abb. 8.11a)** erfolgt zunächst eine Sortierung von großen Bereichen (*Contigs*) des Genoms auf der Basis von Markerloci (vgl. **Abb. 11.12**, S. 244). Die großen Genombereiche werden dann in kleine, überlappende Fragmente unterteilt, die kloniert und sequenziert werden. Mit diesem Ansatz wurde im Wesentlichen die Genomsequenzierung bei den Modellorganismen durchgeführt (**Tab. 8.1**).
- Als *Shotgun*-Sequenzierung **(Schrotschuss-Sequenzierung) (Abb. 8.11b)** bezeichnet man das ungerichtete Sequenzieren einer Sammlung von Klonen, die von dem zu untersuchenden Bereich in der DNA-Bibliothek vorliegen. So kann man den größeren Insertbereich z. B. eines BAC-Klons durch Ultraschallbehandlung oder mechanisches Scheren in Fragmente von 1–2 kb zerkleinern. Diese Fragmente werden dann z. B. in dem Bakteriophagen M13 kloniert. Anschließend isoliert man zufällig einzelne rekombinante Klone und sequenziert deren DNA. Dies wird solange wiederholt, bis jedes Einzelstück des gesamten Bereiches etwa 5- bis 10-mal sequenziert ist. Die erarbeiteten Sequenzen werden anhand der abschnittsweise auftretenden Sequenzidentität

**Tab. 8.1:** Beispiele für abgeschlossene Genomsequenzierprojekte

In der Datenbank GOLD (GENOMES ONLINE DATABASE, Stand 14.09.04) waren 218 abgeschlossene und publizierte sowie 964 laufende Genomprojekte verzeichnet. Dabei ist jedoch zu beachten, dass bei Eukaryonten z. T. auch die Sequenzierung eines einzelnen Chromosoms als Genomprojekt gezählt wird.

| Spezies | Genomgröße (Mb) | Publikationsjahr |
|---|---|---|
| *Escherichia coli* | 4,6[1] | 1997 |
| Bäckerhefe (*Saccharomyces cerevisiae*) | 12[1] | 1997 |
| Fadenwurm (*Caenorhabditis elegans*) | 97[1] | 1998 |
| Fruchtfliege (*Drosophila melanogaster*) | 137[1] | 2000 |
| Ackerschmalwand (*Arabidopsis thaliana*) | 115[1] | 2000 |
| Mensch (*Homo sapiens*) | 3 423[2] | 2001 |
| Maus (*Mus musculus*) | 3 216[2] | 2002 |
| Ratte (*Rattus norvegicus*) | 2 750[1] | 2004 |
| Honigbiene (*Apis mellifera*) | ≈ 200[3] | 2004[3] |
| Rind (*Bos taurus*) | ≈ 3 000[3] | 2004[3] |

[1] Nach GOLD (GENOMES ONLINE DATABASE), 2004
[2] Nach GREGORY, 2001
[3] Veröffentlichung des Datenbestandes (V 1.2) / der 1. Rohfassung durch HGSC (HUMAN GENOME SEQUENCING CENTER) Juli 2004 (Biene) / Oktober 2004 (Rind)

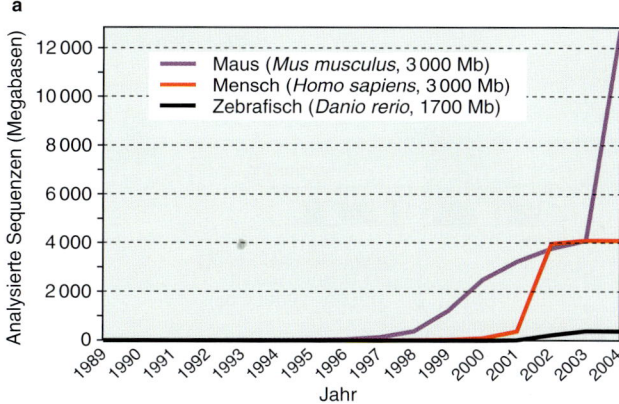

**a**

**Abb. 8.9:** Status der Genomsequenzierung bei Modellorganismen

Die Darstellungen zeigen den kumulativen Fortschritt der Sequenzierprojekte bis zum Stand 29.02.2004 (GENOME MOT).

a) Vergleich der Entwicklungen bei verschiedenen Modellorganismen. In Klammern werden die geschätzten Genomgrößen angegeben.

b) Fortschritte des *Human Genome Project,* aus dem hervorgeht, dass nach der Sequenzierung noch erhebliche Zeitaufwendungen bis zur endgültigen Berechnung der Sequenzierdaten erforderlich sind. Die bereitgestellten Sequenzen sind länger als die des Gesamtgenoms, da viele Einträge mehr als einmal vorliegen.

**b**

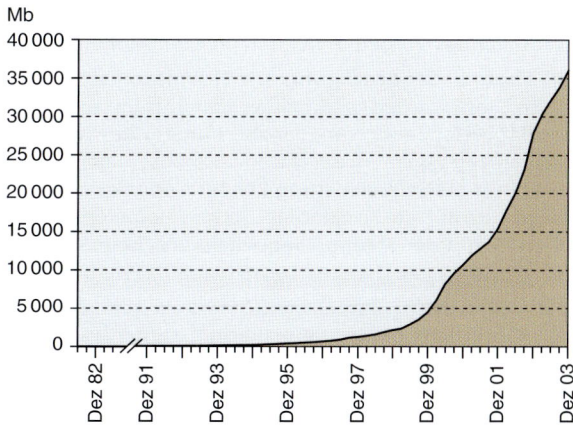

**Abb. 8.10:** Entwicklungsstand der DNA-Sequenzdatenbank

Seit etwa 1995 nehmen die eingetragenen DNA-Sequenzen exponentiell zu. Im Dez. 2003 waren > 35 000 Mb verfügbar, also etwa der 12-fache Sequenzumfang im Vergleich mit der durchschnittlichen Größe eines Säugergenoms. Zu berücksichtigen ist bei diesem Vergleich, dass Sequenzen eines Ursprungs manchmal mehrfach in die Datenbank eingetragen werden, wie z.B. Sequenzangaben für cDNA eines bestimmten Gens.
EMBL NUCLEOTIDE SEQUENCE DATABASE.

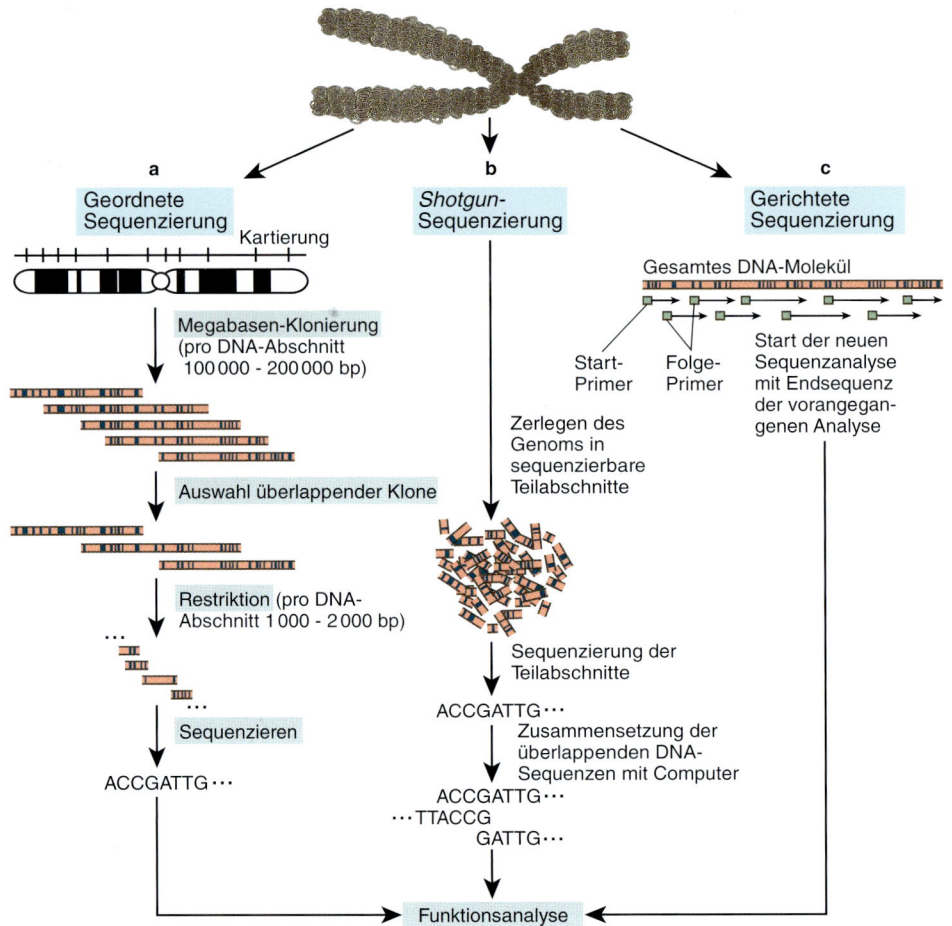

**Abb. 8.11:** Strategien der Genomsequenzierungsprogramme

**a) Geordnete Sequenzierung.** Entlang eines Chromosoms werden zunächst Markerloci kartiert. Dann werden große Chromosomenfragmente kloniert, deren Positionen im Chromosom auf Grund der Markerloci bestimmt werden. Mit Hilfe überlappender Fragmentbereiche kann die Lage der Fragmente zueinander und zum Ausgangs-Chromosom lokalisiert werden. Nachfolgend werden ausgewählte große Fragmente in kleine überlappende Fragmente zerteilt und einzeln sequenziert. Dies war das Vorgehen bei den meisten Modellorganismen und auch beim *Human Genome Project*.

**b) *Shotgun*-Sequenzierung.** Die chromosomale DNA wird in kleine, sequenzierbare Fragmente zerteilt. Diese werden in zufälliger Reihenfolge sequenziert. Nachfolgend wird im Rechner (*in silico*) nach überlappenden Sequenzbereichen gesucht, und Schritt für Schritt werden die einzelnen DNA-Sequenzen zu einem gesamten chromosomalen Strang zusammengesetzt. Dies ist das Verfahren der Wahl für die Sequenzierung kleiner Genome. Unter Anwendung moderner Technik hilft der Ansatz aber auch für große Genome. So hatte ein kommerzielles Unternehmen (*Celera Genomics,* CRAIG VENTER) mit der *Shotgun*-Sequenzierung beim menschlichen Genom rasche Erfolge.

**c) Gerichtete Sequenzierung.** Hierbei wird das Ergebnis einer ersten Sequenzierung zur Entwicklung eines neuen Sequenzierprimers verwendet, mit dem man dann einen neuen benachbarten DNA-Abschnitt sequenzieren kann (*„primer walking"*). Der jeweils nächste zu sequenzierende DNA-Abschnitt wird so ausgewählt, dass er eine nur geringe überlappende Sequenz beinhaltet und hierdurch die Redundanz des Sequenzierens reduziert wird. Das Verfahren wird aber nur für kleine Bereiche eingesetzt.

**Funktionsanalyse:** Um herauszufinden, ob eine DNA-Sequenz als Gen wirkt, werden spezielle Verfahren verwendet (Beschreibung siehe S. 249ff.).

zu einer Gesamtsequenz zusammengestellt. Ein Vorteil der Strategie ist die wiederholte Sequenzierung von überlappenden Teilbereichen und die damit erzielbare hohe Genauigkeit. Das Verfahren erfordert jedoch einen großen Aufwand für die Sequenzierung und wurde erst durch Automatisierung praktikabel. Inzwischen wurde die *Shotgun*-Sequenzierung sogar Grundlage für umfängliche Programme und hat dem Ansatz von CRAIG VENTER bei der vollständigen Sequenzierung des Humangenoms zum Erfolg verholfen (VENTER ET AL. 1998).

– Eine weitere Sequenzierstrategie ist die Verwendung des Sequenzierergebnisses eines ersten aus der DNA-Bibliothek entnommenen Klons als Ausgangspunkt für eine neue Sequenzanalyse eines benachbarten, noch unbekannten DNA-Abschnittes (**gerichtete Sequenzierung, Abb. 8.11c**). Auf S. 130f. (**Abb. 5.15** und **5.16**) werden dazu als Verfahren das *Vectorette*- und *Boomerang*-Klonierungssystem beschrieben und auf S. 306 (**Abb. 13.34**) das Verfahren des *Primer Walking*. Bei diesen Verfahren wird, nachdem ein DNA-Abschnitt sequenziert ist, der nächste so ausgewählt, dass er eine lediglich geringe überlappende Sequenz beinhaltet und sich somit die Redundanz des Sequenzierens reduziert. Die Verfahren sind jedoch aufwendig und daher nur für kleinere Bereiche (bis etwa 10 kb) praktikabel; ein komplettes Säugergenom wird man so nicht sequenzieren.

## 8.3 Sequenzierung von Teilabschnitten des Genoms

Gene der Säuger können sich über sehr große Bereiche erstrecken, vor allem wenn auch die regulatorischen Regionen hinzugezählt werden. Es ist leicht einzusehen, dass große Gene, genomische Kopien mit ähnlicher DNA-Sequenz (Multigenfamilien) oder mehrere fast identische Sequenzen (Pseudogene) bei der Charakterisierung eines Gens erheblich stören. Eine genügend sichere und umfassende Genuntersuchung folgt dem Stufenschema:

– Genisolierung,
– DNA-Sequenzierung relevanter Bereiche (meist der Exons),

– Definition der Gengrenzen und gegebenenfalls des Promotors (siehe S. 254ff.).

Wenn man über genspezifische Sequenzinformationen verfügt, bereitet die Genisolierung keine besonderen Schwierigkeiten. Einer Isolierung genomischer Klone folgt im Allgemeinen die Restriktionskartierung (siehe S. 108ff.), die Subklonierung und Exonsequenzierung sowie gegebenenfalls eine gezielte Isolierung von bisher fehlenden, den genomischen Bereich vervollständigenden Klonen. Für mehrere Zwecke wird jedoch nicht die Information des gesamten Gens benötigt, sondern lediglich diejenige einzelner Abschnitte. Welche Abschnitte sequenziert man zunächst im Genom einer Spezies?

Als sehr erfolgreich hat sich erwiesen, zunächst kurze, einzigartige DNA-Abschnitte des Genoms, die spezifisch über PCR amplifiziert werden können, zu sequenzieren (*Sequence-Tagged-Sites*, **STS**). Mit den so definierten **STS-Markern** wurden in verschiedenen Labors übereinstimmende Ergebnisse erzielt. Sie lassen sich außerdem für verschiedene Arbeiten verwenden, so z.B. bei der Kennzeichnung von großen genomischen Inserts in Klonen.

Ein weiterer wichtiger Ansatz ist die **cDNA-Sequenzierung**. cDNA stellt man durch Umschreiben der in einer Zelle vorhandenen mRNA her (siehe S. 99ff.). Da die mRNA ausschließlich von exprimierten Genen stammt, enthält auch die cDNA-Bibliothek nur Kopien dieser Abschnitte (Exons). Pionierarbeit für diese „Nur-Gen-Analyse" leistete TIGR (Rockville, USA), ein Unternehmen, welches in kurzer Zeit Sequenzen für mehrere hunderttausend cDNAs beim Menschen charakterisierte. Jede derartige Sequenz wird als exprimiertes Sequenzteilstück (*Expressed Sequence Tag*, **EST**) bezeichnet. Zu deren Analyse werden vielfach von einem Ende her in nur einem Sequenzierlauf ca. 300–500 bp ansequenziert. Diese Sequenzen sind zwar unvollständig, sie reichen jedoch für die unzweifelhafte Identifizierung der betreffenden Gene aus. Inzwischen sind zahlreiche ESTs bekannt (**Tab. 8.2**).

ESTs werden für die genetische und physikalische Kartierung eingesetzt. Durch einen Vergleich der vielen gewonnenen Sequenzen ließen sich beim Menschen die ESTs auf Grund ihrer Sequenzähnlichkeiten in ca. 105 000 UniGen-Sets einteilen. Das menschliche Genom enthält wahrscheinlich nur etwa 25 000–30 000 Gene. Die etwa drei- bis vierfach größere Zahl der UniGen-Sets lässt sich durch alternative Spleißvorgänge erklären.

Ein häufiger Aspekt der Sequenzierung ist die Charakterisierung eines DNA-Abschnittes für mehrere Individuen derselben Spezies. Diese **vergleichende Sequenzierung** ist essenziell, um DNA-Bereiche zu erkennen, die sehr konserviert sind oder in denen Varianten assoziiert mit bestimmten Eigenschaften der Träger vorkommen. U.a. ermöglicht die vergleichende Sequenzierung eine Erfassung von Sequenzmotiven, denen wichtige Funktionen zukommen.

**Tab. 8.2:** Anzahl *Expressed Sequence Tags* (ESTs) und *UniGene-Sets* für einige Modellorganismen und Nutztiere

*UniGene* ist ein System zur automatischen Gruppierung von Genbank-Einträgen. Jedes *UniGene-Set* besteht aus einem Cluster an Sequenzen, die jeweils ein einzelnes Gen repräsentieren.

| Spezies | Anzahl ESTs [1] | UniGene-Sets [2] |
|---|---|---|
| **Modellorganismen:** | | |
| Mensch (*Homo sapiens*) | 5 491 558 | 106 219 |
| Maus (*Mus musculus domesticus*) | 4 111 124 | 74 664 |
| Ratte (*Rattus sp.*) | 596 918 | 38 941 |
| Fruchtfliege (*Drosophila melanogaster*) | 274 367 | 12 395 |
| Fadenwurm (*Caenorhabditis elegans*) | 231 096 | 15 655 |
| **Nutztiere:** | | |
| Huhn (*Gallus gallus*) | 483 727 | 19 187 |
| Rind (*Bos taurus*) | 421 907 | 23 342 |
| Schwein (*Sus scrofa*) | 287 821 | 21 543 |
| Pferd (*Equus caballus*) | 15 240 | - |
| Schaf (*Ovis aries*) | 6 762 | - |
| Kaninchen (*Oryctolagus cuniculus*) | 2 275 | - |
| Ziege (*Capra hircus*) | 637 | - |

[1] DBEST, NCBI (2004); Stand 14.05.04
[2] UNIGENE, NCBI (2004); Abfrage 25.05.04
-: Keine Angaben vorhanden

## 8.4 Beiträge der DNA- und Genomsequenzierung in der Forschung

Mit der Sequenzierung der gesamten Genome bei Modellorganismen werden die Gene umfassend auf die Struktur und mögliche Funktionen hin untersucht. Zu den Modellorganismen gehören der Mensch und die Maus. Deren genetische Ähnlichkeiten zu anderen Säugerspezies hat die Arbeiten bei z. B. den Haustieren sehr beschleunigt. Welche Beiträge ergeben sich im Einzelnen aus den Genomsequenzierprojekten?

Genomprojekte führten zur Entdeckung neuer Gene. Sie liefern außerdem Sequenzdaten für Genzwischenbereiche (**extra-** oder **intergene DNA**), die für die Genexpression, vor allem aber auch für weitere Chromosomenfunktionen (Replikation, meiotische Paarung etc.) wichtig sein können. In Bezug auf Nutztiere führen Sequenzdaten zu mehreren Einsatzbereichen, wie beispielsweise:

– Möglichst vollständige Untersuchung der genetischen Ausstattung eines Lebewesens,
– Lokalisation von Genen im Genom,
– Identifikation von Allelen,
– Entwicklung effizienter gendiagnostischer Verfahren,
– Verwendung von genetischen Steuerelementen z. B. zur Erzeugung rekombinanter Proteine oder für den Gentransfer.

Sobald man die genetische Information kennt, kann weiteren Fragen nachgegangen werden. So lernt man auf der Basis der Genomsequenzierung kennen, wie die Expression der Gene koordiniert wird, und identifiziert Gene, die in bestimmten Stadien des Zellzyklus und bei Einwirkung bestimmter Umwelteinflüsse aktiv sind. Man geht den Fragen nach, wie die Proteine in ihrer Gesamtheit (das **Proteom**) zustande kommen, und welche Proteine in welchen Mengenverhältnissen zu welchen Differenzierungs- und Stoffwechselleistungen der Zellen führen. Die Genomsequenzierung ermöglicht also grundlegende Forschungsarbeiten.

## Zusammenfassung

– Methoden der DNA-Sequenzierung beruhen auf basenspezifischer chemischer Spaltung von Nucleinsäuren oder auf basenspezifischen Abbrüchen von DNA-Synthesen (Kettenabbruchverfahren). In den meisten Fällen werden die erzeugten Bruchstücke bzw. Syntheseprodukte gelelektrophoretisch getrennt und in DNA-Sequenzierautomaten detektiert. Elektrophoresefreie Sequenzierverfahren sind vielversprechende Weiterentwicklungen.

– Sequenzierungen von Genomen bedeuten immer ein Zusammenfügen von zunächst einzeln sequenzierten, kleinen Teilbereichen. Hierfür wurden verschiedene Strategien entwickelt.

– Inzwischen liegen umfangreiche Sequenzangaben in Datenbanken vor; Genome einiger höherer Organismen wurden bereits komplett sequenziert.

– Oft werden lediglich Teilsequenzen aus exprimierten (*Expressed Sequence Tags*, EST) oder aus beliebigen, locusspezifischen DNA-Abschnitten (*Sequence-Tagged-Sites*, STS) sequenziert. Außerdem sind vergleichende Sequenzierungen eines DNA-Abschnittes für die Erkennung konservierter Bereiche und Varianten bedeutungsvoll.

# 9 DNA- und Protein-Arrays

Bei einem **DNA-Array (DNA-** oder **Gen-Chip, Hybridisierungsarray, Microchip, Biochip)** handelt es sich um eine Anordnung von Testfeldern, bei denen pro Feld viele gleichartige DNA-Moleküle – räumlich getrennt angeordnet – an einen festen **Träger *(Array, Chip)*** geheftet vorliegen. Im Allgemeinen unterscheiden sich die DNA-Moleküle der einzelnen Felder. Analog können auch Proteine spezifisch an einen Träger immobilisiert werden, was zu einem **Protein-Array** führt.

Mit Arrays werden rasche und simultane Analysen mit zahlreichen, verschiedenen Molekülen in einem Ansatz und mit sehr geringen Substanzmengen ausgeführt – also Multiplex-Assays in Verbindung mit Miniaturisierung. Da DNA-Arrays parallele Bestimmungen einer großen Zahl von Hybridisierungsereignissen erlauben, werden sie auch als *Multiplex Hybridization Arrays* bezeichnet. Dadurch werden Routineanalysen mit hohem Probendurchsatz ermöglicht. Die Array-Technik wird in vielen Bereichen verwendet, so z. B. zur simultanen Detektion der Expression zahlreicher Gene, für die Sequenzierung von DNA, beim Nachweis von DNA-Polymorphismen sowie in der Proteinanalytik.

Die Entwicklung von DNA- und Protein-Arrays ist zu einem Schwerpunkt der derzeitigen Forschung geworden. Weiterentwicklungen beziehen sich auf die kostenoptimierte Herstellung von Arrays, die Erzielung hoher Sondendichten („*high-density arrays*", „*genome chips*") und eine verbesserte Reproduzierbarkeit. Neben einer Vielzahl an Herstellungsverfahren für Arrays gibt es verschiedene Detektionstechniken und mathematische Auswertungsmethoden. Ziele der weiteren Entwicklungen sind Systeme, die komplette diagnostische Verfahren mit Aufarbeitung, Verarbeitung und Messung von Proben auf einem Chip ermöglichen („*lab on a chip*").

Nachfolgend werden zunächst die prinzipiellen Schritte der DNA-Array-Technik genannt und dann einige Anwendungsgebiete beispielhaft aufgeführt. Auch Techniken der Protein- und Suspensions-Arrays werden berücksichtigt.

## 9.1 Herstellung und Funktion von DNA-Arrays

Das Schema in **Abb. 9.1** zeigt, dass man die an Träger gebundenen, unmarkierten DNA-Moleküle bekannter Sequenzen als **Sonden *(Probes)*** bezeichnet und die freien, markierten DNA- oder RNA-Moleküle als *Targets*. DNA-Arrays haben oft nur die Größe einer Briefmarke und sind auf einer größeren Trägerplatte oder -küvette befestigt. Die Funktion eines DNA-Arrays beruht auf seinem Einsatz bei der Hybridisierung, vergleichbar mit *Dot-Blot*-Analysen (siehe **Abb. 4.18**, S. 113), d. h. auf Eigenschaften von einzelsträngigen Nucleinsäuren, sich miteinander über komplementäre Basen sequenzspezifisch verbinden zu können. Herstellung und Verwendung von DNA-Arrays werden in **Abb. 9.1** zusammenfassend dargestellt und nachfolgend beschrieben.

### 9.1.1 Sondendesign und -herstellung

Das Sondendesign basiert im Allgemeinen auf Kenntnissen über Sequenzdaten, die aus Genomprojekten verfügbar sind. Eine Sonde muss für die meisten Anwendungen genspezifisch sein und darf keine unspezifischen Hybridisierungen hervorrufen. Sonden für Mitglieder aus Genfamilien (paraloge Gene) werden daher für Regionen ausgewählt, die eine möglichst geringe Sequenzkonservierung aufweisen. Einige Sonden können in mehreren Spezies eingesetzt werden, z. B. gilt dies für verwandte Wirbeltierspezies.

Je nach Arraytyp bestehen die Sonden aus kurzen Oligonucleotiden, PCR-Produkten oder rekombinanten Vektormolekülen (**Tab. 9.1**). Für *High-Density Arrays* (**Tab. 9.2**) werden stets kurze Oligonucleotid-Sonden benutzt (**Abb. 9.2**). Oligonucleotid-Sonden werden entweder vorab hergestellt und dann auf dem Array deponiert oder *in situ* an der Array-Matrix synthetisiert. *In situ* synthetisierte Sonden sind nur bis 25 nt lang, da mit zunehmender Kettenlänge ein immer größerer Anteil fehlerhafter Syntheseprodukte entsteht. Diese Länge reicht für die

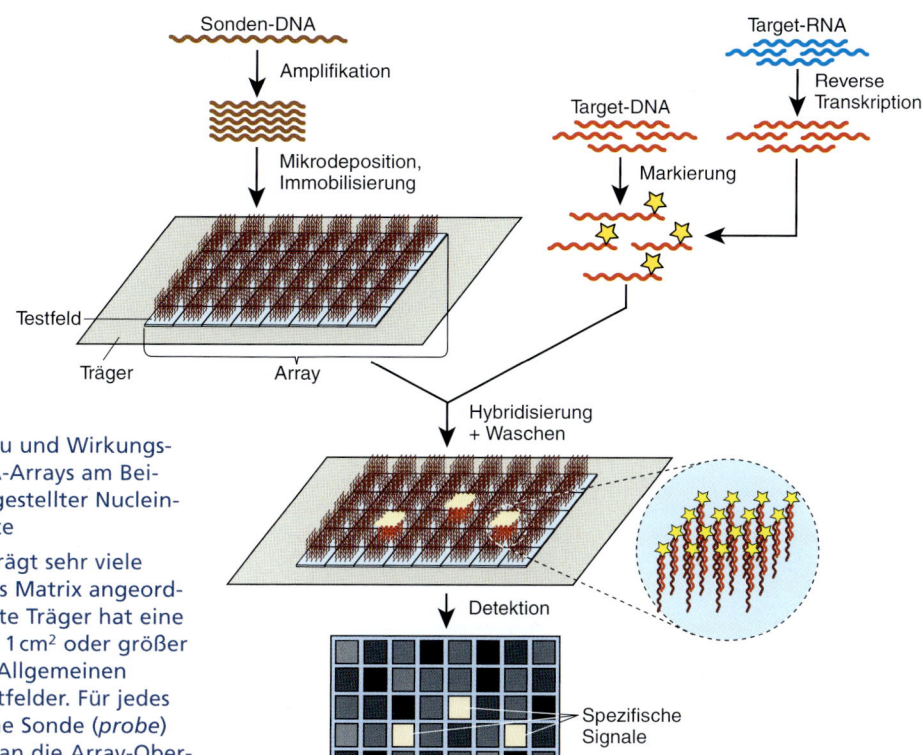

**Abb. 9.1:** Aufbau und Wirkungsweise eines DNA-Arrays am Beispiel *ex situ* hergestellter Nucleinsäure-Amplifikate

Ein DNA-Array trägt sehr viele Testfelder, die als Matrix angeordnet sind. Der feste Träger hat eine Fläche von etwa 1 cm² oder größer und umfasst im Allgemeinen 100–100 000 Testfelder. Für jedes Testfeld wird eine Sonde (*probe*) vorbereitet und an die Array-Oberfläche immobilisiert. Je ein Testfeld enthält dadurch viele identische, einzelsträngige Nucleinsäuren einer bestimmten Sonde. Der DNA-Array ist selbst Teil einer größeren Trägerplatte, die in eine Inkubations- oder Hybridisierungskammer gestellt werden kann. Die Target-DNA stammt z. B. von dem zu untersuchenden Organismus und wird markiert. Soll RNA benutzt werden, kann sie zuvor in DNA umgeschrieben oder modifiziert werden. Die markierten Target-Moleküle werden auf dem DNA-Array verteilt. Nach dem Waschen bleiben nur komplementäre Target-Moleküle an den immobilisierten DNA-Sonden hybridisiert, so dass bestimmte Testfelder markiert sind. Diese ergeben nach Detektion (Messung der „Färbung") ein spezifisches Signal. Mit unterschiedlichen Grautönen werden die verschieden starken Hintergrundsignale dargestellt, die durch unspezifisch gebundene DNA-Moleküle entstehen.

Genspezifität im Allgemeinen nicht aus, so dass mehrere Oligonucleotid-Sonden pro Gen eingesetzt werden (**Abb. 9.3**). PCR-Produkte als Sonden enthalten für das jeweilige Gen spezifische Bereiche. Sie werden unter Vorlage von DNA-Bibliotheken oder einzelnen Klonen erzeugt und sind zwischen 100 und 500 nt lang. Bei Sonden, die zur Klonierung in Vektoren ligiert wurden, werden oft die Inserts gemeinsam mit dem Klonierungsvektor verwendet. Werden derartige Sonden nicht speziell für die Array-Technik optimiert, enthalten sie möglicherweise Regionen, die homolog zu mehreren Genen sind, was zu unspezifischen Hybridisierungen führen kann.

## 9.1.2 Aufbau und Herstellung der Arrays

Die Oberfläche eines Trägers wird zunächst so vorbereitet, dass die nachfolgend aufgebrachten Moleküle in gewünschter Ausrichtung daran haften („Funktionalisierung der Oberfläche"). Dann werden je nach Array unterschiedliche Dichten an immobilisierten DNA-Molekülen hergestellt sowie unterschiedlich große Testfelder erzeugt. Daraus ergeben sich verschiedene **Array-Typen** (**Plattformen, Formate, Tab. 9.2**), deren Entwicklung noch nicht abgeschlos-

**Tab. 9.1:** Eigenschaften verschiedener Arten der Sonden für DNA-Arrays

| Sondenart: | Oligonucleotide | PCR-Produkte | Rekombinante Vektormoleküle |
|---|---|---|---|
| Eigenschaften: | Kurze DNA-Stücke; Längen oft ≤ 25 nt; Synthese auf der Basis der genomischen Sequenz des betreffenden Gens und möglichst aller Varianten | Meistens Herstellung unter Vorlage von cDNA; Längen 100 - 500 nt; aus Bibliotheken oder einzelnen Zellklonen | Klonierte cDNA- oder gDNA-Sequenzen im Vektor (meist Plasmid); enthalten Sequenzen für gesamtes Gen oder bestimmte Teile davon (z. B. ein Exon) |
| Array-Herstellung: | Spot-Techniken oder *In-situ*-Synthese | Spot-Techniken | Spot-Techniken |
| Vorteile: | Auswahl informativer Bereiche, die keine störenden Kreuzreaktionen aufweisen; hohe Dichte an Molekülen pro Testfeld; *In-situ*-Synthese möglich; große Testfeldzahl pro Array | Flexible Einbeziehung von Genen; nur geringe Vorinformation über betrachtete Gene nötig; z. T. hohe Spezifität der Hybridisierung | Wie bei PCR-Produkten; außerdem kostengünstige Bereitstellung der Sonden |
| Begrenzungen: | Kenntnis der informativen Sequenz; notwendiger Einsatz mehrerer Oligonucleotide pro Target-DNA; aufwendige *In-situ*-Synthese | Aufwendige Herstellung; geringe Dichte an Molekülen pro Testfeld; manchmal homologe Sequenzbereiche zu anderen Genen und daher Kreuzreaktionen | Nicht für Array-Technik optimierte DNA-Bereiche; geringe Dichte an Molekülen pro Testfeld; meist homologe Sequenzbereiche zu mehreren Genen (Kreuzreaktionen) |
| Einsatzbereiche: | Genexpressionsanalysen; Diagnosen von DNA-Varianten; vergleichende DNA-Sequenzierung | Genexpressionsanalysen | Genexpressionsanalysen |

**Tab. 9.2:** Typen der DNA-Arrays

| Bezeichnung[*] | Array Material | Fläche | Zahl der Testfelder pro Array | DNA-Sonde | Target-DNA-Nachweis | Hybridisierungskontrolle oder -eigenschaften |
|---|---|---|---|---|---|---|
| *High-density* Arrays | Glas, Silizium | ca. 1 x 1 cm | > 10 000 | Oligonucleotide | Fluoreszenz | *Mismatch*-Oligonucleotide |
| Mikroarrays | Glas, Silizium, Plastik | ca. 2,5 x 7,5 cm | ≤ 10 000 | Oligonucleotide, PCR-Produkte, rekombinante Vektormoleküle | Fluoreszenz | Kompetitive Hybridisierung von Kontrollproben |
| Makroarrays | Nylon- oder Nitrozellulosemembran | ca. 8 x 12 cm | 200-5 000 | PCR-Produkte, rekombinante Vektormoleküle | Autoradiographie | Kompetitive Hybridisierung von Kontrollproben |
| Mikroelektronische Arrays | Elektroden, eingebettet in Agarose | ca. 1 x 1 cm | < 1 000 | PCR-Produkte, rekombinante Vektormoleküle | Fluoreszenz | Aktive Hybridisierung; pro Testfeld steuerbares elektrisches Feld |

[*] Nomenklatur wird uneinheitlich verwendet.

sen ist. Üblicherweise dient als fester Träger eine Schicht aus Nylon, Nitrocellulose, Glas, Silizium oder anderen Kunststoffen. An diese Schicht werden 100–100 000 Moleküle der DNA-Sonde jeweils einer bestimmten Sequenz in je einem abgegrenzten, sehr kleinen **Testfeld** (*Spot*, **Areal**) geheftet und bis > 10 000 Felder pro cm$^2$ Array verwendet.

Für Arrays hoher Spotdichten (> 10 000 Spots/cm$^2$) dient als Trägerfläche der immobilisierten Nucleinsäuren in der Regel Glas oder Silizium. Nucleinsäuren werden üblicherweise nicht direkt auf den festen Träger aufgetragen, vielmehr wird dieser zuvor beschichtet. Dafür verwendet man häufig Poly-L-Lysin, das durch positive Ladung über ionische Wechselwirkung die negativ geladenen DNA-Moleküle bindet. Direkt daran geknüpfte Nucleinsäuren liegen ineinander verknäult auf der Oberfläche des Trägers. Die Folge ist eine reduzierte Hybridisierung. Dieses Problem lässt sich durch Verwendung von Linkermolekülen lösen, über welche die Nucleinsäuremoleküle an die Trägerschicht gebunden werden (**Abb. 9.2**).

Arrays werden im Labor des Anwenders hergestellt (*„homemade systems"*) oder kommerziell vertrieben (**Tab. 9.3**). In jedem Falle stehen zur Herstellung von DNA-Arrays prinzipiell zwei Verfahren zur Verfügung:
– *Ex-situ*-Herstellung von Nucleinsäure-Amplifikaten und deren Auftragen an vorgegebene

Stellen (*Spots*) eines Trägers (Spot-Techniken).
– *In-situ*-Synthese von Oligonucleotiden auf der Oberfläche des Trägers.

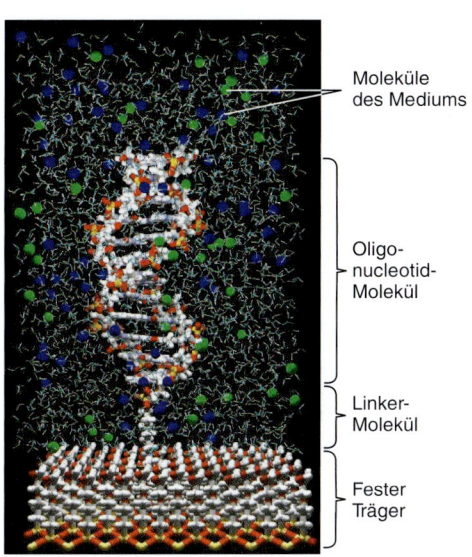

**Abb. 9.2:** Atomsimulation einer Stelle im DNA-Array (NPACI ONLINE 2004)

Dargestellt ist ein DNA-Molekül, das über ein Linkermolekül mit einem Ende an einer Silikon-Oberfläche haftet und mit dem anderen Ende frei in das Medium ragt. Das DNA-Stück wird von den Molekülen des Mediums umgeben. Pro Testfeld gibt es viele gleichartige DNA-Moleküle (100–100 000).

**Abb. 9.3:** Verwendung überlappender Oligonucleotid-Sonden für ein Gen (modifiziert nach HACIA 1999)

Jede der Oligonucleotid-Sonden wird für die Hybridisierung benutzt. Im Beispiel sind dies 34 überlappende 25-mer Oligonucleotide, deren Sequenz jeweils um ein Nucleotid versetzt ist. Davon werden mit einer bestimmten Target-DNA nur diejenigen Oligonucleotide hybidisieren, die perfekt komplementär sind. Wenn eine Basensubstitution (SNP, *Single Nucleotide Polymorphism*) in einem homozygoten Individuum vorliegt, wird für einen Satz an 25 Sonden, der die SNP-Position

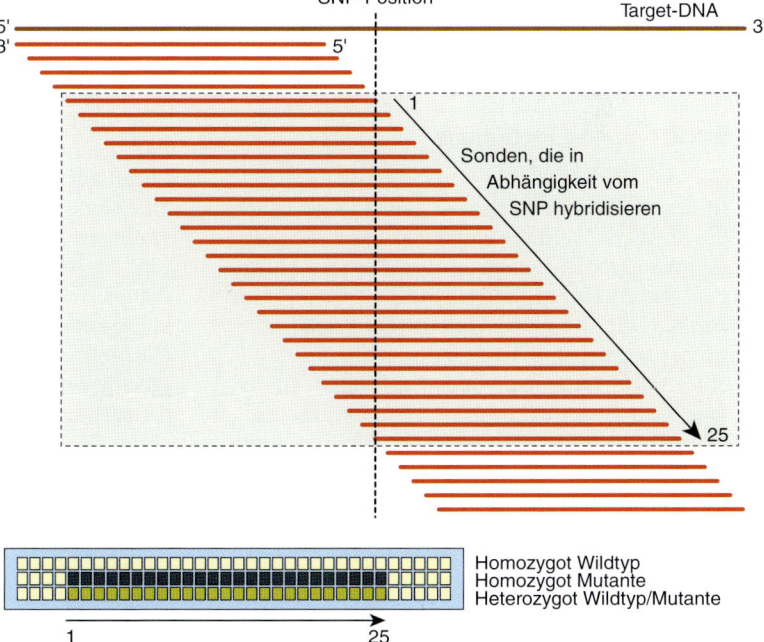

überdeckt, keine Hybridisierung mit der Target-DNA festzustellen sein. Zur Differenzierung von Heterozygoten reicht nicht – wie im Schema gezeigt wird – die unterschiedliche Hybridisierungsintensität, sondern es ist mindestens eine zusätzliche Sonde erforderlich.

**Tab. 9.3:** Herstellung der DNA-Arrays

| | Herstellung im eigenen Labor | Verwendung kommerzieller Systeme |
|---|---|---|
| Vorteile: | Geringe laufende Kosten; flexibel adaptierbar auf verschiedene Sonden; vollständige Kontrolle über Forschungsresultate | Kontrollierte, gleichbleibende Qualität; keine Personalbindung für Array-Produktion; meistens schnelle Array-Herstellung; geringe Kosten bei großen Zahlen an Arrays; mögliche Auswahl moderner Techniken und Arrays |
| Begrenzungen: | Variable Qualität; nur für bestimmte, relativ einfache Array-Techniken einsetzbar; hohe Kosten für technische Investitionen; erfordert Spezialkenntnisse | Array-Hersteller erhält Informationen über Forschungsresultate; hohe Kosten bei kleinen Stückzahlen und bei flexiblen Ansprüchen (z. B. bei neuen Sonden) |
| Anwendungs-bereiche: | Forschung und Entwicklung | Routine-Labors, aber auch Forschung und Entwicklung |

**Abb. 9.4:** Kommerzielle DNA-Chips

Die DNA-Arrays befinden sich in einem Träger, der die Hybridisierung unterstützt und für den Anschluss an das Detektionssystem erforderlich ist.

a) DNA-Chip, Firma AFFYMETRIX (CHGC, WEIZMANN INSTITUTE 2004)

b) „eSensor chip", Firma MOTOROLA (Pasadena, California, USA), mit dem ein elektronisches Signal erzeugt wird, wenn Targetmoleküle am Testfeld hybridisieren

### 9.1.2.1 Spot-Techniken

In jeweils bestimmte, meist sehr kleine Felder des Trägers werden Moleküle einer Sequenz aufgetragen (*Microdeposition*). Für das Auftragen dienen Düsen (*Microspotter, Printer*), die ähnlich wie die eines Tintenstrahldruckers betrieben werden und 80–100 Spots pro cm$^2$ mit je ca. $3 \times 10^5$ Oligonucleotiden erzeugen. Arrays von etwa Briefmarken- bis Streichholzschachtelgröße werden von mehreren Firmen kommerziell angeboten (**Abb. 9.4a**), aber auch von Forschergruppen selbst hergestellt. Von den verschiedenen Spotverfahren können zwei als Beispiele aufgeführt werden:

– **Kontaktauftragstechniken (*Contact tip deposition printing*) (Abb. 9.5a).** Dieses Verfahren wird von zahlreichen Arbeitsgruppen verwendet. In die Lösung mit den zu immobilisierenden Nucleinsäuren wird eine Nadel getaucht, an deren Spitze beim Herausziehen eine definierte Flüssigkeitsmenge verbleibt und dann durch Kontakt auf der Substratoberfläche des Trägers deponiert wird. Übliche Geräte verwenden mehrere Nadeln und erzeugen Spots mit Durchmessern von 50–70 µm. Meistens haben die Nadeln eine Kerbe, die als Reservoir für die Lösung dient und die sukzessive Beladung mehrerer Chips erlaubt.

– **Piezoelektrische Drucktechniken (*Piezoelectric printing*) (Abb. 9.5b).** Ähnlich wie ein Tintenstrahldrucker Tinte auf ein Blatt Papier sprüht, können mit einem piezoelektrischen Verfahren auch andere Flüssigkeiten in sehr kleinen Volumina auf Oberflächen gebracht werden. Die Düse (*piezoelectric dispenser*) wird aus Glas oder Silizium gefertigt und kann Volumina von 15–500 pl in sehr kurzen Zeitintervallen mit einem Volumenfehler <1 % abgeben. Kommerziell erhältliche piezoelektrische Systeme können Arrays mit Spotdurchmessern von ca. 200 µm und mit Abständen zwischen den Spots von ca. 300 µm erzeugen.

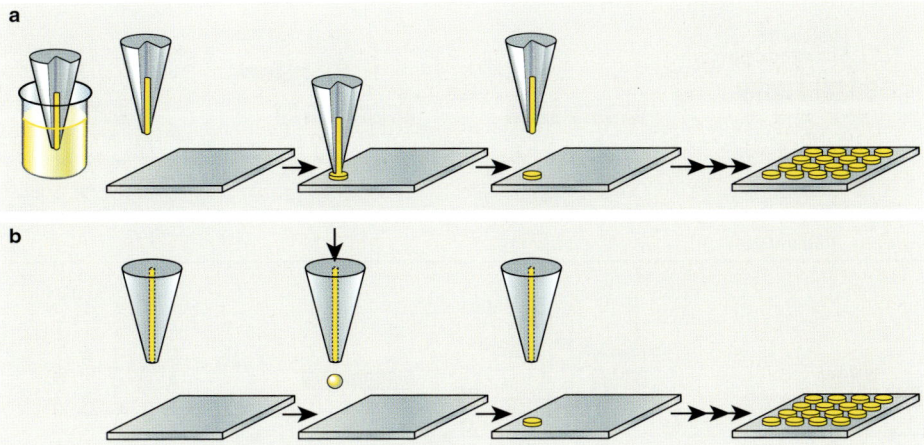

**Abb. 9.5:** Techniken zum Auftrag von Nucleinsäure-Amplifikaten auf vorgegebene Stellen (Testfelder, *Spots*) eines Arrays

a) Kontaktauftragstechniken (*contact tip deposion printing*)
(Entwickelt 1997 von der Firma SYNTENT, Fremont, USA)

b) Piezoelektrische Drucktechniken (*piezoelectric printing*)
Details siehe Text.

### 9.1.2.2 *In-situ*-Synthese von Oligo-nucleotiden auf der Oberfläche des Trägers

Hierbei werden die DNA-Moleküle mit pro Arrayfeld verschiedenen, aber bestimmten Sequenzen direkt auf der Trägerfläche synthetisiert. Die Synthese basiert auf einer Kopplung photolabiler Schutzgruppen (Phosphoramidite) an Hydroxylgruppen der zur Synthese verwendeten Desoxy-Nucleotide. Bei Belichtung werden die Schutzgruppen entfernt. Zugeführte Nucleotide reagieren über die frei liegenden Hydroxylgruppen mit bereits an den Träger gebundenen Oligonucleotiden und werden dadurch kovalent gebunden. Auch für diese Verfahren gibt es viele verschiedene technische Entwicklungen, von denen nachfolgend nur einige Beispiele genannt werden:

– **Photolithographische Verfahren mit Lochmasken (Abb. 9.6).** Die Verfahren basieren auf Techniken, die ursprünglich für die Halbleiterherstellung verwendet wurden. Eine photolithographische Lochmaske deckt bestimmte Felder des Arrays ab, während andere Felder gezielt belichtet werden können. Bei jedem Schritt wird ein bestimmtes Nucleotid, dessen Hydroxylgruppe mit einer photolabilen Schutzgruppe versehen ist (Phosphoramidit), zugeführt. An den belichteten Stellen werden die trägergebundenen Phosphoramidite „entschützt", und die nun reaktionsfähigen Nucleotide werden mit den zugeführten Phosphoramiditen kovalent verbunden. Die photolithographische Maske kann bei jedem Schritt andere, definierte Felder des Arrays für die Belichtung freigeben und bestimmt so die Verteilung der Synthesereaktionen auf dem Array. Indem man bei jedem Schritt mit einem anderen Nucleotid inkubiert, entstehen Oligonucleotide mit von Feld zu Feld verschiedenen und vorgegebenen Sequenzen. Oft werden mehr als 65 000 Felder pro Array bestückt. Bedingt durch die mit der Zahl an Syntheseschritten zunehmend unvollständigen Kopplungsprodukte geht man nicht über Längen von ca. 25 nt pro Oligonucleotid hinaus. Bei einer Ausbeute von 95 % pro Zyklus werden jedoch 25-mere nur noch bei etwa 28 % der Oligonucleotide synthetisiert. Da meistens mit $10^6$ Oligonucleotiden pro Spot begonnen wird, reicht die Zahl der vollständigen Synthesen aus. Nachteile dieser Technik sind neben den unvollständigen Kopplungsprodukten die hohen Kosten für die Herstellung der Masken.

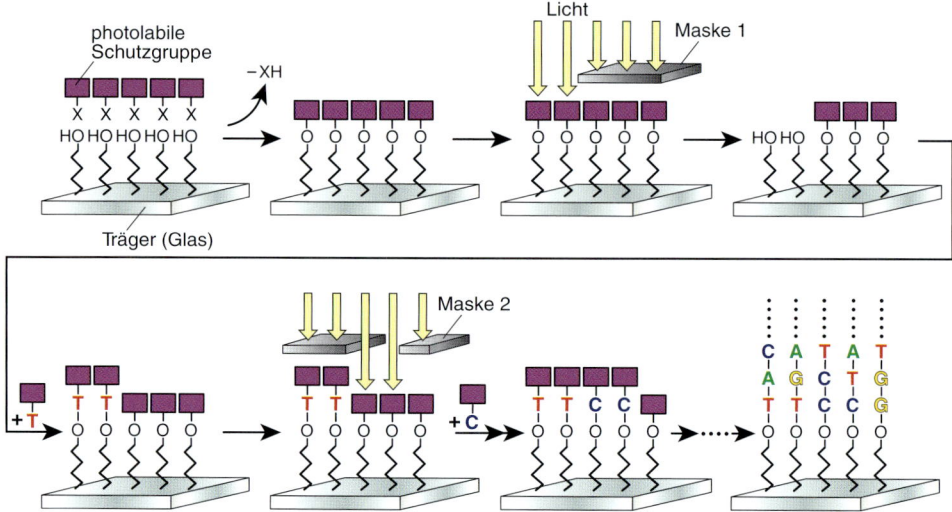

**Abb. 9.6:** Photolithographische Masken für die *In-situ*-Synthese von Oligonucleotiden auf die Oberfläche eines Trägers

Bei dem von der Firma Affymetrix (Kalifornien, USA) zur Serienreife entwickelten photolithographischen Verfahren wird die Trägerplatte mit photolabilen Schutzgruppen (Phosphoramidite) abgedeckt. Gelangt Licht durch bestimmte Stellen einer Maske, so werden an den belichteten Stellen die Phosphoramidite „entschützt", und die reaktionsfähigen OH-Gruppen binden die zugeführten Desoxy-Nucleotide kovalent. Die photolithographische Maske gibt beim nächsten Schritt andere, definierte Areale der Oberfläche für die Belichtung frei. Dadurch werden dort die neu zugeführten Nucleotide gebunden. Auf diese Weise kann bei jedem Schritt mit anderen Nucleotiden inkubiert werden, so dass Oligonucleotide mit von Areal zu Areal verschiedenen, aber vorgegebenen Sequenzen entstehen.

– **Schutzgruppenentfernung mit Mikrospiegeln.** Mit einer der Projektionsfernsehtechnik entliehenen Methode können mehrere 100 000 Mikrospiegel mit einer Kantenlänge von ca. 16 µm einzeln angesteuert werden. Diese Spiegel können auf einem Array punktgenau bestimmte Felder belichten und sorgen nur dort für die Abspaltung von photolabilen Schutzgruppen.

– **Applikation der Phosphoramidite mittels piezoelektrischer Methoden.** Phosphoramidite können mittels piezoelektrischer Methoden auf bestimmte Felder der Trägerfläche appliziert werden. Dies führt je nach Feld zur Verlängerung der bereits immobilisierten Oligonucleotide um ein dort aufgebrachtes Nucleotid. Nach Belichtung der gesamten Trägerfläche werden im nächsten Schritt jeweils definierte Phosphoramidite an möglicherweise andere Felder adressiert und zur Reaktion mit den dort bereits vorhandenen Oligonucleotiden gebracht. Die Schritte werden so oft wiederholt, bis die vorgesehene Länge des Oligonucleotids erreicht ist.

### 9.1.3 Gewinnung und Markierung der Target-DNA oder -RNA

Die zu untersuchende Nucleinsäure (***Target-*** oder **Test-DNA** oder **-RNA**) wird aus Probenmaterial isoliert. An jedes dieser Nucleinsäure-Moleküle wird dann eine Reporter-Gruppe ligiert. Die zur Markierung benutzte Reporter-Gruppe (*Label*) kann ein Radioisotop oder ein Fluorochrom enthalten und wird später für die Detektion benutzt.

### 9.1.4 Target/Sonden-Hybridisierung

Die Moleküle der Target-DNA oder -RNA werden mit den auf dem Array immobilisierten Nucleinsäuren (also den Sonden) hybridisiert. Eine gleichmäßige Verteilung von Hybridisierungs- und Waschlösungen ist wichtig, damit die Interaktion zwischen Sonden- und Target-Molekülen optimal verläuft. Dafür werden verschiedene Techniken benutzt:

- **„Traditionelle" Methoden.** Hierbei werden die auf Nylonmembranen aufgebrachten Spots in Hybridisierungsflaschen gelegt und dort unter Temperaturkontrolle in einer geeigneten Flüssigkeit gerollt oder geschüttelt. Für die einzelnen Arbeitsgänge werden die Lösungen ausgetauscht.
- **Flow Cells.** So genannte *High-Density Arrays* (**Tab. 9.2**) benutzen Glas oder Silizium als Träger. Diese Träger (*slides, chips*) werden auf den Boden einer Kammer verankert, die von exakt temperierten Lösungen durchflutet werden kann, so dass mehrere Träger völlig gleichmäßige Hybridisierungsbedingungen erhalten.
- **Elektrisches Feld.** Je nach Sonden- und Targetmolekülen sind unterschiedliche Schmelztemperaturen und Hybridisierungskinetiken optimal. Außerdem sind die Konzentrationen der Targetmoleküle in der Lösung u. U. verschieden, und niedrige Konzentrationen erfordern längere Hybridisierungszeiten als hohe. In solchen Fällen hilft die Verwendung eines elektrischen Feldes, in dem die negativ geladenen Nucleinsäuren zum Plus-Pol (Anode) wandern („**aktive Hybridisierung**"). Zunächst migrieren die Targetmoleküle in Richtung der arraygebundenen Sonden, was die effektive Konzentration der Targetmoleküle in Sondennähe stark erhöht. Hierdurch werden die Hybridisierungszeiten auf wenige Minuten verkürzt und gering konzentrierte Targetmoleküle besser für den Nachweis genutzt. Durch Umpolen der Spannung wandern die ungebundenen Targetmoleküle wie auch die durch *Mismatch* unvollständig hybridisierten Targetmoleküle wieder zurück. Solche **mikroelektronischen DNA-Arrays** (**Abb. 9.7**) bestehen aus einem Satz an Elektroden. Die Elektroden sind von einer dünnen Agaroseschicht bedeckt, welche durch eine gekoppelte Affinitäts-Komponente zu einer Biotin-Streptavidin-Immobilisierung der Sonden-DNA führt. Jede dieser Mikroelektroden hat einen Durchmesser von nur 80–100 µm und kann ein eigenes elektrisches Feld generieren. Auf diese Weise kann die Hybridisierung zwischen Sonden- und Targetmolekülen für jede Position eines Arrays getrennt kontrolliert werden.

## 9.1.5 Detektion der Signale und Datenanalyse

Eine Hybridisierung zwischen Target- und Sondenmolekülen führt dazu, dass die markierten Targetmoleküle in solchen Testfeldern immobilisiert werden, in denen die Sonde über komplementäre Sequenzen verfügt. Sie kommt zwischen genügend kleinen Oligonucleotiden sogar nur zustande, wenn die Targetmoleküle exakt komplementär zur Sonde sind.

Das zur Markierung benutzte Signal wird in jedem der einzelnen Felder des Arrays gemessen. Die **Detektion** von radioaktiv markierten Targetmolekülen erfolgt autoradiographisch auf Röntgenfilmen oder mit Hilfe von Belichtungsplatten, die durch elektromagnetische Strahlung aktivierbar sind. Hybridisierungsereignisse auf Arrays werden meistens durch fluorochrome Reporter-Gruppen detektiert. Fluoreszenzmessungen erfolgen mit Laserscanner, CCD-Bildanalyse oder Massenspektrometrie und erlauben eine schnelle, quantitative Messung der hybridisierten Moleküle.

Die rechnergestützte **Auswertung** von DNA-Arrays wird mit spezieller Software vorgenommen. Der große Umfang an Daten, die vom Array generiert werden, stellt eine Herausforderung an die Bioinformatik dar. Erste allgemeine Auswertungsschritte sind hierbei die Hintergrund-Subtraktion und Normalisierung. Die **Hintergrund-Subtraktion** entfernt unspezifische Hintergrundstörungen von den spezifischen Signalen eines jeden Testfeldes. Hintergrundwerte werden oft von den freien Bereichen desselben Arrays abgenommen. Mit einer **Normalisierung** werden Differenzen zwischen verschiedenen Arrays ausgeglichen. Solche Differenzen können durch unterschiedliche Startmengen an Target-DNA entstehen und werden durch geeignete Bezugsgrößen ausgeglichen, wie z. B. die Summe aller Messsignale eines Arrays oder die Messsignale ausgewählter Gene. Die bestmögliche Bezugsgröße für die Normalisierung kann je nach Experiment verschieden sein, und manchmal wird zu dem Zweck sogar exogen zugeführte, synthetische DNA benutzt.

Hinsichtlich der speziellen Auswertungsverfahren wird auf die Spezialliteratur verwiesen.

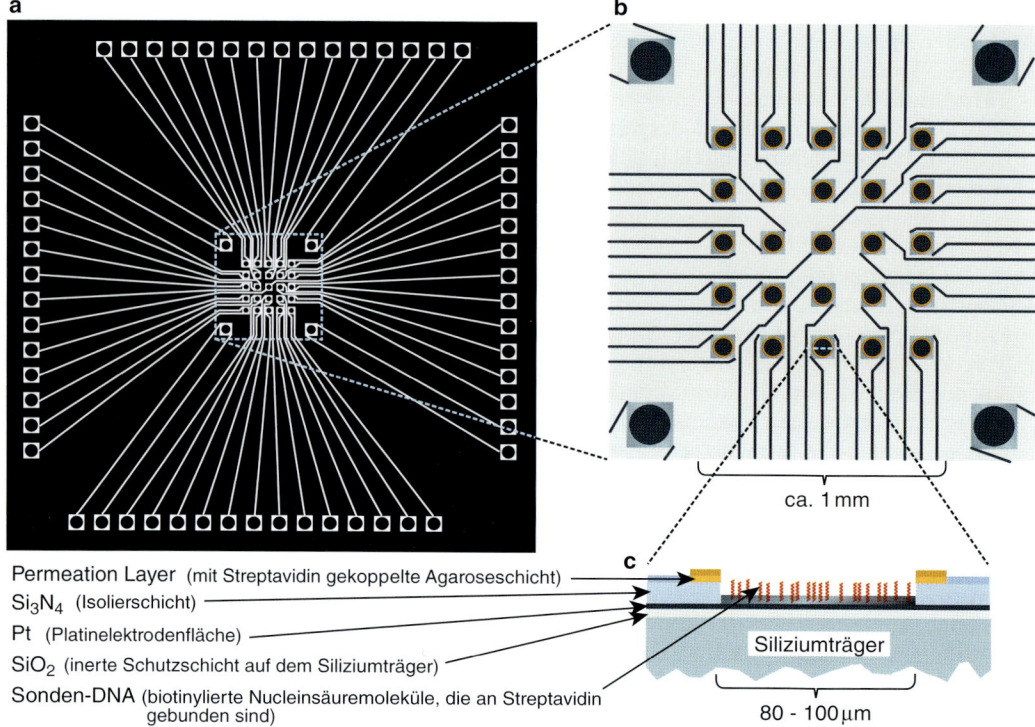

Permeation Layer (mit Streptavidin gekoppelte Agaroseschicht)
Si₃N₄ (Isolierschicht)
Pt (Platinelektrodenfläche)
SiO₂ (inerte Schutzschicht auf dem Siliziumträger)
Sonden-DNA (biotinylierte Nucleinsäuremoleküle, die an Streptavidin
gebunden sind)

ca. 1 mm
Siliziumträger
80 - 100 µm

**Abb. 9.7:** Aufbau eines mikroelektronischen DNA-Arrays (modifiziert nach LORKOWSKI ET AL. 2000)
Im Schema wird ein Chip mit 25 Platinelektroden gezeigt (*Nanogen's semiconductor microchip* der Firma NANOGEN CORP., San Diego, CA, USA).

a) An den peripheren Stellen wird je eine Stromquelle angeschlossen. Die hellen Linien sind Verbindungen zwischen peripheren Stromanschlüssen und den kleinen Elektroden im Array.

b) Der Ausschnitt zeigt den Array. Dunkel gefärbt sind im zentralen Bereich die 25 Testfelder.

c) Im Querschnitt wird ein Elektrodenbereich, d.h. ein Testfeld, wiedergegeben. Es ist zu erkennen, dass das Testfeld mit den immobilisierten DNA-Sonden auf einer dünnen Schicht liegt, die die Elektrode bedeckt. Je ein Testfeld des Arrays befindet sich dadurch im Bereich eines elektrischen Feldes, das die Hybridisierung der Target-DNA wie auch die Entfernung ungebundener Target-Moleküle getrennt kontrolliert.

## 9.2 Anwendung der DNA-Arrays

### 9.2.1 Expressionsmessung

Eine wesentliche Verwendung von DNA-Arrays ist die simultane Messung der Expression zahlreicher Gene, z.B. beim Vergleich der Genregulation in unterschiedlichen Zelltypen oder der Messung von zeitlichen Genexpressionsprofilen in einem Zelltyp. DNA-Arrays sind also Hilfsmittel für Multiplex-Techniken bei der Funktionsuntersuchung von Genomen. Der Begriff *Functional Genomics* beinhaltet die Unter-

suchung der Gene, die in einer spezifischen Zelle oder einer Zellgruppe exprimiert werden, auf der Basis der RNA-Arten und -Mengen. Demgegenüber wird mit konventionellen Techniken der Genexpressionsmessung, wie *Northern Blotting*, *Dot Blotting* (siehe **Abb. 4.18**, S. 113) oder quantitativer RT-PCR (siehe **Abb. 5.6**, S. 124), pro Analysevorgang nur ein Gen untersucht.

Mit einem Array wird die relative und nicht die absolute Gen-Transkription gemessen, z.B. dass in Probe A 50% mehr von der spezifischen RNA enthalten ist als in Probe B. Die Bestimmung der absoluten Mengen, z.B. dass in Probe A 1000 Kopien an RNA pro Zelle vorhanden sind, ist nicht möglich. Zu berücksichtigen ist, dass die meisten Hybridisierungsarrays nicht entwickelt wurden, um zwischen alternativ gespleißten Transkripten desselben Gens oder zwischen verschiedenen homologen Mitgliedern einer Genfamilie differenzieren zu können. Außerdem wird die Messung in Bezug auf das RNA-Niveau ausgeführt, und Änderungen der mRNA-Mengen sind nicht völlig identisch mit der Transkriptionsintensität des betreffenden Gens. Die Messergebnisse müssen auch nicht mit den Mengen des codierten Proteins korrelieren. Zudem benötigen die translatierten Proteine oft weitere Modifikationen, um ihre biologische Aktivität zu erreichen. Weitere Techniken der Gen- und Proteinuntersuchung sind also ergänzend erforderlich, um die Ergebnisse der DNA-Arrays interpretieren zu können.

Zur Bestimmung der **Expressionsunterschiede** mit Hilfe von DNA-Arrays werden zunächst die Signalintensitäten der einzelnen Gene mit Hilfe interner Standards oder statistischer Verfahren normalisiert. Oft können Gene als interne Standards verwendet werden, die in den Zellen des untersuchten Typs konstitutiv exprimiert werden und ein starkes Expressionsmuster aufweisen. Solche Gene werden als *House-keeping*-Gene bezeichnet und sind häufig an zentralen, immer benötigten Stoffwechselprozessen beteiligt, wie z.B. das Actin codierende Gen. Meistens werden in einem Array für zwei zu untersuchende Target-RNA- oder DNA-Molekülgemische verschiedene Markierungen (z.B. rot und grün fluoreszierende Farbstoffe) verwendet (**Abb. 9.8**). Die 1 : 1 vermischten Proben werden dann an die Sonden auf einem Array hybridisiert. Gene, die im gleichen Maße exprimiert werden, führen zu Signalen beider Markierungen (rot und grün, was als gelb dargestellt wird), während bei Genen, die unterschiedlich exprimiert werden, die Farbe einer der Markierungen (z.B. rot oder grün) überwiegt. Wie **Abb. 9.9** zeigt, kann mit einem DNA-Array simultan die Expression vieler Gene verglichen werden.

Für Expressionsanalysen verwendet man als **Sonden** oft cDNA-Sequenzen von solchen Genen, die den Expressionszustand des zu untersuchenden Systems widerspiegeln, also repräsentativ sind. Diese cDNA-Bereiche werden manchmal als PCR-Produkte oder als in Plasmide ligierte Inserts an den Array gebunden.

Der große Vorteil solcher Arrays ist die einfache Herstellung. Nachteilig ist jedoch, dass große Nucleinsäuren als Sonden mit den Targetmolekülen zu unspezifischen oder unvollständigen Hybridisierungen führen können. Ferner sind derartige Nucleinsäuren ungeordnet dem Array angeheftet und daher für die zu hybridisierenden Target-Nucleinsäuren nur teilweise zugänglich.

Abhilfe schaffen Arrays mit Oligonucleotid-Sonden, deren Hybridisierungseigenschaften aufeinander abgestimmt sind. Diese Sonden sind dann zu einem Teilabschnitt einer RNA exakt komplementär und werden daher als *perfect-match*-**Oligonucleotide** bezeichnet. Der Anteil der nicht spezifischen Hybridisierungen am Gesamtsignal wird ermittelt, indem für jedes *perfect-match*-Oligonucleotid ein weiteres, sogenanntes *mismatch*-**Oligonucleotid** auf den Array aufgetragen wird (**Abb. 9.10**). Das *mismatch*-Oligonucleotid unterscheidet sich vom *perfect-match*-Oligonucleotid durch eine ausgetauschte Base etwa in der Mitte des Moleküls. Unter idealen Bedingungen findet zwischen *mismatch*-Oligonucleotid und der Target-DNA keine Hybridisierung statt. Signale, die dennoch an Feldern mit *mismatch*-Oligonucleotiden erscheinen, müssen daher von unspezifisch hybridisierten Nucleinsäuren stammen. Durch Vergleich der Signalintensitäten zwischen Testfeldern mit *mismatch*- und *perfect-match*-Oligonucleotid-Sonden kann entschieden werden, ob die Hybridisierung an den *perfect-match*-Oligonucleotiden spezifisch ist, und ggf. können die Messwerte korrigiert werden.

## 9.2.2 Sequenzierung von DNA

Ein viel beachtetes Sequenzierverfahren beruht auf Hybridisierung von DNA-Fragmenten an einen DNA-Array (*DNA Sequencing by Hybridisation with Oligonucleotide Matrix*, SHOM). Wie **Abb. 9.11** zeigt, kann auf dem Array ein vollständiger Satz von allen möglichen 65536 Octameren (Oligonucleotide mit 8 Nucleotiden) in einem geordneten Raster gebunden werden. Die zu untersuchende Target-DNA wird markiert und an diesen **Octamer-Chip** hybridisiert, so dass eine Bindung nur dort erfolgt, wo die Octamer-Sequenz innerhalb des Fragmentes vollständig komplementär ist. Die Positionen der gebundenen Fragmente können auf Grund der Markierung detektiert und für die Bestim-

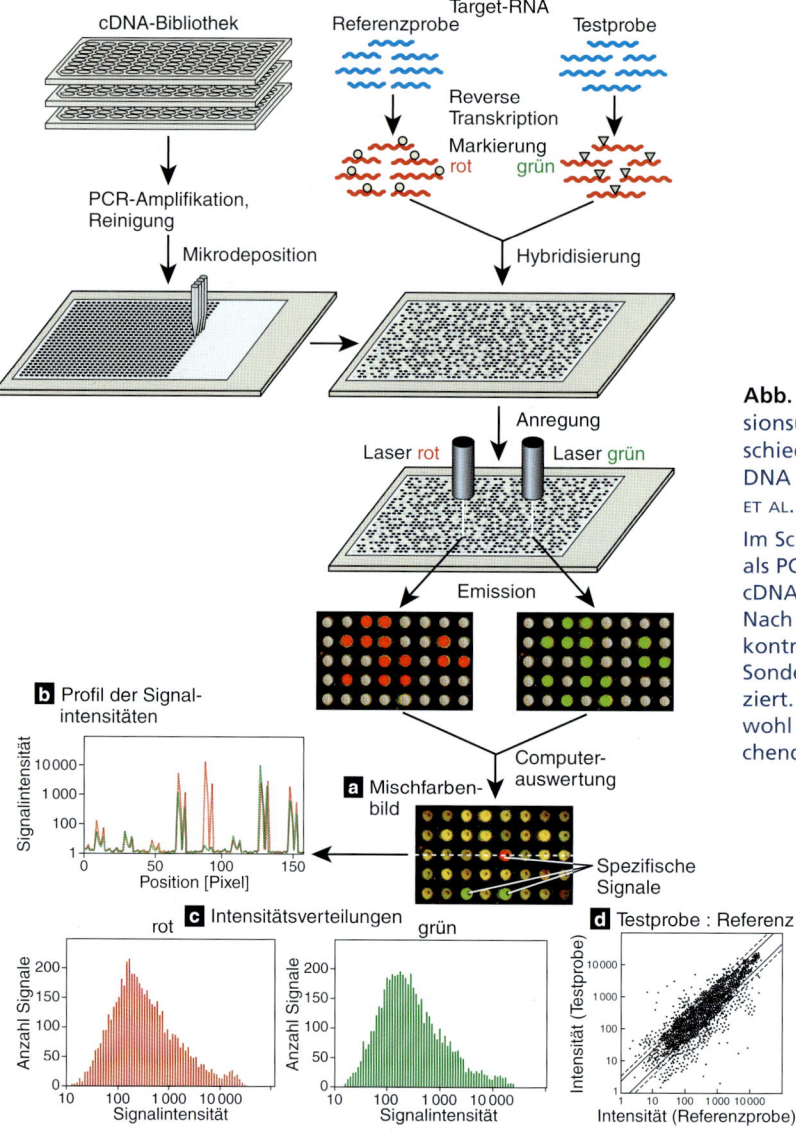

**Abb. 9.8:** Analyse von Expressionsunterschieden mit verschieden markierter Target-DNA (modifiziert nach DUGGAN ET AL. 1999)

Im Schema werden die Sonden als PCR-Produkte aus einer cDNA-Bibliothek bereitgestellt. Nach Reinigung und Qualitätskontrolle werden ca. 5 nl der Sonden-DNA pro Testfeld appliziert. Aus dem Zellmaterial – sowohl aus dem neu zu untersuchenden als auch dem Referenzmaterial – wird die RNA isoliert. Die RNA wird revers transkribiert und mit verschiedenen Fluorochrom-Farbstoffen markiert. Die kopierte DNA (cDNA) aus den neuen Zellen wird mit Cy3-dUTP für grüne Fluoreszenz und diejenige aus dem Referenzmaterial mit Cy5-dUTP für rote Fluoreszenz ver-

setzt. Die unterschiedlich markierten DNA-Moleküle werden vermischt und dann zur Hybridisierung gleichmäßig auf dem Array verteilt. Nach Auswaschen ungebundener DNA wird die Fluoreszenz der relevanten Wellenlängen gemessen (z. B. mit konfokaler Laser-Mikroskopie). Gene, die im gleichen Maße exprimiert werden, führen zu Signalen beider Markierungen (rot und grün), während bei Genen, die unterschiedlich exprimiert werden, die Farbe einer der Markierungen (z. B. rot **oder** grün) überwiegt. Im Vergleich zu den Signalen der Referenzprobe wird die Genexpression gemessen, indem verschiedene Auswertungsverfahren benutzt werden:

a) Mischfarbenbild des Arrays, d. h. Testfelder nur mit Cy3-Fluoreszenz werden grün, solche nur mit Cy5-Fluoreszenz werden rot, und solche mit Cy3- wie auch Cy5-Fluoreszenz werden gelb dargestellt.

b) Profil der Signalintensitäten für Cy3- und Cy5-Fluoreszenz über die Testfelder des Arrays.

c) Verteilung des Expressionsniveaus über die Testfelder des Arrays und dabei Vergleich von Test- und Referenzprobe.

d) Korrelationsmatrix zwischen den Expressionsergebnissen für Test- und Referenzprobe.

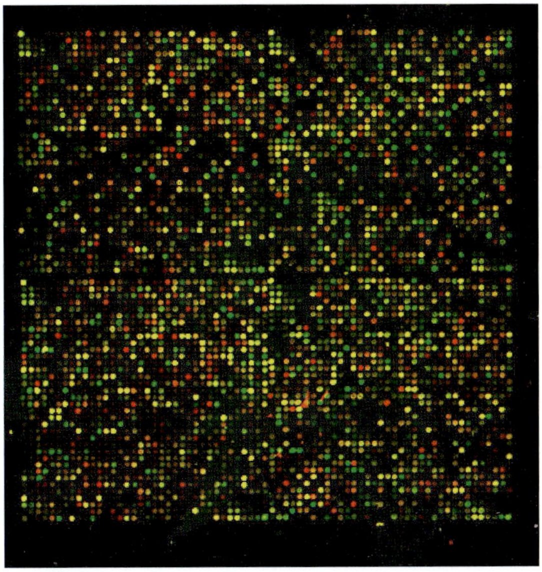

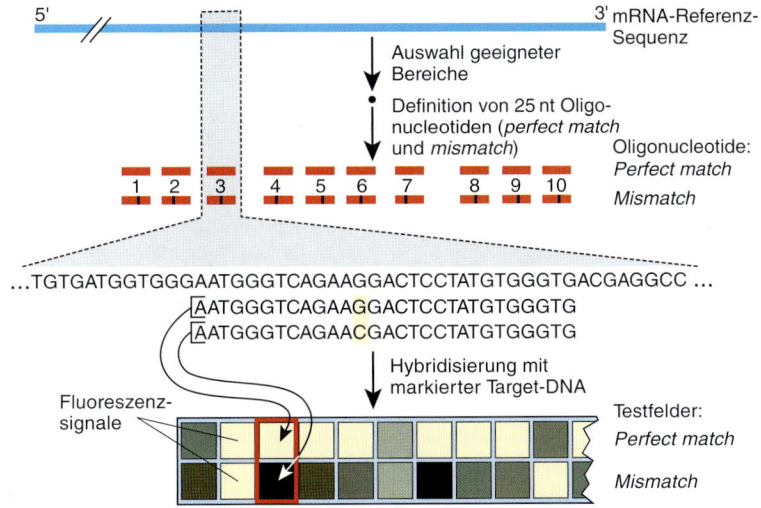

**Abb. 9.9:** Mischfarbenbild zur Analyse von Expressionsunterschieden (CARTER 2001)

Dargestellt wird ein DNA-Array, auf dem Target-DNA aus einer humanen Tumorzelllinie mit einer normalen Referenz verglichen wird. Die große Zahl der Testfelder kann simultan ausgewertet werden.

**Abb. 9.10:** Genexpressionsanalyse mit *perfect-match/mismatch*-Oligonucleotiden (modifiziert nach LIPSHUTZ ET AL. 1999)

Komplementär zu einem RNA-Bereich werden Oligonucleotide als DNA-Sonden erzeugt (*perfect-match*-Oligonucleotide). Zusätzlich werden *mismatch*-Oligonucleotide synthetisiert, deren Sequenzen sich von den *perfect-match*-Oligonucleotiden um jeweils eine Base unterscheiden. Die markierte Target-DNA wird in einzelnen Testfeldern mit den verschiedenen Sonden hybridisiert. Unter idealen Bedingungen findet eine Hybridisierung nur mit den *perfect-match*-Oligonucleotid-Sonden statt. Signale, die dennoch an Stellen mit *mismatch*-Oligonucleotiden erscheinen, stammen von unspezifisch hybridisierten Nucleinsäuren oder werden durch eine mutierte Target-DNA hervorgerufen. Durch Vergleich der Signalintensitäten zwischen *mismatch*- und *perfect-match*-Oligonucleotid-Sonde kann entschieden werden, ob die Hybridisierung an den *perfect-match*-Oligonucleotiden spezifisch ist. Ggf. können korrigierte Intensitäten berechnet oder Mutationen identifiziert werden.

Die im Beispiel gezeigten Daten lassen Folgendes erkennen:

– Im Testfeld 1 und 6 hat die markierte Target-DNA weder an die *perfect-match*- noch an die *mismatch*-Oligonucleotide hybridisiert. Da kein wesentlicher Unterschied zwischen den Intensitäten der Signale messbar ist, werden diese Felder nicht ausgewertet.

– Im Feld 2 sind beide Signale gleich stark; die Probe hat also unspezifisch hybridisiert oder stammt von einem Individuum, bei dem beide DNA-Varianten vertreten waren (d.h. von einem heterozygoten Tier).

– In den Feldern 3, 4, 5, 7, 8 und 9 liegen spezifische, auswertbare Hybridisierungsergebnisse mit *perfect-match*-Oligonucleotiden vor, da die *mismatch*-Oligonucleotide kein Signal ergeben haben.

– Im Feld 10 ist ein Signal nur für *mismatch*-Oligonucleotide zu erkennen, nicht aber für die *perfect-match*-Oligonucleotide. Hier ist auf eine Mutante in der Target-DNA zu schließen, deren Sequenz komplementär zu derjenigen des *mismatch*-Oligonucleotids ist.

mung der Gesamtsequenz des DNA-Fragmentes benutzt werden.

Mit DNA-Arrays ist also prinzipiell eine Sequenzierung unbekannter DNA möglich. Sequenzierungen mittels DNA-Arrays sind jedoch problematisch, da sich die zu untersuchenden Sequenzen hinsichtlich der Hybridisierung ungleichmäßig verhalten können. Dadurch können Fehler bei der Hybridisierung der Target-DNA auftreten. Sequenzierungschips, bei denen jede Oligonucleotid-Sonde an jeder Position in der Sequenz variiert wird, dienen als Kontrolle der spezifischen Hybridisierungen und helfen beim Nachweis von Target-DNA aus z.B. heterozygotem Probenmaterial. Bei einem solchen Vorgehen sind Sequenzierungen anhand von Hybridisierungsmustern auf Grund der großen Zahl der dazu nötigen Oligonucleotide sehr aufwendig und immer noch nicht fehlerfrei. Gegenwärtig ist man daher der Meinung, dass beim Sequenzieren die herkömmlichen Methoden (d.h. die auf Detektion enzymatisch oder chemisch hergestellter und gelelektrophoretisch aufgetrennter Strangfragmente beruhen, s. S. 165ff.) effizienter sind. Dies kann sich jedoch bei Weiterentwicklung der Chip-Technologie ändern und würde dann die Effizienz der Sequenzierung in starkem Maße verbessern. Wissenschaftler arbeiten daher intensiv an der Entwicklung von DNA-Arrays, die sich zur universellen Sequenzanalyse unbekannter DNA-Proben eignen.

### 9.2.3 Nachweis von DNA-Polymorphismen

Eine wesentliche Anwendung der DNA-Arrays liegt in der vergleichenden Sequenzierung, bei der für einen Genomabschnitt die individuellen Sequenzen von verschiedenen Individuen mit einer Standardsequenz verglichen und Sequenzvarianten (z.B. SNPs, *single nucleotide polymorphisms*) nachgewiesen werden. Die Beschreibung dieser Anwendung erfolgt auf S. 216ff..

## 9.3 Protein-Arrays

Anstelle von DNA können auch Proteine (z.B. Antikörper, Antigene, Rezeptorproteine) an Arrays immobilisiert werden. Außerdem können die Testfelder der Arrays aus Materialien bestehen, die auch für die Chromatographie benutzt werden und die definierte chemische Oberflächeneigenschaften oder aktive Gruppen zur Kopplung von Proteinen besitzen. Die Testfelder interagieren somit als stationäre Phase mit den zu analysierenden Proteinen (**Target-Proteine**), und an ein bestimmtes Testfeld binden sich nur Proteine, die bestimmte Eigenschaften aufweisen.

Beispielsweise sind Systeme mit **Antikörper-Arrays (Abb. 9.12)** denen des *Western Blotting* ähnlich. Auf einem Array werden verschiedene Antikörper immobilisiert, wobei pro Testfeld ein bestimmter Antikörper aufgebracht wird. Durch eine vorbestimmte Anordnung ist jeder Antikörper hinsichtlich der Position bekannt. Die Antikörper werden so immobilisiert, dass sie während der Inkubation mit Antigenen spezifisch interagieren können. Diese Antigene und ggf. damit assoziierte Proteine werden auf diese Weise an den Array gebunden und können dort detektiert oder weiter untersucht werden.

### 9.3.1 Vorbereitung der Target-Proteine

Jeder Analyse geht eine Vorbereitung der zu untersuchenden Probe voraus. Vor allem sind die Target-Proteine in Lösung und in stabile, für die Analytik günstige Molekülkonformationen zu bringen. Außerdem kann eine Fraktionierung der Probenlösung wichtig sein, um gering konzentrierte Proteine anzureichern.

Für die spätere Detektion wird oft je eine fluorochrome Gruppe pro Aminogruppe des Target-Proteins ligiert. Durch Verwendung verschiedener Fluorochrome (z.B. Cy5 für rote Fluoreszenz und Cy3 für grüne Fluoreszenz) lassen sich später Anwesenheit und Konzentration der Proteine aus zwei Lösungen vergleichen (**Abb. 9.13**).

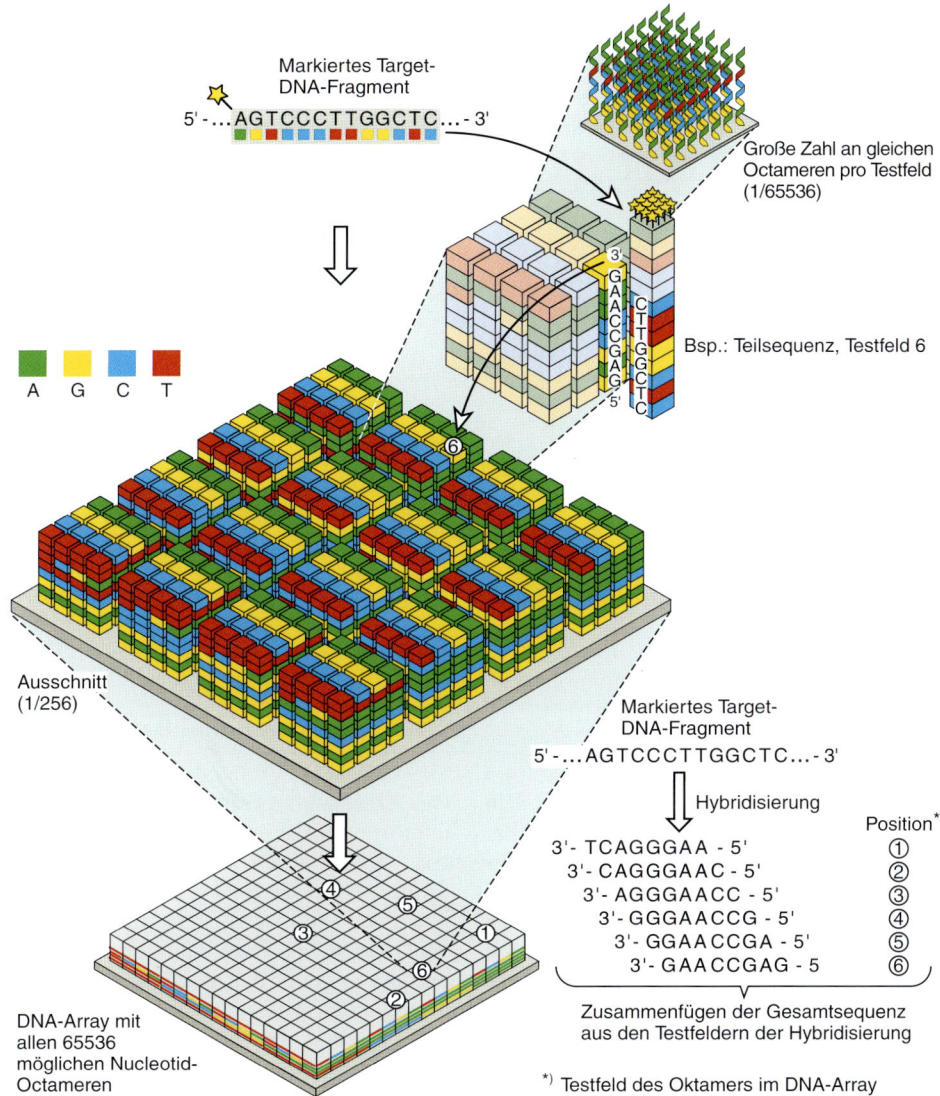

**Abb. 9.11:** Schema zum Sequenzieren durch Hybridisieren an einen DNA-Array

Die Möglichkeit der Sequenzier-Arrays erkannten zuerst Bains und Smith (1988). Auf eine Matrix aus allen möglichen Octamer-Nucleotidsequenzen (65536 Möglichkeiten) werden markierte Oligonucleotide (Target-DNA) einer bestimmten Sequenz gegeben. Unter geeigneten Bedingungen hybridisieren die Fragmente nur an im Array fixierte Oligonucleotide (Sonden-DNA), die eine vollständig komplementäre Sequenz haben. Im abgebildeten Beispiel findet ein DNA-Sequenzabschnitt ein komplementäres Octamer in der Position 6 (oben rechts detailliert dargestellt). Andere Sequenzabschnitte des Fragmentes hybridisieren in den Positionen 1 bis 5 (unten dargestellt). Auf Grund der auf diese Weise markierten Positionen in der Matrix und der Redundanz der Information kann die Gesamtsequenz auch von Fragmenten bestimmt werden, die länger als die Nucleotidsequenzen der Matrix sind.

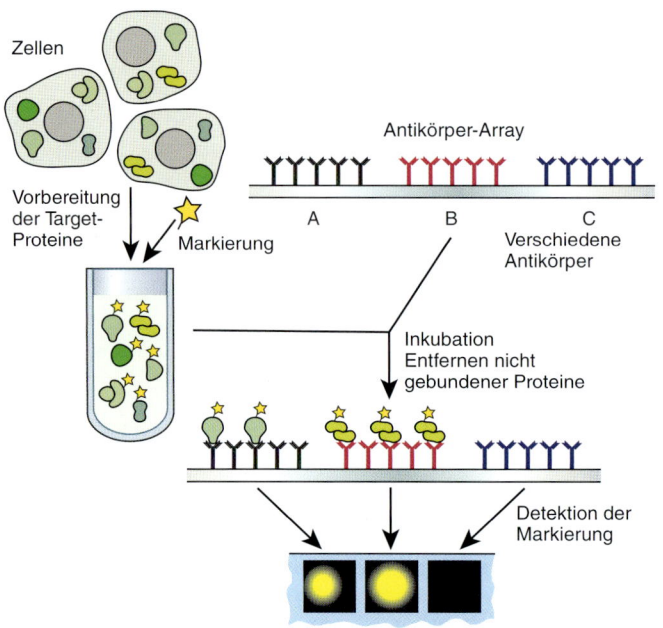

Zellen

Vorbereitung
der Target-
Proteine

Markierung

Antikörper-Array

A          B          C

Verschiedene
Antikörper

Inkubation
Entfernen nicht
gebundener Proteine

Detektion der
Markierung

**Abb. 9.12:** Detektion von Antigenen aus einem Proteingemisch mit Hilfe eines Antikörper-Arrays

Zunächst werden die Proteine aus dem biologischen Material präpariert, in Lösung gebracht und markiert. Der Antikörper-Array umfasst im Allgemeinen mehrere Hundert Testfelder, die verschiedene Antikörper enthalten. Jeder Antikörper ist gegen ein bestimmtes Antigen gerichtet. Nach Inkubation mit der Proteinlösung und der Entfernung ungebundener Proteine verbleiben markierte Proteine in Testfeldern, in denen die dort immobilisierten Antikörper an antigene Determinanten dieser Proteine gebunden haben. Aus dem Muster der markierten Testfelder kann auf einige Eigenschaften der Proteine geschlossen werden.

## 9.3.2 Aufbau und Herstellung

Es gibt sehr viele Arten der Protein-Arrays. Ein *High-density*-Antikörper-Array kann z.B. über 1000 Testfelder aufweisen, die auf eine Membran oder ein Glasplättchen aufgebracht werden. Kommerzielle Antikörper-Arrays enthalten mehrere Hundert monoklonale Antikörper und erlauben die simultane Untersuchung von ebenso vielen Proteinen. Antikörper werden adsorbiert oder an einen Liganden (z.B. Poly-L-Lysin) gebunden, der alle Antikörper unabhängig von ihrer Spezifität immobilisiert. Es werden nicht nur immobilisierte Antikörper benutzt, um Antigene zu messen, sondern auch immobilisierte Proteine, um Antikörper nachzuweisen. Oft werden mehrere Testfelder mit dem gleichen Antikörper oder Antigen in unterschiedlichen Molekülzahlen beladen, was die Detektion sicherer macht und die quantitative Auswertung verbessert.

## 9.3.3 Detektion und Datenauswertung

Der Array wird mit der zu untersuchenden Proteinlösung inkubiert; nicht gebundene Substanzen werden durch selektive Waschpuffer entfernt. Die markierten Proteine, die an den Array gebunden sind, werden dann detektiert (**Abb. 9.12** und **9.13**). Eine Markierung mit Fluorochromen erlaubt den Einsatz von Fluoreszenz-Messgeräten, wie sie auch bei DNA-Arrays benutzt werden. Besonders weitreichend ist die Moleküldetektion mit einem *Time-of-Flight Massenspektrometer* (TOF-MS, siehe **Abb. 10.21**, S. 223), da so nicht nur die Molekülzahl, sondern auch die Molekülgrößenverteilung messbar ist. Die Kombination von Oberflächenbindung und Massenspektrometrie wird als *Surface Enhanced Laser Desorption/Ionization* (SELDI) bezeichnet. Die Protein-Arrays sind ebenso sensitiv wie andere immunologische Methoden. Bei immobilisierten Antigenen sind daher Nachweise bis 100 pg/ml Antikörper möglich und bei immobilisierten Antikörpern sogar bis 1 pg/ml Antigen.

Die Datenauswertung basiert in vielen Fällen auf Vergleichen zwischen je zwei Proteinspektren, z.B. aus Probenmaterial eines gesunden

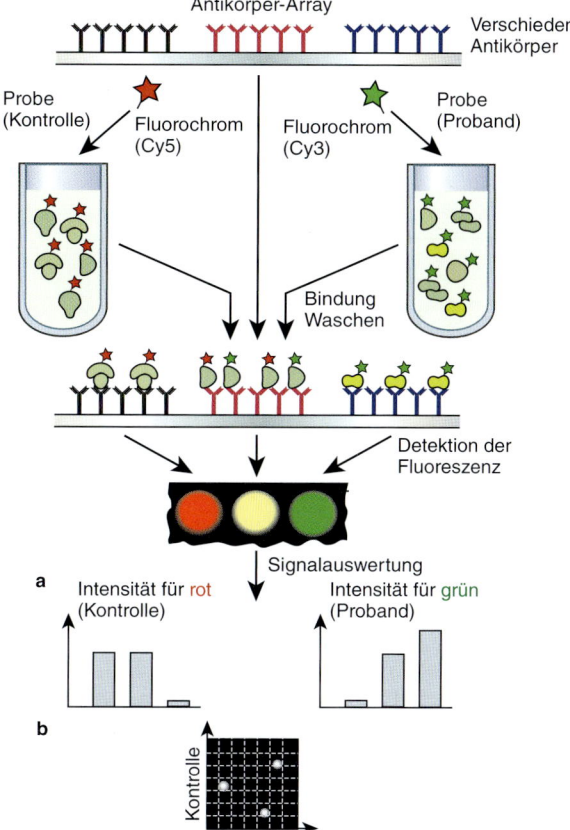

**Abb. 9.13:** Vergleichende Analyse von Proteinspektren (Komparativer Protein-Assay) mit einem Antikörper-Array

Im Beispiel werden Proteine aus einem biologischen Material einer Kontrolle (z. B. Proben von gesunden Vergleichsindividuen) mit den Proteinen eines Probanden (z. B. Probe eines erkrankten Individuums) verglichen. Die Proteine werden zunächst markiert, wobei für die beiden Proben zwei verschiedene Fluorochrome benutzt werden (rot bzw. grün). Die Proben werden dann gemischt und gleichmäßig auf dem Antikörper-Array verteilt. Nach Entfernung nicht gebundener Proteine wird die Markierung detektiert. Die Signale werden für verschiedene Auswertungsverfahren benutzt und vergleichend ausgewertet. Als Beispiele sind drei Testfelder dargestellt:

a) Erfassung des Spektrums der Mess-Signale in jedem Messfeld.

b) Korrelationsdarstellung für die Mess-Signale verschiedener Messfelder.

und eines erkrankten Individuums. Hierbei werden, wie **Abb. 9.13** illustriert, die zwei Proteinlösungen mit verschiedenen Fluorochromen markiert, dann gemischt und mit dem Array inkubiert. Ein solcher **komparativer Fluoreszenz-Assay** eignet sich für simultane Nachweise und Quantifizierungen vieler verschiedener Proteine in komplexen Lösungen, da das Verhältnis der Markerfarbstoffe zu dem Konzentrationsverhältnis eines jeden Proteins in den beiden Proteinlösungen korrespondiert.

### 9.3.4   Anwendungsbereiche

Protein-Arrays ermöglichen eine schnelle und sichere Analyse komplexer proteinhaltiger Lösungen. Sie erlauben Vergleiche von vielen verschiedenen Proteinen in einem Experiment, bieten weit reichende Möglichkeiten der Automatisierung und können große Probenzahlen

pro Zeiteinheit analysieren. Protein-Arrays sind nützlich für Analysen der Proteinexpression, der Protein/Protein-Interaktionen oder posttranslationaler Modifikationen. Die Systeme können benutzt werden, um molekulare Mechanismen zu verstehen, die physiologischen oder pathologischen Prozessen zugrunde liegen. Entsprechend gibt es zahlreiche Anwendungen bei der Krankheitsdiagnostik, der Identifikation von therapeutischen Markern sowie der Messung von Reaktionen auf Toxine und Pharmaka.

### 9.4   Suspensions-Arrays

Bei einem **Suspensions-Array** wird eine Suspension mit leicht suspendierbaren **Mikropartikeln** (*Microbeads*) aus Polystyrol oder Methacrylat hergestellt, die mit Fluoreszenzfarbstof-

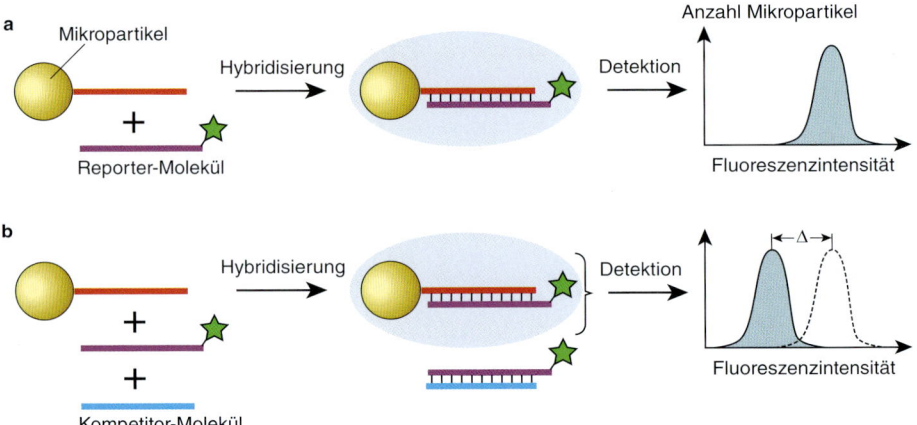

**Abb. 9.14:** Prinzip des Suspensions-Arrays

Am Beispiel eines Partikeltyps wird gezeigt, wie daran ein bestimmtes Oligonucleotid ligiert wird.

a) Direkter Assay. Im Ansatz wird mit einem Fluorochrom-markierten Reporter-Oligonucleotid hybridisiert. Die gebundenen Oligonucleotid-Moleküle werden im Durchflusszytometer gemessen.

b) Kompetitiver Assay. Das Reporter-Oligonucleotid und ein unmarkiertes Kompetitor-Molekül werden mit Mikropartikeln inkubiert. Soweit die Reporter-Oligonucleotide an den Kompetitor gebunden werden, stehen sie nicht mehr für die Hybridisierung mit den Oligonucleotiden, die auf dem Partikel fixiert sind, zur Verfügung. Es resultiert eine Abnahme der Fluoreszenz, die für die Quantifizierung des Kompetitor- oder des Reporter-Moleküls herangezogen werden kann.

fen markiert werden und mehrere Stunden in Suspension verbleiben. Durch Verwendung von Mikropartikeln verschiedener Größen und Farben entsteht ein heterogenes Partikelgemisch, dessen Komponenten im Durchflusszytometer identifiziert werden. Durchflusszytometer mit mehreren Kanälen können bei drei Farben über 500 verschiedene Partikel unterscheiden. An die Mikropartikel können nicht nur Nucleinsäuren, sondern auch Antigene, Antikörper, Rezeptoren, Peptide oder Enzymsubstrate gebunden werden. Beispielsweise können Oligonucleotide an die Carboxylgruppen von markierten Methacrylat-Partikeln ligiert werden. Je ein Partikeltyp wird dann mit einem spezifischen Oligonucleotid beladen, wobei die Oberfläche eines Partikels Platz für ca. 1 Million Moleküle bietet.

Die Analyse einer mit Oligonucleotiden beladenen Mikropartikel-Suspension ist dann auf zwei Arten möglich:

- Beim **direkten Suspensions-Assay** (**Abb. 9.14 a**) werden üblicherweise die partikelgebundenen Oligonucleotide mit einem freien, markierten Amplikon hybridisiert. Sollte es mit bestimmten Partikeln zur Hybridisierung kommen, lässt sich diese auf Grund der zusätzlichen Markierung der betreffenden Partikel im Durchflusszytometer detektieren.

- Der **kompetitive Suspensions-Assay** besteht aus zwei Ansätzen (**Abb. 9.14 b**). An einen Partikeltyp werden beispielsweise zunächst Fluorochrom-markierte Reporter-Oligonucleotide hybridisiert, deren Bindung im Durchflusszytometer als Fluoreszenz gemessen wird. In einem zweiten Ansatz werden die so vorbereiteten Partikel gemeinsam mit den zu untersuchenden, unmarkierten Kompetitormolekülen inkubiert. Wenn sich Reporter-Oligonucleotide an den Kompetitor binden, stehen sie anschließend nicht mehr für die Hybridisierung an die Mikropartikel zur Verfügung. Dadurch resultiert je nach Partikeltyp eine unterschiedliche Abnahme der Fluoreszenz, die von der Zahl der Kompetitormoleküle abhängt.

## Zusammenfassung

– *DNA-Arrays* bestehen aus vielen Testfeldern, in denen jeweils gleichartige DNA-Moleküle (*Sonden*) an einen festen Träger (*Array, Chip*) geheftet vorliegen. Hieran werden ungebundene, markierte *Target*-Moleküle hybridisiert und nachgewiesen. Bei den DNA-Sonden handelt es sich um Oligonucleotide, PCR-Produkte oder rekombinante Vektormoleküle.

– Arrays, die spezifisch Proteine immobilisieren können, ermöglichen Vergleiche von vielen verschiedenen Proteinen in einem Experiment.

– Bei einem Suspensions-Array werden suspendierte, markierte Mikropartikel dazu benutzt, aus einem Partikelgemisch bestimmte Komponenten zu binden und dann nachzuweisen.

– Die Array-Technik wird in vielen Bereichen verwendet – zur simultanen Messung der Expression zahlreicher Gene, für die Sequenzierung von DNA, beim Nachweis von DNA-Polymorphismen sowie in der Proteinanalytik.

# 10 Darstellung von DNA-Varianten

Als **DNA-Variante** bezeichnet man eine **Position** (*Site*, **Locus**) in einem DNA-Molekül, an der sich dieses von einem homologen Molekül unterscheidet. Nachfolgend werden DNA-Moleküle der Chromosomen betrachtet, wobei in Bezug auf einen Locus die DNA-Varianten zwischen homologen Chromosomen als **Allele** bezeichnet werden. DNA-Varianten können Nucleotidsubstitutionen, -insertionen oder -deletionen sein. DNA-Varianten, die auf einzelne Nucleotidpositionen zurückzuführen sind, werden **SNPs (*Single Nucleotide Polymorphisms*)** genannt, solche, die durch unterschiedlich häufige Sequenzwiederholungen gekennzeichnet sind, gelten als **VNTRs (*Variable Number of Tandem Repeats*)**. In einer Tierspezies stellen sich SNPs im Allgemeinen diallel dar, während für VNTRs häufig mehr als zwei Allele (multiple Allele) beobachtet werden. In Abhängigkeit

von der untersuchten Spezies und der Chromosomenposition treten SNPs in Abständen von 0,1–1 kb und VNTRs in Abständen von 1–1,5 kb auf. In einem eukaryontischen Gen von 5–100 kb sind also pro Spezies etwa 10–1000 DNA-Varianten zu erwarten. Eine DNA-Position, an der das häufigste Allel in einer Population eine Frequenz von unter 99 % aufweist, gilt üblicherweise als **genetisch polymorph**. Dies bedeutet, dass die selteneren Varianten in der betrachteten Population nicht durch Spontanmutationen in den betroffenen Tieren entstanden sind, sondern von Generation zu Generation weitergegeben werden.

DNA-Varianten lassen sich im Allgemeinen nebeneinander sowie unabhängig von Alter, Geschlecht, Gewebe und Umwelteinflüssen darstellen. Sie sind damit in besonderem Maße als **genetische Marker** zur Charakterisierung von

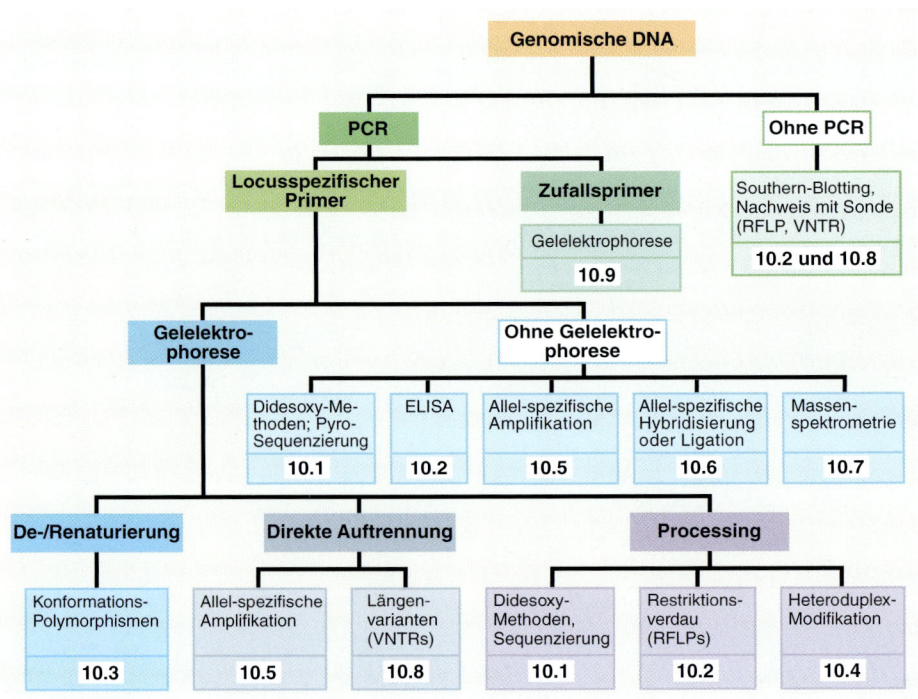

**Abb. 10.1:** Möglichkeiten zur Darstellung von DNA-Varianten
Nähere Beschreibungen befinden sich im Text unter den angegebenen Kapitelnummern.

Populationen, Individuen und chromosomalen Regionen geeignet, also die Basis für beispielsweise die Gendiagnostik, Genomkartierung und Populationsanalytik. Grundanforderung bei der Darstellung von DNA-Varianten ist der zuverlässige Nachweis. Dies gilt sowohl für die **Suche (*Screening*)** nach noch unbekannten Mutationen, als auch für die **Genotypisierung (Gendiagnose)** bereits charakterisierter Varianten in Tiergruppen.

Prinzipiell können alle DNA-Varianten mittels **Sequenzierung** dargestellt werden. Diese Technik ist jedoch für die meisten Fragestellungen zu aufwendig. Daher wurden für den Nachweis von DNA-Varianten zahlreiche spezielle Methoden entwickelt, die in **Abb. 10.1** nach ihren wichtigsten Unterscheidungskriterien angeordnet werden. Einige Verfahren benutzen die ***Southern-Blot*-Technik**, indem enzymatisch gespaltene, genomische DNA elektrophoretisch aufgetrennt, auf eine Membran übertragen und dann mit spezifischen, markierten Sonden hybridisiert wird (siehe **Abb. 4.17**, S. 112). Die übrigen Nachweisverfahren basieren auf der **Polymerase-Kettenreaktion** (PCR; siehe **Abb. 5.2**, S. 118). Mit Hilfe der PCR werden distinkte Sequenzabschnitte vor dem komplexen Hintergrund genomischer DNA-Sequenzen reproduzierbar amplifiziert und damit einer standardisierten Untersuchung zugänglich gemacht. Die Definition des Sequenzabschnittes erfolgt durch die Wahl der ***Primer***, d. h. kurzer, einzelsträngiger DNA-Stücke mit komplementärer Sequenz zu Teilen der **Ziel-** oder ***Template*-DNA**. Die erzeugten PCR-Produkte werden mit unterschiedlichen Methoden bearbeitet, die im Wesentlichen auf Gelelektrophorese, Enzymwirkung, De-/Renaturierungsschritten, Massenspektrometrie und Hybridisierung beruhen.

Im nachfolgenden Überblick wird versucht, die verschiedenen Ansätze bei der Darstellung von DNA-Varianten zu definieren und zu vergleichen. Zum Überblick sollen die **Tab. 10.1** bis **10.9.** dienen. Den Tabellen ist auch zu entnehmen, welche der Verfahren bereits eine starke Verbreitung gefunden haben.

## 10.1 Kettenabbruchreaktion und Pyrosequenzierung (Tab. 10.1)

Die DNA-Sequenzierung (siehe S. 165 ff.) führt zum exakten Nachweis von DNA-Varianten auf Nucleotidebene. Mit der **vergleichenden DNA-**

**Tab. 10.1:** Kettenabbruchreaktionen und Pyrosequenzierung zur Darstellung von DNA-Varianten

| Methode | Analysierter Bereich | Verbr.[1] | Beschreibung |
|---|---|---|---|
| Vergleichende DNA-Sequenzierung | Jede Position im Bereich ≤ 1000 bp | **** | Sequenzierung des betrachteten DNA-Bereichs bei mehreren Individuen |
| *Single Nucleotide Primer Extension* (SNPE) | 1 Nucleotidposition, 1 Allel | *** | Primer endet vor DNA-Variante; Extension mit einem ddNTP, das komplementär einer DNA-Variante ist (allelspezifischer Ansatz) |
| Mini-Sequenzierung | 1 Nucleotidposition, aber ggf. unterschiedliche Allele | *** | Primer endet vor DNA-Variante; Extension mit unterschiedlich Fluorochrom-markierten ddNTPs **(Abb. 10.2)** |
| *Template-directed Dye-Terminator Incorporation* (TDI) | 1 Nucleotidposition, 1 Allel | *** | Wie Mini-Sequenzierung, Primer jedoch Fluorochrom-markiert und FRET bei Einbau eines markierten ddNTP |
| Pyrosequenzierung | Jede Position im Bereich ≤ 30 bp, auch als Multiplex-Analyse simultan für mehrere Bereiche | **** | Abwechselnde Zugabe jeweils eines der vier dNTPs. Bei Einbau entsteht Pyrophosphat, welches mit Hilfe von Enzymreaktionen zur Bildung von Licht führt **(Abb. 10.3)** |

FRET: Fluoreszenz-Resonanz-Energie-Transfer; ddNTP: Didesoxy-Nucleosid-Triphosphat; dNTP: Desoxy-Nucleosid-Triphosphat
[1] Verbreitung: Zahl der Treffer bei Internet-Recherche, 25.05.2004: * < 50; ** 50 - < 100; *** 100 - < 1 000; **** 1 000 - < 10 000; ***** > 10 000

**Sequenzierung** wird der betrachtete Bereich bei mehreren Individuen sequenziert, und durch Vergleich der Sequenzen werden ggf. variable Nucleotidpositionen detektiert. Im Allgemeinen erfolgt zu diesem Zweck eine **direkte DNA-Sequenzierung**, indem unter Vorlage der chromosomalen DNA ein PCR-Produkt erstellt wird, das für die Sequenzierung genutzt wird. Bei hochvariablen Loci (z. B. Mikrosatelliten, einige MHC-Loci) ist eine vorherige Klonierung erforderlich. Pro Zellklon liegt dann nur jeweils ein Allel vor, das getrennt analysiert werden kann und zur **indirekten Sequenzierung** führt. Letztlich sollte jede neu entdeckte DNA-Variante durch Sequenzierung beschrieben werden.

Für die routinemäßige Genotypisierung von Individuen ist die DNA-Sequenzierung in der Regel zu aufwendig. Aufbauend auf dem Prinzip der Didesoxy-Sequenzierung wurden daher Modifikationen für den Einsatz in der Gendiagnostik entwickelt. Als methodische Basis diente die **Single Nucleotide Primer Extension (SNPE)** Technik. Bei dieser Methodik wird zunächst ein PCR-Amplifikat erstellt, das den variablen DNA-Bereich einschließt. Dem Amplifikat wird dann ein Primer zugegeben, dessen 3′-Ende an der Basenposition unmittelbar vor der DNA-Variante endet (**SNPE-Primer**). Hinzugefügt wird dann ein markiertes Didesoxy-Nucleosid-Triphosphat (ddNTP), das komplementär zu einer der Varianten ist. Dies erlaubt eine Verlängerung eines Produktes um ein markiertes Nucleotid nur bei Vorliegen einer bestimmten Variante. In einem zweiten Ansatz kann das zu dem alternativen Allel komplementäre ddNTP vorgelegt werden.

Eine weiterentwickelte Form der SNPE-Methode, die so genannte **Mini-Sequenzierung**, verlängert den mit seinem 3′-Ende vor der variablen Nucleotidposition gelegenen Primer mit jeweils einem ddNTP, das mit einem unterschiedlichen Fluorochrom markiert ist. Dadurch kommt es beim Kettenabbruch zu einer je nach Allel unterschiedlichen Fluoreszenzmarkierung des PCR-Produktes, was photometrisch nachgewiesen werden kann (**Abb. 10.2**).

Speziell für die automatisierte Genotypisierung wurde die **Template-directed Dye-terminator Incorporation (TDI)** entwickelt. Bei dieser Methode wird ein Primer zusätzlich am 5′-Ende mit einem Fluorochrom markiert. Kommt es zur Kettenverlängerung durch ein ddNTP,

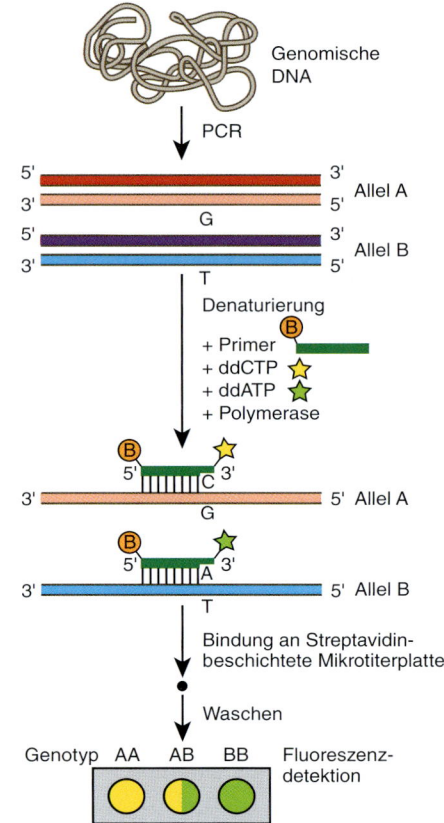

**Abb. 10.2:** Mini-Sequenzierung

Bei dieser Technik nach Syvänen (1998) endet ein Primer mit seinem 3′-Ende direkt vor der variablen Nucleotidposition eines zuvor mittels PCR amplifizierten DNA-Abschnittes. Für die alternativen Nucleotide werden mit unterschiedlichen Fluoreszenzfarbstoffen markierte Didesoxy-Nucleosid-Triphosphate (ddNTPs, hier ddCTP und ddATP) vorgelegt, so dass die Art des eingebauten Fluoreszenzfarbstoffes durch die DNA-Variante bestimmt wird. Nach Einbau von ddNTP wird die Strangbildung beendet. Das entstandene Produkt aus Primer und markiertem Nucleotid lässt sich auf Grund der Fluoreszenz messen. Zu diesem Zweck wird der Primer mit seinem 5′-Ende über Biotin/Streptavidin an eine Mikrotestplatte gebunden. Nach Auswaschen löslicher ddNTPs wird die Fluoreszenz der gebundenen Oligonucleotide nachgewiesen.

welches mit einem zweiten Fluorochrom markiert ist, so kann durch die enge Nachbarschaft der beiden Fluorochrome ein **Fluoreszenz-Resonanz-Energie-Transfer (FRET)** entstehen. Bei diesem überlagert das Emmissionsspektrum eines Fluoreszenzfarbstoffes (**Donor-** oder **Spenderfarbstoff**) das Anregungsspektrum des anderen Farbstoffes (**Akzeptor-**, **Empfänger-** oder **Quencher-**Farbstoff). Hierbei wird die Emmissionsenergie des Donors in Gegenwart des Akzeptors auf diesen übertragen. Dadurch ist die Fluoreszenz des Donors trotz gleich starker Anregung deutlich schwächer, man sagt sie ist gelöscht oder gequencht. Das Quenchen ist umso stärker je effizienter der Energietransfer vom Donor auf den Akzeptor ist. Die übertragene Energie führt zur zusätzlichen Anregung des Akzeptors. In der Regel geschieht dieses bei einer deutlich geänderten Wellenlänge. Das FRET-Signal kann während der PCR (*real time, on line*) oder nach Reaktionsende nachgewiesen werden, was in geeigneten Automaten schnell und ohne Elektrophorese erledigt wird.

Mit Hilfe der **Pyrosequenzierung** (siehe **Abb. 8.7**, S. 173) können SNPs, Insertionen und Deletionen analysiert werden. In einem Bereich bis etwa 30 bp lassen sich simultan alle auftretenden DNA-Varianten detektieren. Für die Untersuchungen wird zunächst ein PCR-Produkt erzeugt, das dann im Beispiel der **Abb. 10.3** an Magnetkugeln (*magnetic beads, Dynabeads*) immobilisiert wird. Die anschließend isolierten Einzelstränge werden der Pyrosequenzierungsreaktion vorgelegt. Möglich ist bei der Pyrosequenzierung auch der Einsatz mehrerer Primer in einer Multiplex-PCR, so dass simultan verschiedene polymorphe Positionen analysiert werden können. Für manche Anwen-

dungen kann die genomische DNA von mehreren Individuen gepoolt werden. Mit dieser DNA wird ein PCR-Produkt erstellt und für die Pyrosequenzierung verwendet. Die Peakhöhen, die pro zugeführtes Nucleotid messbar sind, erlauben dann eine Schätzung der Allelfrequenzen. Eine solche Bewertung von Allelfrequenzen kann von Nutzen sein, um z. B. polymorphe Positionen in Tierpopulation zu erfassen oder den Anteil veränderter Zellen in einem Gewebe zu erkennen.

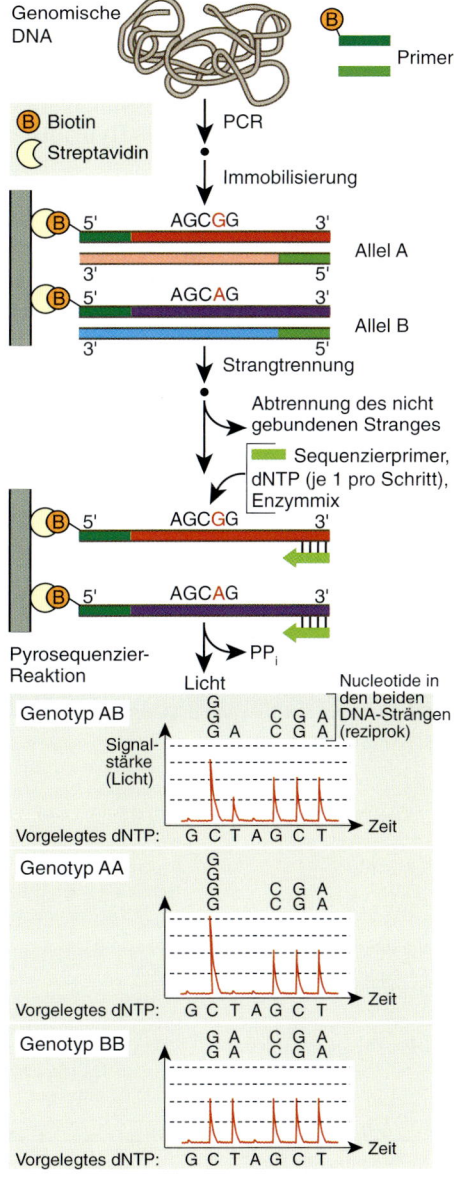

**Abb. 10.3:** Nachweis eines *SNP* mit der Pyrosequenzierung

Für die Untersuchungen wird zunächst ein PCR-Produkt erzeugt, das auf Grund der Biotinmarkierung eines der Primer an Streptavidin gebundene Magnetkugeln immobilisiert wird. Der Pyrosequenzierungsreaktion wird im Beispiel pro Schritt je ein Desoxy-Nucleosid-Triphosphat (dNTP) in der Reihenfolge G, C, T und A vorgelegt. Proportional zu den jeweils bei der DNA-Synthese freigesetzten Pyrophosphatmolekülen (PP) wird vom Enzymmix Licht abgegeben, das mit einer CCD-Kamera gemessen wird. Zum Ablauf der Pyrosequenzierung siehe S. 172f.

## 10.2 Restriktions-Fragment-Längen-Polymorphismen (RFLPs) (Tab. 10.2)

Durch eine DNA-Variante kann die Schnittstelle für ein Restriktionsenzym verloren gehen oder eine zusätzliche Schnittstelle erzeugt werden. Wenn durch die Variante eine Schnittstelle erzeugt wird, entstehen nach Spaltung mit einem Restriktionsenzym kürzere Fragmente (**Restriktionsfragmente**) aus einem längeren DNA-Molekül. Eine Analyse der Restriktionsfragmente kann mit zwei Verfahren durchgeführt werden. Die klassische Mutanten-Screening-Methode ist die **Southern-Hybridisierung** (siehe **Abb. 4.17**, S.112). Hierbei wird die genomische DNA zunächst mit einem bestimmten Restriktionsenzym verdaut. Die entstehenden Restriktionsfragmente werden anschließend im Agarose-Gel aufgetrennt, im *Southern-Blot* auf eine Membran übertragen und dort mit einer Sonde nachgewiesen (**Abb. 10.4a**). Als Sonde dient eine markierte DNA-Sequenz, die eine komplementäre Sequenz zu dem zu untersuchenden DNA-Abschnitt aufweist und dadurch an entsprechenden Stellen auf der Membran hybridisiert. Auf diese Weise werden die zur Sonde komplementären Restriktionsfragmente markiert. Meistens ist der untersuchte DNA-Bereich bereits sequenziert oder doch jedenfalls restriktionskartiert, so dass die Position des RFLP im untersuchten DNA-Abschnitt angegeben werden kann. Die Methode der RFLP-Darstellung mit dem *Southern-Blot* eignet sich dazu, größere Bereiche eines Gens oder mehrerer ähnlicher Gene zu untersuchen. Gegebenenfalls werden Sonden mit Längen von einigen Kilobasen verwendet. Die *Southern*-Hybridisierung ist jedoch aufwendig und störanfällig; trotzdem wird sie in zahlreichen Untersuchungen eingesetzt.

Eine entscheidende technische Verbesserung für die RFLP-Darstellung ist deren Kombination mit der PCR-Technik (**PCR-RFLP**). Hierbei werden DNA-Abschnitte amplifiziert, in denen sich die variablen Nucleotidpositionen befinden. Die PCR-Produkte werden dann mit einem Restriktionsenzym verdaut, welches nur bei einer Variante schneidet, nicht jedoch bei der anderen. Somit entstehen in Abhängigkeit von der DNA-Variante unterschiedlich lange Restriktionsfragmente (**Abb. 10.4b**). Der Nachweis der Fragmentlängen erfolgt üblicherweise nach Gelelektrophorese durch Ethidiumbromidfärbung oder über Fluorochrom-markierte Primer in einem DNA-Sequenzierautomaten. Die Methode ist einfach, schnell und sicher in der Durchführung; sie benötigt allerdings eine Kenntnis der Sequenz des DNA-Abschnitts sowie der variablen Nucleotidposition. Beispiele

**Tab. 10.2:** Darstellung von Restriktions-Fragment-Längen-Polymorphismen (RFLPs)

| Methode | Analysierter Bereich | Verbr.[1] | Beschreibung |
|---|---|---|---|
| RFLP mit *Southern-Blotting* | Erkennungsstellen des Restriktionsenzyms im Bereich der benutzten Sonde | **** | Restriktionsspaltung genomischer DNA; Elektrophorese und Analyse der Restriktionsfragmente mit einer oder mehreren markierten Sonden (**Abb. 10.4a**) |
| RFLP im PCR-Produkt (PCR-RFLP) | Erkennungsstellen des Restriktionsenzyms im Bereich des amplifizierten DNA-Fragmentes | ***** | Restriktionsspaltung eines PCR-Amplifikates und Analyse der Restriktionsfragmente (**Abb. 10.4b**) |
| *Artificial Construction of Restriction Sites by PCR* (ACRS) | 1 Nucleotidposition, 1 Allel | * | Ein Primer mit Fehlpaarungsstelle führt bei Extension zu Restriktionsstelle, wenn eine bestimmte DNA-Variante vorliegt (**Abb. 10.5**) |
| *Enzyme-Linked Immunosorbent Assay* (ELISA) | Erkennungsstellen des Restriktionsenzyms im Bereich des amplifizierten DNA-Stranges | *** | 1 Fluorescein-markierter und 1 biotinylierter Primer. Immobilisierung des PCR-Produkts über Biotin. Allel-spezifische Restriktionsspaltung und Nachweis der Fluoreszenz oder Enzymreaktion an nicht geschnittenen DNA-Fragmenten (**Abb. 10.6**) |

[1] Verbreitung (Zeichenerklärung s. **Tab. 10.1**)

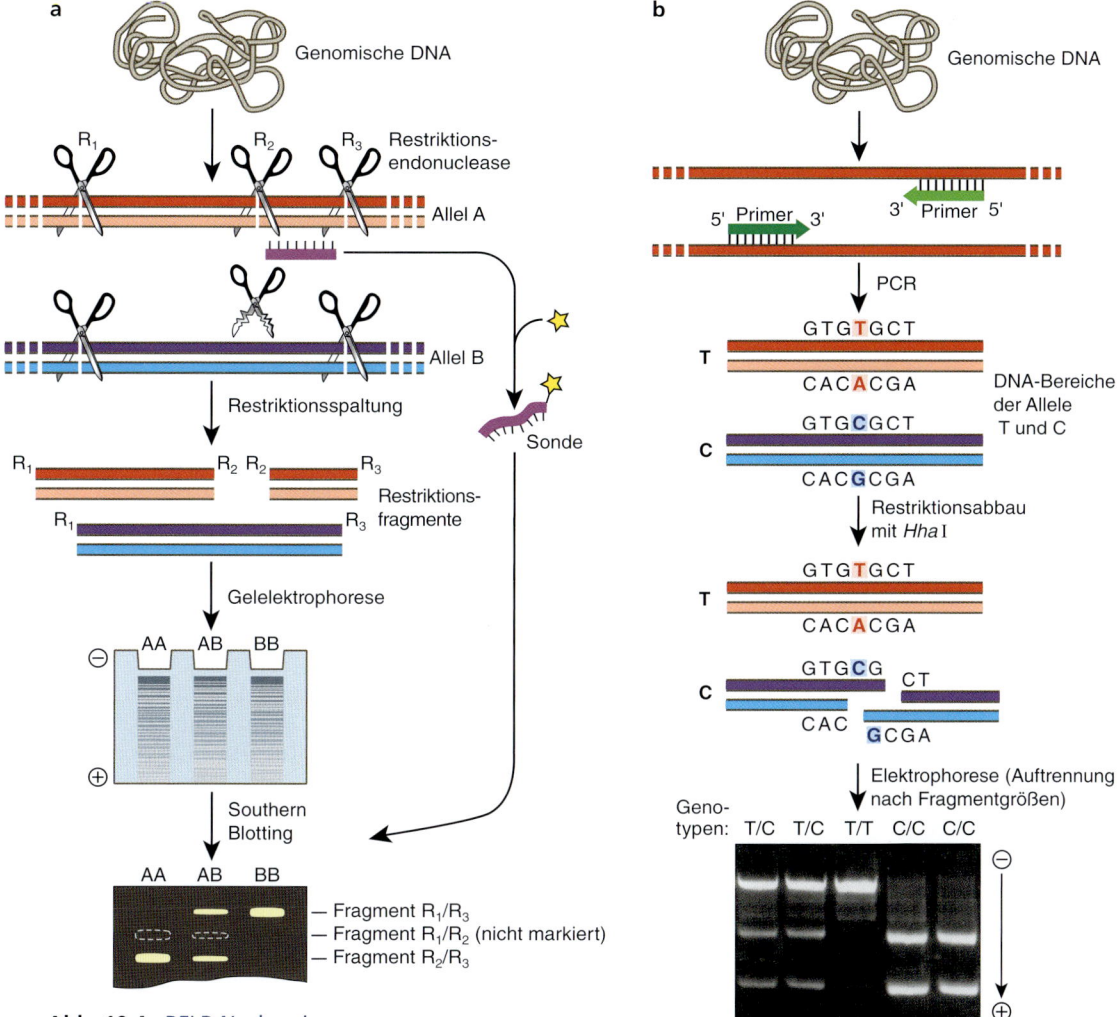

**Abb. 10.4:** RFLP-Nachweis

a) Prinzip der *Southern-Blot*-Analyse eines RFLP. Die genomische DNA wird zunächst mit Hilfe einer Restriktionsendonuklease an spezifischen Schnittstellen (im Bild R1, R2, R3) gespalten. Die entstehenden Restriktionsfragmente werden mittels Gelelektrophorese nach Molekülgrößen getrennt. Auf Grund der Vielzahl unterschiedlicher Fragmente und Fragmentlängen ergeben sich sehr viele DNA-Banden im Agarosegel. Die DNA-Fragmente werden mittels *Southern Blotting* (siehe **Abb. 4.17**, S. 112) auf eine Membran übertragen, dabei denaturiert und immobilisiert. In diesem Zustand wird eine markierte Sonde an das entsprechende Fragment hybridisiert. Im Beispiel weist die Sonde zu dem Bereich zwischen den Restriktionsschnittstellen R2 und R3 eine komplementäre DNA-Sequenz auf. Die Bindung der markierten Sonde an das spezifische Fragment und damit die Länge der Restriktionsfragmente wird durch Farbreaktion auf der Folie oder durch Schwärzung eines aufgelegten Röntgenfilms sichtbar gemacht. Durch die Restriktionsschnittstelle R2 im Allel A ergibt sich ein Restriktions-Fragment-Längen-Polymorphismus (RFLP), da das kürzere R2/R3-Fragment des A-Allels während der Elektrophorese im elektrischen Feld weiter wandert als das längere R1/R3-Fragment des B-Allels. Die Position des unmarkierten R1/R2-Fragments ist nicht sichtbar.

b) PCR-RFLP am Beispiel des Ryanodinrezeptorgens (*RYR1*) beim Schwein. Es wird ein PCR-Produkt erzeugt, in dessen Sequenz die darzustellende DNA-Variante liegt. Dann wird mit einem Restriktionsenzym (im Beispiel *Hha*I) inkubiert. Das Allel C wird geschnitten, das Allel T nicht. Der Nachweis der Restriktionsfragmente erfolgt elektrophoretisch. Eine Darstellung von Genotypen für den *RYR1*-Genlocus wird in der Zuchtpraxis auch als MHS-Gentest bezeichnet – nach dem phänotypischen Defekt MHS (Malignes Hyperthermie-Syndrom), der durch das Mutantenallel bedingt wird (siehe **Abb. 26.8** und **26.9**, S. 492 f.).

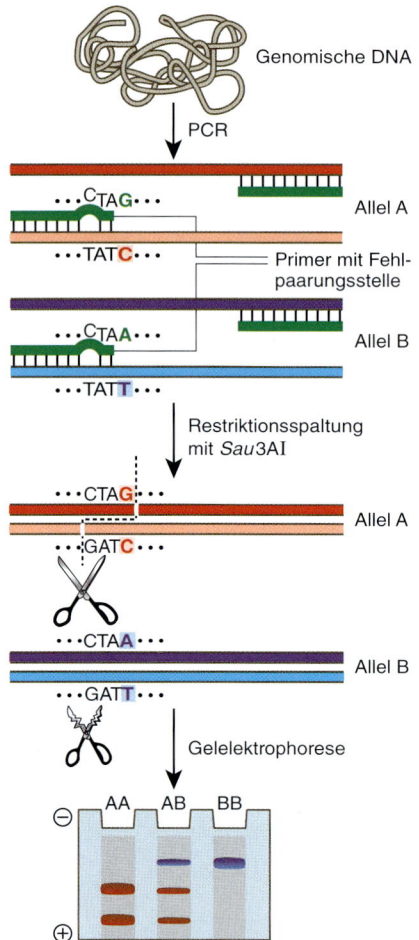

Genomische DNA

PCR

Allel A

Primer mit Fehl-
paarungsstelle

Allel B

Restriktionsspaltung
mit *Sau*3AI

Allel A

Allel B

Gelelektrophorese

AA   AB   BB

**Abb. 10.5:** *Artificial Construction of Restriction Sites by PCR* (ACRS)

Einer der benutzten Primer hat eine Fehlpaarungsstelle zur Template-DNA und schleust im Verlaufe der PCR eine Erkennungsstelle für ein Restriktionsenzym in den Bereich einer DNA-Variante ein. Im Beispiel endet der Primer direkt 5′ zur variablen Nucleotidposition und enthält als Fehlpaarung ein Cytosin statt eines Adenins. Durch PCR gelangt also in das Amplifikat unter Vorlage des Allels A eine *Sau*3AI-Schnittstelle (GATC), während das vom Allel B erzeugte Amplifikat keine Schnittstelle aufweist. Nach Restriktionsspaltung ist daher ein RFLP darzustellen.

für PCR-RFLPs sind zahlreich (siehe S. 489 ff.) und belegen die große Bedeutung des Verfahrens. Eine Begrenzung ergibt sich allerdings, wenn die gesuchte DNA-Variante nicht innerhalb einer Erkennungsstelle eines kostengünsti-

gen Restriktionsenzyms liegt. In einem solchen Fall kann die *Artificial Construction of Restriction Sites by PCR* (ACRS) helfen (**Abb. 10.5**). Hierbei wird einer der beiden Primer so ausgewählt, dass der komplementäre Bereich dicht vor der variablen Nucleotidposition eine Fehlpaarungsstelle aufweist. Im PCR-Produkt liefert dadurch dieses Primerende eine Restriktionsstelle, wenn eine der DNA-Varianten vorliegt, jedoch keine bei der anderen Variante.

Der *Enzyme-Linked Immunosorbent Assay* (**ELISA**) koppelt den Nachweis einer Antigen-Antikörper-Reaktion an die enzymatische Umwandlung eines löslichen, farblosen Chromogens in einen quantifizierbaren Farbstoff. Die Spezifität der Reaktion wird dabei durch einen Antikörper bedingt, der beispielsweise gegen Fluorescein oder Digoxigenin gerichtet ist. Die Farbumsetzung erfolgt z. B. durch eine Peroxidase, die mit dem Antikörper konjugiert ist. Für den Einsatz des ELISA in der DNA-Diagnostik (**Abb. 10.6**) wird jeweils ein biotinyliertes und ein Fluorescein oder Digoxigenin markiertes Oligonucleotid als Primer in der PCR eingesetzt. Das Biotin-Ende des DNA-Stranges wird dann an eine Mikrotestplatte geheftet. Nach Zugabe eines Restriktionsenzyms bleiben die Oligonucleotide entweder unverändert, oder sie werden durchtrennt. Mit Hilfe des Antikörpers wird ggf. die Markierung mit Fluorescein bzw. Digoxigenin getestet. Wird der Antikörper gebunden, kommt es zu einem Farbumschlag, der gemessen wird. Dabei können auch die heterozygoten Genotypen erkannt werden. Dennoch hat sich ein doppelter Test auf beide homozygoten Genotypen durchgesetzt. Mit Hilfe von Fluoreszenz-Readern kann auch die Anwesenheit des Fluorochroms direkt analysiert werden, ohne dass eine Kopplung mit Antikörpern nötig wird. Die Vorteile der ELISA-Technik sind die einfache Durchführung, das Automatisierungspotenzial und die hohe Nachweisempfindlichkeit.

## 10.3 Konformationspolymorphismen (Tab. 10.3)

Ein DNA-Molekül nimmt je nach seiner Nucleotidsequenz, dem Medium und der Temperatur eine unterschiedliche Raumlage (**Konformation**) ein. Bei gleichen äußeren Bedingungen

**Abb. 10.6:** Einsatz des *Enzyme-Linked Immunosorbent Assay* (ELISA) in der RFLP-Diagnostik

Für die PCR werden ein Biotin- und (im Beispiel) ein Fluorescein-markierter Primer benutzt. Im PCR-Produkt hat der DNA-Doppelstrang an einem Ende das Fluorescein, am anderen Ende das Biotin. Über Biotin erfolgt die Bindung der DNA-Moleküle an eine Streptavidin beschichtete Mikrotestplatte. An den immobilisierten DNA-Molekülen kann anschließend beispielsweise eine variable Restriktionsschnittstelle nachgewiesen werden, indem mit der passenden Restriktionsendonuklease verdaut wird. Aus dem Ansatz lässt sich dann das abgetrennte Fluorescein markierte Ende des Amplifikates durch Waschen entfernen. Fehlt die Schnittstelle, bleibt das Fluorescein-Signal mit den immobilisierten DNA-Molekülen verknüpft. Der Nachweis von Fluorescein wird verstärkt, indem ein Fluorescein spezifischer Antikörper auf die Mikrotestplatte gegeben wird, an den seinerseits Peroxidase gebunden ist. Peroxidase wandelt ein zugefügtes Substrat in ein farbiges Produkt um, das photometrisch quantitativ nachgewiesen wird.

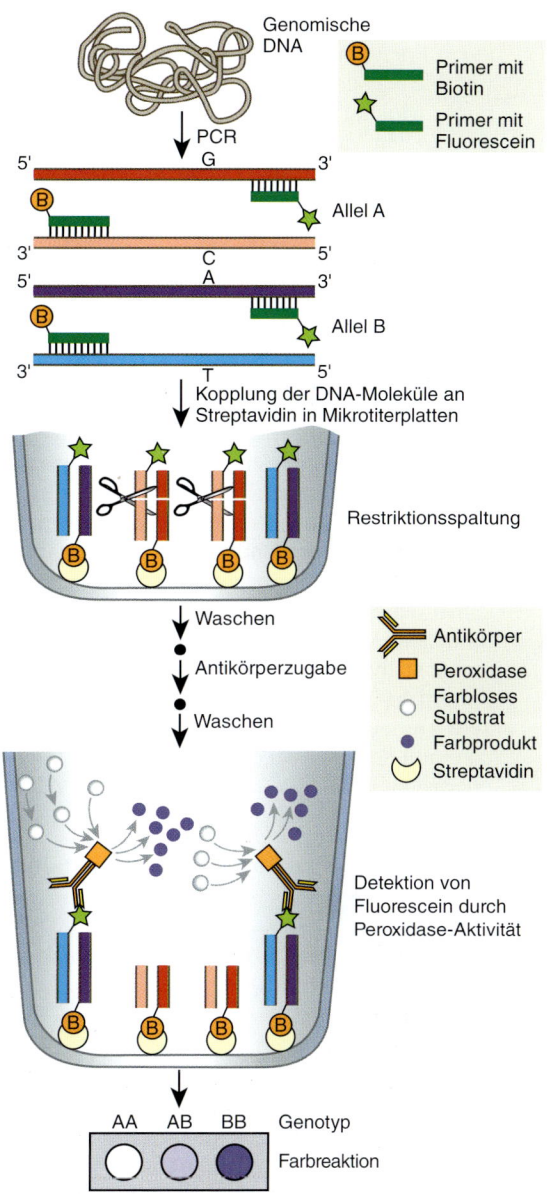

hängen Konformationsunterschiede zwischen zwei gleich langen DNA-Strängen nur von Differenzen in der Nucleotidfolge ab. Solche **Konformationspolymorphismen** werden entweder anhand von Änderungen in der Sekundärstruktur der Einzelstränge oder als *Mismatch* in Heteroduplex-DNA nachgewiesen. Die Darstellung erfolgt durch Elektrophorese unter renaturierenden (Rückbildung von DNA-Doppelsträngen, die vorher einzelsträngig waren) oder denaturierenden (Überführung von DNA-Doppelsträngen in Einzelstränge) Bedingungen in Polyacrylamid-Gelen. Außerdem können Konformationspolymorphismen mit Hilfe der HPLC (*High Performance Liquid Chromatography*) erkannt werden. Nachweise der Konformation sind wichtige Screening-Methoden und werden auch zu diagnostischen Zwecken eingesetzt.

## 10.3.1 Darstellung von Konformationspolymorphismen im renaturierenden Gel

Eine wesentliche Methode zum Screening kurzer DNA-Abschnitte auf Varianten ist die Darstellung eines *Single Strand Conformation* *Polymorphism* (SSCP). Die zu untersuchenden DNA-Fragmente werden hitzedenaturiert, anschließend rasch abgekühlt und im renaturierenden Polyacrylamid-Gel aufgetrennt (**Abb. 10.7**). Durch diese Vorgehensweise bleiben die DNA-Einzelstränge getrennt, formen aber intramolekulare Bindungen, die möglichst viele komplementäre Nucleotide verknüpfen. Je nach Einzelstrang-Konformation, die von der Nucleotidfolge abhängt, kann das Migrationsverhalten unterschiedlich sein. Die Methode benötigt kurze Fragmente (100–300 nt), damit sich eine variable Nucleotidposition genügend auf das gesamte Molekül auswirkt. Der Anteil der nachgewiesenen Varianten (Sensitivität) beträgt bei der SSCP-Technik bei < 200 nt langen Fragmenten etwa 75–95 % und fällt bei Fragmenten von > 200 nt auf 60–70 % ab. Die PCR-Amplifikate wurden nach der Elektrophorese anfangs radioaktiv, später nichtradioaktiv (z. B. durch Silberfärbung) nachgewiesen. Eine Verwendung Fluorochrom-markierter Primer erlaubt Auswertungen in DNA-Sequenzierautomaten. DNA-Einzelstränge, die in ihren Elektrophoreseeigenschaften voneinander abweichen, können auch aus dem Gel isoliert und sequenziert werden. Voraussetzung für gleichbleibende SSCP-Ergebnisse ist die exakte Einhaltung aller relevanten Bedingungen, insbesondere der Gelzusammensetzung, Elektrophoresedauer und Temperatur.

Mit der SSCP-Methode können weitere Methoden kombiniert werden, um auch lange Fragmente analysieren zu können. So kann das PCR-Amplifikat durch Restriktionsspaltung in kürzere Doppelstränge zerlegt werden, um diese dann mit der SSCP-Technik entweder zeitgleich oder nacheinander (konsekutiv) zu untersuchen.

Bei der **konsekutiven SSCP-Technik** wird das PCR-Amplifikat zunächst über Streptavidin an einen Träger (Reaktionsgefäß) gebunden und dann schrittweise mit verschiedenen Restriktionsendonucleasen geschnitten. Die dabei entstehenden kürzeren Fragmente werden nacheinander mit der SSCP-Methode untersucht.

Eine Kombination aus SSCP-Analyse und partieller Sequenzierung stellt das **Didesoxy-Fingerprinting** dar (**ddF**). Zunächst werden mit einer der vier Sanger-Didesoxy-Sequenzierungsreaktionen (siehe **Abb. 8.2**, S. 167) alle für ein Nucleotid möglichen Kettenabbrüche erzeugt. Die entstandenen DNA-Stücke werden denaturiert und in einem renaturierenden Polyacrylamid-Gel elektrophoretisch aufgetrennt. Unterschiede durch variable Nucleotidpositionen in den betrachteten DNA-Abschnitten werden durch zusätzliche oder fehlende Banden (als Ergebnis der Sequenzierreaktion) sowie durch abweichende Motilitäten einzelner Banden (als Ergebnis der SSCP) detektiert. Mit der Methode können variable Positionen in kurzen DNA-Abschnitten (< 300 bp) sicher nachgewiesen werden.

Für Untersuchungen größerer Fragmente (300–600 bp) wird das so genannte **bidirek-**

**Tab. 10.3:** Darstellung von Konformationspolymorphismen

| Methode | Analysierter Bereich | Verbr.[1] | Beschreibung |
|---|---|---|---|
| *Single Strand Conformation Polymorphism* (SSCP) | Jede Position im Bereich 100 - 300 bp; Sensitivität 60 - 95 % | ***** | Denaturierte DNA-Fragmente werden rasch renaturiert. Entstandene Einzelstränge werden im nicht denaturierenden Gel elektrophoretisch aufgetrennt (**Abb. 10.7**) |
| Konsekutive SSCP | Nacheinander ein Bereich von ca. 1000 bp; jede Position | * | Bindung des PCR-Amplifikats, dann nacheinander Restriktion mit verschiedenen Enzymen. SSCP der jeweils gebildeten Restriktionsfragmente |
| Didesoxy-Fingerprinting (ddF) | Jede Position im Bereich bis zu 300 bp; Sensitivität bis 100 % | *** | Kettenabbrüche nach Didesoxy-Sequenzierreaktion werden mittels SSCP analysiert |
| Bidirektionales Didesoxy-Fingerprinting (Bi-ddF) | Wie ddF, jedoch Bereich bis 600 bp | * | Wie ddF, jedoch zwei Primer und Extension in entgegengesetzter Richtung |
| Heteroduplex Analyse (HET, HA); *Double Strand Conformation Polymorphism* (DSCP) | Jede Position im Bereich 200 - 600 bp; Sensitivität ca. 80 % | **** | Denaturierte DNA-Fragmente werden langsam renaturiert, so dass Homo- und Heteroduplex-Moleküle erzeugt werden. Diese werden im nicht-denaturierenden Gel elektrophoretisch aufgetrennt (**Abb. 10.8**) |
| Denaturierende/Thermische Gradient-Gel-Elektrophorese (DGGE/TGGE) | Jede Position im Bereich 25 - 550 bp; Sensitivität bis 100 % | ***** | Primer mit GC-Klammer (*High-melting*-Bereich). Elektophoretische Trennung der partiell denaturierten DNA-Moleküle im Gradientengel (**Abb. 10.9**) |

[1] Verbreitung (Zeichenerklärung s. **Tab. 10.1**)

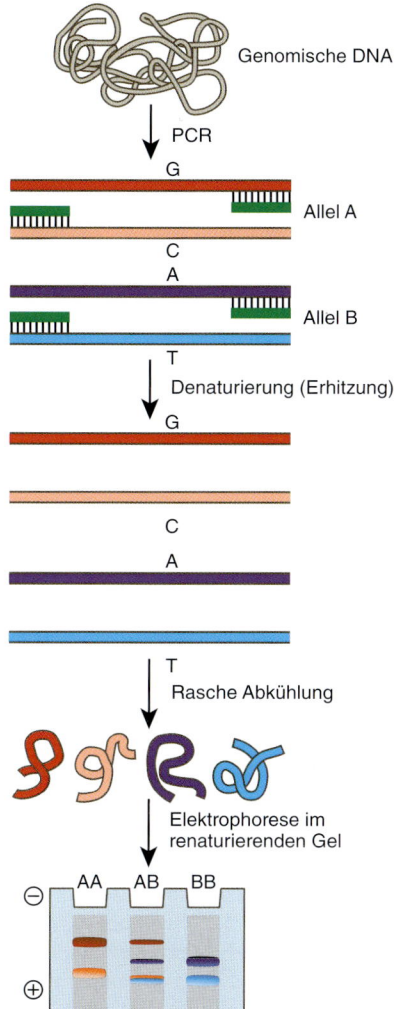

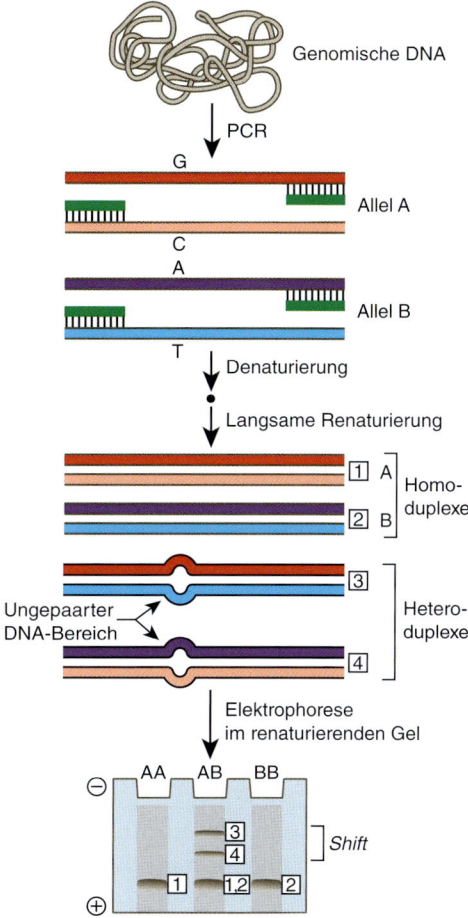

**Abb. 10.7:** Darstellung eines *Single Strand Conformation Polymorphism* (SSCP)

Der Sequenzbereich, der die DNA-Variante enthält, wird mittels PCR amplifiziert. Das Amplifikat wird danach hitzedenaturiert. Durch rasches Abkühlen unterbleibt die Renaturierung der Doppelstränge, und es kommt zur intramolekularen Paarung komplementärer Nucleotide innerhalb der Einzelstränge. Die dabei entstehenden Molekülkonformationen hängen von den Sequenzen der jeweiligen Einzelstränge ab. Eine variable Nucleotidposition führt oft zu nachweisbar unterschiedlichem Migrationsverhalten der Einzelstränge im renaturierenden Gel. Die SSCP-Technik wurde von ORITA ET AL. (1989) entwickelt.

**Abb. 10.8:** Heteroduplex-Analyse (HET, HA)

Das PCR-Amplifikat mit der variablen Nucleotidposition wird denaturiert und anschließend langsam renaturiert. Bei Vorliegen unterschiedlicher Allele (d. h. einem heterozygoten Genotyp) paaren sich die DNA-Einzelstränge zu Homo- und Heteroduplex-Molekülen. Die Heteroduplex-Moleküle weisen im Bereich der variablen Nucleotidposition einen ungepaarten Bereich auf, durch den die Migration im Gel langsamer als bei Homoduplex-Molekülen verläuft.

tionale Didesoxy-Fingerprinting (Bi-ddF) benutzt. Hierbei wird die Didesoxy-Sequenzierungsreaktion mit zwei Primern, die in entgegengesetzter Richtung wirken, durchgeführt.

Die **Heteroduplex-Analyse (HET, HA)**, auch als *Double Strand Conformation Polymorphism* (DSCP) bezeichnet, ist eine weitere

Methode zum Nachweis von DNA-Varianten in PCR-Amplifikaten (**Abb. 10.8**). Durch Hitzedenaturierung eines Gemisches an DNA-Fragmenten mit anschließender langsamer Renaturierung werden bei Vorliegen von DNA-Varianten ggf. Homo- und Heteroduplex-Moleküle erzeugt. Letztere entstehen durch Zusammenlagerung von DNA-Einzelsträngen, die sich an bestimmten Positionen in der Nucleotidfolge unterscheiden. Die Konformationsänderung der Heteroduplex-Moleküle im Bereich der ungepaarten Nucleotide führt zu einer deutlich veränderten Migration während der Gelelektrophorese, d. h. einer Banden-Verschiebung (*Shift*). Das elektrophoretisch erzeugte Bandenmuster wird im Allgemeinen mit Ethidiumbromid sichtbar gemacht. Varianten werden in 200–600 bp langen Fragmenten mit einer Sensitivität von ca. 80 % dargestellt. Die DSCP-Analyse lässt sich auch in DNA-Sequenzierautomaten vornehmen. Zu diesem Zweck wird einer der Primer mit Fluorochrom markiert und ein PCR-Produkt erzeugt. Die entstehenden Homo- und Heteroduplex-Moleküle werden dann gelelektrophoretisch aufgetrennt, um nach Lasereinstrahlung die emittierte Fluoreszenz zu detektieren.

### 10.3.2 Darstellung von Konformationspolymorphismen im denaturierenden Gel

Die **Denaturierende Gradienten-Gel-Elektrophorese (DGGE)** beruht auf einer Trennung partiell denaturierter DNA-Doppelstränge im Gradientengel (**Abb. 10.9**). Der Gradient wird mit denaturierenden Agenzien, wie Formamid und/oder Harnstoff, gebildet. Bei der **Thermischen Gradienten-Gel-Elektrophorese (TGGE)** wird der Gradient mittels einer gleichförmigen Temperaturerhöhung im Verlaufe der Elektrophoresezeit erzeugt. Je weiter die DNA-Fragmente im Gel migriert sind, umso stärker denaturierend wirkt der Gradient (chemisch oder thermisch). Bei einer bestimmten, für jedes DNA-Molekül charakteristischen Position im Gel wird die Schmelztemperatur des DNA-Moleküls erreicht. Es kommt zur teilweisen Trennung der Doppelstränge, wodurch deren Migration an der **Schmelzposition** stark verlangsamt wird. Schon ein unterschiedliches Nucleotid kann die Schmelzposition im Gel verän-

dern, so dass DNA-Varianten unterschieden werden können.

Entscheidend für die DGGE- und TGGE-Technik ist jedoch, dass es zu keiner vollständigen Trennung der Doppelstränge kommt. Daher werden die PCR-Amplifikate so erstellt, dass sie eine Region mit hoher Schmelztemperatur aufweisen. Dies gelingt durch Anheftung einer **„GC-Klammer"** (*GC-clamp*) aus ca. 40 Guanin- und Cytosin-Nucleotiden an das 5′-Ende eines Primers (**Abb. 10.9 a**). Damit entsteht an einem DNA-Molekülende des PCR-Produktes ein **„high melting"** Bereich, der im benutzten Gradienten nicht denaturiert. Der übrige Bereich des DNA-Fragments, in dem die zu untersuchenden DNA-Varianten lokalisiert sind, ist demgegenüber **„low melting"**, d. h. er wird ab einem bestimmten Denaturierungseinfluss vollständig einzelsträngig. Bereiche zwischen 25 und 350 bp liefern günstige Nachweisbedingungen für DNA-Varianten; es lassen sich DNA-Moleküle bis maximal 550 bp einsetzen. Der Nachweis der Banden erfolgt üblicherweise mit Ethidiumbromid.

Die DGGE- oder TGGE-Technik eignet sich für die rasche Untersuchung zahlreicher PCR-Produkte auf das Vorliegen von DNA-Varianten an verschiedenen Positionen der Template-Moleküle. Bei kürzeren Amplifikaten werden annähernd 100 % der DNA-Varianten erkannt. Die Methode ist besonders sensitiv, wenn Heteroduplex-Moleküle durch Mischung von Wildtyp- und Mutanten-Allelen erzeugt werden. DNA von heterozygoten Tieren lässt sich dann leicht von derjenigen aus homozygoten Tieren abgrenzen. Nachteile der Methode liegen in der aufwendigen Etablierung der Nachweistechnik für jeweils einen bestimmten DNA-Abschnitt. Außerdem sind DNA-Abschnitte mit hohen GC-Gehalten der Methode schwer zugänglich.

## 10.4 Modifikation und Spaltung von Heteroduplex-DNA-Molekülen (Tab. 10.4)

Bestimmte Chemikalien und Enzyme können Fehlpaarungsstellen in der Heteroduplex-DNA erkennen, sich an diese binden und sie dadurch modifizieren oder spalten. Zunächst werden denaturierte PCR-Amplifikate heterozygoter Tie-

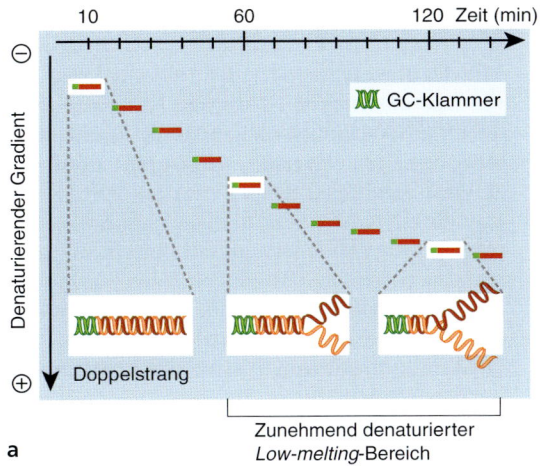

**a**

**Abb. 10.9:** Denaturierende Gradienten-Gel-Elektrophorese (DGGE)

a)  Elektrophorese eines DNA-Doppelstranges mit GC-
Klammer während der DGGE
Entlang des Gradienten wird der DNA-Doppelstrang
mehr und mehr denaturiert. Schließlich bleibt lediglich die GC-Sequenz (grün) doppelsträngig. Die Moleküle migrieren mit zunehmender Einzelstrangbildung
immer langsamer. Sobald der *Low-melting*-Molekül-
bereich (rot) weitgehend denaturiert ist, hört die
elektrophoretische Beweglichkeit fast auf. Die DGGE-
Technik wurde zuerst von Sheffield et al. (1989) beschrieben.

b)  Variantennachweis mit der DGGE
Es wird ein Primer benutzt, dem Repeats von ca. 40
GC an der 5'-Seite angefügt sind (GC-Klammer). Nach
der PCR bildet sich durch die GC-Klammer im Amplifikat eine *High-melting*-Seite, während der restliche
Molekülbereich *low melting* und komplementär zur
Template-DNA ist. Das PCR-Amplifikat wird durch
Temperaturänderung denaturiert und dann langsam
renaturiert. Das entstehende Gemisch aus Homo- und Heteroduplex-Molekülen wird im zunehmend
denaturierenden Gradienten (z.B. steigende Harnstoff/Formamid-Konzentrationen) gelelektrophoretisch aufgetrennt. In Abhängigkeit von den DNA-Sequenzen der Doppelstränge schmelzen diese an
bestimmten Stellen und migrieren dann immer langsamer. Die vollständige Denaturierung der Doppelstränge wird durch den *High-melting*-Bereich verhindert. Bereits eine ausgetauschte Base ändert
die Schmelzposition im denaturierenden Gel. Außerdem treten Heteroduplex-Moleküle auf, wenn das
Template-DNA-Material von heterozygoten Tieren stammt. Heteroduplex-Moleküle sind im Migrationsverhalten getrennt zu erkennen.

re oder denaturierte Amplifikate, die aus verschiedenen DNA-Varianten gemischt werden,
hergestellt. Die Heterodimerbildung geschieht
durch anschließende langsame Renaturierung
und kann für eine der nachfolgend aufgeführten
Methoden verwendet werden.

## 10.4.1  Chemische Modifikation von Fehlpaarungsstellen in Hetero-duplex-Molekülen

Fehlpaarungsstellen in Heteroduplexmolekülen
können mit Hilfe des ***Chemical Cleavage of***

*Mismatch* (CCM) oder *Mismatch Cleavage* (MC) nachgewiesen werden (**Abb. 10.10**). Die CCM-Technik basiert auf der Maxam-Gilbert-Sequenzierungschemie (siehe **Abb. 8.1**, S. 166). Fehlgepaartes Cytosin und Thymin in Heteroduplex-Molekülen sind reaktiver gegenüber Hydroxylamin (Cytosin) bzw. Osmiumtetroxid (Thymin) als die korrekt gepaarten Basen. Nach erfolgter Bindung wird der DNA-Strang an diesen Stellen durch Piperidin gespalten. Die Auftrennung der gespaltenen Fragmente erfolgt im denaturierenden Polyacrylamid-Gel. Die Längen der Fragmente geben auch Auskunft über die Positionen der Mutationen. Die Methode wird auch als **HOT-(Hydroxylamin-Osmiumtetroxid-)Methode** bezeichnet. Sie erreicht eine fast 100%ige Sensitivität. Ihre Nachteile liegen in der Toxizität der angewandten Chemikalien und in dem technischen Aufwand.

Ähnlich wie die CCM-/HOT-Technik funktioniert die **Carbodiimid-Technik (CDI)**. Carbodiimid reagiert mit den Iminogruppen von ungepaartem Thymin und Cytosin rascher als mit solchen der gepaarten Basen und lagert sich an das DNA-Molekül an. Je mehr Carbodiimid gebunden ist, desto langsamer wandert das DNA-Molekül während der Gelelektrophorese.

## 10.4.2 Enzymatische Spaltung

Mit der Resolvase oder der Endonuclease VII des Bakteriophagen T4 werden *Mismatch*-Stellen im DNA-Doppelstrang erkannt. Die Technik wird u.a. als **Enzyme Mismatch Cleavage (EMC)** bezeichnet. Dabei wird das zu untersuchende DNA-Molekül an eine markierte Referenz-DNA hybridisiert und anschließend enzymatisch gespalten. Die entstehenden markierten DNA-Fragmente werden gelelektrophoretisch aufgetrennt. Einer der Vorteile liegt darin, dass DNA-Fragmente von bis zu 4 kb untersucht werden können.

Für die Darstellung eines *Cleavase Fragment Length Polymorphism* (CFLP) wird als Enzym die Cleavase I benutzt. Diese spaltet Haarnadelschleifen einzelsträngiger DNA am 5′-Ende einer Schleife (*Loop*). Unterschiedliche Nucleotide beeinflussen die Sekundärstruktur des DNA-Stranges und damit die Verteilung von *Loops*. Dies führt zu speziellen Schnittstellen für die Cleavase I. Fragmente bis zu 2 kb können analysiert werden. Sie werden markiert und im denaturierenden Polyacrylamid-Gel nachgewiesen.

## 10.4.3 Allel-spezifische Proteinbindung

Bei der *Mutation Detection by Mismatch Binding Proteins* wird das *E.-coli*-Reparaturenzym MutS an Heteroduplex-Fehlpaarungsstellen ge-

**Tab. 10.4:** Nachweis von DNA-Varianten durch Modifikation von Heteroduplex-Molekülen

| Methode | Analysierter Bereich | Verbr. [1] | Beschreibung (Ausgang sind stets Heteroduplexe) |
|---|---|---|---|
| *Chemical Cleavage of Mismatch* (CCM): *Mismatch Cleavage* (MC); Hydroxylamin-Osmiumtetroxid-Methode (HOT) | Fehlpaarungen durch C und T im Bereich ca 1200 bp; Sensitivität bis 100 % | *** | Spaltung an fehlgepaarten Nucleotiden (C, T) durch Hydroxylamin und Osmiumtetroxid mit nachfolgender Fragmentlängenanalyse (**Abb. 10.10**) |
| Carbodiimid Technik (CDI) | Wie CCM | *** | Bindung von Carbodiimid an ungepaarte Nucleotide (C, T); beladene DNA-Moleküle wandern bei Gelelektrophorese langsamer |
| *Enzyme-Mismatch Cleavage* (EMC), *Enzymatic Mutation Detection* (EMD); *Mismatch Repair Enzymes Cleavage* (MREC) | Fehlpaarungen im Bereich bis 4 kb | *** | Ungepaarte Bereiche in Hybrid-DNA werden mit Resolvase oder Endonuclease VII gespalten; Fragmentlängenanalyse |
| *Cleavage Fragment Length Polymorphism* (CFLP) | Fehlpaarungen im Bereich bis 2 kb | ** | Wie EMC, jedoch Spaltung von Haarnadelschleifen in einzelsträngiger DNA mit Cleavase I |
| *Mutation Detection by Mismatch Binding Proteins* | Fehlpaarungen im Bereich ca. 1000 bp | * | Bindung des Reparaturenzyms MutS an Heteroduplex-Fehlpaarungsstellen; dadurch Shifts während Elektrophorese |

[1] Verbreitung (Zeichenerklärung s. **Tab. 10.1**)

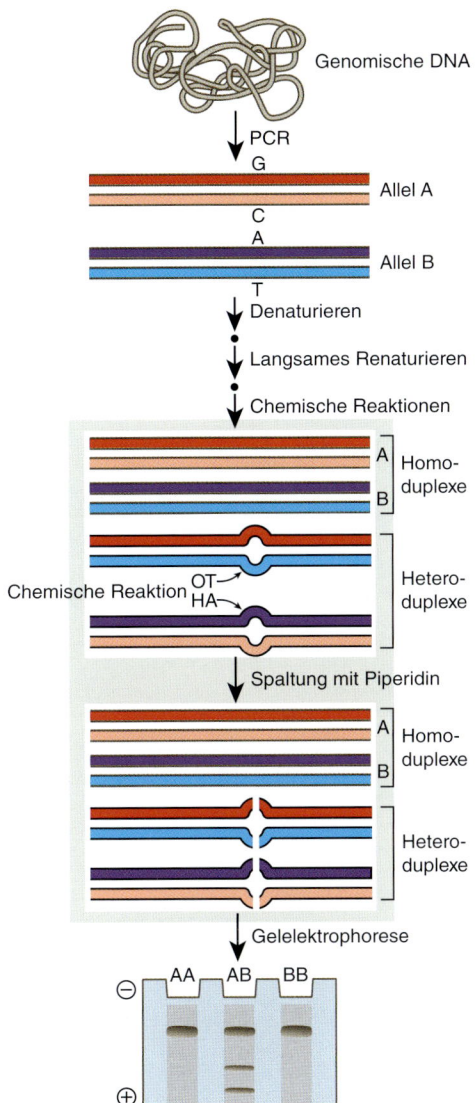

**Abb. 10.10:** *Chemical Cleavage Mismatch*-Technik (CCM)

Heteroduplexpositionen reagieren mit Hydroxylamin (HA) oder Osmiumtetroxid (OT) bei einer Basenfehlpaarung von Cytosin bzw. Thymin. Die chemisch markierten Nucleotidpositionen lassen sich anschließend durch Piperidin spalten. Die Spaltungsprodukte liefern gelelektrophoretisch deutlich erkennbare Unterschiede. Eine erste Darstellung der CCM-Technik stammt von COTTON ET AL. (1988).

bunden. Die DNA/Protein-Bindung führt während der Elektrophorese in Polyacrylamid-Gelen zu Mobilitäts-Verschiebungen (*Shifts*).

## 10.5 Allel-spezifische Amplifikation mittels PCR (Tab. 10.5)

Die **Allel-spezifische Amplifikation (ASA)** benutzt bei der PCR einen Primer für die variable Nucleotidposition. Bei der **nicht-kompetitiven** Form der ASA wird je PCR nur ein Primerpaar zur Amplifikation eines bestimmten Allels eingesetzt. Bei der **kompetitiven** Form der ASA konkurrieren zwei Primer um die Bindungsstelle.

### 10.5.1 Extensionsbasierende Allel-spezifische Amplifikation

Bei einer **extensionsbasierenden ASA** wird bei fehlender Basenpaarung am 3′-Ende des Primers keine oder nur sehr wenig DNA synthetisiert. Auf diese Weise wird nur bzw. überwiegend das Allel amplifiziert, zu dem die gewählte Primersequenz komplementär ist. Der Nachweis benötigt für jedes Allel einen anderen spezifischen Primer. Eine ASA kann nicht durchgeführt werden, wenn die Polymerase über eine 3′-*Proofreading*-Aktivität verfügt, da dann das fehlgepaarte Nucleotid von der Polymerase entfernt und die Elongation mit einem ausgetauschten Nucleotid fortgesetzt wird.

Die nicht-kompetitive ASA wird als **PASA** (*PCR Amplification of Specific Alleles*), **ARMS** (*Amplification Refractory Mutation System*) oder **ASP** (*Allele-Specific PCR*) bezeichnet. Hierbei wird eine Template-DNA jeweils mit einem gemeinsamen und einem Allel-spezifischen Primer amplifiziert (**Abb. 10.11**). Der Nachweis der PCR-Produkte erfolgt in der Regel in Agarosegelen unter Anfärbung mit Ethidiumbromid. Bei der **Multiplex-PASA** werden verschiedene PASAs in einem PCR-Ansatz durchgeführt und so gleichzeitig mehrere DNA-Varianten dargestellt. Zu den Nachteilen der PASA gehört, dass die Spezifität bei hohen Template-DNA-Konzentrationen abnimmt, dass eine separate Reaktion pro Allel angesetzt werden muss, um homozygote und heterozygote Individuen unterscheiden zu können, und dass die Ergebnisse

**Tab. 10.5:** Allel-spezifische Amplifikation (ASA) durch PCR

| Methode | Analysierter Bereich | Verbr. [1] | Beschreibung |
|---|---|---|---|
| Nicht kompetitive ASA: *PCR Amplification of Specific Alleles* (PASA); *Amplification Refractory Mutation System* (ARMS); *Allele-Specific PCR* (ASP) | 1 Nucleotid, 1 Allel | ***** | PCR-Amplifikation der Template-DNA mit 1 gemeinsamen und 1 Allel-spezifischen Primer, dessen 3'-Ende auf der variablen Position liegt. Fragmentlängenanalyse der PCR-Produkte (**Abb. 10.11**) |
| Multiplex-PASA | Mehrere räumlich getrennte Nucleotidpositionen | ** | Wie PASA, jedoch Multiplex-PCR |
| *Bidirectional PCR-Amplification of Specific Alleles* (Bi-PASA) | 1 variables Nucleotid, 2 Allele | ** | PASA mit 2 äußeren gemeinsamen und 2 inneren Allel-spezifischen Primern (**Abb. 10.12**) |
| *Double*-PASA | 2 variable Nucleotidpositionen pro DNA-Strang | * | Wie PASA, jedoch 4 spezifische Primer (je 2 für verschiedene Nucleotidpositionen im DNA-Molekül). Primer im 5′-Bereich biotinyliert, im 3′-Bereich Fluorochrom-markiert. Nachweis der Markierung Streptavidin-gebundener PCR-Produkte (**Abb. 10.13**) |
| *PCR Amplification of Multiple Specific Alleles* (PAMSA) | 1 Nucleotid, mehrere Allele | * | Wie PASA, jedoch ≥ 2 Allel-spezifische Primer |
| *Competitive Oligonucleotide Priming* (COP) | 1 Nucleotid, 1 Allel | * | PCR-Amplifikation mit 1 gemeinsamen und mehreren Allel-spezifischen Primern. 1 spezifischer Primer ist markiert. Nachweis autoradiographisch bzw. fluorometrisch |
| *Color Complementation Assay* (CCA) | 1 Nucleotid, mehrere Allele | ** | Wie COP, jedoch ist jeder Allel-spezifische Primer unterschiedlich Fluorochrom-markiert (z. B. Rhodamin, Fluorescein) |
| *Primer Extension Sequence Test* (PEST) | 1 Nucleotid, 1 Allel | * | 1 gemeinsames Primerpaar, dazwischen 1 Allel-spezifischer Primer, der nur bei einer Variante optimal hybridisiert und dann zu einem kürzeren PCR-Produkt führt (**Abb. 10.14**) |

[1] Verbreitung (Zeichenerklärung s. **Tab. 10.1**)

durch interne Kontrollstandards abzusichern sind.

Eine zusätzliche Entwicklung stellt die ***Bidirectional PCR-Amplification*** (**Bi-PASA**) dar, bei der das Vorliegen zweier Allele detektiert wird, indem zwei äußere Primer, die den gesamten die Mutation enthaltenden DNA-Abschnitt amplifizieren, sowie zwei innere Primer, die jeweils spezifisch für eines der beiden Alle-

**Abb. 10.11:** PCR-*Amplification of Specific Alleles* (PASA)

Es wird ein Allel-spezifischer Primer benutzt, der an seinem 3′-Ende nur zu einer der vorliegenden DNA-Varianten passt. Auf diese Weise kommt es nur zur Amplifikation der Template-DNA eines Allels, nicht jedoch zu der des anderen Allels. Der Nachweis des PCR-Amplifikats erfolgt durch Gelelektrophorese.

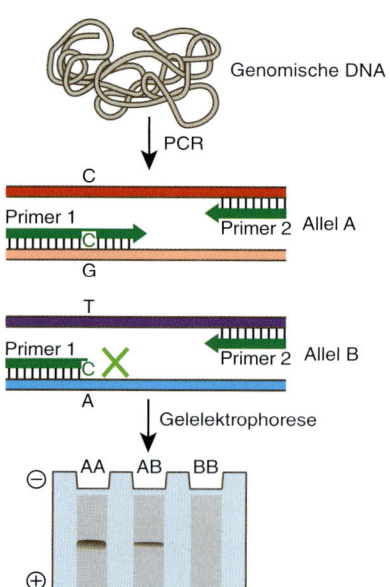

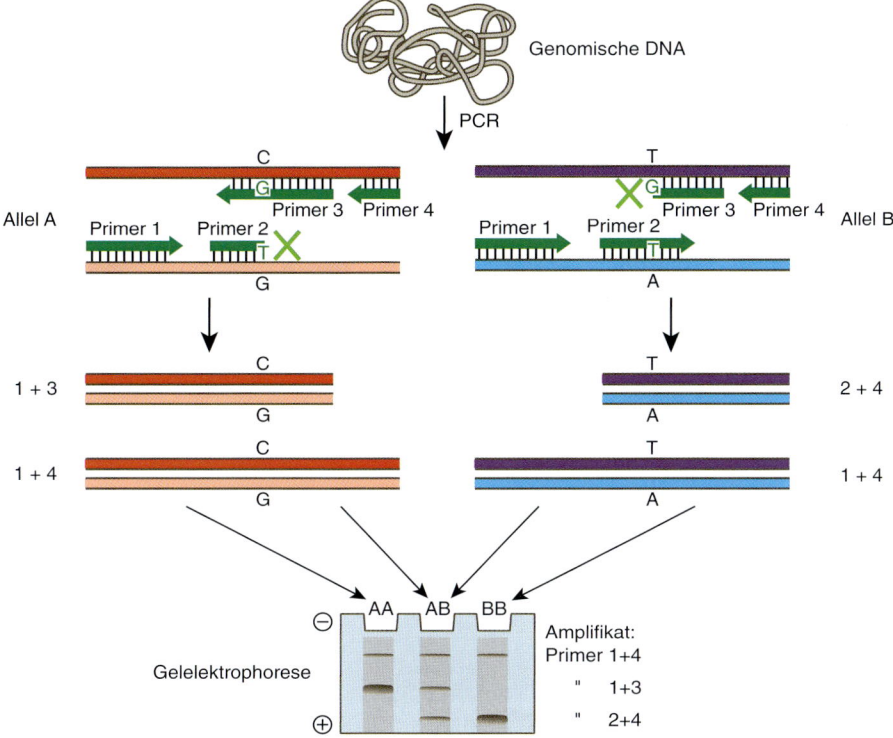

**Abb. 10.12:** Prinzip der Bi-PASA-Technik

Mit den äußeren Primern 1 und 4 wird die Template-DNA beider Allele amplifiziert. Die inneren Primer 2 und 3 amplifizieren jeweils nur eines der beiden Allele A oder B. Die PCR-Produkte der Primer 1 + 3 sowie 2 + 4 sind verschieden lang und lassen sich mittels Gelelektrophorese unterscheiden.

le sind, verwendet werden (**Abb. 10.12**). Aus der DNA heterozygoter Individuen ergeben sich dann drei Banden – das mit den äußeren Primern erzeugte Gesamt-PCR-Amplifikat sowie die beiden Teilamplifikate, die mit den beiden inneren Primern entstehen.

Die **Double-PASA** stellt eine methodische Variante dar, mit deren Hilfe zwei variable Nucleotidpositionen im selben DNA-Molekül (d. h. im Haplotyp) darzustellen sind (**Abb. 10.13**). Hierbei sind von vier verwendeten Primern je zwei spezifisch für die beiden Varianten jeweils einer Position.

Indem man zwei oder mehrere Allel-spezifische Primer gleichzeitig verwendet, können mehrere Allele im selben Ansatz amplifiziert werden. Eine solche kompetitive Technik wird auch als **PAMSA** (*PCR Amplification of Multiple Specific Alleles*) bezeichnet. Bei dieser Methode bleibt die Primerspezifität im Bereich

höherer Template-DNA-Konzentrationen erhalten, und die Differenzierung zwischen Homozygoten und Heterozygoten gelingt im selben Ansatz, wenn unterschiedlich lange oder unterschiedlich markierte Primer verwendet werden. Die Anforderungen an die Etablierung einer PAMSA sind allerdings hoch.

### 10.5.2 Auf Hybridisierung basierende Allel-spezifische Amplifikation

Während die zuvor besprochenen ASA-Methoden auf der enzymatischen Aktivität der *Taq*-Polymerase basieren, die einen Primer verlängert oder nicht, nutzen andere Methoden die Hybridisierungseigenschaften von Primern, deren Allel-spezifisches Nucleotid etwa in der Mitte des Moleküls lokalisiert ist. Nur bei Vorliegen einer bestimmten DNA-Variante hybridisiert der Primer optimal mit der Template-DNA,

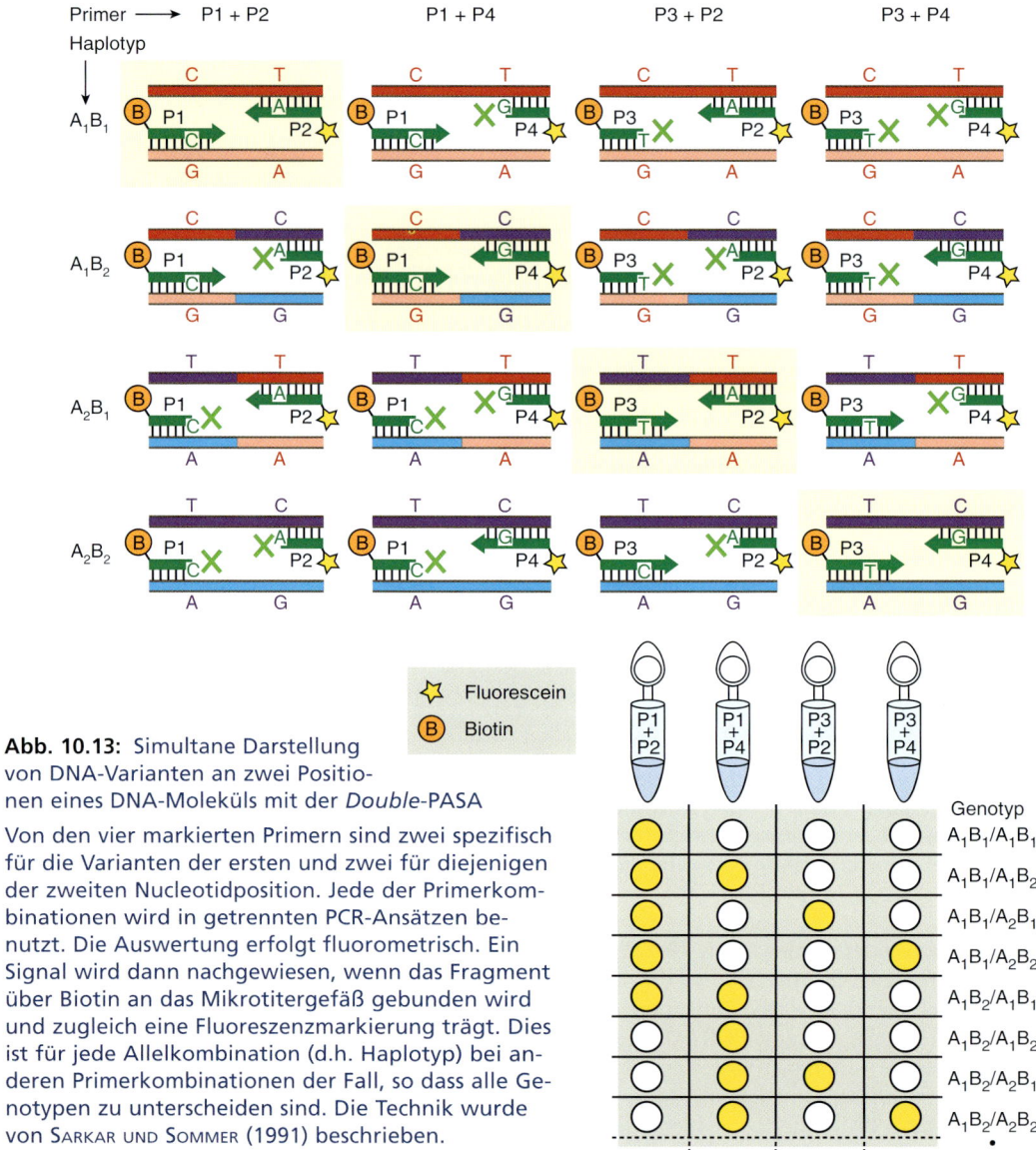

**Abb. 10.13:** Simultane Darstellung von DNA-Varianten an zwei Positionen eines DNA-Moleküls mit der *Double*-PASA

Von den vier markierten Primern sind zwei spezifisch für die Varianten der ersten und zwei für diejenigen der zweiten Nucleotidposition. Jede der Primerkombinationen wird in getrennten PCR-Ansätzen benutzt. Die Auswertung erfolgt fluorometrisch. Ein Signal wird dann nachgewiesen, wenn das Fragment über Biotin an das Mikrotitergefäß gebunden wird und zugleich eine Fluoreszenzmarkierung trägt. Dies ist für jede Allelkombination (d.h. Haplotyp) bei anderen Primerkombinationen der Fall, so dass alle Genotypen zu unterscheiden sind. Die Technik wurde von SARKAR UND SOMMER (1991) beschrieben.

und der entsprechende DNA-Abschnitt wird amplifiziert. Bei der **COP-Technik (*Competitive Oligonucleotide Priming*)** wird einer der Primer markiert. Die **CCA-Technik (*Color Complementation Assay*)** verwendet für jeden Primer eine andere Farbmarkierung, z.B. Fluorescein und Rhodamin. In langwelligem UV-Licht zeigen dann die PCR-Produkte von homozygoter Template-DNA grüne (Fluorescein) oder rote (Rhodamin) Fluoreszenz, während das PCR-Produkt von heterozygoter Template-DNA gleichzeitig grün und rot fluoresziert (Fluorescein + Rhodamin; wird als gelb dargestellt).

Der ***Primer Extension Sequence Test* (PEST)** untersucht, ob ein Allel-spezifischer Primer oder ein anderer, etwas versetzt bindender Primer verlängert wird. Bei Hybridisierung des Allel-spezifischen Primers kommt es in Verbindung mit dem 3′ gelegenen Primer zu einem PCR-Produkt. Bei suboptimaler Hybridisierung des Allel-spezifischen Primers entsteht dagegen ein Amplifikat mit dem in 5′-Richtung der Hyb-

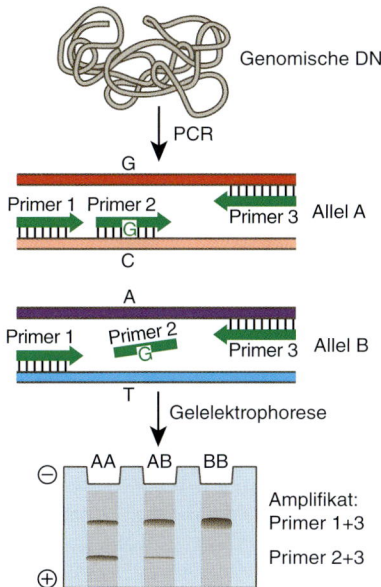

**Abb. 10.14:** *Primer Extension Sequence Test* (PEST)

Der Allel-spezifische Primer 2 ergibt mit Primer 3 ein Amplifikat, wenn das Allel A vorliegt. Passt der Primer 2 nicht – wie beim Allel B – so entsteht bevorzugt das längere Amplifikat durch die Primer 1 und 3. Die Technik wurde von EFREMOV ET AL. (1991) beschrieben.

ridisierungsstelle paarenden Primer. Wie **Abb. 10.14** illustriert, unterscheiden sich beide Amplifikate nach Auftrennung in Agarosegelen durch ihre Längen.

## 10.6 Allel-spezifische Hybridisierungstechniken und Ligationsverfahren (Tab. 10.6)

Die hier zusammengefassten Verfahren beruhen auf der Verwendung von **Allel-spezifischen Oligonucleotiden (ASO)** für eine Hybridisierung mit der zu untersuchenden Template-DNA. Bei der **Allel-spezifischen Oligonucleotid-Hybridisierung (ASOH)** wird die Fehlpaarung eines Oligonucleotids von ca. 20 bp mit Hilfe einer Hybridisierungsreaktion detektiert. Für die Tests werden manchmal spezifische DNA-Moleküle (Sonden) auf einen Träger (Festphase), d.h. einen soliden Untergrund, fixiert (z.B. eine

Membran) und meist mit Fluorochrom markierten Target-DNA-Molekülen hybridisiert, also Dot-Blots (s. **Abb. 4.18**, S. 113) durchgeführt oder DNA-Arrays (s. **Abb. 9.1**, S. 181) benutzt. Nicht ausreichend hybridisierte Target-DNA-Moleküle werden mit Waschschritten entfernt.

Für die Detektion der Hybrisierung gibt es zahlreiche Verfahren, meistens solche ohne Elektrophorese. Diese Techniken befinden sich in einer raschen Entwicklung. Besonders die DNA-Arrays (siehe S. 180 ff.) spielen für die Analyse von DNA-Varianten eine zunehmende Rolle und erlauben eine weit reichende Automatisierung der Verfahren.

### 10.6.1 Schmelztemperaturmessung

Bei der **Dynamischen Allel-spezifischen Hybridisierung (DASH)** wird die Denaturierung zwischen DNA-Fragment und ASO durch Messung der Fluoreszenz über einen Temperaturbereich kontinuierlich aufgezeichnet. Dabei verwendet man *SYBR Green I*, welches sich spezifisch an doppelsträngige DNA bindet und dann fluoresziert (siehe **Abb. 5.11**, S. 128). Für Hybridmoleküle ergibt sich eine spezifische Schmelztemperatur, die bei kurzen Molekülen pro Fehlpaarung um 5–7,5 °C niedriger liegt als im vollständig gepaarten Doppelstrang. Die Differenz in der Schmelztemperatur dient als Indikator für die Anzahl von Fehlpaarungen. Die Technik lässt sich in *Real-Time*-PCR-Maschinen (siehe S. 126 f.) durchführen und teilweise automatisieren, wird aber wenig verwendet.

### 10.6.2 Nutzung des FRET-Signals mit Allel-spezifischen Oligonucleotiden

Beim **5′-Exonuclease-Assay (*TaqMan PCR*)** wird ein mit zwei verschiedenen Fluoreszenzfarbstoffen markiertes Allel-spezifisches Oligonucleotid (ASO) bei der PCR so an den Template-Strang gebunden, dass die *Taq*-Polymerase während der Extension auf dessen 5′-Ende trifft und das ASO durch ihre Exonuclease-Aktivität abbaut (**Abb. 10.15**). Liegt ein anderes Allel und damit eine Fehlpaarungsstelle vor, so wird das ASO als Ganzes abgelöst. Das intakte ASO wird über FRET (Fluoreszenz-Resonanz-Energie-Transfer) detektiert, welches nach Abbau des ASO verschwindet. Zum FRET-Signal

**Tab. 10.6:** Allel-spezifische Oligonucleotid-Hybridisierung (ASOH) und Ligationsverfahren

| Methode | Analysierter Bereich | Verbr.[1] | Beschreibung |
|---|---|---|---|
| Allel-spezifischer Oligonucleotid-Dot-Blot (ASO-Dot-Blot) | 1 Nucleotid, 1 Allel | * | Hybridisierung der Template-DNA mit membrangebundenen ASO; Entfernung fehlgepaarter DNA durch stringentes Waschen |
| Dynamische Allel-spezifische Hybridisierung (DASH); *Combinatorial DNA melting assay* | 1 bis mehrere Nucleotide | *** | Messung der Schmelztemperatur von Template-DNA und ASO mittels *SYBR Green I* |
| 5'-Exonuclease-Assay (*TaqMan PCR*) | 1 - 2 Nucleotide | ***** | Hybridisierung eines doppelt Fluorochrom-markierten ASO an Template-DNA. Abbau des gebundenen ASO bei PCR durch Exonuclease-Aktivität der *Taq*-Polymerase entfernt FRET (**Abb. 10.15**) |
| ASO-abhängiger FRET-Effekt | 1 - 2 Nucleotide | *** | 1 gemeinsames Oligonucleotid und 1 ASO tragen verschiedene Fluoreszenzfarbstoffe. Bei benachbarter Hybridisierung an Template-DNA kommt es zum FRET. Allele Varianten beenden das FRET-Signal bei unterschiedlicher Schmelztemperatur (**Abb. 10.16**) |
| DNA-Array-Technik | > 10 kb, Genauigkeit ca. 99 % | ***** | Hybridisierung Fluorochrom-markierter DNA- oder RNA-Moleküle an immobilisierte Oligonucleotide, die mit verschiedenen Sequenzen auf bestimmten Testfeldern einer Trägerplatte (Array) verteilt sind. Messung der räumlichen Verteilung der Fluoreszenz (**Abb. 10.17**) |
| *Oligonucleotide Ligation-Assay* (OLA), *Dye-labelled Oligonucleotide Ligation* (DOL) | 1 - 2 Nucleotide | **** | ASO hybrisiert benachbart zu universellem Oligonucleotid an Template-DNA. Verknüpfung der Oligonucleotide durch Ligase, wenn ASO zur variablen Position der Template-DNA passt. Die je nach Allel unterschiedlich langen Fragmente werden elektrophoretisch, durch Farbstoffmarkierung oder bei der DOL durch FRET-Signal nachgewiesen (**Abb. 10.18** und **10.19**) |
| *Ligase Chain Reaction* (LCR) | 1 - 2 Nucleotide | **** | 1 ASO und 1 universelles Oligonucleotid hybridisieren benachbart an Template-DNA, und werden dann ligiert. Exponentielle Vermehrung des Ligationsproduktes. Nachweis elektrophoretisch oder durch FRET-Messung (**Abb. 10.20**) |

FRET: Fluoreszenz-Resonanz-Energie-Transfer; ASO: Allel-spezifisches Oligonucleotid
[1] Verbreitung (Zeichenerklärung s. **Tab. 10.1**)

siehe S. 201. Die FRET-Messung kann während der PCR, also in Echtzeit („*real-time*" oder „*on-line*") erfolgen; eine Elektrophorese wird nicht benötigt.

Der **ASO-abhängige FRET-Effekt** kann auch genutzt werden, indem zwei mit Donor- bzw. Quencher-Farbstoff markierte Oligonucleotide benachbart an der Template-DNA hybridisieren und eines der Oligonucleotide Allel-spezifisch ist. Bei ansteigender Annealing-Temperatur löst sich das Allel-spezifische Oligonucleotid je nach Allel zu unterschiedlichem Zeitpunkt von der Template-DNA ab und beendet das FRET-Signal (**Abb. 10.16**).

### 10.6.3 DNA-Arrays für den Nachweis von DNA-Varianten

Eine weit reichende Automatisierung der Allel-spezifischen Hybridisierung von Oligonucleotiden wird mit Hilfe von **DNA-Arrays** oder **-Chips** erreicht. Diese Technik basiert auf Hybridisierung von freier, Fluorochrom-markierter Test- oder Target-DNA mittels auf Arrays immobilisierter Oligonucleotide (Sonden) (**Abb. 10.17a**). Die Vorgänge bei der Hybridisierung können auf dem Array durch elektrophoretische Zufuhr der Test-DNA wie auch Entfernung ungebundener Moleküle auf wenige Minuten verkürzt werden (mikroelektronische DNA-Arrays mit aktiver Hybridisierung, s. **Abb. 9.7**, S. 188). Die Auswertung erfolgt über die Messung der Fluoreszenz in den einzelnen Testfeldern des Arrays. Dies geschieht beispielsweise über ein Mikroskop mit angeschlossener CCD(*charge-coupled device*)-Kamera. Hinsichtlich des Aufbaues und der Verwendung von DNA-Arrays mit den geeigneten DNA-Sequenzen siehe auch S. 180 ff.

Eine Allel-spezifische Hybridisierung ermöglicht die Identifizierung von variablen Nucleotidpositionen (SNPs) im DNA-Molekül, das beispielsweise von einem bestimmten Genabschnitt stammt. Dazu werden den Genabschnit-

ten entsprechende DNA-Sequenzen als Oligonucleotid-Sonden auf das Array aufgetragen. Die zu untersuchende Test-DNA wird amplifiziert, markiert und mit den Oligonucleotid-Sonden des Arrays hybridisiert. Wie **Abb. 10.17b** zeigt, kann aus den Signalen der einzelnen Testfelder auf Varianten in bestimmten Positionen der Target-DNA geschlossen werden. Arrays können außerordentlich dicht mit Oligonucleotiden verschiedener Sequenzen bepackt werden. Beispielsweise kann ein einziges Array ca. 135 000 Testfelder mit verschiedenen Oligonucleotid-Sonden einer Länge von je 16 nt aufnehmen. Damit lässt sich beispielsweise eine genomische DNA-Sequenz von mehr als 30 kb simultan auf DNA-Varianten untersuchen.

Die Vorteile des DNA-Arrays liegen in der Automatisierung, der Miniaturisierung und dem hohen Probendurchsatz. Die Chip-Technik benötigt wenig Proben- und Verbrauchsmaterial und erreicht hohe Genauigkeiten. Nachteile ergeben sich aus dem Entwicklungsaufwand, den hohen Preisen für spezielle Arrays sowie den Investitionen für Robotertechnik und Detektion. Nachteilig sind auch die relativ hohen Fehlerraten bei Nachweis multipler Mutationen.

### 10.6.4 Oligonucleotid-Ligations-Verfahren

Der *Oligonucleotide-Ligation-Assay* (**OLA**) testet die Komplementarität des 3′-Endes eines Oligonucleotids zu einer variablen Position ei-

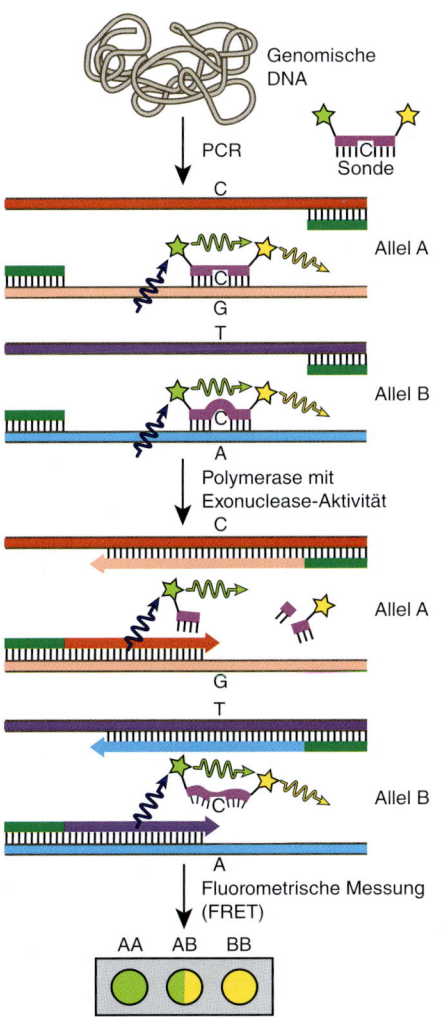

**Abb. 10.15:** 5′-*Exonuclease-Assay* (*TaqMan PCR*) mit nachfolgender Messung des Fluoreszenz-Resonanz-Energie-Transfers (FRET)

Ein Oligonucleotid wird mit zwei unterschiedlichen Fluoreszenzfarbstoffen markiert. Wenn das Allel A vorliegt, bindet das Oligonucleotid vollständig an die Template-DNA, beim Allel B dagegen entsteht eine Fehlpaarungsstelle. Die im Oligonucleotid benachbarten Fluoreszenzfarbstoffe führen zum Fluoreszenz-Resonanz-Energie-Transfer (FRET), dessen Signal gemessen werden kann. Bei der PCR des Allels A wird das angelagerte Oligonucleotid durch die 5′-Exonuclease-Aktivität der *Taq*-Polymerase abgebaut, und das FRET-Signal verschwindet. Beim Allel B löst sich das Oligonucleotid vorzeitig von der Template-DNA und damit erfolgt kein Abbau, so dass sich das FRET-Signal weiterhin messen lässt.

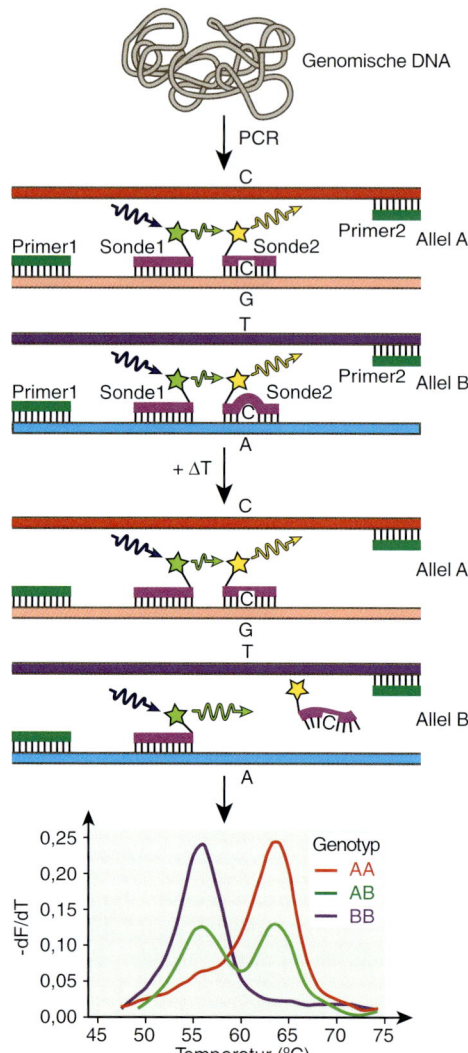

**Abb. 10.16:** ASO-abhängiger FRET-Effekt

Die Schmelztemperatur der Bindung eines Oligonucleotids ist Allel-spezifisch. Bei Temperaturanstieg wird das Oligonucleotid von der Template-DNA des Allels B frühzeitiger dissoziiert als von derjenigen des Allels A. Das Allelspezifische Oligonucleotid (Sonde 2) wird mit einem Quencherfarbstoff markiert, Sonde 1 mit einem Spenderfarbstoff. Während der PCR ist daher ein FRET-Signal zu messen, wenn das Allel-spezifische Oligonucleotid komplementär zur Template-DNA ist.

ner Template-DNA-Sequenz, die gewöhnlich als Amplifikat verwendet wird. Hierfür werden zwei unterschiedlich lange Allel-spezifische Oligonucleotide (ASOs) hergestellt, deren variable 3′-Enden genau an der polymorphen Position liegen (**Abb. 10.18**). Außerdem wird ein weiteres Oligonucleotid eingesetzt, das an der Template-DNA direkt benachbart dem ASO bindet. Nach Zugabe einer Ligase werden ASO und benachbartes Oligonucleotid nur dann verknüpft, wenn das ASO zur variablen Position der Template-DNA passt. Je nach Erfolg oder Misserfolg der Ligasereaktion entstehen unterschiedlich lange Fragmente. Diese werden üblicherweise in Polyacrylamid-Gelen aufgetrennt. Eines der beiden verknüpften Oligonucleotide kann jedoch auch biotinyliert und das zweite mit einem Farbstoff (z. B. Fluorescein) markiert werden. Dann können die biotinylierten Oligonucleotide auf Streptavidin-beschichtete Mikrotestplatten fixiert werden. Wenn eine Ligation stattgefunden hat, verbleibt nach einem Waschschritt das markierte Oligonucleotid mit dem Farbstoff im Gefäß und kann dort detektiert werden.

Eine Weiterentwicklung der OLA-Technik ist die ***Dye-labelled Oligonucleotide Ligation*** (**DOL**). Hierbei werden die zu ligierenden Oligonucleotide mit (mindestens 3) unterschiedlichen Fluoreszenzfarbstoffen markiert (**Abb. 10.19**). Erfolgt eine Ligation zwischen einem der beiden Allel-spezifischen Oligonucleotide und dem universellen Oligonucleotid, so geraten die gekoppelten Fluoreszenzmarker in eine stabile und enge Nachbarschaft, was im Verlaufe der PCR zu einem Fluoreszenz-Resonanz-Energie-Transfer (FRET) führt (siehe S. 201). Das FRET-Signal kann sowohl während der PCR als auch nach Abschluss der PCR und Ligase-Reaktion gemessen werden. Heterozygote und homozygote Genotypen führen zu unterschiedlichen Farbstoff-Signalen im Ligationsprodukt. Eine Elektrophorese ist nicht notwendig.

Bei der **Ligase-Ketten-Reaktion (*Ligase Chain Reaction*, LCR)** wird eine thermostabile Ligase benutzt (**Abb. 10.20**). Analog zum *Oligonucleotide Ligation Assay* (OLA) werden Oligonucleotide, die perfekt mit dem Template hybridisiert sind, miteinander verknüpft. Die LCR verwendet eine zyklische Zwei-Schritt-Reaktion: (i) ein Denaturierungsschritt bei hoher Temperatur und (ii) ein Annealing-Schritt

**Abb. 10.17:** Nachweis von DNA-Varianten mit einem DNA-Array

**a) Aufbau eines DNA-Arrays**
Ein DNA-Array trägt viele Testfelder, die in einer Matrix angeordnet sind. Je ein Testfeld enthält ca. $10^6$ identische, einzelsträngige Oligonucleotide (Sonde). Das Array ist Teil einer Inkubations- oder Hybridisierungskammer, in die zusätzlich einzelsträngige, mit einem Fluorochrom markierte Test- oder Target-DNA eingebracht wird. Bei Hybridisierung wird die Test-DNA an die komplementären Oligonucleotid-Sonden nur bestimmter Testfelder gebunden. Die betreffenden Testfelder fluoreszieren dadurch nach Anregung mit einem Laserstrahl. Die Fluoreszenz der einzelnen Testfelder kann über ein Mikroskop mit angeschlossener CCD-Kamera aufgezeichnet werden.

**b) Nachweis von DNA-Varianten**
Zum Nachweis von DNA-Varianten eines betrachteten Bereichs (von n bis n+6) besteht die Sonden-DNA aus jeweils 16 Nucleotiden. Entlang der Testfelder wird die Sequenz um jeweils ein Nucleotid variiert. In der Darstellung wird gezeigt, wie eine bestimmte Position (in der Abbildung mit X bezeichnet) bei den Oligonucleotid-Sonden so variiert wird, dass sich jeweils in den Feldern der ersten Zeile ein Thymin, der zweiten Zeile ein Guanin, der dritten Zeile ein Cytosin und der vierten Zeile ein Adenin befindet. Die Oligonucleotid-Sonden passen also jeweils zu einem Ausschnitt der

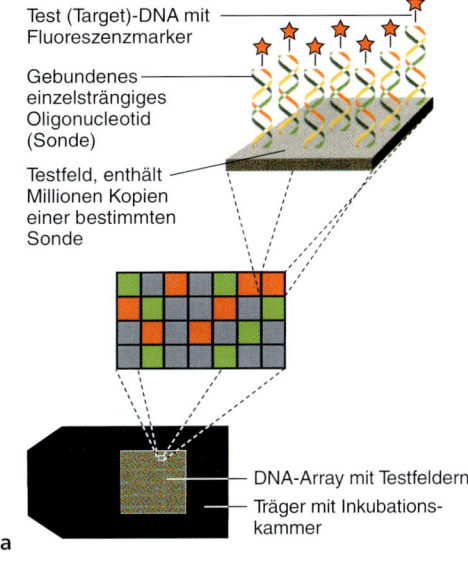

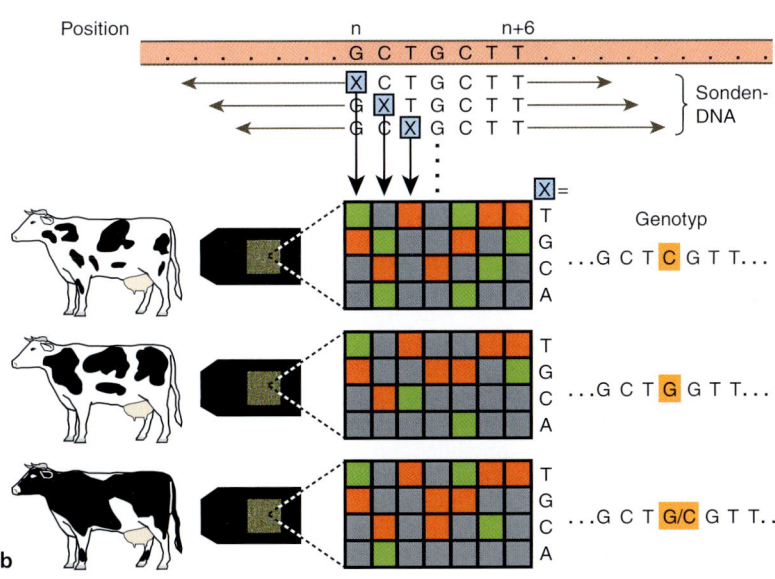

Zielsequenz, und dort zu jeweils mindestens einer der möglichen Varianten. Bei den Oligonucleotid-Sonden wird dann die Sequenz um ein Nucleotid verschoben, und es werden wiederum die einzelnen Nucleotidpositionen variiert. Die Target-DNA der zu untersuchenden Tiere wird markiert, so dass pro Testfeld gemessen werden kann, ob eine Hybridisierung erfolgte. Die graue Farbe zeigt, dass keine Hybridisierung auf dem entsprechenden Feld stattgefunden hat, grün steht für eine geringe und rot für eine deutliche Hybridisierung. Den roten Feldern von links nach rechts folgend lassen sich für den dargestellten Sequenzausschnitt die als „Genotyp" notierten Ergebnisse ableiten: Im Beispiel hat das obere Rind die Sequenz GCTCGTT, das mittlere Rind die Sequenz GCTGGTT und das untere Rind beide Sequenzen (das Tier ist also heterozygot).

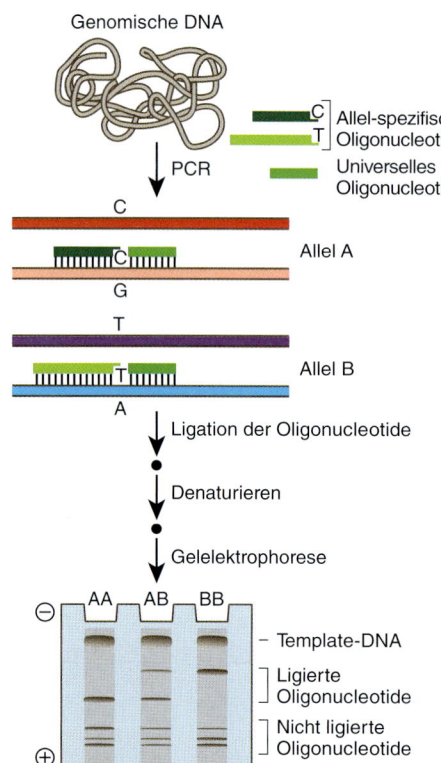

**Abb. 10.18:** *Oligonucleotide Ligation Assay* (OLA)

Ein Allel-spezifisches Oligonucleotid und ein universelles Oligonucleotid werden so definiert, dass sie direkt benachbart an eine Template-DNA hybridisieren können. Das 3'-Ende des Allel-spezifischen Oligonucleotids schließt mit der variablen Nucleotidposition ab und ist komplementär zu einer der DNA-Varianten. Liegt diese Variante vor, kann anschließend eine Ligation erfolgen, und beide Oligonucleotide bilden ein größeres Molekül. Im Beispiel wird simultan ein zweites Allel-spezifisches Oligonucleotid eingesetzt, welches komplementär zur Sequenz der DNA-Variante B ist und sich in der Länge von dem für das Allel-A spezifischen Oligonucleotid unterscheidet. Nach elektrophoretischer Auftrennung lassen sich DNA-Varianten durch unterschiedliche Fragmentlängen nachweisen. Die OLA-Technik wurde von Landegren et al. (1988) entwickelt.

zur Hybridisierung der komplementären Oligonucleotide an die Template-DNA. Nachfolgend findet die Ligation benachbarter Oligonucleotide statt. Die Produkte der Ligationsreaktion dienen ihrerseits als Template-Moleküle für den

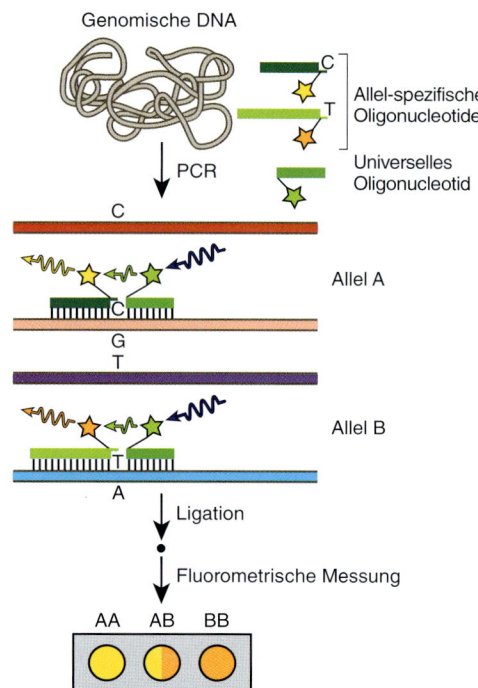

**Abb. 10.19:** *Dye-labelled Oligonucleotide Ligation* (DOL)

Nach PCR-Amplifikation des zu untersuchenden DNA-Abschnittes werden zu dem PCR-Produkt drei unterschiedliche Oligonucleotide gegeben. Zwei der Oligonucleotide passen mit ihren 3'-Enden zu jeweils einem der variablen Nucleotide und sind mit unterschiedlichen Fluoreszenzfarbstoffen markiert. An das dritte, universelle Oligonucleotid ist ein weiterer Fluoreszenzfarbstoff (Donor) gekoppelt. Bei Ligation zweier Oligonucleotide kommt es zum FRET-Signal, welches je nach Allel-spezifischem Oligonucleotid eine unterschiedliche Wellenlänge hat und anhand der Fluoreszenz nachgewiesen werden kann. Die Methodik wurde von Chen et al. (1998) vorgestellt.

nächsten LCR-Zyklus. Hierdurch kommt es zu einer exponentiellen Vermehrung des Ligationsproduktes. Der Nachweis kann mit Hilfe einer Ethidiumbromidfärbung auf Agarosegelen oder analog DOL auf der Basis der FRET-Messung erfolgen (siehe S. 201). Mit der LCR können weniger als 1000 Kopien einer Template-Molekülsequenz in Anwesenheit großer Mengen anderer DNA-Sequenzen nachgewiesen werden.

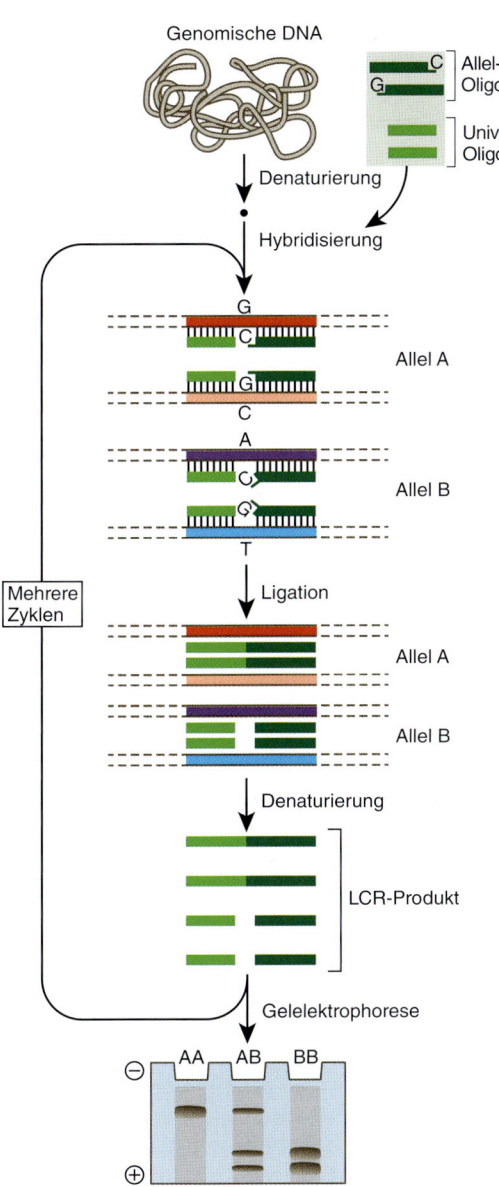

Genomische DNA

C Allel-spezifisches
G Oligonucleotidpaar

Universelles
Oligonucleotidpaar

Denaturierung

Hybridisierung

G
C
Allel A
G
C

A
C
Allel B
G
T

Mehrere
Zyklen

Ligation

Allel A

Allel B

Denaturierung

LCR-Produkt

Gelelektrophorese

⊖   AA   AB   BB

⊕

**Abb. 10.20:** *Ligation Chain Reaction* (LCR)

Wie von WU UND WALLACE (1989) beschrieben wurde, wird die Template-DNA denaturiert, und es werden ein Allelspezifisches und ein universelles Oligonucleotidpaar hinzugefügt. Bei Komplementarität binden je zwei Oligonucleotide benachbart auf einem DNA-Einzelstrang und werden unter Verwendung einer thermostabilen Ligase miteinander verknüpft. Das Produkt der Ligation wird denaturiert, um dann – wie auch die Template-DNA – erneut für ein Hybridisieren der Oligonucleotide und eine Ligation verwendet zu werden. Nach mehreren (bis zu 30) Ligations-Zyklen wird das LCR-Produkt elektrophoretisch aufgetrennt. DNA-Varianten lassen sich dann durch Unterschiede in den Fragmentlängen erkennen.

schung lässt man auf einer inerten Trägerschicht auskristallisieren. Bestrahlt man die Kristalle (die so genannte Matrix) mit Laserlicht geeigneter Frequenz (**Abb. 10.21**), so kommt es zu einem Energietransfer, der zur Desorption und zum Übertritt der Matrixmoleküle in die Gasphase führt. Dabei werden auch die DNA-Moleküle desorbiert und ionisiert. Die freigesetzten DNA-Fragmente werden entsprechend dem Verhältnis ihrer Masse zu ihrer Ladung in einem elektrischen Feld beschleunigt und schließlich detektiert. Eine weitgehende Automatisierung dieses Verfahrens ist mit der **MALDI** *on a chip* Technik möglich. Dabei werden kleinste Probenmengen (8 fmol) mit einem piezoelektrischen Nanodispenser auf bis zu 100 Positionen eines Siliziumchips pipettiert und automatisch analysiert. Bei der MALDI-TOF dauert die Ionisierung, Desorption und Detektion der Nucleinsäuren nur wenige Millisekunden. Um das Signal/Rausch-Verhältnis zu verbessern, werden gewöhnlich die Signale von 20–100 Laserpulsen gemittelt, und die gesamte Analysezeit liegt pro Position unter einer Sekunde. Die Vorteile der Technik zeigen sich im hohen Probendurchsatz, der Automatisierung, einer Genauigkeit von fast 100 % und darin, dass keine Markierung der DNA nötig ist. Mit der Methode sind bislang allerdings nur DNA-Fragmente einer Größe von bis zu 30 nt zu untersuchen, da bei

## 10.7 Massenspektrometrie (Tab. 10.7)

PCR-Amplifikate können auch mit Hilfe der Massenspektrometrie untersucht werden. Für die **MALDI-TOF** (*Matrix Assisted Laser Desorption/Ionization Time Of Flight*) **Massenspektrometrie** werden die zu untersuchenden DNA-Fragmente zu einer Lösung von kleinen organischen Molekülen gegeben. Diese Mi-

**Tab. 10.7:** Differenzierung von DNA-Varianten mittels Massenspektroskopie

| Methode | Analysierter Bereich | Verbr.[1] | Beschreibung |
|---|---|---|---|
| MALDI-TOF-Massen-spektroskopie | ≤ 100 Nucleotide; ggf. mehrere Positionen und Allele | *** | Immobilisierte DNA-Fragmente werden durch Laser-Impuls freigesetzt, entsprechend ihrer allelabhängig unterschiedlichen Masse im elektrischen Feld beschleunigt und schließlich detektiert (**Abb. 10.21**) |
| PROBE (*Primer Oligo Base Extension*) | 1 Nucleotid in beliebig langem Fragment | *** | Nach PCR mit biotinyliertem Primer werden Einzelstränge immobilisiert. Extension mit Primer, der vor der variablen Nucleotidstelle liegt, und ddNTP, das zum Kettenabbruch nur bei einer Variante führt. Massenspektroskopische Messung der gebildeten, unterschiedlich langen Fragmente (**Abb. 10.22**) |

ddNTP: Didesoxy-Nucleosid-Triphosphat
[1] Verbreitung (Zeichenerklärung s. **Tab. 10.1**)

größeren Molekülen der Massenunterschied auf Grund einer unterschiedlichen Base in Relation zur Gesamtmasse sehr gering ist und nicht mehr gemessen werden kann. Bei Längenpolymorphismen können die Fragmente jedoch 50–100 nt umfassen.

Größere Fragmente lassen sich mit Hilfe von **PROBE** (*Primer Oligo Base Extension*) untersuchen (**Abb. 10.22**). Dabei wird genomische DNA zunächst mit einem biotinylierten Primer amplifiziert. Die Einzelstränge werden dann auf Streptavidin beschichteten Testplatten immobilisiert und mit einem Primer hybridisiert, dessen 3′-Ende vor der variablen Nucleotidposition liegt. Je nach Wahl des ddNTP (z. B. ddCTP in **Abb. 10.22**) kommt es während der Synthesephase bei einer DNA-Variante (z. B. Guanin an der variablen Position) zum ddNTP-Einbau und damit zum Kettenabbruch, während bei der anderen DNA-Variante (z. B. Adenin an der variablen Position) mindestens ein dNTP (in diesem Falle dTTP) zusätzlich eingebaut wird. Dadurch erhalten die gebildeten Fragmente in Abhängigkeit von der DNA-Variante unterschiedliche Nucleotidzahlen und lassen sich bei der nachfolgenden Massenspektroskopie unterscheiden.

## 10.8 Nachweis von *Variable Number of Tandem Repeats* (VNTRs) (Tab. 10.8)

Wiederholungen charakteristischer DNA-Sequenzmotive werden als **repetitive Sequenzen** oder **DNA-Repeats** bezeichnet. Locusspezifisch variable DNA-Repeats nennt man *Variable Number of Tandem Repeats* (VNTR); die Loci werden je nach Längen der Repeat-Motive als Mini- (Längen ≥ 10 bp) oder Mikrosatelliten (STR, *short tandem repeat*, oder SSR, *short simple repeat*; Längen < 10 bp, meistens zwischen 1 und 4) bezeichnet. Nähere Angaben zu den repetitiven Sequenzen befinden sich auf S. 90 ff.. Für die Darstellung von VNTRs stehen verschiedene Techniken zur Verfügung. Grundsätzlich erfolgt der Nachweis entweder durch Hybridisierung von aus genomischer DNA erzeugten Restriktionsfragmenten mit repeatspezifischen Sonden (**Abb. 10.23**) oder durch PCR und anschließende Analyse der amplifizierten Fragmentlängen (**Abb. 10.24**). Die Darstellung mittels PCR ist einfach, effizient und wird daher der Darstellung mittels Hybridisierungssonden vorgezogen, wenn Informationen über die flankierenden Sequenzen der VNTR-Loci vorliegen. Mit Hilfe eines Nachweises unterschiedlicher Fragmentlängen werden oft viele verschiedene Allele dargestellt. Da für einige Anwendungen große Zahlen an VNTRs untersucht werden, wurden leistungsfähige und z. T. automatisierte Analyseverfahren entwickelt. Die Verfahren der VNTR-Darstellung werden in starkem Maße ver-

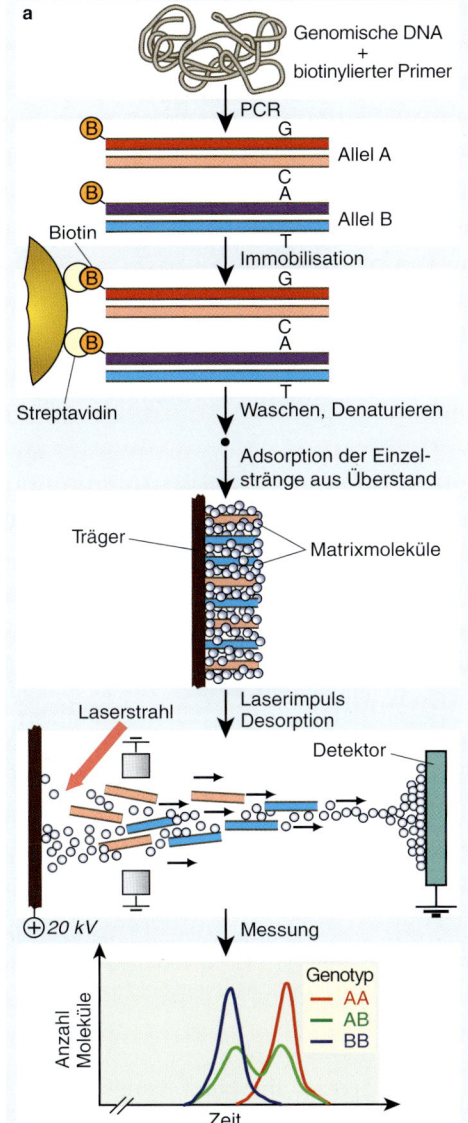

**a**

Genomische DNA
+
biotinylierter Primer

PCR

G

Allel A

C

A

Allel B

Biotin

T

Immobilisation

G

C

A

Streptavidin

T

Waschen, Denaturieren

Adsorption der Einzel-
stränge aus Überstand

Träger

Matrixmoleküle

Laserstrahl

Laserimpuls
Desorption

Detektor

⊕ 20 kV

Messung

Anzahl Moleküle

Genotyp
— AA
— AB
— BB

Zeit

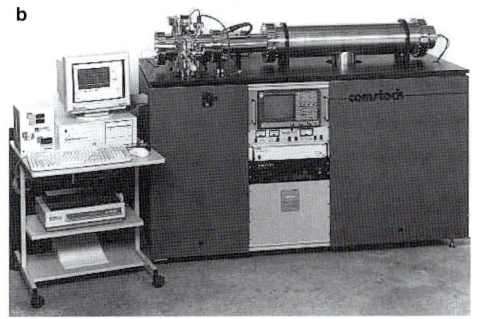

**b**

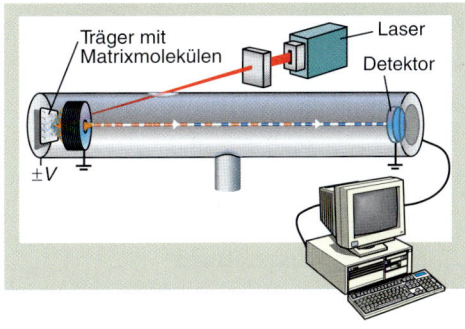

Träger mit
Matrixmolekülen

Laser

Detektor

±V

**Abb. 10.21:** Detektion variabler DNA-Moleküle mit der *Matrix Assisted Laser Desorption/Ionisation Time of Flight* (MALDI-TOF) Massenspektrometrie

a) Prinzip der MALDI-TOF-Messung
Unter Vorlage genomischer DNA wird ein PCR-Amplifikat eines DNA-Moleküls erstellt. Die biotinylierten DNA-Moleküle werden an Streptavidin beschichtete magnetische Partikel gebunden und die nicht gebundenen PCR-Komponenten durch Waschen entfernt. Dann werden die DNA-Moleküle denaturiert und die sich ablösenden Einzelstränge an die Matrix eines Arrays adsorbiert. Durch einen Laser werden jeweils pro Testfeld die Moleküle desorbiert und ionisiert. Die freigesetzten Teilchen werden im Vakuum durch ein elektrisches Feld beschleunigt und prallen nach einer Zeit, die proportional zu $(m/z)^{1/2}$ ist (m: Masse; z: Ladung des Teilchens), auf einen Detektor. Im Schema wird die kleinere Masse von Molekülen mit dem T-Nucleotid rascher beschleunigt als die größere Masse von Molekülen mit dem C-Nucleotid. Die Nutzung der MALDI-TOF-Massenspektrometrie zur Darstellung von DNA-Varianten geht auf HILLENKAMP ET AL. (1991) zurück.

b) Aufbau eines MALDI-TOF-Massenspektrometers
Um möglichst große Laufzeitunterschiede zu erhalten, wird eine ca. 2 m lange Röhre verwendet.

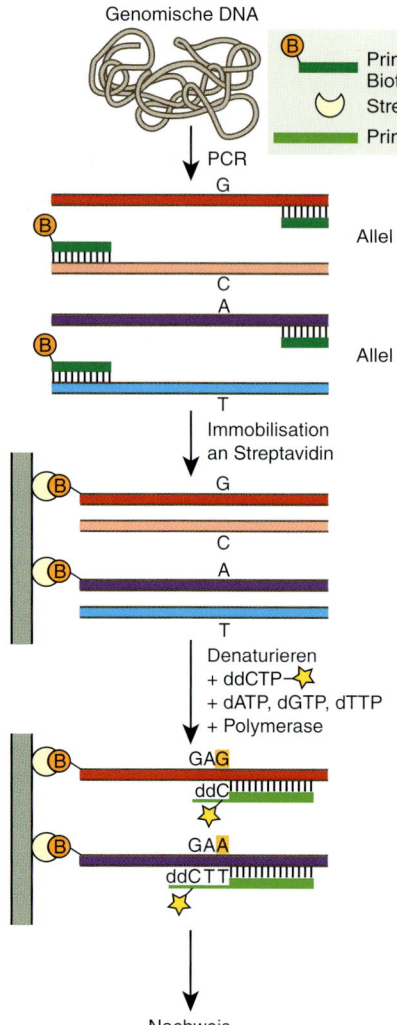

**Abb. 10.22:** Bildung Allel-spezifischer Moleküle mit dem *Primer Oligo Base Extension* (PROBE) Verfahren

Bei diesem Verfahren nach BRAUN ET AL. (1997, SEQUENASE, Hamburg) wird die variable DNA-Region unter Verwendung eines Biotin-beladenen Primers amplifiziert. Die so erstellten DNA-Moleküle können über Streptavidin an eine Mikrotestplatte immobilisiert werden. An die immobilisierten DNA-Einzelstränge wird ein Primer hybridisiert, der mit seinem 3′-Ende vor der variablen Nucleotidposition endet. Nach Zugabe eines Fluorochrom-markierten Didesoxy-Nucleosid-Triphosphat (im Beispiel ddCTP), verschiedener dNTPs (dATP, dGTP, dTTP) und einer Polymerase wird der Primer um komplementäre Nucleotide verlängert, und bei einem G wird die Synthese abgebrochen. Der Nachweis des eingebauten ddCTP kann anhand der Fluoreszenz erfolgen. Die unterschiedlich langen Syntheseprodukte können aber auf verschiedene Weise, so auch – ohne Markierung – über Massenspektrometrie nachgewiesen werden.

wendet, z.B. für Elternschaftskontrollen, zur Feststellung von Verwandtschaftsverhältnissen, für Populationsstudien sowie Genomkartierung.

### 10.8.1 VNTR-Nachweis mit Multilocus-Sonden

**Multilocus-Sonden** sind komplementär zu Repeat-Motiven und hybridisieren daher mit mehreren Mini- oder Mikrosatellitenloci. Das Verfahren beginnt mit der Restriktionsspaltung genomischer DNA. Die Restriktionsfragmente werden dann elektrophoretisch aufgetrennt und im *Southern-Blot* auf eine Membran übertragen. Die auf der Membran fixierten Restriktions-fragmente werden mit einer markierten Sonde hybridisiert, bei der es sich meist um ein Oligonucleotid mit einem bestimmten Repeat-Motiv handelt. Wie **Abb. 10.23** zeigt, hybridisieren dann unterschiedliche Restriktionsfragmente. Diese ergeben meistens ein komplexes Bandenmuster, welches einzigartig für ein Individuum ist und in diesem Zusammenhang als **genetischer Fingerabdruck** oder **DNA-Fingerprint** gilt (s. **Abb. 27.2**, S. 512). So erstellte DNA-Fingerprints werden zur Abstammungs- und Identitätskontrolle von Individuen herangezogen, helfen jedoch nicht bei Anwendungen, für die man einzelne Allele diagnostizieren muss, wie z.B. bei der Genomkartierung.

**Tab. 10.8:** Nachweis der *Variable Number of Tandem Repeats* (VNTRs)

| Methode | Analysierter Bereich | Verbr. [1] | Beschreibung |
|---|---|---|---|
| Multilocus-VNTR, DNA-Fingerprinting | Repeat-Varianten mehrerer Loci | ***** | *Southern-Blotting* von elektrophoretisch aufgetrennten Restriktionsfragmenten aus genomischer DNA. Hybridisierung mit Oligonucleotiden aus Repeat-Motiven (**Abb. 10.23**). Allele pro Locus werden nicht diagnostiziert |
| Monolocus-VNTR | Repeat-Varianten eines Locus | ***** | PCR-Produkt mit Mikrosatelliten-flankierenden Primern. Fragmentlängenanalyse nach Elektrophorese, oft in DNA-Sequenzierautomaten (**Abb. 10.24**), jedoch auch Analyse mittels Massenspektrometrie |
| Darstellung mehrerer VNTR-Loci nach Multiplex-PCR | Repeat-Varianten mehrerer Loci | **** | Wie Monolocus-VNTR, jedoch PCR mit mehreren Primerpaaren (**Abb. 10.25**) |

[1] Verbreitung (Zeichenerklärung s. **Tab. 10.1**)

## 10.8.2 VNTR-Nachweis mit Monolocus-Sonden

Für die Darstellung von Mikrosatellitenloci wird in den meisten Fällen die PCR-Technik benutzt. Hierzu werden Primer für die flankierenden DNA-Sequenzen des betrachteten Mikrosatellitenlocus benutzt. Die hiermit aus der genomischen DNA amplifizierten Repeat-Motive werden im Allgemeinen durch elektrophoretische Auftrennung in Polyacrylamid-Gelen dargestellt (**Abb. 10.24**). Die Auswertung der Fragmentlängen, mit deren Hilfe die pro Locus ggf.

**Abb. 10.23:** VNTR-Nachweis mit Multilocus-Sonden (DNA-Fingerprinting)

Zur Darstellung der VNTRs (*Variable Number of Tandem Repeats*) wird zunächst die genomische DNA mit einem Restriktionsenzym verdaut, das nicht in den zu untersuchenden Repeat-Motiven schneidet. Die entstandenen Restriktionsfragmente werden mit der Gelelektrophorese nach den Größen aufgetrennt. Mit der *Southern-Blot*-Technik (vgl. **Abb. 4.17**, S. 112) lassen sich die Restriktionsfragmente ortsgetreu auf eine Membran übertragen und dort immobilisieren. Zu den denaturierten DNA-Fragmenten wird eine markierte Oligonucleotid-Sonde gegeben, welche die darzustellenden Repeat-Motive in einer für die Hybridisierung ausreichenden Wiederholung aufweist, wie z. B. $(CA)_8/(GT)_8$. Auf diese Weise werden normalerweise zahlreiche Banden dargestellt, die zu einem großen Anteil in Bezug auf die genomische DNA unterschiedlicher Individuen variabel sind. Man spricht daher vom genetischen Fingerabdruck oder DNA-*Fingerprint*. Das Verfahren wurde von JEFFREYS ET AL. (1985) eingeführt.

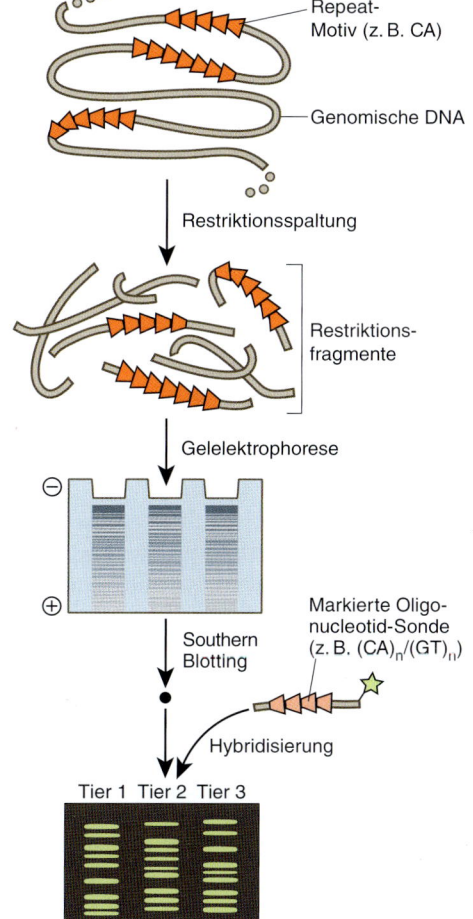

Repeat-Motiv (z. B. CA)

Genomische DNA

Restriktionsspaltung

Restriktionsfragmente

Gelelektrophorese

Southern Blotting

Markierte Oligonucleotid-Sonde (z. B. $(CA)_n/(GT)_n$)

Hybridisierung

Tier 1  Tier 2  Tier 3

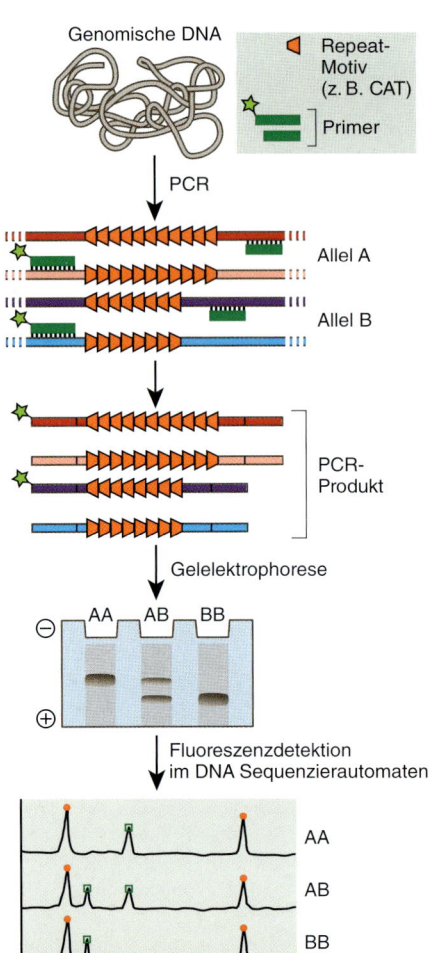

Genomische DNA

Repeat-Motiv (z. B. CAT)

Primer

PCR

Allel A

Allel B

PCR-Produkt

Gelelektrophorese

AA  AB  BB

Fluoreszenzdetektion im DNA Sequenzierautomaten

AA

AB

BB

100    150    200  bp

**Abb. 10.24:** VNTR-Nachweis mit Monolocus-Sonden

Für den betrachteten Locus werden im Beispiel je nach Allel unterschiedlich häufige Repeat-Grundelemente (Repeat-Motive) dargestellt. Unter Vorlage genomischer DNA und Primer für Regionen, die einen VNTR-Locus flankieren, wird eine PCR durchgeführt. Im PCR-Produkt entstehen dadurch unterschiedlich lange DNA-Fragmente, die elektrophoretisch aufgetrennt werden. Die dargestellte Markierung der Primer erlaubt eine Fluoreszenzmessung der Fragmente in einem DNA-Sequenzierautomaten. Eine Längenbestimmung der Fragmente erfordert im Allgemeinen den Einsatz interner Fragmentlängenstandards, d. h. DNA-Fragmente bekannter Längen (in der Abbildung 100 und 200 bp), die man dem Amplifikat hinzufügt und die zu den Peaks mit den roten Punkten führen. Die Verwendung von Monolocus-Sonden für die VNTR-Darstellung geht auf NAKAMURA ET AL. (1987) zurück.

Die damit erzielten Ergebnisse werden wegen der von Tier zu Tier unterschiedlichen Allel-kombinationen auch als **genetischer Fingerabdruck** oder *DNA-Fingerprint* bezeichnet.

## 10.9 Darstellung von DNA-Varianten mit Zufallsprimern (Tab. 10.9)

Als **Zufallsprimer** versteht man einen Satz an Oligonucleotiden, die jeweils eine bestimmte Zahl an Nucleotiden (meist 8–30) enthalten, jedoch unterschiedliche Sequenzen (meist 5–10 verschiedene) aufweisen. Methoden zur Darstellung von DNA-Varianten mit Hilfe von Zufallsprimern werden überbegrifflich unter *Multiple Arbitrary Amplicon Profiling* (**MAAP**) zusammengefasst (**Abb. 10.26**). Bei einer PCR mit einem Satz an Primern handelt es sich also um eine Multiplex-PCR. Für die Template-DNA sind keine Vorkenntnisse über die Zielsequenzen erforderlich. Durch die Amplifikation entstehen viele DNA-Moleküle, so dass nach der Elektrophorese charakteristische Bandenmuster erscheinen. Mit diesen werden simultan mehrere, jedoch nicht näher definierte ("anonyme") DNA-Varianten dargestellt. Die Ergebnisse entsprechen also Multilocus-DNA-Fingerprints und ergeben meist zahlreiche Unterschiede zwischen der DNA verschiedener Individuen. Die Bandenmuster einer elektrophoretischen Auf-

unterschiedlichen Allele nachgewiesen werden, wird auch als **Fragment-** oder **Fragmentlängenanalyse** bezeichnet.

Die Fragmentanalyse findet meistens in DNA-Sequenzierautomaten statt. Anstatt der gelelektrophoretischen Auftrennung wird für die Analyse unterschiedlich langer Fragmente mehr und mehr die Massenspektrometrie eingesetzt (siehe S. 221f.). Manchmal werden auch mehrere Mikrosatellitenloci in einem PCR-Ansatz amplifiziert, wie dies im Schema der **Abb. 10.25** gezeigt wird. Für eine solche **Multiplex-PCR** verwenden einige Systeme pro Locus einen unterschiedlichen Fluoreszenzfarbstoff, so dass gleich lange allele Fragmente verschiedener Loci kein Problem bei der Auswertung sind.

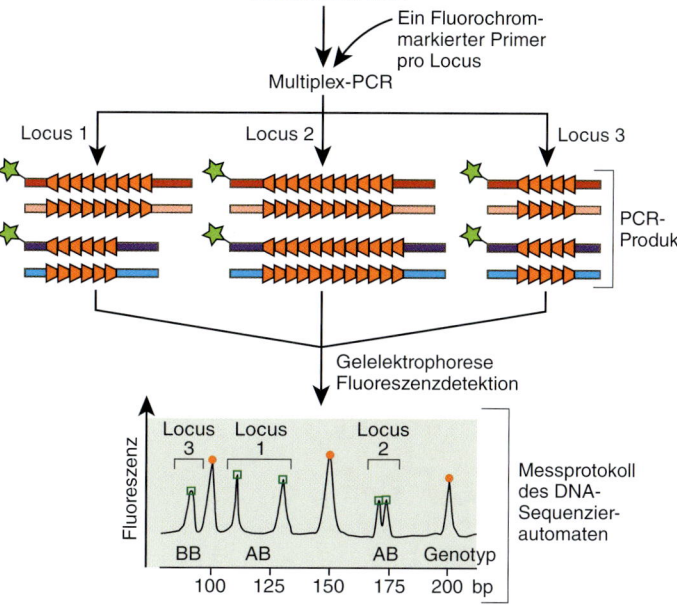

**Abb. 10.25:** Darstellung mehrerer VNTR-Loci in einem Multiplex-PCR-Ansatz

Wenn Fluorochrom-markierte Primer verwendet werden, können die Fragmentlängen mit Hilfe eines DNA-Sequenzierautomaten detektiert werden. Die von den internen Fragmentlängenstandards (100, 150 und 200 bp) stammenden Peaks sind mit roten Punkten gekennzeichnet. Die allelen Fragmentlängen der Genotypen werden pro Locus mit A und B bezeichnet.

trennung hängen von den Längen und Sequenzen der Primer sowie der Stringenz der PCR-Bedingungen ab. In dieser Abhängigkeit von verschiedenen Faktoren liegt zugleich auch eine Schwäche der Methodik begründet, da einige Banden empfindlich auf geringe Schwankungen bei der Durchführung der Methode reagieren und wiederholbare Trennergebnisse nur mit hohem Aufwand zu erzeugen sind.

Der Begriff MAAP steht im Detail für drei methodische Varianten: **RAPD (*Random Amplified Polymorphic DNA*)**, **AP-PCR (*Arbitrary Primed PCR*)** und **DAF (*DNA Amplification Fingerprinting*)**. Die Unterschiede zwischen den Methoden liegen hauptsächlich in den Primerlängen (RAPD: 10 nt; AP-PCR: 18–25 nt; DAF: 7–8 nt) und im Verhältnis Primer- zu Template-DNA (RAPD: <1; AP-PCR: 1–500; DAF:

**Tab. 10.9:** Nachweis von DNA-Varianten mit Zufallsprimern

| Methode | Analysierter Bereich | Verbr.[1] | Beschreibung |
|---|---|---|---|
| *Random Amplified Polymorphic DNA* (RAPD); *Arbitrary Primed PCR* (AP-PCR); *DNA Amplification Fingerprinting* (DAF) | Nicht näher definierte DNA-Varianten in Primerbereichen an mehreren Loci | ***** | Multiplex-PCR mit einem Satz an Zufallsprimern (unterschiedliche Sequenzkombinationen); elektrophoretische Darstellung der PCR-Produkte **(Abb. 10.26)** |
| *Amplified Fragment Length Polymorphism* (AFLP) | Untermenge der Erkennungsstellen eines Restriktionsenzyms; mehrere Loci | ***** | Restriktionsfragmente aus genomischer DNA werden mit Adapter-Sequenzen ligiert. Anschließende selektive PCR mit Primern, deren 3′-Enden auf den benachbarten Abschnitten der Restriktionsfragmente liegen. Elektrophoretische Darstellung der PCR-Produkte **(Abb. 10.27)** |
| *Direct Amplification of Length Polymorphisms* (DALP) | Nicht näher definierte DNA-Bereiche mehrerer Loci | * | PCR mit Zufallssequenzen, die mit Sequenzierprimer ligiert sind. Elektrophoretische Auftrennung der PCR-Produkte; Isolierung einzelner Banden für eine direkte Sequenzierung |

[1] Verbreitung (Zeichenerklärung s. **Tab. 10.1**)

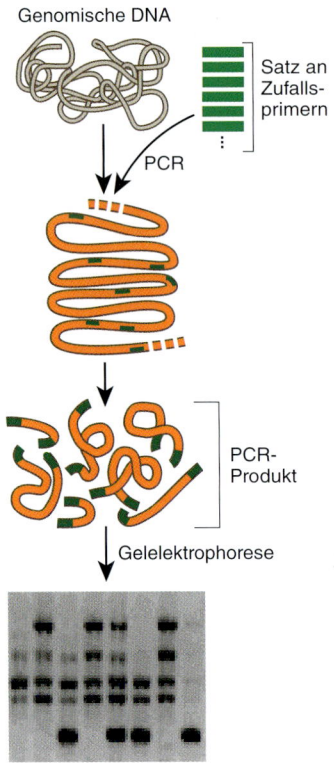

Genomische DNA

Satz an Zufalls-primern

PCR

PCR-Produkt

Gelelektrophorese

**Abb. 10.26:** Nachweis von DNA-Varianten mit Zufallsprimern

Dargestellt wird das Prinzip des *Multiple Arbitrary Amplicon Profiling* (MAAP), aus welchem sich mehrere Methoden entwickelt haben. Unter Vorlage genomischer DNA und einem Satz an Zufallsprimern wird eine PCR durchgeführt. In Abhängigkeit von den gewählten Primern, den Konzentrationen der einzelnen Primer und dem PCR-Protokoll enthält das PCR-Produkt verschiedene DNA-Moleküle. Diese lassen sich nach Gelelektrophorese als distinkte Banden darstellen. Viele der Banden erweisen sich bei Verwendung von genomischer DNA verschiedener Individuen als polymorph.

5–50 000). Das RAPD-Verfahren hat sich durchgesetzt, da die hierbei benutzte Elektrophorese in Agarosegelen mit nachfolgender Ethidiumbromidfärbung aussagekräftig ist, während die anderen Methoden in Polyacrylamidgelen auftrennen und Silberfärbung (DAF) oder Autoradiographie (AP-PCR) benutzen. Die Techniken fanden bislang hauptsächlich in der Pflanzengenetik und bei weniger komplexen Organismen

ihre Anwendung, werden in geringerem Umfang aber auch bei höheren Tieren eingesetzt.

Die **AFLP-Methode** (*Amplified Fragment Length Polymorphism*) kombiniert RAPD mit der RFLP-Darstellung (**Abb. 10.27**). Genomische DNA (oder DNA anderer Herkunft) wird zunächst mit einem oder zwei Restriktionsenzymen gespalten. An die Enden der Restriktionsfragmente werden dann Oligonucleotid-Adapter ligiert. Für die anschließende PCR werden Primer verwendet, deren 5′-Ende komplementär zu den Adaptern ist. Ihr 3′-Ende wird benachbart dem Restriktionsfragment gelegt, so dass nur diejenigen Restriktionsfragmente amplifiziert werden, die zum 3′-Ende des Primers passen. Die Zahl der Fragmente, die in einer Reaktion erzeugt werden, kann durch Auswahl der Primersätze beeinflusst werden. Da stringente Bedingungen für die Primeranlagerung gewählt werden können, liefert die AFLP-Technik wiederholbare Ergebnisse. Die PCR-Produkte werden anschließend in einem Sequenziergel aufgetrennt und durch Autoradiographie oder Fluoreszenz nachgewiesen. Die AFLP-Methodik wird in zunehmendem Umfang auch bei Tieren eingesetzt.

Als **DALP** (*Direct Amplification of Length Polymorphisms*) wird eine Technik bezeichnet, bei der Zufallsprimer eingesetzt werden, die an ihren 5′-Enden die Consensus-Sequenz des Universal-Sequenzierungsprimers für den Phagen M13 tragen. Aus einer solchen PCR resultiert ein charakteristisches DNA-Fingerprint-Muster. Nachfolgend kann jede Bande aus dem Gel isoliert und mit Universalprimern als Einzelstrang sequenziert werden. Die gefundenen DNA-Varianten können also auf diese Weise direkt charakterisiert werden.

## 10.10 Darstellung der DNA-Varianten für Screening und Diagnostik

Die zahlreichen Verfahren zur Darstellung von DNA-Varianten (**Abb. 10.1**, S. 198) unterscheiden sich z. T. darin, ob sie für die Suche nach neuen Varianten (*Screening*) oder für die sichere, rasche Analyse von bereits bekannten Genotypen (**Diagnostik**) geeignet sind. Zu den nachfolgend verwendeten Abkürzungen und der

**Abb. 10.27:** Prinzip der AFLP-Methode (*Amplified Fragment Length Polymorphism*)

Genomische DNA wird zunächst mit zwei Restriktionsenzymen gespalten. An die Enden der Restriktionsfragmente werden Oligonucleotid-Adapter ligiert. Im Beispiel wird gezeigt, wie für die anschließende PCR Primer verwendet werden, die komplementär zu den Adaptern sind und am jeweiligen 3′-Ende zufällige Nucleotide tragen. AFLP-Primer bestehen aus einer Core-Sequenz (CORE), einem für die Restriktionsenzyme spezifischen Teil (ENZ) sowie einer selektiven Extension (EXT). Dargestellt sind drei selektive Nucleotide, die mit NNN bezeichnet werden. Für NNN können verschiedene Sequenzen stehen, z.B. CAG und CGA. Dadurch werden nur diejenigen Restriktionsfragmente amplifiziert, die zum 3′-Ende der Primer passen. Die PCR-Produkte werden anschließend in einem Sequenziergel aufgetrennt und durch Autoradiographie oder Fluoreszenz nachgewiesen. Das AFLP-Verfahren wurde von Vos ET AL. (1995) entwickelt.

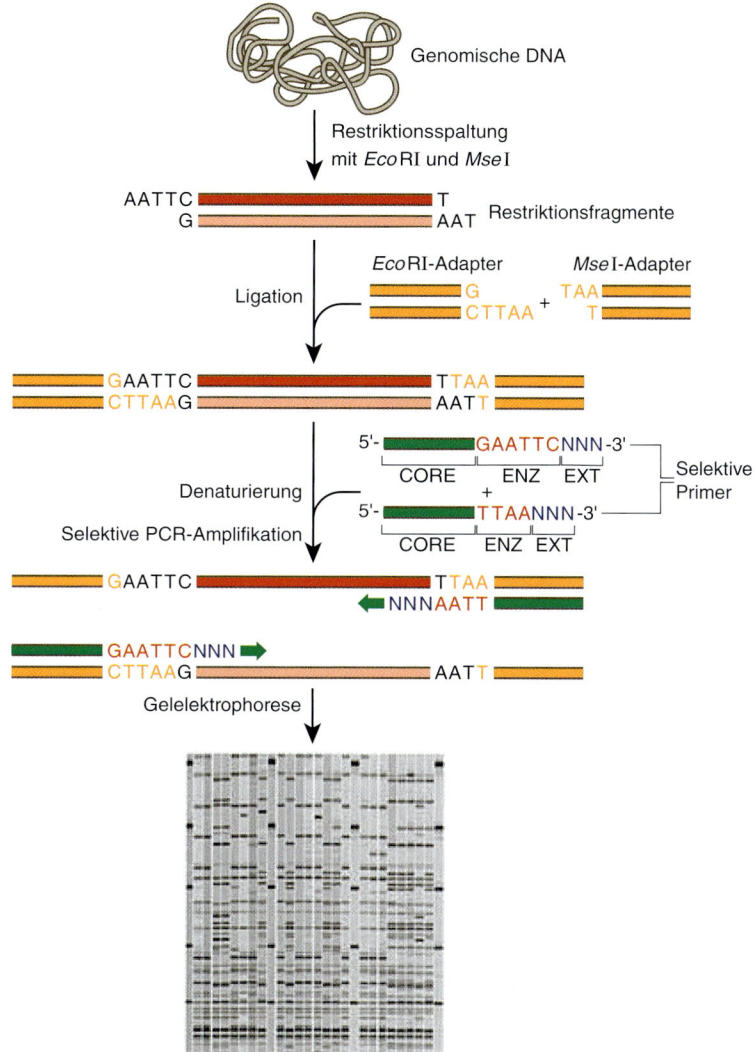

Verbreitung der Verfahren siehe **Tab. 10.1** bis **10.9**.

– **Suche (*Screening*) noch nicht bekannter DNA-Varianten.** Die SSCP- und Heteroduplex-Analysen gehören zu den einfachsten und gebräuchlichsten *Screening*-Methoden. Beide Methoden eignen sich auch zum Auftrennen von Multiplex-Fragmenten oder restriktionsgespaltener größerer PCR-Amplifikate. Hauptnachteil beider Methoden ist der nicht vollständige Nachweis aller DNA-Varianten. Die Detektionsrate kann durch Anwendung der DGGE oder TGGE auf annähernd 100 % gesteigert werden. Dem Zuwachs an Sensiti-

vität steht jedoch ein deutlich höherer Etablierungsaufwand im Vergleich zur SSCP gegenüber. Höchste Sensitivität selbst im Umgang mit Amplifikaten von mehreren kb Länge wird mit Hilfe der chemischen Spaltungsmethoden erreicht, wenngleich diese Methoden deutlich seltener angewendet werden als diejenigen zur Darstellung von Konformationspolymorphismen. Als anwendungsbegrenzend werden der größere methodische Aufwand und die Toxizität der eingesetzten Chemikalien gesehen. Eine wesentlich höhere Effizienz beim Variantenscreening wird mit Hilfe der DNA-Arrays erreicht. Letztendlich kann keine der Methoden auf die Verifizierung gefundener DNA-Varianten durch Sequenzierung verzichten.

– **Einsatz bekannter DNA-Varianten bei der Diagnostik.** Zu den am weitesten verbreiteten DNA-Diagnosemethoden zählen die Darstellung von RFLPs und VNTRs mittels PCR. Mehr und mehr werden jedoch SNPs ohne Restriktionsspaltung und automatisiert dargestellt. Hierbei handelt es sich um Verfahren, welche die DNA-Varianten auf Mikrotestplatten nachweisen und PCR wie auch Fluoreszenzmarkierung einsetzen. Auch die Genotypisierung mittels ELISA besitzt ein großes Potenzial. Besonders leistungsfähig sind DNA-Arrays und die Massenspektrometrie, die einen enormen Probendurchsatz erlauben und für umfangreiche Arbeiten zunehmend eingesetzt werden.

## Zusammenfassung

– Für den Nachweis von DNA-Varianten wurden zahlreiche Methoden entwickelt, die für die Suche nach neuen Varianten (*Screening*) oder für die sichere, rasche Diagnose von bereits bekannten Genotypen geeignet sind.

– Einige Verfahren nutzen Didesoxy-Nucleosid-Triphosphate oder die Pyrosequenzierung, um den betrachteten Bereich vergleichend zu sequenzieren oder eine allelspezifische Reaktion herbeizuführen.

– Mit Restriktionsenzymen können Varianten in den Erkennungsstellen als so genannte Restriktions-Fragment-Längen-Polymorphismen (RFLPs) nachgewiesen werden.

– Allelspezifische Strukturen der DNA-Moleküle werden als Konformationspolymorphismen nachgewiesen. Heterodimere DNA-Moleküle können zur Verbesserung des Nachweises allelspezifisch modifiziert werden.

– Allelspezifische Primer führen bei der PCR nur bei Vorlage bestimmter DNA-Varianten zur Amplifikation, was sich für unterschiedliche Verfahren nutzen lässt. Eine allelspezifische Hybridisierung von Oligonucleotiden wird u. a. mit Hilfe der Real-Time-PCR oder DNA-Arrays dargestellt.

– PCR-Amplifikate können auch mit Hilfe der Massenspektrometrie auf allelspezifische Signale untersucht werden.

– Tandem-Sequenzwiederholungen zeigen allelspezifische Längenpolymorphismen, die mit repeatspezifischen Sonden oder durch locusspezifische PCR nachgewiesen werden.

– Eine PCR mit einem Satz an (Zufalls-)Primern führt zur Amplifikation vieler DNA-Moleküle, so dass nach Elektrophorese simultan mehrere DNA-Varianten dargestellt werden können.

# 11 Megabasen-Analysetechniken und Künstliche Chromosomen

Unter **Megabasen-Techniken** werden Verfahren zusammengefasst, mit denen größere Einheiten eines Chromosoms isoliert und näher untersucht werden können. Wichtige Werkzeuge hierfür sind die Chromosomenanalyse (siehe S. 277ff.), die Isolierung hochmolekularer genomischer DNA (siehe S. 96ff., S. 101ff.) sowie spezielle Vektoren und Wirtszellen.

Für die Übertragung und Klonierung von DNA wurden verschiedene Vektortypen entwickelt: **Nicht-replizierende Vektoren**, die eine Integration in Chromosomen benötigen (z.B. retrovirale Vektoren), und **selbst-replizierende Vektoren**. Zu den selbst-replizierenden Vektoren gehören **Episomen**, die unabhängig von den Chromosomen repliziert werden, und **Künstliche** oder **Artifizielle Chromosomen** (*Artificial Chromosomes*, AC), die in Koordination mit den übrigen Chromosomen repliziert und bei der Zellteilung an die Tochterzellen weitergegeben werden. Künstliche Chromosomen dienen der Analyse komplexer Genome und zuvor unbekannter Loci, werden aber auch für den Gentransfer verwendet und spielen in der Biotechnologie eine zunehmende Rolle. Sie enthalten Elemente, die die Rekombination und mitotische Segregation der gebildeten Tochterchromosomen strukturell und funktionell gewährleisten. Außerdem tragen Künstliche Chromosomen potenziell mehrere Markergene, die gemeinsam mit regulatorischen Regionen für die Zwecke der Klonierung und Selektion eingesetzt werden.

## 11.1 Erzeugung und Selektion großer DNA-Fragmente

Zur Herstellung einer DNA-Bibliothek mit Künstlichen Chromosomen werden – wie bei anderen DNA-Bibliotheken – meist DNA-Moleküle bestimmter Größenbereiche verwendet. Auf Grund der Instabilität und spontanen Rekombination bei DNA-Fragmenten über 300 kb wurden zu deren Handhabung spezielle Verfahren entwickelt.

Zur Erstellung geeigneter DNA-Fragmente wird oft eine **partielle Spaltung** durchgeführt. Hierbei ist die Ausgangs-DNA in Agaroseblöcke oder Mikropartikel (*Microbeads*) eingebettet und kann dort mit der gewünschten Restriktionsendonuclease inkubiert werden (**Abb. 11.1**). Die Wahl der Restriktionsendonuclease ist von der Klonierungsstelle des Vektors abhängig. In den meisten Fällen werden Enzyme mit einem 6-Basen-Erkennungsmotiv verwendet, wie z.B. *Eco*RI, und die Reaktion wird nach einer bestimmten Zeit durch Zugabe eines EDTA-haltigen Puffers beendet. Die Anzahl der Spaltungen wird bei hochmolekularer, in Agarose eingebetteter DNA durch die Diffusionszeiten der Enzymmoleküle beeinflusst. Unter Standardbedingungen erreichen daher die Restriktionsenzyme die am Rand eines Agarosegels liegende DNA schneller als diejenige in der Mitte des Gels. Dies führt zu einer geringeren DNA-Spaltung im Kern des Agaroseblockes gegenüber den Randbereichen. Daher wird der Agaroseblock zunächst in Abwesenheit von $Mg^{2+}$-Ionen (**$Mg^{2+}$-Limitation**) mit dem Restriktionsenzym äquilibriert, das dann inaktiv bleibt. Nachfolgend werden $Mg^{2+}$-Ionen hinzu gegeben, die rasch diffundieren und das Restriktionsenzym etwa gleichzeitig im gesamten Agaroseblock aktivieren. Es werden dadurch DNA-Fragmente mit einer annähernd zufälligen Größenverteilung hergestellt.

Allerdings gelingt eine definiert limitierte DNA-Restriktion durch Begrenzung der Inkubationsdauer nur ungenau. Die Spaltung der DNA durch eine Restriktionsendonuclease wird daher durch Einsatz einer Methylase, die die gleiche Erkennungssequenz besitzt, reguliert. Dieses Verfahren nennt man **Restriktionsendonuclease/Methylase-Kompetition.** Die durch Methylase veränderten Erkennungsstellen werden nicht mehr von dem betreffenden Restriktionsenzym erkannt und sind somit vor Spaltung geschützt. Die Methylierungsreaktion wird genau eingestellt, so dass DNA-Stellen in geeigneten Abständen methyliert sind und bei der nachfolgenden Spaltung Fragmente mit den ge-

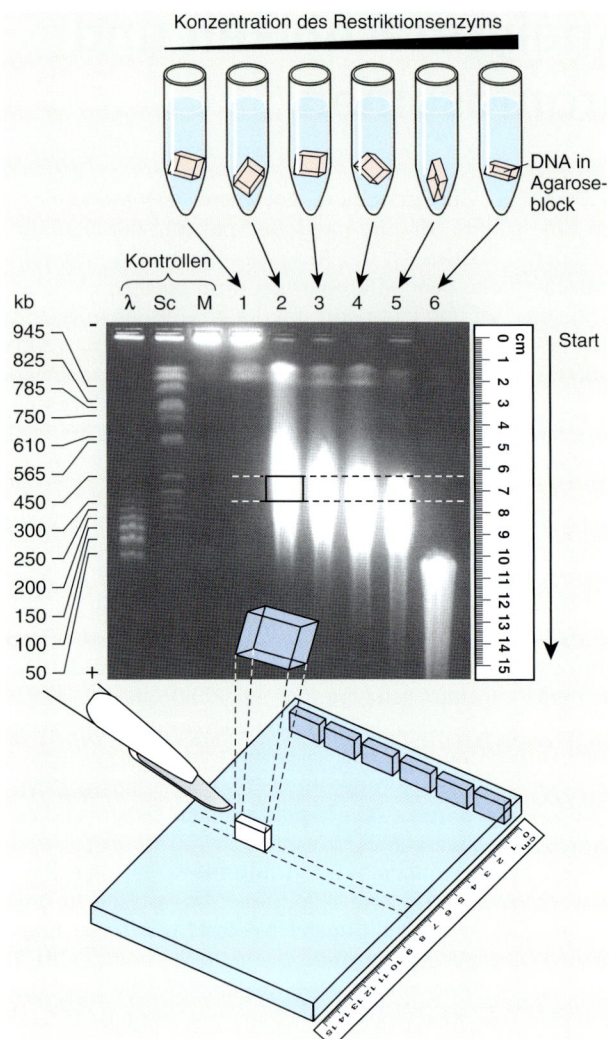

**Abb. 11.1:** Beispiel für die Isolierung großmolekularer DNA durch partielle DNA-Spaltung und elektrophoretische Auftrennung der DNA-Fragmente

Großmolekulare DNA wird in Agaroseblöcke (1–6) mit steigenden Konzentrationen einer Restriktionsendonuclease inkubiert, und nachfolgend werden die gebildeten Restriktionsfragmente elektrophoretisch aufgetrennt (Pulsfeld-Gelelektrophorese CHEF, siehe **Abb. 4.11,** S. 104). Die DNA wird durch Ethidiumbromid-Fluoreszenz im UV-Licht sichtbar gemacht. Zur Kontrolle wird ein Agaroseblock unter gleichen Bedingungen aber ohne Enzym inkubiert (M, *mock digest*). Als Größenstandards werden sowohl Lambda-Multimere (λ) als auch die DNA des Wirts-Hefestamms (Sc, *S. cerevisiae* AB1380) aufgetragen. In Spur 1 ist die DNA fast nicht gespalten, und in Spur 6 ist sie vollständig gespalten, während in den Spuren 2–5 die zunehmende partielle DNA-Spaltung zu sehen ist. Je nach gewünschter Insertgröße wird die Spur ausgewählt, welche eine optimale Größenverteilung der DNA aufweist, und der gesuchte Bereich mit einem Skalpell aus dem Gel geschnitten.

wünschten Längen entstehen. Die enzymatische Restriktion kann dann ohne zeitliche Limitierung erfolgen; eine ungewollte übermäßige Restriktion der DNA ist dennoch ausgeschlossen. Außerdem gibt es auf Grund der vollständigen Methylierung aller ungespaltenen Schnittstellen bei den nachfolgenden Bearbeitungen keine störenden Einflüsse durch evtl. noch im Ansatz vorhandenes Restriktionsenzym.

Die nach der Spaltung entstandenen Fragmente werden mit der Pulsfeld-Gelelektrophorese (siehe S. 101ff.) aufgetrennt. Dann wird der DNA-Fragmentgrößenbereich, der für die Konstruktion der DNA-Bibliothek geeignet ist, ausgewählt und aus dem Gel geschnitten

(**Abb. 11.1**). Da sich die DNA weiterhin in der Agarose befindet, ist sie vor mechanischen Belastungen geschützt. Die gespaltene DNA kann auch durch Zentrifugation im Sucrosegradienten selektiert werden.

## 11.2 Verwendung von YAC-Vektoren

Für die Klonierung in Hefezellen (*Saccharomyces cerevisiae*) verwendet man **Künstliche Hefechromosomen (*Yeast Artificial Chromosomes*, YACs)**, die alle erforderlichen Komponenten zur Klonierung und Amplifikation in eukaryontischen Zellen enthalten. Die große Klonierungskapazität der YAC-Vektoren erlaubt eine Ligation von DNA-Fragmenten im Bereich bis ca. 1000 kb. Eine Analyse definierter Chromosomenbereiche ist daher ein wichtiges Einsatzgebiet von YAC-Vektoren. Herstellung, Lagerung und Handhabung von YAC-Genbibliotheken sind jedoch aufwendig. YAC-Sequenzen sind immer auch Bestandteil des Hefegenoms, so dass die YAC-Präparation durch die Chromosomen der Wirtszellen erschwert wird. Zudem erfordern große DNA-Moleküle den Einsatz besonderer Elektrophoreseverfahren. Man wird daher YACs nur benutzen, wenn die experimentellen Ziele keine andere Wahl zulassen, und im Übrigen stattdessen Cosmid-, BAC- oder PAC-Vektoren verwenden (s. S. 236f.).

## 11.2.1  YAC-Vektoren

Der seit langem bekannte Vektor **pYAC4 (Abb. 11.2a)** gehört zusammen mit dem Hefestamm *S. cerevisiae* AB1380 zu den häufig verwendeten YAC-Klonierungssystemen. Er enthält Bestandteile, die sowohl eine Vermehrung in *E. coli* als auch in Hefe erlauben. Der pYAC4 ist aus Modulen zusammengesetzt, die in die Grundstruktur des Plasmids pBR322 integriert wurden. Die YAC-Vektoren, die aus pYAC4 entwickelt wurden, unterscheiden sich im Wesentlichen in der Klonierungsstelle. Dadurch konnte das Spektrum der zur Spaltung der genomischen DNA benutzbaren Restriktionsendonucleasen erweitert werden. Einige Vektoren enthalten zusätzlich das Gen *neo* für die Neomycin-Phosphoribosyltransferase. In *E. coli* führt die Expression von *neo* zur Resistenz gegenüber den Antibiotika Neomycin und Kanamycin, während damit transfizierte eukaryontische Zellen mit G418 (Geneticin, ein Gentamycin-Derivat) selektiert werden können. Die Expression des *neo*-Gens kann unter die Kontrolle verschiedener Promotoren gestellt werden. Beispielsweise ist durch Verwendung des SV40-Promotors in pYAC*neo* eine G418-Selektion in vielen verschiedenen Zelltypen – z. B. in Mausfibroblasten oder embryonalen Stammzellen – möglich.

Zu den neueren YAC-Vektoren gehört die Gruppe der **pCGS** (*Collaborative Genetics Shuttle*). Diese Vektoren (z. B. **pCGS966**,

**Abb. 11.2b**) haben dem Centromer einen *GAL1*-Promotor vorgeschaltet, wodurch es bei Kultivierung der Zellen auf galactosehaltigen Medien zu einer Inaktivierung des Centromers und einem Anstieg der Vektor-Kopiezahl pro Zelle kommt.

Im Zuge der Zellvermehrung kommt es üblicherweise zur Amplifikation der YAC-DNA bis zu einer Anzahl von 10–20 Kopien pro Zelle. Für eine effiziente Replikation enthalten die pCGS-Vektoren eine zusätzliche *ARS1*-Region (*ARS*, Autonome Replizierende Sequenz). Die pCGS-Vektoren tragen darüber hinaus zwei bakterielle Replikationskontrollregionen (*ori, origin of replication*), so dass sie auch in bakteriellen Wirtszellen vermehrt werden können.

## 11.2.2  Ligation

Die YAC-Vektoren werden zunächst mit Restriktionsenzymen in Vektorarme zerlegt. Bei pYAC4 können nach Spaltung mit *Bam*HI und *Eco*RI drei Fragmente entstehen (**Abb. 11.3**). Die zu klonierenden DNA-Moleküle geeigneter Größen werden mit den Vektorarmen ligiert. Hierfür werden sie in Agarosegel eingebettet, um zusätzliche mechanische Belastungen der DNA zu verhindern. Diese Einbettung erfolgt – nachdem die Agarose bei 68 °C geschmolzen ist – durch vorsichtiges Vermischen der Vektorarme und genomischen DNA-Fragmente. Nach der Ligation im Gel werden durch eine gelelektrophoretische Größenselektion die rekombinanten YACs von nicht ligierten Vektorarmen, degradierter DNA und anderen niedermolekularen DNA-Fragmenten isoliert und anschließend präpariert.

## 11.2.3  Transfer von YAC-DNA in Hefezellen und Selektion von Kolonien mit rekombinanten YACs

Für den Transfer von DNA in Hefezellen existieren verschiedene Methoden. Zu diesen gehören die Elektroporation, die Behandlung mit Glaskugeln oder Lithiumacetat sowie die Erzeugung von Sphäroplasten. Beispielsweise führt die **Sphäroplastenmethode** zu einer hohen Effizienz (bis zu $10^6$ Transformanten pro μg eingesetzter Vektor-DNA). Sphäroplasten sind Zellen, deren Zellwände enzymatisch abgebaut wurden. Die frisch hergestellten, sehr empfind-

**Abb. 11.2:** Aufbau der YAC-Vektoren pYAC4 und pCGS966

**a) pYAC4**
In *E. coli* wird pYAC4 als zirkuläres Molekül unter Einfluss der Replikationskontrollregion **ori** (*origin of replication*) aus pBR322 repliziert. Zur Selektion in *E. coli* kann das Ampicillin-Resistenzgen **Amp^R** aus ebenfalls pBR322 dienen.

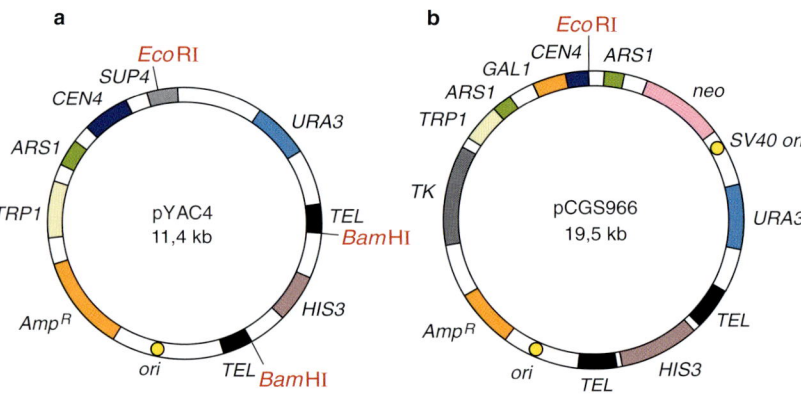

Für die Replikation und Weitergabe des YAC in Hefezellen wird das Centromer des vierten Hefechromosoms **CEN4** verwendet. Für eine autonome Replikation sorgt die **ARS1**-Sequenz (**ARS**, Autonome Replizierende Sequenz). Die Längenstabilität des Chromosoms wird durch die **TEL**-Sequenzen unterstützt, die aus *Tetrahymena* stammen und in der Hefe zu einer Telomerbildung führen. Zwischen den Telomeren ist ein weiterer Selektionsmarker **HIS3** integriert, der bei **Bam**HI-Spaltung entfernt wird (**Abb. 11.3**). Das *HIS3*-Gen codiert die Imidazolglycerolphosphat-Dehydratase, die in der Histidin-Biosynthese eine Rolle spielt, so dass sich die Zellen nach Deletion nur noch in Anwesenheit von Histidin vermehren können. In unmittelbarer Nähe zu *ARS*1 befindet sich der Hefe-Selektionsmarker **TRP1**. Das *TRP1*-Gen codiert die N-(5'-phosphoribosyl)anthranilat-Isomerase (Tryptophan Synthase). **URA3** ist das Gen der Orotidin-5'-phosphat-Decarboxylase, welches für die Uracil-Synthese benötigt wird. **Eco**RI bezeichnet eine Klonierungsstelle im **SUP4**-Selektionsmarker. Ein inaktives *SUP4*-Gen führt bei *S. cerevisiae* AB1380 in adeninhaltigen Medien zur Bildung von rotem Pigment gegenüber ansonsten weißen Zellkolonien und erlaubt daher eine Rot/Weiß-Selektion (**Abb. 11.4**).

**b) pCGS966**
Im Vergleich zu pYAC4 weist der Vektor pCG966 weitere Regionen auf, die z.B. folgende Bedeutung haben:
– Der Promotor **GAL1** wird durch Galactose stark induziert.
– Die Replikationskontrollregion **SV40ori** aus SV40 verstärkt die Replikation in *E. coli*.
– Die zwei **ARS1**-Regionen führen zu mehreren YAC-Kopien pro Hefezelle.
– Die vom Gen **TK** codierte Thymidinkinase kann in Gegenwart von Thymidin und Methotrexat die Kopienzahl der YACs pro Hefezelle auf 10–20 erhöhen.
– Das Gen **neo** führt zur Neomycinresistenz und erlaubt die Selektion in antibiotikahaltigem Medium.

lichen Sphäroplasten werden sofort für die Transformation benutzt und zu diesem Zweck üblicherweise gemeinsam mit der YAC-DNA im Agarosegel inkubiert. Wenn sich die Sphäroplasten teilen, kann die YAC-DNA in die Zellkerne gelangen. Auch nach der Transformation bleiben die Sphäroplasten solange im Agarosegel eingebettet, bis sie neue Zellwände gebildet haben.

Die Transformanten werden zunächst auf der Basis von Markern selektiert. Beispielsweise können auf uracildefizienten Medien nur Hefezellen des Stammes AB1380 wachsen, die ein YAC mit dem Selektionsmarker *URA3* enthalten.

YAC-Transformanten werden – nachdem sie Kolonien gebildet haben – im nächsten Schritt zusätzlich auf tryptophanfreies Medium überführt. Hierauf wachsen nur Kolonien, die rekombinante YACs mit *TRP1* tragen. Bei YACs mit dem *SUP4*-Gen wird eine *ochre*-Suppressor-Tyrosin-tRNA exprimiert, wodurch Kolonien mit rekombinantem YAC mittels Rot/Weiß-Selektion detektiert werden können (**Abb. 11.4**). Hefezellen, die rekombinante YACs enthalten, werden üblicherweise als Einzelkolonien in jeweils eine Vertiefung einer Mikrotiterplatte übertragen. Durch Präparation zahlreicher Klone entsteht eine YAC-DNA-Bibliothek. Gleichzeitig werden Re-

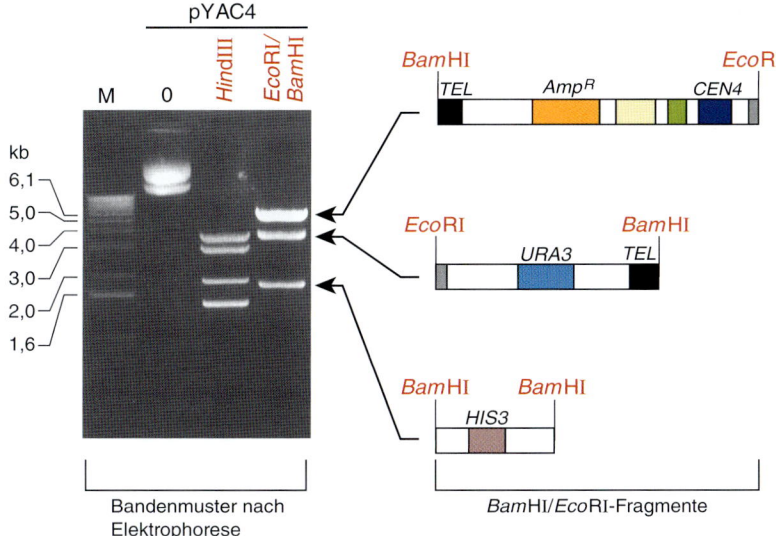

**Abb. 11.3:** Spaltung der pYAC4-DNA mit *Eco*RI und *Bam*HI

M: 1-kb-Leiter als DNA-Längenstandard; 0: ungespaltene pYAC4-DNA; *Hind*III sowie *Eco*RI/*Bam*HI bezeichnen die mit den betreffenden Restriktionsenzymen gespaltene pYAC4-DNA.

Dargestellt wird das Bandenmuster nach Agarose-Gelelektrophorese. Nach Spaltung (vgl. **Abb. 11.2**) mit *Eco*RI und *Bam*HI entstehen drei Fragmente, von denen die beiden größeren dem "linken" und "rechten" Arm des YAC-Vektors entsprechen und die *TEL*-Regionen enthalten. Das kleinste Fragment (1,8 kb) wird für die weiteren Klonierungen nicht verwendet.

plika angelegt, damit mindestens zwei Kopien der DNA-Bibliothek verfügbar sind.

Ein Nachteil von YAC-DNA-Bibliotheken ist die häufig Bildung **chimärer Klone**. Chimäre Klone entstehen durch Ligation unterschiedlicher DNA-Fragmente in einem Insert, aber auch durch Rekombinationen zwischen verschiedenen YAC-Klonen. Chimäre Klone werden z.B. durch *In-situ*-Hybridisierung von Metaphasechromosomen mit der DNA jeweils eines YAC-Klons erkannt und können dann aus der Bibliothek entfernt werden. Ein weiterer Nachteil entsteht dadurch, dass vor allem YACs mit großen Inserts **instabil** sind. Es kommt zu verschiedenen Umlagerungen, zuweilen sogar zu Deletionen innerhalb einer Hefekolonie. Ein Nachweis instabiler YACs ist schwierig, so dass diese Probleme bereiten und passende Insertgrößen zu wählen sind.

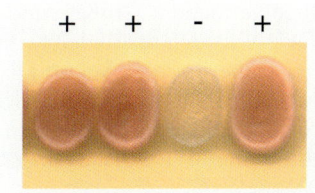

**Abb. 11.4:** Effekt des Markergens *SUP4* im pYAC4 auf den Phänotyp SUP4-o in Hefezellen *S. cerevisiae* AB1380

Bei den Hefezellen *S. cerevisiae* AB1380 ist durch eine *ochre*-Mutation der Locus *ade2-1* inaktiviert; die Zellen bilden daher in Gegenwart von Adenin ein rotes Pigment. Das Suppressor-Gen *SUP4* im pYAC4 codiert jedoch eine Suppressor-Tyrosin-tRNA, die die *ochre*-Mutation des Locus *ade2-1* supprimiert, so dass die Hefezellen weiß bleiben. Durch die Ligation eines DNA-Fragments in die *Eco*RI-Schnittstelle des pYAC4 wird das Suppressor-Gen *SUP4* inaktiviert. Die rote Färbung der Hefekolonie ist folglich Zeichen für eine erfolgreiche Ligation eines DNA-Fragments.

## 11.3 Verwendung von BAC-, P1- und PAC-Vektoren

Inzwischen wurden zur Analyse von großmolekularer DNA weitere Klonierungssysteme entwickelt (**Tab. 11.1, Abb. 11.6**). So gibt es Künstliche Bakterienchromosomen, die auf F-Faktor-Plasmiden basieren (***Bacterial Artificial Chromosome*, BAC**), Vektoren des Bakteriophagen P1 (**P1**) oder Vektoren, die vom Bakteriophagen P1 abgeleitet sind (***P1 derived Artificial Chromosome*, PAC**). **F-Faktoren (Fertilitätsfaktoren,** *sex factors, fertility factors*) gehören zu einer Gruppe von Plasmiden, die in Bakterienzellen extrachromosomal als zirkuläre Moleküle vorkommen oder ins Bakteriengenom integriert werden können. Natürlich vorkommende F-Faktoren haben eine Größe von ca. 100 kb; sie sind u. a. für die Ausbildung der **F-Pili (*sex pili*, Konjugationsbrücken)** und den Transfer von DNA auf andere Bakterienzellen bei der bakteriellen Konjugation verantwortlich.

BAC-, P1- oder PAC-Vektoren können DNA-Fragmente einer Größe bis zu ca. 300 kb aufnehmen. Die Nachteile der kürzeren Insertkapazität gegenüber YAC-Klonierungssystemen werden durch folgende Vorteile aufgewogen:

– Wegen ihrer geringeren Größen sind BAC-, P1- und PAC-Vektoren relativ leicht zu handhaben. Die Isolierung der Vektor-DNA und der rekombinanten DNA kann mit herkömmlichen Plasmidpräparationstechniken erfolgen, und die isolierte DNA ist nahezu frei von *E.-coli*-DNA.
– Die erzeugten Klone sind stabil.
– Je nach Größe der Insert-DNA können Restriktionsfragmente auf konventionellen Agaro-

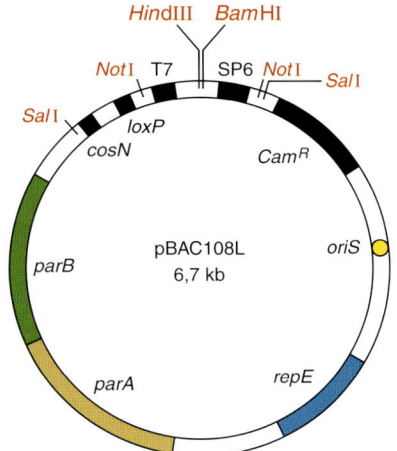

**Abb. 11.5:** Aufbau des BAC-Vektors pBAC108L

Die Gene *ori*S und *rep*E regulieren die Replikation, während *parA* und *parB* die Kopiezahl kontrollieren. Für die Selektion enthalten BAC-Vektoren ein Chloramphenicol-Resistenzgen (*Cam^R*). Eine weitere Komponente der meisten BAC-Vektoren ist eine Polylinkerregion (*multiple cloning site*), die zwischen *Hind*III und *Bam*HI liegt. Schnittstellen für selten schneidende Restriktionsenzyme *Not*I und *Sal*I erleichtern die Handhabung des Vektors. Die Position *cosN* wird von der Terminase des lambda-Bakteriophagen gespalten und *loxP* durch die *Cre*-Rekombinase; beide Regionen erlauben daher eine Linearisierung des Vektors.

segelen aufgetrennt und einzelne Banden extrahiert werden.
– Die Klonierungseffizienz liegt bei BAC- und PAC-Systemen ca. 10- bis 100-fach höher als bei YAC-Vektoren.

Für die Erstellung der BAC-, P1- und PAC-Klonierungsvektoren wurden spezielle Sequenz-

**Tab. 11.1:** Vergleich der Megabasen-Vektoren

|  | BAC, PAC, P1 | YAC | MAC |
|---|---|---|---|
| Wirtsorganismus | *E. coli* | *S. cerevisiae* | Säugerzellen |
| Kopien/Zelle | 1 bis > 100 (meistens 1 - 20) | 1 - 20 | Meistens 1 (2 in diploiden Zellen) |
| Kapazität | ≤ 300 kb | < 1000 kb | > 1000 kb |
| Transfektion (Beispiele) | Elektroporation, Transduktion | Sphäroblasten, Elektroporation | Elektroporation |
| Stabilität | Hoch | Bei großen Inserts gering | Je nach MAC |
| Elektrophoretische Auftrennung | Standardelektrophoresen, PFGE[*] | PFGE[*] | PFGE[*] |

[*] PFGE: Pulsfeld-Gelelektrophorese

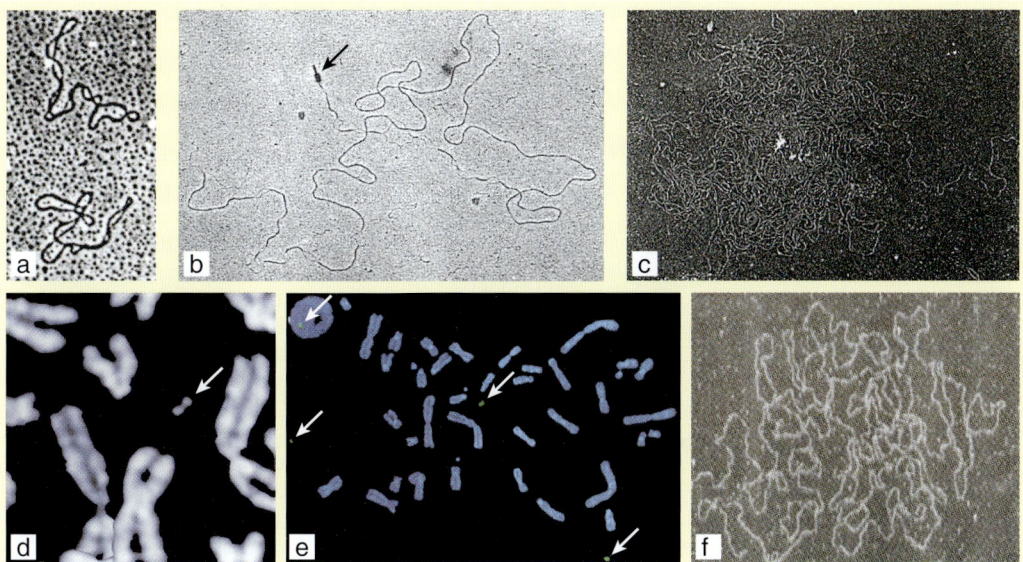

**Abb. 11.6:** Vergleiche Künstlicher Chromosomen mit Plasmiden und Phagen (a, b und c sind elektronen-mikroskopische Darstellungen)

a) Superhelicale (supercoiled) Plasmid-DNA (http://www.sci.sdsu.edu/~smaloy/ MicrobialGenetics/...).

b) DNA eines Lambda-Bakteriophagen. Pfeil: Capsid (http://www.biochem.wisc.edu/inman/ empics/dna-prot.htm).

c) DNA eines Yeast Artificial Chromosome (YAC) (Montoliu L. et al. 1995: J. Mol. Biol. **246**, 486–492.

d) Ein menschliches Künstliches Chromosom (Human Artificial Chromosome, HAC; siehe Pfeil) in einer Metaphase einer kultivierten Zelle (modifiziert nach Reece R.J. 2004: Analysis of Genes and Genomes. Wiley & Sons, Chichester, West Sussex/UK).

e) Metaphase-Chromosomen einer Chinese-Hamster-Ovary(CHO)-Zelle, welche mehrere (Pfeile) transfizierte Künstliche Chromosomen (Rodent Artificial Chromosomes, RAC) enthält. FISH mit einer DNA-Sonde für Maus-spezifische Centromer-DNA-Sequenzen (Oberle V. et al. 2004: Biochim. Biophys. Acta **1676**, 223–230).

f) DNA eines Bacterial Artificial Chromosome (BAC). Atomic Force Microscopy nach DNA-Isolierung mittels Gleichgewichtszentrifugation in Cäsiumchlorid (Montigny W.J. et al. 2003: BioTechniques **35**, 796–807).

kombinationen verwendet. Die Grundstruktur der **BAC-Vektoren** wird am Beispiel von pBAC108L in **Abb. 11.5** illustriert. Die Größen der BAC-Vektoren liegen zwischen 6,7 kb (pBAC108L) und 23,5 kb (BIBAC). Eine Weiterentwicklung sind die **PAC-Vektoren**, die aus Teilen der bakteriellen **F-Faktoren** und des Bakteriophagen P1 zusammengestellt sind. Mit Hilfe von F-Faktoren können große DNA-Fragmente ligiert werden. BACs und PACs werden z.B. durch Elektroporation in *E. coli* transformiert. Bei **P1-Vektoren** werden intakte Bakteriophagen *in vitro* rekonstituiert und damit *E.-coli*-Zellen infiziert. Die mit dem P1-System mögliche *In-vitro*-Verpackung von DNA in Phagenköpfe wird in **Abb. 11.7** dargestellt. Die Techniken ähneln denen, die auch bei Cosmid-Bibliotheken verwendet werden (vgl. **Abb. 6.13**, S. 147).

## 11.4 Erstellung und Verwendung von Megabasen-Bibliotheken

### 11.4.1 Herstellung von Megabasen-Bibliotheken

Zellen, die rekombinante YACs, BACs oder PACs enthalten, werden üblicherweise als Einzelkolonien in jeweils eine Vertiefung einer Mikrotiterplatte verbracht und bilden in ihrer Gesamtheit eine **DNA-Bibliothek**. Das DNA-Material der einzelnen Mikrotiterplatten wird für die spätere Analyse zu Pools unterschiedlicher Komplexität vereinigt. Die Erstellung von Pools erfolgt nach unterschiedlichen Schemata. Eine einfache Strategie ist die Herstellung **eindimensionaler Pools (Abb. 11.8a)**. Jede Platte

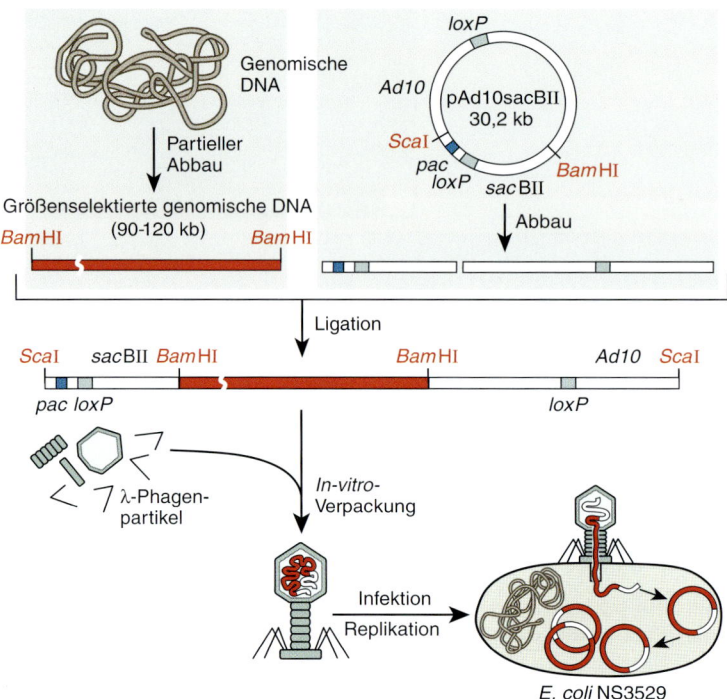

**Abb. 11.7:** Herstellung einer P1-DNA-Bibliothek

Die genomische DNA wird mit dem Restriktionsenzym *Bam*HI partiell gespalten. Ein mit Hilfe der Gelelektrophorese selektierter Größenbereich von 90–120 kb wird in Vektorarme ligiert. Die so entstehende DNA wird – induziert durch das Verpackungssignal *pac* und in Gegenwart der Verpackungsproteine – in Phagenköpfe verpackt. Die rekombinanten P1-Bakteriophagen werden zur Infektion von *E. coli* verwendet. Von dem im verwendeten *E.-coli*-Stamm befindlichen P1-Prophagen wird die *Cre*-Rekombinase exprimiert, die bewirkt, dass an *loxP*-Stellen die P1-DNA zirkularisiert wird. Damit liegt eine vermehrungsfähige Plasmid-DNA in der Wirtszelle vor.

bildet einen **Platten-Pool** (**Primär-Pool**), und mehrere Platten-Pools werden zu **Super-Pools** (**Sekundär-Pool**) vereinigt. Je nach Komplexität der DNA-Bibliothek bzw. der Anzahl der Einzelklone können durch weitere Vereinigung der Super-Pools noch **Hyper-Pools** (**Tertiär-Pool**) zusammengefasst werden. Zur Herstellung von DNA-Bibliotheken werden aber auch zwei- oder mehrdimensionale Strategien verwendet. Sehr komplexe Pooling-Strategien verwenden **vierdimensionale Pools** (**Abb. 11.9a**).

Als **Repräsentanz** einer genomischen DNA-Bibliothek wird die notwendige Zahl an Klonen angegeben, unter denen mit einer genügend großen Wahrscheinlichkeit eine bestimmte Region eines Genoms zu finden sein wird. Diese Wahrscheinlichkeit hängt sowohl von der Zahl der Klone und deren durchschnittlicher Insertgröße als auch von der Gesamtheit der damit zu beurteilenden DNA-Moleküle ab. Die Gesamtheit entspricht meistens der Genomgröße. Wie aus **Abb. 11.10** ersichtlich ist, benötigt man bei Säugetieren für eine Nachweiswahrscheinlichkeit von mindestens 99 % etwa 23 000 Klone mit Insertgrößen von über 600 kb.

## 11.4.2 Verfahren zur Durchmusterung von Megabasen-Bibliotheken

Für die **Durchmusterung** (*Screening*) von Megabasen-Bibliotheken stehen effiziente Verfahren bzw. Strategien zur Verfügung. Ein rasches Verfahren ist das Screening mittels PCR. Dies setzt jedoch voraus, dass Sequenzinformationen über den zu isolierenden DNA-Bereich vorliegen. Ansonsten benutzt man Hybridisierungsverfahren (*gridding*), für die entweder die DNA einzelner Klone (Kolonien) oder Pools mehrerer Klone benutzt werden.

Für die **Durchmusterung einer Megabasen-Bibliothek mittels PCR** wird die Vorgehensweise in den **Abb. 11.8b** (für eindimensionale Pools) und **11.9b** (für vierdimensionale Pools) beschrieben. Auch wenn die Herstellung komplexer DNA-Bibliothek-Pools aufwendig ist, liegt ihr Vorteil in der Möglichkeit einer raschen Durchmusterung und Identifikation bestimmter Klone mit relativ wenigen PCR-Schritten. So müssen bei Verwendung von 96er-Mikrotiterplatten und einer eindimensionalen Pooling-

Strategie insgesamt 130 PCR-Reaktionen durchgeführt werden. In **Abb. 11.8b** wird die Verwendung eines eindimensionalen Pools mit 384er-Mikrotiterplatten dargestellt, was den Aufwand auf 75 PCR-Reaktionen reduziert. Bei einer vierdimensionalen Strategie reichen bereits bei 96er-Mikrotiterplatten insgesamt 50 Reaktionen aus (**Abb. 11.9b**).

Bei der **Durchmusterung einer Megabasen-Bibliothek mittels Filterhybridisierung** sind keine DNA-Sequenzinformationen der Hybridisierungssonden nötig. Die Filterhybridisierung ist einfach durchzuführen und führt bereits nach einem Schritt zur Identifikation des gesuchten Klons. Filter werden entweder mit dem Klonmaterial oder mit zuvor isolierter DNA hergestellt. Damit die Anordnung der Klone auf dem Filter regelmäßig ist und möglichst alle Klone einer DNA-Bibliothek auf einem Filter vereinigt sind, werden Pipettierroboter zur Übertragung des Klon-Materials verwendet (siehe **Abb. 4.3**, S. 95). Mit diesen wird das Klon-Material auf den Filtern so angeordnet, wie in **Abb. 11.11** dargestellt ist. Jeder Klon ist dann zweimal vertreten und wird in einem 3x3 Raster angeordnet, um nach der Hybridisierung eine sichere Identifikation positiver Klone durch zweifach identische Signale (doppelt-positive Klone) zu ermöglichen. Die zentrale Position eines 3×3 Feldes bleibt frei und kann z. B. mit einem Farbmarker versehen werden.

### 11.4.3 Analyse großer genomischer Bereiche (*Contigs*)

Ein umfangreicher und zusammenhängender genomischer Bereich, wie z. B. die DNA eines Chromosoms, kann erst durch das Zusammenfügen mehrerer überlappender DNA-Fragmente erkannt werden. Man bezeichnet als **Contig** (*contiguous sequence*) einen Satz an überlappenden DNA-Segmenten, mit denen eine größere, einzelne DNA-Sequenz kontinuierlich erkannt wird. *Contigs* haben für die Genomanalyse eine große Bedeutung, da sie eine Isolierung einzelner Gene wie auch die Analyse von Beziehungen zwischen Genen und den dazwischen befindlichen intergenischen Abschnitten bis hin zu gesamten Chromosomen ermöglichen. Überlappende Insertbereiche werden durch partiellen Abbau der zu untersuchenden großmolekularen DNA erreicht. Für den Vergleich von z. B. verschiedenen YAC-Klonen und dem Nachweis überlappender Bereiche gibt es verschiedene Verfahren, wie u. a.:

- *Sequence-Tagged Site (STS) content mapping. STS* sind kurze genomische, nicht-repetitive DNA-Bereiche, die mittels PCR amplifiziert oder durch Hybridisierung detektiert werden können. Befindet sich ein bestimmter *STS* in unterschiedlichen Klonen, so stammen diese von der gleichen genomischen Region, und es handelt sich folglich um Inserts mit überlappenden Sequenzen. Die *STS*-Positionen werden also innerhalb eines jeden Inserts kartiert. **Abb. 11.12** zeigt am Beispiel von YAC-Klonen, wie sich durch Verwendung mehrerer *STS* schließlich die DNA-Sequenzen der Inserts zueinander anordnen lassen. Zwischen einigen *Contigs* können aber **Lücken (gaps)** bleiben, für die keine Klone in der DNA-Bibliothek zu finden sind. Die Lücken werden in der Regel durch Verwendung von Klonen aus anderen DNA-Bibliotheken geschlossen.
- **Isolierung und Charakterisierung von Randfragmenten eines Inserts.** Klone lassen sich durch Sequenzierung der Insert-Enden identifizieren. Durch schrittweise Wiederholung dieser Methode (***Chromosome Walking***) können nach und nach große Genombereiche kartiert werden (siehe **Abb. 13.34**, S. 306).
- **Verwendung von Insert-DNA in der Fluoreszenz *In-situ*-Hybridisierung (FISH).** Inserts oder deren Fragmente können bei der Fluoreszenz *In-situ*-Hybridisierung (FISH) von Metaphasechromosomen verwendet werden (zur FISH-Technik siehe S. 284ff.). Man erkennt dann für die Insert-DNA des betreffenden Klons die Lokalisation innerhalb eines Chromosoms. Durch die Verfügbarkeit verschiedener Fluoreszenzfarbstoffe können Hybridisierungssonden aus mehreren Klonen simultan verwendet und direkt verglichen werden.

### 11.4.4 Analyse der Insert-DNA einzelner Klone

Bei der Analyse der Insert-DNA eines jeden Megabasen-Klons werden zunächst Restriktionskarten mit selten schneidenden Restriktionsendonucleasen erstellt. Dadurch werden Informationen über den Aufbau und die Orientie-

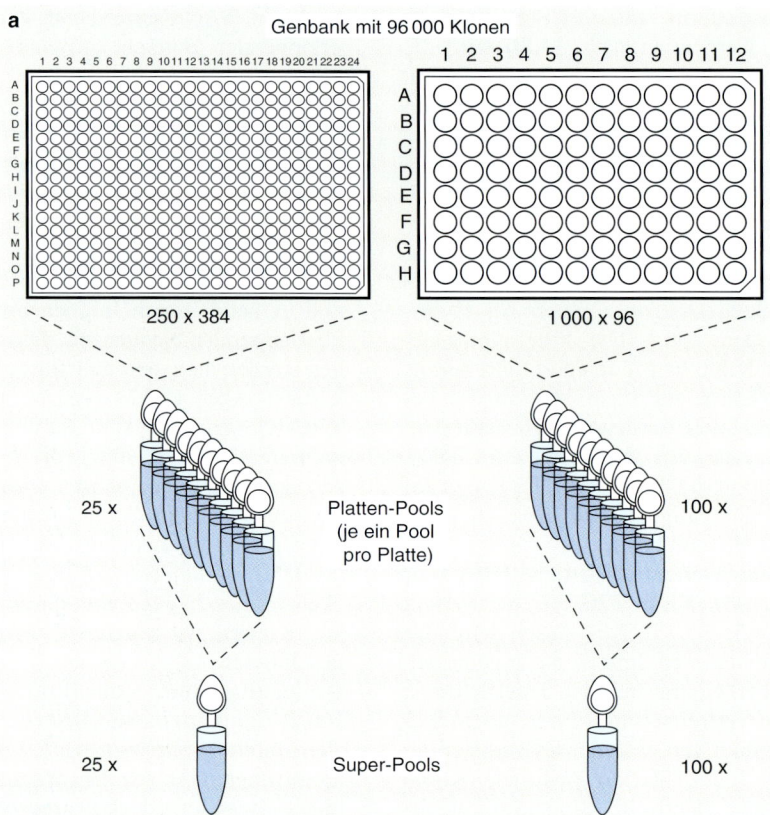

**Abb. 11.8:** Eindimensionale DNA-Bibliothek in Mikrotiterplatten

a) Herstellung von eindimensionalen DNA-Pools
Dargestellt wird eine DNA-Bibliothek mit 96 000 Einzelklonen, die entweder in 1 000 96er- oder 250 384er-Mikrotiterplatten gelagert sind. Von jeder Platte wird ein Platten-Pool präpariert; dann werden Probenteile zu jeweils einem Super-Pool vereinigt. Die gesamte DNA-Bibliothek ist schließlich in 25 bzw. 100 Super-Pools enthalten.

b) Durchmusterung einer eindimensionalen DNA-Bibliothek zur Identifikation eines einzelnen Klons in vier Stufen mit Hilfe der PCR
Ausgehend von der DNA-Bibliothek mit 96 000 Einzelklonen in 250 384er-Mikrotiterplatten werden zunächst die 25 Super-Pools mit der PCR durchsucht. Befindet sich der zu isolierende DNA-Abschnitt in einem Super-Pool, werden in der zweiten Stufe die zugehörigen 10 Platten-Pools getestet. Dabei wird einer der Platten-Pools ein PCR-Amplifikat ergeben. Von der zugehörigen Platte werden dann die 16 Reihen- und die 24 Spalten-Pools mittels PCR untersucht. In einem Pool der Reihen- wie auch in einem Pool der Spalten-Pools ist je ein Amplifikat zu erwarten. Der gesuchte YAC-Klon (schwarz markiert) befindet sich im Kreuzungspunkt der positiven Reihe und Spalte (braun markiert).

rung der Insert-DNA gewonnen. Dann wird die Insert-DNA präpariert. Beispielsweise wird bei YAC-Vektoren die Insert-DNA mittels einer präparativen Pulsfeld-Gelelektrophorese von den nicht benötigten DNA-Fragmenten (Hefegenom, YAC-Vektor) getrennt. Im Anschluss daran wird die Insert-DNA einzelner Klone durch partielle Spaltung in kleine überlappende Fragmente zerlegt. Diese werden für die Erstellung einer Subklon-Bibliothek in einem anderen Vektorsystem benutzt. Hierzu eignen sich Plasmide, Phagen oder Cosmide, die in *E. coli* vermehrt werden und Inserts geeigneter Größen für z. B. die DNA-Sequenzierung enthalten.

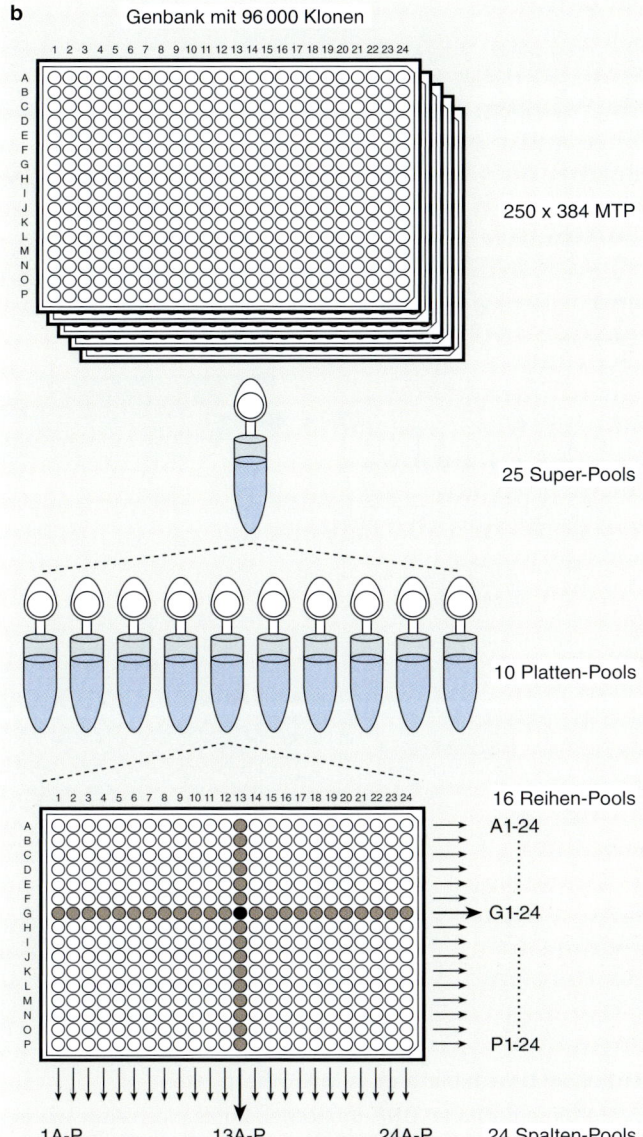

b Genbank mit 96 000 Klonen

250 x 384 MTP

25 Super-Pools

10 Platten-Pools

16 Reihen-Pools
A1-24
G1-24
P1-24

1A-P......... 13A-P ......... 24A-P 24 Spalten-Pools

## 11.5 Präparation und Transfer von Chromosomen in Säugerzellen

Aus Säugerzellen können einzelne Chromosomen präpariert werden. In Entwicklung befinden sich außerdem Verfahren zur Konstruktion Künstlicher Chromosomen (*Mammalian Artificial Chromosomes, MACs)*. MACs (**Tab. 11.1**, S. 236) werden seit vielen Jahren in der Grundlagenforschung verwendet, vor allem für die Transgen-Technologie und die Genfunktionsanalyse. Sie werden vererbt, da sie potenziell autonom replizieren und genau segregieren. Zudem segregieren manche MACs unabhängig von zelleigenen Chromosomen, so dass spezifische Kombinationen zwischen zelleigenen Genen und z. B. Transgenen entstehen.

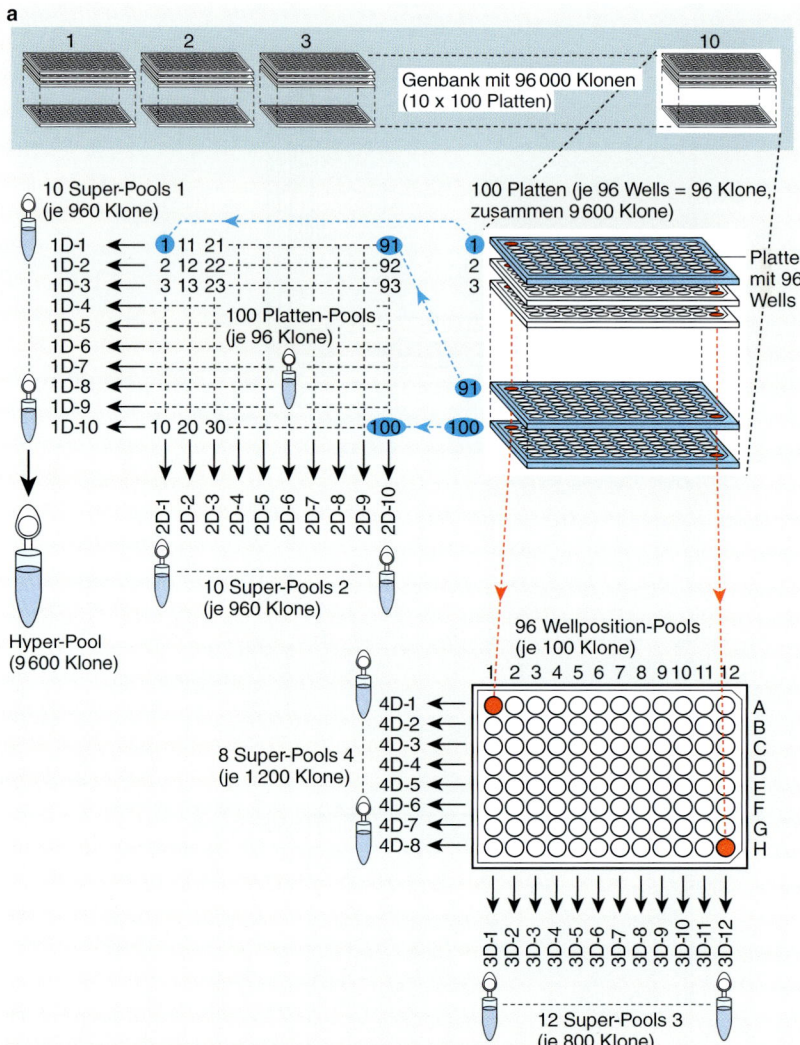

**Abb. 11.9:** Vierdimensionale DNA-Bibliothek in Mikrotiterplatten

a) Herstellung eines vierdimensionalen DNA-Bibliothek-Pools (nach Asakawa et al. 1997, modifiziert)

Die DNA-Bibliothek umfasst 96000 Klone, die in 1000 96er-Mikrotiterplatten gelagert sind. Jeweils 100 Platten werden zu einem Stapel zusammengefasst. Aus jedem dieser 10 Stapel werden vierdimensionale Super-Pools und ein Hyper-Pool erzeugt. Für die ersten beiden Dimensionen werden 100 Platten-Pools hergestellt, die Material der 96 Klone jeweils einer Platte enthalten. Aus diesen 100 Platten-Pools werden auf zwei Arten 10er-Gruppen gebildet. Für die 1. Dimension werden jeweils die Platten zeilenweise zu den Super-Pools 1 (1D-1 bis 1D-10) zusammengefasst. Beispielsweise entsteht der Super-Pool 1D-2 aus Material der Platten-Pools 2, 12, 22, ... , 92. Die Super-Pools 2 (2D-1 bis 2D-10) enthalten jeweils die Platten-Pools mit derselben Spaltenposition. So enthält 2D-3 die Platten-Pools 21, 22, 23, ... , 30. Für die Dimensionen 3 und 4 werden zunächst 96 Wellposition-Pools mit jeweils 100 Klonen hergestellt. Jeder Wellposition-Pool enthält einen Klon aus jeder Platte an derselben Position. Es werden z.B. aus jeder Platte die Klone an der Position A1 entnommen und zum Wellposition-Pool A1 zusammengeführt. Für die Super-Pools 3 werden jeweils acht Wellposition-Pools spaltenweise zusammengefasst (3D-1 bis 3D-12). Die Reihen-Pools bilden die Su-

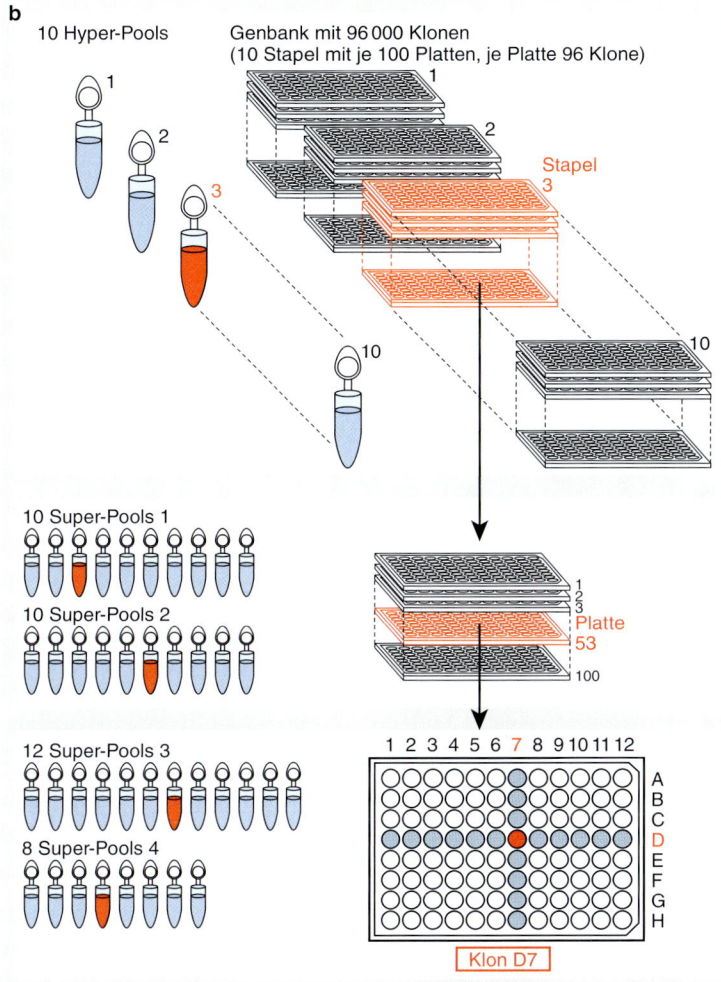

per-Pools der 4. Dimension (4D-1 bis 4D-8). Außerdem wird noch ein Hyper-Pool hergestellt, der 9 600 Klone eines Plattenstapels umfasst, indem man die Super-Pools einer beliebigen Dimension vereinigt.

b) Durchmusterung einer vierdimensionalen DNA-Bibliothek mit Hilfe der PCR
Die vierdimensionale DNA-Bibliothek mit 96 000 Klonen kann mit nur 50 PCR-Reaktionen durchmustert werden. Zunächst wird anhand der 10 Hyper-Pools geprüft, in welchem der 10 Plattenstapel die gesuchte DNA-Sequenz vorliegt. In diesem Plattenstapel lässt sich mit Hilfe der PCR-Ergebnisse der 20 Super-Pools der 1. und 2. Dimension die Mikrotiterplatte mit dem gesuchten Klon identifizieren. Super-Pool 1 liefert dabei die Zeilenposition und Super-Pool 2 die Spaltenposition für die Matrix der **Abb. 11.9a**, aus der die Plattennummer abzulesen ist. Durch Überprüfen der Super-Pools 3 und 4 erhält man schließlich Spalte und Zeile des Wells mit der gesuchten DNA-Sequenz.

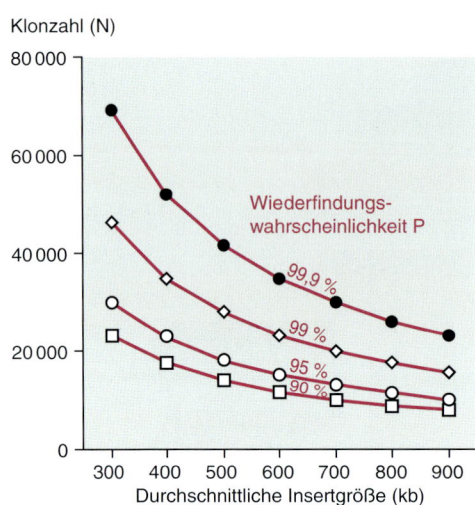

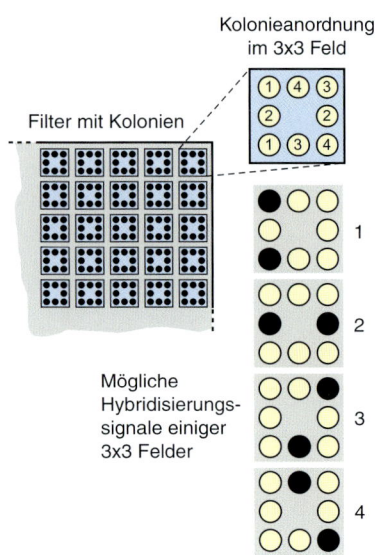

**Abb. 11.10:** Repräsentanz einer DNA-Bibliothek mit großen Fragmenten

Angegeben wird die Klonzahl N, die bei durchschnittlichen Insertgrößen zwischen 300 und 900 kb benötigt wird, um mit der Wahrscheinlichkeit P einen bestimmten Genomabschnitt in einer genomischen DNA-Bibliothek zu finden (Formel siehe S. 145). Für die Berechnung wurde eine Genomgröße von $3 \times 10^9$ bp (wie in etwa bei Säugetieren) angenommen.

**Abb. 11.11:** Ausschnitt eines *High-density*-Koloniehybridisierungsfilters

Die Kolonien werden in 3x3 Feldern angeordnet. In jedem Feld befindet sich jede Kolonie doppelt. Nach der Hybridisierung mit z.B. einer genspezifischen Sonde entsteht ein Klon-spezifisches Hybridisierungsmuster. Das zentrale Feld kann zur Ermittlung der Koordinaten eines 3x3 Feldes mit einem Farbmarker versehen werden, der stets sichtbar ist. Mit Hilfe von Pipettierrobotern können auf einem 22x22 cm großen Nylonfilter etwa 36 000 Kolonien aufgebracht werden.

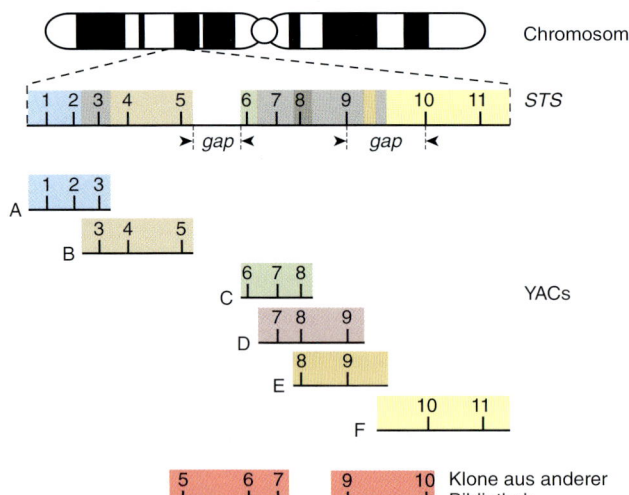

**Abb. 11.12:** Modellbeispiel für die Kartierung von YAC-Klonen

Die Inserts von zufällig isolierten YAC-Klonen werden durch den Nachweis von elf locusspezifischen DNA-Sequenzen (*Sequence-Tagged Site*, *STS*), die als spezifisch für ein Chromosom bekannt sind, einander zugeordnet. Der Nachweis eines *STS* erfolgt meistens mittels PCR. In der DNA-Bibliothek werden in sechs Klonen jeweils einige *STS* gefunden. Nach der Anordnung der Klone verbleiben zwei Lücken (*gaps*), in denen keine *STS* bzw. keine überlappenden Inserts in der betreffenden Bibliothek zur Verfügung stehen. Diese Lücken sind also durch Klone aus einer anderen Bibliothek abzudecken.

### 11.5.1 Präparation natürlicher Chromosomen

Für die Präparation natürlicher Chromosomen stehen mehrere Verfahren zur Verfügung, wie u.a.:

– Mit den Verfahren der **somatischen Zellhybridisierung** entstehen kultivierbare Zellklone, in denen ein oder wenige Chromosomen einer Ausgangsspezies (Donor) und die übrigen Chromosomen von einer zweiten Spezies (Rezipient) stammen (siehe **Abb. 13.12**, S. 282). Donor- und Rezipienten-Chromosomen können auch aus derselben Spezies sein, beispielsweise um Chromosomen verschiedener Tierrassen gezielt in einer Zelle zu kombinieren.

– Im Zusammenhang mit der Fusion von Zellen eröffnet die **Mikrozellhybridisierung** die Möglichkeit, einzelne Chromosomen aus bestimmten Ausgangszellen zu präparieren und in Mikrozellen einzuschließen. Mikrozellen lassen sich nachfolgend gezielt fusionieren (siehe **Abb. 13.13**, S. 283).

– Eine Präparation von spezifischen Chromosomen gelingt auch mit Hilfe der **Durchfluss-Cytometrie**. Hierbei werden Metaphase-Chromosomen aus den Zellen präpariert, mit Fluorochromen spezifisch angefärbt und dann in den Cellsorter (*Fluorescence Activated Cell Sorter*, FACS) gegeben. In diesem Gerät können die Chromosomen je nach Fluoreszenz in verschiedenen Behältern gesammelt werden (siehe **Abb. 13.17**, S. 287).

– Mit der **Mikrodissektion** (siehe **Abb. 13.19**, S. 288) können einzelne Chromosomen oder definierte Abschnitte aus Chromosomen isoliert werden. Zu diesem Zweck werden die Chromosomen einer Zelle zunächst auf Objektträger ausgebreitet. Die Gewinnung von Chromosomen erfolgt dann unter dem Mikroskop mittels Mikrospatel, -nadel oder -kapillaren. Mit Hilfe von Mikrokapillaren können schließlich einzelne Chromosomen in Zellen injiziert werden.

### 11.5.2 Herstellung von *Mammalian Artificial Chromosomes* (MACs)

Wichtig für die Konstruktion von MACs war der Nachweis, dass in der **Centromerregion** (**CEN**) spezielle, so genannte alphoide DNA-Sequenzen vorkommen, die als zahlreich wiederholte Tandem-Repeats organisiert sind und einige Millionen bp umfassen. Wenn man viele Kopien dieser Sequenz in Tandemfolge ligiert (0,3–2 Mb alphoider Repeats) und mit zusätzlichen DNA-Sequenzen verbindet, entsteht ein Molekül, welches im Zellkern repliziert und wie die zelleigenen Chromosomen an Tochterzellen weiter gegeben wird. Die alphoiden Repeat-Motive der Centromerregionen kommen von Chromosom zu Chromosom in verschiedenen Varianten vor, die speziesspezifisch wirken können. Bestimmte DNA-Sequenzen des Centromers können eine Rolle bei der mitotischen Segregation eines MAC spielen. So sind dem Centromer spezielle Proteine (**Centromer-Proteine, CENP**) angelagert. Beispielsweise handelt es sich beim CENP A um ein Histon3-homologes Protein. Für die Funktion einer Centromerregion spielt die Anwesenheit CENP codierender Gene und möglicherweise noch weiterer DNA-Motive – z.B. solcher, die Cytosin demethylieren oder Histon deacetylieren – eine Rolle. Derartige DNA-Sequenzen werden genutzt, um stabile MACs zu konstruieren. Notwendig für eine vollständige Replikation sind außerdem noch **Telomersequenzen** (vgl. S. 73 f.), die den Enden eines MAC angefügt werden. **Abb. 11.13** zeigt Beispiele für MACs, die DNA-Motive der Centromerregion (CEN) und Telomersequenz-Endbereiche (TEL) tragen. Dazwischen liegen Bereiche, die neue Gene aufnehmen können. Zunächst wurden MACs für menschliche Chromosomen (*Human Artificial Chromosomes*, **HAC**) und Maus-Chromosomen (*Rodent Artificial Chromosomes*, **RAC**) entwickelt. Große MACs scheinen stabiler zu sein als kleine. Die meisten der MACs erwiesen sich als wenig dauerhaft und wurden schließlich in die Wirts-Chromosomen integriert.

Bei der **Erzeugung von MACs** kann mit einer Fragmentierung von natürlichen Chromosomen begonnen werden. Bei diesem so genannten *„top down"* Ansatz werden die funktionell wichtigen Telomer- und Centromerbereiche iso-

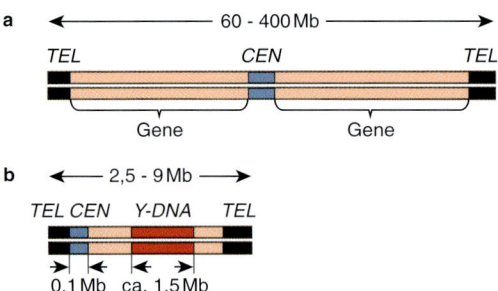

**Abb. 11.13:** Prinzipieller Aufbau von *Mammalian Artificial Chromosomes* (MAC)

*TEL:* Telomersequenzen (Tandem-Repeats); *CEN:* DNA-Motive der Centromerregion (Tandem-Repeats); Gene: Bereiche für die Ligation von codierenden Genen; *Y-DNA:* Y-Chromosom-spezifische DNA-Sequenzen.

a) Maus-Mega-Chromosom 7 (nach Angaben von Vos 1998)

b) Mini-Y (nach Angaben von Shen et al. 1997)

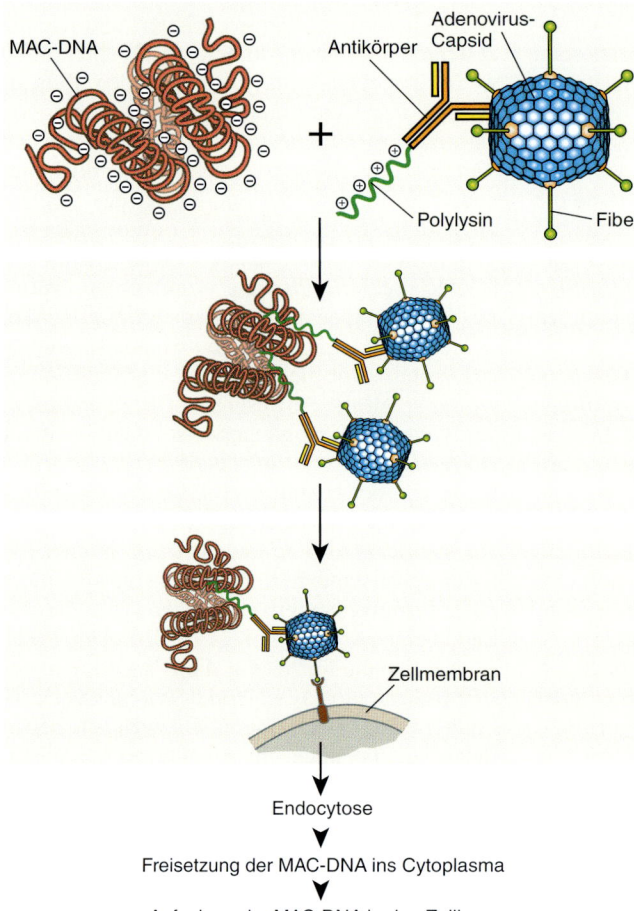

**Abb. 11.14:** Prinzip des Chromosomentransfers mit Hilfe von Adenovirus-Capsiden

Die MAC-DNA ist negativ geladen und bildet mit dem positiv geladenen Polylysin/Antikörper-Conjugat einen Komplex, ähnlich der Histonhülle um natürliche Chromosomen. Der Antikörper bindet sich spezifisch an Adenovirus-Capside. Die so entstehenden Komplexe binden über die Fiber des Virions an zelluläre Rezeptoren, was eine Endocytose auslöst. Während der überwiegende Anteil der Endosomen mit Lysosomen verschmilzt, wo die DNA abgebaut wird, gelangen einige der MAC während der Zellteilung in den Zellkern.

liert und zu stark verkürzten „**Minichromosomen**" mit Größen zwischen 0,5 und 6 Mb zusammengesetzt. Der alternative *„bottom-up"* Ansatz verwendet klonierte centro- und telomerische DNA-Sequenzen sowie in einigen Fällen auch Replikationsursprünge *(ori* oder *ARS).* Die

Sequenzelemente werden *in vitro* oder *in vivo* verbunden und z. B. in YACs kloniert.

Für den **Einbau von Genen** werden die MACs gemeinsam mit dem DNA-Konstrukt in Wirtszellen übertragen (Co-Transfektion), um dann z. B. mit Hilfe des *Cre/loxP*-Rekombina-

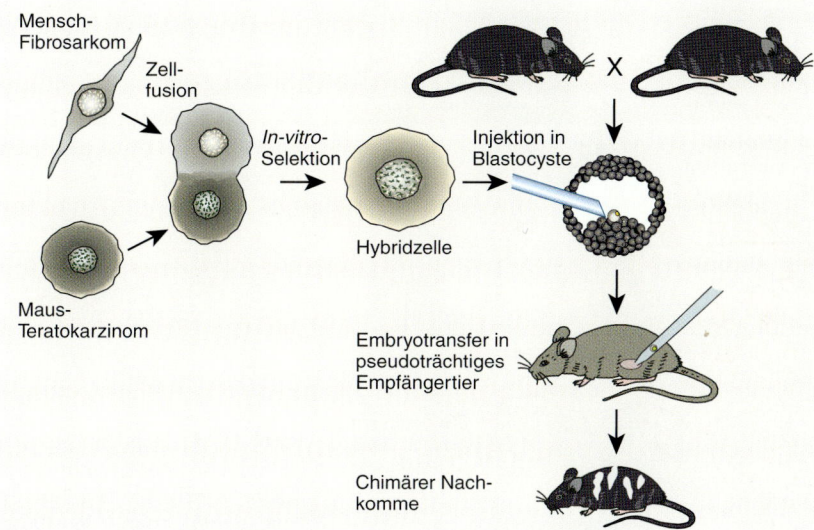

**Abb. 11.15:** Erzeugung einer Chimäre durch Injektion von Mensch/Maus-Hybridzellen in eine Maus-Blastocyste (modifiziert nach ILLMENSEE ET AL. 1978)

Der Hybridzellklon enthält nach einigen Zellteilungen ein oder wenige Chromosomen des Menschen, im Übrigen aber Maus-Chromosomen. Nach Injektion in einen Mausembryo beteiligen sich die Hybridzellen an der Embryonalentwicklung. Das Ergebnis ist eine Chimäre. Der schwarz gefärbte Anteil der Maus stammt vom Mausembryo, der als Empfänger der heterologen Zellen diente. Der weiße Anteil stammt von Mensch/Maus-Hybridzellen.

tionssystems (siehe **Abb. 23.8**, S. 416) eine locusspezifische Rekombination zu erreichen. Auf diesem Wege können Inserts von über 40 kb in ein MAC eingebaut werden. Zudem werden Markergene für die Klonierung und Selektion im Konstrukt benutzt, so dass nach erfolgter Transfektion solche Zellen isoliert werden können, die rekombinante MACs mit eingebauten vollständigen DNA-Konstrukten enthalten.

### 11.5.3 Übertragung von Chromosomen in Zellen

Einzelne Chromosomen können in Zellkerne von Rezipientenzellen (meist spezielle Zelllinien oder Maus-ES-Zellen) eingeführt werden. Schließlich lässt sich mit dem neu kombinierten Erbmaterial eine Embryonalentwicklung starten, aus der ein genetisch verändertes Tier hervorgeht. Eine Übertragung von Chromosomen in Zellen erfordert spezielle Techniken. Übliche DNA-Transfektionstechniken (z. B. Calciumphosphat, Lipofectin oder Mikroinjektion) sind für den Chromosomentransfer ineffizient oder zu arbeitsaufwendig. Eine Alternative bietet die

Virus-vermittelte Übertragung von MACs durch Herpes- oder Baculo-Viren, mit denen eine Verpackung von Inserts im Bereich 100–250 kb gelingt. Eine weitere Möglichkeit ist die Bindung der MAC-DNA an virale Partikel, die sich an virusspezifische Oberflächenrezeptoren der Zellen lagern. Nachfolgend gelangt die MAC-DNA gemeinsam mit dem Virus-Capsid durch Endocytose in die Zelle (**Abb. 11.14**).

Für die Übertragung von Chromosomen in Keimbahnzellen war zunächst die somatische Zellhybridisierung erfolgreich (**Abb. 11.15**). In aktuellen Forschungsarbeiten wird die Mikrozell-Fusion benutzt (**Abb. 11.16**). Dazu dienen Zelllinien, wie die Hühner-Zelllinie DT40, in die man mittels Mikrozellfusion ein MAC einfügt und zur Rekombination bringt. Zellklone mit einem geeigneten rekombinanten MAC können mit Hilfe der Markergene angereichert werden. Dann werden die Zellkerne isoliert und in andere Zellen, z. B. ES-Zellen, überführt. Auf diesem Wege konnten z. B. einzelne humane Chromosomen in Maus-ES-Zelllinien transferiert werden.

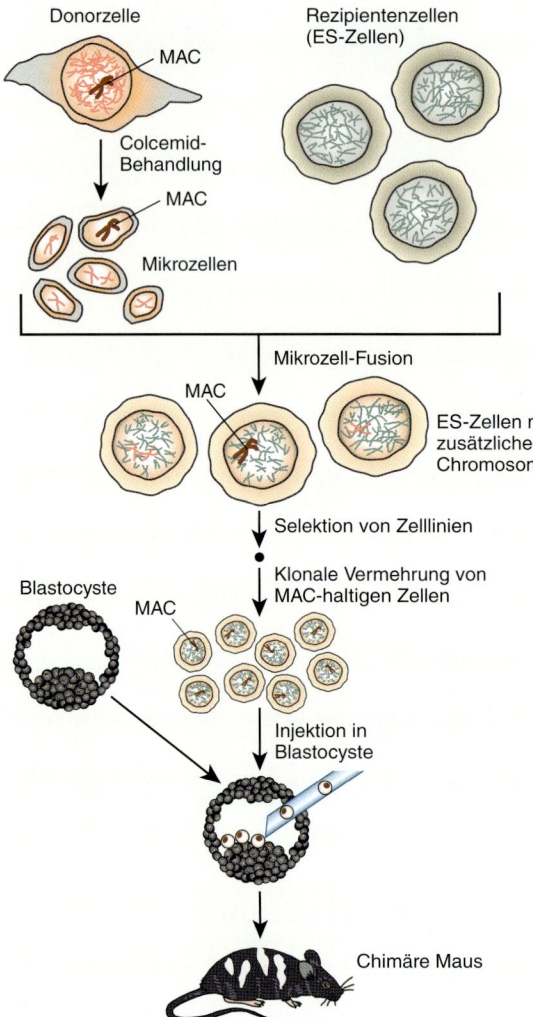

Donorzelle

Rezipientenzellen
(ES-Zellen)

MAC

Colcemid-
Behandlung

MAC

Mikrozellen

Mikrozell-Fusion

MAC

ES-Zellen mit
zusätzlichen
Chromosomen

Selektion von Zelllinien

Klonale Vermehrung von
MAC-haltigen Zellen

Blastocyste

MAC

Injektion in
Blastocyste

Chimäre Maus

**Abb. 11.16:** Isolierung und Transfer einzelner Chromosomen mit der Mikrozellfusion für die Erzeugung von MAC-transgenen, chimären Mäusen (nach Angaben von Brown et al. 1996).

Als Donorzellen wurden Zellkulturen gewählt, in denen ein MAC stabil repliziert und gleichmäßig an die Tochterzellen weitergegeben wird. Während der Mitose werden die Donorzellen mit Colcemid behandelt, so dass die Kernteilung in der Metaphase arretiert wird und sich schließlich einzelne Chromosomen in getrennten Kern- und Plasmahüllen befinden (vgl. **Abb. 13.13**, S. 283). Die so entstandenen Mikrozellen werden mit Rezipientenzellen fusioniert. In selektivem Medium werden solche Zellklone vermehrt, die das MAC enthalten. Diese Zellen werden in Blastocysten injiziert, so dass ein chimärer Nachkomme entsteht.

## Zusammenfassung

– Zur Klonierung großmolekularer DNA werden Künstliche Chromosomen als Vektoren benutzt, die große Inserts aufnehmen können.
– Megabasen-Bibliotheken werden üblicherweise in Mikrotiterplatten als Einzelklone präpariert, wobei DNA-Material zu Pools unterschiedlicher Komplexität vereinigt wird. Für die Durchmusterung der Bibliothek reichen dann wenige Reaktionen aus, um die gesuchte Sequenz zu finden.
– Für die Analyse von Chromosomen werden Klone, die überlappende Genombereiche enthalten (*Contigs*), ausgewählt.
– Einzeln präparierte Chromosomen werden unter kontrollierten Bedingungen repliziert und während der Zellteilungen auf Tochterzellen verteilt. Zellen mit solchen zusätzlichen Chromosomen können für viele Zwecke verwendet werden.

# 12 Genstruktur- und -funktionsanalysen

Für viele Zwecke ist es notwendig, die codierenden Gene eines Genoms oder einer betrachteten Chromosomenregion nachzuweisen. Man möchte dann oft auch die einzelnen Elemente eines Gens hinsichtlich der Funktionen überprüfen. Hierbei werden genetische Steuerelemente nachgewiesen und in diesen die regulatorischen Varianten aufgedeckt, beispielsweise um Vorgänge bei der Ausbildung bestimmter Merkmale zu analysieren. Für solche **Genstruktur-** und **Genfunktionsanalysen** wurde eine Vielzahl an Techniken entwickelt, von denen einige in diesem Kapitel betrachtet werden.

## 12.1 Nachweis von Transkripten

In einer Zelle werden je nach Entwicklungsstadium und physiologischen Einflüssen nur bestimmte Gene und diese unterschiedlich stark transkribiert. Man möchte daher wissen, wie viel RNA von einem bestimmten Gen in der betrachteten Zellpopulation hergestellt wird bzw. vorhanden ist. Die Transkripte werden einerseits mit Hilfe der zell- oder gewebespezifisch isolierbaren RNA und andererseits durch RNA-Detektion direkt im Gewebe gemessen. Voraus-

setzung für alle Analyseverfahren ist eine präzise Präparation der RNA. Die Verfahren zur Analyse der Transkripte werden in **Tab. 12.1** verglichen und nachfolgend beschrieben. Als **DNA-** oder **RNA-Art** werden dabei Moleküle bezeichnet, die über eine identische Nucleotidsequenz verfügen.

### 12.1.1 Nachweis zell- oder gewebespezifisch isolierter RNA

Für den Expressionsnachweis von Genen auf RNA-Ebene werden *Dot-Blot-* oder *Northern-Blot*-Analysen benutzt (siehe **Abb. 4.18**, S. 113). Beim **Northern-Blotting** werden die RNA-Moleküle aus einem Zelltyp oder dem gesamten Gewebe isoliert, gelelektrophoretisch aufgetrennt und dann auf eine Membran übertragen. Dort wird mit einer markierten DNA- oder RNA-Sonde eine Hybridisierung durchgeführt. Nach Autoradiographie (im Falle einer radioaktiv markierten Sonde) oder Färbung (z.B. bei Verwendung enzymkonjugierter Antikörper) werden Banden sichtbar. Eine jede der Banden kennzeichnet eine RNA-Art, die in den Zellen des Herkunftsgewebes transkribiert wurde, jedoch können in einer Bande auch ähnlich große, aber verschiedene RNA-Arten enthalten

**Tab. 12.1:** Vergleich der Techniken für den Nachweis von Transkripten

| Verfahren | Eignung für den Vergleich zahlreicher Zellpopulationen | Nachweis-empfindlichkeit | Getrennter Nachweis mehrerer Transkripte | Nachweis der Lokalisation im Gewebe | Präparation einzelner Transkripte (z.B. für die Sequenzierung) |
|---|---|---|---|---|---|
| *Northern Blotting* | ● | ○ | ● | | |
| *Dot-Blotting,* DNA-Arrays | ● | ○ | ○ | | |
| *In-situ*-Hybridisierung von Transkripten | ● | ○ | ○ | ● | |
| *Differential Display* | ● | ● | ● | | ● |
| Subtraktive Hybridisierung | ○ | ● | ● | | ● |
| Quantitative PCR | ● | ● | ● | | ● |

●: Geeignet
○: Weniger geeignet

sein. Mehrere Banden können auftreten, wenn mehrere Gene transkribiert werden, die zur Sonde komplementäre Sequenzen aufweisen, oder wenn die Primärtranskripte unterschiedlich gespleißt werden. Stark ausgebildete Banden weisen darauf hin, dass die betreffenden RNA-Arten intensiv transkribiert werden und/oder stabil in der Zelle verbleiben. Letzteres gilt u. a. für die ribosomalen RNA-Arten, die insgesamt etwa 80 % der RNA-Menge in den Zellen ausmachen. Zur getrennten Erfassung der mRNA wird daher manchmal von der Gesamt-RNA die poly(A)-RNA isoliert und im *Northern-Blot* untersucht. Insbesondere, wenn eine größere Zahl an Genen und Geweben geprüft werden soll, ist die *Northern-Blot*-Methode aufwendig, denn mit einer Auftrennung werden lediglich ein oder wenige Gene untersucht.

Eine einfache Version der Hybridisierungsanalyse von RNA kann mit dem **Dot-Blotting** vorgenommen werden. Hierbei wird die präparierte RNA ohne vorherige Gelelektrophorese auf einer Membran immobilisiert. Wird RNA aus unterschiedlichen Geweben auf einer Membran aufgetragen, so kann man bei Verwendung einer genspezifischen Sonde an dem Hybridisierungssignal erkennen, in welchem Gewebe die getestete RNA-Art vorkommt. Beim Auftrag unterschiedlicher Verdünnungsstufen auf die Membran lässt sich anhand der Signalstärken einzelner *Dots* auf die RNA-Menge in dem Probenmaterial schließen. Die Anordnung der *Dots* in **DNA-Arrays** erlaubt es, pro Ansatz viele Gene simultan zu analysieren (siehe S. 180 ff.).

### 12.1.2 Nachweis von Transkripten in Zell- oder Gewebepräparaten

Gene, deren Produkte für die Regulation und Zelldifferenzierung eine Rolle spielen, werden oftmals nur in wenigen Zellen innerhalb eines Gewebes exprimiert. Ein Nachweis der Genexpression in einzelnen Bereichen oder sogar Zellen eines Gewebes ist durch *In-situ-Lokalisation von Transkripten* möglich (**Abb. 12.1** und **12.2**). Zu diesem Zweck werden üblicherweise von dem Gewebe mit Hilfe eines Mikrotoms Dünnschnitte angefertigt, die auf einem Objektträger fixiert werden. Durch Behandlung mit HCl und Proteinase werden die RNA-Moleküle von assoziierten Proteinen befreit. Dann über-

schichtet man das Präparat z. B. mit einer radioaktiv markierten DNA-Sonde und inkubiert unter Hybridisierungsbedingungen. Nicht gebundene Sonde wird in mehreren Waschschritten entfernt. Das Präparat wird sodann mit einer Filmemulsion überschichtet und mit einem Deckglas verschlossen. Im Anschluss an die Autoradiographie (dauert Stunden bis Monate) wird das Deckglas wieder abgenommen und die Filmemulsion unter Erhalt der zellulären Strukturen des Präparats entfernt. Danach wird das Präparat zusätzlich histologisch gefärbt, so dass die Zellmorphologie erkennbar ist. Die Auflösung der Autoradiographie reicht aus, um die Transkripte innerhalb einzelner Zellen nachzuweisen. Das Gleiche gilt auch für nicht-radioaktive Nachweistechniken, wie z. B. an die Sonde konjugierte Enzyme oder Antikörper. Aus mehreren zweidimensional ausgewerteten Schnittpräparaten ist sogar die dreidimensionale Gestalt eines Genexpressionsmusters im Gewebe zu rekonstruieren.

### 12.1.3 Analyse der differentiellen Genexpression

Oft ist ein Vergleich der Genexpression zwischen verschiedenen Zellpopulationen erwünscht. Beispielsweise möchte man wissen, in welchen exprimierten Genen sich das betrachtete Gewebe von einem zweiten Gewebe oder von demselben Gewebe, das sich aber in einem anderen physiologischen Status befindet, unterscheidet. Diesem Zweck dienen Verfahren, wie das *Differential Display* und die subtraktive Hybridisierung.

#### 12.1.3.1 *Differential Display*

Beim **Differential Display** wird zunächst die RNA der zu untersuchenden Zellen in cDNA umgeschrieben. In anschließenden PCRs werden durch Einsatz bestimmter Primerkombinationen jeweils Teile der cDNA-Molekülpopulationen amplifiziert. Die amplifizierten Moleküle werden gelelektrophoretisch aufgetrennt. Auf Grund der gegenüber der Gesamt-RNA geringeren Komplexität der Molekülpopulation sind die Ergebnisse auswertbar. Das Prinzip des *Differential Display* wird in **Abb. 12.3** verdeutlicht. Es besteht aus den folgenden Schritten:

– **RNA-Isolierung.** Entweder wird die Gesamt-

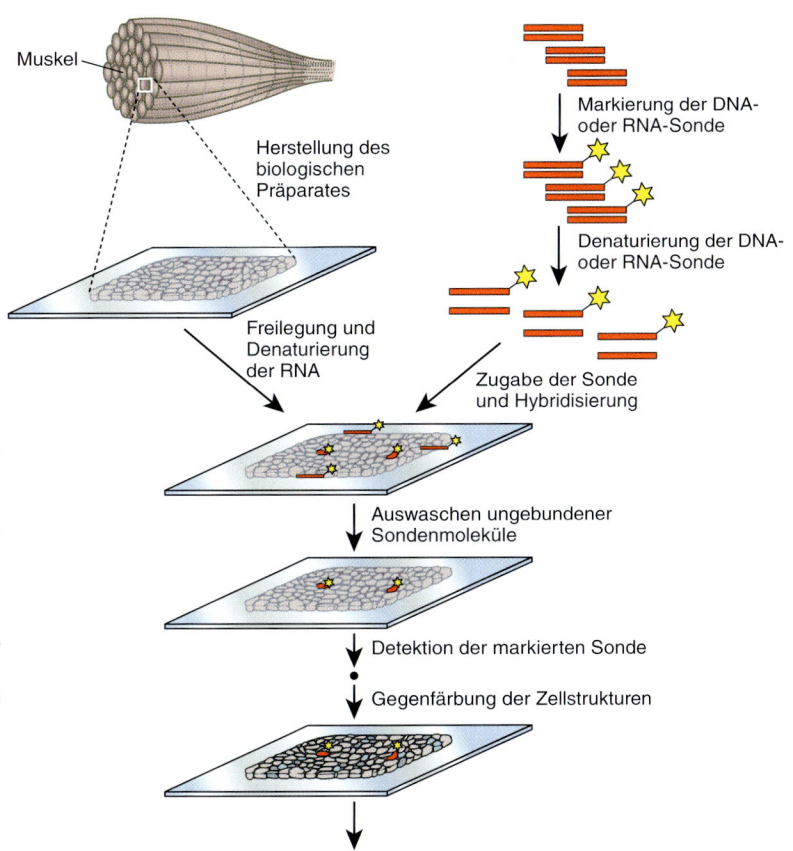

**Abb. 12.1:** Arbeitsablauf bei der *In-situ*-Lokalisation von Transkripten in Geweben

Es wird Material aus einem Gewebe entnommen. Bei einem soliden Gewebeverband werden im Allgemeinen mit Hilfe eines Mikrotoms Dünnschnitte angefertigt, diese auf einen Objektträger gelegt und dort fixiert. Durch Behandlung mit HCl und Proteinase werden die RNA-Moleküle frei gelegt und denaturiert. Dann überschichtet man das Präparat mit einer markierten Sonde und inkubiert unter Hybridisierungsbedingungen. Nicht gebundene Sondenmoleküle werden ausgewaschen. Die markierten Bereiche im Präparat werden identifiziert. Danach wird das Präparat zusätzlich gefärbt, um die Zellmorphologie erkennbar zu machen.

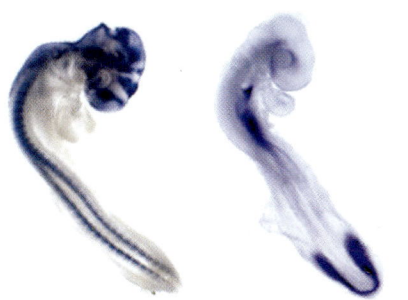

**Abb. 12.2:** *In-situ*-Hybridisierung an frühen Hühnerembryonen zum Nachweis der Expression von Genen, die zur Steuerung des Wachstums und der Musterbildung in der Extremitätenknospe beitragen

Gewebezellen, die das jeweilige Gen exprimieren, sind blau angefärbt. Die Abbildungen links und rechts zeigen die Expression von zwei unterschiedlichen Genen (ENGEL 2004).

RNA eingesetzt oder es wird zunächst die poly(A)-RNA isoliert. Entscheidend ist, dass die RNA-Präparation durch Behandlung mit DNase völlig frei von DNA ist.

– **Synthese von cDNA.** Es werden Oligo(dT)-Primer verwendet, die komplementär zu den 3′-Enden der poly(A)-Transkripte sind. Damit jeweils nur bestimmte mRNA-Arten in cDNA umgeschrieben werden, tragen die Primer noch zwei zusätzliche Nucleotide und haben die Struktur: 5′-TTTTTTTTTTTTTVN-3′. Die Position N steht für jeweils ein bestimmtes der vier verschiedenen Nucleotide G, A, T oder C, während die Position V das Fehlen des Nucleotids T angibt. Bei der cDNA-Synthese wird in vier getrennten Reaktionen mit je einem der Oligo(dT)-VN-Primer gearbeitet, so dass jeweils theoretisch ein Viertel der gesamten mRNA in cDNA umgeschrieben wird.

– **PCR.** Für die anschließende PCR werden wiederum die Oligo(dT)-VN-Primer einge-

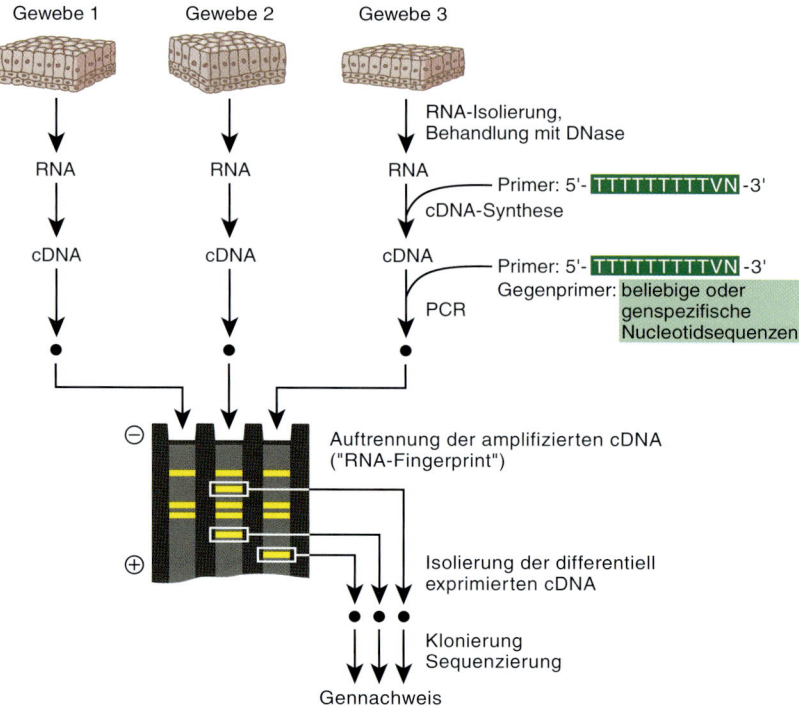

Gewebe 1    Gewebe 2    Gewebe 3

RNA          RNA          RNA

RNA-Isolierung,
Behandlung mit DNase

Primer: 5'- TTTTTTTTTVN -3'

cDNA-Synthese

cDNA         cDNA         cDNA

Primer: 5'- TTTTTTTTTTVN -3'
Gegenprimer: beliebige oder
genspezifische
Nucleotidsequenzen

PCR

Auftrennung der amplifizierten cDNA
("RNA-Fingerprint")

Isolierung der differentiell
exprimierten cDNA

Klonierung
Sequenzierung

Gennachweis

**Abb. 12.3:** *Differential Display* zum Nachweis gewebespezifisch transkribierter RNA

Zunächst wird aus den zu vergleichenden Geweben die RNA präpariert. Unter Verwendung verschiedener, degenerierter Oligo(dT)-Primer (N steht für eines von vier Nucleotiden, V für drei verschiedene Nucleotide A, G und C) wird in mehreren Ansätzen jeweils ein Teil der RNA-Moleküle in cDNA umgeschrieben. Die nachfolgende PCR benutzt meist die degenerierten Primer und Gegenprimer mit beliebigen Nucleotidsequenzen. Die amplifizierte cDNA, die ein Profil exprimierter Gene widerspiegelt, wird elektrophoretisch aufgetrennt. Differentiell exprimierte Transkripte können präpariert und analysiert werden. Das Verfahren wurde von LIANG UND PARDEE (1992) entwickelt.

setzt. Als 5′-Primer werden Oligonucleotide mit beliebigen Nucleotidsequenzen verwendet, unter Beachtung allgemeiner Primerauswahlbedingungen (keine Palindromsequenzen, G+C-Gehalt zwischen 50 und 70 % usw.). Diese Primer binden an vielen verschiedenen Stellen der cDNA. Statt der Oligomere mit beliebigen Nucleotidsequenzen können auch spezifische Primer verwendet werden, z. B. solche für eine konservierte DNA-Region zur Identifizierung der Expression von Mitgliedern einer Genfamilie. Für den anschließenden Nachweis ist die Markierung der PCR-Produkte wichtig. Dies kann beispielsweise durch Verwendung von Fluorescein markierten Oligo(dT)-VN-Primern erreicht werden.

– **Nachweis der PCR-Produkte mit der Gelelektrophorese.** Die PCR-Produkte werden denaturiert und im Polyacrylamidgel elektrophoretisch aufgetrennt. Je nach Zellpopulation und dem Profil an exprimierten RNA-Molekülen wird ein charakteristisches Muster an cDNA-Banden auftreten, welches wegen der Komplexität als **RNA-Fingerprint** bezeichnet wird. Aus den Bandenmustern kann auf die PCR-Ergebnisse geschlossen werden und von diesen auf die Expressionsprofile.

– **Präparation einzelner PCR-Produkte.** Nach elektrophoretischer Auftrennung kann aus dem Gel das Stück herausgeschnitten werden, das eine gesuchte DNA-Fraktion enthält. Die DNA wird dann isoliert und sequenziert, um so z. B. die je nach Gewebe, Behandlung oder Tiergruppe spezifisch exprimierten Gene identifizieren zu können. Hierfür empfiehlt es sich, die nach dem *Dif-*

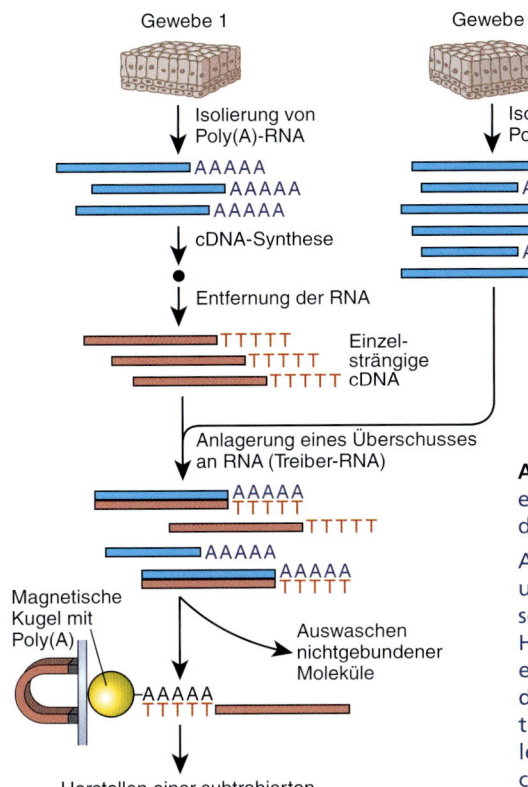

Gewebe 1

Gewebe 2

Isolierung von
Poly(A)-RNA

Isolierung von
Poly(A)-RNA

AAAAA
AAAAA
AAAAA

cDNA-Synthese

Entfernung der RNA

TTTTT        Einzel-
TTTTT        strängige
TTTTT        cDNA

Anlagerung eines Überschusses
an RNA (Treiber-RNA)

AAAAA
TTTTT
        TTTTT
AAAAA
        AAAAA
        TTTTT

Magnetische
Kugel mit
Poly(A)

Auswaschen
nichtgebundener
Moleküle

AAAAA
TTTTT

Herstellen einer subtrahierten
cDNA-Bibliothek

**Abb. 12.4:** Herstellung einer cDNA-Bibliothek aus einer selektierten Population an mRNA-Molekülen durch subtraktive Hybridisierung

Aus dem Gewebe wird RNA isoliert und in cDNA umgeschrieben. Diese cDNA-Moleküle werden anschließend mit mRNA-Molekülen einer anderen Herkunft hybridisiert. Die nicht hybridisierten, d.h. einzelsträngig gebliebenen cDNA-Moleküle, werden isoliert. Mit ihnen wird eine getrennte Bibliothek erstellt, in welcher diejenigen cDNA-Moleküle angereichert werden, für die es in dem verglichenen Gewebe keine komplementären RNA-Moleküle gibt.

*ferential Display* isolierten cDNA-Moleküle zunächst zu klonieren, damit für die weiteren Analysen der einzelnen Transkripte nachhaltig Material zur Verfügung steht.

Das Verfahren des *Differential Display* ist effizient und sensitiv, zugleich aber störanfällig. Eine quantitative Auswertung ist mit Vorsicht zu interpretieren.

### 12.1.3.2 Subtraktive Hybridisierung

Will man seltene cDNA-Klone nachweisen, die von mRNA-Molekülen ohne bekannte Funktion oder Genverwandtschaft stammen, so bietet sich die Methode der **subtraktiven Hybridisierung** an. Hierbei werden die cDNA-Moleküle, die unter Vorlage von mRNA aus dem betrachteten Gewebe entstanden sind, mit einem Überschuss an mRNA aus den Zellen des zweiten Gewebes hybridisiert (**Abb. 12.4**). Diejenigen cDNA-Molekülarten, die keinen komplementä-

ren Partner finden und nach der Hybridisierung einzelsträngig bleiben, entsprechen den mRNA-Sequenzen, die nur in den Zellen des ersten Gewebetyps vorkommen. Sie lassen sich im Anschluss abtrennen und in eine neue cDNA-Bibliothek überführen. Eine solche **subtraktive cDNA-Bibliothek** enthält dann nur noch wenige cDNA-Arten, welche diejenigen Gene repräsentieren, die nur in dem betrachteten Gewebe und nicht in dem zweiten Gewebe exprimiert wurden. Die cDNA-Arten werden z.B. durch Sequenzierung charakterisiert.

### 12.1.4 Quantitative PCR von cDNA

Die PCR eignet sich unter bestimmten Voraussetzungen zur Quantifizierung einer spezifischen cDNA-Art in einem DNA-Gemisch. Es gibt dazu mehrere Verfahren, die auf S. 124f. dargestellt werden.

### 12.1.5 Analyse der zellulären RNA-Synthese

Mit Hilfe der zuvor beschriebenen Verfahren wird lediglich die *Steady-state*-Menge bestimmter RNA-Arten innerhalb eines RNA-Gemisches nachgewiesen. Die *Steady-state*-Menge hängt jedoch nicht nur von der Syntheserate ab, sondern auch von der Abbaurate. Erst mit einer Analyse der RNA-Synthesen (*Nuclear-Run-on-Assay*) wird die tatsächliche Expression eines bestimmten Gens in den Zellen gemessen. Methoden zur Synthesemessung nutzen den Sachverhalt, dass die Transkription in isolierten Zellkernen nur dort fortgesetzt wird, wo sie bereits gestartet hat. Die zum Zeitpunkt der Kernpräparation elongierten Transkripte werden z. B. radioaktiv markiert, so dass die Menge der entstandenen radioaktiven Transkripte mit der zum Zeitpunkt der Zellkernpräparation ablaufenden Transkription des untersuchten Gens korreliert. Ein solcher *Nuclear-Run-on-Assay* umfasst folgende Schritte:

– **Zellaufschluss und Zellkernpräparation.** Wichtig ist ein schonender Zellaufschluss, durch den die Zellkerne intakt bleiben. Üblicherweise werden die Zellen in hypotoner Lösung, Enzymen und/oder nicht-ionischen Detergenzien aufgeschlossen. Die Zellkerne werden durch Zentrifugation – oft im Dichtegradienten – angereichert und gereinigt.
– **Markierung der entstehenden RNA.** Bei der als *Nuclear-Run-on*-**Transkription** bezeichneten RNA-Markierungsreaktion inkubiert man die isolierten Zellkerne zusammen mit radioaktivem $^{32}$P-UTP und nicht-markierten Ribonucleotiden. Die zum Zeitpunkt des Zellaufschlusses initiierten RNA-Moleküle werden elongiert und durch Einbau von $^{32}$P-UTP markiert.
– **Isolierung der RNA**.
– **Detektion der markierten RNA-Arten.** Um im Gesamt-RNA-Material die Hybridisierung jeweils einer bestimmten RNA-Art nachweisen zu können, kann z.B. die *Northern*- oder die *Dot-Blot*-Technik eingesetzt werden.

Der *Nuclear-Run-on-Assay* wird z.B. zur Erfassung der Transkriptionsraten während Wachstums- und Differenzierungsvorgängen eingesetzt. Als Bezugsgröße dient oft die RNA eines konstitutiv exprimierten Gens (z.B. des Actin codierenden Gens).

## 12.2 Analyse der Transkriptstruktur

Eine Analyse der Transkriptstruktur umfasst die teilweise oder vollständige Charakterisierung des betreffenden Gens auf der Ebene der genomischen DNA-Sequenz. Die genomische Organisation eines Gens lässt sich zu einem wesentlichen Teil durch das Alignment der genomischen DNA mit der cDNA eines Gens erkennen. Hierbei ist zu berücksichtigen, dass sich Gene von Tieren über große Bereiche des Genoms erstrecken können, vor allem wenn auch die regulatorischen Regionen hinzugezählt werden (siehe **Abb. 3.11**, S. 76). Große Gene, verschiedene Gene mit ähnlichen DNA-Sequenzen (paraloge Gene, Genfamilien, siehe S. 290) oder in Teilbereichen identische Sequenzen im Genom (z.B. bei Pseudogenen) können eine Gencharakterisierung erheblich erschweren. Wie beginnt man unter solchen Vorbedingungen eine Untersuchung der Transkripte?

Die Arbeit der Genanalyse beginnt meistens mit der Nutzung vorhandener DNA-Bibliotheken oder mit der Erstellung einer für den Zweck besonders geeigneten Bibliothek. Außerdem benötigt die Genisolation vorab als genspezifische Sequenzinformation die Sequenz der cDNA oder eines Teiles davon. Schließlich erwartet man bei eukaryotischen Genen einige typische Sequenzmotive. So findet man bei vielen Genen 5'-seitig vor dem Transkriptionsstartpunkt (*tsp*), so genannte **CpG Islands**, die Längen von 0,5–2 kb haben und viele methylierte CG-Dinucleotide enthalten. Diese Region kann selektiv durch ein Restriktionsenzym, welches GC-reiche Sequenzen erkennt und methylierungsunempfindlich ist, gespalten werden. Dadurch wird die genomische DNA vorzugsweise in der Nähe von *tsp*-Stellen aufgetrennt, und nach Klonierung der so gewonnenen Restriktionsfragmente beginnen die Inserts oft mit DNA-Abschnitten des ersten Exons.

Mit Blick auf die Identifizierung von Abschnitten, die Proteine codieren (Exons), und solchen, welche als Introns bei der RNA-Reifung abgespalten werden, wird zunächst nach

Exongrenzen gesucht. Diese sind in der Regel (zu über 99 %) dadurch zu identifizieren, dass die Intronsequenz 5′-seitig mit einem GT-Dinucleotid (*Splice-* oder **Spleiß-Donor**) beginnt, während das 3′-Intronende durch das Motiv AG 3′ (*Splice-* oder **Spleiß-Akzeptor**) ausgezeichnet ist (siehe **Abb. 3.13**, S. 78).

Für die weitere Analyse der Transkriptstruktur werden die für das gesuchte Gen spezifischen Klone aus einer genomischen DNA-Bibliothek isoliert. Aus diesen Klonen werden die Inserts mit Restriktionskartierung, Subklonierung und Sequenzierung untersucht. Gegebenenfalls können Informationen über das Gen in den DNA-Datenbanken vorliegen und zwischen mehreren Spezies verglichen werden. Bei Vorliegen von DNA-Sequenzen des Gens in mehreren Spezies kann man evolutionär konservierte Regionen erkennen.

Für die Analyse der Transkriptstruktur stehen leistungsfähige Methoden zur Verfügung. **Tab. 12.2** führt einige davon auf, die nachfolgend näher beschrieben werden.

### 12.2.1 5′-RACE-Technik

Ausgangspunkt der Gencharakterisierung ist oft der *tsp*, von dem aus die genetischen Steuerelemente des Gens häufig 5′-flankierend angeordnet liegen und in 3′-Richtung die Transkription beginnt. Zur Ermittlung der Position des tsp werden vor allem die 5′-RACE-Technik und die Primer-Extension-Methode (s. u.) eingesetzt.

**5′-RACE** steht für *Rapid Amplification of 5′ cDNA Ends* und beruht auf einer PCR-Amplifikation des 5′-Endbereichs der cDNA (**Abb. 12.5**). Am 5′-Ende der cDNA existieren keine homopolymeren Sequenzstücke und daher fehlen Hinweise für die Definition eines 3′-gerichteten Primers. Daher fügt man den doppelsträn-

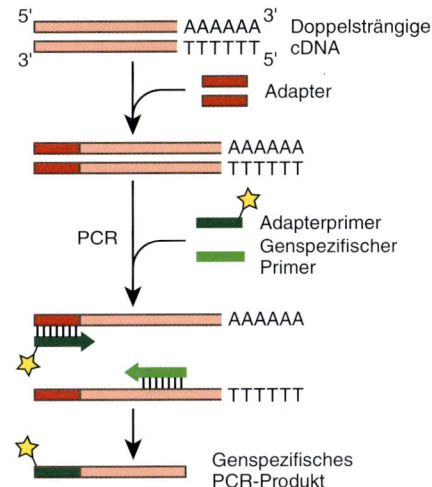

**Abb. 12.5:** 5′-RACE-Technik zur Charakterisierung des *tsp*

Mit der 5′-RACE (*Rapid Amplification of cDNA Ends*) wird das 5′-Ende der cDNA definiert. Durch einen Adapter erhalten die 5′-Enden der cDNA eine bestimmte DNA-Sequenz. Bei der nachfolgenden PCR mit einem adapter- und einem genspezifischen Primer wird der 5′-seitige Bereich der cDNA komplett amplifiziert. Die bei der PCR gebildeten Fragmente geben die Entfernung zwischen 5′-Ende der RNA und genspezifischer Stelle des Primers an.

gigen cDNA-Molekülen einen einheitlichen Adapter an. Mit Adapter-spezifischen Primern werden anschließend die cDNA-Moleküle mittels PCR vermehrt. Entscheidend für die Technik ist dabei der Einsatz eines genspezifischen Primers, der nur die gewünschte cDNA-Sequenz vervielfältigt. An der Adaptersequenz kann später erkannt werden, wo die Sequenzinformation am 5′-Ende der transkribierten RNA beginnt, also der *tsp* liegt.

**Tab. 12.2:** Vergleich der Techniken für die Analyse der Transkriptstruktur

| Verfahren | Analysemöglichkeiten von | | Transkript-quantifizierung |
|---|---|---|---|
| | Transkriptionsstartpunkt | Exons/Introns | |
| 5′-RACE | ● | | |
| *Primer-Extension* | ● | | |
| *S1 Nuclease Assay; RNase-Protection* | ● | ● | ● |

● : Geeignet

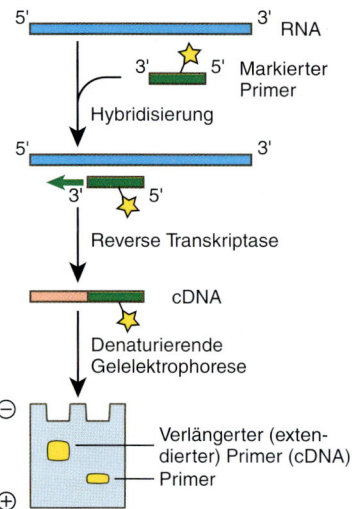

**Abb. 12.6:** Analyse des *tsp* durch Primerverlängerung (*Primer-Extension-Assay*)

Ein markierter Primer wird in Richtung zum 5'-Ende der Template-mRNA verlängert. Nachfolgend wird die Primerverlängerung mit Hilfe der Gelelektrophorese gemessen. Die längsten der gebildeten Moleküle (extendierte oder *extended* Primer) geben die Entfernung des markierten Primers zum 5'-Ende der mRNA an.

## 12.2.2 Primerverlängerung (*Primer-Extension*)

Der *Primer-Extension-Assay* beruht auf dem Einsatz eines markierten, genspezifischen Primers, von dem aus eine mRNA-Art revers transkribiert werden kann. Der Primer wird für eine Sequenz ausgewählt, die in 3'-Richtung nahe dem vermuteten *tsp* des Gens liegt. Wie **Abb. 12.6** zeigt, kann man anschließend elektrophoretisch untersuchen, um wie viele Nucleotide der Primer verlängert wurde. Diese Angabe erlaubt eine Längenbestimmung des 5'-Terminus von mRNA-Molekülen bis zur Position des Primers und damit die Angabe des *tsp* in der genomischen DNA. Der Primer für den *Primer-Extension-Assay* sollte möglichst im ersten Exon liegen, anderenfalls müssen die Introns bei der Festlegung des *tsp* berücksichtigt werden. Das Primer-Molekül wird z. B. radioaktiv markiert ($^{32}$P) und zur Synthese des ersten Stranges einer cDNA eingesetzt, der von der Reversen Tran-

skriptase gebildet wird. Die cDNA-Synthese reicht unter geeigneten Reaktionsbedingungen so weit in 5'-Richtung wie mRNA als Matrize zur Verfügung steht. An dem am weitesten 5'-gelegenen Ribonucleotid bricht die cDNA-Synthese ab. Je nach Vollständigkeit des mRNA-Moleküls kann dies unterschiedlich weit reichen. Als Ergebnis der Reaktion entstehen daher mehrere cDNA-Moleküle unterschiedlicher Längen, die alle an ihren 5'-Enden den markierten Primer eingebaut haben und daher auch in kleinsten Mengen nachweisbar sind. Die cDNA-Moleküle werden in einem denaturierenden Polyacrylamidgel entsprechend ihrer Größen elektrophoretisch aufgetrennt, und die längsten der markierten Moleküle charakterisieren den *tsp*.

## 12.2.3 *S1-Nuclease-* und *Ribonuclease-Protection-Assay*

Der *S1 Nuclease Assay* (**Abb. 12.7**) dient der Bestimmung von Bereichen, die innerhalb der genomischen DNA zur mRNA komplementär sind. Sie erlaubt also die Erkennung von Exongrenzen (*S1 Mapping*) und eignet sich auch zur Quantifizierung von Transkripten. Zunächst werden zu den zu identifizierenden mRNA-Sequenzen passende DNA-Sonden hergestellt. Diese können dann in einer Hybridisierungsreaktion mit der betreffenden RNA-Molekülpopulation doppelsträngige DNA/RNA-Segmente bilden. Die Reste der RNA- und DNA-Moleküle bleiben einzelsträngig und werden durch Behandlung mit Nucleasen abgebaut. Hierzu wird S1-Nuclease verwendet, die sowohl einzelsträngige RNA als auch DNA eliminiert. Zurück bleibt die an RNA hybridisierte DNA, da diese Fragmente vor Abbau geschützt sind (*protected fragments*). Die S1-Nuclease wird nach der gewünschten Einwirkung vollständig inaktiviert. Anschließend werden die geschützten DNA-Fragmente mittels Gelelektrophorese aufgetrennt und im Gel anhand ihrer Markierung erkannt, z. B. bei radioaktiver Markierung durch Autoradiographie. Die Fragmentlängen werden bestimmt, und isolierte Fragmente werden ggf. sequenziert.

Die S1-Nuclease-Methode bedarf einer sorgfältigen Vorbereitung der Hybridmoleküle. Oft wird nicht mRNA, sondern cDNA für die Hybridisierung mit genomischer DNA verwendet,

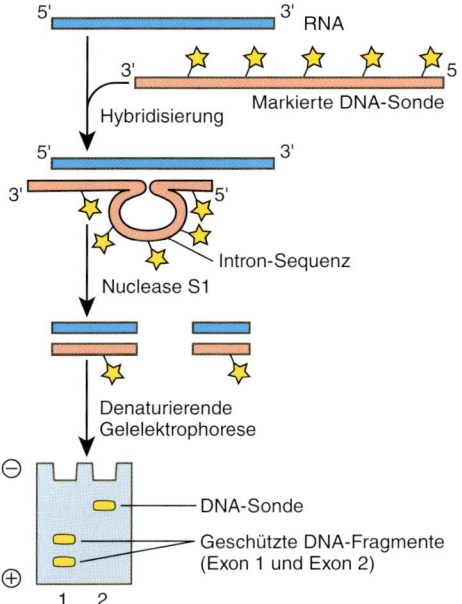

**Abb. 12.7:** *S1 Nuclease Assay (S1 Mapping)*

Nach Hybridisierung der RNA mit einer markierten DNA-Sonde (d. h. eine genomische DNA-Sequenz), die für Teile der RNA spezifisch ist, bilden sich in komplementären Bereichen doppelsträngige und damit gegenüber der S1-Nuclease geschützte DNA/RNA-Hybridmoleküle. Die Intronsequenz der genomischen DNA findet keinen komplementären Bereich, bleibt einzelsträngig und wird durch die S1-Nuclease abgebaut. Zur Größenbestimmung der Bereiche erfolgt eine Elektrophorese der denaturierten DNA-Fragmente. Eine erste Beschreibung der Methode erfolgte 1978 durch BERK UND SHARP.

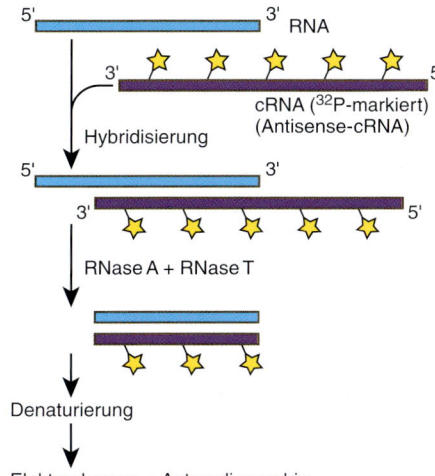

**Abb. 12.8:** *Ribonuclease Protection Assay*

Die zu untersuchende RNA wird mit markierter Antisense-cRNA hybridisiert. Komplementäre Abschnitte werden doppelsträngig und können dadurch nachfolgend nicht enzymatisch abgebaut werden.

und durch PCR können viele Moleküle hergestellt werden. Um nach der Hybridisierung nicht abgebaute, freie Sondenmoleküle erkennen zu können, wird die cDNA länger konstruiert als für die Hybridisierung mit der genomischen DNA nötig ist. Bei der Hybridisierung werden also einzelsträngige Überhänge durch die Sonde gebildet (**Abb. 12.7**). Damit sind die geschützten Sequenzen etwas kürzer als die freie Sonde und können so nach Gelelektrophorese unterschieden werden. Auch eine Quantifizierung der Signale, z. B. mittels Phospho-Imaging, ist möglich.

Der ***Ribonuclease Protection Assay*** (**RPA, Abb. 12.8**) beruht auf der Fähigkeit von Ribonucleasen, einzelsträngige RNAs zu schneiden,

während doppelsträngige Molekülbereiche intakt bleiben. Eine markierte Antisense-cDNA- oder -cRNA-Sonde kann mit komplementären Bereichen von RNA-Molekülen (*Targets*) hybridisiert werden und führt zu einem Schutz vor Abbau (*Protection*). Die Methode der *Ribonuclease-Protection* ist sehr sensitiv und in der Lage, auch zwischen Transkripten von Genfamilien, die beim *Northern-Blot* eine Bande ergeben, zu unterscheiden.

## 12.3 Analyse der Promotorbereiche

Die Funktionen von Zellen, Geweben und letztlich von Organismen können nur aufrechterhalten werden, wenn die Expression einzelner Gene einer zeit- und gewebespezifischen Regulation unterliegt. Die Regulation des ersten Schrittes der Genexpression, der Transkription, spielt hierbei eine große Rolle und wird im Wesentlichen durch die koordinierte Interaktion zwischen spezifischen DNA-Regionen (**cis-aktive Elemente**: Promotor- und Enhancer-Regionen, Response-Elemente) eines Gens und DNAbindenden Proteinen (**trans-aktive Elemente**: Transkriptionsfaktoren) realisiert. Für die Analyse der Transkriptionsregulation wurden Methoden entwickelt, um den Promotorbereich bezüglich seiner Ausdehnung sowie der Anordnung von Regulationselementen charakterisieren zu können. Beispielsweise werden regulatorische DNA-Varianten identifiziert oder die relevanten Promotorbereiche in präparativen Verfahren isoliert. Diese Arbeiten werden u. a. zur Konstruktion von Transgenen benutzt.

Die Promotorcharakterisierung beinhaltet zunächst eine Untersuchung des in 5′-Richtung an Exon 1 angrenzenden DNA-Bereichs auf der Basis von Konsensus-Sequenzen für die Bindung von Transkriptionsfaktoren. Ein weiterer Schritt sind Bindungsanalysen zwischen Proteinen und Oligonucleotiden zur Überprüfung der Funktionalität und Position von Sequenzmotiven in den 5′-flankierenden DNA-Bereichen. Finale Funktionsprüfungen von DNA-Sequenzmotiven werden im zellfreien Extrakt oder in transgenen Modellzellen bzw. Tieren durchgeführt. Die dazu verfügbaren Analyseverfahren werden in den nachfolgenden Abschnitten beschrieben.

## 12.3.1 Identifikation von Konsensus-Sequenzen für Transkriptionsfaktoren

Der Nachweis von Sequenzmotiven, die eine Anlagerung von Transkriptionsfaktoren ermöglichen, ist ein wichtiger Ausgangspunkt, um die funktionale Bedeutung einzelner Promotorbereiche sowie deren polymorphe Varianten zu erkennen. Nicht jedes Nucleotid in der DNA-Sequenz eines Promotorbereichs ist funktionsrelevant. Vielmehr enthält die fragliche DNA-Sequenz im 5′-Bereich eines Gens meistens mehrere konservierte DNA-Bindungsmotive (**Response-Elemente**). Nach solchen *Response*-Elementen wird die fragliche DNA-Sequenz abgesucht. Beispiele für Konsensus-Sequenzen einiger *Response*-Elemente sind der **Tab. 3.4**, S. 82, zu entnehmen.

Die Sequenzvergleiche sind *in silico* relativ einfach durchzuführen, da eine umfangreiche Software-Unterstützung verfügbar ist. Allerdings besitzen die Resultate nur eine begrenzte Aussagekraft. Dies liegt daran, dass viele dieser Bindungssequenzen kurz sind (oft < 10 Nucle-

otide) und ggf. funktionsneutrale Varianten zulassen. Manchmal sind die Motive zudem durch Nucleotide mit beliebigen Basen unterbrochen, denen lediglich die Funktion von Abstandshaltern (*spacer*) zukommt. Übereinstimmungen mit kurzen Motiven werden entsprechend der statistischen Wahrscheinlichkeit auch zufällig auftreten, ohne dass eine funktionelle Bedeutung vorhanden ist. Umgekehrt müssen aber die Bindungsstellen für Transkriptionsfaktoren bestimmte Sequenzmotive aufweisen. Das eine DNA-Bindung ermöglichende Motiv muss zudem räumlich richtig angeordnet und meist auch in einer funktionsunterstützenden DNA-Sequenzumgebung eingebettet sein. Aus den verschiedenen Gründen kann die *In-silico*-Analyse von DNA-Bindungsmotiven nur ein erster, allerdings hilfreicher Schritt zur Genfunktionsanalyse sein.

## 12.3.2 Proteinbindungsanalysen der im Promotorbereich gefundenen Sequenzmotive

Die Genexpression wird von vielen verschiedenen Proteinen (Transkriptionsfaktoren) reguliert, die auf der DNA sequenzspezifisch binden. Zur Identifikation der Art und Lokalisation von Bindungsstellen für Transkriptionsfaktoren werden daher DNA/Protein-Bindungsanalysen durchgeführt. Hierfür werden Zellkernextrakte hergestellt. Oft werden aus Kernextrakten solche Proteine isoliert, welche die interessierenden DNA-Sequenzmotive binden können. Eine Isolierung DNA-bindender Proteine aus Kernextrakten gelingt beispielsweise mit magnetischen Kugeln, an welche die betrachteten DNA-Motive als Oligonucleotide geknüpft sind (**Abb. 12.9**). Mehrere der Transkriptionsfaktoren sind bekannt, so dass sie hergestellt werden können und auch z. T. kommerziell verfügbar sind.

Zur Überprüfung, ob sich die präparierten Proteine an ein ausgewähltes DNA-Fragment binden, vergleicht man die elektrophoretische Wanderungsgeschwindigkeit des DNA-Fragmentes mit jener, die das Fragment nach einer Vorinkubation mit dem zu prüfenden Protein zeigt. Bindet das Protein an die DNA, so wandert der Komplex in der Elektrophorese langsamer als das ungebundene DNA-Fragment. Das heißt, die Bande des DNA/Protein-Komplexes verschiebt sich (englisch *shift*) gegenüber dem

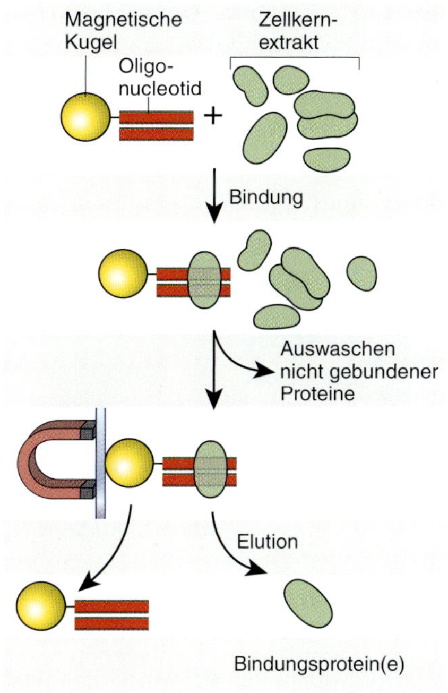

**Abb. 12.9:** Isolierung DNA-bindender Proteine aus einem Kernextrakt durch an magnetische Kugeln gebundene Oligonucleotide

An magnetische Kugeln sind Oligonucleotide gebunden, die Sequenzabschnitte aus Promotorbereichen tragen, z. B. die Sequenzen für einzelne Response-Elemente. Die an Oligonucleotide gebundenen Proteine lassen sich dann mit Hilfe der magnetischen Kugeln isolieren.

des freien DNA-Fragmentes in Richtung auf ein höheres Molekulargewicht. Man nennt das entsprechende Prüfverfahren daher **Band-Shift-Assay** oder auch **Electrophoretic-Mobility-Shift-Assay** (EMSA). Alle EMSA-Verfahren haben zur Voraussetzung:

– Ein kurzes (etwa 20–50 bp), doppelsträngiges und markiertes DNA-Fragment (Oligonucleotid, welches das zu untersuchende DNA-Bindungsmotiv enthält),
– spezielle DNA-bindende Proteine als einzeln isolierte Transkriptionsfaktoren oder Gesamt-Kernextrakt und
– eine Elektrophorese im nicht denaturierenden Gel.

EMSA-Tests werden auf verschiedene Weise benutzt. **Abb. 12.10** macht deutlich, wie man die entsprechenden Komponenten zusammen-

gibt und die Wanderungsgeschwindigkeiten der markierten Molekülkomplexe vergleicht. Oftmals erscheinen nur geringfügige Bandenverschiebungen, und es sind mehrere Komplexe zu beobachten. Dann ist das Ergebnis schwer zu

**Abb. 12.10:** Nachweis einer spezifischen Proteinbindung an DNA-Sequenzen (Proteinbindungsanalysen) durch den *Electrophoretic-Mobility-Shift-Assay* (EMSA)

Ein EMSA beginnt mit der Inkubation eines markierten DNA-Fragmentes (meist ein synthetisch hergestelltes Oligonucleotid) mit Zellkernproteinen. Die Darstellung zeigt eine Untersuchung verschiedener Proteine P1, P2, P3, P4 (aus Zellkernextrakten isolierte Proteinfraktionen). Soweit sich Proteine anbinden, zeigt sich dies bei der nachfolgenden Elektrophorese, indem mit Protein beladene DNA-Moleküle langsamer wandern als freie DNA. Eine solche verzögerte elektrophoretische Migration bezeichnet man als *Shift*, der je nach Proteinmolekül unterschiedlich sein kann. Der DNA/Protein-Komplex kann mit einem Antikörper inkubiert werden, der spezifisch den zu untersuchenden Transkriptionsfaktor erkennt. Bei

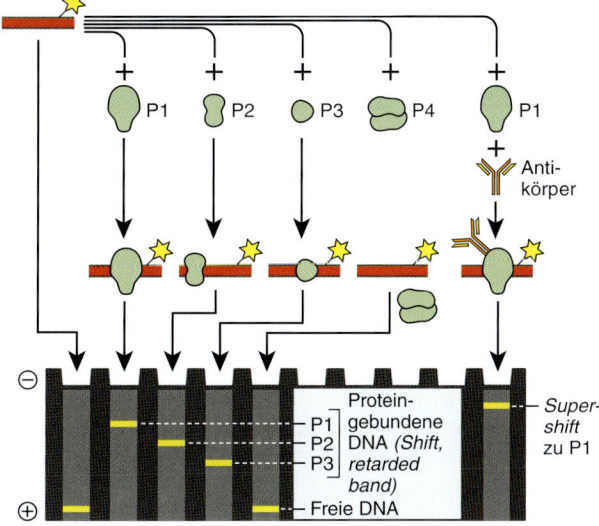

einer Bindung des Antikörpers wird der DNA/Protein-Komplex größer und wandert dementsprechend noch langsamer in der Elektrophorese, d. h. es entsteht ein *Super-Shift*.

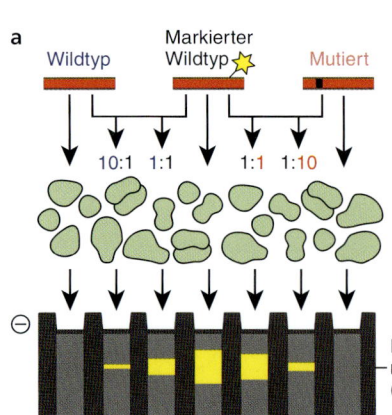

a

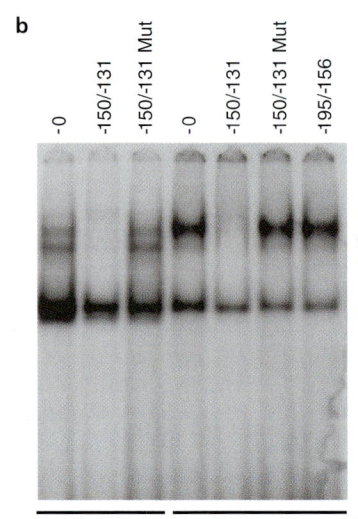

b

Abb. 12.11: Kompetitiver *Band-Shift-Assay*

a) Prinzip
Es werden zwei unmarkierte Oligonucleotide verwendet, von denen eines das DNA-Grundmotiv (Wildtyp-Sequenz) und das andere ein mutiertes DNA-Motiv trägt (schwarze Stelle). Beide Oligonucleotide werden in verschiedenen Mengenanteilen mit dem markierten Wildtyp-Oligonucleotid gemischt und mit den Kernproteinen inkubiert, so dass sie um die Bindung mit dem Transkriptionsfaktor konkurrieren. Aus dem Vergleich der markierten, proteingebundenen und freien DNA bei verschiedenen Mischungsverhältnissen geht hervor, wie stark die Wildtyp-Sequenz durch die Mutante von der Proteinbindung verdrängt wird. Manchmal beeinflusst bereits ein einziger Basenaustausch im DNA-Bindungsmotiv eines Response-Elementes dessen Bindungsstärke (Affinität), wie am Beispiel des mutierten Oligonucleotids im Vergleich zum Wildtyp gezeigt wird.

b) Beispiel: Effekt eines mutierten Oligonucleotids auf die Bindung von Zellkernproteinen (ERICKSON ET AL. 1999)
Benutzt wurde ein Oligonucleotid für die Sequenz -150 bis -131 bp des Gens für die humane Dipeptidyl-Peptidase IV, in der sich das Response-Element für den Transkriptionsfaktor HNF-1 (*hepatocyte nuclear factor 1*) befindet. Aus den kultivierten humanen Zelllinien HepG2 und Caco2 wurde Kernextrakt gewonnen und mit folgenden Oligonucleotiden inkubiert:
0: nur markiertes Oligonucleotid, kein Kompetitor,
–150/–131: 100-facher Überschuss mit unmarkiertem Oligonucleotid,
–150/–131Mut: 100-facher Überschuss mit unmarkiertem Oligonucleotid, das eine Mutation in der HNF-1 Position hat,
–195/–156: 100-facher Überschuss mit einem unmarkiertem *„non-competitor"* Oligonucleotid.

interpretieren. Derartige Komplikationen treten auf, wenn man mit Proteinmischungen inkubiert (z. B. Kernextrakte) und nicht mit aufgereinigten Transkriptionsfaktoren arbeitet. In einem solchen Fall kann es helfen, den DNA/Protein-Komplex mit einem Antikörper zu inkubieren, der spezifisch gegen den zu untersuchenden Transkriptionsfaktor gerichtet ist. Bindet sich der Antikörper an den Transkriptionsfaktor, der dem DNA-Fragment anhaftet, so wird der DNA/Protein-Komplex größer und wandert dementsprechend noch langsamer in der Elektrophorese. Auf diese Weise entsteht ein *Super-*

*Shift*, der besagt, dass der Transkriptionsfaktor auch tatsächlich vom ausgewählten DNA-Fragment gebunden wurde (**Abb. 12.10**). Schließlich kann man mit einem EMSA überprüfen, ob und in welchem Ausmaß ein Basenaustausch im DNA-Bindungsmotiv des Transkriptionsfaktors auf dessen Bindungsstärke (Affinität) wirkt. Hierfür verwendet man ein kompetitives Verfahren, in dem man das DNA-Grundmotiv (Wildtyp-Sequenz) mit dem mutierten Motiv um die Bindung des Transkriptionsfaktors konkurrieren lässt. Als Ergebnis erhält man für den Transkriptionsfaktor eine Abschätzung der Bin-

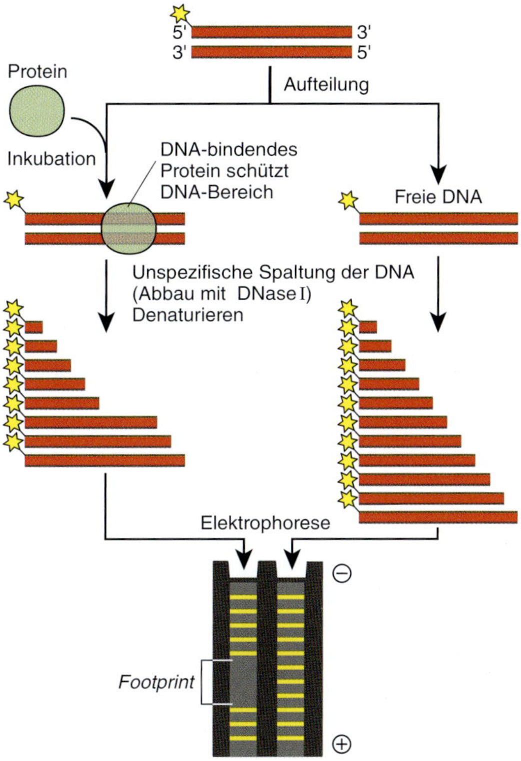

**Abb. 12.12:** Prinzip des *DNase-Footprinting*

Beim *DNase-Footprinting* wird ein markiertes DNA-Fragment mit einem oder mehreren Proteinen inkubiert. In der Darstellung wird gezeigt, dass das Protein an eine Sequenz einiger Nucleotide bindet. Bei der nachfolgenden zufallsgemäßen Spaltung mit einer Endonuclease (DNase) entstehen verschieden große Bruchstücke. Abgebildet werden nur die markierten Bruchstücke. Wie zu sehen ist, wird ein DNA-Bereich durch das gebundene Protein vor Spaltung geschützt. Als Vergleich wird auch freie DNA mit DNase behandelt, so dass sich hier durch denaturierende Elektrophorese die einzelnen Fragmente als Banden mit regelmäßigen Abständen („Leiter") darstellen lassen. Anhand der Zahl und Längen der fehlenden Banden („*Footprint*") wird der Bereich der Bindungsstelle ermittelt.

dungsstärke an die zu untersuchende Bindungsstellen-Variante im Vergleich zum Grundmotiv (Wildtyp) (**Abb. 12.11**).

Wie kann man experimentell feststellen, an welchen Stellen einer DNA-Sequenz die Proteine aus einem Zellkernextrakt binden? Dazu wird der fragliche DNA-Bereich (meist ein Stück 5′-flankierend vom *tsp*) gereinigt, markiert (radioaktiv oder mit einem Fluorochrom) und mit den Kernproteinen (Kernextrakt oder bestimmte Transkriptionsfaktoren) inkubiert. Die entstehenden DNA/Protein-Komplexe werden anschließend mit einer Endonuclease (DNase) abgebaut oder einer chemischen Spaltung entsprechend dem Sequenzierungsverfahren nach MAXAM und GILBERT (siehe **Abb. 8.1**, S. 166) unterworfen. Hierbei wird die DNA an jeder Base gespalten, die der Endonuclease bzw. den Chemikalien zugänglich ist. DNA-Bereiche, die durch Proteine abgedeckt sind, werden jedoch nicht gespalten. Nach Abschluss der Reaktionen trennt man die Produkte in einem DNA-Sequenziergel auf. Als Ergebnis erhält man ein Bild (**Abb. 12.12**), welches dem einer

DNA-Sequenzierung ähnelt. Die dabei sichtbaren DNA-Fragmente unterscheiden sich um jeweils ein Nucleotid in ihren Längen, jedoch fehlen Fragmente von Bereichen, die im Verlaufe der Spaltungsreaktion durch Proteine maskiert waren. Hier weist die Elektrophoresespur „Löcher" (*Footprints*) auf, deren Position und Abmessung die abgedeckten Bereiche widerspiegeln. In getrennten Spuren werden die Produkte von Spaltungsreaktionen aufgetrennt, die mit freier DNA erzielt werden. Bezogen auf die so erkannten DNA-Positionen lokalisieren *Footprints* die Stellen der Proteinbindung (**Abb. 12.13**).

### 12.3.3 Funktionsprüfung im zellfreien Extrakt

Prüfungen, ob und wie stark einzelne DNA-Sequenzmotive die Genexpression beeinflussen, benötigen spezielle Bedingungen. RNA-Polymerasen sind nicht alleine in der Lage, die spezifischen Sequenzmotive (Response-Elemente) zu erkennen, sondern nur gemeinsam mit gewe-

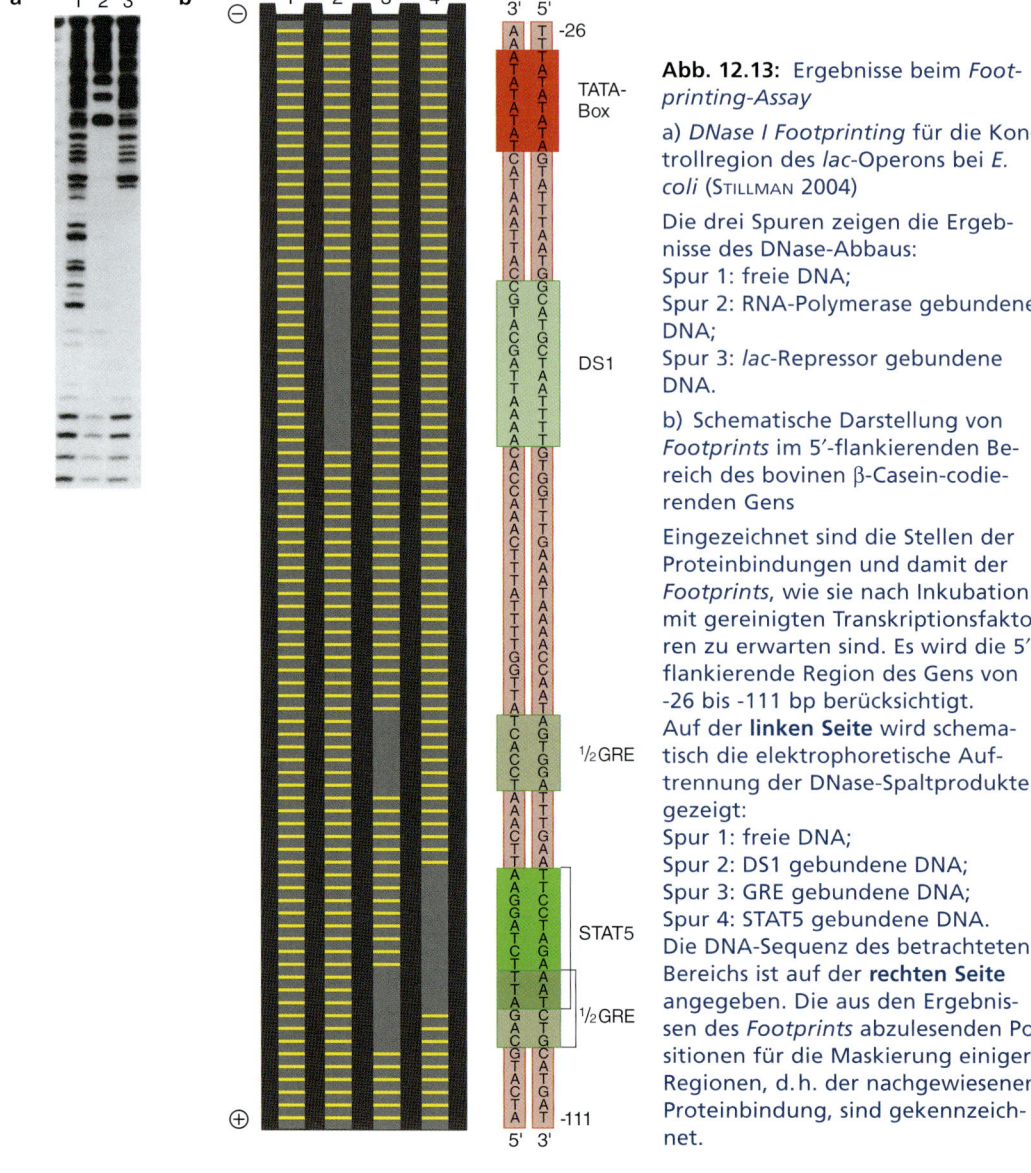

**Abb. 12.13:** Ergebnisse beim *Footprinting-Assay*

a) *DNase I Footprinting* für die Kontrollregion des *lac*-Operons bei *E. coli* (Stillman 2004)

Die drei Spuren zeigen die Ergebnisse des DNase-Abbaus:
Spur 1: freie DNA;
Spur 2: RNA-Polymerase gebundene DNA;
Spur 3: *lac*-Repressor gebundene DNA.

b) Schematische Darstellung von *Footprints* im 5'-flankierenden Bereich des bovinen β-Casein-codierenden Gens

Eingezeichnet sind die Stellen der Proteinbindungen und damit der *Footprints*, wie sie nach Inkubation mit gereinigten Transkriptionsfaktoren zu erwarten sind. Es wird die 5'-flankierende Region des Gens von -26 bis -111 bp berücksichtigt.
Auf der **linken Seite** wird schematisch die elektrophoretische Auftrennung der DNase-Spaltprodukte gezeigt:
Spur 1: freie DNA;
Spur 2: DS1 gebundene DNA;
Spur 3: GRE gebundene DNA;
Spur 4: STAT5 gebundene DNA.
Die DNA-Sequenz des betrachteten Bereichs ist auf der **rechten Seite** angegeben. Die aus den Ergebnissen des *Footprints* abzulesenden Positionen für die Maskierung einiger Regionen, d. h. der nachgewiesenen Proteinbindung, sind gekennzeichnet.

be- und entwicklungsspezifischen Proteinen (Transkriptionsfaktoren). Außerdem muss die betreffende Promotorregion für die RNA-Polymerasen und Transkriptionsfaktoren zugänglich sein, d. h. frei von einer Histonhülle. Für einen ***In-vitro*-Transkriptionsansatz** verwendet man daher im Allgemeinen folgende Komponenten (**Abb. 12.14**):
– **Expressionsvektoren** mit einem Bereich der regulativen DNA („Promotorregion") und einer besonderen transkribierten Region („Mi-

nigen"). Für die Analyse der Promotorfunktion werden spezielle Expressionsvektoren benutzt. Oft wird die zu analysierende Promotorregion vor einen *ORF* ligiert, der kein Cytosin enthält. Die *In-vitro*-Transkription wird dann in einem Transkriptionssystem durchgeführt, das statt GTP dessen Analogon 3'-O-Methyl-GTP enthält. Nach Einbau von 3'-O-Methyl-GTP in eine entstehende RNA wird die Transkription abgebrochen. Unter diesen Bedingungen kann nur der Cytosin-

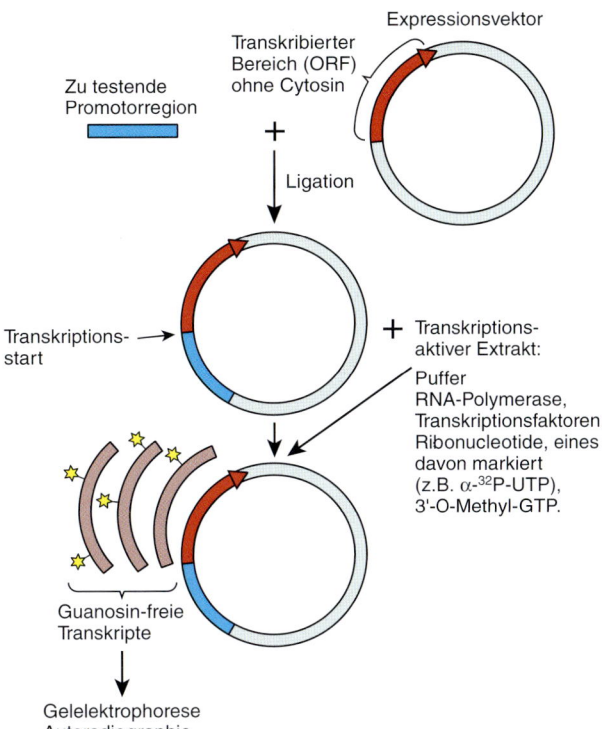

**Abb. 12.14:** Verwendung eines Expressionsvektors für die Transkriptionsmessung im zellfreien Extrakt

Das Plasmid enthält einen transkribierten Bereich (*Open Reading Frame, ORF*), innerhalb dessen kein Cytosin vorkommt. Die zu testende Promotorregion wird 5′-seitig davor ligiert. Dann wird der Expressionsvektor in einem transkriptionsaktiven Zellextrakt inkubiert. Eines der Ribonucleotide ist markiert, und außerdem wird 3′-O-Methyl-GTP zugesetzt, dessen Verwendung bei der Transkription zu einem Kettenabbruch führt. Auf diese Weise führt in dem Extrakt nur der Cytosin-freie *ORF* zu einem langen Transkript. Die erzeugten Transkripte werden meist mittels Gelelektrophorese abgetrennt und dann gemessen.

freie Transkriptionsbereich des Expressionsvektors zur Bildung längerer RNA-Moleküle führen, während andere transkribierte Stellen in Gegenwart von 3′-O-Methyl-GTP nur kurze Transkripte ergeben. Möchte man den zu testenden Promotor nicht vor ein Cytosin-freies ORF klonieren, sondern im natürlichen Kontext testen, so wird eine bestimmte, sonst nicht im Zellextrakt enthaltene RNA-Sequenz transkribiert und nachgewiesen.

– **Transkriptionsaktiver Extrakt.** Dieser muss die für die Transkription erforderlichen Komponenten enthalten, also Proteine (z. B. Transkriptionsfaktoren), die vier Ribonucleotide sowie Puffersubstanzen. Die Extrakte können aus Geweben oder kultivierten Zellen hergestellt werden. Der Transkriptionsreaktion wird außerdem ein markiertes Ribonucleotid zugefügt, so dass die gesuchten Transkripte nach Gelelektrophorese detektierbar sind.

Die Wirkung bestimmter Genelemente auf die Transkriptionsstärke kann gemessen werden, indem ein Wildtyp-Promotor zugleich mit spezifisch *in vitro* abgeänderten Promotorkonstruk-

ten verwendet wird. **Abb. 12.15** illustriert, dass auf diese Weise die Mengen der erzeugbaren Transkripte im direkten Vergleich zu messen sind. Durch sukzessive Mutation einzelner Abschnitte im Promotorbereich werden schließlich die für die Transkription wichtigen Sequenzmotive kartiert.

Analog erlaubt die *In-vitro*-Transkription eine **Funktionsanalyse der Transkriptionsfaktoren.** Hierzu benötigt man einen Extrakt, der alle zur Transkription erforderlichen Faktoren mit Ausnahme des zu untersuchenden Transkriptionsfaktors enthält. Fehlt ein essentieller Faktor, werden keine Transkripte hergestellt. Der Faktor kann anschließend in isolierter Form als Wildtyp-Protein oder als mutiertes Protein zugegeben werden. Die Zugabe des Wildtyp-Proteins sollte die Transkriptionsaktivität des Systems wieder herstellen. Dagegen werden Proteine, in denen funktionswichtige Domänen mutiert sind, zu einer reduzierten oder fehlenden Aktivität führen.

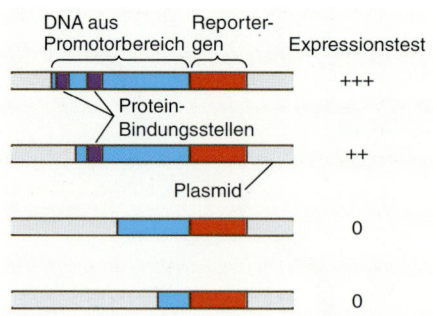

**Abb. 12.15:** Prinzip der Funktionsanalyse von Promotorelementen mit Hilfe eines Expressionsvektors und eines Reportergens

Zur Identifikation von DNA-regulatorischen Sequenzen werden im Beispiel verschieden lange Promotorabschnitte vor ein Reportergen ligiert (hell- und dunkelblaue DNA-Abschnitte). Nach Transfektion in kultivierte Zellen wird die Intensität der Expression anhand der Reportergenprodukte gemessen. Die gezeigten Protein-Bindungsstellen (dunkelblau) haben also einen Einfluss auf die Stärke der Transkription.

## 12.3.4 Funktionsprüfung in transgenen Zellen

Für viele Fragestellungen kann es vorteilhaft sein, den Promotorbereich eines Gens in Säugerzellen anstatt in zellfreien Extrakten zu untersuchen (**Tab. 12.3**). So kann gefragt werden, ob und auf welche Weise DNA-Varianten in

einem potenziell funktionswichtigen, 5'-flankierenden DNA-Abschnitt die Genexpression beeinflussen.

Die Analyse von Promotorsequenzen in Säugerzellen erfordert mehrere Schritte. Der zu untersuchende DNA-Bereich wird z. B. zunächst in einen Vektor kloniert und dann mit diesem in die Zellen eingebracht.

Vektoren für *In-vivo*-Genexpressionsmessungen können unterschiedlich aufgebaut sein. So kann das zu untersuchende DNA-Segment 5'-seitig vor die cDNA-Kopie eines Enzyms insertiert werden, welches (i) in der Modellzelle nicht vorkommt und (ii) dessen Aktivität sich leicht und mit empfindlichen Methoden nachweisen lässt. Man nennt diese Enzyme „Reporter" und die entsprechenden DNA-Konstrukte **Reportergen-Vektoren**. Es gibt verschiedene Enzyme, die sich als Reporter eignen (**Tab. 12.4**). Reportergen-Vektoren sind kommerziell erhältlich und enthalten typische Grundelemente (**Abb. 12.16**). Sie besitzen ein Replikon bakteriellen Ursprungs (*ori*), einen Selektionsmarker (meist ein bakterielles Resistenzgen), passende Restriktionsstellen (meist als *Multiple Cloning Site*) sowie ein Polyadenylierungssignal. Häufig findet man noch weitere Elemente, wie die codierende Sequenz eines zweiten Reportergens, ein Promotorelement, das eine basale Transkriptionsaktivität aufrechterhält, sowie ein Resistenzgen als Selektionsmarker in eukaryontischen Zellen. Expressionsvektoren für Säugerzellen haben häufig Promotorele-

**Tab. 12.3:** Vergleich der Verfahren für Genfunktionsanalysen

| Verfahren zur Analyse von DNA-Sequenzmotiven | Lokalisierung von DNA-Bindungsmotiven | Messung der Proteinbindung | Wirkung von DNA-Sequenzmotiven und Transkriptionsfaktoren auf | |
|---|---|---|---|---|
| | | | Genexpression | Merkmalsdifferenzierung |
| DNA-Sequenzvergleiche mit Konsensus-Sequenzmotiven | ● | | | |
| Proteinbindungsanalysen | ● | ● | | |
| Funktionsprüfung: | | | | |
| - in zellfreien Extrakten | | | ● | |
| - in transgenen, kultivierten Zellen | | | ● | ○ |
| - in transgenen Tieren | | | ● | ● |

● : Geeignet
○ : Weniger geeignet

**Tab. 12.4:** Übersicht zu den Eigenschaften häufig verwendeter Reportergene

**Chloramphenicol-Acetyltransferase (CAT):** Das Enzym kommt in *E. coli* vor und verleiht diesen Resistenz gegenüber Chloramphenicol. Es katalysiert den Transfer von Acetylgruppen von Acetyl-Coenzym A auf Chloramphenicol. Für den Nachweis der CAT-Aktivität werden die Zelllysate mit radioaktiv markiertem $^{14}$C-Chloramphenicol inkubiert, das in Gegenwart von CAT in die acetylierte Verbindung umgewandelt wird. Das Reaktionsgemisch wird durch Dünnschichtchromatographie aufgetrennt und das Verhältnis von acetyliertem zu nicht-acetyliertem Chloramphenicol durch Autoradiographie gemessen.

**β-Galactosidase:** Das β-Galactosidase codierende Gen *lacZ* stammt aus *E. coli*. Der Nachweis von β-Galactosidase kann colorimetrisch, fluorometrisch oder über Chemoluminiszenz mit Hilfe künstlicher Substrate erfolgen. Der chemoluminometrische Nachweis ist noch empfindlicher als der Luciferase-Assay und kann u.U. attomolare Mengen ($10^{-18}$ mol) Substrat detektieren.

**Luciferase:** Gene, deren Produkte Lumineszenz hervorrufen (luc-Gene), kommen in der Natur z.B. bei Leuchtkäfern, Seegurken und Leuchtbakterien vor. In Säugerzellen exprimiert verläuft die Umsetzung wie folgt:

$$\text{Luciferin} \xrightarrow[\text{Luciferase}]{\text{ATP} \quad \text{PP}_i} \text{Luciferyl-AMP} \xrightarrow[\text{Luciferase}]{\text{O}_2 \quad \text{Photon}} \text{Oxyluciferin} + \text{AMP}$$

Die Aktivität von Luciferase kann in Zelllysaten mit Hilfe eines Luminometers gemessen werden. Die Lichtemission ist proportional zur Menge an Luciferase im Zelllysat.

**Fluoreszierende Proteine:** Fluoreszierende Proteine kommen in der Natur in einigen Quallenarten vor, so z.B. das Grün fluoreszierende Protein (*Green Fluorescent Protein, GFP*). In eukaryontischen Zellen kann man nach geeigneter Anregung eine charakteristische Lichtemission detektieren. Dies gelingt sowohl in Gewebeschnitten als auch in kompletten Individuen.

| Reportergen-Bezeichnung | Genprodukt | Herkunft | Detektion | Sensitivität |
|---|---|---|---|---|
| *CAT* | Chloramphenicol-Acetyltransferase | *E. coli* | Radiometrisch | $5 \times 10^7$ Moleküle |
| *lacZ* | β-Galactosidase | *E. coli* | Colorimetrisch | $3 \times 10^8$ Moleküle 65 fM Substrat |
| | | | Fluorimetrisch | $6 \times 10^5$ Moleküle 0,65 fM Substrat |
| | | | Luminometrisch | $4 \times 10^3$ Moleküle 0,25 fM Substrat |
| *luc* | Luciferase | *Photinus pyralis* (Leuchtkäfer) | Luminometrisch | $10^3$ - $10^5$ Moleküle |
| | | *Renilla reniformis* (Seegurke) | Luminometrisch | ca. $1,8 \times 10^5$ Moleküle |
| *GFP* | *Green Fluorescent Protein* (GFP) | *Aequorea victoria* (Qualle) | Fluorometrisch; *In-situ*-Registrierung | ca. 200 nM GFP |

mente aus SV40, Rous-Sarkom-Virus (RSV) oder Cytomegalie-Virus (CMV) für eine starke, konstitutive Expression. Möchte man die regulatorischen Regionen des betrachteten Gens messen, so wird man den zu untersuchenden Promotorbereich in die Restriktionsstelle des promotorlosen Reportergens insertieren.

Die Techniken für das Einschleusen von Vek-tor-DNA in Säugerzellen werden auf S. 442ff. dargestellt.

Mit einem so genannten **Reportergen-Assay** (**Abb. 12.17** und **12.18**) werden die Zellen einige Zeit nach der Transfektion lysiert, um das durch den Test-Promotor exprimierte Reportergenprodukt zu messen. Sinnvollerweise mischt man dem Ansatz noch ein zweites Reportergen

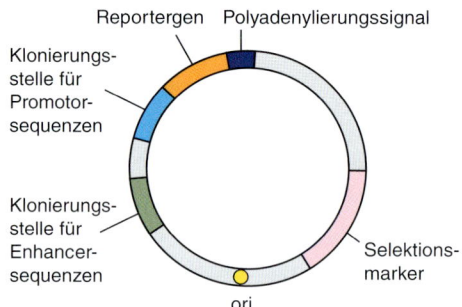

**Abb. 12.16:** Grundschema eines Expressionsvektors mit Reportergen

Ein minimaler Expressionsvektor enthält ein Reportergen, dem Klonierungsstellen für Promotor- bzw. Enhancersequenzen vorgeschaltet sind. Zudem ist ein Polyadenylierungssignal vorhanden. Ein Selektionsmarker dient der Auswahl von Zellen, die den Vektor enthalten. Der Replikationsursprung *ori* ist für die Vektorvermehrung in Bakterienzellen notwendig. In Säugerzellen gebräuchliche Expressionsvektoren verfügen oft über weitere Kontrollelemente und Signale für die Transkription und Translation.

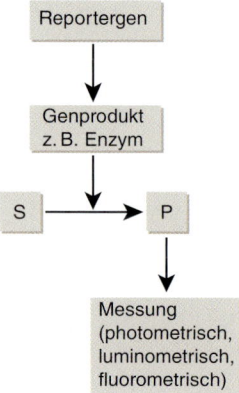

**Abb. 12.17:** Prinzip der Messung mit einem Reportergen

Ein Reportergen codiert in vielen Fällen ein Enzym (siehe **Tab. 12.4**). Jedes Enzymmolekül katalysiert die Umsetzung vieler Substrat- (S) in Produktmoleküle (P). Die Reaktionsbedingungen sind dahingehend optimiert, dass sich die Anwesenheit der Enzymmoleküle sehr genau photo-, lumino- oder fluorometrisch messen lässt.

bei, welches unter der Kontrolle eines anderen, konstitutiv wirkenden Promotors steht. Anhand der Expression dieses Kontroll-Reportergens kann man die Messwerte bezüglich der variierenden Zahl der in den Zellen vorhandenen Reportergen-Vektor-Moleküle korrigieren.

Entscheidend für den Erfolg des Experiments ist die Auswahl von Zellen, welche die Test-DNA erkennen und für die Expressionsregulation nutzen können. Anders als bei Mensch und Maus gibt es bei Nutztieren nur sehr wenige getestete Zelllinien, die sich für aussagekräftige Expressionsversuche eignen. Daher werden heterologe Modellzellen (d.h. Zellen anderer Spezies, meistens der Maus) benutzt, ohne Kenntnis, ob der fragliche Promotorbereich des Nutztieres in den heterologen Zellen vergleichbar funktioniert. Alternativ zu Untersuchungen in Modellzellen besteht die Möglichkeit, Zellsysteme aus den Geweben zu etablieren, in denen die betrachtete Genfunktion normalerweise vorkommt, und in solchen Zellen die Expression der Reportergen-Vektoren zu analysieren.

## 12.3.5 Nachweis der Genfunktion in transgenen Tieren

Der übliche Weg zur Identifizierung von Genen, die z.B. Entwicklungsprozesse steuern, besteht in der Suche nach Tieren mit phänotypischen Anomalien, die auf Mutationen in den zu untersuchenden Genen zurückzuführen sind. Diese Vorgehensweise hat jedoch Grenzen: Sie ist auf Genvarianten beschränkt, die erkennbar abweichende Phänotypen hervorrufen. Mutationen in Genen, die den Embryo töten, lassen sich damit nicht nachweisen. Außerdem tragen Tiere in Populationen zugleich mit dem mutierten Gen bestimmte weitere Genvarianten in der angrenzenden Chromosomenregion, die beim Vergleich des phänotypisch auffälligen Tieres mit anderen Tieren der Population ebenfalls Einflüsse haben können.

Als alternative Methode bietet sich die Herstellung von Transgenen an, deren Expression vom zu untersuchenden endogenen DNA-Bereich kontrolliert wird oder deren Wirkung auf andere Gene oder Merkmale zu untersuchen ist. Transgene mit verschiedenen DNA-Varianten werden zu diesem Zweck in die Keimbahn von

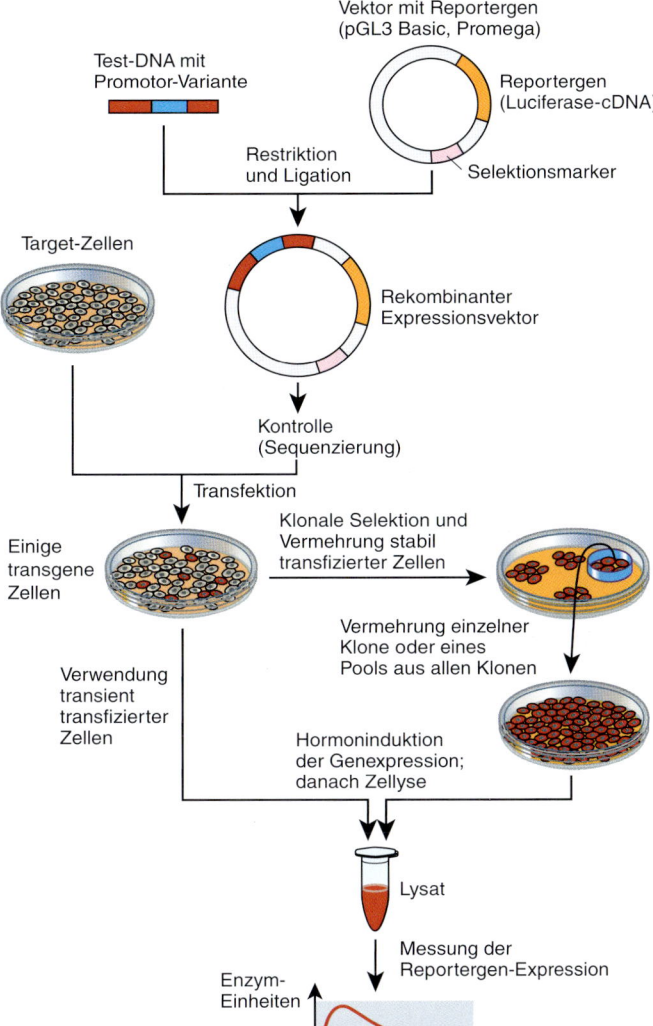

**Abb. 12.18:** Messung der Genexpression in transgenen, kultivierten Zellen

Der zu testende DNA-Abschnitt wird in ein Reportergen-Plasmid ligiert, so dass das Reportergen unter die Kontrolle der Test-DNA gerät. Diese enthält im Beispiel eine Variante der Promotorsequenz. Das Konstrukt wird dann in geeignete Zellen transfiziert. Transient transfizierte Zellen werden bestimmte Zeit nach Transfektion für die Messungen benutzt. Optional kann eine Selektion stabil transfizierter Zellen erfolgen, z. B. mittels Antibiotikarezistenz-Markergen und in Anwesenheit des entsprechenden Antibiotikums. Zur Anregung der Genexpression werden ggf. spezielle Medien mit Hormonen benutzt. Nach genügender Inkubationszeit werden die Zellen lysiert und im Lysat die Produkte des Reportergens gemessen, indem die Enzymaktivität bestimmt wird.

Tieren übertragen. Oft wird im heterologen System der Maus getestet, da diese für die Erzeugung und Untersuchung transgener Tiere besonders geeignet ist und – jedenfalls zwischen Säugern – oft eine genügende Ähnlichkeit in der Genfunktion gegeben ist. Auf die Verfahren beim Gentransfer in Tiere wird auf S. 417ff. näher eingegangen.

Die Ergebnisse, die in Verbindung mit dem Einschleusen eines Transgens für die Zwecke der Genfunktionsuntersuchungen erreichbar sind, werden in **Abb. 12.19** am Beispiel der Maus zusammengefasst. Embryonale Stammzellen, die das vollständige Transgen enthalten,

werden meist in Maus-Blastocysten eingeführt. Es entstehen chimäre Individuen, deren Nachkommen auch in der Keimbahn transgen sind. Alternative Ergebnisse erhält man mit einem Transfer des transgenen Zellkerns in Oocyten. Transgene Nachkommen analysiert man mit Hilfe von Reportergenen (z. B. β-Galactosidase) auf die gewebe- und entwicklungsspezifische Expression des Transgens. Die Expression des Transgens wird von derjenigen mehrerer Wirtsgene abhängen und umgekehrt auch die Aktivität von Wirtsgenen beeinflussen. Schließlich können Auswirkungen verschiedener DNA-Varianten auf die Ausprägung von Merkmalen ge-

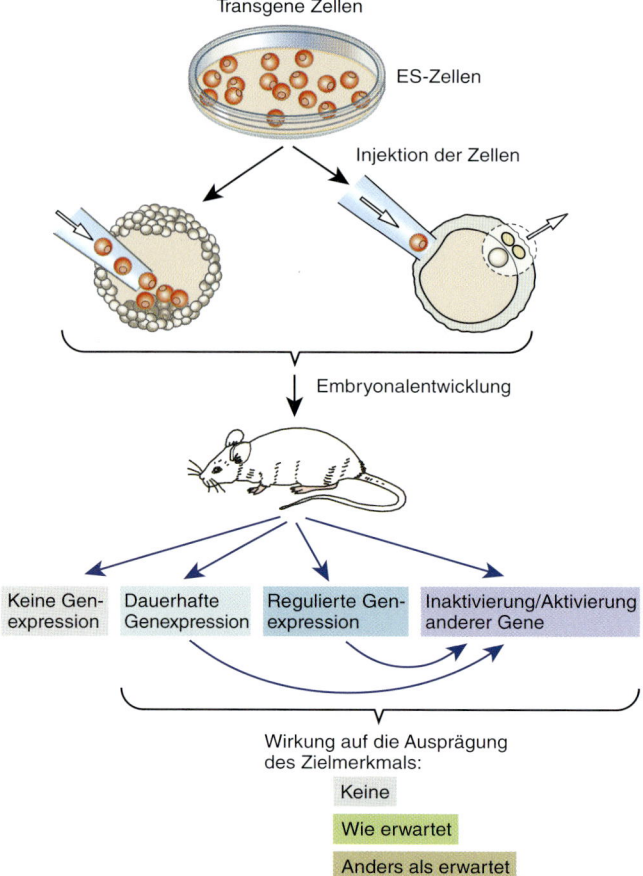

**Abb. 12.19:** Prinzip der Genfunktionsanalyse in transgenen Mäusen

Embryonale Stammzellen (ES-Zellen), die das vollständige Transgen tragen, werden in Maus-Blastocysten (links) oder in Oocyten (rechts) eingeführt. Transgene Nachkommen analysiert man auf die Aktivität eines Reportergens sowie auf weitere Gene, deren Funktionen bedeutsam sind. Erklärungen siehe Text.

messen werden. Das erwartete Ergebnis liegt dann vor, wenn sich die Werte des Ziel-Merkmals in der transgenen Maus ähnlich verhalten wie die Träger der betreffenden DNA-Varianten in der ursprünglich betrachteten Tierpopulation. Die Messungen in der transgenen Maus erlauben schließlich eine Analyse von DNA-Varianten, welche die Merkmalsänderungen ursächlich bedingen.

## Zusammenfassung

– Die Transkripte eines Gens können mit Hilfe der zell- oder gewebespezifisch isolierten RNA und durch RNA-Detektion direkt im Gewebe gemessen werden.

– Bei der Strukturanalyse eines Gens wird festgestellt, an welcher Stelle die Transkription in der genomischen DNA beginnt, welche Sequenz für die Translation relevant ist und wo sich Introns befinden.

– Promotorbereiche werden zunächst bezüglich ihrer Ausdehnung sowie der Anordnung von Regulationselementen auf der Basis von Konsensus-Sequenzen für die Anbindung von Transkriptionsfaktoren charakterisiert. Ein weiterer Schritt sind Bindungsanalysen zwischen Proteinen und Oligonucleotiden (Proteinbindungsanalysen).

Die Wirkung von DNA-Sequenzmotiven auf Genexpression und Merkmalsausbildung wird im zellfreien Extrakt oder in transgenen Zellen bzw. Tieren getestet.

# 13 Genomkartierung

Mit der **Genomkartierung** werden Angaben darüber gemacht, wie Erbanlagen in den Chromosomen angeordnet sind. Einige Begriffe sind für das Verständnis wichtig und werden daher vorab definiert.

Jedes **Chromosom** enthält bis zum Abschluss der $G_1$-Kernteilungsphase (siehe **Abb. 1.7**, S. 31 und **Abb. 3.9**, S. 74) ein langes, doppelsträngiges DNA-Molekül. Die Organisation der DNA in den Chromosomen ist typisch für eine Zelle, ein Individuum und eine Spezies. DNA-Menge und Chromosomenzahl pro Körperzelle können vor allem je nach Spezies variieren. Beispielsweise besitzt das Hausschwein in seinen Körperzellen einen doppelten (diploiden) Chromosomensatz mit 38 Chromosomen (18 Autosomenpaare und die beiden Geschlechtschromosomen). Der einfache (haploide) Chromosomensatz ist in Gameten vorhanden und enthält beim Schwein insgesamt ca. $2,7 \times 10^9$ bp DNA. Beim Rind befinden sich in den diploiden Zellen jeweils 60 Chromosomen mit insgesamt ca. $3,0 \times 10^9$ bp DNA im einfachen Chromosomensatz. Die chromosomale DNA wird in ihrer Gesamtheit als **Genom** bezeichnet.

Die Chromosomen enthalten die **Erbanlagen (Gene, Marker)** und sind demnach **Erbträger**.

Ein Chromosomenpaar in den diploiden Zellen besteht aus zwei **homologen Chromosomen** (**Abb. 13.1**). In diesen nehmen die Erbanlagen eine **Position (Locus)** ein. Erbanlagen an einem Locus können zwischen homologen Chromosomen unterschiedlich sein und werden als **Allele** bezeichnet. Die Kombination der Allele pro Chromosomenpaar wird **Genotyp** genannt (**Abb. 13.1**). Wie **Abb. 13.2** zeigt, bildet die Anordnung von Allelen innerhalb eines Chromosoms einen **Gameten-** oder **Haplotyp**. Während der sexuellen Fortpflanzung fusionieren je zwei Haplotypen zu einem Zygoten- oder Genotyp, wie er schließlich in den Körperzellen eines Individuums vorliegt.

Ein Individuum bildet – je nachdem wie die Allele in den Chromosomen kombiniert sind – Gameten mit Haplotypen in unterschiedlichen Wahrscheinlichkeiten (**Tab. 13.1**). Gameten mit Allelkombinationen wie bei den Eltern (**Elterntyp-Gameten**) sind bei Kopplung, d.h. bei benachbarter Position der Loci im selben Chromosom, häufiger, während Gameten mit neu

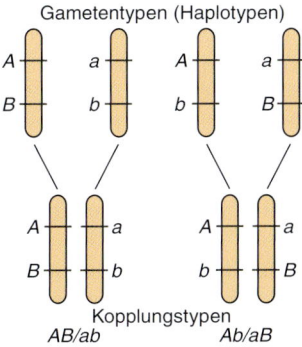

**Abb. 13.2:** Anordnung von Allelen gekoppelter Loci in Gameten und Zygoten

Auf dem Chromosomenpaar werden Locus A (mit den Allelen A und a) sowie Locus B (mit den Allelen B und b) betrachtet. Dadurch können sich vier verschiedene Gameten- oder Haplotypen bilden. Bei der Zygotenbildung sind an beiden Loci heterozygote Genotypen möglich, indem unterschiedliche Gametentypen fusionieren. Gezeigt werden die beiden unterschiedlichen Kopplungstypen AB/ab und Ab/aB.

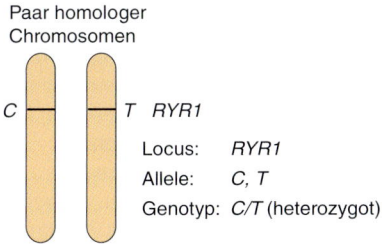

**Abb. 13.1:** Ein Chromosomenpaar aus den diploiden Körperzellen eines Tieres

Im Beispiel wird das Chromosom 6 des Schweins dargestellt mit dem Genlocus *RYR1* (*Ryanodin Receptor Locus 1*). In jedem der beiden homologen Chromosomen befindet sich ein Allel. Die Kombination der im Beispiel verschiedenen Allele führt zu einem heterozygoten (mischerbigen) Genotyp. Bei einer Kombination gleichartiger Allele wäre der Genotyp homozygot (reinerbig).

**Tab. 13.1:** Wahrscheinlichkeit für die Bildung von Gametentypen bei Eltern mit für zwei Loci heterozygoten Genotypen, jedoch verschiedenen Kopplungstypen

Zur Bezeichnung der Allele siehe **Abb. 13.2.** Elterntyp-Gameten (ohne Crossing over) und Rekombinanten-Gameten (mit Crossing over) bilden sich mit Wahrscheinlichkeiten, die von der Rekombinationsrate θ abhängen. Bei freier Rekombination (θ = 0,5) sind alle Gametentypen gleich häufig.

| Kopplungs-typ des Elters | Wahrscheinlichkeit für Gametentyp | | | |
|---|---|---|---|---|
| | **AB** | **Ab** | **aB** | **ab** |
| A a B b | $\frac{1-\theta}{2}$ | $\frac{\theta}{2}$ | $\frac{\theta}{2}$ | $\frac{1-\theta}{2}$ |
| A a b B | $\frac{\theta}{2}$ | $\frac{1-\theta}{2}$ | $\frac{1-\theta}{2}$ | $\frac{\theta}{2}$ |

θ: Rekombinationsrate
Die Wahrscheinlichkeiten der Elterntypen sind in roter, die der Rekombinanten in grüner Farbe angegeben.

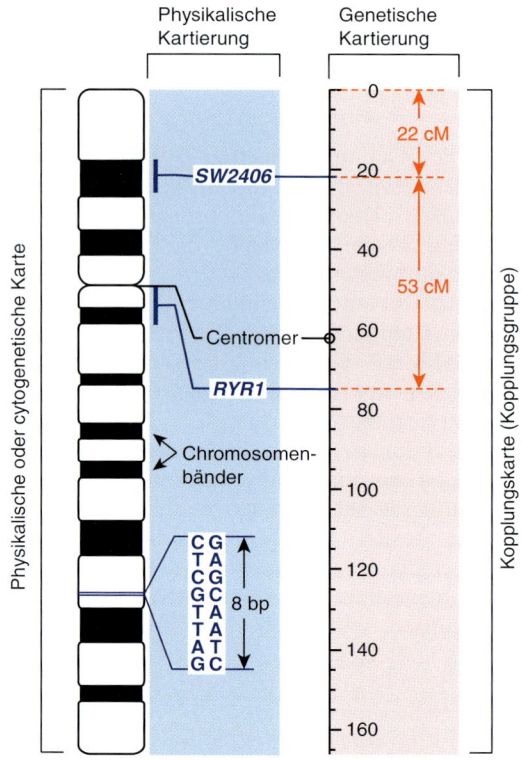

**Abb. 13.3:** Bei der Genomkartierung verwendete Begriffe, dargestellt am Beispiel des Chromosoms 6 beim Schwein.

kombinierten Allelen (**Rekombinanten**) seltener sind. Letztere entstehen nur dann, wenn eine ungerade Zahl an Crossing over zwischen den betrachteten Loci stattgefunden hat. Als **Crossing over** bezeichnet man den reziproken Stückaustausch zwischen homologen Chromosomen während der meiotischen Prophase (**Abb. 14.1**, S. 314, und **Abb. 14.5**, S. 317), der zu einer intrachromosomalen Rekombination führt.

Was versteht man unter einer Kartierung des Genoms?

Bei der **Genomkartierung (Genkartierung,** *genome mapping*, *gene mapping*) handelt es sich um die Identifizierung von Positionen (Loci, Messpunkte, *landmarks*) in einem DNA-Molekül, z. B. dem eines Chromosoms, und um die Messung von Abständen zwischen einzelnen Positionen. **Abb. 13.3** fasst einige im Zusammenhang mit der Kartierung verwendeten Begriffe zusammen. Die Abstandsmessung zwischen den Markern eines Chromosoms erfolgt in verschiedenen Einheiten:

– In **Rekombinationsraten**, d. h. den relativen Häufigkeiten an Crossing over (intrachromosomalen Rekombinationen) pro Meiose und

zwischen den jeweiligen Markern. Eine Messung der Markerabstände erfolgt bei der **genetischen Kartierung** (*linkage mapping*), indem die prozentuale Häufigkeit der Crossing over in centi-Morgan (cM) umgerechnet wird. Die so entstehende Karte gilt als **Kopplungskarte**, und pro Chromosom lässt sich eine **Kopplungsgruppe** erkennen.

– In **physikalischen Einheiten**, gemessen als Abstände zwischen Chromosomenbändern (durch spezielle Färbung darstellbare Muster innerhalb der einzelnen Metaphase-Chromosomen, siehe S. 277f. und **Abb. 13.11**, S. 280f.) oder als Anzahlen der Nucleotide (angegeben als Basenpaare, bp) im DNA-Doppelstrang. Bei einer solchen **physikalischen Kartierung** werden also die betrachteten Marker im DNA-Molekül lokalisiert. Das Ergebnis der Kartierung in Bezug auf die Positionen der Chromosomenbänder wird als **cytogenetische Karte** bezeichnet.

Die erste Genomkarte wurde 1910 bei der Fruchtfliege *Drosophila melanogaster* von der Arbeitsgruppe um T.H. MORGAN angefertigt und enthielt fünf Marker. Seit etwa 1990 fanden rasche Entwicklungen auf dem Gebiet der Kartierung statt. Unter Verwendung zahlreicher leistungsfähiger Methoden wurden in großen Genomprojekten Karten für viele Spezies erarbeitet, vor allem für „Modellorganismen", wie Mensch, Labormaus und Drosophila, aber auch für Spezies mit wirtschaftlicher Bedeutung, wie die der Nutztiere. Die Kartierungsdaten stehen – ständig aktualisiert – zu vielen Genomprojekten in Datenbanken des Internets zur Verfügung (GENOMEWEB 2004).

Für Genomkartierungen werden in großem Umfang biotechnische Methoden angewendet. Die nachfolgenden Ausführungen geben einen Überblick zu den Kartierungsmethoden sowie den dafür verwendeten Markern. Außerdem werden Beispiele zum Status der beim Tier bislang erreichten Genomkarten dargestellt.

# 13.1 Marker für die Kartierung

**Marker** sind in dem betrachteten DNA-Molekül direkt oder auf Grund ihrer Wirkungen einzeln identifizierbar und dienen als Bezugspunkte für die Kartierung. Ein Marker muss mehre-re Anforderungen erfüllen, damit er für die Kartierung verwendet werden kann. In jedem Fall muss ein Marker mit einer bestimmten Chromosomenregion assoziiert sein. Dies ist z.B. bei distinkten Phänotypen (z.B. Haarfarben), die in Verbindung mit bestimmten Chromosomenstrukturen bzw. Genotypen auftreten, oder bei locusspezifischen DNA-Sequenzen der Fall. Für die genetische Kartierung, nicht aber für die physikalische Kartierung, benötigt ein Marker darüber hinaus segregierende Allele, d.h. erkennbare Varianten bei den in das Experiment einbezogenen Tieren. Eine Reihe von weiteren Eigenschaften bestimmt die Nützlichkeit eines Markers bei dessen Verwendung. Dies sind beispielsweise für die genetische Kartierung die in **Tab. 13.2** aufgeführten Eigenschaften.

Für die Genomkartierung werden sehr verschiedene Markertypen verwendet, die sich nach der Art ihrer Darstellung sowie ihren speziellen Eigenschaften für die Kartierung in fünf Gruppen einteilen lassen:

– **Morphologische Marker.** Dazu gehören Farbe, Farbverteilung, Haarbildung oder Phänotypen von Gendefekten. In vielen Fällen können **Wildtyp-Allele**, d.h. die ursprünglichen Allele in einer Tierspezies, von seltenen **Mutanten-Allelen** unterschieden werden. Mutanten-Allele bewirken oft pathologische Phänotypen und werden insbesondere bei Labortieren für eine Kartierung des betreffenden

**Tab. 13.2:** Eigenschaften von Markern für die genetische Kartierung und die QTL-Kartierung (Zur QTL-Kartierung siehe S. 294ff.)

| Eigenschaft | Bedeutung |
|---|---|
| Zahl und Frequenz der Allele pro Locus (Polymorphiegrad) | Bedingt die Informativität für die Kartierung, d.h. Anteil der Individuen, bei dem die Vererbung eines Allels verfolgt werden kann. |
| Möglichkeit der direkten Identifikation eines Genotyps bzw. dessen Wirkung | Für die Kartierung ist eine codominante oder intermediäre Vererbung vorteilhaft. |
| *A-priori*-Wahrscheinlichkeit für eine Position im Genom | Diese Vorinformation ist verfügbar, wenn flankierende DNA-Bereiche bereits kartiert wurden oder eine Kartierung bei einer verwandten Spezies erfolgte. |
| *A-priori*-Wahrscheinlichkeit für eine Beziehung zu den Messwerten eines betrachteten Merkmals | Erkennbar aus der Zugehörigkeit zu bestimmten Genfamilien, den Funktionen der Genprodukte sowie aus Expressionsstudien in bestimmten Geweben und Entwicklungsstadien. |
| Experimenteller Aufwand bei der Darstellung eines Genotyps | Aufwendung von Zeit und Hilfsmitteln für die Identifikation. Beispielsweise sind Wirkungen von Farbgenen einfach zu registrieren, während die Darstellung von DNA-Varianten spezielle Labormethoden erfordert. |
| Fehlerrate bei der Genotypisierung | Fehlerarme Registrierungen lassen sich insbesondere für Kriterien erreichen, die nicht von der Umwelt und weiteren Genen beeinflusst werden, wie bei DNA-Varianten. |

Genlocus verwendet. Demgegenüber spielen bei Nutztieren morphologische Marker für die Kartierung kaum eine Rolle. Bedingt durch Züchtung treten innerhalb Rassen nur geringe Abweichungen in der Morphologie auf, so dass sich morphologische Marker erst nach Kreuzung ausgewählter Rassen nutzen lassen.

– **Marker der Chromosomenstruktur.** Einzelne Strukturen (**Bänder**) in den Chromosomen können mit verschiedenen Verfahren mikroskopisch dargestellt werden. Bei einer Chromosomenbänderung können Varianten zwischen homologen Chromosomen beobachtet werden. Mit hoch auflösenden, cytogenetischen Techniken sind bereits kleine Strukturunterschiede messbar, beispielsweise Deletionen oder Duplikationen. Die so nachzuweisenden Strukturvarianten lassen sich u. U. zugleich für eine physikalische wie für eine genetische Kartierung einsetzen und können dadurch Bindeglieder zwischen verschiedenartigen Karten sein. So werden Chromosomenbänder benutzt, um die Kopplungsgruppen den einzelnen Chromosomen zuordnen zu können. Auch Analysen der Gene im mikroskopisch erkennbar variablen Chromosomenbereich sind möglich, z. B. indem man die DNA des betreffenden Bereiches isoliert.

– **Immunologische Marker.** In diese Gruppe werden die innerhalb einer Spezies nachweisbaren Varianten der Antigene und Immunglobuline eingeordnet. **Antigene** sind die vom Immunsystem eines Organismus als Fremdstoffe erkannten Substanzen. Als **Alloantigene** bezeichnet man die von Allelen verursachten Antigenvarianten in einer Spezies. Diese werden besonders ausgeprägt bei den **Blutgruppen** und **Lymphocytenantigenen** nachgewiesen. Hierbei handelt es sich um Alloantigene auf den Erythrocyten- bzw. Lymphocytenoberflächen, die mit Hilfe spezifischer Antikörper erkannt werden. Außerdem lassen sich Varianten löslicher Proteine mit Hilfe von Antikörpern als **Allotypen** nachweisen. **Antikörper** sind die in einem Organismus gegen bestimmte Fremdstoffe gerichteten Immunglobuline, für die es ebenfalls viele Varianten gibt. Durch die große Zahl der bekannten Loci mit jeweils vielen, z. T. ähnlich häufigen Allelen gehörten immunologische Marker zu den ersten kartierten Loci bei Haustieren.

– **Biochemische Polymorphismen.** Mit Hilfe geeigneter Trenntechniken (meist der Elektrophorese oder Elektrofokussierung) wurden allele Varianten bei Proteinen nachgewiesen, oft auch unter Berücksichtigung der Enzymaktivität. Biochemische Polymorphismen waren vor Einsatz der DNA-Analysen die wichtigsten Marker bei den Tieren, da sie zahlreich sind, sich einfach darstellen lassen und in enger Beziehung zu jeweils einem exprimierten Gen stehen. Gleiche Eigenschaften weisen aber auch die DNA-Marker auf, die darüber hinaus weitere Vorteile besitzen und die Protein- und Enzymuntersuchungen fast völlig ersetzt haben.

– **DNA-Marker.** Bei den DNA-Markern handelt es sich um Darstellungen locusspezifischer DNA-Sequenzen. Von Tier zu Tier unterschiedliche DNA-Sequenzen (DNA-Varianten) kennzeichnen allele Unterschiede am betreffenden Locus. Zum Nachweis von DNA-Varianten steht eine Vielzahl an Techniken zur Verfügung (vgl. S. 198ff.). DNA-Varianten sind zahlreich und liefern die hauptsächlichen Marker bei der Genomkartierung. In Bezug auf die Kartierung werden die DNA-Marker oft eingeteilt in:

**Typ-I-Loci**: Marker innerhalb oder eng flankierend zu exprimierten Genloci.

**Typ-II-Loci**: Marker unbekannter Funktion. DNA-Sequenzen unbekannter Funktion werden manchmal auch als *Sequence Tagged Sites* (STS) bezeichnet. Insbesondere gehören hierher die hoch polymorphen Loci der repetitiven DNA (Mini- und Mikrosatellitenloci, siehe S. 222ff.).

## 13.2 Genetische Kartierung

Die **genetische Kartierung (Kopplungsanalyse**, *linkage mapping*) basiert auf einer Erfassung von Rekombinationsraten, d. h. der relativen Häufigkeiten von Crossing-over-Ereignissen, die als Messwerte für die Abstände zwischen Markern benutzt werden. Nachfolgend wird gezeigt, auf welche Weise aus den biotechnisch analysierten Markern schließlich ein Kartierungsresultat errechnet werden kann.

## 13.2.1 Informative Marker und Tiergruppen

Eine genetische Kartierung ist mit Hilfe aller Markertypen möglich, vorausgesetzt, dass an den Loci unterschiedliche Allele erkennbar sind und damit **informative Marker** vorliegen. Die Wahrscheinlichkeit eines Markers, für genetische Kartierungen in einer Tiergruppe informativ zu sein, lässt sich mit dem ***Polymorphism Information Content* (PIC)** (BOTSTEIN ET AL. 1980) angeben:

$$PIC = 1 - \sum_{i=1}^{K} q_i^2 - \sum_{i=1}^{K-1} \sum_{j=i+1}^{K} 2q_i^2 \; q_j^2$$

mit K : Anzahl der Allele und
$q_i$, $q_j$ : Frequenzen des Allels i bzw. j.

Die Formel besagt, dass die Informativität eines Markers umso höher ist, je ähnlicher die Frequenzen der verschiedenen Allele eines Locus sind und je mehr Allele vorkommen.

Für die genetische Kartierung werden **informative Tiergruppen** benötigt, in denen die betrachteten Loci verschiedene Allele aufweisen und das gemeinsame Auftreten von Allelen verschiedener Loci in einem Chromosom von der Häufigkeit der Crossing over abhängt. Letzteres trifft beispielsweise in $F_2$- oder Rückkreuzungsgenerationen (**Abb. 13.4**) zu, in denen von den Ausgangstieren die Allele zweier oder mehrerer gekoppelter Loci umso häufiger gemeinsam vererbt werden, je geringer die Rekombinations-raten zwischen den Loci sind, d.h. je enger die Kopplung ist. Informative Tiergruppen werden bei Haustieren erstellt, indem man Tiere solcher Ausgangsrassen kreuzt, die sich in möglichst vielen Allelen unterscheiden, d.h. man benutzt Tiere aus genetisch diversen Rassen.

Zur Abschätzung der Rekombinationsraten dienen Nachkommen, bei denen mindestens ein Elternteil an den betrachteten Loci heterozygot ist. Nur in diesen Fällen lässt sich aus den Genotypen der Nachkommen auf die intrachromosomalen Rekombinationen bei den Eltern schließen. Sind zwei Markerloci heterozygot und daher in der Kopplungsanalyse verwendbar, so gilt für das Intervall zwischen ihnen die Meiose als informativ. Die notwendigen Anzahlen der zu untersuchenden Nachkommen können je nach Informativität der einbezogenen Marker differieren. Beispielsweise standen im ersten europäischen Programm für die Erstellung der porcinen Kopplungskarte (PiGMaP) insgesamt 118 $F_2$-Tiere und je nach Locus zwischen 18 und 236 informative Meiosen zur Verfügung (ARCHIBALD ET AL. 1995).

Eine genetische Kartierung kann besonders effizient sein, wenn haploide Zellen, z.B. Spermien, verwendet werden, da sich in der Haplophase die bei der Meiose pro Chromosom gebildete Allelkombination direkt feststellen lässt. Beispielsweise erzeugt ein diploides Tier mit dem Genotyp (Kopplungstyp) *ab/AB* vier verschiedene Gametentypen (**Abb. 13.2**, S. 269). Die Elterntyp-Gameten *ab* und *AB* sind bei Kopplung häufiger, während die Rekombinanten-Gameten *aB* und *Ab* seltener gebildet werden (**Tab. 13.1**, S. 270). Bei der experimentellen Bearbeitung werden zunächst männliche Säugetiere, die an den betrachteten Loci heterozygot sind, ausgewählt oder erzeugt. Nachfolgend werden die Spermien gewonnen, einzeln sortiert, und dann wird die DNA pro Spermium präpariert. Werden Techniken zur DNA-Diagnose aus einer Zelle eingesetzt (siehe **Abb. 20.8**, S. 374), können aus einem jeden Spermium mehrere DNA-Loci simultan auf Genotypen getestet werden. Eine solche **Spermientypisierung**, für die es inzwischen mehrere experimentelle Beiträge gibt, ermöglicht eine Beurteilung großer Zahlen an Meiosen pro Individuum. Die Ergebnisse können u. a. dazu genutzt werden, um die Rekombinationsraten zwischen verschiedenen männlichen Tieren zu verglei-

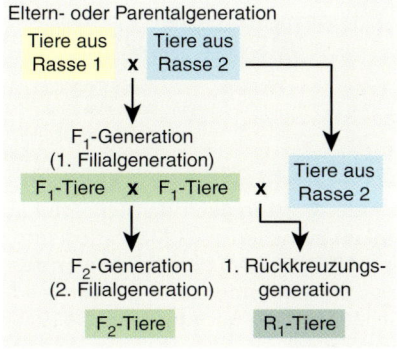

**Abb. 13.4:** Schema zur Erstellung einer $F_2$-Generation sowie einer Rückkreuzungsgeneration

chen. Allerdings gilt eine Genotypisierung mehrerer Loci unter Vorlage nur eines DNA-Doppelstranges als schwierig.

### 13.2.2 *Lod-Score*-Schätzung von Rekombinationsraten

Kopplungsanalysen bei Tieren müssen sich fast immer dem Problem stellen, dass die einzelnen Familien klein und die Kopplungstypen (**Abb. 13.2**, S. 269, **Tab. 13.1**, S. 270) der Elterntiere nicht bekannt sind. Bei kleinen Familien müssen die Informationen mehrerer Familien zusammengefasst werden (indirekte Kopplungsanalyse). Je nach Kopplungstyp treten jedoch unterschiedliche Häufigkeiten der Gametentypen auf, so dass zu fragen ist, wie eine Zusammenfassung mehrerer Familien bei der indirekten Kopplungsanalyse gelingt.

Die **Erfassung der Rekombinationsraten** ($\theta$) basiert dann auf Schätzungen von *Lod-Scores* (*logarithm of the odds*), d.h. den Relationen der Wahrscheinlichkeiten. Hierbei werden pro Nachkommenschaft folgende Wahrscheinlichkeiten verglichen:

$P_1$: Wahrscheinlichkeit einer Ausspaltung, d.h. Rekombination der Allele, bei gekoppelten Loci. Eine Kopplung wird dann festgestellt, wenn weniger als die Hälfte der Nachkommen aus rekombinierten Gameten hervorgegangen ist, d.h. wenn die beiden untersuchten Allele nicht unabhängig voneinander vererbt werden. Dann ist die Rekombinationsrate $\theta < 0{,}5$.

$P_2$: Wahrscheinlichkeit einer Ausspaltung bei ungekoppelten Loci. Sie führt zu einer Rekombinationsrate von $\theta = 0{,}5$.

Pro Nachkommenschaft i und für mehrere angenommene Rekombinationsraten wird dann jeweils ein Lod-Score gebildet als

$$Lod\text{–}Score\ z_i(\theta) = \log_{10}\left(\frac{P_1\ (\theta<0{,}5)}{P_2\ (\theta=0{,}5)}\right)$$

Der Nullhypothese einer Rekombinationshäufigkeit von $\theta = 0{,}5$ werden also Alternativhypothesen jeweils bestimmter Rekombinationsfrequenzen $\theta < 0{,}5$ gegenübergestellt, z.B. 0,1 oder 0,3. Wir nehmen im Beispiel an, dass zwei Nachkommen aus einer Elternpaarung $AaBb \times$

*aabb* berücksichtigt werden und beide eine *AB*-Gamete vom heterozygoten Elter erhielten. Dann ist, wie der **Tab. 13.1**, S. 270, entnommen werden kann, die
– Wahrscheinlichkeit für zufällige Rekombination $\frac{1}{4} \cdot \frac{1}{4} = \frac{1}{16}$ und die
– Wahrscheinlichkeit für Kopplung und kein Crossing over $\frac{1}{2} \cdot \frac{1}{2} = \frac{1}{4}$

Hieraus ergibt sich ein *Lod-Score* von

$$z_i = \log_{10}(\tfrac{1}{4}/\tfrac{1}{16}) = \log_{10}(4) = 0{,}602$$

Die *Lod-Scores* $z_i$ von N verschiedenen Nachkommengruppen werden addiert zum kombinierten *Lod-Score*

$$Z = \sum_{i=1}^{N} z_i$$

Diese Summierung der Ergebnisse macht den wichtigen Grund für den Einsatz des Verfahrens aus. Die *Lod-Score*-Werte werden dadurch zu einem geeigneten statistischen Maß für das Vorhandensein einer Kopplung, auch wenn die einzelnen Nachkommengruppen klein sind. Sie erreichen ein Maximum, wenn die bei der Be-

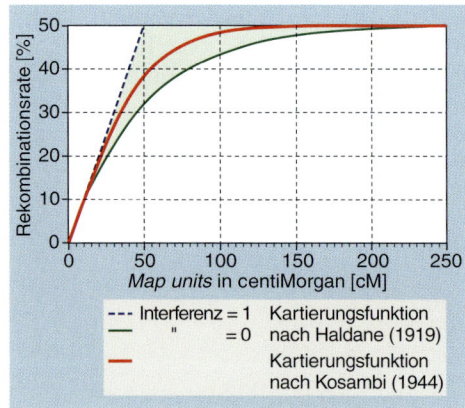

**Abb. 13.5:** Abhängigkeit der Rekombinationshäufigkeit zwischen zwei Markerloci und ihrer in centi-Morgan (cM) berechneten Entfernung in einer Chromosomenkarte bei Verwendung der Schätzformeln nach HALDANE (1919) und KOSAMBI (1944)

Die Schätzformel nach KOSAMBI bleibt auch bei unterschiedlicher Interferenz genau.

rechnung angenommene Rekombinationsrate bestmöglich zu den tatsächlichen Aufspaltungen in den Familien passt. *Lod-Scores* von ≥ 3 haben sich empirisch als Werte erwiesen, bei denen die Kopplung gesichert ist, während Werte unterhalb –2 eine Nichtkopplung anzeigen.

Für die praktische Durchführung existieren Auswertungsprogramme (z. B. CRIMAP), die eine simultane Berücksichtigung mehrerer Loci ermöglichen. Die ermittelten Rekombinationsraten werden als Crossing-over-Häufigkeiten in Prozent angegeben, wobei für 1 % Crossing-over als Einheit 1 **centi-Morgan (cM)** benutzt wird. Die Bezeichnung erfolgte nach dem Begründer der Kopplungsanalysen T.H. MORGAN. Crossing-over-Ereignisse treten in gleichmäßigeren Abständen über ein Chromosom verteilt als zufallsgemäß auf, was als **negative Interferenz** bezeichnet wird. Diese wird, wie in **Abb. 13.5** zu sehen ist, bei der Auswertung nach KOSAMBI (1944) berücksichtigt.

### 13.2.3 Aufbau und Status von Kopplungskarten

Aus den Anordnungen und Abständen der Loci wird entsprechend der zwischen ihnen ermittelten cM-Werte eine lineare Kopplungskarte gezeichnet. Oft werden auch die statistischen Wahrscheinlichkeiten für die Anordnung der einzelnen Loci angegeben. Manchmal wird zunächst eine **Gerüstkarte (*framework map*)** mit

geringer Zahl an Loci (***framework loci***) erstellt, die eine hohe statistische Absicherung für ihre Platzierung zeigen. In weiteren Schritten werden alle verfügbaren Loci einbezogen, und mit diesen wird eine **umfassende Karte (*comprehensive map*)** mit möglichst hoher Auflösung, d. h. mit vielen Loci pro Karteneinheit, erarbeitet.

Üblicherweise treten **Unterschiede in den Rekombinationsraten** zwischen Oogenese und Spermatogenese auf. So sind bei Säugern die Kopplungskarten vieler Autosomen im weiblichen Geschlecht um 30–40 % länger als im männlichen. Die Geschlechtseinflüsse werden ausgeglichen, indem aus Daten von männlichen und weiblichen Individuen mittlere Werte gebildet werden (**geschlechtsneutrale** oder **mittlere Genomkarten**). Die Rekombinationsfrequenzen variieren aber auch in Abhängigkeit von der Chromosomenlänge und -region, dem Alter der Tiere bei der Meiose, der Rasse und weiteren Einflussfaktoren. Für die Erarbeitung speziesspezifischer Parameter für die Rekombinationsraten sind daher mehrere Experimente erforderlich, in die u. a. verschiedene Rassen einbezogen werden.

In **Abb. 13.6** wird die zeitliche Entwicklung der Genomkartierung am Beispiel des Schweines dargestellt. Größere Beiträge zur Kartierung wurden seit etwa 1994 geleistet. Auf Grund insbesondere der Arbeiten in europäischen und US-amerikanischen Forschungskooperationen sind im Schweinegenom inzwischen (12.05.2004)

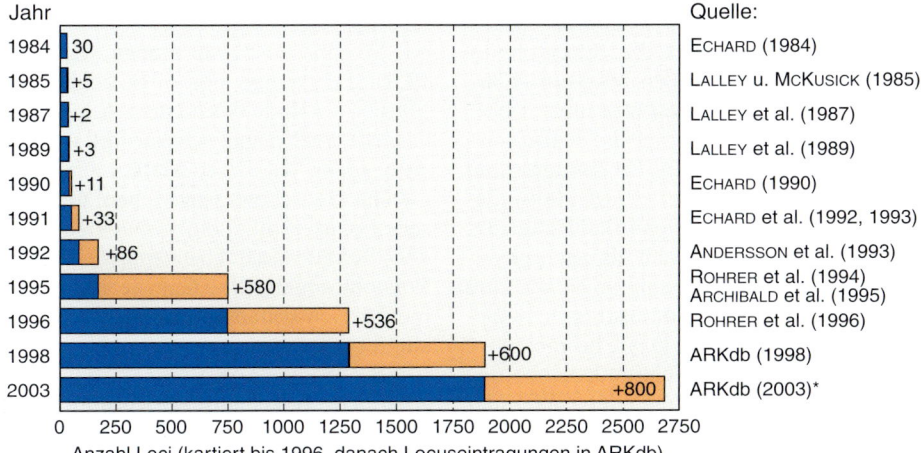

**Abb. 13.6:** Entwicklung der porcinen Genomkartierung

**Tab. 13.3:** Status der Genomkartierung bei einigen ausgewählten Spezies

| Spezies | Chromosomen-zahl (n) | Kartenlänge (cM) / Quelle | Genomgröße (Mb) / Quelle | Anzahl bekannter Loci [1] | |
|---------|---------------------|---------------------------|--------------------------|---------------------------|---|
| | | | | Gene | Marker |
| Mensch | 23 | 3 702 [2] <br> SCHULER et al. 1996 | 3 423 <br> GREGORY 2001 | 50 883 [3] | 105 133 |
| Maus | 20 | 1 361 <br> DIETRICH et al. 1996 | 3 216 <br> GREGORY 2001 | 33 279 | 57 499 |
| Schwein | 19 | 2 286 <br> ROHRER et al. 1996 | 2 718 <br> YERLE et al. 1997 | 1 588 | 2 493 |
| Rind | 30 | 3 160 <br> IHARA et al. 2004 | ≈ 3 000 <br> BLOM und RAPACKI 2004 | 746 | 1 979 |
| Huhn | 39 | 3 800 <br> GROENEN et al. 2000 | 1 510 <br> REN et al. 2003 | 765 | 1 765 |

[1] Abfrage folgender Datenbanken am 27.09.04: Mensch: GENELOC, WEIZMANN INSTITUTE (2004);
    Maus: MGD, JACKSON LABORATORY (2004); Schwein, Rind, Huhn: ARKDB, ROSLIN INSTITUTE (2004).
[2] Summe der Werte der 22 Autosomen und des X-Chromosoms
[3] Summe aus Genen und EST (*Expressed Sequence Tags*)-Cluster

4054 Loci bekannt (ARKdb, ROSLIN INSTITUTE 2004). Das Schweinegenom hat eine geschätzte Gesamtlänge von ca. 2300 cM; auch nach Einbeziehung weiterer Markerloci wird nicht die Länge der menschlichen Karte (von rund 3700 cM) erreicht werden. Am Status der genetischen Kartierung, der in **Tab. 13.3** für einige Nutztiere sowie Mensch und Maus zusammengefasst wird, ist ein erheblicher Kenntnisvorsprung beim Menschen und bei der Maus zu erkennen. Inzwischen stehen jedoch bei den Spezies der wichtigen Nutztiere durchweg deutlich mehr als 2000 Loci für Kartierungsanalysen zur Verfügung. Als Marker dienen vor allem Mikrosatellitenloci. Mit den kartierten Loci werden alle Chromosomen erfasst, und die durchschnittlichen Abstände zwischen den Markern (**Kartendichte, -auflösung**) liegen weit unter 5 cM.

**Abb. 13.7** zeigt als Beispiel die Karte vom Chromosom 6 des Schweines. Eingetragen sind insgesamt 93 der 519 aktuell (12.05.2004) diesem Chromosom zugeordneten Loci. Einige der Loci wurden sowohl genetisch als auch physikalisch kartiert, so dass die Kopplungskarte zum Bänderungsmuster des Chromosoms in Beziehung gesetzt werden kann. Das Chromosom 6 enthält auch züchterisch wichtige Loci, so den Ryanodinrezeptorlocus (*RYR1* oder *CRC*), der als Hauptgen für das Maligne Hyperthermie Syndrom (MHS) sowie der Schlachtkörperzusammensetzung gilt (vgl. **Abb. 13.31**, S. 302). Ebenfalls am Beispiel des porcinen Chromo-soms 6 werden in **Abb. 13.8** Rassen- und Geschlechtseinflüsse auf die Rekombinationsraten illustriert.

## 13.3 Physikalische Kartierung

Mit der **physikalischen Kartierung** werden die Distanzen entlang der Chromosomen gemessen, indem Entfernungen zwischen Chromosomenstrukturen (im Allgemeinen die Bänder) oder die Nucleotidzahlen als Maßeinheiten dienen. Die Auflösung der physikalischen Kartierung reicht je nach eingesetzter Technik von mehreren Megabasen bis zu einem Nucleotid (**Abb. 13.9**). Für einige der physikalisch kartierten Markerloci sind verschiedene Allele bekannt, so dass sie auch genetisch kartiert wurden (siehe **Abb. 13.7**). Mit diesen Markern sind daher Vergleiche zwischen genetischen und physikalischen Karten möglich, wobei sich gezeigt hat, dass 1 cM etwa $10^3$ kb entsprechen. Aber hier ist Vorsicht angebracht, denn je nach Chromosomenbereich können unterschiedlich viele Crossing over vorkommen.

Für die physikalische Kartierung werden zahlreiche biotechnische Verfahren eingesetzt. Im Vergleich zur genetischen Kartierung dient die physikalische Kartierung im Allgemeinen einer detaillierten Genomanalyse (**Abb. 13.10**). Wichtige Verfahren der physikalischen Kartie-

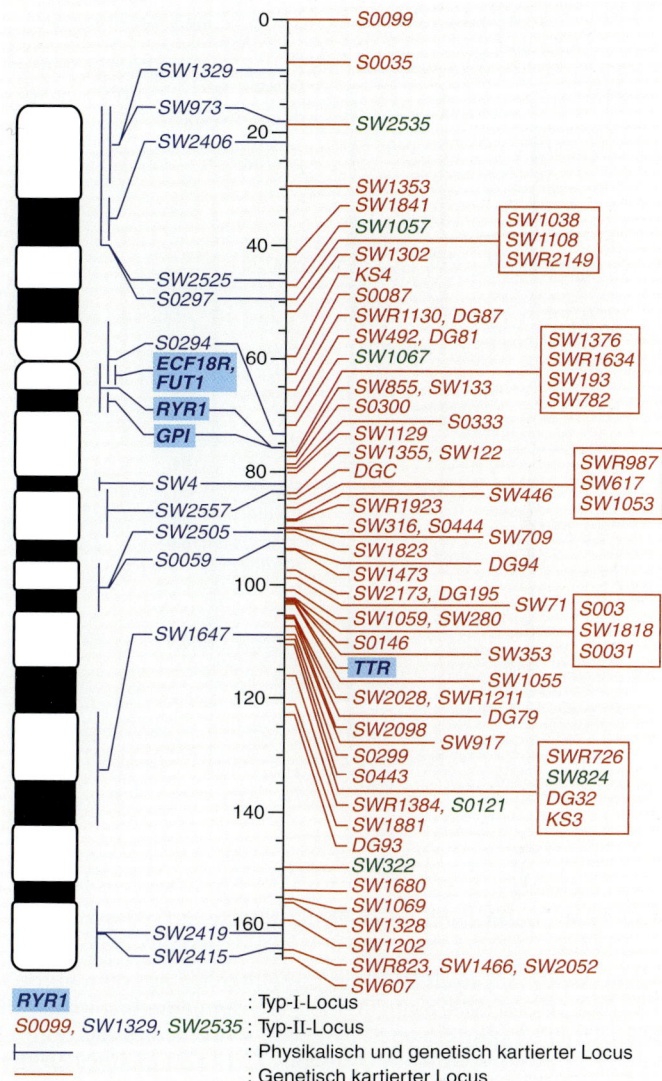

**Abb. 13.7:** Hinsichtlich der Geschlechtseinflüsse gemittelte Karte des porcinen Chromosoms 6 mit einer Auswahl von 93 der 519 diesem Chromosom zugeordneten Loci (INRA, TOULOUSE 2004)

Mit rot werden Loci gekennzeichnet, die nur genetisch kartiert sind, mit blau die sowohl genetisch als auch physikalisch kartierten. Die grün eingezeichneten Loci werden in der MARC-USDA-Karte nur genetisch eingeordnet. Einige Markerloci werden in **Abb. 13.8** definiert.

rung sind die Chromosomenbänderung, Analysen in somatischen Hybridzell-Panels und die DNA-*In-situ*-Hybridisierung von Chromosomen. Diese und einige weitere Verfahren werden nachfolgend beschrieben.

## 13.3.1 Chromosomenbänderungstechniken

Mit der **Chromosomenbänderung**, d. h. der Darstellung lichtmikroskopisch unterscheidbarer Strukturen der Metaphase-Chromosomen, werden Teilbereiche innerhalb Chromosomen identifiziert. Bänderungstechniken für unitäne Chromosomen, d. h. Chromosomen mit zwei Chromatiden in der $G_2$-Phase, wurden von CASPERSSON ET AL. (1970) entwickelt. Inzwischen stehen mehrere Bänderungstechniken für die Chromosomenuntersuchung zur Verfügung (**Tab. 13.4**), mit denen Auflösungen von bis zu ca. $3 \times 10^3$ kb – entsprechend ca. 3 cM – erreicht werden. Aus Bänderungsmustern abgeleitete Chromosomenkarten (**cytogenetische Karten**) gibt es inzwischen für viele Tierarten (z. B. für das Schwein siehe **Abb. 13.11**, S. 280f.). Die Techniken der Chromosomenbänderung haben

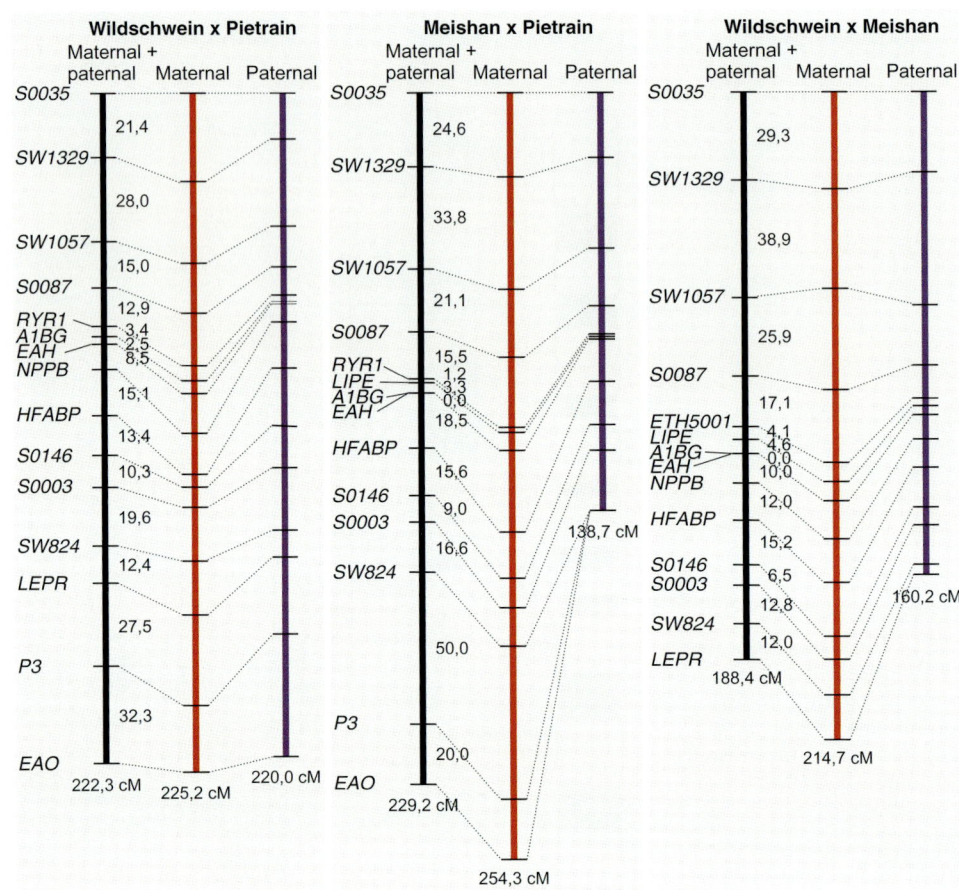

**Abb. 13.8:** Rassen- und Geschlechtseinflüsse auf die genetische Karte des porcinen Chromosoms 6 (nach Daten von Yue et al. 2003)

*S0035, S0087, S0146, S0003*: Mikrosatellitenloci aus dem europäischen PiGMaP-Programm; *SW1329, SW1057, SW824*: Mikrosatellitenloci aus dem amerikanischen USDA-MARC-Programm; *ETH5001*: Mikrosatellitenposition im *RYR1*-Locus; *A1BG*: α1-1B-glycoprotein; *EAH*: Erythrocyten-Antigen H; *EAO*: Erythrocyten-Antigen O; *HFABP*: *fatty acid-binding protein, heart*; *LEPR-R*: Leptin-Rezeptor R; *LEPR-H*: Leptin-Rezeptor H; *LIPE*: *hormone-sensitive lipase*; *P3*: uncharakterisierter Allotyp P3; *NPPB*: *brain natriuretic peptide 1*; *RYR1*: Ryanodin-Rezeptor-1 Gen.

wesentlich dazu beigetragen, dass einzelne Chromosomen einer Zelle zuverlässig zu erkennen sind, was die Beschreibung und Nummerierung von Chromosomen international vereinheitlicht hat. Die Chromosomenbänderung ist eine Voraussetzung, um z.B. nach *In-situ*-Hybridisierung die berücksichtigten Gene bzw. DNA-Loci einzelnen Chromosomenbereichen zuordnen zu können (vgl. **Abb. 13.15,** S. 285).

### 13.3.2 Zellhybridisierungstechniken

Eine wesentliche Technik für die Erstellung cytogenetischer Karten bei Tieren beruht auf somatischen Hybridzellen. Basis dieser Technik bildet die Beobachtung, dass unter bestimmten Bedingungen somatische Zellen (Körperzellen) unterschiedlicher Spezies *in vitro* fusionieren und **Hybridzellen** bilden (vgl. **Abb. 1.18,** S. 43). Stammen die Rezipientenzellen aus einer immortalisierten Zelllinie und die Donorzellen aus

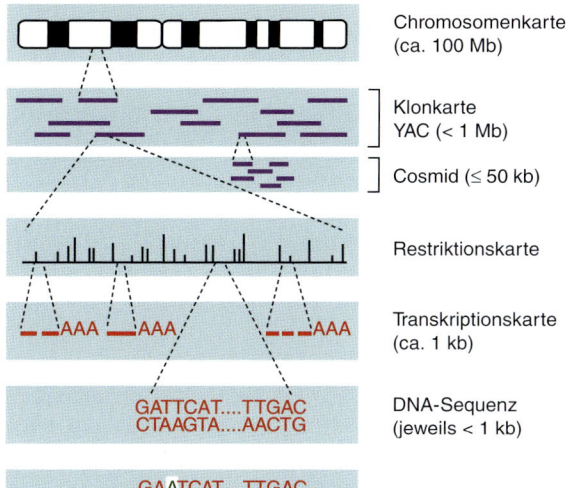

Chromosomenkarte
(ca. 100 Mb)

Klonkarte
YAC (< 1 Mb)

Cosmid (≤ 50 kb)

Restriktionskarte

Transkriptionskarte
(ca. 1 kb)

AAA   AAA   AAA

GATTCAT....TTGAC
CTAAGTA....AACTG

DNA-Sequenz
(jeweils < 1 kb)

GAATCAT....TTGAC

GATTGAT....TTCAC

Mutationskarte

**Abb. 13.9:** Die Verfahren der physikalischen Kartierung reichen von der Chromosomen- bis zur Mutationskarte

Üblicherweise werden bei den Analysen verschiedene Verfahren kombiniert. Erklärungen siehe Text.

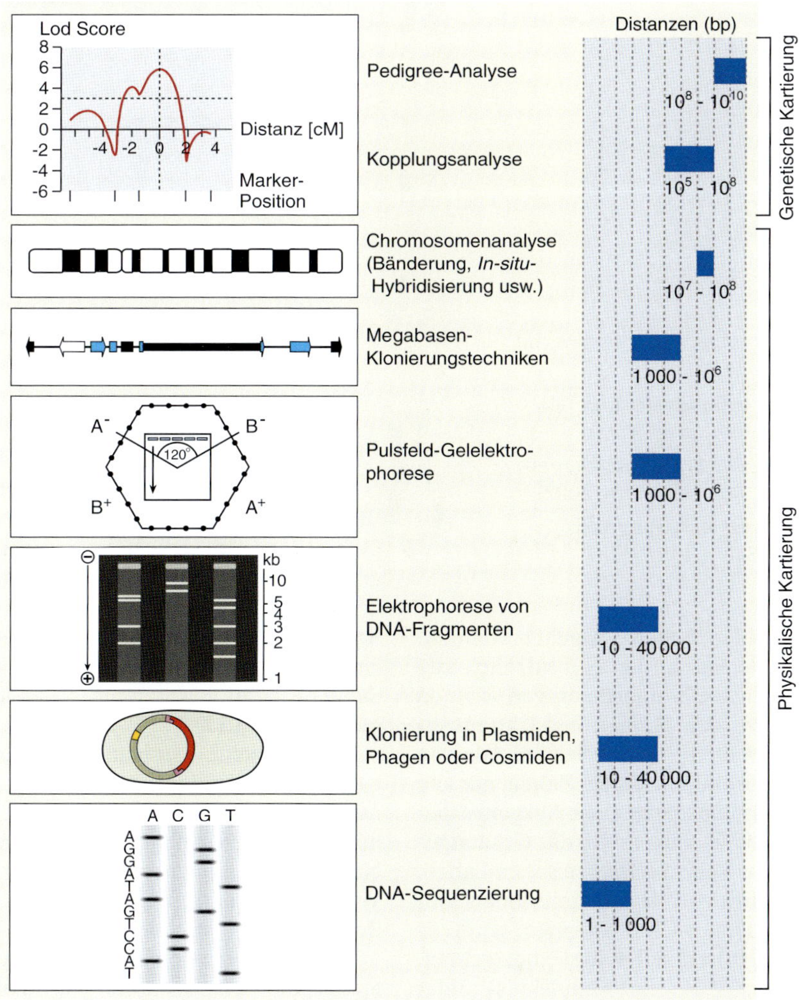

---

Lod Score

Distanzen (bp)

Genetische Kartierung

Pedigree-Analyse — $10^8 - 10^{10}$

Kopplungsanalyse — $10^5 - 10^8$

Distanz [cM]

Marker-Position

Chromosomenanalyse
(Bänderung, In-situ-Hybridisierung usw.) — $10^7 - 10^8$

Megabasen-Klonierungstechniken — $1\,000 - 10^6$

Pulsfeld-Gelelektrophorese — $1\,000 - 10^6$

Elektrophorese von DNA-Fragmenten — $10 - 40\,000$

Klonierung in Plasmiden, Phagen oder Cosmiden — $10 - 40\,000$

DNA-Sequenzierung — $1 - 1\,000$

A⁻  B⁻  120°  B⁺  A⁺

kb
10
5
4
3
2
1

A C G T
AGGATTAGTCCAT

Physikalische Kartierung

**Abb. 13.10:** Vergleich einiger Genomanalyseverfahren nach dem Niveau der Auflösung

**Tab. 13.4:** Bänderungstechniken für Chromosomen

| Bandentyp | Darstellungsmethode |
|---|---|
| G | Färbung mit **G**iemsa-Farbstoff nach Behandlung mit warmen Salzlösungen oder Trypsin. |
| Q | Färbung mit Fluoreszenzfarbstoffen wie **Q**uinacrin (spezifisch für AT-reiche DNA). |
| R | Färbung mit Giemsa-Farbstoff und Behandlung mit heißen Salzlösungen (Bandenmuster ist **r**evers zum G-Bandenmuster). |
| T | Untergruppe der R-Banden, da Färbung analog erfolgt (allerdings Behandlung bei noch höheren Temperaturen). Treten gehäuft im Bereich der **T**elomeren auf. |
| C | Färbung mit Giemsa-Farbstoff nach DNA-Denaturierung mit Säure und Alkalilösung. Gefärbt wird im Wesentlichen konstitutives (engl.: **c**onstitutive) Heterochromatin. |

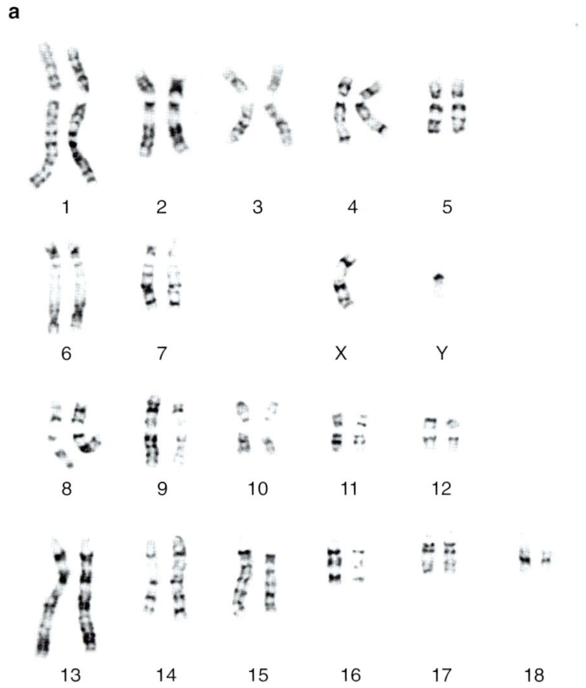

**Abb. 13.11:** Karyotyp des Schweins mit G-Bänderung

Die Technik der G-Bänderung ist **Tab. 13.4** zu entnehmen.

a) G-Bänderung der Chromosomen eines Ebers (PGM, ROSLIN INSTITUTE 2002)

b) Standardisierter Karyotyp nach GUSTAVSSON (1988)

normalen diploiden Zellen, so gehen während der klonalen Selektion der Hybridzellen die meisten der Donor-Chromosomen verloren, da sie asynchron zu den Rezipienten-Chromosomen repliziert werden. Durch Selektion lassen sich Zellklone isolieren, deren Zellen nur ein oder wenige Chromosomen einer Ausgangsspezies (Donor-Chromosomen) und das Gesamtgenom der anderen Spezies (Rezipient) enthalten. Eine Anordnung von Hybridzellklonen mit verschiedenen Donor-Chromosomen wird als **somatisches Hybridzell-Panel** bezeichnet. Solche Panels, z. B. Schwein/Maus- oder Schwein/Hamster-Zelllinien, eignen sich für eine Zuordnung von Genprodukten oder DNA-Sequenzen zu bestimmten Donor-Chromosomen (**Abb. 13.12**).

Kartierungen innerhalb von Chromosomen benötigen zusätzliche Techniken, wie z. B. eine Detektion bestimmter Chromosomenabschnitte mit Hilfe der *In-situ*-Hybridisierung oder ein Nachweis von Gensequenzen mit der PCR. Welche Möglichkeiten gibt es, die somatische Zellhybridisierung weiter zu verbessern?

Herkömmliche somatische Zellhybriden enthalten meistens mehrere Chromosomen des

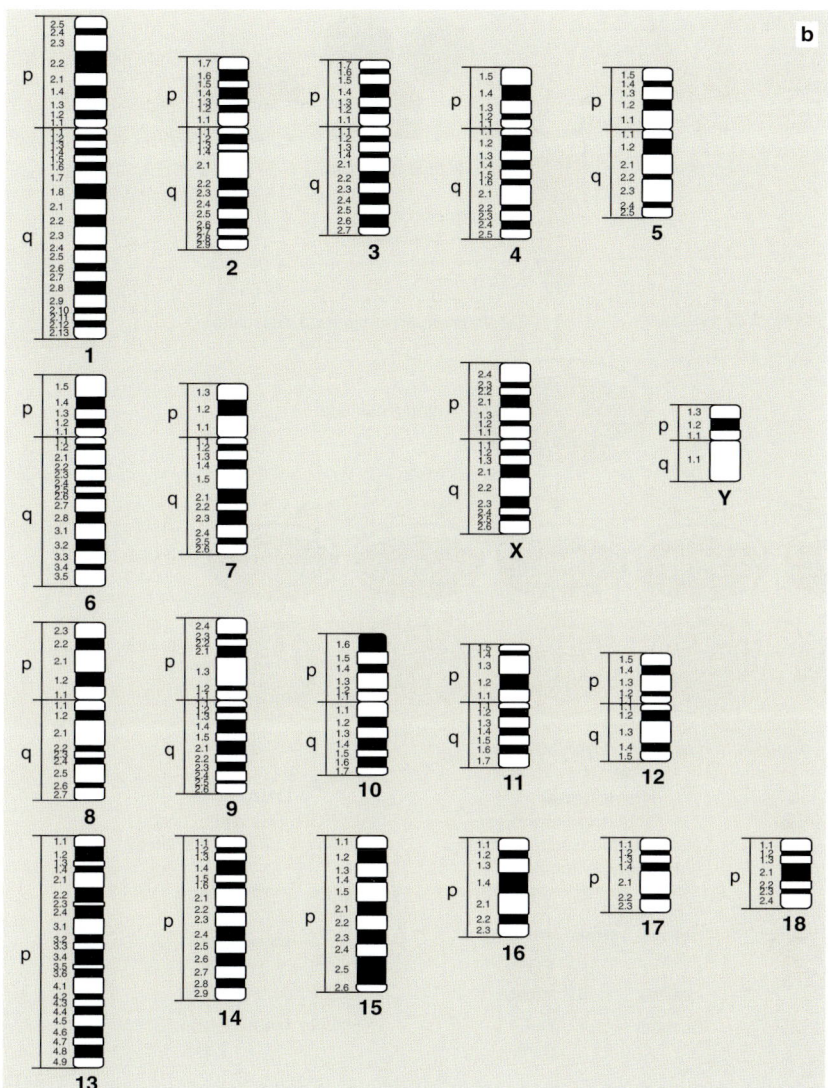

Donors. Um die Menge an genetischem Donor-Material zu begrenzen, kann eine **Mikrozellfusion (Abb. 13.13a)** durchgeführt werden. Hierbei wird die Mitose der Donorzelle z. B. durch Colcemid blockiert. Dadurch verteilen sich schließlich die Chromosomen auf **Mikronuclei** oder **Mikrozellen**. Diese lassen sich unter Verwendung von Cytochalasin B aus den Zellen isolieren. Die Mikrozellen enthalten häufig nur ein einzelnes Chromosom und können für die Fusion mit Rezipientenzellen benutzt werden. Die Eingrenzung der Hybridisierung auf nur ein Chromosom ist ein wesentlicher Vorteil der Mikrozellfusion; sie gelingt aber auch durch weitere in **Abb. 13.13** genannte Verfahren.

Die bislang gezeigten Verfahren der Zellhybridisierung erlauben nur eine Zuordnung von Genen zu einzelnen Chromosomen, nicht aber eine Kartierung innerhalb eines Chromosoms. Dies ist jedoch mit der Herstellung von **Bestrahlungshybriden** möglich. Hierbei werden, wie **Abb. 13.14** zeigt, mit Hilfe von Röntgenstrahlung in den Donorzellen zufällige chromosomale Fragmente erzeugt. Die Donorzellen werden anschließend mit Rezipientenzellen fusioniert. Durch ein Selektionssystem wird er-

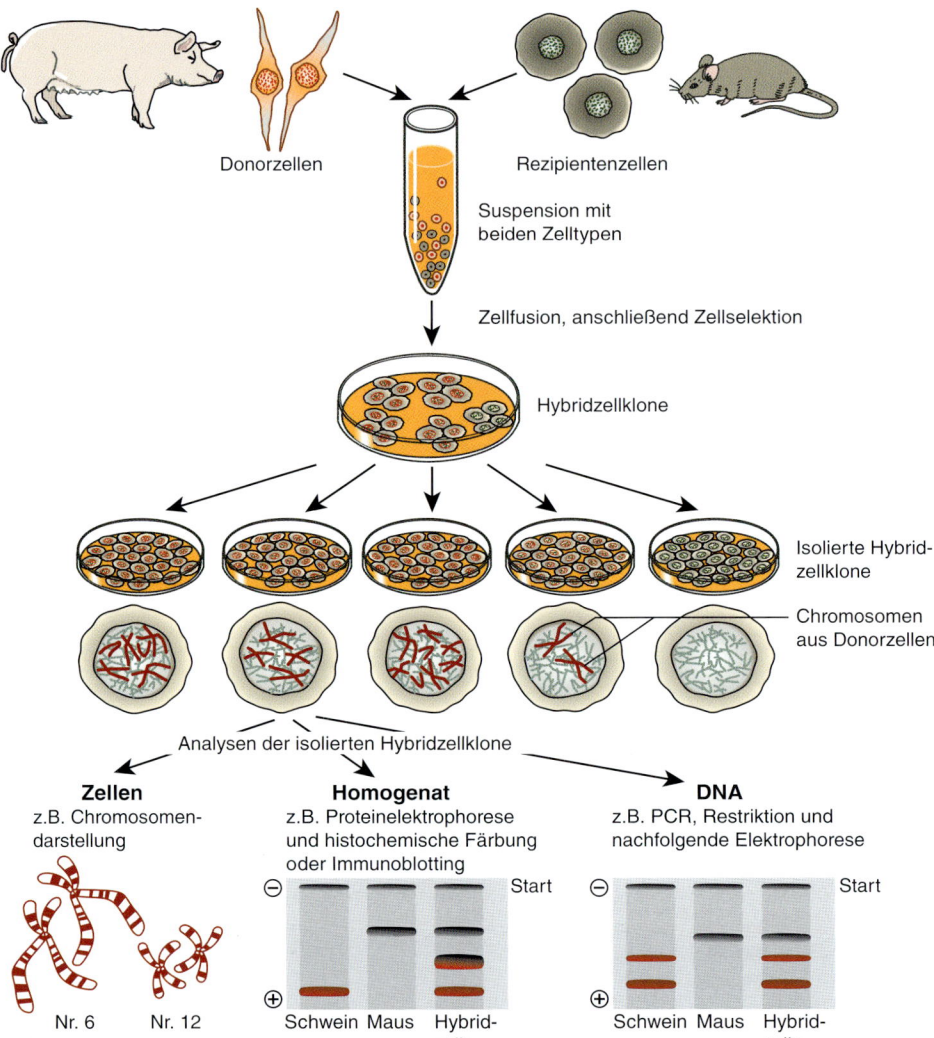

**Abb. 13.12:** Herstellung und Verwendung somatischer Hybridzellen für die Zuordnung von Markern zu bestimmten Chromosomen.

Als Donorzellen (d. h. Zellen, die einige Chromosomen in die Hybridzellen einführen) werden Fibroblasten benutzt. Rezipientenzellen (d. h. Zellen, die ihre Chromosomen mehr oder weniger vollständig behalten) stammen aus dem Tumorgewebe einer Maus. Zu jedem Hybridzellklon werden die Donor-Chromosomen sowie die daraus hervorgehenden DNA-Fragmente und Genprodukte rot dargestellt. Das mit einem Chromosom gemeinsame Vorkommen von Genprodukten (z. B. Proteine) oder DNA-Sequenzen aus der Donorspezies gilt dann als Nachweis, dass die betreffenden Loci in einem der Donor-Chromosomen lokalisiert sind. Zusätzliche Banden in Hybridzellen sind bei elektrophoretischer Darstellung nativer Proteine zu beobachten, wenn sich z. B. Dimeren bilden, an denen Untereinheiten beteiligt sind, die von verschiedenen Spezies stammen. Weitere Erklärungen im Text.

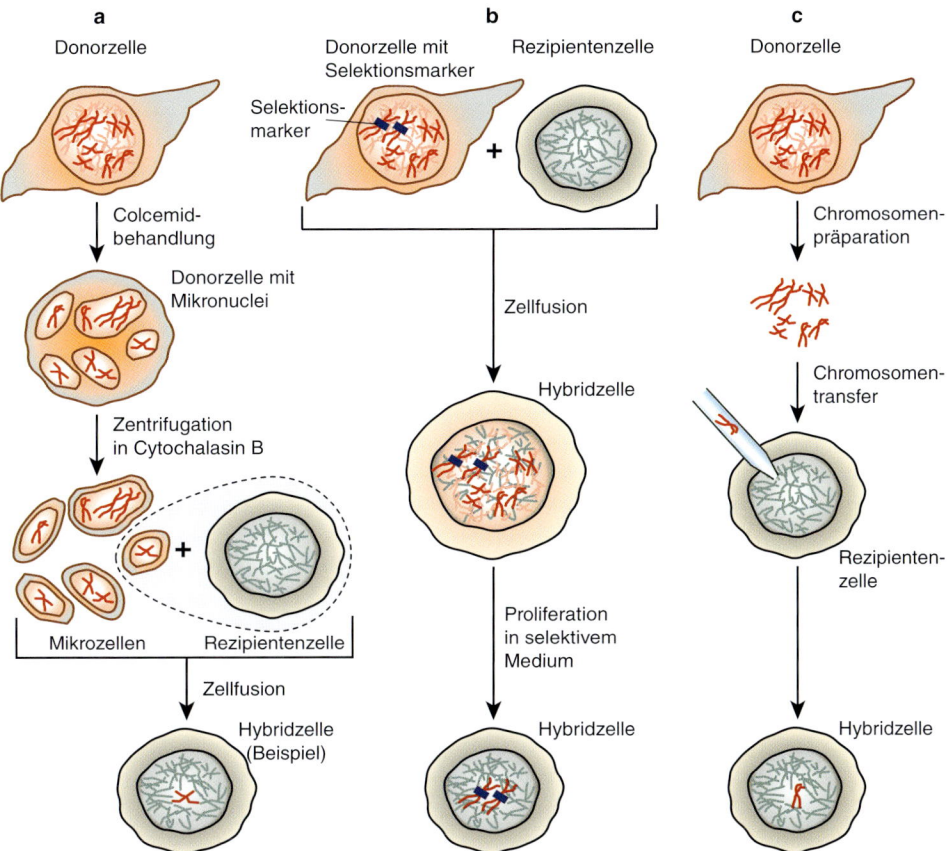

**Abb. 13.13:** Methodische Ansätze zur Herstellung von somatischen Hybridzellen mit jeweils nur einem Donor-Chromosom oder Donor-Chromosomenpaar

In der Hybridzelle nachgewiesene DNA-Sequenzen oder Genprodukte lassen sich auf dem betreffenden Chromosom lokalisieren.

**a) Mikrozellfusion.** Die Mitose der Donorzelle wird mit Colcemid behandelt, so dass die Kernteilung in der Metaphase arretiert wird und die Chromosomen auf Mikronuclei verteilt werden. Die Mikronuclei werden mit Cytochalasin B und nachfolgender Zentrifugation präpariert und dann für die Zellfusion verwendet.

**b) Selektionsmarker für das Donor-Chromosom.** Es erfolgt eine Zellfusion wie in **Abb. 13.12** dargestellt. Im selektiven Medium können nur diejenigen Hybridzellen überleben, die das erwünschte Donor-Chromosom enthalten, wenn dieses Chromosom ein Gen enthält, dessen Produkt von den Zellen zum Überleben benötigt wird.

**c) Chromosomentransfer.** Metaphase-Chromosomen können einzeln präpariert (vgl. **Abb. 13.17**, S. 287), in eine Mikropipette aufgenommen und dann in eine Rezipientenzelle übertragen werden.

reicht, dass im Medium nur Hybridzellen überleben und zu Klonen heranwachsen. In diesen Zellen reduziert sich die Zahl der chromosomalen Fragmente mit fortgesetzten Teilungen. Schließlich wird in den Nachkommenzellen durch *Southern-Blotting* (siehe **Abb. 4.17**, S. 112) oder PCR (siehe **Abb. 5.1**, S. 118) das

Vorkommen locusspezifischer DNA-Sequenzen analysiert.

Aus dem gemeinsamen Vorkommen der DNA-Sequenzen von je zwei Loci in einem Zellklon ergibt sich ein Hinweis auf deren Kopplung: Je enger nämlich zwei DNA-Sequenzen auf dem Chromosom benachbart sind,

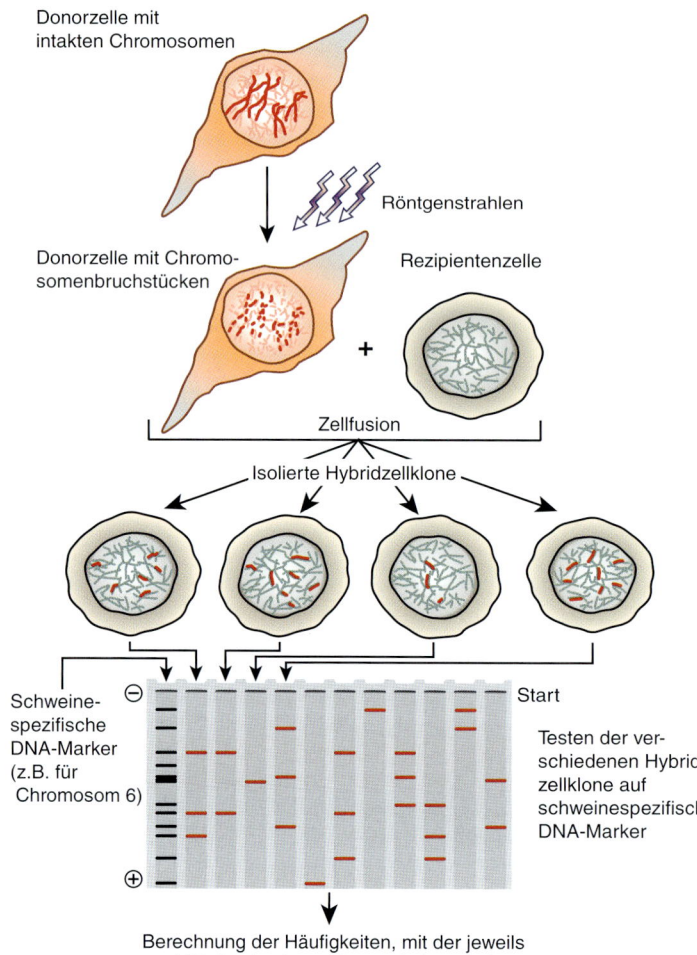

Donorzelle mit
intakten Chromosomen

Röntgenstrahlen

Donorzelle mit Chromo-
somenbruchstücken

Rezipientenzelle

+

Zellfusion

Isolierte Hybridzellklone

Schweine-
spezifische
DNA-Marker
(z.B. für
Chromosom 6)

⊖

Start

⊕

Testen der ver-
schiedenen Hybrid-
zellklone auf
schweinespezifische
DNA-Marker

Berechnung der Häufigkeiten, mit der jeweils
zwei Marker in einem Klon enthalten sind

**Abb. 13.14:** Verwendung röntgenbestrahlter Zellen für die Herstellung von somatischen Hybridzellen

Die Technik wurde von PONTECORVO (1971) beschrieben. Erklärungen siehe Text.

umso geringer ist die Wahrscheinlichkeit, dass sie durch eine zufällige Bruchstelle getrennt werden, und desto häufiger kommen die beiden Sequenzen gemeinsam in einer Zelle vor. Durch eine Kartierungsfunktion lässt sich – ähnlich wie bei der genetischen Kartierung – der Abstand von Positionen berechnen und in *centi-Ray* **(cR)** angeben. Hierbei handelt es sich nicht um eine konstante Einheit, denn der cR-Wert hängt von der Bestrahlungsdosis ab, die für die Erzeugung der DNA-Fragmente benutzt wurde. Es entstehen umso mehr Brüche, je höher die Strahlung dosiert wird, so dass unterschiedliche Auflösungen erreicht werden können. Beispielsweise bedeutet 1 $cR_{4000}$, dass Loci bei einer Röntgendosis von 4000 rad mit einer Wahrscheinlichkeit von 1 % durch eine Bruchstelle getrennt werden.

### 13.3.3 *In-situ*-Hybridisierung von Chromosomen

Mit der ***In-situ*-Hybridisierung** werden DNA-Sequenzen direkt in den Chromosomen nachgewiesen. Wie aus dem Schema in **Abb. 13.15** hervorgeht, werden fixierte, denaturierte Metaphase-Chromosomen mit bekannten einzelsträngigen und markierten DNA-Sonden behandelt. Die Sonden hybridisieren unter geeigneten Bedingungen an komplementäre Chromosomenregionen. Nach anschließenden Waschschritten verbleibt spezifisch gebundene DNA nur an Chromosomenstellen, die über komplementäre DNA-Sequenzen verfügen. Die Sonde wird entweder durch radioaktive Markierung und an-

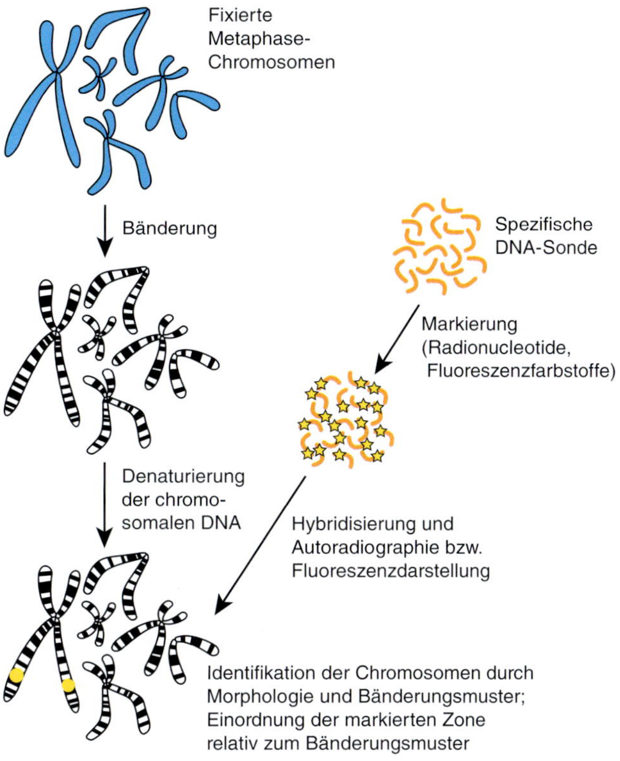

Fixierte
Metaphase-
Chromosomen

Bänderung

Spezifische
DNA-Sonde

Markierung
(Radionucleotide,
Fluoreszenzfarbstoffe)

Denaturierung
der chromo-
somalen DNA

Hybridisierung und
Autoradiographie bzw.
Fluoreszenzdarstellung

Identifikation der Chromosomen durch
Morphologie und Bänderungsmuster;
Einordnung der markierten Zone
relativ zum Bänderungsmuster

**Abb. 13.15:** Prinzip der *In-situ*-Hybridisierung von Chromosomen

Dargestellt wird die Hybridisierung markierter DNA mit Metaphase-Chromosomen. Dazu wird eine markierte DNA-Sonde *in situ* auf das Chromosomenpräparat gegeben. Im Schema abgebildet sind einige Chromosomen, an denen sich bei einem ein Hybridisierungsbereich erkennen lässt. Die Identifikation des Chromosoms erfolgt durch eine zusätzliche Darstellung der Bänderungsmuster. Wenn die DNA-Sonde mit den Sequenzen eines bestimmten Gens hybridisiert, wird eine cytogenetische (physikalische) Kartierung erreicht. Die *In-situ*-Hybridisierung von Chromosomen wurde von GALL UND PARDUE (1969) eingeführt.

schließende Autoradiographie sichtbar gemacht, oder es werden Fluoreszenzfarbstoffe eingesetzt und das Ergebnis der Hybridisierung im Fluoreszenzmikroskop beobachtet (**Fluoreszenz-In-situ-Hybridisierung, FISH**). Bei der FISH-Technik werden die DNA-Sonden mit einem Fluoreszenzfarbstoff ligiert oder durch Einbau modifizierter Nucleotide mit Reportermolekülen (Biotin oder Digoxigenin) markiert. Bei der letzteren Nachweistechnik erfolgt anschließend ein Einsatz von Avidin mit sehr hoher Assoziationskonstante für die Biotinbindung oder von Antikörpern gegen Digoxigenin. Weitere immunhistochemische Verfahren werden zur Verstärkung der Signale eingesetzt. Fluoreszenznachweise sind im Vergleich zu den radioaktiven DNA-Sonden schnell durchzuführen und erlauben eine gleichzeitige Verwendung mehrerer Fluoreszenzfarbstoffe zur simultanen Detektion verschiedener Hybridisierungssignale. Mit mehreren Fluoreszenzfarbstoffen, die jeweils an unterschiedliche Sonden ligiert sind, können die betrachteten Loci zueinander physikalisch zugeordnet werden; eine solche Methode wird auch als **Multicolor-FISH-Technik** oder *Chro-*

*mosome Painting* bezeichnet (**Abb. 13.16a**). Hilfreich ist die Verwendung von möglichst großen DNA-Sonden, z.B. solchen mit Längen > 20 kb, wie sie aus Cosmid-Klonen zu gewinnen sind. Da lange Sequenzen üblicherweise repetitive DNA-Bereiche enthalten, werden diese zuvor durch Hybridisierung mit komplementären repetitiven DNA-Sequenzen abgedeckt (***In-situ*-Supressionshybridisierung**).

Für die *In-situ*-Hybridisierung von Chromosomen ist es von wesentlicher Bedeutung, dass die betreffenden Chromosomen durch morphologische Kriterien (Centromerposition, Größe, Bänderungsmuster etc.) individuell unterscheidbar sind, so dass das Hybridisierungssignal relativ zum Bänderungsmuster einzuordnen ist. Eine Chromosomenbänderung kann vor (z.B. mittels Giemsa-Farbstoff; **Abb. 13.15**), während (z.B. mittels Bisbenzimid, DAPI oder Quinacrin; **Abb. 13.16b**) oder nach der Hybridisierung erfolgen. Eine Co-Hybridisierung mit DNA-Sonden für repetitive Bereiche (*interspersed repetitive sequences*) ergibt ein den R- bzw. G-Banden ähnliches Muster.

Mit herkömmlichen FISH-Verfahren wird

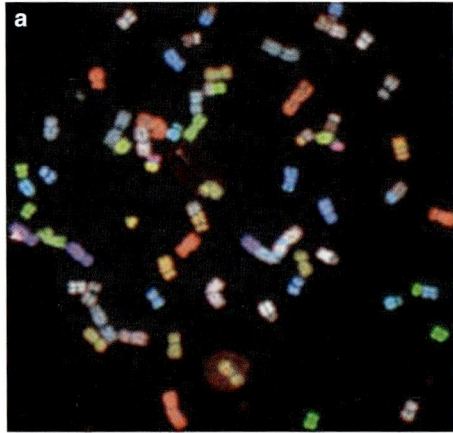

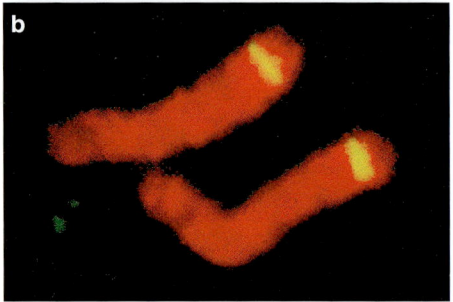

**Abb. 13.16:** Beispiele für *In-situ*-Hybridisierung von Metaphasechromosomen mit Fluoreszenzfarbstoffen (Fluoreszenz-*In-situ*-Hybridisierung, FISH)

a) Multicolor-FISH für die Chromosomen des menschlichen Karyotyps (ALMULLA 2004)

b) Ergebnis einer FISH bei einem Paar homologer Metaphasechromosomen. Der Farbstoff FITC (Fluoresceinisothiocyanat) fluoresziert gelb, während das übrige Chromosom mit DAPI (4',6-Diamido-2-phenylinol) eine rote Färbung erhalten hat.

eine Auflösung bis zu wenigen Mb erreicht. Auch Interphasekerne lassen sich für die FISH-Technik nutzen, da diese nicht auf teilungsfähige Zellen angewiesen ist. Die **Interphase-FISH** nutzt für die Genkartierung die Tatsache, dass das Interphasechromatin gering kondensiert ist, so dass eng benachbarte Genomabschnitte mit einer Auflösung von 50–100 kb diskret dargestellt werden können. Die *In-situ*-Hybridisierung am lockeren Chromatin oder an DNA-Fasern (**Fibre-FISH**) erlaubt in Verbindung mit einer PCR am Chromosomenpräparat und dem

Nachweis des Amplifikates am Ort seiner Entstehung eine sehr sensible *In-situ*-Lokalisation von DNA-Sequenzen innerhalb von Chromosomen. Für diese Verfahren werden die Begriffe *Direct-in-situ-Single-Copy* (DISC) PCR und *Primed-in-situ* (PRINS) PCR verwendet. Durch PCR-Primer für Exonbereiche (definiert auf der Basis der cDNA-Sequenzen) kann sichergestellt werden, dass in der chromosomalen DNA nur die Stellen der Protein codierenden Loci *in situ* erkannt werden.

### 13.3.4 Chromosomensortierung

Analog zur Auftrennung einzelner Zellen nach ihren DNA-Eigenschaften (siehe **Abb. 1.13**, S. 37) können auch Metaphase-Chromosomen mit Hilfe der **Durchfluss-Cytometrie** sortiert werden. Zu diesem Zweck werden Metaphase-Chromosomen mit einem oder zwei Fluorochromen gefärbt, so dass sie im Laserlicht in Abhängigkeit von DNA-Gehalt und Basenzusammensetzung eine charakteristische Fluoreszenz zeigen. Wie **Abb. 13.17** erkennen lässt, wird die Fluoreszenz über eine Steuereinheit in elektrische Ladung des chromosomenhaltigen Pufferstroms umgewandelt. Der Pufferstrom wird dann in einzelne Tropfen aufgetrennt. Ihrer Ladung gemäß werden die Tropfen in verschiedene Sammelgefäße geleitet. Pro Vorgang können nur ein bis zwei Sortierkriterien eingesetzt werden. In mehreren Schritten können jedoch verschiedene Fluoreszenzmarkierungen berücksichtigt werden, und es entstehen ggf. hoch angereicherte Präparate mit bestimmten Chromosomen.

**Abb. 13.18** illustriert das Ergebnis einer Durchflusscytometrie nach Kombination zweier Fluorochrome. Mit HOECHST 33258 (Bisbenzimid) werden vorrangig AT-reiche DNA-Regionen markiert und mit Chromomycin A3 GC-reiche DNA-Regionen. Zur Anregung der Fluoreszenz werden zwei Laserstrahlen eingesetzt. Dadurch erhält man als Sortierergebnis ein zweidimensionales **Durchfluss-Karyogramm**, das die Chromosomen nach deren DNA-Gehalten und Basenpaarhäufigkeiten trennt. Im Beispiel der **Abb. 13.18** wird das Durchfluss-Karyogramm eines Ebers gezeigt, in dem einzelne Chromosomen-Spots zu erkennen sind.

Die Chromosomensortierung liefert für sich allein noch kein Kartierungsergebnis. Die iso-

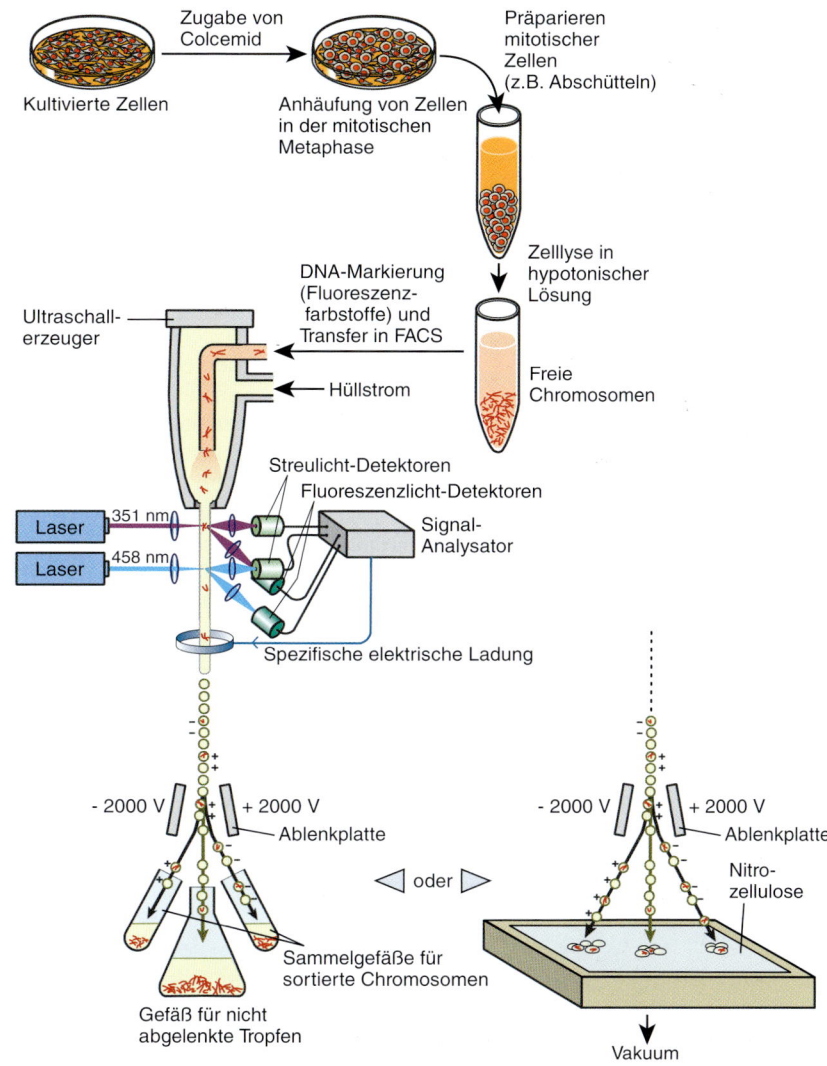

**Abb. 13.17:** Sortieren von Chromosomen mittels Durchfluss-Cytometrie (*Fluorochrome Assisted Cell Sorter*, FACS)

Die Zellen werden durch Colcemidbehandlung in der Metaphase arretiert. Nach Zelllyse in hypotonischer Lösung liegen die Metaphase-Chromosomen frei. Sie werden mit zwei verschiedenen Fluorochromen je nach DNA-Gehalt und Basenzusammensetzung unterschiedlich angefärbt (zweidimensionale Durchfluss-Cytometrie) und dann in den Hüllstrom des FACS gegeben. Die beiden Farbstoffe werden durch Laserstrahlen angeregt, die Fluoreszenz wird in je einem Photomultiplier erfasst und über den Signal-Analysator in elektrische Ladung umgewandelt. Der Hüllstrom wird durch Ultraschall in Tropfen zerteilt. Jeder Tropfen wird entsprechend seiner Ladung in bestimmte Sammelgefäße geleitet. Alternativ können die abgelenkten Tropfen z.B. auf eine Nitrocellulosemembran gesaugt werden, so dass dort für einzelne Chromosomen spezifische Spots entstehen. Die Chromosomen lassen sich damit für weitere Analysen benutzen, wie z.B. FISH, Chromosomentransfer, Etablierung einer DNA-Bibliothek, und dienen so auch der Kartierung.

lierten Chromosomen lassen sich jedoch gezielt untersuchen und z. B. als Ausgangsmaterial für die Erstellung chromosomenspezifischer DNA-Bibliotheken verwenden. Dies geschieht beispielsweise durch eine Analyse bereits bekannter, locusspezifischer DNA-Sequenzen, um so die Identität der verschiedenen isolierten Chromosomen zweifelsfrei bestimmen zu können.

Nachfolgend können weitere DNA-Sequenzen dieser Bibliothek analysiert und damit jeweils einem bestimmten Chromosom zugeordnet werden.

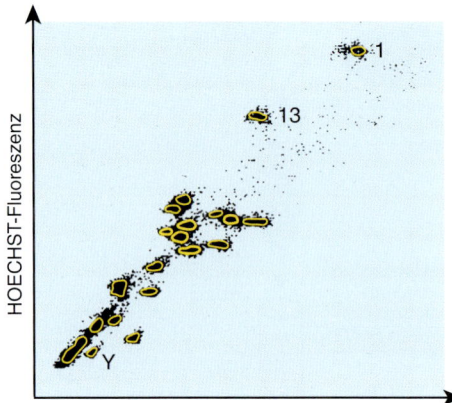

**Abb. 13.18:** Beispiel für ein FACS-Sortierergebnis von Chromosomen eines Ebers (nach Daten von Dixon et al. 1992)

Die Metaphase-Chromosomen wurden mit den Fluorochromen Hoechst 33258 (Bisbenzimid) und Chromomycin A3 gefärbt, die sich vorrangig an AT- bzw. GC-reiche Regionen binden. Die einzelnen Chromosomenspots wurden durch zweidimensionale Durchfluss-Cytometrie erzeugt (**Abb. 13.17**).

### 13.3.5 Chromosomen-Mikrodissektion

Mit Mikromanipulationsmethoden können definierte Abschnitte aus Chromosomen geschnitten werden (**Mikrodissektion**). Zur Abtrennung werden feine Spatel (**Abb. 13.19**) oder Laserstrahlen benutzt. Die ausgeschnittenen Fragmente umfassen meist mindestens eine chromosomale Bande und werden zur Herstellung von DNA-Bibliotheken benutzt. Zu diesem Zweck wird die DNA der isolierten Chromosomenregion zunächst durch PCR amplifiziert, um dann die entstehenden DNA-Moleküle in einen geeigneten Vektor (z. B. Lambda-Phagen, Cosmide) zu klonieren. Die Klone einer solchen Bibliothek repräsentieren eine bestimmte chromosomale Region. Anschließend kann die DNA der Klone auf das Vorhandensein der Zielsequenz getestet werden, die damit in der betrachteten Chromosomenregion kartiert wird.

### 13.3.6 Isolierung und Analyse von DNA-Fragmenten

Ausgehend von den Chromosomen können die DNA-Sequenzen einzelner Chromosomenbereiche analysiert werden (**Abb. 13.9**, S. 279). Die Techniken zur **Isolierung und Analyse großer**

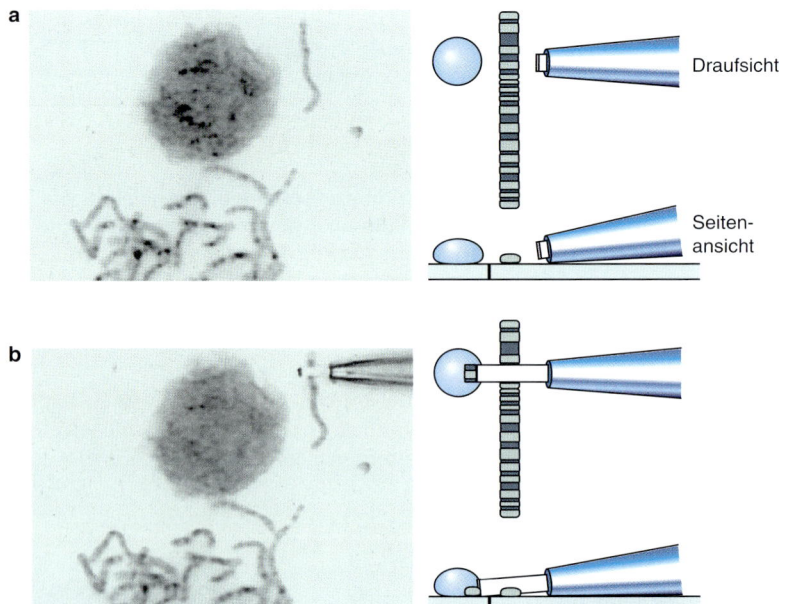

**Abb. 13.19:** Ablauf der Chromosomen-Mikrodissektion

Links ein Photo, rechts die schematische Wiedergabe in Draufsicht und Seitenansicht.

a) Zu Beginn der Arbeiten wird der Mikrospätel auf den ausgewählten Bereich eines Chromosoms gerichtet.

b) Das Chromosomenmaterial wird dann durch starken Stoß in einen dahinter positionierten Mikrotropfen geschoben und kann daraus gewonnen werden.

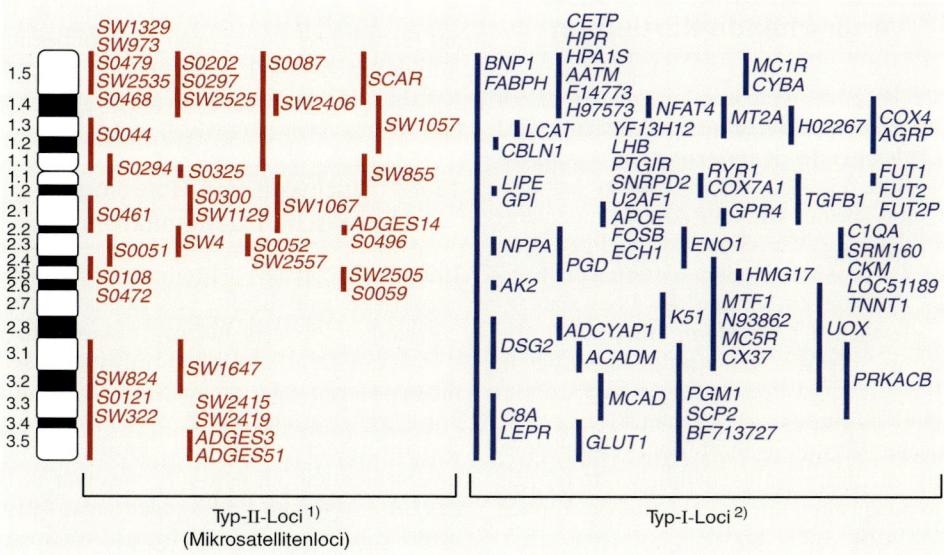

**Abb. 13.20:** Physikalische Karte des porcinen Chromosoms 6

Quellen: INRA, Toulouse (2002) und ARKdb, Roslin Institute (2004).

[1] Die mit *S* bezeichneten Mikrosatellitenloci wurden im europäischen PiGMaP-Programm erarbeitet, die mit *SW* im amerikanischen MARC-USDA-Programm. Die Loci *ADGES ...* sind Minisatelliten.

[2] Die aufgeführten Typ-I-Loci werden entsprechend ihrer Genprodukte bezeichnet. Einige Markerloci werden in **Abb. 13.8**, S. 278, definiert.

**DNA-Fragmente** werden auf Seite 231ff. zusammengefasst. Im Bereich einzelner genomischer DNA-Fragmente kann eine so genannte **Restriktionskartierung** vorgenommen werden (siehe **Abb. 4.16**, S. 109). Hierbei werden die Positionen und Häufigkeiten der Erkennungssequenzen für Restriktionsenzyme in der genomischen DNA kartiert. Eine Kartierung innerhalb größerer DNA-Bereiche erfolgt durch selten schneidende Restriktions-Endonucleasen. Die entstehenden Restriktionsfragmente werden durch Gelelektrophorese untersucht. Sehr große Fragmente (> 50 kb) werden ggf. mit Hilfe der Pulsfeld-Gelelektrophorese aufgetrennt. Erst die **DNA-Sequenzierung** (siehe S. 165ff.) erlaubt eine Bestimmung der linearen Nucleotidfolge und damit eine Erstellung der „endgültigen" physikalischen Karte.

### 13.3.7 Status der physikalischen Kartierung

Kenntnisse über die physikalische Position eines Gens erwiesen sich als wichtig für dessen weitere Untersuchung. Bei Haustieren wurden bisher je nach Spezies bis ca. 800 Loci physikalisch kartiert. Viele der physikalischen Kartierungsergebnisse beruhen auf *In-situ*-Hybridisierung (FISH-Technik). Mehrere der physikalisch kartierten Loci wurden auch zugleich genetisch lokalisiert. In **Abb. 13.20** wird ein physikalisches Kartierungsergebnis am Beispiel des porcinen Chromosoms 6 dargestellt. Die dort wiedergegebenen, physikalisch kartierten DNA-Marker stellen ein Bindeglied zur genetischen Kopplungskarte dar. Durch eine solche **integrierte cytogenetisch-meiotische Karte** lassen sich positionsspezifische Rekombinationsraten nachweisen. Außerdem werden bei physikalischer Kartierung oft die gleichen Loci in mehreren Spezies analysiert, was Vergleiche zwischen den Genomkarten verschiedener Spezies ermöglicht und im nächsten Abschnitt beschrieben wird.

## 13.4 Vergleichende Kartierung

Ein Vergleich der Genanordnungen zwischen den Chromosomen verschiedener Spezies wird als **vergleichende Kartierung** (*comparative mapping*) bezeichnet. Dabei können bei verschiedenen Spezies ähnliche Anordnungen einzelner Loci in den Chromosomen nachgewiesen werden. Diese Ähnlichkeiten betreffen die **Synthänie**, d. h. die Zuordnung der Loci zum jeweils gleichen Chromosom, aber auch die **Kopplung**, d. h. die Reihenfolge der Loci in einer Kopplungsgruppe. Je enger zwei Loci in einer Spezies benachbart liegen und je enger die genetische Verwandtschaft der verglichenen Spezies ist, desto wahrscheinlicher treten die Loci in der zweiten Spezies ebenfalls gekoppelt auf. Zwischen den Spezies homologe (d. h. orthologe) Bereiche (siehe Textblock) zeigen sich nicht nur bei codierenden Genen, sondern auch z. B. bei repetitiven Sequenzen.

Homologien zwischen den Genomkarten sind im Wesentlichen phylogenetisch zu erklären. Während der Evolution erhielt eine neue Spezies gegenüber der Ursprungsspezies jeweils nur geringfügig umgelagertes Chromosomenmaterial. Außerdem entstanden in langen Zeiträumen neue Gene, indem Ursprungsgene zunächst dupliziert und dann schrittweise abgewandelt wurden, bis sie schließlich eine neue Funktion erhielten. Solche Gene besitzen demnach ähnliche DNA-Sequenzen; sie sind also miteinander verwandt und es zeigt sich, dass Loci der so abzuleitenden **Genfamilien** (paraloge Gene, siehe Textblock) oft eng gekoppelt sind. Außer-

dem kann eine Nachbarschaft bestimmter Gene auf Grund ihrer Funktionen selektiv begünstigt werden, etwa durch gemeinsame Regulation, wie dies z. B. bei den Hämoglobin codierenden Genen eingehend untersucht wurde.

### 13.4.1 Nachweis von Homologien zwischen Genomkarten

Homologien in den Chromosomenzahlen und -strukturen sind bereits seit langem zwischen verwandten Spezies bekannt. Bereits CASTLE UND WACHTER (1924) gaben Hinweise auf Chromosomensegmente, die während der Evolution konserviert worden waren. So ist bei den *Bovidae* die gleiche Zahl der Chromosomenarme unterschiedlich auf acro- (Centromer in Nähe des Chromosomen-Endes) oder meta-/submetazentrische (+/– mittelständiges Centromer teilt Chromosom in zwei Arme) Chromosomen verteilt. Auch bestimmte Gengruppen (Gencluster) können in verschiedenen Spezies ähnliche Anordnungen aufweisen. Beispiele sind Hämoglobin codierende Gene, der Haupthistokompatibilitätskomplex (*Major Histocompatibility Complex, MHC*) oder die Milchprotein codierenden Gene. In **Abb. 13.21** werden die porcinen Chromosomen 6 und 7 mit den homologen humanen und murinen Chromosomensegmenten verglichen. Wie zu sehen ist, gibt es in den drei Spezies ähnliche Anordnungen bei den vergleichbaren Loci.

Für den Nachweis von Homologien zwischen Genomkarten wird auch die **Zoo-Fluoreszenz-In-situ-Hybridisierung (Zoo-FISH)** eingesetzt. Bei diesem Verfahren wird DNA aus ein-

---

### Homologe DNA-Bereiche

**Homologe DNA-Bereiche:** DNA-Bereiche, die in der Sequenz eine hohe Übereinstimmung aufweisen und mutmaßlich aus einer Ausgangssequenz hervorgegangen sind. Homologe DNA-Bereiche werden in orthologe und paraloge unterteilt.

– **Orthologe DNA-Bereiche:** DNA-Bereiche, welche in verschiedenen Spezies (z. B. Mensch, Maus, Rind) vorkommen und eine hohe Übereinstimmung ihrer Basensequenz aufweisen. Sie werden als Nachfolger einer gemeinsamen Ausgangssequenz – bei Genen eines Vorläufergens – betrachtet.

– **Paraloge DNA-Bereiche:** DNA-Bereiche, welche in ein und derselben Spezies vorkommen, d. h. in einem Genom, und eine hohe Übereinstimmung ihrer Basensequenz zeigen. Sie werden als in der Evolution zustande gekommene Vervielfältigung einer einzelnen Ausgangssequenz betrachtet. Bei Genen wird auch von Genfamilien gesprochen.

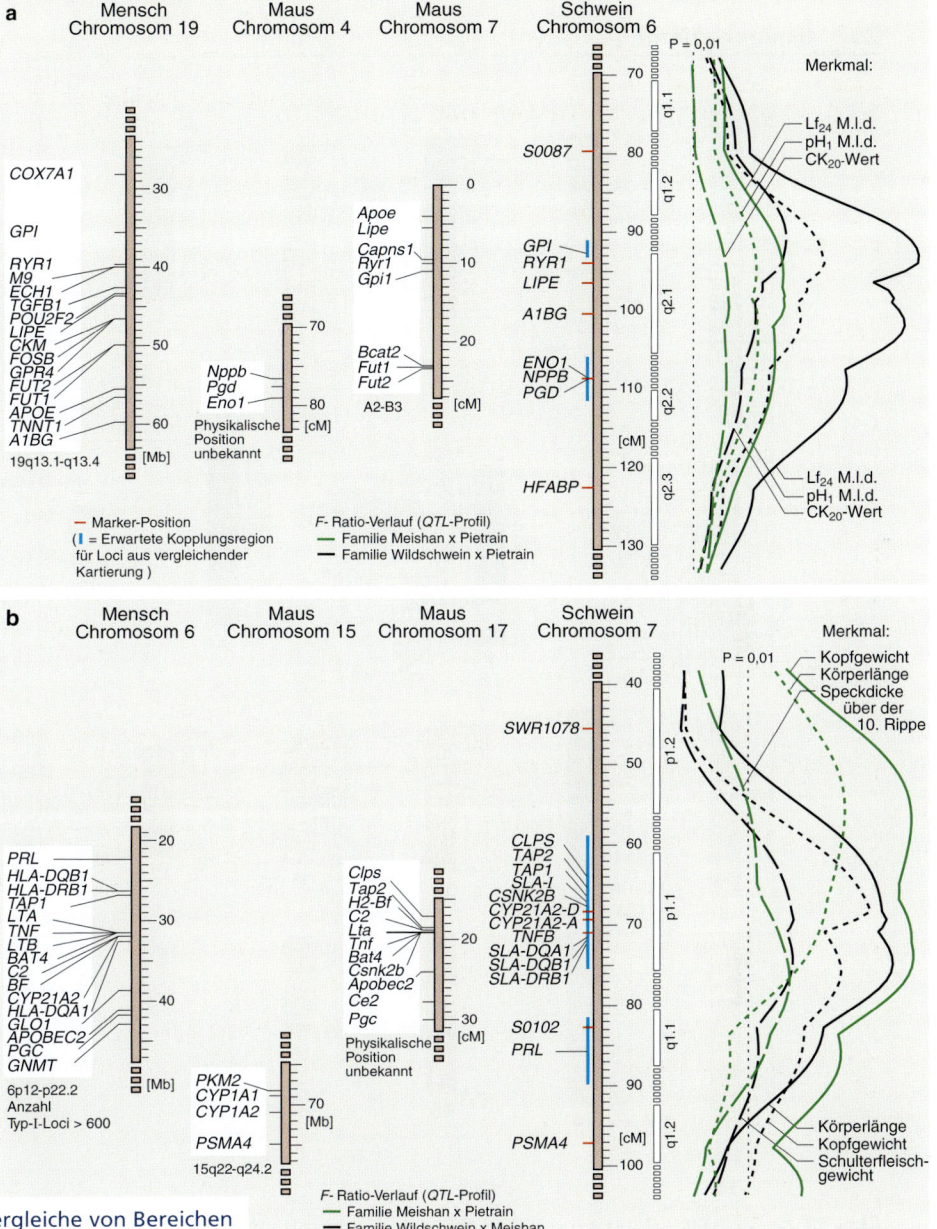

**Abb. 13.21:** Vergleiche von Bereichen porciner Chromosomen 6 (a) und 7 (b) mit homologen Chromosomenintervallen von Mensch und Maus

Betrachtet werden homologe Chromosomenintervalle beim Menschen (MapViewer, NCBI 2004), bei der Maus (MGI, Jackson Laboratory 2004) und beim Schwein. Einige Markerloci auf dem porcinen Chromosom 6 werden in **Abb. 13.8**, S. 278, definiert. Für den Menschen wird nur eine Auswahl der in den betrachteten Intervallen kartierten Typ-I-Loci wiedergegeben, da im dargestellten Intervall des menschlichen Chromosoms 6 (HSA6p12 – HSA6p22.2) > 600 *MHC*-Loci bekannt sind. Ganz rechts sind *QTL*-Profile (Beschreibung siehe S. 294ff.) dargestellt, wie sie aus dem Experiment in **Abb. 13.30**, S. 301, für $F_2$-Generationen aus Kreuzungen Wildschwein × Pietrain, Meishan × Pietrain und Wildschwein × Meishan berechnet wurden.

Für die *QTL*-Profile sind die gemessenen Merkmale: M.l.d: *Musculus longissimus dorsi*; $pH_1$: pH-Wert ca. eine Stunde nach der Schlachtung; $Lf_{24}$: Leitfähigkeit des Muskelgewebes ca. 24 Stunden nach der Schlachtung; $CK_{20}$: Creatinkinase im Blutserum bei einem Körpergewicht von 20 kg und nach Stressbelastung des Tieres.

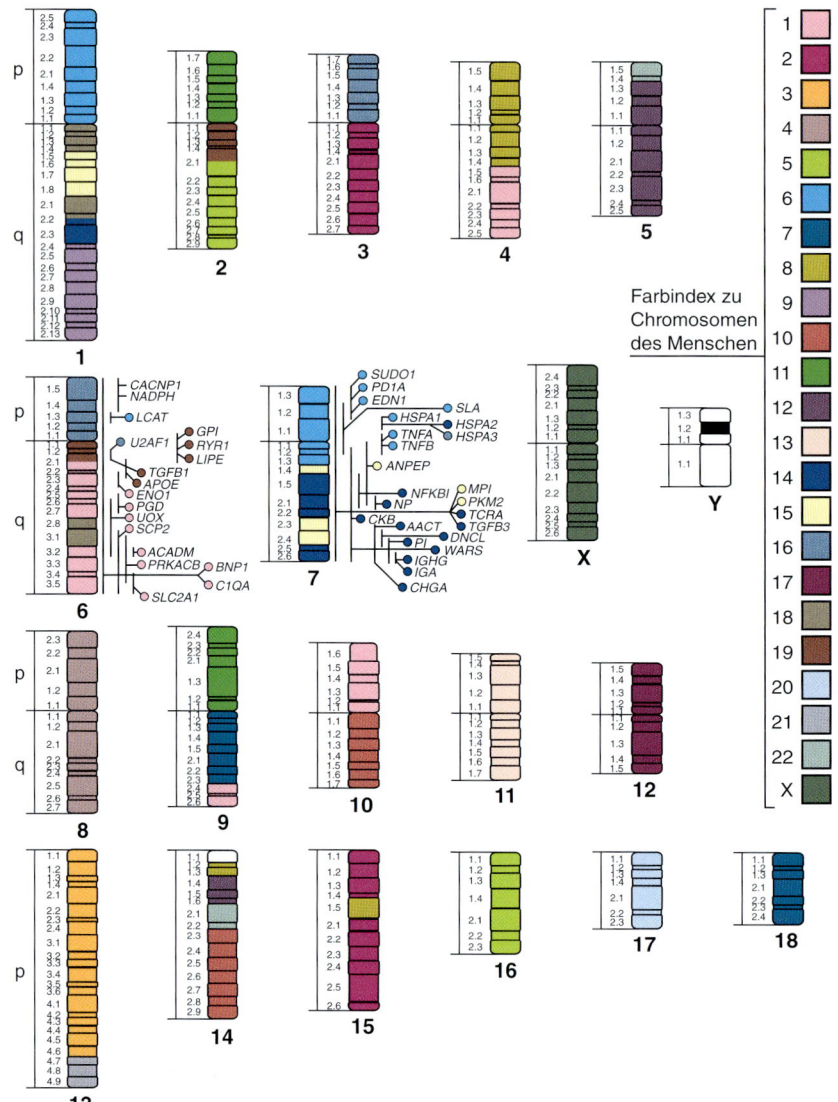

**Abb. 13.22:** Zoo-FISH-Painting des Schweinekaryotyps mit chromosomenspezifischer DNA des Menschen (RETTENBERGER ET AL. 1995, GOUREAU ET AL. 1996)

Dargestellt sind die Metaphase-Chromosomen (18 Autosomen und die beiden Geschlechtschromosomen) des Schweines. Für die als Sonde verwendete DNA eines jeden Chromosoms vom Menschen wurde eine unterschiedliche Farbe benutzt. Zum Bänderungsmuster der Chromosomen siehe **Abb. 13.11b**, S. 281. In die Chromosomen 6 und 7 sind einige Loci eingetragen und entsprechend ihrer Genprodukte bezeichnet (ARKDB, ROSLIN INSTITUTE 2004). Mit der Farbmarkierung wird die Lokalisation der Loci in den menschlichen Chromosomen angegeben. Die Markerloci *RYR1* und *LIPE* werden in **Abb. 13.8**, S. 278, definiert

zelnen Chromosomen einer Spezies für die *In-situ*-Hybridisierung in einer zweiten Spezies verwendet. Die chromosomenspezifische DNA stammt oft aus Sammlungen somatischer Hybridzellklone, deren Herstellung auf S. 278ff. beschrieben wird. In **Abb. 13.22** wird zur Darstellung für die als Sonde verwendete DNA eines jeden humanen Chromosoms eine bestimmte Farbe benutzt. Aus *In-situ*-Hybridisierungsergebnissen ist jedoch nicht ersichtlich, welche Umlagerungen und Insertionen innerhalb der einheitlich erscheinenden DNA-Segmente stattgefunden haben.

Um die Anordnung von Genen in solchen konservierten Segmenten zu analysieren, können **Bestrahlungshybride** (vgl. **Abb. 13.14**, S. 284) nützlich sein. Für die vergleichende genetische Analyse vieler Säugergenome wurden außerdem hoch konservierte **Referenzloci** ausgewählt (O'BRIEN ET AL. 1993). Die Sequenzen für die Primer dieser Typ-I-Marker werden als **CATS (*Comparative Anchor Tagged Sequences*)** bezeichnet, da sie Ankerpunkte für die vergleichenden Betrachtungen sind. Die Primersequenzen werden dafür so ausgewählt, dass sie bei Säugern hoch konserviert sind, aber variable DNA-Bereiche flankieren und so zur physikalischen wie auch genetischen Kartierung dienen können. **Tab. 13.5** zeigt Kartierungsergebnisse mit einigen dieser Referenzloci. Die Chromosomenregionen der verschiedenen Spezies, in denen jeweils ein bestimmter CATS-Locus liegt, gelten als ortholog (siehe Textblock S. 290).

Die orthologen Regionen schaffen die Möglichkeit, auf DNA-Niveau nach möglichst konservierten Markerloci zu suchen. Hierfür gibt es in den Spezies Mensch und Maus durch die Vollständigkeit der DNA-Sequenzdaten die Möglichkeit, die genomische DNA entlang der Chromosomen zu vergleichen. Beispielsweise kann eine humane genomische Sequenz benutzt werden, um eine orthologe Maus-Sequenz zu identifizieren. Für möglichst konservierte Re-

gionen lassen sich dann kurze DNA-Abschnitte als PCR-Primer definieren, die in beiden Spezies anwendbar sind (THOMAS et al. 2002). Solche Oligonucleotid-Sonden, die über die Speziesgrenze hinweg einzusetzen sind, werden als ***Overgo-Oligos*** bezeichnet (**Abb. 13.35**, S. 307). Diese Sonden lassen sich dazu benutzen, um chromosomale DNA-Abschnitte in mehreren, nahe verwandten Spezies zu finden und spielen damit für die Weiterentwicklung der vergleichenden Kartierung und die Gensuche bei Säugetieren eine wichtige Rolle.

In zunehmendem Maße werden Kartierungsergebnisse aus verschiedenen Spezies in Datenbanken zur Verfügung gestellt. Besonders viele Loci wurden zwischen Mensch und Maus vergleichend kartiert. Man fand, dass in den Genomen von Mensch und Maus eine große Zahl an Segmenten konserviert vorkommt. Diese Segmente können mit Mosaiksteinen verglichen werden, die entweder zum menschlichen oder – anders zusammengesetzt – zum murinen Karyotyp arrangiert wurden. Die vergleichenden Genomuntersuchungen haben nicht nur für die Grundlagengenetik neue Erkenntnisse gebracht, sondern besitzen auch eine große Bedeutung für praktische Kartierungsarbeiten. Ist ein Locus in einer oder mehreren Spezies kartiert worden, können durch Vergleiche gekoppelter Loci homologe Segmente in weiteren Spezies identifiziert werden. Die Ergebnisse erlauben daher einen Transfer von Kenntnissen von eingehend kartierten („map-rich") Spezies, wie Mensch und Maus, auf weniger untersuchte („map-poor") Spezies, wie z. B. Schwein oder Rind.

**Tab. 13.5:** Beispiele für hochkonservierte Referenzloci (nach O'BRIEN ET AL. 1993 und unter Berücksichtigung von Datenbankeinträgen)

| Locus (Mensch) | Name des Genproduktes | Position bei | | | |
|---|---|---|---|---|---|
| | | Mensch[1] | Maus[2] | Rind[1] | Schwein[1] |
| *PGD* | Phosphogluconatdehydrogenase | 1p36 | 4E1-E2 | 16 | 6q22-q25 |
| *IL1A* | Interleukin 1 α | 2q13 | 2F1 | 11 | 3q12-q13 |
| *ESR* | Östrogenrezeptor | 6q25.1 | 10A3 | 9 | 1p24-p25 |
| *HOX3* | Homeobox-3-Region | 12q12-q13 | 15F | 5q13-q22 | 5p11-p12 |
| *IGH* | Immunglobulin-Gencluster | 14q32.33 | 12F1 | 21q23-q24 | 7q25-q26 |
| *GH1* | Wachstumshormon | 17q22-q24 | 11D-E1 | 19q17-ter | 12p14 |
| *G6PD* | Glucose-6-Phosphat-Dehydrogenase | Xq28 | XA7.1 | X | X |

[1] Die Zahl bezeichnet die Chromosomennummer, p und q bezeichnen die Chromosomenarme und die nachgestellten Zahlen die Chromosomenbanden (analog zur **Abb. 13.11b**); ter: terminal.

[2] Die erste Zahl gibt die Chromosomennummer an, nachfolgende Buchstaben und Zahlen die Chromosomenbanden.

## 13.4.2 Vergleich einzelner Gene zwischen Spezies

Ein detaillierter Vergleich der Genloci zwischen Spezies ist erst bei **Einbeziehung von DNA-Sequenzen** möglich, wie dies in **Abb. 13.23** am Beispiel des Gens *PRNP* (Prion-Protein) gezeigt wird. Dieses Gen spielt für die genetische Disposition gegenüber Prionenerkrankungen eine große Rolle und wird daher eingehend in verschiedenen Spezies untersucht. Hierbei ist eine große Ähnlichkeit in der Genstruktur zu erkennen. In einigen anderen Chromosomenbereichen können sogar die DNA-Sequenzen innerhalb und zwischen Spezies verglichen werden. Dies trifft für den MHC zu, der beim Schwein im Chromosom 7 lokalisiert ist und für den es reichliche Sequenzdaten in verschiedenen Säugerspezies gibt. Einige MHC-Gene können daher auf DNA-Niveau betrachtet werden. In **Abb. 13.24** werden am Beispiel des Locus *MHC-DRB1* (Exon 2) Sequenzen aus GenBank-Einträgen verglichen. Das *Multiple Alignment* (siehe Textblock S. 162) zeigt, dass auf DNA-Niveau die Variabilität zwischen den Spezies Mensch und Schwein nicht viel größer ist als die Variabilität jeweils innerhalb einer Spezies.

## 13.5 *QTL*-Kartierung

Die **QTL-Kartierung** ist als Erweiterung der genetischen Kartierung aufzufassen. Mit **QTL (Quantitative Trait Locus)** wird ein Genlocus (bzw. ein Cluster eng gekoppelter Loci) bezeichnet, dessen Varianten (**QTL-Allele**) zu unterschiedlichen Messwerten eines oder mehrerer multifaktoriell bedingter, quantitativer Merkmale führen (GELDERMANN 1975). Mit einer QTL-Kartierung werden Beziehungen zwischen Chromosomenbereichen und der Ausprägung quantitativer Merkmale analysiert. Es geht darum, auf Gene (**Kandidaten-** oder **Target-Gene**) schließen zu können, die zur Ausprägung der betrachteten Merkmalswerte führen. Solche Verfahren der QTL-Kartierung benötigen mehrere Voraussetzungen (**Abb. 13.25**):
– Auswahl und Genotypisierung gekoppelter Loci,
– Berücksichtigung informativer Tiergruppen,
– Auswahl und Messung der quantitativen Merkmale unter möglichst standardisierten Bedingungen,
– Anwendung geeigneter Verfahren für die Kartierung der QTL-Effekte.

## 13.5.1 Auswahl und Genotypisierung kartierter Loci

Im Allgemeinen werden Genotypen der verwendeten Loci bei jedem einbezogenen Tier bestimmt. Bei den Markerloci für die QTL-Kartierung sind die in **Tab. 13.2** (S. 271) genannten Auswahlkriterien für die genetische Kartierung wesentlich. Oft werden Gene berücksichtigt, die auf Grund ihrer Funktion eine Beziehung zu dem betrachteten Merkmal aufweisen, wie z.B. Milchprotein codierende Gene bei der Analyse der Milchproteinleistung. Möglichst informative Loci sowie deren effiziente Genotypisierung spielen für die QTL-Kartierung eine besonders große Rolle, da aus statistischen Gründen zahlreiche DNA-Loci bei vielen Tieren zu typisieren sind. So werden in F₂-Familien (siehe **Abb. 13.4**, S. 273) meist mindestens 200 Tiere pro Familie untersucht, was bei 100 Markerloci insgesamt mindestens 20000 Genotypisierungen pro Familie erforderlich macht.

Die Auswahl der Loci für die QTL-Kartierung kann je nach Untersuchung verschiedenen Strategien folgen:
– **Berücksichtigung gleichmäßig verteilter Markerloci.** Ausgewählte oder alle Chromosomen eines Genoms werden gleichmäßig mit Markerloci abgedeckt. Im Allgemeinen werden hierbei Abstände von ≤ 20 cM realisiert.
– **Gerichtete Auswahl von Markerloci (Positional Mapping).** Sobald ein QTL in einem Intervall zwischen zwei Markerloci kartiert worden ist, macht es Sinn, in diesem Intervall zusätzliche Loci für eine QTL-Feinkartierung zu berücksichtigen. Diese Strategie war beispielsweise bei der Analyse der cystischen Fibrose des Menschen und der Fettsucht der Maus erfolgreich.
– **Kandidatengenansatz.** Hierbei werden Loci ausgewählt, die mit hohen *A-priori*-Wahrscheinlichkeiten Einflüsse auf die betrachteten Merkmalswerte erwarten lassen. Dieser Ansatz erfordert eingehende Kenntnisse über die Funktion von Genen, wie sie beim Menschen und bei der Maus vorliegen. Dabei hel-

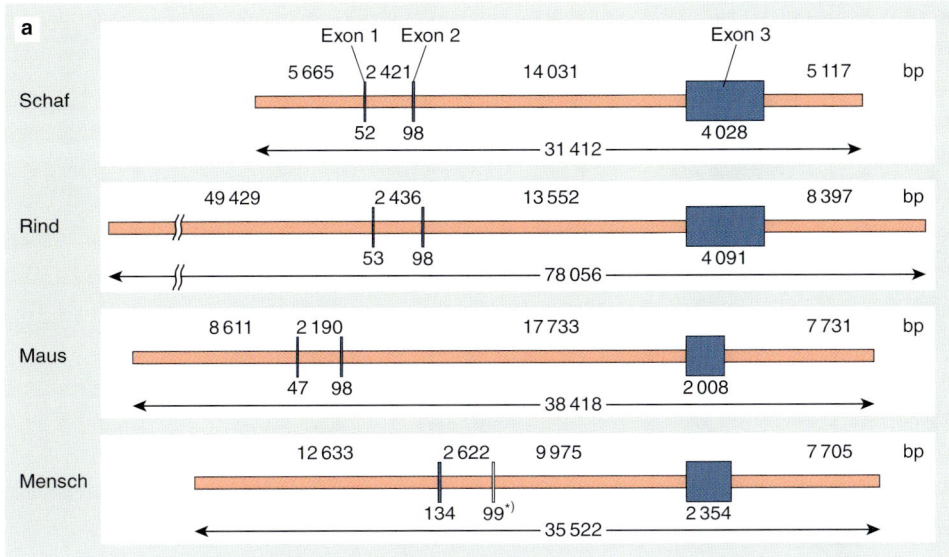

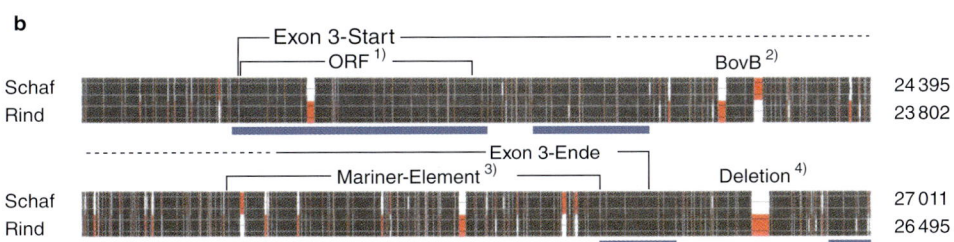

**Abb. 13.23:** Speziesvergleiche am Beispiel des Gens *PRNP* (nach Geldermann et al. 2002)
Vom *PRNP* wird das Prion-Protein codiert, welches bei der Entstehung von Transmissiblen Spongi-
formen Enzephalopathien (TSE) eine besondere Rolle spielt. Zu den TSE gehören auch BSE (beim
Rind) und Scrapie (beim Schaf).

a) Die Exon/Intron-Struktur hat in verschiedenen Spezies einen ähnlichen Aufbau
Die Exons sind blau dargestellt. Die Gesamtlängen beziehen sich auf die in der GenBank vorliegenden Sequenzen.
*) Ein Exon an dieser Stelle ist aus den *Splice*-Sequenzmotiven (Donor- und Akzeptor-Regionen)
der genomischen DNA anzunehmen, jedoch wurden dafür keine mRNA-Sequenzen gefunden.

b) *Alignment* mit der genomischen DNA für den Exon-3-Bereich vom Schaf und Rind
Bereiche, in denen sich gleiche Nucleotide gegenüberstehen, sind schwarz dargestellt; Unterschiede zwischen den Spezies sind rot hervorgehoben. Die blauen Balken kennzeichnen längere konservierte Bereiche. Die größeren Unterschiede sind wie folgt entstanden:
[1] Im *ORF (Open Reading Frame)* befindet sich beim Rind eine zusätzliche Repeat-Sequenz mit
24 bp, die einen Octapeptid-Einschub im Vergleich zum Prion-Protein des Schafs ergibt. Diese Insertion tritt jedoch polymorph auf, d. h. ein erheblicher Anteil der Rinder hat an dieser Stelle gegenüber dem Schaf keine Insertion.
[2] Die BovB-Elemente (*Long Interspersed Nuclear Elements*, LINE) sind zwischen Schaf und Rind
verschieden.
[3] Das Mariner-Element ist ein DNA-Transposon, mit mehreren Unterschieden zwischen Schaf und
Rind. Es kommt an dieser Stelle nur in Wiederkäuer-Spezies vor.
[4] Deletion beim Schaf.

```
bp 1        *        20          *          40          *          60          *          80          *
    A G    A GCAGGAT AGTTT                   C    G    C  ATC  C C  AGGCAT T    CAA
    A G    G GTACTCT CGTCT                   T    G    C  ACC   C  AT C T C    CAG
    A G    G GTACTCT CGTCT                   T    G    C  TCC   C  AT C T C    CAG
    A G    G GCAGGTT AACAT                   C    G    C  TCC   C  AT C T T  C  CAA
    A G    G GTACTCT CGTCT        A          T    G    C  TCC   C  AT C T C    CAG
    A G    G GTACTCT CGTCT                   T    G    C  ACC   C  AT C T C    CAG

    G A    C CCTGTTG AATTC                   T    C    A  TAT  G  GC A A T    GGA
    G A    C CCTGGTG AACAC        G          C    G    CT TGC  C  AT C T T    TGGA
    G A    TTTCTGAGG AGGCT        G          C    G    A  TGC  C  AT C T T    GGA  T
    G A    C CCTGTTG AATTC                   T    C    A  TAT  G  GC A A T    GGA
    - -    A T CCTGTTG AATTC                 T    C    A  TAT  G  GC G A T    GGA
    G A    CTTTATGGAG AATTC                  C    C    A  TAT  C  GC T A T    GGA
    c C TTTCTTg a          A      GAGTGTCatTTCTTCAA GGGAC GAGCGGGTG gGT    TGgA AG    a t C ATaAc    GAgGAG

bp 100        *        120          *          140          *          160          *          180          *
    AA G                         G    A          G          T TC  G  TC                              T
    AA G                         G    T          G          T CT GG  C                              C
    AA G                         G    T          G          T AT  G  T                              A
    TA G                         G    A          G          T AT  G  T                              C
    TT G                         G    A          G          T AT TG  T                              C
    AA G                         G    T          G          T AT  G  T                              A

    TT C                         C    A          C          A AC  A  G                              C
    TA G                         C    T          C          A AC  A  T                              A
    TA G                         C    T          C  ATGT    A AC  A  T     T    T                    T
    TT C                         C    A          C          A AC  A  G                              C
    TA G                         C    A          C          G TC  A  G                              C
    AT T         T               C    A          T          A AA  A  G          G    A              A
    C TGCGCTTCGAcAGCGACGTGGG GAGT CCGGGcggGTGAC GAgctgGGGCGGCC G    GCc AG aCTGGAAcAGCCaGAAGGAC TCCT

bp 200        *        220          *          240          *          260          *
    CGGAG       C A      CGTG              G  G TGGT  G GCTTCACAGTGCAGAGGCGAG
    C GAA     GCCG       AC                G  G TGTG  G GCTTCACAGTGCAGCGGCGAG
    AG CGA    C C        C                 G  G TGGT  G GCTTCACAGTGCAGCGGCGAG
    C GAG     C C        C                 G  G TGGT  G GCTTCACAGTGCAGCGGCGAG
    CGGAG       C A      C    T            G  G TGTG  G GCTTCACAGTGCAGCGGCGAG
    AG CGA    C C        C                 G  G TGTG  G GCTTCACAGTGCAGCGGCGAG

    C GAG     G A        G                 C  A CTTG  T CATTCCTGGTGCCGCGGCGAG
    G CTCA    CTCA       G    T            A  A TTTG  T CATTCCTCGTGCCGCGGCGA-
    C GAG     A T CA     G                 G  G CTCT  TGGC---------------
    C GAG     G A        G                 C  A CTTG  T CATTCCTCGTGCCGCGGCGA-
    C GAG     G A        G                 A  ACCTCG  T C---------------
    C GAG     G A        G                 A  A CTCG  T CA--------------
    GGAg a        gCGGGc g gGTGGACAc tacTGCAgACACAACTAC GG t    GA a
```

**Abb. 13.24:** Vergleich des Exon 2 im MHC-Gen *DRB1* zwischen Mensch und Schwein

Gezeigt werden aus der GenBank, NCBI (2003) sechs Sequenzen des Menschen und ebenso viele des Schweins. Über beide Spezies hinweg stets gleiche Nucleotidpositionen sind in der Consensussequenz der unteren Zeile als Großbuchstaben aufgeführt. Positionen mit maximal zwei abweichenden Nucleotiden sind mit Kleinbuchstaben gekennzeichnet; an allen anderen sind die Nucleotide von allen zwölf Individuen angegeben. Blau hinterlegt sind Positionen, an denen in den Spezies Mensch und Schwein unterschiedliche Nucleotide vorkommen.

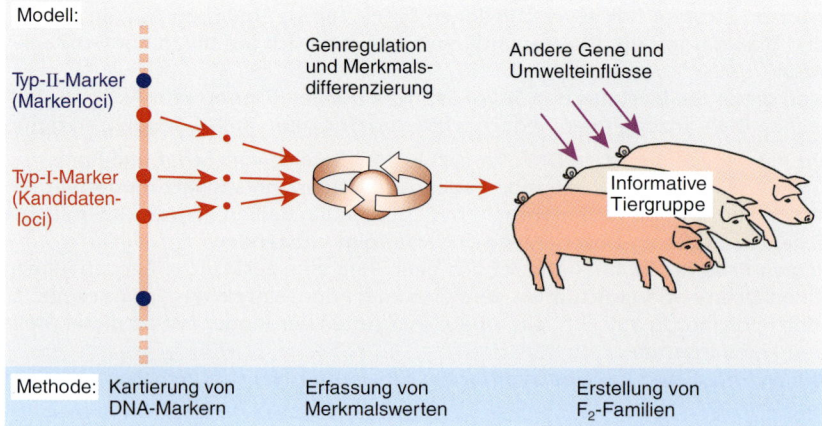

**Abb. 13.25:** Prinzip bei der Untersuchung von Genen für multifaktoriell bedingte Merkmale bei Nutztieren

fen auch Daten der vergleichenden Kartierung, denn über Distanzen < 5 cM zeigen sich zwischen verwandten Spezies meist ähnliche Anordnungen der Loci. Beispielsweise können in den in **Abb. 13.21**, S. 291, gezeigten Chromosomenbereichen des Schweines weitere Gene erwartet werden, die in homologen Bereichen beim Menschen und bei der Maus lokalisiert wurden. Dadurch lassen sich *QTL*-Effekte, die in einem Chromosomenintervall gefunden wurden, mit weiteren funktionswichtigen Genen überprüfen. Ein zusätzlicher Weg der Kandidatengenauswahl ist die Verwendung von cDNA-Bibliotheken und damit von gewebespezifisch exprimierten Genen. So kann eine muskelspezifische cDNA-Bibliothek dabei helfen, Kandidatengene für den Muskelansatz oder –stoffwechsel zu finden. Bei den ausgewählten Kandidatengenen kann es vorteilhaft sein, wenn Varianten an funktionell wichtigen Stellen dargestellt werden. Mit dem Kandidatengenansatz waren z. B. Gene mit Wirkung auf Verarbeitungseigenschaften und Mengen einzelner Milchproteine beim Rind sowie Einflüsse der *MHC*-Exons auf die Krankheitsresistenz nachweisbar.

– **Kombinierte Strategien.** Üblich sind kombinierte Ansätze hinsichtlich der Auswahl von Markerloci und Kandidatengenen. In einem ersten Schritt werden *QTL*-Effekte mit Hilfe kartierter Markerloci nachgewiesen. In Bereichen, in denen *QTL*-Effekte beobachtet werden, werden nachfolgend zusätzlich Kandidatengene einbezogen. Erfolgreich war dieser Ansatz beim Nachweis der Punktmutation im *RYR1*-Gen, die für das porcine Maligne Hyperthermie-Syndrom (MHS), d. h. die Stressempfindlichkeit und Fleischbeschaffenheit beim Schwein, verantwortlich ist.

## 13.5.2 Berücksichtigung informativer Tiergruppen

Viele *QTL*-Kartierungen hat man in **F₂-Familien** (vgl. **Abb. 13.4**, S. 273) durchgeführt, um mit der Vererbung von Allelen von einem Elter auf die Nachkommen assoziierte Effekte auf das betrachtete Merkmal messen zu können (Co-Segregationsanalysen, **Abb. 13.26**). Familien, die durch Kreuzung genetisch diverser Elterntiere gebildet werden, sind wegen der Vielzahl

segregierender Allele und einer großen Merkmalsvariabilität besonders informativ für die *QTL*-Kartierung. Dabei können die Elterntiere für die Paarung auch so ausgewählt werden, dass zwischen ihnen maximale Unterschiede in Bezug auf bestimmte Chromosomenbereiche oder Merkmalswerte vorhanden sind.

In einer F₂-Generation wird die *QTL*-Kartierung umso genauer, je mehr Tiere in die Untersuchungen einbezogen werden. Die Wahrscheinlichkeit, mit der ein *QTL* bei bestimmtem Signifikanzniveau kartiert werden kann, und das Konfidenz- oder Vertrauensintervall hängen bei der *QTL*-Kartierung hauptsächlich von der untersuchten Nachkommenzahl und der Stärke der *QTL*-Effekte ab, weniger vom Abstand der Markerloci. Wenn viele Markerloci typisiert wurden (durchschnittliche Distanz < 20 cM), ist das Konfidenzintervall umgekehrt proportional zur Nachkommenzahl und dem Quadrat des *QTL*-Effektes. Wie **Abb. 13.27** darstellt, werden bei *QTL*s, deren Allele mehr als 10 % der Merkmalsvarianz in der Nachkommenschaft bedingen, in F₂-Familien mit 250 Tieren in etwa Konfidenzintervalle von 20 cM erreicht, und in F₂-

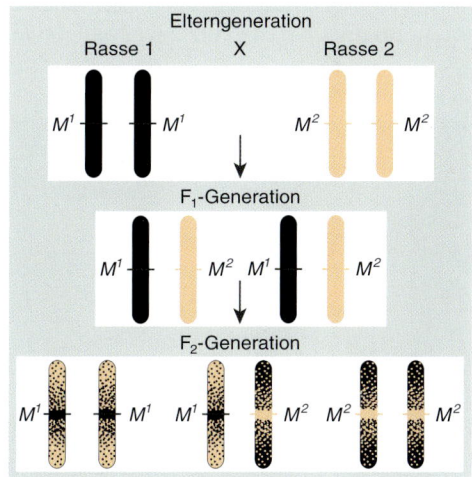

**Abb. 13.26:** Beziehung zwischen Markerallelen und der Vererbung von Genmaterial in einem Chromosom einer F₂-Familie

Für das Mittel vieler Tiere wird dargestellt, wie ein bestimmtes Markerallel zugleich anzeigt, dass im betreffenden Chromosomenbereich überwiegend Erbmaterial einer bestimmten Ausgangsrasse ererbt wurde.

Familien mit ≥ 500 Tieren sinken die Konfidenzintervalle auf etwa 10 cM.

Bessere Auflösungen werden erzielt, wenn Markerloci und Merkmalswerte in nachfolgenden Generationen ($F_3$, $F_4$ etc.) oder in Populationen betrachtet werden. In **Populationen** werden bei der *QTL*-Kartierung eng gekoppelte Loci (Abstände < 1 cM) einbezogen. Träger bestimmter Merkmalswerte können im betrachteten Chromosomenbereich bestimmte Allelkombinationen (Haplotypen) häufiger oder seltener aufweisen als die übrigen Tiere der Population. Dann befinden sich in diesem Chromosomenbereich die Allele der gekoppelten Loci gegenüber der Gesamtpopulation in einem **Kopplungsungleichgewicht (*linkage disequilibrium*, LD)** und dieses umso stärker, je enger der betrachtete Markerlocus mit dem Locus des Mutantenallels, welches das betrachtete Merkmal beeinflusst, gekoppelt ist. Dieses kann für eine Feinkartierung von *QTL*s durch Analyse der Kopplungsungleichgewichte in den ausgewählten Chromosomenabschnitten benutzt werden, was z.B. für das Chromosom 4 des Rindes in Bezug auf die Milchfettleistung erfolgreich war. Eine solche **LD-Kartierung** benötigt Genotypisierungen von vielen, sehr eng gekoppelten DNA-Loci, ermöglicht dann aber eine Kartierung bis zum Niveau einzelner Nucleotide.

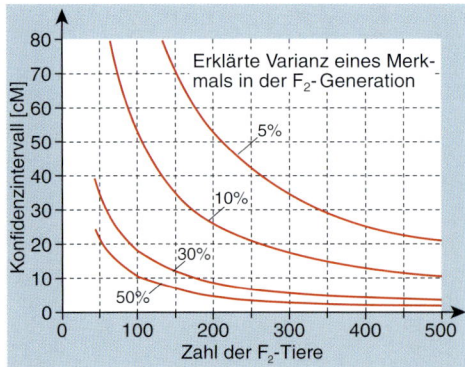

**Abb. 13.27:** Beziehung zwischen der Größe einer $F_2$-Familie und der Genauigkeit der *QTL*-Kartierung

Berechnung der 95 % Konfidenzintervalle nach Angaben von Darvasi und Soller (1997) und Darvasi (1998). Die Angaben gelten für Abstände der Markerloci von ≤ 20 cM und für die erklärte Varianz an einem QTL.

### 13.5.3 Auswahl und Messung der quantitativen Merkmale

Die *QTL*-Kartierung benötigt Messwerte für das jeweils betrachtete Merkmal. Aus genetischer Sicht sind solche Merkmale für die *QTL*-Kartierung besonders günstig, deren genetisch bedingte Variabilität in der Tiergruppe möglichst groß ist und die von nur wenigen Genen verursacht wird. Aus diesem Grunde bietet eine Kreuzung von Tieren, die in ihren Merkmalswerten extrem unterschiedlich sind, eine Voraussetzung, um deutliche Merkmalsunterschiede in der $F_2$-Generation beobachten zu können. So wird man zur Untersuchung des Fettansatzes eine Elternlinie, die extrem wenig verfettet ist, mit einer stark fettwüchsigen Elternlinie verpaaren und die $F_2$-Nachkommenschaft auf Fettansatz assoziierte Allele an Markerloci testen. Außerdem wird man solche Teilkriterien des betrachteten Merkmals messen, die eine möglichst direkte Auskunft über die Einflüsse von Genen geben. In Bezug auf den Fettansatz wird man daher z.B. auch Kriterien der Fettzellen (Stoffwechsel, Regulation, histologische Eigenschaften) berücksichtigen.

In jedem Fall wirken auf die Messwerte quantitativer Merkmale stets auch Umweltfaktoren. Die im Experiment verwendeten Tiere sind also unter möglichst standardisierten Umweltbedingungen zu halten. Zudem werden Umwelteinflüsse, die mehrere Tiere gleichartig betreffen, bei der Merkmalsauswertung berücksichtigt und mehrfache Messungen durchgeführt.

### 13.5.4 Kartierung der QTL-Effekte

Für die Beziehungen zwischen *QTL*-Allelen und den Merkmalswerten wird das allgemeine Modell der Genwirkungen auf ein quantitatives Merkmal benutzt (**Abb. 13.28**, **Tab. 13.6a**). Ist mit dem *QTL* ein Markerlocus gekoppelt, so ist mit dessen Allelweitergabe nur ein Teil der Merkmalsunterschiede verbunden (**Tab. 13.6b**). Je enger ein Markerlocus mit dem *QTL* gekoppelt ist, desto größer werden die von dort aus messbaren Beziehungen zwischen Genotypen und Merkmalswerten, d.h. desto größer ist der Anteil der mit den Genotypen erklärten Merkmalsvarianz bei den Tieren der $F_2$-Generation. Dies wird für die Genwirkungen *a* und *d* in **Tab.**

**Abb. 13.28:** Modell zur Ausbildung quantitativer Merkmalswerte in Abhängigkeit von den Genotypen eines Locus (*QTL*)

Die additive Genwirkung a ist die halbe Differenz zwischen den Merkmalswerten von Tieren mit verschiedenen homozygoten Genotypen. Die Dominanzabweichung d ergibt sich als Differenz zwischen dem Merkmalswert der heterozygoten Tiere und dem Merkmalsmittel der Tiere mit verschiedenen homozygoten Genotypen.

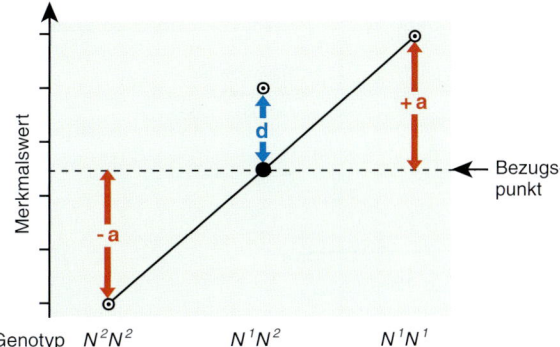

**13.6** gezeigt. Die Positionen der Loci werden für die Varianzanalysen in Schritten von meist 1 cM im Chromosom verändert, wobei für die jeweils flankierenden Markerloci die Wahrscheinlichkeiten der an die $F_2$-Generation vererbten Allele berücksichtig werden. Ein großer Anteil der erklärten Varianz an der Gesamtvarianz des Merkmals in der $F_2$-Generation, führt zu hohen Werten des statistischen Parameters (*F-Ratio*) und ist bei demjenigen Markerlocus am größten, der dem *QTL* am nächsten liegt. Pro Chromosom und $F_2$-Familie entsteht ein typisches *QTL*-Profil, und ein Peak gibt die wahrscheinliche Position eines *QTL* an **(Abb. 13.29)**.

### 13.5.5 Beispiele der QTL-Kartierung

Die *QTL*-Kartierung erwies sich in vielen Experimenten bei Nutztieren als erfolgreich und ermöglicht Nachweise von Chromosomenbereichen mit wichtigen Genen. Einige Beispiele werden in **Tab. 13.7** herausgestellt. Exemplarisch zeigt **Abb. 13.30** einen Arbeitsansatz der *QTL*-Kartierung beim Schwein. Aus den Ergebnissen werden in **Abb. 13.31** einige typische *QTL*-Profile des porcinen Chromosoms 6 wiedergegeben. Die genomweite *QTL*-Kartierung einiger Bemuskelungsmerkmale beim Schwein (**Abb. 13.22**) lässt erkennen, dass *QTL*-Effekte auf einen Merkmalskomplex von mehreren Chromosomen ausgehen können. Außerdem enthalten einige der Chromosomenbereiche Gene, die auf verschiedene Eigenschaften wirken. Wie **Abb. 13.21,** S. 291, am Beispiel der stark wirksamen *QTL*-Bereiche auf den porcinen Chromosomen 6 und 7 verdeutlicht, lassen sich aus der vergleichenden Kartierung mehrere Kandidatengene auswählen.

**Tab. 13.6:** Beziehungen zwischen den Genotypen eines *QTL* und den Werten eines quantitativen Merkmals

a) *QTL*-Allele sind bekannt

b) Berücksichtigung der Allele eines mit dem *QTL* gekoppelten Markerlocus in einer $F_2$-Generation

a

| *QTL*-Genotyp | Merkmalsbeeinflussung |
|---|---|
| $N^1N^1$ | +a |
| $N^1N^2$ | d |
| $N^2N^2$ | -a |

a: additive Genwirkung; d: Dominanzabweichung

b

| Marker-Genotyp | Merkmalsbeeinflussung |
|---|---|
| $M^1M^1$ | $(1-\theta)^2 \cdot a + 2 \cdot \theta \cdot (1-\theta) \cdot d$ |
| $M^1M^2$ | $(1-\theta)^2 \cdot d$ |
| $M^2M^2$ | $-(1-\theta)^2 \cdot a + 2 \cdot \theta \cdot (1-\theta) \cdot d$ |

$\theta$: Rekombinationsfrequenz

## 13.6 Identifikation merkmalsbeeinflussender Nucleotidpositionen

Bei den Tieren treten oftmals erblich bedingte Merkmalsunterschiede auf, die nicht mit bestimmten Proteinen in Zusammenhang gebracht werden können. In solchen Fällen kann man nicht ohne weiteres auf die verursachenden Gene schließen. Für den Nachweis der **merkmalsbeeinflussenden Gene** werden dann die Ergebnisse der Genomkartierung, insbesondere die

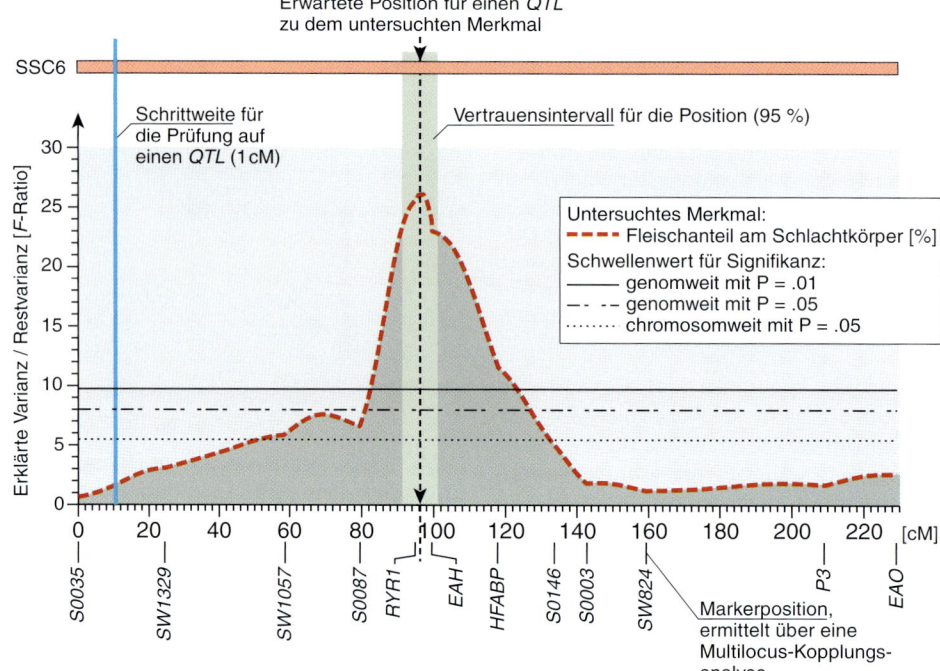

**Abb. 13.29:** *QTL*-Kartierung in einer F$_2$-Familie am Beispiel des Chromosoms 6 beim Schwein (F$_2$-Generation der Rassen Meishan × Pietrain)

Schrittweise wird von jeweils einer bestimmten Position aus die Relation zwischen der erklärten Merkmalsvarianz (zusammengesetzt aus Additiv- und Dominanzbeitrag) und der Restvarianz berechnet (F-Ratio). Nachdem diese Werte über das gesamte Chromosom hinweg errechnet sind, lassen sie sich als Profil („*QTL*-Profil") darstellen. Der größte Wert für die erklärte Varianz gibt dann die erwartete *QTL*-Position zu dem untersuchten Merkmal an. Für diese Position gilt ein Vertrauensintervall, in dem mit bestimmter Wahrscheinlichkeit der die Merkmalsvarianz verursachende Locus (bzw. ein Cluster an Loci) liegt.

**Tab. 13.7:** Beispiele für Ergebnisse der *QTL*-Kartierung bei Nutztieren

Weitere Angaben befinden sich im Kapitel „Molekulare Gendiagnostik bei Nutztieren", S. 485ff.

| Spezies | Effekt auf | Position | Dargestellt: |
|---------|-----------|----------|--------------|
| Schwein | Bemuskelung | Chromosomen 4, 6, 7 u. a. | **Abb. 13.21, 13.31, 13.32** |
| | Stressreaktion, Fleischbeschaffenheit | Chromosom 6 (*RYR1*-Locus) | **Abb. 13.7, 13.21, 13.31, 26.9** |
| Rind | Milchproduktion | Chromosomen 3, 6, 7, 14 u. a. | **Abb. 26.17** |
| | Hornentwicklung | Chromosom 1 | **Abb. 26.25** |
| Schaf | Muskelwachstum | Chromosom 18 (*Callipyge*-Locus) | **Abb. 26.21** |
| | Fruchtbarkeit | Chromosom 6 (*Booroola*-Gen) | **Abb. 26.13** |
| Huhn | Resistenz gegen Marek | Chromosom 16 (*MHC*) | - |
| | Resistenz gegen Salmonellosis | Chromosom 5 | - |

der *QTL*-Kartierung, benutzt. Eine auf kartierten Geneffekten basierende Analyse von Genen bis hin zu den Nucleotidpositionen innerhalb eines Gens wird als **positionale Klonierung** (*positional cloning*) bezeichnet. Gene, die potenziell die Ausprägung des betrachteten Merkmals beeinflussen, gelten als **Kandidatengene**. Mit der positionalen Klonierung werden Gene

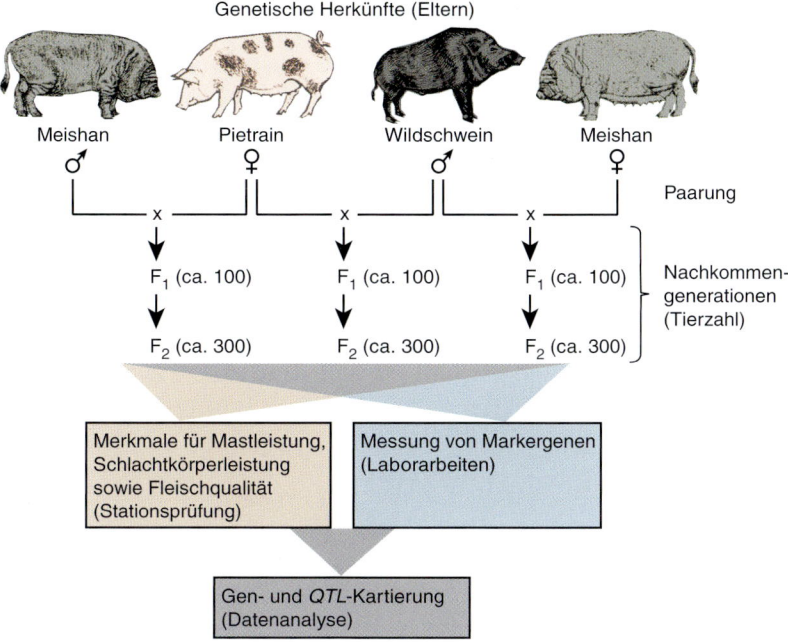

Genetische Herkünfte (Eltern)

Meishan ♂    Pietrain ♀    Wildschwein ♂    Meishan ♀

Paarung

x        x        x

F₁ (ca. 100)    F₁ (ca. 100)    F₁ (ca. 100)    Nachkommen-generationen (Tierzahl)

F₂ (ca. 300)    F₂ (ca. 300)    F₂ (ca. 300)

Merkmale für Mastleistung, Schlachtkörperleistung sowie Fleischqualität (Stationsprüfung)

Messung von Markergenen (Laborarbeiten)

Gen- und *QTL*-Kartierung (Datenanalyse)

**Abb. 13.30:** Erstellung von F₂-Familien und Messdaten für die *QTL*-Kartierung beim Schwein (Beispiel)

erfasst, die in dem für die Merkmalsausprägung verantwortlichen Chromosomenintervall liegen, und auf Eigenschaften eines Kandidatengens untersucht. Der Arbeitsansatz beinhaltet die Isolierung und Analyse von codierenden Bereichen einer relativ großen genomischen Region, unabhängig von der aktuellen Expression. Zu diesem Zweck werden, wenn die genomische DNA-Sequenz nicht bekannt ist, die Bereiche der betreffenden Chromosomenregion kloniert. Vorherige Kenntnisse über die biochemische Natur des erblich bedingten Merkmals – wie beispielsweise der Genprodukte, die zu einer Erbkrankheit führen – sind nicht erforderlich.

Ausgangspunkte und Bestandteile der positionalen Klonierung sind folgende Bedingungen:
– Ein erster Ausgangspunkt ist die **Lokalisierung von Geneffekten** in einer Chromosomenregion, was im Allgemeinen durch *QTL*-Kartierung erfolgt (siehe S. 294ff.). Üblicherweise erreicht man mit der *QTL*-Kartierung nur geringe Auflösungen, und die als mögliche Position des Kandidatengens in Frage kommende Region umfasst meist > 10 cM.
– Für einige Spezies existieren **genomische DNA-Bibliotheken**, in denen große, überlap-

pende DNA-Abschnitte in Künstlichen Chromosomen (z. B. in YACs oder BACs) kloniert vorliegen. In solchen Bibliotheken werden die einzelnen Klone so gekennzeichnet, dass man die Positionen ihrer DNA-Fragmente in den Chromosomen findet (siehe **Abb. 11.12**, S. 244). Solche Informationen gibt es z. B. für Huhn, Rind und Schwein.
– Auch Kenntnisse über biochemische und physiologische Details der betrachteten **Merkmalsausprägung** werden in die Arbeiten einbezogen. Betrifft beispielsweise eine erbliche Krankheit bestimmte Gewebe und Organe, so kann auf gewebespezifisch exprimierte Gene geschlossen werden. Außerdem können Entwicklungsstörungen in bestimmten Stadien der Ontogenese auftreten, was auf Gene mit entwicklungsspezifischen Wirkungen hindeutet. Erbkrankheiten mit von Generation zu Generation verstärkt ausgeprägter Wirkung geben Hinweise auf Mutationsmechanismen. Werden alle diese Kriterien berücksichtigt, so lässt sich die Zahl der potenziellen Kandidatengene für eine Erbkrankheit oder eine bestimmte Merkmalsausprägung üblicherweise stark einschränken.

**Abb. 13.31:** *QTL*-Profil des porcinen Chromosoms 6 für ausgewählte Merkmale

Benutzt wurden Ergebnisse aus den F$_2$-Familien in **Abb. 13.30**. Die höchsten *F*-Ratio-Werte treten dort auf, wo sich die wahrscheinlichste Position des *QTL* für das betreffende Merkmal befindet. Die *QTL*-Profile haben je nach Familie eine unterschiedliche Form. Die in der F$_2$-Familie Wildschwein × Meishan typisierte Mikrosatellitenposition *ETH5001* liegt im *RYR1*. Die *QTL*-Effekte erklären in der Familie Meishan × Pietrain bis 35 % und in der Familie Wildschwein × Pietrain bis ca. 60 % der phänotypischen Varianz der betreffenden Merkmale in der F$_2$-Generation, während in der Familie Wildschwein × Meishan nur geringe *QTL*-Einflüsse erscheinen. Es gibt jedoch auch Übereinstimmungen zwischen den Familien. So sind die *F*-Ratio-Werte in der Nähe des *RYR1*-Gens stets besonders groß. Daten nach Yue et al. (2003).

Die Markerloci werden in **Abb. 13.8**, S. 278, definiert. M.l.d: *Musculus longissimus dorsi*; pH$_1$: pH-Wert ca. eine Stunde nach der Schlachtung; Lf$_{24}$: Leitfähigkeit des Muskelgewebes ca. 24 Stunden nach der Schlachtung; CK$_{20}$: Creatinkinase im Blutserum bei einem Körpergewicht von 20 kg und nach Belastung des Tieres.

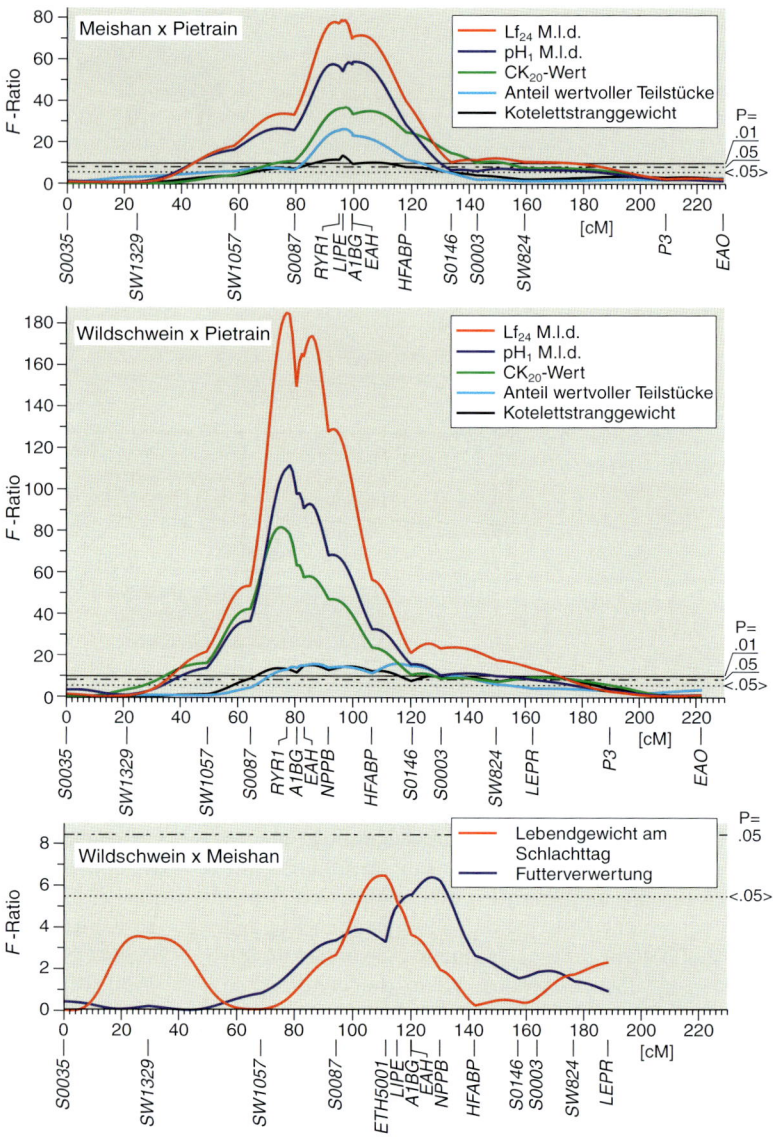

– Manchmal hilft auch eine genetisch orientierte **Definition und Messung der Merkmalswerte** (z.B. Standardisierung von Umwelteinflüssen, Einbeziehung spezifischer Stoffwechselwerte, Belastungstests), um die Wirkung einzelner Gene auf die erfassten Merkmalswerte deutlich zu machen.
– Eine große Hilfe sind die umfangreichen **DNA-Datenbanken**. In diesen kann nach

Kandidatengenen gesucht werden, die in der relevanten Chromosomenregion lokalisiert sind. Hierfür sind – wegen der Ähnlichkeit in der Genanordnung zwischen Spezies (siehe S. 290 ff.) – auch Ergebnisse von verwandten Spezies zu nutzen.

Erste Beispiele für die Anwendung der positionalen Klonierung waren Defektgene. So wurde

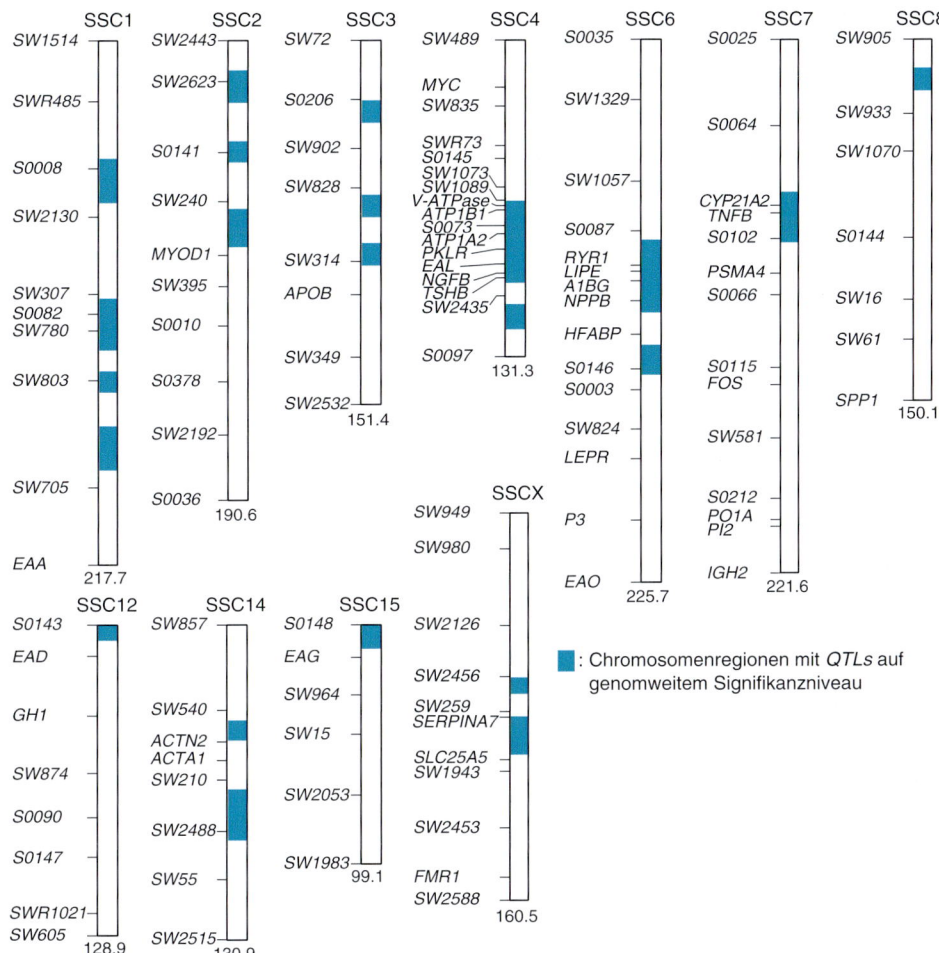

**Abb. 13.32:** Genomkarte mit den Positionen der Bemuskelungs-*QTLs* beim Schwein

Die *QTL*-Positionen gelten für ein oder mehrere Merkmale der Bemuskelung als gemittelte Angaben aus den in **Abb. 13.30** gezeigten drei $F_2$-Familien. Mit den Zahlen unterhalb der Chromosomen werden die Kartenlängen in cM angegeben. Die genomweit signifikanten *QTL*-Regionen (P<0,05) sind an den jeweils wahrscheinlichsten Stellen eingetragen. Daten nach GELDERMANN ET AL. (2003).

beim Schwein in der Chromosomenregion, die einen starken Einfluss auf die Stressbelastungsreaktionen erkennen ließ, bereits 1991 eine DNA-Variante im Ryanodinrezeptor-Genlocus (*RYR1*) als Hauptverursacher des Malignen Stresssyndroms nachgewiesen (FUJII ET AL. 1991). Beim Menschen konnte man beispielsweise die Huntington-Krankheit, eine autosomal dominante Störung des Nervensystems, zunächst mit Hilfe von Familienanalysen in einer Region des Chromosoms 4 lokalisieren. In einem zweiten Schritt wurde in der Chromoso-

menregion nach Genen gesucht, die von ihrer Funktion her als Kandidatengene in Frage kommen. 1993 gelang es, das Gen für die Huntington-Krankheit zu klonieren, zu sequenzieren und die einzelnen Sequenzvarianten zu bestimmen (HUNTINGTON'S DISEASE COLLABORATION GROUP 1993). Wie aber geht man bei der positionalen Klonierung im Einzelnen vor und welche Verfahren werden eingesetzt?

Die positionale Klonierung lässt sich in mehrere Hauptschritte einteilen, die in **Abb. 13.33** aufgeführt und nachfolgend beschrieben werden.

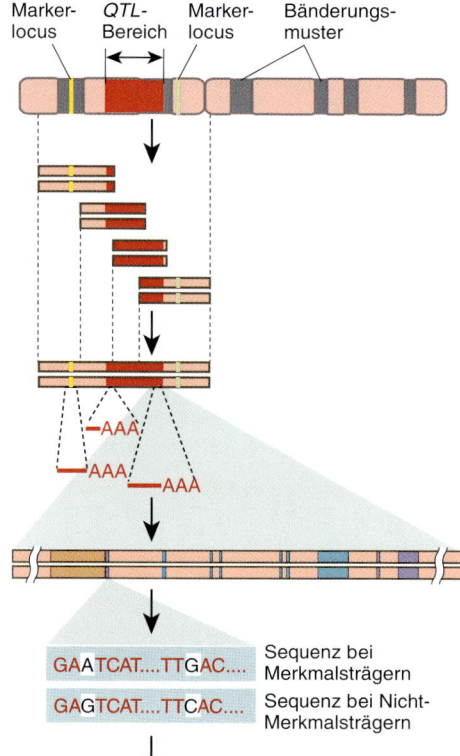

**a** Zuordnung der hauptsächlichen Geneffekte zu einer Chromosomenregion mittels gekoppelter Markerloci (*QTL*-Kartierung)

Marker-locus   *QTL*-Bereich   Marker-locus   Bänderungsmuster

**b** Klonierung überlappender DNA-Abschnitte für diese Chromosomenregion

**c** Identifizierung codierender DNA-Abschnitte

**d** Identifizierung von potenziellen Kandidatengenen auf genomischer Ebene

**e** Nachweis von DNA-Varianten in potenziellen Kandidatengenen für informative Tiergruppen

GAATCAT....TTGAC....   Sequenz bei Merkmalsträgern

GAGTCAT....TTCAC....   Sequenz bei Nicht-Merkmalsträgern

**f** Genfunktionsprüfung der DNA-Varianten nach Gentransfer in Tiere oder kultivierte Zellen

**Abb. 13.33:** Prinzipielles Vorgehen bei der Identifikation merkmalsverursachender Nucleotidpositionen

## 13.6.1 Zuordnung merkmalsbeeinflussender Gene zu Chromosomenregionen

Für die Zuordnung merkmalsbeeinflussender Gene zu Chromosomenregionen können folgende Hinweise benutzt werden:

– **Chromosomale Abnormalitäten** (Deletionen, Translokationen, Inversionen, Duplikationen) inaktivieren manchmal das interessierende Gen. Solche cytogenetischen Defekte können daher bei der Lokalisation eines Gens helfen. Sie sind jedoch nur in wenigen Fällen verfügbar. So gibt es bei der Maus mehrere Deletions-Inzuchtstämme, mit denen jeweils ein kleiner Chromosomenabschnitt, insgesamt aber > 20% des Genoms abgedeckt werden. Deletionen helfen jedoch nicht bei

der genetischen Analyse von quantitativen Leistungsmerkmalen bei Nutztieren.

– Merkmalsänderungen bei **Verlust an Heterozygotie (*loss of heterozygosity*, LOH)** können auf Einflüsse bestimmter Gene hinweisen. Ist das Mutantenallel rezessiv, so entsteht ein defekter Phänotyp nur dann, wenn beide Allele an einem bestimmten Locus inaktiv geworden sind. Entsprechende Individuen werden durch spezielle Anpaarungen erzeugt. LOH-Experimente werden manchmal auch in somatischen Zellhybriden durchgeführt.

– **QTL-Kartierungen** (siehe S. 294ff.) werden bei komplex vererbten, quantitativen Merkmalen hauptsächlich verwendet. Sie kartieren mittels flankierender Marker die Geneffekte auf ein betrachtetes Merkmal in Intervallen von < 1 (in Populationsanalysen) bis etwa 30 cM (in Familienanalysen).

## 13.6.2 Analyse von Klonen mit genomischen DNA-Abschnitten aus bestimmten Chromosomenregionen

Sobald der zu untersuchende Chromosomenabschnitt festgelegt ist, wird für diesen eine genomische DNA-Bibliothek benötigt. Notwendig dafür sind Klone mit großen Inserts, wie sie z.B. mit BACs oder Cosmiden zu erzeugen sind. Außerdem müssen die Klone überlappende Sequenzbereiche („*Spanning*") aufweisen.

In einer solchen Bibliothek geht es im nächsten Schritt um den Nachweis von Klonen, die den relevanten Chromosomenabschnitt abdecken. Auf Grund der vielen kartierten Markerloci sind bei den meisten Haustieren in jedem Chromosomenbereich einige DNA-Sequenzen bekannt. Klone, die die gesuchten Sequenzen tragen, lassen sich daher in der genomischen DNA-Bibliothek identifizieren. Der erste Klon, der eine Sequenz für einen Markerlocus aufweist, wird als Start für die Suche von zusätzlichen Klonen benutzt. Die Suche nach „Anschlussklonen", die mit dem Ausgangsklon überlappende Sequenzen aufweisen, wird solange wiederholt, bis Klone für den gesamten relevanten Chromosomenabschnitt gefunden sind. Für die Suche benachbarter Klone mit unbekannten Sequenzen gibt es – ausgehend von einem bekannten Markerlocus – mehrere Möglichkeiten, von denen die Folgenden als Beispiele dienen.

Beim *Chromosome Walking* (CROSS UND LITTLE 1986) werden kurze Endbereiche der Insert-DNA, in der die bekannte Markersequenz enthalten ist, sequenziert (**Abb. 13.34**). Die Sequenzen werden dann als Hybridisierungssonden oder zur Definition von PCR-Primern benutzt. Sie lassen sich für die Kennzeichnung von Klonen einsetzen, deren Inserts im Genom Überlappungsbereiche mit der DNA des Start-Klons besitzen. Die Insert-Endbereiche der so gefundenen Klone werden wiederum sequenziert und für die Suche nach weiteren Klonen aus demselben Chromosomenbereich verwendet. In mehreren Schritten werden auf diese Weise so viele Klone gekennzeichnet, dass mit Sicherheit das gesuchte Gen in dem Gesamtbereich der einbezogenen genomischen DNA enthalten ist.

Die **vergleichende Genomkartierung** kann eine entscheidende Hilfe bei der auf DNA-Sequenz basierenden Anordnung von *Contigs* in einer BAC- oder PAC-Bibliothek sein. Wenn man in einer zu prüfenden Chromosomenregion zwischen z.B. humanen und murinen DNA-Sequenzen vergleicht, so können konservierte, orthologe Abschnitte (siehe Textblock S. 290) gefunden werden. Diese können dazu benutzt werden, um kurze Oligonucleotid-Sonden zu definieren, die als „*overgo*" Sonden oder **Overgo-Oligos** bezeichnet werden. Solche *Overgo-Oligos* lassen sich in der Regel auch in weiterer Spezies zur vergleichenden Genomkartierung einsetzen (siehe S. 293). Entsprechend ist auch ihr Einsatz als universelle Sonden zur Charakterisierung von *Contigs* (**Abb. 13.35**).

## 13.6.3 Identifizierung codierender DNA-Abschnitte innerhalb der betrachteten Chromosomenregion

Ein Problem bei der Identifizierung merkmalsbeeinflussender Nucleotidpositionen besteht darin, dass man im Allgemeinen in der Chromosomenregion ein zunächst unbekanntes Gen finden möchte. Daher wird man zuerst alle codierenden Gene innerhalb der Chromosomenregion nachweisen. Wesentliche Hinweise können auf elektronischem Wege („*in silico*") durch Analyse von Datenbanksequenzen gewonnen werden. Von großer Hilfe ist dabei die Verfügbarkeit vollständiger Genomsequenzen der Modellorganismen Mensch und Maus, da bei über 99 % aller Säugergene orthologe Sequenzabschnitte (siehe Textblock S. 290) bei anderen Säugern vorkommen. Der eigentliche Nachweis codierender DNA-Regionen muss dann aber durch Klonierung und DNA-Sequenzierung erfolgen. Möglichkeiten zur Analyse relevanter Genbereiche und zur Definition der Gengrenzen werden auf S. 249 ff. beschrieben.

## 13.6.4 Identifizierung von potenziellen Kandidatengenen innerhalb der Chromosomenregion

Im nächsten Schritt der positionalen Klonierung gilt es nachzuweisen, welche der Gene, die

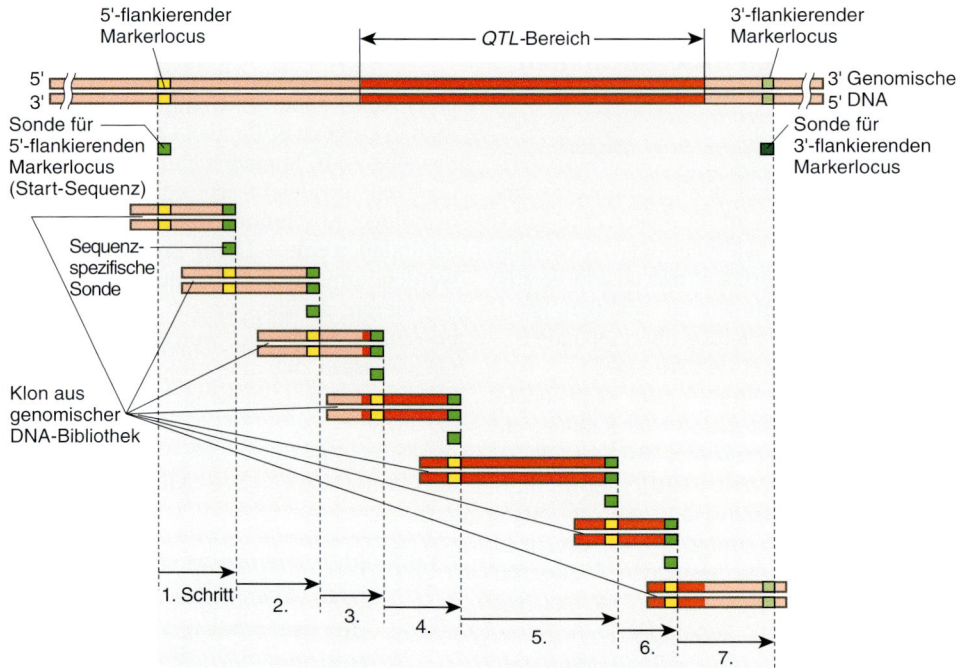

**Abb. 13.34:** Nachweis von Klonen mit überlappenden Sequenzen eines Chromosomenabschnitts durch *Chromosome Walking*

Im gewählten Beispiel schließt der betrachtete Abschnitt einen *QTL*-Bereich ein. Für den Ansatz, der von CROSS UND LITTLE (1986) beschrieben wurde, werden Klone einer Bibliothek (meist Phagenklone) benutzt, in denen sich relativ lange Inserts mit überlappenden genomischen Sequenzen befinden. Zunächst wird nach einem Klon gesucht, welcher eine bekannte Sequenz z. B. des 5'-flankierenden Markerlocus enthält. Dieser wird als Start-Klon benutzt. Für den Klon wird das 3'-Ende des Inserts sequenziert oder isoliert, um hieraus eine neue Sonde zu gewinnen. Mit dieser wird in der genomischen DNA-Bibliothek nach einem Klon mit einer überlappenden DNA-Sequenz gesucht, die weiter in 3'-Richtung reicht als die des vorherigen Klons. Der Prozess wird solange wiederholt bis das *„Walking"* (Abschreiten) entlang eines Chromosoms den 3'-flankierenden Markerlocus erreicht hat.

innerhalb der betrachteten Chromosomenregion gefunden wurden, für die Merkmalswerte bzw. den Krankheitsphänotyp relevant sind, d. h. Kandidatengene sein könnten. Zu diesem Zweck werden die codierenden Sequenzen innerhalb der betrachteten Chromosomenregion weiter untersucht. Hierfür spielen die folgenden Methoden eine große Rolle:

– **Datenbanksuche** nach Proteinen und deren Varianten, welche mit der Entstehung des Merkmals (z. B. Defekt, Krankheitsdisposition) assoziiert sein können.

– Suche nach über Speziesgrenzen hinweg gleichartig in den Chromosomen angeordneten Genen. Insbesondere wird man die umfangreichen Datenbanken für Maus, Ratte und

Mensch vergleichen und überprüfen, ob sich Angaben für **orthologe Gene** finden lassen, die in der betrachteten Spezies für die untersuchten Merkmale eine Bedeutung haben können.

– Analyse **gewebespezifischer Expressionsmuster**. Für die Expressionsanalyse stehen sehr genaue Verfahren zur Verfügung, die auf S. 249 ff. beschrieben werden. Die Verfahren können allerdings nur für wenige Gene gleichzeitig durchgeführt werden. Etwas ungenauere, dafür aber umfassende Expressionsprofile lassen sich mit Hilfe der DNA-Arrays messen (siehe S. 180 ff.).

– Populationsgenetischer Nachweis von **Kopplungsungleichgewichten** (d. h. von zufallsge-

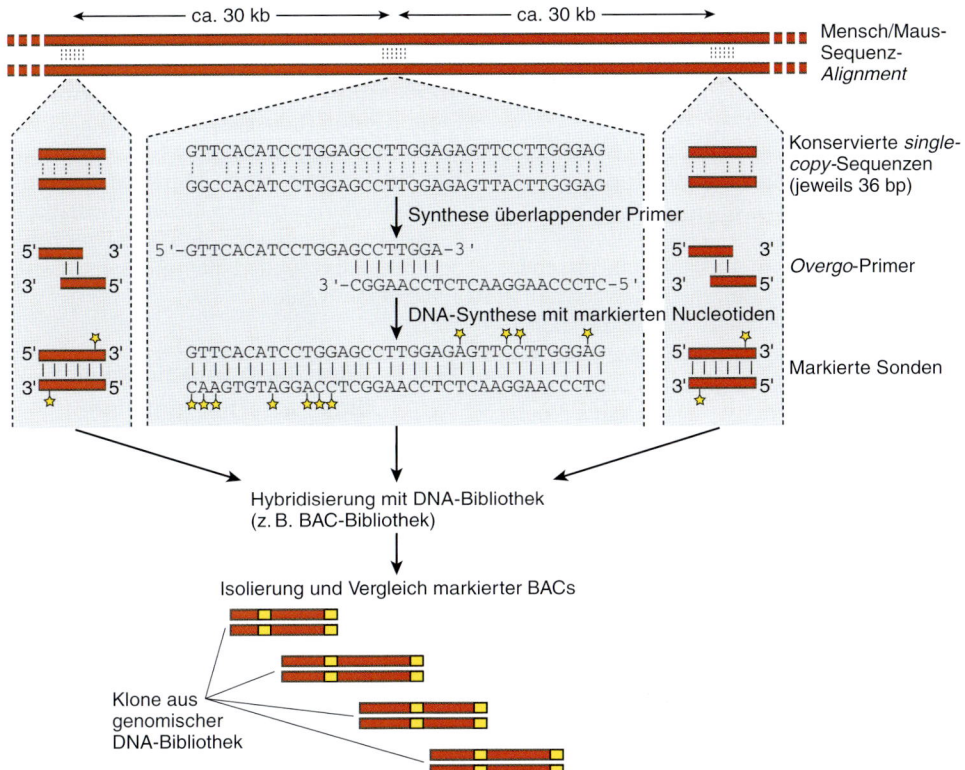

**Abb. 13.35:** Strategie bei der Herstellung und dem Einsatz von *Overgo*-Sonden für die Suche von BAC-Klonen mit genomischer DNA aus einem Chromosomenabschnitt (nach THOMAS ET AL. 2002)

Es werden *Alignments* zwischen orthologen genomischen DNA-Bereichen der Maus und des Menschen durchgeführt. Dabei werden repetitive DNA-Elemente maskiert. In der Darstellung sind Regionen mit der höchsten Sequenzübereinstimmung, d.h. konservierte Sequenzen, durch vertikale Linien gekennzeichnet. Innerhalb dieser Regionen werden Sequenzabschnitte von je 36 bp ausgewählt – auf der Basis von GC-Gehalt, Prozent Mensch/Maus-Sequenzübereinstimmung, UniGene-Sequenzen (Jedes UniGene besteht aus einem Cluster an Sequenzen, das jeweils ein einzelnes Gen repräsentiert) sowie passender Abstand zur nächsten Region. Drei solcher Regionen werden dargestellt, die mittlere Region detailliert. Es werden für jede Sequenz überlappende Paare an Primern synthetisiert und zur Synthese von doppelsträngigen, markierten Sonden verwendet. Die Sonden einer Zielregion der genomischen DNA werden gepoolt und zur Hybridisierung mit BAC-Klonen benutzt. Positive Klone werden ausgewählt und in Beziehung zur beim *Alignment* benutzten DNA gebracht.

mäßen Werten abweichende Häufigkeiten der Allele an verschiedenen Loci eines Haplotyps innerhalb einer Population) bei Merkmalsträgern in der Population. Ein Kopplungsungleichgewicht ist umso stärker, je enger die betrachteten Loci mit dem Locus des Mutantenallels, welches das betrachtete Merkmal beeinflusst, gekoppelt sind. Der Grund hierfür ist, dass die Entstehung einer bestimmten Mutation ein extrem seltenes Ereignis ist. Dieses

findet daher in der Evolution häufig nur in einem einzigen Chromosom statt, in welchem außerdem bestimmte Allele anderer Loci vorliegen. Diese Allele werden dann umso häufiger gemeinsam mit der Mutante auftreten, je seltener Crossing over aufgetreten ist. Die Wahrscheinlichkeit der Crossing over wiederum nimmt mit der Entfernung der Loci zu und ermöglicht somit eine Feinkartierung der neuen Mutante. Aber es können auch mehrere merkmalsverursachende Nucleotide innerhalb eines Gens und Wechselwirkungen zwischen verschiedenen Genloci (Epistasie) vorkommen, so dass derart einfache Zusammenhänge nicht immer gültig sind.

### 13.6.5 Analyse von DNA-Varianten in Kandidatengenen

Für den Nachweis merkmalsbeeinflussender Mutationen wird man innerhalb der gewählten Kandidatengene nach DNA-Varianten suchen, die mit der Merkmalsausprägung assoziiert sein könnten. Eukaryontische Gene umfassen meist 5–20 kb, in denen etwa 0,1–1 % variable Nucleotidpositionen pro Spezies auftreten. Welche dieser vielen DNA-Varianten in einem Gen sind nun für die Unterschiede des untersuchten Merkmals wichtig?

Für die Beantwortung der Frage werden vergleichende DNA-Analysen der Kandidatengene durchgeführt, d. h. es wird untersucht, an welchen Stellen der Gene sich Unterschiede in der DNA-Sequenz zwischen Merkmalsträgern und Nicht-Merkmalsträgern feststellen lassen. Hierbei hängt die experimentelle Strategie von der Größe und Komplexität der Gene und dem Ort der Expression ab. Man kann zunächst versuchen, die cDNA von jeweils Merkmalsträgern und Nicht-Merkmalsträgern vergleichend zu sequenzieren. Dies setzt voraus, dass die betreffende RNA zugänglich ist. Falls die RNA nur schwer zu untersuchen ist, wie z. B. bei hirnspezifisch exprimierten Genen oder Genen mit kurzzeitiger Expression, wird man die Mutationsanalysen auf genomischem Niveau durchführen. Hierfür werden alle potenziell funktionswichtigen Regionen eines Gens bei Merkmalsträgern und Nicht-Merkmalsträgern mittels PCR amplifiziert und anschließend sequenziert. Die vergleichende Sequenzierung mit Hilfe von DNA-Arrays erlaubt eine simultane Untersuchung größerer Genabschnitte sowie mehrerer Gene und das bei einer großen Zahl an Tieren (siehe S. 189 f.). Die DNA-Analyse auf genomischer Ebene hat den Vorteil, dass auch Sequenzunterschiede in nicht-transkribierten Genbereichen, wie z. B. in den Promotorregionen, erfasst werden. Im Falle von Mutationen im offenen Leserahmen (*ORF*) eines Gens wird *in silico* untersucht, wie sich die Mutation auf das Genprodukt auswirkt. Dabei verursachen merk-

malsbeeinflussende Mutationen häufig, aber nicht immer einen Aminosäureaustausch (*missense mutation*), eine Leserasterverschiebung (*frameshift mutation*) oder ein zusätzliches Stopp-Codon (*nonsense mutation*).

Bei der vergleichenden Sequenzierung der Kandidatengene von Merkmalsträgern und Nicht-Merkmalsträgern müssen die natürlicherweise vorkommenden DNA-Polymorphismen berücksichtigt und daher mehrere Individuen einbezogen werden.

### 13.6.6 Ermittlung funktioneller Eigenschaften einzelner DNA-Varianten

Unterscheiden sich die Merkmalsträger von den Nicht-Merkmalsträgern durch den Besitz einiger DNA-Varianten in einem oder wenigen Kandidatengenen, so schließt sich als finale Prüfung eine funktionelle Analyse der DNA-Varianten im Kandidatengen an. Diese Prüfung beinhaltet eine spezielle Analyse der Genexpression wie auch der funktionellen Eigenschaften der Genprodukte (siehe S. 257 ff.). Von Bedeutung sind insbesondere Proteinbindungsstudien, *In-vitro*-Assays in kultivierten Zellen sowie transgene Tiere. Besonders hilfreich ist in diesem Zusammenhang die Erstellung von transgenen Tieren (in erster Linie Mäuse), welche ähnliche Merkmalsausprägung bzw. Krankheitssymptome zeigen wie das Äquivalent in der untersuchten Tierspezies. Beispielsweise kann im transgenen Tiermodell *in vivo* geprüft werden, ob das Kandidatengen die fragliche Merkmalsausbildung auszulösen oder zu komplementieren vermag (siehe **Abb. 12.19**, S. 268).

## Zusammenfassung

- Bei der Genomkartierung handelt es sich um die Identifizierung von Positionen (Marker) im DNA-Molekül jeweils eines Chromosoms und um die Messung von Abständen zwischen einzelnen Positionen.
- Als Marker werden Positionen in dem betrachteten DNA-Molekül bezeichnet, die sich direkt oder auf Grund ihrer Wirkungen auf Merkmale einzeln identifizieren lassen und

die als Bezugspunkte für die Messungen dienen.

– Die genetische Kartierung (*Linkage Mapping, Kopplungsanalyse*) basiert auf einer Erfassung von Rekombinationsraten und damit der relativen Abstände zwischen Markern.

– Bei der physikalischen Kartierung werden die Distanzen zwischen Markern entlang der Chromosomen gemessen, indem Entfernungen zwischen Chromosomenstrukturen (im Allgemeinen die Bänder) oder die Nucleotidzahl als Maßeinheiten dienen. Die Auflösung der physikalischen Kartierung reicht je nach eingesetzter Technik von mehreren Megabasen bis zu einem Nucleotid.

– Ein Vergleich von Chromosomenhomologien und Genanordnungen zwischen Spezies wird als vergleichende Kartierung bezeichnet. Hinsichtlich der Anordnung einzelner Loci in den Chromosomen weisen Wirbeltierspezies erhebliche Ähnlichkeiten auf.

– Die QTL-Kartierung ist als Erweiterung der genetischen Kartierung aufzufassen. Mit *QTL* (*Quantitative Trait Locus*) wird ein Genlocus (bzw. ein Cluster eng gekoppelter Loci) bezeichnet, dessen Varianten (*QTL*-Allele) die Messwerte eines oder mehrerer multifaktoriell bedingter (quantitativer) Merkmale beeinflussen.

– Eine auf kartierte Geneffekte basierende Funktionsanalyse von Genen bis hin zu den Nucleotidpositionen innerhalb eines Gens wird auch als positionale Klonierung (*positional cloning*) bezeichnet.

# Teil III

# Fortpflanzungsbiologische Verfahren

# 14 Anatomisch-physiologische Grundlagen der Fortpflanzung

Kenntnisse über die Abläufe bei der Geschlechtszellenbildung, Befruchtung und Trächtigkeit sind Vorbedingung für eine biotechnische Beeinflussung der Reproduktion.

## 14.1 Geschlechtszellenbildung

Die meiotischen Zellteilungsvorgänge führen zu den **haploiden Geschlechtszellen (Keimzellen, Gameten)**. Meiosen laufen in speziellen Organen ab, den **Keimdrüsen** oder **Gonaden**. Es gibt Keimdrüsen mit männlicher (**Hoden, Testes**) oder weiblicher Ausprägung (**Eierstöcke, Ovarien**). In den Drüsen geht die **Gametenbildung (Gametogenese)** von diploiden **primordialen Keimzellen (Urkeimzellen, *Primordial Germ Cells*, PGCs)** aus. Diese entwickeln sich zu mitotisch vermehrenden **Spermatogonien** bzw. **Oogonien (Abb. 14.1)**. Daraus bilden sich unter Wachstum und Differenzierung **Spermatocyten** bzw. **Oocyten**, die dann zur Meiose befähigt sind. Aus einer Spermatocyte gehen nach den beiden meiotischen Teilungen vier gleichgroße **Spermatiden** hervor, die sich alle in bewegliche **Spermien (Spermatozoen)** umwandeln (**Abb. 14.1a**). Demgegenüber schnürt die erste meiotische Teilung von einer **Oocyte (Eizelle)** den kleinen Richtungskörper (**Polkörper I**) ab. Während der zweiten meiotischen Teilung verdoppelt sich der Richtungskörper, und die Oocyte bildet einen weiteren Richtungskörper (**Polkörper II**) (**Abb. 14.1b**).

Die **Spermatogenese (Abb. 14.1a)** dauert bei den meisten Säugerspezies etwa 35–60 Tage. Die Differenzierung der Spermatiden zu den befruchtungsfähigen Spermien verläuft im Geweberverband. Die Spermien gelangen vom Keimdrüsenepithel in die Lumina der Hodenkanäle und von dort in die Nebenhoden, in denen eine weitere Reifung stattfindet. Auch nach Freisetzung der Spermien befinden sich am Mittelstück des Spermienschwanzes zunächst noch Reste des Spermatiden-Cytoplasmas, das sich allmählich ablöst.

Im Schema der **Abb. 14.1b** wird die **Bildung der Eizellen (Oogenese)** dargestellt. Aus den **Oogonien** bilden sich die **primären Oocyten**, in denen die Meiose I in der Prophase (Diplotänstadium) arretiert bleibt. Die Meiose wird bei geschlechtsreifen Tieren erst kurz vor der Ovulation durch hormonelle Stimulation bis zur Meiose II fortgesetzt, was zur Bildung der **sekundären Oocyte** führt. Im großen Cytoplasma der Oocyte befindet sich Vorratsmaterial (Ribosomen, RNA, Nährstoffe), welches auch für die Entwicklung nach der Befruchtung notwendig ist. Die Oocyten werden von einer einschichtigen, epithelialen Zelllage (**Follikelzellen, Granulosazellen, Kumuluszellen**) mit einer Basalmembran eingeschlossen (**Abb. 14.2**) und ergeben dadurch den **Primärfollikel**. Die Follikelzellen, die die Oocyte umgeben, dienen als Nähr- und Stützzellen.

In den Ovarien (Eierstöcken) werden hormonabhängig einige wenige Primärfollikel aktiviert. Bei einem solchen aktivierten Primärfollikel runden sich die Follikelzellen ab, d.h. sie werden isoprismatisch, und die Oocyte beginnt zu wachsen. Durch weitere Proliferation wird die Follikelzellschicht mehrlagig, und es entsteht dadurch der **Sekundärfollikel**. Zwischen Oocyte und Follikelzellen wird eine Hülle aus Glycoproteinen gebildet, die *Zona pellucida* (**Eihülle, Glashaut**) (**Abb. 14.2**). Durch die Ausscheidung von Flüssigkeit bildet sich im Follikel ein Zwischenraum. Im so entstandenen **Tertiärfollikel** wird die Eizelle an den Rand verlagert. An der Follikelwand wird ein kleiner Hügel gebildet, der *Cumulus oophorus*, in dem die Eizelle von Granulosazellen (Kumuluszellen) umgeben ist, so dass sich ein **Kumulus-Oocyten-Komplex (KOK)** bildet. Dieser Zellkomplex versorgt die Oocyte mit Hormonen und Nährstoffen. Direkt auf der *Zona pellucida* liegt die innerste Granulosazellschicht (**Corona radiata**), deren Zellen über Fortsätze mit der Plasmamembran der Oocyte verbunden sind. Während der Reifung des Follikels werden die Verbindungen zwischen Granulosazellen und *Zona pellucida* gelöst, und es entsteht der **perivitelline Raum**, d.h. ein

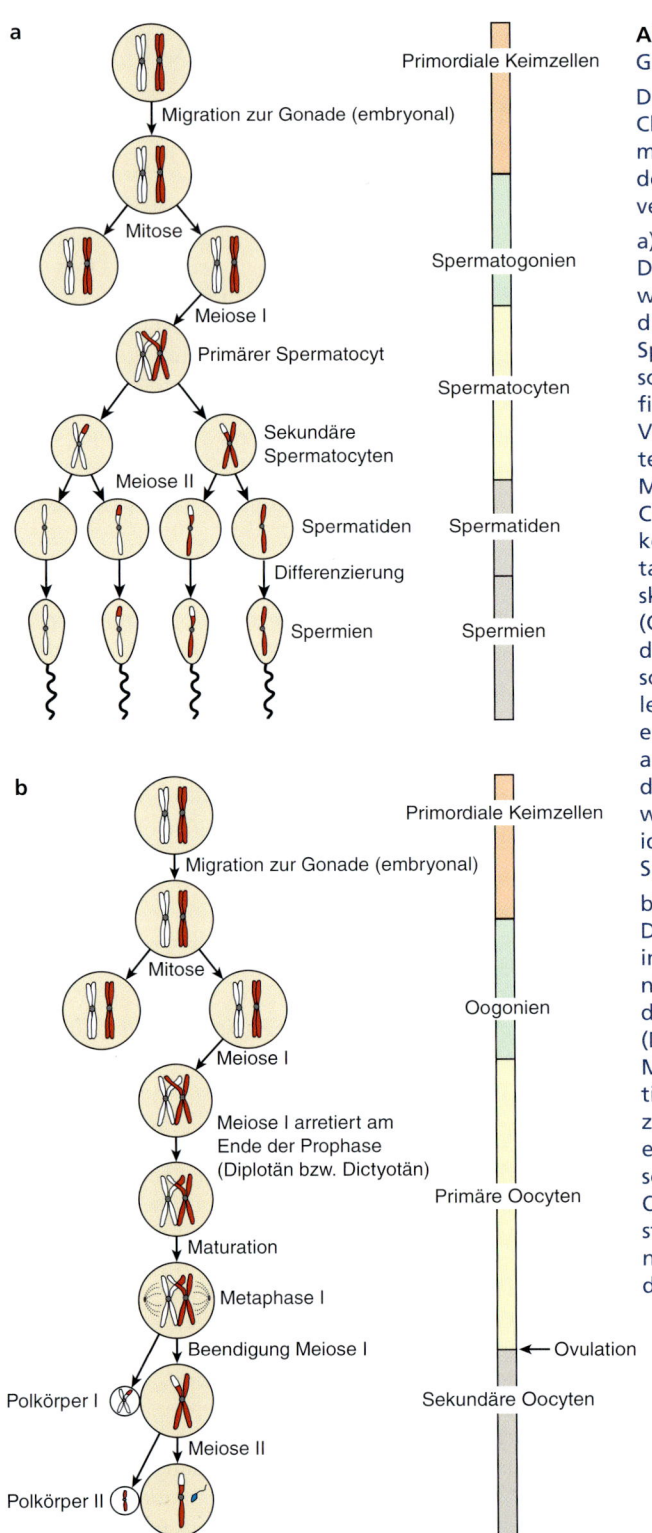

a

Primordiale Keimzellen

Migration zur Gonade (embryonal)

Mitose

Spermatogonien

Meiose I

Primärer Spermatocyt

Spermatocyten

Sekundäre Spermatocyten

Meiose II

Spermatiden — Spermatiden

Differenzierung

Spermien — Spermien

b

Primordiale Keimzellen

Migration zur Gonade (embryonal)

Mitose

Oogonien

Meiose I

Meiose I arretiert am Ende der Prophase (Diplotän bzw. Dictyotän)

Primäre Oocyten

Maturation

Metaphase I

Beendigung Meiose I

← Ovulation

Polkörper I

Sekundäre Oocyten

Meiose II

Polkörper II

**Abb. 14.1:** Schematischer Ablauf der Gametenbildung

Dargestellt ist ein Paar homologer Chromosomen. Eines der beiden Chromosomen ist farbig markiert, damit der Stückaustausch (Crossing over) zu verfolgen ist.

a) Spermatogenese
Die primordialen Keimzellen wandern während der Embryonalentwicklung in die Gonaden ein. Bildungsorte der Spermien sind nach Erreichen der Geschlechtsreife die Hodenkanäle. Dort findet durch mitotische Teilungen eine Vermehrung zu primären Spermatocyten statt. Bei der sich anschließenden Meiose I paaren sich die homologen Chromosomen (Synapsis), und es kommt zwischen ihnen zum Stückaustausch (Crossing over), welcher mikroskopisch als Überkreuzungsstelle (Chiasma) erkennbar ist. Dann werden die homologen Chromosomen auf verschiedene Zellen verteilt, so dass je Zelle ein haploider Chromosomensatz entsteht. Die Chromosomen bestehen aus je zwei Chromatiden, die während der Meiose II voneinander getrennt werden. Es entstehen damit vier haploide Spermatiden, welche zu reifen Spermien differenzieren.

b) Oogenese
Die primordialen Keimzellen wandern in die Ovarien, wo sich aus den Oogonien die primären Oocyten bilden, in denen die Meiose I in der Prophase (Diplotänstadium) arretiert bleibt. Die Meiose wird erst kurz vor der Ovulation durch hormonelle Stimulation bis zur Meiose II fortgesetzt. Hierdurch entstehen sekundäre Oocyten. Dabei schnüren sich von der plasmareichen Oocyte die kleinen Polkörper I (entsteht nach Meiose I) und II (entsteht nach Meiose II) ab. Die Oocyten werden von Granulosazellen eingeschlossen, was zur Entwicklung von Follikeln führt.

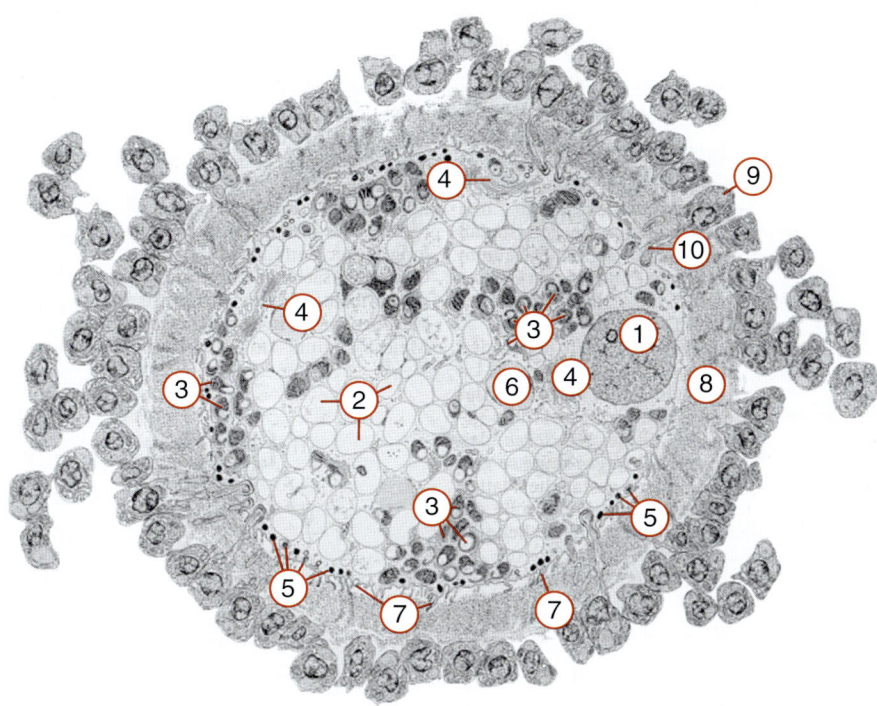

**Abb. 14.2:** Oocyte mit Kumuluszellen aus einem präovulatorischen Follikel des Rindes (nach Rüsse und Sinowatz 1991)

**(1)** Kern mit ringförmigem Nucleolus, **(2)** Dotterbläschen, **(3)** Mitochondrien, **(4)** Golgifeld, **(5)** cortikale Granula, **(6)** Lipoidtropfen, **(7)** Mikrovilli der Eizelle, **(8)** *Zona pellucida*, **(9)** Kumuluszellen, **(10)** Kumuluszell-Fortsatz mit desmosomaler Verbindung zum Plasmalemma der Oocyte.

Raum zwischen Cytoplasma und *Zona pellucida*. Der Follikel wächst bis zu einem Durchmesser von 2–50 mm (Katze: ca. 2 mm; Schwein: ca. 10 mm; Rind: ca. 20 mm; Stute: ca. 50 mm), und die Oocyten erreichen eine endgültige Größe von 130–150 μm. Der ausgereifte Tertiärfollikel wird auch als **Graaf'scher Follikel** bezeichnet. Schließlich kommt es zur **Ovulation (Follikel-** oder **Eisprung)**, d. h. dem Ausfließen eines reifen Tertiärfollikels unter Freisetzung der Eizelle.

Follikel und Oocyten reifen also in **Ovarien** (**Abb. 14.3**), d. h. zyklisch sich ändernden Organen, in denen stets große Follikelzahlen gleichzeitig vorhanden sind. Säuger verfügen bei der Geburt über 200000–400000 Primärfollikel. Diese sind aber nicht ohne weiteres für die Bildung von Nachkommen verfügbar. Wie **Abb. 14.4** wiedergibt, reifen pro Zyklus nur wenige Follikel, von denen dann einige wieder zurückgebildet werden (**Follikelatresie**). Aus einem

Pool potenziell ovulatorischer Follikel werden ein (Rind, Pferd) bis mehrere (Schwein, Maus) dominante Follikel selektiert und kommen zur Ovulation. Die Entwicklung eines Follikels hängt von Außeneinflüssen ab. Vor allem ist die Regulation der Zahl und Entwicklung ovulierter Eizellen das Ergebnis eines Kontrollsystems mit Hilfe hormonaler Signale (**Tab. 14.1**). Erst im Verlaufe eines **Reifungsprozesses** (**Maturation**) erlangt die Oocyte durch ein komplexes Zusammenwirken verschiedener Zellen des Follikels ihre vollständige **Befruchtungskompetenz**. Dabei führt die Kernreifung zum haploiden Chromosomensatz, während die cytoplasmatische Reifung u. a. eine monosperme Befruchtung gewährleistet. Die Befruchtungskompetenz wird kurz vor der Ovulation erreicht.

In den Keimdrüsen finden die durch Hormone regulierten Meiosen während bestimmter ontogenetischer Abschnitte statt. Bei männ-

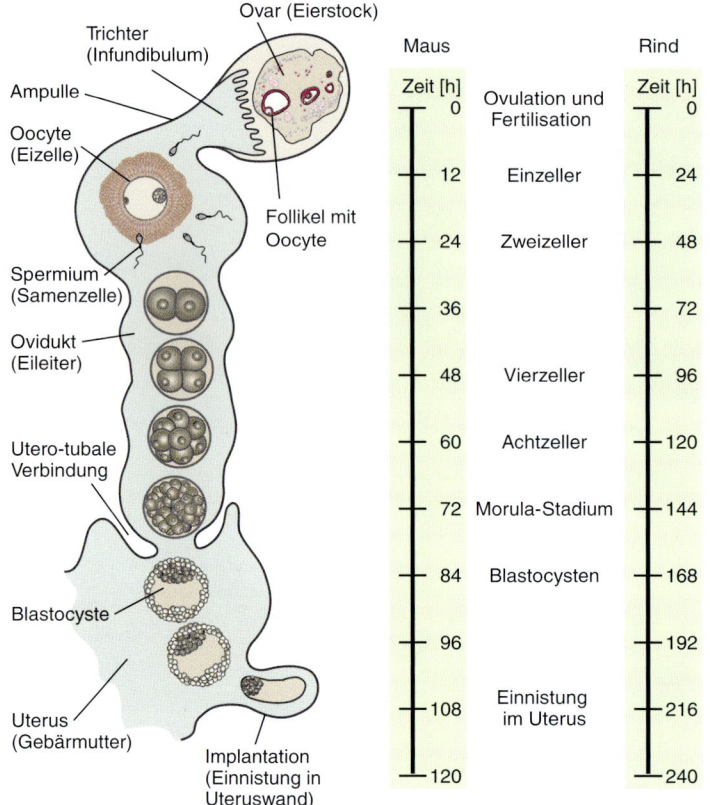

**Abb. 14.3:** Frühembryonale Entwicklung von der Befruchtung der Oocyte (Eizelle) bis zum Einnisten (Implantation) des Embryos in den Uterus

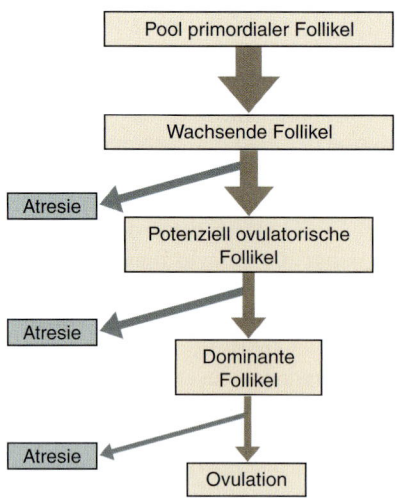

**Abb. 14.4:** Follikelentwicklung beim Säuger vom Pool primordialer Follikel bis zur Ovulation

lichen Individuen werden von Beginn der Geschlechtsreife an Gameten gebildet. Demgegenüber beginnt bei weiblichen Säugern die Meiose bereits im Verlaufe der Embryonalentwicklung und endet erst nach der Befruchtung (**Abb. 14.5**).

## 14.2 Entwicklung von Geschlechts- und Zuchtreife

Die Geschlechtsreifung und Fortpflanzung unterliegt dem Einfluss mehrerer Hormone (**Tab. 14.1**).

Mittlere Werte für den Eintritt der Geschlechts- und Zuchtreife werden in **Tab. 14.2** zusammengestellt. Als **Pubertät (Geschlechtsreife)** wird die Phase von der Ausbildung der sekundären Geschlechtsorgane und Geschlechtsmerkmale bis zur Erlangung der Fortpflanzungsfähigkeit bezeichnet. Die Geschlechtsreife

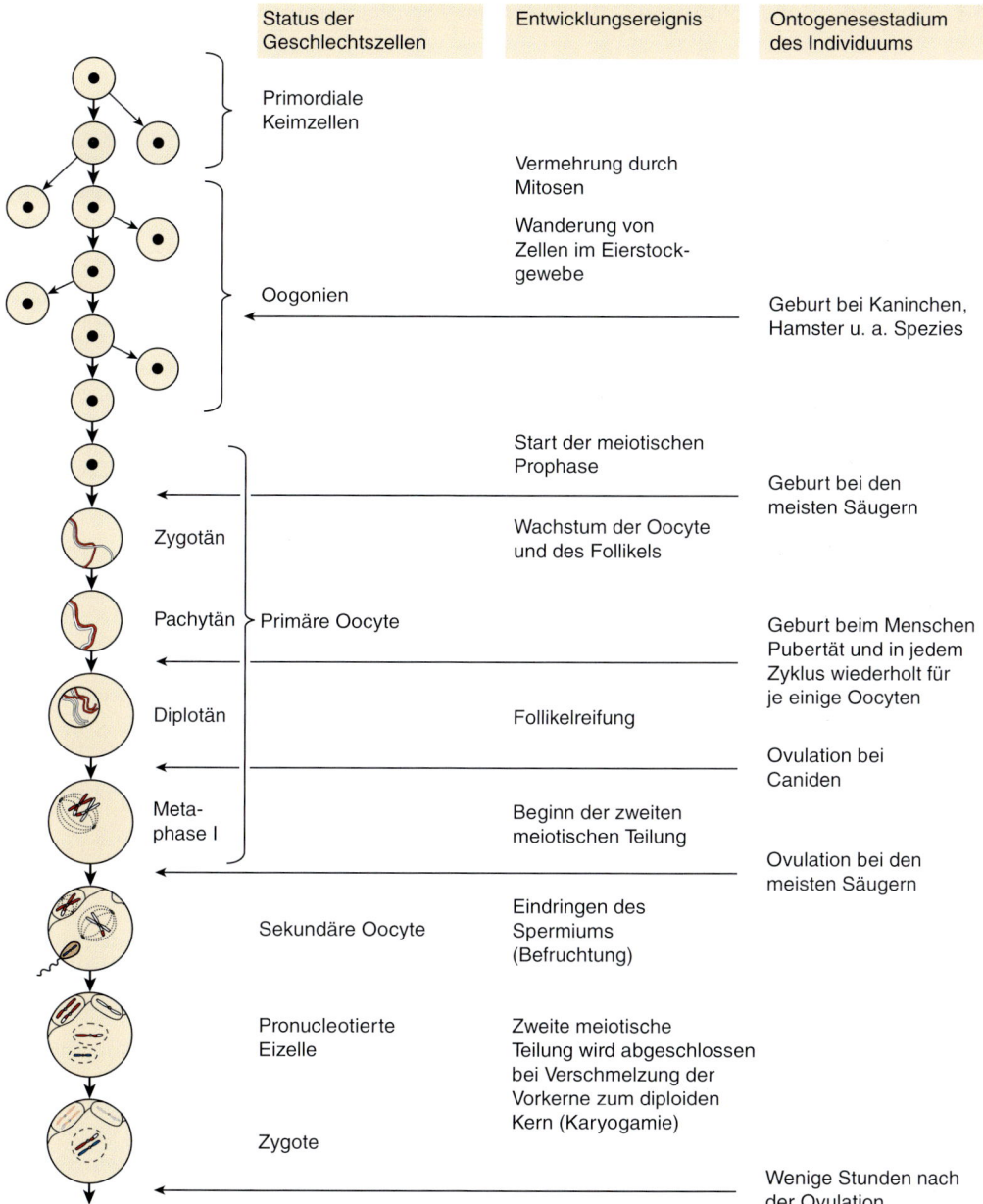

| Status der Geschlechtszellen | Entwicklungsereignis | Ontogenesestadium des Individuums |
|---|---|---|

Primordiale Keimzellen

Vermehrung durch Mitosen

Wanderung von Zellen im Eierstock-gewebe

Oogonien

Geburt bei Kaninchen, Hamster u. a. Spezies

Start der meiotischen Prophase

Geburt bei den meisten Säugern

Zygotän

Wachstum der Oocyte und des Follikels

Pachytän — Primäre Oocyte

Geburt beim Menschen Pubertät und in jedem Zyklus wiederholt für je einige Oocyten

Diplotän

Follikelreifung

Ovulation bei Caniden

Meta-phase I

Beginn der zweiten meiotischen Teilung

Ovulation bei den meisten Säugern

Sekundäre Oocyte

Eindringen des Spermiums (Befruchtung)

Pronucleotierte Eizelle

Zweite meiotische Teilung wird abgeschlossen bei Verschmelzung der Vorkerne zum diploiden Kern (Karyogamie)

Zygote

Wenige Stunden nach der Ovulation

**Abb. 14.5:** Ablauf der Geschlechtszellenbildung und Meiose während der Individualentwicklung weiblicher Säuger

Dargestellt ist ein Paar homologer Chromosomen.

ist beim männlichen Tier durch die Ausbildung fertilisationskompetenter Spermien, Libido und Deckvermögen charakterisiert. Bei geschlechts-reifen weiblichen Tieren werden Eizellen ovu-liert, und ein regelmäßiger Brunstzyklus be-ginnt. Der Zeitpunkt der Geschlechtsreife wird nicht nur vom Alter und von der Rasse be-

stimmt, sondern ist auch vom Erreichen eines bestimmten Körpergewichtes und von den Hal-tungsbedingungen (wie Licht, Klima und Be-wegung) abhängig. Diese Umweltfaktoren kön-nen die Synthese des GnRH (Gonadotropin-Releasing-Hormon) im Hypothalamus fördern oder hemmen. Bei Jungsauen führen erhöhte

**Tab. 14.1:** Wirkung der Hormone auf die Fortpflanzung

| Hormon | Chemische Struktur | Bildungsort | Wirkung | |
|---|---|---|---|---|
| | | | **Männliche Tiere** | **Weibliche Tiere** |
| Gonadotropin-Releasing-Hormon (GnRH) | Deca-peptid | Hypothalamus | Stimuliert in der Hypophyse FSH- und LH-Ausschüttung | |
| Oxytocin | Neuro-peptid | Hypothalamus (gespeichert in Hypophyse) | Wirkung auf Paarungs-verhalten | U. a. Kontraktion der Uterus-muskulatur (Geburtshormon); Gelbkörperabbau; Mutter- und Paarungsverhalten |
| Follikel-Stimulieren-des Hormon (FSH)[*] | Glyco-protein | Hypophyse (HVL) | Spermatogenese und Entwick-lung der Hodenkanäle | Follikelwachstum und -reifung |
| Luteinisierendes Hormon (LH)[*] | Glyco-protein | Hypophyse (HVL) | Stimuliert Hodenzwischen-zellen (*interstitial cell-stimulating hormone*); Testosteronbiosynthese | Follikelreifung (Follikelreifungs-hormon) und Ovulation; Follikel-umbildung in Gelbkörper (Luteinisation) |
| Prolactin | Proteo-hormon | Hypophyse (HVL) | | Ansteigende Konzentration wäh-rend der Trächtigkeit; Milchdrü-senentwicklung (mammotropes oder lactogenes Hormon) |
| Testosteron | Steroid-hormon | Insbes. männl. Keimdrüsen | Männl. Sexualhormon (Androgen), Spermatogenese, Wachstum der Geschlechts-organe und -drüsen, sekundäre Geschlechtsmerkmale, Libido | |
| Östrogene (insbes. Östradiol) | Steroid-hormone | Insbes. weibl. Keimdrüsen | | LH-Sekretion und Brunst-symptome; hemmt FSH; weibl. Geschlechtsmerkmale |
| Gestagene ("Gelbkörper-hormone", insbes. Progesteron) | Steroid-hormone | Ovar, Gelbkörper | | Vorbereitung und Aufrechterhal-tung der Trächtigkeit; hemmt LH-Sekretion und Ovulation |
| Prostaglandin $F_{2\alpha}$ (Luteolytischer Faktor) $PGF_{2\alpha}$ | Hormon-ähnliche Substanz | Uterus | | U. a. Gelbkörperrückbildung, Auslösen von Wehen, Brunst-auslösung |

[*] Gehören zu den Gonadotropinen
HVL: Hypophysenvorderlappen

**Tab. 14.2:** Geschlechts- und Zuchtreife bei einigen Tierarten

| Tierart | | Beginn der Geschlechts-reife | Beginn der Zuchtreife |
|---|---|---|---|
| Rind[*], | männlich | 8 - 11 Monate | 12 Monate |
| | weiblich | 9 - 15 Monate | 18 - 20 Monate |
| Schaf, | männlich | 4 - 8 Monate | 8 - 18 Monate |
| | weiblich | 5 - 12 Monate | 8 - 15 Monate |
| Schwein, | männlich | 5 - 8 Monate | 7 - 9 Monate |
| | weiblich | 5 - 9 Monate | 8 - 9 Monate |
| Maus | | 6 - 7 Wochen | 8 - 10 Wochen |
| Ratte | | 8 - 9 Wochen | 10 - 12 Wochen |

[*] Europäische Rassen

Cortisolwerte durch Eberkontakt, Stallwechsel und Transport zur Beschleunigung der Ge-schlechtsreife. Beim Rind beeinflusst das Kör-pergewicht den Zeitpunkt des ersten Östrus mehr als das Alter der Tiere. Beispielsweise tritt bei Milchrindern die Pubertät nach Erreichen von 35–45 % des durchschnittlichen Endge-wichtes der ausgewachsenen Tiere ein und bei Fleischrindern nach Erreichen von 45–55 % des Endgewichtes. Bei ausreichend ernährten Jung-rindern (Färsen) der europäischen Rassen (aus *Bos taurus sp. taurus* domestizierte Rassen) er-folgt die erste wahrnehmbare Ovulation mit Brunst im Alter von 9–15 Monaten, während Zeburinder (aus *Bos taurus sp. indicus* domestizierte Rassen) die Pubertät erst mit 15–24 Monaten erreichen.

Geschlechtsreife Tiere benötigen eine weitere körperliche Entwicklung, um die **Zuchtreife** zu erlangen, d.h. um zur Nachkommenerzeugung verwendet zu werden. Die Zuchtreife tritt also später ein als die Geschlechtsreife, kann wie diese beträchtlich variieren (**Tab. 14.2**) und hängt vor allem vom Körpergewicht des Tieres ab.

## 14.3 Geschlechtszyklus bei weiblichen Säugetieren

Unter **Geschlechtszyklus (Sexualzyklus, Brunstzyklus)** versteht man die in periodischen Abständen wiederkehrenden morphologischen, biochemischen und hormonellen Veränderungen (einschließlich des Sexualverhaltens) eines weiblichen Säugetieres, wobei eine oder mehrere befruchtungsfähige Eizellen (Oocyten) bereit gestellt werden. Zur gleichen Zeit wird die Paarungsbereitschaft signalisiert (**Brunst, Östrus**) und das Endometrium (Uterusschleimhaut) für die Aufnahme der befruchteten Eizellen vorbereitet. Die **Ovulation (Follikelsprung)** erfolgt bei den meisten Tierarten zu einem typischen Zeitpunkt im Geschlechtszyklus gegen Ende der Brunst. Nach der Ovulation wandeln sich die Zellen der Follikelwand zum Gelbkörper um.

Der Geschlechtszyklus kann saisonal bis ganzjährig auftreten. Beispielsweise zeigen eu-

ropäische Rinderrassen über das ganze Jahr hinweg Brunstzyklen, d.h. sie sind also ganzjährig polyöstrisch (asaisonal), während Wildrinder einen saisonal polyöstrischen Brunstzyklus aufweisen, d.h. in einer Jahreszeit treten mehrere Geschlechtszyklen auf. Auch viele Schafrassen verfügen über saisonal polyöstrische Brunstzyklen, die jedoch je nach Rasse unterschiedlich über das Jahr verteilt auftreten. Die Dauer des Sexualzyklus beträgt beim Rind im Durchschnitt 21 (18–24) und beim Schaf 16,5 (14–19) Tage. Der Tag, an dem die Brunstsymptome einsetzen, wird allgemein als Tag 0 des Zyklus bezeichnet. Auf Grund der feststellbaren Verhaltensänderungen, die durch die endokrine Steuerung zum Ausdruck kommen, wird der Sexualzyklus in Phasen gegliedert (**Tab. 14.3**).

Gesteuert werden die Zyklusphasen durch charakteristische Veränderungen der **Hormonkonzentrationen** im Blut und in den Geweben (**Abb. 14.6**). Die Regelung der Sexualfunktion erfolgt durch das Zentralnervensystem, wobei dem Hypothalamus und der Hypophyse eine dominierende Rolle zukommen. Im Hypothalamus wird von neurosekretorischen Zellen diskontinuierlich das **Gonadotropin-Releasing-Hormon (GnRH)** gebildet, welches im Hypophysenvorderlappen die Freisetzung der gonadotropen Hormone **LH (Luteinisierendes Hormon)** und **FSH (Follikel-Stimulierendes Hormon)** bewirkt (**Tab. 14.1**). Nach pulsierender Ausschüttung gelangen LH und FSH zu den Ovarien. Einige Tage vor dem Östrus steigt der

**Tab. 14.3:** Phasen der Brunst und Zykluslänge

| Phasen | Symptome | Dauer (nach Brunstbeginn) | |
|---|---|---|---|
| | | **Rind** | **Schwein** |
| Proöstrus (Präöstrus, Vorbrunst) | Stadium der Follikelbildung; Vulva etwas größer und Schleimhaut leicht gerötet | 3 Tage | 1 - 4 Tage |
| Östrus (Brunst, Zyklusbeginn) | Endphase der Follikelbildung, Ovulation; Vulva geschwollen und gerötet; Schleimabsonderung; Brunstverhalten[*] | 18 h | 36 - 48 h |
| Metöstrus (Postöstrus, Nachbrunst) | Gelbkörperphase nach Befruchtung oder Abbau des Gelbkörpers nach Ausbleiben einer Befruchtung; nachlassende Schleimabsonderung und Rötung der Vulva | 2 - 3 Tage | 3 - 4 Tage |
| Zykluslänge | | 21 Tage | 21 Tage |

[*] Brunstverhalten: Unruhe, vermehrte Lautabgabe (Brüllen bei der Kuh, Grunzen bei der Sau), Duldung des Aufspringens, Durchbiegen des Rückens bei Berührung in Kreuzgegend und weitere Merkmale.

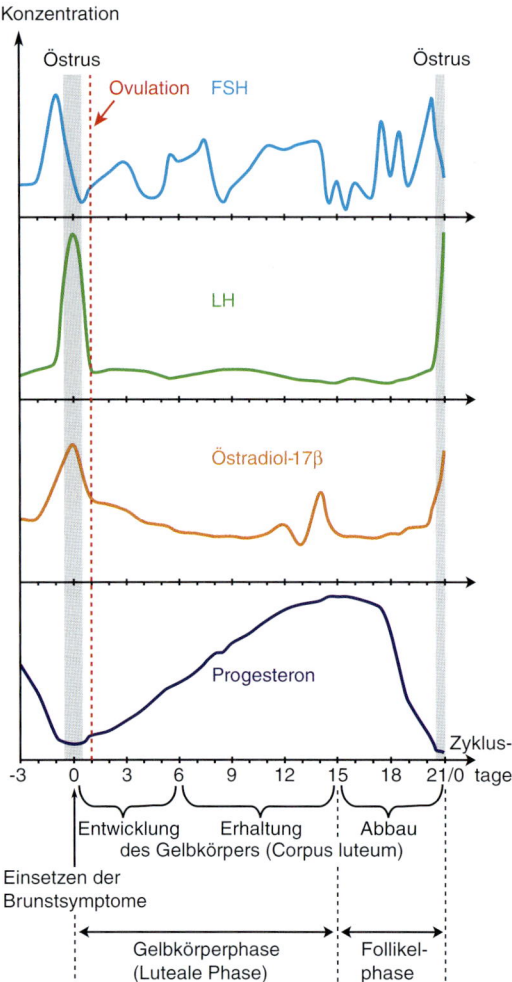

**Abb. 14.6:** Hormonverlaufskurven für FSH (Follikel Stimulierendes Hormon), LH (Luteotropes oder Luteinisierendes Hormon), Östradiol-17β und Progesteron während eines Brunstzyklus beim Rind (modifiziert nach Jöchle und Lamond 1980)

FSH und LH sind gonadotrope Hormone, die im Hypophysenvorderlappen gebildet werden. Progesteron entsteht überwiegend im Gelbkörper. Östradiol-17β stammt aus dem Follikel. Weitere Erklärungen siehe Text und **Tab. 14.1.**

FSH-Spiegel deutlich an und bewirkt die Follikelreifung und die Bildung von **Östrogenen** in den Follikelzellen. Die steigende Östrogenkonzentration wiederum erhöht die LH-Sekretion, was zu einem Anstieg der LH-Konzentration und schließlich zum präovulatorischen LH-Gip-

fel führt. LH steuert die Eizellfreisetzung. Die Östrogene (vor allem das Östradiol-17β), die in das Follikellumen und Blut abgegeben werden, lösen die Brunstsymptome aus. Die Follikelzellen aus der inneren Schicht des ovulierten Follikels werden während des Metöstrus (Nachbrunst) in **Luteinzellen (Gelbkörperzellen)** umgewandelt und synthetisieren **Progesteron (Gelbkörperhormon, Luteohormon)**, welches eine gestagene Wirkung hat, d. h. die Trächtigkeit aufrecht erhält. Der sich aus dem Follikel entwickelnde **Gelbkörper (Corpus luteum)** produziert in den ersten fünf bis sieben Tagen des Zyklus immer mehr Progesteron, um dann je nach Spezies bis etwa zum 15./17. Zyklustag ein Plateau in der Progesteronbildung zu halten (**Abb. 14.6**). Während dieser Zeitspanne hemmt Progesteron die LH-Ausschüttung, während FSH weiterhin pulsierend sezerniert wird. Dadurch bilden sich während eines Zyklus Follikel heran und werden auch wieder rückgebildet (atresiert) (**Abb. 14.4**, S. 316). Wird keine Trächtigkeit ausgebildet, so wird über Bindung von lutealem Oxytocin an spezifische Rezeptoren der Uterusschleimhaut vermehrt das luteolytische Hormon Prostaglandin-$F_{2\alpha}$ ($PGF_{2\alpha}$) gebildet und der Gelbkörper wieder abgebaut. Dadurch werden die Voraussetzungen für einen neuen Brunstzyklus geschaffen, da – neben dem FSH – nach dem Rückgang der Progesteronkonzentration nun LH seine Wirkung entfalten kann. Je nach Spezies können sich ein bis mehrere Follikel differenzieren und zur Ovulation gelangen.

Kommt es zu einer Befruchtung, so bildet der sich entwickelnde Embryo Interferon-τ, das die Transkription von Östrogenrezeptoren in den Zellen der Uterusschleimhaut inhibiert. Interferon-τ wird vom Embryo ab dem 7. Entwicklungstag, d. h. bereits in der Blastocyste, gebildet und verhindert eine $PGF_{2\alpha}$-Bildung und -Freisetzung, so dass der Progesteron bildende Gelbkörper erhalten bleibt.

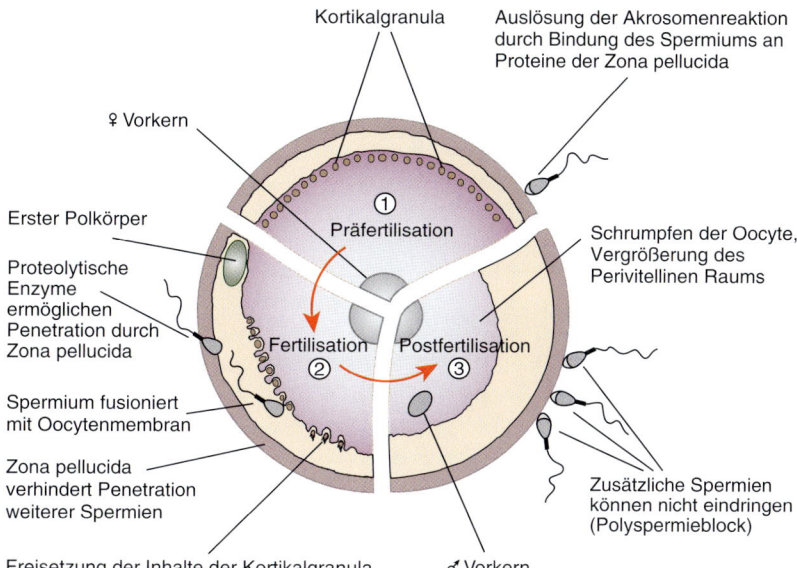

Kortikalgranula

Auslösung der Akrosomenreaktion durch Bindung des Spermiums an Proteine der Zona pellucida

♀ Vorkern

Erster Polkörper

Proteolytische Enzyme ermöglichen Penetration durch Zona pellucida

Spermium fusioniert mit Oocytenmembran

Zona pellucida verhindert Penetration weiterer Spermien

Freisetzung der Inhalte der Kortikalgranula

① Präfertilisation

Fertilisation ②

Postfertilisation ③

Schrumpfen der Oocyte, Vergrößerung des Perivitellinen Raums

Zusätzliche Spermien können nicht eindringen (Polyspermieblock)

♂ Vorkern

**Abb. 14.7:** Ereignisse während der Fertilisation einer Eizelle des Rindes (nach GORDON 2003, modifiziert)

## 14.4 Befruchtung und Embryonalentwicklung

Die **sexuelle** oder **geschlechtliche Fortpflanzung** lässt sich hinsichtlich der zellgenetisch erkennbaren Vorgänge in die Geschlechtszellenbildung und die Befruchtung unterteilen. Unter **Befruchtung (Fertilisation)** versteht man den Vorgang, bei dem sich zwei Gameten vereinigen und eine Zygote bilden (**Abb. 14.5**, S. 317). Der Ablauf der Befruchtung (**Abb. 14.7**) beinhaltet Wechselwirkungen zwischen Spermium und Oocyte, so dass nur je ein Spermium (Samenzelle) und eine Oocyte (Eizelle) verschmelzen. Nach der Befruchtung dekondensiert der Spermienkopf, und es bildet sich der männliche Vorkern. Gleichzeitig wird die Meiose II abgeschlossen und der weibliche Vorkern gebildet. In der **befruchteten Eizelle (Zygote)** ist also zunächst der weibliche (aus der Eizelle) und männliche (aus der Samenzelle) Vorkern erkennbar, so dass dieser Zustand auch als **Vorkernstadium** bezeichnet wird. Wie **Abb. 14.8a** zeigt, ist eine korrekte Fertilisation durch das Vorhandensein von zwei Vorkernen und des Polkörpers gekennzeichnet. Soweit die Vorkerne wegen der dichten Lipidgranula nicht sichtbar sind, werden die Eizellen zur Darstellung der Fertilisation angefärbt (z.B. mit Fuchsin oder

Orcein). Zur Beurteilung einer erfolgten Fertilisation wird jedoch im Wesentlichen nur die Teilungsrate herangezogen, die lichtmikroskopisch und ohne Färbung beurteilt werden kann. Embryonen, die 48 Stunden nach der Fertilisation noch nicht über das Zweizellstadium hinaus gelangt sind, entwickeln sich in der Regel nicht mehr zu Blastocysten. Die günstigsten Blastocysten-Entwicklungsraten zeigen Embryonen, die 48 Stunden nach Fertilisationsbeginn mindestens das Vier-Zell-Stadium erreicht haben.

Bei vielen Tierarten findet die Befruchtung im weiblichen Organismus statt, der auch für die weitere Versorgung der Zygote besondere Aufwendungen trifft. Die größte Bedeutung besitzt die **Fremdbefruchtung**, bei der Gameten von zwei verschiedenen Individuen zur Zygote verschmelzen. Eine Fremdbefruchtung wird in der Regel dadurch gesichert, dass ein Individuum nur Gameten eines Geschlechtes bilden kann und zur Befruchtung Gameten verschiedenen Geschlechts nötig sind. Abgesehen von der Fremdbefruchtung gibt es bei den vielzelligen Tieren noch weitere Fortpflanzungstypen. So können in **zwittrigen** Individuen, wie z.B. in Würmern und Schnecken, zugleich männliche und weibliche Gameten entstehen, die miteinander zur Befruchtung befähigt sind. Eine Vereinigung von Gameten desselben Individuums wird als **Selbstbefruchtung** bezeichnet.

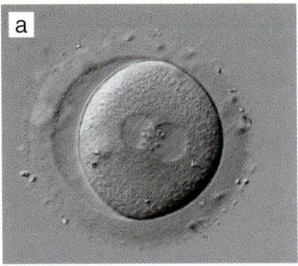

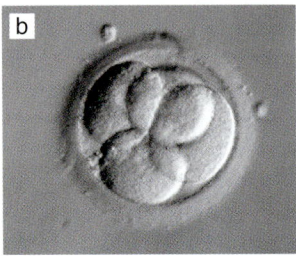

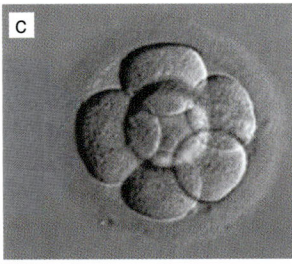

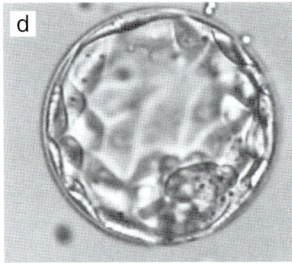

**Abb. 14.8:** Morphologie frühembryonaler Stadien

a) Befruchtete Eizelle mit männlichem und weiblichem Vorkern 16 Stunden nach der Befruchtung

b) Vierzellstadium

c) Morula

d) Blastocyste

Vorgänge der **asexuellen, ungeschlechtlichen** oder **vegetativen Fortpflanzung** verlaufen ohne Befruchtung. Als Formen der ungeschlechtlichen Fortpflanzung treten bei höheren Tieren die Bildung eineiiger Zwillinge, die Knospung (z. B. Hohltiere, Würmer) und die Parthenogenese auf. Als **Parthenogenese (Jungfernzeugung)** bezeichnet man den Vorgang, bei dem aus unbefruchteten Eizellen Embryonen hervorgehen. Hierzu kann es auf zwei Wegen kommen: Im ersten Fall entstehen haploide Nachkommen aus haploiden Eizellen **(gamophasische Parthenogenese)**. Dieser Vorgang wirkt bei Hautflüglern (H*ymenoptera*), wie z. B. den Bienen (*Apidae*), geschlechtsbestimmend, indem sich befruchtete Eier zu Weibchen (Königinnen, Arbeiterinnen) entwickeln und unbefruchtete parthenogenetisch zu haploiden Männchen (Drohnen) werden. Bei dem zweiten Entwicklungsweg bildet sich eine diploide Eizelle und beginnt eine parthenogenetische Zellvermehrung **(zygophasische Parthenogenese)**. Entweder unterbleibt hierbei die Meiose, oder die bereits haploide Eizelle verdoppelt ihren Chromosomensatz (z. B. indem sie mit einem ihrer Polkörper verschmilzt). Zur Parthenogenese mit diploiden Nachkommen sind z. B. die Blattläuse (*Aphidina*) in der Lage. Bei ihnen wechseln parthenogenetische und befruchtungsbedürftige Generationen einander ab **(zyklische Parthenogenese)**. Auch bei Wirbeltieren werden gelegentlich Parthenogenesen gefunden. Sie bedeuten hier jedoch eine seltene Abweichung von der normalen Entwicklung und führen oft bereits im Blastocysten-Stadium zu Störungen und schließlich zum Tod.

Wie aus **Abb. 14.3**, S. 316, zu ersehen ist, werden die ovulierten Oocyten vom Infundibulum des Eileiters aufgefangen und dann in dessen Ampullenteil geleitet. Bei den meisten Spezies findet am Übergang von der Ampulle zum Ovidukt die Befruchtung statt. Dazu müssen Spermien bis dort hin wandern. Die Spermien erhalten durch mehrstündigen Aufenthalt im Uterussekret ihre Befruchtungskompetenz; der Vorgang der Spermienreifung wird als **Kapazitation** bezeichnet. Männliche und weibliche Gameten sind im weiblichen Genitaltrakt nur eine beschränkte Zeit befruchtungsfähig (z. B. beim Rind: Oocyten 8–12 Stunden, Spermien bis zu 48 Stunden), was eine genaue Terminierung der Besamung oder Bedeckung erforderlich macht. Die Eileiterpassage der Gameten und später der befruchteten Eizellen wird wesentlich durch Steroidhormone gesteuert. Entscheidend sind die hierdurch beeinflusste Cilienaktivität im

Eileiter, das Ausmaß des Mucosaödems sowie die Strömungsrichtung und -geschwindigkeit der Eileiterflüssigkeit. Unter Östrogenwirkung wird das Ödem stark ausgebildet; es kommt zu einem starken Flüssigkeitsstrom in Richtung Ovar. Der nach der Ovulation ansteigende Progesteronspiegel bewirkt eine Mucosarückbildung, führt zu einem Flüssigkeitsstrom in Richtung Uterus und reduziert die Sekretion der Eileiterflüssigkeit.

Den einzelnen Stadien der Befruchtung und **Embryonalentwicklung eines Säugetieres** werden in **Abb. 14.9** die jeweils dafür benutzten biotechnischen Verfahren zugeordnet. Nach dem Eindringen eines Spermiums in die Oocyte beginnt die Teilung meist innerhalb von 24 Stunden. Durch fortlaufende Teilungen entsteht ein kompakter Zellhaufen (**Morula**), ohne dass sich der Gesamtdurchmesser des Embryos – verglichen mit der Oocyte – ändert (**Abb. 14.8**). Nach weiteren Teilungen bildet sich innerhalb der Morula ein Hohlraum, das **Blastocoel**, so dass der Embryo mehr und mehr einem Hohlkörper ähnelt. Damit ist die **Blastocyste** entstanden, die aus einer einschichtigen peripheren Lage großer abgeflachter Zellen besteht, dem **Trophoblast**, und einer kompakten Ansammlung kleiner Zellen an einem Pol. Diese bilden den **Embryonalknoten (Embryoblast)**, auch **Innere Zellmasse** (*inner cell mass*, **ICM**) genannt. Aus der ICM entwickelt sich der Embryo, aus den Trophoblastenzellen gehen die Embryonalhüllen hervor. Der Trophoblast bildet eine abgeschlossene Wand, die für den aktiven Transport von Flüssigkeit in das Blastocoel verantwortlich ist und den Kontakt mit dem mütterlichen Gewebe aufnimmt. Der Embryo ist bei den meisten Tierarten bis zum Blastocystenstadium von der *Zona pellucida* umgeben. Die *Zona pellucida* wird schließlich verlassen; die Blastocyste heftet sich dann an die innere Schicht des Uterus (Endometrium) an und wird von dem Gewebe aufgenommen (**Implantation, Nidation**) (**Abb. 14.3**, S. 316). Die Implantation erfolgt speziesabhängig zwischen dem 4. Tag (Maus) und der 7. Woche (Stute) nach der Ovulation.

Metazoen (mehrzellige Organismen) durchlaufen während der Ontogenese eine artspezifische Folge an Prozessen, die teilweise zur Fortpflanzung gezählt werden. Bei Säugern findet die Entwicklung der Embryonen in der mütter-

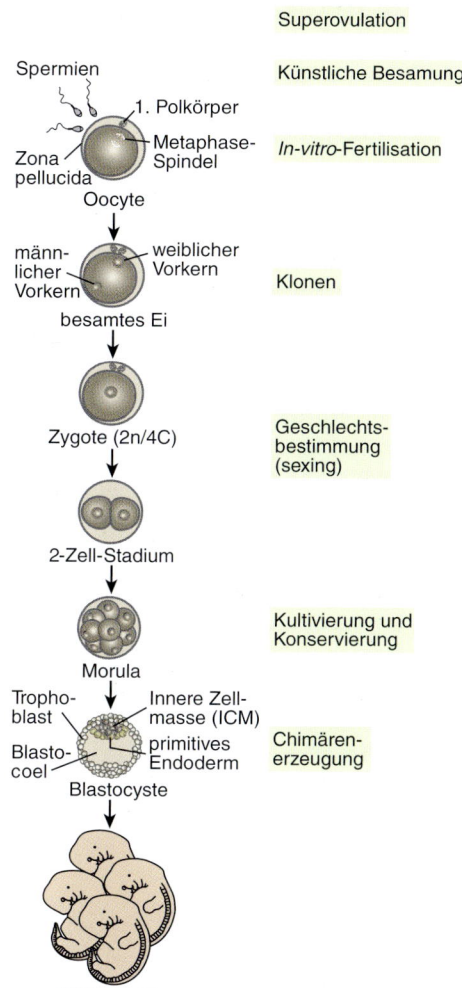

**Abb. 14.9:** Stadien der Befruchtung und Embryonalentwicklung beim Säugetier in Beziehung zu den biotechnischen Verfahren, die diese Stadien nutzen

lichen Gebärmutter (Uterus) statt. Zwei oder mehrere gleichzeitig heranwachsende Embryonen werden als **Zwillinge** bzw. **Mehrlinge** bezeichnet. Stammen diese von zwei oder mehreren Zygoten, so handelt es sich um **zweieiige (dizygote) Zwillinge** bzw. **mehreiige (polyzygote) Mehrlinge**. In seltenen Fällen wird bei Wirbeltieren die Zygote nach der ersten Teilung ganz getrennt; es bilden sich dann zwei identische Embryonen als **eineiige (monozygote) Zwillinge**. Diese Zwillingsbildung ist eine Form der ungeschlechtlichen Fortpflanzung und kann bei einigen Tierarten regelmäßig auftreten (z. B. Gürteltier) und bei anderen als seltene Ausnahme (z. B. sind beim Rind ca. 10 % der gleichgeschlechtlichen Zwillinge eineiig). Einige Individuen erhalten während ihrer Individualentwicklung Zellen, die aus zwei oder mehreren Zygoten entstanden sind. Solche Individuen bezeichnet man als **Chimären** (siehe S. 380 ff.).

## Zusammenfassung

– Die meiotischen Zellteilungsvorgänge führen bei den Tieren zu den haploiden Geschlechtszellen (Keimzellen, Gameten). Bei Säugetieren reifen Oocyten in Follikeln und diese in Ovarien, bei denen es sich um zyklisch sich ändernde Organe handelt.
– Die Geschlechtsreife ist beim männlichen Tier durch die Ausbildung von Spermien, Libido und Deckvermögen charakterisiert. Bei geschlechtsreifen weiblichen Tieren werden Eizellen ovuliert, und ein regelmäßiger Brunstzyklus beginnt.
– Unter Geschlechtszyklus (Sexualzyklus, Brunstzyklus) versteht man die in periodischen Abständen immer wiederkehrenden morphologischen, biochemischen und hormonellen Veränderungen (einschließlich des Sexualverhaltens) eines weiblichen Säugetieres mit dem Ziel, eine oder mehrere befruchtungsfähige Eizellen (Oocyten) zur Verfügung zu stellen.
– Befruchtung (Fertilisation) ist der Vorgang, bei dem sich zwei Gameten vereinigen und eine Zygote bilden.
– Nach der Befruchtung durchlaufen Metazoen während der Embryonalentwicklung eine artspezifische Folge an Prozessen, die teilweise zur Fortpflanzung gezählt werden.

# 15 Kryokonservierung von Zellen und frühembryonalen Stadien

Als **Tiefgefrier-** oder **Kryokonservierung** wird die Haltbarmachung lebender Körperzellen, Embryonen oder Gameten durch tiefe Temperaturen und über lange Zeiträume bezeichnet. In diesem Bereich ließen sich während der letzten Jahrzehnte wesentliche Fortschritte erzielen, nachdem ausreichende Kenntnisse über die vielfältigen Zellschädigungsmechanismen beim Einfrieren und Auftauen (z. B. osmotische Effekte, intrazelluläre Eisbildung) erarbeitet worden waren. Erst durch Abkühlen der Zellen auf Temperaturen von −80 °C bis −196 °C kommen die Stoffwechselvorgänge zum Stillstand, was die Möglichkeit schafft, Zellen bei Erhalt ihrer Vitalität über Jahrzehnte hinweg lagern zu können. Beispielsweise können Embryonen so eingefroren werden, dass sie sich nach dem Auftauen zu uneingeschränkt lebensfähigen Individuen entwickeln.

Die Kryokonservierung wird in vielen Bereichen der Biologie und Medizin angewendet. In der Tier-Biotechnologie spielt die Kryokonservierung von Spermien, Oocyten und Embryonen eine besondere Rolle; auf die Konservierung dieser Zellen und Entwicklungsstadien wird daher nachfolgend eingegangen.

## 15.1 Einflussfaktoren auf die Kryokonservierung

Auf den Erfolg der Kryokonservierung wirken viele Faktoren:

- **Zelltyp.** Das Stadium der Embryonalentwicklung, die Gewebeherkunft der Zellen, die Spezies und sogar Unterschiede zwischen Zellen verschiedener Spendertiere bzw. Inzuchtlinien spielen eine große Rolle für den Erfolg der Kryokonservierung. Für eine Spezies optimierte Methoden sind daher nicht ohne weiteres für gleiche Entwicklungsstadien einer anderen Spezies anwendbar.
- **Volumetrischer Zellanteil in der Suspension.** Hierdurch werden die Zell/Zell- und die Zell/Eiskristall-Wechselwirkungen beeinflusst. Für bestmögliche Zellüberlebensraten sind normalerweise genügend hohe Zelldichten notwendig.
- **Osmolarität der Lösung.** Sie führt zu einem osmotischen Anschwellen (bei hypotonen Lösungen) oder Schrumpfen (bei hypertonen Lösungen) der Zellen. Günstige Bedingungen werden erreicht, wenn die Zellen einige Zeit vor dem Einfrieren Wasser abgegeben haben, jedoch nicht ein kritisches Minimalvolumen unterschreiten.
- **Eiskristallbildung.** Durch hohe Lösungsviskosität und rasche Abkühlraten wird das Wachstum der Eiskristalle begrenzt oder sogar eine glasartige Erstarrung (Vitrifikation) erreicht. Aus dieser Erstarrung kann es beim Erwärmen zur Eiskristallbildung kommen (Devitrifikation). Dies kann für die Zellen nachteilig sein, so dass genügend rasche Erwärmungsraten anzustreben sind.
- **Art, Zusammensetzung und Konzentration von Molekülen in den Einfriermedien.** Bestimmte Substanzen unterstützen einen schonenden Gefrierprozess als so genannte Gefrierschutzmittel (Kryoprotektiva).

Eine erfolgreiche Kryokonservierung ist nur bei Optimierung der verschiedenen Einflussparameter möglich. Dabei werden die Entwicklungsarbeiten durch die vielen Kombinationsmöglichkeiten der Parametergrößen erschwert. Manche Anwendungsaspekte fordern zudem nicht nur hohe Zellüberlebensraten, sondern auch oft einerseits geringe Schutzadditiv-Mengen und andererseits hohe Zellzahlen sowie Konzentrationen pro Kryokonserve. Der Erhalt der Zellvitalität nach der Kryokonservierung wird mit Vitalitätstests geprüft. Der tatsächliche Erfolg eines Kryokonservierungsverfahrens lässt sich erst anhand von *In-vivo*-Studien messen, also beispielsweise bei frühembryonalen Stadien an der Überlebensdauer übertragener Zellen im Empfängerorganismus.

Während der Lagerungszeiten ist ionisierende Strahlung offenbar die einzige Schädigungsquelle für kryokonservierte Zellen. Jedoch sind die dadurch zu erwartenden Schadwirkungen außerordentlich gering. Beispielsweise waren bei üblicher Lagerung in Containern mit flüssigem Stickstoff im Verlaufe von Jahrzehnten keine nennenswerten Schädigungen an Spermien zu erkennen.

## 15.2 Minimierung von Zellschädigungen beim Gefrieren und Auftauen

Ein entscheidender Faktor bei der Kryokonservierung ist die **Bildung von Eiskristallen (Abb. 15.1)**. Die Absenkung der Temperatur bewirkt zunächst ein Gefrieren des wässrigen Mediums zwischen den Zellen. Der Gefrierprozess beginnt im extrazellulären Medium – je nach dessen Elektrolytkonzentration – bei –5 °C bis –10 °C. Das Zellinnere gefriert zunächst nicht, sondern wird „unterkühlt". In dieser Phase führt die extrazelluläre Eisbildung zu einer Wasserabgabe aus den Zellen, weil die Vereisung des Wassers zu einer Austrocknung des Milieus zwischen den Zellen beiträgt. Der noch nicht gefrorene Wasseranteil zwischen den Zellen wird immer kleiner und weist infolgedessen zunehmende Elektrolytkonzentrationen auf. Die

dadurch ausgelöste, osmotisch bedingte Wasserabgabe aus den Zellen führt zu einer Zellschrumpfung und einem Anstieg auch der intrazellulären osmotischen Werte.

Je nach Temperaturkinetik können drei **Verfahren des Einfrierens** unterschieden werden:
– Bei **langsamer Abkühlung** geben die Zellen viel Wasser nach außen ab (**Abb. 15.1a**). Dadurch besteht die Gefahr, dass die Zellen durch die stark ansteigende Konzentration intrazellulärer Substanzen geschädigt werden, noch bevor sie eingefroren sind. Schließlich werden sogar Substanzen ausgefällt, was die Schadwirkungen weiter verstärkt. Daher darf eine minimale Abkühlgeschwindigkeit nicht unterschritten werden.
– Bei einer **schnellen Abkühlung** verbleibt wenig Zeit für den osmotischen Wasseraustritt aus der Zelle, und intrazellulär bilden sich Eiskristalle (**Abb. 15.1b**). Infolge der intrazellulären Eiskristallbildung können die Membranen der Zelle geschädigt werden.
– Eine **ultraschnelle Kühlgeschwindigkeit** resultiert in kleinen, die Zellorganellen wenig schädigenden Eiskristallen (**Abb. 15.1c**). Die gleichzeitig zunehmende Lösungsmittelviskosität behindert ebenfalls Wachstum und Beweglichkeit der Kristalle, die deshalb nicht zu größeren Aggregaten verschmelzen können, d. h. es kommt zu einer partiellen **Vitrifikation**. Hierbei bildet sich ein glasähnlicher Festkörper aus stark unterkühlter, viskoser Flüssigkeit. Bei langsamem Auftauen können allerdings die kleinen Kristalle zu größeren Kristallen aggregieren (**Devitrifikation**) und dann zellschädigend wirken. Die kleinen Eiskristalle können nämlich während des Auftauens als Kristallisationspunkte für die Entstehung größerer Kristalle dienen, insbesondere wenn während der Erwärmung ein kritischer Temperaturbereich durchlaufen wird.

Um eine maximale Überlebensfähigkeit der Zellen zu sichern, müssen also sowohl der Abkühl- als auch der Auftauprozess einem **optimierten Temperaturverlauf** folgen. Dieser ist von den Zellen abhängig, da die Durchlässigkeit der Membranen für Wasser zwischen verschiedenen Zelltypen erheblich variieren kann. Insbesondere für Zellverbände ist das Einfrierprotokoll schwierig zu optimieren, da hier einzelne Zellen unterschiedliche Strukturen haben kön-

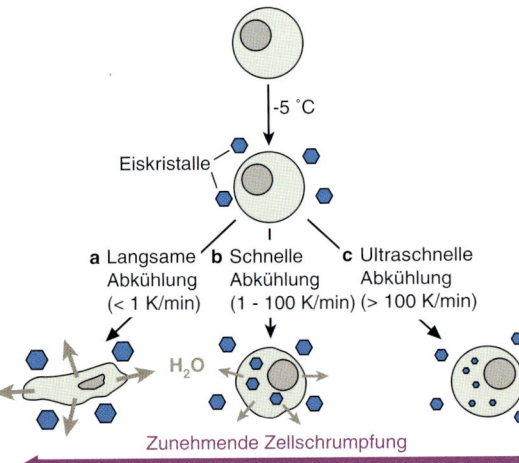

**Abb. 15.1:** Physikalische Vorgänge in Zellen und Medien während des Einfrierens

Erklärungen siehe Text.

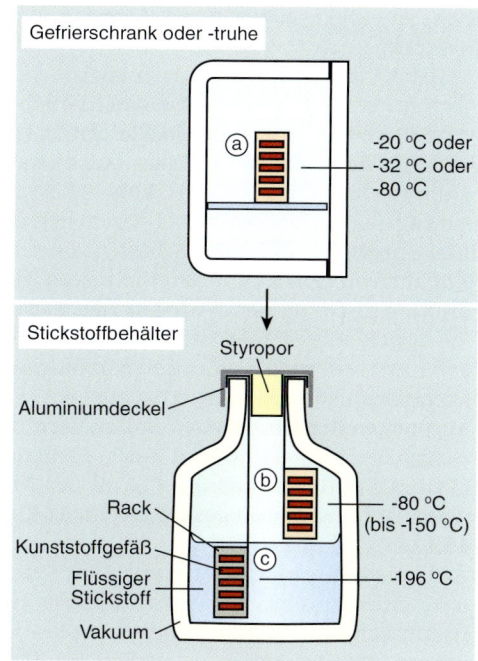

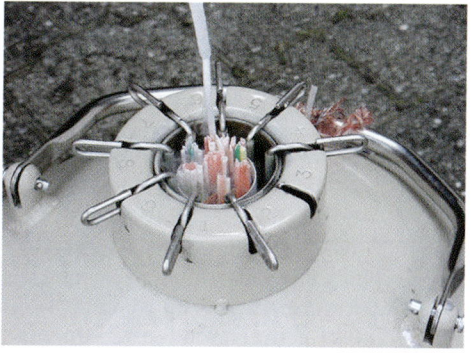

**Abb. 15.3:** Blick auf einen Stickstoffbehälter, bei dem ein *Rack* (Einhängegestell) in die Einfüllöffnung gehoben wurde. In diesen sind *Straws* (Pailletten, Strohhalm-ähnliche Kunststoffröhrchen) mit Besamungsportionen zu erkennen.

**Abb. 15.2:** Container für die Kryokonservierung

a) Es kann eine bestimmte Temperatur eingestellt werden. Je nach Technik wird das Probengut auch nacheinander in Bereiche oder Container mit immer niedrigeren Temperaturen gestellt.

b) Im Tank, der zu etwa der Hälfte mit flüssigem Stickstoff gefüllt ist, stellt sich ein Temperaturgradient ein. Das Probengut kann daher in einem ersten Schritt oberhalb des flüssigen Stickstoffs (Gasphase) aufgehängt werden. Erst nach vorgegebenem Zeitintervall werden die Proben in die flüssige Phase abgesenkt.

c) Letztendlich erfolgt die Aufbewahrung des Probenguts fast immer in flüssigem Stickstoff bei −196 °C.

nen und oft dem Gefrierprozess unterschiedlich exponiert sind. Ein optimierter Gefrierprozess beginnt zunächst langsam (0,4–1 K/min), so dass ein Teil des Wassers aus den Zellen transportiert werden kann. Je nach Protokoll werden die Zellen bis auf −20 °C, −32 °C oder/und −80 °C vortemperiert und dann in flüssigen Stickstoff (−196 °C) getaucht (**Abb. 15.2** und **15.3**). Das in den Zellen verbliebene Wasser bildet durch den abschließend schnellen Einfrierprozess kleine, weitgehend für die Zellorganellen unschädliche Eiskristalle. Stärker

permeable Zellen tolerieren eine rasche Kühlung besser als andere Zellen.

Den Gefriermedien werden üblicherweise spezielle Mittel (**Gefrierschutzmittel, Kryoprotektiva, Schutzprotektiva**) zugesetzt, die eine Schädigung von Zellen beim Gefrieren und Auftauen verringern sollen. Die Gefrierschutzmittel senken den Gefrierpunkt der Lösung und verringern die Eiskristallbildung. Außerdem erhöhen sie meistens die Viskosität der Lösung und verhindern so ein Aggregieren entstehender Eiskristalle. Es werden penetrierende und nicht-penetrierende Gefrierschutzmittel verwendet:

– **Penetrierende Kryoprotektiva** dringen in die Zellen ein. Hierzu gehören Glycerin und Dimethylsulfoxid (DMSO). Sie werden in relativ hohen Konzentrationen zugesetzt (1–4 M), so dass Eiskristalle erst bei tiefen Temperaturen gebildet werden. Penetrierende Kryoprotektiva beeinflussen die intrazellulären Salzkonzentrationen und verlangsamen eine Zellschrumpfung. Dadurch steigern sie die Überlebensrate der Zellen und verbreitern den zum Erfolg führenden Bereich, wie **Abb. 15.4** am Beispiel der Zugabe von Glycerin zeigt. Durch die weiten Toleranzbereiche werden größere Probenvolumina konservierbar, und Abweichungen vom Idealprotokoll sind ohne großen Nachteil möglich. Gefrierschutzmittel erlauben auch das Einfrieren von Zellaggregaten aus verschiedenen Zelltypen. Durch die Verwendung von Kryoprotektiva gelingt die Langzeitkryokonservierung von Embryonen mit akzeptabler Überlebensrate und vertretbarem technischem Aufwand. Penetrierende Kryoprotektiva wirken jedoch toxisch auf die Zellen, vor allem bei längeren Einwirkzeiten unter hohen Temperaturen. Sie werden deshalb erst nach vorhergehender Abkühlung des Mediums zugesetzt, und die Zellen werden sofort danach schnell tiefgefroren. Außerdem ist nach dem Auftauen eine sofortige Entfernung des penetrierenden Gefrierschutzmittels notwendig.

- Zu den **nicht-penetrierenden Kryoprotektiva** zählen Polyvinylpyrrolidon (PVP), Hydroxyethylstärke, Polyethylenglycol (PEG) und Dextran. Sie werden in geringen Konzentrationen (0,01–0,2 M) zugesetzt. Ihre Wirkung ist auf Grund der Molekülgrößen auf den extrazellulären Raum beschränkt und beruht auf einem verzögerten Anstieg der extrazellulären Ionenkonzentration, was den Wasseraustritt aus der Zelle erniedrigt. Dies verringert in Verbindung mit der erhöhten Lösungsviskosität die Zellschrumpfung. Gleichzeitig wird der Gefrierpunkt des Wassers gesenkt. Die Kryokonservierung mit nicht-penetrierenden Kryoprotektiva ist bisher nur bei wenigen Zelltypen zur Praxisreife entwickelt worden.

## 15.3 Kryokonservierung von Oocyten und frühembryonalen Stadien

Eine Kryokonservierung gelingt bei vielen verschiedenen Zellen, so auch bei Spermien, Oocyten und frühembryonalen Stadien. Für Spermien erfolgt die Beschreibung der Tiefgefrierung im Zusammenhang mit der Künstlichen Besamung (siehe S. 333 ff.). Nachfolgend werden spezielle Konservierungsverfahren für Oocyten sowie frühembryonale Stadien berücksichtigt. Tiefgefrierverfahren sind bei Maus-, Rinder-, Schaf-, Ziegen- und Pferdeembryonen am weitesten entwickelt. In diesen Spezies werden mit konservierten Embryonen ähnliche Trächtigkeitsraten erzielt wie mit frisch gewonnenen. Dagegen zeigen *in vitro* gereifte Oocyten oder geklonte Embryonen nach Kryokonservierung und Auftauen bislang noch um mindestens 50% verringerte Erfolgsquoten im Ver-

gleich zu direkt verwendeten Oocyten bzw. Embryonen.

Verfahren für die Kryokonservierung von frühembryonalen Stadien werden in zwei Gruppen unterteilt: kontrollierte und schnelle Gefrierverfahren. Ein **kontrolliertes Gefrier-** und **Auftauverfahren** beinhaltet die in **Abb. 15.5** zusammengefassten Verfahren, bei denen sich der **Einfrierprozess** in folgenden Schritten vollzieht:

- **Zugabe von Gefrierschutzmitteln zum Medium.** Auf Grund der toxischen Eigenschaften mancher Kryoprotektiva erfolgt deren Zugabe oft erst nach vorheriger Kühlung der Embryonen und des Einfriermediums.
- **Verpacken der Embryonen in Behälter.** Als Behälter dienen Ampullen oder Pailletten (*Straws*), in die jeweils 0,1–0,2 ml des Mediums mit Embryonen gegeben werden (**Abb. 15.6**).
- **Ablauf des Gefrierprogramms.** Die Behälter werden in eine computergesteuerte Gefriermaschine überführt. Diese regelt den zuvor gewählten zeitlichen Verlauf der Temperaturen (**Abb. 15.5**). Die Temperaturabsenkung führt rasch zur Auslösung der Kristallisation (*Seeding*). Dann erfolgt eine langsame Kühlphase (0,4–1,0 K/min), in der ein gewünschter Teil des Wassers aus den Zellen treten kann.
- **Überführung in flüssigen Stickstoff.** Beispielsweise werden die Embryonen nach Erreichen einer bestimmten Temperatur (z. B. −32 °C) direkt in einen Behälter mit flüssigem Stickstoff überführt (−196 °C). Dies bewirkt ein rasches Tiefgefrieren, also eine Bildung vieler kleiner intrazellulärer Kristalle, die den Embryo nicht schädigen.

Auch beim **Auftauen** wird ein kontrollierter Prozess eingehalten:

- **Rasche Erwärmung auf 0 °C.** Kleine Eiskristalle können während des Auftauens zu größeren Kristallen aggregieren. Dieses wird durch schnelles Auftauen (300–2000 K/min) verhindert.
- **Rehydratisierung.** Die Embryonen werden unmittelbar nach dem Auftauen in eine **Verdünnungslösung** überführt. Diese besteht oft aus einer etwa 1 M Saccharoselösung und dient dem Zweck, die mit hohen Salzkonzentrationen angereicherten Zellen während der Rehydratisierung vor einem osmotischen

**Abb. 15.4:** Einfluss von Glycerinkonzentration und Abkühlgeschwindigkeit (Kühlrate) auf die Überlebensrate kryokonservierter Knochenmarkstammzellen (modifiziert nach HESCHEL UND RAU 2000)

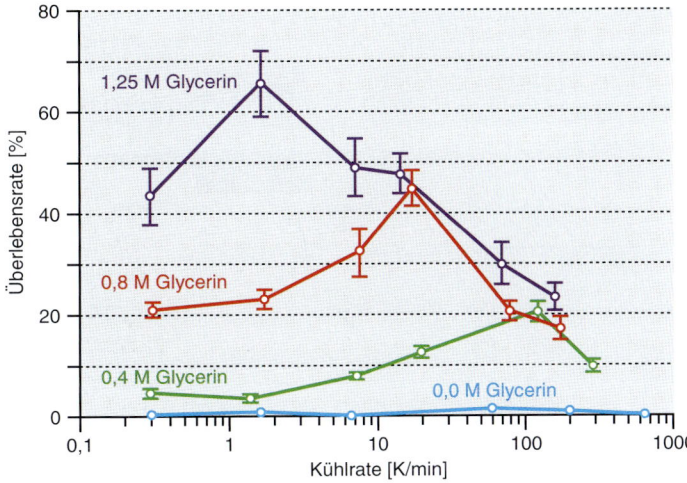

Eine Zugabe von Glycerin fördert zunächst den Wasseraustritt aus der Zelle. Mit zunehmender Konzentration von Glycerin innerhalb der Zelle gefriert der dort verbliebene Wasserrest erst bei tieferen Temperaturen und bildet kleinere Kristalle, da ein Verschmelzen der Kristalle durch die erhöhte Viskosität der Lösung behindert wird. Die Folge ist, dass mit steigender Glycerinkonzentration ein zunehmender Anteil der Zellen die Kryokonservierung überlebt und dies auch bei langsamen Kühlraten.

Schock zu bewahren. Die Saccharoselösung befindet sich im Einfrierbehälter. Sie wird während der Kryokonservierung vom Embryo getrennt und erst während des Auftauvorgangs mit dem Einfriermedium vermischt **(Abb. 15.6)**.

– **Entfernung des Gefrierschutzmittels.** Die verwendeten Gefrierschutzmittel werden rasch entfernt, um die Embryonen vor toxischen Effekten zu schützen. Dies geschieht durch Überführen in ein großes Volumen mit Verdünnungslösung. Dimethylsulfoxid (DMSO) beispielsweise dringt sehr leicht durch die zellulären Membranen nach außen und lässt sich so rasch entfernen.

Eine Kryokonservierung ist auch durch Überführen von Embryonen in flüssigen Stickstoff möglich (**schnelle Gefrierverfahren, Abb. 15.5**). Vorteile der schnellen Gefrierverfahren gegenüber den kontrollierten Verfahren liegen in der kostengünstigen Geräteausstattung und dem geringen Zeitaufwand.

Für die **Vitrifikation** werden die Embryonen zunächst in eine hochkonzentrierte Lösung von Kryoprotektiva gelegt. Hierdurch verfestigt sich die Zellsubstanz bei sehr rascher Temperaturabsenkung, ohne dass Eiskristalle gebildet werden. Vitrifikationslösungen bestehen z. B. aus 25 % Glycerin und 25 % Propandiol oder aus ca. 40 % Ethylenglykol, 30 % Ficoll und 0,5 M Saccha

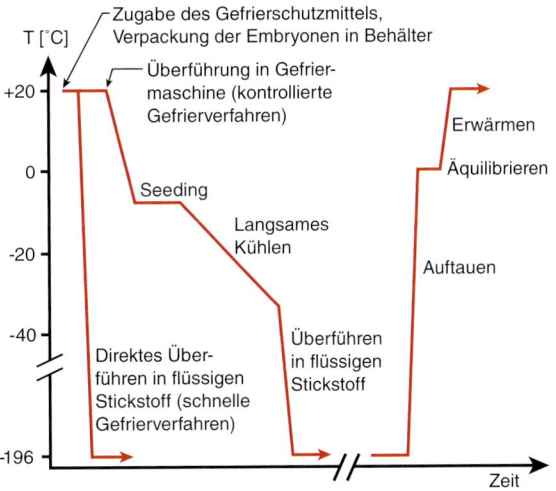

**Abb. 15.5:** Typische Temperatur- und Zeitprofile verschiedener Kryokonservierungsverfahren von Embryonen

Erklärungen siehe Text.

rose. Die genannten Lösungen werden u. a. für Mäuseembryonen vom Achtzellstadium bis zur Blastocyste eingesetzt. Die Embryonen werden in diesen Lösungen bei Raumtemperatur genügend lange an die hohen Molaritäten angepasst (Äquilibrierungsphase).

Von **ultraschnellem Einfrieren** spricht man, wenn die Embryonen direkt – d. h. ohne Zusatz

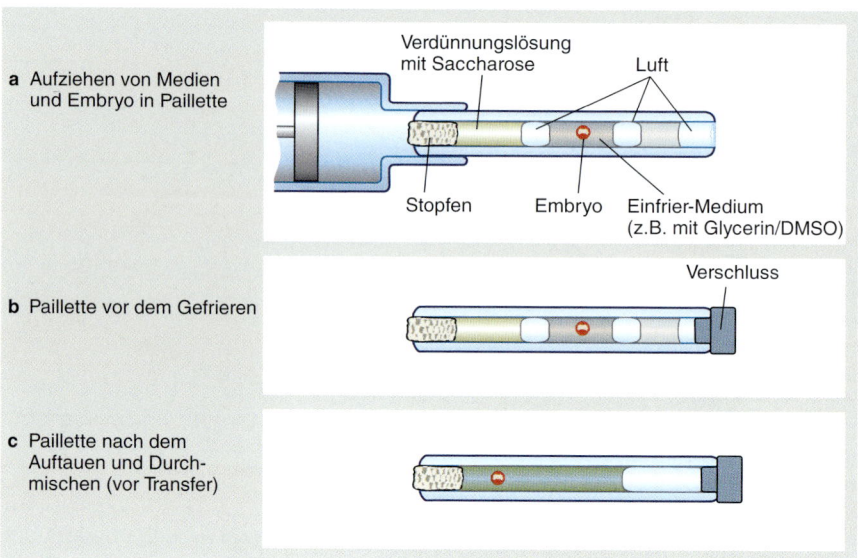

**Abb. 15.6:** Schematische Darstellung einer gefüllten Einfrier-Paillette für das kontrollierte Einfrieren von Embryonen (Morula- oder Blastocystenstadien)

a) Beim Befüllen ist der Embryo vom Einfriermedium umgeben. Durch eine Luftblase davon getrennt wird die Verdünnungslösung in die Paillette gesaugt (DMSO: Dimethylsulfoxid).

b) Nach dem Befüllen liegt der Embryo im Einfriermedium und wird so kryokonserviert.

c) Sofort nach dem Auftauen wird durch Schwenken die Verdünnungslösung mit dem Einfriermedium vermischt. Die in der Verdünnungslösung vorhandene Saccharose verhindert einen osmotischen Schock des Embryos und bedingt zugleich eine rasche Konzentrationsminderung des Gefrierschutzmittels.

einer Vitrifikationslösung – in flüssigen Stickstoff eingebracht werden. Hierbei bilden sich zwar Eiskristalle im intra- und extrazellulären Raum; die Kristalle bleiben jedoch auf Grund der hohen Geschwindigkeit der Temperaturabsenkung sehr klein. Zuvor werden die Embryonen in eine Lösung mit penetrierenden wie auch nicht-penetrierenden Gefrierschutzmitteln gelegt. Hierdurch wird den Embryonen ein Teil des Wassers entzogen, was beim Gefrierprozess die Eiskristallbildung reduziert und somit ein Zerreißen von Membranen verhindert.

Für mehrere Anwendungen (*In-vitro*-Produktion von Embryonen, Klonierung, Genotypisierung von Embryonen, Gentransfer) ist eine Konservierung von unbefruchteten Eizellen (Oocyten) oder mikromanipulierten Embryonen erwünscht. Für die **Gefrierkonservierung von Oocyten** liegen umfangreiche Erfahrungen bei der Maus vor. Oocyten sind wesentlich empfindlicher als beispielsweise Blastocystenstadien. Vor allem reagieren Oocyten empfindlich

auf Zugabe oder Entfernung von Gefrierschutzmitteln und zerplatzen leicht. Dies gilt insbesondere bei *in vitro* gereiften Oocyten. Bei gelungenen Kryokonservierungen überleben etwa 50–80 % der Oocyten. Nach dem Auftauen liegt die Rate der befruchtungsfähigen Oocyten bei 50–60 %. Von den befruchtungsfähigen Oocyten entwickeln sich 40–50 % zu Embryonen. Diese im Vergleich zu den frischen Oocyten deutliche Reduktion der Lebens-, Befruchtungs- und Entwicklungsfähigkeit wird auf Schädigungen von Zellstrukturen (Spindelapparat, Chromosomen) oder der *Zona pellucida* zurückgeführt. Letzteres kann zu einer polyspermen Befruchtung führen.

Bei einer Mikromanipulation von Embryonen, z. B. durch Entnahme einiger Zellen für die Genotypisierung oder Embryonenteilung, wird die *Zona pellucida* geöffnet. Dies führt bei einer nachfolgenden **Gefrierkonservierung der manipulierten Embryonen** zu einer reduzierten Überlebensrate. Die Überlebensraten lassen sich

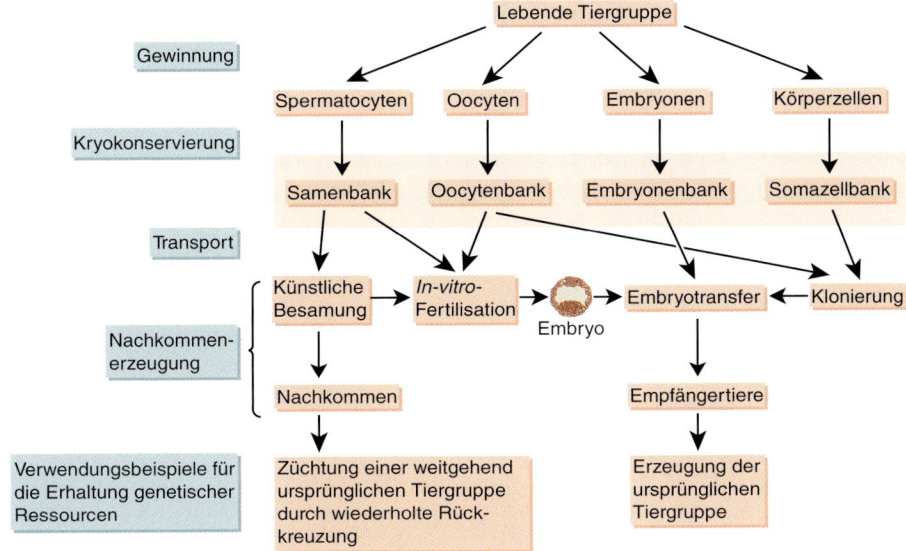

**Abb. 15.7:** Einsatz der Kryokonservierung

Die ggf. nach langer Zeit und nach Transport des kryokonservierten Materials erstellten Nachkommen können unterschiedlichen Zwecken dienen. Dargestellt werden Beispiele für die Verwendung von Spermien und Embryonen zur Erhaltung genetischer Ressourcen.

steigern, wenn die Öffnungsstelle der *Zona pellucida* verschlossen, der Embryo in einen Agarblock eingebettet oder durch eine zweite *Zona pellucida* umgeben wird. Je kleiner die geschädigte Stelle der *Zona pellucida* ist, desto weniger wird die Gefriertauglichkeit behindert. Wenn beispielsweise nur einige wenige Blastomeren mit einer dünnen Injektionskapillare entnommen werden, so reduziert dies kaum die nachfolgenden Überlebensraten, auch nach Kryokonservierung.

## 15.4 Anwendungsbereiche der Kryokonservierung von Zellen und frühembryonalen Stadien

Sehr eindrucksvoll lässt sich der große Bedarf an kryokonservierten Zellen am Beispiel der Bluttransfusionen in der **medizinischen Praxis** verdeutlichen. Regelmäßig kommt es zu Versorgungsengpässen bei flüssig gelagerten Blutkonserven während der Urlaubszeit oder nach Katastrophen. Zudem ist die Virussicherheit von kryokonservierten Blutkonserven sehr viel grö-

ßer auf Grund der Möglichkeit, die Blutspender vor der Konservenfreigabe erneut zu testen oder eine Eigenblutversorgung langfristig vorzubereiten. Die Kryokonservierung spielt in der Medizin nicht nur für Erythrocyten eine Rolle, sondern wird für viele weitere Zelltypen angewendet, nämlich für isolierte Thrombocyten (Einstellung der Blutgerinnung), Blutstammzellen (Blutneubildung nach Chemotherapie), Keratinocyten (Epidermisersatz, z.B. bei chronischen Wunden) oder Fibroblasten (Dermisersatz, z.B. nach Verbrennungen) und Leukocyten (zur Infektabwehr). Für die Ausarbeitung von Verfahren der Zellisolierung und -konservierung spielen Forschungsarbeiten am Tier bzw. an tierischen Zelllinien eine wichtige Rolle.

Eine direkte und umfangreiche Anwendungsbedeutung bei Tieren hat die Kryokonservierung von Zellen für die **Reproduktionsbiologie**. Einen verbreiteten Einsatz finden konservierte Spermien (siehe S. 339), Oocyten und Embryonen. Wie in **Abb. 15.7** dargestellt ist, verfolgt man dabei ein oder mehrere der folgenden Ziele:

– Konservierung von Nachkommen aus wertvollen Mutter- oder/und Vatertieren über einen unbegrenzten Zeitraum. Dies geschieht in so genannten Embryonenbanken, um z. B. bedrohte Rassen zu erhalten. Bei Labortieren wird auf diese Weise von Inzuchtlinien, auch solchen mit transgenen Tieren, ein Reservebestand aufbewahrt.

– Vereinfachung des Im- und Exportes von Genmaterial. Embryonen lassen sich preisgünstiger in andere Zuchtgebiete transportieren als lebendiges Zuchtvieh. Für Lebendvieh stellen lange Transporte zudem eine erhebliche Belastung dar. Außerdem können sich Embryonen in Empfängertieren der Lokalrassen besser an die Krankheitserreger und klimatischen Bedingungen der neuen Umgebung anpassen.

– Kryokonservierung von Oocyten im Zusammenhang mit der Klonierung. Nur so kann die Nachlieferung von Oocyten zeitlich unabhängig von der Gewinnung der Zellkerne und Bereitstellung der Empfängertiere sichergestellt werden.

– Lagerung von mikromanipulierten Embryonen. Die Entnahme von Blastomeren aus einem Embryo erlaubt eine Analyse von DNA-Parametern, z. B. für die Geschlechtsdiagnose, den Erbfehlernachweis oder die Bestimmung erwünschter Genvarianten. Die DNA-analytischen Arbeiten dauern aber ein bis zwei Tage. Eine längerfristige Aufbewahrung ist vorteilhaft, wenn z. B. in Milchrinderrassen männliche Embryonen in nur kleiner Zahl für die Erzeugung bestmöglicher Vatertiere der nächsten Generation benötigt werden, diese aber aus vielen aufbewahrten Embryonen sorgsam ausgewählt werden sollen. Man kann dann die männlichen Embryonen so lange aufbewahren, bis auf Grund der Verwandtenleistungen genügend genau geschätzte Zuchtwerte vorliegen.

Auch die Kryokonservierung von **Zellverbänden und Organen** wird in der Forschung und Anwendung stark beachtet. Kryokonservierte Zellverbände sind in der Medizin von praktischer Bedeutung, so beispielsweise die der Haut (für die plastische Wiederherstellungschirurgie), Blutgefäße (z. B. in der Herzchirurgie), Herzklappen (in der Herzchirurgie), Cornea (in der Augenheilkunde), Langerhanssche Inseln (für die Behandlung von Diabetes), Knochen und Knorpel (in der Orthopädie). Die grundlegenden Verfahrensentwicklungen erfolgen an Tieren bzw. tierischen Geweben. Manchmal dienen auch Zellverbände von Tieren dem Einsatz in der Humanmedizin, wie z. B. Herzklappen von Schweinen. Gegenwärtig ergibt sich auch aus der Entwicklung bioartifizieller Organe (*Tissue-Engineering*) ein großes Entwicklungspotenzial, bei dem die Kryokonservierung eine maßgebliche Rolle spielt.

## Zusammenfassung

– Mit der Tiefgefrier- oder Kryokonservierung werden Organe, Zellverbände oder Zellen bei Temperaturen von $-80\,°C$ bis $-196\,°C$ gelagert.

– Zur Minimierung von Zellschäden beim Gefrieren und Auftauen werden u. a. Kühl- und Erwärmungsraten, Kryoprotektiva, Zellvorbereitung und Zellkonzentration optimiert.

– Bei vielen Tierspezies gelingt eine Kryokonservierung von Spermien, Oocyten, Embryonen, differenzierten Zellen und Organen.

– Die Anwendungsbereiche der Kryokonservierung betreffen die Reproduktionsbiologie und viele medizinische Bereiche.

# 16 Künstliche Besamung

Die **Künstliche Besamung (KB)** umfasst die instrumentelle Gewinnung, Konservierung, Portionierung sowie Übertragung von Spermien. Als **Spermien, Spermatozoen** oder **Samenzellen (Abb. 16.1)** werden die differenzierten männlichen Gameten (Keimzellen) bezeichnet. Diese befinden sich gemeinsam mit dem Sekret der akzessorischen Geschlechtsdrüsen im **Eja-**

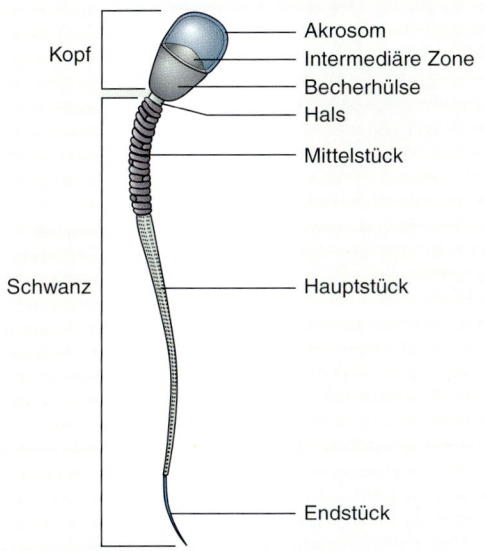

**Abb. 16.1:** Normalbild eines Spermiums vom Bullen

Nur Spermien mit normaler Morphologie sind zur Befruchtung befähigt.

kulat, der unbehandelten Gesamtmenge eines Spermaergusses.

Bei der KB handelt es sich um die älteste, wirtschaftlich wichtigste und am weitesten verbreitete Biotechnik in der Tierzucht (**Tab. 16.1**). Die KB wird bei Säugetieren, Vögeln, Fischen und Insekten in vielen verschiedenen Spezies angewendet. Für die KB sind mehrere, aufeinander aufbauende Einzeltechniken erforderlich, die insgesamt zum Besamungserfolg führen (**Abb. 16.2**). Im Entwicklungsstand und in der Effizienz gibt es bei der KB je nach Spezies wichtige Besonderheiten, so dass nachfolgend exemplarisch nur die Techniken beim Rind, Schwein und Pferd behandelt werden. Vorangestellt wird eine Betrachtung der Vorteile und Risiken, die mit der Anwendung der KB von Tieren verbunden sein können.

## 16.1 Vorteile und Risiken bei der Anwendung der Künstlichen Besamung

In den 40-er Jahren wurde die KB aus **seuchenhygienischen Überlegungen** eingeführt, denn sie erübrigt Tiertransporte und direkte Kontakte zwischen den Zuchttieren. Damals ging es vor allem um die Bekämpfung von Deckseuchen (Trichomoniasis, Vibriosis). Auf Grund der intensiven hygienischen Überwachung der Vatertiere in den Besamungsstationen

**Tab. 16.1:** Meilensteine der Künstlichen Besamung

| Beitrag | Jahr | Wissenschaftler |
|---|---|---|
| Erste Künstliche Besamung mit Hunden und Amphibien | 1780/85 | LAZZARO SPALLANZANI (Italien) |
| Grundlegende Ausarbeitung der Künstlichen Besamung bei Tieren | 1899/1930 | ILJA I. IWANOW (IVANOFF) (Russland) |
| Erste Besamungsgenossenschaft mit gemeinschaftlicher Bullenhaltung (Insel Samsö, Dänemark) | 1936 | EDUARD SÖRENSEN (Dänemark) |
| Erste deutsche Besamungsstation (Pinneberg bei Hamburg) | 1942 | RICHARD GÖTZE und GUSTAV ROSENBERGER (Deutschland) |
| Erfolgreiche Langzeitkonservierung durch Tiefgefrieren von Rindersperma | 1949 | ERNEST J. C. POLGE und Mitarbeiter (England) |

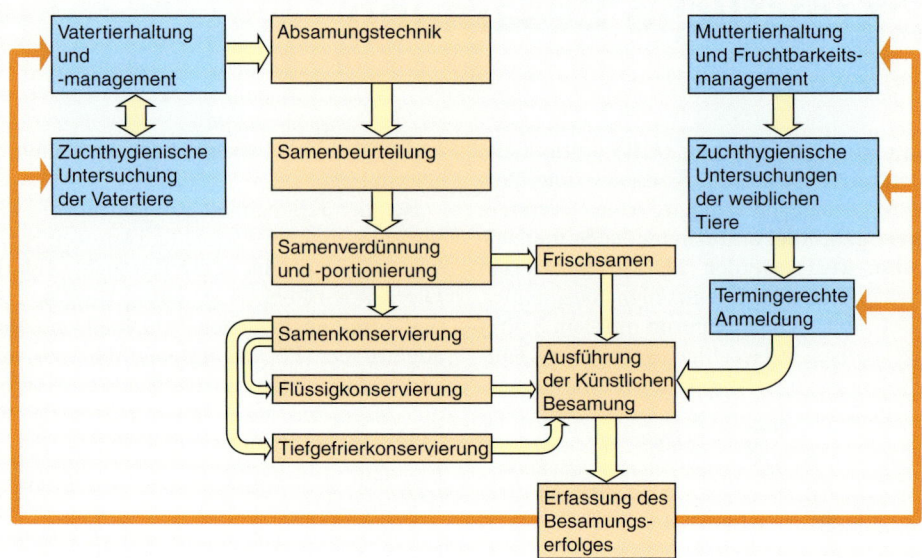

**Abb. 16.2:** Zusammenwirken der Einzeltechniken bei der Künstlichen Besamung

Blau hinterlegt sind Arbeitsbereiche zur Vorbereitung und Bewertung der Elterntiere. Braun gekennzeichnet sind Schritte, die als Teile der Künstlichen Besamung gelten. Die Pfeilrichtungen geben an, wohin Informationen, Tiere oder Spermaportionen weitergegeben werden. Einzelheiten zu den Techniken siehe Text.

sowie der Unterbrechung des direkten Infektionsweges zwischen Vater- und Muttertier kann die Übertragung gefährlicher Deckseuchen und anderer Krankheiten bei der KB nahezu ausgeschlossen werden.

Für die KB sprechen daneben direkte **wirtschaftliche Gründe**, wie

– **Kostensenkung,** insgesamt für das Zuchtprogramm und speziell für den Betrieb. Die KB führt zu einer effizienten Gestaltung der Tierzucht, da wenige Vatertiere für ein Zuchtprogramm ausreichen und die aufwendige Vatertierhaltung pro Betrieb entfällt.

– **Risikominderung.** Auch für wirtschaftliche Überlegungen ist wichtig, dass bei der Durchführung der KB das Risiko einer Krankheitsübertragung nahezu entfällt, Vatertiere mit sicher geschätzten Zuchtwerten bereitgestellt werden, mehrere Vatertiere pro Betrieb einzusetzen sind und das Unfallrisiko durch den Umgang mit Vatertieren im landwirtschaftlichen Betrieb entfällt.

– **Flexibilität beim Vatertiereinsatz.** Je nach zu besamendem weiblichem Tier und Preisangeboten kann eine Spermaportion von unterschiedlichen Vatertieren gewählt werden.

– **Vereinfachte betriebliche Organisation.** Beispielsweise können mehrere Tiere zeitgleich besamt werden. Dies bietet z.B. Vorteile bei der Ferkelerzeugung (zeitlich konzentrierter Besamungsbetrieb, viele Geburten zur gleichen Zeit und nicht am Wochenende, gruppenweises Absetzen) und der späteren Schweinemast (gleichzeitiges Beschicken und Freimachen ganzer Stallkompartimente im so genannten „Rein-Raus-Verfahren").

Gegenwärtig spielen **züchterische Gründe** für den starken Einsatz der KB eine besondere Rolle:

– **Zeitlich unabhängige Verwendung von Vatertieren** durch Samenkonservierung. Beispielsweise können „Genreserven" durch Spermalagerung von besonders wertvollen Vatertieren und von Vatertieren aus bedrohten Rassen gebildet werden. Diese Spermaportionen können dann weit über den Tod des Vatertieres hinaus aufbewahrt und verwendet werden.

– **Überregionaler Einsatz von Vatertieren.** Der Transport konservierter Spermaportionen ermöglicht eine Auswahl unter vielen, auch im Ausland befindlichen Vatertieren, wie z. B. für die Einfuhr neuer Gene aus fremden Populationen, Durchführung von Kreuzungszuchtprogrammen oder gezielte Paarung wertvoller Zuchttiere. Ein Spermatransport erübrigt einen großen Teil der Tiertransporte, die aufwendig sind, hygienische Risiken bergen und zudem eine Belastung für die Tiere darstellen.

– **Genaue Zuchtwertschätzung.** Durch den überbetrieblichen, starken KB-Einsatz von Vatertieren wird die Genauigkeit der Zuchtwertschätzung gesteigert. Dazu trägt ein planvoller Einsatz von Prüfbullen bei, deren Töchter auf zahlreiche Herden verteilt geprüft werden, so dass die betrieblichen Umwelteffekte berücksichtigt werden können.

– **Hohe Selektionsintensitäten.** Mit der KB werden pro Vatertier zahlreiche Nachkommen erstellt, und daher werden nur wenige Vatertiere benötigt. Deren Auswahl kann sehr genau sein, so dass eine hohe Selektionsintensität erreicht wird. Hierdurch kann man in Besamungszuchtprogrammen im Vergleich zu herkömmlichen Zuchtprogrammen einen wesentlich höheren Selektionserfolg erreichen.

– **Verringerung des Generationsintervalls.** Die kurzfristige Bereitstellung vieler Spermaportionen bereits von jungen Vatertieren erlaubt eine rasche Übertragung des Zuchtfortschrittes auf die nächste Generation.

– **Bildung einer gleichmäßigen Populationsstruktur.** Der breit gestreute Einsatz der Vatertiere führt zu einer gleichmäßigen und schnellen Übertragung des Zuchtfortschrittes auf viele landwirtschaftliche Betriebe.

Im Zusammenhang mit der KB sind aber auch potenzielle **Risiken** zu bedenken:

– **Steigerung der Inzucht.** Ein großes Risiko der KB liegt in der Verwendung weniger Vatertiere und der damit einhergehenden Inzuchtsteigerung in einer Population. Dieser nachteilige Einfluss ist z. B. in der Rinderzucht zu beobachten. Das Inzuchtrisiko lässt sich minimieren, indem Vatertiere ausgewählt werden, die untereinander und mit den weiblichen Tieren der betreffenden Generation möglichst wenig verwandt sind. Vorteilhaft

wäre auch eine Begrenzung der Nachkommenzahl pro Vatertier bei Einsatz möglichst vieler Vatertiere.

– **Verbreitung unerwünschter Erbanlagen.** Ein weiteres Risiko stellt die Verbreitung rezessiver Erbfehler und ungünstiger Genvarianten dar. Der zuchthygienischen Überwachung der Vatertiere kommt demnach eine besondere Rolle zu. Das Verbreitungsrisiko unerwünschter Eigenschaften lässt sich vermindern, wenn im Zuge der Zuchtwertschätzung und des späteren Besamungseinsatzes geeignete Testverfahren auf Erbfehler verwendet werden (vgl. S. 486ff.).

## 16.2 Künstliche Besamung beim Rind

Die Methodik der KB wird seit etwa 1940 in der Rinderzucht praktisch angewendet (**Tab. 16.1**). Im Laufe der Zeit gab es wesentliche Weiterentwicklungen und einen fließenden, von vielen wissenschaftlichen Beiträgen getragenen Fortschritt. Die KB besteht aus den Techniken der Samengewinnung, Untersuchung des Samens, Samenverdünnung, Samenkonservierung und instrumentellen Besamung weiblicher Tiere. Die dabei benutzten Begriffe und Verfahren werden nachfolgend im Zusammenhang mit der Rinderbesamung beschrieben.

### 16.2.1 Vatertierhaltung und Samenentnahme

Vatertiere für den Besamungseinsatz werden von den an der Zucht beteiligten Organisationen ausgewählt und in speziell für die KB vorgesehenen Einrichtungen (Besamungsstationen) gehalten. Voraussetzung für die Produktion seuchenhygienisch einwandfreier Spermaportionen ist die strikte Einhaltung von Hygienerichtlinien in den Besamungsstationen. Neben Untersuchungen vor der Einstallung eines Vatertieres erfolgt in regelmäßigen Abständen (i. d. R. alle sechs oder zwölf Monate) eine spezielle Beurteilung des Gesundheitsstatus. Hierbei wird eine Präputialspülprobe (Spülflüssigkeit aus der Vorhauttasche des Penis) entnommen und auf das Vorhandensein von Trichomonaden und *Campylobacter fetus* untersucht. Die Untersuchung auf verschiedene bakterielle und virale Erreger – Brucellose, Leukose, *Bovine Viral Diarrhea* (BVD), *Bovine Herpes Virus 1* (BHV-1) sowie diverse Leptospirose-Serotypen – erfolgt durch entsprechende Antigen- und/oder Antikörpernachweise aus dem Blutserum. Im Übrigen werden Fütterung und Haltung so gestaltet, dass bei möglichst geringem Körpergewicht eine optimale Nährstoffversorgung und Körperverfassung gegeben ist.

Die Samenentnahme geschieht in Zeitabständen von zwei bis fünf Tagen, üblicherweise zweimal pro Woche. Um möglichst keimarmes Sperma gewinnen zu können, werden die Bullen vor der Samenentnahme gründlich gereinigt. Die Ejakulatgewinnung erfolgt nach Ablauf einer Kette von Sexualreizen, zu deren Auslösung ein Sprungpartner benötigt wird. Als Sprungpartner dient entweder ein anderer Bulle oder ein so genanntes Phantom **(Abb. 16.3)**. Menge und Qualität des gewonnenen Spermas verbessern sich, wenn bei dem Bullen ein reibungsloser Ablauf der Stimulation bis zur Ejakulation eingehalten wird. Zur Auslösung der Ejakulation und zum Auffangen des Ejakulates dient eine künstliche Vagina **(Abb. 16.4)**. Diese besteht aus einem Hartkunststoffzylinder mit Ventil zur Druckregulation der elastischen Innenauskleidung aus Gummi, Latex oder Polyethylen, die in ein doppelwandiges, zylinderförmiges, graduiertes Samenauffanggefäß mündet. Die Innentemperatur der künstlichen Vagina muss zwischen 40 und 42 °C liegen. Eine zu niedrige Temperatur führt zum Abriss der Paarungsreflexkette beim Bullen, zu hohe Temperaturen vermindern die Spermaqualität.

## 16.2.2 Samenkontrolle

Das Ejakulat wird u. a. von Umweltfaktoren und der physiologischen Stimulierung des Vatertieres beeinflusst und kann in seinen verschiedenen Eigenschaften stark variieren. Daher ist eine anschließende Untersuchung notwendig, die direkt nach der Samenentnahme erfolgt und eine makroskopische Volumenbestimmung und Farbbeurteilung des Ejakulates sowie eine mikroskopische Beurteilung der Samenzellen beinhaltet. Die Mindestanforderungen an Ejakulate von Bullen ergeben sich aus **Tab. 16.2**.

Die **mikroskopische Beurteilung** der Spermien erfolgt auf einem temperierten (40 °C) Mikroskoptisch. In einer Zählkammer wird die Zahl der Spermien pro Volumen bestimmt **(Dichte)**. Als **Massenbewegung** gilt die im unverdünnten Ejakulat zu beobachtende wellenförmige Bewegung des Spermienschwarmes. Sie soll möglichst stark sein. Vom Normbild **morphologisch abweichende Spermien** werden gezählt. Tote oder funktionsgestörte Spermien lassen sich von lebenden im Farbstoffabsorptionstest unterscheiden, bei dem die Aufnahme bestimmter Farbstoffe (z. B. Eosin, Nigrosin oder Kongorot) beurteilt wird. Außerdem wird die **Vorwärtsbeweglichkeit** einzelner Spermien registriert, d. h. die geradlinige Bewegung in Richtung des Spermienkopfes. Samenuntersuchungen erfolgen automatisiert über Bildanalysen. Auch **Eigenschaften der Plasmamembranen** werden gemessen. Die Plasmamembranen beteiligen sich an Transportprozes-

**Abb. 16.3:** Einsatz eines Phantoms als Sprungpartner für einen Bullen bei der Samenentnahme (MINITÜB, Tiefenbach 2003)

Das Phantom ist so konstruiert, dass es einerseits in genügendem Umfange Sexualreize beim Bullen auslöst und andererseits technische Vorkehrungen für die Samenentnahme bietet.

a

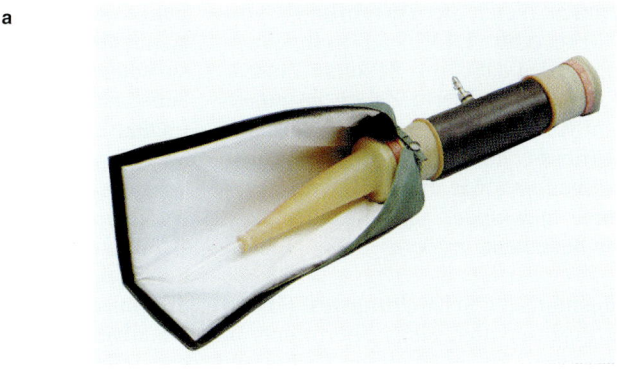

b    Sammel-     Innenschlauch     Luft-Ventil zur
         trichter     (Polyethylen/Gummi)   Druckregulierung

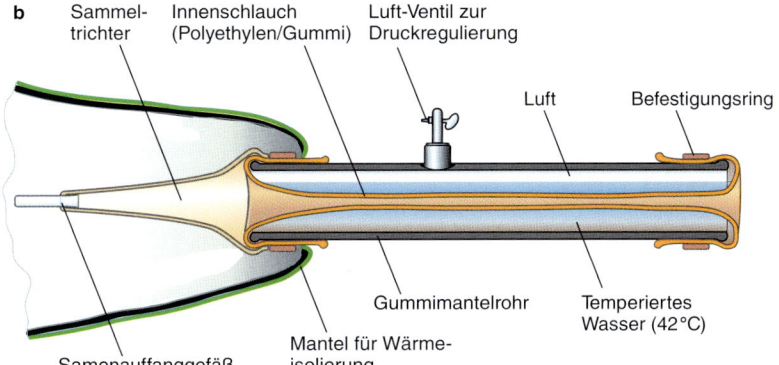

**Abb. 16.4:** Künstliche Vagina für die Samengewinnung beim Bullen

a) Photographische Darstellung (Minitüb, Tiefenbach 2003)

b) Schnittzeichnung
Weitere Erklärungen siehe Text.

sen, der Kapazitation (Reifung der Spermatocyten zur Befruchtungsfähigkeit) sowie der Akrosomenreaktion (Akrosom ist der Vorderteil des Spermienkopfes, siehe **Abb. 16.1**, S. 333). Die Membraneigenschaften geben u. a. Auskunft über die Eignung zur Samenverdünnung und Tiefgefrierlagerung und können je nach Vatertier unterschiedlich sein.

### Tab. 16.2: Mindestanforderungen an Bullensperma

| Merkmal | Mindestanforderung |
|---|---|
| *Ejakulat* | |
| • Volumen | > 2 cm³ (ältere Bullen > 4 cm³) |
| • Dichte | > 0,6 Mio. Spermien/µl |
| • Farbe | Weiß-gelblich |
| • Konsistenz | Rahmähnlich wolkig |
| *Spermien* | |
| • Massenbewegung | Stark |
| • Vorwärtsbeweglichkeit | > 70 % |
| • Pathologische Formen | < 20 % |

Zur Beurteilung der Spermien werden im Wesentlichen die Fluoreszenzmikroskopie, die Durchfluss-Cytometrie, der hypoosmotische Schwellungstest sowie die Videomikrographie eingesetzt.

– Mit der **Fluoreszenzmikroskopie** werden lebende, funktionsgestörte und tote Spermien auf Grund der Permeabilität ihrer Plasmamembranen differenziert. Propidiumjodid (PI) dringt nur durch geschädigte Plasmamembranen in Spermien ein, bindet an die DNA und emittiert nach Anregung eine rote Fluoreszenz. Dagegen färbt Carboxyfluorescein-Diacetat (CFDA) nur Spermien mit intakter Membran und zeigt im Inneren intakter Zellen nach Anregung eine grünliche Fluoreszenz. Besonders genaue Aussagen bezüglich der Plasmamembranintegrität – beispielsweise im Hinblick auf lagerungsbedingte Einflüsse, Akrosomenreaktion und Kapazitation – lassen sich mit einer kombinierten Anwendung beider Farbstoffe erreichen.

– Eine weitere Möglichkeit zur Beurteilung

von Spermien bietet die **Durchfluss-Cytometrie** (siehe **Abb. 1.13**, S. 37). In einem Zellstrom werden dabei pro Sekunde Tausende mit Farbstoff markierte Zellen an einem Laserstrahl vorbei geführt und detektiert. Mit der Durchfluss-Cytometrie lassen sich ähnliche Informationen wie mit der Fluoreszenzmikroskopie gewinnen, jedoch unter Einbeziehung bedeutend größerer Zellpopulationen.

– Der **hypoosmotische Schwellungstest (HOS)** prüft die Eigenschaften eines Spermiums in einem hypoosmotischen Medium. Es kommt dann durch Wasseraufnahme zu einer Volumenvergrößerung im Bereich des Spermienkopfes und Schwanzcytoplasmas. Für Reihenuntersuchungen eignen sich **Partikelzählgeräte** (siehe **Abb. 1.11**, S. 35), in denen Zellvolumenänderungen zur unterschiedlichen Verdrängung eines leitenden Trägermediums in einer Kapillare führen. Bei konstanter Stromstärke ändert sich der elektrische Widerstand und damit die gemessene Spannung, was nicht nur eine Spermienzählung sondern auch eine Abschätzung der Volumina einzelner Spermien erlaubt.

– Die Vorwärtsbeweglichkeit von Spermien kann mittels **Videomikrographie** oder **Computergestützter Motilitätsanalyse (CMA)** quantifiziert werden. Hierbei analysiert man aus dem Videobild in zeitlich aufeinander folgenden Bildern die Positionsänderungen der einzelnen Samenzellen. Neben dem Anteil nicht motiler Spermien werden sich auf der Stelle bewegende, kreisbewegliche von linear motilen Spermien differenziert sowie die Bewegungsgeschwindigkeit und das individuelle Bewegungsmuster pro Spermium erfasst. Erwünscht sind hohe Anteile an lebhaft vorwärts beweglichen Spermien. Die Methodik wird zur Beurteilung von Unterschieden zwischen Vatertieren, aber auch zur Bewertung von Konservierungsverfahren angewendet.

### 16.2.3 Samenverdünnung und -konservierung

Ziel der **Samenverdünnung** ist eine Standardisierung der Zahl befruchtungsfähiger Spermien pro Volumen unter Hinzufügung eines Mediums, das die Lebensdauer der Spermien fördert und eine Konservierung erlaubt. Das Verdünnungsmedium enthält im Allgemeinen Gefrierschutzmittel (Eigelb, Milch, Glycerin), Nährsubstanzen (Fructose oder Glucose) und Puffersubstanzen (z. B. Tris(hydroxymethyl)aminomethan). Puffersubstanzen dienen dazu, die pH-Wertabsenkung durch Milchsäurebildung zu verhindern sowie den osmotischen Druck zu stabilisieren. Außerdem werden in der Regel Antibiotika und Antimykotika zugesetzt. Nachdem sich der Kenntnisstand erweitert hatte, gab es hinsichtlich der Verdünnungsmedien viele Detailverbesserungen. Mehr und mehr werden speziell entwickelte, chemisch definierte Mediumbestandteile verwendet.

Nach der Verdünnung erfolgt die **Samenfraktionierung**, mit der möglichst viele Samenportionen aus einem Ejakulat erstellt werden. Bei einem Bedarf von ca. 10 Mio. lebenden Spermien pro Besamungsportion werden – unter Annahme von 50 % überlebenden Spermien – von einem Bullenejakulat etwa 400 Portionen à 20 Mio. Spermien abgefüllt und eingefroren. Für Frischsperma reichen 5 Mio. Spermien pro Portion aus, und manchmal werden nur 1 Mio. Spermien pro Portien verwendet, wodurch sich eine entsprechend größere Zahl an Besamungsportionen ergibt. Dies führt zu einer erheblich besseren Ausnutzung der Ejakulate von stark nachgefragten Vatertieren („Spitzen-" oder „Top-Vererber") und bietet daher wirtschaftliche Vorteile. Frischsamen ist allerdings nur etwa drei Tage funktionstüchtig lagerfähig.

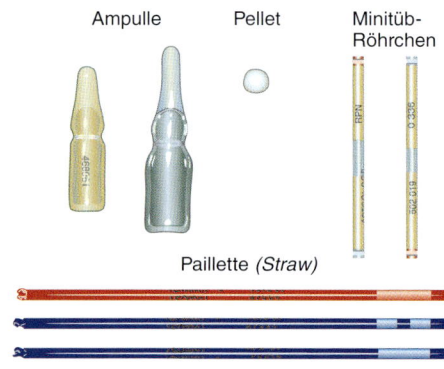

**Abb. 16.5:** Verpackungsformen für Samenportionen (modifiziert nach Gaus 1993)

Die früher häufig verwendeten Ampullen und Pellets wurden fast komplett durch Minitüb-Röhrchen und Pailletten (*Straws*) ersetzt.

Die bekanntesten **Verpackungsformen** für Spermaportionen sind Ampulle, Pellet, Minitüb-Röhrchen und Paillette (**Abb. 16.5**). Üblicherweise erfolgt die Portionierung von Bullensperma in den Besamungsstationen zu je 0,5 oder 0,25 ml in so genannten Pailletten oder *Straws*, d. h. in strohhalmförmigen Kunststoffgefäßen.

Bei der **Samenkonservierung** unterscheidet man Flüssig- von Tiefgefrierkonservierung. Eine **Flüssigkonservierung** erfolgt bei 5 °C. Zur Verdünnung werden mit Eidotter versetzte Natriumcitrat-, Magermilch-Phosphat- oder Tris-Puffer verwendet. Der Caprogen-Verdünner besteht beispielsweise aus 2 % Natriumcitrat, 1 % Glycin, 1,25 % Glycerin und 0,3 % Capronsäure. Flüssigkonservierter Samen wird innerhalb von drei Tagen verwendet.

**Tiefgefrierkonservierung** geschieht in flüssigem Stickstoff bei −196 °C. Dafür verwendete Verdünner stabilisieren die Spermien, damit sie die Vorgänge der Tiefgefrierung, der Lagerung und des Auftauens in befruchtungsfähigem Zustand überstehen. Gebräuchlich sind Natriumcitrat-Eidotter-Glycerin- und Tris-Eidotter-Glycerin-Verdünner. Die Verdünner enthalten meistens ca. 20 % Eidotter, ca. 2,5 % Zucker und Puffersubstanzen, 7–9 % Glycerin sowie Antibiotika. Als Gefrierschutzmittel wirken Eidotter und Glycerin. Eidotter wird wegen der Lipoid-Protein-Komplexe benutzt, die sich als Hüllen um die Spermien legen und diese beim Einfrieren und Auftauen schützen. Glycerin wirkt als Gefrierschutzmittel, indem es die Eiskristallbildung vermindert (siehe **Abb. 15.4**, S. 329). Die Verdünnung der für die Tiefgefrierung vorgesehenen Portionen erfolgt überwiegend zweiphasig, in Form einer glycerinfreien Vorverdünnung und einer glycerinhaltigen Nachverdünnung.

Nach der Portionierung folgt eine mehrstündige Lagerung im Kühlschrank, damit sich die Spermien an den Verdünner und die Kälte adaptieren können. Während dieser **Adaptationsphase** wird den Spermien durch extrazelluläres Glycerin Wasser entzogen. Die Phase darf nicht zu lange dauern und bei zu hohen Temperaturen stattfinden, da sonst zu viel Glycerin in die Zellen eintritt, was die Motilität der Spermien nach dem Auftauen reduzieren würde. Günstig ist ein ca. 30-minütiges Abkühlen von 32 °C auf 5 °C. Dann werden die Portionen z. B. in Pailletten abgefüllt, und es folgt eine drei- bis fünfstündige Adaptationsphase bei 5 °C.

Das eigentliche **Einfrieren** erfolgt in speziellen Tiefgefriermaschinen unter kontrollierten Kühlbedingungen oder im Stickstoffdampf bei ca. −120 °C im Container knapp oberhalb des flüssigen Stickstoffs. Anschließend (nach ca. 7 min) werden die Pailletten in flüssigen Stickstoff überführt. Die Geschwindigkeit des Einfrierens spielt für die Überlebensfähigkeit der Spermien eine große Rolle (siehe S. 326ff.). Wird zu schnell abgekühlt, verbleibt zuviel Wasser in den Zellen und schädigt diese durch Kristallbildung. Zu langsames Abkühlen schränkt die Überlebensfähigkeit der Spermien ebenfalls ein.

Das **Auftauen** der Spermaportionen erfolgt möglichst rasch, so dass keine großen Eiskristalle aggregieren können. Am besten eignen sich dafür geringvolumige Pailletten und Minitüb-Röhrchen bei einer Auftautemperatur von 40 °C im Wasserbad für 15–30 s. Das Auftauen darf erst unmittelbar vor der Besamung erfolgen. Bei zuvor tiefgefrorenem Sperma sollten nach sachgemäßem Auftauen mindestens 50 % der Spermien eine normale Vorwärtsbeweglichkeit zeigen. Werden diese Werte bei einer Kontrolluntersuchung nicht erreicht, sollte das Sperma verworfen werden.

## 16.2.4 Instrumentelle Besamung der weiblichen Tiere

Der Erfolg der Besamung ist in starkem Maße von der richtigen Wahl des Inseminationszeitpunktes in Relation zum weiblichen Geschlechtszyklus abhängig (**Abb. 16.6**). Dieser wird vom Zeitpunkt des Brunstbeginns aus definiert. Daher bedarf es einer zuverlässigen Brunstkontrolle (siehe **Tab. 14.3**, S. 319). Eine ungenügende Beobachtung der Tiere (z. B. in großen Beständen) und leistungsbedingt verminderte äußere Brunstsymptome führen dazu, dass die Kühe nicht zeitgerecht besamt und in der Folge nicht tragend werden. In der Praxis werden die Kühe oft zu früh besamt. Die Hauptbrunst beginnt, wenn das betreffende Tier zum ersten Mal einen deutlichen Duldungsreflex zeigt und dauert etwa 15–20 Stunden. Die Ovulation erfolgt beim Rind erst nach Ende der Hauptbrunst, d. h. etwa 24–36 Stunden nach Brunstbeginn. Im Durchschnitt ist die Eizelle ca. sechs bis acht Stunden befruchtungsfähig. Die Befruchtungsfähigkeit der kryokonservier-

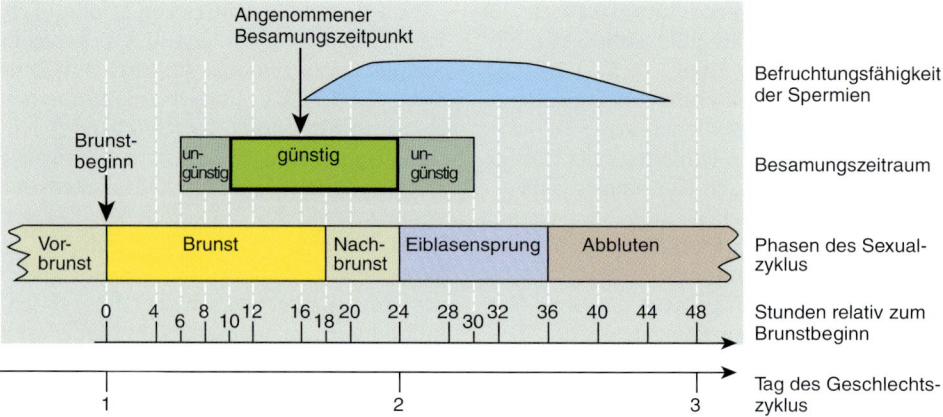

**Abb. 16.6:** Zeitschema zum Ablauf der Künstlichen Besamung beim Rind in Relation zum Brunstverlauf und der Ovulation (modifiziert nach Dehning 1993)

Eine Besamung ist innerhalb eines etwa 14-stündigen Zeitraums günstig. Dieser Zeitraum ergibt sich aus dem Zeitpunkt der Ovulation, der Zeitdauer der Befruchtungsfähigkeit der Eizelle sowie der Zeitdauer von Reifung und Befruchtungsfähigkeit der Spermien. In der Praxis orientiert man sich bei der zeitgerechten Besamung nach dem Brunstbeginn, dessen zuverlässige Erkennung daher eine große Bedeutung für den Besamungserfolg besitzt.

ten Spermien wird etwa sechs Stunden nach der Besamung erreicht (durch Kapazitation) und bleibt etwa bis 18 Stunden nach der Insemination bestehen. Daher liegt der optimale Besamungszeitraum gegen Brunstende, d.h. etwa zehn bis 24 Stunden nach Beginn der Brunst.

Beim natürlichen Deckakt wird der Samen vor dem äußeren Muttermund der Kuh deponiert. Die stark reduzierte Spermienzahl bei der KB erfordert jedoch eine Platzierung der Besamungsportion an das vordere (proximale) Ende des Gebärmutterhalses, nahe dem inneren Gebärmuttermund **(Abb. 16.7)**. Das Hauptproblem einer instrumentellen Samenübertragung beim

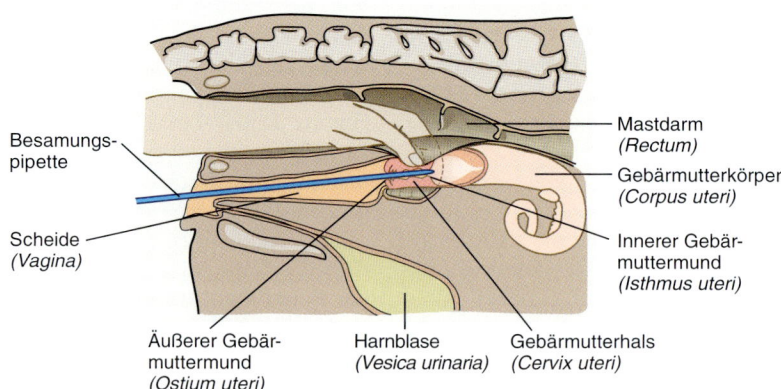

**Abb. 16.7:** Durchführung der instrumentellen Samenübertragung beim Rind

Die stark reduzierte Spermienzahl bei der Künstlichen Besamung erfordert eine Platzierung der Besamungsportion an das proximale Ende des Gebärmutterhalses, nahe dem inneren Gebärmuttermund. Durch den zahnartig verschlossenen Gebärmutterhals wird die starre Besamungspipette hindurchgeschoben, indem der Besamungstechniker die freie Hand in den Mastdarm einführt und von dort den Gebärmutterhals umfasst.

Rind besteht in der Überwindung des zahnartig verschlossenen Gebärmutterhalses mit Hilfe einer starren Besamungspipette (Besamungskatheter). Zu diesem Zweck führt der Besamungstechniker die freie Hand in den Mastdarm ein und fixiert von dort den Gebärmutterhals, um durch diesen die Besamungspipette schieben zu können (**Abb. 16.7**). Mit der Pipette wird dann eine Samenportion in der Gebärmutter deponiert.

### 16.2.5 Einflüsse auf den Besamungserfolg

Der Besamungserfolg wird üblicherweise anhand der *Non-Return*-**Rate (NRR)** gemessen, d. h. des Anteils der besamten Kühe, die nach der Besamung nicht wieder brünstig werden und damit wahrscheinlich tragend sind. Die NRR wird häufig auf den Zeitraum 30.–60. oder 60.–90. Tag nach Besamungstermin bezogen. Mit Hilfe der NRR kann auch der Befruchtungserfolg eines Vatertieres, einer Herde, einer Besamungsstation oder eines Besamers beurteilt werden. Bei guter Fruchtbarkeitslage werden NRR von 65–75 % erreicht. NRR unter 60 % deuten auf eine Fruchtbarkeitsminderung hin. Im Vergleich zu Tiefgefriersperma kann Flüssigsamen zu einer um ca. 5 % verminderten NRR führen, wenn pro Besamungsportion wenige Spermien verwendet werden. In Deutschland (2002) liegen die NRR bis zum 60.–90. Tag je nach Region zwischen 42,2 (Sachsen) und 73,9 % (Nordrhein-Westfalen, Rheinland-Pfalz, Saar) sowie je nach Rinderrasse zwischen 61,1 % (Holstein-Schwarzbunt) und 80,9 % (Hinterwälder) (ADR-Rinderproduktion 2003).

## 16.3 Künstliche Besamung beim Schwein

Gegenüber dem Rind gibt es bei der KB des Schweins folgende Unterschiede:
– Auf Grund der geringen Effizienz der Tiefgefrierkonservierung von Ebersperma wird beim Schwein überwiegend mit Frischsamen gearbeitet.
– Es sollen pro Besamung möglichst viele Oocyten befruchtet werden, so dass die Spermienzahlen größer sein müssen, die Besa-

mungstermine besonders sorgfältig zu wählen sind und oftmals mehrfach pro Brunstperiode besamt wird.
– Beim Eber können pro Ejakulat weniger Besamungsportionen als beim Bullen erstellt werden.

### 16.3.1 Vatertierhaltung, Samen-entnahme und -untersuchung

Für die Eberhaltung wird ein strenges Hygienekonzept vorgeschrieben. Eingehend überwacht werden Aujeszky'sche Krankheit (AK), Europäische Schweinepest (ESP) und Brucellose. Daneben spielen auch das Porcine Reproduktive und Respiratorische Syndrom (PRRS) sowie die Leptospirose eine Rolle. Abgesehen von der Gesundheit der Eber wird auch deren Deckverhalten und Spermaqualität kontrolliert.

Die Samenentnahme kann beim Eber im Gegensatz zum Bullen nur mit Hilfe eines Phantoms erfolgen (**Abb. 16.8**). Hierbei wird nach dem Aufreiten des Ebers und dem Ausschachten des Penis dessen Spitze mit der Hand umfasst und das Sperma direkt in ein steriles Auffanggefäß geleitet. Der Einsatz der künstlichen Vagina zur Absamung von Ebern hat sich nicht durchgesetzt. Die Absamfrequenz liegt bei 1- bis 1,5-mal pro Woche.

**Abb. 16.8:** Einsatz eines Phantoms als Sprungpartner für einen Eber (Minitüb, Tiefenbach 2003)

Die Verwendung eines Phantoms ist nötig, um den Eber zur Samenabgabe zu stimulieren.

**Tab. 16.3:** Mindestanforderungen an Ebersperma

| Merkmal | Mindestanforderung |
|---|---|
| *Ejakulat* | |
| • Volumen | > 80 cm$^3$ (ältere Eber > 100 cm$^3$) |
| • Dichte | ca. 0,1 Mio. Spermien/µl |
| • Konsistenz | Molkeähnlich |
| *Spermien* | |
| • Vorwärts-beweglichkeit | > 70 % |
| • Pathologische Formen | < 25 % |
| • Proximale Plasmatropfen | < 20 % |

### 16.3.2 Samenbehandlung, -portionie-rung und -konservierung

Das Ejakulat wird sofort nach der Gewinnung durch ein Gazetuch in ein steriles Gefäß filtriert, um das dickflüssige Sekret (der Bulbourethral-

Drüsen) zu entfernen. Die Mindestanforderungen an Ebersperma sind in **Tab. 16.3** dargestellt.

Die Zahl der Spermien pro Volumen wird im Ejakulat üblicherweise photometrisch bestimmt. Eine Verdünnung für die **Flüssigsamenkonservierung** erfolgt meistens in Glucose- und EDTA-haltigen Medien mit einem geeigneten Antibiotikum. Als Puffersysteme dienen auch Natriumbicarbonat und Natriumcitrat. Eine Verwendbarkeit für vier bis fünf Tage wird durch Zugabe von Serumalbumin und HEPES-Puffer im so genannten Langzeitverdünner gesichert. Verdünnerlösung und Sperma dürfen sich in ihrer Temperatur um maximal 1 °C unterscheiden. Der Verdünner wird – meist in zwei Stufen – so zum Sperma gegeben, dass 2–3 Mrd. Spermien pro Besamungsdosis enthalten sind. Auf diese Weise lassen sich aus einem Eber-Ejakulat etwa 20–30 Portionen gewinnen. Die Konfektionierung erfolgt in 100 ml Plastiktuben oder -flaschen. Die Lagerung der Portionen bis zum Einsatz (der bis spätestens drei Tage nach

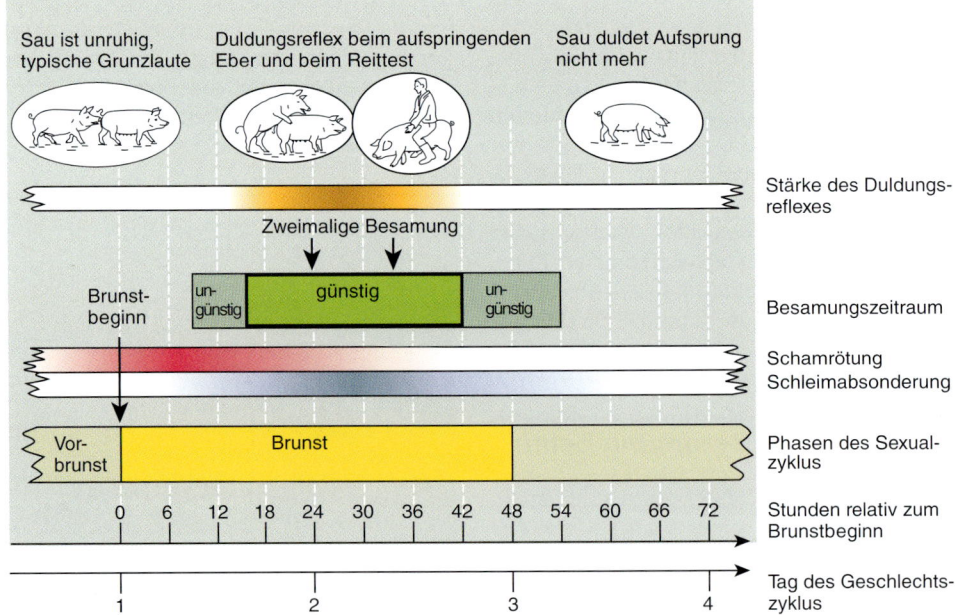

**Abb. 16.9:** Zeitschema zum Ablauf der Künstlichen Besamung bei der Sau in Relation zum Brunst-verlauf und zur Ovulation

Die Beurteilung der Brunst erfolgt anhand körperlicher Merkmale (Schamrötung, Schleimabsonderung) und bestimmter Verhaltenseigenschaften (Grunzlaute, Duldungsreflex). Zwölf und 24 Stunden nach Ausbildung des Duldungsreflexes werden Besamungen durchgeführt. Die zweite Besamung dient der Erhöhung der Befruchtungsrate.

Absamung empfohlen wird) erfolgt bei 16 bis 18 °C.

Die langfristige Konservierung mittels **Tiefgefrieren** spielt beim Schwein nur für spezielle Zwecke (z. B. Export von Sperma, Aufbewahrung von Sperma gefährdeter Rassen, überregionale Hybridzuchtprogramme, Forschungsarbeiten) eine Rolle, da die Befruchtungsergebnisse deutlich schlechter ausfallen als bei Verwendung von flüssigkonserviertem Sperma („Frischsperma") und ungleichmäßig sind. Als Ursachen dafür werden Eigenschaften der Spermienmembran angenommen.

### 16.3.3 Instrumentelle Besamung der Sau

Beim Schwein reifen in jedem Zyklus etwa zehn bis 15 Follikel und ovulieren im Laufe der Hauptbrunst. Die Brunst wird bei der Sau auch als Rausche bezeichnet. Die ovulierten Oocyten sind im Eileiter nur etwa vier bis sechs Stunden befruchtungsfähig. Eine zu frühe oder zu späte Besamung wirkt sich in erster Linie auf die Wurfgröße aus, da nicht mehr alle Oocyten befruchtet werden können. Wie **Abb. 16.9** wiedergibt, fällt die Phase der größten Fruchtbarkeit mit der Hauptbrunst zusammen. In diesem Brunstabschnitt zeigt die Sau den Duldungsreflex, d. h. sie duldet den Eber oder Besamer auf ihrem Rücken. Die inseminierten Spermien erreichen ihre größte Befruchtungsfähigkeit nach sechs Stunden im weiblichen Geschlechtstrakt und behalten diesen Zustand bis ca. 18 Stunden nach Insemination. Daher lässt sich die Befruchtungsrate maximieren, wenn zwölf Stunden vor bis vier Stunden nach den Ovulationen besamt wird. Um alle ovulierten Oocyten zu erreichen, sollte man die Sau zweimal besamen. Dann wird eine erste Besamung ca. zwölf Stunden nach Eintreten des Duldungsreflexes und eine zweite zwölf Stunden später durchgeführt. Allerdings gibt es individuelle Unterschiede, so dass die Schweinebesamung besondere Erfahrungen benötigt.

Die Besamung erfolgt nach Auslösen des Duldungsreflexes, indem ein Kunststoff-Besamungskatheter bis zum äußeren Muttermund eingeführt wird. Das Katheter trägt vielfach am vorderen Ende ein Schaumstoffkissen, welches ein Zurücklaufen des Spermas vom Uterus in die Vagina verhindert. Die Entleerung der Be-

samungsportion geschieht sehr langsam über einen Zeitraum von 5 min. Dabei wird die Sau in der Lendengegend stimuliert, um den Duldungsreflex aufrechtzuerhalten.

Die Besamung gilt als erfolgreich, wenn sich 21 Tage später keine neue Brunst einstellt. Die *Non-Return*-Rate (30./60. Tag nach der Besamung) liegt beim Schwein in Deutschland (2002) im Mittel bei 83,4 % (ZDS-Schweineproduktion 2003).

## 16.4 Künstliche Besamung beim Pferd

Beim Pferd erfolgt die KB sowohl unter Verwendung von frischem, verdünntem oder unverdünntem, als auch von tiefgefrorenem Sperma. Für die Pferdezucht können Hengste mit Hilfe der KB effizient genutzt und auch international eingesetzt werden. Den Stuten bleiben weite Transportwege erspart. Vor allen Dingen bietet die KB Vorteile für Pferde, die im Leistungssport genutzt werden. Weitere Gründe, die für die KB beim Pferd sprechen, sind eine reduzierte Gefahr der Übertragung von Deckseuchen, die bessere Kontrolle von Stuten mit Fortpflanzungsproblemen sowie geringere Verletzungsrisiken für Hengst und Stute.

### 16.4.1 Samengewinnung und -untersuchung

Das Absamen beim Hengst erfolgt üblicherweise mit Hilfe einer künstlichen Vagina. Zur sexuellen Stimulierung wird ein natürlicher Sprungpartner gewählt, manchmal auch ein Phantom. Das Volumen des Ejakulates beim Hengst beträgt im Durchschnitt etwa 125 ml mit etwa $7 \times 10^9$ Spermien. Die Spermauntersuchung wird analog zum Rind durchgeführt. Die Anforderungen an Hengstsperma sind in **Tab. 16.4** zusammengefasst.

### 16.4.2 Samenbehandlung, -portionierung und -konservierung

Wie beim Schwein werden zunächst schleimige Sekretanteile des Ejakulates durch Filtration entfernt. Die **Kurzzeitlagerung** von Hengstsperma erfolgt nach langsamer Abkühlung auf

**Tab. 16.4:** Mindestanforderungen an Hengstsperma

| Merkmal | Mindestanforderung |
|---|---|
| *Ejakulat* | |
| • Volumen | > 40 cm³ |
| • Dichte | ca. 0,1 Mio. Spermien/µl |
| • Konsistenz | Molkeähnlich |
| *Spermien* | |
| • Vorwärts-beweglichkeit | > 50 % |
| • Pathologische Formen | < 30 % |

4–5 °C. Am häufigsten werden Magermilch-Glucose- und Glycin-Eidotter-Medien als Verdünner verwendet. Als Puffer werden Natriumhydrogencarbonat oder Natriumcitrat eingesetzt. Außerdem werden Antibiotika zugesetzt. In dem Verdünnungsmedium bleibt das Sperma bis zu drei Tage fertil. Für die Besamung werden Portionen von 2–20 ml abgefüllt, welche 200–500 Mio. Spermien enthalten. Mit einem Durchschnittsejakulat können 15–70 Stuten besamt werden. Einige Besamungsprogramme arbeiten auch nur mit 100 Mio. Spermien pro Besamungsportion, so dass ein Ejakulat für die Besamung einer entsprechend größeren Zahl an Stuten reicht.

Für die **Tiefgefrierkonservierung** werden die Spermaportionen zumeist in 0,5 ml Pailletten (*Straws*) konfektioniert. Zu diesem Zweck wird das frisch gewonnene Sperma meistens mit einem Eidotter-Glycerin-Verdünner vermischt. Anschließend wird ein Lactose-EDTA-Eidotter-Medium bis zu einer Konzentration von etwa $8 \times 10^8$ Spermien/ml zugefügt. Danach erfolgt der Einfriervorgang in kontrollierten Temperaturstufen, bis schließlich –196 °C (im flüssigen Stickstoff) erreicht sind.

### 16.4.3 Instrumentelle Besamung der Stute

Die besten Erfolge stellen sich ein, wenn bei den Stuten eine lückenlose Brunstkontrolle vorgenommen wird. Die Hauptbesamungssaison liegt in Mitteleuropa zwischen April und Juli.

**Frischsperma** wird möglichst innerhalb einer Stunde nach Gewinnung verwendet. Mit Verdünner flüssig konserviertes Hengstsperma kann bis zu 72 Stunden eingesetzt werden. Bei Anwendung von Frischsperma werden Stuten, die sich in Brunst (Rosse) befinden, dann besamt, wenn die Ovulation durch Rektalkontrolle (palpatorisch oder sonographisch) der Ovarien nachgewiesen wurde. Der Gebärmutterhals der Stute ist kürzer als beim Rind und während des Östrus geöffnet, so dass der technische Ablauf der Besamung einfach ist. Die Besamungsportion wird unter Einsatz einer Plastik-Inseminationspipette unter palpatorischer oder visueller Kontrolle direkt in den Uterus abgesetzt.

Das Auftauen von **Tiefgefriersperma** findet bei 37 °C während 30 s statt. Nach dem Auftauen kann Hengstsperma auf Grund der teilweise reduzierten Vorwärtsbeweglichkeit zu Problemen führen. Diesbezüglich gibt es ausgeprägte Unterschiede zwischen verschiedenen Hengsten. In jedem Fall wird man Stuten sehr nahe am Ovulationszeitpunkt besamen. Beim Einsatz von Tiefgefriersperma werden etwa zwölf Stunden vor der geschätzten Ovulation eine Besamungsportion und meistens nach zwölf Stunden eine weitere Portion appliziert.

Als durchschnittliche Befruchtungsraten je Zyklus gelten bei der Stute ca. 60 % für die Besamung mit Frischsamen wie auch für die Bedeckung („Natursprung"). Bei Besamung mit Tiefgefriersperma werden etwa 45 % erreicht.

## 16.5 Stand der Künstlichen Besamung

Eine Übersicht zur Entwicklung der KB in Deutschland bei Rind, Schwein und Pferd in **Abb. 16.10** stellt dar, dass die KB beim Schwein seit etwa 1980 und beim Pferd seit etwa 1990 als Routineverfahren benutzt wird. Beim Rind wird die KB seit etwa 1950 in stärkerem Umfang verwendet.

In Europa schwankt der Anteil der KB beim **Rind** je nach Staat zwischen 60 und 95 % (ARD-Rinderproduktion 2003). Haupteinsatzgebiet beim Rind ist die Besamung von Milchkühen, von denen in Deutschland über 90 % durch KB trächtig werden. Die Anteile der künstlich besamten Kühe und Färsen stieg seit 1955 von ca. 20 % auf über 90 % im Jahre 1990 und ist seitdem leicht rückläufig (2002: 78,5 %). Der starke Einsatz der KB in der Rinderzucht ist

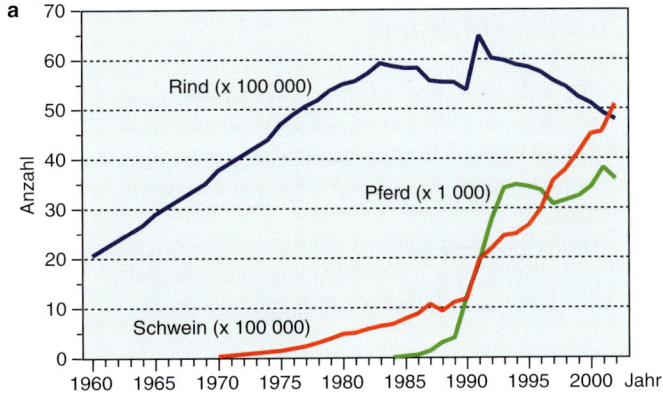

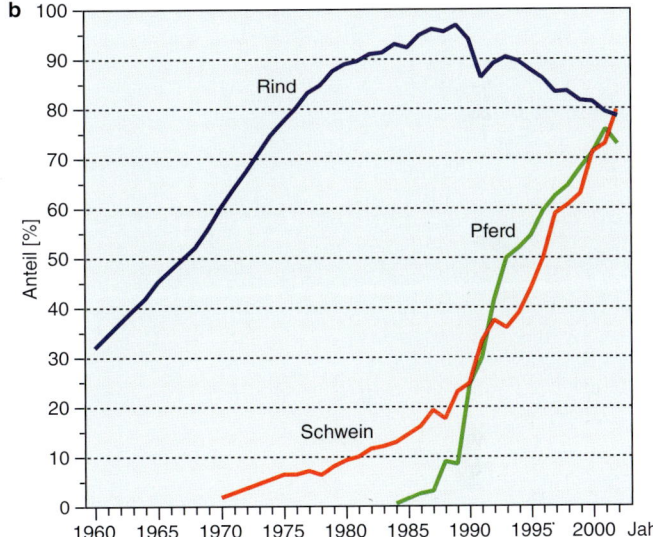

**Abb. 16.10:** Entwicklung der Künstlichen Besamung in Deutschland bei Rind, Schwein und Pferd

Quellen: ARD-RINDERPRODUKTION, Jahresberichte 1960–2003; ZDS-SCHWEINEPRODUKTION, Jahresberichte 1970–2003; FN/DOKR-JAHRESBERICHTE 1984–2003.

a) Zahl der (Erst)Besamungen pro Jahr

b) Anteil der künstlich besamten Tiere (Besamungsdichte)

darauf zurückzuführen, dass Tiefgefrierverfahren beim Rind optimal entwickelt sind. Die KB ist beim Rind in Zuchtprogramme integriert (Besamungszuchtprogramme, s. S. 547f.).

Beim **Schwein** wird die KB hauptsächlich mit Frischsperma durchgeführt. Somit ist eine aufwendige Verteilungsstruktur notwendig, wodurch sich die KB beim Schwein erst relativ spät durchgesetzt hat (**Abb. 16.10**). Bedingt durch den Einsatz von flüssigkonserviertem Sperma und den Arbeitszeitaufwand während der Besamung beträgt der Anteil an Eigenbestandsbesamungen in Deutschland bei 97 % (2002). Der Anteil künstlich besamter Sauen liegt über 70 % und ist immer noch ansteigend (ZDS-SCHWEINEPRODUKTION 2003).

Beim **Pferd** wird die KB sowohl mit Frisch- als auch mit Tiefgefriersperma durchgeführt. Tiefgefriersperma spielt jedoch mit etwa 1 % aller Belegungen beim Pferd eine geringe Rolle. Der Anteil der KB steigt weiter an, liegt aber je nach Rasse stark unterschiedlich (2002: Warmblut und Vollblut 76,8 %, Araber dagegen nur 5,2 %; FN/DOKR-JAHRESBERICHTE 2003).

## Zusammenfassung

– Die Künstliche Besamung (KB) ist die wirtschaftlich wichtigste Biotechnik in der Tierzucht. Sie wird aus hygienischen, kommerziellen und züchterischen Gründen angewendet.
– Die KB besteht aus den Schritten der Samengewinnung, der Untersuchung des Samens, der Samenverdünnung, der Samenkonservierung und der instrumentellen Besamung der weiblichen Tiere.
– In Deutschland werden ca. 80 % der Kühe, ca. 75 % der Sauen und ca. 70 % der Warm- und Vollblutstuten besamt.
– Der Anteil der weiblichen Tiere, die nach Besamung nicht wieder brünstig werden (*Non-Return*-Rate), liegt bei der Kuh zwischen 60 und 75 %, bei der Sau zwischen 80 und 85 % und bei der Stute zwischen 45 und 60 %.

# 17 Beeinflussung von Geschlechtsreife und -zyklus

Für weibliche Säugetiere wurden Verfahren entwickelt, um die Geschlechtsreife und den Geschlechtszyklus zu beeinflussen. Diese Verfahren können aus wirtschaftlichen oder züchterischen Gründen eine Rolle in der Tierzuchtpraxis spielen. Oft jedoch erhalten die Methoden erst gemeinsam mit weiteren biotechnischen Verfahren eine Bedeutung, etwa mit dem Embryotransfer. Nachfolgend wird zunächst die Beeinflussung der Geschlechtsreife behandelt und dann die Steuerung des Geschlechtszyklus. Zu den Fachbegriffen und biologischen Grundlagen siehe S. 313 ff.

## 17.1 Beeinflussung der Geschlechtsreife

Unter ökonomischen und züchterischen Gesichtspunkten ist die Verkürzung der nicht reproduktiven Lebensphase von Interesse. In diesem Zusammenhang besitzt der Eintritt der Geschlechts- und Zuchtreife weiblicher Tiere eine große Bedeutung. Das Alter eines Tieres beim Erreichen der Geschlechts- und Zuchtreife kann über Maßnahmen der Tierhaltung sowie der Biotechnologie beeinflusst werden. Faktoren der Tierhaltung, wie Fütterungs- oder Beleuchtungsprogramme, bieten nur begrenzte Einflussmöglichkeiten. Daher wurden Verfahren zur hormonellen Induktion der Geschlechtsreife entwickelt, die je nach Tierart unterschiedlich sind. Die dabei benutzten Hormone werden in **Tab. 14.1**, S. 318, beschrieben.

**Hormonelle Induktion der Geschlechtsreife beim Rind.** Eine hormonelle Steuerung des Pubertätseintritts wird beim Rind nur in speziellen Fällen angewendet. Bei weiblichen Kälbern befinden sich bereits nach der Geburt Follikel an den Eierstöcken (Ovarien), die auf Applikation Keimdrüsen regulierender Hormone (Gonadotropine) sensitiv reagieren. Für eine solche Induktion können Kälber im Lebensalter ab sechs bis acht Monaten mit Gestagenen, Gestagen/Prostaglandin-Kombinationen oder Östradiol behandelt werden. Die Verfahren zur Beschleunigung der Geschlechtsreife werden eingesetzt, wenn Managementanforderungen eine Induktion des Zykluseintritts wünschenswert machen, wie z. B. für eine synchronisierte Befruchtung der Tiere einer Fleischrinderherde. Außerdem ist eine vorverlegte Geschlechtsreife in Zuchtprogrammen wichtig, in denen möglichst frühzeitig Eizellen für eine *In-vitro*-Fertilisation oder Embryonen für einen Embryotransfer gewonnen werden sollen, um das Generationsintervall zu verkürzen.

**Hormonelle Induktion der Geschlechtsreife beim Schwein.** Auf eine PMSG/HCG-Kombinationsbehandlung (PMSG: *Pregnant Mare Serum Gonadotropin;* HCG: *Human Chorion Gonadotropin*) reagieren bereits drei bis vier Monate alte weibliche Schweine zu einem hohen Prozentsatz mit dem Eintritt in den Östrus. Allerdings sind die nachfolgenden Trächtigkeitsraten gering, da das endokrine System bei diesen jungen Tieren noch nicht ausreichend entwickelt ist. Trächtigkeitsraten und Wurfgrößen werden umso besser, je näher die Behandlungen bei dem natürlichen Pubertätsbeginn liegen. Die Ergebnisse nach PMSG/HCG-Behandlung werden außerdem besser, wenn nicht der induzierte Östrus zur Befruchtung (Künstliche Besamung oder natürlicher Deckakt) genutzt wird, sondern der nachfolgende spontane Östrus. Eine „pubertäre Fruchtbarkeit" kann durch eine zusätzliche Progesteroninjektion drei Tage vor der PMSG/HCG-Behandlung gefördert werden. Eine hormonelle Zyklusinduktion zeigt beim Schwein im Allgemeinen variable Ergebnisse und wird daher nur für spezielle Anwendungen genutzt, z. B. für Forschungsarbeiten.

## 17.2 Steuerung des Geschlechtszyklus

Die **Steuerung des Geschlechtszyklus** verfolgt das Ziel, Östrus und Ovulation eines Tieres **(Induktion)** oder einer Gruppe von Tieren **(Syn-**

chronisation) zu einem bestimmten Zeitpunkt zu induzieren. Verfahren und Anwendungsbereiche der Zyklussteuerung unterscheiden sich je nach Tierart. Als Beispiele werden nachfolgend die Bedingungen beim Rind und Schwein behandelt. Zu den dabei benutzten Hormonen siehe **Tab. 14.1**, S. 318. Die Steuerung des Geschlechtszyklus bei der Maus wird im Zusammenhang mit dem Gentransfer angewendet und dort beschrieben (siehe S. 418 f.).

## 17.2.1 Zyklussteuerung beim Rind

Die Synchronisation der Geschlechtszyklen erfolgt bei Rindern, um eine Gruppe von weiblichen Tieren in einem möglichst engen und bestimmten Zeitraum besamen zu können oder um zyklussynchrone Empfängertiere für den Embryotransfer bereitzustellen. Außerdem kann eine Zyklussynchronisation in Milch- und Fleischrinderherden aus betriebswirtschaftlichen Gründen eine Rolle spielen. Vor allem für die Künstliche Besamung und in weiterer Folge für die Überwachung der Geburt kann die Synchronisation der Geschlechtszyklen in einer Tiergruppe vorteilhaft sein. Außerdem wird das Fruchtbarkeitsmanagement nach der Künstlichen Besamung (z.B. Progesteronbehandlung zur Trächtigkeitsverbesserung, frühe Trächtigkeitsdiagnostik mittels Ultraschall) in einer synchronisierten Gruppe erleichtert. Nachteile der Östrussynchronisation sind die Kosten sowie die erschwerte Östrusbeobachtung in synchronisierten Gruppen. Letzteres weil die durch den Östrus bedingten Verhaltensunterschiede in Tiergruppen nicht mehr zuverlässig differenziert werden können.

Beim Rind werden zur Östrussynchronisation folgende Verfahren benutzt:

– **Verlängerung der Follikelphase durch Gestagenbehandlung (Abb. 17.1a).** Steroidhormone mit Gestagenwirkung blockieren die präovulatorische LH-Freisetzung aus der Hypophyse, so dass der Zyklus in der Follikelphase verbleibt. Ein bereits vorhandener Gelbkörper wird zurückgebildet. Die Gelbkörperphase dauert beim Rind etwa 16 Tage. Deshalb wird die Dauer der Gestagenbehandlung auf etwa zwölf Tage begrenzt und zusätzlich mit Östrogen eine vorzeitige Gelbkörperrückbildung unterstützt. Neben dem natürlichen Progesteron werden auch synthe-

tisch hergestellte Gestagene, wie z.B. Norgestamet, Medroxyprogesteronacetat (MPA) oder Chlormadinonacetat (CMA), angewendet. Diese Gestagene können über Fütterung, per Injektion, als Vaginalschwämmchen oder mittels wieder entfernbarer Releasing-Implantate verabreicht werden. Von den Applikationsformen haben sich mit Gestagen imprägnierte Releasing-Implantate bewährt (**Tab. 17.1**). Die subkutan oder intravaginal eingesetzten Implantate geben den Wirkstoff kontinuierlich in ihre Umgebung ab, sind einfach zu applizieren und zu entfernen. Ohrimplantate bestehen üblicherweise aus mit Hormon imprägniertem Silikonkautschuk, haben die Form eines Zylinders, können mit einem Injektionsgerät unter die Haut implantiert werden und sind später einfach wieder zu entfernen. Ein Nachteil ist, dass sie klein sind und sich dadurch die Gestagenabgabe verzögert. Eine sofortige ausreichende Wirkung wird durch gleichzeitige intramuskuläre Applikation von z.B. Norgestamet und auch Östrogen erreicht. Implantate, die in die Vagina deponiert werden, können ebenfalls wieder entfernt werden. Sie bestehen aus einem Träger (Metallspirale oder Nylon), der mit einem Silikon-Elastomer (ähnlich einem Schwämmchen) beschichtet ist. Das Silikon-Elastomer ist mit Progesteron ausgefüllt und gibt wegen der großen Oberfläche schnell (innerhalb von 90 min) eine wirksame Substanzdosis an die Vaginalschleimhaut ab. Nach Implantatentfernung nimmt die Progesteronkonzentration entsprechend der vorausgegangenen Gelbkörperrückbildung sowie der Beendigung der exogenen Applikation sofort stark ab (**Abb. 17.1a**) und bleibt dann bis zum Östrus auf einem niedrigen Niveau. Bei einem Großteil der Tiere wird zwischen 24 und 48 Stunden nach der Implantatentfernung eine Brunst beobachtet. Die dann folgende Besamung richtet sich entweder nach dem Verlauf der äußeren Brunstsymptome, oder sie wird zu einem bestimmten Zeitpunkt (z.B. 56 und 72 Stunden) nach der Implantatentfernung durchgeführt.

– **Verkürzung der Lutealphase mit Prostaglandin $F_{2\alpha}$ (Abb. 17.1b).** Eine Verabreichung von Prostaglandin $F_{2\alpha}$ ($PGF_{2\alpha}$) führt ab dem fünften und bis zum 16. Tag des Zyklus zu einer induzierten Lyse des Gelbkörpers. Für die Brunstsynchronisation wird in der Re-

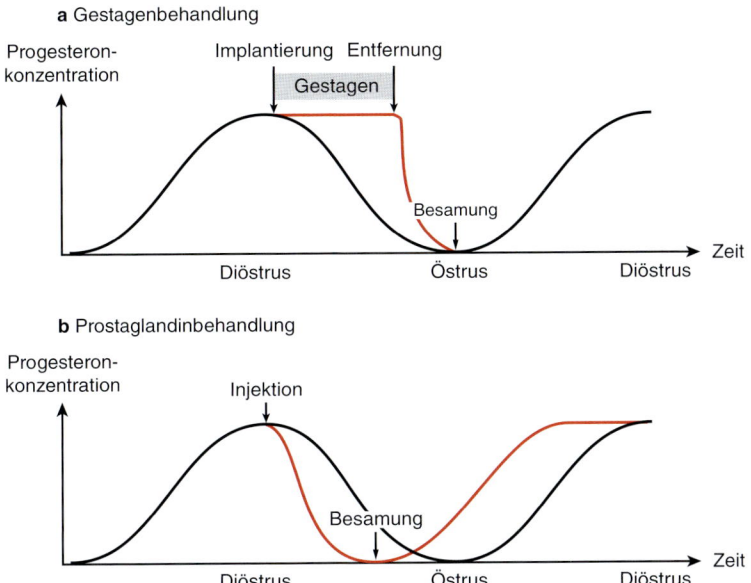

**a** Gestagenbehandlung

Progesteron-
konzentration

Implantierung Entfernung

Gestagen

Besamung

Zeit

Diöstrus    Östrus    Diöstrus

**b** Prostaglandinbehandlung

Progesteron-
konzentration

Injektion

Besamung

Zeit

Diöstrus    Östrus    Diöstrus

**Abb. 17.1:** Wirkungsweise der Verfahren zur Zyklussteuerung beim Rind (modifiziert nach GORDON 1996)

Einzelheiten zum Geschlechtszyklus siehe **Abb. 14.6**, S. 320, und **Tab. 14.3**, S. 319).

a) Steroide mit Gestagenwirkung blockieren die präovulatorische LH-Freisetzung aus der Hypophyse, so dass der Zyklus in der Follikelphase verbleibt. Nach Abbruch der Gestagenbehandlung gelangen die Tiere nach 24 und 48 Stunden in den Östrus.

b) Prostaglandin induziert eine Lyse des Gelbkörpers (Luteolyse), so dass die Tiere nach zwei bis vier Tagen in den Östrus gelangen.

gel nicht das natürliche $PGF_{2\alpha}$ benutzt, sondern synthetische Analoga (z.B. Cloprostenol, Dinoprost). Diese unterscheiden sich vom natürlichen $PGF_{2\alpha}$ insbesondere durch eine längere Wirkungsdauer und eine höhere Wirkungsintensität. Prostaglandine werden entweder intramuskulär oder subkutan injiziert. Tiere, die sich zwischen dem fünften und 16. Tag des Zyklus befinden, lassen sich mit einer einmaligen $PGF_{2\alpha}$-Injektion synchronisieren. Sind dagegen die Zyklusstadien nicht be-

kannt, werden die Zyklen mit einer zweimaligen Prostaglandinbehandlung im Abstand von elf bis zwölf Tagen synchronisiert. Die induzierte Brunst tritt zwei bis drei Tage nach der Injektion ein. Dann erfolgen Besamungen meistens zu fixen Zeitpunkten nach Prostaglandinbehandlung (z.B. 72 und 96 Stunden nach der letzten Injektion). Der Synchronisationserfolg mit Prostaglandinen ist bei Milchkühen variabler als bei Färsen, und häufig sind die Trächtigkeitsergebnisse nach einer

**Tab. 17.1:** Beispiele für die Östrussynchronisation beim Rind

| Applikationsform | Steroid | Luteolytikum | Behandlungs-dauer (Tage) | Östrus nach Implantat-entfernung (Tage) |
|---|---|---|---|---|
| Ohr-Implantat | Norgestamet | Östradiol-Valerat | 9 - 10 | 2 - 3 |
| Intravaginales Implantat | Progesteron | Östradiol-Benzoat | 10 - 12 | 2 - 3 |

Fixzeitpunktbesamung bei Kühen schlechter als bei Färsen. Bedeutungsvoll ist, dass Prostaglandine – bei trächtigen Tieren verabreicht – Aborte auslösen und ihr Einsatz nur bei zyklischen Tieren sinnvoll ist.

Kombinationsbehandlungen unter Einsatz von zunächst Gestagen und dann Prostaglandin können den Synchronisationserfolg verbessern und höhere Trächtigkeitsraten bewirken.

### 17.2.2 Zyklussteuerung beim Schwein

Moderne Systeme zur Ferkelerzeugung beruhen auf gruppenweisen Verfahrensabschnitten, bei denen ein zeitsynchrones Zyklusgeschehen in den verwendeten Sauengruppen vorteilhaft ist. Zuchtreife Jungsauen und Sauen, die bereits Nachkommen aufgezogen haben, werden getrennt behandelt. Laktierende (Milch abgebende) Sauen werden drei bis fünf Tage nach dem Entfernen (Absetzen) der Ferkel östrisch und sind durch ein gruppenweises Absetzen ohne medikamentöse Verfahren zu synchronisieren und zeitgleich zu besamen. Jungsauen lassen sich jedoch nur durch medikamentöse Maßnahmen synchronisieren. Beim Schwein werden für die Zyklussynchronisation Behandlungen mit Gestagenen oder mit Gonadotropinen durchgeführt, während Prostaglandine keine praktische Bedeutung haben.

– Mit gutem Synchronisierungserfolg werden bei Sauen **Gestagene** eingesetzt. Diese werden über 18 Tage hinweg verfüttert. Der Östrus tritt dann meist fünf bis sieben Tage nach Absetzen der Behandlung ein. Als Folge dieser Behandlung werden auch die Wurfgrößen (Zahl der Ferkel pro Geburt) verbessert.

– **Gonadotropine** werden bei Schweinen verwendet, wenn sich am Ovar (Eierstock) kein aktiver Gelbkörper befindet. Dies ist bei Tieren, die noch nicht mit Geschlechtszyklen begonnen haben, oder bei Sauen nach dem Absetzen der Ferkel der Fall. Bei diesen Schweinen wird zur Stimulation des Follikelwachstums meistens PMSG (*Pregnant Mare Serum Gonadotropin*) intramuskulär injiziert. Etwa 72 Stunden später wird die Ovulation z. B. mit HCG (*Human Chorion Gonadotropin*) ausgelöst. Die Befruchtung (Künstliche Besamung oder natürlicher Deckakt) erfolgt am ersten und am zweiten Tag nach der HCG-Injektion. Je nach PMSG-Dosis kann die Zahl ovulierter Eizellen auf das ca. 2,5-fache gesteigert werden, so dass eine so bewirkte Superovulation für den Embryotransfer angewendet wird.

## Zusammenfassung

– Ein Tier, welches die Geschlechtsreife erlangt hat, kann befruchtungskompetente Gameten ausbilden. Dieser Zeitpunkt kann durch biotechnische Maßnahmen bei sehr jungen Tieren ausgelöst werden.
– Bei weiblichen Säugetieren kann der Geschlechtszyklus und damit Zeitpunkt von Ovulation und Östrus beeinflusst werden. Die Östrusinduktion und -synchronisation erfolgt beim Rind entwerd durch Verlängerung der Follikelphase mittels Progesteron- oder Gestagenbehandlung oder durch Zyklusverkürzung mit Prostaglandin $F_{2\alpha}$ oder dessen synthetische Analoga. Beim Schwein werden Gestagene oder Gonadotropine eingesetzt.

# 18 Gewinnung und Übertragung von Embryonen („Embryotransfer")

Als **Embryotransfer (ET)** werden üblicherweise die Verfahren zusammengefasst, mit denen von einem weiblichen Tier Embryonen gewonnen und auf Empfängertiere übertragen werden. Eine zusätzlich durchgeführte Superovulation bringt mehr als die übliche Zahl an Eizellen zur Ovulation und kann auf diese Weise die Effizienz des Verfahrens erhöhen. Der Embryotransfer umfasst mehrere Verfahren, die mit der Auswahl der Spendertiere beginnen und mit dem eigentlichen Transfer von Embryonen enden (**Abb. 18.1**). Der erste erfolgreiche Embryotransfer wurde 1891 von HEAPE in Cambridge (U.K.) beim Kaninchen durchgeführt. Ziel war damals die Untersuchung, inwieweit das uterine Milieu die Merkmale des Embryos und späteren Tieres beeinflusst. Seit mehreren Jahrzehnten wird der Embryotransfer auch praktisch angewendet, überwiegend beim Rind. Er spielt jedoch in Verbindung mit anderen Biotechniken (**Embryotransfer-assoziierte Biotechniken**) bei vielen Tierarten eine entscheidende Rolle (**Abb. 18.2**). Die Durchführung des Embryotransfers hängt von den physiologischen Vorgängen der Follikel- und Oocytenreifung sowie der frühen Embryonalentwicklung ab, die auf S. 313 ff. beschrieben werden. Wegen der praktischen Bedeutung beim Rind werden die Verfahren des Embryotransfers nachfolgend exemplarisch an dieser Spezies beschrieben.

## 18.1 Embryotransfer beim Rind

Die Arbeiten umfassen die in **Abb. 18.1** dargestellten Schritte.

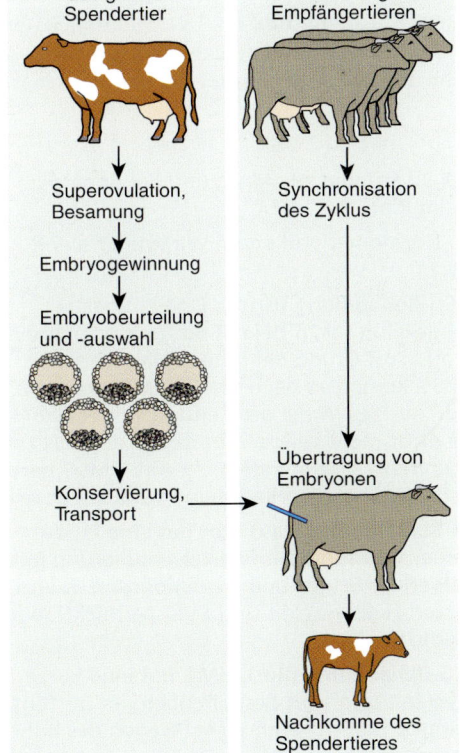

**Abb. 18.1:** Ablauf des Embryotransfers

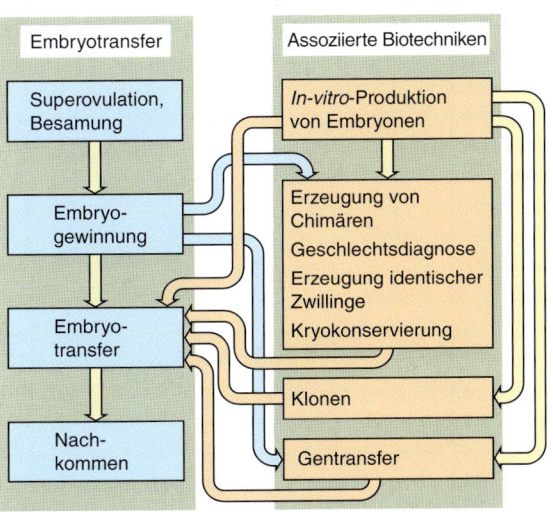

**Abb. 18.2:** Beziehungen zwischen Embryotransfer und anderen Biotechniken (Embryotransfer-assoziierte Biotechniken)

### 18.1.1 Auswahl von Spendertieren

Die Auswahl von **Spender-** oder **Donortieren** (Tiere, aus denen die Embryonen stammen) berücksichtigt im Wesentlichen die folgenden Kriterien:

– Sie sollen besonders hohe bzw. spezielle Zuchtwerte besitzen, in der Rasse erwünscht sein und daher zu Nachkommen mit hohem Marktwert führen.
– Sie sollen einen einwandfreien Reproduktionsstatus aufweisen.
– Der allgemeine Gesundheitszustand soll zufrieden stellend sein, so dass Belastungen durch die Superovulationen keine Rolle spielen. Außerdem dürfen keine Krankheiten mit den gewonnenen Embryonen übertragen werden.
– Jüngere Tiere werden bevorzugt, da diese auf Superovulationen intensiver als ältere Tiere reagieren.

### 18.1.2 Superovulationsbehandlung

Durch eine **Superovulationsbehandlung** wird eine Reifung und Ovulation zusätzlicher Oocyten (*Multiple Ovulation*, MO) beim Spendertier ausgelöst, so dass der große Keimzellenvorrat im Ovar in erweiterter Form genutzt werden kann. Wie **Abb. 18.3** zeigt, können Superovulationen mit verschiedenen Hormonbehandlungen erreicht werden. Durch die Behandlungen wird einerseits die Rate gesteigert, mit der Follikel von einem frühen in ein weiterentwickeltes Stadium gelangen; gleichzeitig wird auch die Atresie (Zurückbildung) von Follikeln reduziert. Die zur Superovulation applizierten Hormone sind in **Tab. 18.1** zusammengestellt.

Die Superovulation ist der wichtigste und zugleich ungenau kontrollierbare Faktor bei der Anwendung des Embryotransfers. Es gibt eine individuelle Variabilität der Ovarreaktionen, unbefriedigende Befruchtungsergebnisse sowie unterschiedlich hohe Degenerationsraten bei den gewonnenen Embryonen. Durchschnittlich reagiert nur etwa ein Drittel der Rinder wie erwünscht, d. h. mit fünf bis 15 Ovulationen, etwa ein Drittel der Rinder reagiert kaum oder gar nicht und etwa ein Drittel der Rinder reagiert

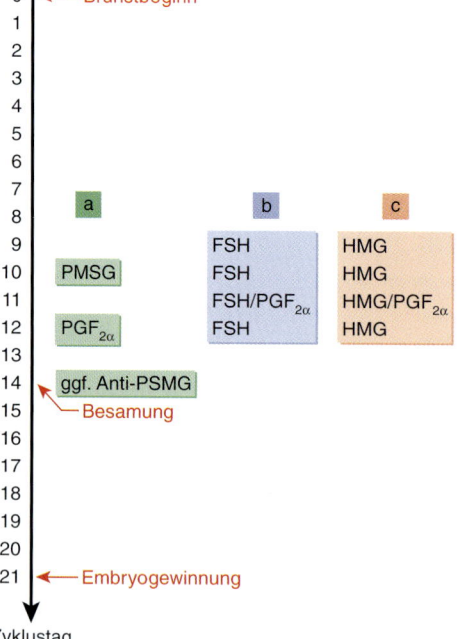

**Abb. 18.3:** Schema zur Auslösung der Superovulation beim Rind

Zu den Hormonen und deren Wirkungen siehe **Tab. 18.1**.

a) **PMSG-Behandlung (Grün).** Eine einmalige PMSG-Injektion reicht beim Rind für die Superovulation aus. Auf Grund der langen Halbwertszeit von PMSG kommt es nach der Ovulation oftmals zu einer zweiten Welle der Reifung von Follikeln, welche nicht mehr zeitgerecht ovulieren. Dies kann unterbunden werden, indem ein Anti-PMSG parallel zur instrumentellen Besamung verabreicht wird.

b) **FSH-Behandlung (Blau).** FSH hat eine kurze Wirkdauer und führt zur Follikelstimulierung mit nachfolgender Brunst und Ovulation. Auf Grund der kurzen Halbwertzeit sind tägliche Injektionen erforderlich.

c) **HMG-Behandlung (Rot).** HMG hat eine kurze Halbwertzeit und wird deshalb über vier bis fünf Tage einmal täglich verabreicht. Wegen des hohen Preises wird HMG nur selten zur Superovulation bei Rindern verwendet.

**Tab. 18.1:** Hormone für die Superovulation

| Hormon | Gewinnung | Verwendung |
|---|---|---|
| Prostaglandin $F_{2\alpha}$ ($PGF_{2\alpha}$) | Chemische Synthese | Gelbkörper-Rückbildung; Auslösung der Brunst |
| Follikel-stimulierendes Hormon (FSH) | Schlachtschwein-Hypophysen oder rekombinant | Follikel-Stimulation; Superovulation |
| Luteinisierendes Hormon (LH) | Aus menschlichem Urin isoliert oder rekombinant | Stimulierung der Ovulation |
| *Human Menopausal Gonadotropin* (HMG) | Aus menschlichem Urin isoliert oder rekombinant | Gemisch von FSH und LH; induziert Superovulation |
| *Pregnant Mare Serum Gonadotropin* (PMSG) [*)] | Aus Serum tragender Stuten | Hat sowohl FSH als auch LH-ähnliche Wirkungen. Follikel-Stimulation führt zu Superovulation |
| *Gonadotropin-Releasing Hormone* (GnRH) | Chemische Synthese | Induktion der Ovulation |

[*)] Synonym: eCG = *equine Chorionic Gonadotropin*

mit über 15 Ovulationen. Wie lassen sich diese unterschiedlichen Reaktionen erklären?

Die **Variabilität im Ergebnis der Superovulation** kann untergliedert werden in:

– **Tier- und rassenspezifische Ursachen.** Hierzu zählt die erblich unterschiedliche Veranlagung eines Tieres, auf Hormonapplikationen mit der Bildung von Follikeln (Eizellen) zu reagieren. Beim Rind ist beispielsweise die artspezifische Fortpflanzung auf ein Kalb pro Trächtigkeit ausgelegt. Daher wurden im Verlaufe der Evolution Kontrollmechanismen bei der Follikelausbildung wirksam, welche die Wahrscheinlichkeit einer Mehrfachovulation und damit eine Mehrlingsträchtigkeit minimieren. Außerdem gibt es in der Reaktion auf Hormone deutliche Rassenunterschiede. So erbringen fleischbetonte Rinderrassen bessere Superovulationsergebnisse als milchbetonte Rassen.

– **Umweltbedingte und physiologische Ursachen.** Wichtig sind vor allem das Alter des Tieres, der Zeitabstand zur letzten Kalbung (bzw. zur letzten Embryonengewinnung), der Gesundheitsstatus, die Körperkondition und die Jahreszeit. Jüngere Tiere reagieren im Allgemeinen stärker auf die Superovulationsbehandlung als ältere Tiere. Tiere mit Fertilitätsstörungen zeigen schlechtere Superovulationsergebnisse als gesunde Kühe. Bei Tieren mit voll funktionsfähigem Gelbkörper (*Corpus luteum*) und damit starker Progesteronsekretion sind die Superovulationsergebnisse

im Allgemeinen besser als bei Tieren mit niedrigen Progesteronwerten. Eine Superovulationsbehandlung bei Fehlen eines dominanten Follikels ergibt deutliche und einheitliche Ovarreaktionen. Auch andere Hormone sind für die Superovulationsergebnisse von großer Bedeutung. So erhöhen endogen produziertes wie auch appliziertes IGF-1 (*Insulin-Like Growth Factor 1*) oder bST (bovines Somatotropin) die Zahl der nach Superovulation erzeugten transfertauglichen Embryonen.

– **Behandlungsbedingte Ursachen.** Hierzu zählen Einflüsse, die mit den Hormonbehandlungen ausgeübt werden, so u. a. die Qualität der applizierten Hormone und die Häufigkeit der Applikationen. Einen negativen Einfluss hat Stress im Verlauf der Hormonbehandlungen.

Superovulationsbehandlungen können bei sachgerechter Anwendung im Abstand von zwei bis vier Monaten wiederholt werden. Durch Superovulation kann es zu einem vorübergehenden geringen Abfall der Milchleistung kommen, der bei starker Ovarreaktion (d. h. viele Gelbkörper und hohe Progesteronausschüttung) besonders deutlich ist. Um das Zyklusgeschehen des Spendertieres möglichst schnell wieder zu normalisieren und den Abfall der Milchleistung zu mindern, werden Prostaglandin-$F_{2\alpha}$-Analoga unmittelbar im Anschluss an die Embryonenspülung appliziert. Danach kommen die meisten Rinder innerhalb einer Woche wieder in Brunst.

### 18.1.3 Besamung und Embryogewinnung

Nach Induktion der Superovulation werden Besamungen durchgeführt, damit die superovulierten Oocyten (Eizellen) befruchtet werden. Die Besamungen erfolgen beim Rind meist dreimal in 12-stündigem Abstand, um die Befruchtung eines möglichst großen Anteils der Oocyten zu sichern.

Die Embryogewinnung geschieht beim Rind transcervikal (**Abb. 18.4**), d.h. „unblutig", mit sterilisierten Instrumenten und zu einem Zeitpunkt nach der Besamung, bei dem sich ein möglichst großer Anteil der befruchteten Eizellen bis zu Blastocystenstadien entwickelt hat. Mit Hilfe eines Ballonkatheters, der unter rektaler Kontrolle weit in die Uterushornspitzen eingeführt wird, werden die Embryonen aus Eileiter und/oder Uterus durch Spülen mit Pufferlösungen entnommen. Hierbei wird das Uterushorn durch Aufblasen des Ballons nach kaudal verschlossen. Jedes Uterushorn wird getrennt gespült. Als Pufferlösung für die Spülungen dient in der Regel phosphatgepufferte Salzlösung (PBS, *Phosphate Buffered Saline*), der hitzeinaktiviertes Blutserum (5–10 % Volumenanteil) zugefügt wird. Die Spülflüssigkeit wird in einem Gefäß aufgefangen.

Durchschnittlich werden 70–80 % der Eizellen und Embryonen aus der Spülflüssigkeit aufgefunden (Gewinnungsrate: Eizellen und Embryonen pro Anzahl Gelbkörper). Die Gewinnungsrate der Embryonen wird durch die Positionen der Embryonen im Uterus/Eileiter, die Gewinnungsmethode, das Alter des Spendertieres, den Zeitpunkt der Gewinnung sowie die Ovarreaktionen beeinflusst. Beispielsweise können Optimierungen bei der Platzierung der Katheterspitze, Abdichtung des Uterus und Art des Spülsystems die Gewinnungsraten verbessern. Bei Kühen erhält man mehr Eizellen und Embryonen als bei Färsen, da Kühe durch den größeren Genitaltrakt eine bessere Handhabung der Spülinstrumente ermöglichen.

### 18.1.4 Embryobeurteilung

An die Gewinnung der Embryonen schließt sich deren Beurteilung an, um Embryonen mit hohen Entwicklungschancen („transfertaugliche" Embryonen) zu erfassen. Dazu wird nach Sedimentation oder Filtration der Spüllösung der Bodensatz bzw. Filterrückstand in Petrischalen überführt. Hier werden die Embryonen während der Beurteilung bei möglichst konstanter Raumtemperatur in serumhaltigen Medien und unter sterilen Bedingungen gehalten. Im Allgemeinen wird mikroskopisch die **Weiterentwick-**

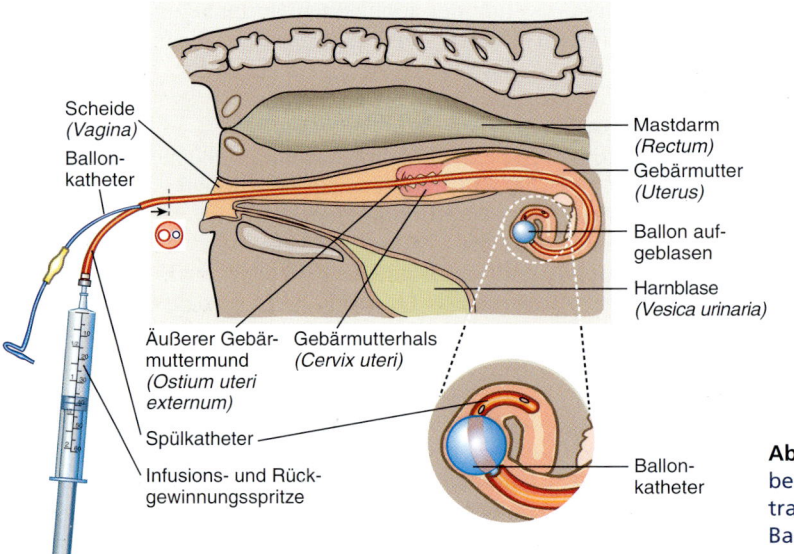

Scheide
(Vagina)

Ballon-
katheter

Mastdarm
(Rectum)

Gebärmutter
(Uterus)

Ballon auf-
geblasen

Harnblase
(Vesica urinaria)

Äußerer Gebär-
muttermund
(Ostium uteri
externum)

Gebärmutterhals
(Cervix uteri)

Spülkatheter

Infusions- und Rück-
gewinnungsspritze

Ballon-
katheter

**Abb. 18.4:** Embryogewinnung beim Rind mit Hilfe eines transcervikal positionierten Ballonkatheters

Erklärungen siehe Text.

**lungsfähigkeit** anhand folgender Kriterien beurteilt:

- **Entwicklungsstadium.** Oocyten sowie Embryonen, die gegenüber dem zu erwartenden Entwicklungsstadium zurückgeblieben sind, eignen sich nicht für den Transfer.
- **Morphologie.** Transfertaugliche Embryonen sind kompakt, rund und besitzen Zellen gleicher Größen und einheitlicher Färbung (siehe **Abb. 14.8**, S. 322). Die *Zona pellucida* ist eben und gleichförmig ausgebildet. Der perivitelline Raum hat einen regelmäßigen Durchmesser und weist keine Einschlüsse auf.
- **Größe.** Embryonen sollen einen möglichst großen Durchmesser aufweisen.

Für die Beurteilung der Transfertauglichkeit können neben der Morphologie auch spezifische Färbemethoden, Kultivierungsverfahren sowie Messungen des embryonalen Stoffwechsels herangezogen werden. Beispielsweise kann die Vitalität von Embryonen mit den Fluoreszenzfarbstoffen FDA (*Fluorescein-Diacetat*) oder DAPI (*4,6-Diamino-2-Phenylindol-Dihydrochlorid*) beurteilt werden. Farbloses FDA durchdringt die Zellmembran und wird in lebenden Zellen durch cytoplasmatische Esterasen zu Fluorescein hydrolysiert. Dieses kann intakte Zellmembranen nicht durchdringen, so dass lebende Zellen nach FDA-Behandlung grün fluoreszieren. DAPI gelangt nur durch geschädigte Zellmembranen in die Zellen und deren Kerne, wo es an die chromosomale DNA gebunden wird. Deshalb fluoreszieren degenerierte Zellen nach DAPI-Behandlung blau. Es wird angenommen, dass bei sachgerechter Anwendung die Entwicklungsfähigkeit der Embryonen durch die Fluoreszenztests nicht beeinträchtigt wird.

Unter Berücksichtigung der verschiedenen Kriterien werden die Embryonen üblicherweise in Gruppen unterschiedlich transfertauglicher Embryonen eingeteilt.

Die Ursachen für unterschiedliche Anteile transfertauglicher Embryonen sind vielfältig. Insgesamt senken zu starke Ovarreaktionen und hohe Anteile unbefruchteter Eizellen die Zahl der transfertauglichen Embryonen. Der Anteil unbefruchteter Eizellen wird insbesondere durch die Samenqualität sowie den Zeitpunkt und die Häufigkeit der Besamungen beeinflusst.

## 18.1.5 *In-vitro*-Kultivierung und Konservierung von Embryonen

Der Embryotransfer erfordert eine Kultivierung frühembryonaler Entwicklungsstadien über einige Stunden bis zu mehreren Tagen. Die Kultivierung wird auch angewendet, um befruchtete Eizellen bis zu einem transfertauglichen Stadium (meist Blastocyste) entwickeln zu können.

Kultivierungen von Embryonen bis zu einem Tag (**Kurzzeitkultivierung**) dienen der Überbrückung der Zeitspanne von der Embryonengewinnung bis zum eigentlichen Transfer in das Empfängertier. Sie sind auch dann nötig, wenn Embryonen auf ihre Teilungsaktivität überprüft werden sollen. Eine Kurzzeitkultivierung erfolgt *in vitro* im Brutschrank meist unter Verwendung phosphatgepufferter Salzlösungen bei Anwesenheit von 10–20 % fötalem Kälberserum. Für spezielle Zwecke wird auch eine Kurzzeitkonservierung *in vivo* im Eileiter eines Tieres der gleichen Spezies (homologe Kultivierung) oder einer anderen Spezies (heterologe Kultivierung) vorgenommen.

Eine Kultivierung von Embryonen über mehr als 24 Stunden gilt als **Langzeitkultivierung**. Oft wird dafür auch das Probengut tiefgefroren (vgl. S. 328 ff.). Durch Kryokonservierung wird fast immer die Embryonenvitalität verringert, wodurch nach Embryotransfer die Trächtigkeits- und Geburtsraten gesenkt werden. Eine Kryokonservierung wird daher nur für spezielle Zwecke benutzt, vor allem im Zusammenhang mit der *In-vitro*-Fertilisation oder dem internationalen Handel mit Embryonen.

## 18.1.6 Transfer von Embryonen

Vor einer Verwendung der Embryonen (nach Embryogewinnung oder -konservierung) werden diese mehrmals in sterilen Nährmedien gewaschen.

Dann erfolgt der Embryotransfer in zyklussynchrone weibliche Tiere (**Empfängertiere, Rezipienten, Ammen,** *Foster-Mothers*). Hierfür werden Tiere ausgewählt, die regelmäßig in den Zyklus gelangten, geschlechtsgesund und nicht trächtig (gravide) sind. Wenn möglich, werden aus den verfügbaren Empfängertieren solche berücksichtigt, die sich natürlicherweise im passenden Zyklusstadium befinden. In vielen Fällen geht dem Transfer jedoch eine **Synchronisation** des Zyklus von Spender- und Empfängertier voraus. Dieses kann beim Rind durch Prostaglandin-$F_{2\alpha}$ oder Gestagenimplantate erreicht werden (siehe **Abb. 17.1**, S. 349). Ein wichtiges Hilfsmittel bei der Auswahl von Empfängertieren kann die Bestimmung der Progesteronwerte zum Zeitpunkt des Transfers sein, um so zuverlässig auf funktionsfähige Gelbkörper schließen zu können. Zur Zyklussynchronisation bei der Maus siehe S. 436f.

Beim Rind wird der Transfer am Tag 6–8 nach der Brunst durchgeführt. Die Embryonen werden mit einfachen, **nicht-chirurgischen Verfahren** unter Verwendung eines Katheters nahe der Uterushornspitze platziert. Ein solcher Katheter wird unter rektaler Kontrolle bis in den eileiternahen Teil eines Uterushorns geschoben, wobei der Transfer meist in das Uterushorn, das dem Ovar mit dem Gelbkörper zugehörig ist, erfolgt. Eine **chirurgische Übertragung** von Embryonen, die um etwa 5–10 % höhere Erfolgsraten erbringt, wird nur bei besonders wertvollen Embryonen und von entsprechend geschultem Personal durchgeführt. Moderne, **endoskopisch gestützte Verfahren** des Embryonentransfers ermöglichen einen minimal invasiven Zugang zur Uterushornspitze und verbessern die Arbeitsbedingungen.

Der **Transfererfolg** hängt von mehreren Faktoren ab, insbesondere der Embryonenbeschaffenheit (Qualität, Alter), dem technischen Ablauf des Transfers (Medien, Kontaminationsrisiko, Zeitdauer des Ablaufs, Verwendung frischer oder konservierter Embryonen), dem Synchronisationsgrad zwischen Spender- und Empfängertieren sowie dem Status des Empfängertieres (Transferzeitpunkt in Relation zur Gelbkörperausbildung, Ernährungszustand des Tieres). Embryonen mit einer mikroskopisch als günstig eingestuften Qualität erreichen um 30–40 % höhere Entwicklungsraten als Embryonen geringerer Qualität. Deutlich auf den Transfererfolg wirkt das Medium, insbesondere dessen pH-Wert und Serumzusatz. Auf strikte Einhaltung der Sterilität bei allen Schritten des Transfers ist zu achten. Auch die Differenz im Zyklus zwischen Spender- und Empfängertier ist für den Transfererfolg wichtig und sollte nicht mehr als einen Tag betragen.

Bei optimalem Transferverlauf werden **Trächtigkeitsraten** von bis zu 65 % erreicht, was in etwa der Erfolgsrate nach Künstlicher Besamung entspricht. Wenn pro Spenderkuh fünf bis acht transfertaugliche Embryonen gewonnen werden und etwa 65 % von diesen ausreichend entwicklungsfähig sind, so können pro erfolgreiche Spülung beim Rind etwa vier Kälber erzeugt werden. Die durchschnittlich beim Rind in der Praxis realisierten Erfolgsraten werden in **Abb. 18.5a** aufgeführt.

## 18.2 Embryotransfer bei anderen Tierarten

Je nach Tierart weist der Embryotransfer einige Besonderheiten auf (**Tab. 18.2**). Diese stehen bei den Nutztieren meist einer umfangreichen Anwendung, wie sie beim Rind gegeben ist, entgegen. So werden bei vielen Spezies (Schwein, Schaf, Ziege) die Embryonen auf Grund der Anatomie der Cervix durch chirurgischen Eingriff gewonnen und übertragen. Beim polyovulatorischen Schwein kann zudem die Anzahl der pro Spendertier zu gewinnenden Embryonen nicht wesentlich im Vergleich zu den normalerweise ausgetragenen Embryonen gesteigert werden. Beim Pferd ist die Entstehung mehrerer Embryonen mittels Superovulationsbehandlung noch nicht befriedigend gelöst.

Bei vielen Tierarten spielt der Embryotransfer nur dann eine Rolle, wenn entweder Behandlungen an den Embryonen durchgeführt werden sollen, insbesondere im Zusammenhang mit dem Gentransfer, oder wenn Tiere in neue Regionen oder Bestände überführt werden. Der Embryotransfer bei der Maus ist im Hinblick auf die Erstellung transgener Tiere von großer Bedeutung und wird im betreffenden Kapitel (S. 407 ff.) beschrieben.

## 18.3 Anwendungsbereiche, Probleme und Risiken des Embryotransfers

Die Superovulationsbehandlung mit nachfolgendem Embryotransfer spielt in der Praxis aus mehreren **Gründen** eine Rolle:

– **Erzeugung zahlreicher Nachkommen von**

a Transfertaugliche Embryonen/Spülung

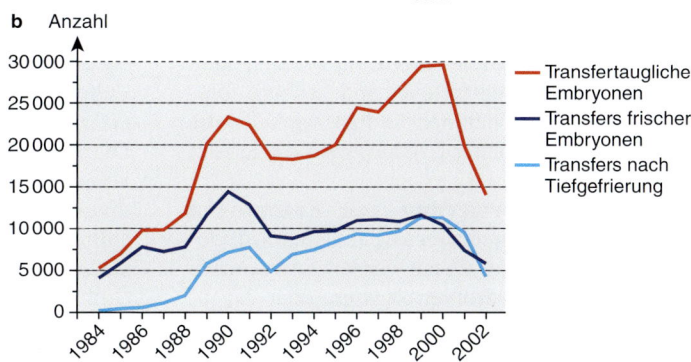

b Anzahl

Transfertaugliche Embryonen

Transfers frischer Embryonen

Transfers nach Tiefgefrierung

**Abb. 18.5:** Entwicklung des Embryotransfers beim Rind in Deutschland

Jahresmittelwerte für die deutsche Rinderzucht.
Quelle: ADR-RINDERPRODUKTION, Jahresberichte 1984–2003.

a) Anzahl transfertauglicher Embryonen pro Spülung beim Rind

b) Zahl der Embryotransfers pro Jahr

**einem wertvollen weiblichen Tier.** Eine Kuh erbringt durchschnittlich im Verlauf ihres Lebens ca. 30 Ovulationen und nur ca. fünf Nachkommen. Demgegenüber sind durch Superovulation und Embryotransfer bis zu 100 Nachkommen pro Kuh zu erzeugen, so dass Embryotransfers bei Elitekühen (z. B. bei Bullenmüttern) den Zuchtfortschritt in der Population steigern können.
– **Gewinnung von Embryonen, die frei von**

**einer Vielzahl an Krankheitserregern sind.** Mit Hilfe des Embryotransfers können neue Erbanlagen in geschlossene Herden – d. h. aus hygienischen Gründen abgesonderte Tierbestände (SPF, *Specific Pathogen Free*) eingebracht werden.
– **Erstellung von Nachkommen von einem sonst nicht (mehr) fertilen Tier.** Beispielsweise in der Pferdezucht gibt es Fälle, dass Stuten, die als Sportpferde überragende Leis-

**Tab. 18.2:** Gewinnung und Kryokonservierung von Embryonen bei verschiedenen Tierspezies

| Spezies | Anzahl Embryonen pro Superovulation | Art der Gewinnung | Nachkommen pro kryokonserviertem Embryo (%) |
|---|---|---|---|
| Rind | 4 - 7 | transzervikal | 50 - 60 |
| Schaf | 4 - 6 | chirugisch, laparoskopisch | 40 - 60 |
| Ziege | 4 - 8 | chirugisch, transzervikal | 40 - 60 |
| Schwein | 15 - 20 | chirugisch | 10 - 20 |
| Pferd | 1 - 2 | transzervikal | 40 - 50 |

tungen gezeigt haben, auf natürlichem Wege nicht mehr fortpflanzungsfähig sind. Dann kann mit Ovulationsstimulierung und Embryotransfer versucht werden, doch noch Nachkommen zu erzeugen.

- **Frühzeitige Zuchtnutzung von weiblichen Tieren** sowie Verwendung der in etwa gleichaltrigen Nachkommen (Voll- oder Halbgeschwister) für eine frühzeitige züchterische Beurteilung (Zuchtwertschätzung), insbesondere der (männlichen) Geschwister. In der Rinderzucht werden so genannte „MOET-Nucleusprogramme" (*Multiple Ovulation and Embryo Transfer*) verwendet, um das Generationsintervall zu senken (siehe S. 548 ff.).
- **Züchterische Konzentration auf eine kleine Zahl an weiblichen Tieren**, für die sich dann aufwendige züchterische und weitere biotechnische Maßnahmen lohnen, wie z. B. die Prüfung zusätzlicher Leistungsmerkmale oder Tests auf Erbfehler.
- **Langzeitkonservierung von Embryonen durch Kryokonservierung** („Genkonservierung"). Auf diese Weise werden Embryonenbanken von bedrohten Rassen oder Nachkommen besonders wertvoller Ahnen angelegt (**Abb. 15.7**, S. 331).
- **Globale Ausbreitung von Tiermaterial durch Im- und Export von Embryonen.** Der Transport von konservierten Embryonen ist kostensparend. Die mit Embryotransfer erzeugten Nachkommen bereiten ein nur kleines Hygienerisiko, da sie sich durch eine an die Umweltbedingungen angepasste Ammenmutter über Embryonalentwicklung und Milchversorgung besser an die Krankheitserreger gewöhnen als dorthin gebrachte adulte Tiere.
- **Verfügbarkeit von Embryonen für zusätzliche biotechnische Verfahren** („Embryotransfer-assoziierte Techniken"). Wie **Abb. 18.2**, S. 351, illustriert, zählen hierzu z. B. die Geschlechtsdiagnose oder der Gentransfer. Der Embryotransfer bietet darüber hinaus viele Möglichkeiten für Forschungen an frühembryonalen Entwicklungsstadien.

Die genannten züchterischen, hygienischen und/oder genetischen Vorteile des Embryotransfers sind maßgebend für die Anwendung. Während beim Rind züchterische Gründe die größte Rolle spielen, erfolgt der Embryotransfer beim Schwein und bei der Maus vor allem wegen hygienischer Indikationen. Das Einbringen neuen genetischen Materials in geschlossene Bestände sowie die Rettung wertvollen genetischen Materials aus erkrankten Beständen sind hier die wesentlichen Motive für den Einsatz des Embryotransfers. Bei Vorhandensein einer vollständigen *Zona pellucida* können **Krankheitserreger** nur auf folgenden Wegen in das sich aus dem Embryo entwickelnde Tier gelangen:

- Das infektiöse Agens ist bereits in der Eizelle oder den Spermien vorhanden. Beim Embryotransfer werden daher normalerweise die Eltern auf das Vorhandensein infektiöser Agenzien überprüft.
- Das infektiöse Agens kann die *Zona pellucida* durchdringen und dann die embryonalen Zellen infizieren. Dies wurde bei intakter *Zona pellucida* bislang nicht nachgewiesen. Durch Mikromanipulation oder bei der Kryokonservierung kann es jedoch zu einer Schädigung der *Zona pellucida* kommen. Daher sollten Verfahren, die zur Schädigung der *Zona pellucida* führen, dann unterbleiben, wenn Embryotransfers aus hygienischen Gründen durchgeführt werden.
- Das infektiöse Agens hat sich außen an die *Zona pellucida* gebunden und wird beim Transfer mit in das Empfängertier übertragen. Diese Infektionsquelle kann durch mehrmaliges Waschen der Embryonen in sterilen Medien unter Einbeziehung einer Inkubation in trypsinhaltiger Lösung minimiert werden.

Im Übrigen hängt der Hygienestatus des aus dem Embryo hervorgehenden Tieres weitgehend von dem des Empfängertieres ab.

Bei der Verwendung des Embryotransfers sind in Bezug auf die Haustiere auch **Probleme und potenzielle Risiken** zu bedenken, die sich wie folgt skizzieren lassen:

- Die Effizienz der Methoden und die Gleichmäßigkeit der Ergebnisse sind noch verbesserungsbedürftig. Nachteilig sind u. a. die hohen Kosten, die variablen Reaktionen auf die Superovulationsbehandlung sowie der geringe Anteil transfertauglicher Embryonen.
- In vielen Fällen werden die Trächtigkeitsraten – insbesondere bei Verwendung konservierter Embryonen – gesenkt.
- Zuchtprogramme zur Nutzung der Superovu-

lation und des Embryotransfers beim Rind (MOET-Programme) führen die Leistungsprüfungen oft nicht in der üblichen Produktionsumwelt durch. Daher können Nachteile entstehen, die auf S. 551 beschrieben werden.

- Bei gering erblichen Merkmalen sind umfangreiche Geschwister- und/oder Nachkommenprüfungen für die Zuchtwertschätzung notwendig. Dafür reichen die über Embryotransfer produzierbaren Geschwistergruppen nicht aus.
- Durch starken züchterischen Einsatz weniger Muttertiere nimmt die Inzucht zu. Dies führt zur Abnahme der genetischen Variabilität in der Population und kann den zukünftigen züchterischen Fortschritt mindern.

## 18.4 Praktischer Einsatz des Embryotransfers

Der Embryotransfer ist beim Tier ein zentral wichtiger Bestandteil vieler Biotechniken (**Abb. 18.2**, S. 351). Für den kommerziellen Einsatz ohne assoziierte Techniken wird der Embryotransfer fast ausschließlich beim Rind angewendet, da hier einerseits der Embryotransfer durch die relativ einfache unblutige Gewinnung und Übertragung leicht durchführbar ist und andererseits das erzeugte Produkt einen hohen wirtschaftlichen Wert aufweist. In Deutschland nahmen die Embryotransfers bis zum Jahre 2000

beständig zu, bei jedoch leichter Reduktion in der Zeit von 1992 bis 1995. In den letzten Jahren entwickeln sich die Zahlen wieder rückläufig (**Abb. 18.5b**). Der Einsatz des Embryotransfers beim Rind erfolgt stationär oder ambulant. Im Jahre 2002 wurden 14 099 transfertaugliche Embryonen (durchschnittlich 5,5 pro Spülung, **Abb. 18.5a**) gewonnen. Davon wurden 5831 frisch und 4310 nach Tiefgefrierung übertragen.

## Zusammenfassung

- Beim Embryotransfer werden Embryonen von einem weiblichen Tier gewonnen und auf ein oder mehrere andere weibliche Tiere übertragen. Die Maßnahmen umfassen die Spendertier-Auswahl, Superovulation, Besamung und Embryogewinnung. Daran schließt sich die Beurteilung, *In-vitro*-Kultivierung und Konservierung von Embryonen sowie deren Transfer in zyklussynchrone Empfängertiere an.
- Eine Superovulation mit nachfolgendem Embryotransfer spielt in der Praxis aus züchterischen, hygienischen und genetischen Gründen eine Rolle. Die Verfügbarkeit von Embryonen ist eine Voraussetzung für weitere biotechnische Verfahren, wie Embryodiagnose und Gentransfer.
- Der Embryotransfer wird vor allem beim Rind in der Praxis angewendet.

# 19 *In-vitro*-Produktion von Embryonen

Die Befruchtung von Eizellen (Oocyten) außerhalb des mütterlichen Organismus wird als *In-vitro*-**Fertilisation (IVF)** bezeichnet. In Bezug auf die Nutztiere wird meistens der umfassendere Begriff *In-vitro*-**Produktion (IVP)** von Embryonen benutzt. Meilensteine bei der Entwicklung der IVP-Technik werden in **Tab. 19.1** zusammengestellt. Die Hauptanwendung der IVP erfolgt beim Rind, das nachfolgend exemplarisch berücksichtigt wird. Die Verfahren zur IVP gliedern sich in die Stufen Eizellgewinnung, Selektion der Eizellen, *In-vitro*-Maturation (IVM) von Eizellen, *In-vitro*-Kapazitation der Spermien, *In-vitro*-Fertilisation (IVF) und Kultivierung der IVF-Embryonen (**Abb. 19.1** und **19.2**).

## 19.1 Eizellgewinnung

Oocyten mit Kumuluszellen (Kumulus-Oocyten-Komplexe) können von Ovarien lebender wie auch geschlachteter Tiere gewonnen werden (**Abb. 19.1**). Ziel ist stets die Gewinnung von entwicklungskompetenten Oocyten, d.h. voll entwickelter („ausgewachsener") Oocyten, die sich in genügend großen Follikeln befinden.

**Ovarien von Schlachttieren** sind eine ergiebige Quelle für die Oocytengewinnung. Das Zyklusstadium oder die Trächtigkeit von Spendertieren haben keinen Einfluss auf die Qualität der Eizellen. Mit Ovarien junger Kühe können mehr Eizellen produziert werden als mit jenen von alten Tieren. Kälberovarien enthalten ebenfalls Eizellen; allerdings ist deren Vermögen,

sich *in vitro* entwickeln zu können, gering. Bei der Gewinnung von Eizellen aus geschlachteten Tieren werden die Eierstöcke der Tiere direkt am Schlachtband entnommen und in temperierter (30 °C) physiologischer NaCl-Lösung aufbewahrt. Die am häufigsten angewendete Technik zur Oocytengewinnung ist die **Aspiration (Ansaugung)** von Follikeln mit Kanüle und Plastikspritze (**Abb. 19.1**). Pro Ovar können auf diese Weise etwa 15 Eizellen gewonnen werden, von denen sich bis zu 80 % für die IVF eignen. Bei der **Schneidemethode** (*slicing*) werden die Ovarien mit Rasierklingen zertrennt, was die Gewinnung von bis zu 80 Eizellen pro Ovar erlaubt. Diese Methode ist jedoch zeitraubend und wird daher nur angewendet, wenn aus wenigen Ovarien möglichst große Zahlen an Eizellen gewonnen werden sollen. Dies trifft beispielsweise bei Tieren mit hohen Zuchtwerten oder aus gefährdeten Rassen zu.

Die Gewinnung von **Eizellen aus lebenden Tieren** besitzt besonders beim Rind eine große Bedeutung. Bis Mitte der achtziger Jahre wurde von der Flanke her (transabdominal) mit dem Laparoskop (Instrument zu Untersuchung der Bauchhöhle) eine Follikelpunktion durchgeführt und die Follikelflüssigkeit durch Ansaugen gewonnen. Bei dem so genannten *Ovum Pick Up* (**OPU**) Verfahren wird eine Aspirationsnadel, die in eine Ultraschallsonde integriert ist, über die Vaginawand in die Bauchhöhle geführt. Unter sonographischer Kontrolle werden dann geeignete Follikel punktiert und deren Inhalte abgesaugt. Die Oocytengewinnung mit dem OPU-Verfahren erfolgt im Allgemeinen ohne vorherige Superovulation und zeigt keine nega-

**Tab. 19.1:** Meilensteine bei der Entwicklung der *In-vitro*-Produktion von Embryonen

| Beitrag | Publikationsjahr | Arbeitsgruppe |
|---|---|---|
| Erste *In-vitro*-Fertilisation (IVF) beim Kaninchen und bei der Maus | 1968 | CHANG, WHITTINGHAM |
| Erste IVF einer Rindereizelle, die *in vitro* maturiert (IVM) war | 1977 | IRITANI und NIWA |
| Geburt des ersten IVF-Kalbes | 1982 | BRACKETT |
| Erste Lämmer aus *in vitro* fertilisierten Eizellen | 1986 | CHENG |
| Erste Ferkel nach IVF | 1989 | MATTIOLI |
| Erste Intracytoplasmatische Injektion von Spermien (ICSI) | 1992 | PALERMO, VAN STEIRTEGHEM |

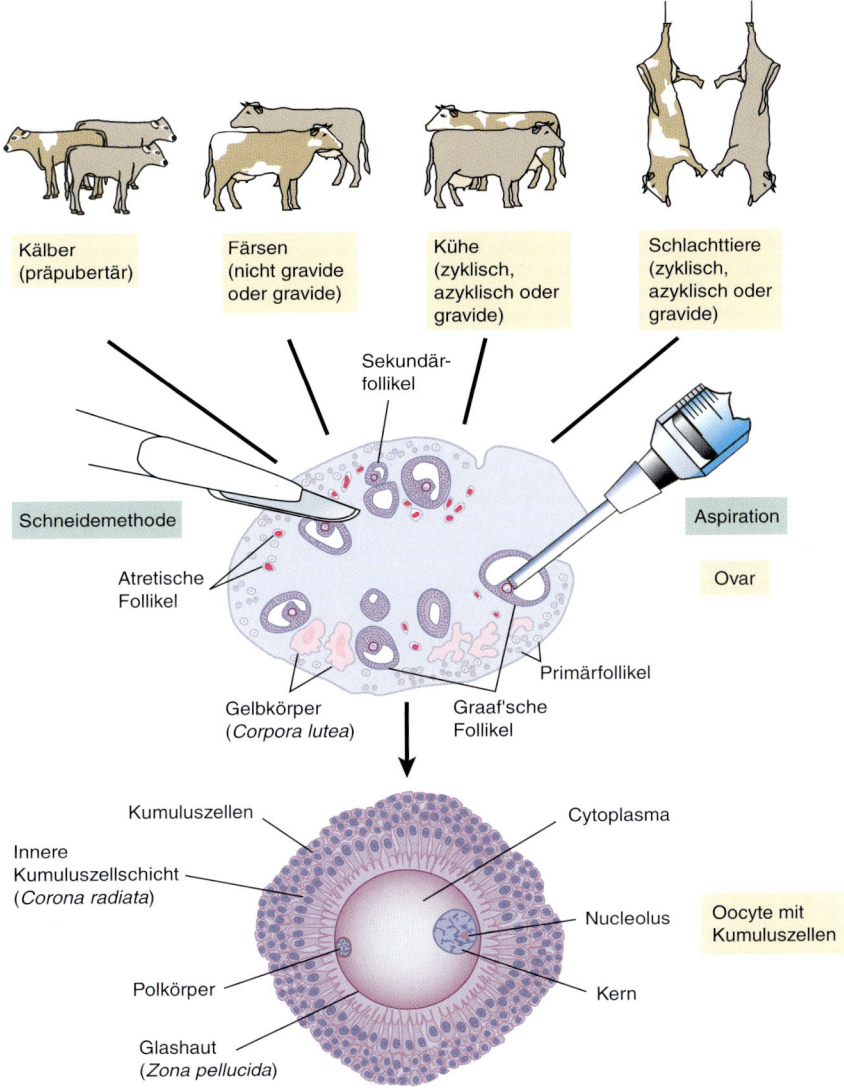

**Abb. 19.1:** Eizellgewinnung für die *In-vitro*-Produktion von Embryonen am Beispiel des Rindes

**Obere Bildreihe:** Tiere, von denen Ovarien für die *In-vitro*-Produktion von Embryonen verwendet werden können.

**Mittleres Bild:** Schematische Darstellung eines Ovar-Schnittbildes. Links am Ovar wird die Schneidemethode illustriert, die angewendet wird, wenn nach der Schlachtung aus wenigen Ovarien möglichst große Zahlen an Oocyten gewonnen werden sollen. Auf der rechten Seite wird die Follikelpunktion durch Aspiration gezeigt. Die Aspirationsnadel kann gemeinsam mit einer Ultraschallsonde an lebenden Tieren verwendet werden (*Ovum Pick Up*, OPU-Verfahren), um von der Vagina aus unter rektaler Kontrolle gezielt Follikel zu punktieren.

**Unteres Bild:** Schema eines Schnittes durch einen Kumulus-Oocyten-Komplex.

tiven Einflüsse auf die Fortpflanzungsfähigkeit der Spenderkuh. Sie kann über Monate zweimal wöchentlich bei derselben Spenderkuh und auch bei trächtigen Tieren bis zum vierten Trächtig-keitsmonat durchgeführt werden. Das OPU-Verfahren erbringt pro Ovar etwa zehn punktierte Follikel, aus denen ca. fünf brauchbare Eizellen zu gewinnen sind. Davon erreichen 10–20% das

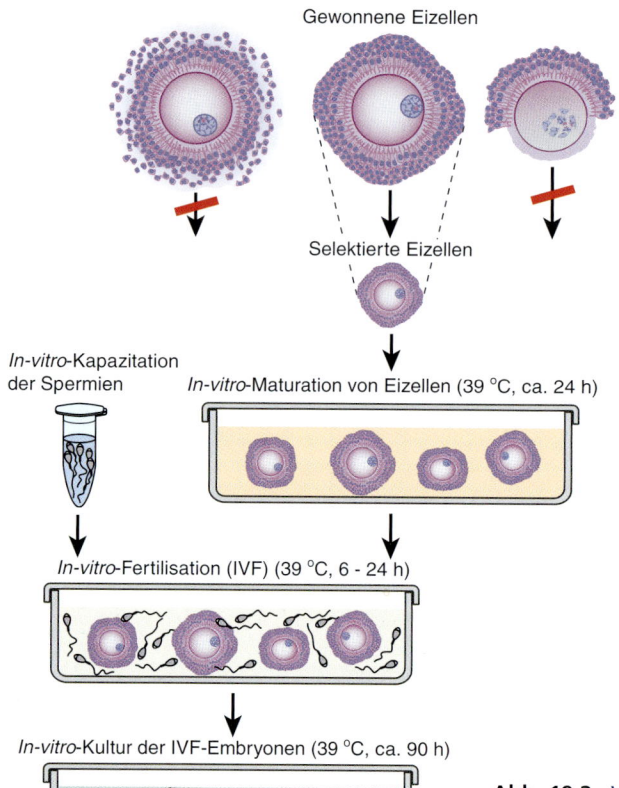

Gewonnene Eizellen

Selektierte Eizellen

*In-vitro*-Kapazitation
der Spermien

*In-vitro*-Maturation von Eizellen (39 °C, ca. 24 h)

*In-vitro*-Fertilisation (IVF) (39 °C, 6 - 24 h)

*In-vitro*-Kultur der IVF-Embryonen (39 °C, ca. 90 h)

**Abb. 19.2:** Verfahrensschritte bei der *In-vitro*-Produktion von Embryonen
Beschreibungen siehe Text.

Blastocystenstadium, was etwa einen transferierbaren Embryo ergibt. Das OPU-Verfahren ist auch bei Kälbern einsetzbar, indem von superovulierten 50–120 Tage alten Kälbern pro Punktion bis etwa sechs verwendbare Eizellen gewonnen werden, bei allerdings variablen Ergebnissen.

## 19.2 Auswahl der Eizellen

Die Eizellen für die IVP werden anhand von Kriterien der Follikel und Kumulus-Oocyten-Komplexe selektiert (**Abb. 19.2** und **19.3**). Durch die Dynamik von Follikelwachstum und -rückbildung (Atresie) befinden sich an der Ovaroberfläche immer zugleich atretische und nicht-atretische Follikel sowie deren Zwischenstufen (**Abb. 19.1**). Nicht-atretische Follikel sind hell, klar, durchsichtig und mit abgrenzba-

ren feinen Gefäßen durchzogen. Bei ihnen findet man in der Follikelflüssigkeit keine Zellfragmente. Etwa 50 % der Follikel sind jedoch atretisch. Sobald der Follikel zu atresieren beginnt, verliert er seine Durchsichtigkeit und wird allmählich grau-trüb. In der Follikelflüssigkeit schwimmen Gewebefragmente. Bei stark atretischen Follikeln sind keine Gefäße mehr zu erkennen, oder in den noch vorhandenen Gefäßen findet man Blutgerinnsel. Neben dem Atresiestatus hat der Follikeldurchmesser einen entscheidenden Einfluss auf die Befähigung der Eizellen zur weiteren Entwicklung (Maturationskompetenz).

Beim Kumulus-Oocyten-Komplex umschließen die Kumuluszellen die gesamte *Zona pellucida* und bestehen aus mindestens einer kompakten Zellschicht. Die Wahrscheinlichkeit einer erfolgreichen *In-vitro*-Entwicklung bis zur Blastocyste steigt mit zunehmender Zahl der Kumuluszellschichten an. Die Kumuluszell-

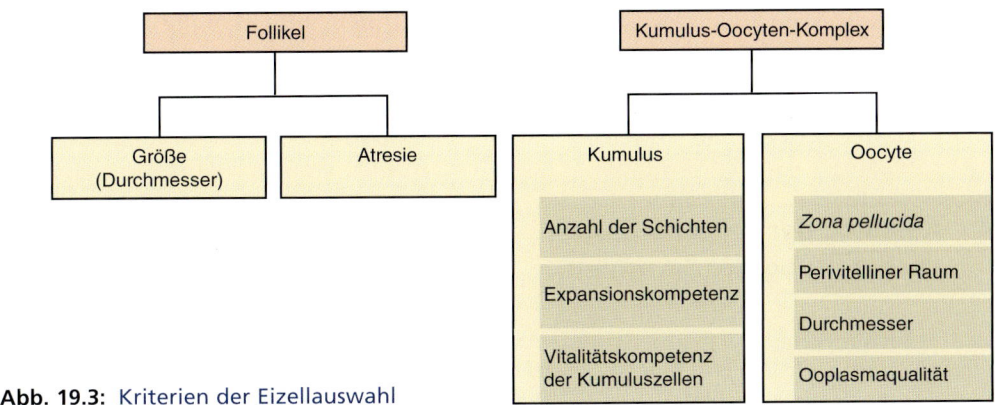

**Abb. 19.3:** Kriterien der Eizellauswahl

schicht sollte gleichmäßig granuliert sein und keine Bereiche mit dunkel-fleckigen Zellen aufweisen. Das Cytoplasma der Eizelle (Ooplasma) sollte ebenfalls gleichmäßig granuliert sein und den Innenraum der *Zona pellucida* fast ohne Zwischenraum (perivitelliner Raum) ausfüllen (**Abb. 19.4**). Das Wachstum der Eizelle ist erst mit einem Durchmesser von ca. 140 µm abgeschlossen. Etwa ab dieser Größe besitzen Eizellen einen Kern mit deutlichen Chromatinstrukturen und einen dichten, fibrillären Nucleolus.

## 19.3 *In-vitro*-Maturation (IVM) der Oocyten

Eine **Reifung (Maturation)** der Oocyten ist Voraussetzung für eine erfolgreiche Fertilisation. Sie gliedert sich in Kernreifung (**Nucleare Maturation**) und Reifungsvorgänge im Ooplasma (**Cytoplasmatische Maturation**). Die Kernreifung beginnt mit der Auflösung der Kernmembran, dem Verschwinden der Nucleoli und der Kondensation der Chromosomen. Die Maturation des Cytoplasmas beinhaltet die Fähigkeit, nach der Fertilisation den männlichen Pronucleus bilden zu können und die ersten Zellteilungen zu gewährleisten.

Die ***In-vitro*-Maturation (IVM)** wird in komplexen Medien durchgeführt, die Puffer, Aminosäuren, organische Verbindungen, Serum, Wachstumsfaktoren, Hormone und Antibiotika enthalten. Die Maturation wird manchmal durch Co-Kultivierung mit Granulosazellen und/oder anderen Zellen unterstützt. In diesen

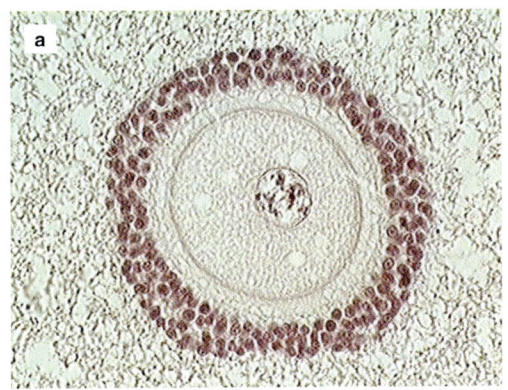

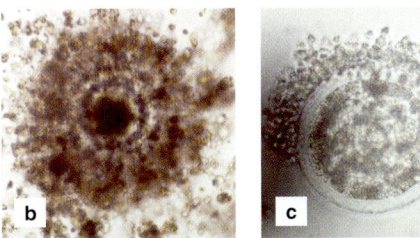

**Abb. 19.4:** Unterschiedlich entwicklungskompetente Kumulus-Oocyten-Komplexe

**a:** Für die IVP geeignete Kumulus-Oocyten-Komplexe haben eine geschlossene Kumuluszellschicht mit mindestens zwei Zelllagen, deren Zellen keine Degenerationen aufweisen. Das Ooplasma ist gleichmäßig granuliert und der Follikel hat einen großen Durchmesser.

**b und c:** Für die IVP ungeeignete Kumulus-Oocyten-Komplexe zeigen eine ungleichmäßige Kumulusschicht mit degenerierten Zellhaufen und teilweise Expansionszeichen (b), oder die *Zona pellucida* wird nicht gleichmäßig von Kumuluszellen umschlossen (c).

Medien werden die Kumulus-Oocyten-Komplexe bei 39 °C ca. 24 Stunden inkubiert. Je nach Morphologie des Kumulus-Oocyten-Komplexes und Kultivierungsbedingungen werden Maturationsraten von meist über 80 % erreicht.

## 19.4 Auswahl der Vatertiere und Vorbereitung der Spermien

Je nach **Vatertier** können sich die Spermien hinsichtlich der Fertilisations-, Teilungs- und Entwicklungskompetenz während der IVP unterscheiden. Wenn möglich, sollten daher die Vatertiere auf ihre IVP-Eignung getestet werden, bevor ihr Sperma für diese Technik verwendet wird.

Frisch ejakuliertes Sperma ist nicht in der Lage, sekundäre Oocyten zu befruchten. Vielmehr erlangen Säugerspermien ihre Befruchtungsfähigkeit erst während des Transportes durch den weiblichen Genitaltrakt. Die dabei ablaufenden Prozesse sind Voraussetzung für die Befruchtungsfähigkeit der Spermien und werden als **Kapazitation** (Reifung) bezeichnet. Die Kapazitation stellt eine Veränderung von Oberflächensubstanzen der Spermien dar und ist lichtmikroskopisch nicht erkennbar.

Bei der *In-vitro*-**Kapazitation** von Spermien werden verschiedene Verfahren angewendet, wie z. B. kurze Inkubation der Spermien in hypertoner Lösung oder in Anwesenheit von Ionophoren. Diese aktivieren die $Ca^{2+}$- und $H^+$-Ionenkanäle, so dass sich der intrazelluläre Kalziumspiegel und pH-Wert erhöhen. Oft wird auch Heparin vor der *In-vitro*-Fertilisation, aber auch während der Co-Inkubation der Spermien mit den Oocyten zugesetzt, wodurch Proteine der Membranen abgebaut werden.

Nur bewegliche Spermien sind zur Befruchtung befähigt. Daher wird bei zuvor tiefgefrorenen Spermien die bewegliche Fraktion isoliert. Dies erfolgt üblicherweise mit der *Swim-up*-**Technik**, bei der die Spermien mit einem speziellen Medium überschichtet werden. Bewegliche Spermien schwimmen nach oben in das Medium und lassen sich dort abnehmen. Eine Alternative sind Zentrifugationen in diskontinuierlichen **Percollgradienten**, in denen sich vitale Spermien in der dichteren Fraktion anreichern. Besonders schnell erfolgt die Isolierung

durch **Filtration mit Glaswolle** in einer Zentrifuge. Neben physikalischen Methoden werden auch **Chemikalien** eingesetzt, um die Motilität der Spermien und deren Befruchtungsfähigkeit zu verbessern.

## 19.5 *In-vitro*-Fertilisation

Die **Fertilisation**, d.h. die Verschmelzung von Spermium und Eizelle, ist ein komplexer Prozess (siehe **Abb. 14.5**, S. 317, und **Abb. 14.7**, S. 321). Für eine erfolgreiche Fertilisation sind kompetente Spermien und Eizellen sowie geeignete Co-Kultivierungsbedingungen von Spermien und Eizellen ausschlaggebend. In der Regel werden in Volumina von 50–400 µl etwa fünf bis 40 Eizellen und meist $10^5$ Spermien co-inkubiert (**Abb. 19.2**). Diese eigentliche *In-vitro*-Fertilisation (**IVF**) dauert sechs bis 24 Stunden. Die Inkubation erfolgt meistens bei 39 °C in einer 5 %igen $CO_2$-Atmosphäre und speziellen Medien. Zur Steigerung der Fertilisations- und Entwicklungsraten werden Oviduktzellen (Zellen des Eileiters) co-kultiviert. Diese *Feeder*-Zellen sezernieren Wachstumsfaktoren und unterstützen so die Weiterentwicklung der befruchteten Eizellen.

Mikrochirurgische Eingriffe an den Eizellen zur Verbesserung der Fertilisationsrate kommen dort zum Einsatz, wo nur wenig Sperma vorhanden ist. In der Humanmedizin wird auch die **intracytoplasmatische Spermieninjektion (ICSI)** verwendet, wenn ohne diese Maßnahme die Spermien nicht befruchtungsfähig sind. Für die ICSI-Methode können auch Spermienköpfe, unbewegliche und tote Spermien verwendet werden. Die ICSI-Methode kann beim Tier Vorteile bei der Verwendung von Spermien haben, die auf Grund des Besitzes eines X- oder Y-Chromosoms sortiert worden sind und in geringer Zahl vorliegen. Bei Rind und Schaf wurden mit der ICSI-Methode entwicklungskompetente Embryonen erzeugt, mit jedoch geringer Effizienz. Dies wird unter anderem auf die mangelnde Aktivierung der Eizellen zurückgeführt, die nicht wie bei menschlichen Eizellen durch Injektion herbeigeführt wird.

Während oder nach IVF wurden **Störungen** beobachtet, wie Polyspermie, parthenogenetische Entwicklung und chromosomale Aberrationen. Die **Polyspermie**, d.h. das Eindringen von mehr als einem Spermium in die Eizelle, tritt in weniger als 5% der Fälle auf. In den Medien verwendete Chemikalien (Heparin, Koffein und $Ca^{2+}$-Ionen) können die Polyspermierate erhöhen. Sie ist eines der Hauptprobleme der IVP beim Schwein. Beim Rind hängt die Polyspermie von den Kapazitations- und Fertilisationsbedingungen ab. Bei der **Parthenogenese** entwickeln sich Eizellen, ohne dass eine Fusion mit einem Spermium erfolgte. Eine solche Entwicklung verläuft bis zur Blastocyste, die dann abstirbt. Parthenogenetische Entwicklungen können durch Temperaturschwankungen, Ethanol oder elektrische Stimulation ausgelöst werden. Schließlich können frühembryonale Stadien durch **chromosomale Aberrationen**, wie Polyploidien, Haploidien und Aneuploidien, gestört werden. 5–10% der IVF-Embryonen sterben ab, weil sie von Chromosomenaberrationen betroffen sind. Dies ist ein Anteil, der auch bei natürlich erzeugten Embryonen vorkommt.

## 19.6 Kultivierung und Übertragung der IVF-Embryonen

Für die Kultivierung der *in vitro* erzeugten Zygoten wurden *In-vivo-* wie auch *In-vitro*-Systeme entwickelt. Bei der ***In-vivo*-Kultivierung von Embryonen** gibt man die Zygoten in Eileiter lebender Tiere. Eine *In-vivo*-Kultivierung ist auch spesiesübergreifend erfolgreich und bietet günstige Entwicklungsbedingungen. Dies wurde früher beim Rind für mikromanipulierte oder klonierte Embryonen genutzt, bei denen eine *In-vivo*-Kultivierung in Kaninchen- oder Schafeileiter erfolgreich war. Die *In-vivo*-Kultivierung ist allerdings aufwendig und daher in ihrer Anwendung auf bestimmte Fragestellungen beschränkt. Bei den *In-vivo*-Systemen wird der Eileiter abgebunden (ligiert), und die zu kultivierenden Zygoten werden mit einer Pipette in den Eileiter gebracht. Je nach Anwendung werden die Embryonen einige Tage im Eileiter belassen. In dieser Zeit entwickeln sich Morula- bis Blastocystenstadien, die aus dem Uterus gespült und dann für den endgültigen Transfer benutzt werden. Ein neues Verfahren ist die unblutige, endoskopische Übertragung von Zygoten durch die Vagina in die Ampulla des Eileiters. Dieses Verfahren kann beispielsweise beim Rind für eine Übertragung von Zygoten auf die endgültigen Empfängertiere verwendet werden.

***In-vitro*-Systeme** sind kostengünstig und einfach durchführbar, erreichen allerdings Effizienzen von nur 20–40% (berechnet als Prozentanteil Blastocysten pro Anzahl eingebrachter Zygoten). *In-vitro*-Kultivierungssysteme können in zwei große Gruppen unterschieden werden:
- Verwendung von Systemen, die somatische Zellen in einem Co-Kultivierungsverfahren benutzen oder bei denen das Medium zumindest mit solchen Zellen Kontakt hatte (konditioniertes Medium).
- Verwendung definierter Systeme, die nicht von somatischen Zellen und einem Serumzusatz abhängen, also aus chemisch bekannten, zellfreien Komponenten zusammengesetzt sind. Mit definierten Kultivierungssystemen lassen sich die Wirkungen einzelner Mediumbestandteile auf den Kultivierungserfolg analysieren. Ein weiterer Vorteil definierter Medien ist die geringe Gefahr von Viruskontaminationen sowie die Reproduzierbarkeit der Kultivierungsbedingungen.

## 19.7 Entwicklungsfähigkeit der IVF-Embryonen

Die korrekte **Beurteilung der Embryonenvitalität** ist für den Erfolg des Embryotransfers von ausschlaggebender Bedeutung. Lichtmikroskopisch ist eine Beurteilung der Zellformen und -größen sowie des Entwicklungsstandes der Zellen möglich. Üblicherweise wird bei IVF-Embryonen der Zustand der Blastomeren (Größe und Regelmäßigkeit der Zellen), der Anteil degenerierter Zellen sowie der Entwicklungsstand des Embryos (unter Berücksichtigung des Zeitpunktes der Fertilisation) beurteilt. Aufwendig und für viele Anwendungen weniger geeignet sind Messungen der Enzymaktivität, der Glucoseaufnahme oder anderer Stoffwechselparameter. Sehr genaue Vitalanalysen können mit der Laser-Fluoreszenzmikroskopie erreicht werden (vgl. Kap. 18.1.4, S. 354f.).

IVF-Embryonen zeigen in ihrer Entwicklung einige Besonderheiten. So beginnen sie mit der Blastocoelbildung früher als *In-vivo*-Embryonen, und die Kompaktierung ist bei IVF-Embryonen weniger stark ausgeprägt. Die mittels IVF-Embryonen erzeugten Raten der Trächtigkeiten, Geburten und Kälber liegen im Vergleich zu *in vivo* erzeugten Embryonen niedriger. Bei IVP-Kälbern sind Embryonalverluste, Trächtigkeitsdauer bei den Ammen (um zwei bis drei Tage), Geburtsgewichte (um ca. 5 kg) und perinatale Kälbersterblichkeit (um 10–15%) im Vergleich zu anderen Kälbern erhöht. Die Körpergewichte der IVP-Kälber gleichen sich im Verlaufe des ersten Lebensjahres denen anderer Kälber an. Die genannten Phänomene werden mit der Beeinflussung der Gameten und Zygoten während der *In-vitro*-Kultivierung erklärt.

## 19.8 Anwendung der *In-vitro*-Produktion von Embryonen

Die Ziele der IVP von Embryonen ähneln denjenigen des einfachen Embryotransfers. Mit Hilfe der IVP-Technik kann jedoch eine größere Effizienz bei der Erzeugung von Nachkommen erreicht werden. Für den **Einsatz** der IVP sprechen im Einzelnen folgende Gründe:

– Bei weiter entwickelten Techniken kann eine kostengünstige Produktion von Embryonen für den Transfer erreicht werden, die beispielsweise für die zusätzliche Reproduktion von Tieren mit hohen Lebensleistungen oder Tieren gefährdeter Rassen zu nutzen ist.
– Beim Rind spielt die Erzeugung von Embryonen aus Fleischrassen für den Transfer in Kühe aus Milchrassen eine Rolle. Auf diesem Wege können Kälber, die nicht für die Ergänzung (Remontierung) eines Milchrinderbestandes benötigt werden, produziert und mit Vorteil in der Mast eingesetzt werden. Für eine solche Anwendung sind zahlreiche Embryonen von Fleischrindern nötig, was über IVP möglich ist.
– Viele Nachkommen eines Muttertieres erlauben hohe Selektionsintensitäten, d.h. zur Zucht können wenige der besten Tiere gewählt werden. Da mit Hilfe der IVP auch Eizellen von jungen Tieren gewonnen werden können, sind zudem kurze Generationsintervalle auf der weiblichen Seite erzielbar.
– Informationen über die Lebensleistung liegen erst nach der Schlachtung der Kühe vor. Von

Tieren mit den höchsten Lebensleistungen können mit Hilfe der IVP aus den Ovarien zusätzliche Nachkommen erstellt und für eine Zucht auf Lebensleistung genutzt werden (siehe **Abb. 30.6**, S. 551).

– Die Eizellen eines weiblichen Tieres können gezielt mit Sperma von verschiedenen Vatertieren befruchtet werden. Dies führt zur Erzeugung mütterlicher Halbgeschwistergruppen und erlaubt eine genaue Zuchtwertschätzung der Muttertiere.
– Spermien, die nur in geringer Zahl zur Verfügung stehen, können effizient genutzt werden. Dies kann sich beispielsweise für Spermien lohnen, die auf Grund ihres X- oder Y-Chromosoms sortiert wurden.
– IVP-Verfahren könnten zu Kontrolltests für die Befruchtungsfähigkeit von Sperma entwickelt werden.
– Die IVP ist in Verbindung mit weiterführenden Techniken, wie z.B. dem Klonen und Gentransfer, notwendig.

In Verbindung mit dem Einsatz der *In-vitro*-Produktion von Embryonen sind einige **Probleme** zu bedenken:

– Gegenwärtig liegen die Entwicklungsraten während der *In-vitro*-Kultivierung und -Befruchtung niedrig, so dass sich hohe Kosten pro erzeugtes IVP-Tier ergeben.
– Erfahrungen beim Rind zeigen, dass sich einzelne Bullen für die *In-vitro*-Fertilisation besser eignen als andere und dass es sich bei geeigneten Vatertieren nicht um die züchterisch erwünschten handeln muss.
– Die Besonderheiten in der Embryonalentwicklung können zu hohen Geburtsgewichten führen und diese zu Schwierigkeiten beim Geburtsverlauf. Auch Nachkommen mit abnormen Merkmalen treten häufiger auf als bei üblicher Reproduktion.
– Bei starker züchterischer Verwendung der IVP wird Inzucht gefördert.

Die genannten Problembereiche erfordern weitere Forschungsarbeiten und einen angepassten Einsatz des Verfahrens.

## Zusammenfassung

– Die Befruchtung von Eizellen (Oocyten) außerhalb des mütterlichen Organismus wird als *In-vitro*-Fertilisation (IVF) bezeichnet. In Bezug auf die Nutztiere wird meistens der umfassendere Begriff *In-vitro*-Produktion (IVP) von Embryonen benutzt.

– Die Verfahren zur IVP gliedern sich in die Stufen Eizellgewinnung, Selektion der Eizel-len, *In-vitro*-Maturation (IVM) von Eizellen, *In-vitro*-Kapazitation der Spermien, *In-vitro*-Fertilisation (IVF) sowie Kultivierung der IVF-Embryonen.

– Die Ziele der IVP liegen in der Forschung, Züchtung und Produktionstechnik. Die Hauptanwendung erfolgt beim Rind. Es besteht noch ein Entwicklungsbedarf, um die Effizienz zu steigern und unerwünschte Nebeneffekte zu minimieren.

# 20 Geschlechts- und Genotypanalysen bei Embryonen und Gameten

In Zuchtprogrammen werden im Allgemeinen kurze Generationsintervalle angestrebt. Dazu kann beigetragen werden, indem Diagnosen und Auswahlverfahren bereits bei Gameten und Embryonen, d.h. pränatal (vor der Geburt), erfolgen. Zur pränatalen Diagnostik verwendet man ähnliche molekular- oder zellbiologische Methoden wie bei der postnatalen (nach der Geburt) Diagnostik. Unterschiede gibt es jedoch bei der Probengewinnung (z.B. einzelne Zellen aus frühembryonalen Stadien) und z.T. auch der Analytik, da nur sehr geringe Mengen an DNA vorliegen. Die frühembryonale Analytik ist zudem mit reproduktionsbiotechnischen Verfahren (Embryotransfer, *In-vitro*-Erzeugung und -Kultivierung von Embryonen etc.) zu kombinieren und erfordert daher eine genaue Abstimmung zahlreicher Verfahrensschritte.

## 20.1 Art der pränatalen Diagnostik

Für die pränatalen Verfahren ergeben sich verschiedene Ansatzpunkte, die in **Abb. 20.1** gezeigt werden.

### 20.1.1 Präkonzeptive Diagnostik und Selektion

Unter **präkonzeptiver Diagnostik** versteht man die Analyse von Spermien und Eizellen. Alleltypisierungen in haploiden Zellen (Spermien, Eizellen mit ihrem Polkörper) eignen sich z.B.

für Kopplungsstudien (siehe S. 273f.). Durch eine Analyse von Gameten kann der Genotyp des nach der Fertilisation entstehenden diploiden Embryos vorhergesagt werden. Bei Anwendung vitalitätserhaltender Methoden können ausgewählte Gameten für die Befruchtung verwendet werden.

Die **Diagnostik an Spermien** erlangt eine zunehmende Bedeutung. Ausschlaggebend ist hier die Entwicklung nicht-invasiver Methoden zur Chromosomen- und DNA-Analyse, bei denen die Vitalität der Spermien erhalten bleibt. Ein großes Anwendungspotenzial liegt in der Selektion von X- oder Y-Chromosom tragenden Spermien vor der Fertilisation, um durch Auswahl der Spermien das Geschlecht der Nachkommen beeinflussen zu können.

Die **Diagnostik an Oocyten** erfolgt durch Analyse der Polkörper. Sie stellt den Idealfall der präimplantativen Diagnostik dar, da so die Typisierung der Oocyten ohne direkten Eingriff durchgeführt werden kann. Polkörper werden im Laufe der Oocytenreifung von der Eizelle abgeschnürt und für die weitere embryonale Entwicklung nicht mehr benutzt. Der erste Polkörper entsteht im Zuge der Meiose I (siehe **Abb. 14.1**, S. 314). Diese findet zum Zeitpunkt der Ovulation statt (siehe **Abb. 14.5**, S. 317). Der Oocyten-Kumulus-Komplex (siehe **Abb. 14.2**, S. 315) ist experimentell zugänglich, um daraus den Polkörper vor der Fertilisation entnehmen zu können. Der zweite Polkörper, der zum Zeitpunkt der Fertilisation abgeschnürt wird, entspricht in seinen Allelen dem der haploiden Oocyte. Die **Polkörperdiagnostik** wurde

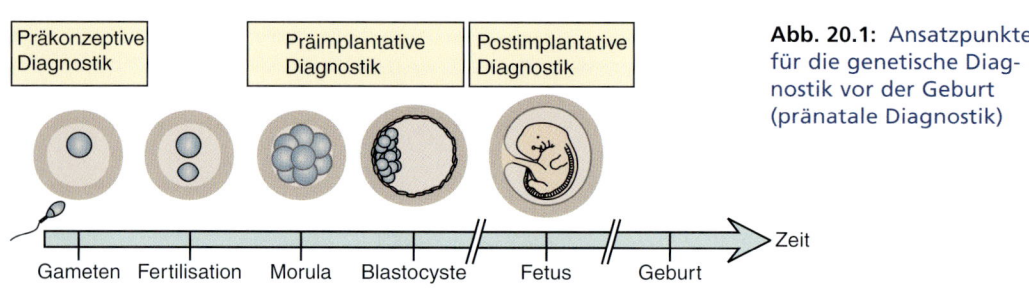

**Abb. 20.1:** Ansatzpunkte für die genetische Diagnostik vor der Geburt (pränatale Diagnostik)

in der Humanmedizin für die Diagnostik von Gendefekten entwickelt und ist im Rahmen der *In-vitro*-Produktion von Embryonen (IVP) auch beim Tier einsetzbar. Nach der Typisierung können die erwünschten Eizellen ausgewählt und fertilisiert werden.

### 20.1.2 Präimplantative Diagnostik und Selektion

Bei der **präimplantativen Diagnostik** werden frühembryonale Entwicklungsstadien durch DNA-analytische, biochemische oder immunologische Methoden untersucht. Für die präimplantative Diagnostik wurden effiziente und schonende Techniken entwickelt, die den Embryo vital erhalten. Benutzt werden Morulae oder Blastocysten, die noch frei im Uterus vorkommen und bei denen sich die Embryonen innerhalb der *Zona pellucida* befinden. Diese Stadien sind im Rahmen des Embryotransfers *in vitro* verfügbar oder können mittels *In-vitro*-Fertilisation produziert werden. Sie eignen sich zur *In-vitro*-Kultivierung und lassen sich über lange Zeiträume konservieren. Das Diagnoseergebnis kann also für eine Selektion erwünschter Embryonen verwendet werden. Für einige Erbanlagen, z.B. für Geschlecht und Erbfehler, liegen bereits präimplantative Analyseverfahren vor, die Selektionsentscheidungen in der ersten Woche nach der Befruchtung erlauben.

Für die präimplantative Diagnostik an den Embryonen stehen mehrere Verfahren zur Verfügung, die danach eingeteilt werden können, ob sie invasiv sind oder nicht:

– **Nicht-invasive Methoden** der präimplantativen Diagnostik untersuchen Substanzen, die vom Embryo in das Kulturmedium abgegeben oder aus diesem aufgenommen werden. Ein Beispiel dafür ist die Analyse der Interferon-τ-Produktion durch die embryonalen Trophoblastzellen, um Hinweise über die Entwicklungsfähigkeit des betreffenden Embryos zu gewinnen. Obgleich vom Konzept her ein eleganter Ansatz, finden derartige Analysen in der Praxis keine Anwendung, da die Methoden aufwendig und in den Ergebnissen variabel sind. Für diesen Verfahrensbereich besteht daher ein Bedarf an weiteren technischen Entwicklungen.
– **Semi-invasive Methoden** der präimplantativen Diagnostik nutzen biochemische oder immunologische Eigenschaften des Embryos. Die Vitalität des Embryos bleibt dabei erhalten. Zum Beispiel können bei der Geschlechtsanalyse die pro Zelle vorhandenen X-Chromosomen anhand der X-chromosomal codierten Glucose-6-Phosphat-Dehydrogenase bestimmt werden. Werden Embryonen mit geeigneten Substraten für Glucose-6-Phosphat-Dehydrogenase inkubiert, so lässt sich die Enzymaktivität (z.B. anhand der Entfärbung von Brillantcresylblau) semi-quantitativ darstellen und XX-Embryonen werden rascher entfärbt als XY-Embryonen. Ein anderer Diagnoseansatz verwendet immunologische Techniken, um antigene Epitope an der Zelloberfläche von Embryonen darzustellen (durch indirekte Immunofluoreszenz), mit denen sich das Y-chromosomal codierte HY-Antigen nachweisen lässt. Die Ergebnisse der semi-invasiven Methoden sind aber variabel und werden daher für Routineanalyseverfahren nicht angewendet. Für wissenschaftliche Fragestellungen, wie z.B. in der Entwicklungsbiologie, handelt es sich jedoch um wichtige Verfahrensbereiche.
– **Invasive Methoden** der präimplantativen Diagnostik beruhen auf der Entnahme einiger Zellen aus dem Embryo. Die Zellen dienen meistens zur Extraktion der DNA. Wie **Abb. 20.2** zeigt, gliedern sich die Verfahren in die Bereitstellung geeigneter präimplantativer Embryonen, die Entnahme von Zellmaterial aus den Embryonen (Embryobiopsie), die anschließende Weiterbehandlung der Embryonen (Embryokultivierung, Embryotransfer, Embryotiefgefrierung) sowie die molekulare Analyse des biopsierten Zellmaterials. Die Analyse muss sich zeitlich nicht unmittelbar der Biopsie anschließen, da es die Möglichkeit zur Tiefgefrierkonservierung der Embryonen gibt (siehe S. 328 ff.).

Die **Zellentnahme aus dem Embryo (Embryobiopsie)** muss möglichst schonend erfolgen. Embryonen, die eingefroren werden sollen, benötigen eine wenig geschädigte *Zona pellucida*, die zudem durch spezielle Maßnahmen wieder regeneriert werden kann. Für die Zellentnahme wird entweder das Resektions- oder das Aspirationsverfahren angewendet.

– Bei der **Resektion** wird der Embryo mit der *Zona pellucida* an einer festen Trägerfläche fi-

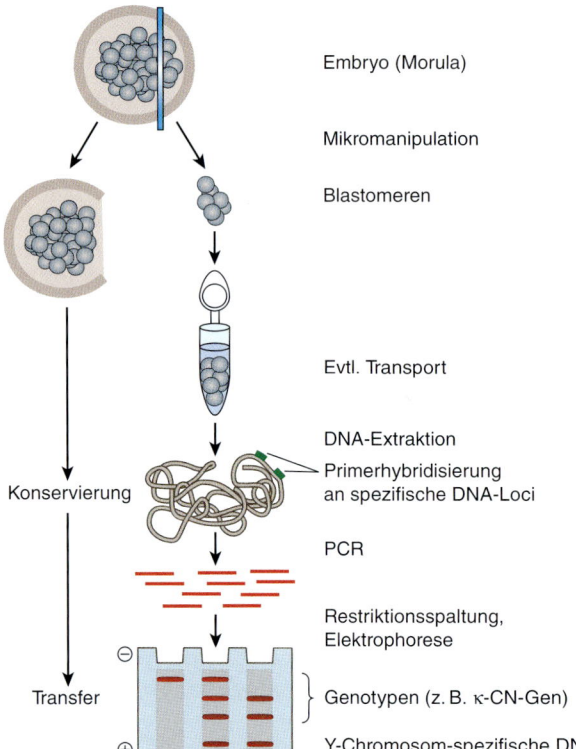

Embryo (Morula)

Mikromanipulation

Blastomeren

Evtl. Transport

DNA-Extraktion
Primerhybridisierung
an spezifische DNA-Loci

Konservierung

PCR

Restriktionsspaltung,
Elektrophorese

Transfer

Genotypen (z. B. κ-CN-Gen)

Y-Chromosom-spezifische DNA

**Abb. 20.2:** Prinzip der Embryodiagnostik mit Hilfe der PCR

Im Schema wird die Herstellung von PCR-Produkten für einen Y-chromosomalen sowie einen autosomalen Locus dargestellt. Für das PCR-Produkt des autosomalen Locus (das κ-Casein codierende Gen) werden Restriktionsfragmente erstellt, mit denen verschiedene Allele als RFLP zu erkennen sind.

xiert. Dann werden mit einem Mikromesser (**Abb. 20.3**) wenige Blastomeren (Morula) oder einige Trophoblastzellen (Blastocyste) abgeschnitten (reseziert) (**Abb. 20.4a, b**). Resezierte Embryonen werden nach der Biopsie zur Regeneration einige Stunden kultiviert. Das Resektionsverfahren ist robust und eignet sich für den Einsatz in der Praxis. Es hat aber den Nachteil, dass die *Zona pellucida* stark beschädigt wird oder sogar verloren geht. Die *Zona pellucida* wird für die Etablierung der Trächtigkeit nicht benötigt, ist jedoch für ein erfolgreiches Tiefgefrieren wichtig und schützt vor Infektionen aus dem Medium. Zonafreie Embryonen müssen also sofort transferiert werden und stehen dann nicht mehr einem Transport über größere Entfernungen zur Verfügung. Eine Sonderform der Resektionsverfahren stellt die Abtrennung außen liegender Trophoblastzellen dar, bei der die *Zona pellucida* erhalten bleibt (**Abb. 20.4c**); dies gelingt jedoch nur bei bestimmten Entwicklungsstadien.

– Das **Aspirationsverfahren** wird in **Abb. 20.5**

gezeigt. Es ist technisch und finanziell aufwendig, da ein Mikromanipulator notwendig ist (siehe **Abb. 23.12**, S. 420). Der Embryo wird mit einer Haltepipette fixiert, während mit der Aspirationspipette Zellen aus dem Verband gesaugt werden. Die Anzahl der zu entnehmenden Zellen kann genau bestimmt werden. Die Aspiration gestattet eine spätere Tiefgefrierung der Embryonen.

Bei sachgerechter Durchführung der Blastomerenbiopsie bleibt die Entwicklungskompetenz von Embryonen trotz der reduzierten Zellzahl erhalten. Selbst aus geviertelten Embryonen wurden bei Schaf, Rind und Pferd normale Nachkommen erzielt. Durch Biopsie und Kryokonservierung werden die Trächtigkeitsraten kaum beeinträchtigt. Biopsierte, *in vitro* produzierte Embryonen (IVP-Embryonen) führen zu allerdings deutlich geringeren Trächtigkeitsraten als nicht biopsierte.

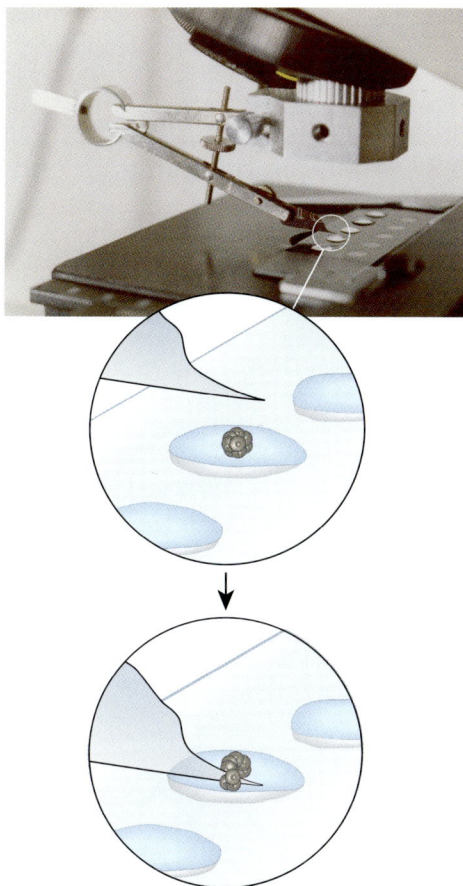

**Abb. 20.3:** Technische Vorrichtung zur Resektion von Zellen mit Hilfe eines Mikromanipulators

Am Objektiv eines Mikroskops ist ein Messer befestigt, dessen Klinge in exaktem Abstand zum festen Untergrund (Objektträger) eingestellt werden kann. Pro Mediumtropfen ist mindestens ein Embryo vorhanden, der am Objektträger fixiert wurde. Das Messer wird durch Anheben des Objektträgers an definierter Stelle gegen den Embryo gedrückt, der dadurch geschnitten wird. Die beiden unteren Bildausschnitte zeigen die Positionen von Embryo und Mikromesser vor und nach dem Schnitt.

### 20.1.3 Postimplantative Diagnostik

Eine **postimplantative Diagnostik** wird in den ersten Monaten nach der Implantation (Einnistung des Embryos in die Uteruswand) durchgeführt. Nicht-invasive Ultraschalltechniken sowie

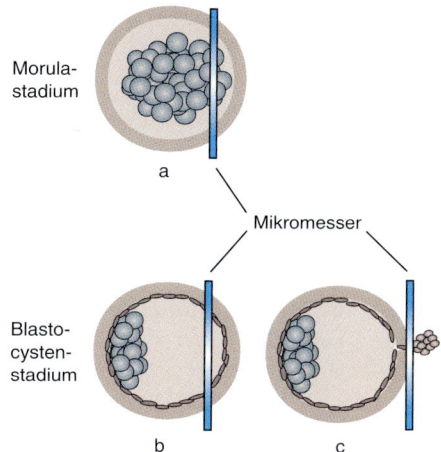

**Abb. 20.4:** Zellentnahme aus frühembryonalen Stadien durch Resektion (Abschneiden)

a) Schnitt durch eine Morula

b) Schnitt durch eine Blastocyste

c) Abtrennung von Trophoblastzellen, ohne die *Zona pellucida* zu schädigen

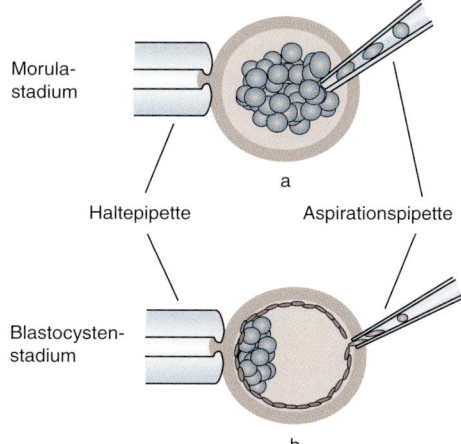

**Abb. 20.5:** Zellentnahme aus frühembryonalen Stadien durch Aspiration (Ansaugen)

a) Aspiration einzelner Zellen aus einer Morula

b) Aspiration von Trophoblastzellen bei einer Blastocyste

invasive cytogenetische und/oder molekulargenetische Verfahren zur Geschlechts- oder Genotypanalyse besitzen die größte Verbreitung.

– Die **nicht-invasive Ultraschalltechnik** wird in erster Linie für die fetale Geschlechtsdiagnose eingesetzt. Die Kenntnis, ob ein männlicher oder weiblicher Fetus vorliegt, ist interessant, wenn dadurch der Wert eines trächtigen Zuchttieres beeinflusst wird. Mit Ultraschallgeräten kann das Geschlecht der Feten an den äußeren Geschlechtsanlagen festgestellt werden. Dies ist beispielsweise mit einer Sicherheit von über 90% beim Rind ab dem 60. Trächtigkeitstag durch Lokalisierung des *Tuberculum genitale*, dem embryonalen Vorläufer der äußeren Geschlechtsorgane, möglich.

– Bei den **invasiven postimplantativen Verfahren (Abb. 20.6)** werden Mikrosonden durch den Uterus (transcervikal) oder durch die Bauchhaut (transperitoneal) und Fruchthüllen (Allantois, Chorion) geschoben und aus der Amnionhöhle einige Zellen entnommen. Mit diesen Zellen können genetische Analysen vorgenommen werden, z. B. mit Hilfe der Karyotypisierung (**Abb. 13.11**, S. 280f.), PCR (*Polymerase Chain Reaction*, siehe **Abb. 5.1**, S. 118) oder FISH (Fluoreszenz-*In-situ*-Hybridisierung, siehe S. 285f.). Eine solche Analytik hat bei Tieren eine geringe Bedeutung, da die Entnahme von Zellmaterial aufwendig ist. Zudem können die Ergebnisse im Falle eines unerwünschten Genotyps für eine Selektion lediglich bedingt genutzt werden, da eine unerwünschte Trächtigkeit nur durch Auslösung eines Aborts beendet werden könnte und dieser wirtschaftliche Nachteile haben würde.

## 20.2 Analysen bei Gameten und Embryonen

Analysen bei Embryonen und Gameten können auf verschiedenen Ebenen erfolgen, nämlich auf Ebene der Zellen (z. B. *In-situ*-Analyse der Chromosomen), DNA (Genotypisierung an einem Locus oder an mehreren Loci), RNA (Analyse der Genexpression) oder Proteine (z. B. Analyse polymorpher Proteine oder Antigene). Praktisch bedeutsame Diagnosen werden fast ausschließlich auf DNA-Ebene vorgenommen.

### 20.2.1 DNA-Analysen

Eine Besonderheit bei der Gameten- und Embryodiagnostik ist die kleine Zahl der zur Verfügung stehenden Zellen, so dass die Analysen mit

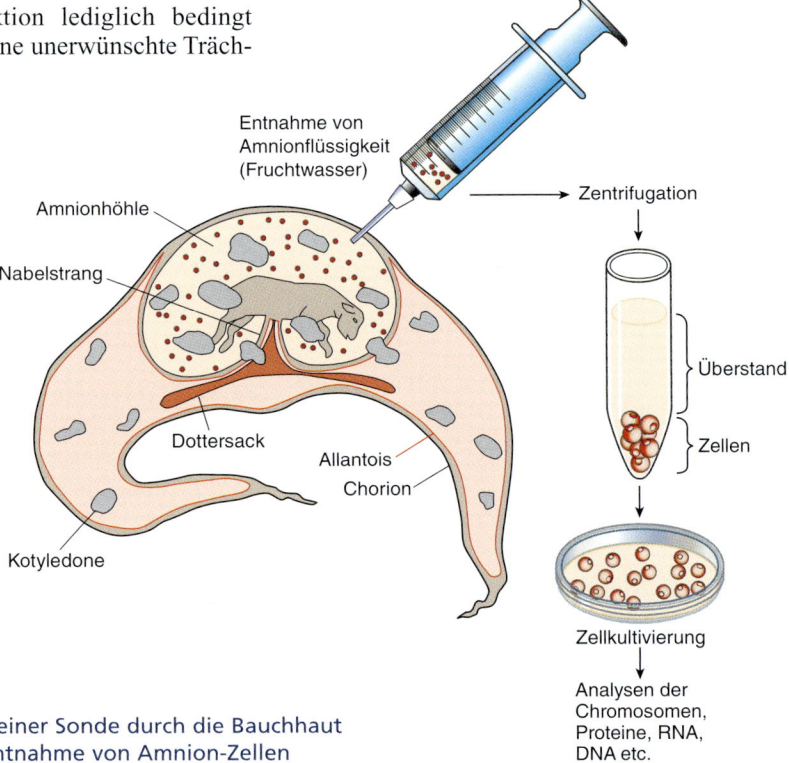

**Abb. 20.6:** Einführung einer Sonde durch die Bauchhaut und Fruchthüllen zur Entnahme von Amnion-Zellen

geringen DNA-Mengen auskommen müssen. Außerdem ist eine Nachkontrolle an einer neu gewonnenen Probe aus demselben Embryo in der Regel nicht möglich. Beim Umgang mit den Zellen sind daher besondere Mikrotechniken und vor allem Erfahrungen notwendig. Die Verfahren zur Gameten- und Embryodiagnostik müssen sich an folgenden Anforderungen messen lassen:

– Sie müssen sehr sensitiv sein, d. h. mit wenigen DNA-Molekülen den Genotyp eines spezifischen Locus nachweisen können. Hinsichtlich der Sensitivität soll beispielsweise die präkonzeptive Diagnostik den Test auf der Basis einer haploiden Zelle – also eines einzigen DNA-Moleküls pro Chromosom – erlauben.

– Die Methoden sollen eine hohe Effizienz erreichen, d. h. einen hohen Prozentsatz eindeutig identifizierter Genotypen bei geringem Aufwand pro Typisierung eines Embryos. In diesem Zusammenhang spielt die schonende Zellentnahme eine große Rolle, damit die Transfertauglichkeit und Überlebensfähigkeit der Embryonen erhalten bleiben.

– Selbstverständlich ist auch die Genauigkeit wichtig, d. h. die Übereinstimmung mit den an den geborenen Tieren ermittelten Genotypen.

Die DNA-Analyse bei Embryonen und Gameten wird mit Hilfe der PCR durchgeführt. Mit der PCR kann von einem einzigen DNA-Molekül eine große Zahl an DNA-Molekülen amplifiziert werden, die dann mit verschiedenen Methoden weiter analysiert werden können. **Abb. 20.7** zeigt, dass die DNA-Analytik nur ein Teil einer mehrstufigen Verfahrenskette ist, und der Erfolg (hohe Anzahl richtig genotypisierter und geborener Tiere) von der Beherrschung aller Teilmethoden abhängt.

In der präimplantativen Diagnostik kommt der Optimierung der PCR-Bedingungen wegen der geringen DNA-Template-Mengen eine besondere Bedeutung zu. Zur Steigerung der Spezifität wird oft eine Nested-PCR durchgeführt, bei der das Produkt einer bereits vollzogenen PCR als Template für eine nachgeschaltete Amplifikation dient (vgl. **Abb. 5.5**, S. 122). Für den Nachweis der PCR-Produkte werden üblicher-

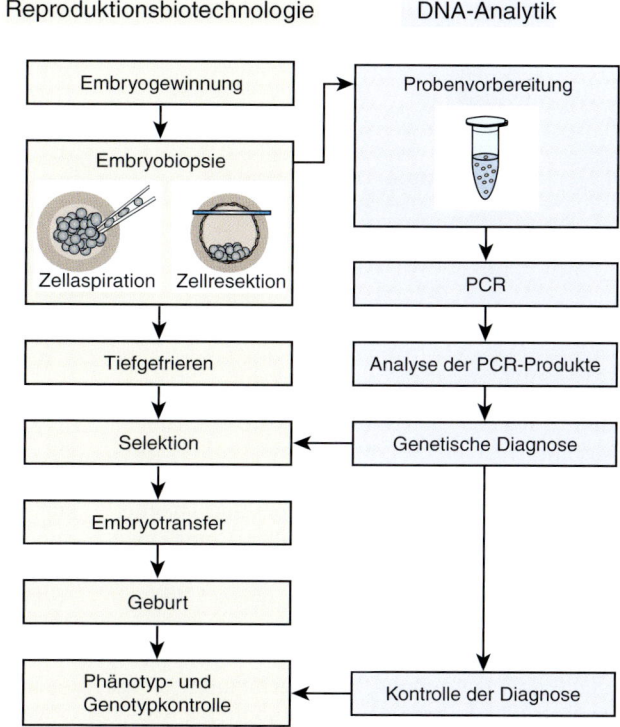

**Abb. 20.7:** Verfahrensschritte bei der präimplantativen Embryodiagnostik

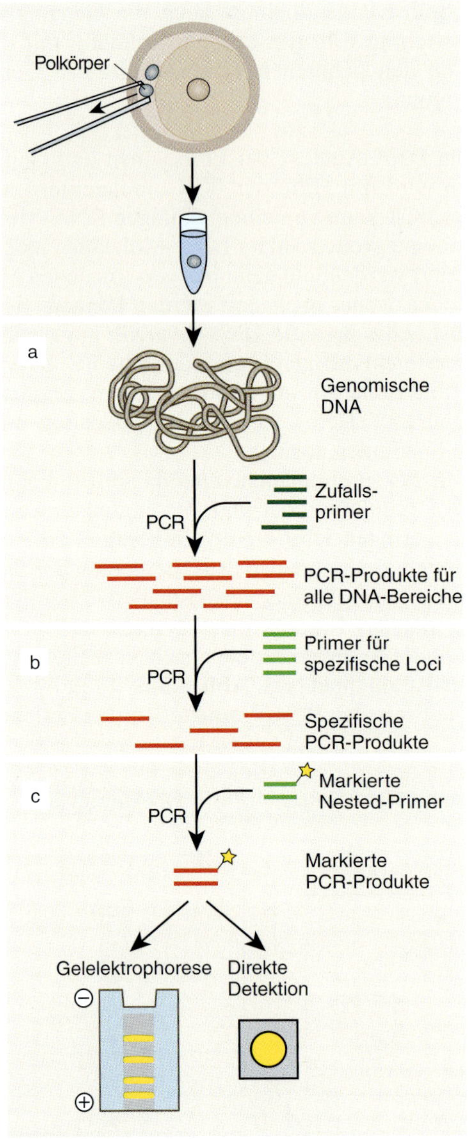

**Abb. 20.8:** DNA-Diagnose aus einer Zelle (Polkörper) mit den Stufen der Genomamplifikation, Multiplex-PCR und Nested PCR

a) Amplifikation aller DNA-Sequenzen durch ein Gemisch an nicht markierten Primern, die sich an zufälligen Stellen in der genomischen DNA-Sequenz anlagern können (Genomamplifikation, *Whole Genome Amplification*, WGA).

b) PCR mit mehreren locusspezifischen Primerpaaren (Multiplex-PCR).

c) Verwendung von markierten Nested-Primern, um die Spezifität der Untersuchungen zu erhöhen und ein markiertes PCR-Produkt z.B. nur für einen ausgewählten Locus zu erzeugen. Der Nachweis kann mit verschiedenen Methoden erfolgen (siehe S. 198ff.).

DNA-Sequenzen, d.h. eine Genomamplifikation (*Whole Genome Amplification*, WGA) oder eine *Primer Extension Preamplification* (PEP). Bei der Genomamplifikation wird ein Gemisch an Primern benutzt, die sich an zufälligen Stellen in der genomischen DNA-Sequenz anlagern und zur Amplifikation aller Genombereiche führen. Eine zweite PCR mit locusspezifischen Primern liefert dann ein PCR-Produkt, in dem nur ein Sequenzabschnitt des zu untersuchenden Locus vorliegt. Für viele Zwecke kann es günstig sein, wenn mehrere Loci pro Embryo bestimmt werden können. Dies gelingt bei gleichzeitiger Verwendung von Primern für die Amplifikation mehrerer DNA-Sequenzen in einer PCR (Multiplex-PCR, siehe S. 123f.). Oft wird wegen der Störanfälligkeit in einer ersten Stufe eine Multilocus-PCR durchgeführt, und in einer zweiten Stufe werden Monolocus-PCRs für die verschiedenen Nachweise benutzt. Günstig ist hierbei die Verwendung von Nested-Primern, um eine hohe Spezifität der Untersuchungen zu erhalten.

Wegen der geringen DNA-Mengen, vielen Verfahrensschritte und hohen Anforderungen an die Genauigkeit der Ergebnisse sind Fehlerquellen im Zusammenhang mit der Genotypisierung von Embryonen und Spermien vorab zu bedenken. Problembereiche sind einerseits die Kontamination von Probenmaterial mit Fremd-DNA sowie andererseits eine je nach Locus und Allel ungleichmäßige DNA-Amplifikation. Für die Kontaminationen von Probenmaterial mit Fremd-DNA gibt es folgende Ursachen:

– Die Reagenzien können kontaminiert sein. So werden fetales Kälberserum und bovines

weise Fluorochrom-markierte Primer benutzt und Geräte für die automatische DNA-Sequenzierung oder elektrophoresefreie Fluoreszenzdetektion eingesetzt, deren hohe Sensitivität und diagnostische Sicherheit auch bei den Diagnosen von DNA aus Gameten oder Embryonen vorteilhaft sind.

In **Abb. 20.8** wird dargestellt, wie bei Vorlage von DNA aus Einzelzellen und sogar aus einzelnen haploiden Gameten eine Typisierung mehrerer Loci gelingt. Im Allgemeinen erfolgt zunächst eine Amplifikation möglichst vieler

Serumalbumin in vielen Medien verwendet, obgleich sie mit Rinder-DNA kontaminiert sind.

- Kumuluszellen, die der *Zona pellucida* anhaften, geraten leicht in die Embryonenbiopsie. Manchmal gelangen auch andere Zellen und sogar Spermien in den Untersuchungsansatz. Eine genaue Kontrolle und Reinigung der *Zona pellucida* ist daher anzuraten.
- Es kann DNA-Material mit dem Mikromesser oder der Aspirationspipette übertragen werden. Die Biopsie-Instrumente müssen daher nach jeder Benutzung so gereinigt werden, dass keine DNA mehr anhaftet.
- Über die Luft kann DNA in das Präparat gelangen. Bei Analysen im Umgebungsbereich von Tieren besteht eine besonders starke Kontaminationsgefahr.
- Auch der Experimentator gibt DNA ab, die sich auf die Analysen auswirken kann. Dies gilt auch für Untersuchungen an Tieren, da konservierte DNA-Bereiche in vielen Wirbeltierspezies große Ähnlichkeiten aufweisen.

Wie bei jeder PCR müssen stets Negativkontrollen mit z. B. DNA-freiem Puffer und Positivkontrollen mit bekannter DNA durchgeführt werden. Außerdem werden Primer benutzt, die möglichst nur in der betreffenden Spezies zum erwarteten Ergebnis führen.

### 20.2.2 Chromosomenanalytik

Bei präimplantativen Embryonen können auch die Chromosomen untersucht werden. Eine Darstellung von Metaphasechromosomen benötigt teilungsaktive Zellen. Auf der Basis weniger Blastomeren ist es aber häufig nicht möglich, die für die Erstellung eines Karyotyps geeigneten Zellteilungsstadien in einem genügenden Anteil der Untersuchungsfälle zu erreichen. Inzwischen sind aber spezifische *In-situ*-Untersuchungen an Chromosomen der Interphasezellen möglich (vgl. S. 286). Statt Hybridisierungssonden werden auch Fluorochrom-markierte Primer eingesetzt, um *in situ* eine PCR durchzuführen. Beispielsweise gelingt mit der *In-situ*-PCR unter Einsatz von Fluorochrom-markierten Primern für chromosomenspezifische, repetitive DNA-Abschnitte beim Menschen ein genauer, schneller Nachweis von Aneuploidien, d. h. einzelner zusätzlicher oder fehlender Chromoso-

men. Die Techniken sind jedoch für den praktischen Einsatz bei Nutztieren zu teuer und zeitaufwendig.

## 20.3 Geschlechtsdiagnosen bei frühembryonalen Entwicklungsstadien

Die **Geschlechtsdiagnose** ist bei präimplantativen Embryonen im Zusammenhang mit dem Embryotransfer (ET) von praktischer Bedeutung. Eine bestimmte Zahl an weiblichen Tieren kann mit der halben Zahl der Empfängertiere erzielt werden, wenn geschlechtstypisierte Embryonen verwendet werden. Besonders beim Rind sind oft Tiere eines bestimmten Geschlechts weit wertvoller als die des anderen Geschlechts. Beispielsweise eignen sich Bullen für die Fleischproduktion in besonderem Maße, während Kühe für die Milchproduktion benötigt werden. Von genetisch hochwertigen Milchkühen können mit Hilfe einer Geschlechtsbestimmung vermehrt weibliche Nachkommen erzeugt werden, woraus sich Vorteile der besseren Selektion in der Nachzucht und des Verkaufs von Zuchttieren oder Embryonen ergeben. Wie kann man also die Embryonen, die zu Tieren des passenden Geschlechts führen, erzeugen oder auswählen?

**Abb. 20.9** und **Tab. 20.1** geben einen Überblick über die Möglichkeiten der Geschlechtsdiagnosen. Gegenwärtig besitzt der Nachweis von Geschlechtschromosomen-spezifischen DNA-Sequenzen mit Hilfe der PCR eine große Bedeutung. Hierbei können folgende Methoden unterschieden werden:

- **Nachweis von Y-Chromosom spezifischen Einzelkopie-Loci.** Der Locus *SRY* (Sexdeterminierende Region Y), der für die männliche Geschlechtsdetermination (Entwicklung der Hoden) verantwortlich ist, kann auch für Geschlechtsdiagnosen herangezogen werden. Eine praktische Anwendung unterblieb jedoch, nachdem aussagefähigere Systeme zur Verfügung standen.
- **Nachweis von Y-Chromosom spezifischen, repetitiven DNA-Sequenzen.** Mehrere Y-Chromosom-spezifische, repetitive DNA-Abschnitte wurden erfolgreich für den Nachweis von Y-Chromosomen in verschiedenen Säu-

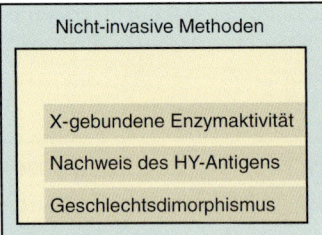
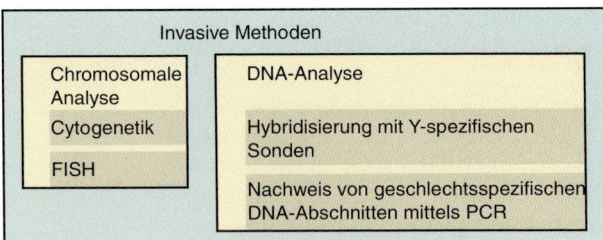

**Abb. 20.9:** Methoden zur Analyse der Geschlechtes von präimplantativen Embryonen

**Tab. 20.1:** Übersicht zu den Verfahren der Geschlechtsdiagnosen bei präimplantativen Embryonen

| Verfahren | Nachweis | Effizienz[1] | Genauigkeit[1] |
|---|---|---|---|
| Chromosomenanalyse in Blastomeren | X- bzw. Y-Chromosom in Metaphasen | + | +++[2] |
| Nachweis von Antigenen auf Blastomerenoberfläche | HY-Antigen auf den Oberflächen von männlichen Blastomeren | + | + |
| Geschlechtsdimorphismus der Embryonen | Männliche IVP-Embryonen entwickeln sich schneller zur Blastocyste als weibliche Embryonen | + | + |
| *In-situ*-Hybridisierung von Chromosomen | Y-Chromosomenspezifische DNA-Sequenzen in männlichen Blastomeren | ++/+++ | ++/+++ |
| PCR mit isolierter genomischer DNA | X- und Y-Chromosomenspezifische DNA-Sequenzen | +++ | +++ |

[1] +: gering, ++: mittel, +++: hoch; Effizienz: Zahl der typisierten Embryonen pro Arbeitszeit und pro untersuchtem Embryo; Genauigkeit: Anteil zutreffend typisierter Embryonen

[2] Gelingt nicht bei allen Embryonen

IVP: *In-vitro*-Produktion

gerspezies mittel PCR verwendet. Bei Zellen aus weiblichen Embryonen fehlt ein PCR-Produkt, ein Ergebnis, das ebenfalls auftritt, wenn das vorgelegte Material keine DNA enthält. Um dadurch bedingte Fehlinterpretationen zu vermeiden, wird allgemein eine autosomale repetitive Sequenz als interne Kontrolle co-amplifiziert.

– **Nachweis von XY-homologen Loci.** Einige Loci (z. B. der Locus *ZFX/ZFY*) sind sowohl im X- als auch im Y-Chromosom enthalten, führen aber bei Vorlage von X- oder Y-chromosomaler DNA zu PCR-Produkten unterschiedlicher Längen oder sind durch Verwendung eines passenden Restriktionsenzyms als RFLP (Restriktions-Fragment-Längen-Polymorphismus) zu erkennen. Wie **Abb. 20.10** wiedergibt, erbringen diese Loci sowohl in männlichen als auch in weiblichen Embryonen ein positives Ergebnis, bei jedoch unterschiedlichen Fragmentlängen.

## 20.4 Geschlechtsbestimmung durch Sortierung der X- und Y-Chromosom enthaltenden Spermien

Die **Geschlechtsbestimmung** wendet Verfahren an, um das Geschlecht eines resultierenden Organismus von vornherein festlegen zu können. Bei Säugetieren wird das Geschlecht durch die Kombination der Geschlechtschromosomen XX (weiblich) oder XY (männlich) festgelegt. Da Eizellen immer je ein X-Chromosom tragen, wird das Geschlecht durch die X- oder Y-Chromosom tragenden Spermien (**X- bzw. Y-Spermien**) determiniert.

Technische Voraussetzung für die Geschlechtsbestimmung ist daher die Verfügbarkeit von Spermien und damit die Künstliche Besamung. Entweder werden die Spermien in eine X- und eine Y-Chromosom-Fraktion aufgetrennt

Spur  1   2   3   4   5

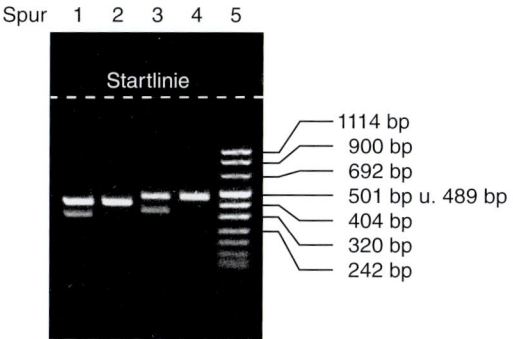

**Abb. 20.10:** Beispiel für PCR-Produkte von XY-Chromosomen homologen Genen mit chromosomenspezifischen Fragmentlängen

X- und Y-Chromosom homologe DNA-Sequenzen führen zu PCR-Produkten mit unterschiedlichen Längen. Die Vorlage von lediglich X-chromosomalen Sequenzen ergibt nur eine Bande, XY-Sequenzen liefern zwei Banden. XY-Chromosomen homologe Sequenzen erlauben also eine Differenzierung von männlichen und weiblichen Embryonen und liefern stets positive Ergebnisse.
Gezeigt wird das Auftrennungsergebnis nach Agarosegelelektrophorese: Mensch männlich (Spur 1) und weiblich (Spur 2); Rind männlich (Spur 3) und weiblich (Spur 4); Fragmentlängenstandard (Spur 5).

(„Spermiensortierung"), oder es werden X- oder Y-Spermien unterschiedlich verändert, so dass sich die Wahrscheinlichkeit der Befruchtung mit der gewünschten Spermienfraktion erhöht oder eine Fraktion überhaupt abgetötet wird. Schließlich können auch Tiere so gezüchtet oder experimentell beeinflusst werden, dass die Geschlechtsdifferenzierung vorbestimmt wird. Welche der verschiedenen methodischen Ansätze werden tatsächlich benutzt?

Zentraler Ansatz ist eine Sortierung von Spermien hinsichtlich der Geschlechtschromosomen. Für die Spermiensortierung wurden seit langem physikalische, immunologische und biochemische Methoden berücksichtigt. Parameter zur Unterscheidung zwischen X- und Y-Spermien werden in **Tab. 20.2** zusammengefasst. Aus **Tab. 20.3** geht hervor, dass in den Y-Spermien je nach Spezies um 3–7,5 % geringere DNA-Mengen vorliegen (auf Grund des gegenüber dem X-Chromosom kleineren Y-Chromosoms). Die Parameter der DNA-Menge und Anfärbarkeit von X-Chromosom spezifi-

schen DNA-Sequenzen lassen sich in der **Durchfluss-Cytophotometrie** für eine Sortierung von Spermien anwenden (**Abb. 20.11**). Mit einem modernen Hochgeschwindigkeits-Durchfluss-Cytometer können ca. 10 Millionen Spermien pro Stunde sortiert werden. Mit den auf diese Weise sortierten Spermien wurden seit 1988 Trächtigkeiten und Nachkommen u. a. bei Rind, Schwein, Schaf und Kaninchen erzielt. Wahrscheinlichkeiten, das gewünschte Geschlecht auch tatsächlich bei den Nachkommen zu erreichen, liegen beim Rind bei ca. 95 %, beim Kaninchen bei ca. 85 % und beim Schwein bei ca. 70 %.

Probleme bei der Spermiensortierung bereiten die überlappende Fluoreszenzintensität zwischen Y- und X-Spermien, die gezielte Ausrichtung der Spermien während des Durchflusses sowie die evtl. Schädigung der DNA durch die Farbstoffe. Nachteilig an diesem Verfahren ist außerdem die geringe Zahl der pro Zeiteinheit sortierten Spermien. Die nach einer Stunde sortierten Spermien reichen unter Annahme von mindestens 50 % überlebensfähiger Spermien

**Tab. 20.2:** Unterschiede zwischen X- und Y-Chromosom tragenden Spermien

| Parameter | Unterschied |
|---|---|
| DNA-Menge | Weniger DNA in Y-Spermien |
| Größe | X-Spermien größer |
| Motilität | Y-Spermien schwimmen schneller |
| Oberflächenladung | X-Spermien werden stärker von der Kathode angezogen |
| Oberflächen-Antigene | HY-Antigen |
| F-Body | Anfärbbarkeit des langen Arms am Y-Chromosom |

**Tab. 20.3:** Unterschiede der DNA-Mengen in X- und Y-Chromosom tragenden Spermien (nach Johnson et al. 1998)

| Spezies | Unterschiede in den DNA-Mengen (%) |
|---|---|
| Chinchilla | 7,5 |
| Schaf | 4,2 |
| Rind | 3,8 |
| Schwein | 3,6 |
| Kaninchen | 3,0 |
| Mensch | 2,8 |

aus, um beim Rind etwa eine Künstliche Besamung durchzuführen. Pro Sau werden normalerweise sogar 2 Milliarden Spermien für eine Besamung benutzt, deren Sortierung eine etwa 200-stündige Durchfluss-Cytometrie benötigen würde. Die dafür erforderlichen Aufwendungen würden den Nutzen für eine praktische Anwendung bei weitem überschreiten. Mit sortierten Spermien werden daher die Besamungen in die Gebärmutterhornspitze durchgeführt, wozu nur 2 (beim Rind) bis 5 (beim Schwein) Millionen Spermien pro Besamung übertragen werden. Dafür können pro Stunde etwa fünf bzw. zwei

Besamungsportionen hergestellt werden. Der Besamungserfolg verringert sich dann allerdings um ca. 15%. Die Spermiensortierung kann jedoch in Kombination mit der *In-vitro-Fertilisation* (siehe S. 360ff.) eingesetzt werden, da hierfür vergleichsweise wenige (nur 50 000–500 000) Spermien ausreichen. Auch eine Applikation der Spermien in das Oviduct oder – mittels Mikromanipulation – die Injektion jeweils eines Spermiums in das Cytoplasma einer Eizelle (intracytoplasmatische Spermieninjektion, ICSI) werden erprobt. Hinsichtlich des Einsatzes der Spermiensortierung sind also noch weitere technische Entwicklungen möglich.

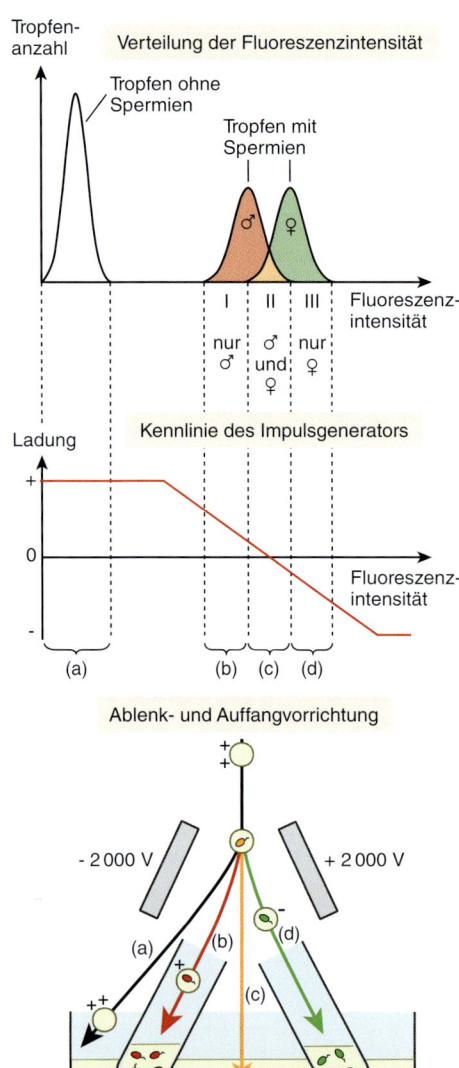

**Abb. 20.11:** Differenzierung von X- und Y-Chromosom tragenden Spermien mittels Durchfluss-Cytophotometrie

Zum Aufbau eines Durchfluss-Cytometers siehe **Abb. 1.13**, S. 37. Die Spermien werden vor der Sortierung mit einem X-Chromosom spezifischen, fluoreszenten Antikörper oder DNA-Farbstoff markiert. Die suspendierten Zellen werden in den Puffer des Ultraschallerzeugers gepumpt, passieren einen Laserstrahl, der Fluoreszenz in jeder Zelle induziert, und werden dann in einzelne Tropfen verteilt. Die Fluoreszenz wird vom Detektor innerhalb von Millisekunden in Impulse zur Aufladung der Tropfen umgewandelt. Dabei ist der Spannungsimpuls proportional zur Fluoreszenzstärke des betreffenden Spermiums, so dass die einzelnen Tropfen entsprechend ihrer Ladung vom elektrischen Feld abgelenkt werden. Tropfen jeweils gleicher Ladung werden in bestimmten Sammelgefäßen angereichert oder verworfen.

## 20.5 Analyse züchterisch wichtiger Gene in Embryonen

Neben der Geschlechtsanalyse werden für Embryonen weitere Loci in die Diagnosen einbezogen. Hierfür werden oft simultane Analysen mehrerer Genorte (Multilocus-Analysen) durchgeführt. **Tab. 20.4** nennt einige Beispiele zu den an präimplantativen Embryonen durchgeführten Multilocus-Analysen. Abgesehen vom Geschlecht wurden in den ersten Arbeiten Genotypen der Loci für Milchproteine, das Wachstumshormon und Mikrosatelliten nachgewiesen. Die Analysen an präimplantativen Embryonen ermöglichen – abgesehen von einer simultanen Geschlechts-, Erbfehler- und Leistungsgen-Diagnose – auch eine Abstammungs- und Identitätskontrolle der Embryonen. Dies kann für den Embryotransfer und den damit verbundenen Embryonenhandel von Bedeutung sein. Die generellen Vorteile der DNA-Analytik (alters-, geschlechts- und umweltunabhängige Merkmalserfassung) gelten natürlich auch für die präimplantative Diagnostik.

## Zusammenfassung

- Pränatale Diagnosen und Auswahlverfahren können präkonzeptiv (Analyse von Spermien, Eizellen und Polkörpern), präimplantativ (Analyse frühembryonaler Entwicklungsstadien) und postimplantativ (Analyse der Feten) eingesetzt werden.
- Analysen bei Gameten und Embryonen lassen sich auf Ebene der Zellen (z. B. *In-situ*-Analyse der Chromosomen), DNA (Genotypisierung), RNA (Genexpressionsanalyse) oder Proteine (z. B. Analyse polymorpher Proteine) vornehmen.
- Frühembryonale Entwicklungsstadien können auf nachteilige oder vorteilhafte Genvarianten analysiert werden.
- Eine Sortierung von Spermien, die das X- oder Y-Chromosom enthalten, bietet die Möglichkeit, das Geschlecht eines damit erzeugten Nachkommen vor der Befruchtung zu bestimmen.

**Tab. 20.4:** Beispiele für erste Multilocusanalysen an präimplantativen Embryonen

| Spezies | Zielmerkmale bzw. Loci | PCR-Methodik[*] | Autor |
|---|---|---|---|
| Rind | Geschlecht (*BOV97M*); Milchproteine (β-Lactoglobulin, κ-Casein) | 2 Stufen (1. Multilocus; 2. Multilocus) | AGRAWALA et al. 1992 |
| Rind | Geschlecht (*ZFX/ZFY*); Milchproteine (κ-Casein) | 1 Stufe (Multilocus) | SCHELLANDER et al. 1993 |
| Rind | Geschlecht (*BOV97M*); Erbfehler (Citrullinämie, Hypothyreoidismus, *BLAD*, *DUMPS*) | 2 Stufen (1. Multilocus; 2. Multilocus) | SCHWERIN et al. 1994 |
| Rind | Geschlecht (*BRY1, BOV97M, ZFX/ZFY*); Mitochondriengenom (cyto B, D- loop); Milchproteine (κ-Casein); Erbfehler (*BLAD*); Mikrosatellit (*D951*) | 3 Stufen (1. PEP; 2. Monolocus; 3. Monolocus) | HOCHMAN et al. 1996 |
| Schwein | Mikrosatelliten (*TNFM2, S0082, S0097*) | 1 Stufe (Multilocus) | STAHLBERG 1996 |

[*] Zur Definition der Stufen s. **Abb. 20.8**; PEP: *Primer Extension Preamplification*
*BOV97M*: Y-Chromosomen-spezifische DNA-Sequenz
*ZFX/ZFY*: XY-Chromosom-homologer Genort (s. **Abb. 20.10**)
*BLAD, DUMPS*: Defektgene der Erbfehler BLAD und DUMPS
*D951, TNFM2, S0082, S0097*: Bezeichnungen für Mikrosatellitenloci

# 21  Erzeugung von Chimären

Seit langem weiß man, dass nach einer Zwillingsgeburt von einem Bullen- und einem Kuhkalb fast immer der weibliche Paarling im Verlaufe der Jugendentwicklung zunehmend zwittrig wird. Man bezeichnet solche Rinder als **Stierfärsen (Zwicken)** oder im Englischen als **Freemartins**. Bereits 1945 wies R. D. OWEN nach, dass in solchen Zwillingskälbern genetisch verschiedene Erythrocyten koexistieren. Vorläuferzellen der Erythrocyten waren also während der Embryonalentwicklung zwischen den Paarlingen ausgetauscht worden, so dass chimäre Individuen vorlagen. Der Begriff **Chimära** stammt aus der Mythologie und bezeichnet ein Ungeheuer, dessen Körper sich aus Teilen von Löwe, Ziege und Schlange zusammensetzt (**Abb. 21.1**). Daraus ist die Bezeichnung **Chimäre** für ein Individuum entstanden, dessen Körperzellen aus zwei oder mehreren Zygoten hervorgegangen sind. Das Schema in **Abb. 21.2** zeigt, wie Chimären von Hybriden und Mosaiken abzugrenzen sind.

Chimären treten spontan auf (**natürliche Chimären**). So werden in dem oben genannten Beispiel während der Embryonalentwicklung ca.

95% der Rinderzwillinge chimär, da es Verbindungen (Anastomosen) zwischen den Gefäßen ihrer Plazenten gibt und ein gemeinsamer Blutkreislauf zustande kommt. Durch diese Gefäße gelangen Stammzellen für Gewebe von einem Paarling in den anderen und beteiligen sich später an der Bildung von Gewebezellen (**Abb. 21.3**). Ein Zwilling besitzt also sowohl Blutzellen, die aus seiner eigenen Zygote hervorgingen, als auch Blutzellen, die aus den Stammzellen des Zwillingspartners entstanden sind, und ist daher als **Blutchimäre** zu bezeichnen. Chimär sind bei Rinderzwillingen jedoch nicht nur Blutzellen, sondern auch andere Körperzellen, wie z. B. Fibroblasten. Der Chimärismus ist u. a. durch einfach erbliche Merkmale nachzuweisen. Er führt zur Beeinträchtigung der Geschlechtsdifferenzierung, wenn der weibliche Paarling auch Zellen mit Y-Chromosomen von einem männlichen Paarling erhalten hat.

Natürliche Chimären bilden sich auch, wenn spontan – was allerdings sehr selten geschieht – zwei frühembryonale, noch undifferenzierte Entwicklungsstadien (Zygoten, Morulae oder Blastocysten) aggregieren und zu einem Individuum führen (**Aggregations-** oder **Fusionschimären**). Dieses Phänomen wurde bei mehreren Spezies beobachtet (u. a. bei Mensch, Pferd, Ziege, Katze, Nerz). Hierbei handelt es sich um einen **primären Chimärismus**, bei dem die genetisch unterschiedlichen Zellpopulationen ab einem frühen Zeitpunkt der Embryogenese co-existieren. Bei einem **sekundären Chimärismus (Gewebschimärismus)** entsteht dagegen die Koexistenz von Zellen, die aus verschiedenen Individuen stammen, erst nach Beginn der Organogenese. Beispiele hierfür sind zusammengewachsene Zwillinge (Siamesische Zwillinge) oder Individuen, in die Zellen, Zellverbände oder Organe transplantiert wurden.

Nachfolgend wird betrachtet, welche Möglichkeiten der experimentellen Erstellung von Chimären genutzt werden und wie sich diese Maßnahmen auf die Merkmalsentwicklung auswirken. Hieraus ergibt sich die Frage, welche praktische Bedeutung eine Generierung chimärer Individuen hat.

**Abb. 21.1:** Chimaere von Arezzo
Etruskische Bronzeskulptur, vermutlich 5. Jh. v. Chr. (Museo Archeologico, Florenz)

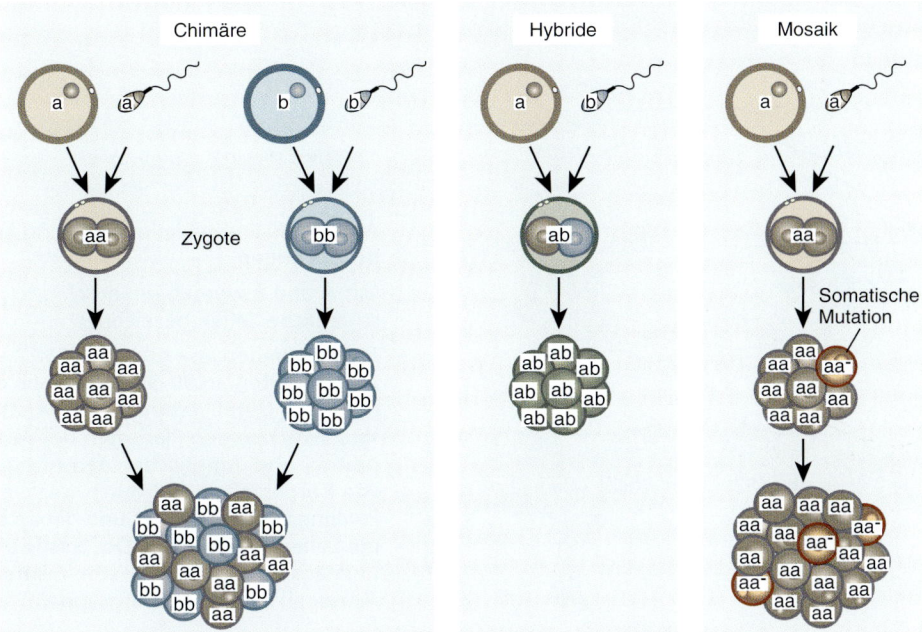

| Chimäre | Hybride | Mosaik |

**Abb. 21.2:** Individualentwicklung bei Chimären, Hybriden und Mosaiken

Mit **a** und **b** wird verschiedenartiges Erbmaterial bezeichnet.

**Chimäre:** Somatische Zellen, die aus zwei oder mehreren Zygoten stammen, werden in einem Organismus vereinigt.

**Hybride:** Die beiden Gameten sind genetisch unterschiedlich, während jede Körperzelle von ein und derselben Zygote abstammt. Pro Chromosomenpaar und Locus sind also die jeweils zwei Erbanlagen verschiedenartig und das in jeder Zelle.

**Mosaik:** Gezeigt wird eine somatische Mutation in einer Zelle, von der z.B. ein Gen betroffen ist. Diese Zelle sowie ihre Tochterzellen erhalten dadurch u. U. eine andere Eigenschaft im Vergleich zu den übrigen Zellen. Sie können sich im Verlaufe der weiteren Individualentwicklung u. U. schnell teilen und dadurch einen großen Anteil am Gewebeverband erreichen.

## 21.1 Verfahren zur Erzeugung von primären Chimären

Chimären können experimentell erzeugt werden (**induzierte Chimären**). Beispielsweise wird bei Bluttransfusion oder Organtransplantation ein – jedenfalls vorübergehender – Chimärismus induziert. Bei Labor- und Nutztieren werden primäre Chimären generiert, indem transgene embryonale Stammzellen in Blastocysten eingeführt werden (siehe **Abb. 23.20**, S. 426). Dabei stammen die Zellen meistens zwar von verschiedenen Embryonen, aber von derselben Spezies ab (**Intraspezies-Chimären**). Erhebliche Aufmerksamkeit erregte es, als es bei Säugetieren erstmals gelang **Interspezies-**

**Chimären** zu erzeugen, wie beispielsweise zwischen Schaf und Ziege (FEHILLY ET AL. 1984; MEINECKE-TILLMANN UND MEINECKE 1984). Hierbei wurden Blastomeren aus Embryonen der beiden Spezies kombiniert. Nach Transfer in Empfängerzellen konnten Trächtigkeiten sowohl bei Schaf- als auch bei Ziegen-Empfängertieren beobachtet werden. Ein großer Teil der Trächtigkeiten endete jedoch nach dem ersten Drittel der Tragezeit mit Aborten. Die Übrigen führten zu Geburten von Tieren, die z.T. bereits in ihrem Aussehen deutlich auf einen Chimärismus hinwiesen (**Abb. 21.4** und **Abb. 23.27**, S. 434). Bei primären Chimären kommt es zu variablen Verteilungen der genetisch verschiedenen Zellen auf Gewebe und Organe, indem sich eine bestimmte Zellherkunft an einem

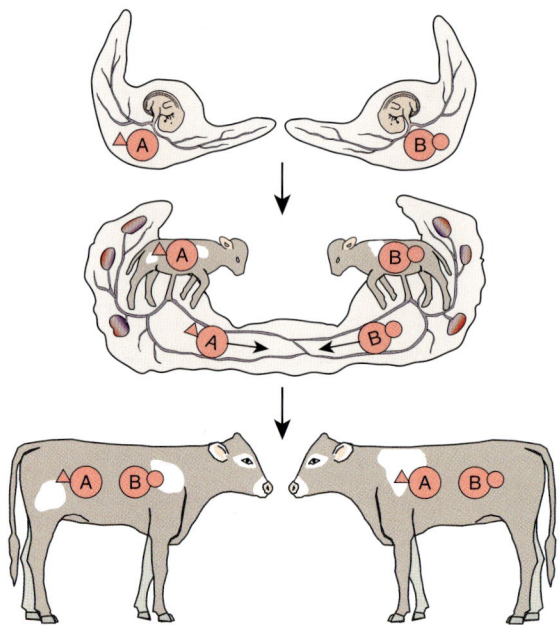

**Abb. 21.3:** Embryonalentwicklung bei Rinderzwillingen

Mit A und B werden genetisch unterschiedliche Zellen bezeichnet.

Je nach Rinderrasse gibt es 1–5 % Zwillingsgeburten. In 90–95 % der Fälle entwickeln sich Gefäßverbindungen (Anastomosen) zwischen den Placenten der Zwillingspartner und ermöglichen den Austausch von Körperzellen. Hierdurch werden beide Zwillingspartner chimär und haben sowohl die Zellen A als auch B. Der Nachweis des Chimärismus gelang zuerst mit Hilfe der monogen vererbten Blutgruppen.

Organ zu 0–100 % beteiligt. Ein Entwicklungsbedarf wird darin gesehen, möglichst vorhersehbare Ergebnisse im Grad des Chimärismus (d. h. Anteil der Körperzellen aus den genetisch verschiedenen Ausgangszellen) und dem Ausmaß der Beteiligung der genetisch verschiedenen Zellen an den einzelnen Geweben zu erzielen. Bei chimären Tieren werden außerdem Entwicklungsstörungen beobachtet.

Der Erfolg einer Induktion von Interspezies-Chimären hängt davon ab, ob sich die embryonalen bzw. fetalen Zellen, die in unmittelbarem Kontakt zum mütterlichen Organismus stehen, aus Blastomeren entwickelt haben, die zur Spezies des Empfängertieres gehören. Dies kann man berücksichtigen und dafür sorgen, dass die äußeren Zellschichten des Embryos (Trophoektoderm) aus Zellen der Empfängerspezies bestehen und nur die inneren Zellschichten (ICM, *inner cell mass*) chimär sind. Die verschiedenen Verfahren, mit denen Chimären generiert werden können, unterteilt man in Aggregations- und Injektionsverfahren.

### 21.1.1 Aggregationsverfahren zur Erzeugung primärer Chimären

Primäre Chimären können durch Aggregation von Blastomeren aus zwei oder mehreren früh-

embryonalen Entwicklungsstadien (bis Morulastadium) erzeugt werden (**Abb. 21.4**). Meistens werden die Blastomeren vereinzelt und dann in eine leere *Zona pellucida* oder in ein Agarmedium eingebettet. Für die frühembryonale Entwicklung ist eine genügend große Gesamtzahl an Blastomeren pro Aggregation wichtig. Es folgt meistens eine Zwischenkultivierung der neu aggregierten Blastomeren, um die Teilungs- und Entwicklungsfähigkeit zu prüfen, bevor ein Transfer in ein Empfängertier vorgenommen wird. Dieser entspricht dem auf S. 351 ff. ausgeführten Embryotransfer.

Mit dem Aggregationsverfahren wurden auch Interspezies-Chimären erzeugt. Beispielsweise gelingt dies, wenn Blastomeren von einer Ziege mit Schafblastomeren umhüllt werden und der anschließende Transfer in ein Schaf erfolgt. Auf diesem Wege gelangen Schafzellen mit den mütterlichen Zellen der gleichen Tierart in Kontakt, was für die Embryoentwicklung wichtig ist. Innerhalb der Familie *Bovidae* wurden Chimären mit der Aggregationsmethode auch zwischen Schaf und Rind erstellt. Die geborenen Tiere ähnelten dem Schaf, trugen aber auch Erbmaterial vom Rind in sich. Die Ergebnisse zeigen, dass eine Koexistenz von Zellen genetisch relativ unterschiedlicher Spezies in einem Tier möglich ist.

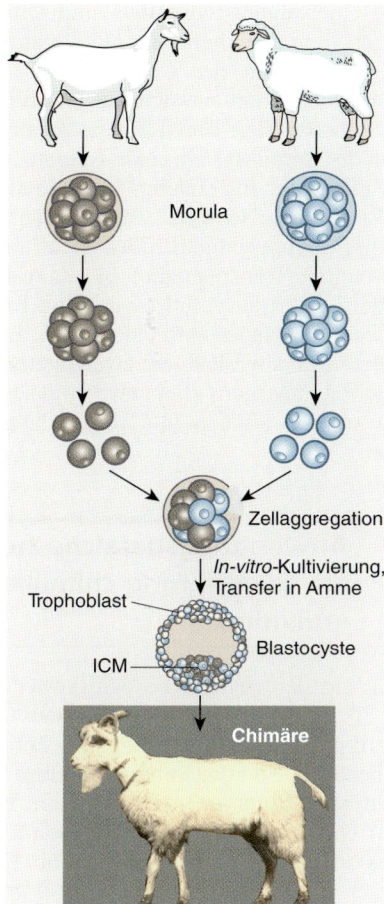

**Abb. 21.4:** Schema zur Erstellung von Aggregations-Chimären

Das unten abgebildete Tier enthält Körperzellen vom Schaf und von der Ziege. Zu erkennen sind Einflüsse auf die Merkmalsausbildung, die je nach Körperteil stärker der einen oder stärker der anderen Spezies ähnelt.

Interessante Zellwechselwirkungen lassen sich erkennen, wenn die Blastomeren aus Embryonen verschiedener Stadien stammen. Wird z. B. ein Achtzell-Embryo aus der Ziege mit einem Schafembryo im Vierzellstadium kombiniert, so werden mit großer Wahrscheinlichkeit die Zellen von der Ziege die ICM besiedeln, während sich die Schaf-Blastomeren zur fetalen Hülle entwickeln. Durch Verwendung von Blastomeren aus verschiedenen Embryostadien lässt sich also erreichen, dass eine Ziege von einem

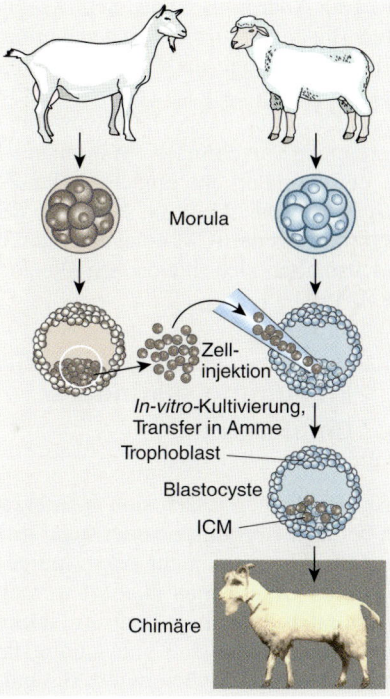

**Abb. 21.5:** Schema zur Erstellung von Injektions-Chimären

Beschreibung siehe Text.

Schaf ausgetragen wird oder reziprok sich auch ein Schaf in einer Ziege entwickeln kann.

## 21.1.2 Injektionsverfahren zur Erzeugung primärer Chimären

Beim Injektionsverfahren werden Blastomeren des Spenderembryos vereinzelt und dann mit Hilfe von Mikrokapillaren und einem Mikromanipulator (siehe **Abb. 23.12**, S. 420) in eine Empfänger-Blastocyste appliziert (**Abb. 21.5**). Als Empfänger werden Blastocysten ausgewählt, die eine deutliche ICM erkennen lassen. Die Blastocysten kollabieren durch den Eingriff. Sie reexpandieren jedoch in ihre alte Form, nachdem sie einige Stunden kultiviert worden sind, und werden dann in Empfängertiere transferiert.

Das Injektionsverfahren eignet sich in besonderem Maße für die Erzeugung von Interspezies-Chimären, da der Trophoblast (Ektoderm) von der Empfänger-Blastocyste gestellt wird

(**Abb. 21.5**). Allerdings ist das Schicksal der injizierten Blastomeren nicht genau vorherzusagen. Ihre Beteiligung an der ICM kann völlig ausbleiben, geringfügig sein oder ausschließlich erfolgen. Die Injektionstechnik wird vor allem zur Erzeugung von chimären Mäusen aus transgenen embryonalen Stammzellen (ES-Zellen) benutzt (siehe Abb. 23.20, S. 426). Die ES-Zellen stammen aus der ICM eines Spenderembryos und verhalten sich analog den Blastomeren (siehe S. 45 f.).

## 21.2 Erzeugung sekundärer Chimären

Chimäre Individuen lassen sich auch erzeugen, indem bereits determinierte oder sogar differenzierte Zellen in einen mehr oder weniger weit entwickelten Organismus injiziert werden. Bei den Resultaten handelt es sich um **sekundäre Chimären**. Transfusionen von teilungsfähigen Stammzellen aus Geweben, wie z. B. dem Knochenmark, sind allgemein bekannte Beispiele. Auch die Transplantation von soliden Organen macht die Rezipienten zu chimären Organismen. Sie spielen in der Humanmedizin eine wichtige Rolle, haben aber in der Grundlagenforschung sowie bei der Anwendung der Xenotransplantation (Übertragung von Zellen, Zellverbänden oder Organen von einer Spezies auf eine andere) auch eine Bedeutung für die Tier-Biotechnologie.

Bei der Erzeugung sekundärer Chimären liegt die Hauptproblematik in den Abstoßungsreaktionen und damit verbunden in der Verweildauer transplantierter Zellen oder Zellverbände im Rezipientenorganismus. Außerdem muss beachtet werden, dass Krankheiten übertragen oder endogene Viren aktiviert werden können. Im Zusammenhang mit der Xenotransplantation werden diese Gesichtspunkte auf S. 581 ff. beschrieben.

Immunreaktionen der Rezipienten werden vermindert, indem Donorindividuen ausgewählt werden, die sich in den Allelen des MHC (*Major Histocompatibility Complex*) möglichst wenig vom Rezipienten unterscheiden, und indem immunsuppressive Agenzien verabreicht werden. Bei Transplantation solider Organe wird die Immunreaktion auch durch eine gleich-

zeitige Übertragung von Blutstammzellen beeinflusst. Eine dauerhafte Immuntoleranz ist zu beobachten, wenn der Chimärismus erzeugt wird, bevor das Immunsystem ausgereift ist. Bei prä- und neonatalen Tieren gibt es vor der Ausreifung des Immunsystems eine Toleranz gegenüber Zellen, die aus anderen Individuen stammen. Beispielsweise werden in eine Maus transplantierte Knochenmarkzellen nicht abgestoßen, wenn die Transplantation bis zu zwei Tage nach der Geburt ausgeführt wird. Die Toleranz wird dann auf Dauer aufrechterhalten. Dies ist auch der Grund, weshalb bei zweieiigen chimären Zwillingspartnern Hautgewebestücke übertragen werden können und nicht abgestoßen werden.

## 21.3 Anwendungsbereiche für die Generierung chimärer Individuen

Auf Grund der weit reichenden Anwendungsmöglichkeiten und der noch ungelösten Probleme wird die Chimärentechnik in der Forschung stark beachtet. So können beispielsweise Zellen aus defekten Embryonen in Chimären bis zur Geburt entwickelt werden. Ein chimärer Organismus erlaubt also die Analyse, ob ein bestimmter Phänotyp von einer Zelle durch Expression ihrer eigenen Gene oder durch die zelluläre Umgebung determiniert wird. Chimäre Tiere können daher für die Ursachenforschung der Heterosisphänomene, d. h. der Überlegenheit von heterozygoten Nachkommen gegenüber ihren jeweils homozygoten Eltern, eingesetzt werden. Wie **Abb. 21.6** darstellt, kann die gegenseitige Beeinflussung von genetisch unterschiedlichen Körperzellen experimentell analysiert werden.

Chimären sind darüber hinaus für praktische Anwendungen wichtig, wie z. B. für die Erzeugung transgener Tiere oder die Transplantationsmedizin. Einige Beispiele für die Verwendung von Chimären werden im Folgenden genannt:

– **Transplantation embryonaler oder fetaler Zellen beim Tier.** Einem Tier können Zellen anderer Tiere der gleichen oder einer verschiedenen Spezies vor der Ausreifung des Immunsystems übertragen werden, also während der embryonalen und fetalen Entwick-

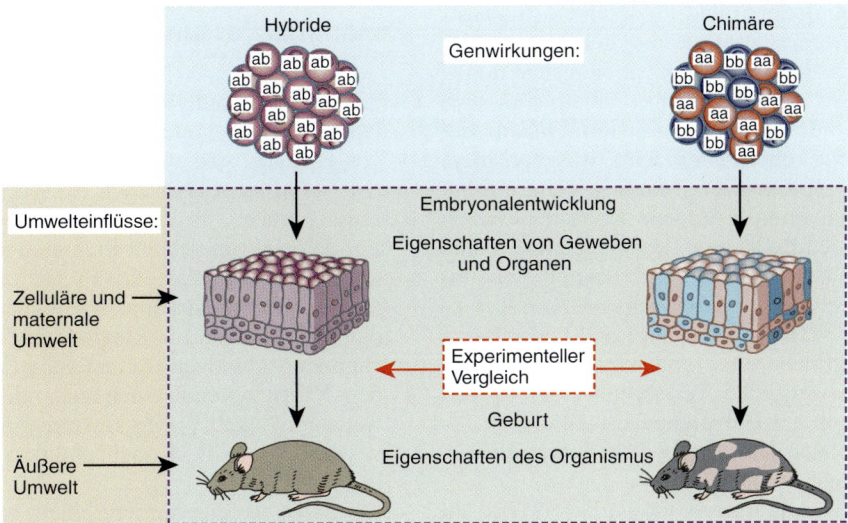

**Abb. 21.6:** Beispiel für die Untersuchung von Wechselwirkungen zwischen Genotyp und Umwelteinflüssen durch Erzeugung von Chimären

Chimäre Individuen können hinsichtlich der Embryogenese, der Differenzierung von Geweben und Organen sowie der Merkmalswerte mit nicht-chimären Individuen verglichen werden. Hierbei lassen sich Einflussfaktoren auf die Embryonalentwicklung und Merkmalsausbildung analysieren.

lung oder bei einigen Spezies auch gleich nach der Geburt. Dann ist Immuntoleranz gegeben, so dass die transplantierten Zellen nicht abgestoßen werden und sich dauerhaft an der Merkmalsbildung beteiligen können. Transplantationen von Stammzellen können bei Tieren für folgende Zwecke eine Bedeutung erlangen: Lymphocyten zur Beeinflussung der Krankheitsresistenz, Milchdrüsen-Epithelzellen zur Erzeugung heterologer Proteine, Myoblasten zur Kombination großer Muskelmasse mit guter Fleischqualität.

– **Erstellung chimärer Embryonen für den Gentransfer** (siehe S. 422ff.). Die Erzeugung primärer Chimären spielt eine große Rolle im Zusammenhang mit dem Gentransfer bei der Maus. Hierfür werden embryonale Stammzellen (ES-Zellen) hergestellt und mit Transgenen behandelt. Dann werden transgene Zellen identifiziert, selektiert und in Embryonen übertragen, die dadurch chimär werden.

– **Interspezies-Kombinationen von embryonalen Zellen für den Einsatz bei der Erhaltung aussterbender Tierarten.** Ein Embryo kann in einem Empfängertier einer fremden Spezies zur Entwicklung gebracht werden. Dieser experimentelle Weg hat eine Bedeu-

tung, wenn für einen Embryotransfer keine Empfängertiere mehr aus der gleichen Spezies beschafft werden können. Ein experimenteller Ansatz führt z.B. über klonierte Zellen und deren Injektion in eine Empfänger-Blastocyste einer anderen Spezies (siehe **Abb. 22.9, S. 402**). Das geborene Tier stammt dann von den injizierten Zellen ab, und die fetale Entwicklung wird durch Trophoektoderm-Zellen aus der Spezies des Empfängertieres gesichert.

– **Allotransplantation.** Donor-Zellen oder -Zellverbände können auf ein anderes Individuum derselben Spezies übertragen werden (allogenetische Transplantation), um im Rezipienten verloren gegangene oder erkrankte Zellen zu ersetzen. E. D. THOMAS und seine Arbeitsgruppe verwendeten bereits seit 1950 Knochenmarktransplantate für Empfängerindividuen, denen nach Chemotherapie oder Bestrahlung die eigenen Blut bildenden Zellen abgetötet worden waren. Für diese Pionierarbeit, die zur Therapie von Leukämie und anderen Krebsformen in der Medizin eine wesentliche Stütze wurde, erhielt THOMAS 1990 den Nobel-Preis. Nachdem Haupt-Histokompatibilitäts-Antigene entdeckt worden waren, konnten Donoren und Rezipienten so ausgewählt werden, dass sie möglichst gut zueinander passen und die Abstoßungsreaktionen minimiert werden. Darüber hinaus lässt sich die Immunreaktion vermindern, indem der Rezipient konditioniert wird, was vor allem durch Suppression des Immunsystems erfolgt. Transplantationstechniken haben inzwischen eine große Bedeutung. Beispiele hierfür sind die Blutstammzellen nach radiotherapeutischer Behandlung von Krebs oder die Keratinocyten (Hautepithelzellen) und Fibroblasten (Bindegewebezellen) nach Brandverletzungen. Die genannten Verfahren werden für den Einsatz in der Humanmedizin entwickelt, jedoch spielen Tiere für die Forschungsarbeiten eine wichtige Rolle.

– **Xenotransplantation** (siehe S. 581ff.). In vielen Einsatzbereichen stehen für eine Transplantation weit weniger Zellen, Gewebe oder Organe zur Verfügung als zur Versorgung erkrankter Menschen benötigt werden. Daher werden auch Donororgane aus fremden Spezies (Xenografts) übertragen (Xenotransplantation) und auf diesem Wege Interspezies-Chimären erzeugt. Als geeignete Spender werden Primaten und Schweine experimentell untersucht.

## Zusammenfassung

– Ein chimäres Individuum besitzt Körperzellen, die aus zwei oder mehreren Zygoten hervorgegangen sind. Chimären treten spontan auf, sie können aber auch experimentell erzeugt werden.

– Bei der experimentellen Erzeugung von Chimären werden Blastomeren aus zwei oder mehreren frühembryonalen Entwicklungsstadien gemeinsam zur Entwicklung gebracht. Chimäre Individuen werden auch erstellt, indem Körperzellen in einen mehr oder weniger weit entwickelten Organismus übertragen werden, wie z. B. Knochenmark-Stammzellen.

– Chimären werden für verschiedene Zwecke verwendet, z. B. für die Erzeugung transgener Tiere und die Transplantationsmedizin.

# 22 Klonen von Tieren

Als **Klon** werden in der Biologie mehrere Individuen – aber auch Zellen, Viren, DNA-Moleküle – definiert, die aus einem gemeinsamen Ahnen (Ursprung) hervorgegangen sind. Die Mitglieder eines Klons können dadurch untereinander in ihren Erbinformationen (DNA-Sequenzen) identisch oder doch jedenfalls sehr ähnlich sein. Beim Tier werden die Begriffe **Klonen** (**Klonierung**, *cloning*) für eine asexuelle Vermehrung – ähnlich wie Knospung, Sprossung oder Pfropfung in der Pflanzenzucht – benutzt.

Das Phänomen des Klonens wird bei Tieren auch in der Natur beobachtet. So treten bei Säugetieren unter den Nachkommen manchmal Zwillinge auf, von denen einige monozygot (eineiig) sind, d.h. von einer Zygote abstammen; monozygote Zwillinge sind somit der kleinste mögliche Klon. Beim Rind z.B. gibt es je nach Rasse zwischen 1 und 5% Zwillingsgeburten, und 20–40% der Zwillinge sind monozygot. Die Bildung von Klonen kann sogar bei Tieren ein regulärer Teil bei der Fortpflanzung sein, wie z.B. bei bestimmten Hohltieren, manchen Würmern oder Gürteltieren. Bei Gürteltieren (Gattung *Dasypus*) z.B. kommt es im Verlaufe der Fortpflanzung regelmäßig zu Vierlingen.

Das Klonen von Tieren kann auch experimentell ausgelöst werden (**Tab. 22.1**). Bei Am-

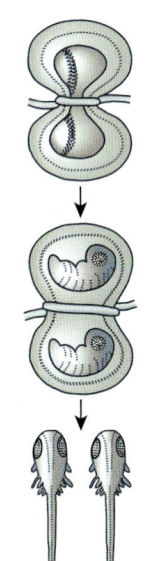

**Abb. 22.1:** Klonen mittels Embryodurchschnürung bei Amphibien

H. Spemann (1901/03) beschrieb, wie frühe Entwicklungstadien beim Molch (*Triton taeniatus*) mit einem dünnen Haar durchschnürt wurden und sich dann im weiteren Verlauf der Embryogenese zu zwei identischen Individuen entwickelten.

phibien wurde das Klonen mittels partieller Embryodurchschnürung (**Abb. 22.1**) oder Kerntransfer (**Abb. 22.2**) zunächst als Experimentalverfahren eingesetzt, um festzustellen, ob der Kern einer Körperzelle wirklich die gesamte genetische Information für die Bildung eines Organismus enthält (**Totipotenz** der somatischen Zellkerne). Ein eineiiges Zwillingspaar lässt sich aus einer Morula oder Blastocyste durch

**Tab. 22.1:** Meilensteine des experimentellen Klonens beim Tier

| Beitrag | Jahr der Publikation | Arbeitsgruppe |
|---|---|---|
| Separierung von einzelnen Blastomeren aus 2- bis 4-Zellstadien des Seeigels (*Echinoidea*) und daraus getrennt kultivierte Larven | 1892 | H. Driesch |
| Embryodurchschnürung beim Molch (*Triton taeniatus*) | 1901/3 | H. Spemann |
| Klonen durch Kerntransfer beim Frosch (*Rana pipiens*) und Entwicklung bis zur Kaulquappe | 1952 | R. Briggs und T.J. King |
| Klonen durch Kerntransfer beim Krallenfrosch (*Xenopus laevis*) und Entwicklung bis zu fertilen Nachkommen | 1962 | J.B. Gurdon |
| Klonen durch Trennung frühembryonaler Entwicklungsstadien beim Schaf | 1979 | S. Willadsen |
| Klonen durch Kerntransfer aus embryonalen Zellen beim Schaf | 1986 | S. Willadsen |
| Kerntransfer mit differenzierten Körperzellen beim Schaf ("Dolly") | 1997 | I. Wilmut und K. Campbell |

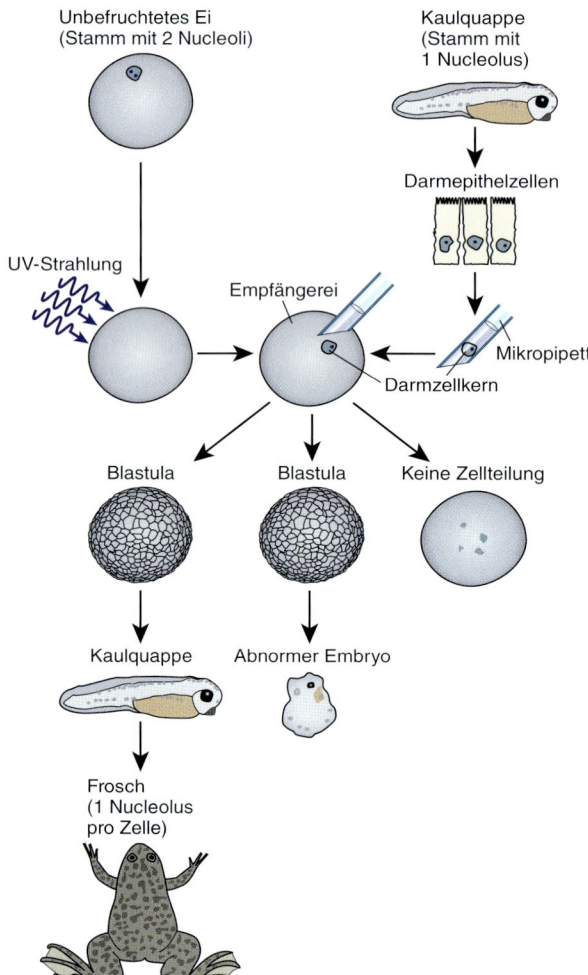

Unbefruchtetes Ei
(Stamm mit 2 Nucleoli)

Kaulquappe
(Stamm mit
1 Nucleolus)

Darmepithelzellen

UV-Strahlung

Empfängerei

Mikropipette

Darmzellkern

Blastula

Blastula

Keine Zellteilung

Kaulquappe

Abnormer Embryo

Frosch
(1 Nucleolus
pro Zelle)

**Abb. 22.2:** Klonen durch Kerntransfer beim afrikanischen Krallenfrosch *(Xenopus laevis)*

Mit dem dargestellten Experiment wurde 1962 von J.B. GURDON die Totipotenz somatischer Zellkerne bewiesen. Der diploide Spenderkern wurde aus Darmepithelzellen einer Kaulquappe präpariert und dann in eine unbefruchtete Eizelle transplantiert. Deren haploides Genom hatte man zuvor mittels UV-Strahlen zerstört. In seltenen Fällen konnte die Entwicklung bis zu einem normalen Frosch beobachtet werden. In der Mehrzahl der Experimente führte die Entwicklung jedoch zu abnormen Embryonen oder blieb bereits im Blastula-Stadium stehen. Zur Überprüfung der Ergebnisse wurde die Kaulquappe von einem Stamm mit nur einem Nucleolus pro Zellkern gewählt, während der Stamm, von dem die Eizelle genommen wurde, zwei Nucleoli pro Kern aufwies. In weiteren Experimenten konnte gezeigt werden, dass auch Zellen aus anderen Geweben nach Kerntransfer zu einer Entwicklung befähigt sind.

mikrochirurgische Teilung erstellen. Bei Säugetieren kann ein Klon mit mehr als zwei Nachkommen durch Isolierung von Zellen frühembryonaler Entwicklungsstadien oder durch Kerntransfer erzeugt werden. Bei dieser Art des Klonens handelt es sich um eine Vermehrung von Individuen, so dass hierfür manchmal der Begriff **reproduktives Klonen** (*reproductive cloning*) verwendet wird.

Im Folgenden werden aktuelle Erkenntnisse und Entwicklungen des Klonens beim Säugetier beschrieben und die Anwendungsmöglichkeiten erörtert. In erster Linie werden die Arbeiten beim Rind und Schaf berücksichtigt, da es in diesen Spezies die meisten Erfahrungen für das Klonen gibt.

## 22.1 Isolierung und Proliferation von embryonalen Zellen

Viele Untersuchungsergebnisse zeigen, dass sich isolierte Zellen aus frühen Entwicklungsstadien unter geeigneten Konditionen zu normalen Jungtieren entwickeln können. WILLADSEN beschrieb bereits 1979, wie sich voneinander getrennte, frühembryonale Entwicklungsstadien bei Maus, Kaninchen, Schaf und Schwein klonen lassen. Aus **Tab. 22.2** ist ersichtlich, dass es Unterschiede in der Entwicklungskompetenz von Zellen aus verschiedenen Entwicklungsstadien gibt. Bei Säugetieren können sich Zellen (Blastomeren) aus Zwei- bis Achtzellstadien unter Ver-

**Tab. 22.2:** Entwicklungsraten von isolierten Blastomeren und Blastomerengruppen am Beispiel des Schafes (nach NIEMANN UND MEINECKE 1993)

| Ausgangsstadium (Zellzahl) | Kombination der isolierten Blastomeren | Entwicklungsraten im Vergleich zu ungeteilten, transferierten Embryonen bis zur Geburt (%) [*] |
|---|---|---|
| | Identische Zwillinge | 70 - 80 |
| | Identische Zwillinge | 70 - 80 |
| | Identische Zwillinge | 70 - 80 |
| | Identische Vierlinge | ca. 50 |
| | Identische Vierlinge | ca. 50 |
| | Identische Achtlinge | ca. 6 |

[*] Angaben für die Entwicklung pro isolierte Blastomere(ngruppe)

wendung extrazellulärer Matrices (z. B. Fibronectin) oder/und Wachstumsfaktoren in über 50 % der Fälle bis zu transferierbaren Embryonen entwickeln. **Abb. 22.3** illustriert, wie beim Rind nach Vereinzelung der Blastomeren eines Vierzellstadiums eine Entwicklung in vier Blastocysten gelingt, aus denen nach Transfer eineiige Kälber geboren werden können. Isolierten Blastomeren aus späteren Embryostadien fehlt eine solche Entwicklungsfähigkeit.

## 22.2 Mikrochirurgische Teilung von Embryonen

Statt einer Blastomerenisolation kann auch eine Teilung frühembryonaler Stadien durchgeführt werden. Erstmals beschrieb SPEMANN (1901/03) die Durchschnürung von frühen Entwicklungsstadien beim Molch (**Abb. 22.1**, S. 387). Für die Teilung werden beim Säugetier (z. B. Rind) überwiegend Embryonen im Morula- bis Blastocystenstadium (Entwicklungsstadien bis etwa 100 Zellen) verwendet (**Abb. 22.4**, S. 287). Die Teilung erfolgt mikrochirurgisch möglichst exakt in zwei Hälften. Diese Hälften werden entweder direkt auf Empfängertiere übertragen oder zunächst *in vitro* kultiviert und anschließend übertragen. Weitere Teilungen von Embryonen zur

**Abb. 22.3:** Experimentelle Erzeugung von eineiigen Vierlingen

Die Blastomeren eines Vierzell-Embryos werden vereinzelt und unter Bedingungen kultiviert, die eine Zellvermehrung und -differenzierung zu Blastocysten ermöglichen. Nach Transfer der Embryonen können sich diese zu identischen Vierlingen entwickeln, was jedoch bislang erst einmal beschrieben wurde. Darstellung modifiziert nach JOHNSON ET AL. (1995).

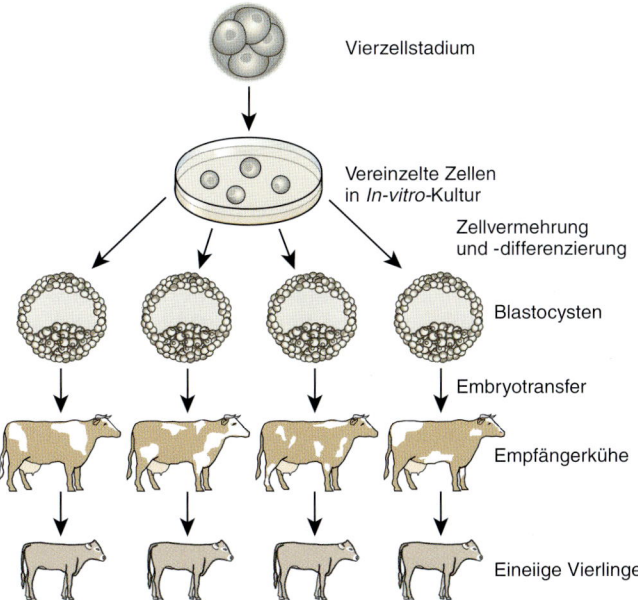

Vierzellstadium

Vereinzelte Zellen in *In-vitro*-Kultur

Zellvermehrung und -differenzierung

Blastocysten

Embryotransfer

Empfängerkühe

Eineiige Vierlinge

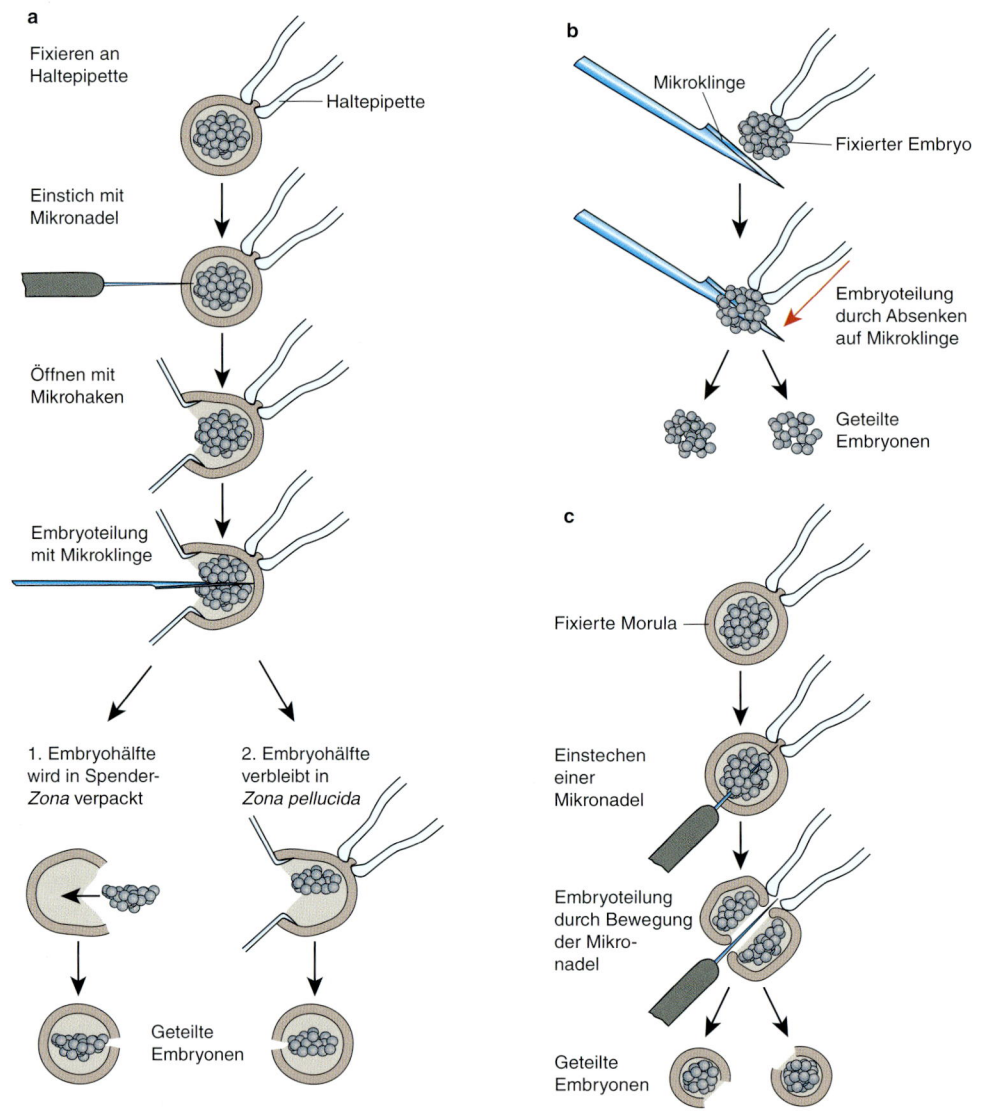

**a**

Fixieren an
Haltepipette

Haltepipette

Einstich mit
Mikronadel

Öffnen mit
Mikrohaken

Embryoteilung
mit Mikroklinge

1. Embryohälfte
wird in Spender-
*Zona* verpackt

2. Embryohälfte
verbleibt in
*Zona pellucida*

Geteilte
Embryonen

**b**

Mikroklinge

Fixierter Embryo

Embryoteilung
durch Absenken
auf Mikroklinge

Geteilte
Embryonen

**c**

Fixierte Morula

Einstechen
einer
Mikronadel

Embryoteilung
durch Bewegung
der Mikro-
nadel

Geteilte
Embryonen

**Abb. 22.4:** Techniken bei der mikrochirurgischen Teilung einer Morula

a) Der zu teilende Embryo wird an einer Haltepipette durch vorsichtiges Ansaugen in einer geeigneten Position fixiert. Danach wird die *Zona pellucida* geöffnet. Während die entstandene Öffnung mittels Mikrohaken offen gehalten wird, wird der Embryo in der *Zona* mit Hilfe einer Mikroklinge geteilt. Eine der entstandenen Hälften verbleibt in der *Zona*, während die andere Hälfte in eine vorbereitete Empfänger-*Zona* (*Zona* von unbefruchteter Eizelle oder *Zona*, deren degenerierter Embryo entfernt wurde) geschoben wird.

b) Der Embryo wird vor der Teilung aus der *Zona pellucida* entfernt. Zur Teilung außerhalb der *Zona* wird der Embryo an der Haltepipette fixiert und durch Drücken auf eine Mikroklinge geteilt. Die geteilten Embryonen werden zur weiteren Kultivierung in leere *Zonae* verbracht oder in Agar eingebettet.

c) Die Teilung von Embryonen gelingt auch nach Einstechen einer Mikronadel durch die *Zona pellucida* in die embryonalen Zellen. Die Mikronadel wird dann durch vorsichtiges Drücken und Schieben so bewegt, dass der Embryo in zwei Hälften getrennt wird. Auf ähnliche Weise kann ein Embryo auch mit einem Mikromesser durchtrennt werden, das von einer Seite auf den Embryo gesenkt wird.

Generierung einer größeren Anzahl genetisch identischer Nachkommen scheitern im Allgemeinen an einer Unterschreitung eines kritischen Zellvolumens, das für die Aufrechterhaltung einer Embryonalentwicklung erforderlich ist.

Insbesondere beim Rind wird das Verfahren der Embryonenteilung erfolgreich angewendet und für die Effizienzsteigerung des Embryotransfers eingesetzt. Die Ergebnisse aus den umfangreichen Erfahrungen beim Rind lassen sich wie folgt zusammenfassen:

– Die Trächtigkeitsraten nach Transfer geteilter oder nicht geteilter Embryonen liegen in etwa gleich hoch.
– Es bestehen keine nennenswerten Unterschiede in der Höhe der Trächtigkeitsraten, wenn Embryonen verschiedenen Alters (Tag 6–7,5 nach Befruchtung) bzw. unterschiedlicher Entwicklungsstadien (Morula bis Blastocyste) geteilt werden.
– Verschiedene Teilungsinstrumente (Glasnadeln, Mikroklingen u. a.) sowie eine Teilung inner- oder außerhalb der *Zona pellucida* (**Abb. 22.4**) ergeben ähnlich hohe Erfolgsraten.
– Als wesentliche Einflussfaktoren auf den Erfolg der Embryonenteilung gelten die Qualität der geteilten Embryonen, die Dauer der *In-vitro*-Kultivierung zwischen Teilung und Transfer sowie die Anzahl übertragener Hälften pro Empfängertier. Die Qualität eines Embryos erfasst man anhand der mikroskopisch erkennbaren Strukturen seiner Zellen, Zellzwischenräume und Eihülle (*Zona pellucida*).

Die erreichbaren Ergebnisse mit mikrochirurgisch geteilten Rinderembryonen werden an einem einfachen Zahlenvergleich deutlich: Eine Teilung von 50 Embryonen in 100 Hälften würde – nach Transfer auf 100 Empfängertiere und einer 50%igen Trächtigkeitsrate – 50 Kälber ergeben, was im Vergleich zu nicht geteilten Embryonen mit einer Trächtigkeitsrate von 60% eine um 67% gesteigerte Kälberzahl darstellt. Etwa 25–40% der Nachkommen aus geteilten Embryonen sind monozygote, d. h. genetisch identische Zwillinge. Die durch Teilung erzeugten monozygoten Zwillingspaare werden üblicherweise von verschiedenen Empfängertieren ausgetragen und eignen sich auch in besonderem Maße zur Prüfung, in welchem Ausmaß die Merkmalsausbildung von Genen und Umweltfaktoren abhängt.

Ähnliche Entwicklungsquoten der geteilten Embryonen wie beim Rind werden beim Schaf und bei der Ziege erzielt. Demgegenüber ist beim Schwein die Anzahl der geborenen Ferkel nach mikrochirurgischer Embryonenteilung mit etwa 20% – im Vergleich zu etwa 50% nach Transfer unbehandelter Embryonen – stark reduziert.

## 22.3 Klonen durch Kerntransfer

Unter **Kerntransfer** (*Somatic Cell Nuclear Transfer*, SCNT) wird die Übertragung eines Kernes aus einer Körperzelle in eine zuvor entkernte Eizelle verstanden. Bei den meisten Verfahren wird jedoch nicht nur der Kern, sondern die gesamte Körperzelle übertragen.

Mit Hilfe des Kerntransfers lassen sich potenziell große Gruppen an genetisch weitgehend identischen Nachkommen erstellen, so dass im Wesentlichen diese Art des Klonens interessiert. Erste erfolgreiche Experimente wurden bei Fröschen beschrieben (**Abb. 22.2**, S. 388). Für die im Vergleich dazu viel kleineren Embryonen von Säugetieren waren stark verfeinerte optische und mikrochirurgische Geräte notwendig. Über Arbeiten bei Säugetieren wurde daher erst in den 80er Jahren berichtet (**Tab. 22.1**, S. 387). Die ersten Nachkommen bei landwirtschaftlichen Nutztieren (Schaf) aus Kerntransfer beschrieb dann WILLADSEN (1986) unter Verwendung von embryonalen Zellen (Blastomeren), während WILMUT ET AL. (1997) fetale Fibroblasten und sogar Zellen aus dem Euterdrüsengewebe als Spenderzellen für den Kerntransfer verwendeten. Bei diesen Experimenten wurde 1996 das berühmte Schaf „Dolly" geboren, das erste Säugetier, welches von einer differenzierten Körperzelle (Milchdrüsen-Epithelzelle) geklont worden war (**Abb. 22.5**). Dolly war gesundheitlich unauffällig und wurde auf konventionellem Wege Mutter von sechs Lämmern. Im Alter von sechs Jahren traten – unabhängig vom Verfahren des Klonens – Lungenkrebs (Adenomatose) und Arthritis mit Lähmungserscheinungen auf, so dass Dolly im Februar 2003 eingeschläfert wurde.

Das Prinzip eines **Kerntransfer-Klonens** wird in **Abb. 22.6** dargestellt. Das Klonen aus differenzierten Körperzellen war eine Revolu-

**Abb. 22.5:** Das erste aus einer differenzierten Körperzelle geklonte Säugetier war das Schaf „Dolly"

Dolly wurde 1996 in Schottland (Roslin bei Edinburgh) geboren und ist in der Abbildung mit ihrem ersten Lamm zu sehen (BBSRC, ROSLIN INSTITUTE 2000).

tion in der Wissenschaft und bedeutet, dass in diesen Zellen die im Verlaufe der Differenzierung inaktivierten Gene wieder reaktiviert werden können. Diese Reversion eines Kerns einer differenzierten Körperzelle zurück in einen totipotenten Status bezeichnet man als **Reprogrammierung** (*Nuclear Reprogramming*). Im Wesentlichen bedeutet dies, dass der epigenetische Status differenzierter Zellen in einen solchen der frühembryonalen Zellen überführt wird. Was aber versteht man unter epigenetischen Phänomenen?

### 22.3.1 Epigenetischer Status differenzierter Zellen und Reprogrammierung

**Epigenetische Signale** bewirken erbliche Modifikationen im Chromatin, aber keine Änderung der DNA-Sequenz. Die epigenetischen Modifikationen im Genom sind für die Genaktivierung wichtig. Sie beinhalten u.a. die Methylierungsmuster der DNA, Anordnung der

Histone, Verteilung der Chromatin assoziierten Proteine sowie Längen der Telomersequenzen (siehe S. 73 f.). Methylierungen in gennahen DNA-Bereichen haben einen Einfluss auf die Transkription des betreffenden Gens. Histone können als dicht gepackte Nucleosomen zur Chromatinkondensation führen oder acetyliert werden. Nicht-Histone wirken im Chromatin als z. B. Struktur-Proteine (*Scaffold*), Transkriptionsfaktoren oder Matrixbindungsfaktoren.

**Telomere** nennt man die Endbereiche eines Chromosoms (vgl. **Abb. 3.10**, S. 75). Sie bestehen aus Repeat-Sequenzen, die mit jedem Replikationszyklus kürzer werden. Es wird angenommen, dass dadurch schließlich die Zellen ihre Teilungsfähigkeit verlieren und in die Phase der replikativen Seneszenz eintreten, sobald eine kritische Mindestlänge der Telomer-Repeat-Sequenzen unterschritten ist. Frühembryonale Zellen – bei der Maus und beim Rind ab dem Blastocystenstadium nachgewiesen – verfügen jedoch über einen Enzymkomplex (Telomerase), der die Telomeren-DNA in vollständiger Länge zu replizieren vermag. Daher kommt es nach Kerntransfer bei den geklonten Tieren zu Zahlen an Telomeren-Einheiten, die denen bei nicht geklonten Kontrolltieren entsprechen.

In der Zygote wird das paternale Genom der Gamete nach der Befruchtung und vor der embryonalen Genomaktivierung „remodelliert", d. h. neu strukturiert. Hierbei werden zuvor evtl. existierende epigenetische Marken beseitigt (**Reprogrammierung**). Ein erfolgreiches Klonen setzt voraus, dass diese Prozesse auch nach Transfer eines Kerns aus einer differenzierten Körperzelle in das Oocytenplasma in ausreichendem Maße und rasch genug ablaufen, so dass während der Embryonalentwicklung die Gene für die Differenzierung und Merkmalsbildung in korrekter Zeitfolge und Intensität exprimiert werden können. Im Donorzellkern soll also das zelltypspezifische Genexpressionsprogramm so zurückgestellt werden, dass die Entwicklung eines Individuums von Beginn an möglich ist. Der epigenetische Status eines Kerns aus einer Körperzelle ist jedoch stark verschieden von dem der reifen Gameten. Daher ist es erstaunlich, dass die Oocyte die epigenetischen Modifikationen auch in Kernen differenzierter Zellen wieder auf einen Status, der dem einer Zygote vergleichbar ist, zurückführen kann. Die Donorzelle trägt die spezifische epi-

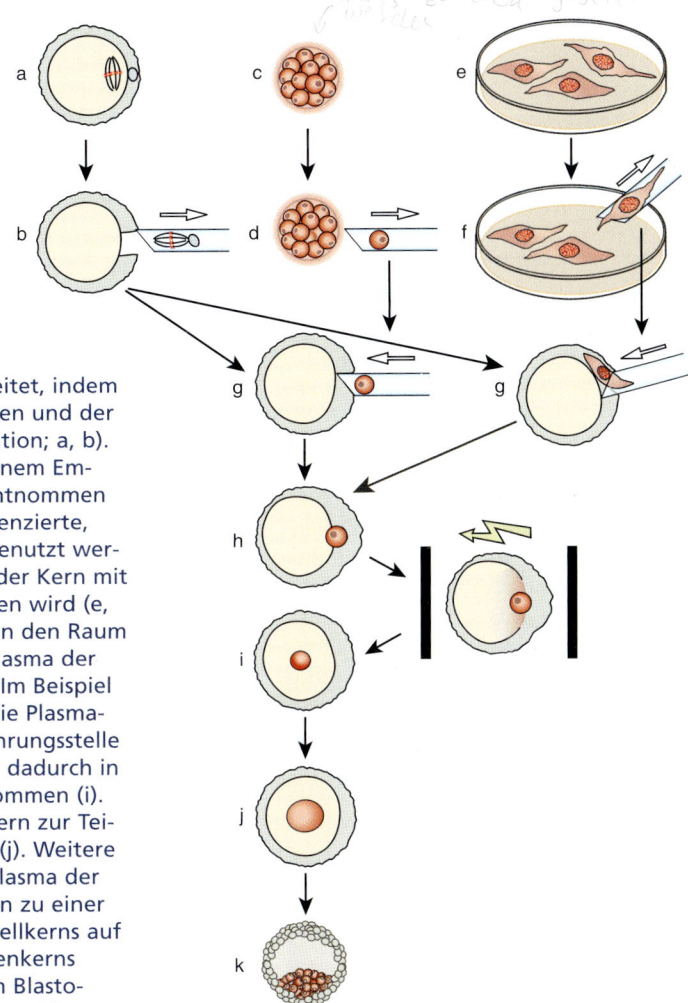

**Abb. 22.6:** Prinzip beim Kerntransfer mit embryonalen oder differenzierten Zellen

Die Empfänger-Oocyte wird vorbereitet, indem in der Metaphase II die Chromosomen und der Polkörper entfernt werden (Enucleation; a, b). Eine Spenderblastomere wird aus einem Embryo (im Beispiel Morulastadium) entnommen (c, d). Analog kann auch eine differenzierte, kernhaltige Zelle für den Transfer benutzt werden, wobei die gesamte Zelle oder der Kern mit umgebendem Cytoplasma übertragen wird (e, f). Die Zelle bzw. der Zellkern wird in den Raum zwischen *Zona pellucida* und Cytoplasma der Empfängeroocyte eingesetzt (g, h). Im Beispiel werden mit elektrischen Impulsen die Plasmamembranen der Zellen an der Berührungsstelle desintegriert, und der Zellkern wird dadurch in das Cytoplasma der Oocyte aufgenommen (i). Nachfolgend wird der Spenderzellkern zur Teilung aktiviert und schwillt dann an (j). Weitere Prozesse – durch Faktoren im Cytoplasma der Empfänger-Oocyte gesteuert – sollen zu einer Rückprogrammierung des Spenderzellkerns auf den Entwicklungsstand eines Zygotenkerns führen und die Entwicklung bis zum Blastocystenstadium *in vivo* oder *in vitro* bewirken (k). Anschließend wird der Embryo auf ein Empfängertier übertragen.

Embryotransfer

genetische Modifikation des ursprünglichen Gewebetyps, d.h. der epigenetische Zustand hängt vom Differenzierungsprozess und daher vom Zelltyp ab, der für das Klonen verwendet wird. Dies kann die Reprogrammierbarkeit beeinflussen und erklärt, warum je nach Zelltyp unterschiedliche Ergebnisse zu beobachten sind.

Die embryonalen Zellteilungen bis ungefähr zum Blastocystenstadium werden mit Genprodukten bewirkt, die bereits in der Eizelle vorliegen. Die Expression von Genen des embryonalen Genoms, d.h. der Gene aus dem Donorzellkern, erfolgt schrittweise und erlangt ab Blastocystenstadium die hauptsächliche Bedeutung.

Ab diesem Stadium wird eine weitere Entwicklung nur erfolgreich sein, wenn die wesentlichen Schritte einer Reprogrammierung des Donorzellkerns abgelaufen sind und eine geordnete Genexpression gelingt.

## 22.3.2 Bereitstellung der Spenderzellen

Als **Donor- oder Spenderzellen** für den Transfer können embryonale, fetale und adulte somatische Zellen verwendet werden. Je nach Spenderzelltyp und Spezies gibt es verschiedene Verfahren für deren Vorbehandlung. Entscheidende Kriterien sind dabei, dass Zellen mit rückprogrammierbaren Genomen und bestimmten Zellzyklusstadien ausgewählt werden. Bei der Erzeugung von Dolly wurde dem Medium Serum entzogen (*serum starvation*), also ein „Hungermedium" benutzt, um bei den kultivierten Zellen ein Ruhestadium (*quiescence*) zu induzieren, bei dem der Zellzyklus im Stadium $G_0$ arretiert wurde. Spätere Versuche zeigten jedoch, dass auch Erfolge mit teilungsaktiven Zellen im $G_1$- oder M-Stadium erzielt werden (z.B. bei Fibroblasten für das Klonen von Kälbern). Zellen im $G_2$- und S-Stadium gelten jedoch als weniger geeignet für die Erzeugung geklonter Nachkommen. Aber welchen Einfluss auf die Experimente hat es, ob Kerne embryonaler Zellen, pluripotenter permanenter Zelllinien oder differenzierter Körperzellen verwendet werden?

**Embryonale und fetale Zellen.** Voraussetzung für die erfolgreiche Anwendung des Kerntransfers mit embryonalen Donorzellen von Säugetieren (z.B. Schaf, Rind) war zunächst die Verwendung ganzer Blastomeren, d.h. Kern plus Cytoplasma (auch **Karyoplast** genannt). Die Blastomeren von embryonalen Frühstadien bis zum Blastocystenstadium sind beim Rind ohne chirurgischen Eingriff zu gewinnen oder *in vitro* zu produzieren (vgl. S. 360ff.). Spenderblastomeren lassen sich relativ leicht aus Acht- bis 32-Zell-Stadien (Morulae) isolieren, da hier die interzellulären Verbindungen noch wenig ausgeprägt sind. Auch Zellen aus der ICM (*Inner Cell Mass*) oder der Embryonalscheibe wurden erfolgreich für den Kerntransfer verwendet. Embryonale Zellen befinden sich wegen der starken Proliferation zu einem hohen Anteil in der S-Phase. In dieser Phase kommt es zu ungünstigen Bedingungen für den Kerntransfer, so dass man die embryonalen Zellen zunächst in ein Ruhestadium ($G_0$) versetzt und erst dann für den Kerntransfer verwendet.

**Embryonale Stammzellen (ES-Zellen).** ES-Zellen können für den Kerntransfer ähnlich wie Zellen aus frühembryonalen Stadien verwendet werden. Hierbei handelt es sich um Zellen, die aus Blastocysten isoliert und unter geeigneten Kultivierungsbedingungen auf Dauer undifferenziert und teilungsfähig bleiben (vgl. S. 45f.). Trotz vielfältiger Bemühungen ist es bisher nicht gelungen, Stammzellen mit pluripotenten Eigenschaften bei anderen Spezies als bei der Maus, beim Menschen und beim Huhn sicher zu etablieren.

**Differenzierte Körperzellen.** In den ersten erfolgreichen Versuchen mit differenzierten Spenderzellen für den Kerntransfer (WILMUT ET AL. 1997) wurden neben Fibroblasten auch Zellen aus dem Milchdrüsen-Epithelgewebe als Spenderzellen benutzt. Die Effizienz lag bei den Milchdrüsen-Epithelzellen niedriger als bei fetalen Fibroblasten und Embryonalzellen. Es ist anzunehmen, dass aus dem betreffenden Gewebe teilungsfähige Zellen (gewebespezifische, adulte Stammzellen) eine bessere Eignung beim Klonen erreichen. Inzwischen liegen für den Einsatz differenzierter Körperzellen umfangreiche Erfahrungen vor, aus denen sich folgende Feststellungen treffen lassen:

– **Gewebetyp.** Ein erfolgreicher Transfer mit Kernen differenzierter Zellen benötigt eine Rückprogrammierung, die je nach Gewebetyp unterschiedlich schwierig sein kann. Dabei sind Fibroblasten besonders gut für den Kerntransfer geeignet. Dies ist experimentell ein Vorteil, da Fibroblasten einfach zu gewinnen und zu kultivieren sind.

– **Alter des Donorindividuums.** Zellen aus Feten und neugeborenen Tieren sind effizienter für den Kerntransfer als solche aus adulten Tieren, während verschieden alte, adulte Tiere kaum Unterschiede zeigen. Selbst aus über 15 Jahre alten Spenderkühen konnten Fibroblasten erfolgreich für den Kerntransfer eingesetzt werden. Allerdings können bei Donorzellen aus alten Tieren häufiger chromosomale Abnormalitäten und stärkere epigenetische Veränderungen auftreten.

– **Zellzyklusstadium der Donorzelle** und dessen Synchronität zur Rezipienten-Oocyte. Günstig ist das $G_0$-, $G_1$- oder M-Stadium.

– **Beeinflussung der epigenetischen Marken** der Donorzelle durch Kultivierungsbedingungen. Geeignete Zellkultivierungsbedingungen können die epigenetischen Modifikationen beeinflussen; sie können somit die Reprogrammierung unterstützen und den Erfolg eines Kerntransfers verbessern. Von Bedeutung ist auch eine genügend lange Kultivierungsdauer (über 1–2 Zellteilungen bei der Maus, 4–8 beim Schwein und 8–16 bei Wiederkäuer-Spezies), damit eine ausreichende Aktivierung des Spendergenoms ermöglicht wird.

– **Verwendung von Chemikalien zur Chromatinmodifikation.** Während der Kultivierung werden Donorzellen auch mit Agenzien

**Abb. 22.7:** Verfahren zur Entfernung des Chromosomenmaterials (Enucleation) bei Oocyten

Eine Aspiration des Chromatins kann entweder ohne Sichtkontrolle („blinde" Aspiration, a) oder unter Sichtkontrolle (b) durchgeführt werden. Eine Sichtkontrolle ist möglich, wenn die Chromosomen zunächst mit einem DNA-spezifischen Fluorochrom markiert wurden und die nachfolgende Aspiration unter einem Fluoreszenz-Mikroskop beobachtet wird. Des Weiteren gibt es die Möglichkeit, die Oocyte mikrochirurgisch zu halbieren, um dann die chromosomenfreie Hälfte für den Kerntransfer zu verwenden (c). Schließlich können mittels UV-Strahlung die Chromosomen der Oocyte zerstört werden (d). Gebräuchlich ist das Verfahren (a), da die Chromosomen nahe dem Polkörper liegen und gemeinsam mit dem polnahen Cytoplasma entfernt werden können.

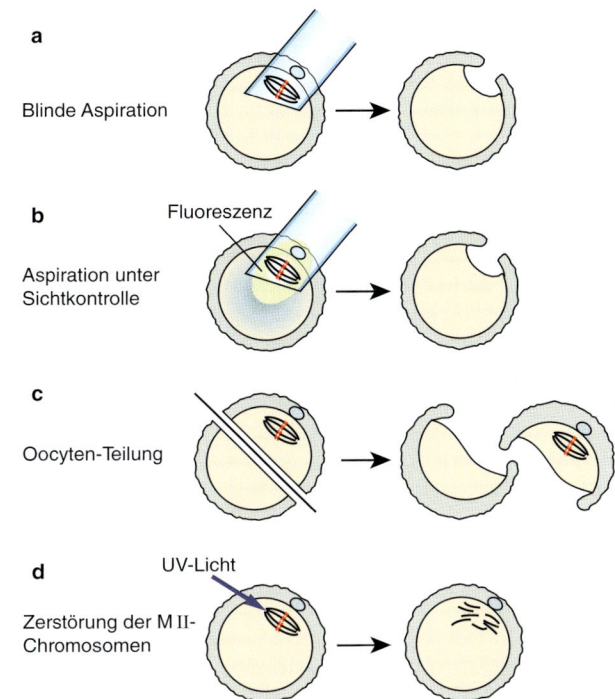

a — Blinde Aspiration

b — Fluoreszenz — Aspiration unter Sichtkontrolle

c — Oocyten-Teilung

d — UV-Licht — Zerstörung der M II-Chromosomen

behandelt, die bei der Reprogrammierung durch die Rezipientenzelle helfen sollen. Berichtet wird über Medien mit Trichostatin A und 5-Aza-desoxy-Cytidin, um die Histon-Acetylierung zu erhöhen bzw. die DNA-Methylierung zu vermindern. Allerdings bewirken für den Verwendungszweck nötige Konzentrationen bislang noch nachteilige Veränderungen und toxische Effekte.

### 22.3.3 Vorbereitung der Empfängerzellen; Fusion von Spender- und Empfängerzelle

Als **Rezipienten- oder Empfängerzellen** können *in vivo* und *in vitro* gereifte Oocyten verwendet werden. Diese sollen sich im Metaphasestadium der zweiten Reifeteilung (Metaphase II) befinden, d. h. eine befruchtungskompetente Oocyte mit ausgeschleustem ersten Polkörper und einer Chromosomenanordnung in der Metaphase (siehe **Abb. 14.1**, S. 314) ist ein geeignetes Entwicklungsstadium zur Verwendung als Empfängerzelle.

Wie **Abb. 22.7** wiedergibt, kann die Entfernung der Chromosomen durch Aspiration der Metaphaseplatte (mit oder ohne Sichtkontrolle), durch Halbierung der Oocyte oder durch Zerstörung der Chromosomen (beispielsweise durch UV-Licht) erreicht werden. Obgleich die Arbeiten während der Meiose II erfolgen und dann kein Zellkern abgegrenzt ist, spricht man üblicherweise vom „Entkernen der Eizelle" (**Enucleation**). Eine Aspiration ohne direkte Sichtkontrolle hat sich als günstig erwiesen, da die Metaphaseplatte in Nähe des Polkörpers liegt und letzterer leicht erkennbar ist. Die Oocyten werden vor der Entfernung des Zellkerns in Cytochalasin B inkubiert, um die Actinfilamente als wesentlichen Bestandteil des Cytoskeletts zu depolymerisieren. Dadurch werden Schädigungen während der Enucleation vermindert. Für die Entfernung des Zellkerns werden besonders feine und polierte Glaspipetten verwendet, so dass möglichst wenig Cytoplasma entfernt wird und die weitere Entwicklungsfähigkeit der Oocyte erhalten bleibt.

Wie **Abb. 22.6** skizziert, wird meistens die Spenderzelle mit einer Mikropipette in den perivitellinen Raum (d. h. den Zwischenraum zwischen Cytoplasma und *Zona pellucida*) der Empfängeroocyte eingesetzt, der die eigenen

Chromosomen entfernt worden sind. Für die **Zellfusion** werden im Allgemeinen die Plasmamembranstrukturen durch kurzfristige Gleichstromimpulse aufgelöst, so dass die sich berührenden Membranen der Donorzelle und der Oocyte lokal begrenzt verschmelzen (vgl. **Abb. 1.17**, S. 42). Dadurch werden die benachbarten Membranen geöffnet und die Spenderzelle in das Cytoplasma der Empfängerzelle aufgenommen (**Abb. 22.6**). Als Fusionskammer wird meist ein Glasobjektträger benutzt, auf dem sich zwei Elektroden im Abstand von etwa 0,5–1 mm befinden. Die Elektroden sind an einer Stromquelle angeschlossen, über die elektrische Pulse exakt ausgelöst werden können. Beispielsweise wurde das erste geklonte Schaf „Dolly" so erzeugt. Die Fusion wird jedoch auch mit Hilfe von Viren (Sendai-Virus) oder der Mikroinjektion beschrieben. Außerdem wurde statt der Spenderzelle auch nur der Kern oder das kondensierte Chromatin übertragen.

## 22.3.4 Kultivierung der fusionierten Zellen

Natürlicherweise erfolgt die **Aktivierung der Oocyte** während des Befruchtungsvorganges durch das eindringende Spermium. Dabei werden in der Oocyte viele verschiedene Prozesse induziert, die die Embryonalentwicklung starten. Wahrscheinlich werden zuerst die Bestandteile für die Regulation des Zellzyklus aktiviert. Hierbei handelt es sich um einen Komplex aus Cyclin B und einer Cyclin-abhängigen Proteinkinase (*Cycline dependent Kinase* 1, Cdk1), der als M-Cdk (*M-Phase-Cyclin-Cdk1-Complex*) bezeichnet wird (alte Bezeichnung: MPF, *Maturation Promoting Factor*).

Dem somatischen Spenderzellkern fehlt die Fähigkeit, die Oocyte aktivieren zu können, und deshalb sind experimentelle Hilfsmittel nötig. Säugeroocyten können durch eine Vielzahl chemischer oder physikalischer (Elektro- oder Temperaturschocks) Stimuli aktiviert werden. Chemisch induzierte Aktivierungen werden z.B. durch kurzzeitige Inkubation in ethanolhaltigem Medium bewirkt. Am häufigsten werden Gleichspannungsimpulse verwendet, beispielsweise bei Rinderoocyten 1–1,5 kV/cm für 20–30 µsec. Je nach Spezies und Labor werden die Protokolle optimiert, so dass verschiedene Bedingungen benutzt werden. Die Aktivierung der

Empfängeroocyte kann in den meisten Fällen am Anschwellen des übertragenen Kernes beobachtet werden, da das Chromatin der Spenderzelle dekondensiert und die DNA repliziert wird.

Die fusionierte Zelle wird dann *in vivo* oder *in vitro* bis zum gewünschten Entwicklungsstadium kultiviert. Wesentlich für einen erfolgreichen Kerntransfer ist die **Synchronisation des Zellzyklus** von Spender- und Empfängerzelle. Eine Fusion von Zellen, deren Zellzyklusstadien nicht passen, resultiert in Chromosomenschäden und/oder Aneuploidie, da die folgende DNA-Replikation zu einer Fehlverteilung der Chromosomen führt.

Nach der Fusion der Empfänger-Eizelle mit einer differenzierten Spenderzelle muss eine **Rückprogrammierung** des Spenderzellkerns stattfinden, um die Weiterentwicklung erfolgreich zu gestalten. Hierbei handelt es sich um eine Interaktion zwischen dem Cytoplasma der Empfänger-Eizelle und dem Kern der Spenderzelle, so dass Gene in einen Aktivitätszustand überführt werden, der eine Embryonalentwicklung ermöglicht. Beispielsweise läuft während der frühen Embryonalentwicklung der Säuger genomweit eine Demethylierung in der DNA ab, die für eine normale Entwicklung des frühen Embryos von Bedeutung ist. Außerdem werden Telomersequenzen angefügt. Ein Überschuss an Eizellcytoplasma und eine langsame Entwicklung in den ersten Zellteilungen können die Rückprogrammierung unterstützen. Hinweise auf eine erfolgreiche Embryonalentwicklung geben exprimierte Proteine, die für die ersten Zellteilungsstadien spezifisch sind.

Berichtet wird auch über **Tiefgefrieren** von Embryonen nach Kerntransfer. Der Einsatz kryokonservierter Spender- und Empfängerzellen vereinfacht die Durchführung des Kerntransfers, da dann gelagerte Zellen zu jedem Zeitpunkt zur Verfügung stehen.

Auch ein **Reklonieren**, d.h. die Verwendung von Zellen aus bereits geklonten Morulae oder Blastocysten als Spender in einem weiteren Kerntransferzyklus mit embryonalen Zellen, war erfolgreich, jedoch nahm die Effizienz dann stark ab. Beim Rind wurde eine Reklonierung über sechs Generationen von Embryonen erreicht, mit jedoch nur sehr wenigen geborenen Kälbern in den fortlaufenden Klon-Generationen. Dagegen stieg der Anteil embryonaler Mortalität mit jedem zusätzlichen Klonierungsschritt an und erreichte 70–90% nach der dritten und vierten Klon-Generation.

### 22.3.5 Merkmale und Ausmaß der Erbgleichheit von Nachkommen aus Kerntransfer

Nur wenige der Klontiere überlebten nach der Geburt bis zum adulten Tier (*long-time survivors*), während die meisten der durch Kerntransfer geklonten Embryonen in verschiedenen Stadien der Entwicklung abstarben. Eine Erklärung für diese Befunde könnte sein, dass die Reprogrammierung nicht vollständig abgelaufen ist. Bei der Entwicklung von Säuger-Individuen werden epigenetische Abweichungen bis zu einem gewissen Grad toleriert und durch Gene mit gleichgerichteter Wirkung ausgeglichen. Letalität entsteht, wenn für eines der Gene ein Ausgleich nicht mehr möglich ist oder die normale Genregulation an zu vielen Loci verloren geht. Selbst lebensfähige geklonte Tiere mögen daher eine abweichende Genexpression aufweisen und sich in ihren Merkmalen von denen des Donortieres unterscheiden. Wie „normal" sind also geklonte Tiere?

Eine wichtige Frage in Bezug auf geklonte Tiere ist zunächst, ob der Prozess des Klonens die zelluläre Alterung, die die Donorzelle bereits durchlaufen hat, wieder zurücksetzt oder ob die Lebenserwartung eines geklonten Tieres vom Alter des Individuums abhängt, aus dem die Donorzelle stammt. Das Altern zeigt sich besonders an der Verkürzung der Telomersequenzen bei jeder mitotischen Teilung der Körperzellen. Der Kerntransfer führt jedoch durch Einflüsse des Cytoplasmas der Oocyte zu einer Verlängerung der Telomersequenzen („Verjüngung" des Kerns), wobei allerdings starke Unterschiede beobachtet wurden. So hatte Dolly kürzere Telomere als gleichaltrige andere Schafe. Spätere Zelltransferexperimente zeigten jedoch, dass die Telomer-Sequenzen in geklonten Nachkommen ähnliche Längen aufweisen wie diejenigen in gleichaltrigen Tieren. Geklonte Mäuse beispielsweise erreichten normale Lebensspannen von zwei bis drei Jahren.

Die Beobachtungen bei verschiedenen Spezies machen klar, dass sich Einflüsse während der frühen Embryonalentwicklung gravierend auf die Morphogenese der Feten und Nachkommen auswirken können. Durch frühembryonale Verluste gehen bei Schaf, Rind und Ziege über 50% der durch Kerntransfer geklonten Nachkommen verloren, während ohne diese Experimente nur etwa 20–30% an Embryonalverlusten zu erwarten sind. Die meisten Verluste wurden beim Rind im zweiten Monat der Trächtigkeit beobachtet, insbesondere durch Fehlfunktionen zu Beginn der Plazentation (*abnormal placentation*). Charakteristisch sind auch Verluste im letzten Drittel der Trächtigkeit sowie ein häufiges Auftreten von Eihautwassersucht (Hydrops). Tot geborene Lämmer, die aus Kerntransfer resultierten, hatten unvollständig entwickelte Urogenitaltrakte und Gefäßsysteme. Rinderfeten, bei denen für den Kerntransfer stammzellähnliche Spenderzellen verwendet worden waren, fehlten die Cotyledonen (fetaler Anteil der Plazentome), und sie hatten hämorrhagische Veränderungen in den Karunkeln (mütterlicher Anteil der Plazentome).

Aus Kerntransfer stammende Kälber wiesen eine verlängerte vorgeburtliche Entwicklung auf und waren bei der Geburt durchschnittlich um 20–25% größer als Kälber, die mittels üblichem Embryotransfer oder Künstlicher Besamung erstellt worden waren. Ein Anteil von ca. 30% der Kälber ist deutlich größer als normal (*Large Offspring Syndrome, LOS*), was zu Verlusten bei der Abkalbung führen kann – sowohl bei den Kälbern als auch bei den Empfängerkühen. Die Verluste lassen sich vermindern, wenn Kerntransfer-Kälber durch Kaiserschnitt gewonnen werden.

Bei lebend gewonnenen, klinisch unauffälligen Klonkälbern ist die Überlebensfähigkeit während der ersten Lebenswochen normal, und die Entwicklung führt innerhalb weniger Monate zu durchschnittlich großen Tieren. Kerntransfer-Klongeschwister sind aber in den Merkmalswerten untereinander und zum Donorindividuum weniger ähnlich als auf Grund der identischen DNA-Sequenzen in den Genomen zu erwarten wäre. Haben möglicherweise selbst erfolgreich geklonte Tiere zwar eine normale Lebensspanne, aber doch genetische Besonderheiten?

Das breite Spektrum der beobachteten Störungen bei der Entwicklung der geklonten Embryonen, Feten und geborenen Nachkommen wird allgemein durch unvollständige Reprogrammierung und dadurch fehlerhafte Expres-

sion entwicklungsrelevanter Gene erklärt, mit insbesondere folgenden Auswirkungen:
– Die Längen der Telomeren variieren je nach geklontem Tier.
– Es treten Unterschiede im Methylierungsmuster der Gene auf, d.h. verschiedene Imprinting-Zustände. Da methylierte Gene in vielen Fällen nicht aktivierbar sind, können die Merkmale von Tier zu Tier variieren.
– Interaktionen zwischen Spenderchromosomen und Empfängeroocyte beeinflussen die nachfolgenden Differenzierungsprozesse.

Daneben können auch Einflüsse bei der Kultivierung der Donor- und Rezipientenzellen sowie der geklonten Embryonen zu Entwicklungsstörungen führen. Verpaart man allerdings geklonte Tiere, so werden alle epigenetischen Abweichungen durch die Meiose, Gametenbildung und Zygotenentwicklung beseitigt, und die Nachkommen sind völlig normal.

Auch in den Erbanlagen können sich die durch Kerntransfer erzeugten Nachkommen untereinander und vom Elternteil unterscheiden, von dem die Spenderchromosomen stammen. Hierfür gibt es folgende Gründe:
– Wenn die Embryonen aus Empfängeroocyten unterschiedlicher Tiere erstellt wurden, enthalten sie auch unterschiedliche mitochondriale DNA. Eine Mischung von Mitochondrien aus Spender- und Empfängerzelle kann sich phänotypisch auswirken.
– Einige der geklonten Zellen können somatische Mutationen tragen.

Kerntransfer-Klongeschwister werden sich also deutlicher voneinander unterscheiden als monozygote Zwillinge. Erst wenn Empfänger- und Spenderzelle von einem Individuum stammen („Eigen-Kerntransfer") entfällt die Variabilität durch die mitochondriale DNA.

### 22.3.6 Effizienz des Klonens

Ein Klonen durch Kerntransfer wurde in mehreren Spezies erfolgreich durchgeführt (Rind, Schaf, Ziege, Schwein, Pferd, Kaninchen, Katze, Ratte, Maus u.a.). In allen Spezies war der Kerntransfer wenig effizient und führte zu hohen vorgeburtlichen Verlustraten. In der Literatur wird die Effizienz unterschiedlich dargestellt. Manche Autoren vergleichen die Zahl der Blastocysten, die sich in den Ammen weiterentwickeln, andere die Zahl der Oocyten, die für den Kerntransfer verwendet werden, mit der Zahl der geborenen Nachkommen. Gegenwärtig erreicht man bei Spezies, in denen das Kerntransfer-Klonen häufig durchgeführt wird, eine Effizienz von 0–10% (im Durchschnitt < 4%) lebende Geburten pro fusionierte, transferierte Zellen (**Tab. 22.3**). Die Gesamteffizienz des Kerntransferverfahrens liegt also deutlich niedriger als die des mikrochirurgischen Embryoteilungsverfahrens. Wie aus **Tab. 22.3** außerdem zu erkennen ist, wurden bereits zahlreiche Kerntransfer-Experimente durchgeführt, mit jedoch für die einzelnen Spezies je nach Literaturquelle sehr unterschiedlichen Angaben. Die größte bekannt gewordene Gruppe an lebend gebore-

**Tab. 22.3:** Status und Effizienz beim somatischen Zellkerntransfer
Die Angaben der beiden Übersichtsartikel unterscheiden sich stark und beleuchten den uneinheitlichen Informationsstatus.

| Spezies | Zahl der fusionierten und transferierten Zellen | | Zahl der Nachkommen | | Effizienz (%) [1] | |
|---|---|---|---|---|---|---|
| Quelle [2] | (a) | (b) | (a) | (b) | (a) | (b) |
| Schaf | 29 | 229 | 1 | 9 | 3,4 | 9,6 |
| Rind | 3435 | 565 | 148 | 72 | 4,3 | 12,9 |
| Ziege | 47 | 443 | 1 | 20 | 2,1 | 4,5 |
| Schwein | 110 | 4200 | 1 | 25 | 0,9 | 0,6 |
| Kaninchen | 371 | 371 | 4 | 6 | 1,1 | 1,6 |
| Maus | 274 | 2393 | 3 | 42 | 1,1 | 1,8 |

[1] Lebend geborene Nachkommen pro fusionierte, transferierte Zellen in Prozent.
[2] (a) HAN et al. (2003); (b) SHI et al. (2003)

nen Kerntransfer-Klongeschwistern liegt bei 40 Rindern (Fa. INFIGEN, USA), während über Gruppen mit zwei bis fünf Klongeschwistern häufig berichtet wurde.

## 22.4 Anwendungsperspektiven des Klonens

Das Klonen von Tieren besitzt große Anwendungspotenziale für Forschung, Züchtung und Produktion. Eine breite Anwendung könnte die Technologie z.B. beim Rind, Schwein, Schaf und bei der Ziege finden, da in diesen Spezies der potenziell erreichbare Nutzen pro erzeugtes Tier hoch liegt. Die Anwendungsmöglichkeiten der **Embryonenteilung** beziehen sich auf eine kostengünstige Produktion von Embryonen; sie entsprechen weitgehend denen des Embryotransfers (vgl. S. 356ff.) und werden in der Zuchtpraxis bereits benutzt. Demgegenüber wird das **Klonen durch Kerntransfer** auf Grund der niedrigen Effizienz (**Tab. 22.3**) und der variablen Genexpression aktuell nur für spezielle Zwecke eingesetzt. Sobald aber eine größere Effizienz erreicht wird und die unerwünschten Nebenwirkungen auf die Merkmalsbildung behoben sind, werden sich dem Klonen weite Anwendungsfelder erschließen. Die nachfolgend erörterten Anwendungsbereiche des Kerntransfers sollen daher auch die zukünftigen Möglichkeiten beleuchten.

### 22.4.1 Erstellung transgener Tiere über Kerntransfer

Mit Hilfe des Kerntransfers können **Transgene aus somatischen Zellen in Keimbahnzellen** überführt werden. Wie **Abb. 22.24** (S. 431) zeigt, werden zu diesem Zweck zunächst *in vitro* kultivierte Somazellen (z.B. Fibroblasten) transfiziert. Die Zellen lassen sich *in vitro* auf korrekte Integration des Transgens prüfen und selektieren. Nur solche Zellen, die die erwünschte DNA-Integration und Genexpression aufweisen, werden nachfolgend für den Kerntransfer verwendet. Hierdurch erhalten alle Zellen des Nachkommens das Transgen, und dieses wird auch vererbt. Das Verfahren hat eine große Bedeutung und lässt sich in verschiedenen Spezies anwenden (siehe S. 429f.).

Mit Hilfe des Kerntransfers ist es möglich, Tiere mit besonderen **transgenen Eigenschaften identisch zu vermehren**. Durch Klonen können Tiere mit funktionsfähigem Transgen so vermehrt werden, dass die gewünschte Eigenschaft bei mehreren geklonten Nachkommen vorhanden ist. Ein entscheidender Vorteil ist dann, dass es nicht zu einer Neukombination der Erbanlagen kommt, wie dies während Meiose und Befruchtung der Fall ist. Das Klonen erlaubt also z.B. die Verwendung des Genoms eines transgenen Foundertieres, welches das jeweilige Transgen nur in einem der beiden homologen Chromosomen enthält, über viele Generationen und in jeweils mehreren Tieren. In diesen geklonten Tieren wirken evtl. vorhandene nachteilige Insertionsmutationen nicht stärker als im Founder-Tier, und die Effekte des Transgens bleiben in dem ursprünglichen Ausmaß erhalten.

### 22.4.2 Nutzung von Tieren mit besonderen Eigenschaften

Individuen mit definierten genetischen Veränderungen, wie sie in Populationen gefunden oder auch mittels Gentransfer erzeugt werden können, ergeben manchmal wertvolle **Tiermodelle für die Erforschung genetisch bedingter Merkmalsänderungen**, so u.a. für die Untersuchung von cystischer Fibrose, Fettleibigkeit oder Tumoren. Mit Hilfe des Kerntransfers unter Verwendung somatischer Zellen können von bestimmten Individuen mehrere Nachkommen geklont werden, um dadurch die Untersuchungsbedingungen zu verbessern. Bislang war eine solche identische Vermehrung spezieller Tiere nur mit Hilfe von Embryonalen Stammzellen (ES-Zellen) bei der Maus möglich; nunmehr können entsprechende Arbeiten auch in anderen Spezies durchgeführt werden.

Eine weitere Verwendungsmöglichkeit des Klonens liegt in einer potenziell starken **Vermehrung von Tieren, die wertvolle Erbanlagen**, d.h. hohe Zuchtwerte, besitzen. Ein genetisch bedingt überlegenes Tier kann als Spender für das Klonen gewählt werden, um eine schnelle Verbreitung des genetischen Fortschritts in der Tierpopulation zu erreichen (**Abb. 22.8**). Gegenüber der Künstlichen Besamung, mit der nur die väterlichen Gene stark verbreitet werden, wird – wie beim Embryotransfer – jeweils

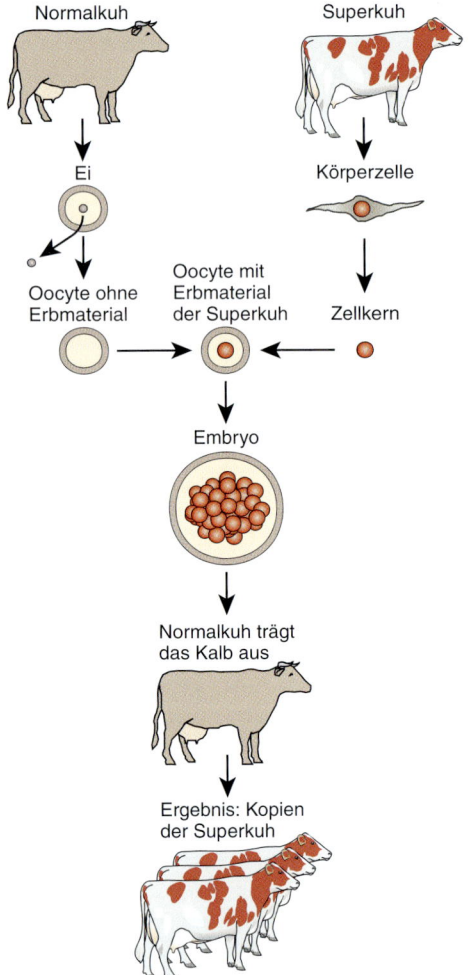

Normalkuh

Superkuh

Ei

Körperzelle

Oocyte ohne Erbmaterial

Oocyte mit Erbmaterial der Superkuh

Zellkern

Embryo

Normalkuh trägt das Kalb aus

Ergebnis: Kopien der Superkuh

**Abb. 22.8:** Ansatz zur Erzeugung und Nutzung geklonter Kühe (nach Schulze 1979 modif.)

Das Erbgut aus Körperzellen einer Hochleistungskuh („Superkuh") kann gewonnen und in entkernte Eizellen anderer Kühe übertragen werden. Auf diese Weise werden mehrere Kälber entstehen, deren Erbmaterial dem der Hochleistungskuh gleicht.

das gesamte Genom vermehrt. Dabei handelt es sich zudem um gleichartige Genotypkopien, die identisch zum Genotyp des Ausgangstieres sind.

Die Möglichkeit kann für verschiedene Zielsetzungen genutzt werden. Beispielsweise können Tiergruppen erstellt werden, deren Merkmale sich für spezifische Marktnischen besonders eignen (Bildung diversifizierter Pro-

duktionslinien). Vorteilhaft kann es sein, wenn jeweils ein Betrieb gleichartige Tiere halten könnte, um eine darauf optimierte Fütterung und Nutzung zu realisieren. In Japan beispielsweise, wo bis Februar 2003 bereits 336 geklonte Rinder erzeugt wurden, wird eine konkrete Anwendung in der Erzeugung von Delikatessfleisch einheitlicher Qualität gesehen. Auch an ein Klonen von Heim- oder Gebrauchstieren, die sich besonders bewährt haben, wird gedacht – etwa von bestimmten Polizei- oder Blindenhunden. Viele Menschen können sich vorstellen, ein ihnen nahe stehendes Tier klonen zu lassen. Sie hoffen, dann wieder ein Tier mit ähnlichem Aussehen und Verhaltenseigenschaften zu erhalten. Daher haben sich in den USA Forschergruppen und Firmen auf das Klonen von Hunden und Katzen orientiert. Allerdings sind die Ergebnisse gegenwärtig noch enttäuschend, da der Aufwand hoch liegt und die geklonten Tiere den Spenderindividuen weniger ähnlich sind als erwartet wurde.

### 22.4.3 Erstellung von Tiergruppen für die Untersuchung der Erblichkeit von Merkmalen

Eine Verwendung von weitgehend erbgleichen Klongeschwistern in wissenschaftlichen Versuchsreihen erlaubt es, Testparameter zu untersuchen, ohne dass störende Einflüsse durch unbekannte genetische Ursachen vorliegen. Theoretisch kann die Prüfung von Klongeschwistern eine sehr genaue Zuchtwertschätzung für das Donorgenom erreichen. Zudem eignen sich Klongruppen, um Effekte unterschiedlicher Umweltbedingungen, wie z.B. Fütterungseinflüsse, auf die Merkmalsausbildung zu erfassen und Genotyp/Umwelt-Interaktionen zu schätzen. Wie zuvor ausgeführt wurde (S. 397f.), eignet sich der gegenwärtige technische Status der Verfahren noch nicht für einen solchen Anwendungsbereich.

## 22.4.4 Erhaltung genetischer Diversität

Die Erzeugung kleiner bis mittlerer Gruppen geklonter Tiere für jeweils spezifische Produktions- und Haltungsbedingungen kann zu einer diversifizierenden Tierzüchtung beitragen. Bei Kenntnissen über Gene für tierzüchterisch wichtige Merkmale wird man auf unterschiedliche Genvarianten in den einzelnen Klonen achten und so aktiv für einen wirkungsvollen Erhalt genetischer Vielfalt bei Nutztieren sorgen.

Die Kerntransfertechnologie, insbesondere unter Verwendung somatischer Zellen, kann zudem für die Erhaltung bedrohter Rassen eingesetzt werden. Beispielsweise gelang es neuseeländischen Wissenschaftlern, aus der letzten überlebenden Kuh der Rasse Enderby-Island insgesamt 20 Kälber zu klonen. Die Rasse Enderby-Island ist durch ihre Eigenschaft, bei Temperaturen unter 0°C zu überleben, von besonderem Interesse. Die Kuh war zu alt für eine Trächtigkeit, und es stand kein reinrassiger Bulle mehr für eine Besamung von Eizellen zur Verfügung. Körperzellen der verbliebenen Kuh wurden daher mit entkernten Oocyten von Kühen anderer Rassen verschmolzen und die rekonstituierten Embryonen von Ammenkühen ausgetragen.

Es wird auch daran gearbeitet, geklonte Zellen in Oocyten einer anderen Spezies zu übertragen. Ziel ist es, Zellen von Individuen einer bedrohten Spezies in Blastocysten einer Spezies zu kultivieren, in der weibliche Tiere für den Embryotransfer leicht zur Verfügung gestellt werden können. Dies erscheint im Prinzip aussichtsreich, da sich in anderen Experimenten gezeigt hatte, dass Empfänger-Embryonen (z.B. vom Rind) mit ICM-Zellen, die von anderen Spezies (z.B. vom Schaf) stammen, eine Embryonalentwicklung gewährleisten können (siehe S. 381ff.). Fetale Fibroblasten von Schaf, Schwein oder Affe ließen nach Übertragung in entkernte Rinderoocyten Merkmale für eine erfolgreiche Rückprogrammierung erkennen und erbrachten gleich hohe oder sogar höhere Entwicklungsraten bis zum Blastocystenstadium als homologe fetale Fibroblasten.

Beispiele für den wünschenswerten Einsatz des Klonens bei der Rettung einer Spezies sind Arbeiten am Riesenpanda, am Gepard oder an gefährdeten Rinder- und Antilopenarten. Ge-

glückt ist der Einsatz des Klonens beim Banteng, einem in der Existenz bedrohten südostasiatischen Wildrind, von dem Körperzellen in Eizellen des Hausrindes zu einem Kalb führten (**Abb. 22.9**), das jedoch bald nach der Geburt verstarb. Spektakulär dagegen ist der Ansatz, der vorgeschlagen wurde, um den Riesenpanda vor dem Aussterben zu bewahren. Die durch Klonen gewonnenen Embryonen sollen von Weibchen einer wenig mit dem Riesenpanda verwandten Spezies (Braunbär) ausgetragen werden. Ein Erfolg erscheint unwahrscheinlich und würde eine wissenschaftliche Sensation sein.

## 22.4.5 Therapeutisches Klonen

Die Verfahren des experimentellen Klonens erregen auch deshalb Aufsehen, weil damit das Erbmaterial von differenzierten Zellen zurückprogrammiert werden kann. Eine solche Rückgewinnung der Pluripotenz kann weiteren Zwecken dienen. So ist es gelungen, Zellen für spezifische Gewebe oder Organe zu erzeugen und damit neue Therapieformen in der Medizin zu schaffen. Bei einem solchen **therapeutischen Klonen** (*therapeutic* oder *embryo cloning*) werden Blastocysten nach Kerntransfer aus einer somatischen Spenderzelle erzeugt. Der Embryoblast (ICM) wird dann isoliert und auf Feeder-Zellen kultiviert (vgl. **Abb. 1.20**, S. 45). Die so zu etablierenden, pluripotenten Stammzellen können in der Medizin eingesetzt werden, um Gewebe oder Organe zu regenerieren. Durch Einflüsse der Kulturbedingungen werden ES-Zellen in bestimmte Zelltypen (z.B. Herzmuskel-, Nerven- oder Fettzellen) differenziert (siehe S. 45ff.). Diese Zellen können dann – evtl. nach Gentransfer – dazu gebracht werden, die gewünschten Zellleistungen zu entwickeln (***Tissue-Engineering**, **Abb. 22.10**).

Auf eine ähnliche Weise werden beim Menschen homologe Zell- oder Gewebeverbände erzeugt. Bei Verwendung des Kerntransfers kann zudem dafür gesorgt werden, dass der Zellkern aus dem Organismus des jeweiligen Patienten stammt (**Abb. 22.11**). Solche autologen Zellen werden nach Transplantation nicht vom Immunsystem abgestoßen, so dass ein potenzieller Nutzen für die Organtransplantation gesehen wird. Außerdem scheint es zu gelingen, alters- oder gendefektbedingte Organfehl- oder -minderleis-

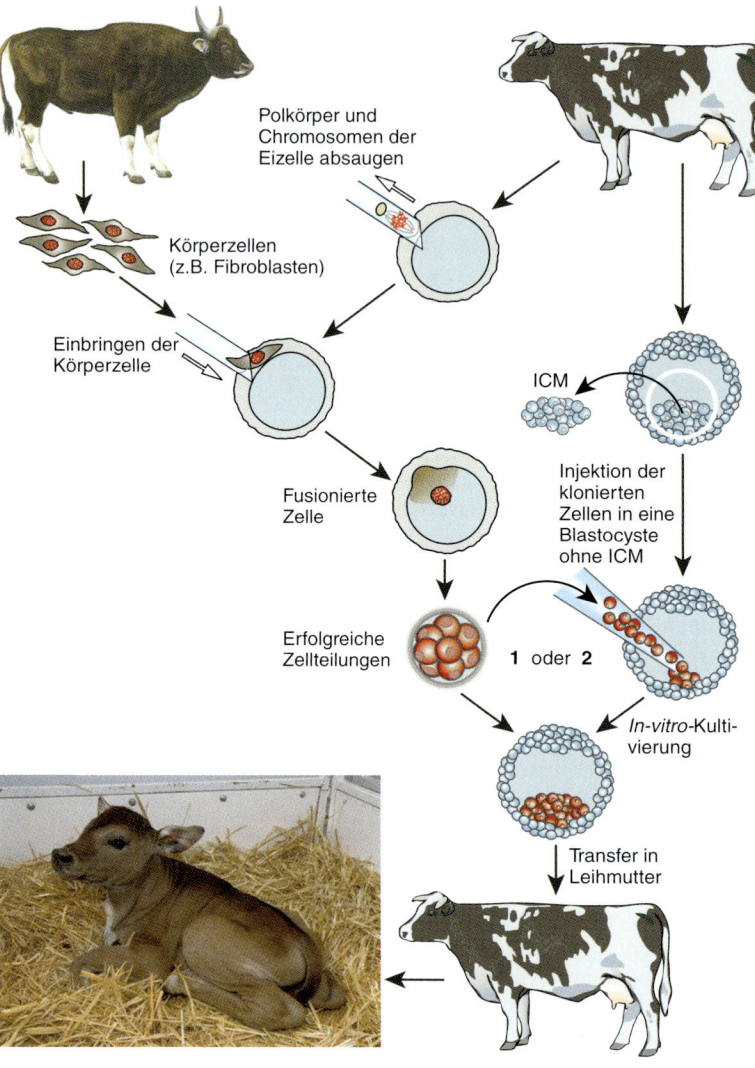

Polkörper und
Chromosomen der
Eizelle absaugen

Körperzellen
(z.B. Fibroblasten)

Einbringen der
Körperzelle

ICM

Fusionierte
Zelle

Injektion der
klonierten
Zellen in eine
Blastocyste
ohne ICM

Erfolgreiche
Zellteilungen

**1** oder **2**

In-vitro-Kultivierung

Transfer in
Leihmutter

**Abb. 22.9:** Einsatz des Klonens zur Erhaltung einer Spezies: Klonen des Banteng durch Kerntransfer in die Oocyte einer domestizierten Kuh

Der Banteng ist ein fast ausgestorbenes Wildrind. Zur Regeneration von Tieren im Zoo San Diego wurde daher tiefgefroren aufbewahrtes Zellmaterial (Fibroblastenzellen) benutzt, das von einem vor längerer Zeit gestorbenen Tier stammte. Die Zellen wurden mit zuvor entkernten Eizellen von einem weiblichen Tier der Empfängerspezies fusioniert. Nach erfolgreichen Teilungen entstanden pluripotente Zellen, deren Kerne das Banteng-Erbgut trugen. Diese wurden nach *In-vitro*-Kultivierung bis zum Blastocystenstadium (1) in ein weibliches Tier einer verwandten Spezies (Hausrind) eingepflanzt. Alternativ können die pluripotenten Zellen in einen Empfänger-Embryo injiziert werden, dem die ICM entfernt wurde (2). In diesem Fall bestehen die Zellschichten, die mit der Ammenmutter in Kontakt treten, aus arteigenen Zellen, was die Embryonalentwicklung unterstützen kann. Das Hausrind hat als Ammenmutter nachfolgend das geklonte Banteng-Kalb erfolgreich ausgetragen. Es wurde am 3.04.2003 im Zoo Iowa (USA) geboren (SanDiego Zoo 2004), starb aber wenig später.

tungen zu kompensieren, wie Alzheimer oder Parkinson-Erkrankungen, indem für den Patienten neue, leistungsfähige Zellen geklont werden. Beispielsweise wurde bereits eine Differenzierung in neuronale Zellen induziert, die Dopamin exprimieren – die Substanz, die bei Parkinson-Erkrankungen nicht mehr in ausreichendem Maße gebildet wird. Nach Übertragung solcher Zellen in das Gehirn von Parkinson erkrankten Ratten ließ sich eine Dopaminexpression nach-

weisen. Arbeiten bei Tieren haben also Modellcharakter für ähnliche Studien und schließlich für die Anwendung im humanen Bereich.

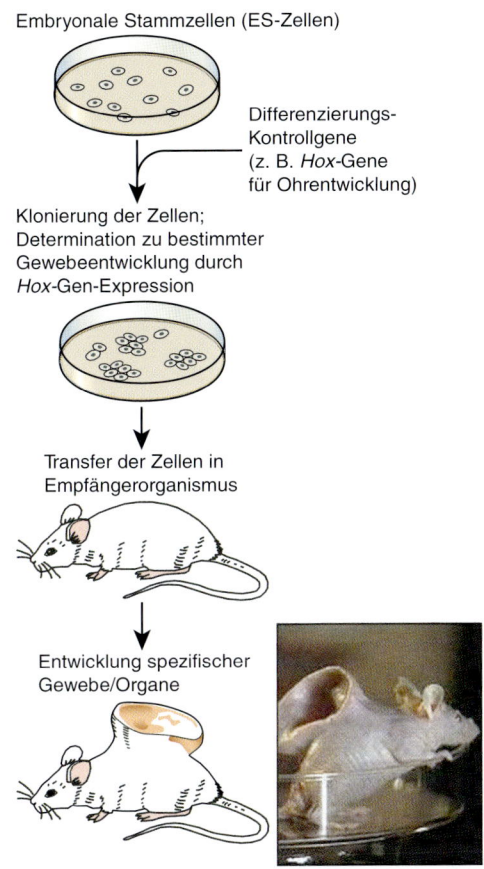

Embryonale Stammzellen (ES-Zellen)

Differenzierungs-
Kontrollgene
(z. B. *Hox*-Gene
für Ohrentwicklung)

Klonierung der Zellen;
Determination zu bestimmter
Gewebeentwicklung durch
*Hox*-Gen-Expression

Transfer der Zellen in
Empfängerorganismus

Entwicklung spezifischer
Gewebe/Organe

**Abb. 22.10:** Erzeugung eines Gewebes bei der Maus durch Beeinflussung embryonaler Stammzellen (*Tissue Engineering*)

VACANTI UND VACANTI (1997) und TERADA ET AL. (2000) beschrieben, wie Differenzierungskontrollgene – im Beispiel wird ein *Hox*-Gen für die Ohrentwicklung des Menschen illustriert – in embryonale Stammzellen der Maus einzubringen sind. Die Empfängerzellen lassen sich dann vermehren. Durch Expression der *Hox*-Gene werden die Zellen für eine spezielle Gewebeentwicklung determiniert. Nach Transfer der Zellen in einen Empfängerorganismus führte die Determination der Zellen zur Bildung eines artfremden Organs – in der Abbildung ein Ohr. Die Experimente erregten weltweit Aufmerksamkeit, und man hat weit reichende Anwendungen abgeleitet, auch z. B. die Produktion bestimmter Hormone oder Wachstumsfaktoren im Empfängerorganismus.

## 22.5 Probleme bei der Anwendung des Klonens

Die Kerntransfertechnologie ist sehr aufwendig und liefert keine gleichmäßigen Ergebnisse. Die Techniken werden jedoch zunehmend verbessert und verfeinert. Damit werden sich die Anwendungen erweitern, was gleichzeitig Fragen nach möglichen Problemen aufwirft. Folgende Problembereiche lassen sich für Arbeiten an Tieren erkennen:

– **Schwergeburten und Missbildungen.** Ein aktuelles Problem bei der Anwendung des Kerntransfers mit embryonalen wie auch differenzierten Spenderzellen ist der relativ hohe Anteil an verlängerten Trächtigkeiten sowie den bei Geburt übergroßen Nachkommen und Missbildungen. Damit sind Tierverluste wie auch erhebliche Schwierigkeiten während der Geburt und Jugendentwicklung verbunden. Eine breitere Anwendung des Klonens setzt bereits aus Kostengründen voraus, dass derartige Nebenwirkungen reduziert werden können. Erfahrungen mit Schwergeburten aus der konventionellen Rinderzucht zeigen, dass sorgfältiges Management und rechtzeitiges Eingreifen, wie z. B. medikamentöse Geburtsauslösung oder Kaiserschnitt, helfen können. Ziel muss es aber sein, die Ursachen zu erkennen, durch die sich *in vitro* erzeugte Embryonen verändert entwickeln, und die Verfahren günstiger als bisher zu gestalten.

– **Verlust an genetischer Vielfalt.** Im Zusammenhang mit dem Klonen lassen sich – möglicherweise schneller und weitgehender als bisher – Zuchtlinien mit genetisch identischen Tieren (d. h. gleiche DNA-Sequenz) erstellen. Dies würde zu einem Verlust an genetischer Vielfalt führen und zukünftige Selektionsarbeit erschweren. Bei einer breiten Anwendung des Klonens in der Zucht ist die Erhaltung der genetischen Variabilität daher ein ernstes Problem. Dem möglichen Verlust an genetischer Variabilität kann durch rechtzeitige Kryokonservierung von Sperma und Embryonen entgegengewirkt werden.

– **Krankheitsübertragung.** Bedingt durch die Vorgänge der Enucleation und Spenderzellübertragung ist die *Zona pellucida* nicht mehr intakt. Die intakte *Zona pellucida* stellt aber eine wirksame Barriere gegenüber Infek-

**Abb. 22.11:** Konzept des therapeutischen Klonens

Dem Patienten werden intakte Körperzellen entnommen (a). Eine fremde Eizelle wird entkernt und dann mit einer Körperzelle des Patienten verschmolzen (b). Es entsteht eine Zelle, die bis zum Blastocystenstadium kultiviert wird (c). Aus der Blastocyste werden ICM-Zellen (*inner cell mass*) entnommen und in einer Kulturschale als embryonale Stammzellen weiter vermehrt (d). Diese Zellen werden zu Stammzellen (teilungsfähigen Vorläuferzellen) des gewünschten Gewebes differenziert (e). Abschließend werden die Zellen in das defekte Organ des Patienten implantiert (f). Bei Erfolg bilden sie dort gesundes Gewebe.

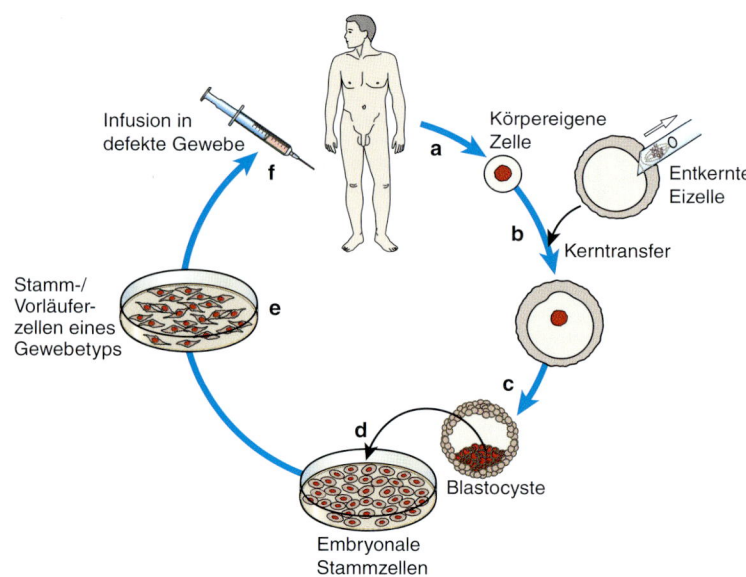

tionserreger dar. Bei der Produktion geklonter Embryonen sind deshalb besondere hygienische Bedingungen einzuhalten und sorgfältige Prüfungen durchzuführen.

## Zusammenfassung

– Klone lassen sich beim Tier durch Isolierung von Zellen, durch mikrochirurgische Teilung frühembryonaler Entwicklungsstadien oder durch Transfer einer kernhaltigen Körperzelle in eine Oocyte (Kerntransfer) erzeugen.
– Mit Hilfe des Kerntransfers werden potenziell große Gruppen an Nachkommen, die eine gleiche DNA-Sequenz aufweisen, erstellt. Auch Kerne aus differenzierten Körperzellen werden für das Klonen erfolgreich verwendet.
– Das Klonen von Tieren besitzt weitreichende Anwendungsperspektiven für die Erstellung und Vermehrung von transgenen Tieren, die Vermehrung von Tieren mit besonderen Eigenschaften, die Analyse der Erbanlagen und die Erhaltung genetischer Diversität.
– Eine Generierung von pluripotenten Zellen kann der Erzeugung spezifischer Gewebe oder Organe dienen und damit neue Therapieformen in der Medizin schaffen.
– Das Klonen ist zurzeit noch wenig effizient; an der Weiterentwicklung der Techniken wird intensiv gearbeitet.

# Teil IV

# Mutagenese und Gentransfer

# 23 Erzeugung transgener Tiere

Unter **Gentransfer** versteht man die Übertragung von *in vitro* erzeugter DNA (**DNA-** oder **Genkonstrukt, Transgen**) in Körper- oder Keimbahnzellen. Zellen bzw. Individuen sollen die neu eingeführte DNA in erblicher Form tragen und damit **transgen** werden. Je nachdem, in welchem Entwicklungsstadium der Empfängerzelle(n) das Transgen integriert wird, kann der Organismus dieses in allen Zellen, in einigen Zellen oder nur in den Zellen einzelner Organe oder Gewebe tragen. Ein **transgenes Tier** soll jedoch im Allgemeinen das Transgen in allen Zellen besitzen. Zielsetzung ist bei den meisten Experimenten der Einbau der transferierten DNA in das Genom der Empfängerzellen, damit das Transgen gemeinsam mit den Chromosomen auf alle Tochterzellen verteilt wird. Oft wird erst dann von einer transgenen Zelle oder einem transgenen Individuum gesprochen, wenn die transferierte DNA in das Genom des Empfängers integriert ist. Die transferierte DNA soll fast immer exprimiert werden, d.h. zu einem oder mehreren Genprodukten (meist Proteinen) führen. Durch Gentransfer können Eigenschaften der Empfängerzellen bzw. des Empfängerorganismus beeinflusst werden oder neu entstehen. Erfolgt der Transfer des Genkonstruktes in die Keimbahnzellen, kann die Weitergabe an die Nachkommen erfolgen (**Keimbahn-Gentransfer**) und zur Erstellung mehrer einheitlich transgener Tiere (**transgene Linie** oder **transgener Stamm**) führen.

**Tab. 23.1** listet einige Meilensteine in der Transgen-Forschung beim Tier auf. Erste Arbeiten zum Gentransfer wurden an Modellorganismen vorgenommen. Ein wesentlicher Schritt bei der Integration zusätzlicher Gene in einen Säugetierorganismus gelangen PALMITER ET AL. (1982) bei der Maus: Durch Einfügen von Kopien eines DNA-Konstruktes für das Wachstumshormon codierende Gen in befruchtete Eizellen entstanden transgene Mäuse, die im Vergleich zu nicht-transgenen Geschwistertieren wesentlich größer waren.

Nachfolgend wird die Gentransfer-Technologie im Überblick dargestellt. Hierbei werden zunächst Zielsetzungen, Strategien sowie technische Verfahren bei der Erzeugung transgener Tiere erklärt. Abschließend werden Nachweismethoden der Transgene sowie die Tierversuchstechniken dargestellt. Auf die wirtschaftliche Nutzung transgener Tiere wird in einem getrennten Kapitel (siehe S. 571ff.) eingegangen.

**Tab. 23.1:** Meilensteine bei der Erzeugung transgener Tiere

| Beitrag | Jahr der Publikation | Literatur |
| --- | --- | --- |
| Expression von Fremdgenen nach deren Transfektion in kultivierte Zellen | 1973 | GRAHAM und VAN DER EB |
| Erster DNA-Transfer in Eizellen beim Wirbeltier (*Xenopus*) | 1977 | GURDON |
| Erste transgene Maus mit Expression des Transgens | 1980 | GORDON et al. |
| Transgene Maus (cDNA für humanes Wachstumshormon) mit gesteigertem Wachstum | 1982 | PALMITER et al. |
| Erste transgene Nutztiere (Schwein, Kaninchen, Schaf) | 1985 | BREM et al.; HAMMER et al. |
| Erste *Knockout*-Maus | 1987 | THOMAS und CAPECCHI |
| Gentransfer mit Spermien beim Huhn | 1989 | LAVITRANO et al. |
| Anwendung des Kerntransfers (beim Klonen) für die Erstellung eines transgenen Schafes | 1997 | SCHNIEKE et al. |

## 23.1 Zielsetzungen bei der Erzeugung transgener Tiere

Bei der Generierung transgener Tiere lassen sich mehrere Arbeitsrichtungen unterscheiden (**Abb. 23.1**). Transgene Tiere werden zum einen erzeugt, um zusätzliche, heterologe Substanzen – oft in Form von humanen Proteinen – zu gewinnen. Dieser auch als *Gene-Farming (Molecular-, Drug-Farming)* bezeichnete Anwendungsbereich beabsichtigt vor allem die Herstellung pharmazeutisch nutzbarer Substanzen; daher wird auch die Bezeichnung *Gene-Pharming* gewählt (**Abb. 23.2**). Eine zweite prinzipielle Verwendung der Gentransfertechnik zielt auf die Entwicklung veränderter oder neuer Merkmale an den Tieren ab. Auf diesem Wege werden **transgene Zuchtlinien** erstellt, die einen besonderen wissenschaftlichen oder/und wirtschaftlichen Wert besitzen. Dies gilt z. B. für die Untersuchung entwicklungsbiologischer Systeme oder Krankheiten, und man spricht in diesem Zusammenhang auch von **transgenen Tiermodellen**. Im Einzelnen gibt es sehr verschiedene Anwendungsperspektiven für transgene Tiere (siehe S. 571 ff.):

– **Analyse von Genfunktionen, Embryonalentwicklung sowie Merkmals- und Verhaltensdifferenzierung.** Das Ausschalten oder Hinzufügen einzelner Gene eines Genoms erlaubt Rückschlüsse auf die Funktion der betreffenden Gene in einem Organismus (siehe S. 266 ff.). Dies gilt vor allem für Gene, die bei ihrem Ausschalten nicht zum Tod des Tieres führen, sondern lediglich einige Merkmale verändern. Wesentlich erweiterte Betrachtungen sind möglich, indem die entsprechenden Gene nur in bestimmten Organen und induzierbar inaktiviert werden. Dies wird beispielsweise bei einigen transgenen Mäusen erreicht.

– **Analyse von Krankheitsursachen.** Von erheblicher Bedeutung sind transgene Tiermodelle für die Analyse von Erkrankungen. Verursacht eine Genmutation das Krankheitsbild, so kann man versuchen, die Fehlfunktion des mutierten Gens durch Einfügen eines entsprechenden Transgens zu kompensieren. Oft reicht dazu bereits eine Überproduktion des entsprechenden Wildtyp-Genproduktes. Ein anderes Vorgehen ist das experimentelle Ausschalten von Genprodukten an bestimmten Stellen eines Stoffwechselweges. Beispielsweise werden transgene Mäuse mit Defekten in der Muskeldifferenzierung oder mit Diabetes erzeugt, die Symptome wie bei humanen Erkrankungen zeigen.

– **Transgene Tiere für toxikologische Tests.** Hierzu gehört z. B. die Erstellung besonders sensitiver Tiere gegen Carcinogene (krebserzeugende Substanzen oder Strahlung), Mutagene (mutationsauslösende Faktoren) und/oder Toxine (Gifte), um damit deren Ein-

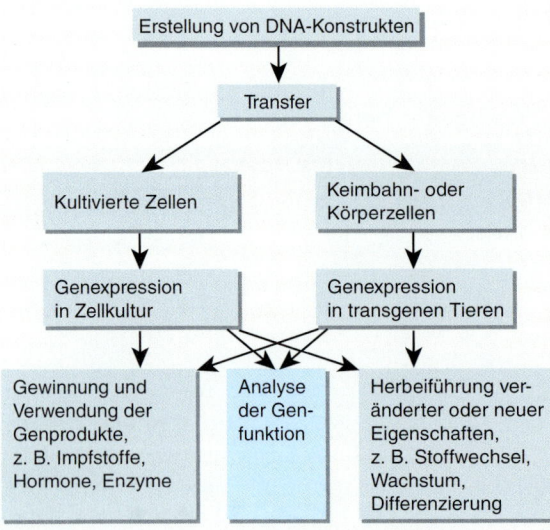

**Abb. 23.1:** Arbeitsschritte und Ziele beim Gentransfer

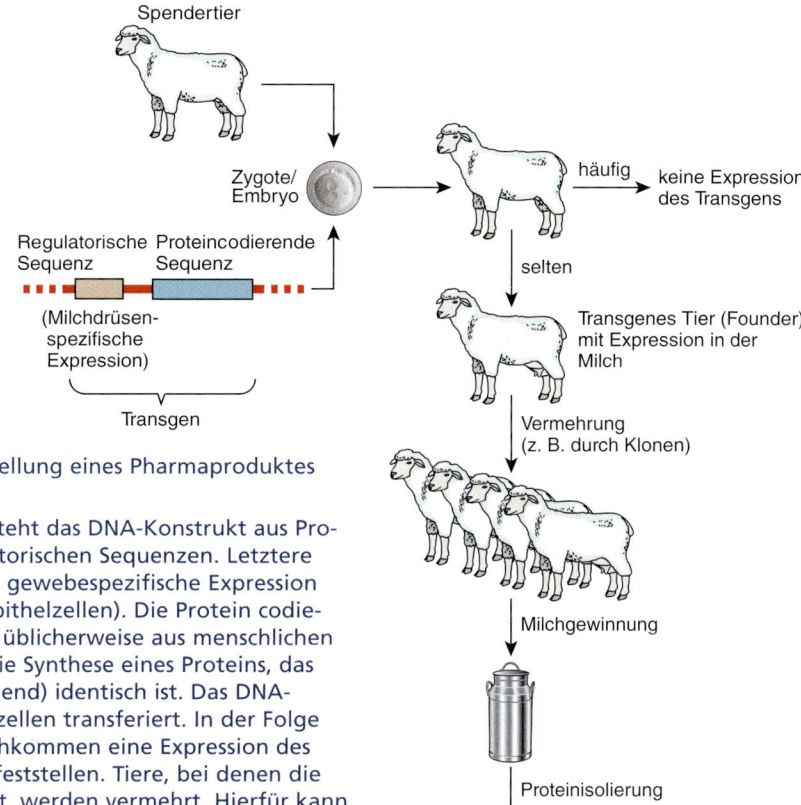

Spendertier

Zygote/
Embryo

Regulatorische Proteincodierende
Sequenz        Sequenz

(Milchdrüsen-
spezifische
Expression)

Transgen

häufig → keine Expression
des Transgens

selten

Transgenes Tier (Founder)
mit Expression in der
Milch

Vermehrung
(z. B. durch Klonen)

Milchgewinnung

Proteinisolierung

Heterologes
Protein

**Abb. 23.2:** Schema zur Herstellung eines Pharmaproduktes in einem transgenen Tier

Im dargestellten Schema besteht das DNA-Konstrukt aus Protein codierenden und regulatorischen Sequenzen. Letztere bewirken eine starke, jedoch gewebespezifische Expression (im Beispiel in Milchdrüsenepithelzellen). Die Protein codierenden Sequenzen stammen üblicherweise aus menschlichen Genen und steuern im Tier die Synthese eines Proteins, das dem von Menschen (weitgehend) identisch ist. Das DNA-Konstrukt wird in Keimbahnzellen transferiert. In der Folge lässt sich bei transgenen Nachkommen eine Expression des neuen Proteins in der Milch feststellen. Tiere, bei denen die Expression besonders stark ist, werden vermehrt. Hierfür kann die Übertragung von Zellkernen aus Geweben in entkernte Eizellen dienen, also das Klonen (vgl. S. 391ff.).

flüsse auf Organismen genau erfassen zu können. Beispielsweise wurde eine transgene Mäuselinie, die als Modell für Krebserkrankungen dienen konnte („Harvard-Krebsmaus"), bereits im Jahre 1988 in den USA und 1992 in Europa patentiert.

– **Transgene Tiere für den Einsatz in der Transplantationsmedizin und Immunologie.** Mit Hilfe transgener Mausmodelle wurde der Mechanismus der Gewebeabstoßung untersucht. Stark beachtet werden transgene Tiere (insbesondere Schweine), die so beeinflusst wurden, dass deren Gewebe und Organe auf den Menschen übertragen werden können (Xenotransplantation, siehe S. 581ff.). Ein weiteres Beispiel ist die Produktion von Antikörpern in transgenen Tieren (siehe S. 584ff.). Diese Antikörper kann man sehr spezifisch und in großen Mengen erzeugen.

– **Gewinnung zusätzlicher, heterologer Substanzen** – oft in Form von humanen Proteinen

(*Gene-, Molecular-, Drug-Farming*). Für die Entwicklungsarbeiten werden u.a. Schafe, Ziegen oder Rinder benutzt (**Abb. 23.2**). Die Tiere dienen gewissermaßen als „Bioreaktoren", um große Mengen eines Transgenprodukts z.B. aus der Milch gewinnen zu können. Vor allem Proteine, die eine komplizierte posttranslationale Modifikation (z.B. Glykosylierung) erfahren, sind lohnende Objekte für die Erzeugung in transgenen Tieren.

– **Verbesserung von Merkmalen landwirtschaftlicher Nutztiere** (Produktion, Reproduktion, Vitalität, Krankheitsresistenz etc.). Die ersten transgenen Mäuse trugen ein Wachstumshormon codierendes Gen und wurden etwa doppelt so groß wie ihre nichttransgenen Geschwistertiere. Bei Tierzüchtern kamen daher schnell Gedanken auf, auch Nutztiere genetisch zu modifizieren, um deren Marktwert zu erhöhen. Durch Transfer des Gens für das Wachstumshormon oder für das

Wachstumshormon-Releasing-Hormon wurden Schweine, Kaninchen, Schafe und Fische generiert, die ein gesteigertes Wachstum aufweisen. In weiteren Experimenten geht es um die Erzeugung von Krankheitsresistenzen, die Generierung neuer Stoffwechselpfade oder eine Veränderung der Gerüstproteine von Wolle oder Seide.

## 23.2 Strategien beim Gentransfer in Keimbahnzellen

Unter **Strategie** beim Gentransfer wird die Art der damit ausgelösten genetischen Änderung verstanden. Wie **Abb. 23.3** skizziert, können im Prinzip zwei Arten der genetischen Veränderung in den **Zielzellen (Empfänger-, Rezipientenzellen)** unterschieden werden:
– **Insertion (Genaddition)** des Transgens an mehr oder weniger zufälligen, meist mehreren Stellen des Genoms oder
– **zielgerichtete Integration (*Gene Targeting*)** des Transgens an einem ausgewählten Locus.

### 23.2.1 Insertion des Transgens an mehr oder weniger zufälligen Stellen des Genoms

Hierbei handelt es sich stets um eine **Genaddition**. Pro Experiment werden meist mehrere Insertionen erzielt, wobei die Orte der Integration und die Anzahl der eingefügten Kopien des Transgens in etwa zufällig sind. Das Transgen wird an nicht-homologer Stelle eingeführt. Zur Beeinflussung der Genexpression dienen dann zwei Ansätze:
– **Erzeugung zusätzlicher Genexpression durch Genaddition.** Durch Einfügen von DNA-Konstrukten an vielen Stellen des Genoms wird im Allgemeinen eine zusätzliche, meist möglichst starke Expression der Genprodukte bezweckt (**Überexpression**).
– **Inhibition der Genexpression (Repression) durch Genaddition.** Eine Genexpression kann inhibiert werden, indem das zusätzlich eingefügte DNA-Konstrukt zur Expression von Substanzen (RNA, Proteine) führt, welche die ursprüngliche Funktion des endogenen Genproduktes verhindern. Die Inhibition ist auf RNA- und Protein-Ebene möglich,

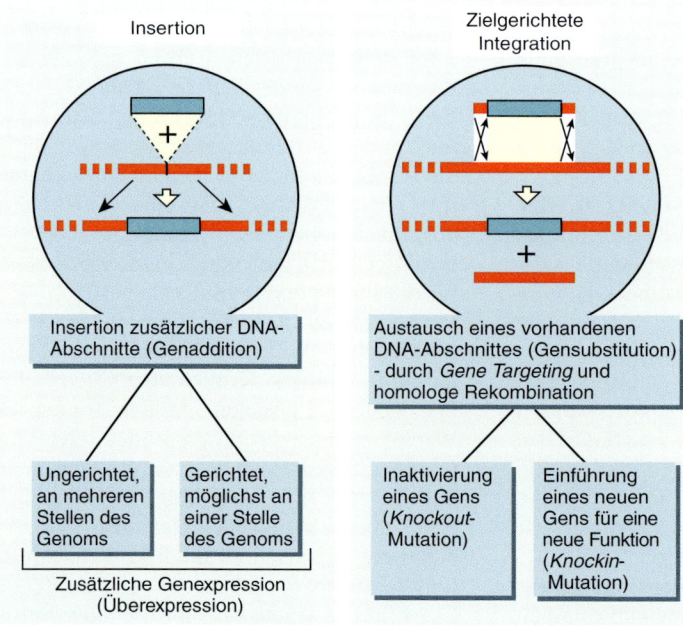

**Abb. 23.3:** Strategien beim Gentransfer

Erklärungen siehe Text.

so z. B. durch *Gene-Trapping* (siehe S. 415ff.) oder *Antisense*-Gene (siehe **Abb. 24.11**, S. 458).

## 23.2.2 Zielgerichtete Integration des Transgens an einem ausge-wählten Locus des Genoms

Alle zielgerichteten Änderungen einzelner DNA-Abschnitte des Genoms fasst man unter dem Begriff *Gene Targeting* zusammen. *Gene Targeting* erfordert auf dem Niveau der chromosomalen DNA ein Auffinden des gewünschten Gens (*Gene Targeting* im engeren Sinne) und eine nachfolgende homologe Rekombination des neu eingeführten DNA-Materials. Hierdurch tritt das Transgen an die Stelle der ursprünglichen, endogenen DNA-Sequenz (**Gensubstitution**, *Gene Replacement*), und das Ausgangsgen (Wildtypallel) wird in eine Struktur überführt, welche die erwünschte Funktion (d. h. Expression oder Verhinderung einer Expression) erlaubt. Die *Gene-Replacement*-Methode wird zur gezielten Inaktivierung von Genen (*Knockout*-**Mutation**) verwendet. Umgekehrt ist aber auch eine gezielte Einführung einer neuen, erwünschten Genfunktion möglich (*Knockin*-**Mutation**).

Eine zielgerichtete Integration des Transgens in einen Locus mit homologen Sequenzen ist in einem großen Genom ein sehr seltenes Ereignis. Daher werden homologe Rekombinationen experimentell stimuliert. Hierbei werden Abschnitte, in denen die betreffenden DNA-Doppelstränge homologe Bereiche aufweisen, zwischen den DNA-Molekülen ausgetauscht. Die dazu erforderlichen enzymatischen Prozesse werden in proliferierenden Zellen (oft in embryonalen Stammzellen) aktiviert und können mit Hilfe der DNA-Konstrukte verstärkt werden. Die DNA-Konstrukte tragen außerdem Markergene, durch deren Produkte die Zellen, in welchen die gewünschte homologe Rekombination stattgefunden hat, selektiert werden können. Dies geschieht im Allgemeinen während der Kultivierung der Rezipientenzellen, indem das Ereignis der homologen Rekombination durch spezielle Zelleigenschaften (z. B. Antibiotikaresistenz) oder DNA-Analysen (PCR oder *Southern Blotting*) identifiziert und oft gleichzeitig zur Anreicherung der Zellen benutzt wird.

Das Verfahren des *Gene Targeting* stellt erhebliche experimentelle Anforderungen. Für viele Anwendungen – wie z. B. zur Gentherapie von Erbkrankheiten oder für tierzüchterische Projekte – ist aber der spezifische Ersatz eines Gens durch eine günstigere Variante von großer Wichtigkeit. Bisher gelang eine Gensubstitution vor allem bei embryonalen Stammzellen (ES-Zellen) von Mäusen (siehe S. 422ff.). Mehrere Beispiele zeigen, dass ein Klonen mit Kernen auch aus bereits differenzierten Zellen bei verschiedenen Tierarten möglich ist (siehe S. 429f.) und für ein *Gene Targeting* einsetzbar ist. Für diesen Einsatz werden von kultivierten Körperzellen solche ausgewählt, die das Transgen an homologer Stelle eingebaut haben. ES-Zellen werden Empfängerembryonen zugefügt (**Abb. 23.20**, S. 426), oder differenzierte Zellen werden in Eizellen übertragen (mit Hilfe des Zellkerntransfers, **Abb. 23.24**, S. 431).

## 23.3 Erstellung von DNA-Konstrukten für den Gentransfer

Je nachdem, welches Resultat man mit den transgenen Tieren erreichen möchte, bedarf es sehr unterschiedlicher **DNA-Konstrukte (Genkonstrukte, Transgene, Vektoren)**. In fast jedem Fall besteht das DNA-Konstrukt für den Gentransfer aus einer *in vitro* erzeugten Kombination von regulatorischen und codierenden DNA-Sequenzen (**Abb. 23.4**). Das DNA-Konstrukt kann Abschnitte enthalten, die aus derselben Spezies (arteigene oder autologe Sequenzen) oder aus anderen Spezies (artfremde oder heterologe Sequenzen) stammen oder auch synthetisch hergestellt sind. Für die Klonierung und den Transfer befindet sich das DNA-Konstrukt oft in einem Vektormolekül (z. B. Plasmid, Cosmid). Folgende generelle Anforderungen gelten für DNA-Konstrukte:

– Das DNA-Molekül sollte ausreichend lang sein, hoch gereinigt und linearisiert vorliegen sowie definierte Enden aufweisen. Die Integrationsrate der mikroinjizierten DNA liegt im Allgemeinen umso höher, je höher der Anteil intakter, linearisierter DNA-Moleküle ist. DNA-Moleküle mit glatten Enden integrieren schlechter als Moleküle mit Einzelstrang-Enden.

**Abb. 23.4:** Bestandteile eines DNA-Konstruktes für den Gentransfer in Tiere

Bestandteile des Klonierungsvektors werden nicht berücksichtigt. Nicht alle aufgeführten Bestandteile sind essenziell. Beispielsweise könnte auch cDNA verwendet werden, also auf Intronsequenzen verzichtet werden, was allerdings im Allgemeinen zu geringen Expressionsraten führt.

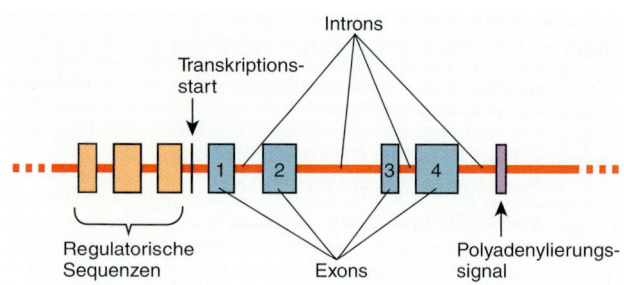

– Das DNA-Konstrukt muss die für die Expression notwendigen regulatorischen Sequenzen enthalten, wie Promotorsequenzen, Motive für den Transkriptionsstart sowie ein Polyadenylierungssignal. Die Auswahl der Promotorsequenzen soll die angestrebte Stärke, Regulierbarkeit und Gewebespezifität bei der Genexpression berücksichtigen. Beispielsweise benutzt man *Response*-Elemente aus Milchprotein codierenden Genen für eine Expression in der Milchdrüse. In vielen Fällen ist erwünscht, dass der Promotor experimentell induzierbar ist. So wird z. B. ein auf Tetracyclin reagierender Promotor verwendet. Viele DNA-Konstrukte enthalten zusätzliche regulatorische Elemente (*Enhancer*), welche dem zu exprimierenden Gen im Genom u. U. nicht direkt benachbart liegen.
– Das DNA-Konstrukt sollte möglichst eine Intron-Exon-Struktur aufweisen. Transgene mit cDNA (die also keine Introns enthalten) werden im Allgemeinen schwächer exprimiert als Transgene mit Introns.
– Das transferierte DNA-Fragment sollte möglichst wenige klonierungsbedingte Anteile enthalten. Diese können die Expression stören oder hinsichtlich der biologischen Sicherheit bedenklich sein. Letzteres trifft z. B. für Antibiotika-Resistenzgene aus dem Vektor zu. Normalerweise werden daher die Elemente des Klonierungsvektors vor dem Transfer entfernt oder nach dem Transfer herausgeschnitten (**Abb. 23.8**, S. 416).

Bei einigen Verfahren wird vor Generierung eines transgenen Tieres in kultivierten Zellen oder in Mäuselinien getestet, ob das Transgen die erwarteten Eigenschaften tatsächlich erfüllt. Wegen des hohen Aufwandes lohnt sich ein Funktionstest der DNA-Konstrukte besonders bei der Herstellung größerer transgener Tiere, wie Schwein, Rind, Schaf oder Ziege.

Die nachfolgend genannten Funktionskriterien sollen beispielhaft zeigen, welche Kenntnisse und Erfahrungen in den Aufbau der DNA-Konstrukte einfließen.

### 23.3.1 Genpositionsunabhängige Expression

Durch genomeigene Gene exprimierte Proteine werden im Allgemeinen in starkem Maße auf Transkriptionsebene reguliert (siehe S. 80ff.). Auf die Transkription wirken spezifische Elemente, die sich in der Nähe des Transkriptionsstarts befinden (Promotor) oder in größerer Entfernung vom Gen vorkommen können (Enhancer, Isolatoren, Matrix-Bindestellen). Beispielsweise beeinflussen ca. 150 kb vom Transkriptionsstart entfernte DNA-Positionen noch die Expression des Tyrosinase-Gens. Die Position des Gens im Genom hat daher eine Bedeutung für den Ablauf der Genexpression. Diese Positionsabhängigkeit gilt ebenfalls für Transgene, so dass ein an unterschiedlicher Stelle integriertes Transgen sehr verschieden stark exprimiert werden kann. Welche Möglichkeiten gibt es, die Expression des Transgens ohne Störeinflüsse durch genomeigene Gene zu gewährleisten?

Eine experimentelle Lösung ist der Einsatz großer DNA-Konstrukte. Diese lassen sich oft nicht mehr in Plasmiden klonieren, wohl aber z. B. in Künstlichen Chromosomen (siehe S. 245ff.). Allerdings sind Künstliche Chromosomen nur schwer handhabbar und brechen wegen ihrer Größe leicht. Daher setzt man die aus größeren Entfernungen wirksamen DNA-

Motive in unmittelbarer Nachbarschaft der codierenden Sequenz im Transgen ein und schirmt dieses so gegenüber flankierenden Bereichen der chromosomalen DNA ab.

### 23.3.2 Verwendung von Reportergenen

Wichtig ist der frühzeitige Nachweis der Transgen-Expression im erzeugten transgenen Tier. Im Hinblick auf den späteren Nachweis werden daher so genannte **Reporter-DNA-Sequenzen** im Transgen verwendet. Im einfachen Fall weist die vom Transgen exprimierte RNA eine Sequenz auf, die sonst im Genom nicht vorkommt und die z. B. mittels RT-PCR nachzuweisen ist (siehe **Abb. 5.6**, S. 124). Im Übrigen werden **Reportergene** verwendet. Hierbei handelt es sich um heterologe, proteincodierende DNA-Sequenzen, deren Expressionsprodukte sich bereits bei geringen Molekülzahlen nachweisen lassen. Reportergene werden nach Gentransfer in Geweben oder kultivierten Zellen unter Kontrolle eines vorgeschalteten, regulatorischen DNA-Bereiches (Promotor) exprimiert. Allen Reportergenen gemeinsam ist die quantifizierbare, relativ einfache und sichere Bestimmung ihrer Expression. Dieser Nachweis der Genprodukte geschieht mittels Fluoreszenz, Antikörper oder Enzymaktivität. Für den Nachweis der Enzymaktivität stehen fluorometrische, colorimetrische oder luminometrische Methoden zur Verfügung (siehe **Tab. 4.5**, S. 115). Typische Anwendungen für Reportergene beim Gentransfer sind die Lokalisierung und die Quantifizierung der Genexpression direkt im Gewebe (z. B. durch das *Green Fluorescent Protein*, GFP, siehe **Abb. 23.28**, S. 435).

### 23.3.3 Ubiquitäre, gewebespezifische oder regulierbare Expression

Für die Auswahl des regulierenden DNA-Abschnittes im Transgen kann ausschlaggebend sein, dass die Expression in einem bestimmten Gewebe stattfindet oder dass eine ubiquitäre (in allen Geweben verbreitetete) Expression des Transgens erreicht wird. Letzteres wird z. B. mit dem humanen Ubiquitin C-Promotor erreicht.

Zur Erzielung einer Gewebespezifität werden *Response*-Elemente benutzt, welche die Genaktivität auf ein bestimmtes Gewebe begrenzen. Auf viele dieser *Response*-Elemente wirken Transkriptionsfaktoren, die wiederum durch spezielle Moleküle in ihrer Affinität zur DNA beeinflusst werden. Diese Kenntnisse werden verwendet, um regulatorische DNA-Abschnitte zu konstruieren, die sich gezielt induzieren lassen. Ältere Arbeiten beschreiben z. B. den Metallothionin-Promotor. Dessen Induktion erfolgt meist mittels schwermetallhaltigen Trinkwassers, das jedoch von den Tieren schlecht vertragen wird. Neuere Arbeiten nutzen z. B. das bakterielle Operatormodell zur Tetracyclinresistenz-Induktion oder Rezeptoren, die nur ein synthetisches Steroid binden können (z. B. RU486, siehe **Abb. 24.15**, S. 461). Solche Systeme werden im transgenen Tier nicht durch endogene Vorgänge beeinflusst und gestatten eine experimentelle Steuerung der Transgen-Expression.

### 23.3.4 DNA-Konstrukte für ein *Gene Targeting*

Für ein *Gene Targeting* enthält das **Minimalkonstrukt** zwei zum Ziel- oder *Target*-Gen homologe DNA-Sequenzabschnitte (*short and long arm of homology*) sowie selektierbare Markergene, welche bei einer homologen Rekombination ins Chromosom integriert werden. **Abb. 23.5** illustriert den Ablauf beim *Gene Targeting* und die Funktion der homologen DNA-Sequenzabschnitte.

Der Gentransfer erfolgt oft in embryonale Stammzellen (ES-Zellen). Nachfolgend können solche embryonalen Stammzellen *in vitro* selektiert werden, welche die seltene homologe Rekombination tragen (**Abb. 23.18**, S. 424). Entsprechende Selektionsverfahren sind auch bei der Kultivierung von differenzierten Körperzellen einsetzbar, um später Zellen, die das Transgen an homologer Stelle besitzen, in befruchtete Eizellen zu übertragen (**Abb. 23.24**, S. 431).

Ein **positives Selektionsmarkergen** dient dazu, unter den kultivierten Zellen solche Zellklone anzureichern, welche die seltene homologe Rekombination tragen. Nach z. B. Elektroporation von ES-Zellen der Maus ist eine homologe Rekombination bei etwa 1 unter $10^4$ bis $10^9$ Zellen zu erwarten. In **Abb. 23.6** wird das Gen *neo* als positiver Selektionsmarker eingesetzt. Das Gen *neo* bewirkt eine Neomycinresistenz der Trägerzelle – ermöglicht also der Zelle, auf neomycinhaltigem Medium zu wachsen.

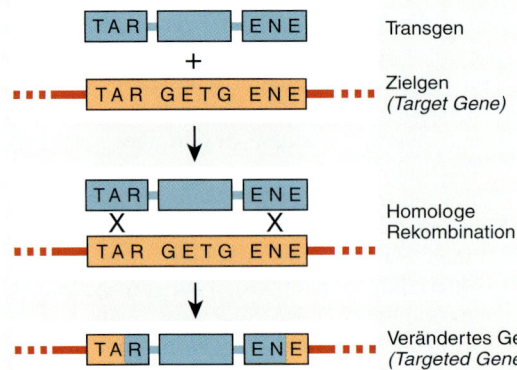

**Abb. 23.5:** Prinzip der homologen Rekombination beim *Gene Targeting*

Das endogene Chromosom mit dem Zielgen (*Target Gene*) wird in roter Farbe dargestellt, während das DNA-Konstrukt (Transgen) blau hervorgehoben ist. Die Vektorsequenz wird nicht gezeigt. Im Beispiel sind die Bereiche TAR und ENE im Transgen komplementär zu Bereichen im Zielgen. Bei Crossing over (X) an den komplementären Stellen wird DNA-Material des Transgens mit dem des Zielgens ausgetauscht. Dadurch erhält das resultierende, veränderte Gen (*Targeted Gene*) einen Sequenzbereich aus dem Transgen.

**Abb. 23.6:** Beispiele für *Gene-Targeting*-Vektoren

Die *Gene-Targeting*-Vektoren haben homologe Bereiche beiderseits der chromosomalen Region des Zielgens. Zur Bezeichnung der Bereiche im Transgen siehe **Abb. 23.4**. Die Sterne in den Exonbereichen geben die gegenüber dem Zielgen (*Target Gene*) durch Austausch veränderten Sequenzen an. Dabei kann es sich nur um Punktmutationen oder aber um völlig neue Informationen handeln. Mit *neo* wird das positive Selektionsmarkergen für Neomycinresistenz und mit *tk* das negative Selektionsmarkergen für Thymidinkinase angegeben. Die Homologiebereiche sind gekennzeichnet; die Bruchstellen

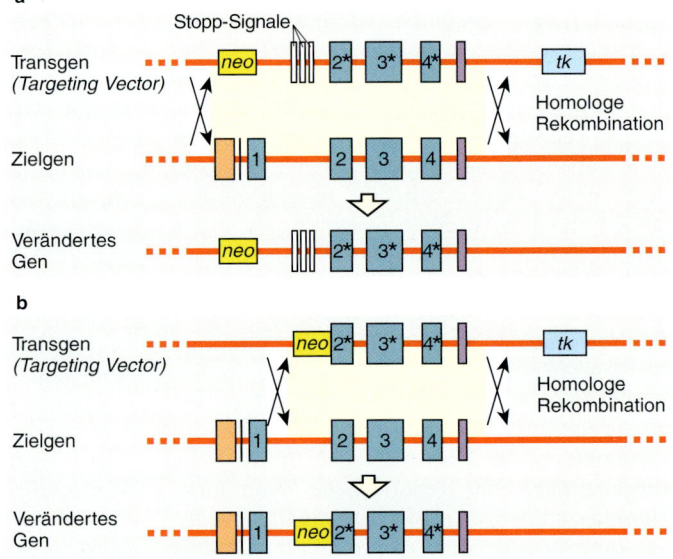

für homologe Rekombinationen, die zu dem darunter angegebenen, veränderten Gen (*Targeted Gene*) führen, sind als gekreuzte Pfeile dargestellt. Das positive Selektionsmarkergen *neo* ist später in den transgenen Zellen nachweisbar und dient dazu, dass sich die Zellen (z. B. embryonale Stammzellen, **Abb. 23.18**, S. 424) mit der seltenen homologen Rekombination im Selektionsmedium anreichern. Das negative Selektionsmarkergen *tk* zeigt eine Integration des gesamten Vektors an und soll nach erfolgreicher homologer Rekombination nicht in die chromosomale Region integriert worden sein. Ist *tk* vorhanden, so werden Mutationen in den Wirtszellen verursacht, die dadurch absterben.

**a) Geninaktivierung.** Im Beispiel werden die regulatorische Sequenz und das erste Exon des Zielgens bei homologer Rekombination durch das Selektionsmarkergen *neo* aus dem Transgen ersetzt. Außerdem werden Stopp-Codons eingefügt. Das so erzeugte, veränderte Gen kann dann nicht transkribiert werden. Im Allgemeinen wird für die Geninaktivierung im Transgen ein promotorloses Reportergen und damit ein *Gene-Trap*-Vektor (siehe **Abb. 23.9**, S. 417) benutzt.

**b) Einführen einer neuen exprimierten Sequenz.** Bei homologer Rekombination wird im Beispiel das Selektionsmarkergen *neo* in einen Intronbereich insertiert. Das veränderte Gen bleibt transkriptionsaktiv und führt u. U. zu einer funktionsfähigen mRNA, in der beim Splicen die Sequenz des Selektionsmarkers entfernt wird.

Im Allgemeinen befindet sich im Vektor zusätzlich ein **negatives Selektionsmarkergen**. In **Abb. 23.6** wird das Thymidinkinase-Gen (*tk*) aus dem Herpes-Simplex-Virus dargestellt; dieses dient der Erkennung einer unerwünschten Integration des gesamten Vektors in das Genom. Bei homologer Rekombination bleibt das *tk*-Gen draußen, während es bei ungerichteter Integration in die chromosomale DNA gelangt. Das *tk*-Gen phosphoryliert mit einer sehr starken Substratspezifität das Nucleosid-Analogon Ganciclovir. Bei Kultivierung der Zellen mit dem *tk*-Gen wird in Gegenwart von Ganciclovir dieses in phosphorylierter Form in die neu synthetisierte DNA eingebaut. Das führt zu Kettenabbrüchen und dadurch zum Tod von Zellen, die das *tk*-Gen im Genom tragen. Die erwünschten homologen Rekombinanten haben also *neo*, nicht aber *tk* eingebaut, und nur diese Zellen bleiben unter den benutzten Kultivierungsbedingungen lebensfähig.

Soll das Zielgen inaktiviert werden, wird das Startcodon durch eine Sequenz ersetzt, die Stopp-Codons oder *Frameshift*-Mutationen enthält (**Abb. 23.6a**). Oft soll jedoch als Resultat der Rekombination eine neue Genfunktion erzeugt werden (**Abb. 23.6b**). Dann entsteht das Problem, dass das eingeführte Gen *neo* störend auf die Merkmalswerte wirkt. Wie also kann der positive Selektionsmarker aus dem Genom entfernt werden?

Zur Entfernung unerwünschter DNA-Sequenzen werden für das *Gene Targeting* so genannte **Genschalter** benutzt, bei denen durch Aktivierung einer Rekombinase eine ortsspezifische Rekombination erzeugt wird. Hierfür kann das **Cre/loxP-Rekombinasesystem** verwendet werden. Das Enzym *Cre* (*causes recombination*) stammt aus dem Bakteriophagen P1 und gehört zu den sequenzspezifischen (*site specific*) Rekombinasen. *Cre* katalysiert Rekombinationen zwischen zwei *loxP*-Elementen (*locus of crossing over* aus dem Bakteriophagen P1), so dass in diesem Zwischenbereich verschiedene DNA-Umlagerungen (*DNA-Rearrangements)* entstehen können (**Abb. 23.7**). Zwei *loxP*-Elemente in gegensätzlicher Orientierung invertieren die eingeschlossene DNA-Region, zwei *loxP*-Elemente in gleicher Orientierung entfernen die eingeschlossene DNA-Region. Eine solche Eigenschaft kann genutzt werden, um Gene zu eliminieren oder ein Transgen zu aktivieren. Wie

**Abb. 23.8** zeigt, werden beim *Gene Targeting* zwei *loxP*-Elemente durch homologe Rekombination in das Zielgen eingebracht. Durch die dann mögliche sequenzspezifische Rekombination ergeben sich verschiedene Anwendungen. So kann ein transient in die Zellen eingeführtes *Cre*-Rekombinase codierendes Plasmid dazu benutzt werden, einen Selektionsmarker, den *loxP*-Elemente flankieren, aus der chromosomalen DNA herauszuschneiden (**transiente Transgenese, Abb. 23.8**). Für induzierbare oder gewebespezifische *Knockout*-Experimente wurden *Gene-Targeting*-Konstrukte mit *loxP*-Elementen entwickelt, die verschiedene Bereiche flankieren („*flox*" Bereiche). Derartige Konstrukte dienen als so genannte **Knockout-Vektoren (Floxed Genes)** für sehr verschiedene Anwendungen (siehe **Abb. 23.30**, S. 439).

### 23.3.5 *Gene-Trap*-Vektoren

Als **Gene Trapping** wird eine zufällige Insertions-Mutagenese bezeichnet (**Gene-Trap-Mutagenese**, siehe S. 482). Ein **Gene-Trap**-Vektor enthält in der Minimalausstattung (**Abb. 23.9a**) eine Spleißerkennungsstelle (*splice acceptor site*) für ein Intronende unmittelbar 5′-seitig vor einem promotorlosen Reportergen sowie ein Polyadenylierungssignal, das auch für ein Transkriptionsende sorgt. Wenn der Vektor in ein Intron eines Gens eingebaut (*entrapped*) wird, so gelangt das Reportergen unter Transkriptionskontrolle des betreffenden Gens (***Trapped Gene***). Dadurch entsteht bei der Expression des Gens ein Fusionstranskript, dessen mRNA 3′-seitig nach der Sequenz des Reportergens endet. Daher ändert sich die Funktion des *Trapped-Gene*. Im Allgemeinen tritt dessen Funktionsverlust ein, was an den Merkmalswerten festgestellt werden kann. Das Fusionstranskript kann z.B. mit Hilfe der 5'-RACE-Technik (5'-RACE, *Rapid Amplification of cDNA Ends*, siehe **Abb. 12.5**, S. 255) kloniert und schließlich sequenziert werden, um das *Trapped-Gene* zu identifizieren. Ein zusätzlicher Selektionsmarker (**Abb. 23.9b**) erlaubt die Selektion von transgenen Zellen in Selektivmedien und wird z. B. für embryonale Stammzellen (ES-Zellen) der Maus verwendet (siehe **Abb. 23.18**, S. 424).

**Abb. 23.7:** Struktur eines *loxP*-Elementes und dessen Rekombinationsprodukte

**a) Aufbau eines *loxP*-Elementes** (*loxP*: *locus of crossover in Bacteriophage P1*) aus zwei inversen Sequenzwiederholungen (*Repeats*, je 13 bp) und einem 8 bp Zwischenstück (*Spacer*), welches die Orientierung angibt und eine Restriktionsschnittstelle enthält. Zur Vereinfachung wird ein *loxP*-Element durch ein blaues Trapez symbolisiert.

**b) *Cre*-vermittelte Deletion.** Eine *Cre*-vermittelte (*Cre*: *Causes Recombination*; Rekombinase aus dem Bakteriophagen P1) Rekombination zwischen zwei gleich orientierten *loxP*-Elementen führt zum Ausschneiden der dazwischen liegenden Sequenz (Deletion) und deren zirkuläre Verknüpfung. Jedes der beiden Rekombinationsprodukte erhält je ein *loxP*-Element. Das Gleichgewicht der Reaktion liegt auf der Seite der Deletion.

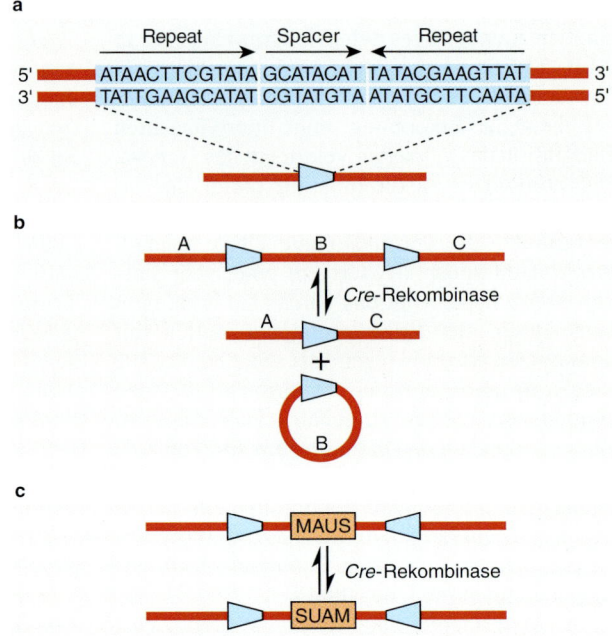

c) **Cre-vermittelte Inversion.** Eine *Cre*-vermittelte Rekombination kann dazu führen, dass die zwischen zwei verschieden orientierten *loxP*-Elementen liegende Sequenz umgekehrt (invers) angeordnet wird.

**Abb. 23.8:** Beispiel für ein zielgerichtetes *Gene-Replacement* unter Verwendung des *Cre/loxP*-Systems

Die Symbole sind identisch mit denen in **Abb. 23.4**, S. 412, und **23.6**, S. 414. Im ersten Schritt (a) werden die neuen Exons (blaue Rechtecke mit Sternen) durch homologe Rekombination in einen Genlocus (Zielgen, *Target Gene*) eingeführt. Das Selektionsmarkergen *neo* ist beiderseits von *loxP*-Elementen flankiert. Eine Anreicherung der Zellen mit erwünschter Rekombination, d. h. solche mit dem veränderten Gen (*Targeted Gene*), erfolgt bei Anwesenheit von *neo* und Abwesenheit von *tk*.

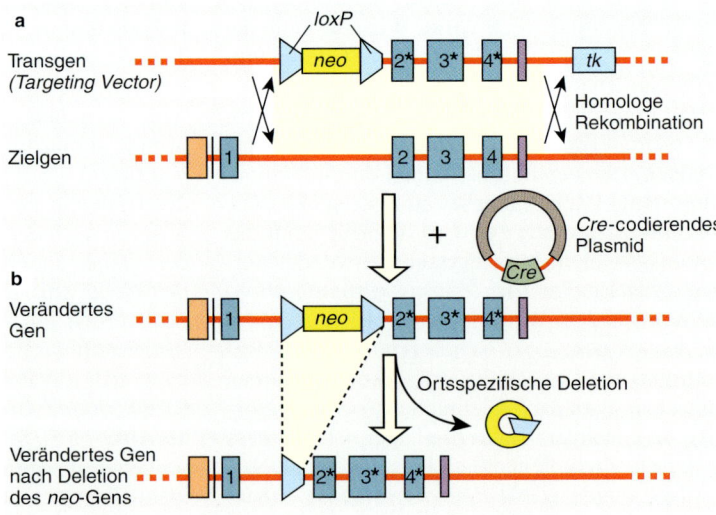

In einem zweiten Schritt (b) wird in den Zellen, die das veränderte Gen enthalten, nach transienter Transfektion eines zugeführten, *Cre*-codierenden Plasmids eine *Cre*-Rekombinase exprimiert. Diese bewirkt, dass in einigen Fällen der DNA-Abschnitt zwischen den *loxP*-Elementen ausgeschnitten wird; lediglich ein *loxP*-Element verbleibt. Zellen mit der erwünschten Deletion können in G418-haltigem Medium nicht wachsen.

**Abb. 23.9:** Beispiele für *Gene-Trap*-Vektoren

a) Minimaler *Gene-Trap*-Vektor
Der Vektor gelangt durch Insertion an zufällige Stellen des Genoms. Eine Insertion in ein Intron führt bei der Genexpression zu einem Transkript, in welchem die Information für die 5′-wärts vor der Insertion gelegenen Exons sowie die des promotorlosen Reportergens (Im Beispiel *lacZ*, welches β-Galactosidase codiert) enthalten ist.

b) *Gene-Trap*-Vektor mit Selektionsmarker
Zusätzlich ist im Vektor das Gen für einen Selektionsmarker (im Beispiel *neo*, welches nach Translation zur Neomycinresistenz führt) enthalten. Das Transkriptionsprodukt von *neo* ermöglicht eine Selektion von transgenen Zellen in neomycinhaltigem Medium.

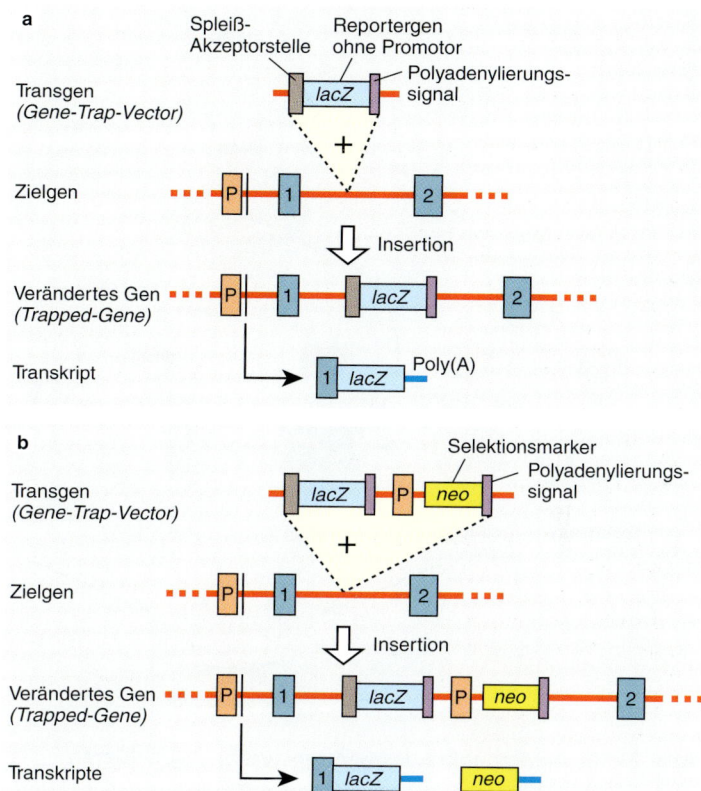

## 23.4   Verfahren des Gentransfers

Transgene Individuen können durch Behandlung von Gameten oder frühembryonalen Stadien auf sehr verschiedene Weise erzeugt werden. Die unterschiedlichen experimentellen Ansätze werden in **Abb. 23.10** zusammengefasst. Wenn in frühen Entwicklungsphasen die transferierte DNA in die Chromosomen integriert wird, gelangt das Transgen durch Mitosen in alle nachfolgend gebildeten Zellen, d.h. auch in die Keimdrüsenzellen des Individuums, und es kann schließlich über die Gameten auf die Nachkommen vererbt werden. Wird das Transgen erst im Zweizellstadium oder später in die Chromosomen eingebaut, so findet von Zelle zu Zelle eine unterschiedliche oder keine Integration des Transgens statt. Daraus entsteht ein Mosaik an Körperzellen, und u. U. keine oder nur wenige Gameten enthalten das gewünschte Transgen.

Grundlegende Experimente erfolgten an Mäusen. Wegen der reproduktionsbiologischen Eigenschaften sind bei Nutztieren besonders viele Gentransfer-Experimente beim Schwein und Kaninchen durchgeführt worden. Transgene Tiere wurden jedoch in vielen Spezies beschrieben, insbesondere Säuger (Maus, Ratte, Kaninchen, Rind, Schaf, Ziege, Schwein, Rhesus-Affe), Vögel (Huhn, Wachtel) und Fische (Zebrafisch, Lachs, Forelle, Tilapia, Karpfen, Katzenwels, Goldfisch u. a.). Nachfolgend werden die hauptsächlichen technischen Entwicklungslinien am Beispiel der Maus dargestellt. Soweit erforderlich werden auch andere Tierspezies einbezogen.

### 23.4.1 Gentransfer in Vorkerne befruchteter Eizellen

Der Gentransfer in den Kern einer Zelle erfordert technische Voraussetzungen der Mikroinjektion und Erfahrungen im Umgang mit Embryonen.

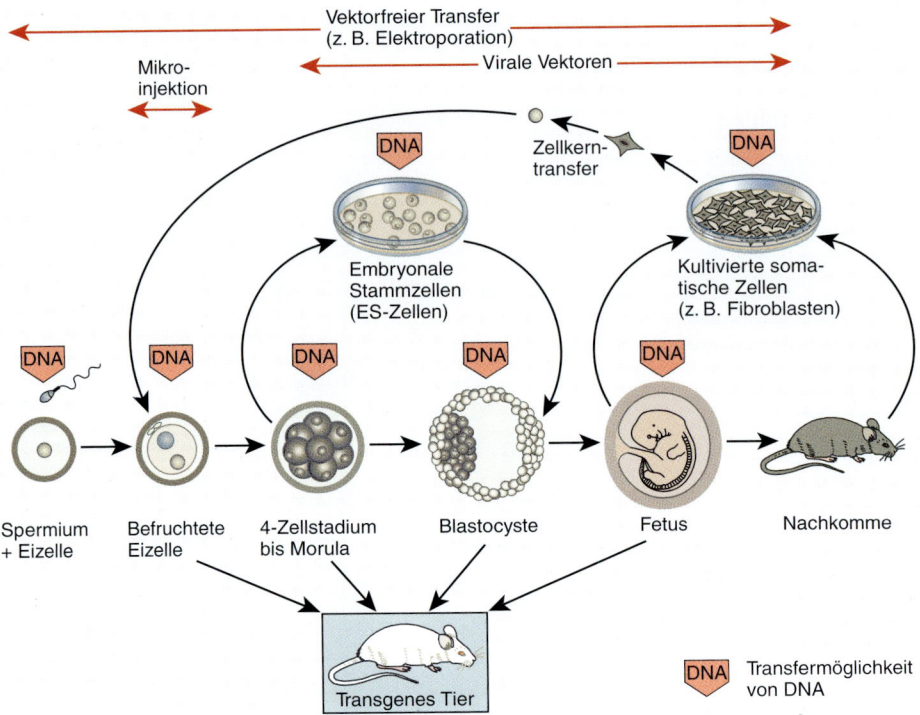

Spermium + Eizelle  Befruchtete Eizelle  4-Zellstadium bis Morula  Blastocyste  Fetus  Nachkomme

**Transgenes Tier**

**Abb. 23.10:** Ansatzpunkte des Gentransfers bei Wirbeltieren

Die in der Darstellung zusammengefassten Transfermöglichkeiten von DNA sind die Ansatzpunkte für den Gentransfer. Nur einige davon besitzen eine größere Bedeutung.
Im oberen Bildteil werden Anwendungsbereiche für Transferverfahren angegeben.

Bevor auf die Vorkerninjektion eingegangen wird, werden daher nachfolgend zunächst die Verfahren der Zellgewinnung und Mikromanipulation dargestellt.

## Gewinnung von Eizellen und Embryonen verschiedener Stadien bei der Maus

Die Lage von Uterus, Ovidukt und Ovar bei der Maus werden in **Abb. 23.11** dargestellt. Die Ausbeute an Eizellen kann durch Hormonbehandlung (Superovulation) gesteigert werden. Je nach Spezies werden unterschiedliche Techniken der Superovulation benutzt. Für Nutztiere werden die Techniken auf S. 351ff. beschrieben. Bei der Maus werden dem Spenderweibchen z. B. je einmal intraperitoneal *Pregnant Mare's Serum Gonadotropin* (PMSG) und *human Chorionic Gonadotropin* (hCG) im Abstand von 48 Stunden injiziert. Dann befinden sich bei der anschließenden Verpaarung besonders viele Eizellen im Ovidukt, wo sie befruchtet werden können. Bei der Maus erfolgt die Verpaarung der hormonbehandelten Weibchen am Tag der hCG-Gabe etwa drei Stunden vor Beginn der Nachtphase. Am nächsten Morgen wird die inzwischen erfolgte Begattung anhand der Vaginalpfröpfe makroskopisch überprüft. Vaginalpfröpfe sind koagulierte Proteine der männlichen Samenflüssigkeit, die nach der Kopulation ca. zwölf Stunden lang die Vagina verschließen und dann abfallen. Vaginalpfropfnegative, also unbegattete Tiere können nach etwa zwei Wochen erneut superovuliert werden.

Die befruchteten Eizellen bzw. Embryonen werden aus dem reproduktiven Trakt der Spendermaus präpariert (Zu den Bezeichnungen der verschiedenen frühembryonalen Stadien siehe auch **Abb. 14.8**, S. 322):

– **Befruchtete Eizellen** werden am Tag 0,5 nach Kopulation (*post coitum*, p.c.) entnom-

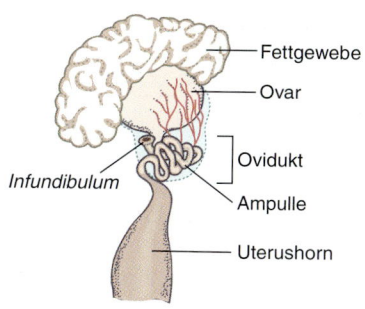

Fettgewebe

Ovar

Ovidukt

*Infundibulum*

Ampulle

Uterushorn

**Abb. 23.11:** Schema einer Ovar-/Oviduktpräparation bei der Maus

Das Infundibulum befindet sich innerhalb des Oviduktknäuels und kann freigelegt werden, indem die Membran geöffnet wird, die das Ovidukt umschließt. Dargestellt wird nur ein Teil eines Uterushorns. Der gesamte Uterus der Maus besteht aus zwei Hörnern. Eine schematische Schnittzeichnung befindet sich in **Abb. 14.3, S. 316.**

men, indem das Ovidukt herausgetrennt und in ein Schälchen mit Hyaluronidase-haltigem Medium überführt wird. Die Hyaluronidase entfernt die Kumuluszellen, welche die Zygoten umgeben. Die Ampulle wird unter dem Stereomikroskop mit zwei spitzen Pinzetten geöffnet, und die befruchteten Eizellen (Zygoten) werden aus der Ampulle gedrückt.
– **Zwei- bis Achtzellstadien** werden aus dem Ovidukt präpariert. Entweder wird das Ovidukt mit zwei Pinzetten in einem Medium ohne Hyaluronidase geöffnet, oder es wird unter Verwendung einer feinen Kanüle mit Medium durchspült. Zweizeller erhält man etwa am Tag 1,5 p.c., Vierzeller am Tag 2 p.c. und Achtzeller am Tag 2,5 p.c.
– **Blastocysten** gewinnt man, indem die Uterushörner eines Spendertieres am Tag 3,5 p.c. mit Hilfe einer feinen Kanüle in beiden Richtungen durchgespült werden. Sicherheitshalber reißt man die Ovidukte mit zwei Pinzetten auf, um in der Entwicklung verspätete Embryonen nicht zu verlieren.

Die gewonnenen Eizellen oder Embryonen werden nach der Isolierung gewaschen und im Inkubator (37 °C, 5 % $CO_2$) kultiviert. Sie werden, um ein Austrocknen zu verhindern, in einen Mediumtropfen aufgenommen, in eine Kulturscha-

le gebracht und dort mit autoklaviertem Silikonöl überschichtet. Intakte Embryonen entwickeln sich über Nacht in das nächste Stadium.

### Geräte und Techniken für die Mikroinjektion

Ein wesentlicher Verfahrensteil der transgenen Technologie ist die Behandlung embryonaler Zellen. Vor allem sollen DNA-Konstrukte kontrolliert in Zellen eingeführt oder Zellen in Blastocysten injiziert werden können. In vielen Fällen geschieht dies mit Hilfe der Mikroinjektion. Kernstück einer **Mikroinjektionsanlage (Abb. 23.12)** ist ein Inverses Mikroskop (siehe **Abb. 1.2, S. 27**). Auf einen beweglichen Mikroskoptisch (dreifacher Plattenkreuztisch) wird die Injektionskammer (**Abb. 23.13**) so positioniert, dass eine Halte- und eine Injektionskapillare mit Mikromanipulatoren bewegt werden können. Mit der Haltekapillare wird die befruchtete Eizelle oder die Blastocyste angesaugt und gehalten, um mit der Injektionskapillare die DNA beziehungsweise ES-Zellen injizieren zu können.

Für die Überführung von Embryonen in neue Medien sowie für die Injektion von DNA in Zellen werden verschiedene Mikrokapillaren benutzt (**Abb. 23.14**). Die Kapillaren (Pipetten) werden im Labor hergestellt oder fertig gekauft. Die Kapillaren, mit denen die DNA-Lösung beziehungsweise die ES-Zellen in die Embryonen injiziert werden, werden mit einem speziellen Gerät (*Pipettenpuller*) hergestellt, indem man einen Glühdraht erhitzt und gleichzeitig die Enden der Kapillare auseinander zieht. In Abhängigkeit von der Zugspannung und der Hitze des Glühdrahtes bildet sich eine Kapillar-Endung mit gewünschten Maßen. Anschließend wird mit Hilfe eines Glasschneiders und einer Schleifeinrichtung die Kapillarenspitze hergestellt. Entsprechend werden auch die Kapillaren zur Mikroinjektion von ES-Zellen in Blastocysten hergestellt. Diese Kapillaren haben kein Filament, werden aber ebenfalls mit einem Pipettenpuller gezogen. Scharfe Kanten werden vermieden oder geglättet („feuerpoliert"). Für das präzise Hitzepolieren (Umschmelzen) scharfer Kanten wie auch das Beschichten von Pipettenspitzen wird ein so genanntes *Microforge Kit* benutzt, dessen Komponenten auf dem Objekttisch eines Inversen Mikroskops positioniert

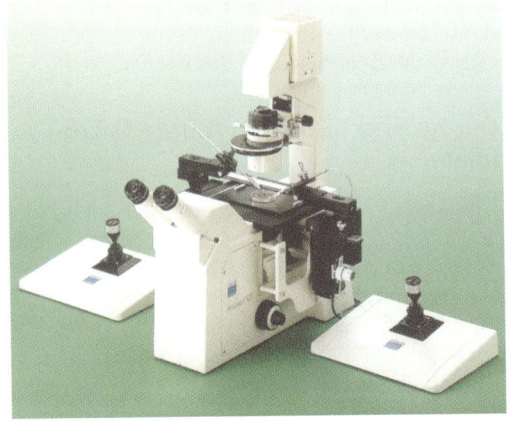

**Abb. 23.12:** Mikroinjektionsanlage (LEICA AS TP der Firma LEITZ, Wetzlar)

In der Mitte befindet sich ein Invers-Mikroskop; auf dessen Tisch steht eine Schale mit dem zu manipulierenden Objekt. Rechts und links angeordnet sind die Mikromanipulatoren, über die eine Halte- bzw. eine Injektionskapillare bewegt werden.

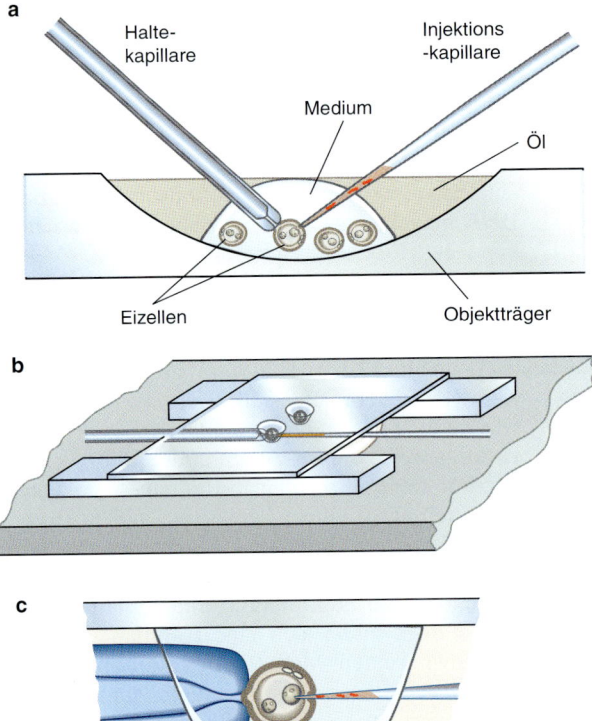

**Abb. 23.13:** Schematische Darstellungen von Mikromanipulationskammern mit Vorkernstadien

a) Schnittzeichnung durch eine Manipulationskammer mit mehreren Eizellen im Vorkernstadium. Eine Zelle haftet an der Haltekapillare und wird von der Injektionskapillare erreicht.

b) Perspektivische Darstellung einer Kammer für die Mikromanipulation in hängenden Tropfen. Das Deckglas hat etwa eine Dimension von 3x30x30 mm. Üblicherweise werden zwei Tropfen im Abstand von ca. 1 cm auf dem Deckglas platziert, welches dann – um ein Austrocknen zu vermeiden – über der mit Paraffinöl gefüllten Kammer umgedreht wird.

c) Schnittzeichnung durch einen hängenden Tropfen mit links der Halte- und rechts der Injektionskapillare bei dem Transfer von DNA in ein Vorkernstadium.

werden. Auf diese Weise kann die einem Heizfaden genäherte Pipettenspitze unter Sichtkontrolle bearbeitet werden. Zur Beschichtung wird Druckluft auf die Pipettenspitze gerichtet. Für die Herstellung und Verwendung der Kapillaren (Pipetten) gelten folgende Anhaltspunkte:

– **Injektionskapillaren** müssen dünne Spitzen besitzen, weil sonst die Eizellen bzw. Embryonen durch das Einstechen zerstört werden würden. Kapillaren zur Injektion der DNA-Lösung werden aus besonderem Glas hergestellt und innen mit einem Faden (Filament) versehen. Die fertig gezogene Kapillare wird mit der DNA-Lösung beladen, die wegen des

a

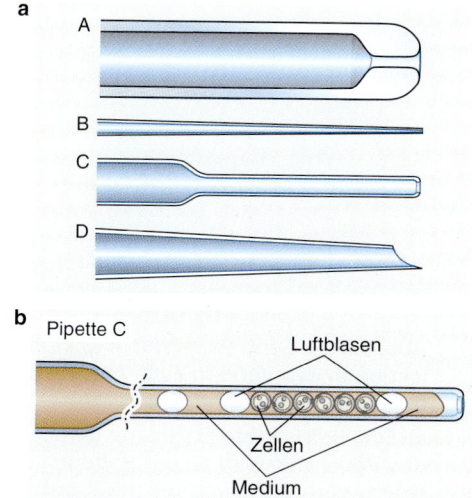

A

B

C

D

b

Pipette C

Luftblasen

Zellen

Medium

**Abb. 23.14:** Pipetten (Kapillaren) für die Mikromanipulation

Verschiedene Pipettenformen, A: Haltepipette, B: Injektionspipette für DNA-Konstrukte, C: Injektionspipette für ES-Zellen, D: Pipette für die Gewinnung von Zellen aus einem Zellverband (z. B. bei der Chimärenerzeugung).

b) Spitze einer Injektionspipette, vorbereitet für den Ovidukttransfer von Eizellen. Gezeigt wird die Anordnung von Zellen, Luftblasen und Medium. Nähere Erläuterungen siehe Text.

Filamentes bis in die Spitze der Kapillare steigt. In Kapillaren, mit denen ES-Zellen oder Embryonen aufgenommen werden, saugt man zur Kalibrierung zunächst etwas Medium, dann eine Luftblase, die Zellen und zuletzt wieder eine Luftblase (**Abb. 23.14b**). Entsprechend wird dann das Zellmaterial wieder herausgedrückt.

– Mit **Haltekapillaren** (**Abb. 23.14a**) werden die Embryonen oder Zellen z. B. für eine Mikroinjektion festgehalten. Sie werden an der Spitze vorsichtig soweit geschmolzen, dass ein verdickter Rand um eine dünne Öffnung entsteht, durch die das Flüssigkeitssystem noch ausreichend beweglich ist, ohne Eizellen bzw. Embryonen durchzulassen (**Abb. 23.13, 23.15** und **23.19**).

## Durchführung der DNA-Mikroinjektion

Bei einer Mikroinjektion von DNA wird ein Lösungsvolumen (1–2 Picoliter!) mit 100–1000 DNA-Kopien mittels Injektionskapillare direkt in einen der Vorkerne einer befruchteten Eizelle verbracht (**Abb. 23.15**). Die Injektion erfolgt unter einem Invers-Mikroskop meist in den (größeren) männlichen Vorkern. Zu diesem Zweck wird die isolierte Eizelle mit einer Haltekapillare fixiert. Dann wird die Injektionskapillare in die Ebene eines der Vorkerne fokussiert und mit Hilfe des Mikromanipulators durch die *Zona pellucida* und das Cytoplasma hindurch in den Vorkern gestochen. Die Zugabe von DNA-Lösung wird beendet, sobald der Vorkern angeschwollen ist. Die Vorkerne sind jedoch nicht bei jeder Spezies erkennbar, jedenfalls nicht von vornherein. Beispielsweise beim Schwein werden die Pronuclei in den befruchteten Eizellen durch die im Cytoplasma enthaltene Granula verdeckt (**Abb. 23.16**). Daher werden die Eizellen zentrifugiert. Sind auch danach die Vorkerne schwer erkennbar, wird nach ein- bis vierstündiger Kultivierung eine erneute Zentrifugation durchgeführt.

Eizellen, die nach der Injektion intakt geblieben sind, werden entweder sofort transferiert oder bis zum Erreichen des Zweizell- bis Blastocystenstadiums kultiviert. Die teilungsfähigen Stadien werden in den Ovidukt eines weiblichen Empfängertieres (Amme, *Foster-Mother*) eingeführt und von diesem ausgetragen (**Abb. 23.17**). Die Empfängertiere müssen sich in einem für die Embryoentwicklung geeigneten physiologischen Stadium befinden, d. h. im gleichen Zyklusstadium wie der Embryonenspender sein. Sie werden ähnlich, wie auf S. 436f. beschrieben ist, ausgewählt und vorbehandelt.

Die DNA-Mikroinjektion in Vorkerne wurde häufig eingesetzt und war vielfach erfolgreich – auch bei der Erzeugung transgener Nutztiere.

---

**Gentransfer durch Vorkerninjektion**

**Vorteile:**
- Wurde häufig eingesetzt.
- War vielfach erfolgreich - auch bei der Erzeugung transgener Nutztiere.
- Erlaubt vektorfreien Gentransfer.

**Nachteile:**
- Geringe Effizienz.
- Hoher technischer Aufwand.
- Einsetzbar lediglich für Strategie der Genaddition.
- Variable Insertionsstellen und Kopiezahlen.
- Hoher Anteil an Tieren, die das Transgen nicht in allen Körperzellen integriert haben.

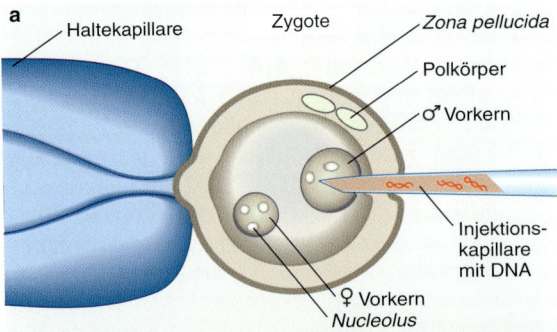

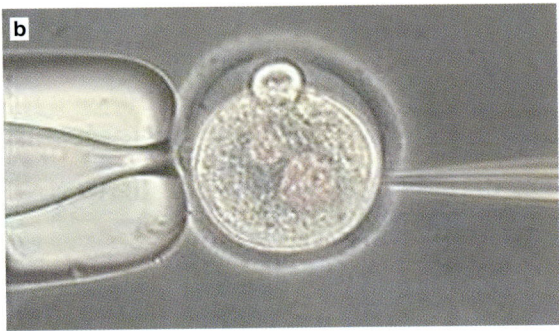

**Abb. 23.15:** Gentransfer durch Mikroinjektion in den Vorkern einer befruchteten Eizelle

a) Eine befruchtete Eizelle mit den beiden Vorkernen wird an der Haltepipette fixiert. Von rechts wird die Injektionskapillare in die Zelle und schließlich in einen Vorkern gestochen. Die DNA wird dann aus der Injektionskapillare in den Vorkern mikroinjiziert.

b) Photographische Wiedergabe einer Mikroinjektion in eine Eizelle.

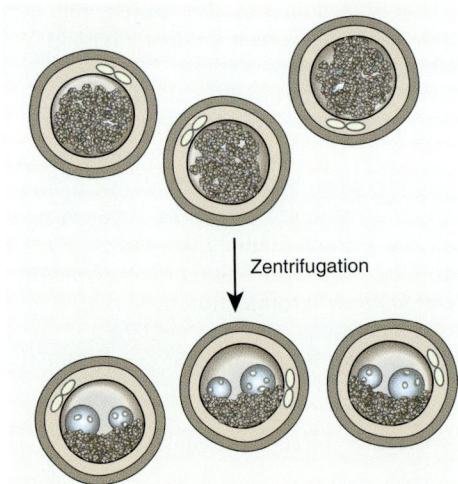

**Abb. 23.16:** Schema zu den Vorkernstadien vom Schwein vor und nach Zentrifugation

Die Pronuclei in den befruchteten Eizellen des Schweins sind durch die im Cytoplasma enthaltene Granula nicht sichtbar. Daher werden die Eizellen zentrifugiert, damit die Granula-Bereiche an den Rand der Zellen verschoben werden. Aber auch dann ist die Mikromanipulation der Vorkernstadien beim Schwein schwieriger als z. B. bei der Maus.

Sie erlaubt einen vektorfreien Gentransfer, jedoch lediglich die Strategie der Genaddition. Nachteilig sind die geringe Effizienz (**Tab. 23.2**) und der hohe apparative Aufwand. Die Genkonstrukte werden in den Zellen der sich entwickelnden Embryonen an nicht vorher bestimmbaren Stellen und in einer nicht definierten Kopienzahl in das Genom integriert. Charakteristisch ist außerdem, dass Tiere, die nach Gentransfer in Vorkernstadien erzeugt werden, das Transgen im Allgemeinen nicht in allen Körperzellen haben, also Mosaike sind.

## 23.4.2 Gentransfer mit Hilfe embryonaler Stammzellen

Aus der inneren Zellmasse *(Inner Cell Mass, ICM)* von Blastocysten (Mausembryonen etwa Tag 3,5) lassen sich **embryonale Stammzellen (ES-Zellen)** isolieren. ES-Zellen sind pluripotent, d. h. sie können sich nach Injektion in Blastocysten zwar in alle Gewebe differenzieren, einschließlich der Keimzellen; ausgenommen sind jedoch die Zellen des Trophoektoderms. Aus ES-Zellen, in deren Genom zuvor ein Transgen eingebracht worden war, kann sich also ein transgenes Tier entwickeln. Die Gewin-

**Abb. 23.17:** Schema zur Erstellung transgener Mäuse durch DNA-Mikroinjektion in Vorkerne befruchteter Eizellen

Mehrere Kopien des DNA-Konstruktes werden in einen der Vorkerne einer befruchteten Eizelle (Zygote) injiziert. Die derart behandelte Zygote wird entweder direkt oder nach *In-vitro*-Kultivierung bis zum Morula-/Blastocystenstadium in den Eileiter eines pseudoträchtigen weiblichen Tieres (siehe S. 436) transferiert. Dieses trägt anschließend die Nachkommen aus, die manchmal transgen sind.

**Tab. 23.2:** Größenordnungen für die Erfolgsraten bei der Erstellung transgener Tiere

| Spezies | Methode [1] | Erfolgsrate [2] (%) |
|---------|-------------|---------------------|
| Maus | Mikroinjektion | 2,5 - 4,0 |
| | Elektroporation | 20,0 - 30,0 |
| Kaninchen | Mikroinjektion | 1,0 - 2,0 |
| Schwein | Mikroinjektion | 0,5 - 1,0 |
| | Kerntransfer | ca. 0,5 |
| Schaf | Mikroinjektion | 0,1 - 4,0 |
| | Kerntransfer | ca. 1,5 |
| Ziege | Mikroinjektion | 0,5 - 3,0 |
| | Kerntransfer | ca. 1,5 |
| Rind | Mikroinjektion | 0,1 - 1,0 |
| | Kerntransfer | 1,0 - 5,0 |

[1] Mikroinjektion: Vektorfreie Injektion von DNA in den Vorkern einer befruchteten Oocyte (**Abb. 23.17**).
Elektroporation: Behandlung embryonaler Stammzellen entsprechend **Abb. 23.18** und nachfolgende Selektion transgener Zellen.
Kerntransfer: Transfer des Kerns einer transgenen Körperzelle in eine Oocyte (**Abb. 23.24**).

[2] Geborene transgene Nachkommen pro behandelte und übertragene Zygote oder embryonale Zelle.

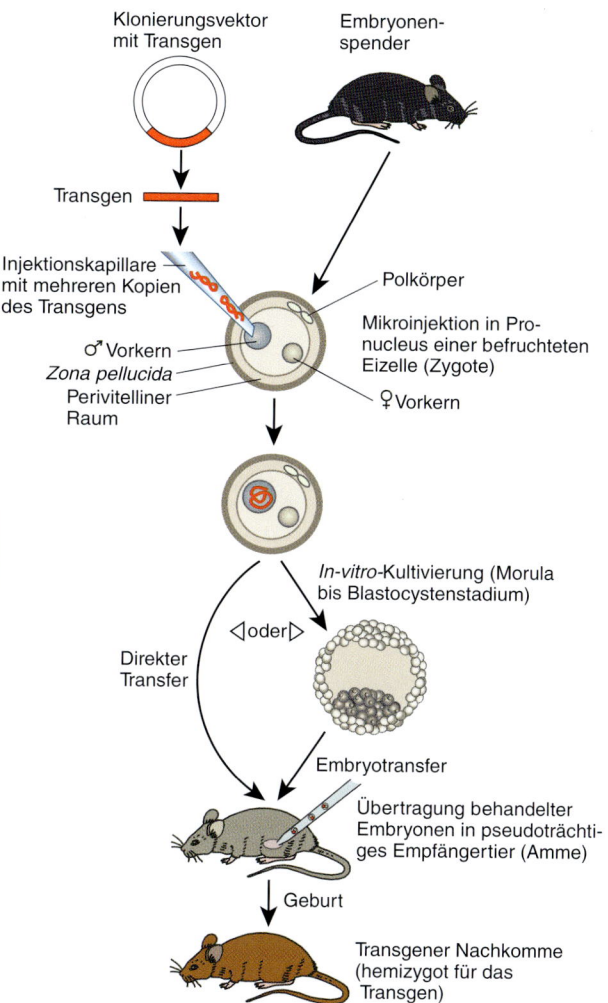

nung von ES-Zellen aus Blastocysten und deren Überführung in fortlaufend teilungsaktive Zellen wird auf S. 45f. beschrieben.

## Gentransfer in embryonale Stammzellen

Der Gentransfer in ES-Zellen erfolgt meist durch Elektroporation (siehe S. 446). Hierfür wird die Zellsuspension mit DNA versetzt und einem elektrischen Impuls hoher Spannung unterworfen. Dadurch bilden sich Poren in der Zellmembran, durch die DNA in die Zelle gelangen kann. Die Methode ist einfach. Nur eine von $10^5$ bis $10^9$ Zellen enthält aber ggf. die erwünschte Integration des Transgens. Wie schafft man es, dass trotzdem die ES-Zellen für ein *Gene Targeting* eingesetzt werden können, bei dem es auf eine seltene homologe Rekombination ankommt?

Wichtig ist, dass sich mit Hilfe von positiven und negativen Selektionsmarkergenen im DNA-Konstrukt (**Abb. 23.6**, S. 414) solche Zellen in Selektivmedien anreichern lassen, die das DNA-Konstrukt im Genom durch homologe Rekombination eingebaut haben. Durch eine derartige Züchtung in der Zellkultur wird auch bei Verwendung wenig effizienter Gentransfer-Methoden erreicht, dass alle für die Erzeugung von transgenen Tieren verwendeten Stammzellen das Transgen an ausgewählter Stelle enthalten. Sogar die Expression des Transgens lässt sich *in vitro* überprüfen.

Als Beispiel zeigt **Abb. 23.18** die Verwendung eines Selektionsmarkers (*neo*) und eines Reportergens (*lacZ*) im Transgen. Als Reportergen wird auch das *GFP*-Gen (GFP, *Green Fluorescent Protein*) verwendet (**Abb. 23.28**, S. 435).

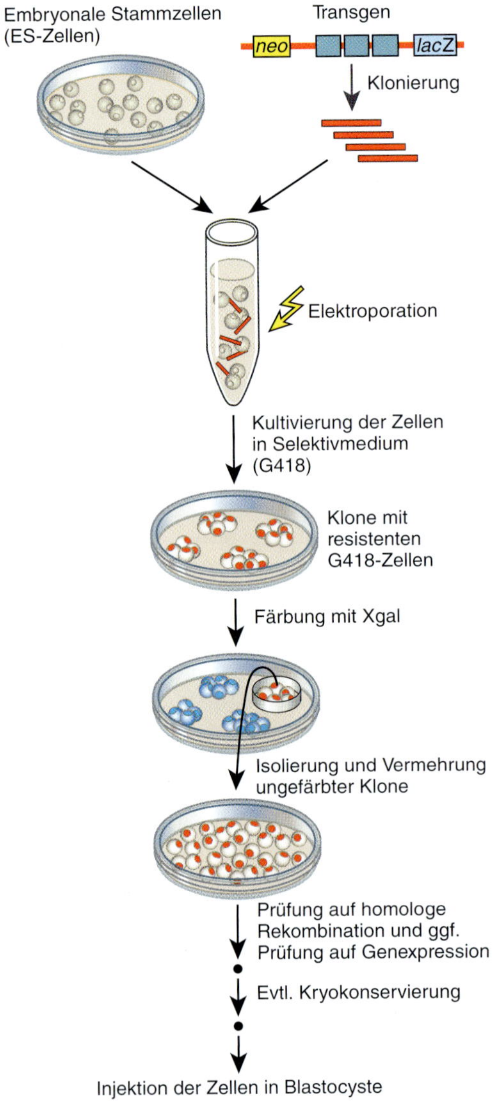

## Übertragung transgener embryonaler Stammzellen in Individuen

ES-Zellen werden in eine Injektionskapillare gesaugt und in Blastocysten injiziert (**Abb. 23.19**). Man sticht mit der Injektionskapillare ins Blastocoel und verbringt dort sieben bis zehn ES-Zellen. Meistens erholen sich die injizierten Blastocysten in Kultur innerhalb einiger Stunden. Die so erzeugten Blastocysten enthalten Zellen, die von eingeführten ES-Zellen stammen. Entwicklungsfähige Blastocysten werden in den Uterus eines scheinträchtigen Weibchens (siehe S. 436f.) transferiert (**Abb. 23.20**) und von diesem ausgetragen. Unter den Nachkommen sind einige chimär, d. h. sie besitzen auch Zellen, die von den injizierten ES-Zel-

**Abb. 23.18:** Erzeugung und Selektion transgener embryonaler Stammzellen (ES-Zellen)

Im Beispiel wird ein Transgen, welches ein Selektionsmarkergen (*neo*) und ein Reportergen (*lacZ*) enthält, über Elektroporation in ES-Zellen gebracht. Bei Kultivierung in G418-haltigem Medium überleben nur transgene Säugerzellen, die das Selektionsmarkergen *neo* exprimieren. Nach klonaler Vermehrung werden die Zellen mit Xgal (5-Brom-4-chlor-3-indolyl-β-D-Galactopyranosid, farblos) inkubiert. Zellen, in denen das *lacZ*-Reportergen nicht durch Rekombination inaktiviert wurde oder fehlt, bilden β-Galactosidase und wandeln Xgal in blaues 5-Brom-4-chlor-indigo um. G418-resistente Zellen mit der gewünschten Rekombination fehlt das *lacZ*-Gen. Diese Zellen bleiben ungefärbt („weiß"). Sie enthalten also eine Rekombination im erwünschten DNA-Abschnitt und werden vermehrt. Oft wird der Zellklon auf die gewünschte homologe Rekombination (mittels *Southern Blotting* oder PCR) und Transgenexpression geprüft. Die Zellen werden ggf. konserviert, bevor sie für den Transfer in Empfängerembryonen (siehe **Abb. 23.20**) verwendet werden.

len abstammen und folglich transgen sind. Bei diesen Tieren kann die genetische Veränderung auch in Keimbahnzellen vorliegen und damit in die nächste Generation weitergegeben werden. Bei chimären Mäusen liegt der Anteil transgener Keimbahn-Chimären (d. h. derjenigen Tiere, die das Transgen in der Keimbahn tragen) unter den geborenen Tieren sehr unterschiedlich, im Mittel bei etwa 30–40 %.

Eine Alternative zur Verwendung von Blastocysten ist die Aggregation von ES-Zellen mit Morulae, d. h. die Erzeugung so genannter Aggregationschimären. Hierzu isoliert man Achtzellstadien und entfernt die *Zonae pellucidae*. Die Achtzellstadien von zwei Morulae werden dann gemeinsam mit einem ES-Zellklumpen (ca. acht Zellen) über Nacht in einer Tropfenkultur inkubiert. Die meisten Zellaggregate bilden bis zum nächsten Tag das Blastocystenstadium und werden dann in den Uterus einer scheinträchtigen Maus transferiert. Die Ausbeute an chimären Tieren ist bei der Aggregationsmethode in etwa die gleiche wie bei der Injektion von ES-Zellen in Blastocysten.

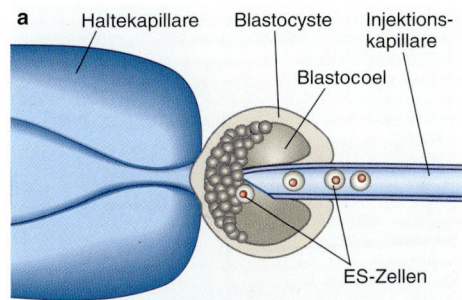

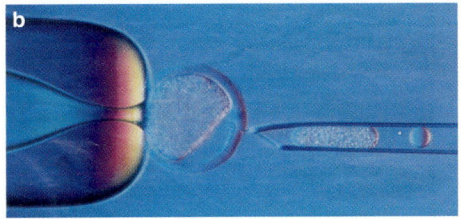

**Abb. 23.19:** Mikroinjektion von embryonalen Stammzellen (ES-Zellen) in eine Blastocyste

a) Die Blastocyste wird mit Hilfe einer Kapillare festgehalten. Die abgebildete Injektionskapillare enthält einige ES-Zellen, die in das Blastocoel einer Blastocyste injiziert werden.

b) Photographie der Mikroinjektion in eine Blastocyste.

---

**Gentransfer in embryonale Stammzellen**

**Vorteile:**
- Umfangreiche Erfahrungen.
- Möglicher Einsatz von *Gene-Targeting*-Vektoren.
- Hohe Effizienz.

**Nachteile:**
- Im Wesentlichen nur bei der Maus einsetzbar.
- Nachkommen sind chimär, d. h. es sind zwei Generationen nötig, bevor homozygot transgene Nachkommen vorliegen.

---

### 23.4.3 Infektion von Embryonen mit rekombinanten Viren

Gentransfers werden auch mit Hilfe von viralen Vektoren durchgeführt (Jaenisch 1974, 1976). Die Methode des Keimbahn-Gentransfers mit Retroviren wurde bei Mäusen etabliert und in vielen Spezies zur Erzeugung transgener Tiere benutzt. Retroviren besitzen ein RNA-Genom und replizieren über eine DNA-Zwischenstufe. Die DNA-Form des Virus kann in das Genom des Wirtes an verschiedenen Loci integriert werden. Die integrierte Virus-DNA wird als Provirus bezeichnet und stabil vererbt. Provirus-DNA

kann in Bakterien kloniert werden. Für die Zwecke des Gentransfers werden die meisten Gene des Provirus *in vitro* durch Fremd-DNA ersetzt. Die rekombinante Provirus-DNA wird in RNA umgeschrieben und in infektiöse Virus-Partikel verpackt. Die Verpackung erfolgt in speziellen Verpackungs-Zelllinien, welche die notwendigen Genprodukte zur Verfügung stellen. Die rekombinanten Virus-RNA-Moleküle bzw. die infektiösen Virus-Partikel werden mit befruchteten Eizellen oder Embryonen, denen die *Zonae pellucidae* entfernt wurden, kultiviert (**Abb. 23.21**). Dabei erfolgt die Transfektion der Virus-RNA. Eine Mikroinjektion ist nicht erforderlich. Bei der Maus werden ES-Zellen verwendet. Bei Erfolg entwickeln sich die behandelten Zellen zu Tieren, die das Transgen in verschiedenen Geweben an jeweils unterschiedlichen Stellen der Chromosomen eingebaut haben und somit in Bezug auf das Transgen ein Zellmosaik aufweisen.

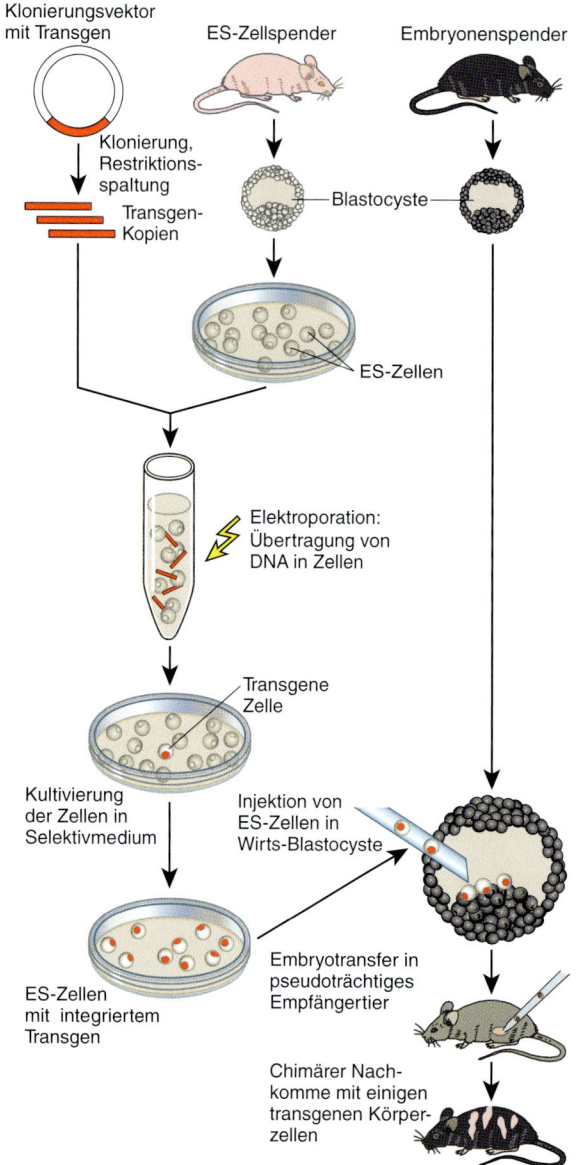

Klonierungsvektor mit Transgen

ES-Zellspender

Embryonenspender

Klonierung, Restriktionsspaltung

Transgen-Kopien

Blastocyste

ES-Zellen

Elektroporation: Übertragung von DNA in Zellen

Transgene Zelle

Kultivierung der Zellen in Selektivmedium

Injektion von ES-Zellen in Wirts-Blastocyste

ES-Zellen mit integriertem Transgen

Embryotransfer in pseudoträchtiges Empfängertier

Chimärer Nachkomme mit einigen transgenen Körperzellen

**Abb. 23.20:** Schema zur Erstellung transgener Mäuse durch Gentransfer in embryonale Stammzellen (ES-Zellen)

Aus einem ES-Zellspender werden Blastocysten isoliert und ES-Zellen kultiviert. In die ES-Zellen wird das DNA-Konstrukt transfiziert. Transgene ES-Zellen werden in Selektivmedien angereichert, vermehrt und auf die gewünschte homologe Rekombination geprüft (siehe **Abb. 23.18**). Die so ausgewählten ES-Zellen werden dann in Blastocysten, die von Embryonenspendern stammen, injiziert. Die behandelten Blastocysten werden in den Uterus einer scheinträchtigen Maus (siehe S. 436 f.) implantiert, die dann die Nachkommen austrägt. Man erhält einige chimäre Nachkommen, mit denen eine Zucht aufgebaut wird (siehe **Abb. 23.27**, S. 434, und **Abb. 23.29**, S. 438).

Retrovirale Vektoren bieten sich für einen Transport von *Gene-Trap*-Vektoren (siehe **Abb. 23.9**, S. 417) z. B. in ES-Zellen an. Das übertragene Transgen ist dann von *LTR*-Regionen (LTR, *long terminal repeat*) flankiert, die eine Insertion in die genomische DNA bewirken. Mit dem Transgen eingeführte Gene werden in der Regel vom viruseigenen Promotor (*5′ long terminal repeat*, *5′LTR*) transkribiert. Wie **Abb. 23.22a** darstellt, können dadurch Stopp-Signale eingeführt und *Knockout*-Tiere erzeugt werden. Innerhalb der *LTR*-Regionen lassen sich aber auch regulierende und proteincodierende DNA-Abschnitte transportieren und so zusätzliche Genprodukte in den Empfängerzellen exprimieren. Die Stärke der Expression durch den *LTR* ist in der Empfängerzelle jedoch schwer vorhersagbar. Um definierte Expressionsraten zu erreichen, werden daher Promotorsequenzen hinzugefügt (**Abb. 23.22b**).

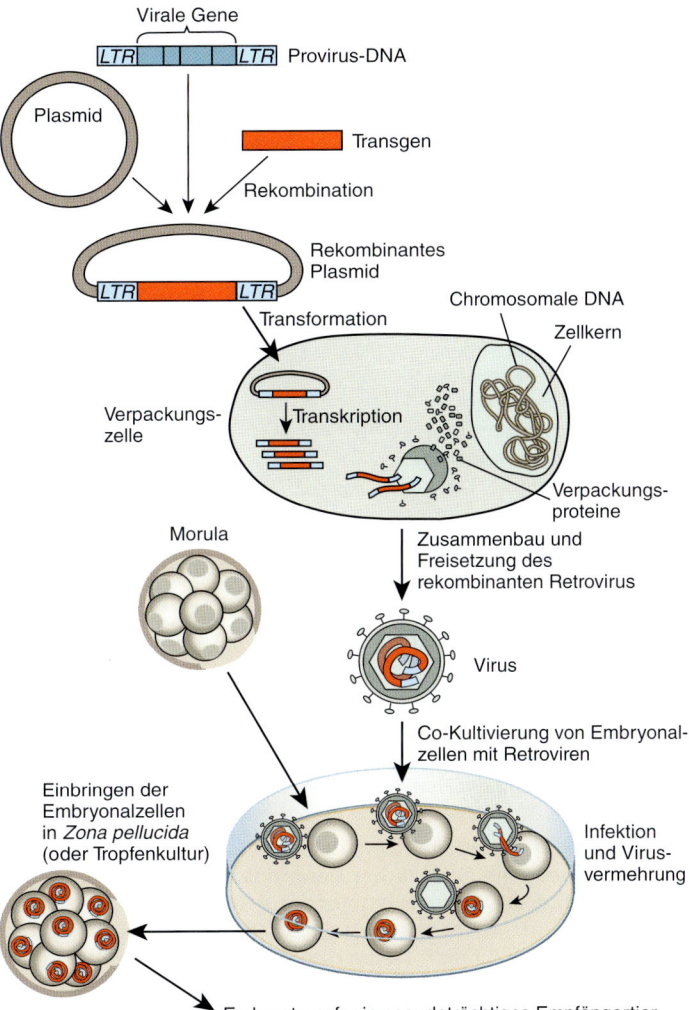

**Abb. 23.21:** Schema zur Erzeugung transgener Zellen mit rekombinanten Retroviren

Provirus-DNA wird isoliert. Für die Zwecke des Gentransfers werden die meisten Gene des Provirus *in vitro* durch das Transgen ersetzt. Im Beispiel verbleiben die viralen *LTR*-Bereiche (*LTR*, *Long Terminal Repeat*), die später für eine DNA-Integration und ggf. Expression sorgen. Die rekombinante Provirus-DNA wird in ein Plasmid ligiert und in eine Verpackungszelle transformiert. Hier wird sie in RNA umgeschrieben und in infektiöse Virus-Partikel verpackt. Diese werden im Beispiel mit Zellen aus einer Morula co-kultiviert. Dabei erfolgt die Infektion mit der Virus-RNA und – nach reverser Transkription – die Integration in das Genom der jeweiligen Zelle. Die Ausbeute ist hoch; man kann eine bis zu 100 %-ige Transfektion erreichen, so dass die so erzeugten Embryonalzellen ohne weitere Selektion in eine *Zona pellucida* verpackt (oder in einem Tropfen kultiviert) und für den Embryotransfer in ein pseudoträchtiges Empfängertier gebracht werden können.

Inzwischen gibt es für den Gentransfer auch Erfahrungen z.B. mit dem Lentivirus. Hierbei handelt es sich um ein komplexes Retrovirus, das teilungs- und nicht teilungsaktive Zellen infizieren kann. Das für den Gentransfer verwendete Lentivirus enthält auch Gene anderer Viren und wird nach Einbau in das Wirtsgenom dauerhaft exprimiert. Lentivirale Vektoren wurden in verschiedenen Spezies für den Gentransfer benutzt, auch bei Nutztieren. Mit dem Foamyvirus wurde ein weiteres komplexes Retrovirus für den Gentransfer entwickelt. Das Foamyvirus besitzt ein großes Genom und damit eine potenziell hohe Verpackungskapazität. Foamyviren haben die Fähigkeit zur reversen Transkrip-

tion und können auch extrachromosomal eine Expression des Transgens bewirken.

Beim Huhn wurden als Vektor zuerst das replikationskompetente Geflügel-Leukosevirus (*Avian Leukosis Virus*, ALV) benutzt. Später hat man meistens das ebenfalls replikationskompetente *Rous-Sarcoma-Virus* (RSV) oder dessen Untergruppe Schmidt-Ruppin A gewählt. Eine Weiterentwicklung stellt die Verwendung replikationsdefekter Retroviren dar. Zu diesem Zweck wurde eine Modifikation des *Reticulo-Endotheliose-Virus* (REV) in Verbindung mit einem modifizierten Helfervirus, das vom *Spleen-Necrosis-Virus* (SNV) stammt, entwickelt. Der Gebrauch von replikationsdefekten Viren redu-

**Abb. 23.22:** Mutagenese durch retrovirale Integration in das Genom der Wirtszelle

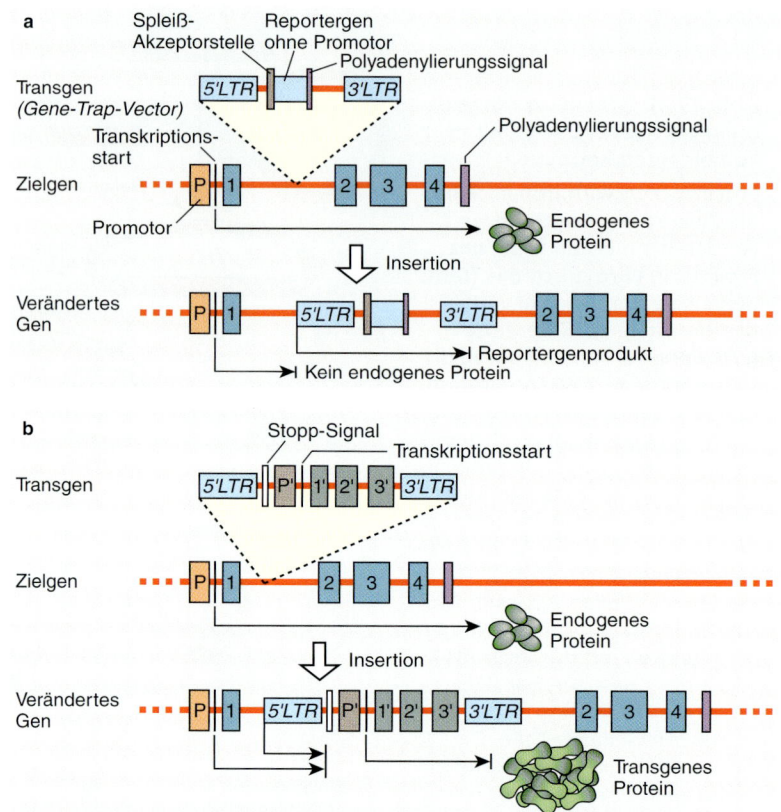

**a) Insertions-Mutagenese zur Erzeugung von _Knockout_-Tieren.** In den meisten Experimenten wird ein _Gene-Trap_-Vektor verwendet, in den ein promotorloses Reportergen eingeführt wurde. Die durch den zelleigenen Promotor und _5'LTR_ bewirkte Transkription wird bis zum Ende des Reportergens fortgeführt. Die _3'LTR_-Sequenz wirkt als Polyadenylierungs- und Terminationssignal der Transkription. Das führt zu keinem oder zu einem nicht funktionsfähigen Protein (_Knockout_). Außerdem entsteht das Reportergenprodukt, welches gewebespezifisch nachzuweisen ist.

**b) Insertions-Mutagenese zur Erzeugung zusätzlicher Genprodukte.** Mit dem Transgen zusätzlich eingeführte Gene können durch einen eigenen Promotor zur Transkription gebracht werden, die mit der _3'LTR_-Sequenz beendet wird. Im Beispiel wird die _5'LTR_-Wirkung durch ein Stopp-Signal abgeschirmt, so dass die hinzugefügten Promotorsequenzen eine definierte Expression erreichen können.

ziert das Risiko einer Infektion des Empfängertieres. Dies ist erforderlich, da Geflügelretroviren im Allgemeinen sehr pathogen sind und hohe Sicherheitsanforderungen an die Experimente stellen.

Üblicherweise erfolgt beim Huhn die Applikation des rekombinanten Virus direkt in befruchtete Eier. Diese enthalten ein Blastoderm aus etwa 60 000 Zellen. Man kann die Schale auf kleiner Fläche öffnen, ohne die darunter liegende Membran zu beschädigen. Mit Hilfe einer Nadel oder Glaskapillare werden etwa 1–100 mg des DNA-Konstruktes in das Blastoderm injiziert. Nach diesem Eingriff wird die Schalenöffnung wieder verschlossen, und die Eier werden bis zum Schlüpfen bebrütet. Bei Erfolg entstehen hierdurch Tiere, die in einigen ihrer Körperzellen das Transgen tragen, also Mosaike sind. Tiere mit transgenen Keimbahnzellen können aber das Transgen stabil an die Nachkommen vererben. Die Transfektion primordialer Keimzellen (_Primordial Germ Cells_, PGCs) ist eine alternative Strategie für den Gentransfer beim Huhn. PGCs migrieren in die sich entwickelnden Gonaden, wo sie zu Spermatogonien bzw. Oogonien werden. Sie können isoliert, retroviral transduziert und dann für die Erstellung von transgenen Nachkommen benutzt werden (**Abb. 23.23**). Die so erzeugten Nachkommen sind chimär, so dass eine zweite Generation nötig ist, um das Transgen in allen Zellen des Individuums zu haben.

Die Vorteile einer Verwendung retroviraler Vektoren liegen in der einfachen Durchführung, der hohen Effizienz der Genübertragung (4–40 % transgene Nachkommen in verschiedenen Experimenten bei der Maus) sowie der stabilen Integration des Transgens in das Wirts-Genom mit wenigen Kopien pro Genom. Die Handhabung einiger retroviraler Stämme gilt als sicher, wenn Verpackungs-Zelllinien verwendet werden, die Viren mit einem begrenzten Wirtsspektrum erzeugen und auf Grund besonderer Merkmale nicht in der Lage sind, Wildtyp-Viren (d. h. in der Natur vorkommende, infektiöse und möglicherweise pathogene Viren) zu bilden. Die Virussequenz wird an zufälliger Stelle stabil in das Genom der Empfängerzelle integriert. Jede erfolgreich infizierte Zelle erhält also eine unterschiedliche Transgen-Integration. Virale Vektoren eigenen sich daher hervorragend für *Gene-Trapping*-Experimente (siehe S. 482).

---

**Gentransfer mit viralen Vektoren**

**Vorteile:**
- Einfache technische Durchführung.
- Hohe Effizienz der Transgen-Übertragung.
- Stabile Integration des Transgens.
- Besondere Eignung für *Knockout*-Experimente.

**Nachteile:**
- Hohe Anforderungen an biologische Sicherheit.
- Einbau des Transgens an unterschiedlichen Stellen des Genoms der Empfängerzellen.
- Ungleichmäßige Expression des Transgens.

---

### 23.4.4 Transfer von Zellkernen aus transgenen somatischen Zellen in Eizellen

Beim reproduktiven Klonen werden Körperzellen (bzw. deren Kerne) in zuvor entkernte Eizellen überführt (siehe **Abb. 22.6**, S. 393). Diese Technik kann auch für den Gentransfer genutzt werden. Wie **Abb. 23.24** zeigt, werden zu diesem Zweck zunächst somatische Zellen (z. B. Fibroblasten) kultiviert und durch Verfahren genetisch verändert, die denen bei den ES-Zellen analog sind. Die kultivierten Zellen lassen sich *in vitro* auf eine korrekte Transgen-Integration überprüfen und selektieren. Nur Zellen, welche die erwünschte Integration aufweisen und das Transgen auch exprimieren, werden anschließend für den Kerntransfer verwendet. Hierdurch erhalten alle Zellen des Nachkommen das Transgen, und dieses wird auch vererbt. Mit fetalen Fibroblasten beschrieben SCHNIEKE ET AL.

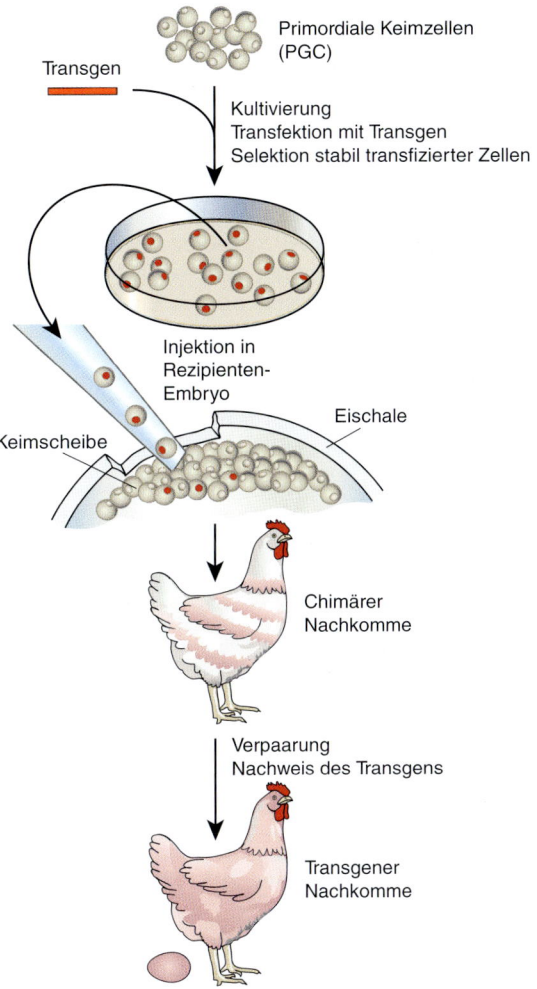

**Abb. 23.23:** Gentransfer beim Huhn unter Verwendung primordialer Keimzellen

Primordiale Keimzellen (*Primordial Germ Cells*, PGCs, siehe **Abb. 14.1**, S. 314) können ähnlich wie ES-Zellen verwendet werden. Im Schema werden sie nach Übertragung des Transgens und der Selektion erwünschter transgener Zellen in die Keimscheibe (Gruppe an undifferenzierten, embryonalen Zellen in einem Vogelei) appliziert. Die zugeführten primordialen Keimzellen beteiligen sich gemeinsam mit den Zellen der Keimscheibe an der Embryonalentwicklung und führen dadurch zu chimären Nachkommen. Diese werden analog zu dem Schema in **Abb. 23.29**, S. 438, für eine Etablierung homozygot transgener Tiergruppen verwendet.

(1997) erstmals einen erfolgreichen Transfer transgener Zellkerne beim Schaf; aus dem Versuch wurden transgene Lämmer geboren. Inzwischen hat sich das Verfahren bei verschiedenen Spezies bestätigt (**Tab. 23.2**, S. 423).

Die Vorteile des Kerntransfers gegenüber der Mikroinjektion liegen in der potenziellen Kosten- und Zeitersparnis bei der Generierung transgener Tiere. Alle geborenen Tiere sind auf identische Weise transgen; sie haben das gewünschte Geschlecht, und es entstehen keine Mosaike. Der hauptsächliche Vorteil des Kerntransfers liegt jedoch in der Möglichkeit der gezielten Integration eines Transgens am homologen Genlocus – d.h. in dem Einsatz des *Gene Targeting* – bei Spezies, bei denen keine ES-Zellen verfügbar sind.

*in vitro* befruchteten Eizellen ist transgen und führt dann zur Mosaikbildung. Bei Fischen lassen sich jedoch pro Experiment sehr viele Eizellen mit zuvor DNA-behandelten Spermien befruchten. Auch wenn nur geringe Raten an transgenen Embryonen erzielbar sind, reichen diese aus, wenn die wenigen transgenen Nachkommen anhand einer einfach erkennbaren Genwirkung nachgewiesen werden können. Dies gelingt z.B. durch ein im DNA-Konstrukt enthaltenes Reportergen mit Einfluss z.B. auf die Pigmentierung oder die Expression von *Green Fluorescent Protein*, so dass die transgenen Nachkommen frühzeitig mit nicht-invasiven Methoden ausgelesen werden können. Daher kann bei Fischen der spermienvermittelte Gentransfer eine praktische Bedeutung erlangen.

---

**Transfer von Kernen transgener Körperzellen**

**Vorteile:**
- Einsatz von *Gene-Targeting*-Vektoren.
- Alle Zellen des Nachkommen erhalten das Transgen.
- Bei allen Spezies einsetzbar, für die eine Zellkern-übertragung möglich ist.
- Potenziell hohe Effizienz bei der Generierung transgener Tiere.

**Nachteil:**
- Hoher technischer Aufwand beim Kerntransfer.

---

**Gentransfer mit Hilfe von Spermien**

**Vorteil:**
- Potenziell effizienter Gentransferansatz.

**Nachteile:**
- Nur sehr wenige der Spermien tragen das Transgen, d.h. nur für Spezies mit vielen Nachkommen pro Paarung geeignet.
- Bislang ungleichmäßige Ergebnisse.

---

## 23.4.5 Gentransfer mit Hilfe von Spermien

Erhebliches Aufsehen erregte 1989 die italienische Gruppe um LAVITRANO: Man hatte DNA-Konstrukte an Samenzellen geheftet und berichtete, dass nach einer anschließenden *In-vitro*-Fertilisation transgene Maus-Embryonen gewonnen worden seien. Zunächst ließ sich diese Methode nicht reproduzieren. Der spermienvermittelte Gentransfer stellt jedoch vom Ansatz her eine elegante Methode dar, da Spermien einfach zugänglich sind und es viele Verfahren gibt, um DNA-Moleküle an die Spermienoberfläche zu binden. Hierzu können z.B. Liposomen oder Rezeptorkonjugate dienen, und die Behandlung kann bereits in den Nebenhoden durchgeführt werden. Inzwischen wird der spermienvermittelte Gentransfer in mehreren Spezies verwendet (u.a. Maus, Schwein, Rind, verschiedene Fischarten). Allerdings sind die Ergebnisse uneinheitlich. Nur ein kleiner Teil der

## 23.4.6 Transfer Künstlicher Chromosomen

Viele Anwendungen des Gentransfers werden erst möglich, wenn ein Vektor benutzt wird, der sich in eukaryontischen Zellen wie ein zelleigenes Chromosom verhält. Als Vektoren mit solchen Eigenschaften können natürliche oder *in vitro* erstellte Chromosomen experimentell eingesetzt werden. Die Herstellung und Handhabung Künstlicher Chromosomen erfordert spezielle Verfahren, die auf S. 245ff. beschrieben werden. Künstliche Säugetier-Chromosomen (*Mammalian Artificial Chromosomes*, MACs) werden stabil vererbt, da sie potenziell autonom repliziert werden. Zudem segregieren MACs unabhängig von zelleigenen Chromosomen, so dass rasch spezielle Kombinationen zwischen zelleigenen Genen und Transgenen erreicht werden. MACs können Transgene enthalten, die größere Gencluster umfassen, autark reguliert werden und durch Repeats bestimmter Gene zu

**Abb. 23.24:** Herstellung transgener Tiere unter Verwendung des Kerntransfers

Eine Population kultivierter somatischer Zellen wird mit dem DNA-Konstrukt transfiziert. Zellen, welche die gewünschte Integration und Expression des Transgens aufweisen, werden selektiert und vermehrt (z. B. kann bei *Gene Targeting* eine Auswahl homologer Rekombinanten analog zu den Verfahren für ES-Zellen erfolgen, siehe **Abb. 23.18**, S. 424). Je eine Zelle wird anschließend als Spender für den Kerntransfer isoliert und in eine entkernte Oocyte injiziert. Nach Kultivierung der Empfängerzelle bis zum Blastocystenstadium wird dieses für den Embryotransfer in ein Empfängertier verwendet.

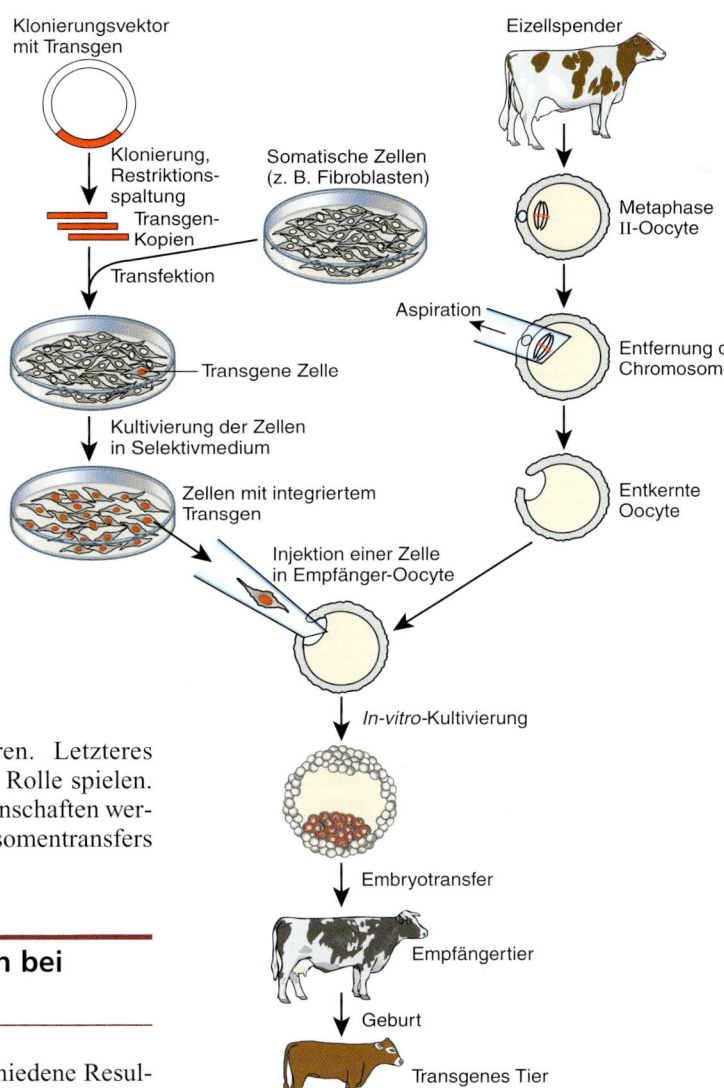

großen Transkriptmengen führen. Letzteres kann für das *Gene Farming* eine Rolle spielen. Auf Grund der vorteilhaften Eigenschaften werden die Techniken des Chromosomentransfers intensiv weiter entwickelt.

## 23.5 Nachweisverfahren bei transgenen Tieren

Durch Gentransfer können verschiedene Resultate entstehen, von denen im Allgemeinen nur wenige verwendbar sind. Grund für die geringen Erfolgsraten ist bei vielen Gentransferverfahren die Integration des Transgens an mehreren, nicht-homologen Positionen im Genom. Von nicht-homologer Rekombination spricht man, wenn die DNA-Sequenzen des integrierten DNA-Fragmentes und der Wirts-DNA an der Integrationsstelle keine Ähnlichkeit haben. Beim Einbau der DNA in ein Chromosom werden zudem unvollständige Insertionen, Deletionen oder andere Mutationen beobachtet. Daher entwickelt sich je nach Gentransferverfahren nur ein kleiner Teil der behandelten Eizellen oder frühembryonalen Stadien zu transgenen Tieren,

und von diesen sind es wiederum nur wenige, bei denen die Zielsetzung des Gentransfers erfolgreich realisiert ist. Abgesehen von der Verwendung der ES-Zellen liegt die Gesamt-Effizienz in etwa zwischen 0,5 und 5% transgener Tiere pro behandelte Zelle (bzw. Embryo) (**Tab. 23.2**, S. 423). Nur etwa 10% der injizierten Embryonen entwickeln sich nach Transfer bis zur Geburt weiter. Zur Erzeugung eines verwertbar transgenen Tieres müssen je nach Spezies etwa 200 Embryonen injiziert und transferiert sowie etwa 5–10 primär transgene Tiere erzeugt werden. Bis zur Verfügbarkeit von geprüften $F_3$-Tieren, die eine homozygote transgene Linien bilden können, vergehen z.B. bei der Maus ca. zehn Monate und beim Rind ca. zehn Jahre (**Tab. 23.3**). Auf Grund der geringen Effizienz und des großen Zeitbedarfs spielen Nachweise transgener Zellen oder Tiere eine wichtige Rolle. Als Nachweise dienen sehr verschiedene Eigenschaften, wie das Vorkommen des Transgens in den Zellen, die Integration ins Genom, Vererbung auf Nachkommen, die Homozygotie, eine Expression sowie evtl. nachteilige Auswirkungen auf das Trägertier.

### 23.5.1 Nachweis des Transgens in den Zellen und der Integration des Transgens ins Genom

Der Nachweis des Transgens spielt bei Tieren eine Rolle, die aus behandelten Eizellen hervorgegangen sind. Bei ES-Zellen oder kultivierten Körperzellen möchte man Zellklone auswählen, die das Transgen korrekt eingebaut haben. Für die Untersuchungen werden zunächst geeignete Zellen isoliert. Bei der Maus wird z.B. zur Gewinnung von Ausgangsmaterial oft die Schwanzspitze kupiert. Aus dem Zellmaterial werden DNA, RNA und/oder Proteine isoliert und beispielsweise für eine der folgenden Nachweismethoden verwendet:

– Die *Southern-Blot*-Hybridisierung kann als Nachweis eines Transgens dienen. Beim *Southern-Blotting* (siehe **Abb. 4.18**, S. 113) erfolgt zunächst eine Restriktionsspaltung der chromosomalen DNA und eine elektrophore-

tische Auftrennung der Restriktionsfragmente in einzelne Banden. Dann werden mit einer für das Transgen spezifischen DNA-Sonde diejenigen Banden nachgewiesen, in denen sich der für den Nachweis benutzte Teil des Transgens befindet. Insertionen an mehreren Positionen des Genoms zeigen sich im Allgemeinen durch mehrere Banden (**Abb. 23.25**).

– Mit **PCR-Tests** (siehe **Abb. 5.1**, S. 118) wird die Integration des Transgens im Genom mit Primern untersucht, die zu einem transgenspezifischen Amplifikat führen. Beim *Gene Targeting* kann zudem geprüft werden, ob der Einbau des Transgens an der gewünschten Stelle im Genom erfolgt ist. **Abb. 23.26** führt aus, wie dies durch Einsatz von Primern sowohl für das Transgen als auch für den Target-Locus gelingt.

– Durch **DNA-Sequenzierung** sowie Vergleich der flankierenden Abschnitte mit bekannten DNA-Sequenzen aus Datenbanken kann die Position gefunden werden, die das Transgen im Genom eingenommen hat.

– Bei Nachkommen, die aus einer Kombination von ES-Zellen mit Blastocysten- oder Morulazellen hervorgegangen sind, ist der **Nachweis des Chimärismus** wichtig. Je größer der Zellanteil ist, der von den ES-Zellen abstammt, desto höher ist die Wahrscheinlichkeit einer Transmission von transgenen Zellen in die Keimbahn. Sind Allele für Fellfarben zwischen ES-Zellen und Wirts-Blastocyste verschieden, lässt sich der Chimärismus und die Herkunft der Körperzellen direkt feststellen (**Abb. 23.27**). Alternativ bieten sich Untersu-

**Tab. 23.3:** Zeitbedarf in Monaten für die Erzeugung von Nachkommen, gemessen vom Zeitpunkt der Geburt des Eizell-/Embryonenspenders

| Ereignis | Maus | Kaninchen | Schwein | Schaf | Rind |
|---|---|---|---|---|---|
| Gewinnung und Transfer der Embryonen | 1,0 | 3 | 6 | 6 | 18 |
| Geburt der Nachkommen ($F_0$-Generation) | 1,75 | 4 | 10 | 11 | 27 |
| Generationsintervall [*] | 2,75 | 6 | 12 | 18 | 30 |
| Geburt: $F_1$-Tiere | 4,5 | 10 | 22 | 29 | 57 |
| $F_2$-Tiere | 7,25 | 16 | 34 | 47 | 87 |
| $F_3$-Tiere | 10,0 | 22 | 46 | 65 | 117 |

[*] Generationsintervall: Alter der Eltern bei der Geburt der zur Zucht benutzten Nachkommen

chungen von Proteinen oder DNA-Sequenzen an, die in den Inzuchtlinien, aus denen die ES-Zellen und die Empfänger-Blastocysten stammen, in verschiedenen allelen Formen (manchmal als Isoform bezeichnet) vorkommen.

– **Co-exprimierte Marker oder Reportergene**, die sich im Transgen befinden, sind eine wichtige Hilfe, um eine gelungene Transgenexpression mit kleinem Aufwand zu erkennen. Erfolgt beispielsweise eine Co-Expression von Tyrosinase in transgenen Mäusen mit sonst weißer Fellfarbe, so tritt mit dem Transgen gekoppelt eine Pigmentierung auf. Ein weiteres Beispiel ist die Co-Transfektion des Reportergens für das *Green Fluorescent Protein* (GFP), so dass transgene Feten und Nachkommen an der Fluoreszenz zu identifizieren sind (**Abb. 23.28**).

### 23.5.2 Nachweis der Vererbung und Homozygotie eines Transgens

Wenn das Transgen in ein Chromosom integriert wurde, ist bei diploiden Individuen zunächst nur eines der beiden Allele betroffen. Da das Transgen im entsprechenden Locus des homologen Chromosoms fehlt, spricht man auch von hemizygot-transgenen Tieren. Nur in einem Chromosom insertierte DNA-Fragmente werden aus eukaryontischen Genomen mit weit höherer Wahrscheinlichkeit entfernt als bereits in beiden homologen Chromosomen vorhandene DNA-Sequenzen. Je nach Verfahren des Gentransfers sind die primär transgenen Tiere zudem Mosaike, d. h. sie besitzen an einer bestimmten Chromosomenposition das Transgen nur in jeweils einigen ihrer Körperzellen. Da dann das Transgen nicht in jeder Keimdrüsenzelle vorkommt, wird es auch entsprechend selten an die Nachkommen vererbt. Erst Tiere der Nachkommengeneration ($F_1$) und nachfolgender Generationen besitzen das Transgen in allen Körperzellen und vererben das Transgen oft stabil.

Für die Prüfung, ob ein Nachkomme ein Transgen homo- oder heterozygot ererbt hat, gibt es folgende Methoden:

– **PCR-Tests** mit Hilfe von Primern für das Transgen sowie für Bereiche der chromosomalen DNA, die das Transgen flankieren (**Abb. 23.26**). Diese Bereiche sind beim *Gene Targeting* bekannt; ansonsten müssen sie

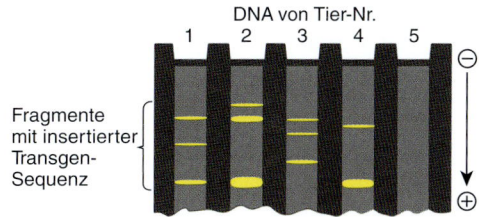

**Abb. 23.25:** Beispiel für *Southern Blots* mit genomischer DNA von transgenen Tieren (DNA 1–4) und einem nicht-transgenen Vergleichstier (DNA 5)

Durch Vorkerninjektion des Transgens erzeugte Tiere werden überprüft. Hybridisiert wird mit einer Sonde, die komplementär zu einer Teilsequenz des Transgens ist. Diese Sequenz kann sich bei Tieren mit dem insertierten Transgen an mehreren Stellen des Genoms befinden. Daher können je nach transgenem Tier mehrere und unterschiedliche Restriktionsfragmente erscheinen, die Sequenzen des Transgens enthalten. Mindestens eine hybridisierte Bande ist bei allen Tieren zu erwarten, die das Transgen tragen. Die Tiere 1–4 sind also transgen, das Tier 5 nicht. Eine Unterscheidung zwischen Homo- und Heterozygotie kann jedoch nicht getroffen werden.

zunächst durch Sequenzierung definiert werden.

– ***In-situ*-Analysen in Metaphasechromosomen** (*In-situ*-PCR oder *In-situ*-Hybridisierung), die auf S. 284ff. beschrieben werden.

– **Paarung** eines transgenen Tieres mit Tieren, die kein Transgen tragen. Bei einem homozygoten transgenen Tier sind zu 100% transgene Nachkommen zu erwarten, bei einem heterozygoten Tier jedoch nur zu 50%.

### 23.5.3 Nachweis der Expression eines Transgens

Die Herstellung transgener Tiere gilt meistens erst dann als erfolgreich, wenn das Transgen auch exprimiert wird. Zudem ist häufig erwünscht, dass die Genexpression gewebespezifisch und regulierbar erfolgt. Beispielsweise kann es wichtig sein, dass es zur Expression nur in Milchdrüsen-Epithelzellen und während der Laktation kommt. Hierbei sollte das gebildete Protein auch aus der Produzenten-Zelle sezerniert werden, z. B. aus der Milchdrüsen-Epithel-

**Abb. 23.26:** Beispiel eines PCR-Tests für Untersuchungen bei transgenen Tieren, die mit *Gene Targeting* erzeugt wurden

a) Es werden die Primerpaare P1/P2 sowie P2/P4 benutzt, die zu einem PCR-Amplifikat nur bei Vorliegen des Transgens führen, nicht dagegen bei chromosomaler DNA. Mit den Primern P1/P3 wird geprüft, ob das Transgen an der gewünschten Stelle im Genom eingebaut wurde. Die Primer P1/P3 sind spezifisch für flankierende chromosomale DNA-Bereiche und finden daher auch ohne insertiertes Transgen komplementäre Bereiche.

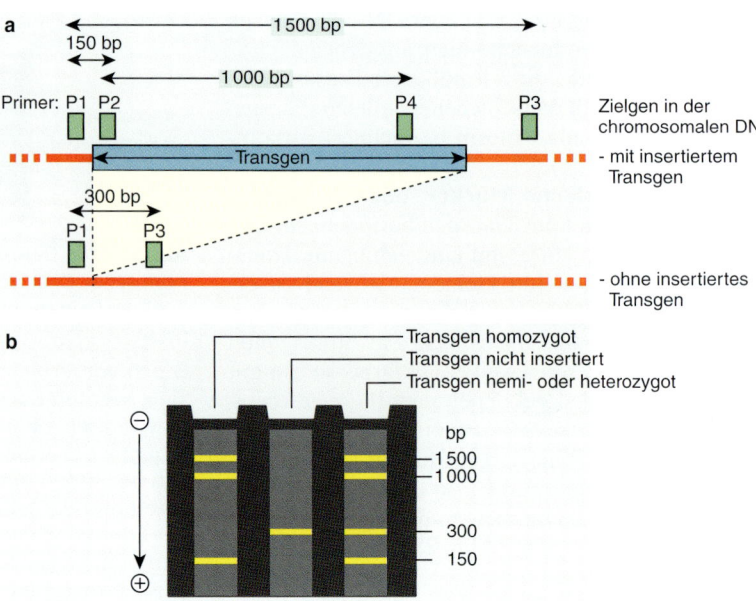

b) Durch getrennten Einsatz der Primerpaare P1/P2, P1/P3 sowie P2/P4 entstehen unter Vorlage genomischer DNA von homo- und heterozygot transgenen Tieren wie auch von nicht-transgenen Tieren verschiedene PCR-Amplifikate. Diese werden gemeinsam mit der Elektrophorese nach ihren Molekülgrößen aufgetrennt.

**Abb. 23.27:** Chimäre Mäuse, bei denen die unterschiedlichen Zellen anhand der Fellpigmentierung zu erkennen sind (BLÜTHMANN 2003).

zelle in die Milch. Die Expression des Transgens lässt sich manchmal am Wachstum, aber auch durch ungewöhnliche Verhaltensweisen oder abweichende Merkmalswerte der Tiere erkennen. In vielen Fällen werden primär erzeugte transgene Tieren keine abweichenden Merkmale zeigen, da diese erst bei Homozygotie

sichtbar werden. Zudem treten viele Merkmale erst spät im Leben eines transgenen Tieres auf. Aus diesen Gründen werden für die Analyse der Transgen-Expression üblicherweise die primären Genprodukte herangezogen, also auf der Ebene der Transkription, d.h. durch Nachweis der mRNA, oder auf der Ebene des fertigen Genproduktes, d.h. durch Nachweis des Proteins. Wird die Expression des Transgens nur in bestimmten Geweben und Entwicklungsstadien erwartet, so ist dies bei der Auswahl der Gewebe zu berücksichtigen. Je nach Art der erwünschten Nachweise wird man sich für eine oder mehrere der folgenden Methoden entscheiden:

– **Analyse der RNA-Moleküle** (*Northern*- oder *Dot-Blotting*, siehe **Abb. 4.18**, S. 113). Auf diese Weise werden das Auftreten und ggf. die Größen der Transgen-spezifisch transkribierten RNA-Arten untersucht. So ist abzuschätzen, ob das Transgen eine potenziell funktionsfähige mRNA liefert und – bei der *Knockout*-Technik – das auszuschaltende Gen tatsächlich nicht (bzw. unvollständig) transkribiert wird.

**Abb. 23.28:** Transgene *GFP*-Mäuse

Das Reportergen *GFP* (Gen für *Green Fluorescent Protein* aus der Qualle *Aequorea victoria*) erlaubt einen nicht-invasiven Nachweis der Genexpression. Die Fluoreszenz wird unter UV-Licht angeregt und zeigt gewebespezifisch die exprimierten Gene.

a) In dem Wurf sind drei grün fluoreszierende und damit transgene Mäusejunge zu sehen. Photo Dr. T. KOLBE, Interuniversitäres Forschungsinstitut für Agrarbiotechnologie, Tulln, Österreich.

b) An wenig behaarten Stellen ist die GFP-Expression auch bei adulten Tieren erkennbar (TSIEN 2004)

- **cDNA-Synthese** mit nachfolgender PCR (RT-PCR) und ggf. DNA-Sequenzierung. Hierbei werden auch Verfahren eingesetzt, mit denen ein quantitativer Nachweis der Genexpression möglich ist. Dazu gehört vor allem die Real-Time-PCR (vgl. S. 126 f.).
- **Proteinanalysen.** Üblicherweise werden Gelelektrophoresen durchgeführt und nachfolgend die Proteinbanden identifiziert. Häufig geschieht dies mit Hilfe von Antikörpern

(*Western-Blotting*), Funktionsprüfungen (z. B. Darstellung der Enzymaktivität) oder Proteinsequenzierungen.

- ***In-situ*-Analyse der Genexpression.** Oft werden Ultradünnschnitte der Gewebe, in denen die Transgen-Expression erwartet wird, angefertigt. In diesen Präparaten kann das Transgenprodukt über *In-situ*-Hybridisierungen nachgewiesen werden (siehe **Abb. 12.1**, S. 251) Darüber hinaus lässt sich im Vergleich mit Gewebeschnitten von Wildtyp-Tieren zeigen, welche Veränderungen in einem Gewebe stattfinden, wenn ein Transgen exprimiert oder ein endogenes Gen ausgeschaltet wird.
- **Physiologische und anatomische Untersuchungen.** Hierzu gehören Tests, die nachweisen, welche physiologischen Veränderungen das vorhandene Produkt eines Transgens in einem Tier herbeiführen. Beispiele sind Veränderungen der immunologischen Toleranz, die sich durch Hauttransplantationen oder anhand von Zelloberflächen-Rezeptoren erkennen lassen.

### 23.5.4 Nachweis nachteiliger Auswirkungen des Transgens auf das Trägertier

Durch Gentransfer können von Fall zu Fall unterschiedliche Beeinträchtigungen der Tiere bis hin zur Lebensunfähigkeit entstehen (**Tab. 23.4**). Dies gilt vor allem bei der auf Homozygotie zielenden Zucht transgener Tiergruppen, die meist durch erhöhte Embryonensterblichkeit und erhöhte Wahrscheinlichkeit für Missbildungen an den geborenen Tieren auffallen. Die nachteiligen Auswirkungen haben folgende Gründe:

- **Expression des Transgens.** Das im Genom vorhandene Transgen kann eine Belastung für den Organismus bedeuten. Beispielsweise kann das Transgen in einem anderen als dem beabsichtigten Gewebe oder Entwicklungsstadium exprimiert werden oder durch zu starke (nicht regulierbare) Expression schaden. Auch leidet ein Tier, das als Modell für eine Krankheit dient, an dieser. Diese Situation kann bereits bei üblichen Haltungsbedingungen der Fall sein; sie wird jedoch immer eintreten, wenn die Symptome für den Untersuchungszweck ausgelöst werden.

– **Inaktivierung von Genen durch Integration des Transgens.** Die Insertion eines Transgens kann funktionswichtige Genbereiche im betreffenden Chromosom unterbrechen. Oft tritt dann eine Merkmalsbeeinflussung auf, die lediglich vom Integrationsort des Transgens, nicht aber vom Transgen selbst abhängt.

– **Aktivierung unerwünschter Gene.** Die durch das Transgen bedingte Insertionsmutagenese kann zu einer Aktivierung von endogenen Onkogenen führen, die im Genom einer jeder Spezies verankert sind.

## 23.6 Bereitstellung und Behandlung der Tiere für den Gentransfer

In Gentransfer-Experimenten werden verschiedenartige technische Verfahren benutzt. Einige der Arbeiten gehören in den Geltungsbereich des Gentechnikgesetzes. Zudem handelt es sich um anzeige- bzw. genehmigungspflichtige Tierexperimente. Belastungen, die bei der Herstellung transgener Mäuse zu erwarten sind, werden in **Tab. 23.4** zusammengefasst. Um die Beeinträchtigung des Wohlbefindens durch die Merkmalsänderungen beim transgenen Tier zu minimieren, ist eine entsprechende Vorsorge für die Tiere zu treffen. Nachfolgend werden einige Fragen im Zusammenhang mit Tierauswahl und –behandlung am Beispiel der Maus dargestellt.

### 23.6.1 Auswahl von Mäusen als Spender oder Empfänger von Eizellen/Embryonen

Für Gentransferexperimente sind genetisch möglichst einheitliche Tiere, die sich zudem für eine erfolgreiche Superovulation eignen, optimal. Tiere aus Inzuchtlinien sind meistens nur in geringem Maße superovulierbar. Daher werden oft weibliche $F_1$-Nachkommen aus Verpaarungen von Inzuchtlinien verwendet. Diese Nachkommen sind genetisch einheitlich, lassen sich gut superovulieren, sind fertil und widerstandsfähig.

Die Leihmütter (Ammen) werden im Allgemeinen so ausgewählt, dass sie eine andere Fellfarbe (wie auch andere genetisch bedingte und einfach erkennbare Eigenschaften) haben als die Jungen, die sich aus den transferierten Embryonen entwickeln.

### 23.6.2 Vasektomie männlicher Tiere und Generierung scheinträchtiger weiblicher Tiere

Als Empfängertiere für den Embryotransfer werden **pseudo- oder scheinträchtige Weibchen** benötigt. Um diese zu erzeugen, werden Weibchen mit **vasektomierten Männchen** verpaart, d. h. Männchen, deren Samenleiter durchtrennt sind und die somit sexuell aktiv aber infertil sind. Die Weibchen besitzen nach der Kopulation einen Vaginalpfropf. Der Hormonhaushalt dieser Tiere entspricht dem eines trächtigen Tieres, obwohl sich keine befruchteten Eizellen in ihrem reproduktiven Trakt befinden. Dabei ist zu beachten, dass die Ausbeute an „Vaginalpfropf-positiven" Weibchen von Tag zu Tag sehr unterschiedlich sein kann. Daher sollten ausreichend viele Weibchen verpaart werden. Scheinträchtige Weibchen, die nicht für einen Embryotransfer benötigt werden, können nach etwa zwölf Tagen erneut verpaart werden. Um nicht erfolgreich vasektomierte Männchen zu erkennen, empfiehlt es sich, für vasektomierte Männchen und scheinträchtige Weibchen unterschiedliche Genanlagen der Fellfarbe zu wählen als für die Embryonen, die ausgetragen werden sollen.

Bei anderen Tierarten wird Scheinträchtigkeit durch Hormonbehandlungen erzielt (siehe **Abb. 18.3**, S. 352). Dies gelingt auch bei der Maus, wird aber hier wegen des größeren Aufwandes kaum praktiziert.

### 23.6.3 Transfer von Eizellen oder Embryonen

Wichtig für den Embryo- oder Eizelltransfer ist, dass die scheinträchtigen Tiere zeitlich weitgehend synchron mit den Embryo- bzw. Eizell-Spendern erzeugt werden. Es bereitet aber keine Probleme, wenn die Embryo-Spender im Ovarialzyklus ein bis zwei Tage vor dem scheinträchtigen Weibchen liegen oder wenn Embryonen mit ein bis zwei Tagen Entwicklungsunterschied gemeinsam in ein scheinträchtiges Weibchen transferiert werden. Die nachfolgend genannten Organe und Gewebe sind aus den **Abb. 23.11** (S. 419) und **Abb. 14.3** (S. 316) zu ersehen. Die scheinträchtige Maus wird unter Narkose mit einem kleinen dorsalen Schnitt an der Flanke geöffnet.

Für den **Transfer von befruchteten Eizellen bis zu Achtzellstadien** werden bei einer scheinträchtigen Maus am Tag 0,5 nach der Verpaarung unter dem Stereomikroskop Ovidukt und Infundibulum in eine brauchbare Lage gebracht. Die Mikrokapillare mit den Embryonen (**Abb. 23.14**, S. 421) wird in das Infundibulum eingeführt. Befruchtete Eizellen oder Embryonen (bis Achtzeller) werden von dort aus in das Ovidukt transferiert. Üblicherweise werden etwa 20 Embryonen (Ein- bis Achtzeller) in die Ampulle einer scheinträchtigen Maus transferiert. Bei einem Transfer von deutlich weniger als zehn Embryonen besteht ein Risiko, dass kleine Würfe geboren und von der Amme aufgefressen werden. Ein Transfer von mehr als 25 Embryonen ist nicht sinnvoll, da sich nur eine begrenzte Anzahl von Embryonen weiterentwickeln kann.

Für einen **Blastocystentransfer** werden meistens scheinträchtige Mäuse am Tag 2,5 nach der Verpaarung verwendet. Nach Freilegung des Uterus werden mit der Mikrokapillare zehn bis 15 Blastocysten in das Lumen des Uterus übertragen.

### 23.6.4 Geburt und Aufzucht der Nachkommen

Nach Transfer von befruchteten Eizellen erwartet man bei der Maus etwa am Tag 19 einen Wurf, und nach Transfer von Blastocysten am Tag 16. Werden – was vor allem bei einer geringen Anzahl von entwickelten Embryonen vorkommt – die Jungen nicht am erwarteten Tag geboren (d. h. „übertragen"), so wird spätestens am 21. oder 22. Tag ein Kaiserschnitt vor-

genommen. Für den Kaiserschnitt tötet man das Weibchen und präpariert sofort den Uterus. Die Embryonen werden vorsichtig, aber rasch aus dem Uterus geschnitten, und die Fruchtblase wird geöffnet. Die Jungen werden dann zu etwa gleichaltrigen Jungen einer Amme gelegt, wobei ein Auskühlen vermieden wird. Zur Vorbereitung auf eine solche Situation werden Parallelverpaarungen vorgenommen, d. h. nicht behandelte Männchen und Weibchen werden zum gleichen Zeitpunkt verpaart, zu dem auch pseudoträchtige Weibchen generiert werden. Die parallel verpaarten Mütter tragen ihre eigenen Jungen aus, und notfalls kann man ihnen zusätzlich die Jungen eines anderen Wurfes unterlegen.

Die Entwicklung und Aufzucht transgener Tiere – insbesondere solcher, die das Transgen homozygot tragen – erfordern besondere Vorsichtsmaßnahmen, wenn zu erwarten ist, dass die Tiere empfindlich sind. So kann es bei transgenen Tieren, deren Körperfunktionen durch das Transgen eingeschränkt sind, vorkommen, dass wenige lebende Jungen pro Wurf geboren werden. In solchen Fällen werden die Jungen unter Umständen von ihrer Amme nicht angenommen, und es kann nötig sein, die Jungen mehrerer gleich alter Würfe zu vereinigen.

### 23.6.5 Etablierung transgener Zuchtlinien

Die transgenen Tiere der ersten Nachkommengeneration begründen transgene Linien und werden als *Founder* bezeichnet. Die als transgen getesteten Foundertiere können das Transgen unterschiedlich integriert haben und werden nicht alle das Transgen wie erwartet vererben. Wenn man ES-Zellen in Blastocysten injiziert, bilden sich bestenfalls chimäre Tiere, deren Körperzellen zum Teil von den Eltern der Blastocysten und zum andern Teil von den ES-Zellen abstammen. Je nach Wahl der Fellfarbe und

**Tab. 23.4:** Tierschutzrelevante Belastungen bei der Generierung transgener Mäuse

| Maßnahme | Anästhesie | Belastung | Belastungsdauer |
|---|---|---|---|
| Superovulation | nein | keine | - |
| Vasektomie | ja | gering | 1 - 7 Tage |
| Embryotransfer | ja | gering | 1 - 7 Tage |
| Kupieren der Schwanzspitze | nein | gering | < 1 Tag |
| Schwanzritzung zur Blutentnahme | nein | gering | < 1 Tag |
| Merkmalsänderung beim transgenen Tier | nein | sehr unterschiedlich | anhaltend |

anderer genetischer Marker lässt sich der Chimärismus feststellen (**Abb. 23.27**, S. 434). Wie wird aber eine transgene Zuchtlinie etabliert, in der jedes Tier für das Transgen homozygot ist und dieses an definierter Stelle trägt?

Zu diesem Zweck werden mit jedem der transgenen Foundertiere jeweils getrennt **transgene Linien** begründet (**Abb. 23.29**). Hierfür ist die Verwendung von Inzuchtlinien vorteilhaft, da keine zusätzlichen Inzuchteffekte zu erwarten sind.

**Spezielle Zuchtpläne** werden für ein *Gene Targeting* benötigt, mit dem eine gewebe- und entwicklungsspezifische Rekombination ausgelöst werden soll. Wie **Abb. 23.30** darstellt, werden bei der *Cre*-vermittelten Deletion eines Zielgens zwei unterschiedliche transgene Inzuchtlinien verwendet: Eine Linie exprimiert die *Cre*-Rekombinase. Die zweite trägt das durch homologe Rekombination eingeführte Zielgen, das von *loxP*-Elementen flankiert ist und als *Floxed Gene* bezeichnet wird (vgl. **Abb. 23.8**,

**Abb. 23.29:** Etablierung einer transgenen Zuchtlinie mit einem nach ES-Zell-Injektion entstandenen chimären Ausgangstier (*Founder*)

ES: Erbanlagen aus nicht-transgener ES-Zelle; ES*: Erbanlagen aus transgener ES-Zelle; c: keine Pigmentierung (rezessiv); +: Wildtyp (dominant).

Das dargestellte Zuchtschema wird für jedes Foundertier durchgeführt, da das Transgen je nach Founder – z.B. durch einen abweichenden Integrationsort – unterschiedliche Auswirkungen haben kann.

a) Jedes Foundertier (F₀) verpaart man zunächst mit nicht transgenen Tieren (Genotyp c/c), die einen ähnlichen oder gleichen genetischen Hintergrund wie der ES-Zell-Spender haben. Unter Berücksichtigung der Bedingungen in **Abb. 23.20** (S. 426) entstehen in der F₁-

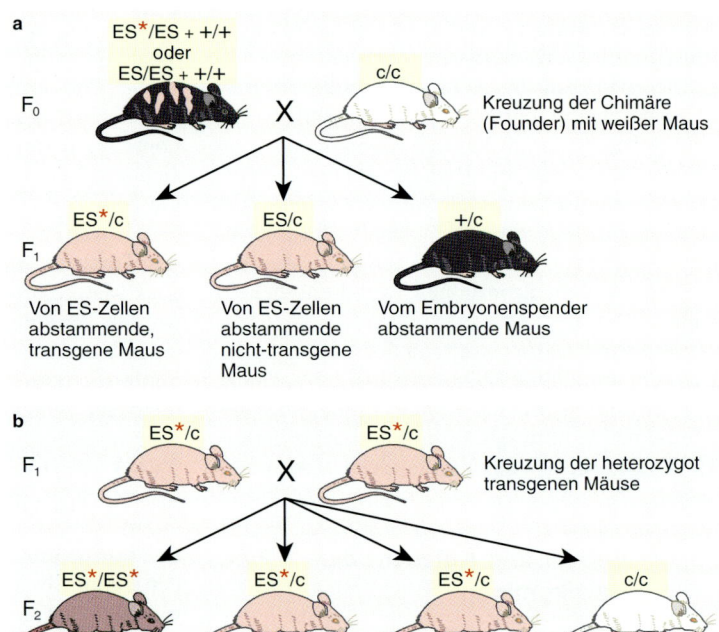

Generation rosa Nachkommen, wenn die Gameten von ES-Zellen des Foundertieres abstammen. Schwarze Nachkommen entstehen, wenn die Gameten von den Zellen des Embryonenspenders gebildet wurden (Genotyp +/c). Die rosa Nachkommen können das Transgen tragen (Genotyp ES*/c) oder nicht (Genotyp ES/c) und werden mit einem geeigneten Test darauf untersucht.

b) Im positiven Fall (d.h. die Mäuse sind heterozygot transgen, in der Abbildung als ES*/c markiert) werden die F₁-Tiere untereinander verpaart. Daraufhin ist in der nächsten Generation (F₂) eine Aufspaltung von 1 : 2 : 1 (= homozgot-transgen : heterozygot-transgen : nicht-transgen) zu erwarten. Die homozygot-transgenen Tiere werden untereinander verpaart, um eine transgene Inzuchtlinie zu begründen. Achtung: Die unterschiedlichen Farben dienen nur der Illustration; üblicherweise ist der Genotyp für das Transgen nicht erkennbar und muss durch einen besonderen Test nachgewiesen werden.

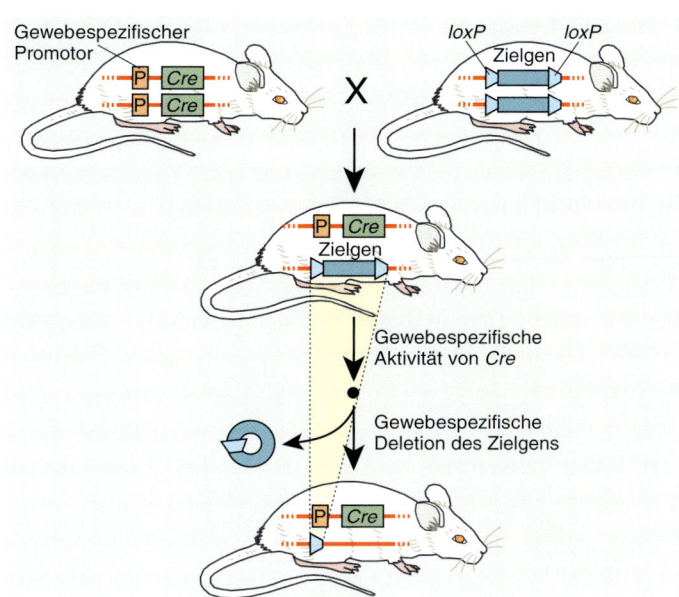

**Abb. 23.30:** Zuchtschema für eine gewebespezifische *In-vivo*-Rekombination mit Hilfe des *loxP/Cre*-Systems

Eine Mäuse-Inzuchtlinie enthält das Zielgen, welches von zwei *loxP*-Elementen flankiert ist. Die andere Mäuselinie exprimiert die *Cre*-Rekombinase gewebespezifisch. In Zellen, die *Cre* exprimieren, führt die *Cre*-Rekombinase zu einer Deletion des zwischen beiden *loxP*-Elementen liegenden Zielgens (vgl. auch **Abb. 23.7** und **23.8**, S. 416). Nachfolgend kann die Wirkung eines gewebespezifischen *Knockout* auf das Tier untersucht werden.

S. 416). Nach Kreuzung der Linien kommt es in den F$_1$-Tieren zu Rekombinationen zwischen den beiden *loxP*-Elementen, die schließlich eine Deletion des Zielgens bewirken, also einen **Zielgen-spezifischen *Knockout***.

Eine Rekombination (Ausschneiden und dadurch Inaktivierung des Zielgens) findet nur in solchen Zellen statt, die *Cre* exprimieren. Demgegenüber bleibt das Zielgen in allen Zellen und Geweben aktiv, in denen *Cre* nicht exprimiert wird. Die Eliminierung von Genen kann daher an bestimmte Bedingungen geknüpft werden (**konditionale Gendeletion**). So kann das *Cre/loxP*-System als Hilfsmittel für einen **gewebespezifischen *Knockout*** (**Abb. 23.30**) von solchen Genen dienen, bei denen eine Eliminierung in frühen Embryonalstadien zur Letalität führen würde. Ein weiterer Anwendungsbereich ist die **zeitabhängige Entfernung eines Transgens**, welches in einem bestimmten Gewebe überexprimiert wurde, um die Effekte des Herunterregulierens in einem Zeitverlaufsexperiment analysieren zu können. Ein solcher Ansatz kann beispielsweise für ein konditionales Ausschneiden eines Reporter-Transgens genutzt werden. Das *Cre/loxP*-System kann auch dazu dienen, um in einem Transgen eine eingelagerte Stopp-Sequenz zwischen Promotor und der codierenden Region zu entfernen (**Zeit- oder gewebespezifische Aktivierung von Genen**).

Zu diesem Zweck wird ebenfalls eine *Cre*-transgene Mäuselinie benutzt, die die *Cre*-Rekombinase gewebespezifisch exprimiert. Die zweite Linie hat ein Transgen eingebaut, dessen 5′-regulatorisches Element von der codierenden Region durch eine *Floxed* Stopp-Sequenz getrennt ist. Durch Rekombination wird das Stopp-Signal entfernt. Dies erfolgt in solchen Zellen, in denen *Cre* exprimiert wird, so dass das Transgen nur in speziellen Zelltypen transkribiert wird. Ein solcher Ansatz wird beispielsweise bei der Maus zur gewebespezifischen Aktivierung Oncogen codierender Regionen angewendet.

Für viele Experimente ist es nötig, Tiere zu erzeugen, die **zwei oder mehrere unterschiedliche Transgene** tragen. Zu diesem Zweck wird für jedes Transgen eine getrennte transgene Linie erstellt. Tiere der verschiedenen Linien werden dann miteinander verpaart, wobei in der F$_2$-Generation viele Tiere erzeugt werden. Aus diesen werden solche Tiere ausgewählt, die beide Transgene tragen.

### 23.6.6 Kennzeichnung und Sicherung transgener Tiere

Alle Tiere aus einem Wurf werden eindeutig gekennzeichnet und dann auf Transgenität getestet. Für jedes einzelne Tier werden die Abstammung und Transgenität registriert und bei den nachfolgenden Versuchen berücksichtigt. Zur Markierung der Tiere werden verschiedene Methoden angewendet, wie die Implantierung eines elektronisch lesbaren Mikrochips, das Anbringen von Ohrmarken, die Ohrlochung und/oder – in Ausnahmefällen – das Schneiden von Zehen. Neben der Tieridentifizierung wird jeder Käfig mit einer Karte gekennzeichnet, auf der verzeichnet ist, um welches Experiment es sich handelt, welche Tiere in diesem Käfig sind und welches Transgen die Tiere tragen.

Transgene Tiere sind einmalige Mutanten, die man ständig weiterzüchten muss, um die betreffende Zuchtlinie vor dem Aussterben zu bewahren. Damit Tierverluste nicht zu gravierenden Nachteilen führen, sollte man mehrere Zuchtpaare der gleichen transgenen Linie halten – eventuell in unterschiedlichen Räumen. Zur Sicherung der transgenen Zuchtlinien lohnt sich auch eine Kryokonservierung von Embryonen oder Spermien bei –196 °C (zu den Techniken siehe S. 328 ff.). Durch eine solche Kryokonservierung kann die weitere Vermehrung von Tieren auf den Bedarf abgestimmt werden. Außerdem können mit Parasiten, Bakterien, Mykoplasmen oder Viren kontaminierte Zuchtlinien saniert werden, indem von diesen Embryonen gewonnen und in nicht-kontaminierten Ammen ausgetragen werden.

## Zusammenfassung

– Unter Gentransfer versteht man die Übertragung von *in vitro* hergestellter DNA (DNA- oder Genkonstrukt, Transgen) in Körper- oder Keimbahnzellen.
– Transgene unterscheiden sich je nach Zielsetzung, bestehen aber fast immer aus einer *in vitro* erzeugten Kombination von regulatorischen und codierenden DNA-Sequenzen.
– Strategie beim Gentransfer ist entweder die Insertion des Transgens an mehr oder weniger zufälligen Stellen des Genoms (Genaddition) oder die gezielte Integration des Transgens an einem ausgewählten Locus (*Gene Targeting*).
– Transgene Tiere werden in vielen Spezies erzeugt, um zusätzliche, heterologe Substanzen – oft humane Proteine – zu gewinnen (*Gene-, Molecular-, Drug-Farming*), um veränderte Merkmale an den Tieren zu erreichen oder um die Funktion einzelner Gene zu untersuchen.
– Transgene Individuen werden durch Behandlung von Gameten oder frühembryonalen Stadien erzeugt.
– Durch Gentransfer werden verschiedene Resultate erzeugt, die im Einzelnen kontrolliert werden müssen.

# 24 Gentransfer in somatische Zellen

*In vitro* hergestellte DNA (exogene rekombinierte DNA, Fremd-DNA, Fremdgene, DNA- oder Genkonstrukt) kann als Transgen in somatische Zellen eingeführt werden (**somatischer Gentransfer**). Bei den Rezipientenzellen kann es sich um solche eines bestimmten Gewebes, mehrerer Gewebe oder kultivierter Zellen handeln. Dabei können Gene in die Zellen eines Gewebes übertragen werden, während ihre Produkte in anderen Geweben wirken. Beispielsweise erreichen Muskelfasern eine lange Lebensdauer. Transgene Myoblasten sichern daher eine potenziell langfristig andauernde Expression des eingeführten Gens. Dessen Produkt kann sezerniert werden, in die Blutbahn eintreten und z. B. als Hormon zur Regulation des Stoffwechsels in anderen Geweben beitragen. Im Allgemeinen gelangt das Transgen nur in einen kleinen und variablen Anteil der Zellen, und lediglich einige hiervon werden das Transgen auch exprimieren. Wenn somatische Zellen von dem Gentransfer betroffen sind, wird das Transgen nicht auf die Nachkommen des betreffenden Individuums vererbt.

Zum somatischen Gentransfer gehört auch die **Gentherapie,** die auf therapeutische oder präventive Zwecke orientiert ist. In vielen Fällen ist die Gentherapie auf Zellen ausgerichtet, die einen Gendefekt tragen. Manchmal werden aber auch Zellen mit normaler Genausstattung transgen gemacht, um so eine Expression zusätzlicher Proteine bzw. Peptide zu erreichen, wie beispielsweise bei der Stimulierung des Immunsystems oder dem Ausgleich eines Defektes in anderen Geweben.

Der Gentransfer in Körperzellen hat u. a. folgende **Ziele**:
- Genregulatorisch wirksame DNA-Bereiche sollen lokalisiert und charakterisiert werden.
- Merkmalswerte werden verändert (z. B. kann eine Veränderung des Wachstums erreicht werden).
- Die Reaktionsfähigkeit des Organismus kann modifiziert werden (z. B. wenn das Produkt der Transgen-Expression eine Antikörperreaktion auslöst).

- Bestimmte Zellklone im Organismus werden eliminiert (z. B. bei der Abtötung von Krebszellen).
- Die Expression kann in transgenen Zellen zusätzliche, wirtschaftlich nutzbare Peptide erzeugen.

Selbstverständlich sind auch **Grenzen** beim somatischen Gentransfer zu bedenken:
- So wird nur ein kleiner Anteil der Körperzellen bzw. kultivierten Zellen transgen.
- Das Transgen wird nicht auf die Nachkommen des betreffenden Individuums vererbt.
- Mit den bislang verfügbaren technischen Möglichkeiten sind die angestrebten Ziele oft unvollständig und nicht immer zu erreichen.

Trotz dieser Einschränkungen wird der somatische Gentransfer in starkem Maße in die Forschungen einbezogen. Wie die in **Abb. 24.1** dargestellten Ergebnisse einer Literaturrecherche illustrieren, taucht der Begriff Gentransfer in der wissenschaftlichen Literatur ab etwa 1970 auf. Ab etwa 1990 steigt die Zahl der Publikationen zum Thema Gentransfer stark an, wobei ca. 75 % der Publikationen den somatischen Gentransfer bzw. die Gentherapie betrachten. Fast alle Verfahren zum Gentransfer in somatische Zellen wurden bei der Maus entwickelt, mit dem Ziel einer späteren Nutzung in der Humanmedizin. Daneben gibt es aber auch eigenständige Verfahrensentwicklungen und Anwendungen in der Tiermedizin und -züchtung. Insbesondere hierauf beziehen sich die nachfolgend dargestellten Arbeitsansätze und Anwendungsmöglichkeiten des somatischen Gentransfers.

Der Gentransfer in somatische Zellen umfasst im Wesentlichen folgende **Arbeitsbereiche**:
- Herstellung, Klonierung und Charakterisierung der Transgene,
- Einschleusen der Transgene in kultivierte Zellen oder in Gewebe von Individuen,
- Auswahl von Strategien beim Gentransfer in Körperzellen,
- Ausrichtung des Gentransfers auf bestimmte Zellen oder Gewebe.

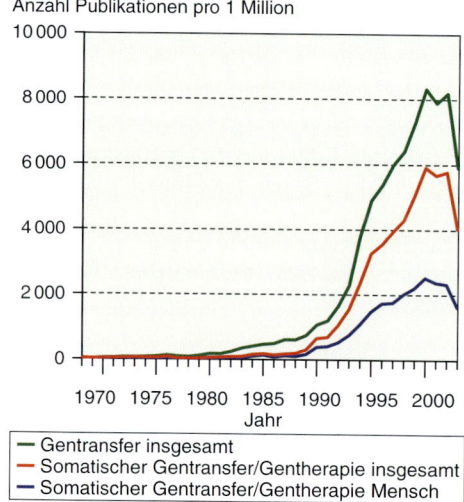

Anzahl Publikationen pro 1 Million

— Gentransfer insgesamt
— Somatischer Gentransfer/Gentherapie insgesamt
— Somatischer Gentransfer/Gentherapie Mensch

**Abb. 24.1:** Literaturrecherche in der Datenbank „Medline" nach Artikeln mit den Begriffen „Gentransfer", „somatischer Gentransfer" sowie „Gentherapie"

Nach den Suchbegriffen wurde im Titel, bei den Keywords sowie in der Zusammenfassung gesucht. Die pro Jahr gefundenen Literaturstellen wurden gezählt und relativ zur Gesamtzahl der Medline-Artikel dargestellt.

Die für den somatischen Gentransfer entwickelten Verfahren ähneln in einigen Punkten denen beim Gentransfer in Keimbahnzellen. Dies gilt insbesondere für die Herstellung und Klonierung von DNA-Konstrukten (vgl. S. 411ff.). Für die übrigen Verfahren gibt es Besonderheiten beim somatischen Gentransfer, die nachfolgend beschrieben werden.

## 24.1 Einschleusen der DNA-Konstrukte in kultivierte Zellen oder Gewebe

Für die **Übertragung (Transfektion, Transfer)** von DNA-Konstrukten in Körperzellen wurden vielfältige Verfahren entwickelt. Das zu wählende Transfektionsverfahren hängt vom Transgen, vom Vektor und von den Eigenschaften des Zielgewebes ab. Hierbei spielt eine Rolle, ob der Transfer in kultivierte Zellen oder in Zellen eines Organismus vorgenommen werden soll.

### 24.1.1 *In-vivo-* oder *Ex-vivo-*Gentransfer

Beim ***In-vivo-*Gentransfer (direkte Methode des Gentransfers, Abb. 24.2)** wird das genetische Material direkt in ein oder mehrere Gewebe des betreffenden Individuums eingebracht. Beispielsweise werden die DNA-Konstrukte in ein Gewebe injiziert. Zahlreiche Beispiele beweisen, dass der *In-vivo-*Gentransfer wirksam und relativ einfach in der Durchführung ist. Der *In-vivo-*Gentransfer ist das einzig mögliche Verfahren, wenn die betreffenden Zellen *ex vivo* nicht zuverlässig zu kultivieren sind (z. B. Zellen des Zentralnervensystems) und/oder wenn die kultivierten Zellen nicht erfolgreich in das betreffende Individuum re-implantiert werden können. Nachteile des *In-vivo-*Gentransfers sind die meist geringe Effizienz und die variable Zahl der mit einem Versuchsansatz erreichbaren transgenen Zellen. Ein Nachteil ist auch, dass nach *In-vivo-*Gentransfer keine Selektion von Zellen, welche die eingeführten Gene enthalten und exprimieren, erfolgen kann. Daher hängt der Erfolg des *In-vivo-*Ansatzes von der Erfolgsrate des Gentransfers und der Stärke der Genexpression ab. Liposomen und virale Vektoren können die Transferraten verbessern. Außerdem werden **vektorproduzierende Zellen (*Vector Producing Cells,* VPCs)** implantiert. Hierbei handelt es sich um kultivierbare Zellen, die *ex vivo* mit einem rekombinanten Virus infiziert werden. Im Gewebe des Empfängerorganismus vermehren sich die Viren, werden in die umgebenden Zellen transferiert und sichern so einen starken, dauerhaften Gentransfer.

Für den **Ex-vivo-Gentransfer (indirekte Methode des Gentransfers, Abb. 24.2)** werden die Körperzellen zuvor dem Organismus entnommen und kultiviert. *Ex vivo* wird dann das genetische Material in die Zellen eingeführt, um diese danach wieder in den Organismus zurückzugeben. Häufig werden diejenigen kultivierten Zellen selektiert, die transgen sind und eine Expression des Transgens aufweisen, bevor eine Übertragung in das Empfängerindividuum vorgenommen wird. Um eine Abstoßung der eingeführten Zellen durch das Immunsystem zu vermeiden, werden normalerweise die Zellen von einem Individuum entnommen und später – nach Behandlung der Zellen – wieder in das-

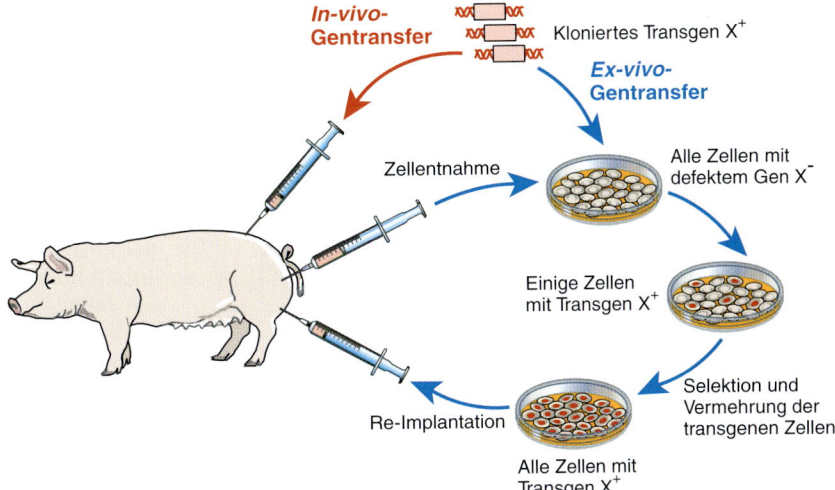

**Abb. 24.2:** *In-vivo-* und *Ex-vivo*-Gentransfer

Der *In-vivo*-Gentransfer (roter Pfeil) überträgt das Transgen direkt in den Organismus. Beim *Ex-vivo*-Gentransfer (blaue Pfeile) werden die Zellen außerhalb des Organismus transgen gemacht und dann in den Organismus re-implantiert.

selbe Individuum zurückgebracht (d. h. Verwendung autologer Zellen). Ein *Ex-vivo*-Ansatz ist nur bei Zellen realisierbar, die dem Gewebe entnommen werden können, die sich *ex vivo* kultivieren und behandeln lassen und die nach Rückführung in den Organismus langfristig überleben. Eine *Ex-vivo*-Gentherapie wurde beispielsweise mit hämatopoetischen Stammzellen aus dem Knochenmark beschrieben. In einigen Fällen, wie z. B. bei der Produktion von Proteinen für wirtschaftliche Zwecke, sind die transgenen kultivierten Zellen bereits das Ziel des Experiments.

## 24.1.2 Stabile oder transiente Expression des Transgens

Wichtig ist nach der Transfektion der Verbleib des Transgens. Die transferierten DNA-Segmente können in ein Chromosom integriert werden, so dass ihre Expression nach Chromosomenreplikation und Zellteilung in beiden Tochterzellen sowie in den weiteren Zellteilungsgenerationen erhalten bleibt (**stabile Expression des Transgens, Abb. 24.3**). Damit kann potenziell eine andauernde Expression in dem betreffenden Gewebe erreicht werden (d. h. solange der Zellklon, der das Transgen enthält, im Körper verbleibt). In Geweben, deren Zellen beständig aus sich teilenden, noch undifferenzierten Stammzellen erneuert werden, ist eine stabile Integration der transferierten DNA in Stammzellen erwünscht. So wird nachfolgend eine große Zahl der differenzierten Zellen das

neu eingeführte Gen exprimieren und sich der Zustand über einen langen Zeitraum erhalten. Die chromosomale Integration erfolgt im Allgemeinen in etwa zufällig und variiert in starkem Maße von Zelle zu Zelle. In manchen Zellen können die insertierten Gene nicht exprimiert werden. Dies kann beispielsweise eintreten, wenn die Integration in kondensierten heterochromatischen Chromosomenregionen stattfindet. Außerdem können die Integrationsereignisse vorhandene Gene inaktivieren und so zum Zelltod führen. Letzteres wirkt sich aber nur auf die betroffene Zelle aus, was evtl. die Effizienz des Gentransfers reduziert und manchmal sogar das Ziel des Experiments sein kann. Eine Anreicherung der stabil transfizierten Zellen gelingt *ex vivo*, wenn z.B. das Genkonstrukt eine Antibiotikum-Resistenz vermittelt und die Zellen in Anwesenheit des Antibiotikums im Medium kultiviert werden. Eine nachteilige Auswirkung ist möglich, wenn das Integrationsereignis Gene verändert, welche die Zellproliferation kontrollieren. Beispiele dafür sind die Aktivierung eines Oncogens sowie die Inaktivierung eines Tumorsuppressor-Gens oder Apoptose regulierenden Gens. In dieser Situation besitzt der *Ex-vivo*-Gentransfer den Vorteil, dass sich in den selektierten Zellen die Integrationsstellen untersuchen und in Zellkultur die Merkmale prüfen lassen, die auf veränderte Zelleigenschaften hinweisen. Nur Zellen, die solche Tests bestehen, werden nachfolgend in den Organismus zurücktransferiert.

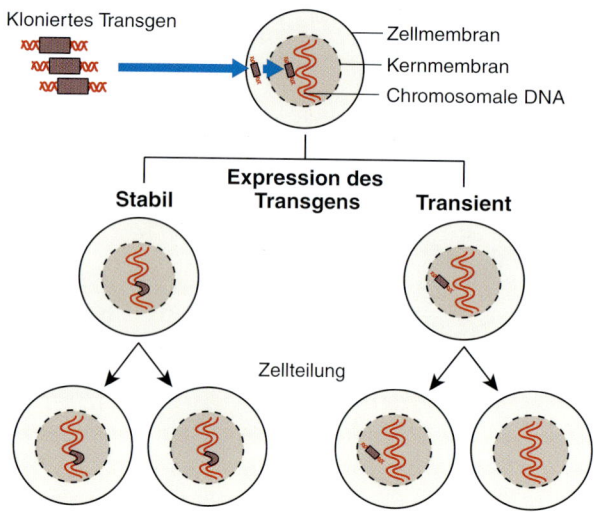

Kloniertes Transgen

Zellmembran
Kernmembran
Chromosomale DNA

Expression des Transgens

Stabil

Transient

Zellteilung

**Abb. 24.3:** Stabile oder transiente Expression des Transgens

Ein Transgen, welches stabil in die chromosomale DNA integriert ist, wird gemeinsam mit dem Chromosom repliziert. Bei jeder Zellteilung wird es daher gleichmäßig auf beide Tochterzellen verteilt und bleibt in allen nachfolgenden Zellgenerationen erhalten. Demgegenüber kann ein Transgen, welches extrachromosomal verbleibt, nicht oder nur unabhängig von den Chromosomen repliziert werden. Aus diesem Grunde wird es in nachfolgenden Zellgenerationen pro Zelle in verschiedenen, meist abnehmenden Zahlen vertreten sein.

Viele Verfahren des Gentransfers bezwecken eine Expression der eingebrachten Transgene als extrachromosomale Elemente. Mittels im selben DNA-Konstrukt übertragener Gene für Oberflächen- oder Fluoreszenzmarker ist *ex vivo* eine selektive Anreicherung der Zellen durch *Magnetic Cell Sorting* (MACS) oder *Fluorescence Activated Cell Sorting* (FACS, siehe **Abb. 1.13**, S. 37) möglich. Wenn sich die Zellen teilen, nimmt allerdings die durchschnittliche Zahl der Transgene pro Zelle und infolgedessen die Genexpression von Zellgeneration zu Zellgeneration ab (**transiente Expression des Transgens, Abb. 24.3**). Manche Anwendungsziele, wie beispielsweise die Eliminierung eines Zellklons bei der Krebstherapie, basieren jedoch auf einer kurzzeitigen Expression von Genen in Krebszellen, die dadurch abgetötet werden sollen. Sobald dieses Ziel erreicht ist, wird das eingeführte Gen nicht mehr benötigt, so dass eine transiente Expression ausreicht. Eine transiente Expression des Transgens ist jedoch für die Therapie eines Gendefektes besonders in teilungsaktiven Geweben oder Zellkulturen nachteilig und erfordert wiederholte Behandlungen. In manchen Geweben, wie dem Muskel, ist dies jedoch kein Problem. Muskelfasern teilen sich normalerweise nicht, und die transferierte DNA kann kontinuierlich über mehrere Monate exprimiert werden. In kultivierten Zellen gibt es zudem Möglichkeiten, Zellen mit dem Transgen zu selektieren und somit die Expression aufrechtzuerhalten. Auch können **episomale Vek-**toren verwendet werden, die sich in den Rezipientenzellen anhaltend replizieren und daher extrachromosomal für eine lang andauernde Expression sorgen. Dies gilt beispielsweise für Epstein-Barr-Virus-Derivate. Diese Vektoren besitzen einen eigenen Replikationsursprung (*origin of replication, ori*), der zu einer chromosomenunabhängigen Vermehrung in kompetenten Wirtszellen führt. Jedoch werden hierbei die Zahl der Vektoren und damit die Genexpression von Zelle zu Zelle mit den Zellgenerationen immer unterschiedlicher.

### 24.1.3 Vektorfreie Gentransfermethoden

**Vektorfreie („direkte", physikalische) Gentransfermethoden** überwinden die elektrochemische Barriere zwischen der negativ geladenen Zellmembran und der gleichfalls negativ geladenen DNA, ohne dass besondere Moleküle für den Transport, d. h. Vektoren, verwendet werden (**Abb. 24.4**). Sie nutzen vielmehr physikalische Mechanismen für den Gentransfer. Die vektorfreien Techniken sind einfach und wurden für verschiedene Gewebe erfolgreich eingesetzt. Sie erreichen jedoch nur eine geringe, ungleichmäßige Effizienz beim Gentransfer, und eine stabile Integration des Transgens wird nur selten beobachtet (**Tab. 24.1**). Die vektorfreien Gentransfermethoden unterscheiden sich je nach Einsatz *ex vivo* oder *in vivo*.

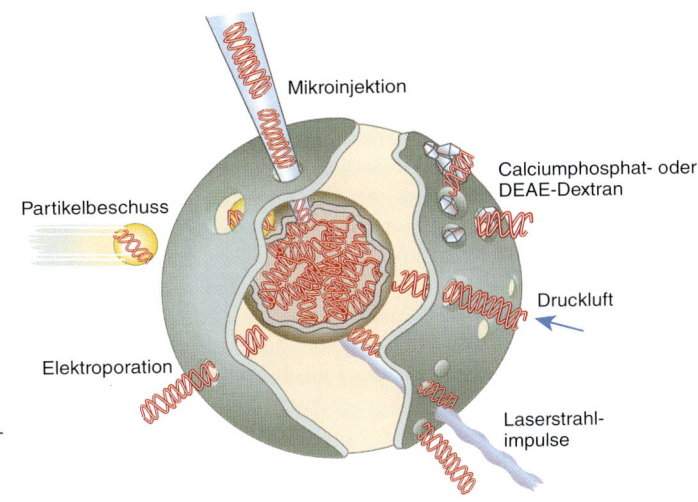

**Abb. 24.4:** Physikalische Gentransfer-methoden

*Erklärung siehe Text.*

**Tab. 24.1:** Vergleich einiger Gentransfertechniken

| Kriterien | Direkte DNA-Injektion | Ballistischer DNA-Transfer | Lipo-somen | Retro-virus | Adeno-virus | AAV[1] | HSV[2] |
|---|---|---|---|---|---|---|---|
| Maximale Insertgröße (kb) | >20 | >20 | [3] | 8-10 | ca. 9,5[4] >20[5] | <5 | >20 |
| Integration in Chromosomen | nein | nein | nein | ja[6] | nein | ja[6] | nein |
| *In-vivo*-Effizienz | gering | hoch bei exponiertem Gewebe | variabel | gering | hoch | hoch | hoch |
| Sicherheits-Aspekte[7] | keine | keine | keine | hoch | mittel | mittel | gering |

[1] AAV: Adeno-Assoziierte Viren
[2] HSV: Herpes-Simplex-Viren
[3] Keine speziellen Grenzen
[4] Insert-DNA in Virus-DNA insertiert
[5] Insert-DNA ersetzt Virus-DNA teilweise
[6] Zufällige Stellen im Genom
[7] Einsatz bei Säugetieren. Beim Menschen gelten andere Sicherheitsauflagen.

## Vektorfreie Gentransfertechniken für kultivierte Zellen

Für den Einsatz bei kultivierten Zellen werden sehr verschiedene Verfahren benutzt. Die Verwendung von **Calciumphosphat** für die Transfektion wurde zuerst 1973 (GRAHAM und VAN DER EB) beschrieben. Die Calciumphosphat-Technik ist wenig toxisch, einfach und preisgünstig, so dass das System immer noch für den Transfer von Plasmid-DNA in kultivierte Zellen und von rekombinanten viralen Vektoren in Verpackungszelllinien benutzt wird. Bei der Calciumphosphat-Methode wird Plasmid-DNA in eine Calciumchlorid-Lösung gebracht und dann Phosphatpuffer zugefügt. Das sich bildende feine Präzipitat entsteht während der Inkubation der Zellen, oder es wird zu den kultivierten Zellen gegeben. Gelangen die präzipitierten DNA/Calciumphosphat-Partikel an die Zellmembran, wird Endocytose ausgelöst, welche die Partikel in das Cytoplasma transportiert. Das Verfahren ist jedoch wenig effizient (im Allgemeinen exprimieren weniger als 1 % der Zellen das gewünschte Gen), schlecht reproduzierbar und eignet sich nur für teilungsaktive Zellen. Die Transfektionseffizienz kann manchmal durch Behandlung der Zellen mit Dimethylsulfoxid (DMSO) oder Glycerin verbessert werden. Die Expression des Transgens erfolgt sowohl transient als auch stabil. Für einen *In-vivo*-Einsatz ist die Calciumphosphat-Methode nicht verwendbar.

**DEAE-Dextran** wird ähnlich wie Calciumphosphat verwendet. Die Methode ist stärker reproduzierbar als die DNA-Transfektion mittels Calciumphosphat, aber nur für wenige Zelllinien geeignet und kann auf Grund der toxischen Eigenschaften lediglich für eine transiente Expression des Transgens eingesetzt werden.

Als weitere Gentransfermethode wird die **Mikroinjektion** in einzelne somatische Zellen beschrieben, wie etwa in Fibroblasten. Eine Mikroinjektion bringt das Transgen ggf. direkt in den Zellkern, indem unter dem Lichtmikroskop eine Glaspipette in den Zellkern geführt und eine kleine Menge an DNA oder RNA injiziert wird. Auf diese Weise wird der cytoplasmatische Abbau des injizierten Materials verhindert, so dass bei den überlebenden Zellen eine effiziente Expression des Transgens erwartet werden kann. Die Technik ist jedoch arbeitsaufwendig und erfordert sehr teilungsfähige Zellen. Aus diesen Gründen hat die Mikroinjektion für somatische Zellen eine geringe Bedeutung. Dagegen spielt die Technik auf Grund der Effizienz pro Zelle beim Keimbahn-Gentransfer eine große Rolle (vgl. S. 417ff.).

Bei der **Elektroporation** wird pulsierende Hochspannung an eine DNA-haltige Zellsuspension angelegt. Durch den elektrischen Puls werden Löcher in die Zellmembran geformt, durch die DNA eintreten kann. Günstige Resultate wurden bei sich rasch teilenden Zellen beobachtet. Für die Durchführung der Elektroporation sind eine aufwendige Ausrüstung und hohe Zellzahlen erforderlich, da bei ausreichender Spannung ein hoher Anteil der Zellen abstirbt.

## Vektorfreie Gentransfertechniken vor allem für den *In-vivo*-Einsatz

**Injektion freier („nackter") DNA in Gewebe.** In vielen Fällen wird beim *In-vivo*-Gentransfer vektorfreie DNA mit einer Kanüle in das Zielgewebe injiziert. DNA-Moleküle zwischen 2 und 20 kb werden auf diese Weise erfolgreich transferiert. Beispielsweise gilt dies für die DNA-Vakzinierung (vgl. S. 468f.). Das DNA-Konstrukt wird meist intramuskulär oder subkutan appliziert, manchmal auch über ein DNA-Moleküle enthaltendes Aerosol in die Nasen-

höhlen und Lungen inhaliert. Eine besonders langzeitige Transgen-Expression wird in Skelettmuskeln beobachtet, obgleich die DNA nicht in das Genom der Muskelzellen integriert wird. Beispielsweise lässt sich bei der Maus nach einer einzigen Injektion eine Expression des Transgens über einen Zeitraum von länger als 19 Monaten erzielen. Eine Begrenzung ist der geringe Anteil der Myofibern, die die Transgene auch exprimieren, denn nach Injektion zeigen die erreichten Muskeln in weniger als 1% ihrer Fasern eine Transgen-Expression. Die Effizienz des Gentransfers nach intramuskulärer Injektion kann jedoch gesteigert werden. So verbessern mehrfache Injektionen, mehrere Injektionsstellen sowie eine Präinjektion von Zuckerlösungen die Transgen-Expression. Auch eine Stimulierung des Muskels, etwa durch Wachstumsfaktoren, führt zu einer erhöhten Transgen-Expression. Jüngere Individuen zeigen höhere Transfereffizienzen als ältere. Außerdem gibt es Spezieseinflüsse; beispielsweise sind Nagetiermuskeln effizienter in der Aufnahme von DNA als Primatenmuskeln. Die Alters- und Spezieseinflüsse hängen möglicherweise auch mit unterschiedlich stark ausgebildetem Bindegewebe zusammen, welches eine Barriere für den DNA-Durchtritt bildet.

**Partikelbeschuss (Ballistische DNA-Injektion, Mikroprojektil-Gentransfer, *Particle Bombardment*).** Techniken für einen Einschuss von DNA in Gewebe wurden zunächst für Pflanzen entwickelt. Das Transgen wird über Mikrokugeln gelegt, die dann mit so starker Kraft gegen die Zellen geschleudert werden (mit einer „*Gene Gun*"), dass sie durch die Zellmembranen dringen. Für den Zweck werden meistens 1–3 µm große Gold- oder Wolfram-Partikel benutzt. Die Kraft für den Partikelbeschuss wird durch Hochspannungs-, Funken- oder Heliumdruckentladung erzeugt. Ballistische DNA-Injektionen sind für den *In-vivo*- wie auch für den *Ex-vivo*-Gentransfer bei einer großen Zahl an tierischen Zellen erfolgreich. Die *In-vivo*-Anwendungen beziehen sich auf Gewebe, die direkt erreicht werden können, wie das Hautgewebe, oder auf Gewebe, die leicht chirurgisch freigelegt werden können, wie Muskeln. Die Technik ermöglicht eine präzise DNA-Dosierung. Mit ballistischen DNA-Injektionen werden hohe Werte der Transgen-Expression erreicht, möglicherweise auf Grund der großen

Zahl der erreichten Zellen und der durch Membranschädigungen erleichterten DNA-Aufnahme. Die Transgene werden mit der Methode jedoch nur transient exprimiert. Im Zentrum des Beschusses kann außerdem eine beträchtliche Zellzerstörung stattfinden.

**Druckluftinjektion.** Mittels hochgradig komprimierter Luft wird DNA in das Zielgewebe geschossen. Diese Technik besitzt den Vorteil einer großen Eindringtiefe (mm bis cm), ohne die Rezipientenzellen mit Metallpartikeln zu belasten. Auch Mehrfachbehandlungen sind möglich. Nachteilig ist die Gefahr der Verletzung von Blutgefäßen und der Bildung von Blutgerinnseln.

**Laserstrahlen.** Mit Hilfe kurzzeitiger Laserstrahlimpulse lassen sich Poren in der Zellmembran erzeugen, durch die DNA in das Cytoplasma eindringen kann. Ähnlich wie bei der Mikroinjektion können mit Laserstrahlen einzelne Zellen gezielt manipuliert werden. Nachteilig ist der geringe Anteil der transgenen Zellen, der mit der Laserstrahlmethode erzielt wird, sowie der hohe apparative Aufwand.

***In-vivo*-Elektroporation.** Hierbei werden die Elektroden unmittelbar nach Injektion der DNA in die Injektionsstelle eingefügt. Die Wirksamkeit dieser Methode beruht auf der kurzzeitigen Bildung von Membranporen, die einen vorübergehenden Anstieg der Membranpermeabilität zur Folge haben und so die Aufnahme auch größerer DNA-Moleküle in die Zelle ermöglichen.

### 24.1.4 Vektoren für den somatischen Gentransfer

Der Transfer von DNA in Zellen kann durch Molekülteile oder zusätzliche Moleküle unterstützt werden. Solche den Transfer unterstützende Elemente werden als **Vektoren** bezeichnet. Streng genommen gilt als Vektor ein DNA-Molekül, in welches das für den Transfer vorgesehen DNA-Konstrukt integriert ist. Etwas erweitert werden nachfolgend auch Liposomen und nicht-liposomale, kationische Rezeptorkonjugate den Vektoren zugeordnet. Ideale Vektoren und Transgene lassen sich an den in **Tab. 24.2** zusammengefassten Eigenschaften erkennen. **Abb. 24.5** verdeutlicht am Beispiel der Liposomen und viralen Vektoren, welche Verbreitung diese Hilfsmittel für den somatischen Gentransfer haben. Es ist zu betonen, dass ein Vektor nicht für alle Zwecke ideal sein kann, sondern der Fragestellung angepasst auszuwählen ist, und dass in vielen Fällen ein vektorfreier Gentransfer ausreicht.

**Tab. 24.2:** Eigenschaften idealer Vektoren und Transgene für den Gentransfer in Körperzellen

| Parameter | Günstiger Wert |
| --- | --- |
| Transgengröße | Möglichst groß; ein oder mehrere Gene |
| Stabilität | Keine Mutagenese bzw. Degradation |
| Produktion | Einfach; sicher; reproduzierbar |
| Titer | Hoch konzentriert; stabiles Endprodukt |
| Chromosomenintegration | Positionsspezifischer Einbau in das Wirtsgenom bzw. geringe Auswirkung von Positionseffekten |
| Effizienz | Hohe Rate transgener Zellen; starke Genexpression |
| Spezifität | Zellspezifischer Gentransfer; Begrenzung der Expression auf die Target-Zellen |
| Genexpression | Korrektes Processing; günstiges Niveau und günstige Induzierbarkeit der Genexpression; keine unerwünschte Beeinflussung durch und auf Produkte anderer Gene |
| Externe Regulierbarkeit | Niveau der Transgen-Expression nach Bedarf regulierbar |
| Immunreaktion | Nicht immunogen |
| Biologische Sicherheit | Sicher für Rezipient und Umwelt |
| Pathogenität | Keine |

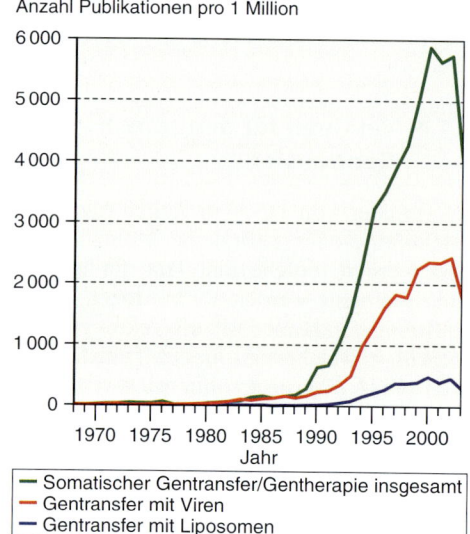

Anzahl Publikationen pro 1 Million

Somatischer Gentransfer/Gentherapie insgesamt
Gentransfer mit Viren
Gentransfer mit Liposomen

**Abb. 24.5:** Literaturrecherche in der Datenbank „Medline" nach Artikeln mit den Begriffen „somatischer Gentransfer" („Gentherapie") und „Liposomen" bzw. „Virus"

Nach den Suchbegriffen wurde im Titel, bei den Keywords sowie in der Zusammenfassung gesucht. Die pro Jahr gefundenen Literaturstellen wurden gezählt und relativ zur Gesamtzahl der Medline-Artikel dargestellt.

## Verwendung von Liposomen, Dendrimeren und Zellmembranen für den Gentransfer

**Liposomen** werden seit etwa 1990 in stärkerem Umfang für den somatischen Gentransfer benutzt. Bei den Liposomen handelt es sich um Vesikel, die aus synthetischen Lipid-Doppelmembranen (*Bilayer*) bestehen und ein wässriges Milieu einschließen; sie entsprechen der Struktur biologischer Membranen. Die zu übertragende DNA wird *in vitro* in Liposomen verpackt bzw. an diese gelagert und so für den Transfer in ein passendes Zielgewebe benutzt (**Abb. 24.6**). Sobald sich die Lipidhülle an Zellen bindet, wird das Liposom über Endocytose in die Zellen gebracht. Die eingeführte DNA wird nicht bei der Integration in die chromosomale DNA unterstützt; die transferierten Gene werden also vor allem transient exprimiert.

Es sind kationische und anionische Liposomen zu unterscheiden. **Kationische Liposomen**

(z. B. Lipofectin) sind positiv geladen und binden die negativ geladene DNA relativ stabil an ihren Oberflächen (**Abb. 24.6a**). Eine Begrenzung für die Größen der DNA-Moleküle ist somit – mindestens theoretisch – nicht gegeben. Beim *In-vivo*-Gentransfer wurde nachgewiesen, dass nach intravenöser Injektion im Lungen- und Lebergewebe eine Aufnahme des DNA/Liposomen-Komplexes sowie eine Transgen-Expression erfolgen. Injektionen in andere Gewebe erzielen variable Ergebnisse und meistens eine geringe Gentransfer-Effizienz. Als wesentliche Effizienzprobleme erweisen sich der Transport in den Zellkern und die dortige Freisetzung der DNA aus dem Liposomenkomplex.

**Anionische, pH-sensitive** oder **negativ geladene Liposomen** (**Abb. 24.6b**) schließen die DNA in ein wässriges Milieu ein, ohne dass ein Komplex gebildet wird. Sie setzen die DNA nach Fusion mit der Zellmembran im Cytoplasma frei. Von dort gelangt die DNA auch in den Zellkern. Die anionischen Liposomen werden bei niedrigem pH instabil und erwiesen sich als weniger effizient für den *In-vivo*- wie auch *Ex-vivo*-Gentransfer als die kationischen Liposomen. Jedoch sollten sich anionische Liposomen eigentlich besser für den *In-vivo*-Gentransfer eignen als die kationischen, da sie weniger toxisch sind und nur in geringem Maße Wechselwirkungen mit Serumproteinen eingehen.

Statt kationischer Liposomen werden auch **nicht-liposomale Polykationen** entweder in Form **linearer Polymere** (Poly-L-Lysin, Polyethylenimin) oder als Dendrimere für den Gentransfer eingesetzt. **Dendrimere** sind kugelförmige Netzwerke aus Polyamidoamin(PAMAM)-Polymeren, die sich vom Molekülzentrum ($NH_3$ bzw. Ethylendiamin) aus hochgradig verzweigen und an der Moleküloberfläche mit positiv geladenen Aminogruppen enden. Sie sind wasserlöslich und in definierter Größe, Struktur und Form herstellbar. Auf Grund der positiven Oberflächenladung werden Polyanionen, wie z. B. DNA, elektrostatisch gebunden und histonähnliche Strukturen aufgebaut. Die positive Ladung der Dendrimere erleichtert auch die Aufnahme in die Zelle durch unspezifische Endocytose. Die hohe Pufferkapazität der Dendrimere inhibiert lysosomale Nucleasen und schützt so die transfizierte DNA vor Degradation. Cytotoxische Effekte durch nicht-liposomale Polykationen werden – im Gegensatz zu

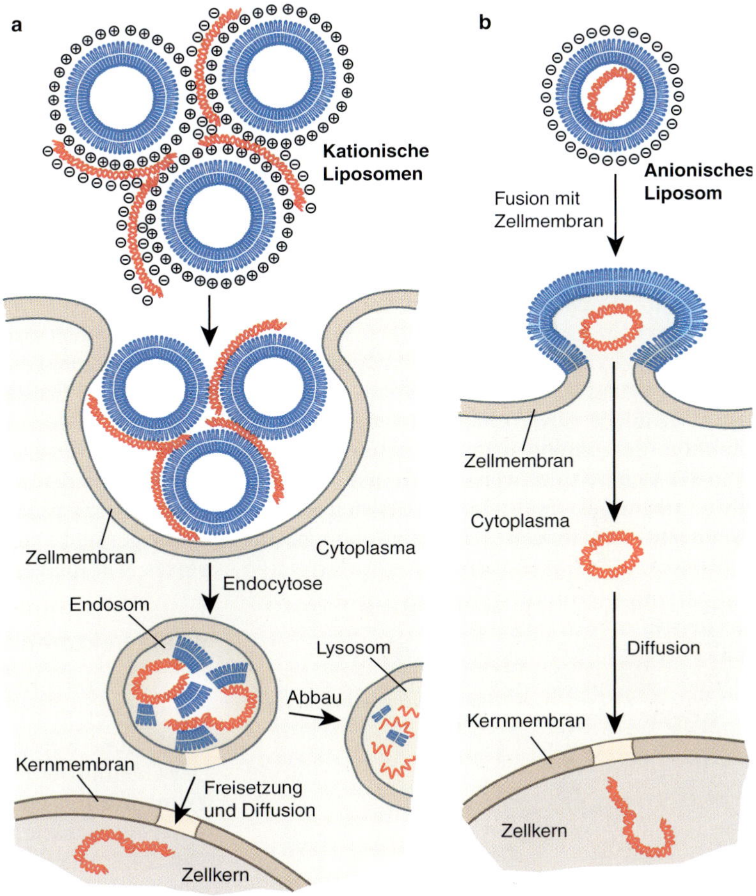

**Abb. 24.6:** Gentransfer bei Verwendung kationischer und anionischer Liposomen

a) Kationische Liposomen können DNA an ihre Oberflächen binden. Der Liposomen/DNA-Komplex kann durch Endocytose in die Zelle gelangen. Aus einigen der sich bildenden Endosomen gelangt die DNA bis in den Zellkern. Die Mehrzahl der Moleküle wird jedoch in den Lysosomen abgebaut.

b) Anionische Liposomen umschließen die DNA. Sie können mit der Zellmembran verschmelzen und dabei die DNA in das Cytoplasma freisetzen. Durch Diffusion kann die DNA in den Zellkern gelangen.

kationischen Liposomen – weder beim *In-vitro*-Gentransfer noch beim *In-vivo*-Gentransfer beobachtet.

Ähnlich wie Liposomen wirken **Erythrocytenmembranen** (*Erythrocyte Ghosts*), d. h. Erythrocyten, deren cytoplasmatischer Inhalt entfernt wurde. Sie können mit DNA befüllt werden und dann mit Hilfe von Polyethylenglycol mit den Zellmembranen von Zielzellen fusionieren. Der Inhalt wird dabei in die Zelle hinein freigesetzt. Diese Technik lässt sich sowohl für die transiente als auch stabile Expression von Transgenen nutzen. Allerdings sind Präparation und Befüllung von Erythrocytenmembranen technisch aufwendig.

---

### Liposomentechnik

**Vorteile:**
- Liposomen schützen DNA vor Abbauprozessen.
- Sie können große DNA-Fragmente aufnehmen, potenziell ein ganzes Chromosom.
- Nach Einfügen von bestimmten Proteinen in die Membran von pH-sensitiven Liposomen können diese bevorzugt von bestimmten Zellen oder Geweben aufgenommen werden. [*]
- Sowohl für *In-vivo*- wie auch *Ex-vivo*-Gentransfer einsetzbar.
- Beim *In-vivo*-Gentransfer erfolgt keine Immunreaktion auf Liposomen.
- Keine Sicherheitsbedenken wie bei viralen Vektoren.
- Große Flexibilität der weiteren Systementwicklungen.

**Nachteile:**
- Bislang niedrige Effizienz beim *In-vivo*-Gentransfer.
- Überwiegend transiente Expression.
- Einige kationische Liposomen sind toxisch für Zellen und werden durch Serumkomponenten inhibiert.

[*] Werden hierfür Virusoberflächenrezeptoren verwendet, so bezeichnet man die Verbindung auch als **Virosom**.

## Verwendung von Rezeptorkonjugaten für den Gentransfer

Die DNA kann zur Unterstützung des Transfers mit einem Molekül gekoppelt werden, welches an spezifische Zelloberflächenrezeptoren bindet. Diese Bindung induziert Endocytose, wodurch die DNA in die Zelle gelangt. Man spricht dann von **rezeptorvermittelter Endocytose** oder **ligandenvermitteltem Gentransfer**. Die variablen Molekülteile des Liganden werden normalerweise zunächst mit einer Polylysin- oder Polyethylenimin-Sequenz konjugiert, die sich auf Grund der positiven Ladung an die negativ geladene DNA bindet. Bei dem zur Induktion der Endocytose benutzten Molekül kann es sich beispielsweise um Transferrin handeln, einem Serumprotein, für das sich Rezeptoren auf verschiedenen Gewebezellen befin-

den. Ein Schema zum Gentransfer unter Verwendung von Polylysin/Transferrin-Konjugat befindet sich in **Abb. 24.7**. Mit der rezeptorvermittelten Endocytose kann eine relativ hohe Effizienz des Gentransfers erreicht werden, aber es wird keine Integration der DNA in die Chromosomen unterstützt. Außerdem werden bei der Endocytose in den Zellen der Einschluss der Fremd-DNA in Endosomen und der Abbau in Lysosomen gefördert. Hiergegen hilft eine Bindung des DNA/Protein-Komplexes an ein inaktiviertes Adenovirus (**Abb. 24.8**). Adenoviren destabilisieren die Endosomenmembran und bewirken eine Freisetzung der DNA. Allerdings kann sich der DNA/Ligan den/Adenovirus-Komplex auch an den ubiquitären Adenovirus-Rezeptor binden, so dass die Zellspezifität beim Gentransfer verloren geht. Ein weiteres Problem ist die geringe Stabilität des Protein/DNA-Komplexes, was die Versuchsansätze unsicher macht.

### Virale Vektoren

Virusvektoren erreichen einen sehr effizienten Gentransfer in Körperzellen (siehe **Tab. 24.1**, S. 445) und werden beständig weiterentwickelt. Der Gentransfer mittels Virusinfektion wird als **Transduktion** bezeichnet. Einen Überblick zu den Eigenschaften einiger Virusvektoren gibt **Tab. 24.3**. Die für den Gentransfer verwendeten rekombinanten Virusvektoren basieren vor allem auf bestimmten Retro-, Adeno- und Herpes-Simplex-Viren (HSV).

**Retrovirale Vektoren** werden häufig für die Gentherapie verwendet. Das retrovirale Genom besteht aus zwei identischen Kopien einzel-

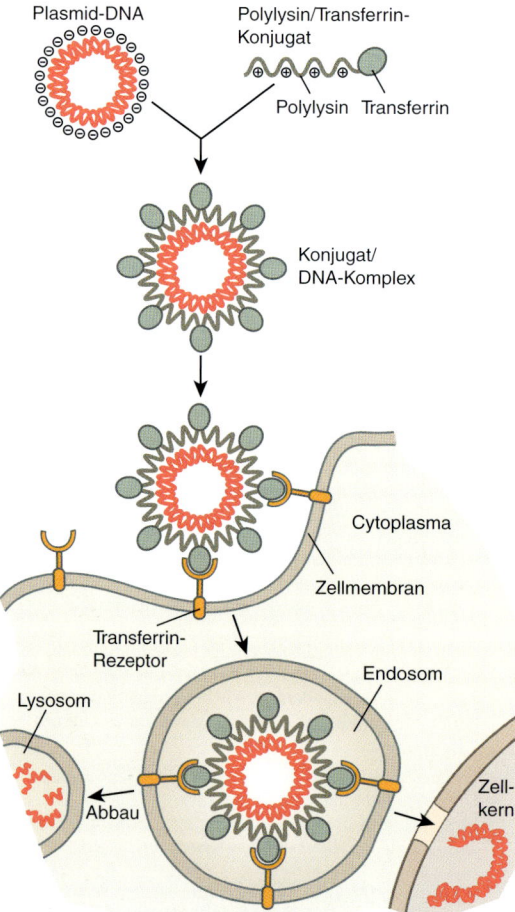

**Abb. 24.7:** Liganden-vermittelter Gentransfer am Beispiel eines Polylysin/Transferrin-Konjugats

Negativ geladene Plasmid-DNA bildet mit dem positiv geladenen Polylysin/Transferrin-Konjugat einen Komplex, bei dem die Transferrinmoleküle nach außen gelangen. Dadurch können die Transferrinmoleküle an zelluläre Rezeptoren gebunden werden. Dies löst eine Endocytose aus. Ein Anteil der gebildeten Endosomen gelangt zum Zellkern, während der überwiegende Anteil der Endosomen mit Lysosomen verschmilzt, wo die DNA abgebaut wird.

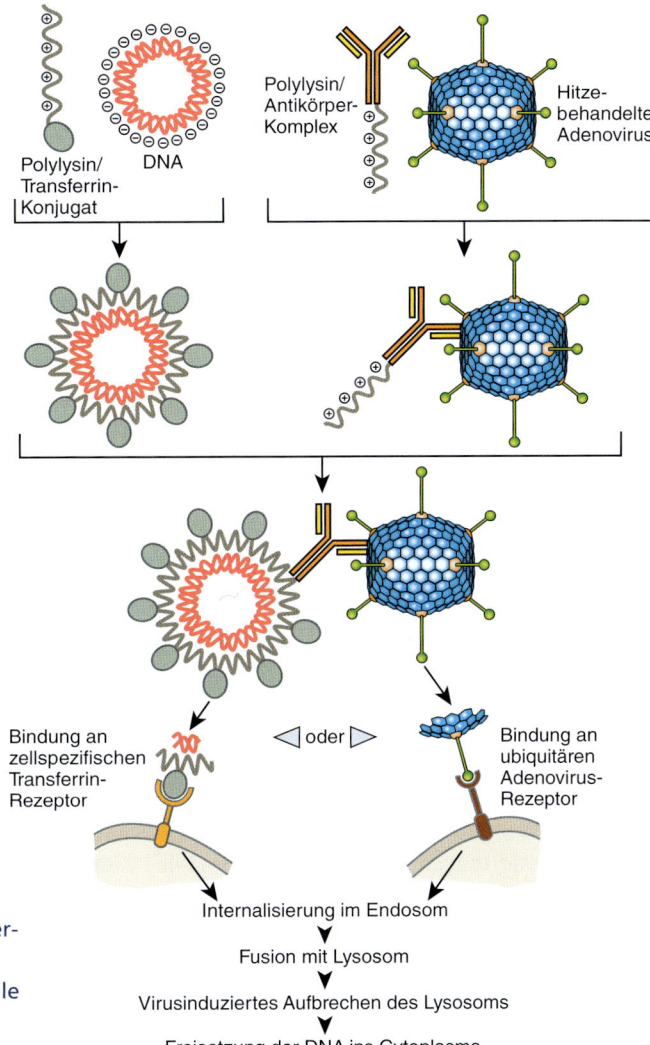

**Abb. 24.8:** Prinzip des Adenovirus-unterstützten Transferrinrezeptor-vermittelten Gentransfers

Endocytose und Vorgänge in der Zelle werden in der **Abb. 24.7** dargestellt. Erklärung im Text.

**Tab. 24.3:** Virusvektoren für den somatischen Gentransfer

| Vektor | Typ | Titer |
|---|---|---|
| Retroviren[*)] | ssRNA | $10^6$-$10^7$ |
| Adenoviren | dsDNA | $10^{12}$ |
| Adeno-Assoziierte Viren (AAV) | ssDNA | $10^9$-$10^{10}$ |
| Herpes-Simplex-Viren (HSV) | dsDNA | $10^9$-$10^{11}$ |

[*)] Parameterangaben für *Moloney Murine Leukemia Virus* (MMLV)

sträniger RNA. Nach Infektion einer Wirtszelle synthetisiert die vom Virusgenom codierte Reverse Transkriptase (RNA-abhängige DNA-Polymerase) eine komplementäre, doppelsträngige DNA (cDNA). Retrovirale DNA-Vektoren bestehen aus Plasmid-DNA, die zwei *LTRs* (*Long Terminal Repeats*) und ein Verpackungssignal ($\Psi$, *Psi*) enthält. Die *LTR*-Regionen sind wichtig für die Initiierung der DNA-Synthese (Reverse Transkription), die Integration des Virusgenoms sowie die Regulation der Transkription von viralen Genen. Zwischen die *LTRs* wird das DNA-Konstrukt eingefügt. Die dort normalerweise lokalisierten Gene für die viralen Enzyme und Strukturproteine werden zuvor deletiert. Eine Produktion infektiöser Nachkommenviren ist dadurch nicht möglich, und die Viren sind **replikationsdefizient**.

Retroviren sind sehr effizient in der Transduktion. Die entstehende cDNA wird in Chromosomen integriert (stabile Expression). Bis auf eine Ausnahme (HIV) infizieren Retroviren nur sich teilende Zellen, da das Auflösen der Kernmembran eine Vorbedingung für den Eintritt des Virusgenoms in den Zellkern ist. Diese Eigenschaft ist bei der Therapie proliferierender Krebszellen in Geweben, deren Zellen sich normalerweise nicht teilen, vorteilhaft. Einfach aufgebaut ist das retrovirale Genom des *Moloney Murine Leukemia Virus* (**MMLV**). Die davon abgeleiteten Vektoren können Inserts von bis zu 8 kb aufnehmen. Retroviren sind wirtszellspezifisch, d. h. sie erkennen und infizieren nur bestimmte Zielzellen (**Infektionstropismus**).

Retrovirale Vektoren können nur mit relativ niedrigem Titer hergestellt werden. Das am häufigsten verwendete System bei der Herstellung retroviraler, replikationsdefizienter Vektoren benutzt neben dem DNA-Vektor noch eine **Verpackungszelllinie**. Die Verpackungszellen enthalten zwei stabil in die zelluläre DNA eingebaute provirale Teilgenome, die gemeinsam alle für die Produktion von Nachkommenviren notwendigen Strukturprotein und Enzym codierenden Gene aufweisen. Diese wurden aus dem retroviralen Vektormolekül entfernt, um Platz für die zu transferierende DNA zu schaffen. Die Transfektion der rekombinanten retroviralen Vektor-DNA in die Verpackungszellen ermöglicht die Bildung und Sezenierung von infektiösen rekombinanten Retroviruspartikeln, jedoch

nicht von Wildtyp-Viren (siehe **Abb. 23.21**, S. 427). Nach Aufreinigung aus dem Zellkulturüberstand stehen die rekombinanten Retroviren für die Transduktion von Genen in die Zielzellen zur Verfügung. Dort werden sie in die zelluläre DNA integriert und nachfolgend ggf. exprimiert.

**Adenoviren** enthalten doppelsträngige DNA und weisen *in vivo* einen Tropismus für Epithelzellen der Atmungswege, der Augenhornhaut (*Cornea*) und des Verdauungstraktes auf. Sie können aber eine Vielzahl an Zelltypen infizieren, unabhängig von deren Teilungsaktivität. Dabei gelangen sie durch rezeptorvermittelte Endocytose in die Zelle (**Abb. 24.9**). Dort wird ihre DNA nicht bei der Integration in die Chromosomen unterstützt, so dass nur eine transiente Expression erreichbar ist. Adenoviren sind weit verbreitet und kommen in vielen Spezies vor. Sie können mit hohen Titern präpariert werden und akzeptieren Insertlängen von 7 bis > 20 kb. Bei der Herstellung der rekombinanten Adenovirus-DNA wird derjenige Teil des Genoms deletiert, der für die Replikation essenziell ist. Stattdessen wird dort das gewünschte Transgen eingefügt. Die Präparation der rekombinanten Adenoviren erfolgt – ähnlich wie bei Retroviren – mittels Transfektion der rekombinanten adenoviralen Vektor-DNA in eine Verpackungszelllinie, in deren Genom der für die Virusreplikation essenzielle DNA-Bereich eingebaut ist. Für den Gentransfer verwendete Ver-

---

**Retrovirale Vektoren**

**Vorteile:**
- Sehr gut untersuchtes System.
- Günstige Insertgrößen.
- Hohe Transduktionseffizienz.
- Integration in das Genom der Wirtszelle (stabile Expression).
- Virusproteine werden nicht in der Wirtszelle exprimiert.

**Nachteile:**
- Niedrige Titer, aufwendige Herstellungsprozedur.
- Infizieren nur proliferierende Zellen (außer HIV).
- Zufällige Integrationsorte in der chromosomalen DNA.

---

**Adenovirus-Vektoren**

**Vorteile:**
- Günstige Insertgröße.
- Hohe Virustiter.
- Breites Wirtszellspektrum, einschließlich proliferierender und terminal differenzierter Zellen.
- Hohe Transduktionseffizienz.
- Langjährige positive Erfahrungen mit Adenoviren als Impfstoffe.

**Nachteile:**
- Virale Proteine können in der Wirtszelle exprimiert werden.
- Transiente Expression erfordert Mehrfachbehandlungen, die das Immunsystem sensibilisieren.
- Große Teile der Population tragen Antikörper, die evtl. neutralisierend wirken.
- Potenziell pathogene Nachkommenviren bei Rekombination des Transgens mit genomischen Fragmenten aus einer akuten Adenovirus-Infektion der Zielzelle.

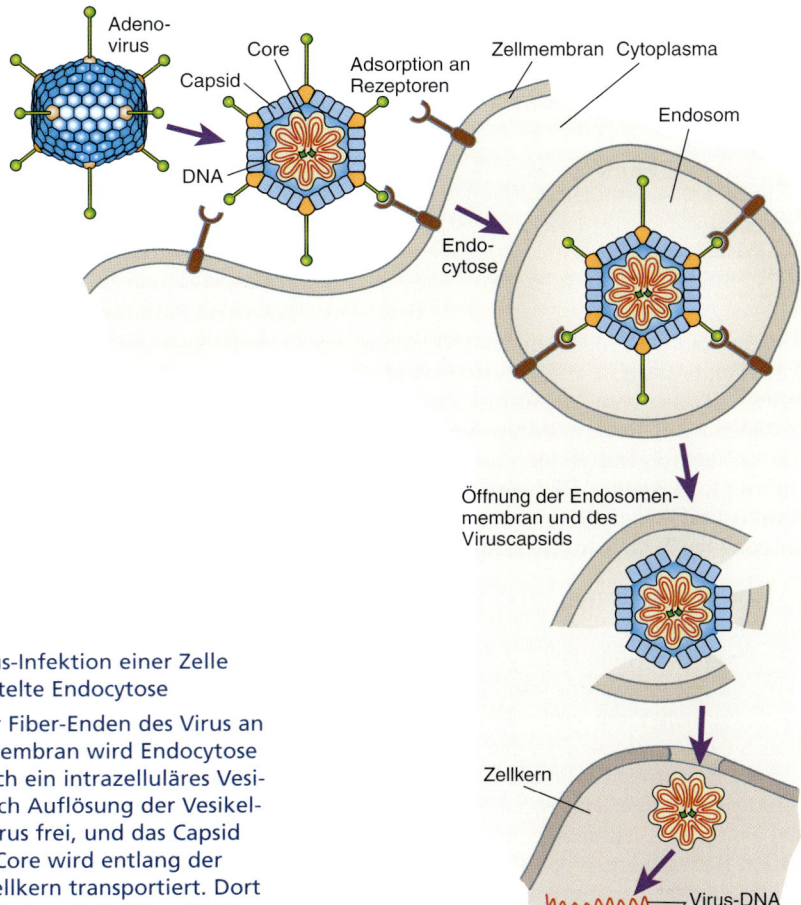

**Abb. 24.9:** Adenovirus-Infektion einer Zelle durch rezeptorvermittelte Endocytose

Durch Adsorption der Fiber-Enden des Virus an Rezeptoren der Zellmembran wird Endocytose ausgelöst. Es formt sich ein intrazelluläres Vesikel, das Endosom. Nach Auflösung der Vesikelmembran wird das Virus frei, und das Capsid bricht auf. Der Virus-Core wird entlang der Mikrotubuli in den Zellkern transportiert. Dort wird der Core degradiert und die Virus-DNA freigesetzt.

packungssysteme reduzieren das Risiko der Entstehung von Wildtypviren, indem virale DNA-Bereiche möglichst weitgehend aus dem Vektormolekül entfernt werden. Eine Rekombination zu Nachkommenviren, deren Freisetzung zur Lyse der zu therapierenden Zelle führen würde, ist daher unwahrscheinlich. Gleichzeitig wird eine Aufnahmekapazität von > 20 kb erreicht.

Zu den **Adeno-assoziierten Viren (AAV)** gehören kleine (ca. 4 kb), Einzelstrang-DNA enthaltende Viren, die eine Co-Infektion mit einem Helfervirus (Adenovirus oder Herpes-Simplex-Virus) für die Virusvermehrung benötigen. Das DNA-Molekül besitzt an den Enden palindrome Sequenzen, die so genannten *Inverted Terminal Repeats* (*ITRs*). Diese sind u.a. für die Integra-

tion von AAV in die chromosomale DNA wichtig. Die Integration erfolgt meistens an einer spezifischen Chromosomenstelle (beispielsweise beim Menschen in Chromosom 19q13.3). AAV-Vektoren können Inserts von bis zu 4,5 kb aufnehmen. Der Vorteil der stabilen Genexpression wird kombiniert mit einem hohen Grad an biologischer Sicherheit, denn bei AAV-Vektoren sind ca. 96 % des AAV-Genoms deletiert, und der rekombinante AAV-Vektor enthält fast nur noch das interessierende Gen. Bei der Herstellung der AAV-Vektoren wird ein Plasmid für die Insertion der Fremd-DNA sowie ein Helferplasmid für die Codierung der Capsidproteine benutzt. Außerdem wird eine spezielle Zelllinie für die Virusvermehrung benötigt. Die Zellen werden zunächst mit dem Wildtyp-Adenovirus oder Herpes-Simplex-Virus (HSV) infiziert und

**Adeno-assoziierte Viren (AAV)**

**Vorteile:**
- Infektion verschiedener Zelltypen, sich teilende oder nicht teilende.
- Stabile Transfektion mit positionsspezifischer Integration in ein Chromosom.
- Keine Auslösung von Immunantwort.

**Nachteile:**
- Geringe Insertgröße.
- Potenziell mögliche Kontamination mit Wildtyp-Viren.

dann mit den beiden Plasmiden (rekombinantes AAV-Vektorplasmid, AAV-Helferplasmid). Die Zellen produzieren daraufhin rekombinante AAV-Vektoren sowie Wildtyp-Adenovirus oder -HSV. Nachfolgend werden die Wildtyp-Viren entfernt (z. B. mittels Dichtegradientenzentrifugation) und die aufgereinigten AAV-Vektoren für den Gentransfer in Zielzellen verwendet.

**Herpes-Simplex-Viren (HSV)** können Zellen der Haut (Epithelzellen) und des Nervensystems infizieren. Die virale DNA gelangt in den Zellkern, wo sie extrachromosomal verbleibt. Die Nachkommen-Viren verlassen die Zelle in einem lytischen Prozess. In den Zellkernen sensorischer Neuronen kann das HSV-Genom auch latent persistieren. Hauptsächliche Anwendungen von HSV-Vektoren beim Gentransfer betreffen Behandlungen von Defekten und Tumoren des Zentralnervensystems. Interessant sind dabei HSV-Vektoren, bei deren Vermehrung so genannte *Defective Interfering* (DI) Partikel auftreten. Diese DI-Partikel besitzen eine Amplicon-Sequenz, die aus einem prokaryontischen und einem eukaryontischen Replikationsursprung sowie dem Verpackungssignal besteht. Die hiervon abgeleiteten Vektoren (***Amplicon-based*-Vektoren**, **DI-Vektoren**, **mini-HSV**) ent-

**HSV- und DI-Vektoren**

**Vorteile:**
- Große Inserts.
- Hohe Titer.
- Spezifität für bestimmte Zellen.
- Lang anhaltende Genexpression erreichbar.

**Nachteile:**
- Geringe Transduktionseffizienz.
- Transiente Expression.
- Mögliche Entstehung von infektiösen HSV.
- Entstehung viraler Proteine, die ggf. das Immunsystem stimulieren.

halten zusätzlich einen Antibiotikaresistenz vermittelnden DNA-Abschnitt. Dagegen fehlen die weiteren für die Virusvermehrung notwendigen DNA-Bereiche des Wildtypvirusgenoms, wie z. B. Gene der Capsidproteine. DI-Vektoren können große Inserts von über 20 kb aufnehmen.

Die **biologische Sicherheit der viralen Vektoren** wird intensiv beachtet. Für den Gentransfer werden bei rekombinanten Viren üblicherweise diejenigen Gene deletiert, die eine virale Replikation gestatten. An deren Stelle wird das zu transferierende DNA-Konstrukt eingebaut. Im Falle von Retrovirus-Vektoren ist dann die chromosomale Integration noch möglich, aber die Viren werden nicht repliziert, so dass keine infektiösen Nachkommenviren entstehen. Allerdings gibt es eine kleine Wahrscheinlichkeit, dass die eingeführten Viren mit endogenen Viren rekombinieren. Dies würde u. U. zu rekombinierten Nachkommen führen, die infektionsfähig wären. Eine andere Nebenwirkung zeigen Adenoviren nach wiederholter Injektion, indem sie zu Entzündungsreaktionen führen, was beispielsweise bei der Gentherapie gegen Zystische Fibrose beobachtet wurde. Aus Sicherheitsgründen werden Virusvektoren nach Möglichkeit durch andere Methoden des Gentransfers ersetzt bzw. entsprechend weiterentwickelt.

## 24.1.5 Gentransfer mittels Bakterien

*E.-coli*-Bakterien lassen sich für den Gentransfer in eukaryotische Zellen nutzen, indem sie mit einem Plasmid transformiert werden, auf dem das Invasin-codierende Gen aus *Yersinia pseudotuberculosis* sowie das Gen für das Listeriolysin O aus *Listeria monocytogenes* enthalten sind. Die Expression des Invasins ermöglicht es den Bakterien, Zellen über deren β1-Integrine zu infizieren. Listeriolysin O wird nach der bakteriellen Lyse im Endosom freigesetzt und degradiert die endosomale Membran, so dass der Inhalt der Bakterienzelle in das Cytoplasma der Zielzelle hinein freigesetzt wird.

## 24.1.6 Transfer Künstlicher Chromosomen

Auch vollständige Chromosomen können für den somatischen Gentransfer eingesetzt werden.

Die Herstellung und Handhabung Künstlicher Chromosomen erfordert spezielle Verfahren, die auf S. 231ff. betrachtet werden. Künstliche Säugetier-Chromosomen (*Mammalian Artificial Chromosomes,* MACs) werden in tierischen Zellen potenziell stabil vererbt, da sie autonom replizieren. Zudem segregieren MACs unabhängig von zelleigenen Chromosomen, so dass rasch spezielle Kombinationen zwischen zelleigenen Genen und Transgenen erreicht werden können. In MACs können DNA-Konstrukte eingeführt werden, die größere Gencluster umfassen, autark reguliert werden und durch Repeats bestimmter Gene zu großen Transkriptmengen führen. Diese Eigenschaften sind bedeutungsvoll für ein *Gene Pharming* mittels somatischer Zellkulturen, wie auch für den Einsatz therapeutischer Gene. Beispielsweise kann ein MAC mit vielen verschiedenen, funktionsfähigen Genen ausgestattet werden, so dass ein solches DNA-Konstrukt vielseitig für die Gentherapie einzusetzen ist.

## 24.2 Strategien beim Gentransfer in Körperzellen

Je nach Fragestellungen und verfügbaren Hilfsmitteln werden beim Gentransfer in Körperzellen verschiedene genetische Änderungen bezweckt. Einige der Änderungsmöglichkeiten entsprechen denen für den Gentransfer in Keimbahnzellen. Technische Begrenzungen und zusätzliche Möglichkeiten führen jedoch bei somatischen Zellen zu speziellen Ansätzen (**Abb. 24.10**).

### 24.2.1 Genaddition

Bei der **Genaddition (*Gene Augmentation Therapie*, GAT)** wird durch Hinzufügen von Kopien des Ausgangsgens oder eines neuen, erwünschten Gens eine Expression von zusätzlichen Genprodukten erreicht, durch die ein angestrebter Phänotyp ausgebildet wird (**Abb. 24.10a**). Die Genaddition ist besonders bei Genen erfolgreich, bei denen eine verstärkte Expression durch das eingeführte Gen eine verbesserte Merkmalsausbildung bedingt.

### 24.2.2 Gezielte Eliminierung spezifischer Zellen

Bei der **gezielten Eliminierung spezifischer Zellen (*Targeted Killing of Specific Cells*)** sollen die für den Transfer benutzten Gene nur von spezifischen Zellen (Target-Zellen) aufgenommen bzw. exprimiert werden und dadurch zum Tod der Zellen führen (**Abb. 24.10b**). Eine Eliminierung von Zellen wird beispielsweise erreicht, indem das eingeführte Gen („*Suizid*"-Gen) zur Expression eines Toxins führt, das die betreffende Zelle abtötet. Dabei werden auch Gene („*Prodrug*"-Gene) eingesetzt, die ihre Eigenschaften erst durch ein nachfolgend verwendetes Medikament entwickeln. Zu einer indirekten Eliminierung können Gene führen, die eine Immunreaktion gegen die Target-Zellen bewirken. Die Ansätze zur Eliminierung spezifischer Zellen werden im Wesentlichen bei Krebstherapien verfolgt. In einigen Fällen werden jedoch auch andere Ziele angestrebt. So wurde eine gegen Fettzellen gerichtete Gentherapie entwickelt, um Fettdepots zu reduzieren.

### 24.2.3 Inhibierung der Genexpression

Die **Inhibierung (Repression, *Knockout*)** einer Genexpression (**Abb. 24.10c**) wird z.B. für die Therapie von Krebs, Infektionskrankheiten und immunologischen Störungen (Allergien, Entzündungen etc.) verwendet. Bei Behandlungen von Viruskrankheiten kann z.B. die Expression eines viralen Gens inhibiert werden, welches für die Virusreplikation nötig ist. Die gezielte Inhibierung der Genexpression gibt die Möglichkeit, auch dominant vererbte Genwirkungen spezifisch zu beeinflussen. So entstehen einige der dominant vererbten Störungen durch Mutationen, die eine zu starke oder neue Funktion des Genproduktes bedingen (***Gain-of-Function* Mutation**). Abhilfe kann dann eine Inhibierung der Expression des mutierten Gens sein, während das normale Allel in der Expression unverändert bleibt.

Ein Ansatz zur Inhibierung der Genexpression beinhaltet eine *In-vivo*-Mutagenese des betreffenden Gens, so dass es nicht mehr funktionsfähig ist. Eine solche **positionsspezifische (*site-specific*) Mutagenese** ist möglich, wenn das Gen gezielt aufgefunden werden kann (***Gene***

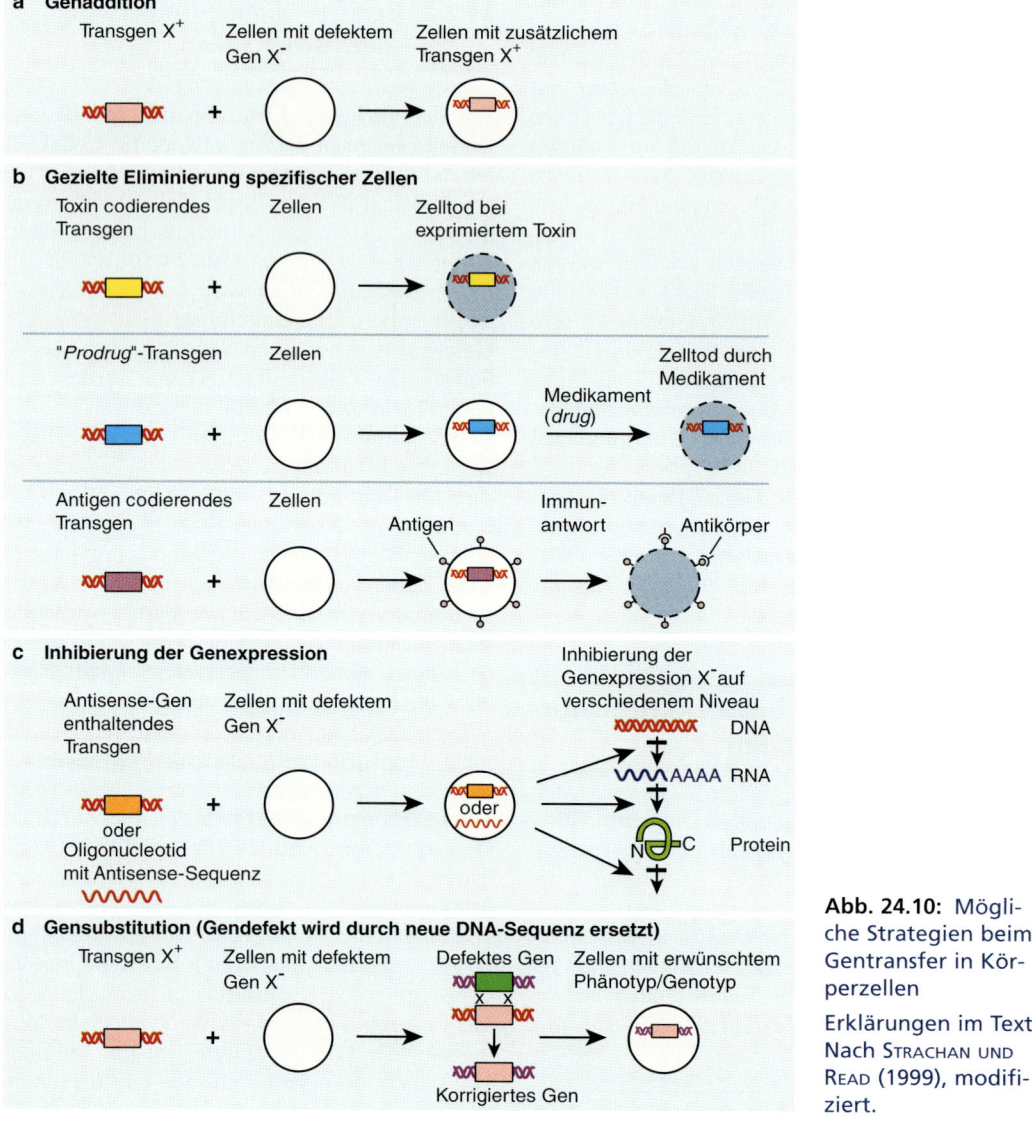

**a** **Genaddition**

Transgen X⁺ | Zellen mit defektem Gen X⁻ | Zellen mit zusätzlichem Transgen X⁺

**b** **Gezielte Eliminierung spezifischer Zellen**

Toxin codierendes Transgen | Zellen | Zelltod bei exprimiertem Toxin

"*Prodrug*"-Transgen | Zellen | | Zelltod durch Medikament
Medikament (*drug*)

Antigen codierendes Transgen | Zellen | Immun-antwort
Antigen | | Antikörper

**c** **Inhibierung der Genexpression**

Antisense-Gen enthaltendes Transgen | Zellen mit defektem Gen X⁻ | Inhibierung der Genexpression X⁻ auf verschiedenem Niveau
XXXXXXXX DNA
VVVAAAA RNA
oder
N–C Protein
oder
Oligonucleotid mit Antisense-Sequenz

**d** **Gensubstitution (Gendefekt wird durch neue DNA-Sequenz ersetzt)**

Transgen X⁺ | Zellen mit defektem Gen X⁻ | Defektes Gen | Zellen mit erwünschtem Phänotyp/Genotyp
X X
Korrigiertes Gen

**Abb. 24.10:** Mögliche Strategien beim Gentransfer in Körperzellen

Erklärungen im Text. Nach STRACHAN UND READ (1999), modifiziert.

*Targeting*) und dann durch homologe Rekombination zu modifizieren ist (siehe **Abb. 23.5**, S. 414). Die Technik ist aber in eukaryontischen Zellen schwierig durchzuführen und ineffizient. Stattdessen werden Methoden verwendet, mit denen eine Blockierung der Genexpression ohne Mutation gelingt. Wie **Abb. 24.10c** zusammenfasst, ist dies auf DNA-, RNA- oder Protein-Ebene möglich.

## Blockierung der Transkription

Auf DNA-Niveau werden ***Triple-Helix* bildende Oligonucleotide** für eine selektive Inhibierung der Genexpression angewendet. Triple-Helix-bildende Oligonucleotide können sich an bestimmte Sequenzen der regulatorischen Zielgen-Region lagern und die Bindung von Transkriptionsfaktoren und damit die Transkription genspezifisch verhindern. Manchmal kann sogar eine allelspezifische Inhibierung der Expression erreicht werden, was eine gezielte Beeinflussung dominanter Effekte ermöglicht.

Die synthetisierten Oligonucleotide umfassen meistens 15–30 Nucleotide. Sie binden sich an eine Sequenz der doppelsträngigen DNA, indem sie eine Triple-Helix ausbilden, ohne dabei die ursprünglichen Watson-Crick-Wasserstoffbindungen des Doppelstranges zu lösen. Die stabilste Struktur entsteht bei Bindung von G an ein GC-Basenpaar und von T an ein AT-Basenpaar. Solche Oligonucleotide können beispielsweise mit der Liposomentechnik in das Cytoplasma von Zellen gebracht werden. Nachfolgend gelangen die Oligonucleotide über Diffusion durch die Poren der Zellkernhülle in den Kern. Oligonucleotide sind Nucleasen ausgesetzt, so dass die Halbwertzeit üblicherweise bei nur 5–20 min liegt. Zum Schutz vor Exonucleasen werden die 3'- und 5'-Enden der Oligonucleotide chemisch modifiziert. Dies geschieht z.B. durch Anlagerung von Schwefel enthaltenden Phosphorothionat-Verbindungen, wodurch so genannte PS-Oligonucleotide gebildet werden.

Probleme bei der Triple-Helix-Technik ergeben sich durch die relativ großen Mengen an benötigten Oligonucleotiden. Außerdem ist eine Triple-Helix nur dann genügend stabil, wenn alle Purinbasen auf einem Strang der Ziel-DNA liegen, was die möglichen Zielregionen stark einschränkt.

## Blockierung von RNA-Funktionen

Für eine Inhibierung der RNA werden Antisense-Nucleotidsequenzen benutzt, die komplementär zur Zielsequenz sind und manchmal zudem eine katalytische Funktion aufweisen. Während der Transkription dient einer der beiden DNA-Stränge einer Doppelhelix – der Template-Strang – als Vorlage für die Herstellung eines komplementären RNA-Moleküls. Zu dem anderen DNA-Strang, der gewöhnlich als **Sense-Strang** bezeichnet wird, ist die Basensequenz des einzelsträngigen mRNA-Transkripts identisch (lediglich T ist durch U ersetzt). Jede Nucleotidsequenz, welche komplementär zu einer mRNA-Sequenz ist, gilt daher als *Antisense*-**Sequenz**.

*Antisense*-**Oligonucleotide** – ab mindestens 13 nt – können sich sequenzspezifisch an die korrespondierende mRNA-Sequenz lagern und dadurch deren Beteiligung an der Translation

verhindern. Auf diesem Wege beeinflussen auch natürlicherweise vorkommende Antisense-RNA-Moleküle die Genexpression in den Zellen (siehe S. 86). Entsprechend lassen sich synthetische Oligonucleotide, die komplementär zur mRNA eines Zielgens sind, einsetzen, um das betreffende Gen wirkungslos zu machen.

Für eine selektive Blockierung unerwünschter Expression wurden zahlreiche *Antisense-Therapeutics* entwickelt, die jeweils gegen ein bestimmtes Gen gerichtet sind. Die intrazelluläre Stabilität lässt sich durch chemisch modifizierte Oligonucleotide erhöhen, z.B. durch den Einsatz von PS-Oligonucleotiden (siehe oben). Außerdem werden Oligodesoxynucleotide verwendet, da diese nicht so rasch von Nucleasen zerstört werden und zusätzlich die Degradation der mRNA fördern, an die sie binden. Schwierigkeiten bereitet jedoch noch das Einbringen von Antisense-Oligonucleotiden in Target-Zellen sowie in deren Zellkern. Tiere, die für Versuchszwecke mit Antisense-Oligonucleotiden behandelt worden waren, zeigten Nebeneffekte, einige davon waren letal. Möglicherweise können sich Antisense-Oligonucleotide auch an andere als die vorgesehene mRNA lagern, wenn ihre Spezifität nicht ausreicht und große Mengen verabreicht werden.

Antisense-Oligonucleotide sind nicht dauerhaft wirksam. Für die kontinuierliche Versorgung mit Antisense-Molekülen werden daher Gene verwendet, die Antisense-Sequenzen exprimieren. Ein solches Gen (*Antisense*-**Gen**) wird erstellt, indem eine invertierte codierende Sequenz 3'-seitig zu einem starken Promotor platziert wird (**Abb. 24.11**). Nach Transfer in Zellen kann mit Antisense-Genen eine anhaltende Bildung von Antisense-RNA erreicht werden.

Einige RNA-Moleküle können die Aktivierungsenergie für bestimmte biochemische Reaktionen absenken und so als Enzyme wirken. Die gilt beispielsweise für Transkripte einiger Introns. Als **Ribozyme** bezeichnet man kleine, katalytische RNA-Moleküle von 35–50 bp, die sich an die komplementäre Sequenz einer RNA binden können (die also eine Antisense-Sequenz tragen und daher auch als *Catalytic Antisense Molecules* bezeichnet werden), diese dann schneiden und so entweder deren Verwendung für die Translation beenden oder herstellen (**Abb. 24.12**). Ribozyme enthalten eine Erken-

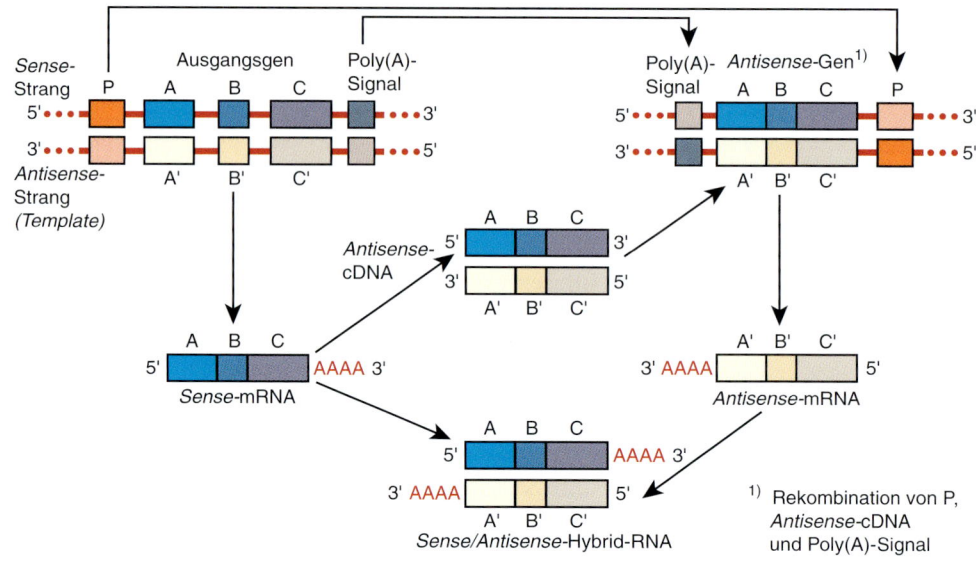

**Abb. 24.11:** Herstellung und Verwendung eines *Antisense*-Gens

Vom *Antisense*-Strang des Ausgangsgens wird die wirksame *Sense*-mRNA codiert. Unter Verwendung der *Sense*-mRNA wird eine doppelsträngige cDNA hergestellt. Diese wird mit den Sequenzen des Promotors und Poly(A)-Signals aus dem Ausgangsgen ligiert. Das auf diese Weise entstandene *Antisense*-Gen wird in die Zielzellen transferiert und führt dort zur Transkription von *Antisense*-mRNA. Diese hybridisiert auf Grund der komplementären Sequenz mit der *Sense*-mRNA und verhindert deren Funktion.

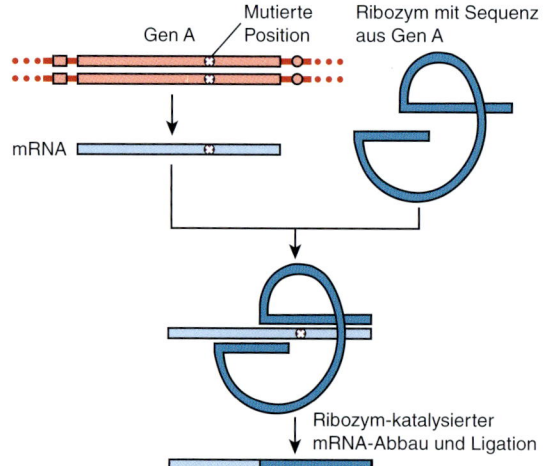

**Abb. 24.12:** Verwendung eines Ribozyms zur spezifischen Reparatur einer mRNA

Mit der komplementären Erkennungssequenz lagert sich das Ribozym spezifisch an die Target-RNA. Die katalytische Komponente spaltet die RNA. Ein Teil der RNA wird durch eine Sequenz des Ribozyms ersetzt. Nach Strachan und Read (1999), modifiziert.

nungssequenz, welche sich an eine komplementäre Sequenz der Target-RNA lagern kann, und eine katalytische Komponente, welche die angedockte Target-RNA spaltet. Letztere Komponente wird durch ein bis zwei sekundäre Strukturen, so genannte **Hammerheads** oder **Hairpins**, gebildet (**Abb. 24.13**). Die Spaltung führt zur Inaktivierung der Target-RNA. Synthetisierte und für die Gentherapie eingesetzte Ribozyme sind darauf gerichtet, nachteilig wirkende RNA-Moleküle zu zerstören.

Eine neue Entwicklung ist die Kombination eines Oligonucleotids (Aptamer, s.u.), das eine spezifische Sequenz erkennt, mit einem Hammerhead-Ribozym. Durch das Aptamer soll die katalytische Funktion des Ribozyms geschaltet werden, also eine allosterische Regulation erreicht werden. Das Ziel ist die Entwicklung von allosterisch geschalteten Ribozymen, die je nach An- oder Abwesenheit eines bestimmten kleinen Moleküls aktiv werden (**Intramere**).

### Blockierung der Proteinfunktion

Die Genexpression lässt sich ebenfalls beeinflussen, indem Proteinfunktionen blockiert wer-

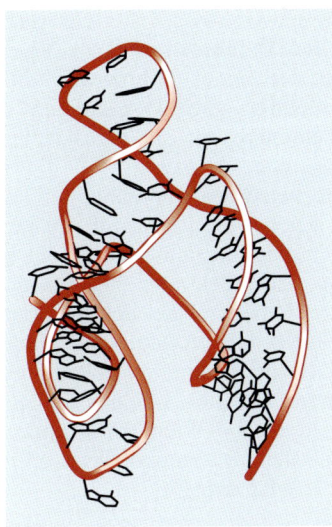

**Abb. 24.13:** Struktur eines *Hammerhead*-Ribozymes

*Hammerhead*-Ribozyme sind relativ kleine, Y-förmige RNA-Moleküle. Alle Hammerhead-Ribozyme bestehen aus drei durch Basenpaar-Bindungen geformte Schleifen (*stems*). Die Nucleotidsequenzen der drei Schleifen können je nach Ribozym variieren, jedoch müssen komplementäre Basen doppelsträngige Schleifen formen können. Für eine zentrale Sequenz (*core sequence*) kommen zwei Domänen hoch konserviert bei allen Ribozymen vor. Die Abbau-Reaktion vollzieht sich, indem eine 2′-Hydroxylgruppe eines katalytischen Cytosins auf das Phosphoratom wirkt, welches dem 3′-C-Atom am gleichen Rest anliegt. Molekülstruktur nach PLEY ET AL. (1994).

den. Auch hierbei können Oligonucleotide helfen, denn in einer Mischung aller möglichen Oligonucleotidsequenzen binden wenige und bestimmte Sequenzen an Proteine. Ein spezifisch sich bindendes Oligonucleotid wird als **Adaptomer** oder **Aptamer** bezeichnet. Zellen binden Aptamere z.B. an korrespondierende Polypeptide und können so deren Funktion verhindern. Oligonucleotid-Aptamere können spezifisch für ausgewählte Polypeptide synthetisiert werden. Beispielsweise wurden Aptamere eingesetzt, welche die Protease Thrombin (Teil der Blutgerinnungskaskade) inhibieren können. Da Thrombin im Serum wirkt, werden in diesem Fall die Aptamere extrazellulär wie ein übliches Medikament verabreicht. Weitere Anwendungen

richten sich auf intrazelluläre Proteine, so dass Oligonucleotid-Aptamere in die Zellen gebracht werden müssen, z.B. mit Hilfe der Liposomentechnik.

Die Herstellung zusätzlicher Proteine ist eine weitere Möglichkeit, um die Genexpression zu beeinflussen. Dazu können **intrazelluläre Antikörper (*Intrabodies*)** dienen, die auf spezifische Strukturen innerhalb der Zellen gerichtet sind. Normalerweise werden Antikörper sezerniert und wirken extrazellulär. Es können jedoch Gene erstellt werden, die Antikörper codieren, welche intrazellulär bleiben. Solche Antikörper können so ausgewählt werden, dass sie beispielsweise Viren oder nachteilige Proteine binden und dadurch deren Funktion inhibieren.

Natürlicherweise auftretende Mutationen führen manchmal zu Proteinen mit neuen Funktionen. Oftmals sind Wildtyp-Polypeptide zu Multimeren assoziiert (**Abb. 24.14a**), und das mutierte Polypeptid verhindert diese Zusammenlagerung (**Abb. 24.14b**). Ein Ansatzpunkt der Gentherapie ist dann die Codierung eines zusätzlichen, **mutierten Proteins**, welches sich spezifisch an ein Protein bindet und dadurch die Funktion des Wildtyp-Proteins freigibt (**Abb. 24.14c**). Ein zusätzliches Protein kann auch angewendet werden, um ein Protein in der Funktion zu blockieren, welches essenziell für den Lebenszyklus eines Pathogens ist.

## 24.2.4 Gensubstitution

Die Strategie der **Gensubstitution (*Targeted Mutation Correction*)** stellt besonders hohe technische Anforderungen und kann auf verschiedenem Niveau durchgeführt werden. Die experimentelle Korrektur einer nachteiligen Mutation erfordert auf **Genniveau** ein gezieltes Auffinden des Gens (*Gene Targeting*) und eine **homologe Rekombination** (siehe auch **Abb. 23.5**, S. 414). Hierdurch tritt das eingefügte fremde Genmaterial an die Stelle des defekten endogenen Gens (*Gene Replacement*) und wird ähnlich wie dieses reguliert (**Abb. 24.10d**). Hierbei wird die mutierte Sequenz nicht unbedingt zur Wildtypsituation zurückgebracht, sondern lediglich zu einer Form geführt, welche die erwünschte Funktion erlaubt. Da der Ansatz auf einer **positionsspezifischen (*site-specific*) Modifikation** an dem betreffenden Genlocus basiert, repräsentiert er die potenziell beste

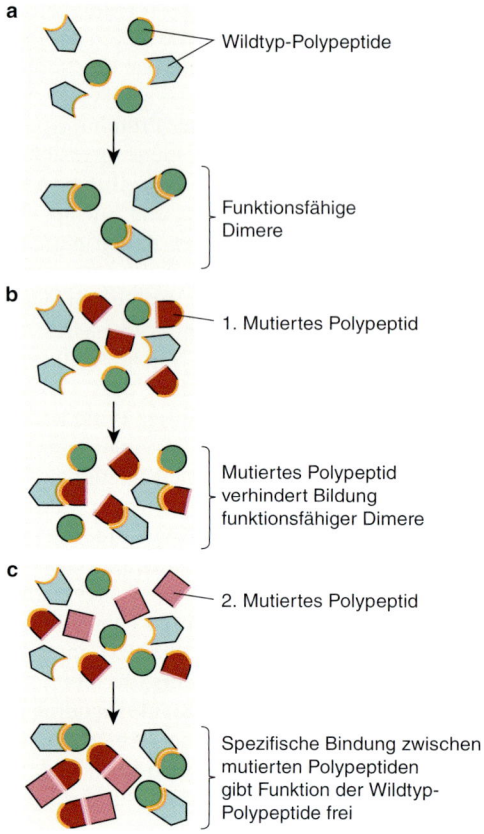

a

Wildtyp-Polypeptide

Funktionsfähige Dimere

b

1. Mutiertes Polypeptid

Mutiertes Polypeptid verhindert Bildung funktionsfähiger Dimere

c

2. Mutiertes Polypeptid

Spezifische Bindung zwischen mutierten Polypeptiden gibt Funktion der Wildtyp-Polypeptide frei

**Abb. 24.14:** Beispiel für die Wiederherstellung einer Proteinfunktion durch Expression eines zusätzlichen, mutierten Polypeptids

a) Ausgangsposition mit Wildtyp-Polypeptiden.

b) Veränderte Funktion der Genprodukte durch ein erstes mutiertes Polypeptid.

c) Einsatz eines zweiten mutierten Polypeptids, welches die Funktion der Wildtyp-Polypeptide wieder herstellt.

Methode für die Gentherapie. Sowohl erworbene als auch ererbte Mutationen könnten so korrigiert werden. Zunächst wurden die Techniken des gezielten Auffindens und der homologen Rekombination einzelner Gene bei embryonalen Stammzellen der Maus eingesetzt. Inzwischen gibt es auch Beispiele in anderen Spezies. Auf Grund der bislang sehr geringen Effizienz der Methode und der Notwendigkeit, den Defekt bei vielen Zellen *in vivo* zu korrigieren, sind vor einem Einsatz bei somatischen Zellen noch grundsätzliche Verfahrensverbesserungen notwendig.

Ein alternativer Ansatz ist die **Reparatur des genetischen Defektes auf RNA-Niveau**. Eine Methode verwendet **Ribozyme**, die andere RNA-Moleküle sowohl schneiden als auch spleißen können. Für ein Transkript, das eine *Nonsense*- oder *Missense*-Mutation aufweist, kann beispielsweise ein Ribozym konstruiert werden, welches die RNA in der Nähe der Mutation schneidet und dann zu einem korrekten Transkript verbindet. **Abb. 24.12** zeigt die Wirkung eines Ribozyms bei der spezifischen Reparatur eines mRNA-Moleküls. Eine andere Methode ist die Bildung eines komplementären RNA-Oligonucleotids, welches sich an die mutierte Stelle des defekten Transkriptes legt und zur erwünschten Basenmodifikation führt (*Therapeutic RNA-Editing*).

### 24.2.5 Induzierbare Systeme

Die Expression der meisten Gene wird unter physiologischen Bedingungen durch Stimuli, wie Metabolite, Wachstumsfaktoren und Hormone, reguliert. Wenn ein Fremd-Gen konstitutiv exprimiert wird, kann das Genprodukt nachteilig und sogar cytotoxisch wirken. Daher sollten neu in Körperzellen eingebrachte Gene auch reguliert werden können. An ein induzierbares System werden mehrere der folgenden Anforderungen gestellt:

– **Spezifität.** Nur die Expression des eingeführten Gens sollte beeinflusst werden, nicht die der anderen Gene.

– **Induzierbarkeit.** Das Transgen sollte eine niedrige basale Aktivität und eine hohe Induzierbarkeit aufweisen. Die Induktion der Genexpression sollte reversibel sein.

– **Regulierbarkeit.** Das Transgen sollte mit einem exogenen Signal zu beeinflussen sein – vorzugsweise mit einem Molekül, welches klein ist, leicht verabreicht werden kann und sich rasch im Körper verteilt.

– **Sicherheit.** Das exogene Signalmolekül sollte biologisch sicher und möglichst oral applizierbar sein.

In den letzten Jahren wurden verschiedene Systeme für die Regulierung der Genexpression entwickelt. Dazu gehören ein oder mehrere der folgenden Bestandteile:

– Promotoren für *Metal-Response*, *Heat-Shock* oder Glucocorticoid-Induzierbarkeit,

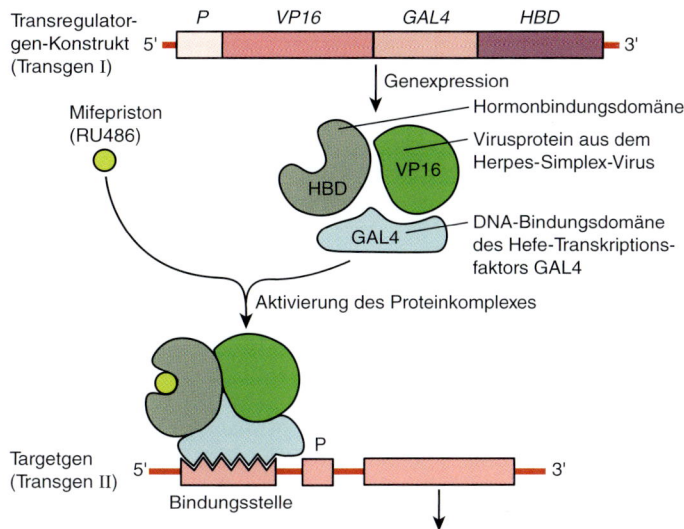

**Abb. 24.15:** Beispiel für ein induzierbares System zur *In-vivo*-Genexpression

Erklärung siehe Text. Nach WANG ET AL. (1994), modifiziert.

– das *lac*-Repressor/Operator-System unter Verwendung von Isopropyl-β-D-Thiogalactopyranosid (IPTG) als Inducer,
– das *tet*-Repressor/Operator-System (*tTA*) mit Tetracyclin als Inducer sowie
– die Hormonbindungsdomäne (*HBD*) des Steroidrezeptors.

Die Systeme waren in kultivierten Zellen erfolgreich, sie eignen sich aber für eine Verwendung *in vivo* nicht ohne weiteres. Ein **induzierbares System für den *In-vivo*-Einsatz**, das aus einem Transregulator-Gen (Transgen I) und einem Target-Gen (Transgen II) besteht, wird in **Abb. 24.15** illustriert. Das Transregulator-Gen codiert eine Hormonbindungsdomäne (*HBD*), die DNA-Bindungsdomäne des Hefe-Transkriptionsfaktors *GAL4* und einen Bereich aus dem Herpes-Simplex-Virus-Protein *VP16*. Die Hormonbindungsdomäne ist mutiert und bindet nicht mehr Progesteron, sondern bevorzugt dessen Antagonisten RU486 (Mifepriston, Mifeprex; Wirkstoff in der so genannten Abtreibungspille; blockiert das Geschlechtshormon Progesteron). Nach Translation des Transregulatorgens bildet sich ein Proteinkomplex, der erst nach Anbindung von RU486 an die Hormonbindungsdomäne die aktive Konformation einnimmt. Daraufhin bindet der aktivierte Proteinkomplex mit der *GAL4*-Domäne an eine spezifische multimere DNA-Sequenz im 5'-flankierenden Bereich des Target-Gens. Die *VP16*-Domäne aktiviert nun die Transkription. Diese hält an, solange RU486 gebunden bleibt. Auf diese Weise kann das Target-Gen durch eine sehr geringe Dosierung von RU486, die noch nicht zur Progesteron-Inhibierung führt, spezifisch gesteuert werden. RU486 ist ein kleines synthetisches Molekül, welches sich oral applizieren lässt.

## 24.3 Ausrichtung des Gentransfers auf bestimmte Zellen oder Gewebe

Eine zielgerichtete Ausrichtung des Gentransfers auf bestimmte Zellen oder Gewebe ist oftmals für die Anwendung entscheidend, wie z. B. bei der Eliminierung spezifischer Zellen aus dem Organismus, aber technisch noch nicht befriedigend gelöst. Entscheidend für den Erfolg sind neben dem Applikationsverfahren vor allem der Aufbau des Vektors sowie des Promotors im Transgen.

### 24.3.1 Gerichtete Applikation des Transgens

Beim *In-vivo*-Gentransfer kann in vielen Fällen das Transgen so appliziert werden, dass nur die

Target-Zellen getroffen werden. Beispielsweise wird das Transgen nach intramuskulärer Injektion nur in den Myofibern gefunden und gelangt dort zur Expression.

## 24.3.2 Selektive Aufnahme des Transgens durch Target-Zellen

Bei manchen Anwendungen wird das Transgen über unterschiedlich viele Gewebe verteilt und soll aber nur von bestimmten Zellen aufgenommen werden. Für eine zielgerichtete Aufnahme des Transgens nutzt man dann spezifische Zelleigenschaften und bezeichnet dabei die Verwendung viraler Vektoren als *Transductional Targeting*. Entscheidend ist hierfür der Vektor, der Gene nur in Zellen freisetzt, wenn diese über spezifische Eigenschaften verfügen, wie z. B. Proliferation oder bestimmte Zelloberflächen-Rezeptoren. So infizieren retrovirale Vektoren (außer HIV) teilungsaktive Zellen und können eine Zellpopulation, die sich rasch teilt, innerhalb umgebender, sich nicht teilender Zellen, spezifisch transfizieren. Dieser Ansatz wird benutzt, um gezielt Tumorzellen zu erreichen. Außerdem werden bei der Vektorkonstruktion spezifische Zelloberflächen-Rezeptoren (*Targeting Cell-Surface Molecules*) berücksichtigt. Als Vektoren eignen sich modifizierte Retroviren, Liposomen oder molekulare Rezeptorkonjugate (siehe auch S. 450). Beispielsweise kann der virale Vektor ein Glycoprotein tragen, welches zu bestimmten Rezeptormolekülen auf den Zelloberflächen der Target-Zellen passt. So wurde Lactose an die Oberfläche eines MMLV-Vektors (*Moloney Murine Leukemia Virus*) ligiert, damit sich der modifizierte Vektor spezifisch an Hepatocyten über deren Asialoglycoprotein-Rezeptor bindet und nur diese Zellen infiziert.

Für den gerichteten Gentransfer werden retrovirale Vektoren auch gemeinsam mit Antikörpern, Biotin und Streptavidin verwendet. Hierbei wird zunächst ein Antikörper, der spezifisch für ein Virushüllen-Glycoprotein ist, biotinyliert und mit dem viralen Vektor gemischt. Dann werden biotinylierte Liganden und Streptavidin hinzugegeben. Da ein einzelnes Streptavidin vier Biotin-Moleküle binden kann, agiert Streptavidin als Brückenbildner der Liganden zum Antikörpergebundenen Vektor (*Molecular Bridging*). Mit Liganden, die auf den *Epidermal Growth Factor Receptor*, den Insulinrezeptor oder MHC-Anti-

gene gerichtet sind, konnten erfolgreich Gene in Target-Zellpopulationen transferiert werden. Allerdings eignen sich nicht alle Zelloberflächenrezeptoren für diese Technik, und die Effizienz befriedigt nicht.

Bei viralen Vektoren werden auch Teilbereiche des Hüllglycoprotein codierenden Gens (*envelope, env*), das für die Rezeptorbindungsdomäne zuständig ist, durch Epitope mit veränderter Rezeptorspezifität ersetzt (**Fusionsprotein-Targeting, Hüllglycoprotein-Targeting**). Beispielsweise wird ein Gen, das eine Kette eines Antikörpers (*single chain variable fragment*, sFV) codiert, mit der codierenden Region für ein Hüllprotein fusioniert. Das resultierende Hüllprotein/sFV-Fusionsprotein präsentiert in der Virushülle die Antikörperkette nach außen. Die Antikörperkette ist damit frei für eine Bindung an Zellen und kann auf bestimmte Zellrezeptoren gerichtet sein. Ein weiteres Beispiel ist der Ersatz eines Hüllproteinteils durch eine Aminosäuresequenz aus dem Erythropoietin, so dass nur Zellen infiziert werden, die den Erythropoietin-Rezeptor tragen.

Beim *Pseudotyping* wird das in der Verpackungszelle enthaltene *env*-Gen des retroviralen Provirus gegen das *env*-Gen einer anderen Virusspezies ausgetauscht und auf diese Weise der Infektionstropismus des Virus verändert. Für MMLV-Vektoren gibt es beispielsweise Verpackungszelllinien mit dem *env*-Gen von HIV, so dass ein spezifischer Gentransfer in humane T-Helferzellen möglich ist.

Auch Liposomen werden für die selektive Transgen-Übertragung verwendet. Sie können nämlich Substanzen in ihren Oberflächen tragen, durch die sie bevorzugt von bestimmten Zellen aufgenommen werden (***Targeted Liposomes***). Zu diesem Zweck wurden verschiedene Moleküle in die Liposomen-Membran eingelagert, vor allem monoklonale Antikörper sowie Kohlenhydrat- und Protein-Liganden.

**Molekular konjugierte Vektoren** bestehen aus Plasmid-DNA und angelagertem Liganden, wobei der Ligand die Zellspezifität beim Gentransfer bewirkt (**Abb. 24.7**, S. 450). Das Plasmid-DNA/Liganden-Konjugat gelangt durch rezeptorvermittelte Endocytose in die Zelle. Molekular konjugierte Vektoren erreichen eine effiziente Übertragung der Transgene. Innerhalb der Zellen scheinen aber die molekularen Konjugate in Endosomen eingeschlossen und rasch abgebaut zu werden. Die Transgen-Expression lässt sich verbessern, wenn zusätzlich Endosom lysierende Agentien, wie Adenovirus-Proteine, in den molekular konjugierten Vektor eingebaut werden (**Abb. 24.8**, S. 451). Molekular konjugierte Vektoren eignen sich besonders für den *Ex-vivo*-Gentransfer.

### 24.3.3 Gerichtete Expression des Transgens in Target-Zellen

Eine Begrenzung der Transgen-Expression auf Target-Zellen gelingt einerseits, indem zellspezifische Promotoren und/oder Enhancer verwendet werden, und andererseits, indem unerwünschte Genprodukte abgebaut werden. Die gerichtete Expression des Transgens in Target-Zellen lässt sich auf DNA-, RNA- oder Protein-Ebene erreichen.

## 24.4 Barrieren und Kinetik beim Gentransfer in Körperzellen

Dem Gentransfer in somatische Zellen stehen verschiedene Barrieren entgegen (**Tab. 24.4**). Zelluläre Barrieren sind die Plasma- und Zellkernmembran sowie die Abbauprozesse in Lysosomen und durch cytoplasmatische Nucleasen. Beim *In-vivo*-Gentransfer müssen auch extrazelluläre Barrieren beachtet werden, wie u. a. das Immunsystem. Die Auswirkungen der

Barrieren hängen vom Vektor und dem Target-Gewebe ab.

### 24.4.1 Zelluläre Barrieren

**Cytoplasmamembran.** Die Cytoplasmamembran ist negativ geladen und kann von der ebenfalls negativ geladenen DNA normalerweise nur mittels Endocytose oder Membranfusion überwunden werden. Virale Vektoren binden an Zelloberflächenmoleküle und gelangen dann über Endocytose in das Cytoplasma. Liposomen binden ohne Rezeptor an die Zellmembran, fusionieren mit dieser und geben ihren Inhalt dabei in die Zelle ab.

**Abbau.** Nachdem das Transgen durch die Plasmamembran gelangt ist, muss es der Aufnahme in ein Endosom entkommen. Virale Vektoren besitzen Eigenschaften, durch die sie vor Endosomen geschützt sind oder diese lysieren können, während nicht-virale Vektoren in starkem Maße endosomal eingeschlossen und schließlich abgebaut werden. Zudem sind sowohl im Cytosol als auch im Zellkern zahlreiche Nucleasen anwesend. Der Effekt der Nucleasen auf zugeführte DNA wird durch Schutz der Moleküle (Phosphorothionat-Enden, Desoxynucleotide statt Ribonucleotide, Protein- oder Lipidhülle) oder durch deren rasche Integration vermindert.

**Kernhülle.** Für Vektoren, die ihre Wirkung im Zellkern entfalten sollen, ist die Kernhülle ein weiteres Hindernis. Der Eintritt eines Trans-

**Tab. 24.4:** Stufen des *In-vivo*-Gentransfers in Körperzellen und potenzielle Barrieren

| Stufe | Barrieren |
|---|---|
| Applikation des Transgens in das Gewebe ↓ | |
| Systemische Zirkulation ↓ | Extrazelluläre Transport- und Abbauprozesse (z. B. Nucleasen, Antikörper) |
| Aufnahme in die Zielzellen ↓ | Zellmembran (Eintritt durch Endocytose, Membraneinschluss oder -öffnung) |
| Freisetzung in das Cytosol ↓ | Abbau in Lysosomen oder durch cytoplasmatische Nucleasen |
| Aufnahme in den Zellkern ↓ | Kernmembran (Durchtritt durch Kernporen) |
| Extrachromosomaler Vektor ↓ | Ausdünnung durch Zellteilungen |
| Chromosomale Integration ↓ | Positionseffekte, Verlust durch Rekombination |
| Genexpression | |

gens wird durch den Kernporenkomplex reguliert, der sowohl passive als auch aktive Transportvorgänge gewährt. Genügend kleine Moleküle (< 10 nm Durchmesser, d.h. ca. 5-facher Durchmesser einer DNA-Doppelhelix) diffundieren passiv durch die Kernporen. Größere Moleküle benötigen einen aktiven Transport, um in den Kern zu gelangen. Während der Zellteilung wird jedoch die Kernhülle entfernt, und großmolekulare Transgene können dann ohne Hindernis in Kontakt mit der chromosomalen DNA treten.

### 24.4.2 Extrazelluläre Barrieren

**Gewebebarrieren** können starke Hürden für einen Gentransfer sein. Beispielsweise werden Vektoren, die gegen ZNS-Störungen gerichtet sind, im Allgemeinen durch die Blut/Hirn-Schranke abgefangen. Häufig werden daher die Transgene direkt in das Hirngewebe injiziert. Weitere Gewebebarrieren für den Gentransfer sind Bindegewebe und Epithelzellen. So begrenzen Bindegewebeschichten, welche die Muskelbereiche umschließen, die Ausbreitung von Gentransfer-Vektoren nach intramuskulärer Injektion.

**Enzymatische Barrieren** beim Gentransfer werden für virale Vektoren intensiv untersucht. Virale Vektoren können durch Serumkomponenten inaktiviert werden. So kann DNA von positiv geladenen Serumproteinen gebunden und der Verfügbarkeit für den Gentransfer entzogen werden. Serumproteasen und -nucleasen bauen virale und nicht-virale Vektoren ab. Auch Inaktivierungen durch Complement-Komponenten sind sehr wichtig. Ein Beispiel ist die Bindung der Complement-Komponente *C1* an MMLV-Hüllproteine (MMLV: *Moloney Murine Leukemia Virus*) mit nachfolgender Aktivierung des Complements und rascher Vektorzerstörung.

Bedeutungsvoll ist auch die zelluläre **Immunantwort** gegen die für den Gentransfer benutzten Vektoren. Beispielsweise führen rekombinante Adenoviren nach intramuskulärer Injektion innerhalb von 24 Stunden zu Lymphocyten-Anreicherungen. Eine zelluläre Immunantwort erfolgt ebenfalls nach Expression von heterologen Proteinen, insbesondere solcher von viralen Proteinen. Die Reaktionen können sogar dazu führen, dass Zellen eliminiert werden, die das

Transgen exprimieren. Gleichfalls kann nach *In-vivo*-Gentransfer eine humorale Immunantwort stattfinden. Dabei werden Antikörper gegen virale Vektoren oder das vom Transgen exprimierte Protein erzeugt. In einigen Fällen existieren Antikörper bereits zum Zeitpunkt des ersten Gentransfers, z.B. gegen Hüllproteine der benutzten Virusvektoren. Hürden, die das Immunsystem aufbaut, können durch immunsuppressive Medikamente reduziert werden. Labortiere werden oft auch so ausgewählt, dass sie gegen die verwendeten Vektoren eine spezifische immunologische Toleranz aufweisen.

### 24.4.3 Wirkungskinetik beim somatischen Gentransfer

Die verschiedenen Barrieren führen zu spezifischen Wirkungsgraden und zeitabhängigen Veränderungen der nach Gentransfer erzeugten Endprodukte bzw. Zellleistungen. Im Prinzip ist die Wirkungskinetik nach somatischem Gentransfer nicht verschieden von derjenigen nach Verabreichung konventioneller Medikamente. Quantifiziert werden die Relationen zwischen Input und Output unter Einbeziehung des applizierten Transgens, der Verluste bis zur Wirkung des Transgens, der Halbwertszeiten sowie der Regulation der Genprodukte. Beispielsweise verteilen sich Oligonucleotide nach intravenöser Applikation rasch ($t_{1/2}$ ca. 20 min). Extrazellulär wird die so injizierte DNA innerhalb von ca. 30 min abgebaut. Intrazellulär haben Oligonucleotide in den meisten Tierspezies Halbwertszeiten von 15–50 Stunden (gemessen mittels radioaktiv markierter Oligonucleotide). Oft ist Vektor-DNA noch nach einigen Monaten nachweisbar. Die Verteilung von Oligonucleotiden wie auch deren Halbwertszeiten variieren aber je nach Gewebe. Sowohl unveränderte als auch abgebaute Oligonucleotide werden mit dem Urin ausgeschieden. Ein weiteres Beispiel ist Vektor-DNA, die direkt in ein bestimmtes Organ injiziert wird. Wird daraufhin das Transgen transient exprimiert, so beteiligt sich die resultierende mRNA in zeitlich abnehmendem Maße an der Translation von Genprodukten.

Insgesamt sind also bei einer kinetischen Betrachtung zahlreiche Faktoren einzubeziehen, die in **Tab. 24.5** schematisch dargestellt werden. Die vom Transgen erzeugte Genproduktmenge ist vor allem eine Funktion der Effizienz des Gentrans-

**Tab. 24.5:** Einflussfaktoren auf die Wirkungskinetik beim somatischen Gentransfer

Die Mengen an DNA, RNA, Protein und davon beeinflussten Produkten werden als Funktion der Zeit für die einzelnen Kompartimente gemessen.

| Transgenes Produkt | Einflussfaktoren auf die Kinetik | |
|---|---|---|
| | hinsichtlich der Kompartimentierung | hinsichtlich des Abbaus |
| Extrazelluläre DNA | • Transgen-Menge<br>• Verteilung des Transgens | • Extrazelluläre Eliminierung der DNA<br>  (Abbau, Inaktivierung, Sekretion) |
| Intrazelluläre DNA | • Effizienz der DNA-Aufnahme in die Zelle<br>• Verbleib der DNA (Endosom, Lysosom,<br>  frei im Cytoplasma, Eintritt in den Zellkern) | • Rate des DNA-Abbaus |
| Intrazelluläre RNA | • Rate der Transkription | • Stabilität der mRNA |
| Intrazelluläres Protein | • Rate der Translation von mRNA<br>• Molekülzahlen und Aktivitäten | • Abbauvorgänge, Inaktivierung, Sekretion |
| Extrazelluläres Produkt | • Molekülzahlen und Aktivitäten | • Abbauvorgänge, Inaktivierung, Sekretion |

**Tab. 24.6:** Eignung von Kandidatengenen für die Gentherapie

| Merkmal | Eigenschaften des Ausgangsallels | |
|---|---|---|
| | günstig | ungünstig |
| Art der Vererbung | Rezessiv; kein oder wenig Genprodukt | Dominant |
| Art der Mutation | Funktionsverlust | Veränderte Funktion mit zusätzlichem,<br>auch toxischem Effekt |
| Verfügbarkeit der<br>Target-Zellen | Einfach erreichbar, wie z. B. Blut,<br>Haut, Muskel; kultivierbare und<br>re-implantierbare Zellen | Schwer erreichbar, wie z. B. Hirn;<br>nicht kultivierbare oder nicht<br>re-implantierbare Zellen |
| Größe des<br>Transkripts | Klein, z. B. β-Globin<br>(nur ca. 0,5 kb) | Groß und daher schwierig in Vektor<br>einzubauen |
| Angestrebte<br>Genexpression | Gering kontrolliert; mit weitem<br>Bereich der nützlichen Expression | Stark kontrolliert; Transkriptkonzentration<br>nur in engen Grenzen günstig |

fers in die Zellen sowie der Promotorstärke. Menge und Halbwertzeiten der Genprodukte (RNA, Protein) hängen darüber hinaus von der Stabilität der für den Transfer benutzten DNA-Konstrukte sowie der erzeugten Genprodukte ab.

## 24.5 Anwendungsbereiche für den Gentransfer in Körperzellen

Der Gentransfer in somatische Zellen erlaubt nur eine zeitlich befristete Einflussnahme, die durch die Lebensdauer der gentechnisch modifizierten Zellen begrenzt wird. Dies reicht aber für viele Anwendungen aus. Oft genügt bereits eine transiente Expression der Fremdgene. Die meisten Anwendungsbeispiele der somatischen Gentherapie zielen darauf ab, beim Menschen Erbkrankheiten heilen oder kompensieren zu können sowie neue Strategien zur Bekämpfung von Krebs und Infektionskrankheiten zu entwickeln. Die grundlegenden Experimente hierzu werden jedoch an Tieren durchgeführt. Darüber hinaus lassen sich tierbezogene Einsatzgebiete für den somatischen Gentransfer erkennen, wie z. B. die Beeinflussung der Stoffwechselregulation, Krankheitsabwehr oder Fruchtbarkeit.

### 24.5.1 Beeinflussung von Einzelgenwirkungen

Allele eines Genlocus, die zur deutlichen Beeinträchtigung in der Merkmalsausbildung eines Individuums führen, sind mögliche Kandidaten für eine Gentherapie. Entsprechend der in **Tab. 24.6** aufgeführten Kriterien eignen sich je nach ihren Eigenschaften bestimmte Genloci besser für eine Gentherapie als andere.

Einzelgene werden hauptsächlich für die Gentherapie beim Menschen berücksichtigt. Gentherapie gilt als die fünfte Revolution in der Medizin (nach Hygiene, Anästhesie, Impfstoffen und Antibiotika). Weltweit existieren bis 2004 fast 1000 klinisch erprobte Anwendungsverfahren für die Gentherapie beim Menschen (**Tab. 24.7**).

Die erste, viel beachtete Gentherapie wurde 1990 eingeleitet: Ein vier Jahre alter Patient wies eine rezessiv vererbte Defizienz für das Enzym Adenosin-Deaminase (*ADA*) auf, welches im Purin-Wiederverwertungs-Stoffwechsel beim Nucleinsäureabbau wirkt. Als *Housekeeping*-Enzym ist *ADA* in vielen verschiedenen Zelltypen aktiv. Eine Defizienz von *ADA* hat besonders nachteilige Folgen in den T-Lymphocyten, und homozygote Patienten leiden unter schwerer Immundefizienz. T-Zellen sind einfach verfügbar und leicht zu kultivieren, so dass ein *Ex-vivo*-Gentransfer durchgeführt werden konnte. Die Genexpression bei *ADA* wird nur gering kontrolliert, und bereits eine geringe Expression eines funktionsfähigen Enzyms verbessert den Gesundheitsstatus. Die *ADA*-Gentherapie eignete sich daher für einen ersten klinischen Versuch, der die in **Abb. 24.16** illustrierten Schritte umfasst. Die behandelten T-Lymphocyten sichern eine Expression des eingeführten *ADA*-Gens allerdings nur über einige Wochen, so dass mindestens alle sechs Monate wiederholte Injektionen erfolgen müssen. Eine dauerhafte Therapie der *ADA*-Defizienz würde einen Gentransfer in Knochenmark-Stammzellen erfordern.

Auch bei Labor- und Nutztieren gibt es erste Beispiele für die Gentherapie. Meist werden dabei zusätzliche Kopien eines bereits vorhande-

**Tab. 24.7:** Status und Beispiele für die Gentherapie beim Menschen
Quelle: GENE THERAPY CLINICAL TRIALS WORLDWIDE (2003/04)

a) Status weltweit

| Angaben | Jahr | Anteile |
|---|---|---|
| 987 klinische Protokolle | 2004 | 66,5 % Krebstherapie<br>9,4 % monogene Erbkrankheiten<br>17,6 % andere Krankheiten<br>5,3 % Genmarkierung |
| 3476 behandelte Patienten | 2003 | davon 51,6 % im klinischen Test (Phase I) |
| Häufigste Vektoren bei den Protokollen | 2004 | 26,4 % Retrovirus<br>25,9 % Adenovirus<br>8,6 % Lipofectin<br>15,2 % nackte DNA |
| Häufigste Gentypen bei den Protokollen | 2004 | 24,4 % Cytokine<br>13,8 % Antigene<br>6,9 % Defizienz-Gene |

b) Beispiele

| Krankheit | Defekt | Betroffene/r Stoffwechsel (Zellen bzw. Gewebe) | Gentherapie-Strategie |
|---|---|---|---|
| ADA-Defizienz | Gen für Adenosin-Desaminase | Defekt im Nucleinsäurestoffwechsel (T-Lymphocyten und hämatopoetische Stammzellen) | *Ex-vivo*-Gentransfer; viraler Vektor (Adenovirus) |
| Cystische Fibrose | Gen für *Transmembrane Conductance Regulator* | Defekt in Membranfunktionen von Zellen (Lungen) | *Ex-vivo*-Gentransfer; viraler Vektor (Adenovirus) |
| Duchenne Muskel-Dystrophie | Gen für *Dystrophin* | Progressive Degeneration (Muskelzellen) | *In-vivo*-Gentransfer; viraler Vektor (Adenovirus) |
| Krebs | Verschiedene Gene | Verschiedene Zellen | Vor allem *In-vivo*-Gentransfer und retrovirale Vektoren |

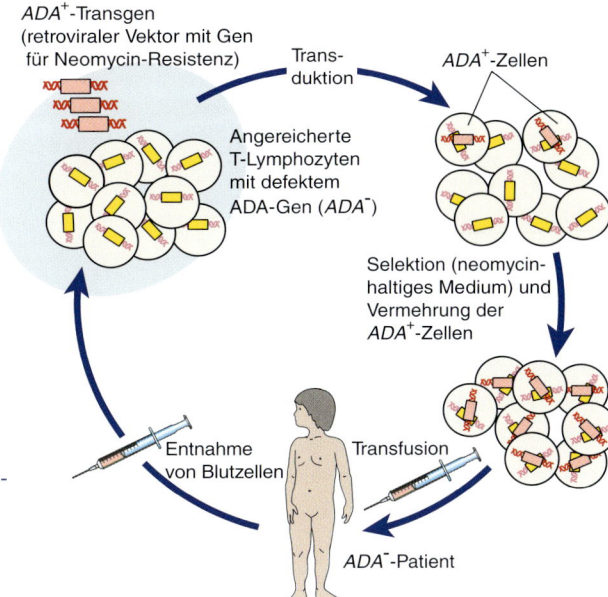

ADA⁺-Transgen
(retroviraler Vektor mit Gen
für Neomycin-Resistenz)

Trans-
duktion

$ADA^+$-Zellen

Angereicherte
T-Lymphozyten
mit defektem
ADA-Gen ($ADA^-$)

Selektion (neomycin-
haltiges Medium) und
Vermehrung der
$ADA^+$-Zellen

Entnahme
von Blutzellen

Transfusion

$ADA^-$-Patient

**Abb. 24.16:** *Ex-vivo*-Gentransfer zur Therapie der Adenosin-Deaminase($ADA$)-Defizienz beim Menschen

$ADA^+$: Wirksames Gen für ADA;
$ADA^-$: Defektes Gen für ADA.
Erklärungen siehe Text.

nen Gens oder neue Gene eingeführt. Beispielsweise wurde für den somatischen Gentransfer beim Schwein ein rekombinanter Plasmidvektor mit einem Gen für ein Serumprotease resistentes *Growth-Hormon-Releasing-Hormon* (GHRH) verwendet. Man injizierte diese DNA einmalig intramuskulär in drei Wochen alte Ferkel. Wie **Abb. 24.17** darstellt, wurde daraufhin eine verstärkte Sekretion an GHRH, Wachstumshormon und *Insulin-Like Growth Factor I* (IGF-1) beobachtet. Etwa 60 Tage nach der Injektion war das Körpergewicht der behandelten Schweine um ca. 35 % höher als das der Kontrolltiere. Denkmodelle für weitere Kandidatengene eines somatischen Gentransfers liegen nahe. So könnten Antisense-Gene, welche die Geschlechtsdifferenzierung in Richtung eines männlichen Phänotyps verschieben oder den Stoffwechsel zur Bildung des Ebergeruchstoffes (Androstenon) unterbinden, in der Schweinezucht nützlich sein. Beispiele für eine mögliche Nutzung des Gentransfers in Körperzellen von Nutztieren sind in **Tab. 24.8** skizziert. Dazu gehört auch die Erzeugung heterologer Genprodukte, die industriell verwendbar sind. Eine solche Verwendung entspricht einem *Gene Pharming* (siehe **Abb. 23.2**, S. 409); der Gentransfer in Körperzellen bietet dabei – im Vergleich zu

in der Keimbahn transgenen Tieren – die Vorteile der größeren Flexibilität und rascheren experimentellen Arbeit.

## 24.5.2 Beeinflussung der Proliferation bestimmter Zellklone im Organismus

Experimentelle Ansätze, um die Proliferation bestimmter Zellklone im Organismus zu modifizieren, betreffen Therapiestrategien gegen Tumore, aber auch die Beeinflussung der Ausbildung bestimmter Gewebe, wie beispielsweise die Inhibierung einer Fettgewebebildung. Die praktische Anwendung der genannten Verfahren beim Menschen benötigt noch umfangreiche Entwicklungen, bei denen Labortierexperimente und Zellkulturverfahren eine entscheidende Rolle spielen. Die Erfahrungen bei der Beeinflussung der Proliferation bestimmter Zellklone im Organismus lassen sich zudem auf Gebiete nutzen, die unmittelbar für Tiere relevant sind. Im Zusammenhang mit der Infektionsabwehr gibt es beispielsweise Ansatzpunkte, wie man eine spezifische Immunantwort auslöst, infizierte Zellen abtöten kann sowie den Lebenszyklus von infizierten Zellen oder infektiösen Agenzien beeinflusst (***Immunological Purging***).

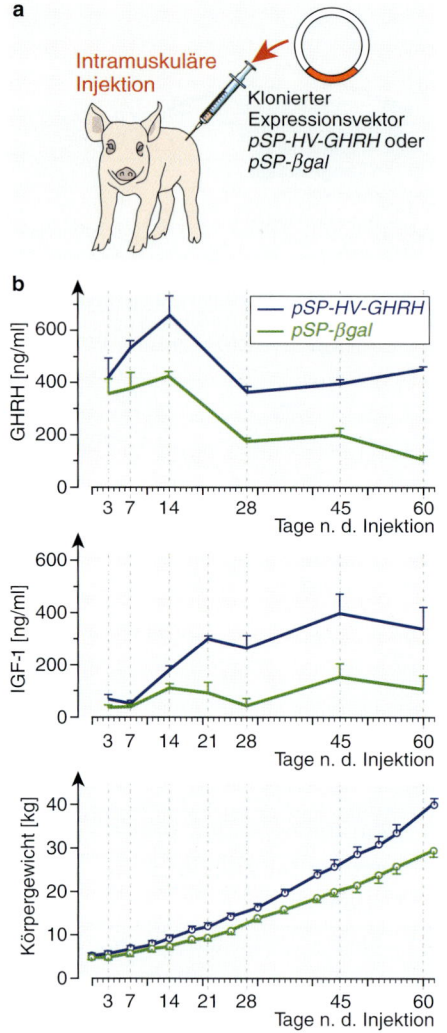

**Abb. 24.17:** Wirkung einer einmaligen intramuskulären Injektion von Expressionsvektoren mit einem Gen für ein Protease-resistentes *Growth-Hormone-Releasing-Hormone* (*GHRH*) beim Schwein (nach DRAGHIA-AKLI ET AL. 1999)

a) Die intramuskuläre Injektion von 10 mg DNA des klonierten Expressionsvektors pro Schwein mit nachfolgender Elektroporation wurde einmal bei drei Wochen alten Schweinen durchgeführt. Als Negativkontrolle dienten Tiere, denen der gleiche Expressionsvektor (pSP), jedoch mit eingefügtem *βgal*-Gen injiziert worden war (*βgal*: codierendes Gen für die β-Galactosidase).

b) Schweine mit dem *GHRH*-Gen im Expressionsvektor zeigten gegenüber der Negativkontrolle gesteigerte Serum-GHRH- und IGF-1-Konzentrationen sowie ein rascheres Wachstum (IGF-1: *Insulin-Like Growth Factor I*).

### 24.5.3 DNA-Vakzinierung

Bei der **DNA-Vakzinierung (genetische Vakzinierung)** werden nach DNA-Transfer in einigen Zellen des Rezipientenorganismus Genprodukte gebildet, die zur Immunantwort führen (**Abb. 24.18**). Die dafür verwendete DNA enthält codierende Gene für Proteine der pathogenen Organismen sowie starke Promotoren. Eine DNA-Vakzinierung erfolgte erstmals 1962 durch subkutane Injektion von Virus-DNA beim Hamster (ATANASIU 1962) und begann in größerem Umfang etwa ab 1990. Die DNA wird *in vivo* transferiert, so durch Injektion (meist intramuskulär,

jedoch auch subkutan), Inhalation, Aufsprühen von DNA-Lösungen (z.B. auf Schleimhäute) oder Partikelbeschuss („*Gene-Gun*"-Methoden). Zur Steigerung der Effizienz des Gentransfers werden Vektoren verwendet (z.B. Liposomen, Expressionsvektoren), aber auch toxische Agenzien co-injiziert, die lokale Nekrosen verursachen.

Die DNA-Vakzinierung wird zur Verhinderung von Infektionen oder Tumorbildungen eingesetzt. Zellen, die das Fremdprotein exprimieren und nachfolgend auf der Oberfläche präsentieren, führen zu einer humoralen sowie zu einer zellvermittelten Immunantwort. Frühe Beispiele der DNA-Vakzinierung bei Tieren werden in

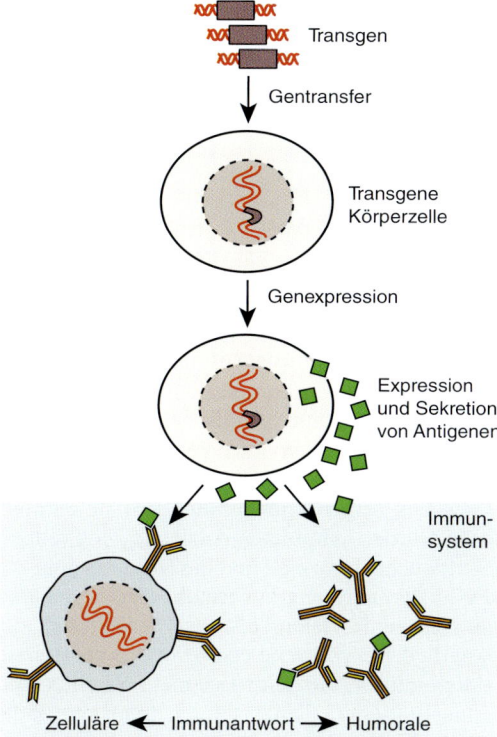

Transgen

Gentransfer

Transgene Körperzelle

Genexpression

Expression und Sekretion von Antigenen

Immunsystem

Zelluläre ← Immunantwort → Humorale

**Abb. 24.18:** Prinzipieller Ansatz bei der DNA-Vakzinierung.

**Tab. 24.9** zusammengestellt. Die Technik wurde im veterinärmedizinischen Bereich für die Immunisierung gegen bovines Herpesvirus 1 (*BHV-1*) eingehend untersucht. Bei Vakzinierung von Rindern mit Expressionsplasmiden, die verschiedene Glycohüllproteine von *BHV-1* unter Kontrolle eines starken eukaryontischen Promotors exprimierten, wurde nach intramuskulärer oder intradermaler Applikation eine spezifische humorale und zelluläre Immunantwort nachgewiesen, die zum Schutz der Rinder vor einer nachfolgenden *BHV1*-Infektion führte. Die Effizienz der DNA-Vakzinierung hängt insbesondere vom verwendeten Transgen (vor allem der Stärke des Promotors), den Vektoren und dem Verfahren der Applikation (Art der Ap-

---

**DNA-Vakzinierung**

**Vorteile:**
- Einfache und spezifische Präparation.
- Reinheit und Stabilität der applizierten DNA.
- Andauernder Immunschutz durch humorale wie auch zelluläre Immunantwort.
- Sehr flexible Mischbarkeit verschiedener DNA-Konstrukte (z. B. für verschiedene Proteine eines pathogenen Organismus oder für verschiedene pathogene Stämme).
- Anpassung beim Einsatz gegen komplexe und rasch mutierende Pathogene (wie z. B. Influenzaviren).

**Probleme:**
- Viele methodische Einflüsse.
- Große Mengen der zu applizierenden Transgene.
- Z. T. unvollständiger Impfschutz.
- Mögliche ethische Bedenken gegenüber transgenen Körperzellen von Tieren, die als Nahrungsmittel dienen.

---

**Tab. 24.8:** Mögliche Beeinflussung von Einzelgenwirkungen in Körperzellen von Nutztieren

| Spezies (Beispiele) | Beispiele für codierende Gene | Wirtschaftlich nutzbare Wirkung |
|---|---|---|
| Rind, Schwein | *Sex determining region* (SRY) | Eine Inhibierung führt zur Entwicklung eines männlichen Phänotyps bei genetisch weiblichen Individuen. Auf Grund des Geschlechtsdimorphismus ist mit schnellerem Wachstum, besserer Futterverwertung und größerem Muskelansatz zu rechnen. |
| Schwein | Andien-β-Synthetase | Unterbrechung des Stoffwechsels bei der Bildung von Androstenon in Eberferkeln. Dadurch keine Entwicklung störender Ebergeruchsstoffe, was eine Mast unkastrierter männlicher Tiere erlauben würde. Hierdurch Vorteile beim Fleischansatz und bei der Mastleistung. |
| Rind, Schwein | Wachstumshormon | Verstärkung der Hormonwirkung in bestimmten Zeitabschnitten der Laktation oder Mast, bei gleichmäßigerer und zeitlich besser abgestufter Wirkung gegenüber der aktuell praktizierten Injektion von Wachstumshormon. |
| Rind, Schaf | Heterologe Proteine | Gewebespezifische Genexpression in der Milchdrüse erlaubt eine Nutzung analog zum *Gene Pharming* beim Gentransfer in die Keimbahn. |

**Tab. 24.9:** Frühe Anwendungsbeispiele der DNA-Vakzinierung bei Tieren

| Spezies | Wirkung gegen: | Referenz |
|---------|----------------|----------|
| Huhn | Influenza-Viren | z. B. ROBINSON et al. (1993) |
| Fuchs | Tollwut (Rhabdo-Virus) | PASTORET et al. (1988) |
| Rind | Herpes-Viren<br>Rinderpest (Morbilli-Virus)<br>Ektoparasiten | BABIUK et al. (1987)<br>YILMA et al. (1988)<br>z. B. ALLEN und HUMPHREYS (1979) |
| Schwein | Aujezky'sche Krankheit (Pseudorabies-Virus) | VAN ZIJL et al. (1991) |

plikation, Injektionsort, DNA-Menge, Häufigkeit der Applikationen) ab. In neueren Arbeiten wird auch über die Entwicklung von Impfstoffen aus RNA berichtet.

### 24.5.4 Verwendung transgener kultivierter Zellen

Tierische Zellen können unter bestimmten Bedingungen *ex vivo* vermehrt und kultiviert werden (S. 25ff.). In einigen Versuchen werden die kultivierten Zellen transgen gemacht, um nachfolgend Änderungen der Zelleigenschaften oder um neu exprimierte Genprodukte zu erhalten. Die zu untersuchenden DNA-Sequenzen liegen nach der Transfektion meist frei im Zellkern und werden nur wenige Tage exprimiert (**transiente Transfektion**). Bei einem solchen Arbeitsansatz werden die Zellen ein bis zwei Tage nach der Transfektion lysiert, um die RNA oder das Reportergenprodukt des Test-Promotors zu analysieren. Das Reportergenkonstrukt kann auch stabil in das Genom von Wirtszellen integriert werden (**stabile Transfektion**). Eine stabile Integration von intakten Test-DNA-Molekülen ist jedoch ein seltenes Ereignis. In einem typischen Experiment integriert nur eine von etwa $2 \times 10^4$ Zellen die Fremd-DNA stabil in das Genom. Stabil transfizierte Zellen können aber selektiert werden, wenn der Expressionsvektor einen Selektionsmarker besitzt. In diesem Fall werden die transfizierten Zellen in einem passenden Selektivmedium über mehrere Zellgenerationen hinweg kultiviert, so dass schließlich nur Zellen überleben, die den Selektionsmarker stabil exprimieren. Als Selektionsmarker verwendet man Resistenz-vermittelnde Gene (z. B. das für die Neomycin-Resistenz).

Transgene kultivierte Zellen eignen sich für viele verschiedene Anwendungen.

### Analyse der Auswirkungen einer geänderten Genausstattung

In transgenen kultivierten Zellen lassen sich die Auswirkungen einer geänderten Genausstattung erkennen, da Zellen unter geeigneten Kulturbedingungen Ähnlichkeiten mit den Zellen des Gewebes zeigen können, aus dem sie entnommen wurden. Sie bieten daher die Möglichkeit, Stoffwechselprozesse und die Mechanismen der Zelldifferenzierung außerhalb von Organismen zu messen. In vielen Fällen werden dadurch aufwendige Tierversuche ersetzt oder Experimente durchgeführt, die beim Tier nicht möglich sind. Eine besondere Rolle spielen transgene kultivierte Zellen bei der Funktionsanalyse von regulatorischen DNA-Regionen und Transkriptionsfaktoren. Der Einsatz von transgenen Modellzellen für die Genfunktionsanalytik wird in **Abb. 12.18**, S. 267, gezeigt.

### Produktion wirtschaftlich nutzbarer Substanzen mit kultivierten transgenen Zellen

Transgene tierische Zellen werden auch für die Herstellung pharmakologisch nutzbarer Substanzen eingesetzt. Nach Gentransfer wird dann eine Biosynthese des vom Transgen codierten Proteins angestrebt. Im Vergleich zu Bakterienzellen liegen in kultivierten tierischen Zellen die Proteinausbeuten niedriger und die technischen Aufwendungen höher. Die wesentlichen Vorteile sind jedoch ein korrektes posttranslationales Processing mit der Möglichkeit, diese Prozesse mittels Mutagenese der modifizierenden Enzyme so zu beeinflussen, dass ein erwünschtes Genprodukt erzielt wird.

Rekombinante Zellen, die für die Proteinproduktion verwendet werden sollen, müssen den folgenden **Anforderungen** genügen:
– Stabiler transgener Genotyp.

- Effiziente und regulierbare Expression des Transgens (Transkription, Processing, Proteinbiosynthese und –sekretion) ohne permanente Zufuhr von induzierenden Wirkstoffen.
- Korrekte posttranslationale Modifikation (Faltung, Glycosylierung, Acylierung, Phosphorylierung, Proteolyse) des transgenen Proteins, so dass die gewünschten Sekundär- und Tertiärstrukturen gebildet werden.
- Biologische Sicherheit (frei von kontaminierenden pathogenen Viren und Mycoplasmen).
- Einfache Kultivierungsbedingungen (Serum, Wachstumsfaktoren, stabilisierende Proteine) durch günstige Fermentationseigenschaften (hohe Zelldichte, Stabilität gegen Scherkräfte, keine Eigenproduktion toxischer Substanzen wie z. B. Milchsäure) und zelldichteabhängige Proliferationsregulation.

Nur wenige **Zelllinien** erfüllen alle genannten Kriterien. Derzeit werden die meisten rekombinanten Proteine in den Zelllinien CHO (*Chinese Hamster Ovary*), BHK-21 (*Baby Hamster Kidney No. 21*) und SP2/O (murine Myeloma-Zelllinie) sowie in Insektenzelllinien produziert. Die genannten Zellen werden mittels Gentransfer metabolisch modifiziert, so dass sie spezifische neue Eigenschaften entwickeln (***Metabolic Design***), welche für die Erzeugung der rekombinante Proteine günstig sind.

Als **Vektorsysteme** stehen Plasmide zur Verfügung. Außerdem wird das Vacciniavirus-System mit seiner enormen Aufnahmekapazität von 25 kb verwendet, das Alphavirus-System mit seiner effizienten Fremdproteinexpression, das Bovine Papillomavirus-System, für das positive Erfahrungen bei der Produktion pharmazeutisch wirksamer Proteine vorliegen, und das Papovavirus-System, das eingehend untersucht ist. Für die Proteinproduktion erreichen Baculoviren in Insektenzellen Proteinausbeuten, die 20- bis 200-mal höher liegen als diejenigen in Säugerzellen. Auf Grund ihrer Wirtsbeschränkung und der Abwesenheit transformierender Gene gilt das Baculovirussystem zudem als sicher. Baculoviren können unter bestimmten Bedingungen auch Hepatocyten infizieren und eröffnen daher auch Entwicklungsperspektiven für neue Expressionssysteme in Säugerzellen.

Besondere Maßnahmen sind notwendig, um für kultivierte Säugerzellen den Bedarf an komplexen **Kulturbedingungen und Medien** bereitzustellen. Eingehende Kenntnisse über effiziente Genexpressionsbedingungen gibt es z. B. für Erythroblasten (hinsichtlich des β-Globin codierenden Gens) und B-Lymphocyten (in Bezug auf Immunglobulin codierende Gene). Lange Zeit standen Sicherheitsbedenken der Verwendung rekombinanter immortalisierter Zellen tierischen Ursprungs für die Produktion pharmazeutisch wichtiger Produkte entgegen. Die Weiterentwicklung von Aufreinigungstechniken und Kontaminationstests sowie der zunehmende Kenntnisstand über die Biologie der Zellen helfen bei einer Vermeidung potenzieller Risiken. Zudem können die bei der Herstellung von Impfstoffen in tierischen Zellen gesammelten Erfahrungen auch bei der Produktion pharmazeutisch wichtiger Proteine berücksichtigt werden.

Als Beispiel für die **Züchtung expressionseffizienter Zellkultursysteme** wird in **Abb. 24.19** der Ablauf für die Erythropoietin produzierenden, rekombinanten CHO-Zellen dargestellt. Das System besteht aus dem zu transferierenden Gen, einem Markergen – ein Dihydrofolat-Reduktase (DHFR) codierendes Gen – und CHO-Zellen. Die CHO-Zellen verfügen auf Grund einer Mutation über keine DHFR-Expression und können deshalb nicht in einem Medium ohne Glycin (G), Hypoxanthin (H) und Thymidin (T) proliferieren (GHT-freies Medium). Stabil transfizierte Zellen proliferieren dagegen im GHT-freien Medium und lassen sich so selektiv anreichern. Nach Zugabe des DHFR-Hemmstoffs MTX (Methotrexat) in das Medium können stark exprimierende CHO-Zellen selektiv angereichert werden. Eine mehrstufige Anreicherung von Klonen mit besonders hoher DHFR-Aktivität gelingt bei einer Steigerung der MTX-Konzentration in jeder Stufe. Unter den Klonen mit der maximalen MTX-Resistenz wird derjenige mit der höchsten Erythropoietin-Expression mittels immunologischer Techniken detektiert (z.B. ELISA, Western Blot). Eine besonders schnelle semiquantitative Selektion einer großen Zahl an rekombinanten Klonen ist mit dem Filter-Immunoassay zu erreichen. Hierbei sezernieren die rekombinanten Klone ihre Proteine in eine übergeschichtete Agarschicht und damit an eine Filtermembran, wo sie anschließend mittels einer Immunfärbetechnik detektiert werden können. Klone mit einer hohen Proteinproduk-

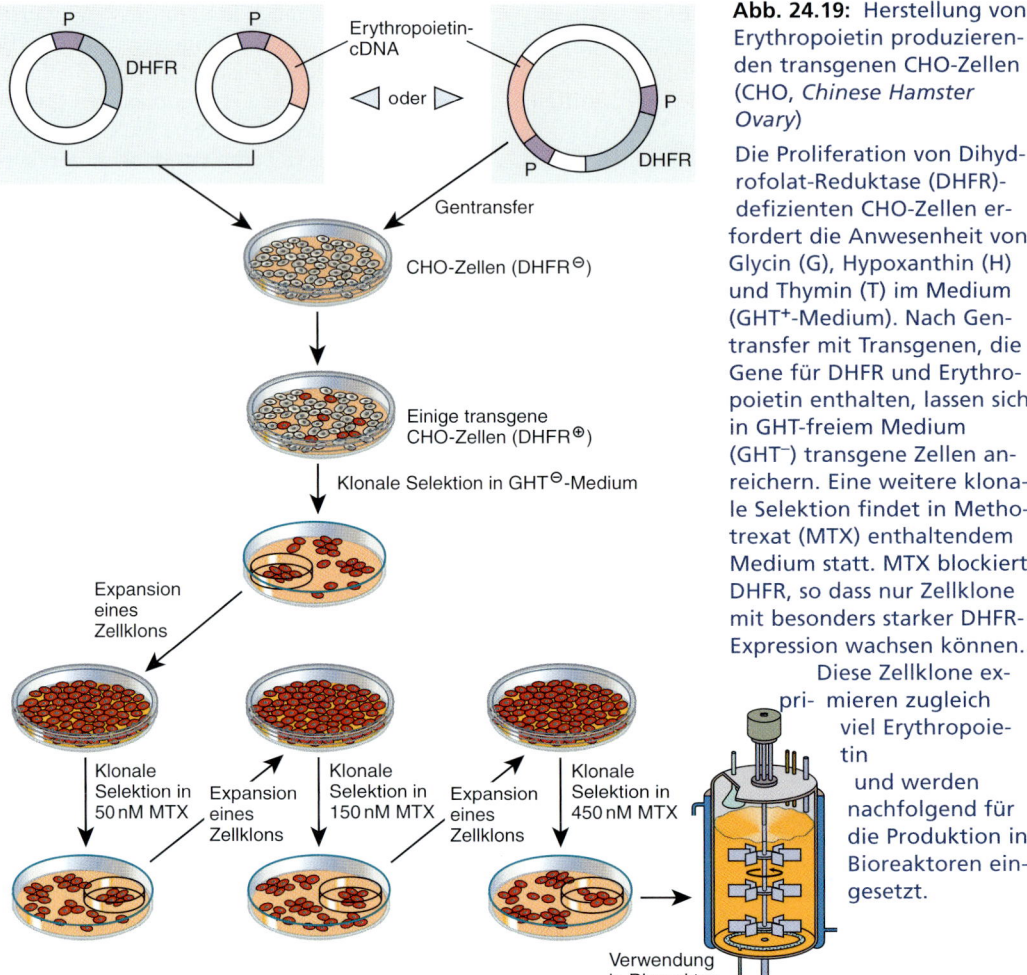

**Abb. 24.19:** Herstellung von Erythropoietin produzierenden transgenen CHO-Zellen (CHO, *Chinese Hamster Ovary*)

Die Proliferation von Dihydrofolat-Reduktase (DHFR)-defizienten CHO-Zellen erfordert die Anwesenheit von Glycin (G), Hypoxanthin (H) und Thymin (T) im Medium (GHT⁺-Medium). Nach Gentransfer mit Transgenen, die Gene für DHFR und Erythropoietin enthalten, lassen sich in GHT-freiem Medium (GHT⁻) transgene Zellen anreichern. Eine weitere klonale Selektion findet in Methotrexat (MTX) enthaltendem Medium statt. MTX blockiert DHFR, so dass nur Zellklone mit besonders starker DHFR-Expression wachsen können. Diese Zellklone exprimieren zugleich viel Erythropoietin und werden nachfolgend für die Produktion in Bioreaktoren eingesetzt.

tion werden von den Agarplatten isoliert und der Kultivierung im großen Maßstab zugeführt.

Die Produktion von Peptiden und Proteinen in transgenen tierischen Zellen hat inzwischen eine große **wirtschaftliche Bedeutung** erlangt. 1988 wurde das erste in Hamsterzellen (Zelllinie CHO) gentechnisch hergestellte Produkt (*tissue plasminogen activator*, tPA) für die Anwendung beim Menschen lizensiert. Es folgten Interferon β, Interleukin-2, verschiedene *Colony Stimulating Factors*, Erythropoietin, das menschliche Wachstumshormon und der Blutgerinnungsfaktor VIII (**Tab. 24.10**). Inzwischen sind unter den weltweit umsatzstärksten Arzneimitteln mehrere, die in transgenen tierischen Zellen hergestellt werden. Erhöhte Sicherheit, verbesserte Immunogenität, geringere Neben-wirkungen und verringerte Produktionskosten gegenüber bisherigen Verfahren lassen auch Vorteile bei der Herstellung von Impfstoffen mittels gentechnisch modifizierter Zellen erwarten. Ein rekombinanter Impfstoff gegen Hepatitis B wird bereits produziert. Eine weitere Anwendung für gentechnisch modifizierte Zelllinien ist deren Einsatz in Cytotoxizitätstests. Die dafür verwendeten rekombinanten Zellen exprimieren ein toxinsensitives Markergen, dessen Genprodukt nach Toxinzugabe im Test quantifiziert werden kann. Ein Vorteil gegenüber der Verwendung nicht-rekombinanter Zellen ist u.a. die höhere Spezifität der Toxinwirkung.

**Tab. 24.10:** Beispiele für eine wirtschaftliche Anwendung transgener Tierzellen in Kultur

| Peptid/Protein | Hersteller | Produktionszelllinie[1] | Literatur |
|---|---|---|---|
| Interferon β1a | Biogen idec (USA) | CHO | SANO et al. (1988) |
| Erythropoietin | Janssen-Cilag (Deutschland), Boehringer-Mannheim (Deutschland) | CHO | BAILIE et al. (1991) |
| Blutgerinnungsfaktor VIII | Bayer Vital (Deutschland), Baxter (USA) | CHO, BHK | FARRUGIA (1993) |
| Humanes Somatotropin | Sereno (USA) | C127 | MURATA et al. (1993) |

[1] CHO: *Chinese Hamster Ovary*; BHK: *Baby Hamster Kidney*; C127: Mauszelllinie

## Zusammenfassung

– Beim Gentransfer in somatische Zellen wird das Transgen nicht auf die nächste Generation des betreffenden Individuums vererbt. Der Gentransfer in somatische Zellen erlaubt daher nur eine zeitlich befristete Einflussnahme, die durch die Lebensdauer der gentechnisch veränderten Zellen begrenzt wird.
– Grundsätzlich wird zwischen *In-vivo*-Gentransfer (direkte Methode des Gentransfers, Einbringen der DNA in ein oder mehrere Gewebe des betreffenden Individuums) und *Ex-vivo*-Gentransfer (indirekte Methode des Gentransfers, Einbringen der DNA in zuvor dem Organismus entnommenen Zellen) unterschieden.

– Angestrebt wird entweder eine stabile oder eine transiente Expression des Transgens. Der Transfer erfolgt vektorfrei oder verwendet verschiedene Vektoren für die Übertragung von DNA.
– Technische Besonderheiten führen zu speziellen Ansätzen des somatischen Gentransfers. Hierbei ist eine Ausrichtung des Gentransfers auf bestimmte Zellen oder Gewebe möglich.
– Einsatzgebiete für den somatischen Gentransfer beim Tier betreffen die Beeinflussung von Einzelgenwirkungen, Proliferationsänderung bestimmter Zellklone im Organismus, DNA-Vakzinierung, Genfunktionsanalysen sowie die Produktion wirtschaftlich nutzbarer Substanzen.

# 25 Verfahren der Mutagenese beim Tier

**Mutanten**, d. h. Organismen mit erblichen Änderungen in einer oder mehreren Erbanlagen, sind wichtige Hilfsmittel, um die Funktion einzelner Gene aufzuklären. Für die Analyse von Mutanten erbrachten Modellorganismen entscheidende Beiträge. Bei vergleichenden Studien bietet die Maus auf Grund der phylogenetischen Nähe zum Menschen und zu den domestizierten Säugetieren entscheidende Vorteile. Mutanten können experimentell erzeugt werden **(Mutagenese)**, um auf diesem Wege neue, bislang nicht bekannte Phänotypen und Genfunktionen zu untersuchen. Außerdem geht es um die Kartierung der mutierten Loci sowie die Charakterisierung der DNA-Änderungen.

## 25.1 Verwendung mutagener Agenzien

Mutationen in der Keimbahn treten unter natürlichen Bedingungen relativ selten auf. Man rechnet damit, dass pro Locus und Generation etwa jede hunderttausendste Gamete eine neue Mutation trägt, die beim resultierenden Nachkommen auch zu einem veränderten Phänotyp führt. Da diese spontane Mutationsrate für experimentelle Zwecke zu niedrig liegt, wurden Verfahren für die experimentelle Erzeugung von Mutanten entwickelt. Agenzien, die Erbänderungen auslösen können, werden als **Mutagene** bezeichnet. Mutationen in der Keimbahn können sowohl durch physikalische als auch durch chemische Mutagene induziert werden.

Bei der **physikalischen Mutagenese** werden die Tiere ionisierender Strahlung (Röntgenstrahlen, Gamma-Strahlen oder Neutronenstrahlen) ausgesetzt. Wegen der vergleichsweise einfachen Versuchsanordnung werden Röntgenstrahlen seit langem auch für eine Mutationsauslösung bei Tieren benutzt. Beispielsweise bestrahlte SCHRÖDER (1969, 1971) neugeborene Fische, in deren Keimdrüsen noch entwicklungsfähige Stammzellen getroffen werden. Während der Jugendentwicklung können sich zu stark geschädigte Zellen nicht weiter entwi-

ckeln. Sie werden dann durch weniger veränderte oder unveränderte Zellen ersetzt. Nachfolgend wurden bestrahlte Fische mit nicht bestrahlten gepaart, damit der Chromosomensatz der unbestrahlten Eltern die Wirkungen der induzierten Mutationen mildern konnte. Phänotypisch unauffällige $F_1$-Nachkommen wurden dann miteinander gepaart. Es stellte sich heraus, dass die Fische der $F_2$-Generation bei den im Versuch berücksichtigten quantitativen Merkmalen eine größere Variationsbreite besitzen als die aus nicht bestrahlten Eltern hervorgegangenen Vergleichsfische (**Abb. 25.1**). Inzwischen gilt eine physikalische Mutagenese beim Tier als ineffizient und wird bei der Maus nur in Instituten mit großen Tierhaltungskapazitäten zur Erzeugung von Mutanten benutzt. Strahleninduzierte Mutationen bewirken oft größere chromosomale Veränderungen, wie Deletionen, Translokationen, Inversionen oder komplexe Rearrangements. Beispielsweise stammt die Mausmutante *raz* (*replicated anterior zeugopod*) aus einem Bestrahlungsexperiment mit Röntgenstrahlen. Hierbei handelt es sich um eine autosomale Mutation, die zu Veränderungen der Gliedmaßen (Polydaktylie) und des Gesichtsschädels (*Brachygnathia inferior*) führt (**Abb. 25.2**). Ursache hierfür ist eine 16 cM große Inversion proximal auf Chromosom 5.

Bei der **chemischen Mutagenese** werden den Tieren mutagene Substanzen verabreicht, die in die Gonaden gelangen und die Keimzellen auf unterschiedlichen Stufen ihrer Entwicklung beeinflussen. Mittlerweile ist eine große Zahl von mutagenen Substanzen bekannt, jedoch haben sich zwei Substanzen für die Erzeugung von Mausmutanten als besonders effizient erwiesen: Ethylnitrosoharnstoff (ENU) und Chlorambucil (CHL). Bei ähnlichen Mutationsraten kommt es je nach Chemikalie zur Induktion unterschiedlicher Mutationen. Das alkylierende Agens ENU beispielsweise wirkt insbesondere auf die prä-meiotischen Spermatogonien (siehe **Abb. 14.1**, S. 314) und induziert vor allem Punktmutationen (hauptsächlich an AT-Basenpaaren). Im Gegensatz dazu mutagenisiert CHL hauptsächlich die post-meiotischen Spermatiden (siehe

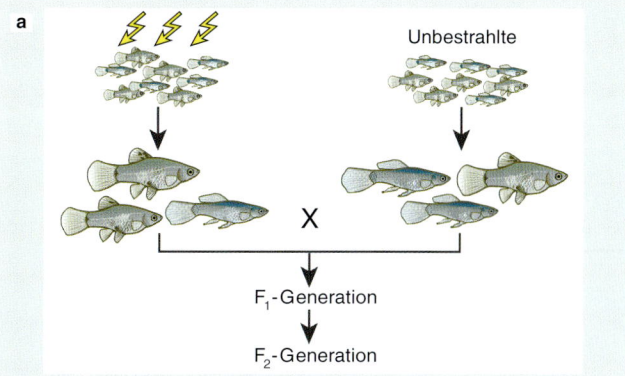

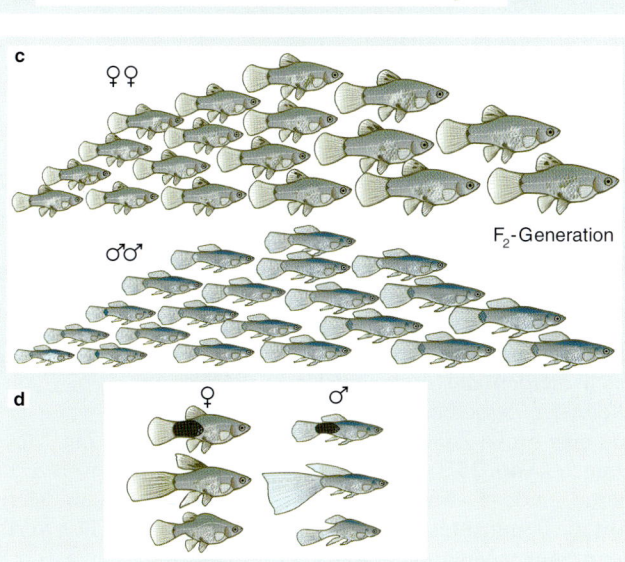

**Abb. 25.1:** Auswirkungen von Röntgenstrahlen auf die Variabilität qualitativer und quantitativer Merkmale beim Guppy (*Poecilia reticulatus*) (dargestellt nach Angaben von SCHRÖDER 1971)

a) Junge Fische werden in einem Lebensalter bestrahlt, in dem in den Keimdrüsen noch entwicklungsfähige Stammzellen getroffen werden. Nachfolgend werden bestrahlte Fische mit nicht bestrahlten gekreuzt. Daraus entstandene, phänotypisch unauffällige $F_1$-Nachkommen werden miteinander gepaart.

b) Fische der unbestrahlten Ausgangsgeneration zeigen nur geringfügige Größen- und Proportionsunterschiede (oben Weibchen, unten die stets kleineren Männchen).

c) Stärkere Variabilität quantitativer Merkmale bei den Fischen der $F_2$-Generation, dargestellt am Beispiel des Größenwuchses.

d) Erbliche Veränderungen bei qualitativen Merkmalen ausgewählter $F_2$-Fische, wie z.B. die Pigmentierung des Schwanzstiels (monogen bedingt), Flossenanomalien (oligogen bedingt) oder Deformationen der Wirbelsäule (oligogen bedingt).

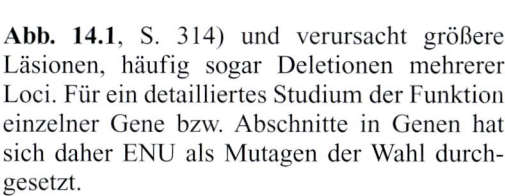

Abb. **14.1**, S. 314) und verursacht größere Läsionen, häufig sogar Deletionen mehrerer Loci. Für ein detailliertes Studium der Funktion einzelner Gene bzw. Abschnitte in Genen hat sich daher ENU als Mutagen der Wahl durchgesetzt.

Zur Erzeugung der Mutanten werden beispielsweise bei der Maus männliche Tiere eines Inzuchtstammes mit ENU behandelt, was meistens durch intraperitoneale Injektion geschieht. Die Tiere sind danach mehrere Wochen steril, bis die Abkömmlinge der mutagenisierten Sper-

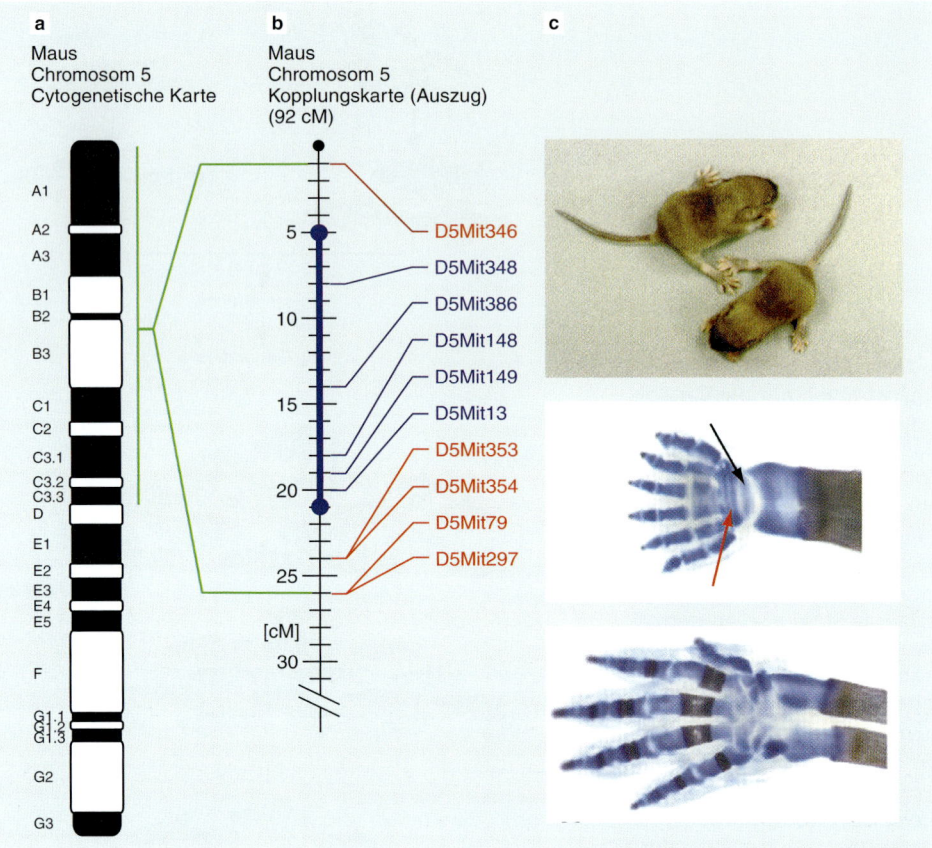

**Abb. 25.2:** Veränderungen bei der Mausmutante *raz* (*replicated anterior zeugopod*), die durch Röntgenbestrahlung entstand

a) und b) Karte des Chromosoms 5 (MGI, JACKSON LABORATORY 2004). Der blaue Bereich ist bei *raz*-Mäusen invertiert.

c) Oben *raz/raz-* und *raz/+*-Maus; in der Mitte *raz/raz-* und unten *+/+*-Vorderfußskelett (nach KREBS ET AL. 2003).

matogonien die Hoden wieder besiedeln. Danach werden die mutagenisierten Böcke mit Weibchen desselben Inzuchtstammes verpaart, um eine große Zahl an $F_1$-Nachkommen zu erzeugen (**Abb. 25.3**). An phänotypischen Veränderungen der $F_1$-Nachkommen erkennt man sofort die dominanten Mutationen. Für die Analyse rezessiver Mutationen werden $F_2$- und $F_3$-Generationen erzeugt. Mit optimalen Dosen führt ENU pro Genlocus zu einer Frequenz phänotypisch erkennbarer Abweichungen von etwa $10^{-3}$ an rezessiven Mutationen sowie von $5 \times 10^{-4}$ an dominanten Mutationen.

## 25.2 Messung der Mutationsraten

Zur Messung der Mutationsraten ist ein Nachweisverfahren nötig, mit dem das mutierte Allel auf Merkmalsebene erkennbar gemacht wird. Das Verfahren muss so beschaffen sein, dass ein neues rezessives Allel möglichst nicht durch dominante Wildtyp-Allele maskiert wird, d. h. an den betrachteten Loci müssen rezessive Allele vorkommen. Welchen experimentellen Weg hat man für die Messung der Mutationsraten gefunden?

Mutationsraten werden über den ***Specific Locus Test*** abgeschätzt, der zuerst von STADLER

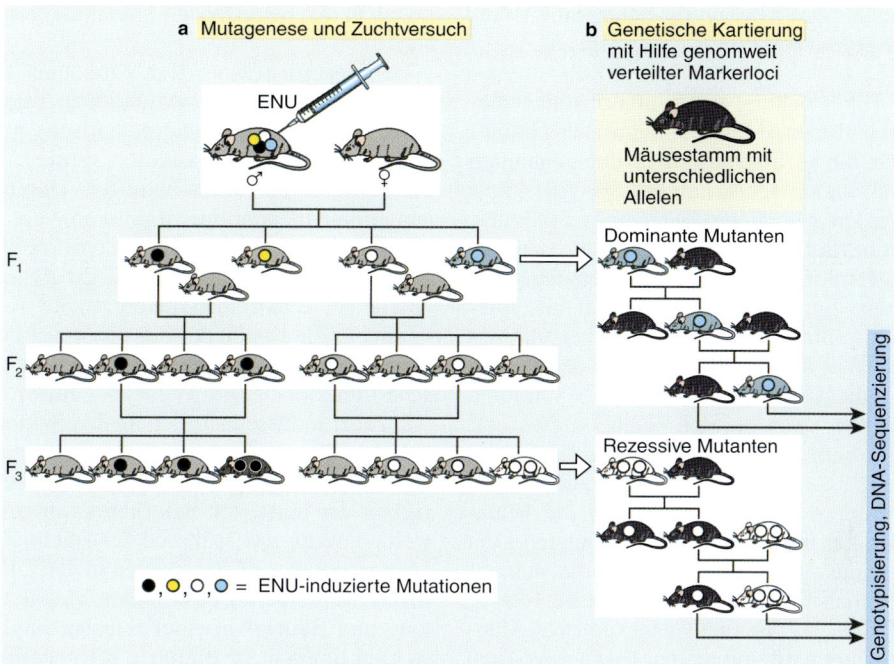

**a** Mutagenese und Zuchtversuch

ENU

♂ ♀

F₁

F₂

F₃

●, ○, ○, ○ = ENU-induzierte Mutationen

**b** Genetische Kartierung mit Hilfe genomweit verteilter Markerloci

Mäusestamm mit unterschiedlichen Allelen

Dominante Mutanten

Rezessive Mutanten

Genotypisierung, DNA-Sequenzierung

**Abb. 25.3:** Prinzip der *In-vivo*-Mutagenese mit ENU (Ethylnitrosoharnstoff) bei der Maus und der Kartierung mutierter Loci mit Hilfe von Markerloci

a) Männliche Mäuse eines Inzuchtstammes werden mit ENU behandelt und nach Ablauf einer vorübergehenden Sterilitätsperiode mit unbehandelten Weibchen des gleichen Inzuchtstammes verpaart. Die F₁-Nachkommen erhalten dadurch unterschiedlich viele mutierte Gene in jeweils heterozygoter Kombination. Sie werden auf viele verschiedene Merkmale untersucht, was insgesamt ein Screening-Profil ergibt. Zur Prüfung der Erblichkeit werden F₁-Nachkommen erneut verpaart. Dominante Mutationen werden in der F₁-Generation, rezessive Mutationen erst in der F₃-Generation gefunden.

b) Nach Bestätigung der Erblichkeit durch den Zuchtversuch wird die chromosomale Lokalisation der neuen Mutante durch Kreuzung mit einem zweiten Inzuchtstamm analysiert. In der F₂-Generation erfolgt eine Genotypisierung von vielen Markerloci (meist genomweit lokalisierte Mikrosatellitenloci) gemeinsam mit der Registrierung der Phänotypen für die Mutante. Dies erlaubt eine genetische Kartierung eines jeweils mutierten Locus. Wenn ein neuer Locus gefunden ist, wird die DNA-Änderung untersucht.

in den 20-er Jahren beim Mais benutzt wurde. Man berücksichtigt dabei rezessive Mutationen an einer Anzahl von Loci, wobei jeder Locus zu einem definierten Phänotyp oder zu dessen Aufhebung führt. Dazu gehören bei der Maus folgende Loci:

– „*agouti*" (Das Allel *a* für gleichmäßig pigmentierte Haare ist rezessiv gegenüber dem Agouti-Allel *A* für Haare mit hellem Band),

– „*brown*" (Das Allel *b* für braune Farbe ist rezessiv gegenüber *B* für volle Pigmentierung, wodurch z. B. eine dunkelbraune bis schwarze Farbe entsteht),

– „*albino*" (Das Albinoallel *c* für fehlende Pigmentsynthese ist rezessiv gegenüber anderen Allelen, wie *C* für starke Pigmentsynthese und *ch* für temperatursensible Pigmentsynthese),

– „*dilute*" (Der Aufhellungsfaktor *d* ist rezessiv gegenüber *D*),

– „*pink-eyed dilution*" (Das Allel *p* für Farbaufhellung ist rezessiv gegenüber *P* für volle Pigmentierung),

– „*short-ear*" (Das Allel *se* für kurze Ohren ist rezessiv gegenüber *Se* für normale Ohrenlänge) und

– „*piebald*" (Das Allel *pb* für Scheckung ist rezessiv gegenüber *Pb* für Einfarbigkeit).

Für die Untersuchung der Mutationsraten dienen Inzuchtlinien (Markerstämme), die homozygot für die rezessiven Allele der genannten Loci sind. Im einfachen Fall des *Specific Locus Tests* werden männliche Tiere eines Stammes, der homozygot dominante Allele an den genannten Genloci trägt, dem zu untersuchenden mutagenen Einfluss ausgesetzt und anschließend mit weiblichen Tieren des Markerstammes verpaart. Wie **Abb. 25.4** zeigt, tritt der Phänotyp des Markerstammes in einem bestimmten Merkmal nur dann bei den Nachkommen auf, wenn der betreffende Locus in der Keimbahn des mutagenisierten Männchens verändert wurde. Getestet werden also lediglich die Mutationsraten der im Markerstamm benutzten Loci und für diejenigen Mutantenallele, die sich auf die Merkmalswerte auswirken. Dieser Test ist sehr effizient, da nur eine Generation von Mäusen gezüchtet wird und an den $F_1$-Tieren Mutationen in den betreffenden Loci direkt erkennbar sind.

Der *Specific Locus Test* wird auch für den Nachweis somatischer Mutationen eingesetzt. **Abb. 25.5** illustriert, wie somatische Mutationen in Genloci nachgewiesen werden, welche die Fellfarbe der Maus betreffen. Durch Kreuzung einer Inzuchtlinie, die homozygot für die rezessiven Allele der betrachteten Loci ist, mit einer Linie, die homozygot für die dominanten Allele ist, erhält man heterozygote $F_1$-Nachkommen, die wegen der dominanten Allele alle den Wildtyp aufweisen. Treten jedoch somatische Mutationen vom Wildtyp- zum Mutanten-Allel auf, so lassen sie sich an den Sektoren der Felloberfläche erkennen, deren Zellen von der mutierten Ausgangszelle abstammen. Die Häufigkeit der mutierten Sektoren kann gesteigert werden, wenn z. B. während der Trächtigkeit der Mutter mutagene Chemikalien in den Uterus injiziert werden. Bei bestimmter Menge, Verteilung und Häufigkeit einer Substanzapplikation werden umso mehr mutierte Körperzell-Sekto-

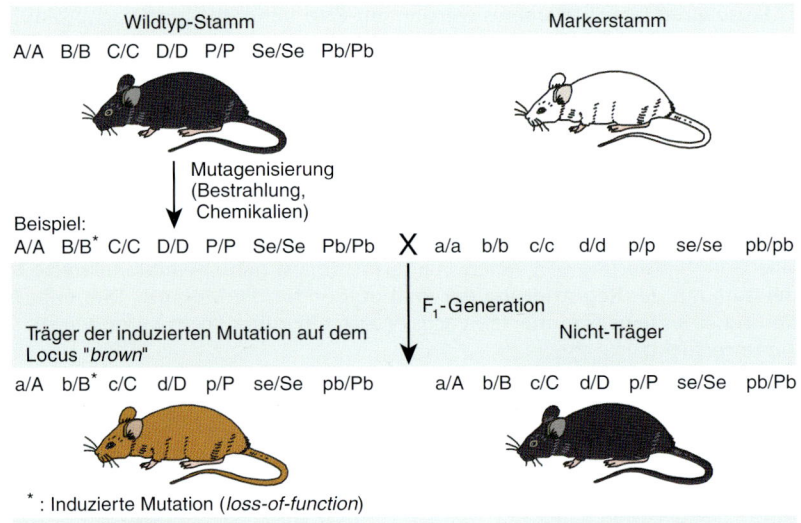

**Abb. 25.4:** *Specific Locus Test* bei der Maus

Der Markerstamm ist homozygot für die rezessiven Allele der betrachteten Loci, im Beispiel für die Loci „*agouti*", „*brown*", „*albino*", „*dilute*", „*pink-eyed dilution*", „*short-ear*" und „*piebald*" (siehe Text). Die männlichen Tiere eines Stammes (Wildtyp-Stamm), der homozygot dominante Allele an den genannten Genloci trägt, werden dem mutagenen Einfluss ausgesetzt und anschließend mit weiblichen Tieren des Markerstammes verpaart. Der Phänotyp des Markerstammes tritt dann in einem bestimmten Merkmal bei den $F_1$-Nachkommen auf, wenn der betreffende Locus in der Keimbahn des mutagenisierten Männchens verändert wurde.

ren erscheinen, je stärker mutagen ein Agens wirkt. Das Auszählen der Sektoren und deren Vergleich mit der Sektorzahl unbehandelter Tiere liefert also ein quantitatives Maß für die Mutagenität einer Substanz.

## 25.3 Charakterisierung neuer mutierter Gene

Mutanten, die durch Mutagenese entstehen, werden üblicherweise auf der Basis ihrer Phänotypen ausgewählt und weiter untersucht. Hierbei kann es das Ziel sein, neue und für bestimmte Zwecke interessante Mutanten zu finden. In Forschungsprogrammen der *In-vivo*-Mutagenese werden daher nicht nur Farbmerkmale einbezogen. Vielmehr werden Merkmale betrachtet, die für menschliche Erkrankungen von Bedeutung sind oder die sich für den Bereich der Tiermedizin und Tierzüchtung nutzen lassen. Man wird also z. B. Merkmale des Wachs-

tums, der Differenzierung oder des Stoffwechsels berücksichtigen. Eine größere Zahl an Merkmalen kann bereits aus dem Blut der Tiere gemessen werden. Aus **Abb. 25.6** geht hervor, wie aus einer Blutprobe pro Maus über 100 Messparameter bestimmt werden können.

**Zuchtversuch und Genkartierung.** Das Vorliegen einer Mutation wird zunächst auf der Basis einer spezifischen Merkmalsänderung im Vergleich zu Kontrolltieren nachgewiesen. Dann folgt der Zuchtversuch, bei dem Kreuzungen mit verschiedenen, nicht mutagenisierten Inzuchtlinien durchgeführt werden (**Abb. 25.3**). Auf diesem Wege wird erkannt, ob die beobachteten Merkmalsvarianten erblich sind. Für die anschließende Genkartierung steht eine Vielzahl an polymorphen und bereits kartierten DNA-Markerloci (insbesondere Mikrosatelliten und *SNPs*) zur Verfügung. Gemeinsam mit den neuen Merkmalsvarianten kann man durch Genotypisierung der Markerloci die chromosomale Lokalisation der Mutation feststellen und klären, welche Mutanten in dem gefundenen

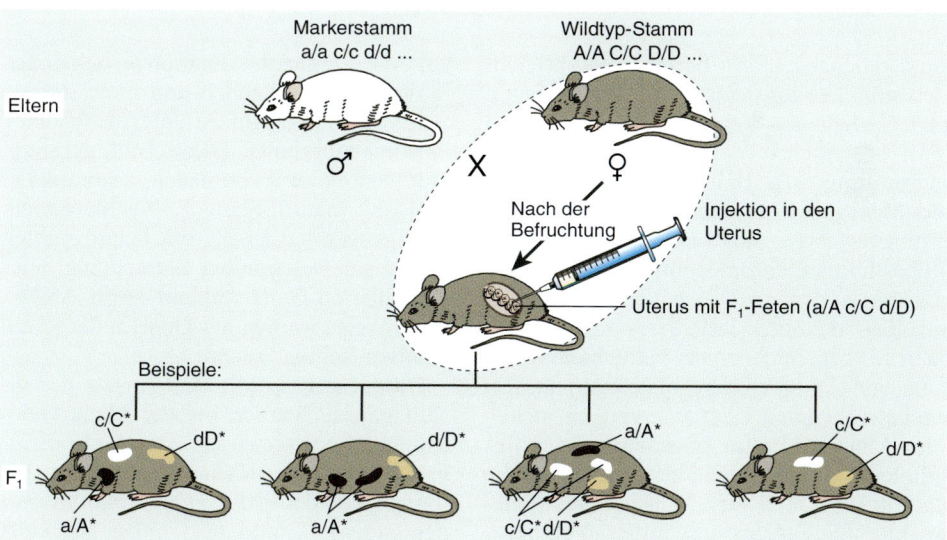

**Abb. 25.5:** Erzeugung und Nachweis somatischer Mutationen im *Specific Locus Test* unter Einbeziehung von Farbloci bei der Maus

Zunächst werden Feten einer $F_1$-Generation erzeugt, die an den betrachteten Genloci heterozygot sind und dabei jeweils ein Wildtypallel tragen. Das zu untersuchende chemische Mutagen wird während der Trächtigkeit in den Uterus so appliziert, dass damit alle Feten gleichmäßig in Kontakt kommen. Somatische Mutationen vom Wildtyp- zum Mutanten-Allel lassen sich nach der Geburt an den Sektoren der Felloberfläche erkennen, deren Zellen von der mutierten Ausgangszelle abstammen. Das Auszählen der Sektoren erlaubt eine getrennte Erfassung der Mutagenese an den berücksichtigten Loci.

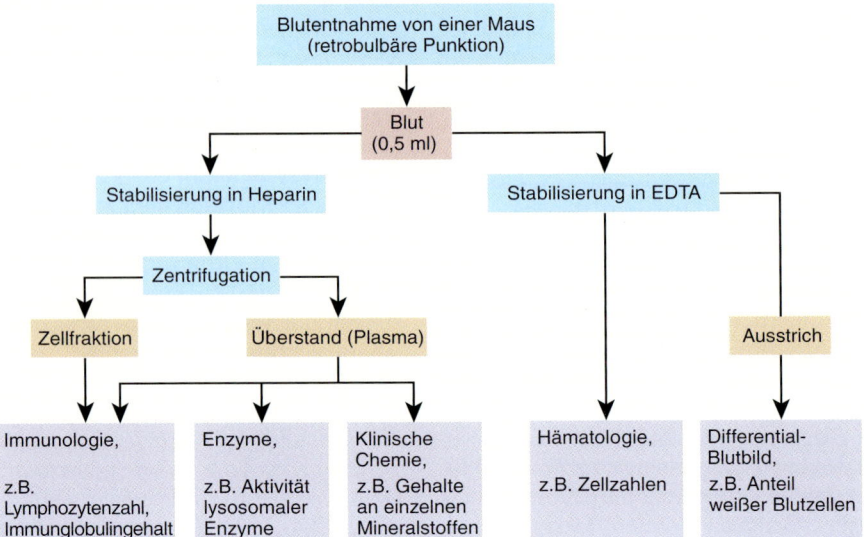

**Abb. 25.6:** Beispiel für ein Protokoll zur Gewinnung und Verteilung von Blutproben bei Mäusen

Das Blut wird hinter dem Auge (retrobulbär) mit einer feinen Kanüle entnommen und in zwei Gefäße überführt. Die zugeführten Puffer schützen vor Gerinnung. Es schließen sich Verfahren an, durch die nebeneinander verschiedene Messwerte zu erfassen sind. Hierfür werden lediglich Beispiele aufgezeigt.

Chromosomenabschnitt bereits beschrieben worden sind. Die für derartige Untersuchungen benutzten Methoden werden auf S. 198 ff. und S. 269 ff. beschrieben.

**Verwendung von Deletions-Inzuchtlinien.** Bei der Maus gibt es ein interessantes, einfaches Screeningverfahren, um rasch rezessive Mutanten in bestimmten chromosomalen Abschnitten lokalisieren zu können. Dieses Verfahren basiert darauf, dass mutagenisierte Tiere mit Mäusen verpaart werden, in denen der betrachtete Chromosomenabschnitt heterozygot deletiert ist. Um solche heterozygoten Tiere zu erzeugen, stehen bei der Maus mehrere Teststämme (d. h. Inzuchtlinien) mit Deletionen zur Verfügung, die insgesamt etwa 20 % des Mausgenoms abdecken. Derartige Deletionen wurden in embryonalen Stammzellen (ES-Zellen) unter Verwendung des Cre/loxP-Rekombinasesystem (siehe **Abb. 23.8**, S. 416) oder durch Bestrahlung induziert. Im einfachen Fall (**Abb. 25.7a**) werden die mit einem Mutagen behandelten Mäuse direkt mit den heterozygoten Trägern einer bestimmten Deletion verpaart. Tritt bei einem Nachkommen eine Veränderung auf, so ist jedoch nicht auszuschließen, dass es sich hierbei

um eine dominante Mutation an beliebiger Stelle des Genoms handelt und nicht um eine rezessive Mutation im zu untersuchenden Chromosomenabschnitt. Diese Fehlinterpretationsmöglichkeit wird vermieden, wenn man phänotypisch unauffällige $F_1$-Nachkommen der mutagenisierten Böcke mit heterozygoten Trägern einer Deletion bei Betrachtung eines dort lokalisierten Gens verpaart (**Abb. 25.7b**). Auf diese Weise werden nur Gene in der jeweils gewählten Region erkannt.

**Datenbanken.** Mit dem Ansatz der *In-vivo*-Mutagenese wurden bei der Maus viele neue Mutanten nachgewiesen. Die Archivierung der erstellten Mutanten wird von zentralen Einrichtungen, wie der IMR (*induced mutant resource*) des JACKSON LABORATORY in Bar Harbor (USA) oder des *European Genetic Archive* in Moterotondo bei Rom übernommen. Um nicht alle Mutanten-Stämme in Erhaltungszuchten führen zu müssen, werden neben der vergleichsweise aufwendigen Kryokonservierung von Embryonen auch Spermien kryokonserviert.

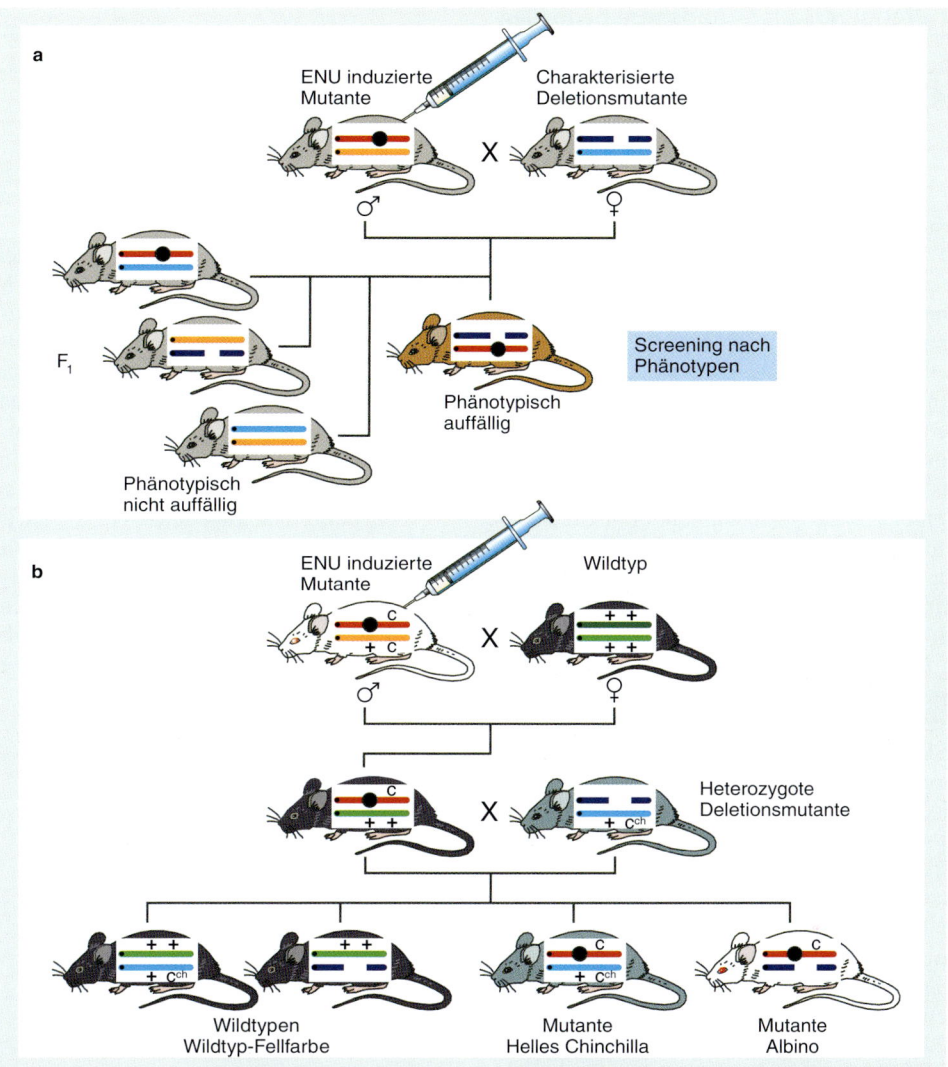

**Abb. 25.7:** Nachweis rezessiver Mutationen in einem bestimmten chromosomalen Abschnitt

*c:* Albinoallel (Genort C); *ch*: Chinchilla-Allel (Genort C); +: Wildtypallel; ●: induzierte Mutante (gezeigt werden nur rezessive).

a) Verpaarung eines ENU-behandelten Männchens mit einem Weibchen, das eine Deletion heterozygot trägt. Die phänotypisch auffälligen F$_1$-Nachkommen tragen eine rezessive Mutante im Deletionsbereich. Möglich sind jedoch auch dominante Mutanten mit Lokalisation in verschiedenen Chromosomenbereichen. Eine rezessive Mutante innerhalb der Deletion ist also nicht von dominanten Mutanten außerhalb der Deletion zu unterscheiden.

b) Zwei-Generationen-Untersuchung von ENU-induzierten Mutationen. Das mit ENU mutagenisierte (●) Chromosom trägt zusätzlich die Albinomutation (*c*). Nach Paarung mit Wildtyptieren sind die F$_1$-Tiere am Locus C heterozygot (*c/+*). Die F$_1$-Tiere werden mit heterozygoten Mäusen verpaart, die in einem Chromosom eine Deletionsmutante und im homologen Chromosom das Chinchilla-Allel (*ch*) tragen. Es lassen sich dann drei Typen von F$_2$-Nachkommen unterscheiden:

– Die Fellfarbe des Wildtyps (Genotyp *c/+*) haben Mäuse, die entweder das Chinchilla-Allel (*ch*) oder den deletierten Bereich der Mutante tragen.
– Eine Chinchilla-Fellfarbe (Genotyp *c/ch*) haben die induzierten Mutanten (●), die zugleich den nicht-deletierten, homologen Chromosomenabschnitt tragen.
– Träger des Albino-Typs (weiße Fellfarbe, Genotyp *c/-*) haben die Deletion ererbt. Mit diesen Tieren kann man rezessive, innerhalb des deletierten Locus lokalisierte Mutanten identifizieren. Wenn der Albinotyp nicht auftritt, gibt dies einen Hinweis auf eine rezessiv letale Mutation.

## 25.4 Mutagenese und Mutantenanalyse mit Hilfe des Gentransfers

Auch beim Transfer eines Transgens in das Genom eines Empfängerorganismus handelt es sich um eine Mutagenese. Die Gentransfer-Technologie kann außerdem für eine rasche und genaue Analyse des veränderten Gens herangezogen werden.

Ein spezieller Ansatz, um mit einem Transgen neue Gene zu finden, ist die **Gene-Trap**-**Mutagenese**. Das Transgen wird in den Bereich eines Gens eingebaut *(entrapped)* und unterbricht so eine Transkriptionseinheit. Entsprechende Vektoren werden in **Abb. 23.9**, S. 417 und **Abb. 23.22**, S. 428, dargestellt. Ein **Gene-Trap**-**Vektor** enthält ein promotorloses Reportergen (z. B. *GFP* für ein grün-fluoreszierendes Protein, *lacZ* für β-Galactosidase). Wird der **Gene-Trap**-**Vektor** im Bereich eines Gens eingefügt, so gelangt das Reportergen unter die Transkriptionskontrolle des jeweiligen Promotors. Bei Expression des betreffenden Gens wird die Transkription durch den zellulären Promotor gestartet und führt dazu, dass das Reportergen transkribiert wird. Die Aktivität des veränderten Gens (*Trapped Gene)* kann durch das gebildete Reportergen-Produkt auch gewebespezifisch nachgewiesen werden. Zudem codiert das *Trapped Gene* durch den *Gene-Trap*-Vektor eine spezifische RNA-Sequenz (vgl. **Abb. 23.9**, S. 417) und kann daher vergleichsweise einfach identifiziert werden. Zu diesem Zweck wird das Fusionstranskript kloniert und schließlich sequenziert.

Für die Mutantenanalyse wird der *Gene-Trap*-Ansatz vor allem in embryonalen Stammzellen (ES-Zellen) bei der Maus verwendet. In mehreren Versuchen wurden umfangreiche Panels von mutierten ES-Zell-Klonen erstellt, in denen jeweils ein anderes Gen mutiert ist (IMR und TBASE, Jackson Laboratory, Bar Harbor, USA).

## Zusammenfassung

– Mutationen können sowohl durch physikalische als auch durch chemische Mutagene induziert werden.
– An phänotypischen Veränderungen der $F_1$-Nachkommen erkennt man dominante Mutationen. Für die Analyse rezessiver Mutationen werden $F_2$- und $F_3$-Generationen erzeugt.
– Mutationsraten werden mit Hilfe des *Specific Locus Test* abgeschätzt, d.h. durch Paarung mit an mehreren Loci rezessiven Tieren.
– Eine neue Mutation wird mittels Genomkartierung und DNA-Sequenzierung untersucht.
– Auch beim Transfer eines Transgens in das Genom eines Empfängerorganismus handelt es sich um eine Mutagenese. Dabei werden *Gene-Trap*-Vektoren mit promotorlosen Reportergenen benutzt, die eine spezifische Analyse des jeweils betroffenen Gens erlauben.

# Teil V

# Einsatzbereiche und Auswirkungen biotechnischer Verfahren bei Tieren

# 26 Molekulare Gendiagnostik bei Nutztieren

Ziel der **molekularen Gendiagnostik** bei Nutztieren ist die Erfassung von Genotypen auf dem Niveau der genomischen DNA und die wirtschaftliche Nutzung der Ergebnisse. Vorteile der molekularen Gendiagnostik sind Nachweise alleler Varianten eines Locus unabhängig vom Alter, Geschlecht und physiologischen Status der Tiere sowie unabhängig von den Genwirkungen. Letzteres bedeutet, dass hinsichtlich der Wirkung auf die Merkmalswerte rezessive Allele auch bei Tieren mit heterozygoten Genotypen nachzuweisen sind. Für die Gendiagnostik stehen leistungsfähige Methoden zur Verfügung, die auf S. 198 ff. beschrieben werden.

Die Diagnostik von DNA-Varianten dient lediglich dazu, Tiere einer Gruppe hinsichtlich ihrer Erbanlagen zu differenzieren. Tiere mit züchterisch erwünschten Erbanlagen werden dabei erkannt und können entsprechend verwendet werden, während solche mit nachteiligen Erbanlagen von der Zucht ausgeschlossen werden können. Grundsätzlich geht es bei der Anwendung der Gendiagnostik also um den Nachweis von züchterisch vorteilhaften oder nachteiligen Erbanlagen, die phänotypisch nicht erkennbar sind. Daneben lassen sich DNA-Marker für die Identifikation von Tieren, Tiergruppen oder tierischen Produkten einsetzen, beispielsweise um Eltern und Nachkommen einander zuordnen zu können. Derartige Kontrolltechniken auf der Basis von DNA-Markern werden in einem getrennten Kapitel behandelt (siehe S. 508 ff.).

## 26.1 Direkte und indirekte Gentests

Wie **Abb. 26.1** zeigt, wird bei der molekularen Gendiagnose zwischen direkten und indirekten Verfahren unterschieden. Beim **direkten Gentest** ist der Genlocus identifiziert, und die für die Züchtung relevanten Allele können auf DNA-Ebene dargestellt werden, z. B. als *SNPs* (*Single Nucleotide Polymorphisms*). Im Idealfall sollten dann auch die ursächlich für die genetisch bedingte Merkmalsvariation verantwortlichen Nucleotidpositionen bekannt sein, d. h. die **merkmalsverursachenden (kausativen) DNA-Varianten**, was jedoch bei Nutztieren meistens nicht der Fall ist. Die Aussagesicherheit eines direkten Tests liegt bei 100 %, wenn bei der Probenerfassung und Genotypisierung keine Fehler gemacht werden.

Beim **indirekten Gentest** ist der züchterisch relevante Genlocus (das **Merkmals-** oder **Kandidatengen**) nicht im Einzelnen bekannt. Es gibt jedoch Kenntnisse über die chromosomale Lokalisation des Gens und mehr oder weniger viele Markerloci in der betreffenden Chromosomenregion, die für eine Beurteilung des Kandidatengens eingesetzt werden können. Als Marker dienen derzeit vor allem polymorphe Mikrosatellitenloci, jedoch sind dazu auch z. B. *SNPs* geeignet, soweit diese mit geringem Aufwand nachgewiesen werden können. Die Sicherheit der Aussage beim indirekten Gentest wird umso größer,

**Abb. 26.1:** Prinzip des indirekten und direkten Gentests

Indirekter Gentest: Der merkmalsverursachende Genlocus ist nicht bekannt. Es gibt jedoch Kenntnisse über ein oder mehrere Markerloci in der betreffenden Chromosomenregion, die für eine Beurteilung des merkmalsverursachenden Gens eingesetzt werden können.
Direkter Gentest: Die im Genlocus für die Merkmalsausbildung relevanten Allele können auf DNA-Ebene dargestellt werden (z. B. als *SNPs*).

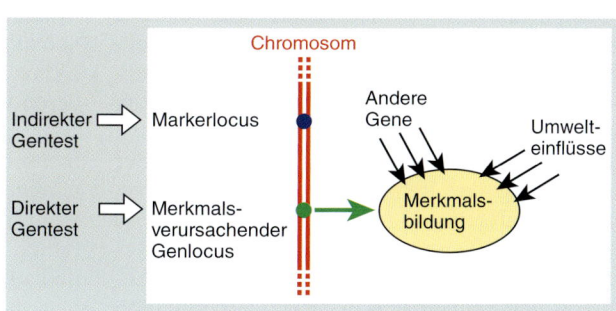

- je geringer die Rekombinationsraten zwischen den Markerloci und dem züchterisch wichtigen Genlocus sind,
- je mehr Markerloci flankierend zum betrachteten Kandidatengenlocus einbezogen werden,
- je höher deren Informativität ist (d. h. je mehr Allele mit möglichst ähnlichen Häufigkeiten darzustellen sind) und
- je häufiger eine bestimmte Variante des Markers im selben Haplotyp (siehe **Abb. 13.2**, S. 269) liegt wie das merkmalsverursachende Allel.

Pro Chromosom liegt ein **Kopplungs-** oder **Haplotyp** vor, d. h. eine bestimmte Kombination von Allelen der Marker- und Merkmalsloci. Aus den Rekombinationsraten zwischen den Loci eines Chromosoms kann für die Kopplungstypen der Eltern die Wahrscheinlichkeit errechnet werden, mit der ein Nachkomme gemeinsam mit bestimmten Markerallelen auch das erwünschte Allel des Merkmalslocus ererben wird. Die Kopplungstypen können sich jedoch im Verlaufe der geschlechtlichen Fortpflanzung ändern. Sie sind daher für die einzelnen Zuchttiere aus dem Allelbesitz sowie den Kopplungstypen bei den Ahnen zu berechnen oder erneut experimentell nachzuweisen.

## 26.2 Erbfehlerdiagnosen

Erbfehlerdiagnosen spielen in der Tierzüchtung eine wichtige Rolle. Mutationen treten pro Locus und Generation mit einer Wahrscheinlichkeit von nur etwa $10^{-5}$ bis $10^{-6}$ auf. Sie sind jedoch bezogen auf das gesamte Genom häufig. Beispielsweise würde bei 25 000 Genloci pro Genom und einer Mutationsrate von $10^{-5}$ pro Locus jede vierte Gamete im Durchschnitt ein neu mutiertes Gen tragen. Mutationen wirken – wenn überhaupt – fast immer negativ auf die Merkmalswerte der Trägerindividuen. Negative Einflüsse durch Mutationen äußern sich in der Minderung der Reproduktionsleistung (durch Embryonalverluste, Aborte und Totgeburten) sowie durch Tiere mit erblichen Defekten. Rezessiv vererbte Defekte bleiben zunächst unbemerkt und können sich in einer Tierpopulation verbreiten. Letzteres vollzieht sich besonders

rasch, wenn wenige Elterntiere züchterisch stark verwendet werden, wie z. B. bei der Künstlichen Besamung und dem Embryotransfer. Wie lässt sich daher die Anreicherung von Erbfehlern in einer Tierpopulation erkennen und schließlich vermeiden?

### Konventioneller Nachweis von rezessiven Erbdefekten

Der Nachweis von rezessiv vererbten Defekten basiert bei konventioneller Technik auf einer Paarung des zu untersuchenden Tieres mit anderen Tieren in einer Weise, dass homozygote Nachkommen erzeugt werden. Diese zeigen in Bezug auf einen zu prüfenden Genlocus bei rezessiven Allelen phänotypisch den Defekt und sind demnach **Merkmalsträger**. Dagegen besitzen heterozygote Tiere lediglich ein rezessives Defektallel und erfahren keine Merkmalsänderung; sie sind also **Anlageträger**. Wie **Tab. 26.1** zeigt, gelingt eine Ausspaltung von Merkmalsträgern beispielsweise durch Anpaarung eines Vatertieres an seine Töchter („Inzuchttest"). Solche Zuchtexperimente sind jedoch teuer, zeitaufwendig und tierschutzrelevant – letzteres, weil die Testpaarungen zur Erzeugung von Merkmalsträgern, also defekten Tieren, führen. Wie kann unter solchen Voraussetzungen eine DNA-Diagnostik eingesetzt werden?

### Vorteile molekulargenetischer Methoden beim Nachweis von Defektallelen

Der molekulargenetische Nachweis von Defektallelen kann vorteilhaft sein, da auch rezessiv vererbte Allele in heterozygoten Individuen nachzuweisen sind, und dies unabhängig von Alter, Geschlecht und Umwelteinflüssen. Auf Grund dieser Eigenschaften ist die molekulargenetische Diagnostik von Erbfehlern in Tierpopulationen geeignet, die Verbreitung von Mutanten zu kontrollieren und Defektallele vollständig aus Populationen zu eliminieren (**Abb. 26.2**). Üblicherweise werden Zuchttiere, deren Gene (z. B. durch Künstliche Besamung oder Embryotransfer) stark in der Nachkommenschaft verbreitet werden, in die Untersuchungen einbezogen. Für die Typisierungen kann sehr verschiedenartiges Probenmaterial (Blut, Sperma, Haare, Milch etc.) gewonnen und auf solche DNA-Positionen untersucht werden, die eine Aussage über das Vorkommen von Defektallelen liefern. Wird ein Zuchttier als An-

**Tab. 26.1:** Nachweis rezessiver Defektallele durch Testpaarungen

Dargestellt werden die grundsätzlichen Möglichkeiten der Paarung eines Probanden, d. h. eines Tieres, das als Anlageträger in Betracht kommt. Ein Anlageträger hat ein rezessives Defektallel am betrachteten Genort, also z. B. den Genotyp $A/a^-$ ($A$: dominantes „Normalallel"; $a^-$: rezessives „Defektallel"), während ein Merkmalsträger zwei Defektallele aufweist, also z. B. den Genotyp $a^-/a^-$, und somit den durch das rezessive Allel veranlassten Merkmalswert oder Defekt zeigt.

| Testpaarung: Proband x | P für einen phänotypisch normalen Nachkommen | P für n phänotypisch normale Nachkommen | n für einen Wert von P | | |
|---|---|---|---|---|---|
| | | | < 0.05 | < 0.01 | < 0.001 |
| Merkmalsträger [1] ( Genotyp $a^-/a^-$ ) | $\frac{1}{2}$ | $(\frac{1}{2})^n$ | 5 | 7 | 10 |
| Anlageträger ( Genotyp $A/a^-$) | $\frac{3}{4}$ | $(\frac{3}{4})^n$ | 11 | 16 | 24 |
| Eigene Nachkommen („Inzuchttest") oder Nachkommen bekannter Anlageträger [2] ( Genotypen: $\frac{1}{2}$ A/A + $\frac{1}{2}$ A/$a^-$) | $\frac{7}{8}$ | $(\frac{7}{8})^n$ | 23 | 35 | 52 |
| Stichprobe an Tieren aus der Population [3] (Genotypen: $\frac{9}{10}$ A/A + $\frac{1}{10}$ A/$a^-$) | $\frac{39}{40}$ | $(\frac{39}{40})^n$ | 119 | 182 | 273 |

P: Wahrscheinlichkeit bei Annahme eines Genotyps $A/a^-$ für den Probanden

[1] Merkmalsträger können für Defektallele mit schwerwiegenden Auswirkungen nicht oder nur mit hohen Aufwendungen als Testpartner bereitgestellt werden.

[2] Der Inzuchttest erlaubt eine simultane Prüfung auf alle Defektallele des Probanden. Allerdings ist dieser bei Testabschluss relativ alt, so dass je nach Spezies eine züchterische Nutzung behindert wird.

[3] Im Beispiel werden 10 % Anlageträger in der Population angenommen. Die Anpaarung an eine Populationsstichprobe erlaubt den simultanen Test auf alle Defektallele des Probanden, die gleichzeitig in der Population genügend häufig vorkommen (also auch wichtig sind). Diese Art der Testpaarung ist in praktischen Zuchtprogrammen relativ einfach realisierbar. Allerdings müssen viele Nachkommen einbezogen werden, und das Urteil wird auf der Basis von u. U. einem defekten Nachkommen gebildet. Daher ist sicherzustellen, dass alle Nachkommen erfasst werden und tatsächlich von dem Probanden abstammen.

**Abb. 26.2:** Vereinfachte Betrachtung der Gleichgewichtslagen zwischen Mutation und Selektion bei einem nachteiligen Allel in einer Population

Angenommen wird eine Mutationsrate von $u = 10^{-5}$ und Bedingungen in einer Gleichgewichtspopulation (Zufallsgemäße Paarung und Gametenbildung in einer Population mit sehr vielen Individuen und keine Selektion, Mutation oder Migration) mit diploiden Individuen. Es werden Selektionskoeffizienten s <0,1 dargestellt, d. h. eine anteilmäßige Reduktion des Gametenbeitrages zur Nachkommengeneration bei Individuen mit dem unterlegenen Genotyp von <10 %. Aus den Beziehungen zwischen Selektionskoeffizienten und Allelfrequenzen ist zu erkennen, dass ein rezessives Defektallel in einer

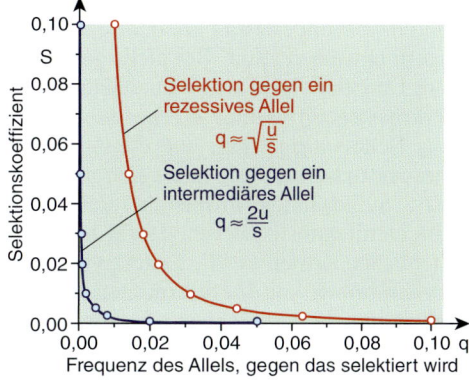

Population selbst bei geringer Selektion nur selten vorkommen wird. Erst bei sehr kleinen Selektionskoeffizienten (oder zusätzlichen Kräften, die zu Abweichungen vom genetischen Gleichgewicht führen) können Defektallele häufig auftreten. Außerdem wird deutlich, dass eine Selektion gegen ein intermediäres Allel rasch zur Eliminierung eines nachteiligen Allels führt. Diese Art der Selektion ist mit Hilfe der Gendiagnostik möglich.

lageträger erkannt, kann überlegt werden, ob sein Ausschluss vom Zuchteinsatz gerechtfertigt ist. Ein Ausschluss von Anlageträgern, die hohe Zuchtwerte für Leistungsmerkmale aufweisen, würde den Zuchtfortschritt reduzieren. Die Gendiagnose bietet hier die Möglichkeit, Anlageträger mit züchterisch wertvollen Eigenschaften nachfolgend so einzusetzen, dass bei den Nachkommen keine Merkmalsträger auftreten (z.B. indem ein Anlageträger nur mit erbgesunden Tieren gepaart wird).

### Grenzen beim Einsatz der DNA-Diagnostik

Der Einsatz der DNA-Diagnostik wird allerdings bei der Erbfehlerbekämpfung in Tierrassen nur eine begrenzte Bedeutung erlangen können. Durch die große Zahl der potenziell möglichen Mutanten müssten viele und stets neue Tests entwickelt werden. Zudem kann die genetische Verursachung von Erbfehlern komplex sein (**Tab. 26.2**). In diesen Fällen sind bei der DNA-Diagnostik ggf. zahlreiche Markerloci zu testen, was die Ausarbeitung der Tests schwierig und deren Durchführung teuer macht. Manchmal lassen sich Erbfehler nicht anhand der Merkmale der Trägerindividuen differenzieren, obgleich verschiedene Gene betroffen sind. Zudem ist zu berücksichtigen, dass unter den vielen möglichen Mutanten nur wenige in nennenswerten Häufigkeiten auftreten. Die wirtschaftliche Bedeutung eines bestimmten Erbfehlers hängt aber von seiner Häufigkeit in der betrachteten Population sowie vom Mehraufwand bzw. Minderertrag ab, der bei Merkmalsträgern entstehen kann. Bei niedriger Frequenz eines Defektallels ist also – unabhängig von der Merkmalsbeeinflussung – dessen wirtschaftliche Bedeutung gering, und die Ausarbeitung eines spezifischen Tests lohnt sich nicht.

Die aufgezählten Problembereiche bei der Erbfehlerdiagnostik weisen darauf hin, dass die erheblichen Kosten für die Testentwicklung und -durchführung nur in bestimmten Fällen gerechtfertigt sind. Gleichzeitig ist die Erbfehlerbekämpfung in Verbindung mit einem starken züchterischen Einsatz weniger Elterntiere – also im Zusammenhang mit den modernen Verfahren der Reproduktionsbiologie – dringend notwendig, da auch zunächst seltene Erbfehler von einer Generation zur nächsten stark an Häufigkeit zunehmen können. Unter Berücksichti-

**Tab. 26.2:** Beispiele für Erbfehler bei Nutztieren

| Bezeichnung | Erbgang [1] | |
| --- | --- | --- |
| | **Monogen** | **Komplex** |
| **Rind** | | |
| Bovine Leukozyten Adhäsionsdefizienz (BLAD) | * | |
| Defizienz der Uridin-Monophosphat Synthetase (DUMPS) | * | |
| Bovine progressive degenerative Myelo-Encephalopathie (*Weaver*) | * | |
| Zitrullinämie | * | |
| α-Mannosidose | * | |
| Glykogen-Speicherkrankheit II/V | * | |
| Chondrodysplasie (Bulldog-Kälber, Dexter) | * | |
| Komplexe Vertebrale Malformation (CVM) | * | |
| Spastische Parese | | * |
| Haarlosigkeit | | * |
| **Schwein** | | |
| Malignes Hyperthermie Syndrom (MHS) | * | |
| Erhöhter Muskel-Glycogengehalt (Locus RN, *Rendement Napole*) | * | |
| Binnenhodigkeit (Kryptorchismus) | | * |
| Hoden-, Nabel- und Leistenbruch | | * |
| Zwitterbildung (Intersexualität) | | * |
| Spreizbeinigkeit (Grätschen) | | * |
| Afterlosigkeit | | * |
| Congentiale Ataxie (Zittern) | * | * |
| Ödemkrankheit | * | |
| **Schaf** | | |
| Chondrodysplasie | * | |
| Binnenhodigkeit (Kryptorchismus) | | * |
| **Pferd** | | |
| *Lethal-White-Foal-Syndrome* (LWF-Syndrom, Hirschsprungkrankheit) | * | |
| Schwere Kombinierte Immundefizienz (SCID) | * | |
| Hyperkaliämische Periodische Paralyse (HYPP) | * | |

[1] Beim komplexen Erbgang werden die Merkmale durch Allele an mehr als einem Locus verursacht und/oder durch zusätzliche Umweltfaktoren in der Ausprägung beeinflusst. Für einige der Beispiele gibt es in der Literatur widersprüchliche Angaben.

gung der genannten Bedingungen genügen aber genetische Untersuchungen weniger, ausgewählter Individuen und der Ausschluss aller Merkmalsträger von der Zucht. Bereits bei geringfügiger Selektion werden, wie **Abb. 26.2** zeigt, rezessive Defektallele in einer Population auf sehr niedrige Frequenzen gebracht. Für den Nachweis von Anlageträgern behalten konventionelle Verfahren bei allen Nachteilen den ausschlaggebenden Vorteil, dass mit einigen davon (d. h. mit dem Inzuchttest und der Paarung des Probanden mit einer Stichprobe an Tieren aus der Population, siehe **Tab. 26.1**) ein Proband simultan auf alle wichtigen Defektallele kontrolliert werden kann.

### Beispiele für den Nachweis von Erbfehlern bei Nutztieren

**Tab. 26.2** führt einige Erbfehler auf, die bei Nutztieren als bedeutsam gelten. Einige davon werden nachfolgend als Beispiele für Gentests ausgewählt.

### 26.2.1 Bovine Leukocyten Adhäsionsdefizienz (*BLAD*)

Bei *BLAD* handelt es sich um einen autosomal rezessiven Gendefekt, der zu Störungen in der Infektionsabwehr des Rindes führt. Der Defekt beruht auf einer Punktmutation im *CD18*-Gen. Das Gen codiert eine Untereinheit des $\beta_2$-Integrins, einem Oberflächenprotein der Leukocyten, und die Punktmutation führt beim exprimierten Protein an Position 128 zu einem Aminosäureaustausch Asp $\rightarrow$ Gly. Das defekte *CD18*-Adhäsionsmolekül kann sich nicht mehr an das Gefäßendothel oder das infektiöse Agens heften, was u. a. die Phagocytosekapazität der neutrophilen Granulocyten reduziert. Infolgedessen zeigen Rinder mit *BLAD* häufig wiederkehrende Infektionen, Leukocytose, reduziertes Wachstum, Bronchopneumonie und sterben innerhalb des ersten Lebensjahres.

Die Punktmutation kann mit einem RFLP-Test nachgewiesen werden, bei dem die Restriktionsenzyme *Taq*I oder *Hae*III zur Unterscheidung zwischen Defekt- und Normalallel führen (**Abb. 26.3**). Zucht- und Besamungsorganisationen nutzten in Deutschland bereits frühzeitig die Möglichkeiten der Identifizierung von Anlageträgern für *BLAD*. Anlageträger werden von der Zucht ausgeschlossen oder gekennzeichnet, z. B. indem Spermaportionen von Anlageträgern in den Besamungskatalogen ausdrücklich benannt werden (BL, Anlageträger; NL, erbgesund). Züchterisch besonders wertvolle Tiere werden also weiterhin in der Zucht eingesetzt, obwohl sie Anlageträger sind. Die Frequenz für Anlageträger, die in der Holstein-Friesian-Population zunächst bei 10–15 % der Besamungsbullen und 6 % der Kühe lag, ist nach Nutzung der Gentests stark zurückgegangen. Der Gendefekt kommt auch bei Red-Holstein und weiteren Rinderrassen vor, in die Holstein-Friesian eingekreuzt wurden.

### 26.2.2 Defizienz der Uridin-Monophosphat Synthetase (*DUMPS*) beim Rind

Bei *DUMPS* des Rindes handelt es sich um eine Defizienz in einem Gen (Chromosom 1), welches das Enzym Uridin-Monophosphat-Synthetase (UMPS) codiert. Homozygotie von *DUMPS* führt zur embryonalen Mortalität. Der Defekt tritt bei Rindern der Rasse Holstein-Frie-

**Abb. 26.3:** *SNP (Single Nucleotide Polymorphism)* im *CD18*-Gen bei der Bovinen Leukozyten Adhäsionsdefizienz (*BLAD*)

AS: Aminosäure; __: Erkennungsstelle des Restriktionsenzyms; ▼: Schnittstelle des Restriktionsenzyms; *ORF: Open Reading Frame*.

Der Defekt wird durch einen *SNP* im *CD18*-Gen (Leukozyten-Adhäsionsmolekül der $\beta_2$ Integrin-Familie) bedingt

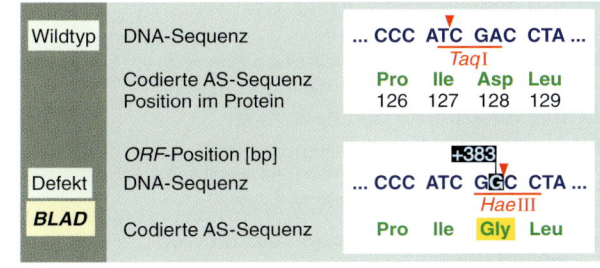

(Shuster et al. 1992). Im *CD18*-Gen kann die Mutante an Position +383 bp über den Verlust einer *Taq*I- oder die Entstehung einer *Hae*III-Schnittstelle nachgewiesen werden. Beispielsweise erhält man nach PCR mit genomischer DNA, *Taq*I-Restriktion und Elektrophorese bei Merkmalsträgern nur eine Bande im Gel, während aus der DNA gesunder Tiere zwei (bei Homozygotie) oder drei (bei heterozygoten Anlageträgern) Banden darstellbar sind.

sian auf und wurde mit Spermaimporten aus Nordamerika auch in Europa verbreitet. Anlageträger haben eine um ca. 50% verringerte UMPS-Aktivität in verschiedenen Geweben (z. B. Leber, Milz, Niere, Muskel, Erythrozyten und Milchdrüse) und können auf der Basis der Enzymaktivitäten erkannt werden („Enzymtest"). Die Mutante weist eine Transition $C \rightarrow T$ in Position +405 bp des *ORF* auf, wodurch ein zusätzliches Stopp-Codon entsteht und zu entsprechend kürzeren *UMPS*-Molekülen bei der Translation führt. Der Gentest zur Erkennung von *DUMPS* wird in **Abb. 26.4** dargestellt. Er ist genauer als der Enzymtest und stellt geringere Ansprüche an die Beschaffenheit des Probenmaterials.

### 26.2.3 Bovine progressive degenerative Myelo-Encephalopathie (*Weaver*)

Der autosomal rezessiv vererbte Defekt wird als bovine progressive degenerative Myelo-Encephalopathie (*PDME*) oder **Weaver-Disease** bzw. **-Syndrom** bezeichnet und tritt fast ausschließlich in der Rinderrasse Braunvieh auf. Er manifestiert sich im Alter von sieben bis 30 Monaten. Die betroffenen Tiere zeigen zunächst einen schwankenden Gang, der zur Bezeichnung geführt hat (*weaver* zu deutsch „Weber"). Im weiteren Verlauf führt die beidseitige Schwäche der Hintergliedmaßen zur progressiv ungeordneten Koordination der Bewegungen der Hinterhand bis hin zum Festliegen des Tieres. Verursacht wird dies durch degenerative Veränderungen des Rückenmarks.

Die Veranlagung zu *Weaver* konnte mit Hilfe von Markerloci auf Chromosom 4 kartiert werden, nahe dem Mikrosatellitenlocus *TGLA116*.

Das *Weaver* verursachende *PDME*-Gen konnte bislang nicht nachgewiesen werden. Daher wird ein indirekter Gentest verwendet, für den mehrere Mikrosatellitenloci eingesetzt werden, die in einer Region von ca. 12 cM den *PDME*-Locus flankieren (**Abb. 26.5**). Wenn beide Elterntiere einbezogen werden, erlauben die polymorphen Markerloci eine Risikoschätzung für das Vorliegen eines *Weaver*-Defektallels in einem Tier mit einer Sicherheit von bis zu 99%. Es wurden Assoziationen zwischen dem *Weaver*-Defektallel und Milchleistungsmerkmalen beobachtet, indem heterozygote Kühe im Vergleich zu den homozygot gesunden Kühen höhere Milch- und Milchfettmengen aufwiesen. Dieser Effekt ist durch einen *QTL* in dem Chromosomenbereich zu erklären, der sehr wahrscheinlich nicht mit dem *PDME*-Locus identisch ist, aber beim Einsatz des indirekten Gentests beachtet werden muss.

### 26.2.4 Zitrullinämie beim Rind

Eine Defizienz im Enzym Argininsuccinat-Synthetase (*ASS*), das im Harnstoffzyklus die Bildung von Argininsuccinsäure aus Aspartat und Zitrullin katalysiert, bedingt bei Kälbern eine autosomal rezessive neurologische Erkrankung (**Zitrullinämie**). Diese führt innerhalb der ersten Tage nach der Geburt zum Tod. Die Aktivität der Argininsuccinat-Synthetase liegt in den Leukozyten heterozygoter Rinder niedriger als bei Rindern, welche die Wildtypallele homozygot tragen. Dieser Unterschied in der Enzymaktivität wurde früher für eine Erkennung von Anlageträgern genutzt. Auf der Basis einer Punktmutation in der codierenden DNA-Sequenz des Argininsuccinat-Synthetase-Gens

**Abb. 26.4:** *SNP (Single Nucleotide Polymorphism) im defekten Uridin-Monophosphat-Synthetase (DUMPS) Gen beim Rind*

AS: Aminosäure; __: Erkennungsstelle des Restriktionsenzyms; ▼: Schnittstelle des Restriktionsenzyms; *ORF: Open Reading Frame.*

Im *DUMPS*-Gen ist in Position +405 bp *C* gegen *T* ausgetauscht (SCHWENGER ET AL. 1993). Dadurch wird ein Stopp-Codon verursacht. Nach Restriktion mit dem Enzym *Ava*I wird

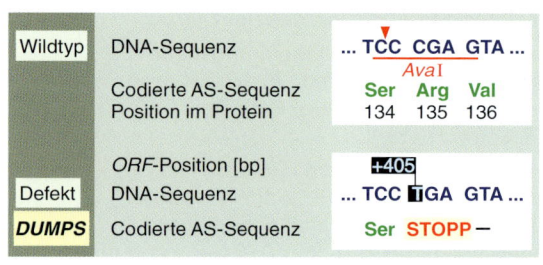

nur im Wildtyp-Allel geschnitten, so dass man aus PCR-Produkten von DNA gesunder Tiere zwei (bei Homozygotie) oder drei (bei heterozygoten Anlageträgern) Fragmente erhält, während bei DNA von *DUMPS*-Rindern nur ein Fragment darstellbar ist.

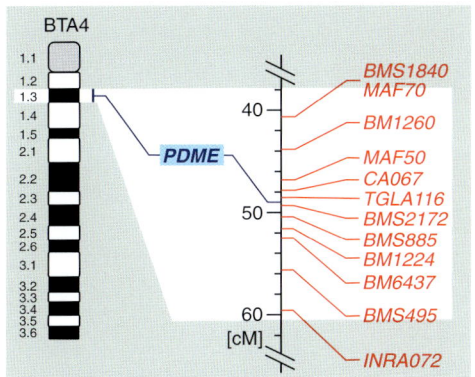

**Abb. 26.5:** Chromosomale Position des *Weaver*-Gens (*PDME*-Gen) beim Rind

Dargestellt wird auf der rechten Seite ein Ausschnitt der Linkage Map (MARC, USDA 2004) von Chromosom 4 des Rindes (BTA4: Bos taurus Chromosom 4) mit dem Locus *PDME (Bovine Progressive Degenerative Myelo-Encephalopathie)* und flankierende Mikrosatellitenloci. Links ist die G-Bänderungskarte angegeben. Mehrere der gezeigten Loci werden für den indirekten Gentest auf den *Weaver*-Defekt benutzt. Beim US-Test werden beispielsweise neun eng gekoppelte Loci verwendet.

(Chromosom 11) wurde ein RFLP-Nachweis etabliert, der in **Abb. 26.6** dargestellt ist.

Gentests auf Träger des Zitrullinämie-Allels wurden in die Rinderzucht eingeführt, nachdem es durch starken züchterischen Einsatz des amerikanischen Bullen „Linmack Kriss King", der Träger des Zitrullinämie-Allels war und zugleich einen überlegenen Zuchtwert für Milchfett aufwies, zu einer starken Verbreitung des Defektes in Australien gekommen war. 1989 hatten mindestens 75 % der australischen Besamungsbullen diesen Bullen im Pedigree (Ah-

nentafel) und ca. 13 % der Testbullen das Defektallel ererbt. Seit 1990 führte die Anwendung des Gentests in Verbindung mit einer verstärkten Berücksichtigung des Milcheiweißes im Zuchtziel dazu, dass das Zitrullinämie-Allel in Australien keine Bedeutung mehr hat. Analoge Bedingungen gab es vor 1994 auch in Deutschland, als beim Schwarzbunten Rind ca. 17 % der Embryonen das Zitrullinämie-Allel trugen. Das Beispiel der Zitrullinämie macht deutlich, dass sich Defektallele in starkem Maße und international über Künstliche Besamung verbreiten können.

## 26.2.5 Malignes Hyperthermie-Syndrom beim Schwein

Beim Schwein führte die Selektion auf hohen Fleischanteil und starke Bemuskelung dazu, dass sich ein Defektallel ausbreitete, welches zugleich die Stressresistenz verschlechterte (**Abb. 26.7**). Diese Stressanfälligkeit (**Porcines Stress-Syndrom, PSS**) äußert sich nach Belastung u. a. in einem drastischen Anstieg der Körpertemperatur, was zu der Bezeichnung **Malignes Hyperthermie-Syndrom (MHS)** geführt hat (siehe S. 528 ff.). Für den Nachweis wurde zunächst der Halothan-Test angewendet (**Abb. 26.8**), um am lebenden Tier den Stressempfindlichkeitsstatus zu bestimmen. Dabei hat der Halothan-Test den Nachteil, dass lediglich zwei Phänotypen (**Halothan-positiv, Halothan-negativ**) unterschieden werden und Halothan-negative Schweine einen homo- oder heterozygoten Genotyp tragen können. Außerdem werden die Tiere im Rahmen der Testprozedur einem Stress ausgesetzt, der zu Verlusten führen kann, tierschutzrelevant ist und auch für die ausführenden Personen gesundheitsschädigend sein kann.

**Abb. 26.6:** *SNP im Argininsuccinat-Synthetase (ASS) Gen als genetische Basis für die Zitrullinämie beim Rind*

AS: Aminosäure; __: Erkennungsstelle des Restriktionsenzyms; ▼: Schnittstelle des Restriktionsenzyms; *ORF: Open Reading Frame.*

Eine Basensubstitution im Gen für das Enzym Arginsuccinat-Synthetase (ASS) führt zu einem Stopp-Codon (DENNIS ET AL. 1989). Der Nachweis ist als RFLP mit dem Restriktionsenzym *Ava*II möglich, welches beim Wildtyp-Allel schneidet, nicht jedoch bei der Mutante.

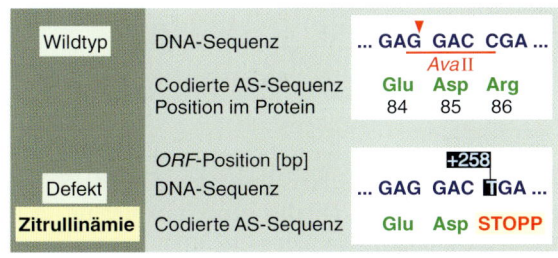

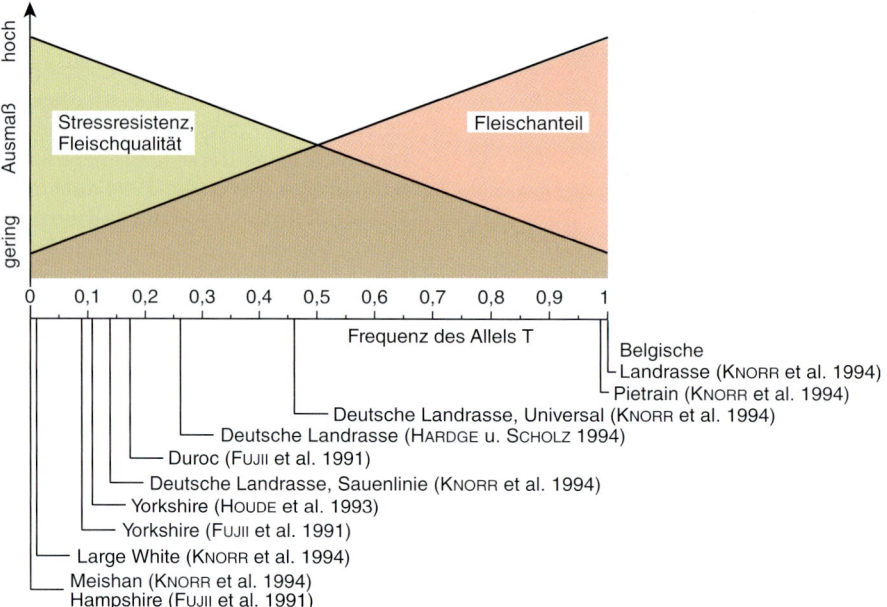

**Abb. 26.7:** Beziehungen zwischen idealisierten Merkmalswerten (für Stressresistenz und Fleischanteil) und den Allelfrequenzen am *RYR1*-Locus in einigen Schweinerassen zu einer Zeit, als noch mit Hilfe des Halothantests selektiert wurde

Der DNA-Test auf eine DNA-Variante im Genlocus, der das Ryanodinrezeptor-Protein in der Muskulatur codiert (*RYR1*-Locus), wurde von FUJII ET AL. (1991) erstmals publiziert. Zuvor konnte man lediglich auf der Basis des Halothantests selektieren, mit dem die rezessiv vererbten „Stressresistenzallele" nur in homozygoten Tieren zu entdecken waren. In den Schweinerassen steht die Frequenz des mit Stressempfindlichkeit assoziierten Allels *T* in enger Beziehung zum Fleischanteil sowie zur Stressresistenz und damit auch zur Fleischqualität.

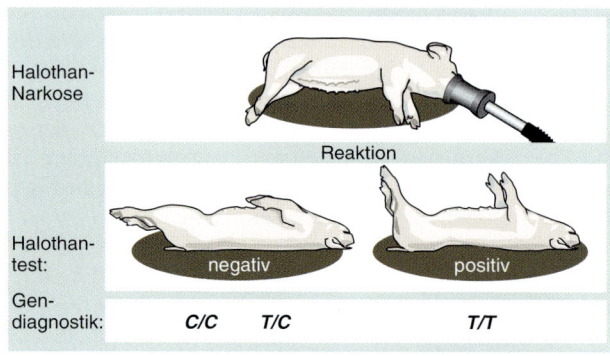

**Abb. 26.8:** Reaktionen auf Halothan-Narkose bei Schweinen mit verschiedenen *RYR1*-Genotypen

Bei der Gendiagnostik wird mit *C* und *T* der für die Stressresistenz maßgebliche *SNP* an Position +1843 bp der cDNA des *RYR1*-Genlocus angegeben (siehe **Abb. 26.9**). Der Halothantest wird auf S. 529 beschrieben.

Ein wesentlicher Fortschritt war daher der molekulargenetische Nachweis des für MHS maßgeblichen Gens. Hierbei handelt es sich um einen autosomalen Genlocus (Chromosom 6), der in der Muskulatur das Ryanodin-Rezeptor-Protein codiert und *RYR1* genannt wird. Das Defektallel führt zu einer Fehlregulation im Ca$^{++}$-Stoffwechsel des sarkoplasmatischen Retikulums (und damit zu einem erhöhten cytoplasmatischen Ca$^{++}$-Spiegel). Die Genvariante, die zu MHS führt, ist durch einen RFLP-Test nachweisbar (**Abb. 26.9**), der den Halothantest ersetzt hat. Der ***RYR1*-Test („MHS-Gentest")** differenziert die relevanten Genotypen bereits

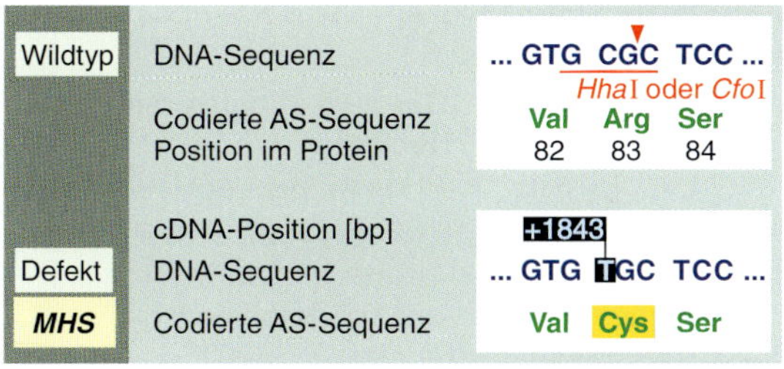

**Abb. 26.9:** DNA-Basis für den *RYR1*-Gentest

AS: Aminosäure; __: Erkennungsstelle des Restriktionsenzyms; ▼: Schnittstelle des Restriktionsenzyms.

Der Nachweis der Genotypen für den *RYR1*-Genlocus wird in der Zuchtpraxis auch als MHS-Gentest bezeichnet – nach dem phänotypischen Defekt MHS (Malignes Hyperthermie-Syndrom), der durch das Defektallel bedingt wird. Der *SNP* an Position +1843 bp der cDNA (Fujii et al. 1991) kann als RFLP dargestellt werden (siehe **Abb. 10.4b**, S. 203). Die Enzyme *Hha*I und *Cfo*I schneiden im Wildtypallel.

| Wildtyp | DNA-Sequenz | ... GTG CGC TCC ... |
| | | *Hha*I oder *Cfo*I |
| | Codierte AS-Sequenz | Val Arg Ser |
| | Position im Protein | 82 83 84 |
| | cDNA-Position [bp] | +1843 |
| Defekt | DNA-Sequenz | ... GTG TGC TCC ... |
| *MHS* | Codierte AS-Sequenz | Val Cys Ser |

beim Ferkel und ist an unterschiedlichem, leicht gewinnbarem Probenmaterial (z. B. Blut, Haar ~~auch für die ausführenden Personen gesundh.~~ ~~führt rasch zum Ergebnis und ist nicht belastend~~ für Personal und Tiere.

## 26.2.6 Muskel-Glycogengehalt bei Schweinen der Rasse Hampshire

Die Wirkung eines rezessiven Defektallels am Locus **RN (Rendement Napole)** wurde zunächst bei Hampshire-Schweinen auf der Basis der Glycogengehalte im *Musculus longissimus dorsi* zum Zeitpunkt des Schlachtens erkannt. Als Ursache erwies sich ein Defektallel im *PRKAG3*-Locus (*Protein Kinase, AMP-activated, Gamma3-subunit*). Das Defektallel führt im Vergleich zum Wildtyp im Fleisch zu höherem Glycogengehalt und niedrigerem End-pH-Wert 24 h *post mortem*. Eine wirtschaftliche Bedeutung erlangt der erhöhte Muskel-Glycogengehalt, indem sich hierdurch bei der Kochschinkenherstellung die Ausbeute (französisch *Rendement*) um ca. 5 % verringert. Dieser Einfluss führte auch zur Bezeichnung des Gens. Mit Hilfe von Markerloci wurde das *RN*-Gen auf Chromosom 15q2.5 kartiert. Für den *RN*-Gentest existieren direkte Nachweisverfahren (**Abb. 26.10a**). Als Beispiel für Nachweisverfahren ist in **Abb. 26.10b** die Pyrosequenzierung dargestellt. Der *RN*-Gentest besitzt in Deutschland kaum eine Bedeutung: Schweine der Rasse Hampshire werden derzeit vorwiegend in Kreuzungszuchtprogrammen eingesetzt, so dass sich bei heterozygoten Nachkommen das rezessive Defektallel nicht auswirkt.

## 26.2.7 Lethal White Foal Syndrom (LWF Syndrom, LWFS)

Depigmentierungen treten in Verbindung mit einer Beeinträchtigung der Nervenzellausbildung (Aganglionosis) in verschiedenen Spezies auf (u.a. der Nagetiere, Katzen, Schweine, Mensch) und wurden auf einen Defekt im Endothelin-B-Rezeptor-Gen (*EDNRB*) zurückgeführt. Dies gilt auch für das *LWF-Syndrom* (*LWFS*, auch als *Overo-Lethal-White-Syndrom*, *OLWS*, bezeichnet), das in Pferderassen beobachtet wird, in denen eine weiße Scheckung des Felles auftritt (**Abb. 26.11a**). Dabei kann die Paarung von gescheckten Pferden (bezeichnet als Overo-Rahmenscheckung) zu Nachkommen führen, die ein weißes oder fast vollständig weißes Fell zeigen, taub sind, blaue Augen haben können und innerhalb von zwölf Stunden nach der Geburt an schweren, intestinalen Symptomen (Koliken) sterben (**Abb. 26.11b**). Das weiße Haar wird durch Fehlen von Melanocyten in der Haut hervorgerufen. Den Fohlen fehlen außerdem die Ganglien im Bereich des Dünndarms. Pferde, die die Overo-Rahmenscheckung aufweisen, tragen meistens den heterozygoten Genotyp mit dem *LWS*- („*Lethal White Syndrome*") bzw. *OLWS*-Allel, manchmal aber auch andere Erbanlagen. Das Defektallel zeigt also eine unvollständige Penetranz, so dass auch einfarbige Pferde als Anlageträger in Frage kommen.

Als verantwortlich für das *LWF-Syndrome* wurde ein Austausch von zwei Nucleotiden (TC → AG) im Endothelin-B-Rezeptor-Gen (*EDNRB*) nachgewiesen. Auf der Basis des Gentests (**Abb. 26.11c**) können Anlageträger sicher erkannt werden.

**Abb. 26.10:** Defektallel am Locus *RN (Rendement Napole)*

AS: Aminosäure; *ORF: Open Reading Frame;* X: nicht angegebenes Nucleotid.

a) Genetische Basis: Ein *SNP* im *RN-* oder *PRKAG3*-Locus (*Protein Kinase, AMP-activated, Gamma3-subunit*) ist mit hohem Muskel-Glycogengehalt in der Schweinerasse Hampshire assoziiert (MILAN ET AL. 2000, CIOBANU ET AL. 2001).

b) Beispiel für die Darstellung der Varianten mit Hilfe der Pyrosequenzierung (nach Angaben von MILAN ET AL. 2000): PCR-Produkte werden unter Vorlage der DNA-Bereiche beider homologer Chromosomen erzeugt. Diesem Amplifikat wird schrittweise ein bestimmtes Nucleotid-Diphosphat in der Reihenfolge C, T, G, A, C, T usw. vorgelegt. Das Typisierungsergebnis liegt in 3′–5′ Richtung vor, also reziprok zu den Angaben im oberen Bild (a). Bei der DNA-Synthese werden Pyrophosphatmoleküle freigesetzt. Diese führen zur Abgabe von Licht, das für jedes zugeführte, komplementäre Nucleotid-Diphosphat einen Peak liefert, dessen Höhe proportional zur Zahl der gleichartigen Nucleotide im zu untersuchenden Strang ist.

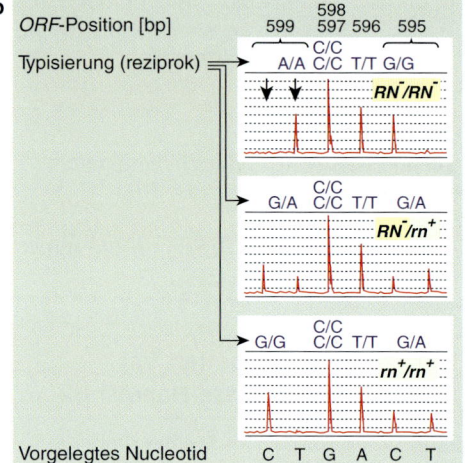

Daraus lässt sich die Sequenz des Genotyps ablesen, die oberhalb des Peakmusters angegeben wird. Der *SNP A* in Position 599 kennzeichnet den Defekt *RN⁻*, während der *SNP A/G* in Position 595 im Defekt- wie auch im Wildtypallel erscheinen kann. Zur Methodik der Pyrosequenzierung siehe **Abb. 10.3**, S. 201.

## 26.2.8 Schwere kombinierte Immundefizienz beim Pferd (*SCID*)

Die schwere kombinierte Immundefizienz (*Severe Combined Immunodeficiency Disease, SCID* oder *CID*) beim Pferd ist eine autosomal, rezessiv vererbte Erkrankung (Chromosom 9). Sie tritt bei Pferden des Arabischen Vollbluts auf und auch in Rassen, in denen arabische Pferde zur Veredlung eingesetzt wurden. Merkmalsträger haben defiziente T- und B-Lymphocyten, die keinen Schutz vor Infektionen ermöglichen, so dass die Fohlen meistens vor dem 5. Lebensmonat an Infektionen sterben. Das für *SCID* verantwortliche Gen codiert eine Untereinheit einer DNA-abhängigen Proteinkinase (*DNA-PK*). Im Defektallel gibt es eine 5 bp umfassende Deletion, die durch Rastermutation zum Einbau eines Stopp-Codons führt (**Abb. 26.12**). Ein Nachweis ist mit Hilfe der PCR und nachfol-

gender Analyse der Fragmentlängen möglich. Bei der Anwendung des Gentestes zeigte sich, dass etwa 8% der Arabischen Vollblutpferde Anlageträger sind.

## 26.3 Nachweis züchterisch vorteilhafter Genvarianten

Die Tiere einer Population tragen im Allgemeinen pro Locus unterschiedliche DNA-Varianten und das an vielen Loci. Aus zahlreichen Beobachtungen ist anzunehmen, dass im Genom alle 0,1 – 0,5 kb ein *SNP* und alle etwa 0,9–1,5 kb eine Mikrosatellitenposition vorkommt. Einzelne der DNA-Varianten können zur Beeinflussung von Merkmalswerten führen, jedoch oft mit so geringen Effekten, dass man diese nicht oder kaum erkennen kann. Die vielen DNA-Va-

**Abb. 26.11:** Auswirkung und genetische Basis des *Lethal-White-Foal-Syndrom (LWF-Syndrom, LWFS)* beim Pferd. Die genetische Veranlagung wird auch als *Overo-Lethal-White-Syndrom (OLWS)* bezeichnet.

AS: Aminosäure; *ORF: Open Reading Frame.*

a) Hengst mit erwünschter Overo-Zeichnung (American Paint Horse Association, Texas, USA)

b) Stute mit homozygotem *Lethal-White-Fohlen.* Diese werden weiß oder nahezu weiß geboren und haben einen genetisch bedingten Darmverschluss. Daher kommt es 12–24 Stunden nach der Geburt zu starken Kolik-Erscheinungen und schließlich zum Tod.

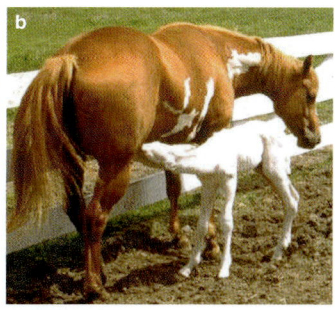

| Wildtyp | DNA-Sequenz | ... ATC ATC GGA ... |
| | Codierte AS-Sequenz | Ile Ile Gly |
| | Position im Protein | 117 118 119 |
| | *ORF*-Position [bp] | +353/354 |
| Defekt | DNA-Sequenz | ... ATC A**AG** GGA ... |
| *LWF-Syndrom* | Codierte AS-Sequenz | Ile **Lys** Gly |

c) DNA-Variante im Endothelin B-Rezeptor Gen *(EDNRB)*, die mit *LWFS (Lethal-White-Foal-Syndrom)* beim Pferd assoziiert auftritt.
Ein Austausch von zwei Nucleotiden (TC → AG) im Endothelin-B-Rezeptor-Gen *(EDNRB)* führt zu einem Austausch von Isoleucin zu Lysin in der ersten Transmembran-Domäne des Rezeptorproteins (SANTSCHI ET AL. 1998, YANG ET AL. 1998, METALLINOS ET AL. 1998). Die Genotypen können z.B. mit allelspezifischen Primern identifiziert werden. Das *LWS*- bzw. *OLWS*-Gen wird oft mit *L*, das Wildtyp-Allel mit *N* (Normal) bezeichnet.

**Abb. 26.12:** Genetische Basis für die Schwere Kombinierte Immundefizienz *(Severe Combined Immuno-Deficiency, SCID)* beim Pferd

AS: Aminosäure.

| Wildtyp | DNA-Sequenz | ... AAT TTA TCA TCT CAA ATT CCC CTT ... |
| | Codierte AS-Sequenz | Asn Leu Ser Ser Gln Ile Pro Leu |
| | Position im Protein | 3152 3153 3154 3155 3156 3157 3158 3159 |
| Defekt | DNA-Sequenz | ... AAT TTA TCA ▬▬▬▬▬ AAT TCC CCT TAA ... |
| *SCID* | Codierte AS-Sequenz | Asn Leu Ser Asn Ser Pro STOPP |
| | Position im Protein | 3152 3153 3154 3155 3156 3157 3158 |

Das für *SCID* verantwortliche Gen codiert eine Untereinheit einer DNA-abhängigen Proteinkinase (DNA-PK). Im Defektallel gibt es eine 5 bp umfassende Deletion, die mit Hilfe der PCR und nachfolgender Analyse der Fragmentlängen nachgewiesen werden kann (SHIN ET AL. 1997a, b).

rianten verursachen jedoch letztlich in den Tierpopulationen die genetisch bedingte Variabilität der Merkmalswerte. Einige Gene (Genau: bestimmte DNA-Positionen innerhalb der Gene!) können jedoch in starkem Maße auf die Ausprägung von im Übrigen multifaktoriell bedingten Merkmalswerten wirken und werden dann als **Haupt-** oder **Majorgene** bezeichnet.

Genvarianten sind Voraussetzung dafür, dass von Generation zu Generation eine Entwicklung der erblich bedingten Merkmalswerte in die durch züchterische Selektion vorgegebene Richtung stattfinden kann. Unter konventioneller Betrachtung werden die Effekte von Genvarianten auf multifaktoriell bedingte Merkmale summarisch gemessen, und der Gesamteffekt des Erbgutes eines Individuums auf die Merkmalswerte der Nachkommen wird als Zuchtwert geschätzt. Man selektiert dann Tiere, die geeignete Merkmalsausprägungen aufweisen, und damit indirekt Träger von erwünschten Allelen oder Allelkombinationen. Mit Hilfe molekulargenetischer Methoden können aber einzelne Gene oder Chromosomenbereiche als so genannte *QTLs* (*Quantitative Trait Loci*) nachgewiesen werden, deren Varianten wirtschaftlich wichtige Merkmale beeinflussen (siehe S. 294ff.). Genvarianten lassen sich in Zuchtprogrammen verwenden, wenn dafür direkte oder indirekte Gentests verfügbar sind (siehe **Abb. 26.1**, S. 485).

Hinsichtlich des Einsatzes der Gendiagnostik in der Zuchtpraxis ist zu bedenken, dass Nachweise von Genvarianten aufwendig sind und sich oft nur für die Zuchtstufe eignen. Indirekte Gentests, um die es sich in Bezug auf komplex vererbte Merkmale in vielen Fällen handelt, sind nur auf Familien oder Rassen begrenzt gültig. Zudem werden mit der Zucht auf bestimmte Genvarianten ggf. andere, vielleicht ebenfalls erwünschte Varianten aus einer Population entfernt. Wirtschaftlich und genetisch sinnvoll verwendbar sind gegenwärtig nur wenige, stark wirksame Genvarianten. Da nicht alle Gene, die zur Ausprägung der Merkmale beitragen, in die Diagnosen einbezogen werden, erübrigen Gentests nicht die herkömmlichen Leistungsprüfungen. Die Gentests sind vielmehr in einen passenden Rahmen konventioneller Zuchtaktivitäten einzupassen und weiter zu entwickeln.

Nachfolgend wird am Beispiel einiger Methoden der Biotechnologie gezeigt, wie züchterisch vorteilhafte Genvarianten zu erfassen sind, ohne den zeitaufwendigen und oftmals ungenauen Weg über die Merkmalsausprägung benutzen zu müssen.

## 26.3.1 Fruchtbarkeit

Merkmale der Fruchtbarkeit, wie die Zahl der Nachkommen pro Geburt oder die Zeitintervalle zwischen Geburten, besitzen im Allgemeinen eine geringe Erblichkeit (Heritabilität). Trotzdem wurden Genloci gefunden, an denen besondere Allele einen starken Einfluss auf die Fruchtbarkeit haben. Hierzu können die Darstellung und züchterische Verwendung des Booroola-Gens beim Schaf und des Östrogen-Rezeptor-Gens beim Schwein als Beispiele dienen.

### Booroola-Gen beim Schaf

In einer Zuchtlinie der australischen Merinorasse wurden bei den Mutterschafen besonders viele Lämmer pro Geburt beobachtet. Nach dem Namen der Farm wurde die daraus gebildete

Rasse Booroola-Merino genannt. Die Tiere tragen am Locus **FecB** (*Fecundity, Booroola*) das Allel **FecB^B** (**Booroola-Allel**), welches die Reifung der Follikel fördert und dadurch die Ovulationsraten und Wurfgrößen beeinflusst. Im Vergleich zum Wildtyp steigen – je nach den beteiligten Rassen – in $FecB^B/FecB^B$ Schafen die Ovulationsraten um 2,7–3,0 Follikel und die Wurfgrößen um 1,1–1,7 Lämmer pro Geburt an, während heterozygote Schafe ($FecB^B/FecB^+$) zusätzlich 1,3–1,6 Follikel und 0,9–1,2 Lämmer erbringen. Bei homozygoten Mutterschafen führen die großen Würfe allerdings zu niedrigen Geburtsgewichten der Lämmer und hohen Lämmerverlusten, wenn keine künstliche Aufzucht betrieben wird. Der *FecB*-Locus befindet sich auf Chromosom 6 des Schafes (**Abb. 26.13**).

Da beim Schaf die Wirtschaftlichkeit wesentlich durch die Fruchtbarkeit des Mutterschafes bestimmt wird, wurde das Booroola-Allel weltweit in verschiedene Rassen eingebracht. Bei der Einkreuzung (Introgression) von Booroola-Merinos in Fleischrassen war es notwendig,

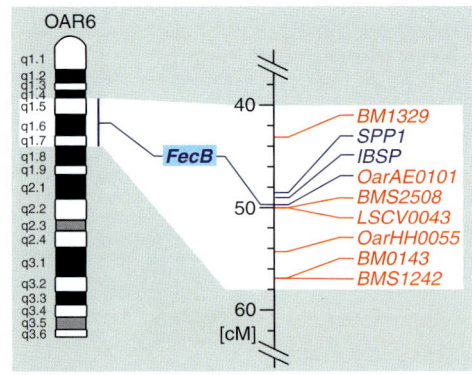

**Abb. 26.13:** Teilbereich des Chromosoms 6 beim Schaf mit dem Locus *FecB*

Am Locus *FecB* (*Fecundity, Booroola*) verursacht das Allel *FecB^B* (*Booroola*-Allel) erhöhte Ovulationsraten und Wurfgrößen. Der Locus ist im Chromosom 6 (OAR6: *Ovis aries* Chromosom 6) lokalisiert. Links ist die G-Bänderungskarte angegeben. Auf der rechten Seite sind in einem Bereich von etwa 10 cM (Kartierungsangaben nach ARKᴅʙ, Rᴏꜱʟɪɴ Iɴꜱᴛɪᴛᴜᴛᴇ 2004) Markerloci dargestellt, die sich für einen indirekten Gentest einsetzen lassen. *SPP1 (Secreted phosphoprotein 1)* und *IBSP (Integrin-binding sialoprotein)* sind Typ-1-Loci; bei den übrigen Markerloci handelt es sich um Mikrosatelliten.

**Abb. 26.14:** Genetische Basis für Booroola beim Schaf

AS: Aminosäure.

MULSANT ET AL. (2001) wiesen nach, dass ein *SNP* in der codierenden Sequenz des *Bone Morphogenetic Protein Receptor IB (BMPR-IB)* Gens als Allel *FecB^B* anzusehen und daher im Gentest einzusetzen ist.

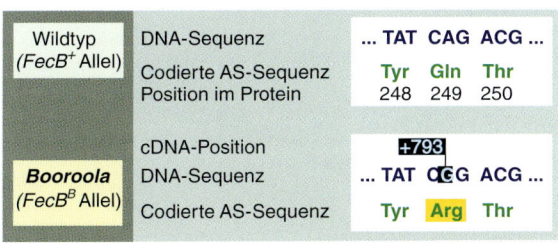

**Abb. 26.15:** Teilbereich des Chromosoms 1 beim Schwein mit dem Locus für den Östrogenrezeptor *(ESR)*

Auf der rechten Seite befindet sich ein Kartenausschnitt (nach ARKDB, ROSLIN INSTITUTE 2004) für SSC1 (*Sus scrofa* Chromosom Nr. 1). Bei den Markerloci handelt es sich um Mikrosatelliten. Links wird die G-Bänderungskarte gezeigt.

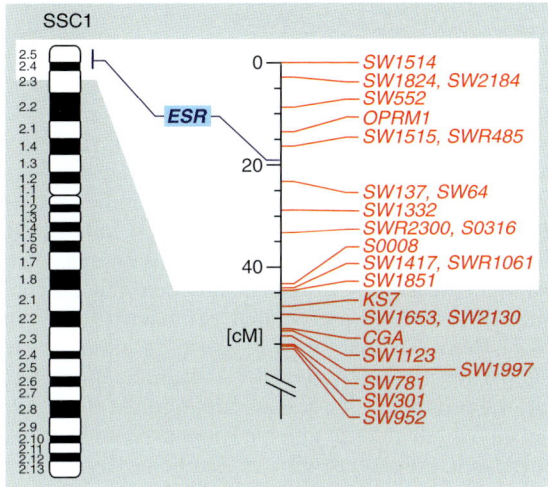

durch fortgesetzte Rückkreuzung – abgesehen von dem Allel *FecB^B* – die übrigen unerwünschten Erbanlagen der australischen Merinorasse zu entfernen. Die Träger des Allels *FecB^B* lassen sich anhand der Ovulationsraten bei Mutterschafen durch Laparoskopie (d. h. einer Methode, bei welcher die Bauchhöhle beziehungsweise die Organe in der Bauchhöhle mit speziellen optischen Instrumenten sichtbar gemacht werden) ermitteln. Für Böcke sind mehrere weibliche Nachkommen zu erzeugen, um an diesen die Ovulationsraten zu messen und dadurch auf den Genotyp des Vaters schließen zu können. Solche Prüfverfahren erhöhen das Generationsintervall und sind sehr arbeitsaufwendig. Für die Introgressionszucht wurden daher zunächst indirekte Gentests mit gekoppelten Loci verwendet (**Abb. 26.13**). Eine Mutante in der codierenden Sequenz des *Bone Morphogenetic Protein Receptor IB* (BMPR-IB) Gens ist jedoch als Allel *FecB^B* anzusehen (**Abb. 26.14**), so dass damit ein direkter Gentest zur Verfügung steht.

## Östrogen-Rezeptor (ESR) beim Schwein

Das Östrogenrezeptor-Gen (*ESR*) liegt beim Schwein auf Chromosom 1 (**Abb. 26.15**). Die betreffende Chromosomenregion zeigte in den Rassen Meishan und Large White Assoziationen mit der Wurfgröße. Träger des „Meishan-Allels" unterschieden sich in Kreuzungsgenerationen gegenüber Nicht-Trägern in mehr als 1,2 geborenen Ferkeln pro Wurf und bei Large White Sauen in ca. 0,5 geborenen Ferkeln pro Wurf. Weitere DNA-Varianten im *ESR*-Gen wurden nachgewiesen; sie ergaben aber keine oder nur geringe Assoziationen mit den Wurfgrößen.

## 26.3.2 Milchproteinzusammensetzung und -menge

Hinsichtlich der Vererbung der Milchproteine ähneln sich die Säugerspezies. Nachfolgend werden die Bedingungen beim Rind berücksichtigt, bei dem sechs Genloci über 90 % des Milchproteins codieren (**Abb. 26.16**) und eine große wirtschaftliche Bedeutung besitzen. Die

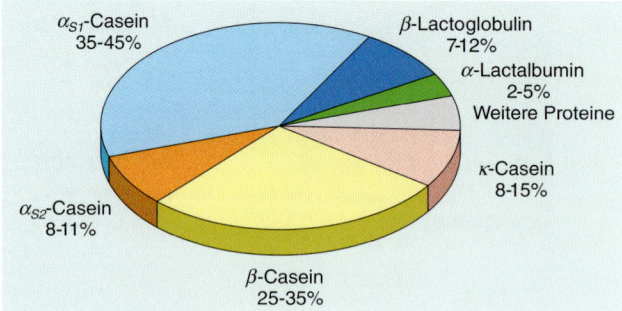

**Abb. 26.16:** Proteine in der Kuhmilch

Für die Mengenanteile wurden Angaben von EIGEL ET AL. (1984), LODES (1995) und MILLAR ET AL. (2000) berücksichtigt. Unter den weiteren Proteinen nehmen Lactoferrin, Enzyme und Immunglobuline die größten Anteile ein.

genomischen Sequenzen der Gene sind bekannt und kartiert (**Tab. 26.3, Abb. 3.14**, S.78, und **Abb. 3.15**, S. 79). Beziehungen zwischen den Genotypen der Milchprotein codierenden Gene und der Milchleistung wurden vielfach untersucht. Je nach Rasse wurden enge Zusammenhänge zwischen bestimmten Genotypen/Allelen und Milchleistungsmerkmalen gefunden (**Tab. 26.4**). Beispielsweise beeinflussen κ-Casein-Varianten die Eigenschaften der Caseinmicellen, die wiederum bei der Käseherstellung die Festigkeit der Labgallerte und die Käseausbeute beeinflussen. Außerdem gibt es deutliche Beziehungen zwischen einerseits den Varianten verschiedener Milchprotein codierender Loci und andererseits der Milchproteinmenge und -zusammensetzung. Einige der Beziehungen können durch Aminosäureunterschiede in den allelen Milchproteinen erklärt werden. Weitere Beziehungen ergeben sich aus der engen Kopplung mehrerer funktionswichtiger Genloci sowie allelen Unterschieden in regulatorischen DNA-Regionen. Bei Kartierungen von Geneffekten auf quantitative Merkmale fand man beim Rind einige *QTL*-Bereiche für die Milchleistung, von denen ein wichtiger Bereich die Chromosomenregion einschließt, in der das Casein-Gencluster lokalisiert ist (**Abb. 26.17**).

Allele Milchproteinvarianten wurden seit ASCHAFFENBURG UND DREWRY (1955, 1957) mit Hilfe der Proteinelektrophorese untersucht. DNA-Analysen folgten ab 1988, indem zunächst RFLP-Varianten in Milchprotein codierenden Genloci auf der Basis von Southern-Blots zur Differenzierung von κ-Casein *A* und *B* herangezogen wurden (LEVEZIEL ET AL. 1988).

**Tab. 26.3:** Milchprotein codierende Loci und ihre chromosomale Lokalisation beim Rind

| Milchprotein [1] | Abkürzungen in Datenbanken | | Lokalisation auf Chromosom [4] | Allele [5] |
| | Protein [2] | Gen [3] | | |
|---|---|---|---|---|
| αs1-Casein (αs1-CN) | CAS1 | *CSN1S1, CASAS1* | 6q31 | A, B, C̲, D, (E,) F, G |
| αs2-Casein (αs2-CN) | CAS2 | *CSN1S2, CASAS2* | 6q31 | A̲, (B, C,) D |
| β-Casein (β-CN) | CASB | *CSN2, CSNB* | 6q31 | A$_1$, A$_2$, A$_3$, A$_3$M, A$_4$, B, B$_2$, C, (D,) E, N, F, G |
| κ-Casein (κ-CN) | CASK | *CSN3, CSNK* | 6q31 | A̲, B, C, E, F, G |
| β-Lactoglobulin (β-LG) | LACB | *LGB* | 11q28 | A̲, B, C, D, (D$_r$, D$_{YAK}$ = E, F, G,) H, I, J, W |
| α-Lactalbumin (α-LA) | LCA | *LALBA, LAA* | 5q21 | A̲, B̲, (C) |

[1] Mit der in diesem Buch benutzten Abkürzung.
[2] Nach SWISS-PROT, SIB (2004)
[3] Die erste Angabe bezieht sich auf BOVMAP, INRA (2004).
[4] Die erste Zahl ist die Chromosomennummer; q kennzeichnet die Position auf dem langen Chromosomenarm und die Zahl dahinter die Zuordnung zum cytogenetisch dargestellten Band. Nach Angaben von MILLAR et al. (2000)
[5] Unterstrichen: prädominante Allele in europäischen Rinderrassen; in Klammern: Allele, die in Rinderrassen aus Europa (*Bos taurus f. taurus*) nicht gefunden wurden.

**Tab. 26.4:** Beispiele für Beziehungen zwischen Trägern verschiedener Milchprotein-Genotypen und Eigenschaften der Milchleistung – ermittelt aus Untersuchungen in der Rinderrasse Holstein-Friesian

### a) Verarbeitungseigenschaften der Milch

| Merkmal | Genlocus | Vorteilhaftes Allel bzw. vorteilhafter Genotyp |
|---|---|---|
| Micellengröße | κ-CN | BB, BC |
| Labgerinnungszeit | αs1-CN | CC |
| | β-CN | BB |
| | κ-CN | BB, BC |
| Festigkeit der Labgallerte | β-CN | BB |
| | κ-CN | BB, BC |
| | β-LG | BB |
| Käseausbeute | αs1-CN | BB |
| | κ-CN | BB |
| | β-LG | BB |

### b) Milchproteinmengen bzw. -zusammensetzung

| Merkmal | Genlocus | Vorteilhaftes Allel bzw. vorteilhafter Genotyp |
|---|---|---|
| Milchproteingehalt | αs1-CN | BC, CC |
| | β-CN | $A_2A_3$ |
| | κ-CN | BB |
| | β-LG | AA, AB |
| Milchproteinmenge | αs1-CN | BC |
| | β-CN | $A_3B$ |
| | κ-CN | BB |
| | β-LG | AA |
| Caseingehalt | αs1-CN | BB, BC |
| | κ-CN | BB |
| | β-LG | BB |
| Molkenproteingehalt (β-LG-Gehalt) | αs1-CN | AB |
| | β-CN | $A_1A_3$ |
| | κ-CN | AA |
| | β-LG | AA |

**Abb. 26.17:** *Quantitative Trait Loci (QTLs)* für die Milchleistung auf dem Chromosom 6 des Rindes (nach GELDERMANN et al. 2004)

Auf dem Chromosom BTA6 (*Bos taurus* Chromosom 6) werden Positionen einiger Markerloci nach Angaben von MARC, USDA (2004) dargestellt. Typ-1-Loci werden in blauer Farbe wiedergegeben (z.B. *CSN@*: Caseingen-Cluster; *KIT (IBRP97)*: Hardy-Zuckerman 4 feline sarcoma viral (v-kit) oncogene homolog). Im Übrigen handelt es sich um Mikrosatellitenloci. Dargestellt werden die in mehreren Literaturquellen beschriebenen QTL-Intervalle für Milchproteinmenge (PM), Milchproteingehalt (PG), Milchfettmenge (FM), Milchfettgehalt (FG) und Milchmenge (MM).

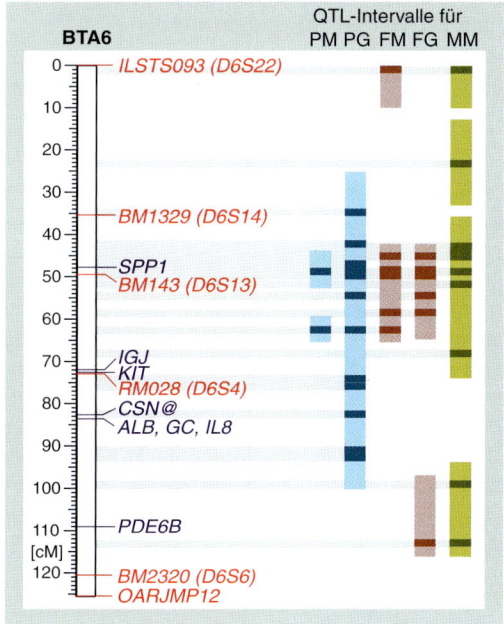

In **Abb. 26.18** werden die Aminosäureunterschiede zwischen den allelen κ-Caseinen dargestellt, was verdeutlicht, dass zur vollständigen Bestimmung aller κ-Casein-Genotypen mittels PCR-RFLP-Technik mehrere Nachweise notwendig sind. Eine simultane Darstellung der in

**Abb. 26.18** dargestellten sowie zusätzlicher Allele gelingt aber z.B. mit der SSCP-Technik (**Abb. 26.19**). Für die Genotypisierung der Milchprotein codierenden Loci gibt es inzwischen sehr verschiedene DNA-Tests. Beim Casein-Gencluster werden zudem auf Grund der

**Abb. 26.18:** Differenzen in der Aminosäuresequenz zwischen den Allelen des
bovinen κ-Caseins (nach Angaben von
Miranda et al. 1993 und Fox und
McSweeny 2003)

Die Zahlen geben die Positionen der
Aminosäuren im Protein an. Die zu
Grunde liegenden SNPs werden bei der
Differenzierung der κ-Kasein-Allele auf
DNA-Ebene benutzt.

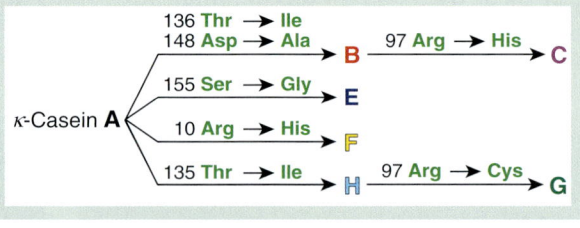

**Abb. 26.19:** Simultane Darstellung von κ-
Casein-Genotypen mit der SSCP-Analyse
(nach Prinzenberg et al. 1999)

Das PCR-Produkt wurde nach Denaturierung im renaturierenden Gel aufgetrennt,
so dass sich die *SNPs* auf die Molekülkon-
formation auswirken. Zur SSCP-Methode
siehe **Abb. 10.7**, S. 207. Jedes Allel führt zu
zwei starken Banden, je eine für die beiden
DNA-Einzelstränge. Die Positionen der Einzelstränge werden mit der Bezeichnung
der Allele an der rechten Seite dargestellt,
während die κ-Casein-Genotypen unterhalb der Spuren angegeben werden.

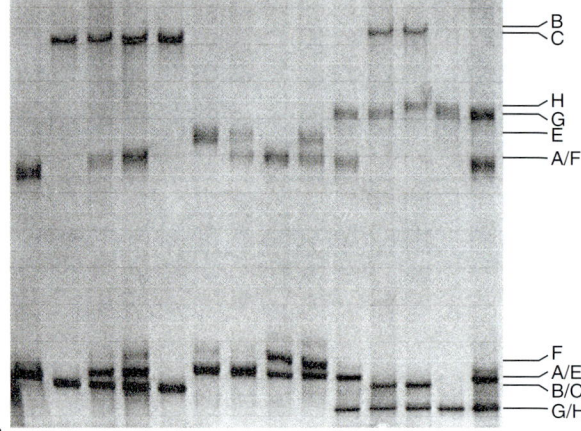

κ-Casein
Genotyp:  AA  BB  AB  AC  BC  EE  AE  AF  EF  AG  BG  BH  GH  AG

engen Kopplung direkte mit indirekten Gentests
kombiniert, d.h. für Zuchttiere werden Haplotypen bestimmt, die mit hoher Wahrscheinlichkeit an die Nachkommen vererbt werden. Die
molekulargenetische Diagnose der Milchproteinvarianten spielt vor allem für die Typisierung
von Bullen eine praktische Rolle. Hierfür kommen Verfahren zum Einsatz, mit denen Genotypen verschiedener Milchprotein codierender
Loci wie auch damit gekoppelter DNA-Marker
dargestellt werden, also beispielsweise Multi-
plex-PCR-Verfahren oder/und die Pyrosequenzierung.

## 26.3.3 Bemuskelung

Nachfolgend wird an drei Beispielen gezeigt,
welche Gentests in Bezug auf die Veranlagung
zur Bemuskelung eingesetzt werden können.

### Kongenitale Muskelhypertrophie beim Rind

Die in erster Linie bei der Fleischrasse Weißblaue Belgier ausgeprägte kongenitale Muskelhypertrophie ist mit einer hohen Schlachtausbeute und Muskelfülle, aber auch mit Abkalbe-
schwierigkeiten und herabgesetzter Fertilität
verbunden. Das Merkmal wird auch als **Dop-
pellender (*Double Muscling*)** bezeichnet (**Abb.
26.20a**) und ist seit langem bekannt. Der Locus
wird ***MH* (Muskelhypertrophie)** genannt und
liegt auf Chromosom 2. Nachfolgende Untersuchungen zeigten, dass es sich um das Myostatin
codierende Gen (*GDF8*) handelt, in dem eine
Deletion zu dem Allel *mh* führt, welches die

**Abb. 26.20:** Auswirkung und genetische Basis der kongenitalen Muskelhypertrophie beim Rind

AS: Aminosäure.

a) Muskelhypertrophie (Doppellender-Phänotyp) bei einem Bullen der Rasse Weißblaue Belgier

b) Deletion im Myostatin-Gen (*GDF8*) als Basis der Muskelhypertrophie (Doppellender-Phänotyp) beim Rind

Die Deletion im bovinen Myostatin codierenden Gen *(GDF8)* wurde von Kambadur et al. (1997) und Grobet et al. (1997) in der Rasse Weißblaue Belgier als Ursache für den Phänotyp Muskelhypertrophie *(MH)* beschrieben und kann durch Bestimmung der Fragmentlängen nachgewiesen werden.

a

b

| Wildtyp | DNA-Sequenz | ... TGT | GAT | GAA | CAC | TCC | ACA | GAA ... |
|---|---|---|---|---|---|---|---|---|
| | Codierte AS-Sequenz | Cys | Asp | Glu | His | Ser | Thr | Glu |
| | Position im Protein | 273 | 274 | 275 | 276 | 277 | 278 | 279 |

Deletion 11 bp

| Allel *mh* (Muskelhypertrophie) | DNA-Sequenz | ... TGT | GA▬▬▬▬▬C | AGA ... |
|---|---|---|---|---|
| | Codierte AS-Sequenz | Cys | Asp | Arg |
| | Position im Protein | 273 | 274 | 275 |

Muskelhypertrophie (durch ansteigende Zahl der Muskelfasern) bedingt. Die Genwirkung von *mh* ist fast rezessiv, d. h. bei Homozygotie *mh/mh* entsteht der Doppellender-Phänotyp, und bei Heterozygotie *+/mh* ist ein geringgradig stärkerer Muskelansatz messbar. Mit einem direkten Gentest können Träger der verschiedenen Genotypen identifiziert werden (**Abb. 26.20b**). Da heterozygote Rinder eine etwas verbesserte Fleischleistung, jedoch keine zusätzlichen Kalbeschwierigkeiten aufweisen, kann bei der Verpaarung von Zuchttieren darauf geachtet werden, dass ein möglichst großer Anteil heterozygoter Nachkommen erreicht und das Auftreten homozygoter *MH*-Tiere vermieden wird.

### Callipyge-Gen beim Schaf

1983 wurde in einer Schafherde der Rasse Dorset in Oklahoma (USA) ein Bocklamm geboren, das durch Muskelhypertrophie insbesondere der Keulen und Lenden auffiel (**Abb. 26.21a**). Als Vatertier eingesetzt, zeigten die Nachkommen ebenfalls den Muskelhypertrophie-Phänotyp, der als Callipyge bezeichnet wurde (von griechisch „kallipygos", mit schönem Gesäß). Zur stärkeren Bemuskelung kommt es, indem sich bereits existierende Muskelzellen etwa ab der

dritten Lebenswoche vergrößern. Im Muskel ist die Konzentration von Calpastatin, einem Protease-Inhibitor, erhöht. Bei Merkmalsträgern führt eine um ca. 10% bessere Nährstoffverwertung (durch gesteigerte Proteinsynthese und verminderten Proteinabbau) in Verbindung mit einer höheren Schlachtausbeute (30–40% höherer Fleischanteil) zu ca. 20% reduzierten Erzeugungskosten pro kg Fleisch. Allerdings ist das Fleisch zäh und bedarf einer speziellen Verarbeitung.

Aus Familienstudien erkannte man einen monogenen autosomalen Erbgang (Chromosom 18). Interessanterweise entstehen Nachkommen mit einem Callipyge-Phänotyp nur durch Anpaarung von Böcken, die das Callipyge-Allel *C* homozygot tragen (*CC*), mit Mutterschafen, die das Normalallel *N* tragen (*NN*). Demgegenüber zeigen Nachkommen aus einer Paarung eines Bockes mit dem Genotyp *NN* und einer Mutter *CC* wie auch eines Bockes und einer Mutter mit dem Genotyp *CC* keinen Callipyge-Phänotyp. Die paternale Herkunft des Callipyge-Allels *C* ist bei heterozygoten Tieren also wichtig, was zu einer Genwirkung führt, die als „paternale polare Überdominanz" bezeichnet wird.

Zur Beurteilung der Allele am **Callipyge-**

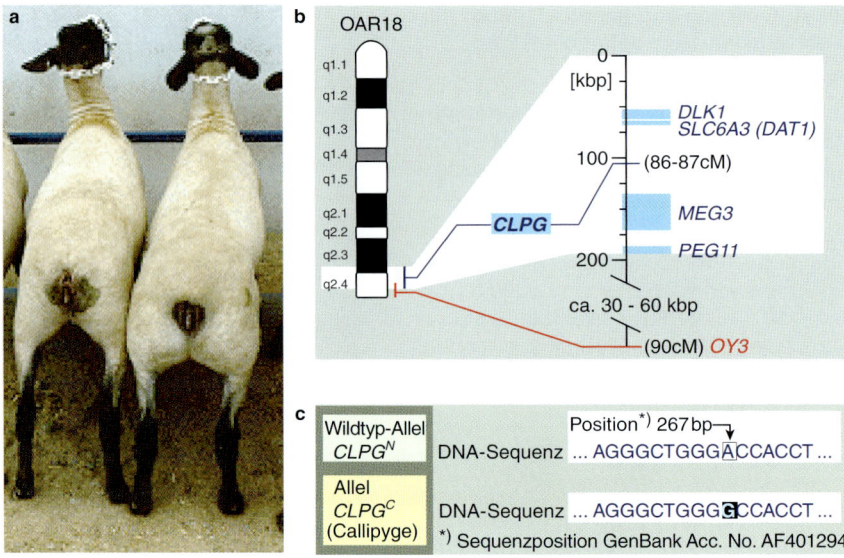

**Abb. 26.21:** Wirkung und genetische Basis des Callipyge-Allels beim Schaf

a) Geneffekt auf die Ausbildung von Keulen und Rückenmuskel. Auf der rechten Seite ist ein Callipyge-Lamm zu sehen und links als Vergleich ein Lamm mit dem Wildtyp-Allel.

b) Auf der rechten Seite wird ein Ausschnitt des Chromosoms 18 (OAR18) mit dem Callipyge-Genlocus (*CLPG*) gezeigt (nach MGI, Jackson Laboratory 2004, und GenBank, NCBI 2004). Folgende Gene werden anhand der Chromosomen des Menschen und der Maus dargestellt: *DLK1 (delta-like 1 homolog); DAT1 (dopamine transporter, SLC6A3); MEG3 (imprinted maternally expressed untranslated RNA 3), PEG11 (paternally expressed gene 11)*. Links wird die G-Bänderungskarte gezeigt.

c) *SNP* im *CLPG* als genetische Basis für den Callipyge-Muskelhypertrophie-Phänotyp. Der Callipyge-Locus (*CLPG*) wurde mit dem Allel *C* bei Schafen mit einer starken Keulenbemuskelung beobachtet. Der *SNP*, der mit Callipyge assoziiert auftritt, wurde von Freking et al. (2002) lokalisiert.

Locus (*CLPG*) wurden zunächst in indirekten Gentests die flankierenden Markerloci genutzt (**Abb. 26.21b**). Eine Basensubstitution im *CLPG*-Gen wurde als Ursache für die Callipyge-Muskelhypertrophie identifiziert (**Abb. 26.21c**). Damit steht ein direkter Gentest zur Verfügung, der bei Introgression des Allels C in andere Rassen verwendet werden kann.

## QTL-Kartierung für Gene der Bemuskelung beim Schwein

Die Bemuskelung hängt beim Schwein je nach Rasse oder Zuchtlinie nicht nur von einem Hauptgen ab, sondern wird von mehreren Genloci oder eng gekoppelten Genclustern beeinflusst. Aus genomweiten QTL-Analysen lassen sich die in **Abb. 13.32**, S. 303, zusammengestellten Ergebnisse ableiten. Danach wurden signifikante QTL-Effekte in 11 Chromosomen

kartiert, wobei die Ergebnisse jedoch je nach Untersuchung, d.h. den einbezogenen Rassen, differieren. In den QTL-Intervallen liegen Kandidatengene, die in Verbindung mit Unterschieden der Bemuskelung gebracht werden. Weitere Untersuchungen sind aber nötig, um die einzelnen Gene zu erkennen und die merkmalsverursachenden DNA-Positionen angeben zu können. In indirekten Gentests werden trotzdem bereits einige Markerloci für die züchterische Bewertung der Bemuskelung benutzt.

## 26.3.4 Krankheitsresistenz

Sehr wahrscheinlich haben mehr als 10 % der Gene in eukaryontischen Genomen eine Bedeutung für die Abwehr von Pathogenen. Untersuchungen einzelner Gene der Krankheitsresistenz befinden sich bei Nutztieren noch im Anfangsstadium, und nur in wenigen Fällen wird die Gendiagnostik bereits in der Zuchtpraxis für eine Verbesserung der Krankheitsresistenz eingesetzt. Zwei Beispiele sollen das Potenzial des Arbeitsbereiches lediglich andeuten – die Untersuchung der Rezeptormoleküle für *E.-coli*-Bakterien und die Züchtung auf Resistenz gegen Scrapie.

### Rezeptoren für die Ödemkrankheit beim Schwein

Die Besiedlung des Dünndarms mit toxinbildenden *E.-coli*-Bakterien kann beim Schwein zur **Ödemkrankheit (*E.coli*-Enterotoxämie)** und zu Durchfall beim Absetzen (**Enterale Colibazillose**) führen. Die pathogenen Keime haften mit ihren Fimbrien an Rezeptoren auf den Oberflächen der Darmschleimhaut. Hierbei werden spezifische Schleimhautrezeptoren erkannt. Fehlen passende Rezeptoren, können die *E.-coli*-Bakterien keine pathogene Wirkung entfalten. Die Ausstattung der Darmschleimhaut mit einem bestimmten Rezeptormolekültyp ist erblich und wird monogen bedingt, wobei die Ausbildung eines Rezeptors dominant über dessen Fehlen ist. Eine Typisierung der Rezeptoren war zunächst allerdings nur aus Dünndarmproben von geschlachteten Schweinen möglich. Für eine züchterische Selektion kann bei einer solchen Untersuchung lediglich auf die Genotypen der Eltern geschlossen werden.

Das für die Bildung des Fimbrienrezeptor-Moleküls F18 verantwortliche Gen (*ECF18R*) wurde aber inzwischen auf DNA-Niveau untersucht. *ECF18R* ist eng gekoppelt mit dem Gen *FUT1* (Fucosyltransferase) oder sogar mit diesem identisch (Meijerink et al. 1997). Eine Genotypisierung des Gens *FUT1* z. B. beim Edelschwein und bei Pietrain in der Schweiz zeigten, dass ca. 11 bzw. 5 % der Tiere dieser Rassen homozygot für das Resistenz verursachende Allel sind. In Zuchtprogrammen können also resistente Linien aufgebaut werden. Wegen der engen Kopplung des Genlocus für den F18-Rezeptor mit dem *RYR1*-Locus (siehe **Abb. 13.7,** S. 277) ist darauf zu achten, dass die züchterisch erwünschten Allele der beiden Loci in einem Haplotyp kombiniert sind.

### Scrapie-Resistenz beim Schaf

**Scrapie** ist eine Erkrankung beim Schaf, die zur Gruppe der **Transmissiblen Spongiformen En-**

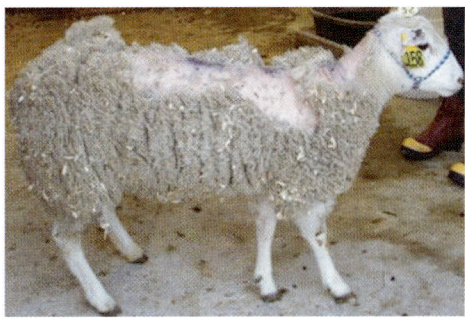

**Abb. 26.22:** Klinisches Bild eines an Scrapie erkrankten Schafes (Kahler 2002)

Betroffene Tiere leiden in unterschiedlichem Ausmaß unter erhöhter Schreckhaftigkeit, Stelzgang, Muskelzittern, Abmagerung und Juckreiz, weshalb sie im Extremfall ihr Wollvlies ganz oder teilweise herunterkratzen.

**zephalopathien (TSE)** gehört (**Abb. 26.22**). Die Entstehung hängt wesentlich mit einer Fehlfaltung des Prionproteins zusammen, das u. a. im Hirngewebe exprimiert wird. Fehlgefaltetes Prionprotein (**Scrapie-Prionprotein, PrP$^{Sc}$, Abb. 26.23**) kann nicht vom Körper abgebaut werden, akkumuliert sich in Zellen, führt zu Nekrosen im Nervengewebe und wirkt dadurch pathologisch. Scrapie-Gewebematerial kann infektiös sein. Unter Bedingungen der üblichen Schafhaltung wird die Erkrankung überwiegend vom Mutterschaf auf das Neugeborene übertragen. Infizierte Schafe zeigen erst nach Inkubationszeiten von zwei bis sechs Jahren klinische Zeichen (Wollfressen, Jucken, Zittern, Fehlkoordination der Bewegungen). Die Erkrankung ist nicht heilbar und führt schließlich zum Tod.

Die Bedeutung von Genloci für die genetische Prädisposition gegenüber TSE ist noch nicht ausreichend verstanden. Es wurden aber im **Prionprotein-Gen (*PRNP*)** des Schafes mehrere *ORF*-Varianten gefunden (**Abb. 26.23b**). Für Varianten an drei Codons, die hauptsächlich in fünf Kombinationen auftreten (**Abb. 26.24**), wurden – auf der Basis von klinischen Scrapie-Fällen sowie von Inkubationszeiten nach experimenteller Infektion – Assoziationen zu Scrapie nachgewiesen. Man fand beispielsweise, dass Valin statt Alanin an Codon 136 Trägerindividuen empfindlicher gegenüber Scrapie macht. Arginin an Codon 171 steht bei homozygoten Trägern in Beziehung zu einer geringen Empfänglichkeit, was sich bei experimenteller In-

**Abb. 26.23:** Aufbau des Prionproteins (PrP) mit den Positionen der bislang beschriebenen Aminosäurevarianten beim Schaf

a) Raumstruktur des Prionproteins. Links das funktionsfähige, zelluläre Prionpotein (PrP^c) mit hohem α–helikalen Anteil (grün); rechts das fehlgefaltete Prionprotein (PrP^Sc, Scrapie-Prionprotein), das hohen β–Faltblatt-Anteil (blau) aufweist, nicht enzymatisch abgebaut werden kann und sich in den Zellen akkumuliert.

b) Struktur des ovinen Prionproteins. Der frei bewegliche Proteinteil (ermittelt mit NMR-Spektroskopie) umfasst die ersten 112 Aminosäuren und hat eine hohe Affinität zu Cu-Ionen. Regionen der PrP-Sekundärstruktur werden nach PRUSINER (1998) bezeichnet. S1 und S2 gibt die Beteiligung an den beiden β-Strängen (ermittelt mit NMR-Spektroskopie) an. A, B und C verweisen auf die Beteiligung an den drei α-Helices (ermittelt mit NMR-Spektroskopie), H1, H2, H3 und H4 auf Regionen der Sekundärstrukturen (ermittelt mit Computer-Simulation). Die Aminosäuresequenzen befinden sich in GenBank Acc. Nr. AAC78726.1. Allele des Schafes werden nach HUNTER ET AL. (2000), O'ROURKE ET AL. (2000) und VACCARI ET AL. (2001) benannt. Vor dem Schrägstrich (1. Position) sind jeweils die Wildtyp- bzw. häufigsten Allele angegeben. Die dunkel markierten Aminosäurevarianten treten mit Scrapie-Empfindlichkeit/Resistenz assoziiert auf. Die Zahlen beziehen sich auf Positionen (rot) bzw. Anzahlen (schwarz) der Aminosäuren im PrP. Darstellung nach GELDERMANN ET AL. (2002), ergänzt um neue *SNPs*.

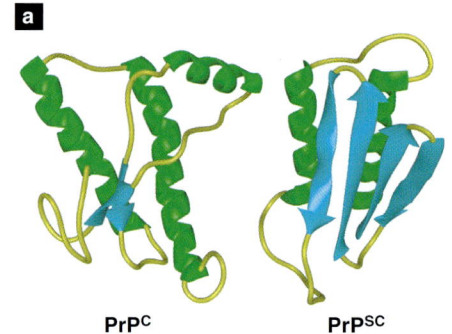

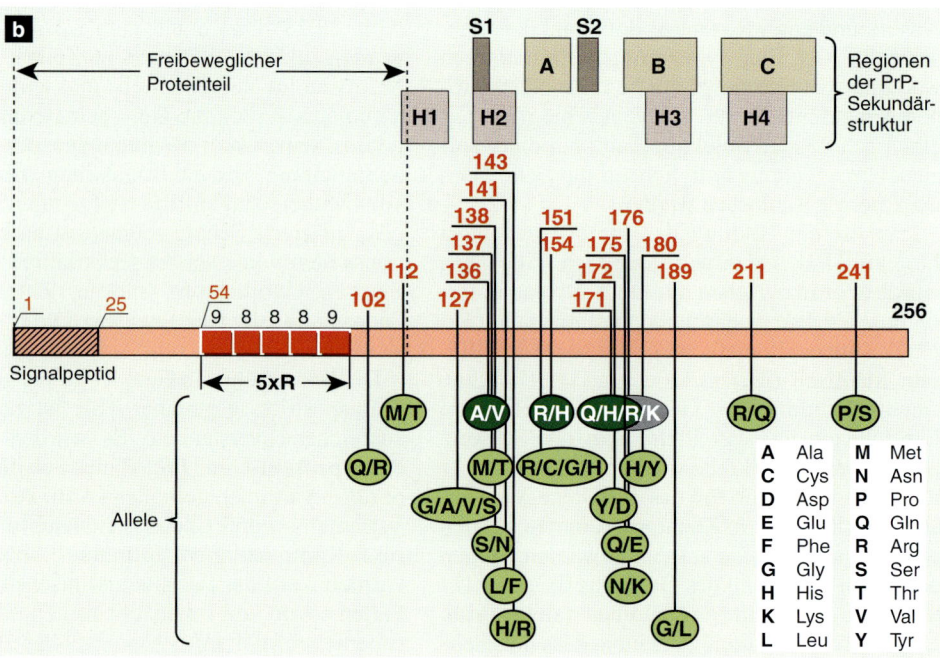

fektion durch besonders lange Inkubationszeiten für Scrapie äußert. Aus der Scrapie-Inzidenz werden für Träger von verschiedenen *PRNP*-Genotypen die in **Tab. 26.5** gezeigten Prädispositionen abgeleitet. Die *ORF*-Varianten werden als Marker für die Scrapie-Resistenz verwendet, d. h. in den Rassen werden solche Tiere ausgewählt, die zu geringer Empfänglichkeit führende Genotypen tragen. Die verschiedenen *ORF*-Varianten werden simultan dargestellt, bei-

**Abb. 26.24:** Wesentliche *ORF*-Haplotypen im ovinen Prionprotein-Gen (*PRNP*) unter Berücksichtigung der Varianten an den Positionen 136, 154 und 171 des Proteins

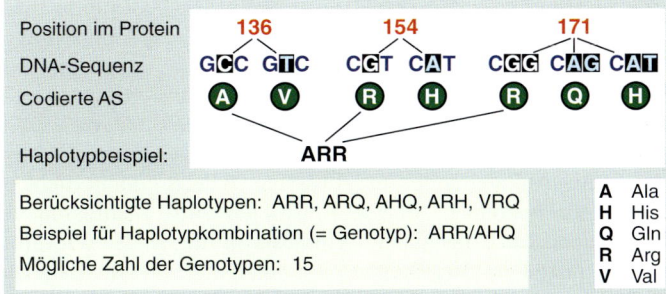

An den drei Aminosäurepositionen im Protein werden die in den Schafrassen beobachteten Codonvarianten angegeben (vgl. **Abb. 26.23b**). Für die Kombination dieser Positionen wurden im Wesentlichen fünf unterschiedliche Haplotypen gefunden, von denen lediglich ein Haplotyp als Beispiel gezeigt wird. Die mit den fünf Haplotypen möglichen Genotypen (Kombinationen der Haplotypen) werden in der **Tab. 26.5** gezeigt.

spielsweise mit Hilfe der Real-Time-PCR oder der Pyrosequenzierung. Ebenfalls im *PRNP* lokalisierte Mikrosatelliten und SNPs bieten sich für erweiterte Gentests an.

In Verbindung mit der Züchtung von Scrapie-resistenten Schafen ist zu bedenken, dass deutliche Rasseneinflüsse hinsichtlich der Assoziationen zwischen *PRNP*-Genotypen und Scrapie-Erkrankungen beobachtet werden. Außerdem entwickeln infizierte Schafe möglicherweise erst nach langer Inkubationszeit die klinische Krankheit und können in dieser Zeit eine Infektionsquelle für andere Tiere sein. Resistente Schafe könnten also möglicherweise besonders lange als Ausscheider fungieren. Ein drittes Problem wird in Verbindung mit verschiedenen Scrapie-Stämmen gesehen, da auf Grund der Ergebnisse mit Versuchstieren vermutet wird, dass eine Rasse nach Selektion gegenüber einem bestimmten Scrapie-Stamm (d. h. Scrapie-Erreger bestimmter Herkunft und spezifischer Pathogenesemerkmale) resistent ist, aber nicht notwendigerweise gegenüber anderen Scrapie-Stämmen. Und schließlich ist viertens anzunehmen, dass die *ORF*-Varianten nicht die alleinigen Ursachen für die Fehlfaltung des Prionproteins sind, sondern lediglich Markerpositionen darstellen, denn es gibt ja viele weitere polymorphe Positionen im *PRNP* sowie in weiteren Kandidatengenen. Obgleich also die TSE-Resistenz beim Schaf in starkem Maße mit Varianten eines Gens assoziiert auftritt, sind noch weitere ursachenorientierte Forschungsarbeiten notwendig.

**Tab. 26.5:** Risikoeinstufung von Trägern verschiedener *PRNP*-Genotypen

Die Rangierung erfolgte auf der Basis von Scrapie-Inzidenzen, d.h. den relativen Häufigkeiten von Trägern bestimmter Genotypen unter den Scrapie-Fällen in Großbritannien. Es kann vermutet werden, dass die Beobachtungen der klinischen Scrapie-Fälle mit den Inkubationszeiten zusammenhängen. Je nach Schafrasse ist eine modifizierte Risikoeinstufung zweckmäßig.

| Scrapie-Inzidenz [1] | Risiko-klasse [2] (a) | (b) | Genotyp [3] (Codon 136, 154, 171) | Risiko-einstufung |
|---|---|---|---|---|
| 544,5 | 5 | 5 | *VRQ/VRQ* | Schafe mit größter Anfälligkeit gegenüber Scrapie |
| 405,0 | 5 | 5 | *ARH/VRQ* | |
| 225,4 | 5 | 5 | *ARQ/VRQ* | |
| 36,9 | 4 | 3 | *ARQ/ARQ* | |
| 8,7 | 3 | 3 | *ARQ/AHQ* | |
| 6,3 | 4 | 4 | *ARR/VRQ* | |
| 5,2 | 4 | 3 | *ARQ/ARH* | |
| 5,0 | 2 | 3 | *AHQ/AHQ* | |
| 2,0 | 4 | 3 | *ARH/ARH* | |
| 0,7 | 4 | 5 | *AHQ/VRQ* | |
| 0,4 | 3 | 2 | *ARR/ARQ* | |
| 0,3 | 2 | 2 | *ARR/AHQ* | |
| 0,0 | 3 | 3 | *AHQ/ARH* | |
| 0,0 | 3 | 2 | *ARR/ARH* | |
| 0,0 | 1 | 1 | *ARR/ARR* | Schafe mit geringster Anfälligkeit gegenüber Scrapie |

[1] Scrapie-Erkrankungen pro 1 Million englischer Schafe, nach BAYLIS ET AL. (2004).
[2] 5 = höchstes und 1 = geringstes Scrapierisiko; (a) nach DAWSON ET AL. (1998) für Rassen mit *ARQ, ARR, VRQ, AHQ* und *ARH*; (b) nach NSPAC (2003).
[3] Zur Nomenklatur siehe **Abb. 26.24**. A = Alanin; H = Histidin; R = Arginin; V = Valin; Q = Glutamin

## 26.3.5 Morphologische Merkmale

Auffällige morphologische Merkmale sind oft hoch erblich und hängen in ihrer Ausprägung von wenigen Genen ab. Für solche Merkmale wurden daher bereits frühzeitig Gentests entwickelt, um Anlageträger für rezessive Allele nachweisen zu können. An zwei Beispielen wird nachfolgend das Potenzial für Gentests in diesem Einsatzgebiet dargestellt.

### Hornlosigkeit beim Rind

Es gibt genetisch hornlose Rinderrassen. Außerdem treten in gehörnten Rassen vereinzelt Tiere ohne Hörner oder mit unvollständiger Hornausbildung (Wackelhörner) auf. Für die Vererbung der Hornausbildung werden vier Genorte angenommen, von denen in europäischen Rinderrassen nur an den Genorten *Polled* (**hornlos**) und *Scurs* (**Wackelhorn**) verschiedene Allele beobachtet wurden; an den beiden anderen Genorten ist jeweils ein Allel fixiert. Am Genort *Polled* (*HPS*, für *Horned/Polled Syndrome*) ist das Allel *P* für die Hornlosigkeit dominant über *p* (gehörnt), und am Genort *Scurs* führt das Allel *Sc* in homo- und heterozygoter Form bei Bullen zur Ausprägung von Wackelhörnern, während es bei weiblichen Tieren nur in homozygoter Form epistatisch zu *P* ist und Wackelhörner bedingt.

Hornlosigkeit reduziert die Kosten der Tierhaltung, die Tierbelastung in Zusammenhang mit dem Enthornen sowie das Verletzungsrisiko für den Tierhalter. Eine gehörnte Rasse kann über Introgression fremdrassiger Tiere oder unter Berücksichtigung von Tieren aus derselben Rasse, die die Allele *P* und/oder *Sc* tragen, in

Richtung Hornlosigkeit gezüchtet werden. Bei Anpaarung eines homozygot hornlosen Bullen an gehörnte Rinder sind alle Nachkommen heterozygot hornlos. Oft stehen aber nur heterozygote Zuchttiere zur Verfügung und bei den daraus auftretenden hornlosen Nachkommen kann nicht ohne weiteres auf den Genotyp geschlossen werden. Ein Gentest mit Nachweis der relevanten Allele kann also eine züchterische Bedeutung haben. Beim Rind liegt der *Polled*-Genort auf Chromosom 1 (**Abb. 26.25**). Dort lokalisierte Mikrosatellitenloci eignen sich für indirekte Gentests, die in Abhängigkeit von Rasse und Familie frühzeitige Rückschlüsse auf homozygot hornlose Tiere ermöglichen.

### Farbe

Die wirtschaftliche Bedeutung der Haut- und Haarfarbe hängt von der Tierspezies und innerhalb der Spezies auch von den Rassen ab und kann manchmal groß sein. Mit molekulargenetischen Methoden wurden daher die genomischen DNA-Sequenzen oder jedenfalls die Genprodukte mehrerer Farbgene untersucht. Auf dieser Basis wurden Tests entwickelt, mit denen eine Darstellung der Genotypen unabhängig von der Genwirkung gelingt. Beispielsweise sind Varianten im Genlocus für den Rezeptor des Melanozyten stimulierenden Hormons (Melanocortin-1-Rezeptor; *MC1-R*) für die Erkennung von Anlageträgern des rezessiven Rotfaktors beim Rind („Fuchsgen" beim Pferd) von Bedeutung. Diese Varianten können mit einem DNA-Test nachgewiesen werden. Inzwischen sind DNA-Tests für mehrere Farbloci verfügbar. Insbesondere bei Liebhaberrassen wird die ge-

**Abb. 26.25:** Position des Genortes *HPS* (*Horned/Polled Syndrome*) auf Chromosom 1 (BTA1) des Rindes

Rechts ist ein Kartenausschnitt mit dem Genort *HPS* dargestellt (nach Angaben von ARKdb, Roslin Institute 2004, und MARC, USDA 2004). Eingetragen sind die Typ-I-Loci *KAP8* (*Keratin Associated Protein 8*), *IFNAR1* (*Interferon Alpha Leukocyte Receptor 1*) und *SOD1* (*Superoxide Dismutase 1, soluble*). Im Übrigen handelt es sich um Mikrosatellitenloci. Links wird die G-Bänderungskarte gezeigt.

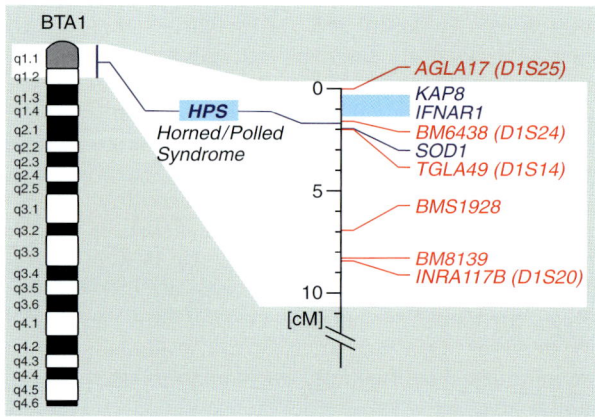

netische Veranlagung zur Farbausbildung zunehmend mittels Gentests geprüft.

## Zusammenfassung

– Mit der molekularen Gendiagnostik werden Genotypen auf dem Niveau der genomischen DNA erfasst.
– Beim direkten Gentest ist der Genlocus identifiziert, und die für die Züchtung relevanten Allele können dargestellt werden. Beim indirekten Gentest ist der züchterisch relevante Genlocus (das Merkmals- oder Kandidaten-

gen) nicht bekannt, so dass gekoppelte Markerloci für die Beurteilung eingesetzt werden.
– Rezessiv vererbte Defektallele können mit DNA-Tests in heterozygoten Individuen nachgewiesen werden. Anlageträger mit züchterisch wertvollen Eigenschaften lassen sich nachfolgend so einsetzen, dass bei den Nachkommen keine Merkmalsträger auftreten.
– Gentests auf züchterisch vorteilhafte Varianten sind für einige Anwendungen verfügbar. Da nicht alle Gene, die zur Ausprägung der Merkmale beitragen, in die Diagnosen einbezogen werden, erübrigen Gendiagnosen nicht die herkömmlichen Erbfehlertests und Leistungsprüfungen.

# 27 Nutzung von DNA-Markern zur Kontrolle von Tieren und tierischen Produkten

Eine DNA-Sequenz kann ein Chromosom, ein Tier sowie eine Tiergruppe kennzeichnen. Gemeint ist damit, dass eine bestimmte Sequenz ein gesamtes Chromosom identifizieren kann und schließlich auch typisch für das Tier und die Tiergruppe (Spezies) sein kann. In diesem Sinne dient eine DNA-Sequenz als **Marker**. Im Allgemeinen werden dafür DNA-Loci verwendet, an denen mehrere Varianten (Allele) in der betrachteten Tiergruppe vorkommen und in möglichst ähnlichen Häufigkeiten verteilt sind, d. h. es werden genetisch polymorphe Kriterien einbezogen. Wie können Markerloci und deren Varianten so ausgewählt werden, dass sie für die Kontrollaufgaben möglichst nützlich sind?

## 27.1 Auswahl der DNA-Marker und des Probenmaterials

Für Kontrollaufgaben wurden ursprünglich Blutgruppen, Leukozyten-Antigene, Allotypen und biochemische Polymorphismen benutzt. Inzwischen werden dafür vorwiegend DNA-Marker eingesetzt, vor allem aus folgenden Gründen:
- Es sind zahlreiche Markerloci mit vielen Varianten verfügbar.
- Die Darstellung von DNA-Varianten ist automatisierbar.
- Diagnosen können aus verschiedenem Material (Blut, Sperma, Haarwurzeln etc.) erfolgen.
- DNA ist relativ einfach lagerfähig.
- Im Gegensatz zu anderen Markierungsmethoden (z. B. elektronische Mikrochips) sind DNA-Marker nicht manipulierbar. Dies ist beispielsweise wichtig, wenn durch einen Vergleich von Fleisch und Verarbeitungsprodukten mit einer zuvor dem Tier entnommenen Probe die Herkunft der Gewebe eindeutig nachgewiesen werden soll.

Oft werden DNA-Marker ausgewählt, die eine oder mehrere der folgenden Eigenschaften aufweisen:
- DNA-Varianten, die spezifisch für einzelne Tiere, Zuchtlinien oder Spezies sind.
- Genvarianten, die für wesentliche Eigenschaften einer Zuchttiergruppe verantwortlich sind.
- Besondere Markersequenzen, die durch Gentransfer oder Selektion in eine Zuchttiergruppe gebracht werden, um diese zu kennzeichnen.

Zur Darstellung der DNA-Marker dienen Verfahren, die auf S. 198 ff. beschrieben werden. Für viele Zwecke sind Mikrosatellitenloci die Marker der Wahl. Üblicherweise werden sie mittels PCR analysiert, indem Primerpaare für mehrere Loci in einem Ansatz verwendet werden (Multiplex-PCR). Die pro Individuum über die betrachteten Loci spezifische Kombination an Mikrosatellitenallelen wird meist für die Fragmentlängenanalyse in einem Sequenziergel aufgetrennt, in einem Analysegerät durch Fluoreszenz nachgewiesen und dann ausgewertet **(Abb. 27.1)**. Zur Abklärung spezieller Fragestellungen werden DNA-Sequenzierungen (z. B. der mitochondrialen DNA zur Überprüfung der mütterlichen Linie) oder Y-Chromosom spezifische Marker (zur Überprüfung der väterlichen Linie) einbezogen. Geeignet ist auch die Darstellung von SNPs (*Single Nucleotide Polymorphisms*). 20 bis 50 SNPs reichen für die meisten Kontrollaufgaben aus und können mittels DNA-Sequenzierautomaten, *Real-Time*-PCR, *Matrix Assisted Laser Desorption/Ionisation* (MALDI) Massenspektrometrie oder DNA-Arrays detektiert werden. Auch die AFLP-Methode (*Amplified Fragment Length Polymorphism*) erlaubt die simultane Darstellung von RFLPs (*Restriction Fragment Length Polymorphism*) an mehreren Loci.

Für die Typisierung von DNA-Markern eignet sich sehr unterschiedliches Probenmaterial, wie

**Abb. 27.1:** Simultane Darstellung der allelen Fragmente mehrerer Mikrosatellitenloci im Rahmen einer Vaterschaftskontrolle

Dargestellt werden die Fragmentlängenprofile, wie sie aus den PCR-Amplifikaten von drei Mikrosatellitenloci (*MS1, MS2, MS3*) mit Hilfe eines DNA-Sequenzierautomaten analysiert wurden. Zur Methodik siehe **Abb. 10.25**, S. 227. Die PCR erfolgte unter Vorlage von genomischer DNA verschiedener Tiere. Die Messergebnisse stammen von vier Hunden (Spur 1: Rüde 1; Spur 2: Rüde 2; Spur 3: Hündin; Spur 4: Welpe). Jeweils ein Kurvenbogen gibt mit seinem höchsten Wert die wahrscheinliche Fragmentlänge für ein Allel an. Die mit K gekennzeichneten Fragmente werden bei den Untersuchungen als Längenkontrollen mitgeführt. Für jedes Tier ergeben sich bestimmte Genotypen aus

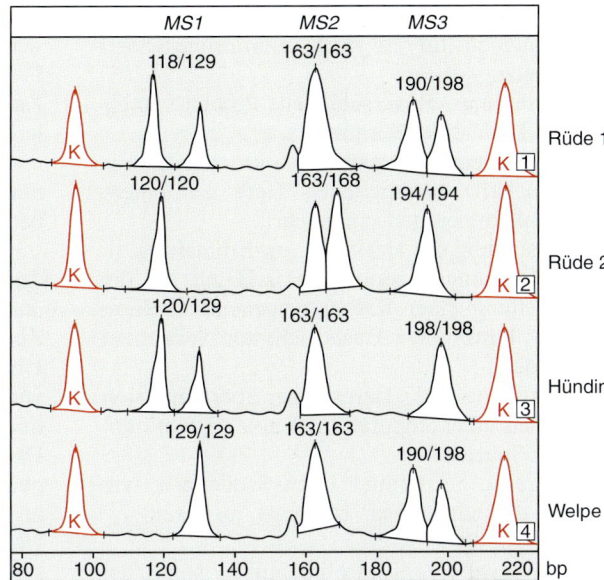

den Kombinationen der allelen Fragmentlängen. Es wird davon ausgegangen, dass die Hündin als Mutter des Welpen feststeht.

Ergebnis der Vaterschaftskontrolle: Der Welpe muss die Allele 129, 163 und 190 vom Vater ererbt haben. Solche Allele besitzt der Rüde 1, nicht aber der Rüde 2. Von den beiden Rüden kann also nur Nr. 1 der Vater sein.

Blut, Haare, Milch, Knochenreste, Hautteile (z.B. aus dem Ohr ausgestanztes Gewebe), Mundhöhlenabstriche, Spermien, Federkiele, Fleisch, Schlachtabfälle, Verarbeitungsprodukte aus Tierkörpern oder Eier. DNA-Varianten können also aus beliebigen Entwicklungsstadien und Geweben eines Probanden dargestellt werden. Besondere Aufwendungen bei der Spurenanalytik werden wichtig, wenn Material zur Identifizierung von Tieren im Zusammenhang mit z.B. Verkehrsunfällen, Diebstählen oder Beißangriffen von Hunden gesichert werden soll. So können Blutreste an der Stelle, an der ein Wildtier getötet wurde, mit Fleisch in der Kühltruhe einer verdächtigten Person verglichen werden, um nachzuweisen, ob Blut und Fleisch vom selben Tier stammen.

Für den jeweiligen Einsatzbereich soll die Informativität eines DNA-Markers möglichst hoch liegen und der Aufwand bei dessen Darstellung möglichst niedrig. Je nach Automatisierungsgrad der Analysen ist mit Kosten – einschließlich Probenlogistik, Datenverwaltung und Kontrollanalyse – von mindestens 10 € pro Probe zu rechnen. In besonderen Fällen, wie bei

der Sicherung und Untersuchung des Materials mehrerer Spuren, können weit höhere Beträge anfallen. Kosteneinsparungen sind zu erreichen, wenn Poolproben, d.h. Sammelproben mit DNA von mehreren Tieren, verwendet werden können. Außerdem lässt sich in manchen Fällen bereits durch Stichprobenuntersuchungen und/oder hinterlegte Probenmaterialien die betreffende Fragestellung ausreichend beantworten. Für welche Fragestellungen haben Kontrollen bei Tieren eine Bedeutung?

## 27.2 Fragestellung der Kontrolluntersuchungen

Die Kontrolltechniken sind jeweils für eine konkrete Fragestellung zu optimieren. Es ist also zunächst die Frage zu klären, welche Kontrollaufgaben erfüllt werden sollen. Erst dann wird überlegt, welche Verfahren zur Verfügung stehen, mit welchen Genauigkeiten die Aufgaben gelöst werden können, welche Entwicklungen noch nötig sind und welche Kosten sich daraus ergeben. DNA-Marker werden im Allgemeinen für folgende Kontrollaufgaben eingesetzt:

– Feststellung, ob verschiedene Proben von einem Individuum stammen.
– Prüfung der Verwandtschaft (meist der Elternschaft) angegebener Tiere zu einem Nachkommen und umgekehrt.
– Feststellung der Herkunft von Erbmaterial in Nachkommengenerationen, z. B. ob für die Erstellung einer Kreuzungsgeneration Tiere einer bestimmten Basiszuchtlinie verwendet wurden.
– Zuordnung eines Tieres, einer Spermaportion etc. zu einer Population (Rasse, Zuchtlinie) oder Spezies.
– Diagnose bestimmter DNA-Sequenzen, wie z. B. diejenige eines Transgens, in Tieren.

Der Einsatz von Kontrolltechniken spielt bei Haustieren aus genetischen, züchterischen und forensischen Gründen eine Rolle. Insbesondere lassen sich folgende Untersuchungsaufgaben erkennen:

– **Prüfung von Eigentumsrechten oder -verpflichtungen an Tieren.** Diese Prüfaufgabe gewinnt eine Bedeutung beim Viehdiebstahl oder bei der Haftpflicht für ein Tier, das Personen verletzt oder Sachbeschädigungen angerichtet hat. Zu diesen Prüfungen gehören beispielsweise die Kontrolle der Identität eines Tieres, die Zuordnung von Teilen (Blutspuren, Fleischproben etc.) zu einem Tier sowie die Untersuchungen der Elternschaften. Identitätskontrollen werden z. B. für die Aufklärung von Tierverwechslungen (z. B. bei geänderten Brandzeichen oder Ohrmarken), Viehdiebstählen oder vertauschten Schlachtkörperteilen durchgeführt. Weitere Beispiele sind Nachweise, ob ein bestimmtes Tier einen Autounfall verursachte. Zu diesem Zweck werden DNA-Marker zwischen dem am Tatort zu sichernden Spurenmaterial und den verdächtigen Tieren verglichen.
– **Prüfung der Einhaltung des Artenschutzes.** Tiere, die bei einem Tierhändler oder -importeur gefunden werden, werden darauf überprüft, ob sie einer geschützten Spezies zugehören. Im Weiteren kann analysiert werden, ob sie Nachzuchten der angegebenen Elterntiere sind. Beispielsweise ist prüfbar, ob Jungtiere aus dem eigenen Bestand nachgezüchtet

worden sind oder der Wildbahn entnommen wurden.
– **Feststellung der Datengenauigkeit in Zuchtprogrammen.** Der Nachweis einer fehlerhaften Zuordnung zwischen Nachkommen und Eltern ist wichtig, da durch Fehlabstammungen die Effizienz von Zuchtprogrammen beeinträchtigt wird. Gefordert wird eine Abstammungskontrolle manchmal auch bei Zuchttierverkäufen, insbesondere beim Im- und Export von Tieren sowie bei wertvollen Zuchttieren und Embryonen.
– **Überprüfung der genetischen Variabilität von Tierpopulationen.** Genetische Variabilität, d. h. Anzahlen und Frequenzen der DNA-Varianten, ist ein biologisches Grundphänomen und bestimmt die Anpassungsfähigkeit einer Population an sich ändernde Umweltbedingungen. Der vom Tierzuchtgesetz und der Artenschutzkonvention geforderte Erhalt der genetischen Vielfalt von Populationen und Spezies kann mit Hilfe von DNA-Markern kontrolliert werden. Dazu gehören Messungen des Genflusses innerhalb und zwischen verschiedenen Populationen, der Verwandtschaftsstrukturen innerhalb Populationen sowie der genetischen Distanzen zwischen Tiergruppen.
– **Kontrolle der Standards bei Inzuchtlinien.** Genotypisierungen von Tieren aus Inzuchtlinien dienen u. a. dem Zweck, Tiere mit abweichenden Genotypen zu erkennen und so den Standard-Genotyp einer Inzuchtlinie über Generationen zu sichern. Zu abweichenden Genotypen kommt es durch Mutation oder Kontamination. Mit Kontamination meint man in diesem Zusammenhang das versehentliche Einkreuzen eines Tieres einer anderen Inzuchtlinie.
– **Futter- und Lebensmittelkontrolle.** Häufig ist es für Zwischenhändler, Verarbeiter und Endverbraucher nicht nachzuvollziehen, ob die gelieferten Futter- oder Lebensmittel der Deklaration entsprechen oder unerlaubte Bestandteile enthalten, wie z. B. TSE-Risikomaterial. Nachweise mittels DNA-Marker dienen dann bei tierischen Erzeugnissen (z. B. Tiermehl, Wurstwaren, Milchprodukte) einer Tierartenkontrolle auf der Basis tierartspezifischer DNA-Sequenzen. DNA-Sequenzen sind normalerweise in allen Geweben eines Individuums gleich. Sie verändern sich durch Ver-

arbeitung, wie Erhitzen, Zusatzstoffbeigaben etc., nicht oder in einer beim Test zu berücksichtigenden Weise. Auch Untersuchungen in vermengten und stark verarbeiteten Produkten sind möglich, wie z. B. in Fertiggerichten, gekochtem, gebratenem oder geräuchertem Fleisch, Wurstwaren, Käse, Gelatine, Ölen und Fetten. Im Allgemeinen werden die für die Tests ausgewählten DNA-Sequenzen mit der PCR amplifiziert. Hierbei werden Primer eingesetzt, die in den fraglichen Spezies zu Amplifikaten führen. Danach wird das PCR-Produkt durch Restriktion in tierartspezifische Fragmente zerlegt, die elektrophoretisch nachgewiesen werden. Auf diesem Wege kann z. B. festgestellt werden, ob in Geflügelwurst auch Rindfleisch verarbeitet wurde oder in Rinderwurst auch Schweinefleisch. Gleichfalls kann geprüft werden, ob für Ziegenkäse auch Rindermilch verwendet wurde. Ebenfalls ist die Zuordnung der Gewebe zu einem bestimmten, vorher getesteten Tier möglich. Sind die erforderlichen Angaben der Zuchttiere in einer Datenbank vorhanden, kann sogar die Herkunft des Tieres aus einem bestimmten Betrieb nachgewiesen werden.

– **Geschlechtsbestimmung.** Bei zahlreichen Fisch-, Reptilien- und Vogelarten (z. B. manchen Kakadu-Arten) lässt sich das Geschlecht bei jungen Tieren nicht anhand äußerer Merkmale unterscheiden. Für eine erfolgreiche Zucht ist es jedoch wichtig, das Geschlecht zu kennen, um Zuchtpaare zusammenstellen zu können. Mit entsprechend ausgewählten DNA-Markern lässt sich das Geschlecht einfach und sicher bestimmen. Für den Test reicht ein Tropfen Blut oder ein Federkiel.

– **Kontrolle der Identität von Zelllinien.** Mit DNA-Markern ist eine Kontrolle von Zelllinien auf deren Zugehörigkeit zu einer Tierspezies möglich. Entsprechend können Kontaminationen mit Zellen anderer Spezies oder intrazellulär parasitierende Mikroorganismen erkannt werden. Die Identifikation des eingesetzten Zellmaterials ist für Zellkultivierungstechniken wichtig und belegt die Zuverlässigkeit der wissenschaftlichen Ergebnisse. Entsprechende Untersuchungen werden daher manchmal für wissenschaftliche Publikationen gefordert.

– **Prüfung auf das Vorhandensein von Transgenen.** In Verkehr gebrachte transgene Tiere (GVO, gentechnisch veränderte Organismen) können mit einer für das Transgen spezifischen Sequenz kontrolliert werden.

## 27.3 Beispiele für die Durchführung von Kontrollen mit DNA-Markern

Bei Kontrollen auf der Basis von DNA-Markern wird im Allgemeinen von stark vereinfachten formal- und populationsgenetischen Annahmen ausgegangen. Formalgenetisch nimmt man an, dass DNA-Kriterien erkennbar codominant vererbt werden. Zu berücksichtigen ist aber, dass in einigen Fällen bestimmte DNA-Varianten (d. h. Allele) nicht darstellbar sind (**Nullallele**) und dass Fehler bei der Typisierung vorkommen. Nullallele sind ein Problem bei PCR-orientierten Nachweisen; die Wahrscheinlichkeit ihres Auftretens kann reduziert werden, indem pro Locus mehr als ein Primerpaar verwendet wird. Fehlerraten können durch wiederholte Untersuchungen für das jeweilige Labor und ggf. für die an den Untersuchungen beteiligten Personen geschätzt werden. Außerdem sollten regelmäßig Standardproben mitgeführt und Analysen unter Beteilung mehrerer Institute durchgeführt werden („Ring- oder Vergleichstests"), um die Übereinstimmungen in den Typisierungsergebnissen national und international vergleichen zu können. Bei den populationsgenetischen Annahmen werden oft Zufallsbedingungen und die Kenntnis der wahren Allelfrequenzen unterstellt, obgleich beides in der realen Situation nicht gegeben ist.

Hinsichtlich der statistischen Aspekte bei Kontrolluntersuchungen mit DNA-Markern wird auf Spezialliteratur verwiesen. Nachfolgend werden lediglich die Prinzipien der Identitäts- und Elternschaftskontrollen dargestellt und beispielhaft gezeigt, zu welchen Aussagen bestimmte Kontrollen führen können und von welchen Gegebenheiten die Aussagen abhängen.

### 27.3.1 Identitätskontrollen

Für Identitätskontrollen auf der Basis von Genotypen der DNA-Marker werden im Allgemeinen die Bedingungen einer Hardy-Weinberg-

Population (Gleichgewichts- oder Zufallspopulation) zugrunde gelegt, d.h. es wird eine zufallsgemäße Bildung von Gameten- und Genotypen angenommen. Zusätzlich werden codominante Vererbung, keine Nullallele und bekannte Allelfrequenzen unterstellt, d.h. dass mit Hilfe von DNA-Varianten direkt einzelne Genotypen analysiert werden können. Es wird davon ausgegangen, dass pro Locus in einer Population k Allele vorkommen, die bei diploiden Individuen in [k(k+1)]/2 Genotypen kombiniert werden können. Die Häufigkeit eines Genotyps, $P_{ij}$, richtet sich unter Zufallsbedingungen in einer Population nach den Produkten der Allelfrequenzen, da es mit dieser Wahrscheinlichkeit zu einer Fusion von jeweils zwei Gameten mit den betreffenden Allelen kommt. Das lässt sich für einen autosomalen Locus wie folgt angeben:

Häufigkeit heterozygoter Genotypen:
$$P_{ij}(i{\neq}j) = 2q_i \cdot q_j$$

Häufigkeit homozygoter Genotypen:
$$P_{ij}(i{=}j) = q_i^2$$

Zwei zufällig aus einer Population gegriffene Individuen mit den Allelen i und j an den einzelnen Loci werden also mit folgender Wahrscheinlichkeit identische Genotypen haben:

$$P_{ID} = \prod_{l=1}^{L} P_{ijl},$$

mit l:  Locus (l = 1,..., L) und
   L:  Zahl der Loci,

und der Voraussetzung, dass die berücksichtigten Loci nicht gekoppelt sind.

Bei Varianten aus Multilocus-DNA-Fingerprints (**Abb. 27.2**) werden Banden benutzt, die nicht bei allen Individuen einer Population auftreten (polymorphe Banden). In diesem Fall kann die Wahrscheinlichkeit $P_{ID}$, dass zwei nicht-verwandte Tiere über identische DNA-Fingerprints verfügen, wie folgt bestimmt werden:

$$P_{ID} = (1-2x+2x^2)^{f/x}$$

mit f:  Anzahl aller unterschiedlicher DNA-Fragmente und
   x:  durchschnittliche Wahrscheinlichkeit, mit der ein Fragment bei zwei Individuen gleichzeitig vorkommt.

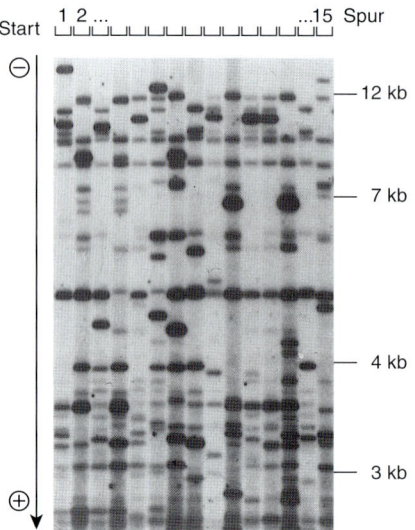

**Abb. 27.2:** Beispiele für Multilocus-DNA-Fingerprints

Das elektrophoretische Trennergebnis zeigt Restriktionsfragmente, die unter Vorlage genomischer DNA von 15 verschiedenen Hunden erzeugt wurden. Nach *Southern-Blotting* und Hybridisierung mit radioaktiv markierten Oligonucleotiden der Sequenz $(GTG)_5$ wurden die Banden mit komplementären Sequenzen durch Autoradiographie dargestellt (siehe **Abb. 10.23**, S. 225). Mit der benutzten Sonde werden Mikrosatellitenloci dargestellt, die bei jedem Tier ein spezifisches Bandenmuster ergeben (genetischer oder DNA-Fingerprint).

Der Ansatz geht davon aus, dass jedes Fragment im DNA-Fingerprint einem Allel eines autosomalen Locus entspricht, die verschiedenen Loci nicht gekoppelt sind und alle beobachteten Allele gleich häufig auftreten. Dann gibt es bei zufallsgemäß aus einer Gleichgewichtspopulation entnommenen Individuen zwischen x und der Allelfrequenz q folgende Beziehung:

$$x = q^2 + 2q(1-q)$$
$$= 2q - q^2$$

Hierbei wird berücksichtigt, dass pro Band nur zwischen Auftreten und Fehlen zu unterscheiden ist. Es werden also zwei Allele mit den Frequenzen q und 1 − q angenommen, deren Addition 1 ergibt.

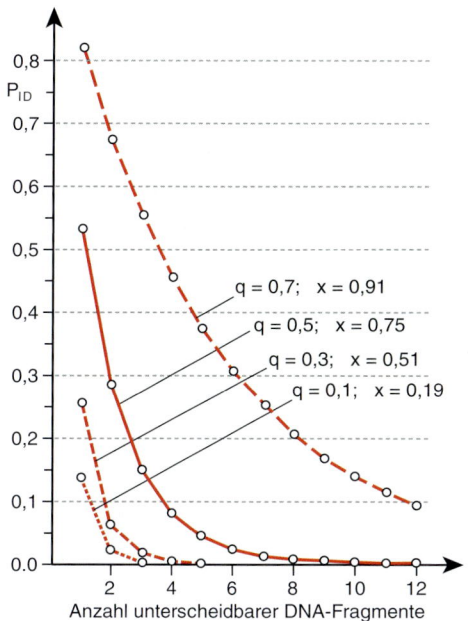

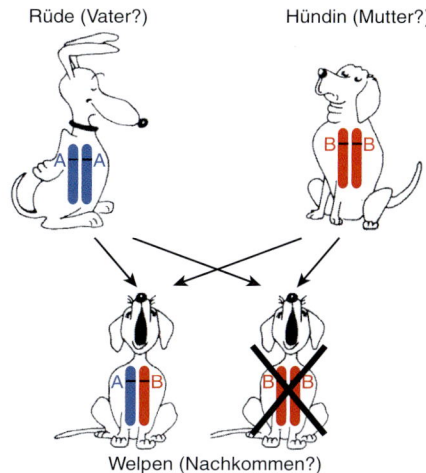

**Abb. 27.4:** Prinzip der Elternschaftskontrolle am Beispiel eines autosomalen Locus

Jeder Nachkomme trägt pro autosomalen Locus ein Allel, das vom Vater, und ein zweites Allel, das von der Mutter stammt. Dies trifft bei dem Welpen links unten auch bei den als Eltern angegebenen Tieren zu. Rechts unten wird der Genotyp eines Welpen wiedergegeben, bei dem das Allel B von der Hündin stammen kann, während der Rüde nicht das passende Allel aufweist und daher als Vater auszuschließen ist.

**Abb. 27.3:** Wahrscheinlichkeit $P_{ID}$ für identische Multilocus-DNA-Fingerprints bei zwei unverwandten Individuen in einer Population

$$P_{ID} = (1 - 2x + 2x^2)^{f/x}$$

mit f: Anzahl aller polymorphen DNA-Fragmente und

x: durchschnittliche Wahrscheinlichkeit, mit der ein Fragment bei zwei Individuen einer Population gleichzeitig vorkommt.

Die Berechnung wurde von JEFFREYS ET AL. (1985) eingeführt. Sie unterstellt, dass die Loci autosomal lokalisiert sind, zwischen den Loci keine Kopplung vorliegt und alle beobachteten Allele gleiche Frequenzen in der untersuchten Population aufweisen. Weitere Erklärungen siehe Text.

Da mit DNA-Fingerprints viele polymorphe Banden darzustellen sind, wird schließlich die Wahrscheinlichkeit $P_{ID}$ fast Null (**Abb. 27.3**). Identifikationen mit Hilfe von Multilocus-Fingerprints führen jedoch nur für einfache genetische Zusammenhänge zu nützlichen Aussagen. In der Praxis sind u. a. einzelne Allele unterschiedlich häufig, nicht immer zu unterscheiden, und verschiedene DNA-Loci können zu nicht-unterscheidbaren Fragmentlängen führen. Daher sind Multilocus-Fingerprints weniger für Kontrollaufgaben in Populationen geeignet als Monolocus-Tests, d. h. der Darstellung der Ge-

notypen einzelner Loci. Sie haben dennoch eine erhebliche Verbreitung gefunden.

## 27.3.2 Untersuchung der Elternschaft

Bei der **Elternschafts-** oder **Vaterschaftskontrolle** wird die Abstammung eines Nachkommen von einem Elternpaar bzw. Vatertier geprüft. Eine andere Fragestellung ist die **Elternschafts-** oder **Vaterschaftsklärung,** mit der ein Nachkomme zu einem Elternpaar bei mehreren angegebenen Elternpaaren bzw. zu einem Vatertier bei mehreren fraglichen Vatertieren zugeordnet werden soll.

Für die Elternschaftsuntersuchungen können Genotypen von polymorphen DNA-Loci benutzt werden. Besitzen die Eltern bestimmte Genotypen, so können auch die Nachkommen nur bestimmte Genotypen aufweisen: So hat ein Nachkomme an einem autosomalen DNA-Locus stets ein Allel vom Vater und das zweite Allel von der Mutter (**Abb. 27.4**). Von den als Eltern in Frage kommenden Individuen können also diejenigen ausgeschlossen werden, die nicht die erforderlichen Allele tragen (**Abb. 27.1**). Eine Fragestellung kann sein, ob ein angegebener Elter – meist die Mutter – als „wahr" angenommen wird und nur der andere Elter zu überprüfen ist (Fragestellung a). Es gibt aber auch Fälle, bei denen beide angegebenen Eltern überprüft werden (Fragestellung b) oder Probenmaterial nicht von allen Familienmitgliedern verfügbar ist (Defizienz-Fragestellungen).

Grundsätzlich wird man zu der Aussage gelangen, dass die Abstammung entweder falsch oder nicht anzuzweifeln ist. Bei der letzteren Aussage gilt es, die **Nachweis-** oder **Ausschlusswahrscheinlichkeit** zu berechnen, die von der Fragestellung, der Zahl der einbezogenen DNA-Loci, den Frequenzen der betrachteten Allele in der betreffenden Population und dem Erbgang der erkennbaren Varianten (intermediär, dominant/rezessiv) sowie der Kopplung zwischen den benutzten Loci abhängt. Bei ei-

nem autosomalen DNA-Locus i mit zwei Allelen, den Allelfrequenzen p und q sowie intermediärer oder codominanter Genwirkung werden die Ausschlusswahrscheinlichkeiten unter Zufallsbedingungen in einer Population in **Tab. 27.1** abgeleitet. Daraus gehen insgesamt folgende Ausschlusswahrscheinlichkeiten hervor:

Fragestellung (a): $P_i = pq(1-pq)$
Fragestellung (b): $P_i = 2p^2q^2$

Für L Loci (i = 1,…, L) wird bei ungekoppelten Loci:

$$P = 1 - \prod_{i=1}^{L}(1-P_i)$$

Die sich dadurch ergebenden Ausschlusswahrscheinlichkeiten bei Elternschaftskontrollen werden in **Abb. 27.5** dargestellt. Manchmal wird auch der **Vaterschaftsindex** berechnet, d. h. die

**Tab. 27.1:** Berechung der Nachweis- oder Ausschlusswahrscheinlichkeiten bei Elternschaftskontrollen, d. h. der Wahrscheinlichkeit, unter Zufallsbedingungen eine nicht zutreffende Abstammung erkennen zu können (für einen Locus mit zwei Allelen und den Frequenzen p für $A^1$ und q für $A^2$)

Die in den Zeilen der Tabellen aufgeführten Genotyp-Kombinationen schließen ggf. das angegebene männliche Tier von der Vaterschaft aus, d. h. es sind die „informativen" Genotyp-Kombinationen.

a) Prüfung des Vaters, die Mutter ist bekannt. Der Wert ergibt sich pro Zeile als Produkt der Wahrscheinlichkeiten, mit denen Elterntiere der betreffenden Genotypen in einer Zufallspopulation vorkommen. Für den Nachkommen wird die Wahrscheinlichkeit angegeben, mit der er ein Allel aus der Population erhalten hat, durch welches das angegebene männliche Tier als Vater ausgeschlossen werden kann. In Zeile 2 ergibt sich für den Nachkommen eine Wahrscheinlichkeit von 0,5q, da mit der Wahrscheinlichkeit 0,5 von der Mutter das Allel $A^1$ vererbt wird. Für Zeile 5 gilt Entsprechendes, jedoch für das Allel $A^2$.

b) Prüfung des Vaters, die Mutter ist **nicht** bekannt. Pro Zeile ergibt sich für die informative Genotyp-Kombination ein Produkt der Wahrscheinlichkeiten, mit denen ein zufallsgemäßes männliches Tier und ein bei einem Nachkommen nicht möglicher Genotyp in der Population auftreten.

**a**

| Genotypen | | | Wahrscheinlichkeit (p) |
|---|---|---|---|
| Zufallsgemäßes männliches Tier | Mutter | Nachkomme | |
| $A^1A^1$ | $A^1A^1$ | $A^1A^2$ | $p^2 \cdot p^2 \cdot q$ |
| $A^1A^1$ | $A^1A^2$ | $A^2A^2$ | $p^2 \cdot 2pq \cdot 0,5q$ |
| $A^1A^1$ | $A^2A^2$ | $A^2A^2$ | $p^2 \cdot q^2 \cdot q$ |
| $A^2A^2$ | $A^2A^2$ | $A^1A^2$ | $q^2 \cdot q^2 \cdot p$ |
| $A^2A^2$ | $A^1A^2$ | $A^1A^1$ | $q^2 \cdot 2pq \cdot 0,5p$ |
| $A^2A^2$ | $A^1A^1$ | $A^1A^1$ | $q^2 \cdot p^2 \cdot p$ |
| Summe | | | $pq(1-pq)$ |

**b**

| Genotypen | | Wahrscheinlichkeit (p) |
|---|---|---|
| Zufallsgemäßes männliches Tier | Nachkomme | |
| $A^1A^1$ | $A^2A^2$ | $p^2 \cdot q^2$ |
| $A^2A^2$ | $A^1A^1$ | $q^2 \cdot p^2$ |
| Summe | | $2p^2q^2$ |

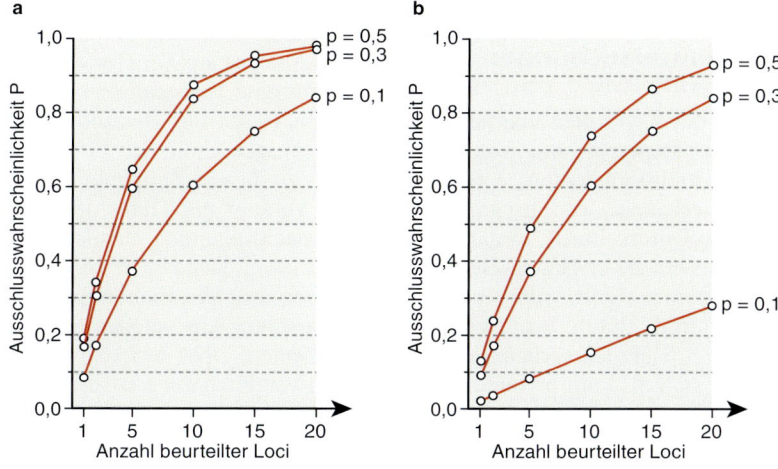

**Abb. 27.5:** Ausschlusswahrscheinlichkeiten bei Elternschaftskontrollen

Es werden ungekoppelte Loci mit jeweils zwei codominanten Allelen p und q angenommen, die für alle Loci die gleichen Frequenzen aufweisen. Pro Locus wird dann (siehe **Tab. 27.1**)

a)  bei Prüfung eines Elters, der andere ist bekannt: $P_i = pq(1-pq)$

b)  bei Prüfung eines Elters, der andere ist **nicht** bekannt: $P_i = 2p^2q^2$

Bei L Loci (i = 1, ..., L) wird die Ausschlusswahrscheinlichkeit:     $P = 1 - \prod_{i=1}^{L}(1-P_i)$

Wahrscheinlichkeit für ein angegebenes, nicht auszuschließendes Individuum, der tatsächliche („wahre") Vater zu sein.

Die Ausschlusswahrscheinlichkeiten für Elternschaftskontrollen können bei Tieren weit über 99 % liegen, wenn für forensische Aufgaben zahlreiche DNA-Loci in die Tests einbezogen werden. Für züchterische Zwecke sollte es allerdings in einer Tierpopulation nicht das Ziel sein, eine möglichst hohe Ausschlusswahrscheinlichkeit zu erzielen, sondern es sollten mit gegebenem Aufwand möglichst viele Fehlabstammungen entdeckt werden.

Das Ausmaß der Fehlabstammungen liegt in Nutztierpopulationen im Allgemeinen zwischen etwa 3 (Herdbuchzucht) und 15 % (Landeszucht) der angegebenen Vater/Nachkommen-Zuordnungen. Bei anderen Haustieren, z. B. beim Hund, gibt es ähnliche Schätzwerte. Fehler in Elternschaftszuordnungen werden einerseits durch unbeabsichtigte Datenungenauigkeiten und andererseits durch bewusst unrichtige Angaben verursacht. Fehlabstammungen entstehen insbesondere an folgenden Stellen:

– Verwechslung von Samenportionen oder Embryonen,

– Schreibfehler beim Eintragen der Bedeckung/Besamung sowie beim Embryotransfer,

– Decken oder Besamen mit zwei oder mehreren Vatertieren während einer Brunstperiode (z. B. in Verbindung mit dem Embryotransfer),

– nicht registrierte Nachbesamung oder -bedeckung bei erneut auftretender Brunst und/oder

– Verwechslung der Nachkommen (z. B. bei Ablammung oder Abkalbung in Gruppen).

Fehlabstammungen haben eine Bedeutung für die Tierzucht, da der Wert und züchterische Einsatz eines Jungtieres in starkem Maße aus Erwartungen resultiert, die mit der Abstammung begründet werden. Zudem werden Richtigkeit und Genauigkeit der geschätzten Populationsparameter und Zuchtwerte und somit auch die Effizienz der züchterischen Selektion von den Fehlabstammungsraten beeinflusst. Auf Grund dieses Sachverhaltes sind im Tierzuchtgesetz Bestimmungen zur Sicherung der Identität von Zuchttieren und Embryonen enthalten.

## 27.4 Praktische Ausführung von Kontrolluntersuchungen

Die Durchführung der Kontrollen übernehmen Organisationen der Tierzucht und Veterinärmedizin, Lebensmittelproduzenten, Überwachungsstellen im Tierhandel, wissenschaftliche Institute und private Unternehmen. In die Kontrollen werden Tiere einzelner Halter, Betriebe bzw. Schlachthöfe einbezogen, oder es wird Proben-/Spurenmaterial durch Auftraggeber (z. B. Kriminalpolizei, Tierzuchtverband) eingeschickt. Es handelt sich also um private Anfragen, staatliche Maßnahmen, gerichtliche Aufträge oder Aufträge von Zuchtverbänden oder -unternehmen. Die Kontrollen dienen in der überwiegenden Zahl der Fälle dem Informationsbedarf eines Zuchtverbandes oder Züchters, werden also im privaten Interesse ausgeführt. Daneben gibt es einen nennenswerten Umfang an staatlich veranlassten Kontrollen, so z. B. im Zusammenhang mit TSE-Erkrankungen oder der Lebensmittelüberwachung. Vor Gericht werden nur relativ selten Gutachten angefordert. DNA-Marker sind jedoch als Beweismittel bei forensischen Fragestellungen weltweit anerkannt.

Gegenwärtige Überlegungen zur praktischen Ausführung können an einem Beispiel beschrieben werden: Zahlreiche Fleischskandale, insbesondere die BSE-Krise, haben der Landwirtschaft und der fleischverarbeitenden Industrie einen Vertrauensverlust beim Verbraucher gebracht. Gefordert wird ein Herkunftsnachweis von Fleisch. Die zur Tieridentifikation allgemein verwendeten Ohrmarken werden am Schlachthof vom Schlachtkörper abgetrennt. Dies gilt auch für Transponder und elektronische Chips. Auch nachfolgende Markierungen mit Schlacht- und Chargennummern etc. bieten vielfältige Möglichkeiten für Fälschungen oder versehentliche Verwechslungen. Dagegen bleibt die DNA auch nach der Schlachtung mit dem Tier identisch und kann nicht von Tierkörperteilen und Verarbeitungsprodukten abgetrennt werden. DNA-Marker können einfach erfasst werden, indem jedem Tier unmittelbar nach der Geburt eine Gewebeprobe entnommen wird. Dies kann beispielsweise in einem Arbeitsschritt mit dem Einziehen der Ohrmarke geschehen, so dass das dort anfallende Gewebe benutzt und für eine tierbezogene Kennzeichnung sichergestellt werden kann. Die DNA-Analyse aus der Gewebeprobe kann dann auch für eine Verwandtschaftskontrolle mit den übrigen Tieren des Bestandes benutzt werden. Unstimmigkeiten in den Elternschaften können bereits zu diesem Zeitpunkt festgestellt werden. Beim Verkauf des Tieres, im Schlachthof oder beim nachfolgenden Handel können Analyseproben vom Tier sowie von den Schlachtkörperteilen und Verarbeitungsprodukten entnommen werden. Aus solchen Stichprobenkontrollen können DNA-Marker analysiert werden. Durch Vergleich mit z. B. in einer Datenbank gespeicherten Genotypen kann nachfolgend ein Herkunftsnachweis erbracht werden. Auf diese Weise kann von der Geburt bis zum verarbeiteten Fleischprodukt jederzeit die Herkunft von Tieren und deren Produkte bestimmt werden. Die Herkunftsangabe von Fleisch stellt zwar noch kein direktes Qualitätskriterium dar, hilft aber, den Verursacher von unerlaubten Manipulationen zu ermitteln.

## Zusammenfassung

– DNA-Sequenzen können als Marker dienen, wenn in der betrachteten Tiergruppe dafür Varianten (Allele) vorkommen. DNA-Marker können aus sehr verschiedenem Probenmaterial dargestellt werden.
– Kontrollaufgaben beim Tier, für die sich DNA-Marker einsetzen lassen, betreffen verschiedene Zwecke. Im Wesentlichen handelt es ich um Identitäts- oder Elternschaftskontrollen.
– Die Durchführung der Kontrollen übernehmen Organisationen der Tierzucht und Veterinärmedizin, Lebensmittelproduzenten, Überwachungsstellen im Tierhandel, wissenschaftliche Institute und private Unternehmen.
– Bei den Kontrollen handelt es sich um private Anfragen, staatliche Maßnahmen, gerichtliche Aufträge oder Aufträge von Zuchtverbänden oder -unternehmen.

# 28 Verfahren zur Beurteilung des Leistungsstoffwechsels

Für eine detaillierte Beurteilung der Leistungsveranlagung spielt die Erfassung von aussagefähigen Teilkomponenten des Stoffwechsels eine Rolle. Dabei werden in starkem Maße biotechnische Verfahren eingesetzt. Nachfolgend werden einige dieser Verfahren beschrieben, Fragen bei der experimentellen Auslösung spezieller physiologischer Reaktionen diskutiert sowie Verwendungsmöglichkeiten der so gewonnenen Parameter bei genetisch-züchterischen Arbeiten behandelt.

## 28.1 Methoden zur Beurteilung der Stoffwechselkapazität und -regulation

### 28.1.1 Grundzüge des Stoffwechsels

Der **Stoffwechsel** umfasst alle chemischen Umsetzungen in biologischen Systemen. Am Anfang dieser Umsetzungen steht die Zerlegung hochmolekularer Substanzen in solche mit geringer Molekülmasse (**katabole Reaktionen**). Diese niedermolekularen Substanzen bilden die Grundlage der Biosynthesen zum Aufbau von körpereigenen Makromolekülen (**anabole Reaktionen**). Acetyl-CoA wirkt als Knotenpunkt im katabolen Stoffwechsel (**Abb. 28.1**). **NAD** (Nicotinamid-Adenin-Dinucleotid) und **NADP** (Nicotinamid-Adenin-Dinucleotid-Phosphat) sind wichtige Coenzyme in den Zellen; NAD mit einer dritten angefügten Phosphatgruppe wird zu NADP. Beides sind Redox-Reagenzien, deren oxidierte Formen als **$NAD^+$** bzw. **$NADP^+$** bezeichnet werden. Bei **Redox-Reaktionen** werden Elektronen übertragen: Ein Elektronen abgebender Stoff (Elektronendonor) wird dabei oxidiert, während ein Elektronen aufnehmender Stoff (Elektronenakzeptor) reduziert wird. In den Zellen werden die meisten Oxidationen durch Entfernen von H-Atomen bewerkstelligt. Beispielsweise wird jedes Molekül $NAD^+$ oder $NADP^+$ durch zwei H-Atome wie folgt reduziert:

$$NAD^+ + 2H \rightarrow NADH + H^+ \text{ bzw.}$$
$$NADP^+ + 2H \rightarrow NADPH + H^+$$

NAD ist an vielen Redox-Reaktionen der Zellen beteiligt, wie an solchen der Glycolyse, des Citratzyklus und der Atmungskette (**Abb. 28.1**). NADP wird als reduzierendes Agens in anabolen Reaktionen benutzt.

Schließlich werden im Organismus durch den Stoffwechsel einzelne **Merkmale** ausgeprägt, bei deren Entstehung Regulations- und Differenzierungsvorgänge „kanalisierend", d.h. im Sinne der erblich vorgegebenen Veranlagung, wirken. Die gebildeten Merkmale sind letztlich Endprodukte zahlreicher Stoffwechselprozesse. Die **Reaktionsketten** des Stoffwechsels sind untereinander stark vernetzt. Trotzdem können Stoffwechselprozesse in eine Serie einzelner Reaktionen aufgelöst werden. Diese Reaktionen stehen jeweils unter der (hauptsächlichen) Kontrolle von wenigen Genen, insbesondere von solchen, die Enzyme und Komponenten des endokrinen Systems codieren (bzw. deren regulierende Faktoren, wie z.B. Transkriptionsfaktoren). Es gibt übergeordnete Regulationsvorgänge (z.B. durch Hormone gesteuerte) und eine spezifische Regulation bestimmter Stoffwechselreaktionen (z.B. durch Veränderungen der Enzymkonzentrationen oder –aktivitäten). **Abb. 28.2** zeigt am Beispiel der Wachstumshormonkaskade einige Regulationsmechanismen, die durch Hormone ausgelöst werden und einen Teilbereich der endokrinen Regulation betreffen. Von Tier zu Tier kann sich ein bestimmter Stoffwechselabschnitt sowohl in seiner Kapazität als auch in seiner Regulationsfähigkeit unterscheiden. Unter **Kapazität** versteht man den bei definierten Außenbedingungen maximalen Durchsatz an Substraten, während sich die **Regulationsfähigkeit** in den Eigenschaften des Stoffwechsels bei Einwirkung verschiedener äußerer Einflüsse zeigt. Hinsichtlich der Beschreibung der Stoffwechselabläufe wird auf die Spezialliteratur verwiesen.

Die Ausbildung von **Leistungsmerkmalen** (z.B. geringer Fettanteil im Schlachtkörper,

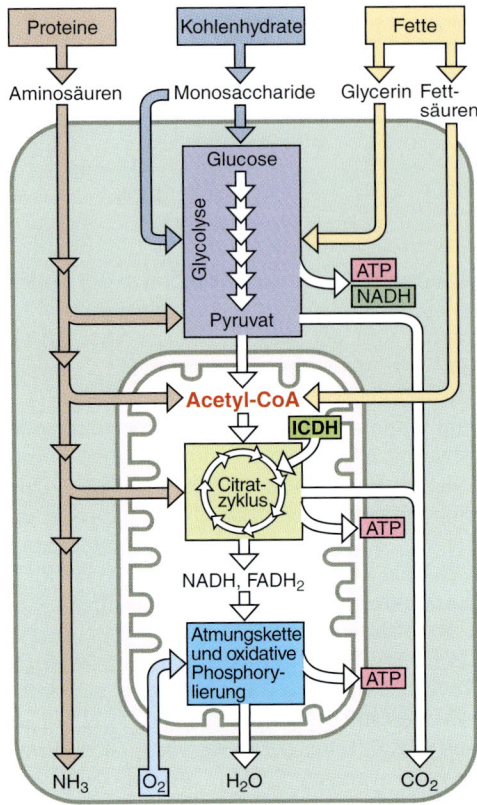

**Abb. 28.1:** Grobschema zu den katabolen Stoffwechselreaktionen nach Aufnahme von Nahrungsbestandteilen in eine Zelle

Proteine, Fette und Kohlenhydrate dienen als Betriebsstoffe. Monomere dieser Nährstoffmoleküle werden an verschiedenen Stellen in die Glycolyse oder den Citratzyklus (auch Tricarbonsäurezyklus oder Krebs-Zyklus genannt) eingeschleust. Bei der Glycolyse wird Glucose in mehreren Zwischenstufen zu Pyruvat umgewandelt. Pyruvat wird der oxidativen Decarboxylierung zugeführt, deren Endprodukt Acetyl-CoA ist. Neben Glucose werden auch Fettsäuren und Aminosäuren bis ggf. zu Acetyl-CoA abgebaut, als solches in den Citratzyklus eingeschleust und hier bis zu $CO_2$ sowie $H_2O$ oxidiert. Die bei der Oxidation freigesetzte Energie wird in Form reduzierter Elektronencarrier (siehe Text) und im weiteren Verlauf während der Atmungskettenphosphorylierung als ATP (Adenosintriphosphat) konserviert.

An bestimmten Kontrollpunkten der Reaktionswege katalysieren Schlüsselenzyme die Reaktionen. Als Beispiel dafür wird die Isocitrat-Dehydrogenase (ICDH) im Citratzyklus dargestellt. Durch Schlüsselenzyme kann der Stoffwechsel z.B. der Glycolyse und des Citratzyklus beschleunigt oder verlangsamt werden, so dass sich katabole und anabole Stoffwechselreaktionen den wechselnden Bedürfnissen der Zelle anpassen.

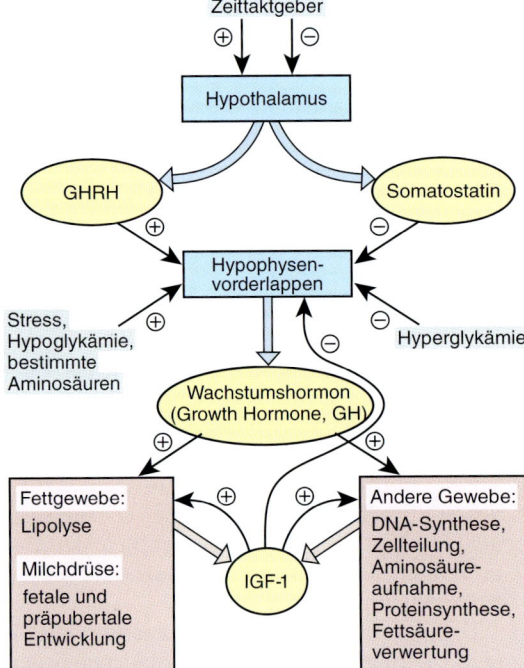

**Abb. 28.2:** Wirkungsprinzip in der Wachstumshormonachse

Vom Hypothalamus ausgehend stehen die Synthesen bzw. die Sekretionen der Hormone unter Rückkopplung, so dass die Hormonkonzentrationen exakt und je nach Gewebe ggf. unterschiedlich reguliert werden können. Der Hormonspiegel kann relativ kurzfristig verändert und damit dem Bedarf angepasst werden. Die Sekretion des Wachstumshormons wird durch zwei Hypothalamus-Hormone sowie mehrere Stoffwechselfaktoren reguliert. Das Wachstumshormon wirkt auf verschiedene Gewebe. Die anabole Schiene wird durch ein Gewebehormon (IGF-1) verstärkt.

hohe Milchmenge) erfordert Prozesse, welche die gewünschte Merkmalsausprägung forcieren, während andere unbeeinflusst bleiben oder zurückgedrängt werden. Eine einseitige, hohe Leistung führt also zu speziellen Stoffwechselsituationen. An zwei Merkmalen wird beispielhaft diese Aussage erläutert – die Milchleistung und der Fettansatz.

– **Stoffwechsel bei hoher Milchleistung.** Bei Milchkühen werden nach der Kalbung und mit Beginn der Laktation tiefgreifende physiologische Veränderungen eingeleitet. Diese äußern sich in einem abgesenkten Insulinspiegel sowie in erhöhten Konzentrationen der Hormone Glucagon und Somatotropin. Eine solche Konstellation bietet günstige Voraussetzungen für die Milchsynthese, da Energie mobilisiert wird. Bei hohen Milchleistungen können aber sowohl der Energieals auch der Substratbedarf nicht mehr über das Futter abgedeckt werden. Die entstehende Energielücke wird aus mobilisierter Körpersubstanz, insbesondere aus dem Körperfett, geschlossen. Wenn trotz ansteigendem Stoffumsatz die im Lebergewebe neu gebildeten Substanzen nicht mehr den Glucosebedarf – vor allem denjenigen für die Milchzuckersynthese – decken, sinkt der Blutzuckerspiegel. Glucosemangel bei gleichzeitig ansteigender Anflutung von freien Fettsäuren (durch Fettabbau) fördert eine „hepatische Ketogenese" (Bildung von Ketonkörpern, d. h. Aceton, Acetoacetat und β-Hydroxybuttersäure, in der Leber) und die Einlagerung von Fett in das Lebergewebe. Unter diesen Stoffwechselbedingungen, die als **Ketose** (**Ketosis**) bezeichnet werden, geht die ohnehin ungenügende Futteraufnahme weiter zurück, da sich das Glucosedefizit sowie der steigende Ketonkörperspiegel beim Wiederkäuer ungünstig auf die Nervenzellen auswirken. Daraus folgen Probleme mit der Futteraufnahme, eine rückläufige Milchleistung und Störungen verschiedener Organfunktionen, wobei das Reproduktionssystem besonders sensitiv reagiert. Wird keine wirksame Behandlung durchgeführt und reicht die Kapazität der Anpassungsvorgänge für das Wiederherstellen homeostatischer Verhältnisse nicht aus, steht am Ende das Versagen des gesamten biologischen Systems. Die Stoffwechsellage bei der Milchkuh wird in

Abb. **28.3** gezeigt. Wie dort zu erkennen ist, ändern sich je nach Stoffwechselkapazität und -belastung die Konzentrationen mehrerer Stoffwechselmetabolite. Zur Überwachung der Tiergesundheit können diese Kriterien gemessen werden. Sie erlauben bereits frühzeitig eine Diagnose der Stoffwechselveranlagung und der weiteren gesundheitlichen Entwicklung. Dadurch lassen sich Vorgaben für die Vorbeugung und Behandlung von Stoffwechselstörungen erkennen.

– **Stoffwechselkriterien bei Fettansatz.** Stoffwechselkriterien ermöglichen eine Beurteilung der Lipogenese und Lipolyse im Fettgewebe. Als Teilkomponenten, die mit dem Fettansatz zusammenhängen, werden einerseits die Aufnahme/Abgabe von Fettsäuren und Glucose sowie andererseits Fettzellkriterien gemessen. Aussagefähige Parameter für die Veranlagung zum Fettansatz lassen sich aus Kontrollenzymen der Fettsäurenbiosynthese (z. B. Fettsäuresynthetase, Acetyl-CoA-Carboxylase, Lipoprotein-Lipase) sowie aus den darauf wirkenden Hormonen (z. B. Insulin, Glucagon, Wachstumshormon) gewinnen. Beispielsweise stellen NADPH-liefernde Dehydrogenasen Energieträger zur Verfügung. Lipasen bauen die Fette ab, Insulin erhöht z. B. den Glucosetransport in die Fettzellen, und Catecholamine aktivieren Lipasen. Eine Messung von Kapazität und Regulationseigenschaften dieser Stoffwechselkomponenten kann also helfen, die Veranlagung zum Fettansatz zu erkennen.

Bei Stoffwechseluntersuchungen werden meist mehrere Stoffgruppen berücksichtigt, von denen Enzyme, Hormone, Effektoren und Metabolite die größte Bedeutung besitzen. Zu deren Darstellung werden sehr verschiedene biotechnische Verfahren, wie u. a. Protein-Arrays (siehe S. 192ff.), eingesetzt.

## 28.1.2 Enzyme

Stoffwechselreaktionen werden von **Enzymen** katalysiert. Ihrer chemischen Struktur nach handelt es sich hierbei um Proteine. Viele Enzyme benötigen für die katalytische Wirksamkeit zusätzliche niedermolekulare Substanzen, so genannte Cofaktoren oder Coenzyme. Enzy-

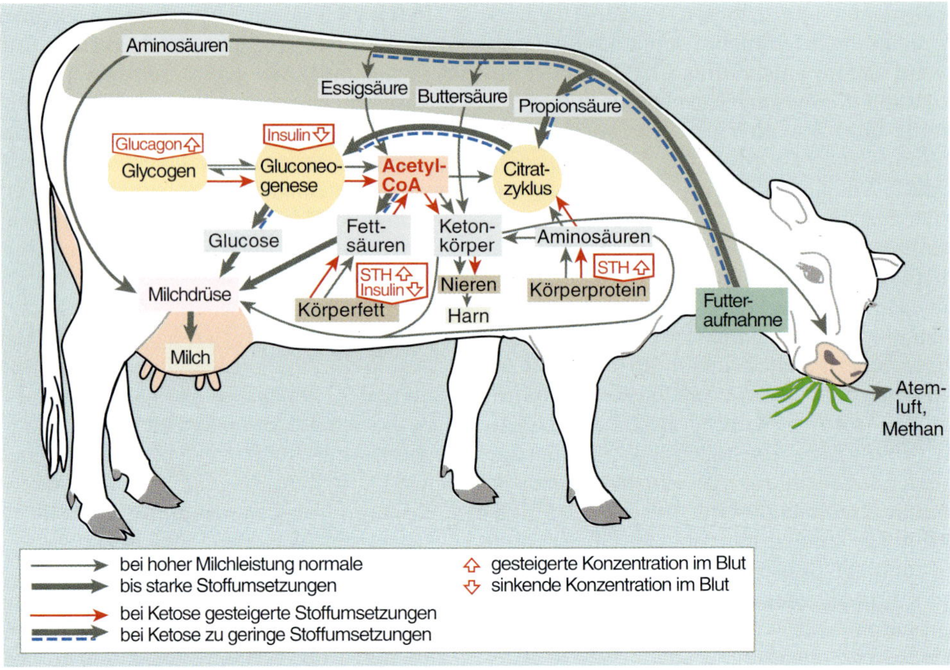

**Abb. 28.3:** Energieumsatz des Rindes bei hoher Milchleistung

Hohe Milchleistung benötigt einen insgesamt gesteigerten Energieumsatz. Im Wesentlichen führen die über das Futter aufgenommenen flüchtigen Fettsäuren – insbesondere die Propionsäure – über Gluconeogenese zum Aufbau von Glucose. Ein sinkender Insulinspiegel bei steigenden Wachstumshormon- und Glucagon-Werten stimuliert den katabolen Stoffwechsel. Hohe Milchleistungen bringen zu Laktationsbeginn die Glucose ins Defizit. Bei einem solchen Energiedefizit werden Körperdepots abgebaut. Dies betrifft vor allem die Fettdepots. Infolge erhöhter lipolytischer Aktivitäten werden Fettsäuren freigesetzt. Die freien Fettsäuren tragen zur Energielieferung bei, wodurch die Ketonkörperbildung ansteigt. Hohe Ketonkörperkonzentrationen (Ketosis) hemmen die Gluconeogenese und den Citratzyklus. In dieser Situation wird die Futteraufnahme inhibiert, wodurch die Synthese flüchtiger Fettsäuren aus dem Pansenstoffwechsel zurückgeht.

me sind in der Lage, die Aktivierungsenergie für Stoffwechselprozesse soweit herabzusetzen, dass diese ablaufen können, wodurch sie gleichzeitig die Geschwindigkeit der einzelnen Stoffwechselreaktionen millionenfach erhöhen. Eine weitere wichtige Eigenschaft der Enzyme ist ihre hohe Reaktionsspezifität, d.h. die Katalyse definierter Stoffumsetzungen. Diese Eigenschaft lässt sich u.a. aus der definierten, dreidimensionalen Anordnung der Atome im aktiven Zentrum des Makromoleküls ableiten und wird wesentlich durch die Sequenz der Aminosäuren (Primärstruktur) vorbestimmt. Die Expression eines Enzyms kann ubiquitär oder organspezifisch erfolgen, was einen hohen indikativen Wert für die Beurteilung von Stoffwechselaktivität, Stoffwechselstabilität und Tiergesundheit

besitzt. So weist das Vorkommen leberspezifischer Enzyme im Blut auf eine Permeabilität der Zellmembranen und auf eine erhöhte Zelldegeneration im Lebergewebe hin.

**Schrittmacher-, Kontroll-** oder **Schlüsselenzyme** dienen als „Stellgrößen" des Stoffwechsels. Die Regulierung ihrer Aktivität hat zur Folge, dass vor- oder nachgelagerte Reaktionen ebenfalls beeinflusst werden. Schlüsselenzyme katalysieren – bei physiologischen Substratkonzentrationen – eine Reaktion nur in einer Richtung und wirken an Verzweigungsstellen des Stoffwechsels. Ein Beispiel dafür ist die Isocitrat-Dehydrogenase (ICDH) aus dem Citratzyklus (**Abb. 28.1**).

Die **Katalyseraten in der Zelle** können durch Regulation der Enzymkonzentrationen und -ak-

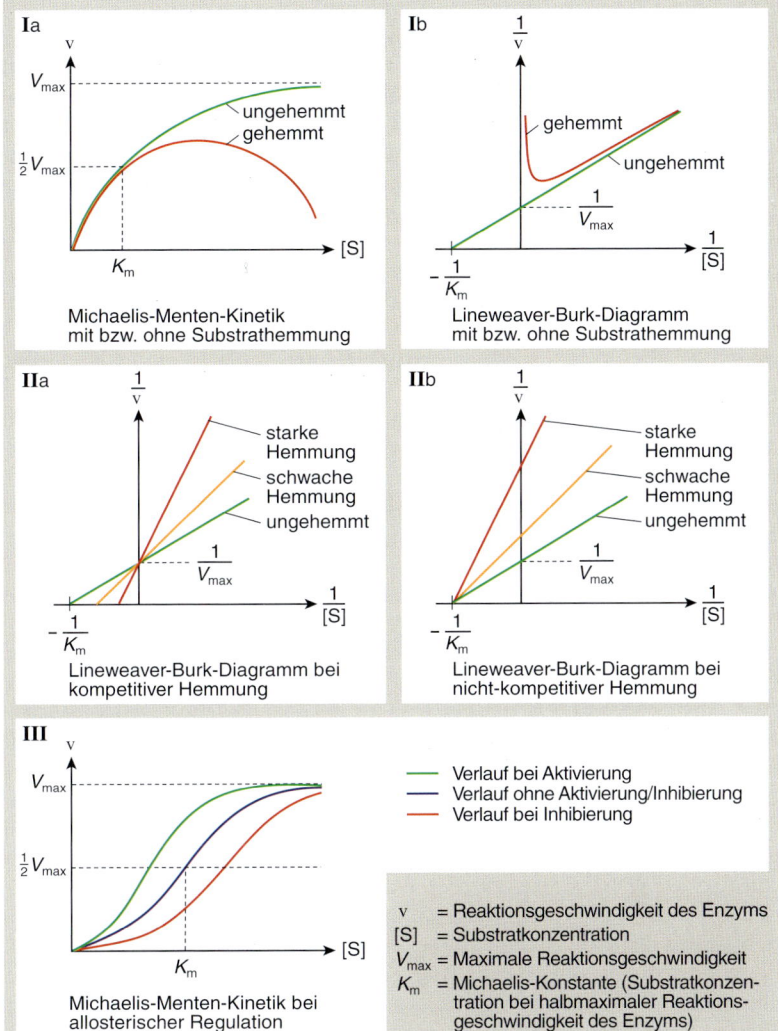

**Abb. 28.4:** Beziehungen zwischen Reaktionsgeschwindigkeit eines Enzyms und der Substratkonzentration

tivitäten verändert werden. Beide Kontrollmechanismen unterscheiden sich in ihrer Wirkung hinsichtlich Schnelligkeit, Empfindlichkeit und Vielseitigkeit. Die **Regulation der Enzymmenge** (Molekülzahl) erfolgt über Enzymsynthese und -abbau in einem relativ langsamen Prozess. Die Enzymmenge wird auf den verschiedenen Ebenen der Genexpression kontrolliert – über Transkription, RNA-Reifung, Translation, posttranslationale Vorgänge, Bildung von Tertiär- und Quartärstrukturen sowie Abbau der Enzymmoleküle. Die **Regulation der Enzymaktivität** (Zahl der umgesetzten Substratmoleküle pro Zeiteinheit und Enzymmolekül) hängt ab von Aktivatoren und Inhibitoren, kinetischen

Parametern ($V_{max}$, $K_m$) sowie der chemischen Modifizierung der Enzymmoleküle (**Abb. 28.4**). In vielen Fällen wird die Enzymaktivität durch die Konzentration der Substratmoleküle so reguliert, dass sich bestimmte Produktkonzentrationen einstellen (**isosterische Regulation**). In anderen Fällen binden bestimmte Effektoren an Stellen außerhalb des aktiven Zentrums und verändern die Raumstruktur des Enzymmoleküls und infolgedessen auch dessen Aktivität (**allosterische Regulation**). Manchmal konkurrieren Effektoren mit dem umzusetzenden Substrat um die Bindung im aktiven Zentrum (**kompetitive Hemmung**), oder Substanzen binden zusätzlich zum Substrat an das aktive Zentrum und verlangsamen den Umsatz. Eine Anpassung der Enzymaktivität erfolgt über Regulation bereits vorhandener Enzymmoleküle und kann daher sehr schnell ablaufen. Welche Bedeutung haben diese Erkenntnisse für eine Beurteilung der genetisch bedingten Veranlagung eines Tieres?

Enzymmengen und -aktivitäten hängen nicht nur von biochemisch-physiologischen Einflüssen ab, sondern können auch genetisch bedingt unterschiedlich sein. Dies wurde experimentell z. B. an den Aktivitätsunterschieden allelabhängiger **Isoenzyme** (Moleküle gleicher Katalysespezifität, aber unterschiedlicher Aminosäuresequenz) nachgewiesen.

Die Verwendung biochemisch-physiologischer Parameter zur genetischen Beurteilung von Tieren setzt eine Messung unter standardisierten Bedingungen voraus. Für **Messungen der Enzymaktivitäten** wird unter definierten Reaktionsbedingungen (meist bei pH-Optimum und innerhalb eines Temperaturbereiches von 25–38° C) der Umsatz eines Metaboliten je Zeiteinheit bestimmt. Je höher die Aktivität des Enzyms ist, um so mehr Moleküle werden umgesetzt oder entstehen. Da die Enzymaktivität in unterschiedlichem Maße von der Substratkonzentration abhängt, ist die Bestimmung der maximalen Aktivität und der Regulation eines Enzyms erst möglich, wenn die Reaktionsgeschwindigkeiten bei unterschiedlichen Substratkonzentrationen gemessen werden (**Abb. 28.4**). Bei Messungen der Enzymaktivität macht man sich häufig den Umstand zu Nutze, dass einige Reaktionen unter Veränderung der Konzentrationen an $NAD^+$ und NADH ablaufen (siehe S. 515). Diese beiden Substanzen besitzen ein unterschiedliches Lichtabsorptionsverhalten. Während das reduzierte Coenzym NADH eine starke Absorption zwischen 300 und 370 nm aufweist, absorbiert das oxidierte $NAD^+$ in diesem Bereich nicht. Die Veränderungen der Lichtabsorption sind photometrisch erfassbar und bei ausreichender Substratkonzentration der Enzymaktivität proportional.

## 28.1.3 Hormone

**Hormone** sind in der Hierarchie der Stoffwechselregulation den Enzymen übergeordnet. Sie werden in bestimmten Zellverbänden gebildet, gelangen von dort in die Blutbahn und können in sehr geringen Konzentrationen die Funktion anderer Organe beeinflussen. Hormone wirken nur auf Zellen, die über passende Rezeptoren verfügen, und sind daher gewebespezifisch. Den Wirkungsort (**Ziel-** oder **Targetzelle** bzw. **-gewebe**) erreichen die meisten Hormone auf dem Blutweg. Eine besondere Gruppe bilden die **Gewebshormone** oder **Mediatoren** (z. B. Acetylcholin, Histamine, Prostaglandine, Serotonin), die überwiegend am Wirkungsort und nicht in speziellen endokrinen Organen gebildet werden. Hormone gehören verschiedenen chemischen Stoffklassen an. Neben Aminosäurederivaten (z. B. Thyroxin, Adrenalin) gibt es kurzkettige Peptide (z. B. Oxytocin), langkettige Peptide (z. B. Glucagon), Proteine (z. B. Wachstumshormon, Prolactin) und Steroide (z. B. Corticosteroide, Testosteron).

Eine **Hormonsekretion** wird durch direkte (z. B. Hypothalamushormone) oder indirekte (z. B. Cortisol, Thyroxin, Progesteron) Reize aus dem Zentralnervensystem ausgelöst. Indirekte Reize werden von Hormonen vermittelt, welche ihre Wirkung in anderen Hormondrüsen entfalten. So bedarf es eines ACTH-Impulses (ACTH, Adeno-Corticotropes-Hormon) aus dem Hypophysenvorderlappen, bevor die Nebennierenrinde Cortisol ausschüttet. Thyroxin wird von der Schilddrüse freigesetzt, wenn sie vorher durch Thyreotropin aus der Hypophyse dazu angeregt wurde. Mehrere Hormone (z. B. Insulin und Catecholamine) binden an **Zelloberflächenrezeptoren**, lösen die Bildung eines **sekundären Signalstoffes** aus (z. B. cAMP, s. u.) und induzieren auf diese Weise meist intrazellulär eine Kaskade enzymatischer Reaktionen. Andere Hormone (z. B. Steroid- und Schilddrüsenhormone) dringen in die Zielzellen ein, werden gemeinsam mit einem dazu passenden **Rezeptorprotein** zum Kern transportiert, heften sich dort an spezifische DNA-Abschnitte und fungieren als Verstärker der Transkription.

Bei der Regulation des Stoffwechsels bilden Nerven- und Hormonsystem eine funktionelle Einheit, das **neuro-humorale System**. Dieses empfindliche und vernetzte Regulationssystem weist Eigenschaften auf, durch welche eine Anpassung des Organismus an veränderte Bedingungen der äußeren und inneren Umwelt ermöglicht wird. Das System verfügt vor allem über **rückgekoppelte Regelkreise**, welche die Nachlieferung von Hormonen auf die Bedürfnisse des Organismus abstimmen. Dies wird in

**Tab. 28.1:** Typische Arbeitsschritte beim RIA (*Radio Immuno Assay*) und beim indirekten ELISA (*Enzyme-Linked Immunosorbent Assay*)

| Arbeitsschritt | RIA | ELISA |
|---|---|---|
| 1 | Beschichtung der Testplatte mit der Testsubstanz (z. B. Auftropfen von hormonhaltigem Blutserum) | wie RIA |
| 2 | Waschen | wie RIA |
| 3 | Zugabe des Testantikörpers (spezifisch gegen das zu untersuchende Hormon) | wie RIA |
| 4 | Waschen | wie RIA |
| 5 | Zugabe eines radioaktiv markierten Liganden (zweiter Antikörper) | Zugabe eines enzymkonjugierten Liganden (zweiter Antikörper) |
| 6 | Waschen | wie RIA |
| 7 | - | Zugabe eines Substrates, welches unter enzymatischer Katalyse mit einem Farbumschlag reagiert |
| 8 | Messung der Radioaktivität im Gammazähler | Photometrische Messung des Farbumschlags |

**Abb. 28.2** am Beispiel der Wachstumshormonkaskade illustriert.

Eine wichtige Frage ist, welche Unterschiede im endokrinen System von Tier zu Tier zu erwarten sind. Hormone und die durch sie verursachten Wirkungen reagieren empfindlich auf Umwelteinflüsse, ändern sich während der Individualentwicklung und hängen von erblichen Kriterien ab. Beispielsweise sind **genetisch bedingte Unterschiede** auf allen Stufen des neuro-humoralen Systems zu beobachten, also z. B. bei der Synthese, der Ausschüttung, der Rezeptorbindung und dem Abbau von Hormonen. Da die Hormonwirkung primär über Veränderungen ihrer Konzentrationen im Blut vermittelt wird, lassen sich aus Blutmessungen Informationen zum Stoffwechsel und zur korrespondierenden Leistungsveranlagung eines Tieres ableiten (vgl. **Tab. 28.4**, S. 531). Bei der Analyse von Hormonkonzentrationen im Blut und ihrer genetischen Bewertung ist jedoch zu beachten, dass

– einige Hormone nicht kontinuierlich sondern zyklisch ins Blut abgegeben werden und daher in ihren Konzentrationen schwanken können,
– nur die frei zirkulierenden, nicht gebundenen Hormone an den Zielzellen wirksam werden können,
– die Wirksamkeit eines Hormons von der Zahl und Funktion entsprechender Rezeptormoleküle mitbestimmt wird,
– der Hormonspiegel aus Synthese-, Abbau- und Umbauvorgängen resultiert und so aus

den Konzentrationen nicht unbedingt auf den Umsatz zu schließen ist.

Zu den am häufigsten genutzten Verfahren des quantitativen Nachweises von Hormonen gehören die **RIA**- (*Radio Immuno Assay*) und die **ELISA**-Technik (*Enzyme-Linked Immunosorbent Assay*) (**Tab. 28.1**). In beiden Fällen wird die Eigenschaft von Antikörpern genutzt, sich an die zu untersuchenden Biomoleküle (hier Hormone) spezifisch zu binden (**Abb. 28.5**). Beim ELISA werden dem Medium enzymkonjugierte Sekundär-Antikörper zugegeben, welche sich an die vom Hormon gebundenen primären Antikörper heften. Die Enzyme wiederum führen zu einem Substratumsatz, der an eine messbare Farbreaktion gekoppelt ist. Demgegenüber arbeitet man beim RIA mit radioaktiv markierten Sekundär-Antikörpern. Hier ist die im Gammazähler erfasste Radioaktivität ein Indikator der Hormonkonzentration.

## 28.1.4 Intrazelluläre Effektoren

Als Effektoren zur Regulation von Hormon-, Enzym- und Genaktivitäten wirken intrazelluläre chemische Botenstoffe (*second messenger,* **sekundäre Boten**). Unter diesen ist **cAMP** (*cyclic adenosine monophosphate,* zyklisches Adenosin-3′,5′-monophosphat) ein universeller Effektor, der durch Adenylat-Cyclase aus ATP (Adenosintriphosphat) unter Abspaltung von Pyrophosphat gebildet wird und der intrazellu-

**Abb. 28.5:** Aufbau eines typischen Komplexes, der die Anwesenheit eines fixierten Antigens anzeigt

a) beim *Radio Immuno Assay* (RIA)

b) beim indirekten *Enzyme-Linked Immunosorbent Assay* (ELISA)

Das nachzuweisende Antigen wird auf einen festen Untergrund (Testplatte) fixiert und dort spezifisch durch den Primär-Antikörper erkannt. An

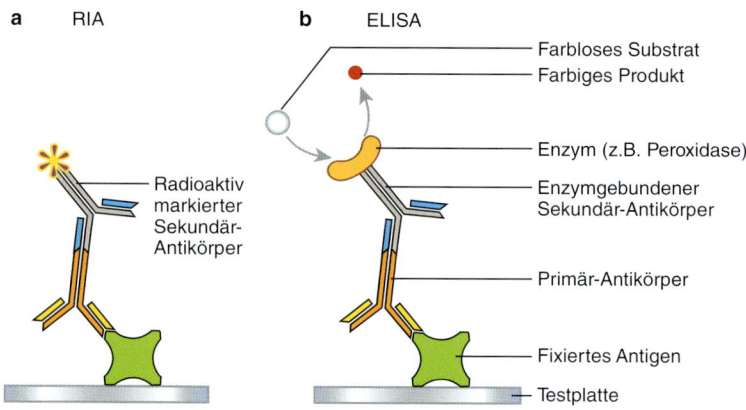

diesen wird der Sekundär-Antikörper gebunden. Der Sekundär-Antikörper ist beim RIA radioaktiv markiert und erlaubt so einen empfindlichen Nachweis. Beim indirekten ELISA ist an den Sekundär-Antikörper ein Enzym (z. B. Peroxidase) konjugiert, welches ein farbloses Substrat in ein farbiges, quantitativ messbares Produkt umsetzt.

lären Signaltransduktion dient, bei der das eingehende Signal zusätzlich verstärkt wird. Unterschiedlichste Prozesse sind cAMP-abhängig, wie z. B. die Phosphorylierung des Transkriptionsfaktors CREB (siehe **Tab. 3.4**, S. 82), die Modulation von spannungsabhängigen Ionenkanälen oder die Expression der Tyrosinhydroxylase. Im Beispiel der **Abb. 28.6** aktiviert cAMP die Proteinkinase A, die viele Proteine phosphorylieren kann. Die Spaltung der 3′-Phosphatester-Gruppierung und damit Inaktivierung von cAMP zu Adenosin-5′-monophosphat (AMP) erfolgt durch eine spezifische Phosphodiesterase.

## 28.1.5 Metabolite

**Metabolite**, d. h. Intermediärprodukte des Stoffwechsels, zeigen die Stoffwechsellage an und sind von großer Bedeutung für die Regulation des Stoffwechsels. Stoffwechselintermediate werden über eine Abfolge von Schritten und unter enzymatischer Katalyse ständig gebildet, verbraucht und z. T. auch ausgeschieden. Beim gesunden Tier wird die Intensität der Bildung von Metaboliten innerhalb physiologischer Grenzen präzise reguliert. Dies trifft vor allem für Verbindungen zu, welche zur Aufrechterhaltung bestimmter Stoffwechselleistungen notwendig sind. Anhaltende Imbalancen im Metabolitspiegel weisen auf besondere physiologische Reaktionslagen hin, wie sie beispielsweise

bei Milchkühen zu Laktationsbeginn auftreten (**Abb. 28.3**).

*In vivo* variable **Konzentrationen von Metaboliten** in Zellen und Körperflüssigkeiten sind vor allem auf die an den Stoffwechselwegen beteiligten Enzyme sowie die darauf wirkenden Regulationsmechanismen (z. B. Einflüsse von Hormonen) zurückzuführen. Mit jeder Reaktion des Intermediärstoffwechsels ist ein charakteristischer Energieaustausch verbunden. Dabei können einige Schritte innerhalb der katabolen Reaktionsfolge die chemische Energie der Metabolite konservieren, was gewöhnlich in Form von energiereichen Phosphatverbindungen, z. B. ATP, geschieht. Innerhalb der anabolen Sequenz kann diese Energie dann wieder genutzt werden. Wenn die Konzentrationen der Metabolite so variabel sind, welche Aussagen lassen sich dann daraus für die Stoffwechseluntersuchungen gewinnen?

Die Konzentrationen der Metabolite können bei genetisch orientierten Untersuchungen oftmals einzelnen Stoffwechselabschnitten zugeordnet werden. Soweit die Regulation der Metabolitkonzentrationen in starkem Maße von Kontroll-Enzymen abhängt, lassen sich für diese Enzyme indirekt genetische Unterschiede erkennen. Beispielsweise hängt im Skelettmuskel die Konzentration von Glucose-6-Phosphat in starkem Maße von der Aktivität der Glycogen-Phosphorylase ab, die den Glycogenabbau katalysiert (**Abb. 28.6**). Eine Messung der Konzen-

**Abb. 28.6:** Regulation der Glycogen-Phosphorylase-Aktivität in der Muskulatur

G-1-P: Glucose-1-Phosphat; G-6-P: Glucose-6-Phosphat; UDPG: Uridindiphosphat-Glucose; ATP: Adenosintriphosphat; cAMP: zyklisches Adenosinmonophosphat.

Im Schema wird dargestellt, wie das Hormon Adrenalin einen membrangebundenen Rezeptor bindet, von dem aus die Aktivität der Adenylat-Cyclase allosterisch gefördert wird. Die aktive Adenylat-Cyclase wandelt ATP in cAMP um, welches nun seinerseits verschiedene Prozesse in der Zelle verändern kann. Im Beispiel des Glycogenabbaus bewirkt cAMP eine Aktivierung von Proteinkinasen. Eine der aktivierten Proteinkinasen phosphoryliert daraufhin eine inaktive Phosphorylase-Kinase. Diese überträgt sodann vier Phosphatgruppen auf eine Phosphorylase b. Daraufhin vereinigen sich zwei Phosphorylase-b-Moleküle zur aktiven Phosphorylase a, und diese baut Glycogen zu Glucose-1-Phosphat um. Die Enzymkaskade bildet Verstärkerstufen für die Stimulation durch wenige Hormonmoleküle. Sobald der Adrenalinspiegel wieder sinkt, gewinnen die Phosphatasen die Oberhand. Dadurch wird die Freisetzung von Glucose gebremst und wieder Glycogen synthetisiert.

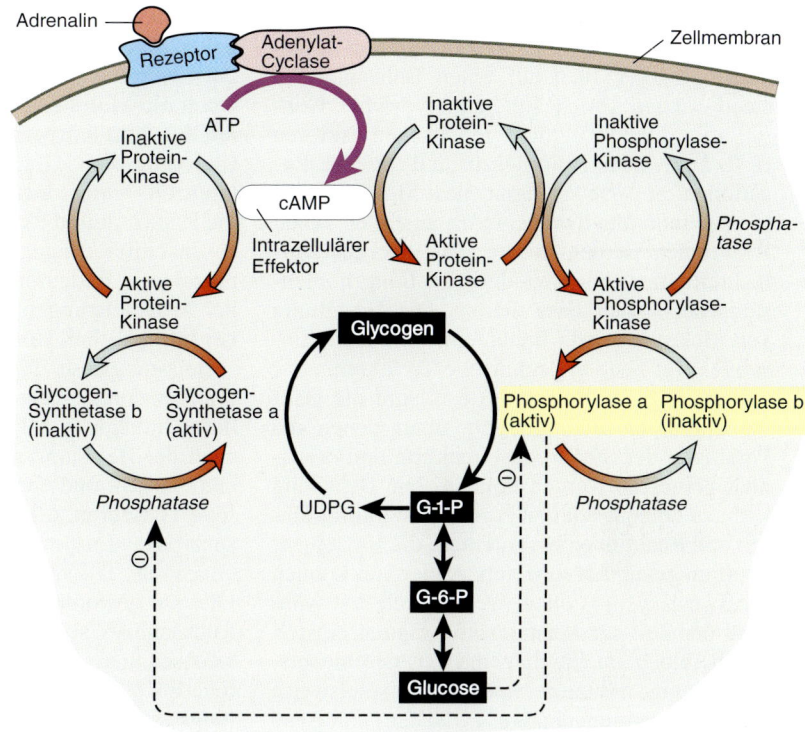

trationen von Glycogen und Glucose-1-Phosphat, also den Metaboliten vor und nach dem Kontrollenzym, kann daher Hinweise über genabhängige Eigenschaften des betreffenden Enzyms liefern. Beispielsweise liefert eine Abnahme von Glycogen und Zunahme von Glucose-1-Phosphat Hinweise über die Energiebereitstellung.

Methoden zur **Bestimmung von Metabolitkonzentrationen** basieren meist auf enzymkatalysierten Prozessen. So entsteht z.B. bei der Einwirkung von Glucose-Oxidase auf D-Glucose in Gegenwart von Sauerstoff und Wasser neben D-Glucono-1,5-Lacton auch Wasserstoffperoxid. Letzteres kann mit Hilfe der Peroxidase das farblose o-Dianisidin zu einem rotbraunen Farbstoff oxidieren, der sich photometrisch quantifizieren lässt.

## 28.2 Belastungstests

**Belastungstests** (*challenge tests*) haben den Zweck, bei einem Tier charakteristische physiologische Reaktionen auszulösen. Die Belastung kann sich auf bestimmte Gewebe oder Körperzellen beschränken und u. U. getrennt vom Tier durchgeführt werden. Durch den Belastungstest wird das zu prüfende biologische System – d.h. das gesamte Tier, einzelne Gewebe oder Körperzellen – definierten **Belastungen (Stressoren)** ausgesetzt. Als Belastungen dienen beispielsweise Situationen, die auch für die Ausbildung bestimmter, hoher Leistungen wichtig sind. Die daraufhin ausgelösten Stoffwechselveränderungen werden anhand geeigneter Parameter quantitativ erfasst. Die Reaktionen eines Individuums bzw. – bei einem *In-vitro*-Test – dessen Körperzellen auf einen Belastungszustand hängen von dessen genotypischer Konstellation sowie von nicht-genetischen Faktoren (z. B. Lern- oder Trainingszustand) ab. Die Reaktionen auf Belastungen des Stoffwechsels können individuell verschieden ausfallen. Allen Reaktionen ist gemeinsam, dass sie der Aufrechterhaltung oder Wiederherstellung homeostatischer Verhältnisse dienen. Die Gestaltung von Belastungstests bietet ein wichtiges Einsatzfeld für neue biotechnische Verfahren.

Vorteile eines Belastungstests sind die standardisierbaren Bedingungen, unter denen die Parameter der Stoffwechselreaktion und -kapazität gemessen werden können. Die Belastung kann zu einer speziellen (starken) Wirkung führen und Reaktionen hervorrufen, die sonst nicht deutlich genug hervortreten. Außerdem können Stoffwechselsituationen, welche sich erst während der Zeit der Leistungsausprägung einstellen, bereits beim Jungtier und z. T. geschlechtsunabhängig induziert werden. Beispielsweise wurden Zusammenhänge zwischen einerseits Stoffwechselkriterien im Belastungstest und andererseits der erblichen Veranlagung zur Milchleistung bei weiblichen wie auch männlichen Jungtieren gefunden. Derartige Aussagen sind für eine Vorselektion von Vatertieren interessant. Im Folgenden werden einige Beispiele für den methodischen Aufbau von Belastungstests bei Nutztieren aufgeführt.

## 28.2.1 Stoffwechselbelastungstests beim Rind

Wie auf S. 519 und in **Abb. 28.3**, S. 520, erwähnt ist, führen der Geburtsvorgang und das Einsetzen der Laktation zu starken Veränderungen im Stoffwechsel von Milchkühen. Benötigt wird in dieser Phase insbesondere eine schnelle und ausreichende Verfügbarkeit von Glucose für die Milchbildung. Glucose wird beim Wiederkäuer zum weitaus überwiegenden Teil über die Gluconeogenese aus Propionsäure aufgebaut. Ein hohes Milchleistungspotential verursacht zu Laktationsbeginn ein Energiedefizit, das durch Futteraufnahme nicht ausgeglichen werden kann. Nach der Kalbung werden daher noch über einige Wochen hinweg große Mengen an Körperreserven zum Ausgleich des Energiede-

fizits mobilisiert. Dies geschieht im Wesentlichen durch Mobilisierung von Fett, aus dem so gut wie keine Glucose gewonnen werden kann. Auch die Mobilisierung glucogener Aminosäuren aus dem Körperprotein funktioniert für die Lieferung von Glucose nur innerhalb enger Grenzen. Unter diesen Voraussetzungen erhält die Kapazität und Regulationsfähigkeit der Glucosenachlieferung und des Fettstoffwechsels eine zentrale Bedeutung für die Realisierung hoher Milchleistungen ohne wesentliche Störung der biologischen Homöostase.

Belastungstests für den Glucosestoffwechsel erfolgen durch Nüchterung bzw. Hungerung oder durch Infusion von Substraten. Vor, während und nach der Belastungsperiode werden Blutproben entnommen, und darin werden Metabolite (z. B. freie Fettsäuren, Glucose), Enzyme (z. B. leberspezifische Enzyme) und Hormone (z. B. Insulin, Glucagon, Trijodthyronin, Thyroxin) bestimmt. Die so gewonnenen Informationen erlauben Rückschlüsse auf einige leistungsrelevante Stoffwechseleigenschaften bei den betreffenden Tieren. Im Wesentlichen wurden folgende Belastungstests benutzt (**Tab. 28.2**):

– **Hungerbelastung.** Im Stoffwechsel entsteht nach mehrtägiger Reduzierung des Futterangebotes ein Energiedefizit, das zu einer hormonell regulierten Stoffwechsellage führt. Beispielsweise vermindert sich, wie **Abb. 28.7** zeigt, der Insulinspiegel bei Jungbullen nach Hungerbelastung und stimuliert eine Energiemobilisierung in den Körpergeweben. Lediglich geringfügig abnehmende Insulinwerte werden als Hinweise auf eine Belastungsstabilität gewertet, die auch während der Laktation bei den Töchtern zu erwarten ist.

– **Glucosetoleranztest.** Als Glucosetoleranz wird die Fähigkeit zur Aufrechterhaltung eines gleichbleibenden Blutglucosespiegels bezeichnet. Durch kurzzeitige intravenöse Glucoseinfusion werden die Insulin bildenden Zellen (B-Zellen des Pankreas) stimuliert. Deren Ansprechbarkeit und Synthesekapazität lässt sich im unmittelbaren zeitlichen Anschluss daran aus dem Verlauf des Insulinspiegels im Blut erkennen. Eine hohe Kapazität zeigt sich in einer starken Insulinreaktion. Außerdem kann die Wirksamkeit von Insulin in den Zielgeweben bestimmt werden, indem zusätzlich der zeitliche Verlauf der Blutglucosekonzentrationen gemessen wird.

**Tab. 28.2:** Belastungstests beim Milchrind

| Test | Methodik | Wichtigste Messparameter | Aussage |
|---|---|---|---|
| Hungerbelastung | Mehrtägige Futterreduktion | Metabolite, leberspezifische Enzyme, Hormone (insbes. Insulin) | Belastungsstabilität |
| Glucosetoleranz | Kurzzeitige intravenöse Glucoseinfusion | Blutglucose, Insulin | Funktion der B-Zellen des Pankreas |
| Glucosebelastung | 10- bis 30-minütige intravenöse Infusion von Glucose | Blutglucose, Insulin | Kapazität der Glucoseverwertung |
| Propionatbelastung | 10- bis 30-minütige intravenöse Infusion von Propionat | Blutglucose, Insulin | Kapazität der Gluconeogenese |
| Butyratbelastung | 10- bis 30-minütige intravenöse Infusion von Butyrat | Blutglucose, Butyrat | Regulation des Stoffwechsels |

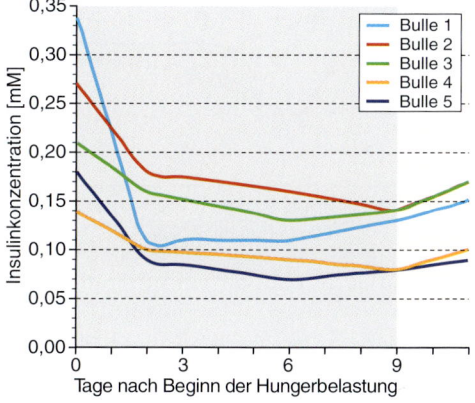

**Abb. 28.7:** Beispiele für Plasma-Insulinspiegel im Verlaufe einer Hungerbelastung bei Jungbullen

Fünf Bullen wurden über neun Tage unterhalb ihres Erhaltungsbedarfs ernährt. Dabei stellt sich allmählich eine katabole Stoffwechsellage ein – ähnlich derjenigen bei Kühen während der Hochlaktation (vgl. **Abb. 28.3**). Unter diesen Bedingungen gelten hohe und gleichmäßige Insulinwerte als ein Hinweis auf eine gute Belastungsstabilität des Stoffwechsels. Im dargestellten Beispiel würde der Bulle 2 eine bessere Belastungsstabilität aufweisen als die Bullen 1, 4 und 5. Nach verstärkter Futterversorgung (vom 9. Tag an) streben die Insulinkonzentrationen wieder ihren Ausgangswerten zu. Nach Müller et al. (1997).

– **Glucosebelastungstest.** Hierbei wird nach einer 10- bis 30-minütigen Glucoseinfusion die Verstoffwechselung von Glucose an der Abnahme der Blutglucosekonzentration gemessen. Auf diese Weise wird nicht nur die Glu

cosetoleranz, sondern auch die Kapazität der Substratverwertung erkannt.

– **Propionatbelastungstest.** Propionat ist das wichtigste Substrat der Gluconeogenese und dient dem Glucoseaufbau (**Abb. 28.3**, S. 520). Eine Infusion von Propionat führt u.a. dazu, dass sich der Blutglucosespiegel erhöht (**Abb. 28.8a**) und infolgedessen eine Insulinreaktion zu messen ist. Aus den Entwicklungen von Glucose- und Insulinkonzentrationen im Blut kann auf die Kapazität der Gluconeogenese geschlossen werden.

– **Butyratbelastungstest.** Eine Butyratinfusion führt zu einem Absinken des Blutglucosespiegels (**Abb. 28.8b**). Nach Beendung der Infusion werden allmählich wieder die Normalwerte erreicht. Eine Belastung mit Butyrat kann dazu dienen, die Regulationsleistung des Stoffwechsels in einer Ketose-ähnlichen Situation, wie sie zu Laktationsbeginn häufig eintritt (siehe S. 519), zu beurteilen.

Bei Belastungstests kann die genetische Variabilität der hierdurch beeinflussten Stoffwechselabläufe stärker hervortreten als unter üblichen Bedingungen, während die umweltbedingte Variabilität gleich bleibt. Dies zeigt **Abb. 28.8** am Beispiel eineiiger weiblicher Milchrinderzwillinge, denen definierte Mengen an Propionat oder Butyrat appliziert wurden. Während bei einem Zwillingspaar keine wesentlichen Auslenkungen des Blutglucosespiegels zu beobachten waren, wies der rasche und starke Anstieg im Falle eines anderen Paares auf eine hohe Kapazität der Gluconeogenese hin. Die Übereinstimmung der Reaktionen jeweils eines Zwillingspaares nach Belastungen des Energieumsatzes

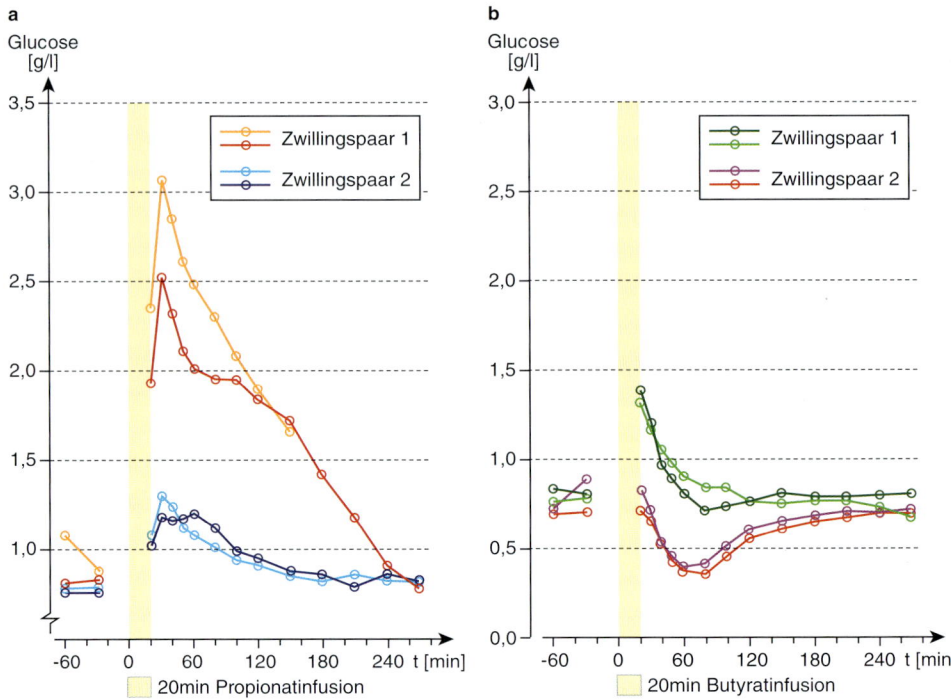

**Abb. 28.8:** Belastungstests des Energiestoffwechsel beim Rind durch Infusion von Substraten bei monozygoten Rinder-Zwillingspaaren.

Die dargestellten Unterschiede zwischen monozygoten Zwillingspaaren lassen erkennen, dass starke erbliche Einflüsse wirksam sind. Nach EULITZ-MEDER ET AL. (1989, 1990).

a) Propionatinfusion. Propionat liefert Substrat für die Gluconeogenese und damit für die Synthese von Glucose (vgl. **Abb. 28.3**, S. 520). Je rascher und stärker der Stoffwechsel eines Tieres infundiertes Propionat in Glucose umsetzt und die Glucose über die Blutbahn für die Versorgung der Gewebe bereitstellt, desto günstiger ist die Reaktion zu bewerten.

b) Butyratinfusion. Eine Butyratinfusion führt zu einem Absinken des Blutglucosespiegels. Nach Beendung der Infusion werden die Normalwerte umso rascher erreicht, je stärker die Regulationsleistung des Stoffwechsels gegenüber einer Ketose-ähnlichen Situation ist, wie sie zu Laktationsbeginn eintritt.

deutet auf starke erbliche Einflüsse hin. Mehrere Untersuchungen bestätigten Heritabilitäten (vgl. Fußnote S. 532) der Belastungstest-Merkmale von bis zu 0,5 beim Milchrind sowie enge Korrelationen mit Merkmalen der Milchleistung und Fruchtbarkeit.

### 28.2.2 Belastungstests auf Stressempfindlichkeit beim Schwein

Die Stressempfindlichkeit beim Schwein wird in starkem Maße von der erblich bedingten Veranlagung zur **Malignen Hyperthermie (MH)** bestimmt, die sich z.B. bei Bewegungsbelastung durch Temperaturanstieg äußert und auch als **Porcines Stress-Syndrom (PSS)** oder – wegen der Auswirkungen auf die Muskelfasern – als **Belastungsmyopathie** bezeichnet wird. Stressanfällige Tiere zeigen neben Aufzucht- und Mastverlusten auch Änderungen in der Fleischbeschaffenheit. Die Zusammenhänge zwischen Stressursachen, Fleischbeschaffenheit und Tiergesundheit werden in **Abb. 28.9** zusammengefasst. Belastungstests, mit denen man die Stressanfälligkeit an lebenden Schweinen erfassen kann, sind der Halothan-, der CK- und der Osmose-Resistenz-Test (**Tab. 28.3**).

**Abb. 28.9:** Zusammenhänge zwischen Stressor, Fleischbeschaffenheit und Tiergesundheit beim Schwein

Durch Züchtung (viel Muskelmasse, große Muskelfasern, hoher Anteil weißer Muskelfasern mit Neigung zum anaeroben Stoffwechsel), Haltung (Bewegungsarmut) und Fütterung (intensive Nährstoffversorgung) werden ungünstige Vorbedingungen für den Energiestoffwechsel der Muskulatur geschaffen. Wirken dann Stressoren auf die Tiere (z. B. intensive Bewegung beim Transport, Rangordnungskämpfe, Erregungszustand vor der Schlachtung), kommt es unter Hormoneinwirkung zur raschen Mobilisierung von Energie. Hierbei gerät die Sauerstoffversorgung in ein Defizit. Speziell in den Muskelfasern wird in dieser Situation auf anaeroben Stoffwechsel umgeschaltet, der zur Milchsäurebildung und damit zum pH-Abfall führt. Dies kann Zellschädigungen und Muskelverkrampfungen bedingen. Dauert der Vorgang an, werden die Glycogenvorräte zunehmend abgebaut. Schließlich setzen Muskelschädigungen ein. Als Folge kann es zu einem akut verlaufenden

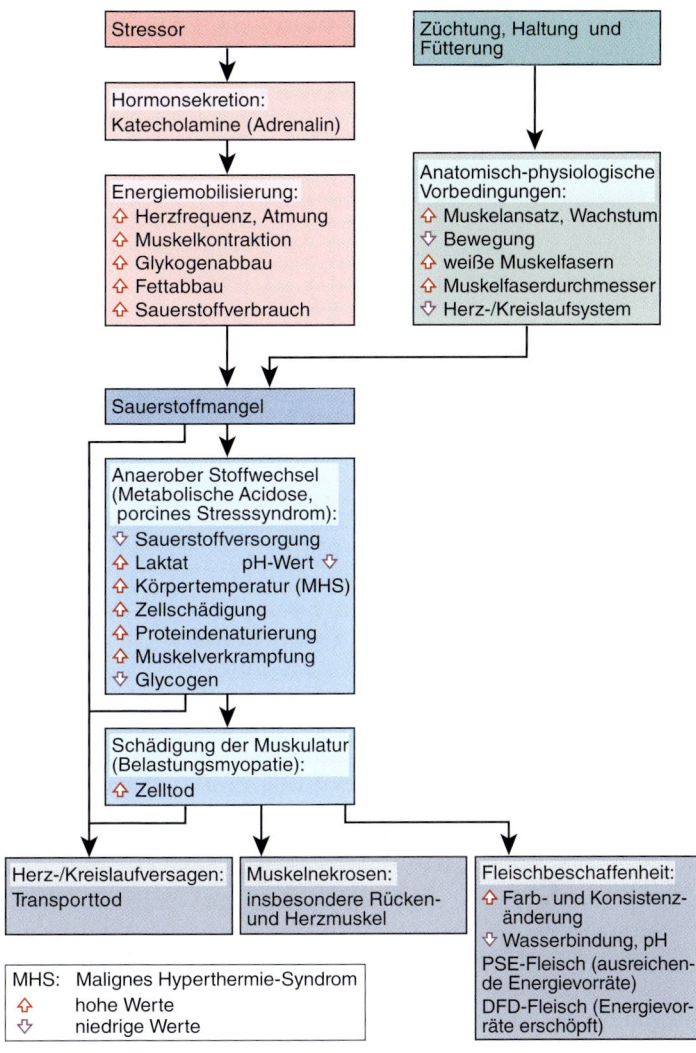

Herz-Kreislaufversagen kommen, welches zum Tod der Tiere führt. Überlebende Schweine können bei starken Zellschädigungen Muskelnekrosen aufweisen. Die Stoffwechselsituation bedingt, dass nach der Schlachtung gewonnenes Fleisch typische Mängel aufweist: PSE (*pale, soft, exudativ*) oder DFD (*dark, firm, dry*), je nach den in der Muskulatur noch verbliebenen Energievorräten. Erste Beschreibungen der Zusammenhänge siehe Sybesma und Eikelenboom (1969).

– Beim **Halothantest** werden Schweine ab einem Körpergewicht von 20–25 kg durch eine standardisierte Inhalationsnarkose (Luft mit ca. 5 % Halothan-Gas) über 4–5 min belastet. Daraufhin zeigen Schweine verschiedenartige Reaktionen. Bei „**Halothan-positiven**" (Hal+) Schweinen verkrampft sich die Muskulatur, und die Körpertemperatur ist erhöht, d. h. es treten Symptome der Malignen Hyperthermie

auf. „**Halothan-negative**" (Hal-) Schweine behalten eine schlaffe Muskulatur und zeigen keinen Temperaturanstieg (siehe **Abb. 26.8**, S. 492).

– Bei dem **Creatinkinase-Test (CK-Test)** wird durch intramuskuläre Injektion von „Myostress" (0.5 mg Atropinsulfat + 0.5 mg Neostigminbromid pro 10 kg Körpermasse) eine Belastung des Muskelgewebes hervorgerufen.

**Tab. 28.3:** Tests auf Stressresistenz beim Schwein

| Test | Methodik | Messparameter | Aussage |
|------|----------|---------------|---------|
| DNA-Diagnose | Restriktionsspaltung des PCR-Produkts (RFLP) | Darstellung einer Basensubstitution im Ryanodinrezeptor codierenden Gen (*RYR1*) | Anwesenheit der funktionswichtigen Genvariante |
| Halothantest | Narkose mit Halothangas | Muskelverkrampfung, Erhöhung der Körpertemperatur | Membraneigenschaften der Muskelzellen |
| Creatinkinase-Test (CK-Test) | Bewegungsbelastung oder Injektion von Atropin-sulfat/Neostigminbromid | Aktivität der Creatinkinase im Blut | Membranstabilität der Muskelzellen |
| Osmotischer Resistenztest | Inkubation von Erythrocyten in hypotonischen Lösungen | Ausmaß der Hämolyse bei bestimmter Molarität | Membranstabilität der Erythrocyten (als Hinweis auf Eigenschaften auch anderer Körperzellen) |

RFLP: *Restriction Fragment Length Polymorphism*; PCR: *Polymerase Chain Reaction*

Einige Stunden nach der Belastung (ca. sechs Stunden bei einer Körpermasse von 20–25 kg bzw. 24 Stunden bei einer Körpermasse von ca. 80 kg) wird Blut entnommen, aus dem die Aktivität der Creatinkinasen (CK) im Plasma gemessen wird. CK kommen fast ausschließlich im Skelettmuskel (CK-MM), Herzmuskel (CK-MB) sowie Gehirn (CK-BB) vor. Sie werden für die Diagnose von Schädigungen der Herz- und Skelettmuskulatur benutzt, denn bei Membranschädigungen gelangt CK in größeren Mengen in die Blutbahn. Die beim Schwein gemessenen CK-Konzentrationen im Blutserum stammen überwiegend aus dem Muskelgewebe, und auf Grund der vorausgegangenen Belastung korreliert die CK-Aktivität im Blut mit der Stabilität der Muskelzellmembranen (**Abb. 28.10**). Stressempfindliche Schweine zeigen stärkere Schädigungen an den Muskelfasern als stressresistente Schweine und daher auch erhöhte CK-Aktivitäten im Blut. CK-Tests liefern ein quantitatives Kriterium für den Grad der Stressempfindlichkeit bzw. -resistenz.

– Beim **Osmotischen Resistenztest** werden nicht die Tiere belastet, sondern einige zuvor isolierte Zellen. Zu diesem Zweck wird Blut entnommen; daraus werden die Erythrocyten isoliert und in NaCl-Lösungen unterschiedlicher Molarität gegeben. Erythrocyten sind gegenüber hypotonen Lösungen empfindlich und platzen (hämolysieren). Die Molarität der Lösung, bei welcher die Erythrocyten eines Tieres hämolysieren, wird als Maß für die Membranstabilität benutzt, die mit entspre-

chenden Eigenschaften der Muskelzellen korreliert ist. Osmotische Resistenztests erbringen quantitative Testresultate, welche züchterisch möglicherweise von ähnlicher Bedeutung sind wie diejenigen des CK-Tests. Sie werden jedoch wenig verwendet.

Die züchterische Beachtung von Belastungstests auf Stressanfälligkeit hat beim Schwein stark abgenommen, nachdem die dafür hauptsächlich verantwortliche Mutante im autosomal vererbten Ryanodinrezeptor-Gen (*RYR1*-Gen, siehe **Abb. 26.9**, S. 493) direkt dargestellt werden konnte. Mit Hilfe der DNA-Typisierung wurden Zuchtlinien entwickelt, die in Bezug auf die erwünschte Genvariante homozygot sind. Innerhalb der so erstellten Zuchtlinien können jedoch Belastungstests auf Stressresistenz weiterhin eine Bedeutung haben, um die verbliebene genotypisch bedingte Varianz darzustellen und ggf. züchterisch zu nutzen. Beispielsweise könnte die Halothanreaktion und der CK-Test eine weitere Selektion innerhalb einer Tiergruppe erlauben, die auf Grund des *RYR1*-Genotyps homozygot stressresistent ist.

## 28.3 Verwendung von biochemisch-physiologischen Parametern für Rassenvergleiche

Einige Parameter biochemisch-physiologischer Merkmale werden für Vergleiche zwischen Tiergruppen benutzt. Oft wurden Rassen oder

**Abb. 28.10:** Prinzip des Creatinkinase(CK)-Tests beim Schwein

Durch Injektion von Neostigminbromid und Atropinsulfat (*Atropinium sulfuricum*, „Myostress") werden rasche Muskelbewegungen ausgelöst. Bei einer starken, d.h. myopathischen Reaktion gibt es viele Membranschädigungen, durch die Stoffe aus den Muskelfasern austreten und in die Blutbahn gelangen. Dies gilt auch für die Creatinkinase (CK), deren Aktivität im Blut umso stärker ansteigt, je mehr Muskelfaserschädigungen vorkommen. Die logarithmierten CK-Aktivitätswerte (log CK) zeigen daher im Blut nach einer Testbelastung einen typischen Verlauf, bei dem im Zeitbereich von etwa sechs bis 36 Stunden nach Testbelastung stressempfindliche Schweine deutlich höhere CK-Werte aufweisen als stressresistente Schweine. Die Zusammenhänge wurden zuerst von BICKARDT (1983) beschrieben.

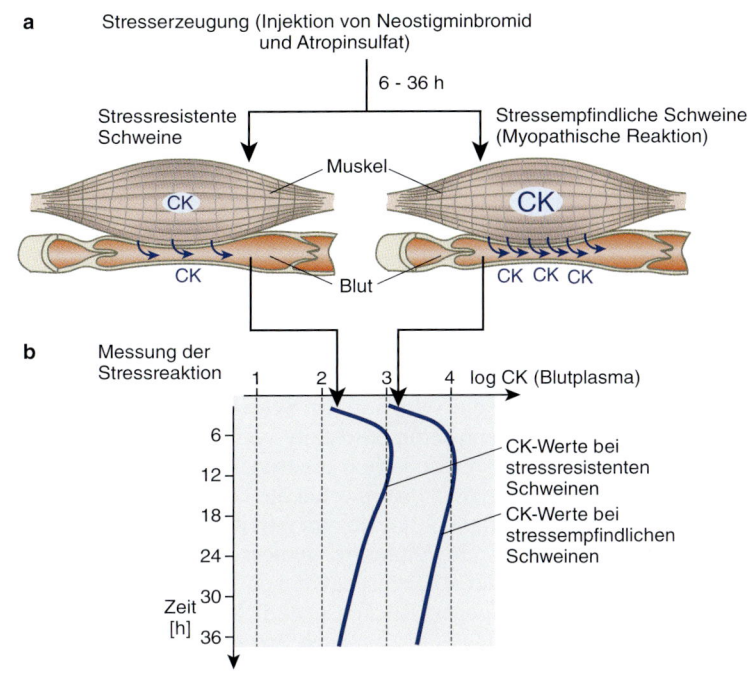

Zuchtlinien verglichen, die für unterschiedliche Nutzleistungen gezüchtet worden waren. Solche Tiergruppen unterscheiden sich in einigen der biochemisch-physiologischen Parameter, während Tiergruppen oder Tiere mit ähnlicher Leistungsveranlagung keine Unterschiede zeigen (**Tab. 28.4**). Die Vergleiche ermöglichen Rückschlüsse auf physiologische Voraussetzungen für hohe Leistungen sowie auf die Folgen, die züchterische Einwirkungen auf die Leistungsrassen haben. Dies trifft beispielsweise für das Wachstumshormon beim Rind (bovines Somatotropin, bST) zu, dessen Konzentration im Blutplasma

mit der Höhe der Milchleistungen (bzw. mit den Zuchtwerten für die Milchleistung) positiv korreliert ist. Daraus kann abgeleitet werden, dass z.B. das Wachstumshormon (**Abb. 28.2**, S. 518) für die Realisierung hoher Milchleistungen eine entscheidende Bedeutung besitzt. Ein weiteres Beispiel ist der Insulinspiegel beim Schwein: Schweine aus fettreichen Rassen erreichen nach der Fütterung etwa doppelt so hohe Insulinspiegel im Vergleich zu Tieren aus fettarmen Rassen. Ein hoher Insulinspiegel führt also dazu, dass die Energie in die Fettgewebe geleitet wird und sich diese stark entwickeln können.

**Tab. 28.4:** Beispiele für Vergleiche von biochemisch-physiologischen Merkmalen in verschiedenen Rindergruppen (Signifikanz der Unterschiede $p < 0{,}05$)

| Tiergruppen | Parameter | Rangfolge |
|---|---|---|
| Kühe der Rasse Holstein-Friesian (HF) mit hoher ($HF_H$) und mit niedriger Milchleistung ($HF_N$) (HART et al. 1978) | • bST<br>• Insulin<br>• freie Fettsäuren | $HF_H > HF_N$<br>$HF_N > HF_H$<br>$HF_N > HF_H$ |
| Kühe der Rassen Fleckvieh (FV), Schwarzbunte (Sbt) und Braunvieh (BV) (SCHAMS et al. 1991) | • bST<br>• IGF-1<br>• Insulin | $Sbt > BV > FV$<br>$FV > Sbt > BV$<br>$FV > Sbt > BV$ |

bST: bovines Somatotropin; IGF-1: *Insulin-like growth factor* 1 (Somatomedin C)

## 28.4 Selektionsexperimente mit Hilfe biochemisch-physiologischer Parameter

Mit Hilfe von Selektionsversuchen kann der Zuchtfortschritt in einem Merkmal über mehrere Generationen hinweg verfolgt werden. In mehreren Untersuchungen wurden dabei auch biochemisch-physiologische Parameter beachtet. **Abb. 28.11** stellt die Ergebnisse eines Experimentes dar, in dem die Aktivitäten von NADPH-liefernden Enzymen im Fettgewebe als Hilfsmerkmale für die Selektion von Schweinen auf Schlachtkörperzusammensetzung verwendet wurden. Bei Selektion nach niedrigen und hohen Enzymaktivitäten divergierten die Linien nicht nur hinsichtlich ihrer Enzymaktivitäten, sondern auch in ihrem Fettansatz, gemessen an der Entwicklung der Rückenspeckdicken. Eine direkte Selektion gegen Rückenspeckdicke ist jedoch der indirekten Selektion nach Enzymaktivitäten überlegen, was vor allem durch die geringe Heritabilität[1] für die Enzymaktivitäten bedingt wird.

## 28.5 Biochemisch-physiologische Merkmale als Hilfsmittel für die züchterische Selektion

Ein wichtiger Grund für die Erfassung biochemisch-physiologischer Parameter ist deren Einsatz als „Hilfsmerkmale" für die indirekte züchterische Selektion auf das direkt wichtige Merkmal (d.h. das Ziel- oder Leistungsmerkmal). Der Erfolg einer solchen indirekten Selektion (cR) auf der Basis biochemisch-physiologischer Merkmale hängt ab von der Heritabilität[1] des direkt selektierten Merkmals ($h_M^2$), der Heritabilität des durch indirekte Selektion zu verbessernden Ziel- oder Leistungsmerkmals ($h_L^2$) sowie der genetischen Korrelation[2] zwischen beiden Merkmalen ($r_G$):

$$cR = \frac{\sqrt{h_M^2} \cdot r_G}{\sqrt{h_L^2}}$$

Die Effektivität einer solchen indirekten Selektion ist demnach umso günstiger, je höher die Heritabilität des indirekt selektierten Merkmals

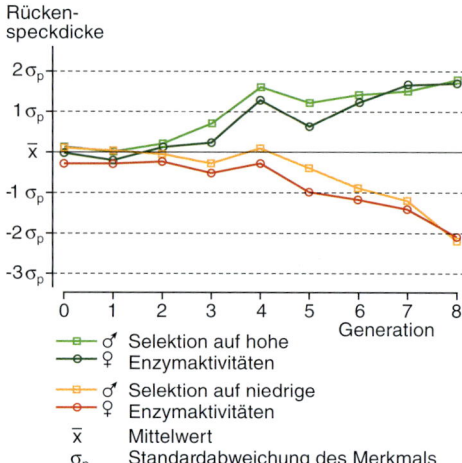

Rückenspeckdicke

**Abb. 28.11:** Entwicklung der Rückenspeckdicken in Schweine-Zuchtlinien, die nach Aktivitäten der NADPH-liefernden Enzyme selektiert worden waren (nach Angaben von Rogdakis et al. 1996)

Die Werte der Rückenspeckdicke werden relativ zum Mittelwert vor Beginn der Selektion in Einheiten der phänotypischen Standardabweichung dargestellt.

und je enger dessen genetische Korrelation zum Ziel- oder Leistungsmerkmal ist. Außerdem sind Hilfsmerkmale umso günstiger, je frühzeitiger die Parameter zu erfassen sind, um damit eine Verkürzung des Generationsintervalls zu erreichen. Für eine Verwendung in der Zuchtpraxis kommen noch weitere Faktoren hinzu, wie insbesondere die Kosten der Messungen.

[1] Die Heritabilität $h^2$ drückt aus, wie hoch der Anteil der genetischen Varianz an der Gesamtvarianz eines Merkmals ist. Theoretisch kann die Heritabilität innerhalb eines Bereiches von 0–1 liegen (0 : Varianz wird nur von nicht-genetischen Faktoren bestimmt; 1 : Varianz ist zu 100% erblich bedingt); in realen Populationen liegt aber die Heritabilität meistens niedriger als 0,6 und höher als 0.

[2] Der genetische Korrelationskoeffizient $r_G$ charakterisiert den Anteil der erblich bedingten Covarianz zwischen zwei Merkmalen. Er kann Werte zwischen -1 und +1 annehmen (−1 : 100%ige gemeinsame Varianz mit – im statistischen Sinne – antagonistischen Beziehungen zwischen den Merkmalswerten; 0 : keine gemeinsame Varianz; +1 : 100%ige gemeinsame Varianz mit – im statistischen Sinne – gleich gerichteten Beziehungen zwischen den Merkmalswerten), wobei die Grenzwerte in realen Populationen normalerweise nicht erreicht werden.

**Tab. 28.5:** Beispiele für biochemisch-physiologische Merkmale, die in der Zuchtpraxis für eine indirekte Selektion verwendet werden

| Tierart | Merkmal | Art der Messung | Zielmerkmal |
|---------|---------|-----------------|-------------|
| Schwein | CK-Wert | Nach Belastungstest aus dem Blutplasma | Beurteilung der Stressresistenz |
| Schwein | pH-Wert, Leitfähigkeit, Rigor, Farbe | In der Muskulatur, definierte Zeit nach der Schlachtung | Beurteilung der Fleischbeschaffenheit |
| Rind | κ-Casein-Gehalt | Milch | Beurteilung der Käsereitauglichkeit |

Besondere Vorteile können sich bei geschlechtsgebundenen Merkmalen (z. B. Milchleistung) oder Leistungsmerkmalen mit geringer Heritabilität (z. B. Reproduktionsmerkmale, Lebensleistung, Krankheitsresistenz) ergeben. Darüber hinaus können biochemisch-physiologische Hilfsmerkmale zusätzliche Informationen über die erbliche Veranlagung eines Tieres liefern, wie beispielsweise über die Stress- oder Krankheitsresistenz. Manchmal erhöht eine kombinierte Verwendung mehrerer biochemisch-physiologischer Kriterien den Aussagewert für die Züchtung (**Abb. 28.12**).

Eine Anwendung der indirekten Selektion bietet sich also an, wenn
– das zu verbessernde Merkmal nur schwierig zu erfassen ist,
– der Heritabilitätskoeffizient des Hilfsmerkmals deutlich größer ist als derjenige des Zielmerkmals,
– die genetische Korrelation zwischen beiden Merkmalen möglichst eng ist,
– das Hilfsmerkmal frühzeitiger als das Zielmerkmal zu erfassen ist,
– das Hilfsmerkmal geschlechtsunabhängig zu messen ist, nicht jedoch das Zielmerkmal sowie
– die Kosten der Messung beim Zielmerkmal höher liegen als beim Hilfsmerkmal.

In der Zuchtpraxis werden beispielsweise biochemisch-physiologische Merkmale für eine indirekte Selektion für folgenden Aussagen (**Tab. 28.5**) verwendet:
– der CK-Test zur Beurteilung der Stressresistenz beim Schwein,
– der pH-Wert, die Leitfähigkeit, der Rigor und die Farbe zur Beurteilung der Fleischbeschaffenheit sowie
– einzelne Milchinhaltsstoffe (Fett, Eiweiß) zur Messung der Milchleistung des Rindes.

Der begrenzte Einsatz biochemisch-physiologischer Merkmale in der Zuchtpraxis begründet sich vor allem darin, dass
– bei Leistungsmerkmalen, die direkt am auszuwählenden Tier erfasst werden können und die eine mittlere Heritabilität aufweisen, eine indirekte Selektion nach biochemisch-physiologischen Parametern kaum Beiträge liefert,
– die Beziehungen zwischen biochemisch-physiologischen Merkmalen und dem damit zu beurteilenden Leistungsmerkmal nicht umfassend genug interpretierbar sind,
– unerwünschte Selektionseffekte bei weiterer Merkmalen befürchtet werden,
– einige biochemisch-physiologische Merkmale wenig erblich sind und/oder eine geringe Korrelation mit den direkt wichtigen Leistungsmerkmalen aufweisen sowie
– Merkmalsbeziehungen nicht linear verlaufen

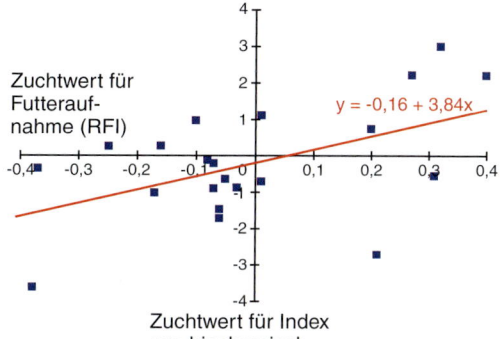

**Abb. 28.12:** Beziehungen zwischen den Zuchtwerten für einen Index aus acht biochemisch-physiologischen Merkmalen und der Futteraufnahme (*Residual Feed Intake*, RFI) bei 21 Milchrindern (modifiziert nach Angaben von MÜLLER ET AL. 1996)
Korrelation 0,76

müssen und daher in Tiergruppen mit anderen als den untersuchten Leistungsklassen nicht in gleichem Maße zutreffen.

Biochemisch-physiologische Verfahren besitzen eine große und zentrale Bedeutung für die Beurteilung des Leistungsstoffwechsels. In diesem Zusammenhang können u.a. die rasch zunehmenden Kenntnisse der Pharmako- und Immunogenetik aus der Grundlagenforschung einbezogen werden und dabei helfen, beispielsweise besondere Veranlagungen der Krankheitsresistenz oder der metabolischen Verwertung besonderer Futterkomponenten zu erklären. Für diese Arbeiten haben biotechnische Verfahren eine ausschlaggebende Bedeutung.

## Zusammenfassung

– Leistungen erfordern spezielle Stoffwechselsituationen, die mit biotechnischen Verfahren erfasst werden können. Für derartige Untersuchungen besitzen Enzyme, Hormone, Effektoren und Metabolite die größte Bedeutung.
– Belastungstests dienen dem Zweck, bei einem Tier charakteristische physiologische Reaktionen auszulösen, die auf eine besondere Leistungsveranlagung hinweisen. Belastungstests beim Rind beziehen sich auf den Energiestoffwechsel und erfolgen durch Nüchterung bzw. Hungerung oder durch Infusion von Substraten. Beim Schwein wird durch Belastungstests die erblich bedingte Veranlagung zur Malignen Hyperthermie (MH) bestimmt.
– Biochemisch-physiologische Merkmale werden für Vergleiche zwischen Tiergruppen und in Selektionsversuchen berücksichtigt. Außerdem dienen sie in der Züchtung als „Hilfsmerkmale" für eine indirekte Selektion auf Leistungsmerkmale.

# 29 Bedeutung biotechnischer Verfahren für die Tierernährung

Allgemein wird angenommen, dass die Erdbevölkerung weiter ansteigt. Wenn zudem noch in den heutigen Entwicklungsländern vermehrt Lebensmittel tierischer Herkunft verzehrt werden, wird sich die Agrarprodukt-Nachfrage bis zum Jahr 2020 verdoppeln (**Abb. 29.1**). **Tab. 29.1** zeigt modellhaft, welche Auswirkungen auf das Versorgungsniveau der Erdbevölkerung in Zukunft erwartet werden. Ein möglichst geringer Ressourceneinsatz je erzeugte Energie- oder Nährstoffeinheit und eine effektive Konvertierung in Tierprodukte sind demnach Herausforderungen unserer Zeit an die Pflanzen- und Tierproduktion. Große Erwartungen bei der Lösung dieser globalen Aufgaben sind auf biotechnische Maßnahmen fokussiert. Wie **Abb. 29.2** und **Tab. 29.2** darstellen, gibt es für biotechnische Verfahren in der Tierernährung viele Ansatzpunkte. Aus der Bereitstellung von gentechnisch veränderten Futtermitteln oder Tieren resultiert folgender Untersuchungsbedarf:
– Ernährungsphysiologische Bewertung gentechnisch veränderter Futtermittel.
– Untersuchungen zum Verbleib von Fremd-DNA in der Tierernährung.

– Messung des Einflusses gentechnisch veränderter Organismen auf Tiergesundheit und Produktqualität.
– Analyse der Effekte von gentechnisch veränderten Mikroorganismen als Futterzusatzstoffe, Pansenmikroorganismen u. a.
– Ermittlung des Energie- und Nährstoffbedarfs bei transgenen Nutztieren.

## 29.1 Gentechnisch veränderte Futtermittel

Weltweit nimmt der Anbau transgener Pflanzen zu (**Abb. 29.3**), so dass für die Tierernährung neue Produkte von gentechnisch veränderten Organismen (PGVO) und auch gentechnisch veränderte Organismen (GVO) zur Verfügung stehen. Die PGVO enthalten „nahezu" keine rekombinierte DNA und spielen in der Tierernährung als Futterzusatzstoffe (Enzyme, Vitamine u. a.) und Nährstoffe (Zucker, Stärke, Fette u. a.) eine Rolle. GVO enthalten rekombinierte DNA und können ebenfalls als Futterzusatzstoffe

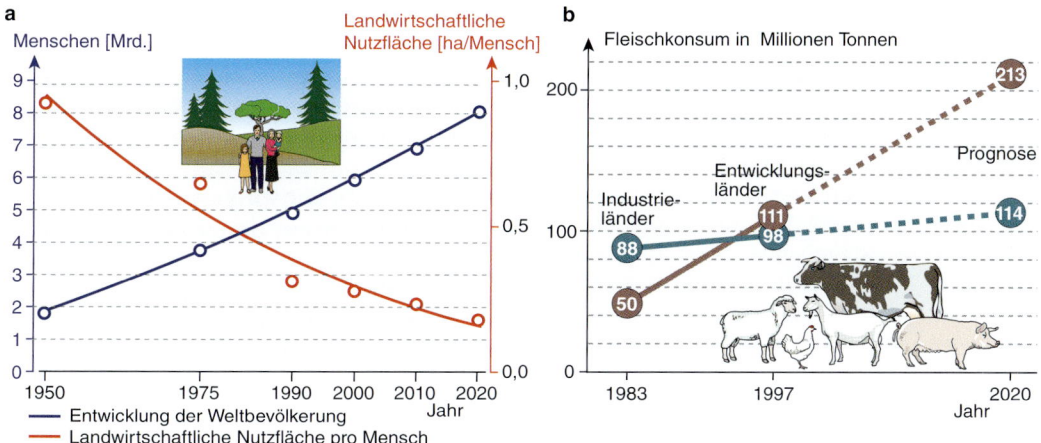

**Abb. 29.1:** Weltweite Entwicklungstendenzen

a) Bevölkerungsentwicklung und verfügbare landwirtschaftliche Nutzfläche (UNFPA, World Population 2003)

b) Entwicklung des Fleischkonsums (nach Delgado et al. 1999)

**Tab. 29.1:** Weltweite Bereitstellung von Nahrungsprotein unter Berücksichtigung verschiedener Szenarien

| Szenario | Einwohner[1] (Mrd.) | Aufnahme von tierischem Protein | | Gegenwärtige Erzeugung reicht für einen Anteil der Versorgung (%)[3] |
|---|---|---|---|---|
| | | Einwohner (Mrd.) | Konsum[2] (g/Kopf und Tag) | |
| Alle Menschen essen nur so viel tierisches Protein, wie zur Versorgung mit essenziellen Aminosäuren nötig ist. | 6 | 6 | 20 | 130 |
| | 8 | 8 | 20 | 95 |
| In der Ernährung bleibt der gegenwärtige Unterschied zwischen Industrie- und Entwicklungsländern. | 6 | 2 | 60 | 80 |
| | | 4 | 20 | |
| | 8 | 2 | 60 | 65 |
| | | 6 | 20 | |
| Menschen der gegenwärtigen Entwicklungsländer verzehren vermehrt Lebensmittel tierischer Herkunft. | 6 | 2 | 60 | 55 |
| | | 4 | 40 | |
| | 8 | 2 | 60 | 45 |
| | | 6 | 40 | |

[1] Die Zahl der Menschen lag im Jahre 2002 bei ca. 6 Mrd. Eine weitere Zunahme innerhalb der nächsten Jahrzehnte auf ca. 8 Mrd. wird prognostiziert.

[2] 20 g tierisches Protein pro Kopf und Tag sind ausreichend zur Versorgung mit essenziellen Aminosäuren und Spurennährstoffen. Höhere Proteinmengen werden vor allem wegen des Genusswertes von Lebensmitteln tierischer Herkunft verzehrt (In den westlichen Industrieländern 60 - 80 g tierisches Protein pro Kopf und Tag).

[3] Angaben nach FLACHOWSKY (2000).

(z. B. Mikroorganismen) oder Futtermittel (z. B. Nebenprodukte der Industrie) eingesetzt werden.

Die EU-Kommission hatte bereits 1996 der Firma MONSANTO die Einfuhr gentechnisch veränderter Sojabohnen zum Zwecke der Nutzung als Futter- und Nahrungsmittel genehmigt. Den transgenen Sojabohnen war ein Gen aus Bodenmikroorganismen eingebaut worden, welches das Enzym 5-Enolpyruvylshikimat-3-Phosphat-Synthase (**EPSP-Synthase**) codiert. Dieses Enzym spielt eine zentrale Rolle bei der Synthese aromatischer Aminosäuren. Die pflanzeneigene EPSP-Synthase wird durch das Herbizid *Roundup* (Wirkstoff ist das Aminosäure-Analogon Glyphosat) gehemmt, die aus Bodenmikroorganismen stammende EPSP-Synthase jedoch nicht. Der Einbau des Transgens macht die Sojabohne somit tolerant gegen *Roundup* (*Roundup Ready Soybean*, Glyphosat tolerante Sojabohnen, **Gt-Sojabohnen**). Ein Jahr später wurde auch gentechnisch veränderter Mais, dem ein Gen aus *Bacillus thuringiensis* eingebaut worden war, für den Import zugelassen. Das Gen aus *Bacillus thuringiensis* (Bt) codiert ein Toxin mit insektizider Wirkung (**Bt-Endotoxin-Gen**). Neben Sojabohnen und Mais werden vor allem in den USA, Argentinien und Kanada (**Abb. 29.3**) weitere gentechnisch veränderte Nutzpflanzen angebaut, die für die Tierernährung Bedeutung haben, wie z.B. Raps, Kartoffeln und Zuckerrüben. Die gegenwärtig angebauten gentechnisch veränderten Pflanzen haben nur minimal veränderte Inhaltsstoffe, so dass keine wesentlichen ernährungsphysiologischen Konsequenzen zu erwarten sind. Zukünftig werden jedoch Pflanzen mit stark veränderter Zusammensetzung zu erzeugen sein. Welche grundsätzlichen Problembereiche lassen sich für die Tierernährung aus der Verfügbarkeit transgener Pflanzen erkennen?

## 29.1.1 Ernährungsphysiologische Bewertung neuer Futtermittel

In Verbindung mit biotechnisch veränderten Pflanzen wird der Begriff der **substanziellen Äquivalenz**, d.h. der Gleichwertigkeit in wesentlichen Eigenschaften, benutzt (vgl. S. 594). Nach den Vorgaben der OECD (1993) wird ein neues Lebensmittel oder ein neuer Lebensmittelbestandteil als substanziell äquivalent betrachtet, wenn es ernährungsphysiologisch einem konventionellen Produkt entspricht und sich weder in seiner Zusammensetzung, seinem Stoffwechsel, seinem Verwendungszweck noch

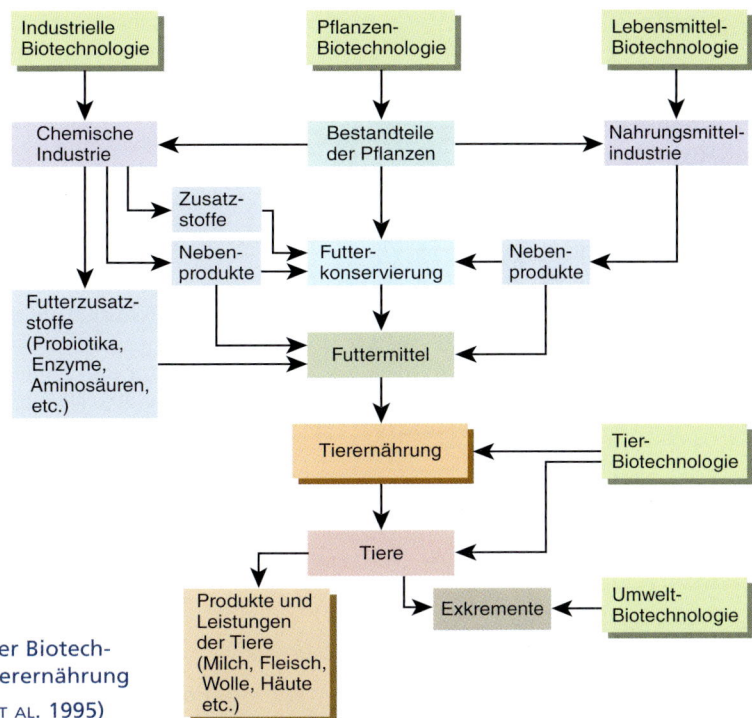

**Abb. 29.2:** Ansatzpunkte der Biotechnologie aus der Sicht der Tierernährung (modifiziert nach Wallace et al. 1995)

**Tab. 29.2:** Beispiele für Anforderungen an die Tierernährung bei Verwendung einiger biotechnischer Verfahren

| Einsatz und Zielsetzungen biotechnischer Verfahren | Konsequenzen für Verfahrensentwicklungen |
|---|---|
| Veränderungen von Futterpflanzen: <br> - Verminderter Ressourceneinsatz (Wasser, Nährstoffe, Fläche, Produktionshilfsmittel u. a.). <br> - Weniger unerwünschte Inhaltsstoffe. <br> - Höherer Gehalt und Verdaulichkeit der wertbestimmenden Inhaltsstoffe (Stärke, Aminosäuren, Vitamine, Enzyme u.a.). <br> - Bessere Lagerungs- und Konservierungseigenschaften. | Ernährungsphysiologische Bewertung gentechnisch veränderter Futterpflanzen: <br> - Ermittlung wertbestimmender und unerwünschter Inhaltsstoffe. <br> - Bilanzversuche. <br> - Fütterungsversuche zur Ermittlung des Einflusses auf Tiergesundheit, Leistung, Produktqualität und Umwelt. |
| Bereitstellung von Futterzusatzstoffen (z. B. Aminosäuren, Vitamine, Enzyme). | Analyse der Wirkungen. |
| Beeinflussung der Pansenfermentation: <br> - Erhöhter Zellwandabbau. <br> - Geringere Energieverluste (Methan). <br> - Besser nutzbare Nährstoffe. | Etablierung neuer Pansenmikroorganismen zusätzlich zur nativen Flora und Fauna. |

seinem Gehalt an unerwünschten Stoffen wesentlich von dem herkömmlichen Lebensmittel unterscheidet. Die substanzielle Äquivalenz wird durch Vergleiche der Inhaltsstoffe zwischen transgenen und herkömmlichen Produkten bewertet. Sie ist beispielsweise dann nicht

mehr gegeben, wenn durch gentechnische Maßnahmen neue Inhaltsstoffe in die Pflanzen eingeführt und dadurch bestimmte Aminosäuren, Fettsäuren, Enzyme oder Vitamine vermehrt oder vermindert eingelagert werden. Dabei darf nicht übersehen werden, dass auch herkömmli-

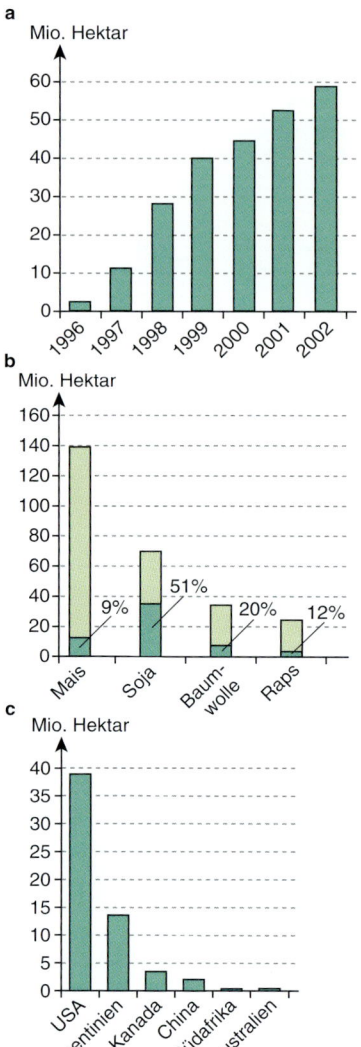

**Abb. 29.3:** Weltanbauflächen transgener Kulturpflanzen in Mio. ha

Quelle: DATENBANK TRANSGEN (2003)

a) Weltweite Anbauflächen mit transgenen Pflanzen von 1996 bis 2002 in Mio. Hektar

b) Weltanbauflächen mit den Anteilen der transgenen Pflanzen, 2002 in Mio. Hektar

c) Anbauflächen von transgenen Pflanzen in verschiedenen Ländern, 2002 in Mio. Hektar

che Futtermittel erhebliche Variationsbreiten in den Inhaltsstoffen aufweisen. Beispielsweise enthalten 95 % der in den DLG-FUTTERWERTTA-BELLEN (1997) zusammengestellten Maisproben zwischen 82 und 130 g Rohprotein je kg Tro-

ckensubstanz. Eine so große Variabilität der Futtermittel zeigt, wie schwierig es ist, eine transgen veränderte Pflanze als substanziell äquivalent oder nicht äquivalent einzustufen.

Bei gentechnisch veränderten Futtermitteln wird man folgende Gesichtspunkte bewerten:
– Ermittlung des Gehaltes an wertbestimmenden (z. B. Zucker, Stärke, Aminosäuren, Fettsäuren, Mengen- und Spurenelemente, Vitamine) und antinutritiv wirkenden Futterinhaltsstoffen in transgenen Futtermitteln und Vergleiche mit herkömmlichen Futtermitteln.
– Fütterungsversuche mit Tieren, um den Einfluss des jeweiligen GVO in der Futterration auf Tiergesundheit, Stoffwechseldaten, Leistungshöhe, Produktqualität und Umwelt nachzuweisen. Hierbei werden Spezies und Rassen verwendet, in denen die Futtermittel später auch eingesetzt werden sollen. Ermittelt werden die Verdaulichkeit der Nährstoffe, die Energiegehalte sowie die Einflüsse auf Stoffwechselkriterien.

Ernährungsphysiologische Untersuchungen von Gt-Sojabohnen, -Mais und -Zuckerrüben (Glyphosat tolerante transgene Pflanzen) wie auch mit Bt-Mais (transgene Pflanzen mit einem Endotoxin aus *Bacillus thuringiensis*) liegen bereits vor. Es gibt bisher keine Hinweise auf wesentliche ernährungsphysiologische Unterschiede im Vergleich zu den isogenen Ausgangspflanzen.

### 29.1.2 Verbleib der Fremd-DNA beim Einsatz von gentechnisch veränderten Organismen in der Tierernährung

Mensch und Tier kommen auf vielfältige Weise mit DNA aus anderen Organismen in Berührung. Die Aufnahme von DNA mit der normalen Kost liegt beim Menschen bei 0,1–1 g pro Tag. Sie umfasst unterschiedlich degradierte DNA-Fragmente von verschiedenen Genen pflanzlicher, tierischer und mikrobieller Herkunft. Beim Mastschwein (80 kg Lebendmasse, 2 kg Trockensubstanz-Aufnahme/Tag) kann die DNA-Aufnahme täglich auf etwa 5 g, bei der Milchkuh (20 kg Trockensubstanz-Aufnahme/ Tag) auf annähernd 50 g geschätzt werden. Dazu kommen DNA-Moleküle, die aus der mikrobiellen Besiedlung des Verdauungstraktes resultieren. Bei den Wiederkäuern ist die Menge an DNA-Molekülen aus mikrobieller Besiedelung des Pansens mehrfach größer als diejenige aus dem Futter. Monogastrische Tiere nehmen etwa gleich große Mengen an DNA aus Futter und Verdauungstrakt-Mikroben auf.

Einige Untersuchungen zum Verbleib der DNA bzw. zum Übergang von DNA-Bruchstücken in Säugetiere sind in **Tab. 29.3** zusammengefasst. Die DNA wird nach dem Verzehr im Verdauungstrakt durch Magensäure und verschiedene Enzyme abgebaut. Dabei gelangen DNA-Fragmente in die Darmepithelien und werden vom Wirtsorganismus absorbiert. In Modellversuchen, bei denen Mäuse während unterschiedlich langer Zeiträume große Mengen an Phagen-DNA aufnahmen, konnten zwei bis acht Stunden nach der Fütterung DNA-Fragmente mit Längen bis fast 1 kb im Blut nachgewiesen werden. Die Fremd-DNA wird anschließend vor allem in den Zellen und Geweben des Immunsystems gefunden. Nach einmaliger Gabe verbleiben Fremd-DNA-Bruchstücke bis acht Stunden in den Leukocyten und bis 24 Stunden in Milz und Leber. Von trächtigen Mäusen aufgenommene DNA lässt sich in Zellen von Feten (10–90 % der Feten) und auch von Neugeborenen (30–40 % der Tiere) nachweisen.

Die Fremd-DNA-Aufnahme in den tierischen Organismus spielt für den Einsatz transgener Pflanzen und Tiere eine Rolle. Beispielsweise wurden in der Vergangenheit zur Erzeugung transgener Pflanzen Antibiotikaresistenzgene (als Marker) mit übertragen. Im Falle des Bt-Maises handelt es sich beispielsweise um das Ampicillin-Resistenzgen. Da Bruchstücke der Gene über Futtermittel in den Organismus der Tiere gelangen können, wird inzwischen auf die Verwendung von Antibiotikaresistenzgenen verzichtet, oder diese werden aus der transgenen Zelle entfernt (siehe **Abb. 23.8**, S. 416).

## 29.2 Herstellung von Einzelfuttermitteln und Zusatzstoffen mit biotechnischen Verfahren

Im deutschen Futtermittelrecht wird zwischen Einzelfuttermitteln und Zusatzstoffen unterschieden. Zusatzstoffe dürfen nur über anerkannte Hersteller von Vormischungen in den Handel gelangen, während Einzelfuttermittel auch vom Landwirt erzeugt werden dürfen. Aus ernährungsphysiologischer Sicht wird zwischen essenziellen (lebensnotwendigen) Stoffen, wie Aminosäuren, Mineralstoffe und Vitamine, und nicht-essenziellen Stoffen unterschieden (**Tab. 29.4**). Ergänzungen der Futtermischungen oder -rationen mit Zusatzstoffen dienen einer bedarfsgerechten Versorgung der Tiere in Abhängigkeit von Tierspezies, -kategorie und Leistungshöhe.

Mehrere Futterzusatzstoffe werden durch Einsatz biotechnischer Verfahren und dabei teilweise mit GVOs hergestellt (siehe S. 55 ff.). Der Einsatz von GVOs hat keine Auswirkungen auf das Produkt, sondern erhöht lediglich die Effizienz der Produktion und senkt damit die Erzeugungskosten. Beispielsweise ist bei Nutztieren (Nichtwiederkäuern) eine Ergänzung des Futters mit **Aminosäuren** rentabel und kann bei

**Tab. 29.3:** Beispiele für den Übergang oral aufgenommener Fremd-DNA in Versuchstiere

| Autoren | DNA-Quelle | Tierart und -kategorie | Ergebnisse |
|---|---|---|---|
| SCHUBBERT et al. (1997) | Phagen-DNA | Maus | DNA-Fragmente bis 8 h in Leukocyten; bis 24 h in Niere und Leber. |
| SCHUBBERT et al. (1998) | Phagen-DNA | Maus, trächtig | Placentaler DNA-Übergang in Feten (bei 16 von 18 Feten). |
| KLOTZ und EINSPANIER (1998) | Gt-Sojabohnen[1] | Milchkühe | Pflanzen-DNA-Fragmente in Leukocyten; kein Nachweis in der Milch. |
| EINSPANIER et al. (2000) | Bt-Mais[2] | Broiler, Legehennen, Mastrinder, Milchkühe | Pflanzen-DNA in damit gefütterten Tieren vorhanden. |

[1] Gt: Glyphosat tolerante transgene Pflanzen.
[2] Bt: Transgene Pflanzen mit einem Endotoxin aus *Bacillus thuringiensis*.

**Tab. 29.4:** Einteilung der Futterstoffe aus ernährungsphysiologischer Sicht

| Essenzielle Futterstoffe | Nicht-essenzielle Futterstoffe | |
|---|---|---|
| | in Futtermitteln oder im Körper vorhanden | in Futtermitteln oder im Körper nicht vorhanden |
| **Aminosäuren:**<br>Lysin, Methionin, Threonin, Tryptophan, u. a. | **Enzyme:**<br>Phytase, Nicht-Stärke-Polysaccharid-spaltende Enyme | **Antibiotika:**<br>Avilamycin, Flavomycin, Monensin, Salinomycin |
| **Mineralstoffe**<br>- Mengenelemente: Ca, P, Mg, Na<br>- Spurenelemente: z. B. Mn, Zn, Cu, Fe, Se, I | **Probiotika:**<br>Milchsäurebakterien | **Probiotika:**<br>Verschiedene Bakterien, Hefen |
| **Vitamine und Provitamine**<br>- Fettlösliche Vitamine: A, D, E, K, β-Carotin<br>- Wasserlösliche Vitamine: $B_1$, $B_2$, $B_6$, $B_{12}$, Niacin, Pantothensäure, Folsäure, Biotin, Cholin | **Organische Säuren bzw. ihre Salze:**<br>Ameisensäure, Propionsäure, Fumarsäure, Malonsäure, Calciumformiat | **Hilfsstoffe:**<br>Antioxidanzien, Aromastoffe, färbende Stoffe, Emulgatoren, Presshilfsstoffe u. a. |
| | **Prebiotika:**<br>Oligosaccharide | **Krankheitsvorbeugende Stoffe**<br>Vakzine |
| | **Puffersubstanzen:**<br>$NaHCO_3$, MgO, $CaCO_3$ | |
| | **Antikörper** | |

**Tab. 29.5:** Darstellung des Einflusses von Aminosäureergänzungen im Futter auf die Stickstoffausscheidung beim Mastschwein: Beispiele für Futtermischungen, mit denen gleich hohe Lebendmassen beim Mastschwein zu erreichen sind

| Merkmal | Anteile | | |
|---|---|---|---|
| | Mischung 1 | Mischung 2 | Mischung 3 |
| **Futterkomponenten in der Mischung (%)** | | | |
| Gerste | 53 | 56 | 61 |
| Weizen | 25 | 26,8 | 27,5 |
| Sojaextraktionsschrott | 19 | 14 | 8 |
| Vormischung [1] | 3 | 3 | 3 |
| L-Lysin | 0 | 0,2 | 0,4 |
| DL-Methionin | 0 | 0 | 0,05 |
| L-Threonin | 0 | 0 | 0,05 |
| **Rohprotein im Futter (% in der Futtermischung)** | **17,5** | **16,0** | **14,0** |
| **N-Ausscheidung (%)** | **100** | **85** | **70** |

[1] Vormischung enthält gering konzentrierte Komponenten der Futtermischung, insbesondere Mineralstoffe und Vitamine

gleicher Leistung die Stickstoffausscheidungen je kg Lebendmassezunahme erheblich senken Tab. 29.5). Bei den **Vitaminen** haben bedarfsgerechte Gaben, vor allem mit fettlöslichen Vitaminen, zu einem wesentlichen Anstieg des Vitamingehaltes in Tierprodukten geführt und auf diesem Wege auch die Vitaminversorgung der Menschen verbessert.

Durch **Enzymzusatz** zum Futter wird versucht, die körpereigenen Verdauungsenzyme zu unterstützen bzw. im Körper nicht gebildete Enzyme über das Futter zuzuführen. Beispielsweise ist es möglich, bisher nicht oder kaum verdauliche Futterinhaltsstoffe, wie z. B. Nicht-Stärke-Polysaccharide oder organisch gebundenen Phosphor, durch Nichtwiederkäuer zu nutzen. Der in pflanzlichen Futtermitteln vorkommende Phosphor liegt überwiegend an Phytat gebunden vor und kann daher nur zu 20–40 % durch das Huhn und Schwein verwertet werden. Ein Zusatz des meist gentechnisch hergestellten Enzyms Phytase zur Futtermischung kann je-

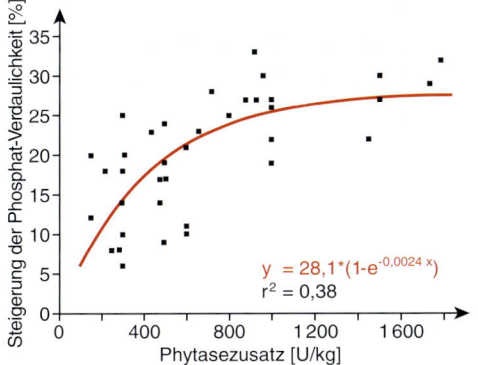

$$y = 28{,}1^*(1\text{-}e^{-0{,}0024\,x})$$
$$r^2 = 0{,}38$$

**Abb. 29.4:** Einfluss des Zusatzes von mikrobieller Phytase auf die Phosphat-Verdaulichkeit in phytasearmen Futtermischungen beim Mastschwein (nach DÜNGELHOEF UND RODEHUTSCORD 1995)

Angaben der Zunahme in Prozent gegenüber der Phosphatverdaulichkeit ohne Phytasezusatz.

doch die Phosphor-Ausnutzung wesentlich verbessern (**Abb. 29.4**). Hierdurch werden nicht nur die begrenzt vorhandenen Phosphorreserven geschont, sondern es wird auch über die Exkremente weniger unverwertbares Phosphor ausgeschieden, was in Gebieten mit intensiver Tierhaltung die Umwelt entlastet.

**Antibiotika** als Futterzusatzstoffe stehen auf Grund einer möglichen Bildung von resistenten Mikroorganismen unter Kritik. Für eine effektive Futterumwandlung und Reduzierung der Ausscheidungen haben sich Antibiotika jedoch als wirksam erwiesen. Beispielsweise erreichen Mastrinder bei gleicher Futteraufnahme meist höhere Zunahmen, wenn ionophore Kokzidiostatika, wie z.B. Salocin oder Monensin, zuge-

führt werden (**Tab. 29.6**). Im Ergebnis wird durch veränderte Fermentationsbedingungen im Pansen weniger die Umwelt belastendes Methan gebildet. Es ist daher eine Herausforderung der Biotechnologie, Substanzen zu entwickeln, die – bei ähnlichen Wirkungen wie die bislang eingesetzten Futter-Antibiotika – keine Resistenzbildungen bei humanpathogenen Mikroorganismen verursachen. Zulassungen für Fütterungsantibiotika laufen im Jahr 2005 in der EU aus, so dass in Europa neue biotechnische Entwicklungsarbeiten erforderlich sind. In anderen Regionen der Welt, wie z.B. in den USA oder in China, werden jedoch Antibiotika weiterhin eine praktische Bedeutung behalten.

Als Futterzusatzstoffe kommen auch Bakterien und Hefezellen zum Einsatz. Sie werden auch als **Probiotika** bezeichnet. Ihre Herstellung wird auf S. 58 beschrieben. Durch den Einsatz von Probiotika sollen die Vorgänge im Verdauungstrakt so beeinflusst werden, dass Futternährstoffe besser genutzt werden können und die Tiere gesund bleiben.

## 29.3 Beeinflussung der Stoffwechselregulation bei Nutztieren

Eine Beeinflussung der Stoffwechselregulation erfolgt vor allem über das endokrine System. Die Verwendung von Hormonen und β-Agonisten (Stoffe mit proteinanaboler Wirkung, die derjenigen der anabolen Steroide gleichzusetzen ist) z.B. in der Tiermast ist gegenwärtig in der EU verboten. Dagegen sind in den USA und anderen Ländern sowohl Wachstumshormone

**Tab. 29.6:** Einfluss von Monensin auf Leistungen und Ausscheidungen während der Rindermast (nach Angaben von FLACHOWSKY UND KAMPHUES 1999)

| Parameter | Kontrolle | Zusatz von Monensin |
|---|---|---|
| Trockensubstanzaufnahme (kg/Tier und Tag) | 6,5 | 6,2 |
| Lebendmassezunahme (g/Tier und Tag) | 920 | 958 |
| Trockensubstanzaufwand (kg Trockensubstanz/kg Zunahme) | 7,1 | 6,5 |
| Ausscheidungen je kg erzeugtes Protein<br>　　g Methan ($CH_4$)<br>　　kg Stickstoff (N)<br>　　g Phosphor (P) | <br>900<br>1,4<br>150 | <br>650<br>1,25<br>135 |

**Tab. 29.7:** Einflüsse des Einsatzes von Rinder-Somatotropin (bST) bei der Milcherzeugung

| Beeinflusste Größe | Parameter | Auswirkungen bei Applikation von bST |
|---|---|---|
| Tier | Milchleistung pro Kuh<br>Anzahl Kühe<br>Eutererkrankungen<br>Fruchtbarkeit | Steigerung um 10 - 20 %<br>Abnahme um 10 % [1]<br>Unverändert [2]<br>Geringfügig verschlechtert |
| Zusammensetzung der Milch | Protein und Fettgehalt<br>Zellgehalt<br>bST-Konzentration<br>IGF-1-Konzentration [4] | In etwa gleich<br>Leicht erhöht<br>In etwa gleich [3]<br>Leicht erhöht |
| Futterbedarf | Energieverbrauch<br>Proteinverbrauch | Abnahme um ca. 10 %<br>Abnahme um ca. 1 % |
| Abfallstoffe | Gülle<br>Methan | Abnahme um 5 - 10 %<br>Abnahme um ca. 10 % |

[1] Bei gleicher Menge an benötigter Milch (d. h. bei Kontingentierung der Milchmengen).
[2] In Bezug auf unbehandelte Kühe mit gleichen Milchleistungen.
[3] bST ist inaktiv im menschlichen Organismus.
[4] IGF-1: *Insulin-like Growth Factor 1*.

(Polypeptide) als auch Sexualhormone (Steroide) erlaubt. Die Verwendung von β-Agonisten ist gegenwärtig auch in den USA nicht gestattet.

Eine praktische Bedeutung hat das Rinder-Wachstumshormon (**bovines Somatotropin, bST**) erlangt. Der Einsatz von bST ist in den USA seit 1994 für Milchkühe zugelassen und auch in mehreren weiteren Staaten erlaubt. Die Somatotropine werden üblicherweise mittels Gentechnik durch rekombinante Bakterien (*Escherichia coli*) erzeugt und den Milchkühen im Abstand von zwei bis vier Wochen injiziert. Wie **Tab. 29.7** zusammenfasst, können durch bST-Applikation bei Milchkühen 10–20 % höhere Milchleistungen, eine bessere Futterverwertung sowie geringere Umweltbelastungen erzielt werden. Die Milchzusammensetzung und der ernährungsphysiologische Wert der Milch werden durch die Hormonbehandlung der Kühe nicht beeinflusst. Voraussetzung für eine vorteilhafte Wirkung der Wachstumshormone ist allerdings ein optimales Management. So sollte bST erst nach Erreichen des Laktationsgipfels eingesetzt werden, um nicht die Leistungen pro Tag zu maximieren, sondern um eine lange andauernde, hohe Leistung (d. h. Persistenz der Laktation) der Tiere zu erreichen. Da sich Hochleistungskühe zu Laktationsbeginn in einem Energiedefizit befinden, kann in diesem Zeitraum eine unsachgemäße Hormonbehandlung die energetische Situation der Tiere zusätzlich verschlechtern und zur Beeinträchtigung von Gesundheit und Fruchtbarkeit führen.

Die Auswirkungen eines bST-Einsatzes wurden in Europa intensiv diskutiert. Bei Milchkühen lassen sich unter der Annahme von Milchquotenregelungen (staatlich garantierte Milchmengen pro Betrieb) und konstanten Milchpreisen folgende allgemeine Feststellungen treffen:

– **Auswirkungen auf der Ebene des landwirtschaftlichen Betriebes:** Zusätzliche Aufwendungen bei Kauf und Applikation von bST (z. B. Injektionen bei einem ausgewählten Teil der Kühe des Bestandes); Ertragssteigerung/Kostensenkung bei der Milcherzeugung; Abnahme der Kalb- und Rindfleischproduktion in Relation zur Milchmenge; rückläufiger Bedarf an Stallkapazität und Arbeitszeit pro erzeugte Milchmenge; große Herden werden begünstigt, da sie den bST-Einsatz erleichtern; Verschiebung frei werdender Kapazitäten (Arbeitskräfte, Stallraum, Flächen) in Richtung anderer Betriebszweige oder Beschäftigung außerhalb der Landwirtschaft.

– **Auswirkungen auf sektorialer und nationaler Ebene:** Abnahme der Zahl der Milcherzeuger; Abnahme der Gesamtzahl der Kühe; Änderung von Produktionsstrukturen (z. B. Umlenkung von Produktionsfaktoren in andere Bereiche); züchterische Selektion unter Einfluss von bST (Reduktion der züchterischen Einflussnahme, die prinzipiell effizienter sein kann); Steigerung des Volkseinkommens pro Zeiteinheit; Senkung der Milcherzeugungskosten für bST-Anwender; Senkung der Gewinne bei Nichtanwendern; geringe öffentliche Akzeptanz des bST-Einsatzes; erhöhte Kosten der Milchverarbeitung, wenn zwei Kategorien von Milch und Milchprodukten angeboten werden müssen.

In erster Linie wegen der geringen Akzeptanz bei den Verbrauchern wurde der Einsatz von bST in der EU bislang nicht freigegeben.

## 29.4 Weitere Aspekte zum Einsatz biotechnischer Verfahren in der Tierernährung

**Futtervorbehandlungen mit biotechnischen Verfahren.** Für den Einsatz biotechnischer Verfahren bei der Futterbehandlung gibt es viele Möglichkeiten und noch einen großen Forschungsbedarf. Bereits seit langem dienen biotechnische Verfahren der Konservierung von Futtermitteln, so z.B. bei der Silierung (siehe S. 55f.). Biotechnische Verfahren können auch bei der Aufbereitung zellwandreicher Produkte eine Bedeutung erlangen. Beispielsweise gibt es Pilze (z.B. Weißfäulepilze), die überwiegend Lignin abbauen und als Speisepilze genutzt werden können. Möglicherweise kann erreicht werden, dass diese Pilze gleichzeitig den Futterwert des Substratrückstandes erhöhen.

**Veränderung des Leistungsvermögens von Pansenmikroorganismen.** Erhebliche Erwartungen wurden zeitweise in gentechnische Veränderungen von Pansenmikroben gesetzt, die zu einer Erhöhung ihres Leistungsvermögens (z.B. beschleunigter Zelluloseabbau, partielle Spaltung des Lignin-Kohlenhydrat-Komplexes) führen. Diese Hoffnungen haben sich bisher nicht realisieren lassen, da sich Ansiedlung und Behauptung neu gezüchteter Mikroorganismen gegenüber der nativen Flora und Fauna im Pansen als schwierig erwiesen haben.

**Ernährung von transgenen Nutztieren.** Die Leistungen und Produkte (Milch, Fleisch, Eier u.a.) können sich zwischen transgenen und nicht transgenen Tieren unterscheiden, so durch veränderte Stoffwechselabläufe, die Auswirkungen auf den Energie- und Nährstoffbedarf bei transgenen Tieren haben. Beispielsweise kann mit transgenen Fischen eine starke Beschleunigung des Wachstums erreicht werden, was jedoch nur zu realisieren ist, wenn die Futterrationen angepasst werden. Es sind also entsprechende Untersuchungen notwendig, und die Tierernährung ist ggf. auf den speziellen Bedarf abzustimmen.

## Zusammenfassung

– Aus der zunehmenden Erzeugung transgener Pflanzen ergibt sich ein Untersuchungsbedarf hinsichtlich der ernährungsphysiologischen Bewertung, des Verbleibs von Fremd-DNA sowie des Einflusses auf Tiergesundheit und Produktqualität.
– Mehrere Futterzusatzstoffe werden bereits mit biotechnischen Verfahren und dabei teilweise mit gentechnisch veränderten Organismen hergestellt. Außerdem dienen biotechnische Verfahren der Konservierung von Futtermitteln und können auch bei der Aufbereitung zellwandreicher Nebenprodukte eine Bedeutung erlangen. Mit biotechnischen Verfahren ist eine Beeinflussung der Verdauung und der Stoffwechselregulation möglich.
– Bei transgenen Nutztieren kann sich in speziellen Fällen der Nährstoffbedarf gegenüber dem der herkömmlichen Tiere ändern.

# 30 Einsatz biotechnischer Verfahren in Zuchtprogrammen

Die für ein Vorhaben der Zuchtpraxis benutzte Kombination an Methoden und deren organisatorische Durchführung werden als **Zuchtprogramm** bezeichnet. In diesem Rahmen werden die züchterisch erwünschten Tiere ausgewählt und eingesetzt. **Abb. 30.1** illustriert am Beispiel der Milchleistungen, wie der Leistungsanstieg in der Tierzüchtung in Abhängigkeit von der Einführung technischer Neuerungen verlief.

Biotechniken sind Hilfsmittel für Zuchtprogramme, die bei der züchterischen Anwendung einen oder mehrere der folgenden allgemeinen Beiträge liefern können:
- Induktion erwünschter Merkmalswerte (z. B. durch Hormonbehandlung),
- Beeinflussung der Fortpflanzung durch Zyklussteuerung oder Superovulation,
- Erkennen und Auswählen einzelner Gene, Chromosomen und/oder Zellen (z. B. durch Gendiagnostik),
- Kombination von Genomen oder Genomteilen (z. B. durch Zellhybridisierung oder Chromosomentransfer) sowie

- Abänderung von Genen, Chromosomen und/ oder Genomen (z. B. durch Gentransfer).

Mit dem Einsatz biotechnischer Verfahren werden verschiedene, oft konträre Anwendungsziele angestrebt, wie vor allem:
- Verkürzung des Generationsintervalls durch Selektion von Tieren, bevor die wirtschaftlich wichtigen Leistungen erkennbar sind (z. B. Merkmalsmessung oder Genotypisierung an Embryonen oder Jungtieren).
- Erhöhung der Selektionsintensität durch Auswahl weniger Elterntiere, mit denen dann viele Nachkommen erstellt werden (z. B. mit Hilfe der Künstlichen Besamung oder des Embryotransfers).
- Bevorzugte und umfassende Nutzung genotypisch überlegener Individuen in der Produktionsstufe (z. B. mit Hilfe der Künstlichen Besamung).
- Erweiterung der Genmigration (z. B. Gentransfer über die Speziesgrenze hinweg, Einsatz konservierter Embryonen und Spermaportionen in anderen Regionen).

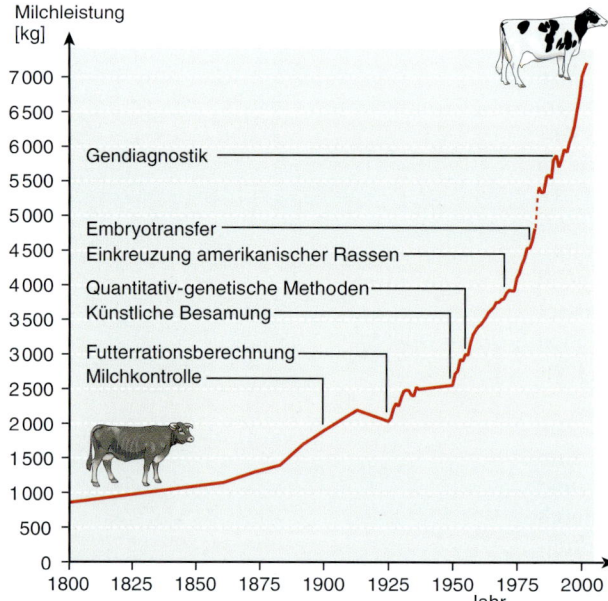

**Abb. 30.1:** Entwicklung der Milchleistung beim Rind in Deutschland

Angaben der Milchleistungen bis 1949 nach COMBERG (1984) und ab 1950 nach BML STATISTISCHE JAHRBÜCHER (1950–1982) und ARD-RINDERPRODUKTION (Jahreshefte).

**Tab. 30.1:** Zeitliche Entwicklung des Einsatzes einiger biotechnischer Verfahren in der Tierzuchtpraxis

| Tierart | Biotechnik | Praxiseinführung [5] | Stand | |
|---|---|---|---|---|
| | | | 1990 | 2000 |
| Rind | Künstliche Besamung [1] | 1940/45 | 94 % | 81 % |
| | Embryotransfer [2] | 1970/75 | 23 350 | 29 624 |
| | *In-vitro*-Fertilisation [3] | 1995/2000 | ≈0 | ≈0 |
| | Gendiagnostik [4] | 1990 | <1 % | >90 % |
| Schwein | Künstliche Besamung [1] | 1965/70 | 35 % | 63 % |
| | Embryotransfer [3] | 1975 | ≈0 | ≈0 |
| | Gendiagnostik [4] | 1990 | <1 % | >90 % |

[1] Beim Rind in Prozent der Kühe und Färsen, beim Schwein der Sauen; Angaben: ADR-RINDERPRODUKTION (Jahreshefte), ZDS-SCHWEINEPRODUKTION (Jahreshefte)
[2] Transfertaugliche Embryonen insgesamt; Angaben: ADR-RINDERPRODUKTION (Jahreshefte)
[3] Geschätzte Verbreitung
[4] DNA-Diagnosen auf Milchprotein-Gene beim Rind und Ryanodin-Rezeptor-Gen beim Schwein in der Zuchtstufe.
[5] Jahr, seitdem eine Anwendung in Deutschland erfolgt.

– Nachweis und Minimierung von nachteiligen Effekten auf die Tiere (z. B. Analyse von Genen mit Wirkung auf die Krankheits- und Stressresistenz).
– Überprüfung und Sicherung der genetischen Zusammensetzung von Tierpopulationen (z. B. Kontrollen mit Hilfe von DNA-Varianten, Lagerung von Rassenmaterial als Embryonen oder Gameten).
– Kontrolle der genetischen Verwandtschaft von Tieren (z. B. Elternschaftskontrollen durch Einsatz von Markerloci).
– Erhöhung der Selektionsgenauigkeit durch direkten Nachweis vorteilhafter Genvarianten (z. B. Zucht auf eine Genvariante des Ryanodin-Rezeptor-Gens beim Schwein, welche zur besseren Stressresistenz führt).
– Spezifische Erfassung der erblichen Veranlagung für die Ausprägung einzelner Merkmale (z. B. durch Gendiagnose oder Erfassung biochemisch-physiologischer Kriterien).

In der Zuchtpraxis werden seit einigen Jahrzehnten in zunehmendem Maße biotechnische Methoden eingesetzt (**Tab. 30.1**). Dabei kombiniert man in einem Zuchtprogramm meistens mehrere biotechnische Methoden, weil sich erst dann die Anwendungsziele erreichen lassen oder weil eine Methodenkombination zur verbesserten Effizienz führt. Am Beispiel der Rin-

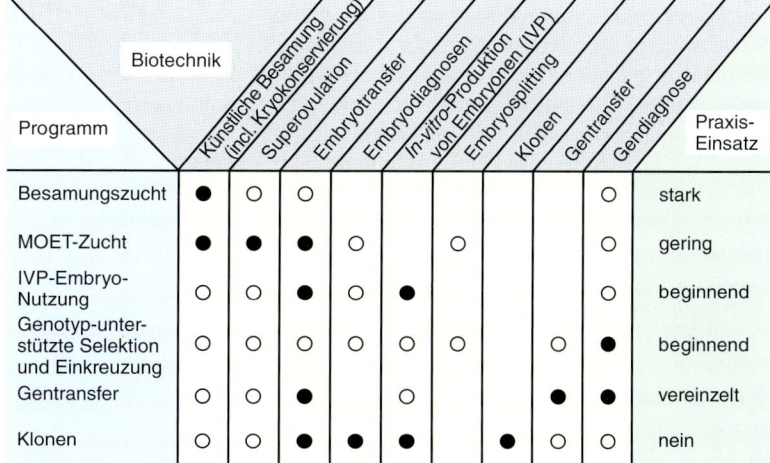

**Abb. 30.2:** Kombinationen verschiedener Biotechniken in Zuchtprogrammen beim Rind

•: obligatorisch; o: fakultativ; MOET: *Multiple Ovulation and Embryo Transfer*.

derzucht zeigt **Abb. 30.2** typische Kombinationen an biotechnischen Verfahren.

Nachfolgend wird zunächst der Einfluss biotechnischer Verfahren auf die Eigenschaften der gezüchteten Tiere skizziert. Für den Einsatz einiger biotechnischer Entwicklungen in der Tierzüchtung werden dann Szenarien dargestellt, die sich in der Zuchtpraxis bereits verbreitet haben, aber auch solche, die evtl. erst in Zukunft benutzt werden. Soweit konkrete Beispiele genannt werden, wird die Rinderzüchtung behandelt, da sich hier besonders weitreichende Entwicklungen vollziehen oder in Planung befinden.

## 30.1 Einfluss biotechnischer Verfahren auf die Eigenschaften von Zuchtprodukten

Die Tiere einer Zuchtgeneration und innerhalb einer züchterisch bearbeiteten Population, Zuchtlinie oder Familie können als **Zuchtprodukt** bezeichnet werden. Analog kann der Begriff für die Tiere eines Klons angewendet werden. Je nach den im Zuchtprogramm benutzten Biotechniken sind die Tiere eines Zuchtproduktes untereinander genetisch ähnlich (z.B. in Inzuchtlinien oder bei geklonten Individuen) oder variieren in ihren Genotypen (z.B. bei der herkömmlichen Zucht). Im letzteren Fall kann der züchterische Wert von Tier zu Tier verschieden sein, und oft werden nur wenige Individuen einer Zuchtgeneration züchterisch eingesetzt.

In Abhängigkeit vom Einsatz der Biotechniken können von einem Zuchttier nicht nur die Nachkommen, sondern auch Embryonen oder Gameten (Spermien, Eizellen) züchterisch genutzt werden. Potenziell ist auch eine züchterische Nutzung einzelner Zellen, Gewebe oder Organe (z.B. Eizellen aus Ovarien) und von Teilen der genetischen Information (z.B. regulatorische DNA-Sequenzen in Transgenen) möglich. Der Einfluss der Biotechniken auf die züchterische Verwendbarkeit einzelner Organe ist beispielsweise erkennbar, wenn Ovarien aus geschlachteten Tieren entnommen, daraus Eizellen isoliert und dann *in vitro* mit Sperma befruchtet werden (siehe S. 360ff.). Auf Grund der potenziell großen Zahl der pro Tier gewinnbaren Eizellen können beispielsweise Ovarien von

Schlachtkühen, die überragende Lebensleistungen hatten, einen Handelswert erlangen. Auch der Einsatz des Klonens unter Verwendung von Körperzellkernen aus einem „Supertier" könnte dazu führen, dass sich in Zukunft die Zuchttiere weitreichender als bisher erzeugen und nutzen lassen.

Mit Hilfe von Biotechniken können außerdem Eigenschaften von Zuchttieren viel eingehender als mit konventionellen Verfahren beschrieben werden. „Zuchtwerte" und „genotypische Werte", wie sie in der konventionellen Tierzüchtung definiert werden, leiten sich aus Merkmalswerten ab und erfassen als Schätzwerte die summarische Wirkung mehr oder weniger vieler Gene in Relation zu den Durchschnittswerten der Population. Demgegenüber sind mit biotechnischen Verfahren die Kriterien einzelner Erbinformationen für jedes Individuum zu ermitteln. So lassen sich z.B. DNA-Varianten für leistungsrelevante Milchprotein-Eigenschaften beim Rind (S. 497ff.) oder für die Stressresistenz und Fleischbeschaffenheit beim Schwein (S. 491ff.) direkt analysieren. Die Kriterien der Erbinformation werden direkt und damit unabhängig von Umwelteinflüssen dargestellt. Derartige Untersuchungen können außerdem zur Kennzeichnung eines Tieres oder einer Tiergruppe, zur Abstammungskontrolle und zur Prüfung der Zugehörigkeit verschiedener Gewebe zu einem Tier dienen (siehe S. 508ff.).

## 30.2 Szenarien biotechnisch unterstützter Zuchtprogramme

Der Einsatz von Biotechniken wirkt sich erheblich auf die Gestaltung von Zuchtprogrammen aus. **Abb. 30.3** skizziert, wie die konventionelle Tierzüchtung durch Einsatz biotechnischer Verfahren erweitert werden kann. Zur Beschreibung biotechnisch unterstützter Verfahren in der Tierzucht werden nachfolgend Szenarien aufgeführt, die

– bereits wichtiger Bestandteil der Zuchtpraxis sind (Besamungszuchtprogramme; Nutzung der Superovulation und des Embryotransfers),
– deren Verwendung gegenwärtig beginnt (Genotyp-unterstützte Selektion und Einkreuzungszucht; Geschlechtsdiagnose oder -be-

einflussung bei Embryonen und Gameten) oder

– die in Zukunft möglich sein könnten (Zuchtverfahren mit geklonten oder mit transgenen Tieren).

### 30.2.1 Besamungszuchtprogramme

Die Künstliche Besamung (KB) war die erste Biotechnik, die züchterisch angewandt wurde, und ist bis heute die ökonomisch wichtigste. Zuchtverfahren, bei denen die KB in Verbindung mit der Kryokonservierung von Sperma verwendet wird, sind hauptsächlich beim Rind verbreitet und spielen beim Schwein, Pferd und bei anderen Tierarten eine zunehmende Rolle. Bis heute gibt es viele technische Weiterentwicklungen, welche die Effizienz und Breite des Einsatzes laufend verbessert haben. Die Anwendung der KB bewirkte oft eine Gestaltung spezieller Programme („Besamungszucht"), um einen oder mehrere der folgenden Vorteile realisieren zu können:

– **Züchterische Prüfung neuer Vatertiere** durch überbetrieblichen Einsatz und zeitgleiche Erzeugung vieler Nachkommen. Dadurch können bei der Zuchtwertschätzung die Einflüsse von Umweltfaktoren auf Leistungsmerkmale statistisch genau erfasst und berücksichtigt werden. Verbunden mit dem überbetrieblichen Einsatz von Vatertieren wird eine gleichmäßige Populationsstruktur erzeugt, was die Zuchtwertschätzung verbessert.

– **Bevorzugter Einsatz geprüfter Vatertiere** zur Optimierung der Selektionsintensität. Pro Vatertier können viele Nachkommen erzeugt werden, so dass in jeder Zuchtgeneration nur ein relativ kleiner Anteil der Väter mit den höchsten Zuchtwerten eingesetzt wird.

– **Gezielte Paarung von Elitetieren.** Tiefgefrorene Spermaportionen erlauben eine zeitlich und örtlich unabhängige Verwendung von Vatertieren. Dadurch wird ermöglicht, dass die besten Muttertiere der Population auch mit besonders ausgewählten Vatertieren verpaart werden können.

Die Wirkungen der KB auf die Zuchtpraxis wurden bereits frühzeitig in der Rinderzüchtung deutlich. Wie das Flussdiagramm der **Abb. 30.4** veranschaulicht, zeichnen sich Besamungs-

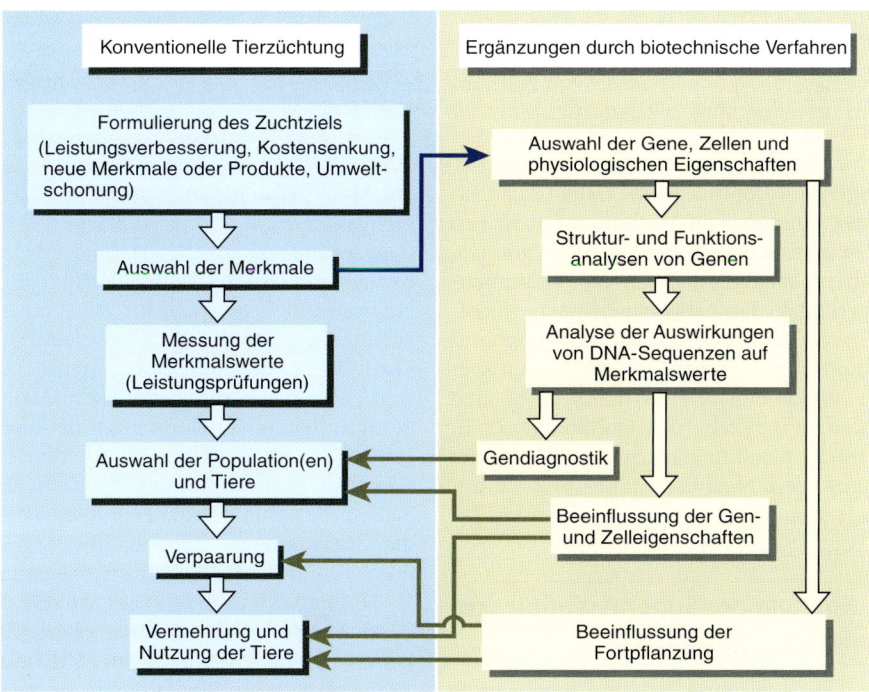

**Abb. 30.3:** Ergänzung der konventionellen Nutztierzüchtung durch biotechnische Verfahren

**Abb. 30.4:** Typisches Besamungs-
zuchtprogramm beim Zweinut-
zungsrind (Milch und Fleisch)

Herdbuchkühe: In Zuchtbüchern
der Zuchtverbände aufgeführte
Zuchtkühe mit Leistungs- und Ab-
stammungsnachweisen.
Testbullen: Auf der Basis der Verwandtenleistungen und ihrer eigenen Leistung (Wachstum, Bemuskelung, Exterieur) ausgewählte
Jungbullen, die zur Prüfung ihrer
Zuchtwerte mit Kühen der aktiven
Zuchtpopulation verpaart werden
(Testeinsatz).
Wartebullen: Bullen nach abge-
schlossenem Testeinsatz und bis
zum Vorliegen eines ausreichend
genauen Ergebnisses der Zuchtwertschätzung.

Blaue Farbe kennzeichnet die
männlichen, rote die weiblichen
Tiere. Die Zahlenwerte gelten für
ein Programm mit ca. 400 000 Kühen, von denen 130 000 auf die
Milchleistung kontrolliert und
künstlich besamt werden. Mit den
Pfeilen wird die zeitliche Abfolge
angegeben, in der die Tiere verwendet werden. KB oberhalb X
bedeutet, dass die Paarung über

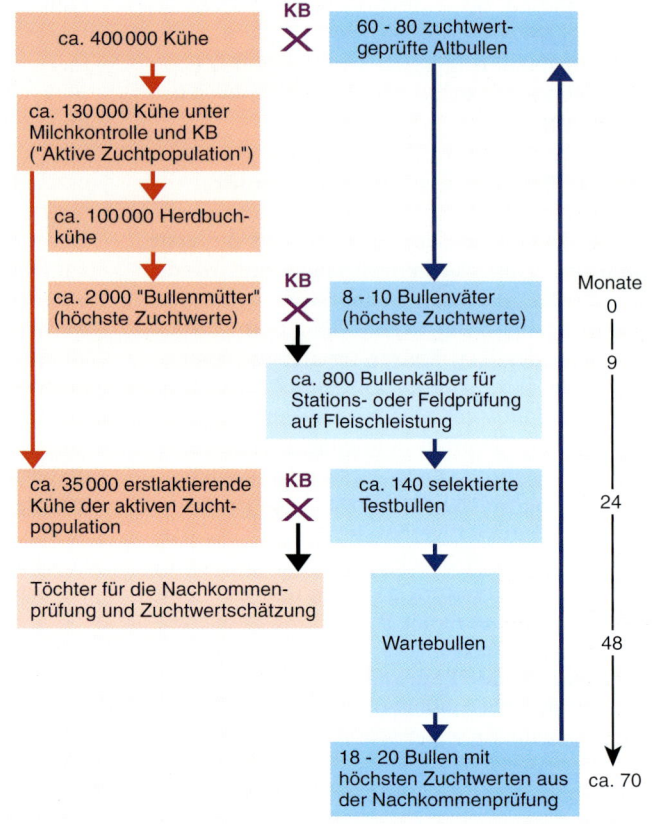

Künstliche Besamung erzielt wird. Vom Zeitpunkt der gezielten Paarung der Bullenmütter ausgehend wird der ungefähre Zeitbedarf in Monaten angegeben.

zuchtprogramme durch eine spezielle Organisation bei der Paarung von Testbullen mit Kühen
aus, die in verschiedenen Betrieben stehen. Die
Merkmalsmessungen in den Nachkommen-
schaften erlauben dann eine zuverlässige Zuchtwertschätzung der Vatertiere und deren optimalen züchterischen Einsatz. Bei geschlechtsbe-
grenzten Merkmalen (z. B. Milchleistung) und
Merkmalen mit geringer Erblichkeit (z. B.
Fruchtbarkeit, Krankheitsresistenz) liefern erst
ausreichend viele Nachkommen – wie sie nur
über die Besamung erreicht werden – eine genügend genaue Zuchtwertschätzung.

### 30.2.2 Nutzung der Superovulation und des Embryotransfers

Spezielle Zuchtverfahren unter Einbeziehung
von Superovulation und Embryotransfer werden

als **MOET-Zuchtprogramme** (MOET: *Multiple Ovulation and Embryo Transfer*) bezeichnet
(NIKOLAS UND SMITH 1983). Bei Etablierung von
Kernherden (**Nuclei**) handelt es sich um **MOET-
Nucleus-Zuchtprogramme**. Man unterscheidet
verschiedene MOET-Zuchtprogramm-Varianten
(**Tab. 30.2**). Bei den Embryonenspenderkühen
werden üblicherweise Stationsprüfungen durchgeführt. MOET-Zuchtprogramme bieten viele
Entwicklungsmöglichkeiten. So kann pro Emb-
ryonenspenderkuh bei jeder Superovulation ein
anderer Besamungsbulle eingesetzt werden, oder
die Besamungen können mit Mischsperma
durchgeführt werden. Dadurch werden materna-
le Halbgeschwister erzeugt, deren Herkunft
durch Vaterschaftskontrolle (siehe S. 513 ff.) zu
klären ist, die Vorteile bei der Zuchtwertschätzung besitzen und die Inzuchtsteigerung gering
halten (MEUWISSEN 1991).

**Tab. 30.2:** MOET-Zuchtprogramm-Varianten beim Rind

| Bezeichnung | MOET-Typ [1] | Verbindung zur Landeszucht [2] | Leistungsprüfung [3] | Informationsquellen für die Selektion der Embryo-Spendertiere |
|---|---|---|---|---|
| Reine MOET-Modelle (ohne Nachkommenprüfung von Bullen) | Juvenil | Geschlossen | In Station (Nucleus) | Mutter, Halbgeschwister |
| | Adult | Geschlossen | In Station (Nucleus) | Mutter, Halbgeschwister, Eigenleistung |
| Gemischte MOET-Modelle (mit Nachkommenprüfung von Bullen) | Juvenil | Offen | In Station und im Feld | Mutter, Halbgeschwister |
| | Adult | Offen | In Station und im Feld | Mutter, Halbgeschwister, Vollgeschwister, Eigenleistung |

[1] Beim juvenilen MOET-Typ werden die weiblichen Tiere bei Geschlechtsreife (Alter: 9-15 Monate) als Spender von Embryonen benutzt, beim adulten MOET-Typ erst nach der ersten Laktation (Alter: 34-36 Monate).

[2] Ein geschlossenes MOET-Modell trennt die im Nucleus befindliche Tierpopulation von den Tieren der übrigen Population; ein offenes MOET-Modell nutzt im Nucleus auch Tiere, die aus der übrigen Population kommen oder dort getestet worden sind.

[3] Leistungsprüfungen in der Station ermöglichen eine erweiterte Merkmalserfassung und gleichartige Umweltgestaltung. Feldprüfungen finden im Stall des Züchters bzw. Halters statt.

Die Kombination von MOET- und Besamungszucht bezeichnet man als **„offenes"** Nucleus-Zuchtprogramm (Tab. 30.2, Abb. 30.5). In Ländern, in denen Leistungsprüfungen in Praxisbetrieben (Feldprüfungen) etabliert sind, werden Stationsprüfungen nur für die Embryotransfer-Elitekühe verwendet, während die Zuchtwertschätzung der Besamungsbullen über die Nachkommenprüfung im Feld erfolgt. MOET wird dann für die Effizienzsteigerung eines Besamungszuchtprogramms genutzt.

In **Nucleusherden** werden die Umwelteinflüsse standardisiert, so dass dort die erblich bedingten Merkmalswerte besser erkannt werden können als bei Feldprüfungen. Von großer Bedeutung ist, dass Vorzugsbehandlungen einzelner Kühe vermieden werden und die Bullenmütterselektion auf korrekten Daten basiert. Bullen können außerhalb des Nucleus anhand von vielen Nachkommen geprüft werden, um eine genaue Beurteilung gering erblicher Merkmale zu erreichen. Zugleich lassen sich beim Vergleich zwischen Stations- und Feldprüfungen eventuelle Genotyp/Umwelt-Interaktionen erkennen und berücksichtigen. Die Stationsprüfung erstreckt sich ggf. nicht nur auf herkömmliche Leistungsmerkmale, sondern auch auf weitere Merkmale, die mit den leistungswichtigen Kriterien genetisch-physiologisch assoziiert sind (Hilfsmerkmale). Beispielsweise können Metabolite im Blut gemessen werden, um die Kapazität und Regulation des Leistungsstoffwechsels zu beurteilen (siehe S. 524 ff.).

Eine Verkürzung des Generationsintervalls wird erreicht, wenn Jungtiere kurze Zeit nach Eintritt der Geschlechtsreife für den Embryotransfer verwendet werden (**juvenile MOET-Zuchtprogramme**). Dann beruht die Zuchtwertschätzung allein auf der Leistung von Vorfahren und Seitenverwandten; nur Hilfsmerkmale können zusätzlich am Tier erfasst werden. Obgleich durch juvenile MOET-Zuchtprogramme potenziell der Zuchtfortschritt gegenüber der konventionellen Besamungszucht fast verdoppelt werden kann, haben sie sich kaum etablieren können. In den Niederlanden wird die Eizellgewinnung durch transvaginale Follikelpunktion und die nachfolgende In-vitro-Produktion (IVP) von Embryonen jedoch praktiziert. Mittels IVP werden von Färsen (Jungkühen) im Alter von zwölf bis 14 Monaten Nachkommen erzeugt, so dass ein kurzes Generationsintervall erreicht wird. Auch nach erfolgreicher Befruchtung werden bis in den vierten Trächtigkeitsmonat hinein wöchentlich Eizellen gewonnen (siehe S. 360 ff.). Von einem Spendertier können auf diesem Weg mindestens zehn Embryonen in Empfängertiere übertragen werden. Auch die Spendertiere werden zur Trächtigkeit gebracht und während der Laktation in der Teststation geprüft. Die Zuchtentscheidung fällt bereits nach 180–200 Laktationstagen. Die aus dem Embryotransfer stammenden Jungbullen sind dann etwa ein Jahr alt und können ggf. direkt für den Prüfeinsatz verwendet werden.

Beim Einsatz der IVP sind auch andere Opti-

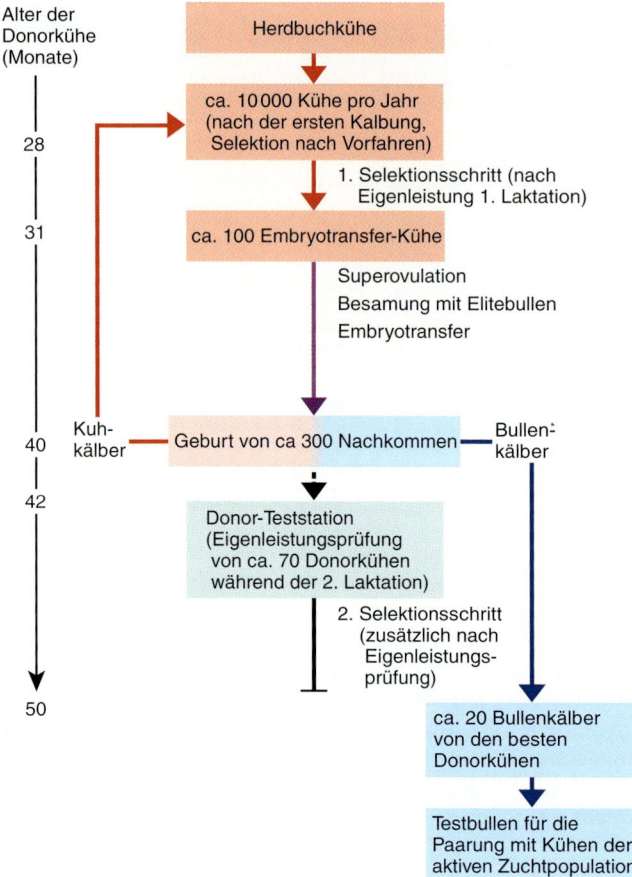

Alter der
Donorkühe
(Monate)

28

31

40

42

50

Herdbuchkühe

ca. 10 000 Kühe pro Jahr
(nach der ersten Kalbung,
Selektion nach Vorfahren)

1. Selektionsschritt (nach
Eigenleistung 1. Laktation)

ca. 100 Embryotransfer-Kühe

Superovulation
Besamung mit Elitebullen
Embryotransfer

Kuh-
kälber

Geburt von ca 300 Nachkommen

Bullen-
kälber

Donor-Teststation
(Eigenleistungsprüfung
von ca. 70 Donorkühen
während der 2. Laktation)

2. Selektionsschritt
(zusätzlich nach
Eigenleistungs-
prüfung)

ca. 20 Bullenkälber
von den besten
Donorkühen

Testbullen für die
Paarung mit Kühen der
aktiven Zuchtpopulation

**Abb. 30.5:** Ablauf eines offenen MOET-Zuchtprogramms beim Milchrind

MOET: *Multiple Ovulation and Embryo Transfer.*
Donorkühe: Spenderkühe der Embryonen.
Blaue Farbe kennzeichnet die männlichen, rote die weiblichen Tiere. Die Zahlen gelten für die Einbeziehung von ca. 70 Donorkühen in die Stationsprüfungen.

mierungen als die des Generationsintervalls möglich. Wie das Schema in **Abb. 30.6** verdeutlicht, ist es möglich, nach der Schlachtung solche Kühe für die Generierung zusätzlicher Kälber zu verwenden, die besonders hohe Lebensleistungen erreicht haben. Damit ließe sich die IVP für eine Zucht auf Gesundheit und Fruchtbarkeit beim Rind einsetzen.

Die wesentlichen **Vorteile** der MOET-Programme für die Milchrinderzucht können wie folgt zusammengefasst werden:
– Für ausgewählte weibliche Tiere („Bullenmütter", d.h. potenzielle Mütter von Zuchtbullen der nächsten Generation) wird eine genaue Zuchtwertschätzung erreicht.
– Durch frühzeitige Selektion der Jungtiere wird das Generationsintervall gesenkt.

– Unter Einsatz des Embryotransfers ist bei der Auswahl von Elitekühen eine hohe Selektionsintensität möglich. Beispielsweise kann eine superovulierte Kuh etwa viermal mehr Nachkommen erbringen als Kühe ohne Embryotransfer.
– Die Leistungsprüfungen werden in den Kernstationen (also im Nucleus) durchgeführt, so dass auf Leistungsprüfungen in der breiten Landeszucht verzichtet werden kann. Eine solche Organisation der Leistungsprüfungen ist beispielsweise in Entwicklungsländern, in denen keine Feldprüfungen möglich sind, ein wichtiger Vorteil.
– Die Leistungsprüfungen im Nucleus können zusätzliche Merkmale betreffen, die in landwirtschaftlichen Betrieben nicht mit vertretbarem Aufwand oder der erforderlichen Ge-

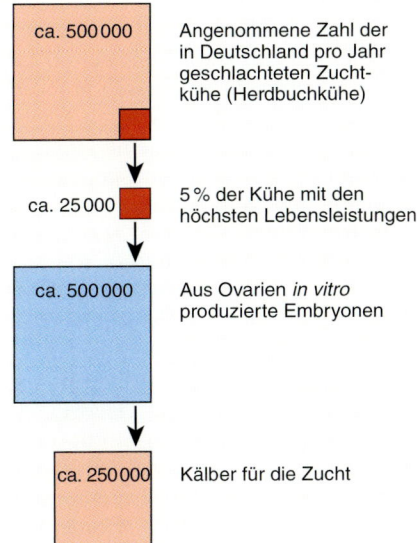

| | |
|---|---|
| ca. 500 000 | Angenommene Zahl der in Deutschland pro Jahr geschlachteten Zucht- kühe (Herdbuchkühe) |
| ca. 25 000 | 5 % der Kühe mit den höchsten Lebensleistungen |
| ca. 500 000 | Aus Ovarien *in vitro* produzierte Embryonen |
| ca. 250 000 | Kälber für die Zucht |

**Abb. 30.6:** Anwendung der *In-vitro*-Produktion von Embryonen für eine Zucht auf Gesundheit und Fruchtbarkeit beim Rind

Modellbeispiel unter Berücksichtigung der un- gefähren Anzahl der in Deutschland pro Jahr geschlachteten Zuchtkühe (Herdbuchkühe).

nauigkeit zu erfassen sind, wie z. B. leistungs- physiologische Parameter oder Krankheitsre- sistenz.
– Der Einsatz des Embryotransfers kann für ei- ne rasche und weite Verbreitung der Erbanla- gen von Einzeltieren auf viele Tiere der Nachkommengeneration genutzt werden und damit für eine Erzüchtung neuer Zuchtlinien oder Rassen. Dieser Gesichtspunkt ist bei der Selektion spezieller Genvarianten (wie z. B. Hornlosigkeit, Transgene) oder beim Einsatz aufwendiger biotechnischer Methoden (Ge- schlechtsdiagnose, Klonen, Gentransfer) wichtig.
– Beim Zuchtviehexport spielt die Gefrierkon- servierung von Embryonen eine große Rolle. Einige Rassen oder Zuchtlinien werden in mehreren Ländern gezüchtet, wie beispiels- weise die Milchviehrasse Holstein-Friesian. Ein Import von Tieren ist aufwendig und auf Grund hygienischer Auflagen oft kaum reali- sierbar. Dann lassen sich kryokonservierte Embryonen einsetzen, um Tiere der neuen Rasse in Muttertiere der Lokalrassen zu über- tragen. Diese Ammen sorgen für einen best-

möglichen Immunschutz der heranwachsen- den Kälber.

Bei der Nutzung von MOET-Programmen sind folgende **Begrenzungen** zu beachten:
– Hohe Kosten durch Stationsprüfung der Kühe und Embryotransfer.
– Nicht optimale technische Entwicklungshöhe des Embryotransfers.
– Gering erbliche Merkmale lassen sich mit MOET-Zucht kaum beeinflussen. So werden die Zuchtwerte von Jungbullen nur anhand der Ahnen und Geschwister und daher wenig genau ermittelt. Erst ein zusätzlicher Besa- mungseinsatz ermöglicht anhand der zusätz- lichen Nachkommenprüfungen eine Schät- zung ausreichend genauer Zuchtwerte.
– Zwischen Stationsprüfungen und Prüfungen in landwirtschaftlichen Betrieben sind Geno- typ/Umwelt-Interaktionen zu erwarten, d. h. je nach Genotyp können Tiere unterschiedlich auf wechselnde Umwelteinflüsse reagieren.
– Die Zahl der benutzten Zuchttiere sinkt, was zu einer höheren Wahrscheinlichkeit der Paa- rung verwandter Tiere führt, also die Inzucht steigert. Dadurch kann es sein, dass vermehrt Defekte auftreten, die Merkmalswerte redu- ziert werden („Inzuchtdepression") und die Selektionserfolge von Generation zu Genera- tion abnehmen.

Abgesehen von der Milchrinderzucht wird der Embryotransfer wenig genutzt. Bei strengen seuchenhygienischen Auflagen bietet aber der Embryotransfer die Möglichkeit, weibliche Tie- re überbetrieblich zu nutzen und für die Sanie- rung von Beständen einzusetzen. Dieser Ge- sichtspunkt spielt beispielsweise beim Schwein und bei der Labormaus eine wichtige Rolle.

### 30.2.3 Gen-unterstützte Selektion

Einfach erbliche Phänotypen können für die Be- urteilung der Vererbung multifaktoriell beding- ter Merkmale verwendet werden. Ein Genlocus mit Wirkung auf die Werte eines quantitativen Merkmals wird als **QTL (*Quantitative Trait Lo- cus*)** bezeichnet. Für Loci, die das betrachtete Merkmal beeinflussen, wird auch der Begriff **Merkmalsgen (Target-** oder **Kandidatengen)** verwendet. Verfahren zur *QTL*-Analyse werden auf S. 294ff. behandelt. Für die Analysen werden Genotypen auf DNA-Niveau dargestellt (siehe S. 198ff.), um in einer Population solche Tiere zu finden, die in ihrem Erbgut möglichst viele vorteilhafte und wenige nachteilige DNA-Varianten besitzen.

Oft stehen lediglich Markerloci, die mit wichtigen Genen für das betreffende Leistungsmerkmal gekoppelt sind, für die Selektion zur Verfügung. Für eine solche indirekte Beurteilung der Gene von Leistungsmerkmalen wird der Begriff *Marker Assisted Selection* (MAS) benutzt (KASHI ET AL. 1990). Eine indirekte Selektion mit Markerloci ist möglich, soweit bei dem zu beurteilenden Tier bzw. der Tiergruppe bestimmte Allele der Markerloci häufiger als zufällig mit bestimmten Allelen der damit zu beurteilenden $QTLs$ vorkommen. Man bezeichnet das als Allel- oder Kopplungsungleichgewicht. Für die einfache Situation eines Genlocus illustriert **Abb. 30.7**, dass Allelfrequenzänderungen bei Selektion mit Hilfe codominanter Markerallele rascher verlaufen als ohne Markerallele. Mit Hilfe von Markerloci werden vorteilhafte Veränderungen durch Selektion auch bei komplex vererbten Merkmalen erreicht; diese verringern

sich jedoch von Generation zu Generation immer stärker (**Abb. 30.8**). Zusammenhänge zwischen Allelen der Markerloci und der $QTLs$ sind auf Familien begrenzt und müssen in jeder Generation überprüft werden, wodurch erhebliche Aufwendungen entstehen. Für eine solche Überprüfung kann von Vatertieren ausgegangen werden, in deren Nachkommenschaft die Assoziation zwischen den Allelen der $QTLs$ und Markerloci erfasst wird (**Abb. 30.9a**). Ein anderer Ansatzpunkt sind Großväter, deren $QTL$-Allele man auf der Basis der Zuchtwerte ihrer Söhne analysiert (**Abb. 30.9b**).

Elektrophoresefreie Tests erlauben kostengünstige Prüfungen größerer Tierzahlen auf DNA-Varianten. Beispielsweise gilt dies für automatisierte DNA-Nachweisverfahren in DNA-Arrays (siehe S. 180ff.), die nur geringe Kosten pro Tier und Genotyp erfordern. Markerloci sind für die Beurteilung von gekoppel-

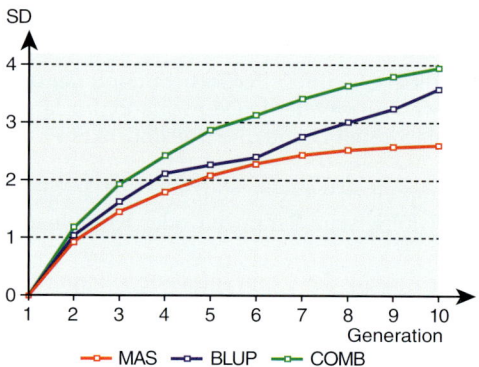

**Abb. 30.8:** Selektionserfolge bei verschiedenen Methoden der Selektion (nach Zahlenwerten von ZHANG UND SMITH 1992)

MAS (*Marker Assisted Selection*): Auswahl der Zuchttiere nur auf Grund der Allele an Markerloci.
BLUP (*Best Linear Unbiased Prediction*): Auswahl der Zuchttiere nur auf Grund der Zuchtwertschätzung mit dem BLUP-Verfahren.
COMB: Kombinierter Einsatz von MAS und BLUP.
SD: Abweichung des Nachkommenmittels in Einheiten der Standardabweichung des Merkmals vom Mittelwert der Generation 1.
Dargestellt werden die Resultate von Computersimulationen unter der Annahme eines Kopplungsungleichgewichtes zwischen Markerloci und den zu beurteilenden *Quantitative Trait Loci*.

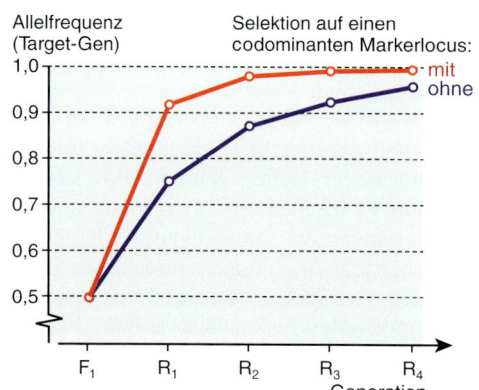

**Abb. 30.7:** Zahl der Rückkreuzungsgenerationen, um die Frequenz eines dominanten Allels am Target-Locus durch Selektion von codominanten Allelen eines gekoppelten Markerlocus anzuheben

Target-Locus: Genort, der die Werte eines erwünschten Merkmals beeinflusst;
$F_1$: Nachkommengeneration;
$R_1$ bis $R_4$: Rückkreuzungsgeneration 1 bis 4.
Es wird davon ausgegangen, dass keine Rekombinationen zwischen den beiden Loci vorkommen.

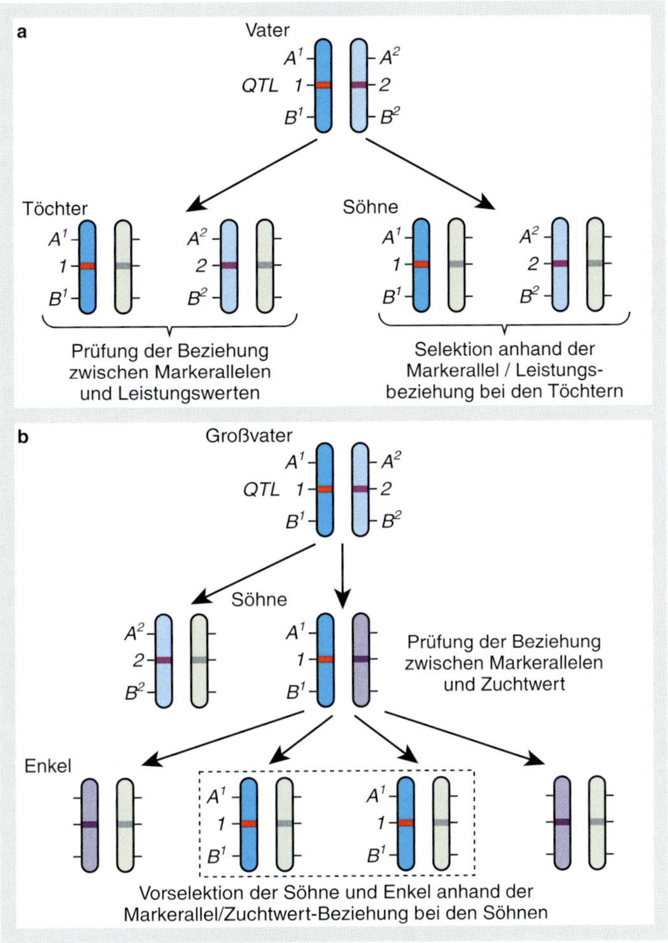

**Abb. 30.9:** Überprüfung der Zusammenhänge zwischen Markerloci und einem *QTL* (*Quantitative Trait Locus*)

Angegeben werden die Markerloci A und B und ein *QTL*. Die Allele werden jeweils mit 1 und 2 bezeichnet.

a) Ausgangspunkt bei Vatertieren, in deren Nachkommenschaft die Assoziation zwischen *QTL* und Markerloci analysiert wird („*Daughter Design*"). Im Beispiel geschieht dies durch Genotypisierung und Leistungsprüfung bei den Töchtern. Nachfolgend können Söhne anhand der Markerallele ausgewählt werden, die bei den Töchtern vorteilhaft waren.

b) Ausgangspunkt bei den Großvätern, für deren Söhne die Beziehungen zwischen Markerallelen und Leistungswerten anhand der Zuchtwertschätz-Ergebnisse geprüft werden („*Grand-Daughter Design*"). Die Enkel werden dann auf der Basis der Markerinformation in der zurückliegenden Generation ausgewählt.

ten Erbanlagen um so effizienter, je enger die Kopplung mit leistungswichtigen Genen (*QTL*, Merkmalsgene) ist, je stärker die gekoppelten *QTL*-Allele auf eine Leistungsverbesserung wirken, je mehr Varianten für die Markerloci darstellbar sind und je kostengünstiger die Genotypisierung ist. Einerseits wird versucht, möglichst viele Markerloci zu verwenden – z. B. in so genannten „*Genome Scans*" mittels genomweit verteilter Mikrosatelliten und *SNPs* – und für eine Beurteilung beliebiger *QTL*s einzusetzen. Andererseits werden Markerloci ausgewählt, die eine hohe *A-priori*-Wahrscheinlichkeit besitzen, mit Genvarianten für bestimmte leistungswichtige Merkmale assoziiert zu sein. Beispiele hierfür sind die Haplotypen des MHC für die Krankheitsresistenz, die polymorphen Milchprotein-Genvarianten für die

Milchproteinleistung und –qualität sowie der *RYR1*-Genlocus für die Stressresistenz, Fleischqualität und Bemuskelung. Es ist zu erwarten, dass in zunehmendem Umfang diejenigen Positionen in den Genloci identifiziert werden, durch die leistungswichtige Merkmalsausprägungen bedingt sind. Damit entwickelt sich die *Marker Assisted Selection* zu einer Selektion auf die tatsächlich wirksamen DNA-Varianten (kausative oder merkmalsverursachende DNA-Varianten) und wird also zu einer **Gene Assisted Selection**.

Der Einsatz der *Marker* und/oder *Gene Assisted Selection* kann in Zuchtprogrammen folgende **Beiträge** liefern:

– Alters- und geschlechtsunabhängige Selektion. Genotypen können für eine erste Selektion („Vorselektion") bei Jungtieren vor den weiteren Leistungsprüfungen verwendet werden, um das Generationsintervall zu verkürzen. Im Vergleich zur Selektion nach Merkmalswerten wartet man nicht auf die Merkmalsrealisierung, sondern analysiert den Genotyp gleich nach der Geburt oder sogar bereits frühembryonal. Ein Beispiel ist die Diagnose von DNA-Varianten der Milchprotein codierenden Gene bei Bullen oder Embryonen.

– Nachweis besonderer Genvarianten bei gering erblichen Merkmalen. Beispielsweise gibt es im Booroola-Gen beim Schaf Genvarianten, welche die ansonsten gering erbliche Fruchtbarkeit deutlich beeinflussen.

– Hohe Selektionsgenauigkeit durch umweltunabhängige Analysen der genetischen Veranlagung mit Hilfe von DNA-Varianten. Oftmals stehen in Entwicklungsländern keine Leistungsdaten für die Nutztiere zur Verfügung. Dann können evtl. DNA-Varianten bei der Identifikation züchterisch interessanter Tiere helfen.

– Nachweis von Chromosomenkombination. Unter Einbeziehung der Genotypen genügend vieler und ausgewählter Markerloci können Heterozygotiegrade vorausgeschätzt werden. Diese können dazu dienen, Heterosiseffekte bei Verpaarung bestimmter Populationen oder Elternindividuen vorherzusagen.

Der Einsatz von Markerloci oder leistungswichtigen Genen bei der Selektion von Nutztieren wird gegenwärtig noch durch einen geringen Kenntnisstand hinsichtlich der DNA-Varianten begrenzt, welche für die Varianz der leistungswichtigen Merkmale verantwortlich sind. Außerdem liegen pro Zuchtprogramm durch die vielen einbezogenen Tiere und Loci die Kosten für die Genotypisierung hoch und können den Nutzen, den die Informationen haben, überschreiten. Zudem kann eine intensive Selektion auf ein bestimmtes Allel eines Markerlocus dazu führen, dass ein relativ großer homozygoter Chromosomenbereich in der Population erzeugt wird. Grund hierfür ist, dass die Selektion nach Markerallelen mehrere gekoppelte Loci erfasst und in dem Chromosomenabschnitt die genetische Vielfalt eliminiert, obgleich bei den vielen hier lokalisierten DNA-Varianten eine Nützlichkeit für die Merkmalswerte nicht untersucht

ist. Bei Chromosomenbereichen mit homogener Allelausstattung wird dann eine Selektion in nachfolgenden Generationen keinen Effekt mehr erzielen. Da es nur noch im unwahrscheinlichen Fall einer vorteilhaften Neumutation zu neuen Varianten kommt, können sich große, irreversible Nachteile ergeben. Eine Genunterstützte Selektion sollte daher erst in der praktischen Zucht eingesetzt werden, wenn die betreffende, merkmalsverursachende DNA-Position bekannt ist. Außerdem sind simultane Selektionsarbeiten erforderlich, um bei Anreicherung nur der erwünschten DNA-Variante alle anderen Bereiche des betreffenden Gens und der flankierenden Gene in der Population möglichst variabel zu erhalten.

## 30.2.4 Gen-unterstützte Einkreuzungszucht

Bei der **Einkreuzung (Introgression)** werden Erbanlagen mit wichtigen Wirkungen auf die Merkmalswerte von einer Population (Donorpopulation) in eine andere (Rezipientenpopulation) eingeführt. Dabei kann die Rezipientenpopulation – abgesehen von wenigen Eigenschaften – der Donorpopulation überlegen sein, so dass oft nur die Übertragung eines Gens oder weniger Gene (Haplotypen) erwünscht ist.

Bei der Einkreuzungszucht werden zunächst Tiere der Donor- und Rezipientenpopulation miteinander gekreuzt. Anschließend werden die $F_1$-Tiere mit Tieren der Rezipientenpopulation verpaart, d.h. es wird eine Rückkreuzung auf die Rezipientenpopulation vorgenommen. Wie aus **Abb. 30.10** zu ersehen ist, segregieren in der Rückkreuzungsgeneration die Chromosomenabschnitte unterschiedlich, je nachdem, an welchen Stellen Crossing over stattgefunden haben. Rückkreuzungsindividuen der ersten Generation tragen daher normalerweise viele unerwünschte Gene aus der Donorpopulation und haben nicht die angestrebten Merkmale. Aus diesem Grunde sind bei traditionellem Ansatz mehrere Zyklen der Rückkreuzung mit nachfolgender Selektion anhand der Merkmalswerte erforderlich, um schließlich Tiere zu finden, welche die angestrebten Merkmalskombinationen aufweisen.

Mit Allelen an Markerloci kann der Transfer von Chromosomensegmenten aus der Donor- und Rezipientenpopulation in die Rückkreuzungsgeneration nachgewiesen werden. In Ver-

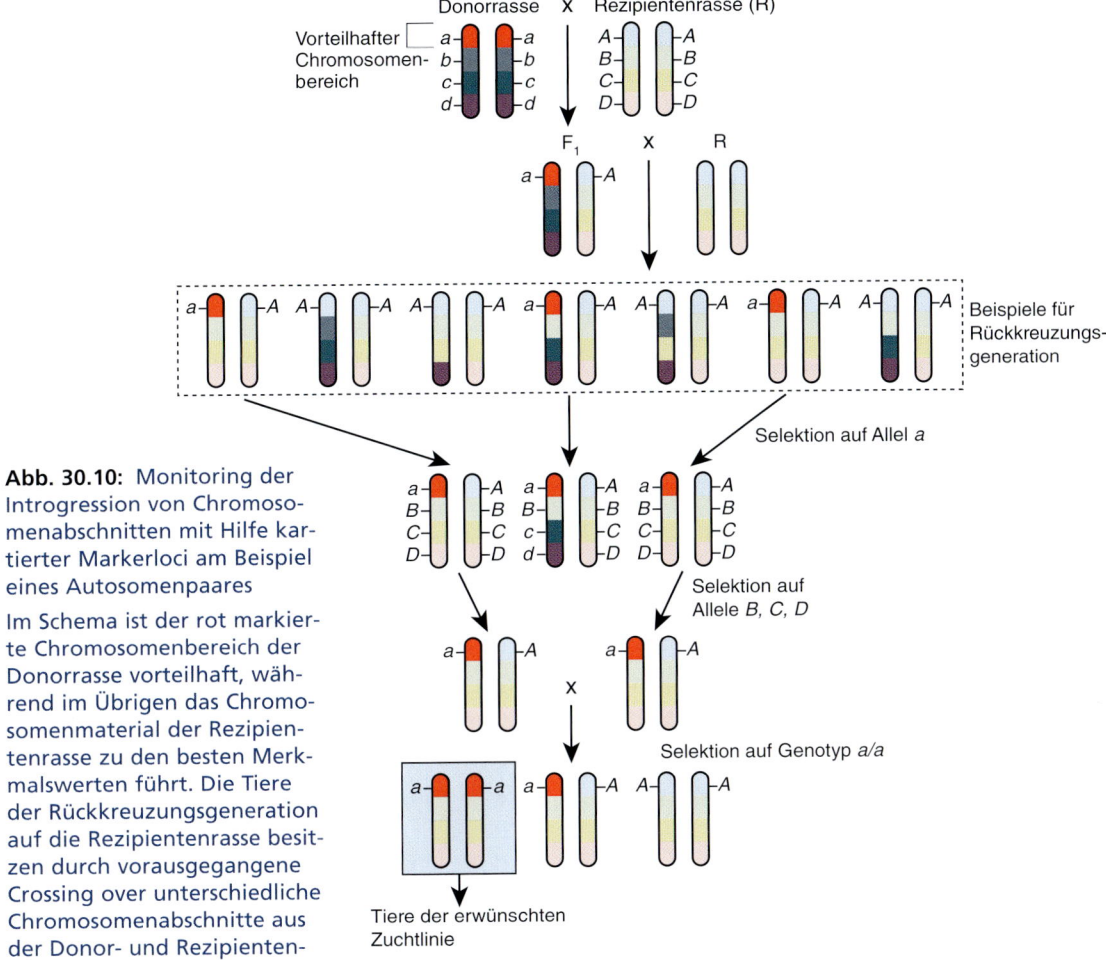

**Abb. 30.10:** Monitoring der Introgression von Chromosomenabschnitten mit Hilfe kartierter Markerloci am Beispiel eines Autosomenpaares

Im Schema ist der rot markierte Chromosomenbereich der Donorrasse vorteilhaft, während im Übrigen das Chromosomenmaterial der Rezipientenrasse zu den besten Merkmalswerten führt. Die Tiere der Rückkreuzungsgeneration auf die Rezipientenrasse besitzen durch vorausgegangene Crossing over unterschiedliche Chromosomenabschnitte aus der Donor- und Rezipientenrasse. Aus dieser Tiergruppe werden zunächst Tiere mit dem durch das Allel a markierten, erwünschten Chromosomenabschnitt ausgewählt. Unter den verbliebenen Tieren werden in einer zweiten Stufe anhand der Marker *B, C* und *D* solche Tiere selektiert, die das übrige Chromosomenmaterial aus der Donorrasse erhalten haben, und untereinander verpaart. Abschließend werden Tiere gesucht, die den homozygoten Genotyp *a/a* tragen.

bindung mit den erwünschten Merkmalswerten wird dann z. B. auf einen größtmöglichen Anteil an Chromosomensegmenten der Rezipientenrasse, jedoch bestimmten Allelen aus der Donorpopulation geachtet (**Gen-** oder **Markerunterstützte Einkreuzungszucht**). Seltene Rekombinationsereignisse in Chromosomen können registriert werden, soweit dort Markerloci lokalisiert sind. DNA-Varianten sind frühzeitig (in frühembryonalen Stadien oder bei Jungtieren) nachzuweisen. Mit Hilfe von Markerloci wird die notwendige Zahl der Rückkreuzungen

für die Auslese der erwünschten Chromosomenkombinationen vermindert (**Abb. 30.10**). Welche praktischen Anwendungen lassen sich aus einer solchen Gen-unterstützten Einkreuzungszucht ableiten?

Die Gen-unterstützte Rückkreuzungszucht ermöglicht neue Anwendungen, wie z. B. die züchterische Nutzung von Genvarianten, die sich in primitiven Landrassen, Rassen anderer Nutzungsrichtungen oder gar Wildpopulationen befinden. Die potenzielle Bedeutung der Gen-unterstützten Introgression wird aus dem in

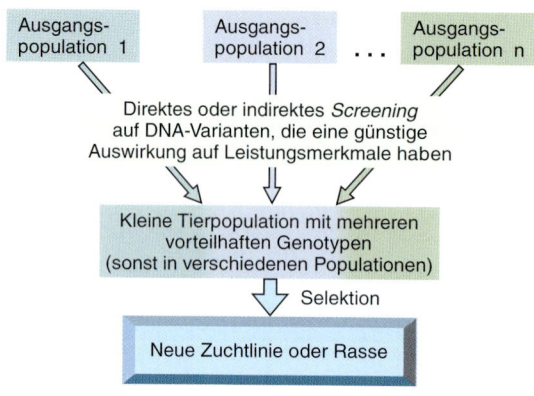

**Abb. 30.11:** Modellbeispiel zur Gen-unterstützten Einkreuzung: Kombination vorteilhafter Erbanlagen aus mehreren Populationen in einer neuen Zuchtlinie oder Rasse
Erklärungen siehe Text.

**Abb. 30.11** skizzierten hypothetischen Beispiel deutlich. International wird die Milchrasse Holstein-Friesian in mehreren Populationen gezüchtet. Aus diesen Populationen könnten auf DNA-Basis solche Tiere ausgewählt werden, die simultan möglichst viele günstige Erbanlagen besitzen, wie u. a. solche für Hornlosigkeit, günstige Milchproteine, hohe Fruchtbarkeit und besondere Krankheitsresistenz. Wenn in die Auswahl alle Herdbuchtiere einbezogen würden, so stünden in den Industrieländern mindestens 50 Millionen Rinder zur Verfügung. Eine Automatisierung von DNA-Tests an mehreren Loci, z. B. für einige Hundert *SNPs*, ist mit Hilfe von DNA-Arrays (siehe **Abb. 10.17**, S. 219) oder der MALDI-TOF-Massenspektrometrie möglich (siehe **Abb. 10.21**, S. 223). Außerdem können Ausgangstests aus Sammel- oder Poolproben erfolgen, beispielsweise auf der Basis von DNA aus der Sammelmilch aller Kühe jeweils eines Bestandes. Erst wenn sich hier eine seltene, aber vorteilhafte DNA-Variante zeigt, werden die einzelnen Tiere des betreffenden Bestandes untersucht. Auf diese Weise ließen sich die Untersuchungskosten pro Tier auf wenige Euro begrenzen.

Trotz Automatisierung und Kostenminimierung würde aber ein gewaltiger Aufwand entstehen, um schließlich vielleicht 500 genotypisch besonders interessante Tiere auszuwählen und – von diesen ausgehend – über drei bis vier Generationen eine spezielle Tiergruppe zu se-

lektieren. Unter Verwendung der Reproduktions-Biotechniken mag das Zuchtprodukt, welches über alle erwünschten Genvarianten in homozygoter Kombination verfügt, nach ca. 10 Jahren zur Verfügung stehen. Das Zuchtprogramm hat dann aber möglicherweise mehrere Milliarden Euro gekostet. Sollte das Zuchtprodukt auf Grund seiner genetischen Überlegenheit stark nachgefragt werden, dann würden Zuchttiere von einigen Landwirten angekauft und vermehrt. Auf Grund der Einheitlichkeit in den relevanten Genen genügt hierfür der Einsatz weniger Zuchttiere, um nachfolgend am Verkauf der Nachzucht profitieren zu können. Mit dieser Nachfrage, die nur kurze Zeit auf einem hohen Preisniveau bleiben und sich dann den Erzeugungskosten der Nachzuchttiere annähern würde, kann ein Fortschrittsanreiz und die Fortschrittsentlohnung nicht gesichert werden. Derartig groß angelegte Zuchtprogramme werden sich daher erst bei einem Patentschutz lohnen (siehe S. 593 f.).

## 30.2.5 Einsatz der Geschlechtsdiagnose oder -beeinflussung bei Embryonen und Gameten

Eine Geschlechtsdiagnose oder -beeinflussung (siehe S. 368 ff.) kann sich erheblich auf Zuchtprogramme auswirken. Beispielsweise können aus einer Fleischrasse nur die männlichen Embryonen verwendet und in Kühe einer Milchrasse übertragen werden. Von der Milchrasse dagegen werden zur Bestandsergänzung nur weibliche Embryonen benötigt. Entsprechende technische Voraussetzungen haben auf die Zuchtzielsetzung in der Mutterlinie einen gravierenden Einfluss. In dieser werden ein problemloser Kalbeverlauf, hohe Milchleistung und – bei Mutterkuhhaltung – gute Muttereigenschaften gefordert. Die Mast- und Fleischleistung würde sich nur ungünstig auf die Milchnutzung auswirken und würde in einer solchen Linie ohne Bedeutung sein, da für Fleischleistung erzeugte Kälber 100 % ihrer Erbanlagen von der spezialisierten Fleischrasse haben. Der Einsatz der Geschlechtsdiagnose oder -beeinflussung wird dazu führen, dass pro Rasse fast ausschließlich Embryonen eines Geschlechtes verwendet und die anderen Embryonen verworfen werden. Bei evtl. erzeugten Zwillingsgeburten können außerdem Zwicken (vgl. **Abb. 21.3**,

S. 382) vermieden werden. Ohne Berücksichtigung der Aufwendungen durch die Geschlechtsdiagnose oder -beeinflussung werden die Kosten des Zuchtprogramms gesenkt und vorhandene Kapazitäten für die Tierhaltung effizient ausgeschöpft.

Gegenwärtig liegen die Kosten für eine Geschlechtsdiagnose von Embryonen jedoch sehr hoch und übersteigen den möglichen Nutzen für die Produktionsstufe. Die technischen Entwicklungen der Geschlechtsbeeinflussung lassen jedoch Veränderungen erwarten. Möglicherweise werden
– die Spermiensortierung (siehe S. 376 ff.),
– Maßnahmen, die eine Befruchtungsfähigkeit nur von Spermien mit dem gewünschten Geschlechtschromosom erreichen, sowie
– eine Inaktivierung der Genwirkung, welche die Geschlechtsdifferenzierung verursacht (siehe **Tab. 24.8**, S. 469),
in Zukunft stark auf die Zuchtprogramme wirken.

## 30.2.6 Einsatz des Klonens

Das Klonen vervielfacht die Erbanlagen des jeweiligen Spendertieres. Unter der Annahme einer genügenden technischen Effizienz ließen sich mit Hilfe des Klonens rasch Individuen einer überlegenen Zuchtgeneration erstellen und verbreiten. Körperzellen eines besonders ausgewählten Zuchttieres könnten dazu dienen, um auf dem Wege des Kerntransfers einen Klon an genotypisch nahezu identischen Nachkommen zu erstellen (siehe **Abb. 22.8**, S. 400).

Bei Klongeschwistern sind, wenn die epigenetischen Faktoren kontrollierbar sind und gleiche Umwelteinflüsse wirken, sehr ähnliche Merkmalswerte zu erwarten. Dann würden bereits wenige Klonindividuen eine genügend genaue Information über den Zuchtwert des Klons („Klonwert") liefern, soweit die Merkmalserfassung standardisiert und genau erfolgt. Für jedes Tier eines Klons wird der Zuchtwert gleich sein, so dass alle Tiere gleichwertig zu verwenden sind. Zudem könnten entweder männliche oder weibliche Klone erzeugt werden. Beim Rind würden also z.B. weibliche Klone für die Milchleistung Vorteile erbringen. Klongeschwister würde man auch auf zusätzliche Merkmale prüfen können. Hierbei könnten auch Messungen durchgeführt werden, die zum Tod

der geprüften Tiere führen, da sich ja weitere identische Tiere erzeugen lassen. Ein Beispiel dafür liefert die Selektion auf Fleischleistung: Wenn man Schlachtkörpermerkmale verbessern möchte, ist man entweder auf Hilfsmerkmale angewiesen oder kann eine Ausschlachtung von Klongeschwistern durchführen.

Allerdings ist aus einem Klon heraus kein Zuchtfortschritt zu entwickeln. Dieser benötigt vielmehr von Generation zu Generation eine sexuelle Vermehrung, d.h. ein Mischen von Genen während der Meiose, so dass verschiedene Zygotentypen gebildet werden, aus denen sich die geeigneten Tiere auswählen lassen. Für eine solche sexuelle Reproduktion sind Tiere aus verschiedenen Klonen zu verpaaren. Stehen Klone z.B. bei Milchrindern nur für weibliche Tiere zur Verfügung, so wird man nicht geklonte Vatertiere verwenden müssen. Wie bei konventioneller Selektion hängt der Zuchtfortschritt dann von der Selektionsintensität, der Erblichkeit, der genetischen Varianz und dem Generationsintervall ab. Obgleich bei einer Kombination von sexueller Reproduktion mit Leistungsprüfungen der Klongeschwister eine deutliche Leistungssteigerung in der Tierzucht erwartet werden kann, ist Vorsicht angebracht. – Für genügende Selektionsintensitäten und nachhaltige Zuchtfortschritte wären sehr viele verschiedene und relativ große Klone zu erzeugen, was nach den heutigen Vorstellungen zu gigantischen Aufwendungen führen würde und unrealistisch erscheint.

Das Verfahren des Klonens befindet sich im Forschungsstadium und hat bei weitem nicht die Entwicklungshöhe für eine Anwendung in der Zuchtpraxis erreicht. Hinsichtlich der züchterischen Nutzung lassen sich aber interessante **Möglichkeiten** erkennen (siehe auch S. 399 ff.), wie u.a. die folgenden:
– **Vermehrung von Tieren mit bestimmtem Genotyp.** In Verbindung mit der Nutzung transgener Tiere besteht z.B. ein Interesse, das transgene Genom unverändert über Kerntransfer in neue Individuen zu bringen. Auf diesem Wege werden über lange Zeiträume die einmal erreichten transgenen Tiergruppen zu erhalten sein und für den jeweiligen Nutzungszweck optimierte Tierzahlen zeitversetzt bereitgestellt werden können.
– **Entwicklung von Zuchtlinien.** Mit Hilfe des Klonens können neue Zuchtlinien entwickelt

werden. Einem Zuchtunternehmen würde wegen der Einheitlichkeit der Erbanlagen der Besitz eines Zuchtpaares genügen, um damit über sexuelle Vermehrung in Reinzucht immer wieder Nachkommen zu erstellen, von deren Zellen dann die Klongeschwister gebildet und in der Produktionsstufe verwendet werden. Diese Anwendungsperspektive kann erst bei deutlich verbesserter Effizienz der technischen Verfahren lohnend sein.

– **Dauerhafte Nutzung leistungsfähiger Kreuzungsgenerationen.** Für das Klonen können Zellkerne von Kreuzungstieren ausgewählt werden, die durch optimierte Kombinations- und Heterosiseffekte besonders hohe Leistungen erreicht haben. Da auch heterozygote Erbanlagen über Klonen konstant auf viele Tiere übertragen werden, besäßen alle Individuen der geklonten Generation den besonderen Wert für die Produktion. Auch diese potenzielle Anwendung benötigt eine Effizienz des Klonens, wie sie aktuell nicht erreicht wird.

### 30.2.7 Zuchtverfahren mit transgenen Tieren

Das Transgen, d. h. die über Gentransfer eingeführte neue Erbsubstanz, kann wirtschaftlich verwertbare Auswirkungen auf die Merkmale der transgenen Tiere haben. Die Bedeutung des Gentransfers im Vergleich zur konventionellen Züchtung wird in **Abb. 30.12** dargestellt. Die primär transgenen Tiere tragen das Transgen u. U. nur in einigen Körperzellen. Außerdem wird das Transgen in Bezug auf einen Locus nur in einem Chromosom integriert sein, wodurch die Ausgangstiere zunächst heterozygot (hemizygot) transgen sind. Oft haben primär transgene Tiere auch mehrere Transgenkopien im Genom insertiert. Die ersten Schritte des Zuchtprogrammes zielen daher darauf ab, homozygot transgene Individuen (transgene Zuchtlinien) zu erzeugen und nachteilige Wirkungen zu beseitigen (siehe S. 435f.).

Zuchtstrategien bei Nutztieren müssen die folgenden Bedingungen berücksichtigen:

– **Kleine Nachkommenzahlen und lange Generationsintervalle.** Nutztiere haben meistens mehrjährige Generationsintervalle und erbringen pro Zeiteinheit nur wenige Nachkommen. Beispielsweise erbringt eine Kuh pro Jahr üblicherweise nur ein Kalb. Diese Bedingungen führen zwar zu hohen Aufwendungen beim Einsatz des Gentransfers. Gerade aber wegen der langen Generationsintervalle besteht gleichzeitig ein großer Anreiz, neue Erbanlagen in eine Population hineinzutragen, da ein gleichwertiger Beitrag mit konventionellen Zuchtverfahren eine größere Zahl an Generationen benötigen würde.

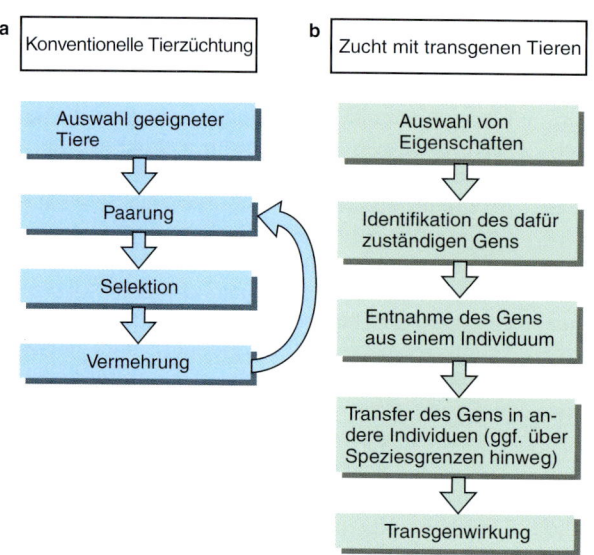

**Abb. 30.12:** Potenzielle Erweiterung der konventionellen Züchtung durch Einsatz des Gentransfers

a) Bei der konventionellen Züchtung werden zunächst die geeigneten Individuen ausgewählt, z. B. aus einer bestimmten Tierrasse. Tiere mit vorteilhaften Eigenschaften werden für die Erzeugung einer Nachkommenschaft verpaart. In der Nachkommengeneration wird wieder selektiert, um eine Zuchttiergruppe für den nächsten Vermehrungszyklus zu erhalten.

b) Beim Einsatz des Gentransfers wird zunächst überlegt, welche Eigenschaft auf welche Weise verändert werden soll. Dann wird das nützliche Gen (oder mehrere Gene) aus einer für die Anwendung geeigneten Spezies isoliert und in das Genom der züchterisch zu beeinflussenden Tiere transferiert.

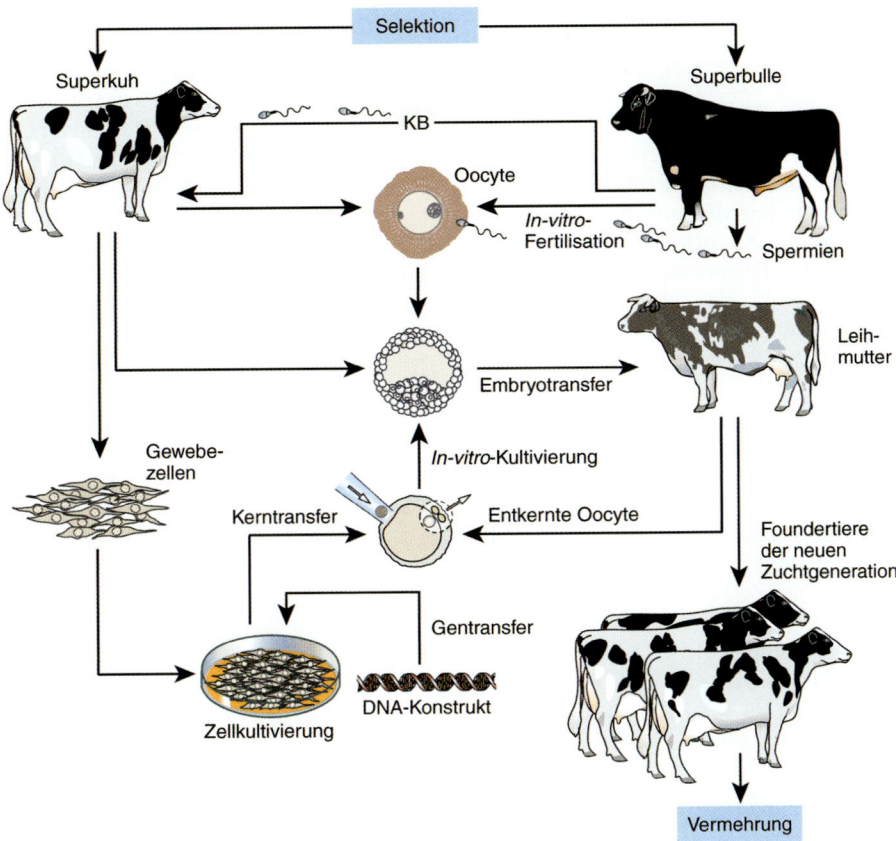

**Abb. 30.13:** Leistungsverbesserungen beim Rind durch Einsatz des Gentransfers in Kombination mit weiteren biotechnischen Verfahren

Eine Kombination verschiedener biotechnischer Verfahren kann zu einer wirksamen züchterischen Nutzung der Transgen-Technologie führen.

– **Stabile Integration und korrekte Expression des Transgens.** Für die züchterische Anwendung des Gentransfers ist entscheidend, dass das Transgen stabil integriert und nach den Mendelschen Regeln an die Nachkommen vererbt wird. Die Expression soll die erwünschte Wirkung auf das Zielmerkmal erreichen.

– **Freisein von nachteiligen Insertionsmutationen.** Sobald homozygot transgene Nachkommen erstellt werden, können sich Insertionsmutationen nachteilig bemerkbar machen. Jede transgene Zuchtlinie ist daher in den ersten Generationen eingehend auf Auswirkungen von nachteiligen Insertionsmutationen zu überprüfen. Liegen diese vor, wird man die störenden Insertionen durch Rückkreuzungen mit geeigneten Tieren beseitigen.

Mit primär transgenen Tieren werden üblicherweise mehrere Zuchtlinien begründet, um daraus schließlich eine verwendbare transgene Linie etablieren zu können. Die Probleme der langen Generationsintervalle können z. T. gelöst werden, wenn der Gentransfer in kultivierten Zellen erfolgt. In diesen Zellen lässt sich die Insertion und Expression des Transgens im Einzelnen testen. Nachfolgend werden Zellen ausgewählt, bei denen das Transgen korrekt in die erwünschte Chromosomenstelle integriert wurde und eine Expression erfolgt. Diese Zellen werden in Oocyten übertragen. **Abb. 30.13** illustriert die vielen Techniken, die zu kombinieren sind, um mit ausreichender Effizienz verwendbare transgene Individuen zu generieren.

Für die weitere züchterische Arbeit ist es entscheidend, ob das Transgen die im wirtschaftlichen Sinne hauptsächliche Bedeutung besitzt oder im Vergleich zum Restgenom des transgenen Tieres nur eine geringe Rolle spielt:

– **Das Transgen hat die hauptsächliche Bedeutung für die Zuchtlinie.** Dies ist die übliche Situation beispielsweise bei Übertragung eines Gens, das ein pharmazeutisch nutzbares Protein exprimieren soll (*Gene Farming* oder *Gene Pharming*). Durch rasche Reproduktion wird dann eine genügende Zahl an Tieren erstellt, mit denen die gewünschten heterologen Genprodukte in Mengen zu erzeugen sind, die zu einer Gewinnmaximierung führen. Beim Rind oder Schaf reichen für viele der pharmazeutischen Produkte wenige Individuen aus (siehe **Tab. 32.8**, S. 578). Für die Zwecke einer zeitversetzten Nachproduktion von transgenen Tieren ist das Klonen eine wichtige Hilfe.

– **Das Transgen besitzt eine geringe bis mittlere Bedeutung im Vergleich zu den Genen des restlichen Genoms.** Dies wird für eine Nutzung eines Transgens in der landwirtschaftlichen Tierzucht fast immer zu erwarten sein, wie z.B. beim Transfer von Resistenzgenen. Bei einer solchen Situation wird man Transgene mit anderen günstigen Genvarianten kombinieren wollen und daher transgene mit nicht-transgenen Tieren verpaaren. Erst nach beträchtlichem Aufwand entsteht schließlich eine neue Zuchtlinie oder Rasse, die bei einheitlicher Integration des Transgens eine genügende genotypische Variabilität an den übrigen Loci aufweist. Nur unter solchen Bedingungen wird eine weitere züchterische Selektion möglich sein. Hierfür sind Gentransfer-Techniken wichtig, mit denen das Transgen an erwünschter Stelle im Genom platziert werden kann (*Gene Targeting*, siehe S. 411). Vorteilhaft ist auch, wenn die zu transferierenden Erbanlagen in einem Künstlichen Chromosom vorliegen und unabhängig von den im Restgenom vorhandenen Genen segregieren können (siehe S. 241 ff. und S. 430 f.).

Weitere Anwendungsbeispiele des Gentransfers werden auf S. 571 ff. beschrieben.

## Zusammenfassung

– In Zuchtprogrammen werden bereits die Künstliche Besamung (Besamungszuchtprogramme) sowie die Superovulation und der Embryotransfer (MOET-Zuchtprogramme) genutzt.

– Biotechniken, deren Verwendung in Zuchtprogrammen gegenwärtig beginnt, sind die Gen- oder Marker-unterstützte Selektion und Einkreuzungszucht. Auch die Geschlechtsdiagnose oder -beeinflussung hat Auswirkungen auf Zuchtprogramme.

– Die Verfahren des Klonens und des Gentransfers befinden sich im Forschungsstadium und lohnen sich bei Nutztieren lediglich für spezielle Anwendungen.

# 31 Biotechnische Verfahren für den Nachweis und die Prophylaxe von Infektionserregern

Beim Einsatz biotechnischer Verfahren in der Veterinärmedizin spielen Erregernachweise und die Prophylaxe in Bezug auf Infektionskrankheiten die größte Rolle. Die Beiträge der Biotechnologie für die Diagnose von Infektionserregern liegen insbesondere in der Spezifität und dem Nachweis selbst geringster Molekülzahlen. Seit langem werden Immunreaktionen als indirekte Nachweise von Erregern in der Diagnostik genutzt. Dabei steht der Nachweis humoraler Immunreaktionen, d. h. der Antikörpernachweis, im Vordergrund gegenüber der Analyse zellulärer Reaktionen. Neue Diagnosemöglichkeiten ergeben sich, seitdem die Erreger durch ihre Genomsequenzen detektiert werden. Bei den zentralen Prophylaxemaßnahmen geht es um die Anwendung von Impfstoffen (Vakzinen), deren biotechnische Herstellung zu vielen, neuen Entwicklungen geführt hat.

## 31.1 Erregernachweise mit der humoralen und zellulären Immunreaktion

Die **humorale Immunreaktion** wird häufig für den Erregernachweis verwendet, da Antikörper spezifisch reagieren, sich lange in Körperflüssigkeiten (besonders im Serum) nachweisen lassen und leicht messbar sind. Antikörper haben den Vorteil der langen Lagerungsfähigkeit ohne Spezifitäts- und Wirksamkeitsverlust. Bei der Überwachung oder Bekämpfung von Tierseuchen sind meist große Probenzahlen zu untersuchen, so dass einfache Testsysteme zum Nachweis von Antikörpern verwendet werden. Der Nachweis einer Immunreaktion ist noch lange Zeit nach einer Infektion möglich. Als Probenmaterial dienen überwiegend Serum oder Milch. Klinisch relevante Kriterien oder eine bestimmte Relation zum Infektionszeitpunkt sind für das Probenmaterial im Allgemeinen nicht wichtig. Nachfolgend werden einige biotechnische Verfahren genannt, die Beiträge für Erregernachweise liefern:

– **Herstellung monoklonaler Antikörper in Hybridomazellen** (siehe **Abb. 1.19**, S. 44). Durch Massenproduktion einheitlicher monoklonaler Antikörper (MAK) ergeben sich vielfältige Anwendungen für den Nachweis von Infektionserregern.

– **Antikörperproduktion in transgenen Mäusen.** Transgene Mäusen können Immunglobulin-Gene von Nutztieren stabil beherbergen. Werden diese Gene stark exprimiert, können Antikörper der gewünschten Spezifität gewonnen werden.

– **cDNA-Klonierung von Antikörper-mRNA.** Hierbei wird cDNA unter Vorlage von mRNA aus B-Lymphocyten nicht immunisierter Tiere synthetisiert. Eine Klonierung führt zur Isolierung der cDNA einzelner Immunglobulin-Gene. Obgleich die Zahl der B-Lymphocyten, die Antikörper gegen ein bestimmtes Antigen produzieren, in einem nicht immunisierten ("naiven") Individuum extrem gering ist, lässt sich eine genügende Menge an Antikörper-cDNA gewinnen. Auf diesem Wege werden cDNA-Moleküle auch von Antikörper-mRNAs synthetisiert, die gegen Antigene wirken, deren Einsatz bei der Immunisierung Probleme bereitet, wie z. B. stark toxische oder infektiöse Substanzen. Sogar bei Immuntoleranz gegen hoch konservierte, körpereigene Proteine (z. B. das Prionprotein) kann spezifische Antikörper-cDNA hergestellt werden.

– **Herstellung rekombinanter Antikörper.** Eine gezielte *In-vitro*-Synthese neuer Immunglobuline (Antikörper) ist unter dem Namen **Repertoire-Klonierung** bekannt. Ausgangspunkt sind Sequenzen für die Fab-Fragmente (variablen Regionen der Immunglobulin-Moleküle), die in Expressionsvektoren ligiert und in *E. coli* exprimiert werden.

– **Epitop-Kartierung.** Als **Epitop (antigene Determinante, *antigenic site*)** wird der Teil ei-

nes Proteins bezeichnet, gegen den nach Infektion oder Immunisierung spezifische Antikörper oder eine T-Zellantwort ausgebildet werden. Epitope hängen z. B. von der Konformation eines Proteins ab, so dass Antikörper gegen native Proteine eine weit höhere Affinität besitzen können als Antikörper gegen ein Peptid mit der entsprechenden Aminosäuresequenz. Für den Nachweis von Epitopen werden z. B. synthetische Peptide gebildet, mit denen in direkten Bindungsstudien oder Verdrängungsreaktionen die antigen wirkenden Stellen im Protein lokalisiert werden können. Eine solche **Epitop-Kartierung** (*Epitope Mapping*) ist eine wichtige Voraussetzung zur Auswahl und Herstellung von Peptidvakzinen.
– **Verwendung der Antigene für den Erregernachweis.** Bei dem Ansatz werden durch Immunisierung mit einem Peptid zunächst spezifische Antikörper gewonnen. Diese Antikörper werden für eine Präparation von Antigenen verwendet. Die Antigene werden analysiert, um nachfolgend das Antigen codierende Gen und schließlich den Erreger nachzuweisen.
– **Enzymgebundener Immunadsorptionstest.** In Verbindung mit ELISA (*Enzyme-Linked Immuno Sorbent Assay*, siehe **Tab. 28.1**, S. 523, und **Abb. 28.5**, S. 524) werden monoklonale Antikörper für eine spezifische Detektion von Antigenen eingesetzt.
– **Neutralisationstest.** Die Kapazität von Antikörpern, eine Infektiosität und Zellschädigung durch Mikroorganismen zu verhindern, wird als **Neutralisation** bezeichnet. Die Neutralisation basiert auf einer genügend starken Antigen/Antikörper-Bindung (Avidität) in Proteinbereichen, die für die Zellinfektion von Mikroorganismen essenziell sind. Gegen Viren kann auch intrazellulär eine Neutralisation durch Antikörper ablaufen. In der virologischen Diagnostik ist der Neutralisationstest bedeutsam, weil bei vielen Virusinfektionen die Präsenz neutralisierender Antikörpermoleküle mit dem Schutz gegen die betreffende Erkrankung assoziiert ist. Beispiele für den Einsatz von Neutralisationstests beim Tier sind die Pestivirus-Erkrankungen, die bovine Virusdiarrhoe (*Mucosal Disease*) und die *Border Disease* der Schafe.
– **Immunsensoren.** Hiermit kann schnell und empfindlich die Bildung spezifischer Anti-

gen/Antikörper-Komplexe gemessen werden. Oft werden mehrere Antigene oder Antikörper als Protein-Array auf einem festen Träger angeordnet (vgl. 192 ff.). Immunsensoren werden für den Nachweis von Antikörpern gegen das Afrikanische Schweinepestvirus eingesetzt.

**Zelluläre Immunreaktionen** (Aktivität der T-Zellen) sind meist kurzlebig, nur mit aufwendigen Testsystemen *in vitro* messbar und in ihrer Spezifität oft durch Hintergrundreaktionen beeinträchtigt. Sie stellen hohe Anforderungen an die Probenbeschaffenheit und werden daher selten in der Routinediagnostik eingesetzt. Dennoch gibt es einige etablierte Testsysteme:
– Der **Lymphocytenproliferationstest** und die **spezifische Cytotoxizität** von T-Lymphocyten ist antigenspezifisch und wird für den *In-vitro*-Nachweis benutzt.
– In jüngster Zeit wird auch die **Cytokinausschüttung** bei spezifischen, zellvermittelten Immunreaktionen zu diagnostischen Zwecken genutzt. Ein Beispiel dafür ist der Nachweis von Interferon-$\gamma$ bei der Diagnostik der Paratuberkulose.
– Die bislang größte Bedeutung zum Nachweis spezifischer zellulärer Immunreaktionen beim Tier hat die Überempfindlichkeitsreaktion vom verzögerten Typ (*Delayed Type Hypersensitivity*, DTH). Diese auch als **Tuberkulinreaktion** bezeichnete Hypersensibilität tritt nur nach vorangegangenem Antigenkontakt (Infektion, Impfung) in Form einer lokalen Ansammlung von spezifischen T-Lymphocyten im Gewebe auf. Diese T-Zellimmunität ist durch intradermale Injektion mit dem fraglichen Antigen prüfbar. Auf dem Wege werden zelluläre Reaktionen nach Virusinfektionen, Impfungen oder bei Allergie nachgewiesen. In der Veterinärmedizin wird die Tuberkulinreaktion erfolgreich für den Nachweis der Rindertuberkulose (*Mycobacterium bovis*) eingesetzt.

## 31.2 Nachweis von Eigenschaften des Erregers

Für den Nachweis von Erregereigenschaften, d. h. einem **direkten Erregernachweis**, gibt es viele Verfahren. Üblich sind ergänzende Diagnosen mit verschiedenen Methoden. Folgende Beispiele zeigen die Bedeutung biotechnischer Verfahren:

– Mit der **Elektronenmikroskopie** werden Viruspartikel (Virionen) in Flüssigkeiten dargestellt. Sie dient zur schnellen Identifikation morphologischer Eigenschaften von Virusfamilien und eignet sich auch für solche Viren, die *in vitro* nicht oder nicht ausreichend zu vermehren sind. Durch biotechnisch hergestellte Reagenzien, wie z. B. mit Goldpartikel markierte, monoklonale Antikörper, wurde die Elektronenmikroskopie weiter entwickelt.

– Bei der **Durchflusscytometrie** (*Fluorescence Activated Cell Sorting*, **FACS**) (siehe **Abb. 1.13**, S. 37) können mit Hilfe von Antikörpern, die z. B. an Latexpartikel gekoppelt sind, Erreger gebunden und anschließend nachgewiesen werden. Als Zellmembranmarker sind Oberflächenantigene (CD-Antigene; CD: *cluster of differentiation*) bei der Phänotypisierung von Immunzell-Subpopulationen bedeutsam. Sie erlauben die Identifizierung virusinfizierter Zellpopulationen.

Erregerkomponenten, insbesondere Proteine, werden als Antigene durch spezifische **Antikörper** nachgewiesen (**Tab. 31.1**). Antikörper ermöglichen nicht nur den Erregernachweis sondern auch eine Feindifferenzierung von Erregerisolaten. Deren Antigentypisierung wird bei anzeigepflichtigen Tierseuchenerregern meist gefordert, weil sie Informationen über die Erregerherkunft und -verbreitung liefert. Sie ist neben der molekularbiologischen Erregertypisierung Grundlage für epidemiologische Untersuchungen. Abgesehen von älteren Verfahren (Immunfluoreszenz, Neutralisationstest, Komplement-Bindungsreaktion, Hämagglutination, Hämagglutinationshemmung) haben folgende Methoden zum Antigennachweis eine größere Bedeutung:

– Beim **Antigen(Ag)-Fänger ELISA** (*Ag-capture ELISA, Sandwich-ELISA*) werden Antigenmoleküle aus dem u. U. heterogenen Medium mit einem dafür spezifischen Antikörper selektiv gebunden. Der Antikörper ist an einen Kunststoffträger gebunden. Das gebundene Antigen reagiert dann mit einem zweiten Antikörper, der an ein anderes Epitop als der erste Antikörper bindet. Der zweite Antikörper trägt eine Reportergruppe, im Allgemeinen ein Enzym, dessen Reaktion dann einen quantitativen Antigennachweis ermöglicht. Bei dieser Technik steigert der Einsatz monoklonaler Antikörper die Spezifität und vermeidet Hintergrundreaktionen. Besonders bei heterogenem Probenmaterial, wie z. B. Faezes, hat sich der Ag-Fänger ELISA bewährt. Für den Nachweis von Viren (Parvo-, Rota-, Coronaviren) und neonatalen Gastroenteritiden der Heim- und Nutztiere ist beispielsweise der Ag-Fänger ELISA neben der Immunelektronenmikroskopie die Methode der Wahl.

– Genügend gebundene Antigene lassen sich mit Antikörpern ausfällen (präzipitieren). Eine solche **Immunpräzipitation** kann, wenn

**Tab. 31.1:** Beispiele für den Einsatz biotechnischer Verfahren beim Nachweis von Infektionserregern

| Erreger | Antigen-nachweis | Direkter oder indirekter Anti-körpernachweis | Antikörper-nachweis durch Kompetition [*)] | Nachweis Virus-spezifischer Genomsequenzen |
|---|---|---|---|---|
| Bovines Virusdiarrhoe Virus (BVDV) | ● | ● | | ● |
| Maul- und Klauenseuche Virus (MKSV) | ● | | ● | ● |
| *Bluetongue* Virus (BTV) | ● | | ● | ● |
| Caprines Arthritis/ Enzephalitis Virus (CAEV) | | ● | | ● |
| Durchfallerreger (Rotaviren, Coronaviren, Bakterien) | ● | | | ● |

[*)] Ohne Spezies-spezifische Sekundär-Antikörper
● : Für den Nachweis benutztes Verfahren

die Antikörper an einen Träger befestigt sind, für eine Affinitätschromatographie benutzt werden. Das präzipitierte Protein wird anschließend vom Antikörper gelöst und weiter untersucht, z. B. mit der *Western-Blot*-Analyse.

– Beim **Western Blot (Immunoblot)** erfolgt zunächst eine Gelelektrophorese in SDS-haltigem Puffer (SDS, *Sodium Dodecyl Sulfate*) zur Auftrennung denaturierter Proteine (z. B. Erregerproteine) nach Molekülgrößen. Die Proteine werden dann auf eine Membran (Nitrozellulose, Polyvinylidenfluorid) transferiert (*blotting*). Anschließend werden die Erregerproteine mittels spezifischer, meist monoklonaler Antikörper und mit Reportermolekülen, wie z. B. mit Biotin oder Fluorochrom markierten Sekundär-Antikörpern, identifiziert. Wenn stark bindende monoklonale Antikörper verschiedener Spezität gegen einen Erreger verfügbar sind, ist mit Hilfe des *Western-Blot*-Verfahrens eine Feincharakterisierung der Proteinzusammensetzung möglich. Beispielsweise in der schwierigen Diagnostik der fehlgefalteten Prionproteine bei Transmissiblen Spongiformen Enzephalopathien (TSE), wie Scrapie und der Bovinen Spongiformen Enzephalopathie (BSE), ist der *Western Blot* mit Immunodetektion der pathogenen Prionprotein-Modifikationen eine wichtige Nachweismethode.

– Bei der **zweidimensionalen (2D) Gelelektrophorese** werden denaturierte Proteine in der ersten Dimension nach ihren Proteinnettoladungen (isoelektrischen Punkten, IP) und in der zweiten Dimension nach ihren Molekülgrößen in Polyacrylamidgelen aufgetrennt. Mittels anschließender partieller Proteinsequenzanalyse werden mit Fluoreszenzfarbstoffen dargestellte Polypeptidspots einzeln identifiziert und charakterisiert. Mit einer solchen Analyse kann das **Proteom** untersucht werden, d. h. die Gesamtheit der Proteine, die von einem Organismus oder einer Zelle zu einem bestimmten Zeitpunkt und unter definierten Bedingungen synthetisiert werden.

– Für die Analyse der differenziellen Genaktivität (**Repräsentative Differenzialanalyse,** *Representational Differential Analysis,* **RDA**) in Zellen steht eine Vielzahl an Methoden zur Verfügung. Auf S. 249ff. werden dafür der *Differential Display* und die Subtrak-

tive Hybridisierung genannt. Mit den Methoden sind Unterscheidungen zwischen gesund und krank, infiziert und nicht-infiziert möglich.

– Für Erregernachweise in histologischen Präparaten werden monoklonale Antikörper eingesetzt, um Erregerkomponenten im Gewebe (*in situ*) spezifisch lokalisieren zu können (**Immunhistologie**).

Inzwischen haben sich neue Verfahren zur simultanen Analyse vieler Gene oder Genprodukte unter den Schlagwörtern „**Genomics**" und „**Proteomics**" entwickelt. Diese Verfahren ermöglichen eine Charakterisierung des Gesamtzustandes von Zellen, Geweben, Körperflüssigkeiten bis hin zu ganzen Organismen. Für diagnostische Fragestellungen werden sowohl auf DNA- wie auch auf Protein-Niveau **subtraktive** Ansätze angewandt. Das bedeutet, dass sowohl Unterschiede in Nucleinsäuresequenzen und der Genexpression (z. B. mRNA-, cDNA-Analyse) als auch im Proteinmuster von Zellen, Geweben und komplexen Organismen erfasst und mit Kontrollzellen (Geweben etc.) verglichen werden. Die Untersuchungen sind mit Hilfe von **DNA-** und **Protein-Arrays** oder **-Chips** in angemessener Zeit möglich (siehe S. 180ff.). Hiermit können große Mengen an genetischer Information oder Proteinäquivalenten auf kleinstem Raum konzentriert und zur schnellen Differenzierung, z. B. durch Hybridisierung oder Antikörpermarkierung, verwendet werden. Die Anwendung weitergehender proteinchemischer Methoden (z. B. Aminosäuresequenzierung) erlaubt eine Charakterisierung einzelner, z. B. aus einer Gelmatrix isolierter Proteine, wodurch eine Vielfalt neuer Informationen über infektionsbedingte Proteine zu gewinnen ist.

## 31.3 Nachweis des Erregergenoms

Nachteile beim Nachweis von Erregereigenschaften sind zum einen die Abhängigkeit von der Erregerisolierung und den Zellkultivierungsbedingungen und zum anderen die begrenzte Sensitivität. Daher werden für die Diagnosen vermehrt DNA- bzw. RNA-Sequenzen in den Erregergenomen benutzt. Dafür werden vor allem die Polymerase-Kettenreaktion (PCR) zur Amplifikation ausgewählter Genombereiche sowie die *In-situ*-Hybridisierung zur Lokalisierung und Identifikation spezifischer DNA-Sequenzen in Gewebepräparaten eingesetzt.

**Tab. 31.2** vergleicht die klassische Virusanzucht in der Zellkultur mit der **PCR-Amplifikation**. Bei der Diagnostik viraler Infektionskrankheiten ist die PCR ein zentral wichtiges Hilfsmittel, da sie bereits in der Frühphase der Infektion, wenn noch keine Antikörper gegen virale Antigene vorhanden sind, zum Nachweis führt. In der PCR werden erregerspezifische, kurze DNA-Fragmente als Primer zur Amplifikation von ein oder mehreren Abschnitten des Erregergenoms eingesetzt. Besteht das Erregergenom aus RNA (z. B. viele Viren), wird zunächst mit reverser Transkription cDNA erzeugt. Die generierten PCR-Amplifikate werden auf verschiedenem Wege detektiert, beispielsweise mit Gelelektrophorese oder ELISA (**Abb. 31.1**). Die Spezifität der PCR kann durch anschließende Verwendung eines zweiten, intern gelegenen Primerpaares gesteigert werden (*Nested* PCR). Ausgangsmengen an Matrizen-DNA können mit der quantitativen PCR gemessen werden. Eine Kombination verschiedener Primerpaare erlaubt die gleichzeitige Amplifikation von DNA-Abschnitten verschiedener Loci eines oder verschiedener Erregergenome (Multiplex-PCR). Weitere Entwicklungen, wie z. B. die Real-Time-PCR oder die Pyrosequenzierung, dienen der Vereinfachung, Beschleunigung und Automatisierung der PCR-Technik und DNA-Analytik. In Verbindung mit der DNA-Array-Technologie (vgl. S. 180 ff.) werden Verfahren entwickelt, die es erlauben, die PCR direkt auf dem Array im Nanomaßstab durchzuführen (***On-chip-PCR***).

Gewebe- und zellassoziierte Erregergenom-Nachweise basieren auf dem Einsatz markierter Sonden an Gefrierschnitten der zu untersuchenden Gewebe. Nach einer Inkubation, bei der im Zellmaterial befindliche Nucleinsäuren mit der markierten Sonde hybridisieren können (***In-situ*-Hybridisierung***), wird die Anwesenheit der Erreger-Nucleinsäure in den Zellen des Präparates nachgewiesen (siehe **Abb. 12.1**, S. 251). Die Methode ist auch mit PCR kombinierbar (***In-situ*-PCR**), so dass in Gefrierschnitten auch geringste Mengen an Erreger-Nucleinsäure zu detektieren sind.

## 31.4 Herstellung von Vakzinen

Mit Hilfe gentechnischer Verfahren wurden neue Impfstofftypen entwickelt (**Tab. 31.3**). Gentechnische Verfahren werden aus folgenden Gründen für die Herstellung von Impfstoffen eingesetzt:

– Die Natur des Erregers, gegen den geimpft werden soll, erlaubt keine Impfstoffproduktion mit herkömmlichen Methoden.
– Der notwendige Maßstab der Impfstoffproduktion kann für die vorhandenen Bedürfnisse mit konventionellen Methoden nicht oder nicht kostengünstig erreicht werden.
– Die gentechnische Impfstoffproduktion ist bezüglich Unschädlichkeit, Wirksamkeit oder beider Kriterien vorteilhaft.

**Tab. 31.2:** Vergleich der Virusanzucht in Zellkultur mit dem Virusnachweis durch Polymerase-Kettenreaktion (PCR)

| Merkmal | Virusanzucht in Zellkultur | Virus-Genom Amplifikation (PCR) |
|---|---|---|
| Anforderungen an das Untersuchungsmaterial | Keine Bakterien- oder Pilzkontaminationen | Gering |
| Anforderungen an den Erreger | Infektionsfähigkeit *in vitro* | Kenntnis über Nucleinsäuresequenzen |
| Anforderungen an die Untersuchungsmethode | Permissive Zellen, kontaminationsfrei | RNA/DNA-Extraktion, spezifische Primer |
| Untersuchungsergebnis | Virusisolat, Identifikation durch weitere Methoden | Nucleinsäuresequenz |
| Untersuchungsdauer | 1-2 Wochen | 1-2 Tage |

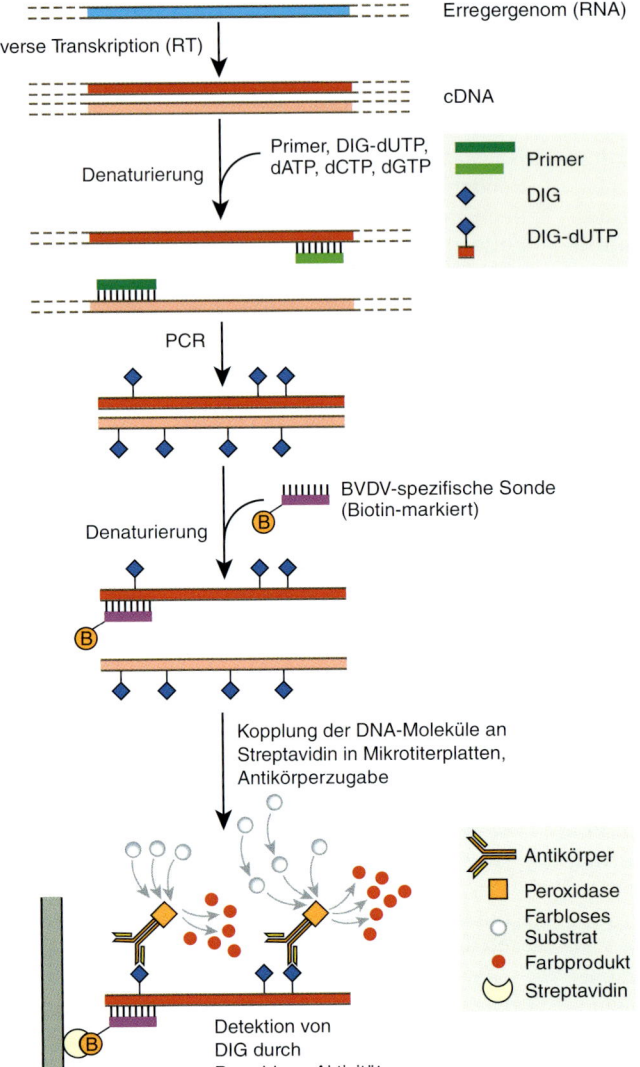

Erregergenom (RNA)

Reverse Transkription (RT)

cDNA

Denaturierung

Primer, DIG-dUTP, dATP, dCTP, dGTP

Primer

DIG

DIG-dUTP

PCR

BVDV-spezifische Sonde (Biotin-markiert)

Denaturierung

Kopplung der DNA-Moleküle an Streptavidin in Mikrotiterplatten, Antikörperzugabe

Antikörper

Peroxidase

Farbloses Substrat

Farbprodukt

Streptavidin

Detektion von DIG durch Peroxidase-Aktivität

**Abb. 31.1:** Beispiel einer Polymerase-Kettenreaktion (PCR) mit anschließendem *Enzyme-Linked Immuno Sorbent Assay* (ELISA) für den Nachweis des bovinen Virusdiarrhoe Virus (BVDV)

DIG: Digoxigenin; dNTP: Desoxy-Nucleosid-Triphosphat (mit U: Uracil; A: Adenin; C: Cytosin; G: Guanin) Für den Nachweis existieren mehrere Varianten. So kann zur Steigerung der Spezifität eine zweite PCR mit Nested Primern angefügt werden. Die Zugabe von DIG-dUTP erfolgt dann erst zur zweiten PCR.

– Es wird ein Impfschutz gegen maskierte Erregerkomponenten erreicht.
– Die Reaktion auf eine Impfung kann von derjenigen auf eine Infektion unterschieden werden.

### 31.4.1 Rekombinanten-Vakzine

Gentechnisch hergestellte Impfstoffe werden auch als **Rekombinanten-Vakzine** bezeichnet. Bei Proteinen geht man von der codierenden DNA-Sequenz aus. Mit Hilfe geeigneter Ex-

pressionssysteme werden dann die gewünschten Antigene in den benötigten Mengen hergestellt. Rekombinanten-Vakzine enthalten nicht alle Proteinkomponenten eines Erregers, sondern wenige, antigen wirkende Gruppen (Epitope, antigene Determinanten). Mit einer Kombination verschiedener antigener Determinanten in einem Protein oder mehrerer rekombinant hergestellter Proteine wird eine möglichst günstige Impfwirkung erreicht.

Bei der Erregerbekämpfung werden auch versteckte Antigene (*hidden antigens*) benutzt, die

**Tab. 31.3:** Einteilung gentechnisch hergestellter Impfstoffe

| Art des Impfstoffes | Beispiele | Vorteile |
|---|---|---|
| **IMPFSTOFFE AUS VERMEHRUNGSFÄHIGEN ERREGERN** | | |
| **Deletionsmutante:** Durch gezielte Genmanipulation herge-hergestellte, unschädliche (avirulente) Mutanten von Mikroorganismen | Pseudorabies-Virus, gE⁻ Markervakzine | Stark immunogen, Markerkomponente |
| **Vektorvakzine:** Mit Hilfe der Rekombinantentechnologie hergestellte Mikroorganismen, die im Impfling Fremdgen(e) exprimieren | Geflügelpockenvirus, Tollwut-Rekombinante | Nicht permissiv, hohe Sicherheit |
| **IMPFSTOFFE AUS NICHT VERMEHRUNGSFÄHIGEN ERREGERN ODER DEREN KOMPONENTEN** | | |
| **Inaktivierte Vektorvakzine:** Fremdprotein-tragende Vektoren, deren Vermehrungsfähigkeit chemisch/physikalisch oder mit biologischen Methoden aufgehoben wurde | Biologisch inaktivierte Bakterien oder Viren | Hohe Sicherheit, Schleimhautschutz |
| **Gentechnisch hergestellte Proteine oder Proteinuntereinheiten von Erregern** | Virusstrukturproteine: E2 Klassisches Schweinepestvirus | Hohe Sicherheit, Markereffekt |
| **In speziellen Expressionssystemen selbst generierende, komplette Erregereinheiten (z. B. "leere" Viruspartikel)** | Komplette Viruskapside: *Bluetongue*-Virus, Maul- und Klauenseuche Virus (MKSV) | Hohe Sicherheit, gute Wirksamkeit |
| **Peptidvakzine:** Nach Nucleotidsequenzen synthetisierte Peptide, die stark immunogene Determinanten (Epitope) eines Erregers repräsentieren | Maul- und Klauenseuche Virus (MKSV) | Chemisch synthetisiert, kein biologisches Material |
| **DNA-Vakzine:** Durch Isolierung von genomischer DNA und/oder DNA-Klonierung hergestellte, nicht infektiöse Nucleinsäuren, die im Impfling exprimiert werden und dadurch zur Immunreaktion führen | Bovines Herpesvirus 1 | Induktion von humoraler und zellulärer Immunantwort, nicht vermehrungsfähig |
| **RNA-Vakzine:** Stabilisierte mRNA kann im Impfling direkt translatiert werden und zur Expression erregerspezifischer Antigene führen | Bovines Virusdiarrhoe Virus (BVDV) | Hohe Sicherheit |
| **Alle Impfstofftypen ermöglichen eine Konzeption als Markervakzine** | | |

nach natürlichen Infektionen nicht oder nur in unbedeutendem Ausmaß zu Immunreaktionen führen. Auf der Basis codierender Nucleotidsequenzen werden u. U. stark immunisierende Antigene nachgewiesen und für die Immunisierung benutzt. Die Strategie wird z. B. zur Bekämpfung von durch die Rinderzecke *Boophilus microplus* übertragenen Erregern (Bakterien, Rickettsien) angewandt.

Rekombinanten-Vakzinen bieten die Möglichkeit, die Immunreaktion so zu beeinflussen, dass geimpfte Tiere einwandfrei von natürlich oder experimentell infizierten Individuen zu unterscheiden sind. Zu diesem Zweck enthalten die Impfstoffe gentechnisch erzeugte Marker und werden als **Markerimpfstoffe** bezeichnet. Bei **Negativmarkern** fehlt die Immunantwort

gegen ein bestimmtes Protein des Erregers. Daneben gibt es **Positivmarker**, die bei der Vakzinierung eine natürlicherweise nicht vorkommende Immunantwort induzieren.

## 31.4.2 Deletionsmutanten

In einem Erregergenom können Virulenzgene gezielt ausgeschaltet werden. Bei diesen Deletionsmutanten werden Gene entfernt, die für die Erregervermehrung *in vitro* nicht essenziell sind und gleichzeitig die pathogene Wirkung des Erregers *in vivo* erheblich abschwächen (**Attenuierung**). Solche Virusstämme spielen in der Veterinärmedizin eine große Rolle zur Bekämpfung von anzeigepflichtigen Viruskrankheiten (z. B. Pseudorabies, IBR/IPV). Gentechnisch

**Tab. 31.4:** Beispiele einiger Virusvektoren und Vektorvakzinen zur Prophylaxe bedeutender Infektionskrankheiten der Tiere

| Virusvektoren | Vektorvakzine zur Prophylaxe von | Vorteile gegenüber konventioneller Vakzine |
|---|---|---|
| **Pockenviren** | | |
| Vaccinia Virus hoch attenuiert | Tollwut | Bessere Immunantwort, Adjuvanswirkung des Vektors |
| Geflügelpockenvirus (Avipoxvirus und Kanaripoxvirus) | Tollwut *New Castle Disease* klassische Geflügelpest | Unschädlichkeit, hohe Sicherheit, gute Wirksamkeit beim Geflügel |
| Capripoxvirus | Rinderpest Schaf-/Ziegenpocken | Einfache und billige Herstellung, gute Stabilität bei hoher Temperatur |
| Parapoxvirus | Klassische Schweinepest u. a. Krankheiten, bevorzugt nicht-permissive Wirte | Hohe Sicherheit durch enges Wirtsspektrum, gute Wirksamkeit durch Immunmodulation |
| **Herpesviren** | | |
| Pseudorabiesvirus (Aujeszky-Virus) | Klassische Schweinepest | Doppelimmunisierung im natürlichen Wirt |
| Bovines Herpesvirus-1 (BHV-1, IBR-Virus) | Bovine respiratorische Krankheiten | Doppel- oder Mehrfachimmunisierung |

konstruierte Lebendimpfstoffe weisen neben ihrer Avirulenz noch einen oder mehrere Negativmarker auf, so dass geimpfte Tiere von solchen nach Infektion mit dem Feld- oder Wildtypvirus zu unterscheiden sind. Diese Eigenschaft verbessert die Identifizierung neuer Seuchenausbrüche und Überwachung von Impfprogrammen. Beispielsweise führte die Deletion des Thymidinkinase-Gens bei dem Pseudorabiesvirus-Impfstamm zu dessen Attenuierung bei gleichzeitig weiterer Replikationsfähigkeit. Von den Herpesviren sind verschiedene veterinärmedizinisch bedeutsame Attenuierungen bekannt, wie die Pseudorabies- (PRV, Glykoprotein gE-Deletion) und die bovine Herpesvirus-1-Markervakzine (BHV-1, Glykoprotein E1-Deletion).

### 31.4.3 Vektorvakzinen

**Vektorvakzinen** werden durch Genexpression in Vektoren (Trägerorganismen, *carrier*) hergestellt. Als **Vektoren** gelten in diesem Zusammenhang alle Moleküle, die zur Fremdgen-Expression genutzt werden können. Einige für die Veterinärmedizin bedeutende Virusvektoren sind in der **Tab. 31.4** zusammengefasst. Das Expressionsprodukt kann Teil des Vektororganismus sein oder in löslicher Form abgegeben werden. Vektoren oder durch Vektorexpression hergestellte Proteine können als Impfstoffe ge-

nutzt werden. Für die Herstellung von Vektorvakzinen werden Gene, die für die Vermehrung des Vektor-Mikroorganismus nicht essentiell sind, durch Fremdgene ersetzt. Es werden verschiedene Vektorvakzinen unterschieden:

– **Vermehrungsfähige Vektorvakzinen** bestehen aus gentechnisch veränderten Mikroorganismen. Diese beherbergen ein oder mehrere Fremdgene und bewirken in der Regel auch Immunreaktionen gegen den Vektor selbst. Eine Vermehrung des Vektor-Mikroorganismus im Impfling ist zur Fremdgenexpression nicht unbedingt erforderlich und wird meistens zeitlich begrenzt. Letzteres wird als „abortive" Vektorvermehrung bezeichnet. Eine ausreichend starke Fremdgenexpression benötigt Promotoren, die eine starke Transkription der eingeschleusten genetischen Information sichern. Außerdem werden Vektoreigenschaften, die für den Impferfolg vorteilhaft sind, ausgewählt, wie z. B. bei Pockenvirusvektoren ihre Unabhängigkeit von spezifischen Rezeptoren zur Zellpenetration. Ein breites Wirtsspektrum des Vektororganismus ist aus Sicherheitsgründen unerwünscht.

– Bei **nicht vermehrungsfähigen Vektorvakzinen** wird mit den rekombinanten Vektoren bereits vor der Impfung das zur Immunisierung gewünschte Fremdprotein erzeugt. Zu diesem Zweck werden Fremdprotein tragende, vermehrungsfähige Mikroorganismen inaktiviert. Der Einsatz inaktivierter Vektorvakzinen führt zu spezifischen Immunreaktionen gegen das Fremdprotein. Zusätzliche Protein-, Polysaccarid- und Lipid-Bestandteile von Vektoren können sich vorteilhaft bei der Stimulierung des Immunsystems (Adjuvanswirkung) und Antigenprozessierung auswirken. Ein Beispiel für eine erfolgreiche Fremdprotein-Integration in bakterielle Hüllstrukturen sind gramnegative bakterielle Vektoren. Aus den Bakterien wird das gesamte Zellplasma von den Bakterienhüllen getrennt, und die leeren Bakterienhüllen („*ghosts*") werden als Impfstoff verwendet. In die Bakterien-Oberflächenschicht sind Fremdproteine integriert, die vom rekombinanten Vektor codiert werden oder die nach der Präparation der Bakterienhüllen in der Membran verankert werden (**Abb. 31.2**). Ghost-Vakzine werden in der Veterinärmedizin zur kostengünstigen, oralen Immunisierung (per Aerosole) gegen Atemwegs- und gastrointestinale Erkrankungen eingesetzt.

– Bei **gentechnisch hergestellten Impfproteinen** wird jeweils nur ein Teil eines Krankheitserregers, welcher die Immunantwort im Wirt stimulieren soll, als Impfstoff eingesetzt (**Subunitvakzinen**). Die verwendeten Expressionssysteme erzeugen immunrelevante Proteine in großen Mengen, unterscheiden sich jedoch bezüglich der Effizienz der Proteinausbeute und Qualität der Proteine. So ist es bei bakterieller Expression nicht möglich, glykosylierte Proteine zu erhalten. Trotzdem werden immunrelevante Proteine in Bakterien exprimiert, da die Ausbeute hoch, die Herstellung kostengünstig und die Reinigung

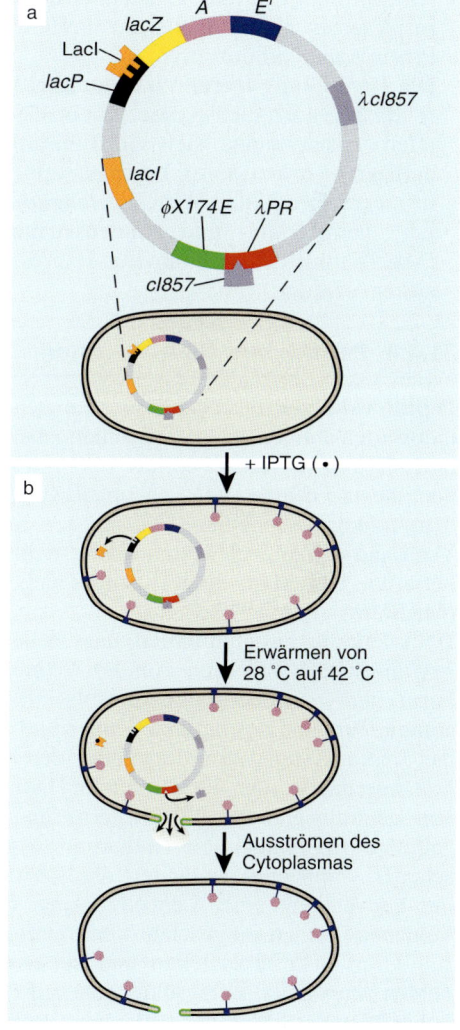

**Abb. 31.2:** Beipiel für die Herstellung nicht vermehrungsfähiger Vektorvakzinen

a) Der rekombinante Vektor enthält zwei expressionsfähige Gen-Cassetten. Eine davon wird vom *Lac*-Promotor *lacP* kontrolliert und durch den Repressor *LacI* verschlossen. Die zweite Expressionseinheit besteht aus dem Gen *ΦX174E* für das Lysoprotein E des Bakteriophagen ΦX174 sowie dem Promotor *λPR*, der durch den thermosensitiven Repressor *cI857* blockiert wird.

*lacI*: Gen für den Repressor des Lac-Operons LacI; *λcI857*: Gen für den Repressor des Promotors λPR; *A*: Gen für das Antigen; *E'*: Gen für das Membranverankerungsprotein.

b) Durch Zufuhr von IPTG (Isopropyl-β-D-thiogalactopyranosid) wird die Expression des *lacZ*-Gens induziert. Dies führt zur Bildung eines Antigens, das an die Membran gebunden wird. Die Erwärmung auf 42 °C löst den Repressor *cI857* ab und ermöglicht die Bildung des Lysoproteins E. Dieses führt zur Bildung von Tunneln durch die Bakterienhülle, wobei innere und äußere Membran verschmelzen. Das Cytoplasma strömt aus; zurück bleibt die leere Bakterienhülle mit gebundenem Antigen (Im Beispiel das Produkt des Gens *A*).

einfach ist. Eine auf diese Weise hergestellte, zugelassene Vakzine ist das *Pasteurella haemolytica* Leukotoxin. Immunrelevante Antigene werden auch mittels eukaryontischer Expressionssysteme hergestellt. Beispielsweise wird der Impfstoff gegen Hepatitis B in Hefe hergestellt. Im Baculovirus/Insektenzell-Expressionssystem werden im Vergleich zu anderen Systemen erheblich größere Proteinmengen erzielt. Zudem sind die mittels Baculoviren exprimierten Proteine den natürlichen Virusproteinen ähnlicher als die in Hefe oder Prokaryonten produzierten.

- **Die Herstellung leerer Viruspartikel** (*empty capsids*) nutzt die Eigenschaft einzelner viraler Capsidproteine, sich selbst zusammenzufügen (*self assembly*). Beispielsweise werden leere Virushüllen beim *Bluetongue*-Virus oder beim Maul- und Klauenseuchevirus (MKSV) mit dem Baculovirus-Expressionssystem erzeugt.

### 31.4.4 Peptid- und DNA-Vakzinen

**Peptid-Vakzinen** bestehen aus chemisch synthetisierten antigenen Determinanten. Nach Immunisierung mit freien Peptiden oder mit Peptiden, die an Trägerproteine gekoppelt sind, werden Antikörper induziert. Die meisten für die Veterinärmedizin relevanten Untersuchungen betreffen das Maul- und Klauenseuchevirus (MKSV).

**DNA-Vakzine** basieren darauf, dass Zellen des Impflings nach Injektion von DNA (meist in Form eukaryontischer Expressionsplasmide) bestimmte Proteine exprimieren können und damit das Immunsystem stimulieren. Bei der DNA-Vakzinierung werden eine humorale (Induktion von neutralisierenden Antikörpern) und eine zelluläre Immunreaktion (Induktion cytolytischer T-Lymphocyten) induziert, ähnlich wie bei der Verwendung einer Lebendvakzine. DNA-Vakzinen werden eingesetzt, wenn attenuierte Impfviren nicht herzustellen sind, sei es durch Fehlen eines Zellkultursystems oder auf Grund hoher Mutationsraten der Pathogene. Beispiele für die DNA-Vakzinierung im veterinärmedizinischen Bereich werden auf S. 584 ff. beschrieben.

**RNA-Vakzinen** erlauben in ähnlicher Weise wie DNA-Vakzinen eine direkte Expression von Erreger-Antigenen. Neben dem Nachteil der geringeren Stabilität haben RNA-Vakzinen gegenüber DNA-Vakzinen zwei Vorteile: Einerseits kann die mRNA nach Eintritt in die Zelle sofort translatiert werden, ohne vorher im Zellkern transkribiert werden zu müssen, und andererseits besteht nicht die Gefahr, dass DNA ins Zellgenom integriert werden kann.

## Zusammenfassung

- Die besonderen Beiträge der Biotechnologie für die Diagnose von Infektionserregern liegen in dem spezifischen Nachweis selbst geringster Molekülzahlen.
- Grundlegende Verfahren sind hierbei die Herstellung monoklonaler Antikörper, cDNA-Klonierung von Antikörper-mRNAs, Herstellung rekombinanter Antikörper sowie Epitop-Kartierungen. Bei den Erregernachweisen helfen der enzymgebundene Immunadsorptionstest (ELISA), Neutralisationstests, Immunsensoren, die Immunpräzipitation, der Western Blot und die Immunhistologie.
- Für Erregernachweise haben DNA-analytische Verfahren eine zentrale Bedeutung erlangt, so vor allem die Polymerase-Kettenreaktion, DNA-Array-Techniken und die *In-situ*-Hybridisierung in Gewebepräparaten.
- Mit Hilfe gentechnischer Verfahren werden neue Impfstofftypen entwickelt, die spezifisch und unschädlich sind, eine hohe Wirksamkeit erreichen und zu differenzierbaren Impfreaktionen führen.

# 32 Anwendungsbereiche für transgene Tiere

Die Leistungsfähigkeit von transgenen Tiermodellen ließ sich in der Grundlagenforschung und Medizin auf breiter Basis beweisen. Beispielsweise wurden bei der Maus viele transgene Inzuchtlinien entwickelt. Demgegenüber blieb der Gentransfer bei Nutztieren bislang auf Spezialanwendungen beschränkt. Dies lag in erster Linie an den hohen Aufwendungen und den wenig wirksamen Vektorsystemen für Transgene. So war der Keimbahn-Gentransfer mittels Mikroinjektion in Vorkernstadien, wie er zunächst zur Anwendung kam, ein relativ grobes Instrument. Der Kerntransfer ist daher ein entscheidender technischer Entwicklungsbeitrag, da er *Gene-Targeting*-Strategien in verschiedenen Tierspezies ermöglicht. Die Generierung transgener Tiere, insbesondere für züchterisch nutzbare Merkmale, bereitet allerdings auf Grund fehlender öffentlicher Akzeptanz erhebliche Probleme. Außerdem sind transgene Tiere unter den Auflagen des Gentechnikgesetzes zu halten und zu entsorgen, was zu hohen Kosten bei Zuchtprogrammen mit transgenen Nutztieren führt. Dennoch haben sich unter den genannten Bedingungen bestimmte Anwendungen entwickelt.

## 32.1 Status bei verschiedenen Spezies

Die Transgenforschung besitzt in ihrer Verbreitung und Orientierung je nach Spezies einige Besonderheiten. Aus **Abb. 32.1** ist zu ersehen, dass die Maus in 75–80 % der wissenschaftlichen Artikel über transgene Tiere aufgeführt

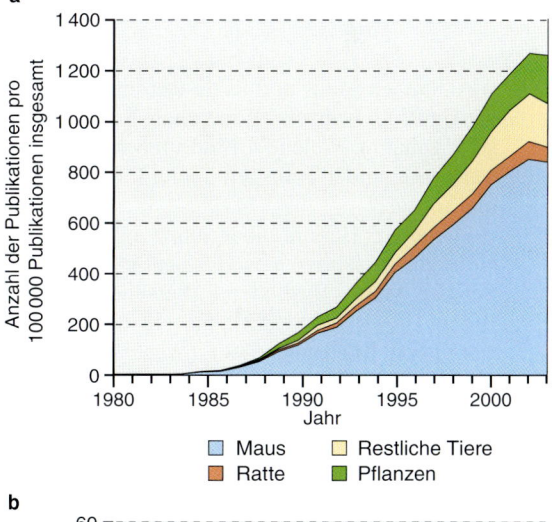

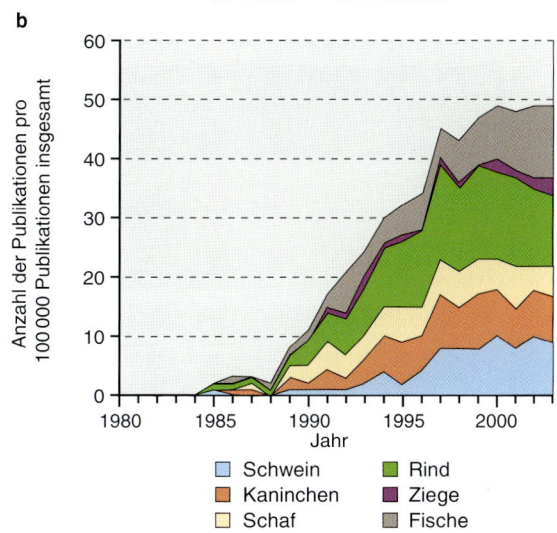

**Abb. 32.1:** Literaturrecherche in der Datenbank "Medline" nach Artikeln zu transgenen Organismen

Nach den Suchbegriffen „Transgene Tiere" und den angegebenen Tierspezies bzw. Organismengruppen wurde im Titel, in den Keywords sowie in der Zusammenfassung der Artikel gesucht. Die pro Jahr gefundenen Literaturstellen wurden gezählt

a) Auszählung für transgene Organismen. 75–80 % der Artikel führen bei transgenen Tieren die Maus auf. Nur etwa 15 % der Artikel behandeln andere transgene Tiere als Maus und Ratte.

b) Separate Auszählung für die restlichen Tiere.

**Tab. 32.1:** Transgene und zielgerichtet mutierte Mäuselinien

Überwiegend handelt es sich um *Knockout*-Mäuselinien. Die erzeugten Veränderungen sind oft Defekte und werden überwiegend für humanbiologische Untersuchungen genutzt. Viele der Linien sind kommerziell erhältlich.
Quelle: TBASE, JACKSON LABORATORY (Stand 10.02.2004).

| Zahl der Linien | Methode |
|---|---|
| 926 | Mikroinjektion (Vorkerne) |
| 1984 | Elektroporation (Embryonale Stammzellen) |
| 176 | Andere |
| 2986 | Summe |

wird. Neben Maus und Ratte werden besonders häufig Rind, Schwein, Kaninchen, Schaf und Fische genannt. Welche Gründe führten zu einer Verwendung der Transgen-Technik in bestimmten Spezies?

Der erste Bericht über einen erfolgreichen Gentransfer stammt von GORDON ET AL. (1980) bei der Maus. Besonderes Aufsehen erregten PALMITER ET AL. (1982), als sie einen ersten sichtbaren Merkmalseffekt (Wachstum) durch ein in der Maus exprimiertes Transgen beschrieben. Gründe für die frühzeitige und häufige Verwendung von **Mäusen** für den Gentransfer sind u. a. der weit reichende genetische Kenntnisstand, die zahlreichen Inzuchtlinien, die geringen Haltungs- und Experimentierkosten, die vielen Nachkommen pro Vermehrungszyklus sowie die kurzen Generationsintervalle. Für die Verwendung entscheidend ist bei der Maus auch die Verfügbarkeit von embryonalen Stammzellen (ES-Zellen), die einen effizienten Gentransfer gestatten und den Einsatz von *Gene-Targeting*-Strategien zulassen. **Tab. 32.1** nennt die große Zahl transgener Mäuselinien, die in der der TBASE-Datenbank des JACKSON LABORATORY (USA) enthalten sind. Für jede Anwendung in Forschung und Medizin stehen daher viele Mäuselinien als Versuchsmodelle zur Verfügung (**Tab. 32.2**). Als Beispiel zeigt **Abb. 32.2** eine transgene Maus, die als Ergebnis eines *Knockout*-Gentransfers für das Myostatin codierende Gen ein besonders starkes Muskelwachstum aufweist.

Transgene **Ratten** werden für Modelle benutzt, für die Mäuse weniger geeignet sind, wie z. B. für die Betrachtung humaner Autoimmunerkrankungen. Das erste transgene **Kaninchen** trug das vom Metallothionein-Promotor kontrollierte menschliche Wachstumshormon-Gen (**Tab. 32.3**). Später dienten transgene Kaninchen auch als Modell für Arteriosklerose, da es eine Kaninchenmutante gibt, die spontan Hypercholesterinämie entwickelt. Es wurden sogar transgene Kaninchen für das *Gene Pharming* er-

**Tab. 32.2:** Beispiele für transgene Mäuselinien, die für die Brustkrebsforschung verwendet werden und Milchdrüsentumore entwickeln (nach Angaben von HENNIGHAUSEN 2000)

| Funktion | Regulatorische Sequenz | Codierende Sequenz | |
|---|---|---|---|
| | | **1. Transgen** | **2. Transgen** |
| Wachstumsfaktoren | *MT, WAP, MMTV-LTR* | *TGF-α* | *p53, myc* |
| Rezeptoren | *MMTV-LTR, WAP* | *ERBB2* (NEU) | *p53* |
| Virale Onkogene | *WAP, C(3)1* | *SV40 Tag* | *bcl-2* |
| Zellzyklus | *MMTV-LTR* | *Cyclin D1* | |
| Differenzierung | *WAP, MMTV* | *Notch (int3)* | *TGF-β* |

*bcl-2:* Proto-Oncogen, welches durch Chromosomen-Translokation in *human B-cell lymphomas* (daher *bcl*) aktiviert wird; *C(3)1: 5′flanking region of the C(3)1 component of the rat prostate steroid binding hormone (PSBH);*
*ERBB2* (NEU): *Erythroblastic leukemia viral oncogene homolog 2, neuro/glioblastoma derived oncogene homolog (avian),* NEU war der ursprüngliche Name dieses Gens; *MMTV-LTR: Mouse mammary tumor virus - long terminal repeat; MT:* Metallothionein; *myc:* Proto-Oncogen des MC29 *avian myelocytomatosis virus; Notch (int3):* Der *Notch*-Locus codiert bei *D. melanogaster* einen Transmembran-Protein-Rezeptor, *int3* ist ein *Notch* homologes Gen der Maus; *p53:* Tumor-Suppressor-Gen, welches das Phosphoprotein p53 codiert; *SV40 Tag: Simian virus 40 large T antigen; TGF-*α, -β: *Transforming growth factor* α und β; *WAP: Whey acidic protein.*

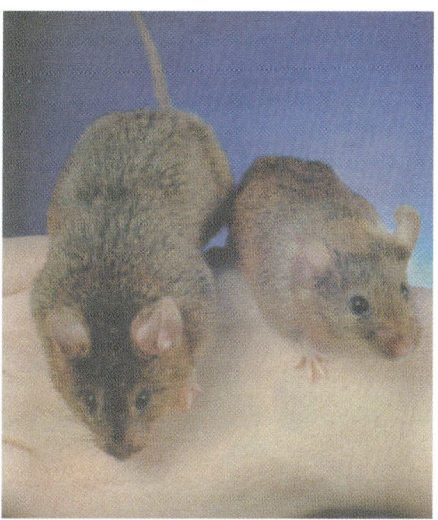

**Abb. 32.2:** Auswirkung eines *Knockout*-Gentransfer für das Myostatin codierende Gen (MᴄPʜᴇʀʀᴏɴ ᴇᴛ ᴀʟ. 1997)

Durch *Knockout* der Myostatin-Expression vermehren sich die Muskelfasern von Schulter, Brust, Bauch und Beinen um das Zwei- bis Dreifache. Die Muskulatur des Herzens oder anderer innerer Organe bleibt unbeeinflusst. Zum Vergleich ist rechts eine normale große Maus abgebildet.

zeugt, die in ihren Milchdrüsenzellen ein Transgen exprimierten.

Ein wichtiger Aspekt bei Nutztieren war zunächst die Wachstumssteigerung durch Trans-

gene. Beispiele für entsprechende Forschungsergebnisse werden in **Tab. 32.3** zusammengefasst. Die zunächst erzeugten **Schweine** trugen als Transgen das humane Wachstumshormon-Gen (*Growth Hormone*, GH). Die transgenen Schweine erreichten ein starkes Wachstum mit jedoch erheblichen nachteiligen Auswirkungen (Beinschäden, fehlende Reproduktion). Erst durch verbesserte GH-Genkonstrukte konnten einige Nebenwirkungen vermieden werden. Aufmerksamkeit erlangten transgene Schweine als Spender von Zellen, Geweben und Organen für eine Transplantation in Menschen (Xenotransplantation). Organe aus dem Schwein sind den betreffenden humanen Organen ähnlich. Dennoch treten heftige Abstoßungsreaktionen auf. Zur Abhilfe wurden transgene Schweine erzeugt, in denen die für Abstoßungsreaktionen entscheidenden Zelloberflächenantigene von menschlichen Genen codiert werden (siehe **Abb. 32.5**, S. 583).

Die Erzeugung transgener **Schafe, Ziegen** oder **Rinder** ist im Vergleich zu Mäusen sehr aufwendig, da nur wenige Nachkommen pro Geburt anfallen und die Generationsintervalle groß sind. Neuere Arbeiten erzeugen transgene Zellen in Kultur und selektieren erwünschte Zellen für einen Kerntransfer in zuvor entkernte Eizellen. Beispielsweise wird versucht, mit Transgenen die Wollleistung beim Schaf zu beeinflussen (**Tab. 32.5**). Auch die Beeinflussung der Milchzusammensetzung ist ein Arbeitsbereich, für den transgene Rinder erzeugt werden

**Tab. 32.3:** Beispiele einiger Genkonstrukte zur Wachstumsmodulation transgener Tiere

| Regulatorische Sequenz (Herkunft) | Codierende Sequenz (Herkunft) | Transgenes Tier | Quelle |
|---|---|---|---|
| *MTV* (LTR) | *GH* (Rind) | Rind | Rᴏsᴄʜʟᴀᴜ et al. (1989) |
| *MT* (Maus) | *GH* (Mensch) | Schwein, Schaf, Kaninchen | Pᴜʀsᴇʟ et al. (1989); Hᴀᴍᴍᴇʀ et al. (1985) |
| *MT* (Maus) | *GH* (Rind) | Schwein, Schaf | Pᴜʀsᴇʟ et al. (1989); Rᴇxʀᴏᴀᴅ et al. (1989) |
| *MT* (Schaf) | *GH* (Schaf) | Schaf | Mᴜʀʀᴀʏ et al. (1989) |
| *MT* (Schaf) | *GH* (Schaf) | Schwein | Pᴜʀsᴇʟ et al. (1997) |
| *MT* (Mensch) | *GH* (Schwein) | Schwein | Nɪᴢᴇ et al. (1988) |
| *MLV* (LTR) | *GH* (Ratte, Schwein) | Schwein | Eʙᴇʀᴛ et al. (1991) |
| *TF* (Maus) | *GH* (Rind) | Schwein, Schaf | Rᴇxʀᴏᴀᴅ et al. (1991) |
| *ALB* (Maus) | *GHRH* (Mensch) | Schwein, Schaf | Rᴇxʀᴏᴀᴅ et al. (1991) |
| *MT* (Maus) | *GHRH* (Mensch) | Schwein, Schaf | Rᴇxʀᴏᴀᴅ et al. (1989) |
| *MT* (Maus) | *IGF-1* (Mensch) | Schwein | Cᴏʟᴇᴍᴀɴ et al. (1995) |
| *ASK* (Huhn) | *IGF-1* (Mensch) | Rind, Schwein | Hɪʟʟ et al. (1992); Cᴏʟᴇᴍᴀɴ et al. (1995) |

Gensequenzen für *ALB*: Albumin; *ASK*: α-*Skeletal actin*; *GH*: *Growth hormone* (Wachstumshormon); *GHRH*: *GH-releasing hormone*; *IGF-1*: *Insulin-like Growth Factor 1*; *LTR*: *Long terminal repeat*; *MLV*: *Moloney leukemia virus*; *MT*: Metallothionein; *MTV*: *Mammary tumor virus*; *TF*: Transferrin.

**Tab. 32.4:** Milchproteinmengen und Zeitspannen zwischen Vorkerninjektion und erster Milchabgabe bei verschiedenen Spezies

| Merkmal | Maus | Kaninchen | Schwein | Schaf | Ziege | Rind |
|---|---|---|---|---|---|---|
| Milchmenge pro Laktation (kg)[1] | 0,2 | 10 | 500 | 500 | 800 | 10 000 |
| Milchproteingehalt (%)[1] | 9 | 10 | 5,5 | 5,5 | 3 | 3,5 |
| Milchprotein pro Laktation (kg)[1] | 0,02 | 1 | 27,5 | 27,5 | 24 | 350 |
| Zahl der benötigten Tiere pro Laktation[2] | 100 000 | 2000 | 73 | 73 | 83 | 5 - 6 |
| Zeitbedarf zwischen Vorkerninjektion und erster Milchabgabe (Monate) | 3,5 | 4,5 | 17 | 17 | 12 | 37 |

[1] Die Zahlen sind grob gerundet und geben bei Schaf, Ziege und Rind Durchschnittswerte typischer Milchrassen an.
[2] Für 100 kg heterologes Protein aus der Milch (bei 5 % isolierbarem heterologem Protein im Milchprotein).

**Tab. 32.5:** Beispiele für transgene Schafe zur Verbesserung der Wollproduktion

| Produkt des Transgens | Herkunft | Wirkung auf die Wollproduktion | Quelle |
|---|---|---|---|
| IGF-1 (*Insulin-like Growth Factor-1*) | Schaf | Steigerung der Wollmenge | POWELL et al. (1994) |
| Serin-Transacetylase o-Acetylserin-Sulfhydrylase | *E. coli* oder *Salmonella typhimurium* | Steigerung der Wollmenge | BAWDEN et al. (1995) |
| Keratine | Schaf | Struktur der Wollfaser | DAMAK et al. (1996) |

**Tab. 32.6:** Beispiele für mögliche Modifikationen von Milchinhaltsstoffen und ihre Auswirkungen auf nutzbare Eigenschaften der Milch

| Veränderung | Konsequenzen |
|---|---|
| Erhöhung der κ-Caseingehalte | Erhöhte Stabilität von Caseinaggregaten, kleinere Micellen, verminderte Gelierung und Koagulation |
| Erhöhung der α- und β-Caseingehalte | Verbesserte Gerinnungseigenschaften, erhöhte Temperaturstabilität, erhöhter Calciumgehalt |
| Zusätzliche Phosphorylierungsstellen bei den Caseinen | Vermehrter Calciumgehalt, bessere Emulsionsfähigkeit |
| Zusätzliche Schnittstellen für proteolytische Enzyme in Caseinen | Verbesserte Käsereifung |
| Entfernung von β-Lactoglobulin | Verminderte Gelierung bei hohen Temperaturen, verbesserte Verdaulichkeit, geringere Allergenität |
| Verminderung des α-Lactalbumingehaltes | Verminderter Lactosegehalt, Veränderung der Osmoregulation der Milchdrüse |
| Expression von humanem Lactoferrin | Verbesserte Eisenabsorption, antimikrobieller Effekt |
| Expression von humanem Lysozym | Antimikrobieller Effekt, Verkürzung der Labgerinnungszeit, verbesserte Käseausbeute |
| Verminderte Expression von Acetyl-CoA-Carboxylase | Verringerter Fettgehalt, Verbesserung der nutritiven Eigenschaften, Senkung der Produktionskosten |
| Expression spezifischer Antigene | Aktive Immunisierung |
| Expression spezifischer Antikörper | Passive Immunisierung |

(**Tab. 32.6**). Bei Wiederkäuern besteht ein wirtschaftliches Interesse am *Gene Pharming*, weil die Produktion großer Mengen Transgen-abhängiger Proteine in der Milch möglich ist (**Tab. 32.4**).

Beim **Huhn** wurden transgene Tiere für die Codierung von Wachstumshormon oder Resistenzen gegen Krankheiten generiert. Die gegenwärtig sich rasch entwickelnden Techniken lassen weitere Anwendungen beim Geflügel erwarten – auch für die Zwecke des *Gene Pharming* über Proteine, die in das Ei abgegeben werden, wie z. B. Antikörper, Interferone und Lysozym. Wichtige transgene Modelle beim Huhn betreffen die Untersuchung der Embryonalentwicklung.

Wegen nicht verfügbarer homologer Gensequenzen, d. h. solchen aus jeweils derselben Spezies, wurden transgene **Fische** zunächst mit Gensequenzen aus Säugergenomen erzeugt. Erstes Beispiel war das Wachstumshormon codierende Gen, nach dessen Transfer in mehreren Fischspezies ein stärkeres Wachstum beobachtet wurde. Beispielsweise wachsen transgene Katzenwelse und Forellen mehr als 30% schneller als nicht transgene Kontrollen. Ein weiterer Ansatz besteht in der Herstellung kälteresistenter transgener Fische. So genannte *Antifreeze*-Gene wurden erfolgreich in Regenbogenforellen, Lachse und andere Fische transfiziert. Es handelt sich dabei um Gene, die *Antifreeze*-Proteine (AFPs) codieren, d. h. spezielle Glycoproteine, Alanin-reiche α-Helices oder β-Strukturproteine. Diese Proteine bewirken eine Senkung der Gefriertemperatur des Blutes und der extrazellulären Flüssigkeiten, indem sie durch Adsorption an Eiskristalle deren Wachstum verhindern. Die Promotorbereiche von AFP codierenden Genen werden auch eingesetzt, um die Expression bestimmter Gene bei niedrigen Temperaturen zu stimulieren. Beispielsweise wurde bei Lachs und Forelle mit dem AFP-Promotor und Wachstumshormon codierenden Gen ein verstärktes Wachstum bei niedrigen Wassertemperaturen erreicht. In neuerer Zeit werden Fische, die Fluorochrome, wie u. a. das GFP (*Green Fluorescent Protein*), durch das Transgen exprimieren und dadurch im Dunkeln fluoreszieren, als Leuchtfische für die Aquaristik auf den Markt gebracht (**Abb. 32.3**). Transgene Fischmodelle – vor allem der Zebrafisch – werden in der embryologischen Forschung benutzt.

**Abb. 32.3:** Leuchtfische für die Aquaristik Wissenschaftler aus Taiwan und Singapur erstellten Fische, die im Dunkeln fluoreszieren. Quelle: Gong Zhiyuan, Nationaluniversität Singapur (2004)

Oft werden dann Reportergene (*lacZ*, Luciferase oder *CAT*, Chloramphenicol-Acetyltransferase) verwendet, um die gewebe- und entwicklungsspezifische Regulation bestimmter Gene nachweisen zu können.

## 32.2 Beispiele für Anwendungsbereiche transgener Nutztiere

### 32.2.1 Veränderung von Wachstum und Futterverwertung

Die ersten Transgenexperimente bezweckten bei landwirtschaftlichen Nutztieren eine Verbesserung der Wachstumsleistung und Schlachtkörperzusammensetzung. Das postnatale Wachstum wird hauptsächlich von Faktoren der Wachstumshormonkaskade reguliert (siehe **Abb. 28.2**, S. 518). Durch Gentransfer mit Expressionsvektoren für GH (*Growth Hormone*), GHRH (*Growth-Hormone-Releasing-Hormone*) oder IGF-1 (*Insulin-like Growth Factor 1*) wurden Wachstumssteigerungen in verschiedenen Spezies erzielt (**Tab. 32.3**). Bei transgenen Schweinen wurden beispielsweise eine Verbesserung der Futterverwertung sowie eine Reduktion des Fettanteils am Schlachtkörper beobachtet. Wie schon bei der transgenen Maus wurden auch bei Schweinen mit permanenter GH-Überexpression pathologische Veränderungen beobachtet, wie u. a. Gelenkserkrankungen, Stressanfälligkeit, Magengeschwüre, Nierenveränderungen, Lethargie und Fruchtbarkeitsstörungen. Ähnliche Resultate wie beim Schwein stellten sich bei GH- oder GHRH-transgenen Schafen ein. Auf Grund der nachteiligen Nebenwirkungen einer permanenten Überexpression von Faktoren aus der Wachstumshormonkaskade werden für Nutztiere regulierbare Expressionssysteme geprüft, wie sie für die Maus bereits etabliert sind. Damit werden transgene Schweine erzeugt, an denen bei verbessertem Wachstum keine pathologischen Begleiterscheinungen beobachtet werden.

### 32.2.2 Veränderung der Milchzusammensetzung

Die Beeinflussung der Milch durch Gentransfer steht im Mittelpunkt vieler Forschungsarbeiten. Hierbei handelt es sich um die Entwicklung von *Functional Food* oder *Nutraceuticals* (von *Nutrition*, Ernährung, und *Pharmaceutical*, Pharmazeutikum), d. h. für den menschlichen Verzehr bestimmte Nahrungsmittel, die – neben dem normalen Nährgehalt – Stoffe mit Arzneimittelwirkung enthalten. Daneben spielen Verarbeitungseigenschaften der Milch eine Rolle. Potenziell nützliche Veränderungen der Milch durch Gentransfer sind in **Tab. 32.6** aufgelistet und werden nachfolgend exemplarisch beschrieben.

– **Selektive Entfernung von β-Lactoglobulin.** Etwa 80 % des Proteins der Kuhmilch besteht aus den für die Käseherstellung wichtigen Caseinen ($\alpha_{S1}$-, $\alpha_{S2}$-, β- und κ-Casein). Der Rest setzt sich aus Molkenproteinen (β-Lactoglobulin, α-Lactalbumin, Serumalbumin und γ-Globuline) zusammen, die z. T. sogar störend bei der Käseproduktion sind. So macht β-Lactoglobulin etwa 50 % des Molkenproteins aus. Es hemmt die Ausfällung von κ-Casein durch das Labferment Chymosin (Rennin) und verringert daher die Ausbeute bei der Käseherstellung. Zudem ist β-Lactoglobulin für einen Teil der allergischen Reaktionen von Konsumenten gegen Kuhmilch verantwortlich. Eine Reduktion der β-Lactoglobulin-Konzentration in der Milch ist daher wünschenswert und konnte im Mausmodell unter Verwendung eines Ribozym-Transgens (siehe S. 457f.) erreicht werden.

– **Reduktion des Milchfettgehaltes; Beeinflussung der Art und Menge der Fettsäuren im Milchfett.** Weniger Fett in der Ernährung ist ernährungsphysiologisch erwünscht und reduziert zugleich den Energieaufwand je kg produzierter Milch. Beispielsweise würden die Futterkosten um ca. 25 % sinken, wenn der Milchfettgehalt von 4 % auf 2 % reduziert werden kann. Eine Reduktion des Fettgehaltes durch züchterische Selektion ist auf Grund der engen genetischen Korrelation zwischen Milchfett- und Milchproteingehalten sehr zeitaufwendig. Mit Hilfe des Gentransfers lässt sich jedoch z. B. die Expression des Enzyms Acetyl-CoA-Carboxylase in den Milchdrüsenzellen inhibieren, was die Fettsynthese reduziert. Möglichkeiten hierzu bietet die Antisense-Technik, d. h. die milchdrüsenspezifische Expression einer RNA mit komplementärer Sequenz zur Acetyl-CoA-Carboxylase codierenden mRNA.

– **Steigerung der Milchmenge und -qualität beim Schwein.** Eine wesentliche Ursache für die wirtschaftlich sehr nachteiligen Ferkelverluste stellt die Unterernährung in der ersten Woche nach der Geburt dar. Die Verwendung eines bovinen Lactalbumin-Transgens führt bei erfolgreicher Expression zu einer um bis zu 50 % höheren Milchleistung der Sauen und wirkt sich auf die Gewichtszunahmen der Ferkel in den ersten Wochen nach der Geburt günstig aus.

– **Senkung des Lactosegehaltes.** Bei einem erheblichen Teil der Bevölkerung Asiens können adulte Menschen das Enzym β-Galactosidase nur ungenügend exprimieren und daher Lactose nicht oder nicht effizient spalten. Eine Reduktion des Lactosegehalts in der Kuhmilch lässt sich durch Expression von Lactase erreichen. Dies gelang bei Mäusen durch ein Lactase-Transgen aus der Ratte, welches den Lactosegehalt um mehr als 50 % reduzierte, während andere Bestandteile der Milch unbeeinflusst blieben.

– **Anpassung von Kuhmilch an die Milch der Frau** („Humanisierung von Kuhmilch"). Menschliche Milch enthält einen geringeren Proteingehalt (ca. 0,9 %) als Kuhmilch (ca. 3,8 %), und die Molkenproteine dominieren, während beim Rind Caseine 80 % des gesamten Milchproteins ausmachen. Zudem wirkt bovines β-Lactoglobulin für viele Säuglinge als Allergen. Für die Erzeugung von Babynahrung ist also β-Lactoglobulin freie oder jedenfalls reduzierte Milch erwünscht, was mit Hilfe der Antisense-Technik erreicht werden kann.

- **Steigerung der antimikrobiellen Aktivität der Milch.** Die Lactoferrinkonzentration liegt in der menschlichen Milch mehrfach höher als in der Kuhmilch. Lactoferrin ist ein eisenbindendes Protein mit bakteriostatischen Eigenschaften, das wesentlich an der Resistenz der Milchdrüse gegenüber Euterentzündungen beteiligt ist. Das Protein könnte daher die Eutergesundheit beim Rind verbessern, aber auch in der Kleinkinderernährung wichtig sein. Daher wurde bereits 1991 in der holländischen Firma PHARMING der ein humanes Lactoferrin-Genkonstrukt tragende, transgene Bulle „Herman" erstellt, dessen Töchter menschliches Lactoferrin in der Milchdrüse exprimieren. Ein weiteres Protein mit antimikrobieller Wirkung, das Lysozym, ist in der menschlichen Milch sogar in ca. 5000-fach höherer Konzentration als in der Kuhmilch vorhanden; es stellt ein weiteres Zielgen für eine transgene Überexpression in der Kuhmilch dar.

- **Verbesserung der Verarbeitungseigenschaften der Milch.** Hierzu zählen beispielsweise Genkonstrukte, die darauf abzielen, die in der Milch natürlicherweise vorkommenden Proteasen zu inhibieren. Ein weiteres Beispiel sind Milchproteine, wie κ-Casein B, welche die Micellenstruktur vorteilhaft beeinflussen und für eine hohe Ausbeute bei der Käseherstellung sorgen. Ein hoher Anteil von κ-Casein am Milchprotein führt zu kleinen Micellen und zu einem festen Käseabstich (*curd*), woraus wiederum eine optimale Käseausbeute resultiert.

## 32.2.3 Optimierung der Wollproduktion

Zur Wollsynthese werden große Mengen an Aminosäuren gebraucht. Insbesondere wird Cystein benötigt, um Keratine, die Hauptwollproteine, über Disulfidbrücken zu verbinden. Da Cystein im Allgemeinen die limitierende Aminosäure bei der Synthese von Wollproteinen ist, wurden spezielle Gentransferstrategien für eine zusätzliche Cysteinsynthese entwickelt. Beispielsweise wurden Gene für die bakteriellen Enzyme Serin-Transacetylase und O-Acetylserin-Sulfhydrylase, die für die Cysteinsynthese im Pansen verantwortlich sind, isoliert und in verschiedene Expressionsvektoren kloniert. Diese Genkonstrukte wurden in transfizierten Zellen und z.T. auch in transgenen Tieren exprimiert. Ein weiteres Beispiel ist die Überexpression von Wollkeratinen in transgenen Schafen, um so die Struktur der Wollfasern zu beeinflussen. Beschrieben wird auch ein Genkonstrukt mit *IGF-1* (*Insulin like Growth Factor 1*) unter der Kontrolle eines Keratinpromotors, so dass IGF-1 in den Wollfollikeln transgener Schafe überexprimiert wird. Daraus resultiert bei transgenen Schafen eine Erhöhung der Vliesgewichte, während die sonstigen Wollmerkmale weitgehend unverändert bleiben.

**Tab. 32.5** gibt einen Überblick zum Einsatz der Transgen-Technik bei der Beeinflussung der Wollproduktion.

## 32.2.4 Erzeugung pharmazeutisch relevanter Proteine in transgenen Nutztieren (*Gene Pharming*)

Ein wirtschaftlich bedeutsames Anwendungsgebiet für transgene Nutztiere liegt in der Erzeugung pharmazeutisch relevanter Proteine (z.B. Enzyme, Blutgerinnungsfaktoren), welche natürlicherweise nicht in den betreffenden Organismen vorkommen (**heterologe Proteine, Fremdproteine**). Die Erzeugung von heterologen Proteinen in einem transgenen Tier wird auch als *Gene Pharming* (oder *Gene Farming*) bezeichnet (**Abb. 23.2**, S. 409). Oft handelt es sich um **rekombinante Proteine**, die von *in vitro* kombinierten Genabschnitten codiert werden. Den Grundstein dafür legten Arbeiten mit transgenen Mäusen, die den humanen Plasminogen-Aktivator (*tPA*) unter der Kontrolle des *WAP*-Promotors (*WAP*, *Whey Acidic Protein*, saures Molkenprotein) in die Milch sezernieren. Die Ergebnisse zeigten, dass auf diesem Wege neue Proteine zu erzeugen sind und Regulationselemente von Genen über Speziesgrenzen hinweg aktiv sein können. Bereits sehr früh kam es daher zu Entwicklungen bei Nutztieren (**Tab. 32.7**).

Für pharmazeutisch einsetzbare Proteine gibt es einen wachsenden Markt (**Tab. 32.8**). Viele

**Tab. 32.7:** Erste Entwicklungsarbeiten beim *Gene Pharming* mit transgenen Nutztieren

| Erzeugtes humanes Protein | Transgenes Tier | Referenz | |
|---|---|---|---|
| Faktor IX | Schaf | SIMONS et al. | (1988) |
| tPA | Ziege | EBERT et al. | (1991) |
| Lactoferrin | Rind | KRIMPENFORT et al. | (1991) |
| α1-Antitrypsin | Schaf | WRIGHT et al. | (1991) |
| Protein C | Schwein | VELANDER et al. | (1992) |
| Erythropoetin | Rind | HYTTINEN et al. | (1994) |
| Faktor VIII | Schwein | PALEYANDA et al. | (1997) |
| Superoxiddismutase | Kaninchen | STROMQVIST et al. | (1997) |

tPA: *Tissue plasminogen activator*; WAP: *Whey acidic protein*

**Tab. 32.8:** Geschätzter Bedarf und benötigte Tierzahlen für die Produktion pharmazeutisch verwertbarer Proteine in der Milch transgener Milchkühe

| Protein | Bedarf in den USA (kg/Jahr) | Notwendiges Volumen an menschlichem Plasma (l) | Anzahl Milchkühe bei 10 000 kg Milch pro Jahr und einer Konzentration des isolierbaren heterologen Proteins von | |
|---|---|---|---|---|
| | | | 100 mg/kg | 10 000 mg/kg |
| Faktor VIII | 1 | 10 000 000 | 1 | 1 |
| Protein C | 100 | 20 000 000 | 100 | 1 |
| Fibrinogen | 200 | 500 000 | 200 | 2 |
| α1-Antitrypsin | 800 | 4 000 000 | 800 | 8 |
| Serumalbumin | 100 000 | 2 000 000 | 100 000 | 1000 |

Angaben nach SCHMID (2002) modifiziert.

dieser Stoffe werden gegenwärtig durch Fraktionierung menschlichen Blutes gewonnen. Trotz sorgfältiger Kontrollen besteht dabei die Gefahr der Übertragung viraler Krankheitserreger, wie Hepatitis B oder HIV. Auf Grund der Gewinnung und aufwendigen Reinigungsverfahren sind die pharmazeutischen Proteine extrem teuer. Welche Vorteile bieten in dieser Situation transgene Nutztiere, aus deren Milch man pharmazeutisch verwendbare Proteine gewinnt?

Eine Erzeugung heterologer Proteine im Tier bietet folgende **Vorteile**:
– **Korrekte posttranskriptionale Modifikation der Proteine.** Die Produktion biologisch aktiver pharmazeutischer Proteine mit Hilfe gentechnisch veränderter Bakterien oder Hefen war bislang nur bei einigen Produkten erfolgreich, da Mikroorganismen nicht in der Lage sind, posttranslationale Modifikationen, wie beispielsweise Glykosylierungen, durchzuführen. Unvollständig glykosylierte Protei-

ne weisen in der Regel keine oder eine stark verminderte biologische Aktivität auf. Sie besitzen darüber hinaus manchmal antigene Eigenschaften. Demgegenüber sind Zellen höherer Eukaryonten in der Lage, die erforderlichen posttranslationalen Modifikationen auch an heterologen Proteinen durchzuführen. Nur in seltenen Fällen wurden speziesspezifische Unterschiede in den posttranslationalen Modifikationen zwischen heterologen und nativen Proteinen beobachtet.
– **Konstante Produktion großer Proteinmengen.** Über eine mehrjährige Nutzungsdauer hinweg können von einem Tier erhebliche Mengen an Proteinen erzeugt werden. Insbesondere Rind, Schaf und Ziege, aber auch das Schwein, produzieren große Mengen an Milchproteinen, die leicht durch Melken zu gewinnen sind (**Tab. 32.4**, S. 574). Die Proteinsynthesen in den Epithelzellen der Milchdrüse liefern beim Laktationshöhepunkt etwa 1 kg endogenes Protein/Tag beim Rind und etwa 0,1 kg endogenes Protein/Tag beim Schaf.

**Tab. 32.9:** Expression pharmazeutisch verwertbarer Proteine in der Milch

| Transgen | | Protein (Spezies) | Exprimierte Menge (mg/l) [1] |
|---|---|---|---|
| **Regulatorische Sequenz** | **Codierende Sequenz** | | |
| *WAP* | *tPA* (cDNA) | tPA (Ziege) | 2 - 3 |
| β-*CN* | *tPA* (cDNA) | tPA (Ziege) | 3000 |
| α$_{S1}$-*CN* | *IGF-1* (cDNA) | IGF-1 (Kaninchen) | 10000 |
| β-*LG* | α$_1$-*AT* (gDNA) | α$_1$-AT (Schaf) | 35000 |

Gensequenzen für *WAP: Whey acidic protein;* β-*CN:* β-Casein; α$_{S1}$-*CN:* α$_{S1}$-Casein; β-*LG:* β-Lactoglobulin; *tPA: Tissue plaminogen activator; IGF-1: Insulin-like Growth Factor 1;* α$_1$-*AT:* α1-Anti-Trypsin.
[1] Angaben nach SCHMID (2002) modifiziert.

Die Milchprotein codierenden Gene kommen nur in einer Kopie pro Zelle vor; sie werden also sehr stark exprimiert. Diese enorme Syntheseleistung kann für die Expression großer Mengen heterologer Proteine, deren Synthese unter der Kontrolle von Promotoren der Milchprotein-Gene stehen, genutzt werden (**Tab. 32.9**). Da ins Genom integrierte Genkonstrukte vererbt werden, stehen über die Nachkommen nach einiger Zeit weitere Individuen zur Verfügung, die das Transgen tragen. Durch Klonen können identische Individuen zeitversetzt erzeugt werden, so dass – wenn gleich bleibende epigenetische Bedingungen gewährleistet werden – der einmal erreichte Status über einen langen Zeitraum aufrechterhalten wird.

– **Kostengünstige Erzeugung.** Die Milchgewinnung ist einfach, die Kosten für die Haltung und Fütterung liegen niedrig, eine lange Nutzungsdauer ist möglich, und transgene Tiere können vermehrt werden. Die erwarteten Gewinnaussichten sind groß genug, um eine anhaltende Forschungsaktivität zu begründen. Heterologe Proteine lassen sich auch in kultivierten eukaryontischen Zellen gewinnen (siehe S. 470ff.). Zellkultursysteme erfordern jedoch technisch aufwendige und dadurch teure Kulturbedingungen.

Für eine Erzeugung heterologer Proteine in transgenen Nutztieren sind jedoch mehrere **Probleme** zu lösen:

– **Finanzieller Aufwand zur Erstellung eines transgenen Tieres,** das ein gewünschtes Protein genügend stark exprimiert. Die Entwicklungskosten für Tiere mit neuen funktionsfähigen Transgenen liegen sehr hoch. Dies

wiederum bewirkt ein Investitionsrisiko, da sich die hohen Anfangskosten erst bei einer dauerhaften Nutzung lohnen.

– **Gleichmäßigkeit der posttranslationalen Modifikationen.** Zwischen einzelnen Tieren können Unterschiede in Bezug auf posttranslationale Modifikationen auftreten und Veränderungen im Verlaufe der Laktation vorkommen. In der Milch kommen verschiedene Enzyme vor, die möglicherweise das neue Protein verändern. Die Stabilität eines Proteins in der Milch muss daher in jedem Einzelfall geprüft werden.

– **Übertragung von Krankheitserregern.** Tierische Zellen oder Produkte können mit Zellen, zellulären Proteinen, DNA oder Viren kontaminiert sein. Transgene Tiere, die rekombinante Proteine für humanmedizinische Zwecke produzieren sollen, benötigen daher eingehende Voruntersuchungen, spezifische Haltungsbedingungen und Hygienekontrollen.

– **Aufwand für die Isolierung** des gewünschten Proteins aus der Milch. Für die Isolierung des heterologen Proteins aus der Milch sind effiziente, schonende Verfahren erforderlich. Üblicherweise wird die Milch zunächst in die Komponenten Fett, Caseinmicellen und Molke getrennt. Dann erfolgen Inaktivierungen der Proteasen und Viren sowie die chromatographische Auftrennung in einzelne Milchproteinfraktionen.

Aus den vorstehenden Kriterien kann abgeleitet werden, dass in großen Mengen nachgefragte Proteine für eine ökonomisch lohnende Erzeugung in der Milchdrüse transgener Nutztiere geeignet sind. Für das *Gene Pharming* kommen auch andere Körperflüssigkeiten oder Produkte

**Tab. 32.10:** *Gene-Pharming*-Projekte mit transgenen Tieren in der klinischen Erprobung oder im Einsatz

| Protein/Pharmacon | Spezies | Wirkung | Medizinische Indikation | Firma |
|---|---|---|---|---|
| $\alpha$-1 Anti-Trypsin ($\alpha_1$-AT) | Schaf | Inhibiert enzymatischen Abbau von Proteinen | Emphysem, cystische Fibrose | Pharming, Niederlande GTC Biotherapeutics, USA |
| *Cystic Fibrosis Transmembrane Conductance Regulator* (CFTR) | Schaf | Ionentransport | Cystische Fibrose | PPL Therapeutics, USA |
| *Tissue Plasminogen Activator* (tPA) | Ziege, Schaf, Schwein | Fibrinolyse | Thrombose, Herzinfarkt | GTC Biotherapeutics, USA |
| Faktor VIII, IX | Schaf, Schwein, Rind | Blutgerinnung | Behandlung erblicher Hämophilie ("Bluter") | GTC Biotherapeutics, USA PPL Therapeutics, USA |
| Protein C | Ziege | Verhindert zu starke Blutgerinnung | Thrombose, Embolie | Australian Research Council (ARC), Australien PPL Therapeutics, USA |
| Antithrombin III | Ziege | Verhindert zu starke Blutgerinnung | Thrombose, Embolie | GTC Biotherapeutics, USA |
| Glutamat-Decarboxylase | Ziege | Funktion im Zentralnervensystem | Typ-1-Diabetes (Auto-Antigen) | GTC Biotherapeutics, USA |
| Pro542 | Ziege | Blockiert HIV-Virusadsorption an Wirtszelle | AIDS | Progenics, USA |
| Lactoferrin | Rind | Eisenbindendes, antimikrobielles Protein | Magen-Darm-Infektionen, Infektiöse Arthritis | Pharming, Niederlande PPL Therapeutics, USA |
| Monoklonale Antikörper | Rind, Ziege, Huhn | Antigen-Bindung | Impfstoffproduktion, Krebsbehandlung | Cell Genesys, USA GTC Biotherapeutics, USA Ligand, USA |
| Malaria-Antigen Msp-1 | Maus | Stimulierung der Bildung spezifischer Antikörper | Malaria | GTC Biotherapeutics, USA |
| $\alpha$-Glucosidase | Kaninchen | Glykogen-Abbau | Glykogen-Speicherkrankheit (*Pombe-Disease*) | Pharming, Niederlande |
| Serumalbumin | Rind, Schaf | Serumprotein | Niedriger Blutdruck, Verletzung, Verbrennung, Erhalt des Blutvolumens | Pharming, Niederlande |
| Hämoglobin | Schwein | Sauerstofftransport | Bluttransfusion | Baxter, USA |
| Fibrinogen | Rind, Schaf | Blutgerinnung | Wundheilung | Australian Research Council (ARC), Australien PPL Therapeutics, USA |
| Collagen I, II | Rind | Strukturprotein im Gewebe | Gewebereparatur, rheumatoide Arthritis | Pharming, Niederlande |
| Gewebe, Organe | Schwein u. a. | Humanähnliche Geweberezeptoren durch Transgen-Expression | Xenotransplantation | Alexion, USA Baxter, USA Cytotherapeutics (CTI), USA |

Quellen: Breekveldt und Jongerden (1998); Cummings (1999); Websites der Firmen

in Frage, wie insbesondere Eier. **Tab. 32.10** führt Proteine auf, die mit Hilfe transgener Tiere bereits hergestellt werden können. Die Entwicklungen in diesem Gebiet lassen sich an folgenden Beispielen skizzieren:

– **$\alpha_1$-Antitrypsin aus transgenen Schafen.** $\alpha_1$-Antitrypsin ($\alpha_1$-AT) ist der Hauptinhibitor der Elastase, die am Proteinabbau in den Geweben beteiligt ist. Ein genetisch bedingter Mangel oder vollständiges Fehlen von $\alpha_1$-AT führt zu gesteigertem Gewebeabbau, der besonders in den Lungen zu gravierenden Problemen führt (Fibrose, d. h. Emphyseme mit lebensbedrohender Atemnot). Von $\alpha_1$-AT-Defekten sind z.B. in den USA etwa 100 000 Menschen betroffen. Jeder Patient benötigt pro Jahr Injektionen mit insgesamt etwa 10–15 g dieses Proteins – zuviel, um die Mengen durch Isolierung aus menschlichem Blutplasma gewinnen zu können. Bei transgenen Schafen wurden bis 35 g $\alpha_1$-AT pro Liter Milch erreicht (**Tab. 32.9**, S. 579). Das aus der Milch durch Chromatographie aufgereinigte $\alpha_1$-AT besitzt eine nahezu identische biologische Aktivität wie humane $\alpha_1$-AT-Plasmapräparate. Bei grober Schätzung ist zu erkennen, dass pro Liter Milch etwa 20 g $\alpha_1$-AT isoliert werden können, 500 Liter Milch pro Laktation und Schaf zu produzieren sind und dann die Milch von ca. 150 transgenen Schafen den USA-Bedarf decken könnte.

- **Gewebe-Plasminogen-Aktivator aus transgenen Ziegen.** Beim Gewebe-Plasminogen-Aktivator (*Tissue Plasminogen Activator*, tPA) handelt es sich um eine Protease. Diese kann Fibrinpfropfen, die zum Verschluss in den Blutgefäßen führen, auflösen und daher z.B. bei Herz-/Kreislauf-Erkrankungen helfen. Die Substanz wird gegenwärtig in transgenen Zellkultursystemen hergestellt. Es sind jedoch transgene Nutztiere verfügbar, die größere Mengen des humanen tPA in die Milch sezernieren. Ziegen produzierten biologisch aktives tPA in einer Konzentration von bis zu 3 g pro Liter Milch, was bei einer Laktationsleistung von 800 kg Milch etwa 2,4 kg tPA pro Jahr sein würde.

- **Blutgerinnungsfaktor VIII oder IX aus transgenen Schafen.** Blutgerinnungsfaktoren werden zur Behandlung bei genetisch bedingter Hämophilie eingesetzt und gegenwärtig durch Fraktionierung menschlichen Blutes gewonnen. Trotz sorgfältiger Kontrollen besteht dabei die Gefahr der Übertragung viraler Krankheitserreger. Auf Grund der aufwendigen Reinigungsverfahren sind die isolierten Proteine extrem teuer. Für Blutgerinnungsfaktoren liegt der Bedarf bei Weitem höher als die heute verfügbaren Produktionsmöglichkeiten. Daher können Patienten statt der erforderlichen prophylaktischen Behandlung im Allgemeinen nur sporadisch behandelt wer-

den, was erhebliche Beschwerden verursacht. Mit Genkonstrukten aus genomischen Sequenzen der humanen Faktor-IX-DNA und einem milchdrüsenspezifischen Promotorelement aus dem $\beta$-Lactoglobulin-codierenden Gen wurden nach Einsatz der Kerntransfer-Technologie beispielsweise transgene Schafe mit hohen Faktor-IX-Konzentrationen in der Milch erzeugt. Ein weltweiter Bedarf an Faktor IX von 10 kg pro Jahr könnte durch etwa 100 transgene Schafe gedeckt werden. Rekombinanter humaner Faktor VIII wird jedoch auch in kultivierten transgenen Zellen erfolgreich produziert (vgl. **Tab. 24.10**, S. 473).

- **Hämoglobin.** Um dem häufig anzutreffenden Mangel an Blutreserven zu begegnen, wird versucht, humanes Hämoglobin in transgenen Schweinen zu exprimieren. Die Aminosäuresequenz des menschlichen Hämoglobins zeigt eine etwa 85%ige Homologie zu der des Schweines. Transgene Schweine, die humane Hämoglobin-Genkonstrukte trugen, exprimierten in den Erythrocyten die $\alpha$- und $\beta$-Kette des menschlichen Hämoglobins gemeinsam mit der $\alpha$- und $\beta$-Kette des Schweinehämoglobins, so dass auch Hybridhämoglobine ($\alpha$- und $\beta$-Kette des Hämoglobins aus verschiedenen Spezies) entstanden. Die Schweine waren nicht anämisch und wiesen ähnliche Wachstumsraten auf wie nichttransgene Wurfgeschwister. Ein nicht gelöstes Problem ist noch, dass derartige Erythrocyten in Menschen keinen ausreichenden $O_2$-Transport gewährleisten.

### 32.2.5 Xenotransplantation

Auf Grund der zunehmenden Lebenserwartung ist in den letzten Jahren die Zahl an Patienten, die eine Organtransplantation benötigen, stark gestiegen. Die medizinisch-technischen Fortschritte bei der Organtransplantation ermöglichen vielfältige Hilfen; sie haben aber auch weltweit zu einem akuten Mangel an Spenderorganen geführt. Zur Schließung der immer größer werdenden Lücke zwischen Nachfrage und Verfügbarkeit geeigneter Organe wird die **Xenotransplantation**, d.h. die Übertragung von Organen zwischen Spezies, also von Tieren auf Menschen, als Lösung diskutiert. Das Schwein scheint ein geeignetes Spendertier zu sein, da dessen Organe eine ähnliche Physiologie und

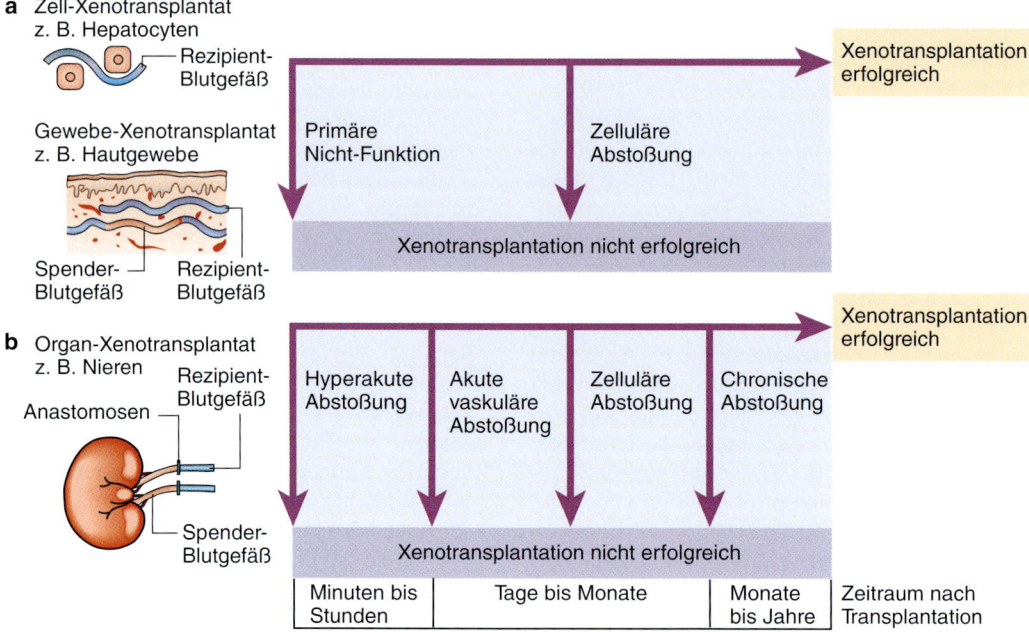

**Abb. 32.4:** Biologische Antworten auf eine Xenotransplantation (modifiziert nach Cascalho und Platt 2001)

Die Reaktionen auf ein Xenotransplantat hängen davon ab, wie dieses mit Blutgefäßen versorgt wird:

a) Werden Zellen oder Gewebe transplantiert, können sie, wenn sie nicht unmittelbar degenerieren, von Rezipienten-Blutgefäßen vaskularisiert werden. Nach primärer Aktivierung von cytotoxischen T-Lymphocyten kann es zu einer akuten zellulären Abstoßung kommen.

b) Organ-Xenotransplantate sind bereits durch die Blutgefäße des Donors vaskularisiert. Abstoßungsreaktionen können hier zu verschiedenen Zeiten nach der Transplantation und durch verschiedene Prozesse erfolgen (siehe Text).

Anatomie haben wie diejenigen des Menschen. Durch kurze Reproduktionszyklen, große Würfe und schnelles Wachstum entstehen zudem niedrige Kosten bei der Tierproduktion.

Einige Hauptprobleme müssen jedoch gelöst werden, bevor die Xenotransplantation in der Klinik praktisch eingesetzt werden kann.

**Funktionsfähigkeit des Xenotranplantats.**
Zunächst einmal sollen die übertragenen Zellen oder Organe im Organismus die erwartete **Funktionsfähigkeit** dauerhaft erbringen können, was in Bezug auf die Anatomie und Physiologie erhebliche Anforderungen bedingt.

**Verhinderung der Abstoßung.**
Ein zentrales Problem bereitet die immunologisch bedingte **Abstoßung von Zell-, Gewebe- oder Organ-Transplantaten (Abb. 32.4)**. Bei Organen führt eine Transplantation zu folgenden Reaktionen:
– Bei der **hyperakuten Abstoßung** nach einer Übertragung von Organen zwischen verschiedenen Spezies reagieren die im Empfängertier vorkommenden Antikörper auf Antigene, die sich auf den Zelloberflächen des Spenderorgans befinden. Die Antikörper führen zu einer Aktivierung des Complementsystems (d. h. Enzyme im Blutplasma, die durch Antikörper aktiviert werden können) im Empfängerorganismus. Die Antikörper/Complement-Komplexe zerstören im Spenderorgan das Endothel, d. h. die Zellen, welche die Gefäße aus-

kleiden. Dieses führt zur Zelllyse, zur Thrombose und zum Verlust der Gefäßintegrität. Das Organ wird innerhalb kurzer Zeit (wenige Minuten) nach der Transplantation abgestoßen.

– Zu einer **akuten vaskulären Abstoßung** kommt es innerhalb von Tagen nach der Transplantation. Dabei werden die Blutgefäße des neuen Organs durch T-Zellen geschädigt, welche in die Zwischenzellräume eindringen. Diese Abstoßungsreaktion tritt auch bei Transplantationen von Mensch zu Mensch auf und wird mit immunsuppressiven Mitteln behandelt, welche die Transplantatempfänger für den Rest ihres Lebens einnehmen müssen.

– Die **chronische Abstoßung** wird durch einen komplexen immunologischen Prozess bedingt, durch den das transplantierte Organ u. U. erst viele Jahre nach der Transplantation abgestoßen wird. Die Ursachen hierfür sind bisher nicht vollständig geklärt. Die einzige Behandlungsmöglichkeit besteht in einer erneuten Transplantation.

Die Gefahr der Abstoßung nimmt in der Reihenfolge Zellen, Gewebe und Organ zu und mit dem Grad der genetischen Verwandtschaft zwischen Donor und Rezipient ab. Die Abstoßungsreaktionen zwingen zur Benutzung von immunsuppressiven Agenzien, ohne dass damit auf Dauer eine Abstoßung des **Xenotransplantats (Xenograft)** verhindert werden kann. Eine Abhilfe ist die Erzeugung von chimären hämatopoetischen Stammzellen durch Knochenmarktransplantation, um auf diesem Wege eine donorspezifische und dauerhafte Toleranz gegenüber dem transplantierten Organ zu induzieren. Ein Vorteil bei der Xenotransplantation ist die Möglichkeit, mit genetisch geänderten Donor-Xenotransplantaten arbeiten zu können, z.B. indem diese aus transgenen Tieren gewonnen werden.

Zur Unterdrückung der hyperakuten Abstoßungsreaktion bei der Xenotransplantation auf den Menschen gibt es eine Reihe an Forschungsansätzen, von denen einige in **Abb. 32.5** zusammengestellt werden. Die hyperakute Ab-

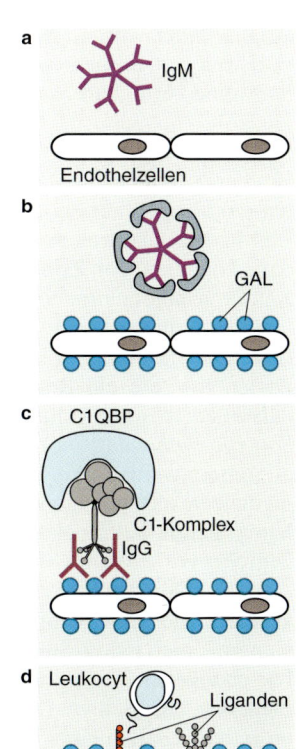

**Abb. 32.5:** Strategien zur Unterdrückung der hyperakuten Abstoßungsreaktion bei Xenotransplantation vom Schwein auf den Menschen (nach Angaben von Titus et al. 2000).

Zu Abstoßungsreaktionen kommt es durch Antigene, die von den Endothelzellen des Schweineorgans exprimiert werden und sich auf den Zellmembranen befinden. Mit diesen Antigenen reagieren Antikörper des Rezipienten. In der Übersicht werden die wesentlichen Forschungsansätze am Beispiel von Schweinen als Organdonoren hinsichtlich der durch Kohlenhydrat-Antigene bedingten Abstoßungsmechanismen dargestellt.

IgM: Immunglobulin M; IgG: Immunglobulin G; GAL: Galactose-$\alpha$1,3-Galactose; C1QBP: Complement-1-Inhibitor; C1: Complement 1; Ligand: Kohlenhydrat-Liganden zur Blockierung der Leukocytenadhäsion.

a) Verhinderung der Expression von GAL in transgenen Schweinen. Beispielsweise wird in GAL-*Knockout*-Schweinen das Antigen nicht exprimiert.

b) Verhinderung der Bindung von AntiGAL-Antikörpern. Beispielsweise können synthetische Oligosaccharide, die ein terminales GAL haben, appliziert werden und die IgM-Bindungsstellen besetzen.

c) Beeinflussung der Complementreaktion. In einem frühen Stadium kann die Aktivierung von Complement-1 blockiert werden, z.B. indem der Inhibitor C1QBP zugeführt wird.

d) Verhinderung der Leukocytenadhäsion. In Endothelzellen können spezifische Kohlenhydrat-Liganden exprimiert werden, die sich an die Membranen binden und dadurch eine Reaktion der Leukocyten mit GAL verhindern.

stoßungsreaktion kann überwunden werden, indem humane Regulatoren der Complementaktivität im Schwein exprimiert werden. Zu diesem Zweck wurden transgene Schweine, die den humanen *Decay Accelerating Factor* (DAF) – einen Inaktivator in der Complementkaskade – produzieren, für die Transplantation ihrer Herzen in Primaten benutzt. Die Empfängertiere überlebten den Eingriff durchschnittlich 40 Tage, während Herzen von nicht transgenen Kontrollen innerhalb Minuten bis Stunden zerstört wurden.

Eine andere Strategie zur Vermeidung von Abstoßungsreaktionen nach Xenotransplantation versucht, die auf den Zelloberflächen befindlichen, im menschlichen Empfängerorganismus als Antigen erkannten Strukturen auszuschalten. Beispielsweise befinden sich GAL-Epitope (GAL, Galactose-α1,3-Galactose) auf den Oberflächen von Schweinezellen, die zu einer akuten Abstoßung eines Xenotransplantats führen. Ein Ansatzpunkt liefern also transgene Schweine, denen das für die Ausbildung der GAL-Epitope wichtige Enzym α1,3-Galactosyl-Transferase durch homologe Rekombination ausgeschaltet wurde (**Abb. 32.5a**). Inzwischen sind weltweit in mehreren Laboratorien solche Schweine verfügbar.

**Schutz vor Xenosen.**
Bei der Xenotransplantation können Krankheiten vom Spendertier auf den menschlichen Empfänger übertragen werden. Man spricht dann allgemein von **Zoonosen** oder im Falle der Xenotransplantation auch von **Xenosen**.

Beim Schwein sind die meisten Zoonosen (Parasiten, Bakterien, Pilze, Viren) gut bekannt. Diejenigen, die ein Risiko für den Menschen darstellen, können mittels SPF-Haltung (SPF, *Specific Pathogen Free*) und Impfung der Tiere eliminiert werden. Außerdem sind Xenotransplantate resistent gegenüber solchen humanen Viren, deren Wirtsspektrum auf den Menschen begrenzt ist.

Als Problem werden endogene Retroviren angesehen, die im Verlaufe der Evolution in das Genom einer jeden Spezies hinein gelangten. Die endogenen Retroviren von Spenderorganismen, wie z. B. Schwein oder Pavian, können *in vitro* durch Zellen einer anderen Spezies aktiviert und unter bestimmten Umständen als Viruspartikel produziert werden. Dies gilt z. B. für porcine endogene Retroviren (PERVs), die durch ihre Aktivierung menschliche Zellen infizieren können. Es wird also befürchtet, dass endogene Retroviren des Spendertieres durch die Xenotransplantation im Empfängerorganismus reaktiviert werden und zu zoonotischen Erkrankungen führen. Zur Abwendung werden mehrere Strategien diskutiert, darunter die Züchtung von Spendertieren, die keine humanotropen Viren freisetzen, oder die Entwicklung von Impfstoffen gegen PERVs. Untersuchungen an Patienten, die über längere Zeiträume mit porcinem Gewebe Kontakt hatten, haben jedoch gezeigt, dass das Risiko durch PERVs gering ist.

**Entwicklungsperspektiven.**
Die genannten Problembereiche lassen vermuten, dass die medizinische Xenotransplantation stets die zweite Wahl bleibt im Vergleich zu einer Transplantation von humanen Zellen (Geweben, Organen). In der Zukunft können Stammzelltherapien eine weniger riskante Alternative darstellen. Wichtige Fortschritte sind mit Hilfe von Embryonalen Stammzellen im Bereich der Herz-Kreislauf-Forschung bei Mäusen bereits gemacht. Erhebliche Bedeutung haben auch Verfahren der Kultivierung von adulten Stammzellen (vgl. S. 46f.). Damit kann ein geschädigtes Organ desselben Patienten regeneriert werden, so dass keine Abstoßungsreaktionen mehr zu befürchten sind, welche nach wie vor das Hauptproblem bei allen Transplantationsansätzen darstellen.

## 32.2.6 Steigerung der Krankheitsresistenz durch Transgene

Unter **Krankheitsresistenz** wird eine genetisch determinierte Unempfindlichkeit (von Spezies, Rassen, Familien oder Individuen) gegen bestimmte infektiöse oder nicht-infektiöse Krankheiten verstanden. Die Krankheitsresistenz ist meist multifaktoriell bedingt, kann aber von einzelnen endogenen und exogenen Faktoren, wie z. B. Trächtigkeit, Ernährungssituation, Stress etc., maßgeblich beeinflusst werden. Eine konventionelle Zucht auf multiple Krankheitsresistenz ist bisher nicht gelungen. Welche Hilfe geben unter diesen Vorbedingungen biotechnische Verfahren für eine Verbesserung der Krankheitsresistenz?

Selektionsexperimente, insbesondere bei der Maus, haben gezeigt, dass auf eine erhöhte Resistenz gegenüber bestimmten Krankheiten selektiert werden kann. Resistenzen gegen bestimmte Pathogene werden z. T. von Hauptgenen kontrolliert und sind daher molekulargenetischen Ansätzen zugänglich. Dazu gehört auch, dass sie durch Gentransfer beeinflusst werden können. Einerseits wurden Genkonstrukte, welche die Krankheitsresistenz erhöhen, mit Hilfe der Genaddition übertragen. Andererseits wurden *Gene-Targeting*-Experimente durchgeführt, bei denen Loci, die eine Krankheitsanfälligkeit bedingen, durch homologe Rekombination ausgeschaltet oder durch ein Resistenzallel ersetzt wurden. Die Transgenforschung hat zur Identifizierung von Loci und regulatorischen Elementen geführt, die eine Bedeutung für die Krankheitsresistenz haben („Resistenzgene", „Krankheitsanfälligkeitsgene"). Von Bedeutung waren Genkonstrukte für z. B. Cytokine, Proteine des Haupthistokompatibilitätskomplexes (MHC) oder T-Zell-Rezeptoren. Diese Genkonstrukte können „natürlich" vorkommende Resistenzgene enthalten, werden aber auch *in vitro* modelliert, z. B. um Antisense-RNA oder DNA-Vakzine zu codieren.

**Verfahren zur Steigerung der Krankheitsresistenz durch Gentransfer** lassen sich wie folgt unterteilen:
- **Genetische Immunisierung (DNA-Vakzinierung).** Die Verfahren der Vakzineherstellung werden auf S. 565 ff. beschrieben; die der DNA-Vakzinierung auch auf S. 468 f.
- **Kongenitale Immunisierung.** Ein Keimbahn-Gentransfer mit Konstrukten, die spezifische Immunglobuline codieren, kann als kongenitale Immunisierung bezeichnet werden. Das transgene Tier zeigt dadurch ohne vorherigen Kontakt mit dem Erreger eine Immunität gegenüber dem Pathogen. So wurden beispielsweise Genkonstrukte für monoklonale Antikörper erfolgreich im Blut von Kaninchen, Schweinen und Schafen exprimiert. Eine Sekretion von monoklonalen Antikörpern in die Milch führt zur passiven Immunisierung von neonatalen Tieren. Beispielsweise wird ein Genkonstrukt, das einen neutralisierenden Anti-TGEV-Antikörper (TGEV, Transmissibles Gastroenteritis Virus) codiert, erfolgreich in den Milchdrüsen von transge-

nen Mäusen exprimiert. TGEV verursacht in neugeborenen Schweinen eine erhöhte Sterblichkeit, so dass in dieser Spezies ein praktischer Einsatz sinnvoll sein kann.
- **Intrazelluläre Immunisierung.** Die Definition wird für alle Ansätze benutzt, mit denen innerhalb der Zellen Substanzen erzeugt werden, die eine Vermehrung von Pathogenen verhindern. Ein Beispiel dafür sind Antikörper codierende Genkonstrukte, deren Expressionsprodukte in der Zelle bleiben. Das wird durch Mutation oder Deletion der Domäne, die für die Sekretion der Antikörper verantwortlich ist, erreicht. Zusätzlich können Lokalisationssignale die subzelluläre Anhäufung in so genannten Intrabodies steuern (siehe S. 459). Gut untersuchte Beispiele für intrazelluläre spezifische Resistenzproteine beim Tier sind das Mx- (Myxavirus) und NRAMP1-Protein (*natural resistance-associated macrophage protein 1*). Mx-Proteine werden auf Transkriptionsebene durch Alpha-Interferone induziert und hemmen spezifisch Influenza- und *Vesicular Stomatitis* Viren. Durch das dominante *Mx1*-Allel werden Mäuse vor klinischen Symptomen nach Infektion mit Influenza-A-Viren geschützt. Influenza-anfällige Mäuse zeigen eine Mutation im *Mx1*-Gen. Der Gentransfer eines funktionellen *Mx1*-Transgens in *Mx1*-defiziente Mäuse machte klar, dass die Influenza-Resistenz von *Mx1* verursacht wird und der Resistenzmechanismus von einem Aminosäureaustausch im Protein abhängt. Der Versuch, Influenza-Resistenz in Schweinen durch Transfer eines murinen *Mx1*-Genkonstruktes zu erzeugen, war jedoch nicht erfolgreich.
- **Extrazelluläre Immunisierung.** Hierzu zählen Transgen-Strategien, bei denen die antipathogene Wirkung nach Sekretion der Genprodukte aus den transgenen Zellen eintritt. Transgen-Experimente wurden beispielsweise mit antimikrobiellen Peptiden durchgeführt, die als Abwehrstoffe im Tier- und Pflanzenreich verbreitet sind. Die lytisch wirkenden Peptide interagieren mit Lipidkomponenten von Membranen und verursachen durch osmotische Veränderungen den Zelltod. In transgenen Mäusen wurden lytisch wirkende Peptide im Blut, in der Lymphe und der Milch exprimiert und eine antimikrobielle Aktivität gemessen. Beispielsweise bedingt eine Über-

expression des Akut-Phasen-Proteins CRP (*C-Reactive Protein*) in transgenen Mäusen einen erhöhten Schutz gegen bakterielle Endotoxine. Extrazellulär wirkt auch Lactoferrin, ein eisenbindendes Glykoprotein, das eine Rolle bei der Eisenaufnahme in der Darm-Mukosa spielt und als Bakteriostatikum gegen eisenabhängige Bakterien wirkt. Lactoferrin-Genkonstrukte werden erfolgreich in Mäusen getestet. Ein milchdrüsenspezifisches Lactoferrin-Genkonstrukt wird als Transgen beim Rind verwendet.

## Zusammenfassung

– Transgene Tiermodelle haben sich für die Medizin und Grundlagenforschung auf breiter Basis bewährt. Im Übrigen sind Verbreitung und Orientierung des Gentransfers je nach Spezies stark unterschiedlich.

– Die ersten Transgenexperimente bei Nutztieren bezweckten Verbesserungen der Wachstumsleistung, Schlachtkörperzusammensetzung und Wollproduktion. Eine Beeinflussung der Milch durch Gentransfer steht derzeit im Mittelpunkt der Forschungsarbeiten.

– Ein bedeutsames Anwendungsgebiet für transgene Nutztiere liegt in der Erzeugung pharmazeutisch relevanter Proteine, welche natürlicherweise nicht in den Empfängerorganismen vorkommen (*Gene Farming* oder *Gene Pharming*).

– Tierische Zellen, Gewebe oder Organe für die Transplantation in Menschen (Xenotransplantation) können geeignet sein, wenn transgene Tiere verwendet werden.

– Es gibt verschiedene Möglichkeiten zur Steigerung der Krankheitsresistenz durch Gentransfer.

# 33 Gesetzliche Vorgaben für den Einsatz biotechnischer Verfahren bei Tieren

Im Zusammenhang mit der Entwicklung und Nutzung technischer Neuerungen benötigt eine Gesellschaft einen Rechtsrahmen, innerhalb dessen sich die Handlungen ihrer Institutionen und Individuen vollziehen können. Die Hierarchie der Rechtsregelungen in Deutschland verdeutlicht **Abb. 33.1**. In einfachgesetzlichen, rangniederen Regelungen ist präzisiert, welche Schutzgesetze bei der biotechnischen Forschung und Anwendung zu beachten sind. Wie in **Tab. 33.1** dargestellt, sind dies mehrere Gesetze. Nachfolgend werden einige für die Tier-Biotechnologie wichtigen gesetzlichen Regelungen erläutert.

## 33.1 Gentechnikgesetz (GenTG)

Die besondere Dimension der Gentechnik hat 1990 zur Verabschiedung des **Gentechnikge-**

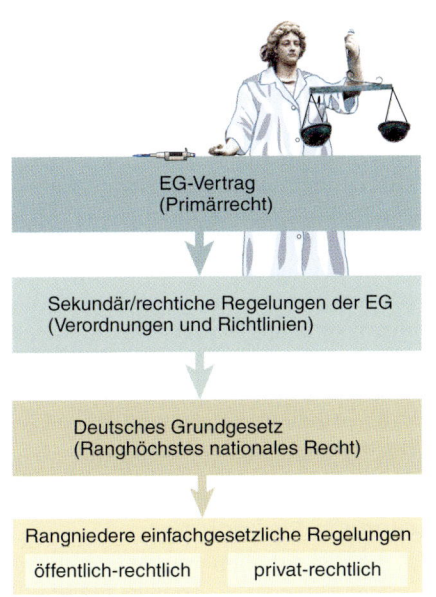

**Abb. 33.1:** Hierarchie der in Deutschland geltenden gesetzlichen Regelungen

EG-Vertrag
(Primärrecht)

Sekundär/rechtliche Regelungen der EG
(Verordnungen und Richtlinien)

Deutsches Grundgesetz
(Ranghöchstes nationales Recht)

Rangniedere einfachgesetzliche Regelungen

öffentlich-rechtlich    privat-rechtlich

**setzes** (GenTG) geführt. Zweck des GenTG ist: *„Leben und Gesundheit von Menschen, Tieren und Pflanzen sowie die sonstige Umwelt in ihrem Wirkungsgefüge und Sachgüter vor möglichen Gefahren gentechnischer Verfahren und Produkte zu schützen und dem Entstehen solcher Gefahren vorzubeugen und den rechtlichen Rahmen für die Erforschung, Entwicklung, Nutzung und Förderung der wissenschaftlichen und technischen Möglichkeiten der Gentechnik zu schaffen"* (§1 GenTG).

Die im GenTG enthaltenen Vorgaben sollen der Gentechnik die Möglichkeit zur wissenschaftlichen und technischen Weiterentwicklung in einem realisierbaren und rechtlich gesicherten Rahmen liefern (Förderzweck). Gleichzeitig dient das GenTG dem Schutz von Mensch und Umwelt vor möglichen Gefahren gentechnischer Verfahren und Produkte (Schutzzweck). Das GenTG wurde 1993 novelliert (Bundesgesetzblatt Teil I, S. 2066), wobei System und Aufbau des Gesetzes beibehalten, aber Korrekturen zur Verminderung der Überreglementierung eingeführt wurden. In einer weiteren Novellierung des GenTG wurden am 18.06.2004 einerseits weitere Flexibilisierungen der Forschungsarbeiten und andererseits eine verschärfte Vorsorge- und Haftungspflicht für die zum Verkehr zugelassenen gentechnisch veränderten Organismen beschlossen.

### Definitionen und Anwendungsbereich des Gesetzes

Gegenstand der gesetzlichen Regelungen sind **gentechnisch veränderte Organismen** (GVO), d.h. biologische Einheiten, deren genetisches Material in einer Weise verändert wurde, wie dies unter natürlichen Bedingungen durch Kreuzen oder Rekombination nicht vorkommt, und die sich vermehren oder genetisches Material übertragen können. Der Anwendungsbereich des Gesetzes erstreckt sich vor allem auf:

– **Gentechnische Arbeiten**, d.h. Erzeugung, Verwendung, Vermehrung, Lagerung, Zerstö-

**Tab. 33.1:** Gesetzliche Regelungen mit Einfluss auf die biotechnische Forschung und Anwendung

| Gesetz | Gültigkeit[1] | Rechtsform[2] | Ziel/Gegenstand[3] |
|---|---|---|---|
| Gentechnikgesetz | n | ö | **Z** Schutz vor Gefahren der Gentechnik, Förderung der Gentechnik<br>**G** Gentechnisch veränderte Organismen, gentechnische Anlagen und Arbeiten, Freisetzung und Inverkehrbringen |
| Embryonenschutzgesetz | n | ö | **Z** Regulierung von Fortpflanzungsmedizin und Keimbahntherapie<br>**G** Verbot des Einsatzes bestimmter Biotechniken beim Menschen |
| Tierschutzgesetz | n | ö | **Z** Schutz von Leben und Wohlbefinden der Tiere<br>**G** Tierversuche, Züchtung, Einsatz biotechnischer Maßnahmen, Tierhaltung |
| Tierzuchtgesetz | n | ö | **Z** Förderung der züchterischen Entwicklung bei Nutztieren, Erhalt genetischer Vielfalt<br>**G** Handel mit Zuchttieren, Samen, Eizellen und Embryonen; Zuchtorganisationen |
| Sortenschutzgesetz | n | p | **Z** Anreiz zur Entwicklung neuer Sorten<br>**G** Pflanzen |
| Patentrecht | n | p | **Z** Stimulation des technischen Fortschritts, Erfindungen, Sicherung der Verwertung<br>**G** Verfahren, Produkte |
| Richtlinie für den rechtlichen Schutz biotechnologischer Erfindungen | e | p | **Z** Präzisierung des Patentrechts<br>**G** Biologisches Material, mikrobiologische und nichtbiologische Verfahren |
| Gesetz gegen Wettbewerbsbeschränkungen | n | ö | **Z** Sicherung eines funktionsfähigen Wettbewerbs<br>**G** Verbot kollektiven Marktverhaltens, Verhinderung des Missbrauchs marktbeherrschender Stellungen |
| Lebensmittel- und Bedarfsgegenständegesetz | n | ö | **Z** Verbraucherschutz, Verbraucherinformation<br>**G** Gesundheitliche Unbedenklichkeit der Lebensmittel, Kontrolle der Einhaltung gesetzlicher Vorgaben |
| *Novel-Food-And-Feed-*Verordnung | e | ö | **Z** Verbraucherschutz, Verbraucherinformation<br>**G** Inverkehrbringen und Kennzeichnung von Lebens- und Futtermitteln |

[1] n: nationales Recht; e: EU-Recht  [2] ö: öffentlich-rechtlich; p: privat-rechtlich  [3] **Z**: Ziel; **G**: Gegenstand

rung, Entsorgung oder innerbetrieblicher Transport von GVO.
– **Gentechnische Anlagen**, d.h. Einrichtungen, in denen gentechnische Arbeiten in einem geschlossenen System durchgeführt werden, mit Schranken, die den Kontakt der verwendeten Organismen mit Menschen und der Umwelt begrenzen.
– **Freisetzung von GVO**, d.h. ein gezieltes Ausbringen von GVO in die Umwelt, soweit noch keine Genehmigung für das Inverkehrbringen erteilt wurde.
– **Inverkehrbringen von Produkten**, d.h. eine Abgabe von Produkten, die GVO enthalten oder aus solchen bestehen, an Dritte.

Das GenTG beinhaltet Regelungen für Sicherheitsmaßnahmen bei Arbeiten mit GVO und in gentechnischen Anlagen. Gentechnische Arbeiten und die Anlagen, in denen sie durchgeführt werden, unterliegen der Anmeldungs- und Genehmigungspflicht. Darüber hinaus regelt das GenTG das Freisetzen und Inverkehrbringen von Produkten, die GVO enthalten. Das GenTG bildet die Grundlage für eine Reihe von Durchführungsverordnungen, die Vorgaben für Verfahren und Sicherheitsmaßnahmen bestimmen.

### Einteilung in Risikogruppen

Gentechnische Arbeiten werden je nach Gefährdungspotenzial in Risikogruppen unterteilt. Das Risikopotenzial wird bestimmt durch die Eigenschaften der GVO, d.h. die Eigenschaften der Organismen und der Vektor-DNA, sowie deren mögliche Auswirkungen auf die Beschäftigten und die Umwelt. Kriterien für die Zuordnung von Spender- und Empfängerorganismen zu Risikogruppen sind die natürliche Virulenz und/oder Pathogenität, die Mindestinfektionsdosis, die Überlebensfähigkeit des Organismus unter natürlichen Bedingungen (Tenazität), Übertragungswege, die Wirtsspezifität, die Epidemiologie des Organismus (z. B. Verbreitung, Immunstatus der Wirte) sowie die Prophylaxe- und Therapiemöglichkeiten. Anhand der genannten Kriterien werden vier Risikogruppen definiert:

- Die **Risikogruppe 1** enthält bekannte Organismen, von denen auch nach langjähriger Anwendung keine Hinweise vorliegen, dass sie Krankheiten verursachen. Es liegt allenfalls ein geringes Risiko für die Beschäftigten und die Bevölkerung vor. Hierzu gehört der überwiegende Anteil der gentechnischen Arbeiten.
- Organismen der **Risikogruppe 2** können durch unsachgemäßen Umgang bei den Beschäftigten Krankheiten hervorrufen. Eine Verbreitung des Organismus in der Bevölkerung gilt als unwahrscheinlich, da es wirksame Prophylaxe- und Therapiemöglichkeiten gibt. Beispiele sind Arbeiten mit dem Karieserreger oder Masernvirus.
- Der **Risikogruppe 3** werden Organismen zugeteilt, die schwere Krankheiten hervorrufen können und ein mäßiges bis hohes Risiko für Beschäftigte sowie kein bis mäßiges Risiko für die Bevölkerung darstellen. Wirksame Prophylaxe- und Therapiemaßnahmen sind aber möglich. Dies trifft beispielsweise auf Experimente mit dem HIV1-Virus zu.
- In der **Risikogruppe 4** befinden sich Organismen, die schwere Krankheiten hervorrufen können, die ein hohes Risiko für Beschäftigte und die Bevölkerung darstellen und für die es keine wirksamen Prophylaxe- und Therapiemaßnahmen gibt. Zu den Arbeiten mit einem hohen Risiko werden z. B. Experimente mit dem Pockenvirus gerechnet.

Gentechnische Anlagen werden für die unterschiedlichen Stufen der biologischen Sicherheit amtlich zugelassen und müssen dafür jeweils bestimmte Anforderungen erfüllen (**Tab. 33.2**). Vor erstmaligem Betrieb einer Anlage ist vom Betreiber diese anzuzeigen (Risikogruppe 1) oder anzumelden und genehmigen zu lassen (höhere Risikogruppen). Hierbei werden die möglichen Risiken umfassend bewertet und die nach dem Stand von Wissenschaft und Technik erforderlichen Maßnahmen zur Prophylaxe und Abwehr möglicher Gefahren getroffen. Die Maßnahmen richten sich nach der Sicherheitsstufe und betreffen technische und organisatorische Vorkehrungen (Arbeitstechniken, Schutzausrüstung, Laborausstattung, Desinfektionsmaßnahmen, Betriebsanweisungen, Unterweisung der Beschäftigten, Kontrollbegehungen, Kennzeichnung der Arbeitsbereiche, Zutrittsregelung), aber auch biologische Sicherheitsmaßnahmen, wie z. B. die Verwendung von GVO mit möglichst niedrigem Risikopotenzial. Ab Sicherheitsstufe 2 ist ein Hygieneplan zu erstellen und im Labor auszuhängen. Vor gentechnischen Arbeiten mit human- oder tierpathogenen Erregern ist zudem eine Erlaubnis nach dem Bundesseuchengesetz oder der Tierseuchenerregerverordnung einzuholen. Weitere Pflichten des Betreibers einer gentechnischen Anlage sind das Bestellen eines Projektleiters sowie eines Beauftragten für Biologische Sicherheit.

Wenn alle sicherheitstechnisch notwendigen Anforderungen erfüllt sind, besteht ein Anspruch auf die Erteilung einer Genehmigung für die gentechnische Anlage. Liegt eine Genehmigung für eine Anlage vor, so ist für weitere Arbeiten der Sicherheitsstufen 1 und 2 lediglich eine Anzeige erforderlich.

## Kontrollen und Haftung

Staatliche Kontrollen der Einhaltung gentechnikrechtlicher Vorschriften umfassen die Besichtigung der Labor- und Produktionsanlagen, die Entnahme von Proben, die Einsichtnahme der Unterlagen und die Einholung von Auskünften. Bereits erteilte Genehmigungsbescheide können zurückgezogen werden, wenn Grund zur Annahme einer Gefahr für Mensch und Umwelt besteht. Wird durch einen GVO jemand getötet, seine Gesundheit oder eine Sache beschädigt, ist der Betreiber der gentechnischen Anlage zu Schadenersatz verpflichtet. Für die Freisetzung und das Inverkehrbringen zugelassener GVO gilt seit 2004 das Vorsorgeprinzip, das die Haftung und den Schadensersatz dem Verursacher zuordnet und die Existenz gentechnikfreier Landwirtschaft und Lebensmittel sichern soll.

**Tab. 33.2:** Wesentliche Sicherheitsanforderungen bei gentechnischen Arbeiten an Wirbeltieren

| Sicher-heits-stufe | Risikobewertung | Maßnahmen | Sicherheits-Ausrüstung (primäre Barrieren) | Einrichtungen und bauliche Voraussetzungen (sekundäre Barrieren) |
|---|---|---|---|---|
| 1 | Keine bekannte Verursachung von Krankheiten bei gesunden erwachsenen Menschen; kein bis geringes Risiko für Beschäftigte und Bevölkerung | Übliche Verfahren der Tierhaltung und des Managements, einschließlich tiermedizinischer Betreuung; Materialtransport ohne Verunreinigung der Umgebung; Kennzeichnung "Genlabor S1"; Betriebsanweisungen | Für die jeweilige Spezies übliche technische Ausrüstung; Autoklav im Gebäude oder Gelände | Standardgemäße Tierhaltung; Tierraum flutsicher und abschließbar; keine Zirkulation von Abluft; separater Aufenthaltsraum; Türen und Fenster möglichst geschlossen; Oberflächen beständig gegen Reinigungsmittel und leicht zu reinigen; Handwaschbecken mit Seifenspender und Einmalhandtüchern |
| 2 | Assoziiert mit Krankheiten des Menschen; potenziell krankheitserregend bei unsachgemäßem Umgang (Schleimhautkontakt, Verschlucken), geringes bis mäßiges Risiko für Beschäftigte; kein bis geringes Risiko für Bevölkerung; wirksame Prophylaxe und Therapie möglich | Wie Stufe 1, zusätzlich: Zugangsbeschränkung; Warnschilder "Biogefährdung"; Kennzeichnung "Genlabor S2"; Biosicherheits-Handbuch; Hygieneplan; Schutzkleidung; separate Aufbewahrung von Straßen- und Schutzkleidung; ggf. arbeitsmedizinische Untersuchung | Wie Stufe 1, zusätzlich: Geeignete Tierkäfige; bei Bedarf Gesichts- und Atemschutz; Probengefäße bruchsicher und verschlossen; Einweghandschuhe; Schutzkittel; Biologische Sicherheitswerkbank der Klassen 1 oder 2 | Wie Stufe 1, zusätzlich: Türen und Fenster geschlossen; Handwaschbecken mit Direktspender für Seifen und Desinfektionsmittel; Oberflächen fugenarm und leicht zu desinfizieren |
| 3 | Können schwere Krankheiten hervorrufen; als Aerosol übertragbar; mäßiges bis hohes Risiko für Beschäftigte; kein bis mäßiges Risiko für Bevölkerung; wirksame Prophylaxe und Therapie möglich | Wie Stufe 2, zusätzlich: Zugangskontrolle; Dekontamination von Bekleidung und Käfigen; Kennzeichnung "Genlabor S3"; Probengefäße außen desinfiziert; Raumdesinfektion möglich; Abwassersterilisation; arbeitsmedizinische Untersuchung vorgeschrieben | Wie Stufe 2, zusätzlich: Spezial-Schutzkittel; Autoklav im Labor | Wie Stufe 2, zusätzlich: Selbst schließende Türen; Fenster nicht zu öffnen; Labor von Umgebung abgeschirmt; Personenschleuse mit Dusche; Luftdruckgefälle nach innen; Abluftleitung durch HOSCH-Filter[*]; Notstromversorgung; Oberflächen fugenlos und desinfizierbar; Handwaschbecken mit Ellenbogen-, Fuß- oder Sensorbetätigung |
| 4 | Hohes Risikopotenzial für lebensbedrohliche Krankheiten; unbekannte Übertragungswege und -risiko; hohes Risiko für Beschäftigte und Bevölkerung; wirksame Prophylaxe und Therapie nicht möglich | Wie Stufe 3, zusätzlich: Kennzeichnung "Genlabor S4"; Duschen beim Verlassen; Kleiderwechsel; Dekontamination des Abfalls vor der Entsorgung; Raumdesinfektion vorgeschrieben | Wie Stufe 3, zusätzlich: Spezialschuhe; Vollschutzanzug; Biologische Sicherheitswerkbank der Klasse 3; Durchreicheautoklav | Wie Stufe 3, zusätzlich: Keine bzw. ständig geschlossene und bruchsichere Fenster; Abluft über zwei HOSCH-Filter[*] |

[*] HOSCH-Filter: Hochleistungs-Schwebstoff-Filter

## Nicht vom GenTG erfasste biotechnische Arbeiten

Aspekte der Fortpflanzungsmedizin, der Anwendung somatisch-genetischer Therapieverfahren am Menschen sowie der Austausch von GVO zwischen Forschungsinstituten bleiben vom Anwendungsbereich des GenTG ausgenommen. Auch z. B. die PCR von DNA-Fragmenten, die Hybridisierung mit DNA-Sonden, die Aufarbeitung von Enzymen, die aus GVO isoliert werden, und der Umgang mit humanpathogenen Viren sind Beispiele für Arbeiten, die nicht vom GenTG betroffen sind. Ebenso entstehen bei Verfahren der Mutagenese, soweit hierbei keine transgenen Organismen erzeugt werden, keine GVO im Sinne des GenTG.

## 33.2    Tierschutzgesetz (TierSchG)

Ein **Tierschutzgesetz** gibt es in Deutschland bereits seit 1933. Bei der Novellierung des Tierschutzgesetzes 1986 wurde das Tier als Mitgeschöpf anerkannt. 1990 wurde das Gesetz zur Verbesserung der Rechtsstellung des Tieres im bürgerlichen Recht integriert. Danach sind Tiere im Zivilrecht keine Sachen mehr, doch gelten weiterhin die für Sachen anzuwendenden Regelungen. Um die Weiterentwicklung des Tierschutzbewusstseins in der Bevölkerung zu berücksichtigen und das deutsche Recht dem EU-Recht anzugleichen, wurde das TierSchG am 1.06.1998 erneut geändert.

Zweck des Tierschutzgesetzes ist es, *„aus der Verantwortung des Menschen für das Tier als Mitgeschöpf dessen Leben und Wohlbefinden zu schützen"* (§1, Satz 1, TierSchG). §1 Satz 2 TierSchG enthält mit der Formulierung *„Niemand darf einem Tier ohne vernünftigen Grund Schmerzen, Leiden oder Schäden zufügen"* ein Bekenntnis des Gesetzgebers zum ethisch motivierten Tierschutz. Der Terminus „ohne vernünftigen Grund" bringt allerdings zum Ausdruck, dass Eingriffe an einem Tier unter bestimmten Umständen gerechtfertigt sein können. Aus der Sicht des Gesetzgebers ist der vernünftige Grund vor allem dadurch gekennzeichnet, dass übergeordnete Ansprüche der Menschen deutlich gemacht werden.

Das TierSchG besitzt in den nachfolgend beschriebenen Punkten eine Relevanz für die Anwendung biotechnischer Verfahren.

### Durchführung von Tierversuchen

Tierversuche, d.h. Eingriffe und Behandlungen an Tieren und am Erbgut von Tieren, dürfen nur durchgeführt werden, soweit sie zu einem der folgenden Zwecke unerlässlich sind:
– Für das Vorbeugen, Erkennen oder Behandeln menschlicher oder tierischer Krankheiten,
– für das Erkennen von Umweltgefährdungen, die Prüfung von Stoffen oder Produkten auf ihre gesundheitliche Unbedenklichkeit oder

Wirksamkeit gegen tierische Schädlinge oder
– für die Grundlagenforschung.

Als Tierversuche gelten auch Eingriffe und Behandlungen zu Versuchszwecken am Erbgut von Tieren, wenn sie mit Schmerzen, Leiden oder Schäden für erbgutveränderte Tiere verbunden sein können. Für Versuche an Wirbeltieren wird außerdem gefordert, dass die zu erwartenden Schmerzen, Leiden oder Schäden der Versuchstiere abgeschätzt werden und im Hinblick auf den Versuchszweck ethisch vertretbar sind. Versuche an Wirbeltieren, die zu länger anhaltenden oder sich wiederholenden erheblichen Schmerzen oder Leiden führen, dürfen nur durchgeführt werden, wenn die angestrebten Ergebnisse vermuten lassen, dass sie für wesentliche Bedürfnisse von Mensch oder Tier einschließlich der Lösung wissenschaftlicher Probleme von hervorragender Bedeutung sein werden.

### Tierzüchtung

§ 11b TierSchG regelt das Verbot so genannter **„Qualzüchtungen"**, die sowohl für die herkömmliche Züchtung als auch für Züchtung mittels bio- und gentechnischer Maßnahmen verboten sind. So ist es verboten, Wirbeltiere zu züchten oder durch bio- oder gentechnische Maßnahmen zu verändern, wenn damit gerechnet werden muss, dass erblich bedingt Körperteile oder Organe für den artgemäßen Gebrauch fehlen, untauglich oder umgestaltet sind **und** hierdurch Schmerzen, Leiden oder Schäden auftreten. Verboten ist auch, Wirbeltiere zu züchten oder durch biotechnische Maßnahmen zu verändern, wenn bei den Nachkommen mit erblich bedingten Verhaltensstörungen und Aggressionssteigerungen gerechnet werden muss.

Die im TierSchG festgelegten Verbote gelten allerdings nicht für die durch Züchtung oder bio- oder gentechnische Maßnahmen veränderten Wirbeltiere, die für wissenschaftliche Zwecke notwendig sind.

## 33.3    Tierzuchtgesetz (TierZG)

Das deutsche **Tierzuchtgesetz** hat seinen Ursprung im Jahre 1936 und wurde 1976 neu erlassen, 1989 erstmals novelliert und 1994 reformiert. Am 22.01.1998 wurde abermals eine neue Fassung verabschiedet, die vor allem weitere Regelungen der EU zur Harmonisierung des Tierzuchtrechtes, speziell zur Liberalisierung des Handels mit Zuchtprodukten, umsetzt. Das Tierzuchtgesetz gilt nur für die Zucht von Rindern, Schweinen, Schafen, Ziegen und Pferden. Zweck des Gesetzes ist es, *„im züchterischen Bereich die Erzeugung der Tiere, auch durch Bereitstellung öffentlicher Mittel, so zu fördern, dass die Leistungsfähigkeit der Tiere unter Berücksichtigung der Vitalität erhalten und verbessert wird, die Wirtschaftlichkeit, insbesondere Wettbewerbsfähigkeit, der tierischen Erzeugung verbessert wird, die von den Tieren gewonnenen Erzeugnisse den an sie gestellten qualitativen Anforderungen entsprechen und eine genetische Vielfalt erhalten wird."* In mehreren Bereichen hat das TierZG eine Bedeutung für den Einsatz biotechnischer Verfahren bei Nutztieren.

## Regelungen für die Künstliche Besamung und den Embryotransfer

Das TierZG enthält Bestimmungen für die Prüfung, das Anbieten und das Abgeben von Zuchttieren, Samen, Eizellen und Embryonen. Zu diesem Zweck werden Regelungen für Zuchtorganisationen, Besamungsstationen und Embryotransfereinrichtungen vorgegeben. Der Einsatz insbesondere der Künstlichen Besamung und des Embryotransfers werden also durch das TierZG geregelt.

## Schlüsselstellung der Zuchtorganisation

Als **Zuchtorganisation** werden nach dem TierZG eine Züchtervereinigung (d.h. körperschaftlicher Zusammenschluss von Züchtern, die ein Zuchtprogramm durchführen) oder ein Zuchtunternehmen (d.h. Betrieb oder vertraglicher Verbund mehrerer Betriebe, der ein Kreuzungszuchtprogramm zur Züchtung auf Kombinationseignung von Zuchtlinien durchführt) definiert. Eine Zuchtorganisation hat bei der Realisierung der Ziele des TierZG eine Schlüsselfunktion; nur sie ist berechtigt, Zucht- bzw. Herkunftsbescheinigungen auszustellen. Sie muss von der zuständigen Behörde anerkannt sein und wird staatlich überwacht. Gegenwärtig ändert sich die Organisation der Züchtung, indem die Züchtung sich immer weiter aus landwirtschaftlichen Betrieben ausgliedert und

internationalisiert. In der Schweinezucht, in der das TierZG zur Durchführung von Hybridprogrammen auch gewerbliche Zuchtunternehmen zulässt, und in der Geflügelzucht, die nicht vom TierZG erfasst wird, haben sich gewerbliche Zuchtunternehmen durchgesetzt und sind für die wirtschaftliche Nutzung biotechnischer Neuerungen von entscheidender Bedeutung.

## Sicherung der genetischen Vielfalt

Das TierZG sieht vor, dass eine genetische Vielfalt der Rassen (siehe S. 599f.) erhalten wird. Biotechnische Verfahren können einerseits, wie z.B. bei der Künstlichen Besamung, die Verengung der genetischen Vielfalt beschleunigen, andererseits tragen sie dazu bei, die genetische Vielfalt zu sichern. Letzteres erfolgt mit Hilfe der Kryokonservierung von Spermien und Embryonen sowie der Kontrolle der Genotypenvielfalt mit Hilfe von DNA-Markern.

## Kennzeichnung und Kontrollen

Ein Zuchttier darf zur Erzeugung von Nachkommen nur angeboten oder abgegeben werden, wenn es dauerhaft gekennzeichnet ist (oder bei Pferden genau beschrieben ist), so dass seine Identität festgestellt werden kann, und wenn es von einer Zucht- oder Herkunftsbescheinigung begleitet ist. Für weibliche Tiere, Eizellen oder Embryonen ist bei Abgabe im Inland keine derartige Bescheinigung erforderlich, wenn der Abnehmer auf sie verzichtet. Ein- und Ausfuhren von Zuchtprodukten sind jedoch wirksamen Kontrollen unterworfen, indem die Überwachung des Exports auf den Handel mit Staaten außerhalb der EU ausgedehnt wurde. Außerdem gibt es Regelungen, um bundeseinheitlich der Verpflichtung zur Kontrolle von genetischen Besonderheiten und Erbfehlern nachzukommen. Biotechnische Verfahren liefern für diese Aufgaben wesentliche Kontrollinstrumente (vgl. S. 508ff.).

## 33.4 Gewerblicher Rechtsschutz

Gewerbliche Schutzrechte sind territorial begrenzt, d.h. sie gelten nur in dem Gebiet des Staates, der das jeweilige Schutzrecht verleiht. Zum **gewerblichen Rechtsschutz** gehören Patente und Gebrauchsmuster für technische Erfindungen, Geschmacksmuster für Designs, Sortenschutz für Pflanzen, Halbleiterschutz für Mikrochips, Markenschutz und Urheberrechte. Seine Rechtfertigung erhält der gewerbliche Rechtsschutz durch die Annahme, dass er die Fortschrittsrate erhöht und dadurch den gesamtwirtschaftlichen Wohlstand steigert. Da eine Neuerung nur nachgefragt wird, wenn sie Vorteile bietet, profitieren auch die Nachfrager von einer Neuerung, für die gewerblicher Rechtsschutz in Anspruch genommen wird.

## Patentrecht

Gewerblicher Rechtsschutz kann im Tierbereich nur im Rahmen des Patentrechtes erlangt werden. Gesetzliche Grundlagen sind das **europäische Patentübereinkommen (EPÜ)**, nationale **Patentgesetze**, die **EU-Richtlinie (98/44/EG) zum Schutz biotechnologischer Erfindungen** von 1998 und die **Berichte der Europäischen Gruppe für Ethik**. Die EU-Biotechnologie-Richtlinie hat durch Klarstellungen und Ergänzungen des Patentrechts den Schutz und die Rechtssicherheit für biotechnische Erfindungen entscheidend verbessert.

## Erteilung von Patenten für biotechnische Neuerungen

**Patente** werden für Erfindungen erteilt. Eine **Erfindung** muss neu sein, auf einer erfinderischen Tätigkeit beruhen und gewerblich anwendbar sein. Neu bedeutet, dass die Erfindung sich vom Stand der Technik abhebt und zum Zeitpunkt der Anmeldung lediglich einem geschlossenen Personenkreis zugänglich war. Eine erfinderische Tätigkeit („ausreichende Erfindungshöhe") ist dann gegeben, wenn sich diese für einen Fachmann nicht „in nahe liegender Weise" aus dem Stand der Technik und des in Fachjournalen zugänglichen Wissens ergibt. Eine Erfindung gilt dem Gesetz nach als gewerblich anwendbar, wenn ihr Gegenstand in irgendeinem gewerblichen Gebiet hergestellt oder benutzt werden kann. Erfindungen können auch dann patentiert werden, wenn deren Gegenstand ein Erzeugnis ist, das aus biologischem Material besteht oder dieses enthält, oder ein Verfahren ist, mit dem biologisches Material hergestellt, bearbeitet oder verwendet werden kann. Biologisches Material, das mit Hilfe eines technischen Verfahrens aus seiner Umgebung isoliert oder hergestellt wird, kann auch dann Gegen-

stand einer Erfindung sein, wenn es in der Natur schon vorhanden ist. Die EU-Richtlinie unterscheidet in diesem Zusammenhang zwischen Erfindungen und Entdeckungen. Eine bloße **Entdeckung**, z.B. eines DNA-Abschnittes ohne Angabe einer Funktion, stellt keine Lehre zum technischen Handeln dar und ist deshalb nicht patentierbar. Die Erteilung eines Patents für Erfindungen, die DNA-Sequenzen von Genen zum Gegenstand haben, unterliegt – wie die Patenterteilung in anderen Bereichen – dem Nachweis der erfinderischen Tätigkeit und der gewerblichen Anwendbarkeit. So ist z.B. im Falle der Herstellung eines Proteins oder Teilproteins anzugeben, welche Funktion es hat und wozu man diese verwenden kann.

Patente schützen Verfahren (Verfahrensschutz, z.B. Arbeitsverfahren) und Erzeugnisse (Erzeugnisschutz, absoluter Stoffschutz, z.B. bestimmte biologische Stoffe). Die Prüfung findet in Deutschland beim Deutschen Patent- und Markenamt statt. Den Innovatoren (Erfindern) wird als Belohnung für ihre Leistung ein zeitlich befristetes Privileg (Schutzrecht) eingeräumt, andere in dieser Zeit von der Nutzung der patentierten Innovation ausschließen zu können. Ein Patent gilt maximal 20 Jahre nach dem Tag, an dem es erteilt wurde, hat jedoch eine meist kürzere effektive Nutzungsdauer. Seine Inanspruchnahme schafft für diesen Zeitraum ein Monopolrecht, das der Patentinhaber verkaufen oder vererben kann oder aber auch selbst oder durch Vergabe von Lizenzen nutzen kann.

## Nicht patentfähige Innovationen

Nicht patentfähig sind Entdeckungen, wissenschaftliche Theorien, mathematische Methoden, ästhetische Formschöpfungen, Pläne, Regeln und Verfahren für z.B. gedankliche Tätigkeiten oder Programme für Datenverarbeitungsanlagen. Ebenfalls nicht patentierbar sind Erfindungen, die gegen die öffentliche Ordnung oder die guten Sitten verstoßen. Hierzu zählen z.B. Verfahren zur Veränderung der genetischen Identität von Tieren, die geeignet sind, Leiden dieser Tiere ohne wesentlichen medizinischen Nutzen für den Menschen oder das Tier zu verursachen, sowie die mit Hilfe solcher Verfahren erzeugten Tiere. In das Europäische Patentübereinkommen von 1975 wurde aufgenommen, dass Tierrassen (*race animals, animals varieties*) sowie im wesentlichen biologische Verfahren zur

Züchtung von Tieren von der Patentierung ausgeschlossen sind. Außerdem nicht patentierfähig – da durch das Gesetz als nicht gewerblich anwendbar definiert – sind Verfahren zur chirurgischen und therapeutischen Behandlung des menschlichen und tierischen Körpers und Diagnoseverfahren am menschlichen und tierischen Körper. Alles jedoch, was nicht direkt am menschlichen oder tierischen Körper vorgenommen wird, sowie Hilfsmittel und Stoffe für therapeutische und diagnostische Verfahren sind patentierbar.

## 33.5 Lebensmittel- und Futtermittelrecht

Das Lebensmittelrecht dient primär dem Schutz der Verbraucher. Die Landwirtschaft ist vom Lebensmittelrecht insofern betroffen, als sie Lebensmittel pflanzlicher und tierischer Herkunft erzeugt. Der Einsatz gentechnisch veränderter Futtermittel hat auch für die Tierfütterung zu eingehenden gesetzlichen Regelungen geführt.

Das Lebensmittelrecht ist gekennzeichnet durch mehrere nationale und europäische Rechtsvorschriften. Grundlage des deutschen Lebensmittelrechts bildet das **Lebensmittel- und Bedarfsgegenständegesetz** (1997). Es regelt den Verkehr mit Lebensmitteln. Zentrale Bedeutung haben die Verbote (§ 8) und die Ermächtigungen (§ 9) zum Schutze der Gesundheit. Die *Novel-Food*-Verordnung (EG 2589/97) ist seit 1997 in den Ländern der EU in Kraft und regelt das Inverkehrbringen (Zulassung) und die Kennzeichnung neuartiger Lebensmittel einschließlich Zutaten und Aromen. Seit 2001 wird die *Novel-Food*-Verordnung durch die *Novel-Food-And-Feed*-Verordnung ersetzt. Diese verlangt die Kennzeichnung und die Rückverfolgbarkeit von Lebens- und Futtermitteln. Die Rechtsvorschriften berücksichtigen die biotechnischen Neuerungen in mehreren Definitionen und Vorschriften, von denen nachfolgend einige beschrieben werden.

### Neuartigkeit von Lebens- und Futtermitteln

Als neuartig gilt ein Lebens- oder Futtermittel, wenn es in den Ländern der EU noch nicht in nennenswertem Umfang für den Verzehr oder

die Fütterung verwendet wurde. In diesen Fällen sind Struktur, Zusammensetzung oder Nährwert des Lebens- oder Futtermittels nicht vertraut, weil neue Technologien eingesetzt oder unbekannte Rohstoffe verwendet werden. Solche Lebens- oder Futtermittel müssen Genehmigungsverfahren durchlaufen und dürfen erst nach ausdrücklicher Zulassung vermarktet werden. Voraussetzung für die Zulassung sind Nachweise seitens des Herstellers oder Importeurs, dass das Produkt sicher ist, die Verbraucher nicht täuscht und keine Ernährungsmängel hervorruft. Je nach Grad der Übereinstimmung zwischen neuartigem Lebens- oder Futtermittel und bekanntem Vergleichsprodukt ist der Aufwand für die Sicherheitsbewertung unterschiedlich hoch.

### Substanzielle Äquivalenz

Stimmt ein neuartiges Produkt im Rahmen natürlicher Schwankungen ernährungsphysiologisch mit einem konventionellen Produkt überein, so gilt es als „**substanziell äquivalent**" (im Wesentlichen gleichwertig). Eine besondere Sicherheitsuntersuchung wird dann nicht durchgeführt. „**Partiell substanziell äquivalente**" Lebens- oder Futtermittel stimmen in allen wesentlichen Eigenschaften mit einem bekannten Vergleichsprodukt überein, mit Ausnahme des hinzugefügten Merkmals, welches die Neuartigkeit begründet. Die Sicherheitsbewertung beschränkt sich auf das neue Merkmal und besteht z. B. aus Fütterungsversuchen und anschließender toxikologischer Auswertung. „**Keine substanzielle Äquivalenz**" ist gegeben, wenn das neuartige Lebens- oder Futtermittel in wesentlichen Produkteigenschaften oder Inhaltsstoffen (Aminosäuren, Fettsäuren, Enzyme, Vitamine, Farbstoffe, unerwünschte Inhaltsstoffe usw.) verändert worden ist und kein konventionelles Vergleichsprodukt existiert. In einem solchen Fall wird das gesamte Lebens- bzw. Futtermittel in die Sicherheitsbewertung einbezogen.

### Kennzeichnung und Rückverfolgbarkeit

Eine Kennzeichnung und Rückverfolgbarkeit betrifft Lebens- und Futtermittel, die
- GVO sind (z. B. GVO-Sojabohne) oder daraus bestehen.
- GVO enthalten, auch wenn diese stark verarbeitet wurden, wie z. B. Käse aus GVO-Schimmelpilzen. Geringe GVO-Anteile (< 0,9 % bezogen auf die jeweilige Zutat) werden nicht

mehr ohne Kennzeichnung und Zulassung toleriert. Lediglich unbeabsichtigte, zufällige und technisch unvermeidbare Verunreinigungen, die z. B. durch Übertragung von Pollen auf dem Feld, bei der Ernte, beim Transport und bei der Verarbeitung hervorgerufen werden können, aber unter dem Schwellenwert bleiben, sind von der Kennzeichnungspflicht ausgenommen. GVO-Anteile unter 0,1% werden grundsätzlich als zufällige und unvermeidbare Beimischungen bewertet.

– Aus GVO stammen oder aus GVO hergestellt wurden, wie z. B. Öl aus GVO-Sojabohnen. Jede Anwendung von GVO für die Herstellung löst also unabhängig von der Nachweisbarkeit des GVO im Produkt eine Kennzeichnungspflicht aus.

### Anträge auf Zulassung

Anträge auf Zulassung neuer Futtermittel werden bei den national zuständigen Behörden gestellt. Die Sicherheitsbewertung von Lebens- und Futtermittel in Deutschland obliegt dem Bundesinstitut für Risikobewertung. Die Genehmigung wird zunächst auf zehn Jahre begrenzt, kann aber verlängert werden. Die zugelassenen Lebens- und Futtermittel werden in ein Register eingetragen und veröffentlicht. Jede Zutat wird einzeln mit dem Hinweis auf die Herkunft aus einem GVO gekennzeichnet. Geeignete Systeme zur Rückverfolgung der GVO-Herkunft, -Verarbeitung und -Vermarktungskette sind zu etablieren und durchgängig anzuwenden, z. B. hinsichtlich der Identifikation des GVO.

### Sicherheitsbewertung

Alle Lebens- und Futtermittel – so auch mittels biotechnischer Verfahren hergestellte identische Produkte wie auch gentechnisch veränderte Produkte – müssen für die Gesundheit unbedenklich sein. Wichtig bei der Sicherheitsbewertung von GVO-Futtermitteln ist die Unterscheidung zwischen beabsichtigten und unbeabsichtigten Veränderungen. Letztere können z. B. durch unterschiedliche Integrationsorte eines Transgens im Genom einer Empfängerpflanze verursacht werden. Unbeabsichtigte Veränderungen können einen weitreichenden Einfluss auf die Verwendbarkeit eines Futtermittels ausüben, z. B. wenn dessen Einsatz zu gesundheitlichen Schäden bei den Tieren führt. Die wissenschaftliche Bewertung wird durch die Europäische Lebensmittelbehörde vorgenommen.

### Nicht erfasste Produkte

Nicht erfasst durch die *Novel-Food-And-Feed*-Verordnung sind Produkte, die mittels GVO produziert wurden (z. B. Glutamat) sowie gentechnisch hergestellte Enzyme, da diese nicht als Zutat gelten. Ebenfalls nicht gekennzeichnet werden Lebensmittel (Fleisch, Milch, Eier) aus Tieren, die mit kennzeichnungspflichtigen Futtermitteln gefüttert wurden. Der Weg eines GVO durch einen Tiermagen hebt also die Kennzeichnungspflicht auf. Auch indirekte Anwendungen wie z. B. Stärke aus GVO-Mais als Nährlösung für Bierhefe sind von der Kennzeichnungspflicht ausgenommen.

## Zusammenfassung

– Die im **Gentechnikgesetz** enthaltenen Vorgaben sollen eine wissenschaftliche Entwicklung in einem gesicherten Rahmen ermöglichen (Förderzweck). Gleichzeitig dient das Gentechnikgesetz dem Schutz von Mensch und Umwelt vor möglichen Gefahren (Schutzzweck).

– Das **Tierschutzgesetz** verbietet, Wirbeltiere zu züchten oder durch bio- oder gentechnische Maßnahmen zu verändern, wenn damit gerechnet werden muss, dass erblich bedingt Körperteile oder Organe für den artgemäßen Gebrauch fehlen, untauglich oder umgestaltet sind und hierdurch Schmerzen, Leiden oder Schäden auftreten. Für wissenschaftliche Zwecke gelten Sonderbestimmungen.

– Das **Tierzuchtgesetz** soll die Erzeugung von Nutztieren fördern und regelt zu diesem Zweck den Einsatz einiger biotechnischer Verfahren.

– Gewerblicher Rechtsschutz kann in der Tier-Biotechnologie nur im Rahmen des **Patentrechts** erlangt werden.

– Der Einsatz gentechnisch veränderter Futtermittel hat auch für die Tierfütterung zu eingehenden gesetzlichen Regelungen (**Lebensmittel- und Bedarfsgegenständegesetz,** *Novel-Food-And-Feed*-**Verordnung**) geführt.

# 34 Auswirkungen biotechnischer Neuerungen im Tierbereich

Durch den Einsatz von Biotechniken wird in der Tierzuchtpraxis ein erheblicher wirtschaftlicher Nutzen gestiftet. Trotzdem werden die Auswirkungen biotechnischer Neuerungen in der Öffentlichkeit kritisch betrachtet. In Verbindung mit dem Einsatz biotechnischer Verfahren sind daher die wirtschaftlichen Vorteile mit den biologischen Grenzen, den Sicherheitsbedenken, ethischen Fragen und der öffentlichen Akzeptanz abzuwägen.

## 34.1 Auswirkungen biotechnischer Neuerungen auf die Wirtschaftlichkeit und Struktur der tierischen Erzeugung

Biotechnische Verfahren wirken sich im Wesentlichen in der Züchtungs- und Vermehrungsstufe aus, während der wirtschaftliche Nutzen im Produktionsbereich realisiert wird. Der Nutzen biotechnischer Verfahren in der Züchtungsstufe besteht aus den Beiträgen zum Zuchtfortschritt und zur Kostensenkung für Zuchtprogramme. Die Bedeutung der Auswirkungen ist unstrittig, jedoch kaum isoliert zu bewerten. Nur wenige der Biotechniken werden in der Produktionsstufe eingesetzt, wie z.B. die Künstliche Besamung, und bewirken dann auch direkt einen großen, klar dokumentierbaren wirtschaftlichen Nutzen. Nachfolgend wird am Beispiel der Milchrinder einigen Auswirkungen nachgegangen, die mit dem Einsatz biotechnischer Verfahren verbunden sind.

**Kosten und Nutzen des Einsatzes biotechnischer Neuerungen in der Milchrinderproduktion.**
Für die Produktionsstufe ist die Mehrzahl der biotechnischen Verfahren zu aufwendig. Beispielsweise belaufen sich die Kosten des praxisüblichen Embryotransfers (ET) je erzeugtes Kalb auf 250–300 €. Bezieht man die beim ET anfallenden Gesamtkosten auf das gewünschte Endprodukt – z.B. ein ET-Kuhkalb – so ist sogar von Kosten zwischen 500 und 600 € auszugehen. Beim Einsatz des Embryosplitting steigen zwar die Gesamtkosten je Spülung, durch höhere Kälberzahlen lassen sich aber die Herstellungskosten für ein ET-Kuhkalb um etwa 75 € senken.

Die Kosten des ET liegen so hoch, dass auf der Produktionsstufe nur in Ausnahmefällen davon Gebrauch gemacht wird. Erst bei einer deutlichen Effizienzsteigerung in Kombination mit einer *In-vitro*-Produktion von Embryonen oder dem Klonen kann erwartet werden, dass sich zukünftig die Kosten vermindern oder/und besonders hochwertige ET-Produkte erzeugen lassen. So werden bei Geschlechtsdiagnose und Zwillingsträchtigkeit durch höhere Kälberzahl pro Muttertier die Kosten je ET-Kuhkalb sinken. Preiszuschläge der zugekauften Embryonen können etwa in Höhe von 25 € je 1000 kg vorausgeschätzter Milchleistungsüberlegenheit realisiert werden. Die aus geprüften Klonen stammenden Kälber würden außerdem eine hohe Leistungssicherheit bieten, was einen weiteren Mehrpreis rechtfertigt. Unterstellt man, dass ET-Kälber mit hoher Leistungsüberlegenheit und Geschlechtsbestimmung angeboten werden, so würden sie auf der Produktionsstufe eine Wirtschaftlichkeit erlangen (**Abb. 34.1**).

**Auswirkungen des technischen Fortschrittes auf die Betriebs- und Produktionsstruktur.**
Unter der Annahme handelbarer Milchquoten (d.h. staatlich garantierte Milchmengenlieferungen pro Betrieb) kommt es zu Austauschbeziehungen unter den Milch erzeugenden Betrieben und einem Strukturwandel innerhalb des Agrarsektors. Kleine und weniger rentable Betriebe werden Milchquoten und Futterflächen an mittlere und große Futterbaubetriebe abgeben. Auf Grund hoher einzelbetrieblicher Wirtschaftlichkeit setzen wachstumsorientierte Betriebe biotechnische Verfahren zur Steigerung der Milchleistung ein. Die Zahl der Milchkühe und noch mehr die Zahl der Betriebe im Agrarsektor, die zur Milchversorgung ausreichen, wird dann weiter reduziert werden. Als Folge

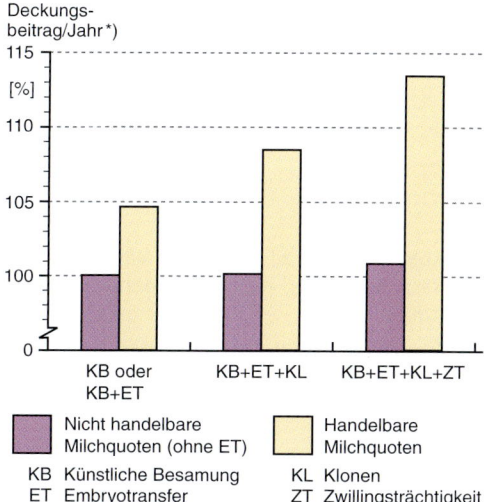

**Abb. 34.1:** Deckungsbeiträge bei Verwendung verschiedener Biotechniken in der Milchviehhaltung, Angaben in Relation zum Deckungsbeitrag bei Einsatz der Künstlichen Besamung

Nach Daten der einzelbetrieblichen Optimierung von Futterbaubetrieben, HENZE ET AL. (1995). Deckungsbeitrag: Überschuss eines erzielbaren Erlöses über diejenigen Kosten, die eindeutig dem Produkt zugeordnet werden können.

der Milchleistungssteigerungen wird je Kuh und Jahr vermehrt Kraftfutter eingesetzt (**Abb. 34.2**), das bei anhaltend niedrigen Getreidepreisen auf nicht mehr benötigten Ackerfutterflächen produziert wird. Die Aufzucht von Jungtieren zur Bestandsergänzung und zum Verkauf wird wegen rückläufiger Nachfrage nach Milchkühen entsprechend eingeschränkt. Auch die Mast von Bullen aus Milchviehbetrieben wird zurückgehen. Die frei werdenden Stallkapazitäten und Wirtschaftsfutterflächen werden ohne staatliche Subventionen nur zu geringem Teil durch eine Ausdehnung der vergleichsweise wenig wirtschaftlichen Mutterkuhhaltung genutzt. Milchvieh haltende Betriebe setzen daher ihre Arbeitskapazität in erheblichem Umfang frei, und diese Arbeitskräfte finden im Agrarsektor keine Verwendung mehr.

Eine in die Weltwirtschaft integrierte europäische Milch- und Rindfleischerzeugung wird versuchen, die Standortnachteile durch hohe technische Effizienz zu kompensieren. Die Standortnachteile bestehen in den langen Win-

terfutterzeiten mit konserviertem Grundfutter, den hohen Gebäudekosten sowie den Betriebsgrößenstrukturen. In Deutschland hielt der durchschnittliche Milcherzeuger um 1950 etwa 7,5 Milchkühe (ca. 1,5 Millionen Betriebe), während es im Jahre 2002 etwa 45,4 Milchkühe in nur noch ca. 125 000 Betrieben waren (ADR-RINDERPRODUKTION 1950–2003). Die Produktionskosten pro kg Milch liegen in Betrieben mit ca. 45 Kühen um etwa 20 % höher als in Beständen von über 100 Milchkühen. Daraus folgt, dass in einem durch biotechnische Neuerungen forcierten Strukturwandel noch größere Bestände entstehen werden und die Zahl der Betriebe entsprechend weiter zurückgehen wird.

**Auswirkungen auf die Umweltbelastungen.**
Bei weltweit ansteigender Bevölkerung geht die landwirtschaftliche Nutzfläche pro Person zurück (siehe **Abb. 29.1**, S. 535). Damit reduziert sich die Flächenverfügbarkeit für die Versorgung der Nutztiere sowie für die Entsorgung der im organischen Wirtschaftsdünger enthaltenen Nährstoffe. Dies trifft vor allem für die Regionen mit intensiver Tierhaltung zu, die an dem durch Leistungssteigerung ausgelösten Strukturwandel besonders teilnehmen. Die Entwicklungen zur weiteren Konzentration der Tierhaltung verstärken daher die regionalen Umweltbelastungen.

Biotechnische Neuerungen werden sich positiv auswirken, soweit sie zu Effizienzsteigerungen beitragen. Am einfachsten erkennbar sind Einflüsse, die sich durch ein ansteigendes Leistungsniveau der Nutztiere ergeben, so dass bei gleicher Produktmenge die Zahl der Tiere abnehmen kann. Die Rinderhaltung verursacht in starkem Maße Stickstoffverluste und treibhausrelevante Gasemissionen (vor allem Methan). Durch Rinderhaltung entstehendes Methan macht weltweit einen Anteil von etwa 70 % an der Gesamtemission treibhausrelevanter Gase aus. Rinder machten im Jahre 2001 weltweit 57,9 % der Vieheinheiten unter den Nutztieren aus (FAO 2003), was bedeutet, dass sie etwa zu diesem Anteil die landwirtschaftlichen Futterressourcen beanspruchen. Die durch Einsatz biotechnischer Verfahren erzielbaren Leistungssteigerungen werden sich also auf die Umwelt positiv auswirken, indem zur Erzeugung einer bestimmten Produktmenge – z. B. Milch oder Rindfleisch – kleinere Tierzahlen nötig sind, ein

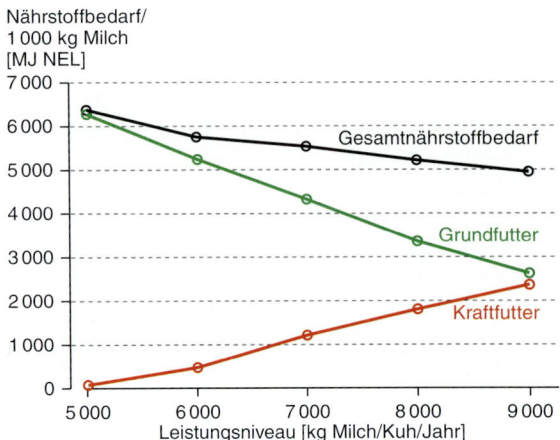

**Abb. 34.2:** Entwicklung des Nährstoffbedarfs bei Kühen mit steigenden Milchleistungen

Zugrunde gelegt wurden Daten von Henze et al. (1995).

MJ NEL: Mega-Joule Nettoenergie für Leistung.

insgesamt geringerer Erhaltungsbedarf verursacht wird und weniger Futterflächen gebraucht werden. Es steigt dann der Einsatz an Kraftfutter bei jedoch gleichzeitigem Rückgang des Flächenbedarfs für Wirtschaftsfutter je Tier und auch je Einheit des erzeugten tierischen Produktes (**Abb. 34.2**). Dadurch verringert sich die Menge an Energie, die als Methan verloren geht.

## 34.2 Biologische Grenzen beim Einsatz biotechnischer Verfahren

Der Einsatz biotechnischer Verfahren in der Tierzucht kann nicht auf Dauer zu gleich bleibenden Leistungssteigerungen führen. Vielmehr stößt jede züchterische Änderung auf verschiedenartige, biologische Grenzen. Hierbei lassen sich begrenzende Bedingungen für die Individuen von denen unterscheiden, die auf dem Niveau von Rassen (Populationen) wirksam werden.

### 34.2.1 Veränderung der biologisch-genetischen Zusammenhänge im Organismus

Bei der Erzeugung transgener Nutztiere zeigte sich an mehreren Beispielen, dass – abgesehen von dem hohen Aufwand an Arbeit, Zeit und Kosten – die vom eingeführten Gen (oder den Genen) ausgehende Stoffwechselbeeinflussung nicht ausreichend beherrscht wird. Beispielsweise haben Wachstumshormon codierende Transgene zu einem erhöhten Wachstum bei Schweinen und Fischen geführt. In Verbindung damit wurden jedoch Gesundheit und Fruchtbarkeit der Tiere beeinträchtigt.

In der Tierzucht lassen sich also Leistungssteigerungen, Kostensenkungen oder neue Produkte nicht beliebig und nicht gleichmäßig erzielen. Vielmehr bildet das Genom, d.h. die Gesamtheit der Erbanlagen, ein komplexes biologisches System, für dessen Reaktionsmöglichkeiten sehr viele DNA-Sequenzen wichtig sind. Hierdurch bedingt stehen Merkmale eines Individuums miteinander in komplexen Wechselwirkungen. Diese können sich mit zunehmender Leistungshöhe verändern und schließlich kombinierte Züchtungsziele begrenzen.

Allgemein bekannt ist, dass Art und Ausmaß der selektiven Änderungen innerhalb speziesspezifischer Bandbreiten bleiben und von biologischen Gesetzmäßigkeiten abhängen. Diese bedingen, dass bei gleich bleibender Selektionsintensität die weitere Steigerung bislang berücksichtigter Selektionsmerkmale immer geringer wird. Gleichzeitig kommt es zu ungünstigen Auswirkungen z.B. auf die Anpassungsfähigkeit, Gesundheit, Fruchtbarkeit und Nutzungsdauer der Tiere. Solche „züchterischen Nebeneffekte" oder „Merkmalsantagonismen" treten beispielsweise bei der Züchtung auf zunehmende Milchleistung beim Rind auf, indem sich die Krankheitsanfälligkeit erhöht und die Fruchtbarkeit vermindert (**Abb. 34.3**).

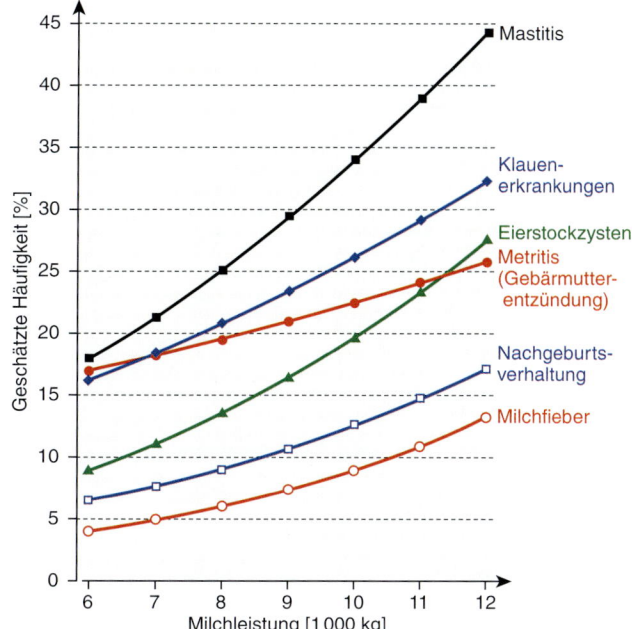

**Abb. 34.3:** Beziehungen zwischen Milch-
leistung und den Häufigkeiten einiger
Erkrankungen bei Milchkühen der Rasse
Holstein
Nach Angaben von FLEISCHER ET AL. (2001)

Merkmalsantagonismen bleiben auch wirksam, wenn durch biotechnische Verfahren einzelne vorteilhafte Gene in eine Rasse eingeführt
oder in der Frequenz verändert werden. Derartige komplexe genetisch-physiologische Zusammenhänge führen bei der Züchtung – insbesondere auch bei Einbeziehung biotechnischer
Methoden – zu hohen zeitlichen und finanziel-
len Aufwendungen.

## 34.2.2 Veränderung der genetischen Vielfalt und Rassenressourcen

Neue Genvarianten werden auf der Grundlage
der bereits vorhandenen Erbanlagen und üblicherweise in Rassen (Populationen) genutzt. Die
Erbanlagen bei den verschiedenen Tieren einer
Rasse bilden einen gemeinsamen Genbestand
oder -pool. Ein solcher Genpool verfügt in der
Regel über ein hohes Maß an Heterogenität. Dadurch besitzen Tierrassen die Möglichkeit, sich
auf züchterische Einwirkungen hin ändern zu
können. Dies gilt auch gegenüber evtl. neu in eine Rasse eingeführte Genvarianten, die daher in
Verbindung mit dem Potenzial bereits vorhandener, züchterisch nutzbarer Variabilität getestet
werden. Das Ausmaß der züchterischen Änderungsmöglichkeiten hängt daher in starkem
Maße von der Vielfalt an Genvarianten im Gen-

pool ab und diese wiederum von der Zahl der
Tiere in einer Rasse.

Die für den Verlust von Genvarianten maßgebliche (d. h. „effektive") Populationsgröße
liegt in Nutztierrassen oft niedrig. Beispielsweise reduziert der Einsatz der Künstlichen Besamung, *In-vitro*-Fertilisation, Gendiagnostik
und anderer biotechnischer Verfahren üblicherweise die Zahl der Zuchttiere, die an der Nach-
kommenproduktion beteiligt sind. Viele kommerziell genutzte Rassen haben in Deutschland
effektive Populationsgrößen von unter 100
(**Tab. 34.1**). Mindestens die gering verbreiteten
Rassen verlieren dadurch in starkem Maße ihre
genetische Vielfalt, d. h. es entstehen genetisch
zunehmend gleichförmige Tiergruppen. Dieses
zeigt sich an den Anteilen heterozygoter Genotypen, die bei effektiven Populationsgrößen von
unter 100 deutlich abnehmen (**Abb. 34.4**). Eine
solche Entwicklung wirkt sich dahingehend
aus, dass in nachfolgenden Generationen ein
konstanter züchterischer Aufwand zu abnehmenden Selektionserfolgen führen wird. Der
Verlust an genetischer Vielfalt bezieht sich aber
nicht nur auf die genetische Änderung innerhalb
bestehender Rassen, sondern auch auf die Abnahme der Rassenzahl, so z. B. durch Zusammenfassung und Vereinheitlichung ehemals
getrennter Rassen.

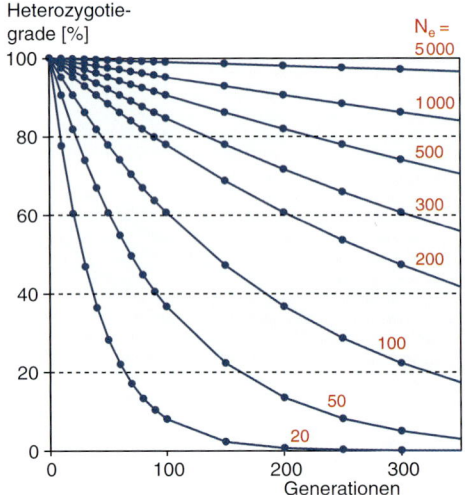

**Abb. 34.4:** Wirkung der effektiven Populationsgröße ($N_e$) auf die Abnahme der Heterozygotie in einer Tierpopulation

Mit dem Prozentanteil der Heterozygotiegrade (Anteil heterozygoter Genotypen an allen Genotypen pro Locus) wird der Verlust an genotypischer Variabilität geschätzt. Bei $N_e > 1000$ wird die genotypische Variabilität ausreichend erhalten, während bei $N_e < 100$ die genotypische Vielfalt in starkem Maße verloren geht.

genetisch günstige Selektionsbedingungen in großen Populationen, Entwicklung hierarchischer Populationsstrukturen (Züchtungs-, Vermehrungs – und Produktionsstufe), Vereinheitlichung der Fütterungs- und Haltungsbedingungen. Da transgene Tiere meist von einem einzigen Tier (*Founder*) abstammen, nimmt bei deren Verwendung die Vielfalt der Gene besonders rasch ab. Eine breite Anwendung des Klonens in der Tierzucht würde diesen Effekt noch verstärken.

Die genannten Entwicklungen zur Reduktion der Rassenvielfalt werden durch zunehmende Effektivität der Zuchtmethoden beschleunigt, insbesondere durch den Einsatz biotechnischer Verfahren. Diese ermöglichen bzw. verstärken folgende Einflüsse: Einfache Transportmöglichkeit von Sperma und Embryonen, wirtschaftlich und

Ein großes Problem ist, dass sich die nachteiligen Auswirkungen einer intensiven Tierzucht erst nach längerer Zeit zeigen. Zweckentsprechende Hilfsmaßnahmen, die bekannt sind, wirken jedoch nur bei rechtzeitigem Einsatz. Sie er-

**Tab. 34.1:** Effektive Populationsgrößen für einige Nutztierpopulationen in Deutschland
Daten nach ADR-RINDERPRODUKTION (2003) und ZDS-SCHWEINEPRODUKTION (2003).

| Rasse [1] | Anteil [2] (%) | Anzahl weiblicher Herdbuchtiere | Vatertiere [3] | Effektive Populationsgröße [4] |
|---|---|---|---|---|
| **Schweine** | | | | |
| Dt. Landrasse | 55,7 | 33 107 | 685 | 2 684 |
| Schwäb.Häll. Schwein | 0,29 | 154 | 24 | 83 |
| Bunte Bentheimer | 0,15 | 70 | 20 | 62 |
| Landrasse B | 0,03 | 13 | 5 | 14 |
| **Rinder** | | | | |
| Holstein-Sbt. | 57,9 | 1 465 757 | 6 098 | 24 291 |
| Gelbvieh | 0,25 | 6 303 | 27 | 108 |
| Hinterwälder | 0,03 | 679 | 44 | 165 |
| Pinzgauer | 0,02 | 426 | 6 | 24 |

[1] Rasse mit dem größten Zuchttierbestand sowie weitere Rassen mit geringer Verbreitung, mit jedoch kontinuierlicher Herdbuchführung.
[2] Bezogen auf die registrierten Zuchttiere (Herdbuchtiere) in Deutschland.
[3] Beim Schwein Zahl der ins Herdbuch eingetragenen Eber, beim Rind Zahl der Besamungsbullen.
[4] Vereinfacht und nur unter Berücksichtigung der Anzahlen männlicher und weiblicher Zuchttiere.
   Effektive Populationsgröße ($N_e$):

$$N_e = \frac{4 \cdot N_m \cdot N_f}{N_m + N_f}$$

mit: $N_m$ : Anzahl ♂ Zuchttiere und
     $N_f$ : Anzahl ♀ Zuchttiere

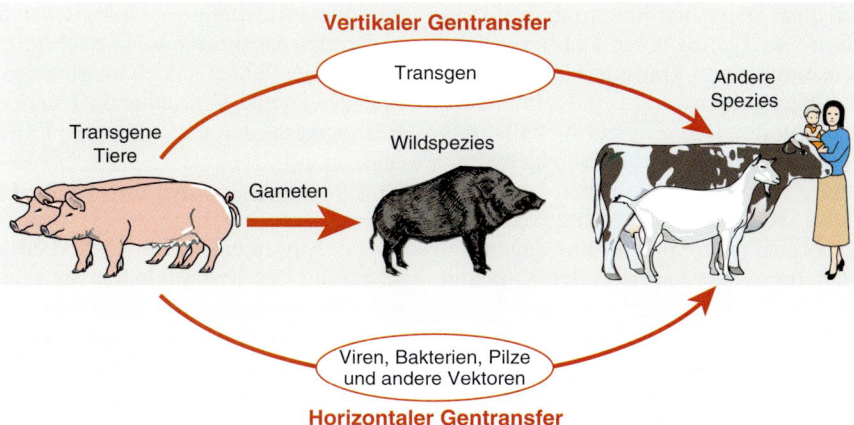

**Abb. 34.5:** Risikofaktoren bei der Erzeugung und Freilassung transgener Tiere
Erklärungen siehe Text.

fordern überbetriebliche Aufwendungen und angepasste rechtliche Schutzbestimmungen. Zu den Hilfstechniken bei der Kontrolle und Sicherung der genetischen Vielfalt gehören auch biotechnische Methoden, beispielsweise für die Kontrolle genetischer Heterogenität oder die Konservierung von Gameten. Dieser Sachverhalt zeigt, dass es auf den sachgerechten Einsatz von Biotechniken ankommt, und keineswegs ein genereller Verzicht auf die neuen Verfahren angebracht ist.

## 34.3 Biologische Sicherheit beim Einsatz biotechnischer Verfahren

Die **biologische Sicherheit** betrifft alle Risiken, die von transgenen Organismen ausgehen können.

### 34.3.1 Risikofaktoren

Die Entwicklung und das Inverkehrbringen von transgenen Organismen und ihrer Produkte beinhalten verschiedenartige Risikopotenziale – solche für die menschliche Gesundheit, die Umwelt und die sozio-ökonomische Infrastruktur. Hierbei ist nicht nur das erzüchtete oder beeinflusste Tier zu betrachten, sondern auch die vielfältigen Substanzen, die bei den gentechnischen Experimenten in zahlreichen Laboratorien ent-

stehen. Organismen mit neuen Eigenschaften werden eine neue Position im betreffenden Ökosystem einnehmen oder können in anderen Ökosystemen wirksam werden. Wieweit dadurch Risiken bei biotechnisch erzüchteten Tieren entstehen, lässt sich derzeit lediglich abschätzen. Als grundlegende Risikofaktoren bei transgenen Tieren (**Abb. 34.5**) gelten insbesondere:

– Auswirkungen der transgenen Produkte auf andere als die Zielorganismen (z. B. Auswirkungen auf die Gesundheit des Menschen).
– Ausbreitung transgener Organismen in der Wildspezies und die Auswirkung auf die Artenvielfalt (z. B. Ausbreitung transgener Fische mit besonders raschem Wachstum).
– Horizontaler Transfer von Transgenen durch Viren, Bakterien, Pilze oder andere Vektoren, beispielsweise durch instabilen Einbau eines Transgens.

Zum Beispiel hat man bei transgenen Fischen Bedenken, ob es zu Paarungen mit Wildfischen der gleichen Spezies in den natürlichen Ökosystemen kommen kann. Dadurch vermutete Auswirkungen hängen von der Art der Merkmalsänderungen ab und davon, wie die genetische Fitness der transgenen Fische im Vergleich zu Wildtyp-Fischen ist. In jedem Falle ist es wichtig, die Auswirkungen eines Entweichens von Tieren aus den Produktionsstätten vorab zu beurteilen. Beispielsweise kommt es zu starkem Wachstum der transgenen Fische nur unter Bedingungen einer speziellen Fütterung, während unter natürlichen Bedingungen kaum zusätzliches Wachstum auftritt. Transgene Fische werden sogar Nachteile in der Feindvermeidung und Spermaproduktion aufweisen, falls das Transgen im natürlichen Verbreitungsgebiet eine Belastung ist. Das Risiko durch transgene Tiere ist also möglicherweise gering. Trotzdem gibt es experimentelle Ansätze, mit denen die Vermehrung transgener Fische in der Wildbahn vermieden werden kann, so z. B. indem Nachkommen steril sind.

Zu den biologischen Risiken kommen ökonomische, soziale und sozio-ökonomische Risiken, etwa wenn es durch neue Rassen oder biotechnisch unterstützte Zuchtprogramme (s. S. 544 ff.) zu einer Verdrängung traditioneller Rassen kommt oder/und bestehende Zuchtunternehmen liquidiert werden. Weitere potenzielle Sicherheitrisiken sind gentechnische Anlagen, für Transfers verwendete Organismen sowie der Transport gentechnisch veränderter Organismen. Jeweils isoliert und für nur einen Fall betrachtet mögen die Risiken verschwindend niedrig liegen, jedoch werden weltweit riesige Zahlen an Experimenten ausgeführt und die Addition der Risikowahrscheinlichkeiten nicht erfasst.

### 34.3.2 Möglichkeit des Missbrauchs

Einen Missbrauch der Biotechnologie kann es z. B. bei der Entwicklung biologischer Waffen oder bei der Erstellung transgener Tiermodelle zur Erprobung solcher Kampfstoffe geben. Eine Globalisierung der Märkte heißt auch eine Globalisierung des Handels mit gentechnisch veränderten Organismen und deren Freisetzung. Gentechnische Verfahren werden auch in Staaten eingesetzt, in denen rechtliche Regelungen für eine biologische Sicherheit, die Infrastruktur und ein Know-how für entsprechende Kontrollen fehlen oder nicht praktiziert werden. Mithin besteht die Gefahr, dass Risiken aus Ländern mit geringen oder fehlenden Sicherheitsauflagen „exportiert" werden und Länder – im Wettbewerb um Industriestandorte – ihre Sicherheitsauflagen zurücknehmen.

Notwendig sind also internationale Vereinbarungen für die biologische Sicherheit, die es bereits gibt, wie z. B. die „Gentechnik-Richtlinien der Europäischen Gemeinschaft" (1990, geändert 1998) sowie „Die internationale technische freiwillige Richtlinie zur biologischen Sicherheit im Bereich der Biotechnologie" (1995). Den Vereinbarungen fehlen jedoch im globalen Maßstab eine genügende Verbindlichkeit und ein Überprüfungsrecht durch unabhängige Experten.

### 34.3.3 Abschätzung von Risikofaktoren

Bei der Anwendung neuer Techniken ist die Abschätzung der Risikofaktoren und Technikfolgen **(Technikfolgenabschätzung)** erforderlich. Analysen der Risiken sind darauf gerichtet, vorab Schadenskaskaden und deren Bedeutung abzuleiten. Eine solche Betrachtung ist möglichst breit anzulegen. Die wenigen studierten Modelle zur Risikoanalyse (z. B. für den Einsatz von bovinem Somatotropin, bST) vereinfachen, spiegeln aber die Komplexität realer Situationen wider.

Für ein **Risikomanagement** werden von den dafür zuständigen Organisationen folgende generelle Regelungen gefordert:
- Das betroffene Land sollte bei jedem Organismus, bei jeder Verwendungsart und bei jeder Einfuhr zuvor eine Genehmigung erteilen.
- Die Öffentlichkeit ist in geeigneter Weise einzubeziehen.
- Für eine korrekte „Funktion" der veränderten Organismen und neu erzeugter Produkte sollte gehaftet werden. Wenn diese Haftung eine Wiedergutmachungsfunktion hat, werden die schädlichen Konsequenzen von den Verursachern mitgetragen.
- Sozio-ökonomische Risiken, wie Auswirkungen auf die Gesundheit, Umwelt und Arbeitsplätze, sind einzubeziehen. Beispielsweise ist zu fragen, ob Biotechnologieprodukte aus Industrieländern traditionelle Exportprodukte von Entwicklungsländern verdrängen, und auch, ob die unter anderen Rahmenbedingungen erzeugten Produkte anderer Staaten für den Import zuzulassen sind.

## 34.4 Ethische Fragen bei der Anwendung biotechnischer Verfahren

Wie die klassische Züchtung bezweckt auch die Biotechnologie eine Veränderung von Organismen, Organismusteilen sowie biogener Wirkstoffe, um bestimmte Leistungen oder Materialien hervorzubringen. Die „ingenieurmäßigen" Verfahren der Biotechnologie gestatten es, speziell ausgewählte Erbanlagen zu analysieren und sogar von einer Spezies in eine andere zu übertragen. Am Beispiel des Spezies überschreitenden Gentransfers ist erkennbar, dass biologisch gegebene Beschränkungen für genetische Neukombinationen an einigen Stellen aufgehoben werden. Mit den Verfahren können schließlich markante Wirkungen an den Tieren hervorgerufen werden. Durch biotechnische Verfahren werden Tiere den Nutzungswünschen und Bedingungen angepasst und nicht umgekehrt.

Ethische Fragen in Bezug auf biotechnische Neuerungen bei Nutztieren wurden z.B. im Zusammenhang mit dem Einsatz des bovinen Somatotropins, dem Gentransfer über Speziesgrenzen hinweg sowie der Patentierbarkeit biotechnisch veränderter Organismen diskutiert, so dass auf die Spezialliteratur verwiesen wird. Nachfolgend wird versucht, einigen grundsätzlichen Fragen nachzugehen.

## 34.4.1 Wissen und Nichtwissen

Das Wissen um die biologischen Voraussetzungen züchterischer Eingriffe hat sich in den letzten Jahren erheblich vermehrt. Das methodische Vorgehen der Naturwissenschaft erweist sich für viele Anwendungen als erfolgreich. Das gilt beispielsweise für die Analysen der physiologischen Abläufe und der Fortpflanzung. Je mehr Einzelheiten man aber kennt, desto mehr Fragen stellen sich zusätzlich. Es ist geradezu ein Kennzeichen naturwissenschaftlicher Forschung, dass auf jedem Niveau eines erreichten Wissensstandes eine Vielzahl neuer Fragen aufgeworfen wird. Jede Einzelerkenntnis ist in einen größeren Zusammenhang einzuordnen, was einer Fülle weiterer Untersuchungen bedarf. Die Kluft zwischen Wissen und (bewusstem) Nichtwissen hat sich dadurch in den letzten Jahren enorm vergrößert. Ein zusätzlicher Gesichtspunkt ist hierbei, dass die Spezialisierung immer schneller voranschreitet. Die allgemeine Bildung und die Kapazität des Lernens reichen nicht aus, alle Kenntnisse zu erwerben. Zudem werden innerhalb der Wissenschaft für die verschiedenen Disziplinen unterschiedliche Fachsprachen verwendet, was die Verständigung zwischen den einzelnen Gebieten erschwert. Mit zunehmender

wissenschaftlicher Entwicklungshöhe für biotechnische Verfahren werden die Sachverhalte also dem Laien immer weniger verständlich.

Dies führt zu der Folgerung: Je mehr man weiß und je mehr man von diesem Wissen technisch umsetzen kann, desto unabweisbarer wird die Verantwortung derjenigen Menschen sein, die dieses Wissen haben und mit den Verfahren umgehen können.

## 34.4.2 Argumente pro und contra Biotechnologie

Bei Diskussionen um die Biotechnologie zeigt sich die Kluft zwischen Wissen und Nichtwissen in den Polarisierungen der Diskussionen. In der Auseinandersetzung zwischen Pro und Contra werden von beiden Seiten gute und zutreffende Gesichtspunkte ins Spiel gebracht, wie u.a.:

### Pro Biotechnologie

– Menschliches Interesse an der Erforschung der Natur.
– Option für eine verbesserte Versorgung der zunehmenden Weltbevölkerung.
– Ökonomischer Wettbewerb.
– Bei höheren Leistungen reichen geringere Tierzahlen aus, was den Tierschutz verbessert (weniger Tiere leiden) und die Umwelt zu schonen hilft (geringerer Bedarf an landwirtschaftlichen Nutzfläche pro Einheit tierisches Produkt).

### Contra Biotechnologie

– Naturwissenschaftliche Methoden nehmen nur einen Aspekt des Lebens wahr.
– Technische Eingriffe in die Natur „zerstückeln" die gewachsenen Lebenszusammenhänge oder stören sie.
– Nachhaltige Lebensentwicklung gibt es nur im Rahmen einer „natürlichen" Evolution.
– Tieren kommt ein Eigenrecht gegenüber dem Menschen zu (Ehrfurcht vor den Mitgeschöpfen).
– Furcht vor einem „Dammbruch" unerwünschter Entwicklungen, die hinsichtlich der langfristigen Auswirkungen nicht zu kalkulieren und vielleicht auch nicht mehr zu kontrollieren sind.

Die Argumente pro und contra Biotechnologie liegen vielfach auf unterschiedlichen Ebenen und treffen deshalb einander und die jeweiligen Gegnerinnen und Gegner nicht. Die Zeit drängt aus der Sicht beider Seiten: Einerseits, um den technischen Anschluss nicht zu versäumen, andererseits, um von den Entwicklungen nicht überrollt zu werden. Auf Grund der oft emotionalen und elementar weltanschaulichen Gesichtspunkte bleibt zudem wenig Spielraum für einen Diskurs.

Reines Pro und Contra scheint also nicht zum Ausgleich zu führen. Trotzdem kann eine Synthese gelingen, wenn erstens akzeptiert wird, dass beide Seiten gute und zutreffende Gesichtspunkte vertreten. Dabei ist zweitens die Verantwortung für Leben und Nachhaltigkeit ein Punkt, dem sich Befürworter und Gegner gleichwohl verpflichtet fühlen müssen. Und drittens wird allgemein anerkannt, dass – auch wenn der Einzelne sehr verschieden reagieren mag – für eine Volkswirtschaft ein weit reichendes Potenzial an nachhaltig verträglichen und wirtschaftlich wichtigen Biotechniken vorteilhaft sein wird.

### 34.4.3 Ethische Bewertungskriterien

Züchtung bedeutete stets eine Anpassung von Tieren an die Bedürfnisse der Menschen. Biotechnische Neuerungen beschleunigen diese Anpassungsvorgänge und bewirken auch qualitativ neue Einwirkungen auf Tiere. Aus diesem Sachverhalt ergibt sich die Forderung nach ethisch begründeten Rechtfertigungen für den Einsatz biotechnischer Verfahren bei der Züchtung, Vermehrung und Haltung der Tiere. Eine Leitlinie kann eine Bewertung der Risiken und das Abwägen von Kosten und Nutzen sein. Bei einer solchen Bewertung werden Folgenabschätzungen biotechnischer Neuerungen benö-

tigt, auf die Zukunft bezogene Kriterien einbezogen, alle Betroffenen berücksichtigt, die möglichen Alternativen einbezogen und nach einem „gerechten" Ausgleich zwischen den Beteiligten gesucht. Unter diesen Vorgaben kann den in **Abb. 34.6** genannten Aspekten einer Folgenabschätzung tierzüchterischer Eingriffe nachgegangen werden. Die Bewertung einer biotechnisch unterstützten Tierzucht wird sich dann an der Abwägung mehrerer Ziele und deren Verhältnis zueinander orientieren. Bei der zu prüfenden Anwendung neuer Techniken sind die vorteilhaften, beabsichtigten Wirkungen den unbeabsichtigten Nachteilen und Risiken gegenüberzustellen und Alternativen zu bedenken.

Für diese grundsätzliche Situation einer Technikfolgenabschätzung lassen sich unter den biotechnischen Neuerungen viele Beispiele finden. In **Tab. 34.2** wird die Folgenabschätzung an dem einfachen Modellbeispiel der Künstlichen Besamung dargestellt. Die beabsichtigten Auswirkungen bei der Durchführung der Künstlichen Besamung liegen in einer Effizienzsteigerung der Züchtung. Unbeabsichtigt sind dagegen die gleichfalls auftretende Inzucht, die Erbfehlerverbreitung und der Rassenschwund. Würde aber die Besamung für eine Rasse nicht angewendet, etwa um genetische Ressourcen zu erhalten, kann dies ebenfalls nachteilig sein, etwa indem die Konkurrenzfähigkeit des Zuchtprogramms verloren geht und die betreffende Rasse dann wegen geringer Wirtschaftlichkeit erst recht ausstirbt. Der Gleichzeitigkeit von Vor- und Nachteilen ist also in Verbindung mit neuen Techniken nicht zu entgehen, da sich dieser Sachverhalt sowohl bei der Durchführung wie auch bei der Unterlassung einstellt.

Die unbeabsichtigten Konsequenzen entste-

**Tab. 34.2:** Modellbeispiel zur Folgenabschätzung der Durchführung oder Unterlassung einer Biotechnik: Einsatz der Künstlichen Besamung in einem Rinderzuchtprogramm

| Auswirkungen | Handlungsweise | |
| --- | --- | --- |
| | **Durchführung** | **Unterlassung** |
| Beabsichtigte | • Hohe Selektionsintensität<br>• Genaue Zuchtwertschätzung<br>• Überregionaler Vatertiereinsatz | • Erhaltung genetischer Ressourcen |
| Unbeabsichtigte | • Zunehmende Inzucht<br>• Erbfehlerverbreitung<br>• Verdrängung anderer Rassen | • Verlust der wirtschaftlichen Konkurrenzfähigkeit |

**Abb. 34.6:** Aspekte bei der Folgenabschätzung tierzüchterischer Eingriffe

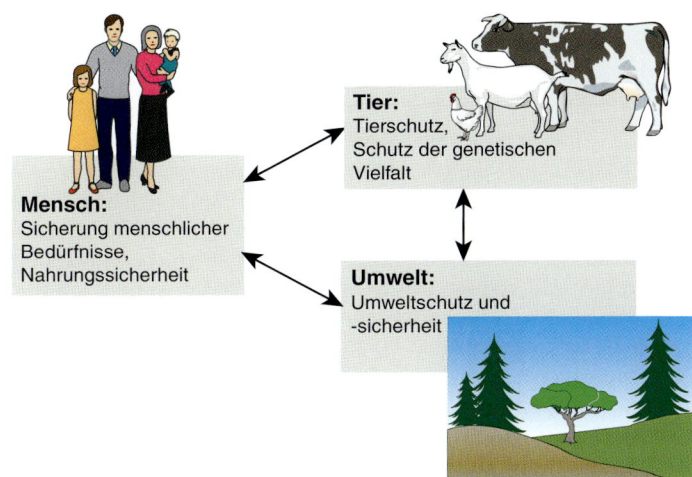

**Tier:**
Tierschutz,
Schutz der genetischen
Vielfalt

**Mensch:**
Sicherung menschlicher
Bedürfnisse,
Nahrungssicherheit

**Umwelt:**
Umweltschutz und
-sicherheit

Züchterische Eingriffe betreffen die **Tiere**, soweit diese durch Änderung ihrer genetischen Beschaffenheit belastet werden. Je nach Art und Ausmaß der Züchtung sind also Gesichtspunkte des Tierschutzes, der Leidensfähigkeit der Tiere etc. zu bedenken und gegen eventuelle Vorteile in anderen Bereichen abzuwägen. Schmerzen und Leiden sind auf Grund von Abänderungen des Erbgutes möglich und für den Einzelfall zu berücksichtigen, wie beispielsweise bei Veränderungen von Körpergrößen und Bemuskelung in Verbindung mit der Expression speziesfremder Gene in transgenen Individuen. Die Verantwortung gegenüber den Tieren fordert eine Selbstbeschränkung bei der möglichen Merkmalsbeeinflussung und damit auch beim Einsatz von Techniken. Neue Techniken beeinflussen meist auch die genetische Vielfalt der Tierrassen, einerseits indem Genotypenvielfalt pro Rasse reduziert wird und andererseits, indem weltweit die weniger leistungsfähigen Rassen eliminiert werden. Ein solches Aussterben von Rassen ist traditionell üblich und kann auch zweckmäßig sein. Trotzdem sollten die nachteiligen Auswirkungen vor dem Aussterben einer jeden einzelnen Rasse genau geprüft werden.

Durch biotechnische Neuerungen gibt es zudem Auswirkungen auf die **Umwelt**. Im Zusammenhang mit der Züchtungsarbeit handelt es sich um Fragen der Nutzung und des Verbrauchs von Ressourcen (Umweltschutz) sowie um zusätzliche ökologische Risiken (Umweltsicherheit). Beispielsweise werden für einen bestimmten Umfang an tierischen Erzeugnissen umso weniger Umweltressourcen verbraucht, je effizienter die Produktion erfolgt. Dies weist international in Anbetracht der zunehmenden Bevölkerung auf die Notwendigkeit einer sinnvollen, aber doch hohen Leistung bei den Nutztieren hin. Ökologische Risiken, d.h. Nachteile in Verbindung mit dem möglichen Eintrag genetisch modifizierter Individuen in die Umwelt, lassen sich für Nutztiere weniger erkennen.

Zweck der Haustiere ist letztlich deren Nützlichkeit für den **Menschen**, also die Sicherung der menschlichen Bedürfnisse. Die Leistungen der Nutztiere, wie Nahrungsmittel, Rohstoffe für Kleidung, Arbeitskraft etc., sollten ausreichend und für alle Menschen bereitstehen. Im Zusammenhang mit dem Einsatz biotechnischer Neuerungen sollten tierische Produkte gesundheitlich unbedenklich und qualitativ hochwertig sein. Außerdem sollten die Ressourcen für eine ausreichende Erzeugung tierischer Produkte dauerhaft erhalten bleiben, d.h. auch die nächsten Generationen an Menschen sollten günstige Lebensbedingungen vorfinden. In der Sicherung ihrer Bedürfnisse sind die Menschen als Produzenten, als Verbraucher tierischer Produkte sowie hinsichtlich ihrer Forschungsarbeiten betroffen. Wichtig ist dabei, welche persönliche Wahl den beteiligten Gruppen – insbesondere den Produzenten und den Verbrauchern – verbleibt, die Verfahren oder Produkte der Biotechnologie zu benutzen oder zu meiden, wie z.B. bei biotechnisch hergestellten Nahrungsmitteln.

hen in Verbindung mit bestimmten Verfahren und Produkten der Biotechnologie, nicht aber notwendigerweise mit anderen. Daher werden in Bezug auf mehrere technische Ansätze die Risiken den vorteilhaften Möglichkeiten gegenübergestellt und unter den Ansätzen diejenigen mit insgesamt wünschenswerten Resultaten angestrebt. Die Anwendung biotechnischer Neuerungen ist folglich im Ausmaß und Spektrum angemessen auszurichten und auf sichere, nachhaltig vorteilhafte Bereiche zu konzentrieren.

## 34.5   Fragen der öffentlichen Akzeptanz

Für die Entwicklung und Anwendung technischer Neuerungen spielt die öffentliche Meinung eine maßgebliche Rolle. Innovationen im Bereich der Tier-Biotechnologie hängen von der Akzeptanz durch Züchter, Erzeuger, Verarbeiter, Vermarkter und Verbraucher tierischer Produkte sowie anderer Gesellschaftsgruppierungen ab.

Bei Befragungen in den USA ergab sich im Vergleich zu biotechnischen Arbeiten an Menschen, Pflanzen und Mikroorganismen eine durchaus positive Einstellung zur Forschung und Entwicklung bei Tieren. Entsprechende Untersuchungen bei Verbrauchern in Deutschland und Europa sowie bei weltweit führenden Unternehmen der Agrar- und Ernährungsbranche zeigten ähnliche Ergebnisse, ließen aber Bedenken hinsichtlich der öffentlichen Akzeptanz bei der Tier-Biotechnologie erkennen (**Abb. 34.7**). Die Mehrheit der Experten erwartet eine Realisierung lohnender Techniken. Außerdem wird deutlich, dass sich die Akzeptanz im Laufe der Zeit ändern kann. Durch eine Gewöhnung an neue Techniken nimmt die Akzeptanz biotechnischer Neuerungen mehr oder weniger zu, je länger die Techniken bekannt sind oder je informierter die Befragten über die biotechnischen Neuerungen sind. Vor dem Hintergrund, dass Spektrum und Reichweite der technischen Neuerungen deutlich zugenommen haben, grenzt die Öffentlichkeit hinsichtlich der Folgenabschätzung ab, welche der Neuerungen in welchen Bereichen tatsächlich eingesetzt werden sollten.

Folgende Akzeptanzprobleme werden für den Einsatz der Biotechnologie in der Tierzucht gesehen:
– Möglicher Eintrag von genetisch modifizierten Individuen in die Umwelt (**Umweltschutz und -sicherheit**).
– Aufnahme neuer Substanzen über Nahrungsmittel, die biotechnisch hergestellt wurden (**Nahrungsmittelsicherheit**).
– Belastung der Tiere durch Änderung ihrer genetischen Beschaffenheit (**Tierschutz**).
– Beeinflussung von Tierrassen in ihrer Struktur oder sogar in ihrem Bestand (**Schutz der genetischen Vielfalt**).

Die Öffentlichkeit wünscht für jeden dieser Problembereiche spezielle Evaluierungen, bei denen die wissenschaftlichen Entwicklungen und die Auswirkungen einer Anwendung umfassend analysiert werden. Für die biotechnischen Entwicklungen in der Tierzucht liegen erst kurzfristige Erfahrungen vor. Bislang wurde über keine größeren nachteiligen Nebenwirkungen berichtet, oder diese konnten erkannt, korrigiert und kontrolliert werden. Beispielsweise können neu erzüchtete Haustiere Defekte oder für die Nutzung durch den Menschen nachteilige Eigenschaften tragen. Derartige Tiere dann von der Vermehrung auszuschließen, ist bei Haustieren im Vergleich zu Mikroorganismen oder Pflanzen einfach, da Haustiere in der Regel vollständig dem Einfluss des Menschen unterliegen. Probleme können allerdings erwachsen, wenn Merkmalsänderungen an Tieren hervorgerufen werden, die zwar zu pathologischen Erscheinungen führen, aber von einigen Menschen gewünscht werden. Solche züchterischen Fehlentwicklungen zeigen sich besonders krass in einigen Liebhaberrassen und in Nutztierzuchten, die auf einseitige Leistungen gezüchtet werden, und sind bereits durch das geltende Tierschutzgesetz (siehe S. 591) verboten.

Wirksame Gruppen der Gesellschaft wenden sich gegen biotechnische Verfahren speziell im Tierbereich und haben die öffentliche Meinung in Deutschland beeinflusst. Dies gilt besonders für die Erzeugung transgener Tiere. In der Folge wurden die tierbiotechnischen Entwicklungen stark reglementiert, was zu erheblichen Aufwendungen in Behörden, Forschungseinrichtungen und der Industrie geführt hat. Dieses bewirkte in Deutschland in einigen Bereichen eine Verlangsamung und Verteuerung des Fortschrittes. Die betreffenden Verfahren und Produkte gelangten jedoch in anderen Ländern zur Entwicklung; sie werden auf Grund von Wettbewerbsvorteilen im Ausland erstellt, angewendet und dann auch auf dem deutschen Markt angeboten. Gewöhnungseffekte und erkennbare Vorteile der betreffenden Biotechniken können schließlich auch im Inland eine steigende Akzeptanz für eine Nutzung der Marktprodukte erreichen. Dies wird möglicherweise erst zu einem Zeitpunkt einsetzen, zu dem im Rahmen des internationalen Wettbewerbs für eine Beteiligung an Entwicklungen und für eine eigenständige Produktion nur noch geringe Möglichkeiten verbleiben.

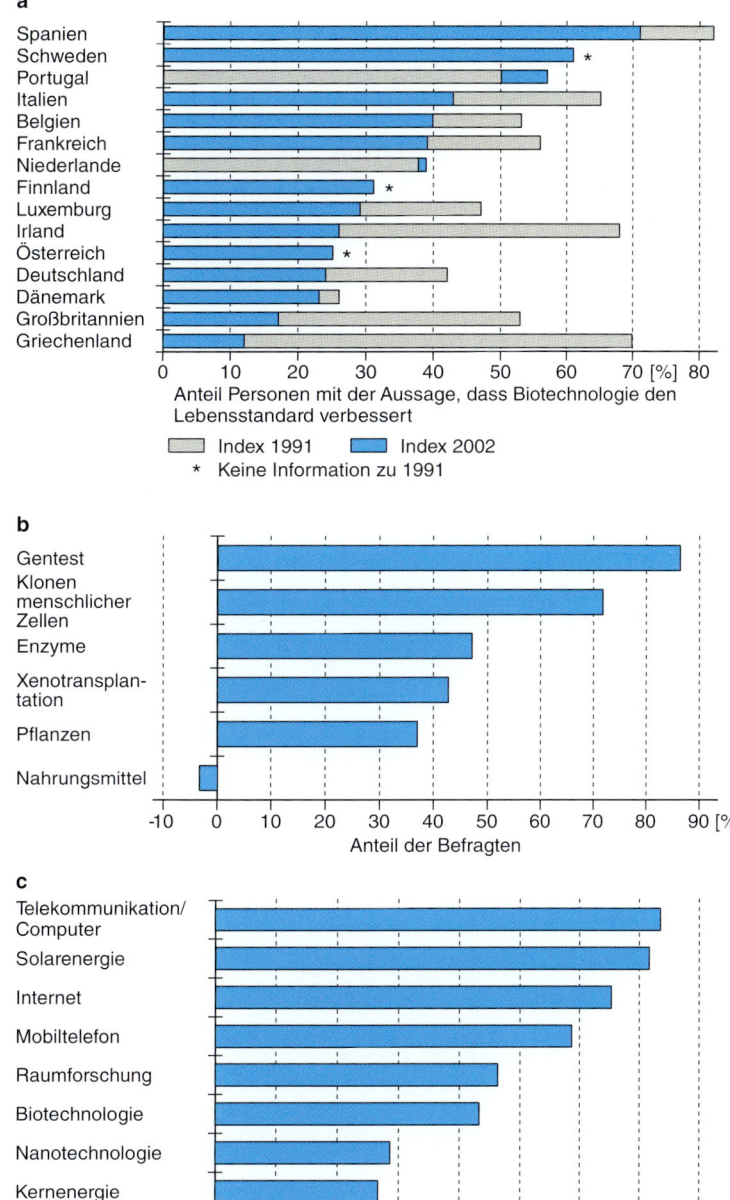

**Abb. 34.7:** Akzeptanz biotechnischer Entwicklungen in der Bevölkerung

Die Daten basieren auf Befragungen in der EU (Gaskell et al. 2003)

a) Bei Befragten in verschiedenen EU-Staaten angenommene Wirkung der Biotechnologie

b) Akzeptanz gegenüber verschiedenen Anwendungen der Biotechnologie in der EU

c) Positive Einschätzung der Bedeutung verschiedener Technologien für das Leben in der EU

Die öffentliche Akzeptanz wird auf verschiedenen Wegen beeinflusst. Die zuständigen staatlichen Stellen, Wirtschaftsbereiche und Fachjournalisten können die Öffentlichkeit über neue Biotechniken so unterrichten, dass eine ausgewogene, sachliche und nachhaltige Beurteilung eines Entwicklungsgebietes erreicht wird – und dies ist auch für die Tier-Biotechnologie notwendig.

## Zusammenfassung

– Einige Biotechniken stiften bereits einen erheblichen wirtschaftlichen Nutzen und haben einen deutlichen Einfluss auf die Betriebsstruktur.
– Die durch den Einsatz biotechnischer Verfahren erzielten Leistungssteigerungen wirken auf die Umwelt überwiegend in positiver Richtung.
– Biotechnische Verfahren in der Tierzucht werden auf dem Niveau von Individuen und Populationen wirksam. Bei der Anwendung lassen sich begrenzende Faktoren wie auch Risikofaktoren erkennen und berücksichtigen.
– Der Einsatz biotechnischer Neuerungen in der Tierzucht ist anhand ethischer Kriterien zu überprüfen. Gefordert sind umfassende Bewertungen und Vergleiche verschiedener Perspektiven, um auf dieser Basis die bestmöglichen Verfahren auswählen zu können.
– Für die Entwicklung und Anwendung technischer Neuerungen spielt die öffentliche Meinung eine maßgebliche Rolle.

# Literatur

Bei der Abfassung dieses Buches wurden Bücher, Originalveröffentlichungen und Internetpublikationen verwendet. Soweit hieraus konkrete Angaben entnommen wurden, sind die Quellen zitiert. Dies gilt auch für die Bildvorlagen, die bei der Erstellung der Graphiken berücksichtigt wurden. Darüber hinaus war weitere Literatur von Bedeutung und wird deshalb aufgeführt. Als Unterlage für ein Quellenstudium werden die Literaturangaben den Kapiteln des Buches zugeordnet. Vorangestellt werden einige Nachschlagewerke und Lehrbücher, die jeweils mehr oder weniger große Segmente des Themas abdecken.

## Nachschlagewerke und Lehrbücher

BROWN T.A., 2002: Gentechnologie für Einsteiger. 3. Aufl., Spektrum Akad. Verlag, Heidelberg Berlin Oxford

GLICK B.R., PASTERNAK J.J., 2003: Molecular Biotechnology: Principles and Applications of Recombinant DNA. 3rd ed., ASM Press, Washington D.C., USA

LOTTSPEICH F., ZORBAS H. (EDS.), 1998: Bioanalytik. Spektrum Akad. Verlag, Heidelberg Berlin Oxford

SCHMID R.D., 2002: Taschenatlas der Biotechnologie und Gentechnik. Wiley-VCH Verlag, Weinheim

## Einführung in die Tier-Biotechnologie

ARBER W., 1965: Host-controlled modification of bacteriophage. Ann. Rev. Microbiol. 19, 365–378.

EREKY K., 1919: Biotechnologie der Fleisch-, Fett- und Milcherzeugung im landwirtschaftlichen Großbetrieb. Verlag Paul Parey, Berlin, S. 84

GELDERMANN H., 1976: Biochemische Aspekte in der Haustiergenetik (Teil 1). Züchtungskunde 48, 254–263

GENTECHNIK, VFA, 2004: Rekombinante Arzneimittel. Verband Forschender Arzneimittelhersteller e.V. (VFA) http://www.vfa.de

LEWIN B., 2004: Genes VIII. Pearson Prentice Hall, Upper Saddle River, NJ, USA

REECE R.J., 2004: Analysis of Genes and Genomes. John Wiley & Sons Ltd, Chichester, England

SCHWICK H.G., 1974: Die Vielfalt der menschlichen Plasmaproteine und ihre Bedeutung für die Klinik. Naturwissenschaften 61, 484–490

WILLADSEN S.M., 1986: Nuclear transplantation in sheep embryos. Nature 320, 63–65

WILMUT I., SCHNIEKE A.E., McWHIR J., KIND A.J., CAMPBELL K.H.S., 1997: Viable offspring derived from fetal and adult mammalian cells. Nature 385, 810–813

## Kultivierung tierischer Zellen

ALBERTS B., JOHNSON A., LEWIS J., RAFF M., ROBERTS K., WALTER P., 2004: Molekularbiologie der Zelle. 4. Aufl., Wiley-VCH Verlag, Weinheim

BRÜSTLE O., JONES K.N., LEARISH R.D., KARRAM K., CHOUDHARY K., WIESTLER O.D., DUNCAN I.D., McKAY R.D., 1999: Embryonic stem cell-derived glial precursors: a source of myelinating transplants. Science 285, 754–756

EAGLE H., 1955: The specific amino acid requirements of a mammalian cell (strain L) in tissue culture. J. Biol. Chem. 214, 839–852

EVANS M.J., KAUFMAN M.H., 1981: Establishment in culture of pluripotential cells from mouse embryos. Nature 292, 154–156

FERRARI G., CUSELLA-DE ANGELIS G., COLETTA M., PAOLUCCI E., STORNAIUOLO A., COSSU G., MAVILIO F., 1998: Muscle regeneration by bone marrow-derived myogenic progenitors. Science 279, 1528–1530

FRESHNEY R.I., 1992: Animal Cell Culture: A Practical Approach. 2nd ed., IRL Press, Oxford, GB

FRESHNEY R.I., 2000: Organotypic Culture. In: FRESHNEY R.I. (ED.), Culture of Animal Cells. A Manual of Basic Technique. 4th ed., Wiley-Liss Inc., Chichester New York Weinheim

FUCHS E., SEGRE J.A., 2000: Stem cells: A new lease on life. Cell 100, 143–155

HAYFLICK L., 1965: The limited in vitro lifetime of human diploid cell strains. Exp. Cell Res. 37, 614–636

HAYFLICK L., MOORHEAD P.S., 1961: The serial subcultivation of human diploid cell strains. Exp. Cell Res. 25, 585–621

KÖHLER G., MILSTEIN C., 1975: Continous cultures of fused cells secreting antibody of predefined specifity. Nature 256, 495–497

MARTIN G.R., 1981: Isolation of a pluripotent cell line from early mouse embryos cultured in medium conditioned by teratocarcinoma stem cells. Proc. Natl. Acad. Sci. USA 78, 7634–7638

ROUABHIA M., 1997: Skin Substitute Production by Tissue Engineering: Clinical and Fundamental Application. Chapman & Hall, New York, USA

THOMSON J.A., ITSKOVITZ-ELDOR J., SHAPIRO S.S., WAKNITZ M.A, SWIERGIEL J.J., MARSHALL V.S., JONES J.M., 1998: Embryonic stem cell lines derived from human blastocysts. Science 282, 1145–1147

WEISSMANN I.L., 2000: Stem cells: Units of development, units of regeneration, and units in evolution. Cell 100, 157–168

## Bioverfahrenstechniken für den Tierbereich

JUKES T.H., WILLIAMS, W.L., 1953: Nutritional effects of antibiotics. Pharmacol. Rev. 5, 381–420

KUNG, L., 2000/01: Silage Fermentation and Additives. In: Direct-Fed Microbial, Enzyme and Forage Additive Compendium. Miller Publishing Co., Minnetonka, MN, USA

LASSITER C.A., 1955: Antibiotics as growth stimulants for dairy cattle: a review. J. Dairy Sci. 36, 1102–1137

MUTTZALL K., 1993: Einführung in die Fermentationstechnik. Behr's Verlag, Hamburg

RATLEDGE, C., KRISTIANSEN, B. (EDS.), 2001: Basic Biotechnology. 2nd ed., Cambridge University Press, London UK

SCHMID R.D., 2002: Taschenatlas der Biotechnologie und Gentechnik. Wiley-VCH Verlag, Weinheim

WALLACE R.J., NEWBOLD C.J., 1992: Probiotics for Ruminants. In: FULLER, R. (ED.) Probiotics: The Scientific Basis. Chapman & Hall, London (GB), pp. 317–353

## Struktur und Funktion von Genen

ALBERTS B., JOHNSON A., LEWIS J., RAFF M., ROBERTS K., WALTER P., 2004: Molekularbiologie der Zelle. 4. Aufl., Wiley-VCH Verlag, Weinheim

AMMER H., SCHWAIGER F.W., KAMMERBAUER C., GOMOLKA M., ARRIENS A., LAZARY S., EPPLEN J.T., 1992: Exonic polymorphism vs intronic simple repeat hypervariability in MHC-DRB genes. Immunogenetics 35, 332–340

BOLT R., VOGELI P., FRIES R., 1993: A polymorphic microsatellite at the RYR1 locus in swine. Anim. Genet. 24, 72

BROWN T.A., 1999: Moderne Genetik. 2. Aufl., Spektrum Akad. Verlag, Heidelberg Berlin

CAMPBELL N.A., REECE J.B., 2003: Biologie. 6. Aufl., Spektrum Akad. Verlag, Heidelberg Berlin

HARTL D.L., JONES E.W., 1999: Essential Genetics. 2nd ed., Jones & Bartlett Publishers, Sudbury Boston Toronto London Singapore

KNIPPERS R., 2001: Molekulare Genetik. 8. Aufl., Georg Thieme Verlag, Stuttgart New York

LEWIN B., 2002: Molekularbiologie der Gene. Spektrum Akad. Verlag, Heidelberg Berlin

LODISH H.F., BERK A., ZIPURSKY S.L., MATSUDAIRA P., BALTIMORE D., DARNELL J.E., 2001: Molekulare Zellbiologie. 4. Aufl., Spektrum Akad. Verlag, Heidelberg Berlin

MOORE S.S., SARGEANT L.L., KING T.J., MATTICK J.S., GEORGES M., HETZEL D.J., 1991: The conservation of dinucleotide microsatellites among mammalian genomes allows the use of heterologous PCR primer pairs in closely related species. Genomics 10, 654–660

MORAN C., 1993: Microsatellite repeats in pig (Sus domestica) and chicken (Gallus domesticus) genomes. J. Hered. 84, 274–280

NIRENBERG M.W., MATTHAEI J.H., JOHNES O.W., MARTIN R.G., BARONDES S.H., 1963: Approximation of genetic code via cell-free protein synthesis directed by template RNA. Fed. Proc. 22, 55–61

SEYFFERT W. (ED.), 2003: Lehrbuch der Genetik. 2. Aufl., Spektrum Akad. Verlag, Heidelberg Berlin

STOECKLIN E., WISSLER M., MORIGGL R., GRONER B., 1997: Specific DNA binding of Stat5, but not of glucocorticoid receptor, is required for their functional cooperation in the regulation of gene transcription. Mol. Cell Biol. 17, 6708–6716

WATSON J.D., CRICK F.H.C., 1953: Molecular structure of nucleic acids. A structure for deoxyribose nucleic acid. Nature 171, 737–738

## Präparation und Charakterisierung von Nucleinsäuren

AVERY O.T., MACLEOD C.M., MCCARTHY M., 1944: Studies on the chemical nature of the substance introducing transformation of pneumococcal types. Introduction of transformation by a desoxyribonucleic acid fraction isolated from Pneumococcus Type III. J. Exp. Med. 79, 137–158

CARLE G.F., FRANK M., OLSON M.V., 1986: Electrophoretic separations of large DNA molecules by periodic inversion of the electric field. Science 232, 65–68

CHU G., 1991: Bag model for DNA migration during pulsed-field electrophoresis. Proc. Natl. Acad. Sci. USA 88, 11071–11075

CHU G., VOLLRATH D., DAVIS R.W., 1986: Separation of large DNA molecules by contour-clamped homogeneous electric fields. Science 234, 1582–1585

GARDINER K., LAAS W., PATTERSON D., 1986: Fractionation of large mammalian DNA restriction fragments using vertical pulsed-field gradient gel electrophoresis. Somat. Cell Mol. Genet. 12, 185–195

GUBLER U., HOFFMAN B.J., 1983: A simple and very efficient method for generating cDNA libraries. Gene 25, 263–269

KELLY T.J. JR., SMITH H.O., 1970: A restriction enzyme from Hemophilus influenzae. II. Base sequence of the recognition site. J. Mol. Biol. 51, 393–409

KLOTZ L.C., ZIMM B.H., 1972: Retardation times of deoxyribonucleic acid in solutions. II. Improvements in apparatus and theory. Macromolecules 5, 471–481

NEW ENGLAND BIOLABS, 2004: Compare restriction site frequencies between selected organisms. New England Biolabs Inc., Beverly, USA. http://tools.neb.com/...

OKAYAMA H., BERG P., 1982: High-efficiency cloning of full-length cDNA. Mol. Cell Biol. 2, 161–170

SMITH H.O., WILCOX K.W., 1970: A restriction enzyme from Hemophilus influenzae. I. Purification and general properties. J. Mol. Biol. 51, 379–391

SOUTHERN E.M., 1975: Detection of specific sequences among DNA fragments separated by gel electrophoresis. J. Mol. Biol. 98, 503–517

ZIEGLER A., GEIGER K.-H., RAGOUSSIS J., SZALAY G., 1987: A new electrophoretic apparatus for separating very large DNA molecules. J. Clin. Chem. Clin. Biochem. 25, 578–579

## Vermehrung von DNA-Molekülen durch Polymerasekettenreaktion (PCR)

COFFEY A.J., ROBERTS R.G., GREEN E.D., COLE C.G., BUTLER R., ANAND R., GIANNELLI F., BENTLEY D.R., 1992: Construction of a 2.6-Mb contig in yeast artificial chromosomes spanning the human dystrophin gene using an STS-based approach. Genomics 12, 474–484

DIEFFENBACH C.W., DVEKSLER G.S. (EDS.), 2003: PCR Primer: A Laboratory Manual. 2nd ed., Cold Spring Harbor Laboratory Press, Cold Spring Harbor, New York, USA

FANKHAUSER D.B., 2004: PCR Thermocycler. University of Cincinnati Clermont College, Batavia, OH, USA. http://biology.clc.uc.edu/fankhauser/Labs/Genetics/PCR/...

INNIS M.A., GELFAND D.H., SNINSKY J.J., 1995: PCR Strategies. Academic Press, San Diego, USA

McPHERSON M.J., MOLLER S.G., BEYNON R., HOWE C., 2000: Basics: PCR - From Background to Bench. 1st ed., Springer Verlag, Berlin Heidelberg

MULLIS K., 1994: The Polymerase Chain Reaction. Birkhauser Press, Boston, Massachusetts, USA

MULLIS K., FALOONA F., SCHARF S., SAIKI R., HORN G., ERLICH H., 1986: Specific enzymatic amplification of DNA in vitro: The polymerase chain reaction. Cold Spring Harbor Symp. Quant. Biol. 51, 263–273

SAIKI R.K., GELFAND D.H., STOFFEL S., SCHARF S.J., HIGUCHI R., HORN G.T., MULLIS K.B., ERLICH H.A., 1988: Primer-directed enzymatic amplification of DNA with a thermostable DNA polymerase. Science 239, 487–491

SAIKI R.K., SCHARF S.J., FALOONA F., MULLIS K.B., HORN G.T., ERLICH H.A., ARNHEIM N., 1985: Enzymatic amplification of β-globin genomic sequences and restriction analysis for diagnosis of sickle cell anemia. Science 230, 1350–1354

## Erzeugung und Klonierung rekombinanter DNA-Moleküle

ASILOMAR CONFERENCE, 1975: Asilomar conference on DNA recombinant molecules. Nature 255, 442–444

BROWN T.A., 2002: Gentechnologie für Einsteiger. 3 Aufl., Spektrum Akad. Verlag, Heidelberg Berlin

COHEN S.N., CHANG A.C.Y., BOYER H.W., HELLING R.B., 1973: Construction of biologically functional bacterial plasmids in vitro. Proc. Natl. Acad. Sci. USA 70, 3240–3244

GUBLER U., HOFFMAN B.J., 1983: A simple and very efficient method for generating cDNA libraries. Gene 25, 263–269

## Identifikation von rekombinanten DNA-Molekülen in klonierten Wirtszellen

BIOMEDNET, 2004: Mouse knockout and mutation database (mkmd). http://www.biomednet.com/db/mkmd

BROWN T.A., 2002: Gentechnologie für Einsteiger. 3. Aufl., Spektrum Akad. Verlag, Heidelberg Berlin

CINEMA SOFTWARE, 2002: Department of Biochemistry & Molecular Biology - University College London, UK. http://www.biochem.ucl.ac.uk/bsm/dbbrowser/CINEMA/...

EMBNET, 2004: Swiss node of European molecular biology net, Swiss Institute of Bioinformatics, ISREC Bioinformatics group, Lausanne, Schweiz: ClustalW. http://www.ch.embnet.org/software/ClustalW.html

MGI, JACKSON LABORATORY, 2004: Mouse Genome Informatics, Bar Harbor, Maine, USA. http://www.informatics.jax.org/menus/homology_menu.shtml

TBASE, Jackson Laboratory, 2004: The Transgenic/Targeted Mutation Database, Bar Harbor, Maine, USA. http://tbase.jax.org/docs/tb.html

## Verfahren der DNA-Sequenzierung

dbEST, NCBI, 2004: Expressed Sequence Tags database. National Center for Biotechnology Information, Bethesda, MD, USA. http://www.ncbi.nlm.nih.gov/dbEST/...

EMBL Nucleotide Sequence Database, 2004: Nucleotide Sequence Entries. ftp://ftp.ebi.ac.uk/pub/databases/embl/release/relnotes.txt

Genome MOT, 2004: EMBL Outstation - The European Bioinformatics Institute, Wellcome Trust Genome Campus, Hinxton, Cambridge CB10 1SD, UK (P. Sterk, S. Beck). Monitoring the progress of major genome sequencing projects: The Bioinformer. http://www.ebi.ac.uk/genomes/mot/MOTindex.html

GOLD, Bernal A., Ear U., Kyrpides N., 2001/04: Genomes OnLine Database: a monitor of genome projects world-wide (NAR 29, 126–127). http://www.genomesonline.org/...

Gregory T. R., 2001: Animal Genome Size Database. http://www.genomesize.com (Stand15.10.03)

HGSC (Human Genome Sequencing Center), 2004: Baylor College of Medicine, Human Genome Sequencing Center, Houston, U.S.A. http://www.hgs.bcm.tmc.edu/projects/...

Maxam A.M., Gilbert W., 1977: A new method for sequencing DNA. Proc. Natl. Acad. Sci. USA 74, 560–564

Ronaghi M., 2001: Pyrosequencing sheds light on DNA sequencing. Genome Res. 11, 3–11

Ronaghi M., Karamohamed S., Pettersson B., Uhlen M., Nyren P., 1996: Real-time DNA sequencing using detection of pyrophosphate release. Anal. Biochem. 242, 84–89

Sanger F., Coulson A.R., 1975: A rapid method for determining sequences in DNA by primed synthesis with DNA polymerase. J. Mol. Biol. 94, 441–448

Sanger F., Nicklen S., Coulson A.R., 1977: DNA sequencing with chain-terminating inhibitors. Proc. Natl. Acad. Sci. USA 74, 5463–5467

Sears L.E., Moran L.S., Kissinger C., Creasey T., Peery-O'Keefe H., Roskey M., Sutherland E., Slatko B.E., 1992: Circum-Vent thermal cycle sequencing and alternative manual and automated DNA sequencing protocols using the highly thermostable VentR (exo-) DNA polymerase. Biotechniques 13, 626–633

UniGene, NCBI, 2004: UniGene. National Center for Biotechnology Information, Bethesda, MD, USA. http://www.ncbi.nlm.nih.gov/entrez/...

Venter J.C., Adams M.D, Sutton G.G., Kerlavage A.R., Smith H.O., Hunkapiller M., 1998: Shotgun sequencing of the human genome. Science 280, 1540–1542

## DNA- und Protein-Arrays

Bains W., Smith G.C., 1988: A novel method for nucleic acid sequence determination. J. Theor. Biol. 135, 303–307

Bassett D.E. Jr., Eisen M.B., Boguski M.S., 1999: Gene expression informatics – it's all in your mine. Nat. Genet. 21, 51–55

Bowtell D.D.L., 1999: Options available – from start to finish – for obtaining expression data by microarray. Nat. Genet. 21, 25–32

Brown P.O., Botstein D., 1999: Exploring the new world of the genome with DNA microarrays. Nat. Genet. 21, 33–37

Carter N., 2001: Microarray Technology. http://www.isac-net.org/technological/microarray.htm

CHGC, Weizmann Institute, 2004: Crown Human Genome Center, Rehovot, Israel. http://bioinformatics.weizmann.ac.il/genome_center/...

Duggan D.J., Bittner M., Chen Y., Meltzer P., Trent J.M., 1999: Expression profiling using cDNA microarrays. Nat. Genet. 21, 10–14

Freeman W.M., Robertson D.J., Vrana K.E., 2000: Fundamentals of DNA hybridization arrays for gene expression analysis. Biotechniques 29, 1042–1055

Hacia J.G., 1999: Resequencing and mutational analysis using oligonucleotide microarrays. Nat. Genet. 21, 42–47

Hegde P., Qi R., Abernathy K., Gay C., Dharap S., Gaspard R., Hughes J.E., Snesrud E., Lee N., Quackenbush J., 2000: A concise guide to cDNA microarray analysis. Biotechniques 29, 548–562

Lipshutz R.J., Fodor S.P.A., Gingeras T.R., Lokhart D.J., 1999: High density synthetic oligonucleotide arrays. Nat. Genet. 21, 20–24

Lorkowski S., Lorkowski G., Cullen P., 2000: Biochips - Das Labor in der Streichholzschachtel. Chemie in unserer Zeit 34, 356–372

NPACI Online, 2004: The Fundamental Biophysics of Nucleotides in Restricted DNA Microarray Environments. National Partnership for Advanced Computational Infrastructure, University of California San Diego, CA, USA. http://www.npaci.edu/online/v4.12/pettitt.html

Seibert V., Lischetti G., Meuer J., Buschmann T., Wiesner A., 2002: Detektion von Tumormarkern mit der ProteinChip Technologie. Biospektrum 8, 512–513

WILDT DE R.M., MUNDY C.R., GORICK B.D., TOM-LINSON I.M., 2000: Antibody arrays for high-throughput screening of antibody-antigen interactions. Nat. Biotechnol. 18, 989–994

## Darstellung von DNA-Varianten

BRAUN A., LITTLE D.P., REUTER D., MÜLLER-MYSOK B., KÖSTER H., 1997: Improved analysis of microsatellites using mass spectrometry. Genomics 46, 18–23

CHEN X., LIVAK K.J., KWOK P.Y., 1998: A homogeneous, ligase-mediated DNA diagnostic test. Genome Res. 8, 549–556

COTTON R.G., RODRIGUES N.R., CAMPBELL R.D., 1988: Reactivity of cytosine and thymine in single-base-pair mismatches with hydroxylamine and osmium tetroxide and its application to the study of mutations. Proc. Natl. Acad. Sci. USA 85, 4397–4401

EFREMOV D.G., DIMOVSKI A.J., JANKOVIC L., EFREMOV G.D., 1991: Mutant oligonucleotide extension amplification: A nonlabeling polymerase-chain-reaction-based assay for the detection of point mutations. Acta Haematol. 85, 66–70

HILLENKAMP F., KARAS M., BEAVIS R.C., CHAIT B.T., 1991: Matrix-assisted laser desorption/ionization mass spectrometry of biopolymers. Anal. Chem. 63, 1193A–1203A

JEFFREYS A.J., WILSON V., THEIN S.L., 1985: Individual-specific 'fingerprints' of human DNA. Nature 316, 76–79

LANDEGREN U., KAISER R., SANDERS J., HOOD L., 1988: A ligase-mediated gene detection technique. Science 241, 1077–1080

NAKAMURA Y., LEPPERT M., O'CONNELL P., WOLFF R., HOLM T., CULVER M., MARTIN C., FUJIMOTO E., HOFF M., KUMLIN E., WHITE R., 1987: Variable number of tandem repeat (VNTR) markers for human gene mapping. Science 235, 1616–1622

ORITA M., SUZUKI Y., SEKIYA T., HAYASHI K., 1989: Rapid and sensitive detection of point mutations and DNA polymorphisms using the polymerase chain reaction. Genomics 5, 874–879

SARKAR G., SOMMER S.S., 1991: Haplotyping by double PCR amplification of specific alleles. Biotechniques 10, 436–440

SHEFFIELD V.C., COX D.R., LERMAN L.S., MYERS R.M., 1989: Attachment of a 40-base-pair G + C-rich sequence (GC-clamp) to genomic DNA fragments by the polymerase chain reaction results in improved detection of single-base changes. Proc. Natl. Acad. Sci. USA 86, 232–236

SYVANEN, A.C., 1998: Solid-phase minisequencing as a tool to detect DNA polymorphism. Methods Mol. Biol. 98, 291–298

VOS P., HOGERS R., BLEEKER M., REIJANS M., VAN DE LEE T., HORNES M., FRIJTERS A., POT J., PELEMAN J., KUIPER M., ZABEAU M., 1995: AFLP: a new technique for DNA fingerprinting. Nucleic Acids Res. 23, 4407–4414

WU D.Y., WALLACE R.B., 1989: The ligation amplification reaction (LAR) - Amplification of specific DNA sequences using sequential rounds of template-dependent ligation. Genomics 4, 560–569

## Megabasen-Analysetechniken und Künstliche Chromosomen

ASAKAWA S., ABE I., KUDOH Y., KISHI N., WANG Y., KUBOTA R., KUDOH J., KAWASAKI K., MINOSHIMA S., SHIMIZU N., 1997: Human BAC library: construction and rapid screening. Gene 191, 69–79

BROWN W., HELLER R., LOUPART M.L., SHEN M.H., CHAND A., 1996: Mammalian artificial chromosomes. Curr. Opin. Genet. Dev. 6, 281–288

ILLMENSEE K., HOPPE P.C., CROCE C.M., 1978: Chimeric mice derived from human-mouse hybrid cells. Proc. Natl. Acad. Sci. USA 75, 1914–1918

SHEN M.H., YANG J., LOUPART M.L., SMITH A., BROWN W., 1997: Human mini-chromosomes in mouse embryonal stem cells. Hum. Mol. Genet. 6, 1375–1382

VOS J.M., 1998: Mammalian artificial chromosomes as tools for gene therapy. Curr. Opinion Genet. Dev. 8, 351–359

## Genstruktur– und –funktionsanalysen

ALBERTS B., JOHNSON A., LEWIS J., RAFF M., ROBERTS K., WALTER P., 2004: Molekularbiologie der Zelle. 4. Aufl., Wiley-VCH Verlag, Weinheim

BERK A.J., SHARP P.A., 1978: Structure of the adenovirus 2 early mRNAs. Cell 14, 695–711

ENGEL W., 2004: Embryonale Wachstumskontrolle. Institut für Humangenetik, Universität Göttingen. http://www.humangenetik.gwdg.de/SFB/A12/bildA121.JPG

ERICKSON R.H., GUM J.R., LOTTERMAN C.D., HICKS J.W., LAI R.S., KIM Y.S., 1999: Regulation of the gene for human dipeptidyl peptidase IV by hepatocyte nuclear factor 1 alpha. Biochem J. 338, 91–97

LIANG P., PARDEE A.B., 1992: Differential display of eukaryotic messenger RNA by means of the polymerase chain reaction. Science 257, 967–971

LODISH H., BERK A, ZIPURSKY L.S., MATSUDAIRA P., BALTIMORE D., DARNELL J.E., 2003: Molecular Cell Biology. 5th ed., Freeman & Company, New York, USA

LOTTSPEICH F., ZORBAS H. (EDS.), 1998: Bioanalytik. Spektrum Akad. Verlag, Heidelberg Berlin Oxford

STILLMAN J., 2004: DNA footprinting methodology. Department of Biology, Occidental College, Los Angeles, CA, USA. http://departments.oxy.edu/biology/Stillman/bi221/102700/notes.htm

WHITE R.J., 2001: Gene Transcription: Mechanisms and Control. Blackwell Science Ltd., Oxford, GB

## Genomkartierung

ALMULLA M., 2004: Department of Pathology, Kuwait University, Kuwait. http://www.almulla-ccs.com/kuniv/cytogenetics.htm

ANDERSSON L., ARCHIBALD A.L., GELLIN J., SCHOOK L.B., 1993: 1st pig gene mapping workshop (PGM1), August 7, Interlaken, Switzerland. Anim. Genet. 24, 205–216

ARCHIBALD A.L., HALEY C.S., BROWN J.F., COUPERWHITE S., McQUEEN H.A., NICHOLSON D., COPPIETERS W., VAN DE WEGHE A., STRATIL A., WINTERO A.K. ET AL., 1995: The PiGMaP consortium linkage map of the pig (Sus scrofa). Mamm. Genome 6, 157–175

ARKDB, ROSLIN INSTITUTE, 2004: Farm Animal Database. Roslin Bioinformatics Group, Edinburgh, UK. http://www.thearkdb.org/

BLOM N., RAPACKI K., 2004: DOGS – Database of Genome Sizes. Center for Biological Sequence Analysis, Lyngby, Dänemark, http://www.dur.ac.uk/biological.sciences/Bioinformatics/dogs.htm

BOTSTEIN D., WHITE R.L., SKOLNICK M., DAVIS R.W., 1980: Construction of a genetic linkage map in man using restriction fragment length polymorphisms. Am. J. Hum. Genet. 32, 314–331

CASPERSSON T., ZECH L., JOHANSSON C., MODEST E.J., 1970: Identification of human chromosomes by DNA-binding fluorescent agents. Chromosoma 30, 215–227

CASTLE W.E., WACHTER W.L., 1924: Variations of linkage in rats and mice. Genetics 9, 1–12

CROSS S.H., LITTLE P.F., 1986: A cosmid vector for systematic chromosome walking. Gene 49, 9–22

DARVASI A., 1998: Experimental strategies for the genetic dissection of complex traits in animal models. Nat. Genet. 18, 19–24

DARVASI, A., SOLLER M., 1997: A simple method to calculate resolving power and confidence interval of QTL map location. Behav. Genet. 27, 125–132

DIETRICH W.F., MILLER J., STEEN R., MERCHANT M.A., DAMRON-BOLES D., HUSAIN Z., DREDGE R., DALY M.J., INGALLS K.A., O'CONNOR T.J., 1996: A comprehensive genetic map of the mouse genome. Nature 380, 149–152

DIXON S.C., MILLER N.G., CARTER N.P., TUCKER E.M., 1992: Bivariate flow cytometry of farm animal chromosomes: A potential tool for gene mapping. Anim. Genet. 23, 203–210

ECHARD G., 1984: The Gene Map of the Pig (Sus scrofa domestica L.). In: O'BRIEN S.J. (ED.) Genetic Maps – A Compilation of Linkage and Restriction Maps of Genetically Studied Organisms, Vol. 3. Cold Spring Harbor Laboratory Press, pp. 392–395

ECHARD G., 1990: The Gene Map of the Pig (Sus scrofa domestica L.). In: O'BRIEN S.J. (ED.) Genetic Maps – Locus Maps of Complex Genomes, Vol. 5. Cold Spring Harbor Laboratory Press, pp. 4110–4113

ECHARD G., MILAN D., YERLE M., LAHBIB-MANSAIS Y., GELLIN J., 1992: The gene map of the pig (Sus scrofa domestica L.): A review. Cytogenet. Cell Genet. 61, 146–151

ECHARD G., YERLE M., MILAN D., GELLIN J., ARCHIBALD A.L., 1993: The Gene Map of the Pig (Sus scrofa domestica L.). In: O'BRIEN S.J. (ED.) Genetic Maps – Locus Maps of Complex Genomes, Vol. 6. Cold Spring Harbor Laboratory Press, pp. 4240–4249

FUJII J., OTSU K., ZORZATO F., DE LEON S., KHANNA V.K., WEILER J.E., O'BRIEN P.J., MacLENNAN D.H., 1991: Identification of a mutation in porcine ryanodine receptor associated with malignant hyperthermia. Science 253, 448–451

GALL J.G., PARDUE M.L., 1969: Formation and detection of RNA-DNA hybrid molecules in cytological preparations. Proc. Natl. Acad. Sci. USA 63, 378–383

GELDERMANN H., MÜLLER E., MOSER G., REINER G., BARTENSCHLAGER H., CEPICA S., STRATIL A., KURYL J., MORAN C., DAVOLI R., BRUNSCH C., 2003: Genome wide linkage and QTL mapping in porcine F2 families generated from Pietrain, Meishan and Wild Boar crosses J. Anim. Breed. Genet. 120, 363–393

GELDERMANN H., PREUSS S., KUSS A.W., 2002: Struktur des Prion-Protein-kodierenden Gens bei Schaf und Rind. Nova Acta Leopoldina, NF 87, 177–194

GELDERMANN H., 1975: Investigations on inheritance of quantitative characters in animals by gene markers. I. Methods. Theor. Appl. Genet. 46, 319–330

GENBANK, NCBI, 2003: National Center for Biotechnology Information, Bethesda, MD, USA. http://www.ncbi.nlm.nih.gov/Genbank/index.html

GENELOC, WEIZMANN INSTITUTE, 2004: Database for human genome mapping, Rehovot, Israel. http://genecards.weizmann.ac.il/geneloc/doc/geneloc_statistics.html

GENOMEWEB, 2004: Genome Databases, UK HGMP Resource Centre. http://www.hgmp.mrc.ac.uk/GenomeWeb/genome-db.html

GOUREAU A., YERLE M., SCHMITZ A., RIQUET J., MILAN D., PINTON P., FRELAT G., GELLIN J., 1996: Human and porcine correspondence of chromosome segments using bidirectional chromosome painting. Genomics <u>36</u>, 252–262

GREGORY T.R., 2001: Animal Genome Size Database. http://www.genomesize.com (Stand15.10.03)

GROENEN M.A., CHENG H.H., BURNSTEAD N., BENKEL B.F., BRILES W.E., BURKE T., BURT D.W., CRITTENDEN L.B., DODGSON J., HILLEL J. ET ALL., 2000: A consensus linkage map of the chicken genome. Genome Res. <u>10</u>, 137–147

GUSTAVSSON I., 1988: Standard karyotype of the domestic pig. Commitee for the Standardized Karyotype of the Domestic Pig. Hereditas <u>109</u>, 151–157

HALDANE J.B.S., 1919: The combination of linkage values and the calculation of distances between the loci of linked factors. J. Genet. <u>8</u>, 299–309

HUNTINGTON'S DESEASE COLLABORATIVE RESEARCH GROUP, 1993: A novel gene containing a trinucleotide repeat that is expanded and unstable on Huntington's disease chromosomes. Cell <u>72</u>, 971–983

IHARA N., TAKASUGA A., MIZOSHITA K., TAKEDA H., SUGIMOTO M., MIZOGUCHI Y., HIRANO T., ITOH T., WATANABE T., REED K.M. ET AL., 2004: A comprehensive genetic map of the cattle genome based on 3802 microsatellites. Genome Res. <u>14</u>, 1987–1998

INRA, TOULOUSE, 2002: Cytogenetic Maps of the Pig. Institute National de la Recherche Agronomique, Frankreich. http://www.toulouse.inra.fr/lgc/pig/cyto/cyto.htm

KOSAMBI D.D., 1944: The estimation of map distances from recombinant values. Ann. Eugen. <u>12</u>, 172–175

LALLEY P.A., DAVISSON M.T., GRAVES J.A.M., O'-BRIEN S.J., WOMACK J.E., RODERICK T.H., CREAU-GOLDBERG N., HILLYARD A.L., DOOLITTLE D.P., ROGERS J.A., 1989: Report of the committee on comparative mapping. Cytogenet. Cell Genet. <u>51</u>, 503–532

LALLEY P.A., MCKUSICK V.A., 1985: Report of the committee on comparative mapping. Cytogenet. Cell Genet. <u>40</u>, 536–566

LALLEY P.A., O'BRIEN S.J., CREAU-GOLDBERG N., DAVISSON M.T., RODERICK T.H., ECHARD G., WOMACK J.E., GRAVES J.M., DOOLITTLE D.P., GUIDI J.N., 1987: Report of the committee on comparative mapping. Cytogenet. Cell Genet. <u>46</u>, 367–389

MAPVIEWER, NCBI, 2004: National Center for Biotechnology Information, Bethesda, MD, USA. http://www.ncbi.nlm.nih.gov/mapview

MARC, USDA, 2004: Swine U.S. Meat Animal Research Center, Nebraska, USA. http://www.marc.usda.gov/genome/swine/htmls/

MGI, JACKSON LABORATORY, 2004: Mouse Genome Informatics. Bar Harbor, Maine, USA. http://www.informatics.jax.org/...

MORGAN T.H., 1910: Sex limited inheritance in Drosophila. Science <u>32</u>, 120–122

O'BRIEN S.J., WOMACK J.E., LYONS L.A., MOORE K.J., JENKINS N.A., COPELAND N.G., 1993: Anchored reference loci for comparative mapping in mammals. Nat. Genet. <u>3</u>, 103–112

PGM, ROSLIN INSTITUTE, 2002: Pig Genome Mapping. Edinburgh, UK. http://www.projects.roslin.ac.uk/pigmap/karyotype.html

PONTECORVO G., 1971: Induction of directional chromosome elimination in somatic cell hybrids. Nature <u>230</u>, 367–369

REN C., LEE M.K., YAN B., DING K., COX B., ROMANOV M.N., PRICE J.A., DODGSON J.B., ZHANG H.B., 2003: A BAC-based physical map of the chicken genome. Genome Res. <u>13</u>, 2754–2758

RETTENBERGER G., KLETT C., ZECHNER U., KUNZ J., VOGEL W., HAMEISTER H., 1995: Visualization of the conservation of synteny between humans and pigs by heterologous chromosomal painting. Genomics <u>26</u>, 372–378

ROHRER G.A., ALEXANDER L.J., HU Z., SMITH T.P.L., KEELE J.W., BEATTIE C.W., 1996: A comprehensive map of the porcine genome. Genome Res. <u>6</u>, 371–391

ROHRER G.A., ALEXANDER L.J., KEELE J.W., SMITH T.P., BEATTIE C.W., 1994: A microsatellite linkage map of the porcine genome. Genetics <u>136</u>, 231–245

SCHULER G.D., BOGUSKI M.S., STEWART E.A., STEIN L.D., GYAPAY G., RICE K., WHITE R.E., RODRIGUEZ-TOME P., AGGARWAL A., BAJOREK E. ET AL., 1996: A gene map of the human genome. Science <u>274</u>, 540–546

THOMAS J.W., PRASAD A.B., SUMMERS T.J., LEE-LIN S.-Q., MADURO V.V., IDOL J.R., RYAN J.F., THOMAS P.J., MCDOWELL J.C., GREEN E.D., 2002: Parallel construction of orthologous sequence-ready clone contig maps in multiple species. Genome Res. <u>12</u>, 1277–1285

WHITEHEAD INSTITUTE, 2000: Whitehead Institute for Biomedical Research. Massachusetts Institute of Technology, Center for Genome Research, Mouse EST RH Mapping Project. http://www.broad.mit.edu/...

YERLE M., LAHBIB-MANSAIS Y., PINTON P., ROBIC A., GOUREAU A., MILAN D., GELLIN J., 1997: The cytogenetic map of the domestic pig (Sus scrofa domestica). Mamm. Genome <u>8</u>, 592–607

YUE G., STRATIL A., KOPECNY M., SCHRÖFFELOVA D., SCHRÖFFEL JR. J., HOJNY J., CEPICA S., DAVOLI R., ZAMBONELLI P., BRUNSCH C., ET AL., 2003: Linkage and QTL mapping for Sus scrofa chromosome 6. J. Anim. Breed. Genet. <u>120</u>, 45–55

## Anatomisch-physiologische Grundlagen der Fortpflanzung

Gordon I., 2003: Laboratory Production of Cattle Embryos. 2nd ed., CAB International, Wallingford, GB

Hafez E.S.E., Hafez B., 2000: Reproduction in Farm Animals. 7th ed., Lippincott, Williams & Wilkins, Philadelphia, USA

Jöchle W., Lamond D.R., 1980: Control of Reproductive Function in Domestic Animals. Gustav Fischer Verlag, Jena

Knobil E., Neill J.D. (Eds.), 1998: Encyclopedia of Reproduction. Vol. 4, Academic Press, London Boston New York

Müller W.A., Hassel M., 2003: Entwicklungsbiologie und Reproduktionsbiologie von Mensch und Tieren. 3. Aufl., Springer-Verlag, Berlin Heidelberg New York

Pineda M.H., Dooley M.P. (Eds.), 2003: McDonald's Veterinary Endocrinology and Reproduction. 5th ed., Iowa State Press, Iowa, USA

Rüsse I., Sinowatz F., 1991: Lehrbuch der Embryologie. Paul Parey-Verlag, Berlin Hamburg

## Kryokonservierung von Zellen und frühembryonalen Stadien

Arav A., Yavin S., Zeron Y., Natan D., Dekel I., Gacitua H., 2002: New trends in gamete's cryopreservation. Mol. Cell. Endocrinol. 187, 77–81

Heschel I., Rau G., 2000: Einführung in die Kryobiologie. http://hia.rwth-aachen.de/research/kryo/ ...

Mazur P., 1984: Freezing of living cells: Mechanisms and implications. Am. J. Physiol. 247, C125–142

## Künstliche Besamung

ADR-Rinderproduktion, Jahreshefte 1960 bis 2003: Rinderproduktion Zucht, Besamung, Leistungsprüfung in der Bundesrepublik Deutschland. Arbeitsgemeinschaft Deutscher Rinderzüchter e. V., Bonn

Dalton, J.C., 1999: Factors important to the efficiency of artificial insemination in single-ovulating and superovulated cattle. PhD Thesis, Virginia Polytechnic Institute and State University, Blacksburg, USA

Dehning R., 1993: Besamungszeitraum. In: Top agrar extra: Fruchtbarkeit im Kuhstall. Landwirtschaftsverlag, Münster-Hiltrup, S. 17–19

FN/DOKR-Jahresberichte 1984 bis 2003: Deutsche Reiterliche Vereinigung e. V. und Deutsches Olympiade-Komitee für Reiterei e.V., Warendorf. MKL-Druck, Ostbevern

Foote, R.H., 2002: The history of artificial insemination: Selected notes and notables. J. Anim. Sci. 80, Electronic Suppl. 2. www.asas.org/symposia/esupp2/default.asp

Gaus J., 1993: Samengewinnung und Spermaqualität. In: Top agrar extra: Fruchtbarkeit im Kuhstall. Landwirtschaftsverlag, Münster-Hiltrup, S. 24–26

Hahn R., Kupferschmied H.U., Fischerleitner F., 1993: Künstliche Besamung beim Rind. Enke-Verlag, Stuttgart

Johnson L.A., Weitze K.F., Fiser P., Maxwell W.M.C., 2000: Storage of boar semen. Anim. Reprod. Sci. 62, 143–172

Waberski D., Weitze K.F., Rath D., Sallmann H.P., 1989: Wirkung von bovinem Serumalbumin und Zwitterionenpuffer auf flüssigkonservierten Ebersamen. Zuchthygiene 24, 128–133

ZDS-Schweineproduktion, Jahreshefte 1970 bis 2003: Zahlen aus der deutschen Schweineproduktion. Zentralverband der deutschen Schweineproduktion e. V., Bonn

## Beeinflussung von Geschlechtsreife und –zyklus

Duby R.T., Damiani P., Lonney C.R., Fissore R.A., Robl J.M., 1996: Prepuberal calves as oocyte donors: promises and problems. Theriogenology 45, 121–130

Gordon I., 1996: Controlled Reproduction in Cattle and Buffaloes. CAB International, Wallingford, GB

Gordon I., 1997a: Controlled Reproduction in Pigs. CAB International, Wallingford, GB

Gordon I., 1997b: Controlled Reproduction in Sheep and Goats. CAB International, Wallingford, GB

Gordon I., 2003: Laboratory Production of Cattle Embryos. 2nd ed., CAB International, Wallingford, GB

Hafez E.S.E., Hafez B., 2000: Reproduction in Farm Animals. 7th ed., Lippincott, Williams & Wilkins, Philadelphia, USA

Pineda M.H., Dooley M.P. (Eds.), 2003: McDonald's Veterinary Endocrinology and Reproduction. 5th ed., Iowa State Press, USA

## Gewinnung und Übertragung von Embryonen („Embryotransfer")

ADR-RINDERPRODUKTION, Jahreshefte 1984 bis 2003: Rinderproduktion Zucht, Besamung, Leistungsprüfung in der Bundesrepublik Deutschland. Arbeitsgemeinschaft Deutscher Rinderzüchter e.V., Bonn

GÖRLACH A.A., 1997: Embryotransfer beim Rind. Enke-Verlag, Stuttgart

HEAPE W., 1891: Preliminary note on the transplantation and growth of mammalian ova within the uterine foster mother. Proc. R. Soc. Lond. Biol. Sci. 62, 178–183

MEUWISSEN T.H.E., 1998: Optimizing pure line breeding strategies utilizing reproductive technologies. J. Dairy Sci. 81, 47–54

NIEMANN H., MEINECKE B., 1993: Embryotransfer und assoziierte Biotechniken bei landwirtschaftlichen Nutztieren. Enke-Verlag, Stuttgart

NIKOLAS F.W., SMITH C., 1983: Increased rates of genetic change in dairy cattle by embryo transfer and splitting. Anim. Prod. 36, 341–353

## In-vitro-Produktion von Embryonen

BRACKETT B.G., BOUSQUET D., BOICE M.L., DONAWICK W.J., EVANS J.F., DRESSEL M.A., 1982: Normal development following in vitro fertilization in the cow. Biol. Reprod. 27, 147–158

CHANG M.C., 1968: In vitro fertilization of mammalian eggs. J. Anim. Sci. 27, 15–26

CHENG W.T.K., MOOR R.M., POLGE C., 1986: In vitro fertilization of pig and sheep oocytes matured in vivo and in vitro. Theriogenology 25, 146

CROZET N., THERON M.C., CHEMINEAU P., 1987: Ultrastructure of in vivo fertilization in the goat. Gamete Res. 18, 191–199

IRITANI A., NIWA K., 1977: Capacitation of bull spermatozoa and fertilization in vitro of cattle follicular oocytes matured in culture. J. Reprod. Fertil. 50, 119–121

KRUIP T.A.M., DEN DAAS J.H.G., 1997: In vitro produced and cloned embryos: Effects on pregnancy, parturition and offspring. Theriogenology 47, 43–52

KRUIP T.A.M., VAN REENEN C.G., 2004: Biotechnology of reproduction and farm animals Welfare. Institute for Animal Science and Health (ID-Lelystad BV), The Netherlands. http://agriculture.de/acms1/conf6/ws5arepro.htm

LENZ R.W., BALL G.D., LEIBFRIED M.L., AX R.L., FIRST N.L., 1983: In vitro maturation and fertilization of bovine oocytes are temperature-dependent processes. Biol. Reprod. 29, 173–179

MATTIOLI M., BACCI M.L., GALEATI G., SEREN E.,

1989: Developmental competence of pig oocytes matured and fertilized in vitro. Theriogenology 31, 1201–1207

NIEMANN H., RATH D., 2001: Progress in reproductive biotechnology in swine. Theriogenology 56, 1291–1304

PALERMO G., JORIS H., DEVROEY P., VAN STEIRTEGHEM A.C., 1992: Pregnancies after intracytoplasmic injection of single spermatozoon into an oocyte. Lancet. 340, 17–18

PIETERSE M.C., KAPPEN K.A., KRUIP T.A.M., TAVERNE M.A.M., 1988: Aspiration of bovine oocytes during transvaginal ultrasound scanning of the ovaries. Theriogenology 30, 751–762

SÜSS U., KASSNER J., WÜTHRICH K., STRANZINGER G., 1990: Cumulus expansion, in vitro fertilization and embryonic development after in vitro maturation of bovine oocytes in the presence of follicle stimulating or luteinizing hormone. Reprod. Dom. Anim. 25, 3–13

SÜSS U., WÜTHRICH K., STRANZINGER G., 1988: Chromosome configurations and time sequence of the first meiotic division in bovine oocytes matured in vitro. Biol. Reprod. 38, 871–880

WHITTINGHAM D.G., 1968: Fertilization of mouse eggs in vitro. Nature 220, 592–593

## Geschlechts- und Genotypanalysen bei Embryonen und Gameten

AASEN E., MEDRANO J.F., 1990: Amplification of the ZFY and ZFX genes for sex identification in humans, cattle, sheep and goats. Biotechnology 8, 1279–1281

AGRAWALA P.L., WAGNER V.A., GELDERMANN H., 1992: Sex determination and milk protein genotyping of preimplantation stage bovine embryos using multiplex PCR. Theriogenology 38, 969–978

FINDLAY I., QUIRKE P., HALL J., RUTHERFORD A., 1996: Fluorescent PCR: A new technique for PDG of sex and single gene-defects. J. Assist. Reprod. Genet. 13, 96–103

HOCHMAN D., ZARON Y., DEKEL I., FELDMESSER E., MEDRANO J.F., SHANI M., RON M., 1996: Multiple genotype analysis and sexing of IVF bovine embryos. Theriogenology 46, 1063–1075

JOHNSON L.A., FLOOK J.P., HAWK H.W., 1989: Sex preselection in rabbits: Live births from X and Y sperm separated by DNA and cell sorting. Biol. Reprod. 41, 199–203

JOHNSON L.A., WELCH G.R., RENS W., DOBRINSKY J.R., 1998: Enhanced flow cytometric sorting of mammalian X and Y sperm: High speed sorting nozzle for artificial insemination. Theriogenology 49, 361

KAGEYAMA S., MORIYASU S., TABATA T., CHIKUNI K., 1992: Amplification and sequence analysis of SRY (sex determining region Y) conserved region of domestic animals using polymerase chain reaction. Anim. Sci. Technol. 63, 1059–1065

McNUTT T.L., JOHNSON L.A., 1996: Flow cytometric sorting of sperm: Influence on fertilization and embryo/fetal development in the rabbit. Mol. Reprod. Dev. 43, 261–267

PERTL B., WEITGASSER U., KOPP S., KROISEL P.M., SHERLOCK J., ADINOLFI M., 1996: Rapid detection of trisomies 21 and 18 and sexing by quantitative fluorescent multiplex PCR. Hum. Genet. 98, 55–59

RATH D., JOHNSON L.A., DOBRINSKY J.R., WELCH G.R., NIEMANN H., 1997: Production of piglets preselected for sex following in vitro fertilization with X- and Y-chromosome-bearing spermatozoa sorted by flow cytometry. Theriogenology 47, 795–800

SCHELLANDER K., MAYR B., ERTL K., PELI J., 1993: Simultaneous genotyping of sex and κ-Casein of bovine in vitro fertilized embryos by the PCR-technique. J. Med. Vet. 40, 307–309

SCHWERIN M., PARKANYI V., ROSCHLAU K., KANITZ W., BROCKMANN G., 1994: Simultaneous genetic typing at different loci in bovine embryos by multiplex polymerase chain reaction. Animal Biotechnology 5, 47–63

SEIDEL G.E. JR., 1999: Sexing mammalian spermatozoa and embryos – state of the art. J. Reprod. Fertil. Suppl. 54, 477–487

STAHLBERG R., 1996: Vaterschaftsnachweis an Embryonen mit polymorphen DNA-Markern zur Fertilitätsbeurteilung von Ebern nach heterospermer Insemination. Vet. Diss., Tierärztliche Hochschule Hannover

SULLIVAN K.M., MANNUCCI A., KIMPTON C.P., GILL P., 1993: A rapid and quantitative DNA sex test: Fluorescence-based PCR analysis of X-Y homologous gene amelogenin. Biotechniques 15, 636–641

### Erzeugung von Chimären

BILLINGHAM R.E., BRENT L., MEDAWAR P.B., 1953: Actively acquired tolerance of foreign cells. Nature 172, 603–606

FEHILLY C.B., WILLADSEN S.M., 1986: Embryo manipulation in farm animals. Oxf. Rev. Reprod. Biol. 8, 379–413

FEHILLY C.B., WILLADSEN S.M., TUCKER E.M., 1984: Interspecific chimaerism between sheep and goat. Nature 307, 634–636

JANKOWSKI R.A., ILSTADT S.T., 1997: Chimerism and tolerance: From freemartin cattle and neonatal mice to humans. Hum. Immunol. 52, 155–161

MEINECKE-TILLMANN S., MEINECKE B., 1984: Experimental chimaeras – removal of reproductive barrier between sheep and goat. Nature 307, 637–638

MÜLLER Y.M., DAVENPORT C., ILDSTADT S.T., 1999: Xenotransplantation: Application of disease resistance. Clin. Exp. Pharmacol. Physiol. 26, 1009–1012

OWEN R.D., 1945: Immunogenic consequences of vascular anastosomes between bovine twins. Science 102, 400

ROMANUM, 2004: Etruskische Bronzeskulptur. http://www.romanum.de/data/kultur/photos_gross/chimaere_gross.html

THOMAS E.D., LOCHTE H.L., LU W.C., FERREBEE J.W., 1957: Intravenous infusion of bone marrow in patients receiving radiation and chemotherapy. N. Engl. J. Med. 257, 491–496

### Klonen von Tieren

BBSRC, ROSLIN INSTITUTE, 2000: Dolly. Edinburgh, UK. http://www.ri.bbsrc.ac.uk/images/library/large/101.jpg

BRIGGS R., KING T.J., 1952: Transplantation of living nuclei from blastula cells into enucleated frogs' eggs. Proc. Natl. Acad. Sci. USA 38, 455–463

CAMPBELL K.H.S., McWHIR J., RITCHIE W.A., WILMUT I., 1996: Sheep cloned by nuclear transfer from a cultured cell line. Nature 380, 64–66

DRIESCH H.A., 1892: Entwicklungsmechanische Studien. I. Der Wert der beiden ersten Furchungszellen in der Echinodermentwicklung. Experimentelle Erzeugung von Teil- und Doppelbildung. Zeitschrift für wissenschaftliche Zoologie 53, 160–184

GARRY F.B., ADAMS R., McCANN J.P., ODDE K.G., 1996: Postnatal characteristics of calves produced by nuclear transfer cloning. Theriogenology 45, 141–152

GURDON J.B., 1962: Adult frogs derived from the nuclei of single cells. Dev. Biol. 4, 256–273

GURDON J.B., 1968: Transplanted nuclei and cell differentiation. Sci. Am. 219, 24–35

GURDON J.B., BYRNE J.A., SIMONSSON S., 2003: Nuclear reprogramming and stem cell creation. Proc. Natl. Acad. Sci. 100, 11819–11822

HAN Y.M., KANG Y.K., KOO D.B., LEE K.K., 2003: Nuclear reprogramming of cloned embryos produced in vitro. Theriogenology 59, 33–44

JOHNSON W.H., LOSKUTOFF N.M., PLANTE Y., BETTERIDGE K.J., 1995: Production of four identical calves by the separation of blastomeres from an in vitro derived four-cell embryo. Vet. Rec. 137, 15–16

KÜHHOLZER-CABOT B., BREM G., 2002: Aging of animals produced by somatic cell nuclear transfer. Exp. Gerontol. 37, 1317–1323

NIEMANN H., MEINECKE B., 1993: Embryotransfer und assoziierte Biotechniken bei landwirtschaftlichen Nutztieren. Enke-Verlag, Stuttgart

NIEMANN H., WRENZYCKI C., LUCAS-HAHN A., BRAMBRINK T., KUES W.A., CARNWATH J.W., 2002: Gene expression patterns in bovine in vitro-produced and nuclear transfer-derived embryos and their implications for early development. Cloning Stem Cells **4**, 29–38

POLEJAEVA I.A., CHEN S.H., VAUGHT T.D., PAGE R.L., MULLINS J., BALL S., DAI Y., BOONE J., WALKER S., AYARES D.L., COLMAN A., CAMPBELL K.H.S., 2000: Cloned pigs produced by nuclear transfer from adult somatic cells. Nature **407**, 86–90

PRELLE K., VASSILIEV I.M., VASSILIEVA S.G., WOLF E., WOBUS A.M., 1999: Establishment of pluripotent cell lines from vertebrate species – present status and future prospects. Cells Tissues Organs **165**, 220–236

RENARD J.P., ZHOU Q.I., LEBOURHIS D., CHAVATTE-PALMER P., HUE I., HEYMAN Y., VIGNON X., 2002: Nuclear transfer technologies: Between successes and doubts. Theriogenology **57**, 203–222

RIDEOUT III W.M., EGGAN K., JAENISCH R., 2001: Nuclear cloning and epigenetic reprogramming of the genome. Science **293**, 1093–1098

SAEGUSA A., 1998: Mother bears could help save giant panda. Nature **394**, 409

SANDIEGO ZOO, 2004: San Diego, CA, USA. http://www.sandiegozoo.com

SCHULZE H., 1979: Blinde Passagiere als wertvolle Produzenten – Nutzen und Risiken der Gentechnologie, 1. Teil. Umschau **79**, 664–671

SHI W., ZAKHARTCHENKO V., WOLF E., 2003: Epigenetic reprogramming in mammalian nuclear transfer. Differentiation **71**, 91–113

SPEMANN H., 1901/1903: Entwicklungsgeschichtliche Studien am Tritonei. I, II, III. Roux Arch. **2**, 224–264, **5**, 448–534, **6**, 551–631

STEINBORN R., SCHINOGL P., ZAKHARTCHENKO V., ACHMANN R., SCHERNTHANER W., STOJKOVIC M., WOLF E., MÜLLER M., BREM G., 2000: Mitochondrial DNA heteroplasmy in cloned cattle produced by fetal and adult cell cloning. Nat. Genet. **25**, 255–257

STICE S.L., KEEFER C.L., 1993: Multiple generational bovine embryo cloning. Biol. Reprod. **48**, 715–719

STRELCHENKO N., 1996: Bovine pluripotent stem cells. Theriogenology **45**, 131–140

TERADA S., SATO M., SEVY A., VACANTI J.P., 2000: Tissue engineering in the twenty-first century. Yonsei Med. J. **41**, 685–691

VACANTI J.P., VACANTI C.A., 1997: The Challenge of Tissue Engineering. In: LANZA R.P., LANGER R., CHICK W.L, LANDES R.G. (EDS.), Principles of Tissue Engineering. Company, Academic Press, San Diego, USA, pp. 1–5

WELLS D.N., MISICA P.M., FORSYTH J.T., BERG M.C., LANGE J.M., TERVIT H.R., VIVANCO W.H., 1999: The use of adult somatic cell nuclear transfer to preserve the last surviving cow of the Enderby island cattle breed. Theriogenology **51**, 217

WILLADSEN S.M., 1979: A method for culture of micromanipulated sheep embryos and its use to produce monozygotic twins. Nature **277**, 298–300

WILLADSEN S.M., 1986: Nuclear transplantation in sheep embryos. Nature **320**, 63–65

WILMUT I., SCHNIEKE A.E., MCWHIR J., KIND A.J., CAMPBELL K.H.S., 1997: Viable offspring derived from fetal and adult mammalian cells. Nature **385**, 810–813

YANAGIMACHI R., 2002: Cloning: Experience from the mouse and other animals. Mol. Cell Endocrinol. **187**, 241–248

## Erzeugung transgener Tiere

BLÜTHMANN H., 2003: Use of transgenic animals to help elucidate physiological processes and pathological changes. PRBG-T, F. Hoffmann – La Roche AG, Basel, Schweiz. http://www.roche.com/pages/facets/14/transgmice.htm

BOER DE J., WILLIAMS A., SKAVDIS G., HARKER N., COLES M., TOLAINI M., NORTON T., WILLIAMS K., RODERICK K., POTOCNIK A.J., KIOUSSIS D., 2003: Transgenic mice with hematopoietic and lymphoid specific expression of Cre. Eur. J. Immunol. **33**, 314–325

BREM G., BRENIG B., GOODMAN H.M., SELDEN R.C., GRAF F., KRUFF B., 1985: Production of transgenic mice, rabbits and pigs by microinjection into pronuclei. Zuchthygiene **20**, 251–252

GLICK B.R., PASTERNAK J.J., 2003: Molecular Biotechnology – Principles and Applications of Recombinant DNA. 3rd ed., ASM Press, Washington, D.C., USA

GORDON J.W., SCANGOS G.A., PLOTKIN D.J., BARBOSA J.A., RUDDLE F.H., 1980: Genetic transformation of mouse embryos by microinjection of purified DNA. Proc. Natl. Acad. Sci. USA **77**, 7380–7384

GRAHAM F.L., VAN DER EB A.J., 1973: A new technique for the assay of infectivity of human adenovirus 5 DNA. Virology **52**, 456–467

GRIPPO P.J., NOWLIN P.S., CASSADAY R.D., SANDGREN E.P., 2002: Cell-specific transgene expression from a widely transcribed promoter using Cre/lox in mice. Genesis **32**, 277–286

GURDON J.B., 1977: Nuclear transplantation and gene injection in amphibia. Brookhaven Symp. Biol. **29**, 106–115

HAMMER R.E., PURSEL V.G., REXROAD C.E. JR., WALL R.J., BOLT D.J., EBERT K.M., PALMITER R.D., BRINSTER R.L., 1985: Production of transgenic rabbits, sheep and pigs by microinjection. Nature 315, 680–683

HILL K.G., CURRY J., DeMAYO F.J., JONES-DILLER K., SLAPAK J.R., BONDIOLI K.R., 1992: Production of transgenic cattle by pronuclear injection. Theriogenology 37, 222

HODGES C.H., STICE S.L., 2003: Generation of bovine transgenics using somatic cell nuclear transfer. Reprod. Biol. Endocrinol. 66, 334–342

HOFMANN A., KESSLER B., EWERLING S., WEPPERT M., VOGG B., LUDWIG H., STOJKOVIC M., BOELHAUVE M., BREM G., WOLF E., PFEIFER A., 2003: Efficient transgenesis in farm animals by lentiviral vectors. EMBO Rep. 4, 1054–1060

JAENISCH R., 1974: Infection of mouse blastocysts with SV 40 DNA: Normal development of infected embryos and persistence SV 40-specific DNA sequences in the adult animals. Cold Spring Harbor Symp. Quant. Biol. 39, 375–380

JAENISCH R., 1976: Germ line integration and Mendelian transmission of the exogenous Moloney leukemia virus. Proc. Natl. Acad. Sci. USA 73, 1260–1264

JAENISCH R., MINTZ B., 1974: Simian virus 40 DNA sequences in DNA of healthy adult mice derived from preimplantation blastocysts injected with viral DNA. Proc. Natl. Acad. Sci. USA 71, 1250–1254

LAVITRANO M., CAMAIONI A., FAZIO V.M., DOLCI S., FARACE M.G., SPADAFORA C., 1989: Sperm cells as vectors for introducing foreign DNA into eggs: Genetic transformation of mice. Cell 57, 717–723

LAVITRANO M., FORNI M., BACCI M.L., DI STEFANO C., VARZI V., WANG H., SEREN E., 2003: Sperm mediated gene transfer in pig: Selection of donor boars and optimization of DNA uptake. Mol. Reprod. Dev. 64, 284–291

MEUWISSEN R., LINN S.C., VAN DER VALK M., MOOI W., BERNS A., 2001: Mouse model for lung tumorigenesis through Cre/lox controlled sporadic activation of the K-Ras oncogene. Oncogene 20, 6551–6558

MONTOLIU L., 2002: Gene transfer strategies in animal transgenesis. Cloning Stem Cells 4, 39–46

MURRAY J.D., ANDERSON G.B., OBERBAUER A.M., McGLOUGHLIN M.M. (EDS.), 1999: Transgenic Animals in Agriculture. CABI Publishing, Wallingford, GB

PALMITER R.D., BRINSTER R.L., HAMMER R.E., TRUMBAUER M.E., ROSENFELD M.G., BIRNBERG N.C., EVANS R.M., 1982: Dramatic growth of mice that develop from eggs microinjected with metallothionein-growth hormone fusion genes. Nature 300, 611–615

PINKERT C.A. (ED.), 2002: Transgenic Animal Technology: A Laboratory Handbook. 2nd ed. Academic Press, Elsevier Science, USA

PURSEL V.G., PINKERT C.A., MILLER K.F., BOLT D.J., CAMPBELL R.G., PALMITER R.D., BRINSTER R.L., HAMMER R.E., 1989: Genetic engineering of livestock. Science 244, 1281–1288

PURSEL V.G., REXROAD C.E. JR., BOLT D.J., MILLER K.F., WALL R.J., HAMMER R.E., PINKERT C.A., PALMITER R.D., BRINSTER R.L., 1987: Progress on gene transfer in farm animals. Vet. Immunol. Immunopathol. 17, 303–312

SALTER D.W., SMITH E.J., HUGHES S.H., WRIGHT S.E., FADLY A.M., WITTER R.L., CRITTENDEN L.B., 1986: Gene insertion into the chicken germ line by retroviruses. Poult. Sci. 65, 1445–1458

SCHNIEKE A.E., KIND A.J., RITCHIE W.A., MYCOCK K., SCOTT A.R., RITCHIE M., WILMUT I., COLMAN A., CAMPBELL K.H., 1997: Human factor IX transgenic sheep produced by transfer of nuclei from transfected fetal fibroblasts. Science 278, 2130–2133

THOMAS K.R., CAPECCHI M.R., 1987: Site-directed mutagenesis by gene targeting in mouse embryo-derived stem cells. Cell 51, 503–512

TSIEN R.Y., 2004: Knockout Mice. Department of Pharmacology, University of San Diego, CA, USA. http://www.tsienlab.ucsd.edu/Images/html

## Gentransfer in somatische Zellen

ALLEN J.R., HUMPHREYS S.J., 1979: Immuniziation of guinea pigs and cattle against ticks. Nature 280, 491–493

ATANASIU, P., ORTH G., DRAGONAS P., 1962: Delayed specific antitumoral resistance in the hamster immunized shortly after birth with the polyoma virus. C. R. Hebd. Seances Acad. Sci. 254, 2250–2252

BABIUK L.A., L'ITALIEN J., VAN DRUNEN LITTLE-VAN DEN HURK S., ZAMB T., LAWMAN J.P., HUGHES G., GIFFORD G.A., 1987: Protection of cattle from bovine herpesvirus type I (BHV I) infection by immunization with individual glycoproteins. Virology 159, 57–66

BAILIE G.R., PLITNICK R., EISELE G., CLEMENT C., RASMUSSEN R., 1991: Experience with subcutaneous erythropoietin in CAPD patients. Adv. Perit. Dial. 7, 292–295

CRYSTAL R.G., McELVANEY N.G., ROSENFELD M.A., CHU C.S., MASTRANGELI A., HAY J.G., BRODY S.L., JAFFE H.A., EISSA N.T., DANEL C., 1994: Administration of an adenovirus containing the human CFTR cDNA to the respiratory tract of individuals with cystic fibrosis. Nat. Genet. 8, 42–51

CURIEL D.T., 1994: High-efficiency gene transfer

mediated by adenovirus-polylysine-DNA-complexes. Ann. N. Y. Acad. Sci. 716, 36–56

DEJNEKA N.S., REX T.S., BENNETT J., 2003: Gene therapy and animal models for retinal disease. Dev. Ophthalmol. 37, 188–198

DRAGHIA-AKLI, R., FIOROTTO M.L., HILL L.A., MALONE P.B., DEAVER D.R., SCHWARTZ R.J., 1999: Myogenic expression of an injectable protease-resistant growth hormone-releasing hormone augments long-term growth in pigs. Nat. Biotechnol. 17, 1179–1183

FARRUGIA A., 1993: Biotechnology and the plasma fractionation industry – the impact of advances in the production of coagulation factor VIII. Australas. Biotechnol. 3, 16–20

FERNANDEZ J.M., HOEFFLER J.P., 1999: Gene expression systems, Academic Press, San Diego, USA

GENE THERAPY CLINICAL TRIALS WORLDWIDE, 2003: The Journal of Gene Medicine, J. Wiley & Sons, GB & USA. http://217.215.32.12:80/trials/images/years.jpg

GOSSEN M., BUJARD H., 1992: Tight control of gene expression in mammalian cells by tetracycline-responsive promoters. Proc. Natl. Acad. Sci. USA 89, 5547–5551

GRAHAM F.L., VAN DER EB A.J., 1973: A new technique for the assay of infectivity of human adenovirus 5. Virology 52, 456–467

GREGORIADIS G., RYMAN B.E., 1971: Liposomes as carriers of enzymes or drugs: A new approach to the treatment of storage diseases. Biochem. J. 124, 58p

HAUSER H., WAGNER R. (EDS.), 1997: Mammalian Cell Biotechnology in Protein Production. De Gruyter-Verlag, Berlin New York, pp. 3–27

MURATA M., TUGAMI M., TAWARA Y., ONODERA K., 1993: A new culture system for the cultivation of mammalian cells for the production of several biologically active substances. Cytotechnology 13, 143–148

PASTORET P.P., BROCHIER B., LANGUET B., THOMAS I., PAQUOT A., BAUDUIN B., KIENY M.P., LECOCQ J.P., DE BRUYN J., COSTY F. ET AL., 1988: First field trial of fox vaccination against rabies using a vaccinia-rabies recombinant virus. Vet. Rec. 123, 481–483

PLEY H.W., FLAHERTY K.M., MCKAY D.B., 1994: Three-dimensional structure of a hammerhead ribozyme. Nature 372, 68–74

ROBINSON H.L., HUNT L.A., WEBSTER R.G., 1993: Protection against a lethal influenza virus challenge by immunization with a haemagglutinin-expressing plasmid DNA. Vaccine 11, 957–960

SANO E., OKANO K., SAWADA R., NARUTO M., SUDO T., KAMATA K., IIZUKA M., KOBAYASHI S., 1988: Constitutive long-term production and characterization of recombinant human interferon-gammas

from two different mammalian cells. Cell Struct. Funct. 13, 143–159

STRACHAN T., READ A.P., 1999: Human Molecular Genetics. BIOS Scientific Publishers Taylor & Francis Group, Abingdon, Oxfordshire, GB

TUSZYNSKI M.H., BLESCH A., 2004: Nerve growth factor: From animal models of cholinergic neuronal degeneration to gene therapy in Alzheimer's disease. Prog. Brain Res. 146, 441–449

WANG Y., O'MALLEY B.W. JR., TSAI S.Y., O'MALLEY B.W., 1994: A regulatory system for use in gene transfer. Proc. Natl. Acad. Sci. USA 91, 8180–8184

YILMA T., HSU D., JONES L., OWENS S., GRUBMAN M., MEBUS C., YAMANAKA M., DALE B., 1988: Protection of cattle against rinderpest and vaccinia virus recombinants expressing the HA and F gene. Science 242, 1058–1061

ZHOU Y.T., WANG Z.W., HIGA M., NEWGARD C.B., UNGER R.H., 1999: Reversing adipocyte differentiation: Implications for treatment of obesity. Proc. Natl. Acad. Sci. USA 96, 2391–2395

ZIJL VAN M., WENSVOORT E., DE KLUYVER E., HULST M., VAN DEN GULDEN H., GIELKENS A., BERNS A., MOORMANN R., 1991: Live attenuated pseudorabies virus expressing envelope glycoprotein E1 of hog cholera virus protects swine against both pseudorabies and hog cholera. J. Virol. 65, 2761–2765

## Verfahren der Mutagenese beim Tier

BIOMEDNET, 2004: Mouse knockout and mutation database (mkmd). http://www.biomednet.com/db/mkmd

BROWN S.D.M., NOLAN P.M., 1998: Mouse mutagenesis – systematic studies of mammalian gene function. Hum. Mol. Genet. 7, 1627–1633

GLICK B.R., PASTERNAK J.J., 2003: Molecular Biotechnology – Principles and Applications of Recombinant DNA. 3rd ed., ASM Press, Washington, D.C., USA

IMR, JACKSON LABORATORY, 2004: Induced mutant resource. Bar Harbor, Maine, USA. http://www.informatics.jax.org/...

JUSTICE M.J., NOVEROSKE J.K., WEBER J.S., ZHENG B., BRADLEY A., 1999: Mouse ENU mutagenesis. Hum. Mol. Genet. 8, 1955–1963

KREBS O., SCHREINER C.M., SCOTT W.J. JR., BELL S.M., ROBBINS D.J., GOETZ J.A., ALT H., HAWES N., WOLF E., FAVOR J., 2003: Replicated anterior zeugopod (raz): A polydactylous mouse mutant with lowered Shh signaling in the limb bud. Development 130, 6037–6047

MGI, JACKSON LABORATORY, 2004: Mouse Genome Informatics, Bar Harbor, Maine, USA.

http://www.informatics.jax.org/menus/homology_menu.shtml

SCHRÖDER J.H., 1969: Die Variabilität quantitativer Merkmale bei *Lebistes reticulatus* Peters nach ancestraler Röntgenbestrahlung. Zool. Beitr. N.F. 15, 237–265

SCHRÖDER J.H., 1971: Wie mutieren quantitative Merkmale? Umschau 5, 163–164

SHERRY S.T., WARD M.-H., KHOLODOV M., BAKER J., PHAN L., SMIGIELSKI E.M., SIROTKIN K., 2001: dbSNP: the NCBI database of genetic variation. Nucleic Acids Res. 29, 308–311

STADLER L.J., 1928: Mutations in barley induced by x-rays and radium. Science 68, 186–187

TBASE, JACKSON LABORATORY, 2004: The Transgenic/Targeted Mutation Database, Bar Harbor, Maine, USA. http://tbase.jax.org/docs/tb.html

TURKER M.S., 2003: Autosomal mutation in somatic cells of the mouse. Mutagenesis 18, 1–6

## Molekulare Gendiagnostik bei Nutztieren

ARKDB, ROSLIN INSTITUTE, 2004: Farm Animal Database. Roslin Bioinformatics Group, Edinburgh, UK. http://www.thearkdb.org/

ASCHAFFENBURG R., DREWRY J., 1955: Occurrence of different β-lactoglobulins in cow's milk. Nature 176, 218–219

ASCHAFFENBURG R., DREWRY J., 1957: Genetics of the β-lactoglobulins in cow's milk. Nature 180, 376–378

BAYLIS M., CHIHOTA C., STEVENSON E., GOLDMANN W., SMITH A., SIVAM K., TONGUE S., GRAVENOR M.B., 2004: Risk of scrapie in British sheep of different prion protein genotype. J. Gen. Virol. 85, 2735–2740

BOVMAP, INRA, 2004: Bovmap Database. Institut National de Recherche Agronomique, Jouy-en-Josas, Frankreich. http://locus.jouy.inra.fr/cgi-bin/lgbc/mapping/...

CIOBANU D., BASTIAANSEN J., MALEK M., HELM J., WOOLLARD J., PLASTOW G., ROTHSCHILD M., 2001: Evidence for new alleles in the protein kinase adenosine monophosphate-activated gamma(3)-subunit gene associated with low glycogen content in pig skeletal muscle and improved meat quality. Genetics 159, 1151–1162

DAWSON M., HOINVILLE L.J., HOSIE B.D., HUNTER N., 1998: Guidance on the use of PrP genotyping as an aid to the control of clinical scrapie. Scrapie Information Group. Vet. Rec. 142, 623–625

DENNIS J.A., HEALY P.J., BEAUDET A.L., O'BRIEN W.E., 1989: Molecular definition of bovine argininosuccinate synthetase deficiency. Proc. Natl. Acad. Sci. USA 86, 7947–7951

EIGEL W.N., BUTLER J.E., ERNSTROM C.A., FARRELL H.M. JR, HARWALKAR V.R., JENNESS R., WHITNEY R., 1984: Nomenclature of proteins of cow's milk: Fifth revision. J. Dairy Sci. 67, 1599–1631

FOX P.F., MCSWEENY P.L.N., (EDS.), 2003: Molecular Basis for Genetic Polymorphisms. In: Advanced Dairy Chemistry. 3rd ed., Part B, Kluwer Academic/Plenum Publishers, New York Boston, USA

FREKING B.A., MURPHY S.K., WYLIE A.A., RHODES S.J., KEELE J.W., LEYMASTER K.A., JIRTLE R.L., SMITH T.P.L., 2002: Identification of the single base change causing the callipyge muscle hypertrophy phenotype, the only known example of polar overdominance in mammals. Genome Res. 12, 1496–1506

FUJII J., OTSU K., ZORZATO F., DE LEON S., KHANNA V.K., WEILER J.E., O'BRIEN P.J., MAC LENNAN D.H., 1991: Identification of a mutation in porcine ryanodine receptor associated with malignant hyperthermia. Science 253, 448–451

GELDERMANN H., PREUSS S., KUSS A.W., 2002: Struktur und Funktion des PrP-Gens bei Schaf und Rind. Nova Acta Leopoldina NF 87, 177–194

GELDERMANN H., KUSS A.W., GOGOL J., 2004: Genes as Indicators for Milk Composition. In: HOCQUETTE J., GIGLI S. (EDS.), Indicators of Milk and Beef Quality. Wageningen Academic Publishers, The Netherlands

GENBANK, NCBI, 2004: National Center for Biotechnology Information, Bethesda, MD, USA. http://www.ncbi.nlm.nih.gov/Genbank/index.html

GROBET L., ROYO MARTIN L.J., PONCELET D., PIROTTIN D., BROUWERS B., RIQUET J., SCHOEBERLEIN A., DUNNER S., MENISSIER F., MASSABANDA J., FRIES R., HANSET R., GEORGES M., 1997: A deletion in the myostatin gene causes double muscling in cattle. Nat. Genet. 17, 71–74

HARDGE T., SCHOLZ A., 1994: The influence of RYR-genotype and breed on fattening performance, carcass value and meat quality. 45th Annual Meeting of the EAAP; Edinburgh, GB

HOUDE A., POMMIER S.A., ROY R., 1993: Detection of the ryanodine receptor mutation associated with malignant hyperthermia in purebred swine populations. J. Anim. Sci. 71, 1414–1418

HUNTER N., GOLDMANN W., MARSHALL E., O'NEILL G., 2000: Sheep and goats: Natural and experimental TSEs and factors influencing incidence of disease. Arch. Virol. Suppl., 181–188

KAHLER S.C., 2002: The rationale for ridding U.S. of scrapie. Journal of the American Veterinary Medical Association (JAVMA) online. http://www.avma.org/onlnews/javma/may02/s050102g.asp

KAMBADUR R., SHARMA M., SMITH T.P.L., BASS J.J., 1997: Mutations in myostatin (GDF8) in Double-

Muscled Belgian Blue and Piedmontese cattle. Genome Res. 7, 910–916

KNORR C., SCHWILLE M., MOSER G., MÜLLER E., BARTENSCHLAGER H., GELDERMANN H., 1994: Calcium-release channel genotypes in several pig populations - associations with halothane and CK reactions. J. Anim. Breed. Genet. 111, 243–252

LEVEZIEL H., METENIER L., MAHE M.-F., CHOPLAIN J., FURET J.-P., PABÆUF G., MERCIER J.-C., GROSCLAUDE F., 1988: Identification of the two common alleles of the bovine κ-casein locus by the RFLP technique, using the enzyme Hind III. Genet. Select. Evol. 20, 247–254

LODES A., 1995: Beziehungen zwischen Zusammensetzung und Labgerinnungseigenschaften der Milch und genetischen Varianten der Milchproteine. Diss., Technische Universität München

MARC, USDA, 2004: Bovine Chromosome Linkage Maps. U.S. Meat Animal Research Center, Nebraska, USA. http://www.marc.usda.gov/genome

MEIJERINK E., FRIES R., VÖGELI P., MASABANDA J., WIGGER G., STRICKER C., NEUENSCHWANDER S., BERTSCHINGER H.U., STRANZINGER G., 1997: Two alpha (1,2)fucosyltransferase genes on porcine chromosom 6q11 are closely linked to the blood group inhibitor (S) and Escherichia coli F18 receptor (ECF18R) loci. Mamm. Genome 8, 736–741

METALLINOS D.L., BOWLING A.T., RINE J., 1998: A missense mutation in the endothelin-B receptor gene is associated with Lethal White Foal Syndrome: An equine version of Hirschprung disease. Mamm. Genome 9, 426–431

MGI, JACKSON LABORATORY, 2004: Mouse Genome Informatics, Bar Harbor, Maine, USA. http://www.informatics.jax.org/menus/homology _menu.shtml

MILAN D., JEON J.T., LOOFT C., AMARGER V., ROBIC A., THELANDER M., ROGEL-GAILLARD C., PAUL S., IANNUCCELLI N., RASK L. ET AL., 2000: A mutation in PRKAG3 associated with excess glycogen content in pig skeletal muscle. Science 288, 1248–1251

MILLAR P., LAUVERGNE J.J., DOLLING C. (EDS.), 2000: Mendelian Inheritance in Cattle. EAAP publication No. 101, Wageningen Press, Wageningen, Netherlands

MIRANDA G., ANGLADE P., MAHÉ M.F., ERHARDT G., 1993: Biochemical characterization of the bovine genetic κ-casein C and E variants. Anim. Genet. 24, 27–31

MULSANT P., LECERF F., FABRE S., SCHIBLER L., MONGET P., LANNELUC I., PISSELET C., RIQUET J., MONNIAUX D., CALLEBAU I., ET AL., 2001: Mutation in bone morphogenetic protein receptor-IB is associated with increased ovulation rate in Booroola Merino ewes. Proc. Natl. Acad. Sci. USA 98, 5104–5109

NSPAC, 2003: National Scrapie Plan for Great Britain NSP 1. National Scrapie Plan Administration Centre, Department for Environment, Food and Rural Affairs (Defra), Worcester, UK. http://www.defra.gov.uk/corporate/regulat/forms/ Ahealth/nsp/nsp1.pdf

O'ROURKE K.I., BASZLER T.V., BESSER T.E., MILLER J.M., CUTLIP R.C., WELLS G.A., RYDER S.J., PARISH S.M., HAMIR A.N., COCKETT N.E., JENNY A., KNOWLES D.P., 2000: Preclinical diagnosis of scrapie by immunohistochemistry of third eyelid lymphoid tissue. J. Clin. Microbiol. 38, 3254–3259

PRINZENBERG E.M., KRAUSE I., ERHARDT G., 1999: SSCP analysis at the bovine CSN3 locus discriminates six alleles corresponding to known protein variants (A, B, C, E, F, G) and three new DNA polymorphisms (H, I, A1). Anim. Biotechnol. 10, 49–62

PRUSINER S.B., 1998: Prions. Proc. Natl. Acad. Sci. USA 95, 13363–13383

SANTSCHI E.M., PURDY A.K., VALBERG S.J., VROTSOS P.D., KAESE H., MICKELSON J.R., 1998: Endothelin receptor B polymorphism associated with lethal white foal syndrome in horses. Mamm. Genome 9, 306–309

SCHWENGER B., SCHOBER S., SIMON D., 1993: DUMPS cattle carry a point mutation in the uridine monophosphate synthase gene. Genomics 16, 241–244

SHIN E.K., PERRYMAN L.E., MEEK K., 1997a: A kinase-negative mutation of DNA-PK(CS) in equine SCID results in defective coding and signal joint formation. J. Immunol. 158, 3565–3569

SHIN E.K., PERRYMAN L.E., MEEK K., 1997b: Evaluation of a test for identification of Arabian horses heterozygous for the severe combined immunodeficiency trait. J. Am. Vet. Med. Assoc. 211, 1268–1270

SHUSTER D.E., KEHRLI M.E. JR., ACKERMANN M.R., GILBERT R.O., 1992: Identification and prevalence of a genetic defect that causes leukocyte adhesion deficiency in Holstein cattle. Proc. Natl. Acad. Sci. USA 89, 9225–9229

SWISS-PROT, SIB, 2004: Protein Sequence Database. Swiss Institute of Bioinformatics. http://www.expasy.org/sprot/...

VACCARI G., PETRAROLI R., AGRIMI U., ELENI C., PERFETTI M.G., DI BARI M.A., MORELLI L., LIGIOS C., BUSANI L., NONNO R., DI GUARDO G., 2001: PrP genotype in Sarda breed sheep and its relevance to scrapie. Arch. Virol. 146, 2029–2037

YANG G.C., CROAKER D., ZHANG A.L., MANGLICK P., CARTMILL T., CASS D., 1998: A dinucleotide mutation in the endothelin-B receptor gene is associated with lethal white foal syndrome (LWFS); a horse variant of Hirschsprung disease. Hum. Mol. Genet. 7, 1047–1052

## Nutzung von DNA-Markern zur Kontrolle von Tieren und tierischen Produkten

CLINTON M., 1994: A rapid protocol for sexing chick embryos (Gallus g. domesticus). Anim. Genet. 25, 361–362

GLOWATZKI-MULLIS M.L., GAILLARD C., WIGGER G., FRIES R., 1995: Microsatellite-based parentage control in cattle. Anim. Genet. 26, 7–12

HEATON M., HARHAY G., BENNETT G., STONE R., GROSSE W., CASAS E., KEELE J.W., SMITH T., CHITKO-MCKOWN C., LAEGREID W.W., 2002: Selection and use of SNP markers for animal identification and paternity analysis in U.S. beef cattle. Mamm. Genome 13, 272–281

HEYEN D.W., BEEVER J.E., DA Y., EVERT R.E., GREEN C., BATES S.R., ZIEGLE J.S., LEWIN H.A., 1997: Exclusion probabilities of 22 bovine microsatellite markers in fluorescent multiplexes for semi-automated parentage testing. Anim. Genet. 28, 21–27

JAMIESON A., TAYLOR S.C., 1997: Comparisons of three probability formulae for parentage exclusion. Anim. Genet. 28, 397–400

JEFFREYS A.J., WILSON V., THEIN S.L., 1985: Individual-specific "fingerprint" of human DNA. Nature 316, 76–79

MORTON N.E., COLLINS A.E., 1995: Statistical and genetic aspects of quality control for DNA identification. Electrophoresis 16, 1670–1677

## Verfahren zur Beurteilung des Leistungsstoffwechsels

BICKARDT K., 1983: Zur Diagnose der Stressanfälligkeit beim Schwein. Der prakt. Tierarzt 54, 335–348

EULITZ-MEDER C., GELDERMANN H., SALLMANN H.P., 1989: Stoffwechselreaktionen auf intravenöse Infusionen und deren Beziehung zur Milchleistung bei eineiigen Rinderzwillingen. 1. Mitt.: Propionatinfusion. Züchtungskunde 61, 190–209

EULITZ-MEDER C., GELDERMANN H., SALLMANN H.P., 1990: Stoffwechselreaktionen auf intravenöse Infusionen und deren Beziehung zur Milchleistung bei eineiigen Rinderzwillingen. 2. Mitt.: Butyratinfusion. Züchtungskunde 62, 102–117

HART I.C., BINES J.A., MORANT S.V., RIDLEY J.L., 1978: Endocrine control of energy metabolism in the cow: comparison of the levels of hormones (prolactin, growth hormone, insulin and thyroxine) and metabolites in the plasma of high- and low-yielding cattle at various stages of lactation. J. Endocrinol. 77, 333–345

LEHNINGER A.L., NELSON D.L., COX M.M., 2001: Prinzipien der Biochemie. 3. Aufl., Springer Verlag, Berlin Heidelberg

METZLER D.E., METZLER C.M., 2001: Biochemistry. The Chemical Reactions of Living Cells. 2nd ed., Academic Press, San Diego, California, USA

MITCHELL G., HEFFRON J.J.A., 1982: Porcine stress syndromes. Adv. Food Res. 28, 167–230

MÜLLER U., LEUTHOLD G., DALLE T., REINECKE P., 1997: Der Einfluss des genetischen Milchleistungspotentials auf immunkompetente Merkmale und Stoffwechselindikatoren bei hungerbelasteten Milchrindbullen. Arch. Tierz., Dummerstorf 40, 493–504

MÜLLER U., LEUTHOLD G., REINECKE P., 1996: Möglichkeiten einer indirekten Selektion gegen residual feed intake beim Milchrind. Arch. Tierz. Dummerstorf 38, 277–287

RANDALL D., BURGGREN W., FRENCH K., 2002: Eckert Animal Physiology: Mechanisms and Adaptations. 5th ed., Freeman Verlag, New York, USA

REINER G., DZAPO V., 1989: Erythrocyte osmotic fragility in porcine malignant hyperthermia and effects of halothane. J. Vet. Med. 36, 269–275

ROGDAKIS E., MÜLLER E., MAILÄNDER C., FEWSON D., 1996: Selektionsexperiment beim Schwein zur Verbesserung der Schlachtkörperzusammensetzung durch Zuchtwahl nach biochemischen Parametern oder Ultraschallmaßen. 1. Mitt.: Versuchsanlage, direkte und indirekte Selektionseffekte. Züchtungskunde 68, 20–31

SCHAMS D., GRAF F., GRAULE B., ABELE M., PROKOPP S., 1991: Hormonal changes during lactation in cows of three different breeds. Livestock Production Science 27, 285–296

SELYE H., 1981: Geschichte und Grundzüge des Stresskonzeptes. In: NITSCH J.R. (ED.) Stress: Theorien, Untersuchungen, Maßnahmen, Verlag Hans Huber, Bern, S. 165–187

SYBESMA W., EIKELENBOOM G., 1969: Malignant hyperthermia syndrome in pigs. Neth. J. Vet. Sci. 2, 155–160

## Bedeutung biotechnischer Verfahren für die Tierernährung

DATENBANK TRANSGEN, 2003: Transparenz für Gentechnik bei Lebensmitteln. Die Verbraucherinitiative e.V. http://www.transgen.de

DELGADO C.L., ROSEGRANT M.W., STEINFELD H., EHUI S.K., COURBOIS C., 1999: Livestock to 2020: The Next Food Revolution 2020. Vision Discussion Paper 28. Int. Food Pol. Res. Inst. Washington, D.C., USA

DLG-FUTTERWERTTABELLEN-WIEDERKÄUER, 7. Aufl., Hrsg. Univ. Hohenheim, 1997: DLG-Verlag, Frankfurt/Main

DÜNGELHOEF M., RODEHUTSCORD M., 1995: Wirkung von Phytasen auf die Verdaulichkeit des Phosphors beim Schwein. Übers. Tierernährg. 23, 133–157

EINSPANIER R., KLOTZ A., KRAFT J., AULRICH K., POSER R., SCHWÄGELE F., JAHREIS G., FLACHOWSKY G., 2001: The fate of forage plant DNA in farm animals: a collaborative case-study investigating cattle and chicken fed recombinant plant material. Eur. Food Res. Technol. 212, 129–134

FLACHOWSKY G., 2000: Effiziente Tierernährung – unverzichtbare Voraussetzung für die Welternährung im neuen Jahrtausend. Mühle Mischfutter 137, 2–8

FLACHOWSKY G., KAMPHUES J., 1999: Use of antimicrobial feed additives in animal nutrition. Proc. 7. Symp. Vitamine und Zusatzstoffe in der Ernährung von Mensch und Tier, Jena, S. 62–73

KLOTZ A., EINSPANIER R., 1998: Nachweis von „Novel-Feed" im Tier? Beeinträchtigung des Verbrauchers von Fleisch oder Milch ist nicht zu erwarten. Mais 3, 109–111

OECD, 1993: Safety Evaluation of Foods Derived by Modern Biotechnology: Concepts and Principles. Organisation for Economic Co-operation and Development, Paris, Frankreich

SCHUBBERT R., HOHLWEG U., RENZ D., DOERFLER W., 1998: On the fate of orally ingested foreign DNA in mice: Chromosomal association and placental transmission to the fetus. Mol. Gen. Genet. 259, 569–576

SCHUBBERT R., RENZ D., SCHMITZ B., DOERFLER W., 1997: Foreign (M13) DNA ingested by mice reaches peripheral leukocytes, spleen, and liver via the intestinal wall mucosa and can be covalently linked to mouse DNA. Proc. Natl. Acad. Sci. 94, 961–966

WALLACE R.J., CHESSON, A. (EDS.), 1995: Biotechnology in Animal Feeds and Animal Feeding. VCH Verlagsgesellschaft, Weinheim New York Basel Cambridge Tokyo

## Einsatz biotechnischer Verfahren in Zuchtprogrammen

ADR-RINDERPRODUKTION, Jahreshefte bis 2003: Rinderproduktion Zucht, Besamung, Leistungsprüfung in der Bundesrepublik Deutschland. Arbeitsgemeinschaft Deutscher Rinderzüchter e. V., Bonn

BML STATISTISCHE JAHRBÜCHER, JAHRGÄNGE 1950 – 1982: Statistische Jahrbücher über Ernährung, Landwirtschaft und Forsten der Bundesrepublik Deutschland. Landwirtschaftsverlag Münster-Hiltrup

COMBERG G., 1984: Die deutsche Tierzucht im 19. und 20. Jahrhundert. Verlag Eugen Ulmer, Stuttgart

GELDERMANN H., MOMM H., 1995: Biotechnologie als Grundlage neuer Verfahren in der Tierzucht. In: VON SCHELL T., MOHR H. (HRSG.),Biotechnologie – Gentechnik. Springer Verlag, Berlin Heidelberg, S. 244–287

HENZE A., ZEDDIES J., GELDERMANN H., MOMM H., 1995: Auswirkungen biotechnischer Neuerungen in der Tierzucht. Schriftenreihe des Bundesministeriums für Ernährung, Landwirtschaft und Forsten. Reihe A: Angewandte Wissenschaft, Heft 443. Landwirtschaftsverlag GmbH, Münster

KASHI Y., HALLERMAN E., SOLLER M., 1990: Marker assisted selection of candidate bulls for progeny testing programs. Anim. Prod. 52, 21–31

MEUWISSEN T.H.E., 1991: Expectation and variance of genetic gain in open and closed nucleus and progeny testing schemes. Anim. Prod. 53, 133–141

NICOLAS F.W., SMITH C., 1983: Increased rates of genetic change in dairy cattle by embryo transfer and splitting. Anim. Prod. 36, 341–353

STRANZINGER G., 1988: Züchtungsbiologie und Genetik im Zeitalter der Neuorientierung der Tierzucht. J. Anim. Breed. Genet. 105, 251–263

ZDS-SCHWEINEPRODUKTION, Jahreshefte bis 2003: Zahlen aus der deutschen Schweineproduktion. Zentralverband der Deutschen Schweineproduktion e.V., Bonn

ZHANG W., SMITH C., 1992: Simulation of marker assisted selection utilizing linkage disequilibrium. Theor. Appl. Genet. 86, 492–496

## Biotechnische Verfahren für den Nachweis und die Prophylaxe von Infektionserregern

COBON G.S., 1997: An Anti-Arthropod Vaccine: TickGARD – a Vaccine to Prevent Cattle Tick Infestations. In: LEVINE M.M. ET AL. (EDS.), New Generation Vaccines. 2nd ed. Marcel Dekker Inc., New York Basel London Hong Kong

JANEWAY C.A., TRAVERS P., 1997: Immunologie. 2. Aufl., Spektrum Akad. Verlag, Heidelberg Berlin Oxford

LERNER R.A., KANG A.S., BAIN J.D., BURTON D.R., BARBAS C.F., 1992: Antibodies without immunization. Science 258, 1313–1314

LEVINE M.M., WOODROW G.C., KAPER J.B., COBON G.S. (EDS.), 1997: New Generation Vaccines. 2nd ed. Marcel Dekker Inc., New York Basel London Hong Kong

MILLER L.K., 1988: Baculoviruses as gene expression vectors. Ann. Rev. Microbiol. 42, 177–199

PEARSON L.D., ROY P., 1993: Genetically engineered multi-component virus-like particles as veterinary vaccines. Immunol. Cell Biol. 71, 381–389

PFAFF E., MUSSGAY M., BÖHM H.O., SCHULZ G.E., SCHALLER H., 1982: Antibodies against a preselected peptide recognize and neutralize foot and mouth disease virus. EMBO J. 1, 869–874

POTTER A.A., HARLAND R.J., 1990: Development of a recombinant subunit vaccine for Pasteurella haemolytica. American Society of Microbiology Biotechnology Conference, Chicago, IL, USA

RIJN VAN P.A., BOSSERS A., WENSVOORT G., MOORMANN R.J., 1996: Classical swine fever virus (CSFV) envelope glycoprotein E2 containing one structural antigenic unit protects pigs from lethal CSFV challenge. J. Gen. Virol. 77, 2737–2745

ROOSIEN J., BELSHAM G.J., RYAN M.D., KING A.M., VLAK J.M., 1990: Synthesis of foot-and-mouth disease virus capsid proteins in insect cells using baculovirus expression vectors. J. Gen. Virol. 71, 1703–1711

SZOSTAK M.P., HENSEL A., EKO F.O., KLEIN R., AUER T., MADER H., HASLBERGER A., BUNKA S., WANNER G., LUBITZ W., 1996: Bacterial ghosts: non-living candidate vaccines. J. Biotechnol. 44, 161–170

UTTENTHALER E., KÖSSLINGER C., DROST S., 1988: Characterization of immobilization methods for African swine fever virus protein and antibodies with a piezoelectric immunosensor. Biosens. Bioelectron. 13, 1279–1286

## Anwendungsbereiche für transgene Tiere

BAWDEN C.S., SIVAPRASAD A.V., VERMA P.J., WALKER S.K., ROGERS G.E., 1995: Expression of bacterial cysteine biosynthesis genes in transgenic mice and sheep: Towards a new in vivo amino acid biosynthesis pathway and improved wool growth. Transgenic Res. 4, 87–104

BECKMANN J.P., BREM G., EIGLER F.W., GÜNZBURG W., HAMMER C., MÜLLER-RUCHHOLTZ W., NEUMANN-HELD E.M., SCHREIBER H.L., 2000: Xenotransplantation von Zellen, Geweben und Organen. Wissenschaftsethik und Technikfolgenabschätzung, Band 8, Springer-Verlag, Berlin Heidelberg

BREEKVELDT J., JONGERDEN J., 1998: Transgenic animals in pharmaceutical production. Biotechnol. Develop. Monitor 36, 19–22

CASCALHO M., PLATT J.L., 2001: Xenotransplantation and other means of organ replacement. Nat. Rev. Immunol. 1, 154–60

CASTILLA J., PINTADO B., SOLA I., SÁNCHEZ-MORGADO J.M., ENJUANES L., 1998: Engineering passive immunity in transgenic mice secreting virus-neutralizing antibodies in milk. Nat. Biotechnol. 16, 349–354

COLEMAN J.E., PURSEL V.G., WALL R.J., HADEN M., DEMAYO F., SCHWARTZ R.J., 1995: Regulatory sequences from the avian skeletal α-actin gene direct high level expression of a human insulin-like growth factor I cDNA in sekeletal muscle of transgenic pigs. J. Anim. Sci., 73, 145

CUMMINGS D., 1999: Animal pharming: The industrialization of transgenic animals. http://www.aphis.usda.gov/vs/ceah/cei/animal-pharming.htm

DAMAK S., SU H., JAY N.P., BULLOCK D.W., 1996: Improved wool production in transgenic sheep expressing insulin-like growth factor 1. Biotechnology 14, 185–188

EBERT K.M., SELGRATH J.P., DITULLIO P., DENMAN P., SMITH T.E., MEMON M.A., SCHINDLER J.H., MONASTERSKY G.M., VITALE J.A., GORDON K., 1991: Transgenic production of a variant of human tissue-type plasminogen activator in goat milk: Generation of transgenic goats and analysis of expression. Biotechnology 9, 835–838

EBERT K.M., LOW M.J., OVERSTROM E.W., BUONOMO F.C., BAILE C.A., ROBERTS T.M., LEE A., MANDEL G., GOODMAN R.H., 1988: A moloney MLV-rat somatotropin fusion gene produces biologically active somatotropin in a transgenic pig. Mol. Endocrinol. 2, 277–283

GORDON J.W., SCANGOS G.A., PLOTKIN D.J., BARBOSA J.A., RUDDLE F.H., 1980: Genetic transformation of mouse embryos by microinjection of purified DNA. Proc. Natl. Acad. Sci. 77, 7380–7384

HAMMER R.E., PURSEL V.G., REXROAD C.E. JR., WALL R.J., BOLT D.J., EBERT K.M., PALMITER R.D., BRINSTER R.L., 1985: Production of transgenic rabbits, sheep and pigs by microinjection. Nature 315, 680–683

HENNIGHAUSEN L., 2000: Mouse models for breast cancer. Breast Cancer Res. 2, 2–7

HILL K.G., CURRY J., DEMAYO F.J., JONES-DILLER K., SLAPAK J.R., BONDIOLI K.R., 1992: Production of transgenic cattle by pronuclear injection. Theriogenology 37, 222

HOUDEBINE L.M (ED.), 1997: Transgenic Animals – Generation and Use. Harwood Academic Publishers, Amsterdam, The Netherlands

HU J., BUMSTEAD N., BARROW P., SEBASTIANI G., OLIEN L., MORGAN K., MALO D., 1997: Resistance to salmonellosis in the chicken is linked to NRAMP1 and TNC. Genome Res. 7, 693–704

HYTTINEN J.M., PEURA T., TOLVANEN M., AALTO J.,

ALHONEN L., SINERVIRTA R., HALMEKYTÖ M., MYÖHÄNEN S., JÄNNE J., 1994: Generation of transgenic dairy cattle from transgene-analyzed and sexed embryos produced in vitro. Biotechnology 12, 606–608

KRIMPENFORT P., RADEMAKERS A., EYESTONE W., VAN DER SCHANS A., VAN DEN BROEK S., KOOIMAN P., KOOTWIJK E., PLATENBURG G., PIEPER F., STRIJKER R., DE BOER H., 1991: Generation of transgenic dairy cattle using „in vitro" embryo production. Biotechnology 9, 844–847

KUES W.A., NIEMANN H., 2004: The contribution of farm animals to human health. Trends Biotechnol. 22, 286–294

MARASCO W.A., 1997: Intrabodies: turning the humoral immune system outside in for intracellular immunization. Gene Ther. 4, 11–15

MCCREATH K.J., HOWCROFT J., CAMPBELL K.H., COLMAN A., SCHNIEKE A.E., KIND A.J., 2000: Production of gene-targeted sheep by nuclear transfer from cultured somatic cells. Nature 405, 1066–1069

MCPHERRON A.C., LAWLER A.M., LEE S.J., 1997: Regulation of skeletal muscle mass in mice by a new TGF-beta superfamily member. Nature 387, 83–90

MÜLLER M., BREM G., 1996: Intracellular, genetic or congenital immunisation – transgenic approaches to increase disease resistance of farm animals. J. Biotechnol. 44, 233–242

MÜLLER M., BRENIG B., WINNACKER E.L., BREM G., 1992: Transgenic pigs carrying cDNA copies encoding the murine Mx1 protein which confers resistance to influenza virus infection. Gene 121, 263–270

MURRAY J.D., NANCARROW C.D., MARSHALL J.T., HAZELTON I.G., WARD K.A., 1989: Production of transgenic Merino sheep by microinjection of ovine metallothionein-ovine growth hormone fusion genes. Reprod. Fertil. Dev. 1, 147–155

NIEMANN H., HALTER R., CARNWATH J.W., HERRMANN D., LEMME E., PAUL D., 1999: Expression of human blood clotting factor VIII in the mammary gland of transgenic sheep. Transgenic Res. 8, 237–247

NIEMANN H., KUES W.A., 2003: Application of transgenesis in livestock for agriculture and biomedicine. Anim. Reprod. Sci. 79, 291–317

PALEYANDA R.K., VELANDER W.H., LEE T.K., SCANDELLA D.H., GWAZDAUSKAS F.C., KNIGHT J.W., HOYER L.W., DROHAN W.H., LUBON H., 1997: Transgenic pigs produce functional human factor VIII in milk. Nat. Biotechnol. 15, 971–975

PALMITER R.D., BRINSTER R.L., HAMMER R.E., TRUMBAUER M.E., ROSENFELD M.G., BIRNBERG N.C., EVANS R.M., 1982: Dramatic growth of mice that develop from eggs microinjected with metallothionein-growth hormone fusion genes. Nature 300, 611–615

PLATT J.L., LIN S.S., 1998: The future promises of xenotransplantion. In: FISHMAN J., SACHS D., SHAIKI R. (EDS.). Xenotransplantation: Scientific frontiers and public policy. Ann. N.Y. Acad. Sci. 862, 5–18

POWELL B.C., WALKER S.K., BAWDEN C.S., SIVAPRASAD A.V., ROGERS G.E., 1994: Transgenic sheep and wool growth: Possibilities and current status. Reprod. Fertil. Dev. 6, 615–623

PURSEL V.G., PINKERT C.A., MILLER K.F., BOLT D.J., CAMPBELL R.G., PALMITER R.D., BRINSTER R.L., HAMMER R.E., 1989: Genetic engineering of livestock. Science 244, 1281–1288

PURSEL V.G., WALL R.J., SOLOMON M.B., BOLT D.J., MURRAY J.D., WARD K.A., 1997: Transfer of an ovine metallothionein-ovine growth hormone fusion gene into swine. J. Anim. Sci. 75, 2208–2214

REED W.A., ELZER P.H., ENRIGHT F.M., JAYNES J.M., MORREY J.D., WHITE K.L., 1997: Interleukin 2 promoter/enhancer controlled expression of a synthetic cecropin-class lytic peptide in transgenic mice and subsequent resistance to Brucella abortus. Transgenic Res. 6, 337–347

REXROAD C.E. JR., HAMMER R.E., BOLT D.J., MAYO K.E., FROHMAN L.A., PALMITER R.D., BRINSTER R.L., 1989: Production of transgenic sheep with growth-regulating genes. Mol. Reprod. Dev. 1, 164–169

REXROAD C.E. JR., MAYO K., BOLT D.J., ELSASSER T.H., MILLER K.F., BEHRINGER R.R., PALMITER R.D., BRINSTER R.L., 1991: Transferrin- and albumin-directed expression of growth-related peptides in transgenic sheep. J. Anim. Sci. 69, 2995–3004

ROSCHLAU K., ROMMEL P., ANDREEWA L., ZACKEL M., ROSCHLAU D., ZACKEL B., SCHWERIN M., HUHN R., GAZARJAN K.G., 1989: Gene transfer experiments in cattle. J. Reprod. Fertil. Suppl. 38, 153–160

SCHMID, R.D., 2002: Taschenatlas der Biotechnologie und Gentechnik. Wiley-VHC Verlag, Weinheim

SCHNIEKE A.E., KIND A.J., RITCHIE W.A., MYCOCK K., SCOTT A.R., RITCHIE M., WILMUT I., COLMAN A., CAMPBELL K.H.S., 1997: Human factor IX transgenic sheep produced by transfer of nuclei from transfected fetal fibroblasts. Science 278, 2130–2133

SIMONS J.P., WILMUT I., CLARK A.J., ARCHIBALD A.L., BISHOP J.O., LATHE R., 1988: Gene transfer into sheep. Biotechnology 6, 179–183

STROMQVIST M., HOUDEBINE M., ANDERSSON J.O., EDLUND A., JOHANSSON T., VIGLIETTA C., PUISSANT C., HANSSON L., 1997: Recombinant human extracellular superoxide dismutase produced in milk of transgenic rabbits. Transgenic Res. <u>6</u>, 271–278

Swanson M.E., Martin M.J., O'Donnell J.K., Hoover K., Lago W., Huntress V., Parsons C.T., Pinkert C.A., Pilder S., Logan J.S., 1992: Production of functional human hemoglobin in transgenic swine. Biotechnology <u>10</u>, 557–559

TBASE, Jackson Laboratory, 2004: The Transgenic/Targeted Mutation Database, Bar Harbor, Maine, USA. http://tbase.jax.org/docs/tb.html

Titus T., Badet L., Gray D.W.R., 2000: Outcomes of xenotransplantation of vascularised organs and islets. Expert Reviews in Molecular Medicine: http://www.expertreviews.org/...

Velander W.H., Johnson J.L., Page R.L., Russel C.G., Subramanian A., Wilkens T.D., Gwadz-dauskas F.C., Pittius C., Drohan W.N., 1992: High-level expression of a heterologous protein in the milk of transgenic swine using the cDNA encoding human protein C. Proc. Natl. Acad. Sci. USA <u>89</u>, 12003–12007

Vize P.D., Michalska A.E., Ashman R., Lloyd B., Stone B.A., Quinn P., Wells J.R., Seamark R.F., 1988: Introduction of a porcine growth hormone fusion gene into transgenic pigs promotes growth. J. Cell Sci. <u>90</u>, 295–300

Wall R.J., Pursel V.G., Shamay A., McKnight R.A., Pittius C.W., Hennighausen L., 1991: High-level synthesis of a heterologous milk protein in the mammary glands of transgenic swine. Proc. Natl. Acad. Sci. USA <u>88</u>, 1696–1700

Weidle U.H., Lenz H., Brem G., 1991: Genes encoding a mouse monoclonal antibody are expressed in transgenic mice, rabbits and pigs. Gene <u>98</u>, 185–191

White D., 1996: Alteration of complement activity: a strategy for xenotransplantation. Trends Biotechnol. <u>14</u>, 3–5

Wilson C.A., Wong S., Van Brocklin M., Federspiel M.J., 2000: Extended analysis of the in vitro tropism of porcine endogenous retrovirus. J. Virol. <u>74</u>, 49–56

Wright G., Carver A., Cottom D., Reeves D., Scott A., Simons P., Wilmut I., Garner I., Colman A., 1991: High level expression of active human alpha-1-antitrypsin in the milk of transgenic sheep. Biotechnology <u>9</u>, 830–834

Xia D., Samols D., 1997: Transgenic mice expressing rabbit C-reactive protein are resistant to endotoxemia. Proc. Natl. Acad. Sci. USA <u>94</u>, 2575–2580

## Gesetzliche Vorgaben für den Einsatz biotechnischer Verfahren bei Tieren

Amtsblatt der Europäischen Gemeinschaften 30.7.98 Richtlinie über den rechtlichen Schutz biotechnologischer Erfindungen 98/44/EG des europäischen Parlaments und des Rates vom 6. Juli 1998. www.pst.fhg.de/pla/ger/hps7/EU-Richt linie.pdf

Gesetz zur Regelung der Gentechnik (Gentechnikgesetz – GenTG). In der Fassung der Bekanntmachung vom 16. Dezember 1993 – BGBl. www.bba.de/gentech/gentg.pdf

Gesetz zur Regelung der Gentechnik (Gentechnikgesetz – GenTG). Weitere Fassungen. www.lfas.bayern.de/vorschriften/gesetze/a-z/gentg.htm

Krieger H.J., 2004: Volltexte zum internationalen gewerblichen Rechtsschutz. http://transpatent.com/gesetze/volltext.htm

Lebensmittel- und Bedarfsgegenständegesetz (LMBG), in der Fassung vom 9.9.1997 http://www.rechtliches.de/gesetze/LMBG.html

Tierschutzgesetz. http://bundesrecht.juris.de/bundes recht/tierschg/inhalt.html

Tierzuchtgesetz. http://bundesrecht.juris.de/bundes recht/tierzg_1989/inhalt.html

Tierschutzgesetz, in der Fassung der Bekanntmachung vom 25. Mai 1998 (BGBl. I S. 1094). www.tierschutz.org/pages/forschung/tierschutz gesetz.htm

Tierzuchtgesetz. In der Fassung vom 22.1.1998, zuletzt geändert 29.10.2001. www.rechtliches.de/info_TierZG.html

Übereinkommen über die Erteilung Europäischer Patente (Europäisches Patentübereinkommen, EPÜ) vom 5. Oktober 1973. www.european-patent-office.org/legal/epc/d/ma1.html

Verordnung des europäischen Parlaments und des Rates über neuartige Lebensmittel und neuartige Lebensmittelzutaten. www.transgen.de/Recht/inhalt.html

## Auswirkungen biotechnischer Neuerungen im Tierbereich

ADR-Rinderproduktion, Jahreshefte 1950 bis 2003: Rinderproduktion Zucht, Besamung, Leistungsprüfung in der Bundesrepublik Deutschland. Arbeitsgemeinschaft Deutscher Rinderzüchter e.V., Bonn

Evangelische Kirche in Deutschland (EKD), 1997: Einverständnis mit der Schöpfung. Ein Beitrag zur ethischen Urteilsbildung im Blick auf die Gentechnik und ihre Anwendung bei Mikroorganismen, Pflanzen und Tieren. 2. Aufl. Gütersloher Verlagshaus, Gütersloh

FAO, 2003: Global livestock production and health atlas - GliPHA. www.fao.org/aga/glipha/index.jsp

FLEISCHER P., METZNER M., BEYERBACH M., HOEDE-MAKER M., KLEE W., 2001: The relationship between milk yield and the incidence of some diseases in dairy cows. J. Dairy Sci. 84, 2025–2035

GASKELL G., ALLUM N., STARES S., ET AL. 2003: Europeans and Biotechnology in 2002. Eurobarometer 58.0. 2nd ed. ww.europa.eu.int/comm/public_opinion/archives/eb/ebs...

HALLBERG M.C. (ED.), 1992: Bovine Somatotropin and Emerging Issues: An assessment. Westview Press, Boulder, CO, USA

HENZE A., ZEDDIES J., GELDERMANN H., MOMM H., 1995: Auswirkungen biotechnischer Neuerungen in der Tierzucht. Schriftenreihe des Bundesministeriums für Ernährung, Landwirtschaft und Forsten. Reihe A: Angewandte Wissenschaft, Heft 443. Landwirtschaftsverlag GmbH, Münster

JONAS H., 1979: Das Prinzip Verantwortung. Insel-verlag, Frankfurt/Main

MIETH D., 1995: Ethische Evaluierung der Biotechnologie. In: VON SCHELL T., MOHR H. (EDS.). Biotechnologie – Gentechnik. Springer-Verlag, Berlin Heidelberg, S. 505–530

OTA, OFFICE OF TECHNOLOGY ASSESSMENT, 1987: New development on biotechnology. U.S. Congress, Government Printing Office, Washington D.C., USA

OTA, OFFICE OF TECHNOLOGY ASSESSMENT, 1988: Patenting Life. U.S. Congress, Government Printing Office, Washington D.C., USA

THOMPSON P.B., 1993: Genetically modified animals: Ethical issues. J. Anim. Sci. 71, 51–56

VANDENBERGH J.G., ET AL., 2002: Animal biotechnology: science-based concerns. Natl. Acad. Press, Washington. www.nap.edu ...

ZDS-SCHWEINEPRODUKTION, Jahresheft 2003: Zahlen aus der deutschen Schweineproduktion. Zentralverband der deutschen Schweineproduktion. Zentralverband der deutschen Schweineproduktion e. V., Bonn

# Stichwort- und Abkürzungsverzeichnis